理科物理实验教程

第2版

近现代物理实验与计算模拟实验分册

吴　平
主编

陈　森　胡淑贤　闫　丹　刘　辉　赵雪丹
谢子昂　李　莉　付国栋　张师平　裴艺丽
邓世清　段嗣斌　杨继昆　李亚男　左忠琪
参编

清華大学出版社
北　京

内容简介

本书是对理科物理实验课程体系、实验项目设置及内容进行逐一梳理、研究和多轮教学实践锤炼而确定的。教材内容注重与当前科学研究方法、手段、内容的衔接，凝聚和固化了北京科技大学物理学科教师近年来取得的许多物理实验教学研究成果和科学研究实践成果。这套教材分为2册，本书是《理科物理实验教程》的近现代物理实验与计算模拟实验分册，内容包括近代物理实验、现代物理实验、课题型实验和计算模拟实验。

本书可作为高等院校理科本科生、研究生以及希望进一步学习物理实验课程、物理测试技术和计算模拟的工科本科生、研究生的教学用书或参考书，也可供其他人员参考。

图书在版编目(CIP)数据

理科物理实验教程：第2版.近现代物理实验与计算模拟实验分册/吴平主编.—北京：清华大学出版社，2024.5

ISBN 978-7-302-65970-9

Ⅰ.①理… Ⅱ.①吴… Ⅲ.①物理学—实验—高等学校—教材 Ⅳ.①O4-33

中国国家版本馆CIP数据核字(2024)第067681号

责任编辑：朱红莲
封面设计：傅瑞学
责任校对：赵丽敏
责任印制：曹婉颖

出版发行：清华大学出版社
网　址：https://www.tup.com.cn，https://www.wqxuetang.com
地　址：北京清华大学学研大厦A座　　邮　编：100084
社 总 机：010-83470000　　邮　购：010-62786544
投稿与读者服务：010-62776969，c-service@tup.tsinghua.edu.cn
质量反馈：010-62772015，zhiliang@tup.tsinghua.edu.cn
印 装 者：三河市铭诚印务有限公司
经　销：全国新华书店
开　本：185mm×260mm　　**印　张**：35.75　　**字　数**：869千字
版　次：2024年5月第1版　　**印　次**：2024年5月第1次印刷
定　价：108.00元

产品编号：105073-01

前言

PREFACE

《理科物理实验教程》的内容是在《物理学类教学质量国家标准》《高等学校应用物理学本科指导性专业规范》《高等学校物理学本科指导性专业规范》等指导性文件基础上，对接学生未来工作需要，对理科物理实验课程体系、实验项目设置及内容进行逐一梳理、研究和多轮教学实践而确定的，凝聚和固化了北京科技大学物理学科教师近年来取得的许多物理实验教学研究成果和科学研究实践成果。从培养学生实际工作能力和创新思维角度出发，精选实验项目选题及内容，努力使其具有时代性和先进性。每个实验项目的要求与内容设计编排都经过多轮教学实践锤炼，在重视基本知识、方法与技能学习的同时，突出创新意识和研究思维的培养与训练，切实培养学生科学实验能力。教材分为2册，内容涵盖物理实验课的作用与任务、测量误差与实验数据处理基础知识、力学实验、热学实验、电磁学实验、光学实验、近代物理实验、现代物理实验、课题型实验和计算模拟实验。教材内容涉及许多科研、生产所应用的基本物理原理、测试方法、仪器装置使用和测试数据分析，并随课程进行循序渐进加强研究性实验内容强度，特别是现代物理实验和课题型实验，从实验方法、测试内容、数据分析方法到装置，为开展有一定深度的研究型实验搭建了平台。在课题型实验阶段，学生可以综合应用学习的实验知识、方法、技能以及所用过的实验仪器和设备，完成综合性研究课题。每一个课题型实验都可以让学生经历从文献阅读，具体研究问题提出，研究方案设计、实验、分析讨论与总结的完整的研究过程，并通过整个过程掌握各种相关仪器设备与测试方法的原理、使用与数据分析方法。现代物理实验所涉及的实验装置及测试方法还是一个通用、开放实验平台，学生可自行提出和开展更多课题型实验项目研究。计算模拟实验涉及基于量子力学原理的计算软件的使用与计算。我们希望本套教材不仅是学生学习物理实验课程时使用的教材，也能够在他们未来工作中是可用的参考书。

本书是本套教材的近现代物理实验与计算模拟实验分册。内容包括近代物理实验、现代物理实验、课题型实验和计算模拟实验。近代物理实验侧重于物理现象规律与原理，现代物理实验侧重于样品制备、物理测试技术与测试数据分析方法，课题型实验则是综合运用基本物理知识和测试技术完成小课题研究，计算模拟实验涉及VASP、Gaussian、ADF、ORCA等计算模拟软件的原理和使用。书中各实验的编写尝试采用我们所提出的兴趣引导的反溯教学方法，从科学技术发展反溯到其应用的基本物理学概念、原理和物理现象，或直接面向学生未来工作需要，为物理实验课程内容增添时代气息与现代科学技术色彩，让学生感受到课程内容“有用”“能用”“要用”，激起学生的好奇心和兴趣，推动学生从“要我学”到“我想学”。

本书编写过程中，参考了我国物理教学工作者编著的大量教材、著作和最新研究成果，有些已在参考文献中列出，有些未能一一列出，在此向他们一并表示衷心的感谢。

参加本书编写的有：吴平（前言、实验1.1，1.2，1.6～1.10，1.12～1.19，1.21，1.29，

1.30,2.1～2.6,2.20,2.26～2.28,第3章),陈森(实验1.4,1.5,1.11,1.23,1.25,1.26,1.28,2.24),胡淑贤(第4章),闫丹(实验2.12,2.14～2.16),刘辉(实验1.20,2.7,2.17),赵雪丹(实验1.3,1.22,1.24),谢子昂(实验1.27,2.23),李莉(实验2.11,2.22),付国栋(实验2.13,2.21),张师平(实验2.19,2.30),裴艺丽(实验2.10),邓世清(实验2.18),段嗣斌(实验2.8),杨继昆(实验2.29),李亚男(实验2.9),左忠琪(实验2.25)。教材的体系框架、统稿和定稿由吴平完成。

由于编者水平有限,教材中难免存在错误和不妥之处,恳请读者批评指正。

编　者

2023年9月于北京科技大学

目录

CONTENTS

第1章

近代物理实验

实验 1.1　电子电荷 e 值的测定

[引言]

1897 年，汤姆孙(J. J. Thomson)在英国剑桥卡文迪许实验室采用如图 1.1-1 所示的装置测量了电子的比荷(电荷量与质量之比，e/m)。这个实验是 19 世纪末物理学的一个里程碑式实验，其最重要的价值是发现该比荷具有单一值，与阴极材料、管内残余气体种类以及与实验相关的其他物质均无关，表明粒子束中的粒子是组成所有物质的基本单元，我们现在称其为电子。因此，汤姆孙被认为是亚原子粒子——电子的首位发现者。在汤姆孙实验 15 年之后，美国物理学家密立根(R. A. Millikan)成功测量了电子电荷 e 的精确值。利用比荷 e/m 和电子电荷 e 值，就可以确定电子的质量。

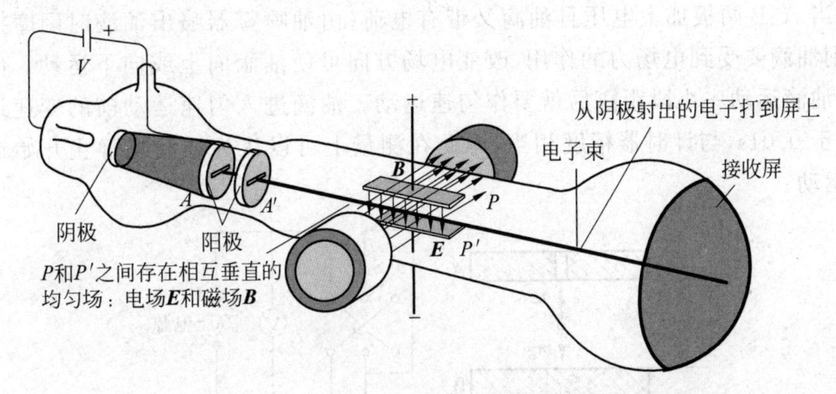

图 1.1-1　测量电子比荷的汤姆孙装置结构图

密立根设计的测定电子电荷 e 值的实验装置和方法，在实验物理学中占有很重要的地位。它不仅准确测定了电子电荷的数值，$e=1.60\times10^{-19}$ C，还证明了油滴所带电荷是元电荷——电子电荷 e 的整数倍，明确了电荷的不连续性。正是由于这一实验的成就，密立根获得了 1923 年诺贝尔物理学奖。目前给出的电子电荷的最好结果为 $e=(1.602\,177\,33\pm0.000\,000\,49)\times10^{-19}$ C。

由于密立根实验设计巧妙、简单，原理清楚，结果准确，它历来是一个著名而有启发性的物理实验。这种实验设计的基本思想在今天仍然具有活力，为从实验上测定一些其他物理量提供了可能性。

[实验目的]

(1) 学习密立根油滴实验的设计思想。

(2) 测量电子的电荷量,验证电荷的不连续性(电荷的量子性)。

[实验仪器]

电荷耦合器件(charge coupled device,CCD)显微密立根油滴实验仪,钟表油,油喷雾器等。

[预习提示]

(1) 了解测量油滴电荷实验的设计思想。

(2) 了解平衡法和动态法测量油滴电荷所用的计算公式和需要测量的物理量。

(3) 了解如何选择合适的油滴以及如何进行测量。

[实验原理]

密立根油滴实验测定电子电荷的基本设计思想是使带电油滴在测量范围内处于受力平衡状态,通过对带电微小油滴的受力分析,把对微小油滴所带电荷的测量转化为对油滴运动速度的测量。油滴实验原理如图 1.1-2 所示,A、B 为两块相距为 d 的平行极板,A 板中央有一小孔,能让微小油滴从孔中落入到极板间。A、B 板如不加电压,油滴将因重力作用而自由下落,当 A、B 两板加上电压且油滴又带有电荷(由油喷雾器喷出油滴时因摩擦可使之带电)时,则油滴要受到电场力的作用,改变电场方向可使油滴向上或向下运动。由于空气的黏滞性,油滴运动一小段距离后就要作匀速运动。油滴进入匀速运动前的变速运动时间非常短,小于 0.01s,与计时器精度相当,因此在测量上可以认为油滴从静止开始运动立刻进入匀速运动。

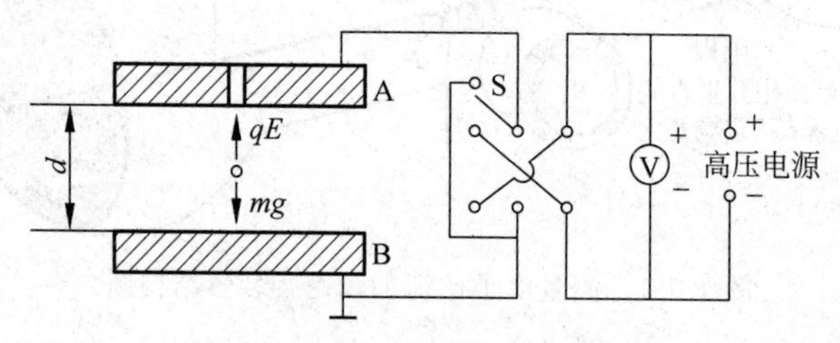

图 1.1-2 油滴实验原理图

设油滴质量为 m,所带电荷量为 q,当 A、B 两极板不加电压,并用开关 S 将其短路使两极板间无电场时,则油滴在重力作用下,自由下落,但空气的黏滞性对油滴所产生的阻力与油滴的速率成正比,油滴下落一小段距离的速率达到一定值后,黏滞力 F 就与重力平衡,即 $F=mg$,根据斯托克斯定律,有

$$F=6\pi\eta r V_g \tag{1.1-1}$$

式中,η 为空气黏滞系数,r 为油滴半径,这时有

$$6\pi\eta r V_g = mg \tag{1.1-2}$$

如果在平行极板上加电场 E，设电场力 qE 与重力方向相反，油滴受电场力作用加速上升，由于空气阻力作用，上升一段距离后，油滴所受的空气阻力、电场力与重力达到平衡(空气浮力忽略不计)，油滴将匀速上升，设其速率为 V_e，有

$$6\pi\eta rV_e = qE - mg \tag{1.1-3}$$

由式(1.1-2)、式(1.1-3)可得

$$q = \frac{mg}{E}\left(\frac{V_g + V_e}{V_g}\right) \tag{1.1-4}$$

由式(1.1-4)可以看到，为测定油滴所带电荷 q，除应测出 E、V_e、V_g 外，还需测出油滴质量 m。由于空气中悬浮和表面张力的作用，油滴可视作圆球，其质量为

$$m = \frac{4}{3}\pi r^3(\rho - \sigma) \tag{1.1-5}$$

式中，ρ 为油的密度，σ 为空气密度，用式(1.1-5)计算出的质量是抵消了浮力后的相当质量。

由喷雾器喷出的雾状油滴的半径 r 很小，为微米量级，难于直接测量，可以采用间接测量的办法。利用斯托克斯定律，由式(1.1-2)及式(1.1-5)可得

$$r = \left(\frac{9}{2}\eta\frac{V_g}{(\rho - \sigma)g}\right)^{\frac{1}{2}} \tag{1.1-6}$$

考虑到油滴体积非常小，空气已不能看作是连续介质，空气的黏滞系数应修正为

$$\eta' = \frac{\eta}{1 + \dfrac{b}{pr}} \tag{1.1-7}$$

式中，b 为修正常数，p 为空气压强。

实验时可控制油滴匀速下降和匀速上升的距离，且使其相等，设为 l，测出油滴匀速下降时间 t_g 和匀速上升时间 t_e，则

$$V_g = \frac{l}{t_g},\quad V_e = \frac{l}{t_e} \tag{1.1-8}$$

将式(1.1-5)～(1.1-8)以及 $E = \dfrac{V}{d}$(V 为 A、B 两极板上所加电压，d 为极板间距)代入式(1.1-4)，可得

$$q = \frac{18\pi}{\sqrt{2(\rho - \sigma)g}}\left(\frac{\eta}{1 + \dfrac{b}{pr}}\right)^{\frac{3}{2}}\frac{d}{V}\left(\frac{l}{t_e} + \frac{l}{t_g}\right)\left(\frac{l}{t_g}\right)^{\frac{1}{2}} \tag{1.1-9}$$

由式(1.1-9)可以计算出油滴所带电荷，式中油滴半径可用式(1.1-6)近似计算(即不对黏滞系数进行修正)。

式(1.1-9)为动态法测油滴所带电荷的计算公式，也可以用静态法测量油滴所带电荷。静态法也称平衡法，测量时需要调整两极板上所加电压，使油滴处于静止状态。此时 $V_e =0$，即 $t_e \to \infty$，由式(1.1-9)可得

$$q = \frac{18\pi}{\sqrt{2(\rho - \sigma)g}}\left(\frac{\eta}{1 + \dfrac{b}{pr}}\right)^{\frac{3}{2}}\frac{d}{V}\left(\frac{l}{t_g}\right)^{\frac{1}{2}} \tag{1.1-10}$$

为获得电子电荷 e 值，对实验测得的各个油滴所带电荷 q 求最大公约数，最大公约数就是电子电荷 e 的值。也可以测同一油滴所带电荷的改变量 Δq(可以用紫外线或放射源照射油滴，使它所带电荷量改变)，这时 Δq 近似为某一最小单位的整数倍，此最小单位即为元电荷 e。

[仪器装置]

油滴实验仪主要由油滴盒、CCD 显微镜、监视器和主机等组成。

油滴盒是整个实验装置的核心部件，其结构见图 1.1-3。油滴盒 5 是由两块经过精磨的相互平行的圆电极板 4 和 6 组成。上、下极板之间通过胶木圆环支撑，三者之间的接触面经过机械精加工后将极板间的不平行度、间距误差控制在 0.01mm 以下。在上电极板 4 中央有一个油雾落入孔 10，整个油滴盒装在防风罩 3 中，以防周围空气流动对油滴运动产生影响。防风罩上面是一个可取下的油雾杯 1，油雾杯底部中心有一个落油孔 10 和一个落油孔开关 2。油滴用喷雾器从喷雾口 9 喷入，经落油孔 10 落入油滴盒内。落油孔开关 2 可以关闭落油孔。

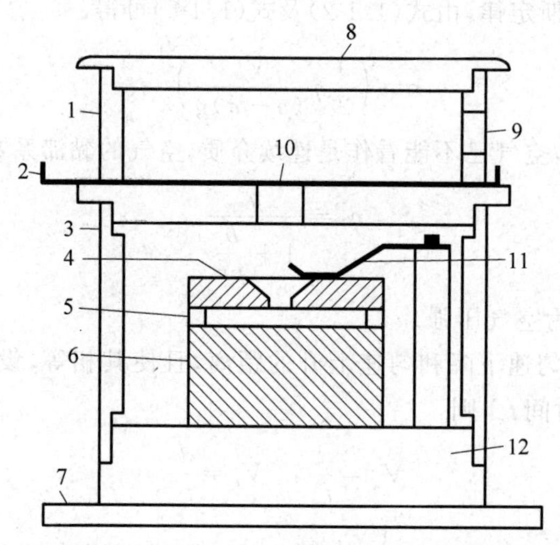

1—油雾杯；2—落油孔开关；3—防风罩；4—上电极；5—油滴盒；6—下电极；7—座架；
8—上盖板；9—喷雾口；10—落油孔；11—上电极压簧；12—油滴盒基座。

图 1.1-3　油滴盒结构示意图

胶木圆环上开有两个进光孔和一个观察孔，带聚光的高亮度发光二极管通过进光孔给油滴盒提供照明，而 CCD 显微镜则通过观察孔观察油滴。

CCD 显微镜将 CCD 摄像头与显微镜集成为一体，其图像信息传给主机的视频处理模块。实验过程中可以通过调焦旋钮来改变物镜焦距，使油滴的像清晰地呈现在监视器屏幕上。

主机包括可控高压电源、计时装置、A/D 采样、视频处理等单元模块，其面板如图 1.1-4 所示。主机面板上的电压调节旋钮 17 可以调整极板之间的电压，用来控制油滴的平衡、下落或上升；计时开始/结束切换键 15 用来计时；0V/工作切换键 14 用来切换仪器的工作状态；平衡/提升切换键 13 可以切换油滴平衡或上升状态；确认键 11 可以将测量数据显示在屏幕上。

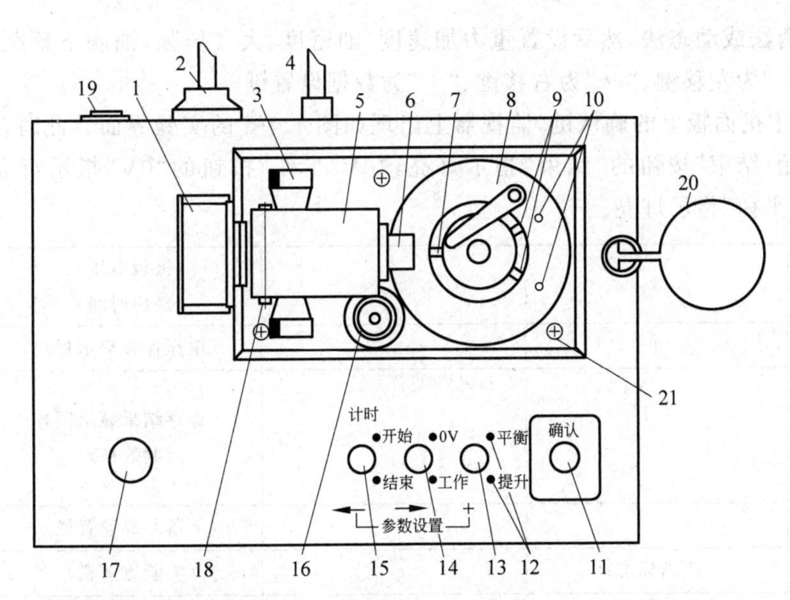

1—CCD盒；2—电源插座；3—调焦旋钮；4—视频接口；5—光学系统；6—镜头；7—观察口；8—上极板压簧；9—进光口；10—光源；11—确认键；12—状态指示灯；13—平衡/提升切换键；14—0V/工作切换键；15—计时开始/结束切换键；16—水准泡；17—电压调节旋钮；18—紧定螺钉；19—电源开关；20—油滴管收纳盒安放环；21—调平螺钉(3颗)。

图 1.1-4 主机面板

[实验内容与测量]

学习控制油滴在视场中的运动,并选择合适的油滴进行测量。要求至少测量5个不同的油滴,每个油滴测量5次。

1. 仪器调节

1）水平调整

调整实验仪主机上的调平螺钉旋钮(俯视时,螺钉顺时针旋转,平台降低；逆时针旋转,平台升高),直到水准泡正好处于中心,即通过水准泡将实验平台调平,使电场方向与重力方向平行以免引起实验误差。极板平面是否水平决定了油滴在下落或上升过程中是否发生前后或左右的漂移。

2）喷雾器调整

将几滴钟表油注入喷雾器的储油腔内,用手挤压气囊,使得提油管内充入钟表油。

3）仪器硬件接口连接

主机接线：电源线接交流 220V/50Hz。

监视器：视频线缆一端接监视器上的“VIDEO”插座,另一端接主机上的“视频输出”端口。监视器上前面板调整旋钮自左至右依次为显示开关、返回键、方向键、菜单键(建议亮度调整为20,对比度调整为100)。

4）实验仪联机使用

(1) 打开实验仪电源及监视器电源,监视器屏幕出现仪器名称界面。

(2) 按主机上任意键,监视器出现参数设置界面。此时,按主机面板上的平衡/提升按钮，选择平衡法或动态法，然后设置重力加速度、油密度、大气压强、油滴下落距离等。主机面板上的“←”为左移键、“→”为右移键、“＋”为数据设置键。

(3) 按主机面板上的确认键，监视器上出现如图 1.1-5 的实验界面。此时，主机面板上的计时“开始/结束”按钮的“结束”指示灯亮，“0V/工作”按钮的“0V”指示灯亮，“平衡/提升”按钮的“平衡”指示灯亮。

		(极板电压) (经历时间)
0		(电压保存提示栏)
		(保存结果显示区) (共 5 格)
		(下落距离设置栏)
(距离标志)		(实验方法栏)
		(仪器生产厂家)

图 1.1-5　监视器上的实验界面示意图

5) CCD 成像系统调整

从喷雾口喷入油雾，此时监视器上应该出现大量运动油滴的像，如满天星斗。若没有看到油滴的像，则需调整调焦旋钮或检查喷雾器是否有油雾喷出。CCD 显微镜对焦时先将显微镜筒上小黑圈外缘与防风罩边缘大致对齐，喷油后再稍稍前后微调即可。如果按上述方法调节始终看不到油滴，则首先要检查喷雾器是否能喷出油滴，将喷雾器对着空中喷一下，用眼睛直接观察有没有油雾喷出即可确定。如果喷雾器喷雾没有问题，则可以打开油雾杯，先清除堵塞上电极落油孔的油污，然后在油滴盒中放一根细金属丝(此时要先将平衡电压放到“0V”档)，调节显微镜调焦旋钮，使金属丝的像清晰。最后取出金属丝，盖好油雾杯。焦距调好后，在使用过程中，前后调焦范围不要过大。

2. 熟悉实验界面

在完成参数设置后，按确认键，监视器屏幕显示实验界面。平衡法和动态法的实验界面略有不同。

实验界面显示的主要内容有：

(1) 极板电压：实际加到极板上的电压，显示范围：0～9999V。

(2) 经历时间：定时开始到定时结束所经历的时间，显示范围：0～99.99s。

(3) 电压保存提示：在每次完整的实验后显示将要作为结果保存的电压。保存实验结果后(即按下“确认”键)会自动清零。显示范围：0～9999V。

(4) 保存结果显示：显示每次保存的实验结果，共 5 次，显示格式与实验方法有关，如图 1.1-6 所示。当需要删除当前保存的实验结果时，按下确认键 2s 以上，当前结果被清除(不能连续删)。

(5) 下落距离设置：显示当前设置的油滴下落距离。当需要更改下落距离时，按住“平衡/提升”键 2s 以上，此时距离设置栏被激活(注意动态法步骤(1)和步骤(2)之间不能更

平衡法：	（平衡电压）	动态法：	（提升电压）　（平衡电压）
	（下落时间）		（上升时间）　（下落时间）

图 1.1-6　保存结果显示格式

改)，通过＋键(即“平衡/提升”键)修改油滴下落距离，然后按“确认”键确认修改，距离标志也会相应变化。

(6) 距离标志：显示当前设置的油滴下落距离，在相应的格线上做数字标记，显示范围：0.2～1.8mm，垂直方向视场范围为 2.0mm，分为 10 格，每格 0.2mm。

(7) 实验方法：显示当前实验方法(平衡法或动态法)，在参数设置画面一次设定。若要改变实验方法，只有重新启动仪器(关、开仪器电源)。对于平衡法，实验方法栏仅显示“平衡法”字样；对于动态法，实验方法栏显示“动态法”和即将开始的实验步骤，如将要开始动态法步骤 1(油滴下落)时，实验方法栏显示“1 动态法”，而当完成动态法步骤(1)即将开始步骤(2)时，实验方法栏显示“2 动态法”。

3. 选择适当的油滴并练习控制油滴

1) 选择适当的油滴

要做好油滴实验，所选的油滴大小要适中，体积大的油滴虽然明亮，但一般带的电荷多，下降或提升速度太快，不容易测准确。油滴太小则受布朗运动影响显著，测量时涨落较大，也不容易测准确。因此，应该选择质量适中而带电不多的油滴。建议选择平衡电压在 100～400V 之间、下落 1mm 距离用时 10s 左右的油滴进行测量。

具体操作：将“计时”按键置为“结束”，工作状态置为“工作”，“平衡/提升”键置为平衡，调节电压旋钮将电压调至 400V 左右，喷入油雾，调节调焦旋钮，使监视器上显示大部分油滴，可以看到带电多的油滴迅速上升移出视场，不带电的油滴下落移出视场，约 10s 后油滴减少。选择那些上升缓慢的油滴作为暂时的目标油滴，切换“0V/工作”键到“0V”，这时极板间电压为 0V，在暂时目标油滴中选择下落 1 格(0.2mm)的时间为 2s 左右的油滴作为测量对象，调节调焦旋钮使该油滴最为清晰(即最小且最亮)。

2) 平衡电压的确认

目标油滴聚焦到最小且最亮后，仔细调整平衡电压旋钮使油滴平衡在某一格线上，等待一段时间(约 2min)，观察油滴是否飘离格线。若油滴始终向同一方向飘动，则需重新调整平衡电压；若其基本稳定在格线或只在格线上下作轻微的布朗运动，则可以认为其基本达到了力学平衡，这时的电压就是平衡电压。

3) 控制油滴的运动

以平衡法为例，如图 1.1-7 所示，将油滴平衡在监视器屏幕上方的第一条格线上，将工作状态按键切换至“0V”，绿色指示灯点亮，此时上下极板同时接地，电场力为零，油滴将在重力、浮力及空气阻力的作用下下落，当油滴下落到有 0 标记的刻度线时，立刻按下“计时”键，计时器开始记录油滴下落的时间；待油滴下落至有距离标志(例如 1.6)的格线时，再次按下“计时”键，计时器停止计时(计时位置见图 1.1-7)，油滴将停止下落。而后，“0V/工作”按键自动切换至“工作”，“平衡/提升”按键处于“平衡”，此时，可以按下“确认”键将此次测量数据记录到屏幕上。将“平衡/提升”按键切换至“提升”，这时极板电压将在原来平衡电压的基础上再增加约200V电压，油滴立即向上运动，待油滴到达监视器屏幕上方时，将“平衡/提升”按键切换至“平衡”，通过调整平衡电压找平衡电压，进行下一次测量。每颗油滴测量5次，系统会自动计算出这颗油滴所带的电荷量。在测量过程中如果油滴变模糊，可微调显微镜调焦旋钮聚焦。

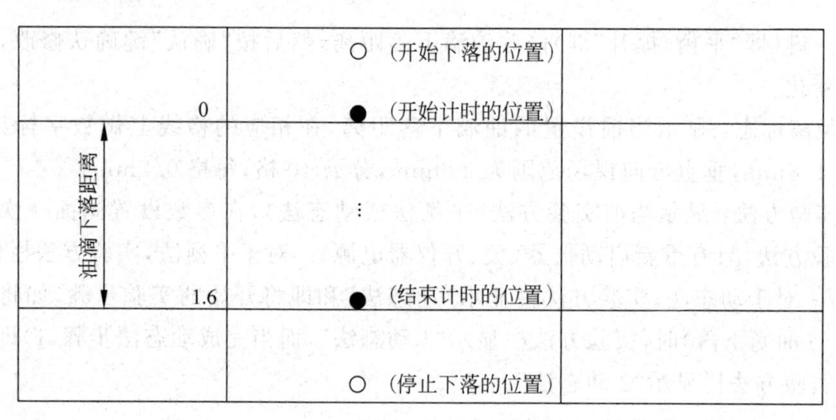

图1.1-7　平衡法示意图

4. 正式测量

可采用平衡法或动态法。

1) 平衡法

(1) 开启主机和监视器电源，屏幕显示实验界面。将“0V/工作”按键切换至“工作”，红色指示灯点亮；将“平衡/提升”按键置“平衡”。

(2) 将平衡电压调整为400V左右，通过喷雾口向油滴盒内喷入油雾，此时屏幕上将出现大量运动的油滴。选取适当的油滴，仔细调整平衡电压，使其停留在监视器屏幕上方的第一条格线上(图1.1-7)。

(3) 将“0V/工作”按键切换至“0V”，此时油滴开始下落，当油滴下落到有“0”标记的格线时，立即按下计时开始键，计时器启动，开始记录油滴下落时间。

(4) 当油滴下落至有距离标记的格线时(例如：1.6)，立即按下计时结束键，计时器停止计时。而后“0V/工作”按键将自动切换至“工作”，此时按下“确认”按键，这次测量的平衡电压和匀速下落时间将同时记录在监视器屏幕上。

(5) 将“平衡/提升”按键置“提升”，油滴将向上运动，当回到高于“0”标记格线时，将“平衡/提升”按键置回“平衡”，油滴停止上升，然后重新调整平衡电压，使其静止，得到新的平衡电压(注意：如果此处的平衡电压发生了突变，则该油滴得到或失去了电子。这次的测量不能作数，需从步骤(2)开始重新找油滴)。

(6) 重复步骤(3)～(5)的操作，平衡电压及下落时间的数据将被记录到屏幕上。当5次测量完成后，按“确认”键，系统将计算5次测量的平均平衡电压和平均下落时间，进而自动计算和显示出该油滴的电荷量。

(7) 重复步骤(2)～(6)，测量5颗油滴，由式(1.1-10)计算所测的每颗油滴的电荷量。

2) 动态法

油滴的运动距离取为1.6mm。对于每颗油滴，动态法分两步完成。

(1) 油滴下落过程，其操作同平衡法。完成后，如果对本次测量结果满意，则可以按下确认键保存这个步骤的测量结果，如果不满意，可以删除，再重新测量。

(2) 步骤(1)完成后，油滴处于距离标志格线以下。通过"0V/工作""平衡/提升"按键配合使油滴在"1.6"标志格线下一定距离(图1.1-8)。然后调节"电压调节"旋钮加大电压，使油滴上升。当油滴到达"1.6"标志格线时，立即按下计时开始键，此时计时器开始计时。当油滴上升到"0"标记格线时，再次按下计时键，停止计时。但油滴会继续上移，再次调节"电压调节"旋钮使油滴平衡，即停留在"0"格线以上。按下"确认"键保存本次实验结果。

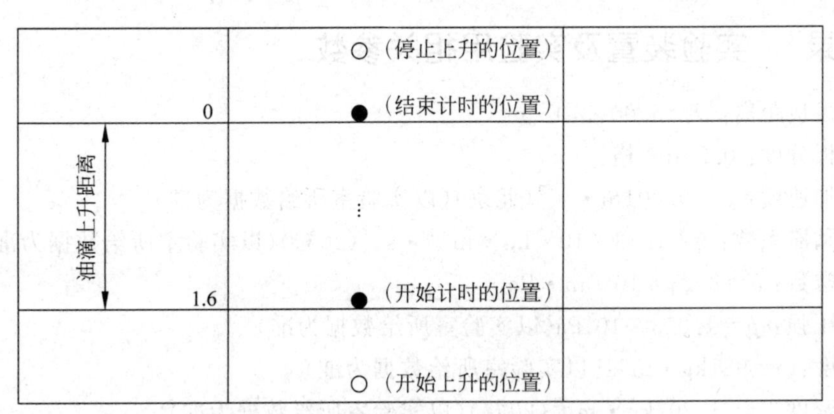

图1.1-8　动态法步骤2示意图

重复以上步骤共测量5颗油滴，然后按下确认键，出现实验结果画面。动态测量法是分别测出下落时间 t_g、上升时间 t_e 及上升电压 V，代入式(1.1-9)即可求得油滴带电荷量 q。

[注意事项]

(1) 喷雾器内的油不可装得太满，否则操作时会喷出很多"油珠"而不是"油雾"。

(2) 利用细丝插入油滴盒对显微镜调焦或清洁上极板落油孔油污时，油滴仪两极板绝不允许加电压，以免触电和损坏仪器。

[数据处理与分析]

(1) 将测量数据代入相应公式求出每个油滴所带电荷量。

(2) 求元电荷 e 值。求元电荷 e 值的方法有多种，这里给出一种简易方法，其他方法可参阅文献[6-12]。根据电荷的不连续性，应有 $q=ne$，此为一过原点的直线方程，n 为自变量，q 为因变量，e 为斜率。由 q_i 除以电子电荷的公认值 $e_0=1.602\times10^{-19}$C 并取整来确定元电荷数 n_i，再用最小二乘法进行直线拟合，若该直线过原点，则斜率即为元电荷实验测量值。

将元电荷实验测量值与公认值比较，求相对误差。

[讨论]

对实验结果造成影响的主要因素有哪些？对平衡法和动态法的测量结果进行对比讨论。

[结论]

通过对实验的分析和归纳总结，写出你最想告诉大家的结论。

[思考题]

参阅文献[6-12]，分析不同油滴实验数据处理方法的异同，对自己所用的油滴实验数据处理方法做出评价。

[附录] 实验装置及实验用相关参数

平行极板距离：$d=5.00\times10^{-3}$ m

分划板分度：0.2mm/格

重力加速度：$g=9.801\text{m}\cdot\text{s}^{-2}$(北京)(以实验室所给数据为准)

空气黏滞系数：$\eta=1.83\times10^{-5}\text{kg}\cdot\text{m}^{-1}\cdot\text{s}^{-1}$(20℃)(以实验室所给数据为准)

修正常数：$b=8.23\times10^{-3}\text{m}\cdot\text{Pa}$

大气压强：$p=1.013\times10^{5}$ Pa(以实验室所给数据为准)

油密度：$\rho=981\text{kg}\cdot\text{m}^{-3}$(以实验室所给数据为准)

空气密度：$\sigma=1.207\text{kg}\cdot\text{m}^{-3}$(20℃)(以实验室所给数据为准)

[参考文献]

[1] 成都世纪中科仪器有限公司. ZKY-MLG-6 CCD 显微密立根油滴仪实验指导及操作说明书[Z]. 2021.

[2] YOUNG H D，FREEDMAN R A，FORD A L. 西尔斯当代大学物理(下)[M]. 吴平，邱红梅，徐美，等译. 13 版. 北京：机械工业出版社，2020.

[3] 杨述武. 普通物理实验[M]. 北京：高等教育出版社，2000.

[4] 吴平. 大学物理实验教程[M]. 2 版. 北京：机械工业出版社，2015.

[5] 关舒月，张明，张师平，等. 密立根油滴实验中的布朗运动[J]. 大学物理，2019，38(6)：48-54，59.

[6] 史志强. 油滴实验方法的研究[J]. 物理实验，2002，22(6)：29-32.

[7] 陈西园，徐铁军. 密立根油滴实验测量结果的不确定度评价[J]. 大学物理，1999，18(1)：34-35.

[8] 王广涛，陈健，魏建宇，等. 密立根油滴实验数据的处理方法[J]. 物理实验，2004，24(12)：22-24.

[9] 陈森，刘昳，付硕，等. 一种密立根油滴实验数据处理的新方法[J]. 大学物理，2014，33(9)：32-34.

[10] 赵仁. 密立根实验数据的一种处理方法[J]. 物理实验，2000，20(6)：39-40.

[11] 刘才明. 密立根油滴实验数据处理方法分析[J]. 浙江大学学报(工学版)，1996，30(6)：736-741.

[12] 亓东林，鲍祎楠，张师平，等. 基于大数据分析思路的油滴实验数据处理方法[J]. 物理与工程，2018(6)：91-94，99.

实验 1.2 光电效应

[引言]

当具有适当频率的光照射在金属表面上时，会从金属表面发射出电子，这种现象就叫作光电效应。发射出来的电子叫作光电子，依据照射在金属表面上的光的频率的不同，光电子具有不同的动能。

光电效应的实验规律不能用波动说解释，1905 年爱因斯坦提出了光量子假说，成功地解释了这一现象。1916 年，密立根测量了光的频率和逸出电子的能量之间的关系，通过实验验证了爱因斯坦的光电效应方程，并精确测定了普朗克常量。

经过长期的研究，人们逐步认识到光具有波动性和粒子性即波粒二象性。光子的能量 $E=h\nu$，与频率有关。当光传播时，显示出光的波动性，产生干涉、衍射、偏振等现象；当光和物体发生作用时，它的粒子性又突出了出来。科学家发现波粒二象性是一切微观物体的固有属性，并发展了量子力学来描述和解释微观物体的运动规律，使人们对客观世界的认识前进了一大步。

光电效应现象的研究使我们洞悉光的本质，对于光的本质及量子理论的发展，具有里程碑的意义。

[实验目的]

(1) 观察光电效应现象，了解光电效应的基本实验规律，加深对光的量子性的理解。

(2) 测量普朗克常量 h、光电子的逸出功和红限频率。

[实验仪器]

ZKY-GD-4 型光电效应实验仪，中心波长分别为 365.0nm、404.7nm、435.8nm、546.1nm、577.0nm 的滤色片。

[预习提示]

(1) 了解光电效应现象和基本实验事实。

(2) 熟悉 ZKY-GD-4 型光电效应实验仪各部分的作用。

(3) 了解光电效应现象实验研究方案及具体路线。

[实验原理]

1. 光电效应的基本实验规律

光电效应实验装置中的真空光电管示意图如图 1.2-1 所示。具有适当频率的入射光通过窗口 W 照射到光电管金属阴极 K 上，从金属阴极 K 上发射出光电子。这些光电子在电场的作用下向金属阳极 A 迁移形成光电流。改变外加电压 V_{AK}(也称光电管电压)，测量出光电流 I 的大小，即可得出光电管的伏安特性曲线。

光电效应的基本实验事实如下。

1) 光电管电压对光电流的影响

施加在阳极与阴极之间的电压 V_{AK} 对光电流 I 的影响如图 1.2-2 所示。对于给定的入射光频率和光强，光电流 I 随电压 V_{AK} 的增大而增大，当所有的光电子都到达阳极 A 时，光电流 I 达到最大值，这一电流被称为饱和电流。当电压 V_{AK} 减小时，光电流 I 减小，

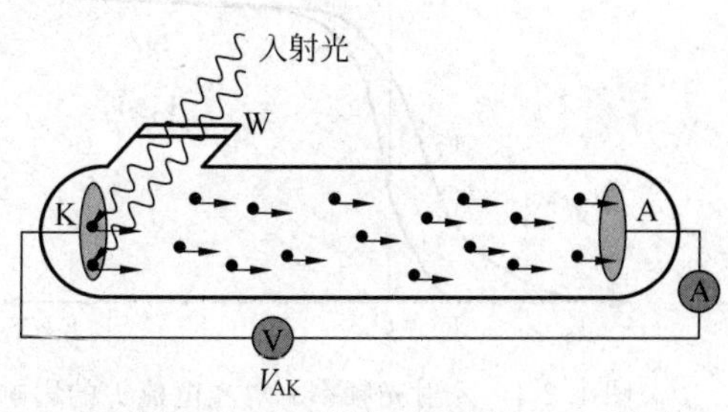

K—金属阴极；A—金属阳极；W—窗口；·—光电子。

图 1.2-1　真空光电管示意图

但当电压 V_{AK} 减小为零时，光电流 I 并没有变为零。这表明，即使没有加速电压，有些光电子依靠自己的动能也能到达阳极 A。当在阳极与阴极之间施加一个负的电压时，在某一特定电压 V_S，光电流变为零，这一电压被称为截止电压。从图 1.2-2 可以看到，对于光强分别为 P_1 和 P_2 的入射光，截止电压相同，表明入射光的光强对截止电压没有影响。

2）入射光强对光电流的影响

对于给定的入射光频率，饱和光电流 I_M 的大小随入射光强 P 的增大而线性增大，如图 1.2-3 所示。

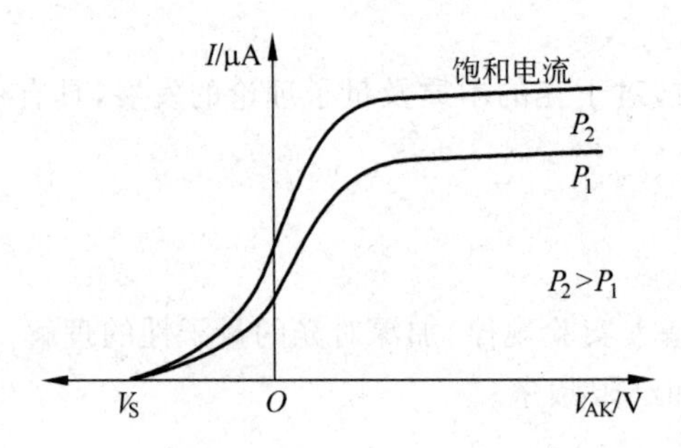

图 1.2-2　施加在阳极与阴极之间的电压 V_{AK} 对光电流 I 的影响

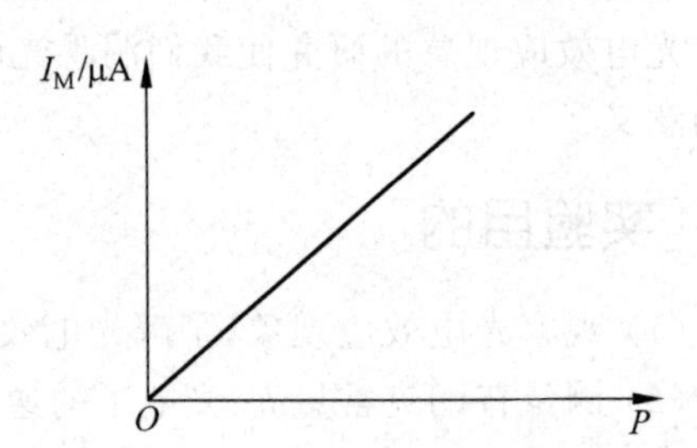

图 1.2-3　入射光强 P 对饱和光电流 I_M 的影响

3）入射光频率对光电流的影响

对于给定的入射光强，饱和光电流不依赖于入射光的频率。由于光电流的大小只依赖于逸出的光电子的数量，因而只依赖于入射的光子的数量，而与光子的能量无关，如图 1.2-4 所示。

4）入射光频率对截止电压的影响

如图 1.2-4 所示，随着光电管电压 V_{AK} 减小，光电流减小，并在截止电压时减小为零，但对于不同频率的入射光，截止电压不同。入射光频率越高，截止电压也越大。

5）截止频率

截止电压 V_S 与频率 ν 的关系如图 1.2-5 所示，即 $V_S \propto \nu$。截止电压 V_S 与频率 ν 成正比关系，但直线并不通过原点。这表明有一个最小频率 ν_0 存在，当入射光频率低于该值时，不论光的强度如何大，都没有光电流产生。这个最小频率被称为截止频率，也称为红限频率，不同金属的 ν_0 也不同。

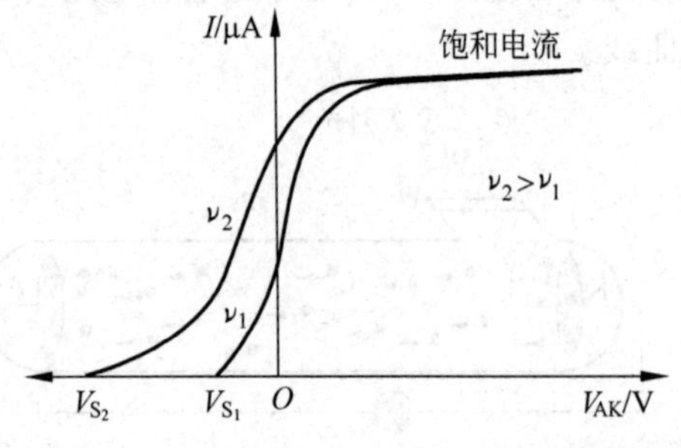

图 1.2-4　入射光频率 ν 对光电流 I 的影响

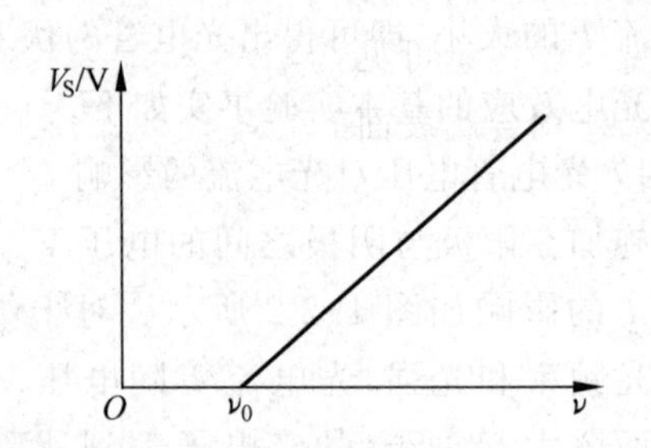

图 1.2-5　截止电压 V_S 与频率 ν 的关系

6）瞬时过程

光电子发射过程是瞬时过程。即具有适当频率的光一照射到金属上，立即就有光电子发射出来，所经过的时间只有 10^{-8}s 量级。

7）一对一发射

光电子的发射是一对一发射，即每一个具有适当频率的光子发射一个光电子。

2. 光电效应的理论解释

为了解释光电效应现象，爱因斯坦提出了著名的光电效应方程。按照爱因斯坦的光量子理论，光能并不像电磁波理论所想象的那样，分布在波阵面上，而是集中在被称为光子的微粒上，但这种微粒仍然保持着频率(或波长)的概念，频率为 ν 的光子具有的能量为 $E=h\nu$，h 为普朗克常量。当具有能量 $h\nu$ 的光子照射到金属表面上时，光子的能量被金属中的电子一次全部吸收，而无需积累能量的时间。电子把这一能量的一部分用来克服金属材料内部正离子对它的吸引力而脱离金属表面(这部分能量也叫做逸出功，用 A 来表示，$A=h\nu_0$)，余下的能量就变成电子离开金属表面后的动能。根据能量守恒原理，爱因斯坦提出了著名的光电效应方程

$$h\nu=\frac{1}{2}mv_0^2+A \tag{1.2-1}$$

其中，$\frac{1}{2}mv_0^2$ 为光电子获得的初始动能。

考虑到逸出功 $A=h\nu_0$，式(1.2-1)可改写成

$$\frac{1}{2}mv_0^2=h(\nu-\nu_0) \tag{1.2-2}$$

我们可以根据爱因斯坦光电效应方程(1.2-2)来检验光电效应的基本实验事实。

(1) 如果 $\nu<\nu_0$，则$\frac{1}{2}mv_0^2$ 为负值，这是不可能的。所以，只有当 $\nu>\nu_0$ 时，才会有光电子发射。

(2) 由于一个光子发射一个电子，所以每秒钟发射的光电子数正比于入射光的强度。

(3) 由于 h 和 ν_0 为常量，$\frac{1}{2}mv_0^2$ 正比于 ν，这表明光电子的动能正比于入射光的频率。

(4) 光电子的发射源于光子与电子的碰撞，光子的入射和光电子的发射之间不可能有明显的时间滞后，所以这个过程是瞬时过程。

由上述讨论可见，爱因斯坦的光量子理论成功地解释了光电效应现象的基本实验事实。

入射到金属表面的光频率越高，发射出的电子动能就越大，所以即使阳极电位比阴极电位低时也会有电子到达阳极而形成电流，直至阳极电位低于截止电压，光电流才为零，此时有

$$eV_{\mathrm{S}}=\frac{1}{2}mv_0^2 \tag{1.2-3}$$

将式(1.2-3)代入式(1.2-1)，有

$$h\nu=eV_{\mathrm{S}}+A \tag{1.2-4}$$

所以

$$V_S = \frac{h}{e}\nu - \frac{A}{e} \tag{1.2-5}$$

这表明截止电压 V_S 是入射光波的频率的线性函数，直线斜率为 h/e，截距为 A/e。只要用实验方法得出不同的光波频率对应的截止电压，求出直线斜率和截距，就可求得普朗克常量 h、逸出功 A 和红限频率 ν_0。

［仪器装置］

ZKY-GD-4 型光电效应实验仪如图 1.2-6 所示。实验装置主要由汞灯和真空光电管组成。真空光电管结构示意图如图 1.2-1 所示。实验装置以汞灯发出的稳定白光作为光源，通过在汞灯光出射口前放置不同波长滤色片罩获得不同波长的单色光。汞灯可见光区的强谱线列于表 1.2-1 中，正是基于这种光谱特性，我们才能够用适当的滤色片获得单色光。

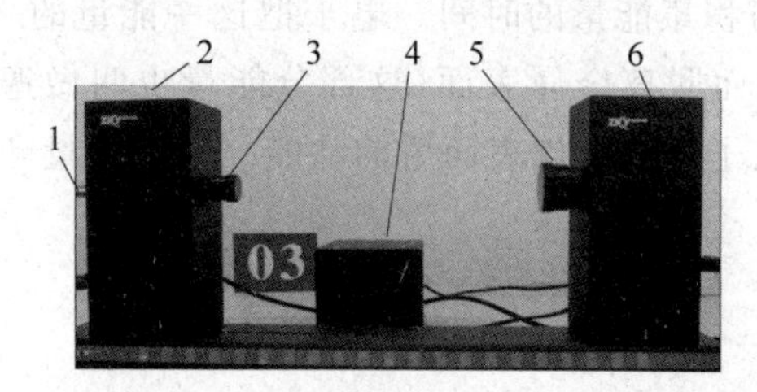

1—电缆接口；2—真空光电管；3—光入射口；4—汞灯电源；5—光出射口；6—汞灯。

图 1.2-6　ZKY-GD-4 型光电效应实验仪

表 1.2-1　可见光区汞灯的强谱线

波长/nm	频率/10^{14} Hz	颜　　色
577.0	5.198	黄
546.1	5.492	绿
435.8	6.882	蓝
404.7	7.410	紫
365.0	8.216	近紫外

ZKY-GD-4 型光电效应实验仪前面板如图 1.2-7 所示。面板上有测量模式切换、电压 V_{AK} 调节、电流量程选择等。

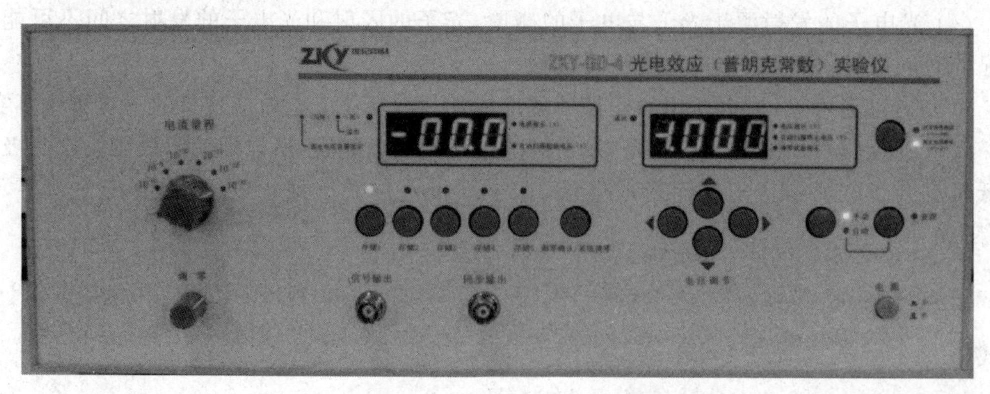

图 1.2-7　ZKY-GD-4 型光电效应实验仪前面板

[实验内容与测量]

实验内容包括两大部分：①测量光电管在不同波长光照射下的伏安特性，并获得普朗克常量 h 和红限频率 ν_0；②研究饱和光电流 I_M 与光强 p 之间的关系。

1. 测试前的准备

(1) 将汞灯及光电管暗箱遮光盖盖上，再将光电效应实验仪及汞灯的电源接通，预热 20min。

(2) 调整光电管与汞灯距离约为 40cm 并保持不变。

(3) 用专用连接线将光电管暗箱电压输入端与实验仪电压输出端(后面板上)连接起来(红—红，蓝—蓝)。

(4) 使"手动/自动"模式键处于手动模式。将光电效应实验仪前面板上"电流量程"置于所选档位(如"10^{-13}A"档、"10^{-10}A"档等)，仪器充分预热后，进行测试前调零。实验仪在开机或改变电流量程后，会自动进入调零状态。调零时应将光电管暗箱电流输出端 K 与实验仪微电流输入端(后面板上)断开，旋转"调零"旋钮使电流指示为 000.0。

(5) 用高频匹配电缆将光电管暗箱电流输出端 K 与实验仪微电流输入端连接起来，按实验仪前面板上的"调零确认/系统清零"键，系统进入测试状态。

2. 实验测量

1) 测量光电管在不同波长光照射下的伏安特性

测量波长分别为 365.0nm、404.7nm、435.8nm、546.1nm、577.0nm 的光照射下光电管的伏安特性曲线，研究入射光频率对光电流的影响。

具体实验步骤如下。

(1) 将光电效应实验仪前面板上"伏安特性测试/截止电压测试"状态键置为伏安特性测试状态。"电流量程"选择"10^{-10}A"档，调零。此时电压表显示 V_{AK} 的值，单位为 V；电流表显示对应的光电流值，单位为所选的"电流量程"对应的单位。用电压调节键"←""↑""→""↓"调节 V_{AK} 的值，其中"←"和"→"键用于选择调节位，"↑"和"↓"键用来调节所选位的量的大小。

(2) 将直径 4mm 的光阑及 365nm 滤色片装在光电管暗箱光输入口上。打开汞灯遮光盖。电压测量范围为 −1～50V，从低到高调节电压，合理分布测量点，以给出完整的光电管电压与光电流变化关系曲线以及关键特征，设计数据记录表格，记录实验数据。

(3) 依次换上 405nm、436nm、546nm、577nm 滤色片，重复步骤(2)的测量。

2) 测量截止电压

理论上，测出不同频率的光照射下，阴极电流为零时对应的 V_{AK}，其绝对值即是该频率的截止电压，然而一般情况下由于光电管的阳极反向电流、暗电流、本底电流及极间接触电位差的影响，所测电流并非阴极电流，因而电流为零时对应的 V_{AK} 也并非截止电压。

光电管制作过程中阳极往往被污染而沾上少许阴极材料，入射光照射阳极或入射光从阴极反射到阳极后都会造成阳极光电子发射，V_{AK} 为负值时，阳极发射的电子向阴极迁移构成了阳极反向电流。暗电流和本底电流是热激发产生的光电流与杂散光照射光电管产生的光电流，可以在光电管制作或测量过程中采取适当的措施以减小或消除它们的影响。极间接触电位差与入射光频率无关，只影响 V_S 的准确性，不影响 V_S-ν 直线的斜率，对测定 h 无影响。

此外，由于截止电压是光电流为零时对应的电压，若电流放大器灵敏度不够，或稳定性不好，也会给测量带来较大误差。

本实验装置采用新型结构光电管，其特殊结构使光不能直接照射到阳极，由阴极反射照到阳极的光也很少，再加上采用新型电极材料及制造工艺，使阳极反向电流大大降低，暗电流和本底电流都很小。因此，本实验装置在测量不同频率光波的截止电压 V_S 时，可以采用“零电流法”或“补偿法”。“零电流法”是直接将各频率光照射下测得的电流为零时对应的电压 V_{AK} 的绝对值作为截止电压 V_S。“补偿法”是调节电压 V_{AK} 使电流为零后，保持 V_{AK} 不变，遮挡汞灯光源，此时测得的电流 I_1 为电压接近截止电压时的暗电流和本底电流。重新让汞灯照射光电管，调节电压 V_{AK} 使电流值变为 I_1，将此时对应的电压 V_{AK} 的绝对值作为截止电压 V_S。此法可补偿暗电流和本底电流对测量结果的影响。

这里将采用零电流法测量波长分别为 365.0nm、404.7nm、435.8nm、546.1nm、577.0nm 入射光的截止电压 V_S。具体测量步骤如下。

(1) 将光电效应实验仪前面板上“伏安特性测试/截止电压测试”状态键切换为截止电压测试状态，并按“调零确认/系统清零”键进行确认。“电流量程”置于“10^{-13} A”档。

(2) 将直径 4mm 的光阑及 365nm 滤色片装在光电管暗箱光输入口上，打开汞灯遮光盖。从低到高调节电压(绝对值减小)，观察电流值的变化，寻找电流为零时对应的 V_{AK} 值，以其绝对值作为该波长对应的 V_S 的值，记录实验数据。

(3) 依次换上 405nm、436nm、546nm、577nm 滤色片，重复步骤(2)测量。

3) 测量入射光光强 P 对饱和光电流 I_M 的影响

采用改变光阑直径的办法改变照射到光电管入射窗口的光强。入射光波长为 435.8nm。光电效应实验仪前面板上“伏安特性测试/截止电压测试”状态键置于伏安特性测试状态。“电流量程”选择“10^{-10} A”档，重新调零。在 V_{AK} 为 50V 时，测量并记录光阑分别为 2mm、4mm、8mm 时对应的电流值，记录实验数据。

[注意事项]

实际操作前，请仔细阅读仪器装置上所贴的注意事项，谨慎操作，特别是不要让汞灯出射的光直接照射到光电管光入射口上，以避免损坏仪器。

[数据处理与分析]

(1) 分别画出 365.0nm、404.7nm、435.8nm、546.1nm、577.0nm 波长光照射下光电管的伏安特性曲线。

(2) 用最小二乘法拟合 V_S-ν 直线，获得直线斜率和截距，然后求出普朗克常量 h，逸出功和红限频率 ν_0，并与 h 的公认值 h_0 比较求出相对误差 $E=\left|\frac{h-h_0}{h_0}\right|$(公认值取 $e=1.602\times 10^{-19}$ C，$h_0=6.626\times 10^{-34}$ J·s)。

(3) 由于照射到光电管上的光强与光阑面积成正比，可以用光阑面积作为光强的一个指示，画出饱和光电流 I_M 与入射光强 P 间关系的曲线，并进行线性拟合，给出拟合关系式。

[讨论]

对自己的实验数据进行分析总结，可以得到光电效应的哪些实验规律？

[结论]

通过本实验，你能得出什么样的结论？

[思考题]

(1) 本实验中采用什么方法获得不同波长的单色光？这种方法获得单色光的物理基础是什么？

(2) 阳极反向电流、暗电流、本底电流如何影响测量的结果？

(3) 对于同一外加光电管电压，所显示的光电流可能会有波动，为什么？

[附录] ZKY-GD-4型光电效应实验仪仪器规格参数

1. 微电流放大器

电流测量范围：$10^{-8}\sim10^{-13}$ A，分6档，三位半数字显示，最小显示位 10^{-14} A。

零漂：开机20min后，30min内不大于满度读数的±0.2%(10^{-13} A档)。

2. 光电管工作电源

电压调节范围：0～−2V档，示值精度≤1%，最小调节电压2mV；

0～+50V档，示值精度≤5%，最小调节电压0.5V。

3. 光电管

光谱响应范围：340～700nm，暗电流：$I\leqslant2\times10^{-12}$ A($-2V\leqslant V_{AK}\leqslant0V$)，阳极：镍圈，最小阴极灵敏度不小于 1μA/lm。

4. 滤色片

5片，中心波长分别为365nm、405nm、436nm、546nm、577nm。

[参考文献]

[1] 中国科学院成都分院成都世纪中科仪器有限公司. ZKY-GD-4型光电效应(普朗克常量)实验指导说明书[Z]. 2016.

[2] 陈守川. 大学物理实验教程[M]. 杭州：浙江大学出版社，2000.

[3] 吴平，邱红梅，徐美. 当代大学物理(工科)[M]. 北京：机械工业出版社，2020.

[4] 吴平. 大学物理实验教程[M]. 2版. 北京：机械工业出版社，2015.

实验1.3 逸出功的测定

[引言]

绝对零度时，电子填充的最高能级就是费米能级，电子离开费米能级到达金属材料外部区域的真空能级必须做的功，就是逸出功，也叫功函数或脱出功。电子要克服表面势垒从金属中逸出，必须从外界至少获得的能量为真空能级与金属费米能级之差。电子从外部获得能量的方法有多种，比如用光照的方法——利用光电效应使电子获得足够能量而逸出，或者用加热的方法——因为热运动加剧使电子获得足够能量而逸出。电子从被加热的金属丝阴极中射出是一种热电子发射现象。以热阴极为基础的各种电子管的应用十分广泛。在电真空器件阴极材料的选择中，作为描述热电子发射基本物理量的材料的逸出功是重要参量之一。

本实验用加热金属，使热电子发射的方法来测量金属的逸出功。

[实验目的]

(1) 了解热电子发射的基本规律。

(2) 了解光测高温计的测量原理和使用方法。

(3) 掌握用里查逊直线法测量逸出功的原理与方法。

[实验仪器]

WF-2 型逸出功测定仪，安培表(量程 1A)，伏特表(量程 150V)，数字微安表(量程 1999μA)等。

[预习提示]

(1) 什么是逸出功？

(2) 逸出功与哪些物理量相关，如何测定这些物理量？

(3) 了解里查逊直线法的优点。

(4) 了解光测高温计的测温原理及使用方法。

[实验原理]

1. 金属电子的逸出功和热电子发射

电子从被加热的金属丝阴极中射出是一种热电子发射现象。电子的逸出功是描述热电子发射的一个基本的物理量。

根据量子论的观点，金属中电子的能量分布遵从费米-狄拉克(Fermi-Dirac)分布：

$$f(W)=\frac{\mathrm{d}N}{\mathrm{d}W}=\frac{4\pi}{h^3}(2m)^{\frac{3}{2}}W^{\frac{1}{2}}\left(\mathrm{e}^{\frac{W-W_F}{kT}}+1\right)^{-1} \tag{1.3-1}$$

式中，h 为普朗克常量，k 为玻耳兹曼常数($k=1.38\times10^{-23}$J/K)，m 和 W 分别为金属中电子的质量和能量，T 为热力学温度，W_F 为费米能级(绝对零度时 W_F 为电子填充的最高能级)。

通常金属中的电子不会从金属内部逃逸出来，是因为金属表面与外界(真空)之间存在着一个势垒 W_b。电子要想从金属中逃逸出来，必须具有大于 W_b 的动能。

绝对零度时，根据式(1.3-1)，电子的能量分布曲线如图 1.3-1 中的 a 所示。电子要从金属中逸出，必须从外界至少获得的能量为

$$W_0=W_b-W_F=e\varphi \tag{1.3-2}$$

式中，W_0 或 $e\varphi$ 即为金属电子的逸出功，常用单位为电子伏特(eV)。

当温度升高时，根据式(1.3-1)，电子的能量分布曲线如图1.3-1中的b所示。显然能量大于W_b的电子就有可能从金属中逸出，这一现象称为热电子发射。热电子发射的一个基本规律是发射电流随温度基本上按指数规律变化，即遵循里查逊-杜什曼(Richardson-Dushman)公式

$$I = AST^2 e^{-\frac{e\varphi}{kT}} \tag{1.3-3}$$

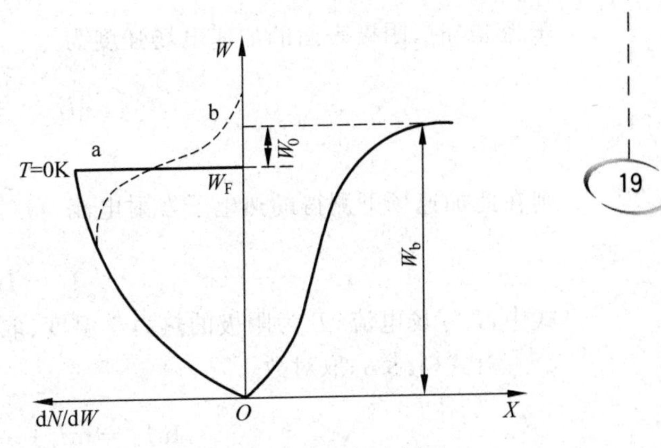

图1.3-1　电子能量分布示意图

式中，I为热电子发射的电流强度(单位为A)，A为与阴极表面化学纯度有关的常数(单位A/m^2K^2)，S为阴极的有效发射面积(单位m^2)，T为热力学温度(单位K)，k为玻耳兹曼常数，$e\varphi$为金属电子的逸出功(单位eV)。可见，逸出功的大小对热电子发射的强弱起决定性作用。

以式(1.3-3)为本实验的理论依据，原则上只要测定I、S、A和T，就可以得到金属材料的逸出功$e\varphi$的值。

2. 里查逊直线法

式(1.3-3)中物理量S、A通常难以准确测定。为此对原理公式两边取对数，得到以下关系式

$$\ln\frac{I}{T^2} = \ln(AS) - \frac{e\varphi}{k}\frac{1}{T} \tag{1.3-4}$$

实验中只要测出I和对应的，则根据$\ln\frac{I}{T^2}$与$\frac{1}{T}$的线性关系，作出$\ln\frac{I}{T^2}\sim\frac{1}{T}$关系直线，由直线的斜率就可以求出逸出功$e\varphi$的值，从而回避了对$S$、$A$进行测量的难题。这种方法叫作里查逊直线法。值得注意的是，式(1.3-4)中的I为无外加电场时的热电子发射电流，也称零场电流。

3. 热电子发射电流I的测量

为了测量金属(钨)电子的逸出功，通常将钨做成真空二极管的丝状阴极，阳极做成与阴极同轴的圆柱面，如图1.3-2所示。图中保护电极的作用在于消除阴极的冷端效应(两端温度偏低)和边缘效应(两端电场不均匀)，使之符合理想二极管的条件。

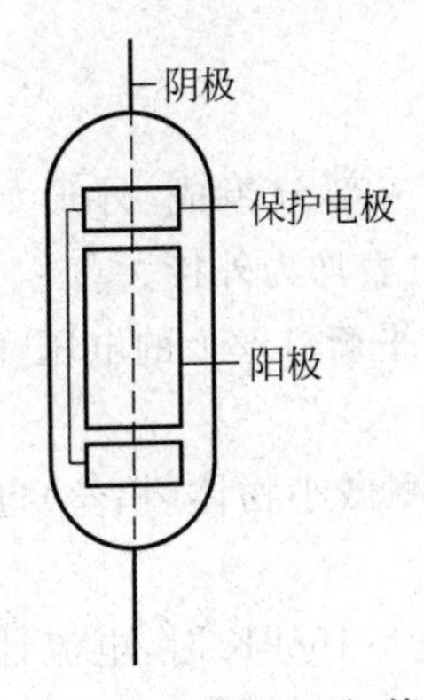

图1.3-2　理想二极管

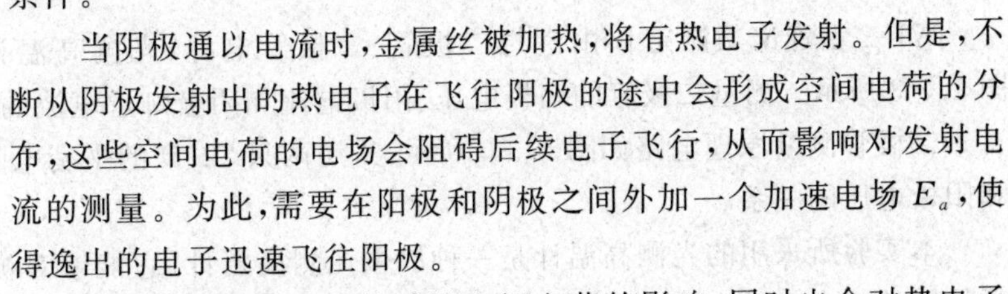

当阴极通以电流时，金属丝被加热，将有热电子发射。但是，不断从阴极发射出的热电子在飞往阳极的途中会形成空间电荷的分布，这些空间电荷的电场会阻碍后续电子飞行，从而影响对发射电流的测量。为此，需要在阳极和阴极之间外加一个加速电场E_a，使得逸出的电子迅速飞往阳极。

外加电场的存在能够消除空间电荷的影响，同时也会对热电子发射产生影响。

设阴极与阳极的半径分别为r_1与r_2，当阴极与阳极间加速电

压为 u_a 时，阴极表面的加速电场强度为

$$E_a = \frac{u_a}{r_1 \ln \frac{r_2}{r_1}} \tag{1.3-5}$$

则在此加速场下测得的热电子发射电流

$$I_a = I e^{\frac{0.439\sqrt{E_a}}{T}} \tag{1.3-6}$$

式中，I 零场电流，T 为阴极的热力学温度(取决于通过阴极的电流强度 I_f)。

对式(1.3-6)取对数

$$\ln I_a = \ln I + \frac{0.439}{T\sqrt{r_1 \ln \frac{r_2}{r_1}}}\sqrt{u_a} \tag{1.3-7}$$

当阴极温度 T(或阴极电流 I_f)一定时，$\ln I_a$ 与 $\sqrt{u_a}$ 呈线性关系。测出某温度下一系列(u_a，I_a)值，画出 $\ln I_a$-$\sqrt{u_a}$ 线性关系图，并将其外推到 $u_a=0$ 处，得到 $\ln I$ 值，即完成对该温度下零场热电子发射电流 I 的测量。

4. 阴极温度 T 的测量

阴极温度 T 对热电子发射的影响很大。本实验采用光测高温计进行测量。测量的基本原理是，依据热辐射原理，将被测物体在一定波长间隔内的表面亮度与黑体在同一波长间隔内的表面亮度加以比较，二者一致时，黑体的温度就代表物体的亮度温度 T_L。物体的亮度与物体辐射的能量成正比，而某一波长的热辐射能量与温度 T 成指数关系。

利用光测高温计直接测得的是二极管阴极的亮度温度 T_L，并非阴极的真实温度 T。二者之间满足关系式

$$\frac{1}{T} = \frac{1}{T_L} + \frac{k\lambda}{ch}\ln \varepsilon_{\lambda,T} \tag{1.3-8}$$

式中，$\varepsilon_{\lambda,T}$ 为物体的单色辐射系数(对于金属钨在 $\lambda=650\text{nm}$、$T=2000\text{K}$ 附近时，$\varepsilon_{\lambda,T}=0.44$)，$k$、$c$、$h$ 分别为玻耳兹曼常数、光速、普朗克常量。将各量数值代入式(1.3-8)得

$$\frac{1}{T} = \frac{1}{T_L} - 0.374\times 10^{-4} \tag{1.3-9}$$

即可得到物体的真实温度 T。

[仪器装置]

WF-2 型逸出功测定仪由理想二极管、二极管电源、光测高温计三部分组成，外形如图 1.3-3 所示。测量二极管的阳极电压、阳极电流和阴极灯丝电流的电表均为外接。

二极管测量原理电路如图 1.3-4 所示，采用两只 220Ω 的平衡电阻平衡灯丝上的电压降和阳极电压的关系。

本实验所采用的光测高温计是一种测微光测高温计，它能够对被测微小物体(钨丝)进行足够的放大。其光路和电路图如图 1.3-5 所示。

高温计中的非平衡电桥各元件的参数事先已经调整好，对应于 $T_L=1600\text{K}$ 时，电流计 G 指零(电桥平衡)。改变(增加)高温计灯泡电流时，其电阻 R_x 也随之改变(增加)，破坏了

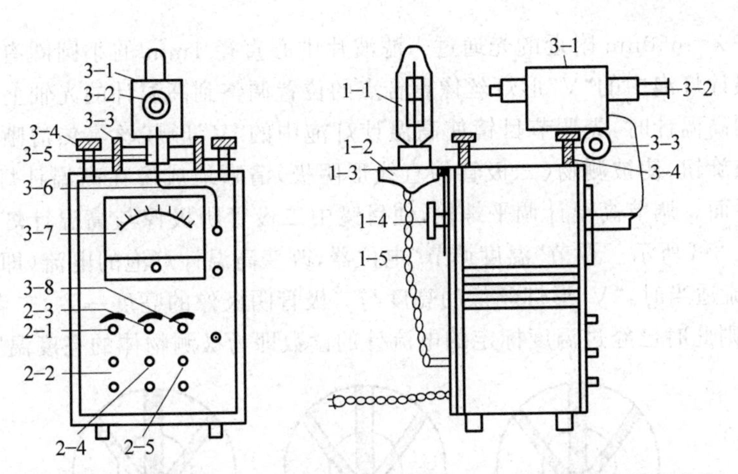

1—1 理想二极管；1—2 理想二极管管座；1—3 理想二极管底板；1—4 理想二极管底板调节螺栓；1—5 理想二极管电源连线；2—1 理想二极管灯丝电流调节电位器；2—2 理想二极管灯丝电流监测电流表接线柱；2—3 理想二极管阳极电压调节电位器；2—4 理想二极管阳极电压测量电压表接线柱；2—5 理想二极管阳极电流测量电流表接线柱；3—1 光测高温计；3—2 高温计目镜头；3—3 高温计调焦轮；3—4 高温计调平螺栓；3—5 高温计固定螺栓；3—6 高温计连接线；3—7 高温计指示电表；3—8 温度调节电位器。

图 1.3-3　WF-2 型逸出功测定仪装置图

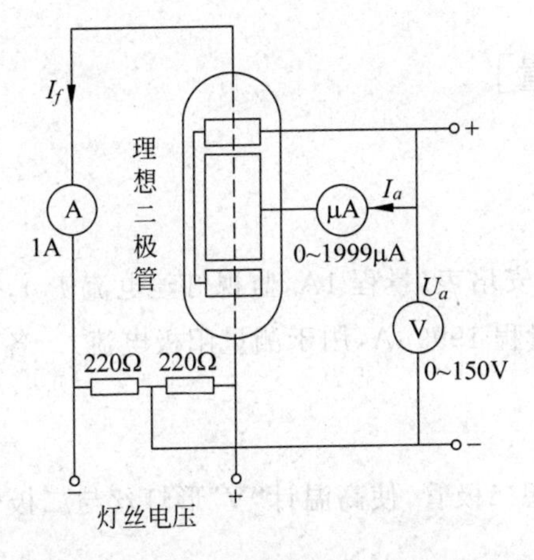

图 1.3-4　二极管测量原理电路图

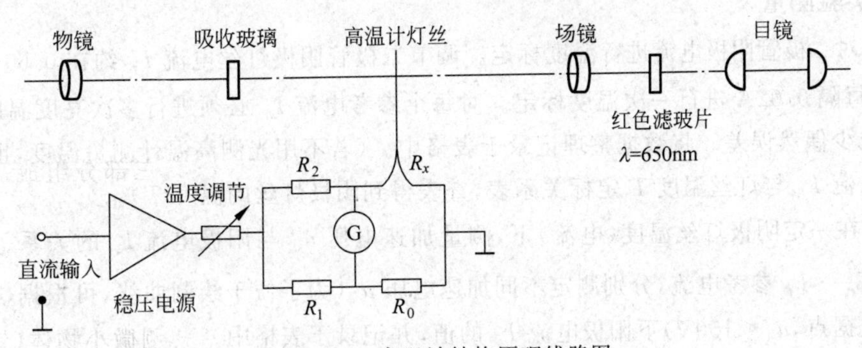

图 1.3-5　高温计结构原理线路图

电桥的平衡，电流计 G 的指针发生偏转，相应的刻度直接根据亮度温度进行刻度标定。吸收玻璃用来将 1600～2100K 待测物体的亮度控制在用肉眼观察比较合适的范围内。红色

滤波片只允许 $\lambda=650\text{nm}$ 附近的光通过。滤波片中心直径 1mm 的小圆圈有助于将二极管阴极像与高温计灯泡中的“V”形灯丝像重合点的位置调整到高温计的光轴上。

使用光测高温计时，先调节目镜使高温计灯泡中的“V”形灯丝聚焦清晰。再调节光测高温计的聚焦旋钮，使被测物(二极管的直线形阴极)清晰地成像在高温计灯泡的“V”形灯丝像所在的平面。调节高温计调平螺栓，使目镜中二极管阴极像与高温计灯泡灯丝像的相对位置如图 1.3-6 所示。调节“温度调节”电位器，改变高温计灯泡的电流(即改变该灯丝像的亮度)。电流适当时，“V”形灯丝像的亮度与二极管阴极像的亮度一致，二者混为一体，如图 1.3-6(b)，则此时已经过温度标定的电流计的读数即为被测物体的亮度温度 T_L。

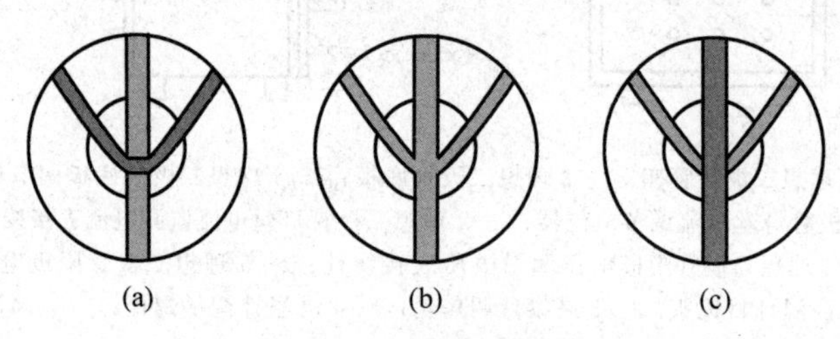

图 1.3-6　高温计灯丝像

(a) 高温计灯泡电流过小，“V”形灯丝像发暗；(b) 电流适当，两像的亮度一致；(c) 电流过大，“V”形灯丝像发亮

[实验内容与测量]

1. 实验仪器调节

1) 装置连接

熟悉仪器装置，连接好安培表(量程 1A，监视灯丝电流 I_f)，伏特表(量程 150V，测量阳极电压 u_a)，数字微安表(量程 1999μA，用于测量阳极电流)。各调节旋钮置于安全位置，接通电源，预热 10min。

2) 光测高温计的调节

调节光测高温计和理想二极管，使高温计“V”形灯丝与二极管阴极灯丝都成像清晰，并在视场中央相交。

2. 实验测量

(1) 对二极管阴极电流进行温度标定。调节二极管阴极灯丝电流 I_f 约在 0.60～0.75A 范围内，每隔 0.02A 进行一次温度标定。对每个参考电流 I_f 必须进行多次亮度温度 T_L 的测量以减少偶然误差。将数据整理记录于表格中。(若不用光测高温计测量温度，也可以根据灯丝电流 I_f 与灯丝温度 T 定标关系表，查表得到阴极灯丝的温度 T)。

(2) 在一定阴极灯丝温度(电流)下，测量加速电压 u_a 与阳极电流 I_a 的关系。对应步骤(1)中每一 I_f 参考电流，分别测定不同加速电压 u_a(为了便于绘制曲线，可根据 $\sqrt{u_a}$ 值适当选取数据点，$u_a<150\text{V}$)下阳极电流 I_a 的值，并记录于表格中。

[注意事项]

步骤(2)应在步骤(1)对每一参考电流进行温度标定的同时进行测定。

[数据处理与分析]

(1) 绘制 $\ln I_a$-$\sqrt{u_a}$ 图线

由[实验内容与测量]2 的步骤(1)数据中的亮度温度 T_L，计算出对应的灯丝温度 T，结合步骤(2)数据，作出不同灯丝温度 T 下 $\ln I_a$-$\sqrt{u_a}$ 图线，并外推求出各个灯丝温度 T 下的零场热电子发射电流 I。

(2) 绘制 $\ln \frac{I}{T^2}$-$\frac{1}{T}$ 图线

将前述数据计算整理，作出 $\ln \frac{I}{T^2}$-$\frac{1}{T}$ 图线，由直线斜率求出钨的逸出功 $e\varphi$，并与公认值(钨逸出功公认值 $e\varphi=4.54\text{eV}$)比较，分析误差产生的原因。

[讨论]

结合实验现象及测量结果，分析热电子发射的基本特征。

[结论]

通过对实验现象和实验结果的分析，你能得到什么结论？

[思考题]

(1) 什么是零场电流？为什么不能直接测量零场电流？

(2) 灯丝温度定标时，多次测量结果的波动会对实验结果有影响吗？

[附录]

理想二极管中阳极保护环电极对于消除边缘效应的作用如图 1.3-7 所示。

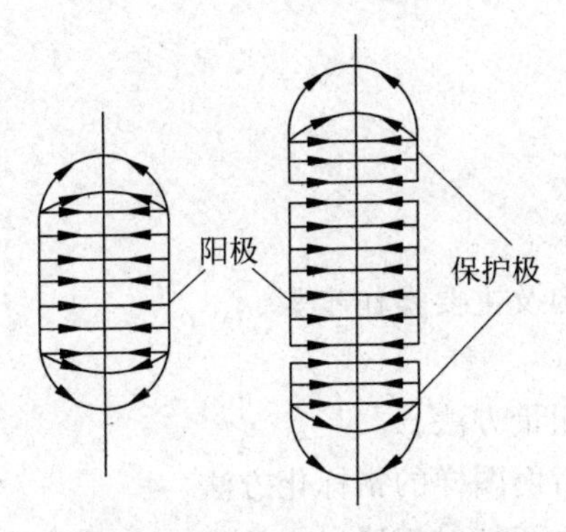

图 1.3-7　保护环电极对于消除边缘效应的作用示意图

[参考文献]

[1]　方俊鑫，陆栋. 固体物理学(上册)[M]. 上海：上海科学技术出版社，1980.

[2]　南京工学院. WF-2 型逸出功测定仪仪器说明书[Z]. 1984.

[3]　丁慎训，等. 物理实验教程[M]. 2 版. 北京：清华大学出版社，2002.

实验 1.4　电子衍射

[引言]

在物理学的发展史上，关于光的“粒子性”和“波动性”的争论曾延续了很长一段时期。人们最终接受了光既具有粒子性又具有波动性，即光具有波粒二象性。1924 年法国物理学家德布罗意首先提出了一切微观粒子都具有波粒二象性的设想。根据这一假设，电子也具有干涉和衍射等波动现象。1927 年，美国物理学家戴维孙和革末用电子束射向镍单晶，发现电子束不仅受到反射，而且发生了衍射，观察到了衍射花样，证实了电子的波动性。同年，英国物理学家 G. P. 汤姆孙独立完成了用电子束穿过薄金箔得到衍射图样的实验，并利用衍射图样求得的衍射波长，正好与德布罗意所预言的电子波的波长相符，进一步证实了电子的波动性。由于这项发现，戴维孙和 G. P. 汤姆孙共同获得 1937 年诺贝尔物理学奖。电子衍射实验首次从实验上证实了德布罗意关于电子具有波粒二象性的论点，薛定谔等人在此基础上创立了描述微观粒子运动的基本理论——波动力学，使人们对亚原子粒子的波粒二象性有了更深刻的理解，对于认识核、原子和分子的结构起到了重要作用。现在电子衍射已成为现代测试表征技术的一种重要手段。

[实验目的]

(1) 掌握晶体对电子的衍射理论。

(2) 掌握电子衍射仪的使用方法，观察电子衍射图样。

(3) 测量运动电子的波长，验证德布罗意关系式。

(4) 掌握面心立方晶体衍射图样的指标化方法及晶格常数测量方法。

(5) 测量普朗克常量。

[实验仪器]

DF-8 型电子衍射仪。

[预习提示]

(1) 了解实验装置的结构及主要操作步骤。

(2) 理解波粒二象性。

(3) 晶格常数的定义及测量方法。

(4) 密勒指数的定义及衍射图样的指标化方法。

(5) 了解面心立方晶体电子衍射规律。

[实验原理]

1. 运动电子的波长

1924 年德布罗意提出实物粒子也具有波粒二象性的假设，他认为粒子的特征波长 λ 与动量 p 的关系与光子相同，即

$$\lambda=\frac{h}{p}=\frac{h}{mv} \tag{1.4-1}$$

式中，h 为普朗克常量，$p=mv$ 为运动电子的动量。

设电子初速度为零，在电势差为 V 的电场中作加速运动。根据爱因斯坦狭义相对论，电子质量与速度有关，其关系式为

$$m=\frac{m_0}{\sqrt{1-\frac{v^2}{c^2}}} \tag{1.4-2}$$

式中，m_0 为电子的静止质量，c 为光速。

当电子速度 $v \ll c$ 时，即非相对论情况下，$m=m_0$。电子的速度由电场力所做的功决定：

$$W=eV=\mathrm{E}_k=\frac{1}{2}mv^2=\frac{P^2}{2m} \tag{1.4-3}$$

式中，V 为电子的加速电压。

将式(1.4-3)代入式(1.4-1)，得

$$\lambda=\frac{h}{\sqrt{2mev}} \tag{1.4-4}$$

式中，m 为电子的质量，e 为电子的电荷量。将 $h=6.626\times10^{-34}\,\mathrm{J\cdot s}$、$m_0=9.11\times10^{-31}\,\mathrm{kg}$、$e=1.602\times10^{-19}\,\mathrm{C}$ 代入式(1.4-4)，可得

$$\lambda=\frac{1.225}{\sqrt{V}} \tag{1.4-5}$$

式中，加速电压 V 的单位为 V，λ 的单位为 nm。由式(1.4-5)可计算出电子的德布罗意波的波长。

2. 晶面与密勒指数

晶体是由离子、原子或分子在三维空间周期性排列构成的。为了反映晶体中原子排列的周期性，在三维空间以一个点代表一个原子或一个原子团，这样的点叫作点阵。点阵在空间作周期性无限分布所形成的阵列叫做空间点阵，点阵组成的平面叫做晶面。

对于特定取向的晶面，必定与晶体中对应的一组互相平行的平面点阵相平行，采用密勒指数进行标记：设该晶面与直角坐标系的截距分别为 x,y,z，对 $\frac{1}{x},\frac{1}{y},\frac{1}{z}$ 通分，用 x,y,z 的最小公倍数作为分母，得出三个分子分别为 h,k,l，则此晶面的密勒指数为(hkl)。同理，与此晶面平行的晶面的密勒指数也是(hkl)。例如，某平面在 x,y,z 三个坐标轴的截距分别为 $x=3,y=4,z=2$，对 $\frac{1}{3},\frac{1}{4},\frac{1}{2}$ 通分，用 3、4、2 的最小公倍数 12 作为分母，得出三个分子分别为 4、3、6，所以密勒指数为(436)。图 1.4-1 所示的 $ABB'A'$ 平面及与之平行的平面，其截距为 $x=1,y\to\infty,z\to\infty$，则密勒指数为(100)。同理，$ABCC'$ 平面的密勒指数为(110)，

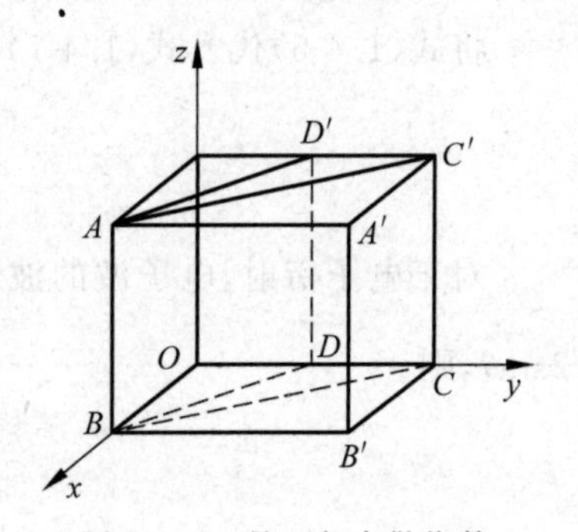

图 1.4-1 晶面与密勒指数

$ABDD'$平面的密勒指数为(120)。

对于立方晶系，晶面间距与密勒指数的关系为

$$d_{hkl}=\frac{a_0}{\sqrt{h^2+k^2+l^2}} \tag{1.4-6}$$

式中，a_0 为立方晶体晶胞的边长，即晶格常数。

3. 电子衍射

由于晶体具有点阵结构，可以把晶体看作三维光栅。当高速电子束穿过晶体薄膜时所发生的电子衍射现象与 X 射线穿过多晶体所发生的衍射现象相类似，如图 1.4-2 所示。它们衍射的方向均满足布拉格公式。即

$$2d\sin\theta=n\lambda,\quad n=0,1,2,3,\cdots \tag{1.4-7}$$

式中，λ 为入射电子波的波长，d 为相邻晶面间的距离，即晶面间距，θ 为入射电子波束和平面之间的夹角 θ，也称掠射角，n 是整数，称为衍射级次。

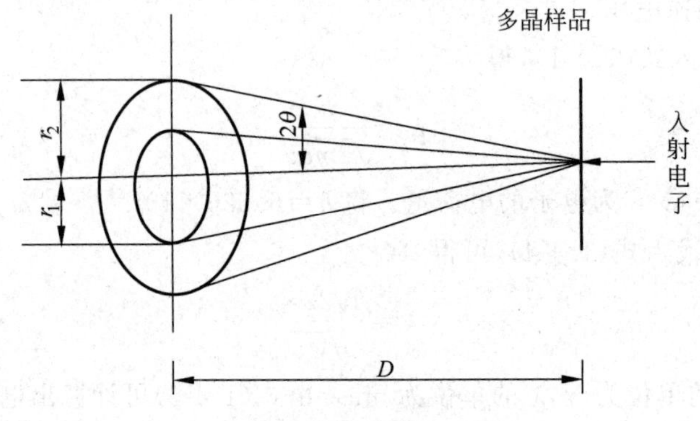

图 1.4-2　电子衍射实验示意图

本实验是观察多晶体样品(金膜)的电子衍射。多晶样品是各种取向的微小单晶体的集合体。如用波长为 λ 的电子波束射入多晶薄膜，则总可以找到不少小晶体，其晶面与入射电子波束之间的掠射角为 θ，满足布拉格公式，在原入射电子波束方向成 2θ 的衍射方向上，产生相应于该波长的最强衍射波束，即各衍射电子波束均位于以入射电子波束为轴、半顶角为 2θ 的圆锥面上。若在薄膜的前方，放置一个与入射电子波束垂直的荧光屏，则可观察到圆环状的衍射环。在 λ 值不变的情况下，对于满足式(1.4-7)的不同取向的晶面，半顶角 2θ 不相同，从而形成不同半径的衍射环。

将式(1.4-6)代入式(1.4-7)得

$$\lambda=\frac{2a_0\sin\theta}{n\sqrt{h^2+k^2+l^2}} \tag{1.4-8}$$

对于电子衍射，电子波的波长很短，角 θ 一般只有 $1^\circ\sim2^\circ$，由几何关系可知，$\frac{r}{D}\approx2\theta\approx2\sin\theta$，则

$$\lambda=\frac{r}{D}\frac{a_0}{n\sqrt{h^2+k^2+l^2}} \tag{1.4-9}$$

式中，r 为衍射环半径，D 为多晶样品到荧光屏的距离。

由于晶格对波的漫反射引起消光作用，$n>1$ 的衍射一般都观测不到，仅考虑 $n=1$ 时，则

$$\lambda=\frac{r}{D}\frac{a_0}{\sqrt{h^2+k^2+l^2}} \tag{1.4-10}$$

由式(1.4-10)，可以测量电子的德布罗意波的波长实验值，并与理论值进行比较，如果 λ 在误差范围内相符，则说明德布罗意假设成立。

4. 系统消光

衍射图样的分布规律由晶体的结构决定，并不是所有满足布拉格公式的晶面都会有衍射线产生，这种现象称为系统消光。对于面心立方晶体，如金、铝等，几何结构因子决定密勒指数全部为偶数或者奇数的晶体平面才能得到衍射图样。可能产生衍射环的晶面的密勒指数如表 1.4-1 所示。

表 1.4-1　面心立方晶体衍射环对应的密勒指数

衍射圆环序号	面心立方		
	hkl	m	m_l/m_1
1	111	3	1
2	200	4	1.33
3	220	8	2.66
4	311	11	3.67
5	222	12	4
6	400	16	5.33
7	331	19	6.33
8	420	20	6.67
9	422	24	8
10	333 或 511	27	9
11	440	32	10.67

5. 衍射图样的指标化方法

根据系统消光条件，可以确定衍射图样的对应晶面的密勒指数 hkl，这一步骤称为衍射图样的指标化。对衍射图样指标化，可确定晶体结构，若已知电子波的波长，则可计算晶格常数，若已知晶格常数，则可计算电子波的波长，验证德布罗意关系。

由式(1.4-10)可知

$$r^2=\frac{D^2\lambda^2}{a_0^2}(h^2+k^2+l^2) \tag{1.4-11}$$

晶面指数 h、k、l 只能取整数，令 $m=h^2+k^2+l^2$，则各衍射环半径平方的顺序比为

$$r_1^2:r_2^2:r_3^2:\cdots=m_1:m_2:m_3:\cdots$$

按照系统消光规律，对于面心立方晶格，半径最小的衍射圆环对应的密勒指数为 111，对应的晶面是面心立方晶格中晶面间距最小的晶面。晶格的衍射圆环半径排列顺序和对应的密勒指数如表 1.4-1 所示，将衍射环半径的平方比与表 1.4-1 对照，一般可确定衍射环的密勒指数。

[仪器装置]

DF-8 型电子衍射仪如图 1.4-3 所示，主要由电子衍射管、高压电源单元两部分组成。

图 1.4-3　DF-8 型电子衍射仪

1. 电子衍射管

电子衍射管结构如图 1.4-4 所示。电子衍射管由灯丝、阴极、加速极、聚焦极、高压帽构成。实验采用直径为 15mm 的圆形多晶金薄膜样品，厚度约为 10～20nm，晶格常数为 0.407 86nm。电子束由 20kV 以下的电压加速并形成定向电子束流，采用静电聚焦和偏转，引向靶面上任意位置。

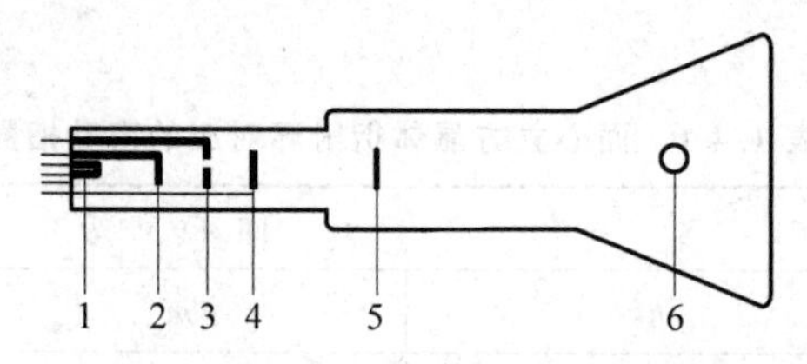

1—灯丝；2—阴极；3—加速极；4—聚焦极；5—金属薄膜靶；6—高压帽。

图 1.4-4　电子衍射管结构示意图

2. 高压电源单元

加在晶体薄膜与阴极之间的高压 0～20kV 连续可调，面板上有数显高压表可直接显示晶体薄膜与阴极之间的电压。阴极、灯丝和各组阳极分别由对应的电源供电，灯丝电源为 6.3V。

[实验内容与测量]

1. 定性观察电子衍射图样

(1) 开启电源前，将高压调节旋钮逆时针旋到底，仪器预热 10min 后将高压缓慢调至 10kV。

(2) 分别调节聚焦、辉度、X 位移、Y 位移旋钮，得到清晰的电子衍射图样，增大或减小电子的加速电压，观察电子衍射图样直径变化情况。

2. 衍射图样的指标化

对同一加速电压(19kV)，测量不同晶面的衍射圆环(至少 5 个环)直径 $2r$，确定衍射圆环对应晶面的密勒指数 hkl。

3. 测量运动电子的波长，验证德布罗意关系式

从 10kV 开始，每隔 1kV 改变一次，直至加到电压值为 20kV，用毫米刻度尺测量改变电压过程中同一晶面衍射圆环的直径 $2r$，分别利用式(1.4-5)和式(1.4-10)，计算电子的德布罗意波的波长。

4. 测量晶体的晶格常数

根据[实验内容与测量]3，利用式(1.4-10)，计算金的晶格常数。

5. 计算普朗克常量

根据[实验内容与测量]3,画出 λ^2-$1/v$ 的关系曲线,计算普朗克常量。

实验注意事项:

(1) 实验中高压达到 20kV,不要用手去触碰管脚的接线。

(2) 管脚周围不应有强磁场,以免影响管内电子束聚焦。

(3) 测量衍射圆环直径时,从不同角度测量 6~8 次,减小误差。

(4) 实验结束后,将高压降为零再关闭电源。

[数据处理与分析]

(1) 以某一加速电压下某一组晶面指数所对应的衍射圆环为例,把两种方法得到的波长 λ 进行比较,计算误差,验证德布罗意公式是否成立。

(2) 利用作图法,计算普朗克常量。

[讨论]

讨论相对论效应对实验结果的影响。

[结论]

通过对实验现象和实验结果的分析,你能得到什么结论?

[思考题]

对于能量为 10MeV 电子束,等式 $\lambda=\frac{1.225}{\sqrt{V}}$ 是有效的吗? 若无效,那是为什么? 请给出可以应用的等式。

[附录]　DF-8 型电子衍射仪主要技术参数

(1) 输入电压: 交流 220V。

(2) 输出电压: 直流 0~20kV 连续可调。

(3) 灯丝电压: 6.3V。

(4) 电流: 0.8mA。

(5) 靶到荧光屏的距离 D 详见仪器标签。

[参考文献]

[1]　褚圣麟. 原子物理学[M]. 北京: 高等教育出版社,1979.

[2]　刘战存,卢文韬. G. P. 汤姆孙对电子衍射的实验研究[J]. 大学物理,2004,23(11): 51-54,65.

[3]　衍石科技(北京)有限公司. DF-8 型电子衍射仪使用说明书[Z]. 2014.

实验 1.5　表面等离子共振

[引言]

表面等离子共振(surface plasmon resonance,SPR)是一种物理光学现象,由入射光波和金属导体表面的自由电子相互作用而产生，是基于SPR检测生物传感芯片上配位体与分析物作用的一种前沿技术，也是20世纪90年代发展起来的一种生物分子检测技术。在20世纪初，Wood观测到连续光谱的偏振光照射金属光栅时出现了反常的衍射现象，即伍德异常衍射现象，并且对这种现象进行了公开描述。1941年，Fano用金属与空气界面的表面电磁波激发模型对这一现象给出了解释。1957年，Ritchie发现，当电子穿过金属薄片时存在数量消失峰。他将这种消失峰称为"能量降低的"等离子模式，并指出了这种模式和薄膜边界的关系，第一次提出了用于描述金属内部电子密度纵向波动的"金属等离子体"的概念。2年后，Powell和Swan用实验证实了Ritche的理论。随后，Stem和Farrell给出了这种等离子体模式的共振条件，并将其称为表面等离子共振。1968年，德国物理学家Otto和Kretschmann等人研究了金属和介质界面用光学方式激发SPR的问题，并分别设计了两种棱镜耦合方式。此后，SPR技术获得了长足的发展。1990年，国际上第一台商业生产的生物传感器在瑞典的Biocore公司诞生。实践证明，SPR传感器与传统检测手段比较，具有无需对样品进行标记、实时监测、灵敏度高等突出优点。所以，它在医学诊断、生物监测、生物技术、药品研制和食品安全检测等领域有广阔的应用前景。

[实验目的]

(1) 熟悉和了解分光计的调节和使用；
(2) 了解全反射中消逝波的概念和表面等离子共振原理；
(3) 观察表面等离子共振现象，研究其共振角随折射率的变化；
(4) 掌握共振角的测量方法。

[实验仪器]

KF-JJY1′型分光计，半导体激光器，数字式功率计，光电探头，二维调节工作台(微调座)，准星，敏感部件，偏振器，去离子水，丙三醇，不同浓度的氯化钠溶液等。

[预习提示]

(1) 分光计的使用。
(2) 产生全反射的条件是什么?
(3) 等离子共振需要满足什么条件?
(4) 利用表面等离子共振测折射率的原理。

[实验原理]

1. 消逝波

在波动光学没有发展起来以前，菲涅耳定理很好地描述了光在介质表面的行走路径。当光线从折射率为 n_1 的光密介质射向折射率为 n_2 的光疏介质时，在2种介质的界面处将同时发生折射和反射，遵循 $n_1\sin\theta_1=n_2\sin\theta_2$ 关系。当入射角 θ 大于临界角 θ_c 时，将发生全反射，在全内反射条件下，入射光的能量没有损失，但光的电场强度在界面处并不立即减小为零，而会渗入光疏介质中产生消逝波(evanescent wave)，如图1.5-1所示，消逝波的强度随渗入深度 Z 呈指数规律衰减，数学表达式为

$$I(z)=I(0)\exp(-z/d) \tag{1.5-1}$$

式中，$d=\dfrac{\lambda_0}{2\pi\sqrt{n_1^2\sin\theta_2-n_2^2}}$（$\lambda_0$ 是光在真空中波长）是消逝波渗入光疏介质的有效深度，即光波的电场衰减至表面强度的 1/e 时的深度。可见入射的有效深度 d 不受入射光偏振化程度的影响，d 随着入射角的增加而减小，其大小为 λ_0 的数量级甚至更小。因为消逝波的存在，在界面处发生全内反射的光线，实际上在光疏介质中产生大小约为半个波长的附加光程后又返回光密介质，若光疏介质很纯净，不存在对消逝波的吸收或散射，则全内反射的光强并不会衰减。反之，若光疏介质中存在能与消逝波产生上述作用的物质时，全内反射光的强度将会被衰减，这种现象称为衰减全内反射，反射率出现最小值。

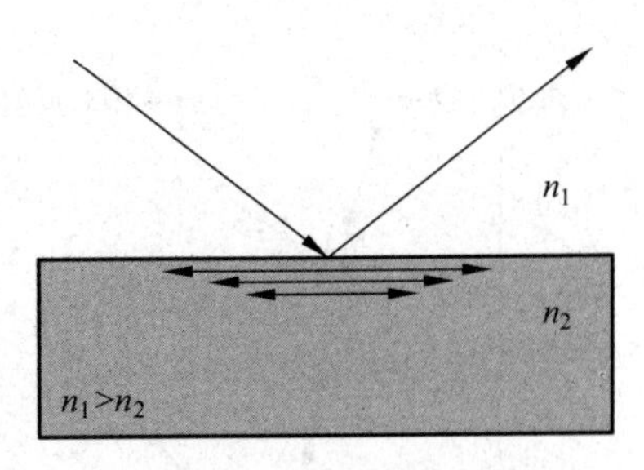

图 1.5-1 消逝波示意图

2. 等离子波

等离子体通常是指密度相当高的自由正、负电荷组成的气体，其中正、负带电粒子数目几乎相等，因而整体呈电中性。把金属的价电子看成是均匀正电荷背景下运动的电子气体，这实际上也是一种等离子体。在电磁场的作用下，材料中的自由电子会在金属表面发生集体振荡，产生表面等离子波（surface plasmon wave，SPW）。

3. 表面等离子共振

表面等离子共振是消逝波以衰减全内反射的方式激发表面等离子波，当表面等离子波波矢与消逝波的波矢大小相等、方向相同时，产生共振，导致入射光的反射光强降至最低。如果在两种介质界面之间存在几十纳米的金属薄膜，那么全内反射时产生的消逝波的 P 偏振分量（P 波）将会进入金属薄膜，与金属薄膜中的自由电子相互作用，激发出沿金属薄膜表面传播的表面等离子波。当入射光的角度或波长到某一特定值时，入射光的能量大部分转换成表面等离子波的能量，从而使全反射的反射光能量突然下降，在反射谱上出现共振吸收峰，如图 1.5-2 所示。此时入射光的角度或波长称为表面等离子共振的共振角或共振波长。共振角或共振波长与金属薄膜表面的性质密切相关，如果在金属薄膜表面附着被测物质，如溶液或者生物分子，会引起金属薄膜表面折射率的变化，从而表面等离子共振光学信号发生改变，根据这个信号，可以获得被测物质的折射率或浓度等信息，达到物理参数测量的目的。在入射光波长固定的情况下，通过改变入射角度，可以实现角度指示型表面等离子共振。

表面等离子共振是一种物理光学现象，如图 1.5-3 所示，当 P 偏振光（振动方向在入射面内）通过柱面棱镜照射到金属表面时，入射光波矢 k 在 x 方向上的投影 k_x 为

$$k_x=k_0 n_{\mathrm{p}}\sin\theta_1 \tag{1.5-2}$$

式中，$k_0=2\pi/\lambda_0$ 是入射光在自由空间中的波矢，λ_0 是入射光在自由空间中的波长，n_{p} 是柱面棱镜的折射率（折射率有实部、虚部，本实验所指折射率均指折射率的实部），θ_1 为入射角。

根据麦克斯韦方程，可以推导出表面等离子波的波矢 k_{sp} 的模为

$$k_{\mathrm{sp}}=k_0\sqrt{\frac{\varepsilon_{\mathrm{m}} n_{\mathrm{s}}^2}{\varepsilon_{\mathrm{m}}+n_{\mathrm{s}}^2}} \tag{1.5-3}$$

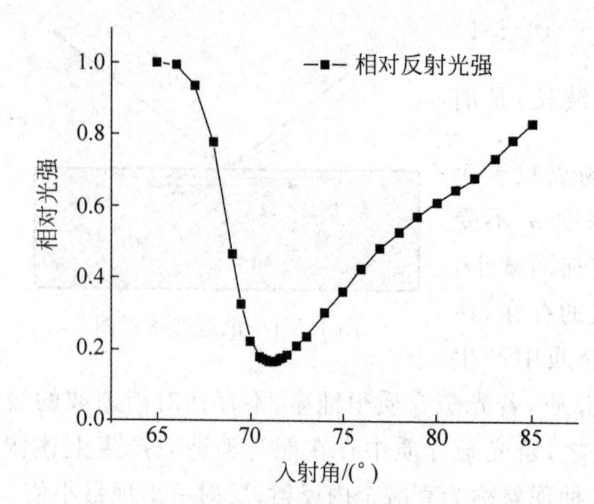

图 1.5-2　SPR 传感器测得的反射系数曲线

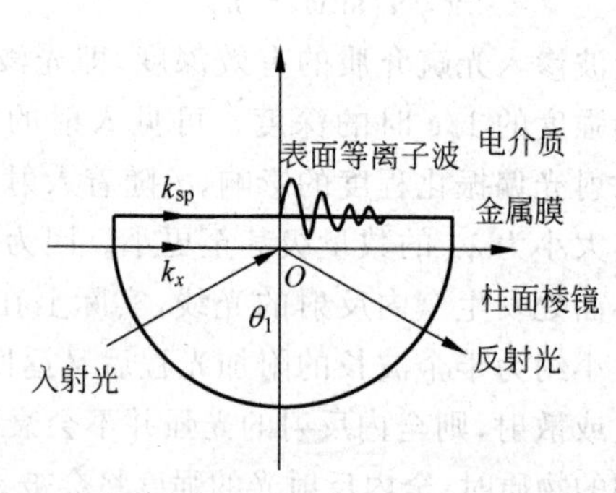

图 1.5-3　棱镜型 SPR 传感器结构示意图

式中，ε_m 是金属的介电常数，n_s 是待研究介质的折射率。

当 $k_x = k_{sp}$ 时，入射光波就会在金属表面形成表面等离子共振。

$$k_{sp} = k_0 n_p \sin\theta_1 = \mathrm{Re}\left(k_0 \sqrt{\frac{\varepsilon_m n_s^2}{\varepsilon_m + n_s^2}}\right) \tag{1.5-4}$$

式(1.5-4)就是产生 SPR 现象的条件。采用角度指示型检测方式，调节入射角 θ_1，反射光强最低时对应的共振角 θ_{sp} 满足

$$\sin\theta_{sp} = \mathrm{Re}\left(\sqrt{\frac{\varepsilon_m n_s^2}{\varepsilon_m + n_s^2}}\right) / n_p \tag{1.5-5}$$

由于所采用的金属介电常数的实部绝对值远大于虚部绝对值，则式(1.5-5)可进一步简化为

$$n_p \sin\theta_{sp} = \sqrt{\frac{\mathrm{Re}(\varepsilon_m) n_s^2}{\mathrm{Re}(\varepsilon_m) + n_s^2}} \tag{1.5-6}$$

根据式(1.5-6)可知待测液体折射率和共振角之间的关系，实验中可利用该式测量不同液体的折射率。

[仪器装置]

KF-SPR 型表面等离子共振实验仪如图 1.5-4 所示，由分光计、半导体激光器、数字式功率计、光电探头、微调座、准星、敏感部件、偏振器等组成。装置结构示意图如图 1.5-5 所示。结合分光计的精度和角度读数的方便性，能够精确地找到待测溶液所对应的共振角。

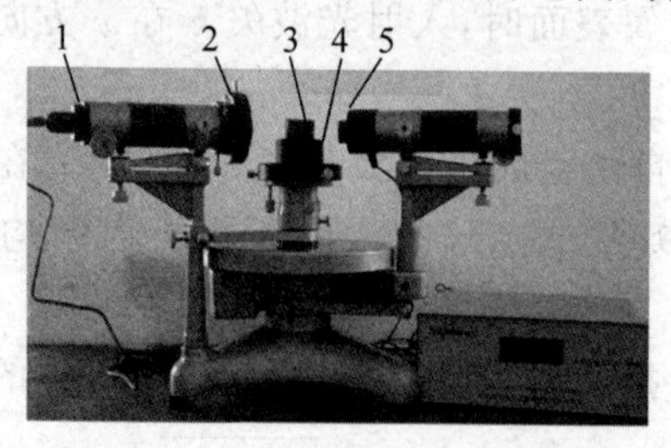

1—激光器；2—偏振器；3—敏感部件；4—微调座；5—光电探头。

图 1.5-4　表面等离子共振实验仪

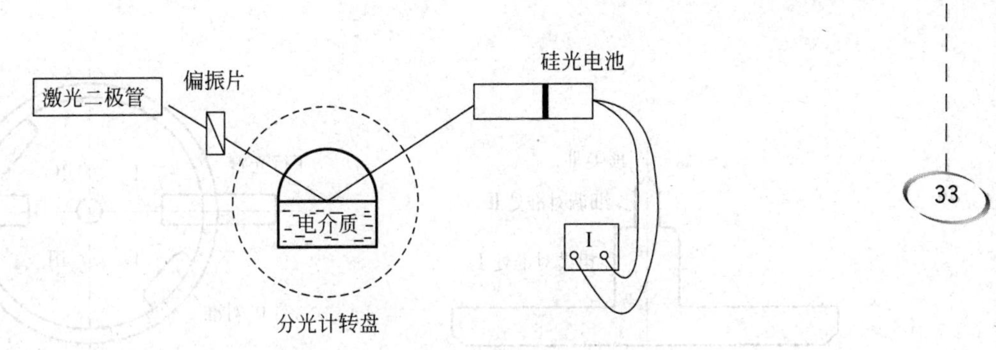

图 1.5-5 基于分光计的 SPR 实验装置示意图

[实验内容与测量]

1. 分光计调节

调节分光计的平行光管、望远镜,使其光轴分别与载物台中心轴垂直。

2. 激光功率计调节

激光器接光输出,光电探头接光输入,将偏振器指针转到 90°,打开激光功率计电源开关,调节激光光源使功率显示 900mW 左右。

3. 传感器中心调整

1) 粗调:将微调座放到分光计载物台上,固定好调节架后,在调节架中心放上准星,准星示意图如图 1.5-6 所示。开始粗调时,首先调节载物台锁紧螺钉使激光光斑至准星Ⅰ处,然后转动游标盘一圈,观察激光光斑是否一直射在准星Ⅰ上,如果不是,则说明激光光线和准星不在一个平面上,分以下两种情况调节。

(1) 当转动游标盘一圈,激光光斑始终处于准星某一侧,则说明激光光线有偏移,微调平行光管光轴水平调节螺钉,使激光光斑射在准星Ⅰ上。

(2) 当转动游标盘一圈,激光光斑处于准星不同侧,则说明准星不处于分光计中心位置,采用渐近法(与调节分光计中十字光斑方法相同),调节微调座的两颗微调螺钉,使激光光斑射在准星Ⅰ上。

2) 细调:通过调整平行光管光轴高低调节螺钉,使激光光斑射在准星Ⅱ上,再转动游标盘一圈,观察激光光斑是否一直射在准星Ⅱ上,如果不是,则说明激光光线和准星仍不在一个平面上,调节方法与粗调一致。

3) 继续调整平行光管光轴高低调节螺钉,使激光光斑射在准星Ⅲ上,转动游标盘一圈,观察准星顶尖Ⅲ处光斑是否一直处于最亮状态,如果不是,继续调节,调节方法同粗调、细调,直至满足要求。

4. 移去准星,放入敏感部件

将游标盘与度盘调整至如图 1.5-7 所示位置,调整敏感部件使激光以 0°入射,拧紧游标盘止动螺钉,转动度盘使度盘 0°对准游标盘 0°。拧紧转座与度盘止动螺钉,松开游标盘止动螺钉,从此刻开始度盘始终保持不动。转动游标盘 90°观察光是否以 90°入射敏感部件,继续转动游标盘 180°观察光是否仍以 90°入射敏感部件,如果是,此时则说明敏感部件已调整完毕。将游标盘转回至度盘所示 65°位置处锁定,测量前准备调节完毕。

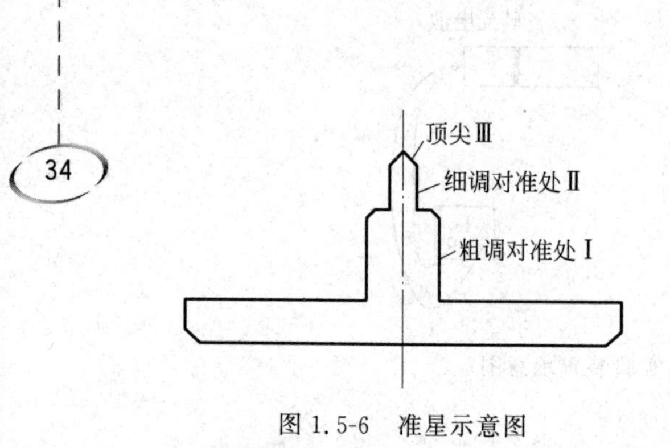

图 1.5-6　准星示意图

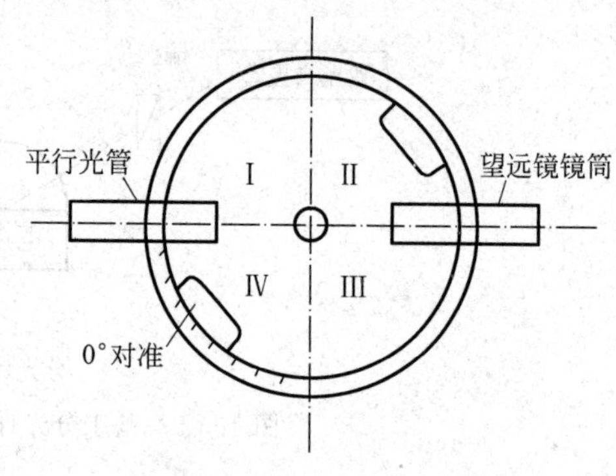

图 1.5-7　0°对准处示意图

5. 测量

保持度盘和游标盘不动，转动支臂，观察功率计读数，记录其中的最大读数，保持度盘不动，转动游标盘 1°～66°位置固定，再转动支臂记录最大读数。以此类推，以 1°为步长增加入射角，记录功率计最大读数，直至入射角为 88°。

注意事项：

(1) 光学元件使用时要轻拿轻放。

(2) 注意保持光学表面清洁，不要用手触摸，用毕放入工具盒。

[数据处理与分析]

(1) 分别绘制去离子水、丙三醇、不同浓度的氯化钠溶液相对光强与入射角的关系曲线。

(2) 利用共振角分别计算去离子水、丙三醇、不同浓度的氯化钠溶液的折射率。

[讨论]

(1) 比较不同溶液的共振角有何差异？

(2) 讨论浓度对溶液折射率的影响。

(3) 讨论共振角测量误差来源。

[结论]

通过对实验现象和实验结果的分析，你能得到什么结论？

[思考题]

(1) 电解质折射率与表面等离子共振角度有什么关系？

(2) 如何理解金属内部及表面的等离子体振动？

(3) 产生金属表面等离子体共振有哪些方法？

[附录]　KF-SPR 型表面等离子共振实验仪技术指标

(1) 半导体激光器：635nm。

(2) 敏感部件：半圆柱棱镜，镀金薄膜，槽深 4mm，直径 30mm。

(3) 偏振器：测量范围 360°，刻线最小读数为 5°，偏振片的偏振方向与偏振器指针方向一致。

(4) 微调座直径：87mm。

(5) 顶尖中心偏差：0.02。

(6) 数字式功率计：量程 1000mW，最小读数 1mW。

(7) 去离子水折射率：1.333。

(8) 丙三醇折射率：1.4730。

(9) 柱面棱镜折射率：1.5164。

(10) 金薄膜的介电常数实部：−12.1170～−11.8855。

[参考文献]

[1] 刘国华，常露，张维，等. SPR 传感器技术的发展与应用[J]. 仪表技术与传感器，2005，(11)：1-5.

[2] 赵南明. 生物物理学[M]. 北京：高等教育出版社，2000.

[3] 浙江精飞科技有限公司. KF-SPR 型表面等离子共振实验仪使用说明书[Z]. 2016.

实验 1.6 汞原子激发电位的测定

[引言]

1913 年，丹麦物理学家玻尔(N. Bohr)将量子概念应用于当时人们尚未接受的卢瑟福(E. Rutherford)原子核结构模型，提出了原子结构的量子理论，成功地解释了氢原子光谱，为量子力学的创建起了巨大的推动作用。但玻尔理论的定态假设与经典电动力学明显对立，而频率定则带有浓厚的人为因素，在当时很难被人们所接受。正是在这样的历史背景下，1914 年，两位德国实验物理学家弗兰克(J. Frank)和赫兹(G. Hertz)在研究气体放电现象中低能电子与原子间相互作用时，在充汞的放电管中，发现穿过汞蒸气的电子流随电子的能量显现有规律的周期性变化，能量间隔为 4.9eV。对此，他们提出了原子中存在“临界电势”的概念：当电子能量低于与临界电势相应的临界能量时，电子与原子的碰撞是弹性的；而当电子能量达到这一临界能量时，碰撞过程由弹性转变为非弹性，电子把这份特定的能量转移给原子，使之受激；原子退激时，再以特定频率的光量子形式辐射出来。同一年，使用石英制作的充汞管，拍摄到与能量 4.9eV 相应的光谱线 253.7nm 的发射光谱。他们采用慢电子与稀薄气体原子碰撞的方法，利用两者的非弹性碰撞将原子激发到较高能态，通过测量电子与原子碰撞时交换某一定值的能量，直接证明了原子能级的存在，并验证了频率定则，为玻尔理论提供了独立于光谱研究方法的直接的实验证明。1920 年，弗兰克及其合作者对原先的装置做了改进，提高了分辨率，测得了亚稳能级和较高激发能级，进一步证实了原子内部能量是量子化的。弗兰克和赫兹因为此项研究分享了 1925 年的诺贝尔物理学奖。

[实验目的]

(1) 了解弗兰克-赫兹实验的设计思想和方法。

(2) 测量汞原子第一激发电位，加深对原子能级的理解。

(3) 研究炉温、反向拒斥电压、灯丝电压等参数对实验现象的影响。

[实验仪器]

FH-Ⅵ型汞原子激发电位测量仪。

[预习提示]

(1) 了解原子能量量子化的有关理论。

(2) 了解弗兰克-赫兹实验的设计思想,了解弗兰克-赫兹管中设置的电极以及各电极的作用及电位。

(3) 考虑如何布置实验数据测量点,设计测量方案。

[实验原理]

玻尔提出的原子结构量子理论指出：

(1) 原子只能较长久地停留在一些稳定状态(简称定态),原子在这些状态时,不发射或吸收能量,即各定态有一定的能量,且其数值是彼此分立的。原子的能量不论通过什么方式发生改变,它只能使原子由一个定态跃迁到另一个定态。

(2) 原子从一个定态跃迁到另一个定态而发射或吸收辐射时,辐射频率是一定的。如果用 E_m 和 E_n 代表两个定态的能量,辐射频率 ν 由下式确定

$$h\nu = E_m - E_n \tag{1.6-1}$$

式中的 h 为普朗克常量,其值为 $6.626\,07\times10^{-34}\,\text{J}\cdot\text{s}$。

为了使原子从低能级向高能级跃迁,需要外界给予一定能量,这可以通过具有一定频率 ν 的光子来实现,也可以通过具有一定能量的电子与原子碰撞(非弹性碰撞)进行能量交换的方法来实现。

初速度为零的电子在电势差为 V 的加速电场作用下,获得 eV 的能量。在充汞的弗兰克-赫兹管中,具有一定能量的电子将与汞原子发生碰撞。如果以 E_1 代表汞原子基态能量,E_2 代表汞原子第一激发态的能量,当电子与汞原子相碰撞传递给汞原子的能量恰好是

$$eV_0 = E_2 - E_1 \tag{1.6-2}$$

时,汞原子就会从基态跃迁到第一激发态。电势差 V_0 就称为汞原子的第一激发电位。其他元素气体原子的第一激发电位也可以按此法测量得到。

实验中,原子与电子碰撞是在弗兰克-赫兹(F-H)管内进行的。管内充以不同的元素,就可测出相应元素的第一激发电位。F-H 管的结构如图 1.6-1 所示,管内有发射电子的阴极 K,它由管中的灯丝通电加热而造成热电子发射。管中还有用于消除空间电荷对阴极电子发射影响提高发射效率的第一栅极 G_1、用于加速电子的第二栅极 G_2 和收集电子的板极 P。

在充汞的管中,电子由热阴极 K 发出,阴极 K 和栅极 G_2 之间的可调加速电压 V_{G_2K} 使电子加速。在板极 P 和栅极 G_2 之间加有反向拒斥电压 V_{G_2P}。管内空间电位分布如图 1.6-2 所示。当电子通过 KG_2 空间进入 G_2P 空间时,如果具有足够克服反向拒斥电场做功而到达板极 P 的能量,就能冲过 G_2P 空间到达板极,形成板极电流 I_P,并被微电流计检出。如果电子在 KG_2 空间与汞原子碰撞,把自己一部分能量给了汞原子而使汞原子激发,电子所剩的能量不足以克服反向拒斥电场而被迫折回到栅极,通过微电流计的电流将显著减小。

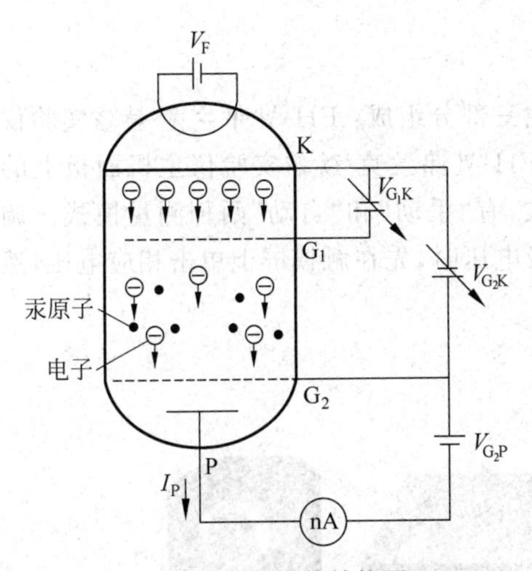

图 1.6-1 F-H 管结构图

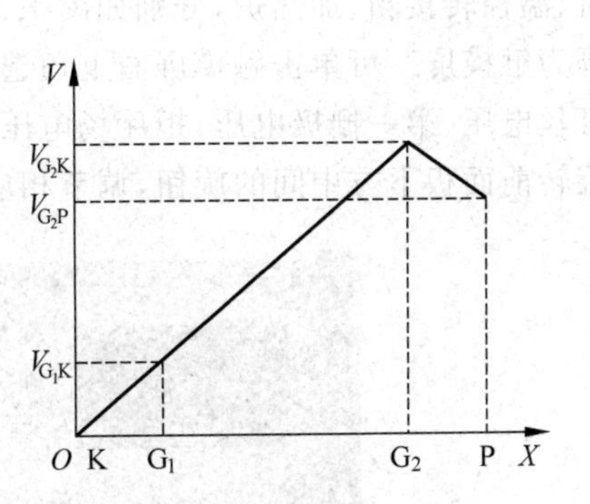

图 1.6-2 F-H 管管内空间电位分布

实验时，使栅极电压 V_{G_2K} 逐渐增加并观察微电流计的电流指示。如果原子能级确实存在，而且基态与第一激发态之间有确定的能量差，就能观察到如图 1.6-3 所示的 V_{G_2K}-I_P 关系曲线。该曲线反映了汞原子在 KG_2 空间与电子进行能量交换的情况。当 KG_2 空间电压逐渐增加时，电子在 KG_2 空间被加速而获得越来越大的能量。在起始阶段，由于电压较低，电子的能量较小，即使运动过程中电子与汞原子相碰撞，电子的能量也几乎不会减少(弹性碰撞)，穿过栅极电子形成的板极电流 I_P 将随栅极电压 V_{G_2K} 的增加而增大，即图中 *oa* 段。图中 *oa* 段前面的 *Oo* 段是弗兰克-赫兹管阴极 K 和栅极 G_2 之间由于存在接触电位差而出现的。图中的接触电位差 V_c 为正值，它使整个曲线向右平移；如果接触电位差 V_c 是负的，则整个曲线向左平移。

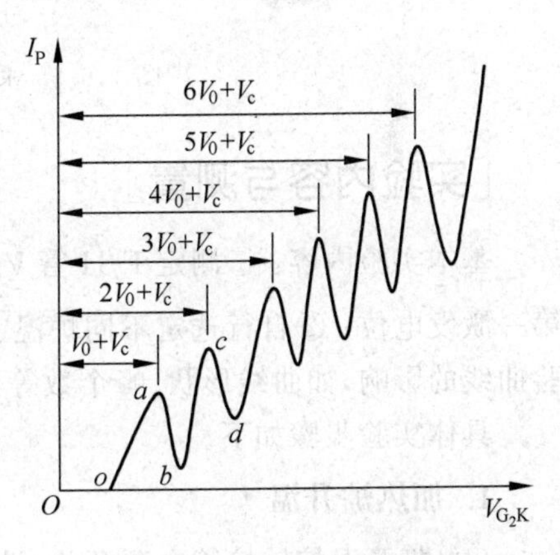

图 1.6-3 V_{G_2K}-I_P 的关系

当 KG_2 间的电压达到(V_0+V_c)时，电子在栅极 G_2 附近与汞原子相碰撞，将自己从加速电场中获得的能量交给汞原子，使汞原子从基态被激发到第一激发态。电子本身则由于把能量给了汞原子，即使穿过栅极也不能克服反向拒斥电场而被折回栅极，板极电流 I_P 将显著减小，如图中 *ab* 段。随着栅极电压 V_{G_2K} 继续增加，电子能量也随之增加，在与汞原子相碰撞后，一部分能量(E_2-E_1)交给汞原子后，还留下一部分能量足够克服反向拒斥电场而到达板极 P，这时板极电流 I_P 又开始上升，即曲线中的 *bc* 段，直到 KG_2 间的电压是($2V_0+V_c$)时，电子在 KG_2 空间因与汞原子发生两次碰撞而失去 $2eV_0$ 能量，造成第二次板极电流下降，即图中的 *cd* 段。同样，凡是在图 1.6-3 中 nV_0+V_c(n 是正整数)处，板极电流都会下降，形成规则起伏变化的曲线。相邻两个板极电流开始下降(即曲线上相邻两峰)位置之间对应的电压差值就是汞原子第一激发电位 V_0。

[仪器装置]

实验所用 FH-Ⅵ型汞原子激发电位测量仪由三部分组成：FH-Ⅵ弗兰克-赫兹实验仪主机、温控转接箱、加热炉，分别如图 1.6-4 所示。FH-Ⅵ弗兰克-赫兹实验仪主机面板上的屏幕为触摸屏。可单击触摸屏右上角选择测量模式，有“手动”和“自动”两种测量模式。调节灯丝电压、第一栅极电压、拒斥场电压和第二栅极电压时，先在触摸屏上单击相应电压，然后旋转前面板下方中间的旋钮，调节相应电压。

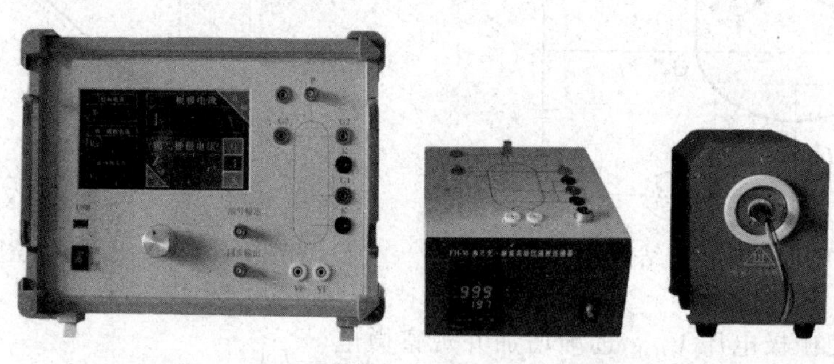

图 1.6-4　汞原子激发电位测量实验装置图

[实验内容与测量]

基本实验内容：①测定 F-H 管 V_{G_2K}-I_P 曲线，观察原子能量量子化情况，并求出汞原子第一激发电位；②自行选定不同炉温、反向拒斥电压、灯丝电压等参数，研究它们对 F-H 实验曲线的影响，如曲线形状、峰个数等。

具体实验步骤如下。

1. 加热炉升温

(1) 打开温控转接箱电源开关，设置温控器温度，可参考仪器上标示的温度设定温度。

(2) 加热炉升温约需 15min，注意观察温控显示器上信息。

2. 连线

加热炉升温的同时，按图 1.6-5 接线。连线时暂不接通仪器电源。

3. 调节仪器

(1) 待炉温达到预定温度后，接通 FH-Ⅵ弗兰克-赫兹实验仪主机电源。

(2) 根据仪器背板上提供的 F-H 管工作电压数据，分别设定 V_F，V_{G_1K} 和 V_{G_2K} 的值。

(3) 定性观察：可以采用“手动”方式，在 FH-Ⅵ弗兰克-赫兹实验仪主机面板触摸屏右上角选中“手动”，然后再在触摸屏上选中第二栅极电压，缓慢右旋主机面板下方中间的旋钮，增大扫描电压，观察板极电流峰值和峰的个数；也可以采用“自动”方式，选中主机面板触摸屏右上角的“自动”，观察板极电流峰值和峰的个数。

4. 测量

(1) 适当调整实验参数，使板极电流 I_P 曲线至少能出现 6 个峰，峰谷明显，然后采用“手动”方式测量 V_{G_2K}-I_P 关系。从 0V 开始缓慢调节第二栅极电压 V_{G_2K}，每改变 1.0V 记录

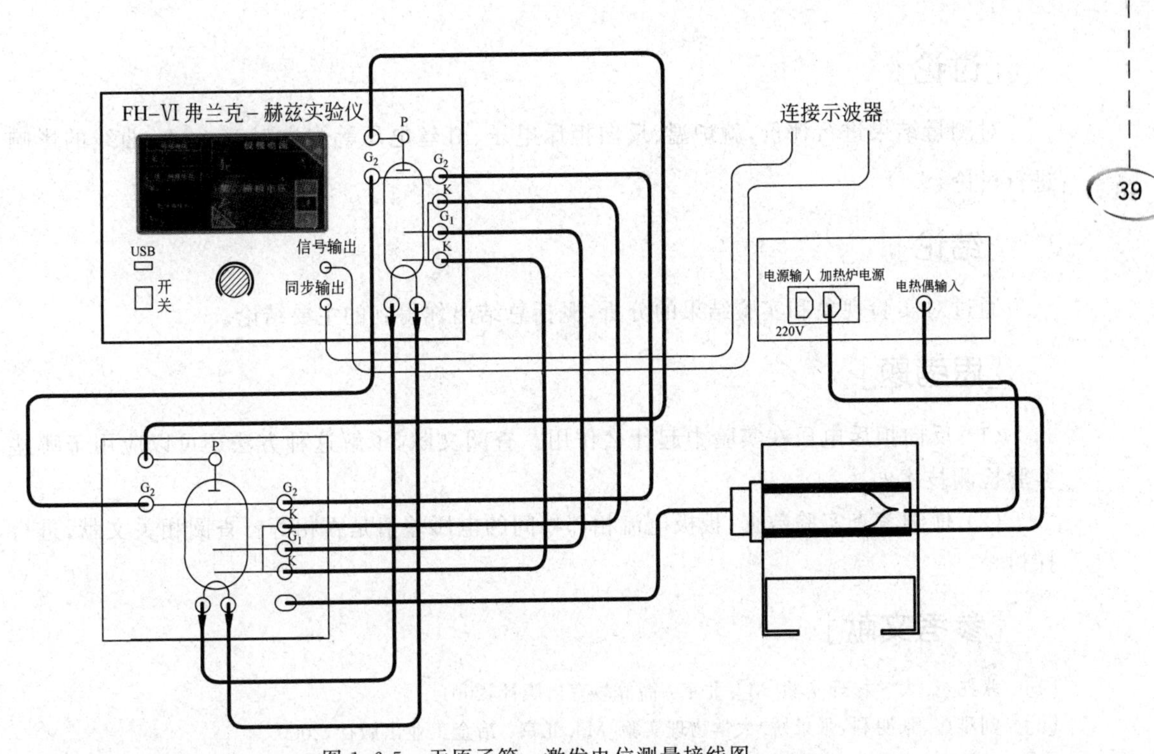

图 1.6-5 汞原子第一激发电位测量接线图

一次板极电流 I_P。在 V_{G_2K} 为 4.0V 以后，每改变 0.5V，记录一次 I_P 值，测量至 60V 左右。此外，在板极电流 I_P 的每一个峰或谷处，要仔细调节，力求较准确地测出对应的栅极电压 V_{G_2K} 值。

(2) 自行选定炉温、反向拒斥电压、灯丝电压(注意不能超过实验室给出的最大灯丝电压)等参数，测量不同参数下 V_{G_2K}-I_P 关系。

[注意事项]

(1) 加热炉外壳温度很高，操作时一定要注意安全，以免灼伤。加热炉刚开始使用时，升温过程或恒温时会有少量烟气冒出，是由于炉内杂质和部分保温材料的碳化引起的，实验中注意观察即可。

(2) 温度数据出现大幅偏差时，请关闭温控电源检查温控探头是否脱落或松动。

(3) 实验完毕，将电压调节旋钮左旋至最小，关闭两台仪器的电源。拔掉加热炉的电源插头。

[数据处理与分析]

自行设计数据记录表格。由实验数据得到 n 值对应于 $nV_0+V_c=V_{G_2K峰}$ 的诸方程，用 Excel 或 Origin 软件作 $V_{G_2K峰}$-n 图。复习《理科物理实验教程(第 2 版)：力学、热学、电磁学、光学实验分册》2.8 节"实验数据的直线拟合"，通过直线拟合确定第一激发电位 V_0 和接触电位差 V_c，并计算相应不确定度。

[讨论]

对测量结果进行评价，就炉温、反向拒斥电压、灯丝电压等参数对 V_{G_2K}-I_P 曲线的影响进行讨论。

[结论]

通过对实验现象和实验结果的分析，概括总结出你得到的主要结论。

[思考题]

(1) 反向拒斥电压在实验中起什么作用？查阅文献，了解这种方法还可以应用于哪些实验检测技术？

(2) 仔细考查实验数据，板极电流相邻峰间的电压差值是否相等？查阅相关文献，进行探讨。

[参考文献]

[1] 张兆奎. 大学物理实验[M]. 北京：高等教育出版社，2001.
[2] 刘雅茹，张明利，张景娇. 大学物理实验[M]. 北京：冶金工业出版社，2000.
[3] 丁慎训，张连芳. 物理实验教程[M]. 2 版. 北京：清华大学出版社，2002.
[4] 杨家福. 原子物理学[M]. 北京：高等教育出版社，1990.
[5] 贺梅英，王军宇. 汞原子较高激发态的观测[J]. 井冈山师范学院学报，2001，22(6)：30-31.
[6] 刘复汉. 汞原子较高激发级观测的研究[J]. 物理实验，1985，5(6)：210-211.
[7] 吴锋，王若田. 大学物理实验教程[M]. 北京：化学工业出版社，2003.
[8] 吴平. 大学物理实验教程[M]. 2 版. 北京：机械工业出版社，2015.
[9] 衍石科技(北京)有限公司. 汞原子激发电位测量装置说明书[Z]. 2019.

实验 1.7 塞曼效应

[引言]

塞曼效应实验在物理学史上是一个著名的实验。1896 年，荷兰物理学家塞曼(P. Zeeman)发现，把光源放在足够强的磁场中，光源原来的一条光谱线分裂成几条偏振的谱线，分裂的条数随能级的类别而不同。塞曼效应证实原子具有磁矩，且其空间取向是量子化的。塞曼由于首先发现了这一效应而获得了 1902 年诺贝尔物理奖。塞曼效应的重要性在于可以得到有关原子能级的数据，从而可以计算原子总角动量量子数 J 和朗德因子 g 的数值，因此它至今仍然是研究原子能级结构的重要方法之一。

[实验目的]

(1) 学习观察塞曼效应的实验方法，对谱线塞曼分裂的数量级有初步概念。

(2) 学习法布里-珀罗标准具的工作原理和使用方法。

(3) 学习一种测量电子荷质比的方法。

[实验仪器]

FD-ZM-B型塞曼效应仪，包括控制主机、励磁电源（恒流）、电磁铁、笔形汞灯、法布里-珀罗标准具、导轨、干涉滤光片、偏振片（带转盘）、会聚透镜，成像透镜、读数望远镜、毫特斯拉计探头等。

[预习提示]

(1) 了解原子能级在外磁场中的分裂。

(2) 了解塞曼能级跃迁选择定则与偏振定则。

(3) 了解汞546.1nm光谱线的塞曼分裂。

(4) 了解法布里-珀罗标准具的结构、工作原理和调节方法。

(5) 了解微小波长差的测量方法。

[实验原理]

1. 塞曼效应理论

在磁场中，原子磁矩受到磁场作用，使原子原来能级上附加一定能量。由于原子磁矩在磁场中可以有几个量子化的不同取向，因而相应地有不同的附加能量，使原来的一个能级分裂为能量略有不同的几个子能级。在原子发光过程中，原来两能级之间跃迁所产生的一条光谱线，由于磁场的作用，上、下能级分裂成几个子能级，因而光谱线也就相应地分裂成若干成分。

1) 原子总磁矩与角动量的关系

原子中的自由电子由于有轨道运动和自旋运动，因而具有轨道角动量 $\boldsymbol{P}_L$ 和轨道磁矩 $\boldsymbol{\mu}_L$ 以及自旋角动量 $\boldsymbol{P}_S$ 和自旋磁矩 $\boldsymbol{\mu}_S$。轨道角动量 $\boldsymbol{P}_L$ 和轨道磁矩 $\boldsymbol{\mu}_L$ 有如下关系

$$\mu_L = \frac{-e}{2m}\boldsymbol{P}_L \tag{1.7-1}$$

其中，e、m 分别为电子的电荷量与质量。根据量子力学的结果，有

$$P_L = \sqrt{L(L+1)}\ \frac{h}{2\pi} \tag{1.7-2}$$

式中，h 为普朗克常量，L 为电子轨道总角动量量子数。

自旋角动量 $\boldsymbol{P}_S$ 和自旋磁矩 $\boldsymbol{\mu}_S$ 有如下关系

$$\boldsymbol{\mu}_S = \frac{-e}{m}\boldsymbol{P}_S \tag{1.7-3}$$

$$P_S = \sqrt{S(S+1)}\ \frac{h}{2\pi} \tag{1.7-4}$$

式中，S 为电子自旋总角动量量子数。

电子轨道角动量与自旋角动量合成为原子的总角动量 $\boldsymbol{P}_J$，电子轨道磁矩与自旋磁矩合成为原子总磁矩 $\boldsymbol{\mu}$（图1.7-1）。由于 $\boldsymbol{\mu}_S/\boldsymbol{P}_S$ 是 $\boldsymbol{\mu}_L/\boldsymbol{P}_L$ 的2倍，故合成的总磁矩 $\boldsymbol{\mu}$ 与原子总角动量 $\boldsymbol{P}_J$ 有一夹角。电子轨道角动量 $\boldsymbol{P}_L$ 与自旋角动量 $\boldsymbol{P}_S$ 不断地绕总角动量 $\boldsymbol{P}_J$ 旋进，从而电子轨道磁矩 $\boldsymbol{\mu}_L$ 与自旋磁矩 $\boldsymbol{\mu}_S$ 也随之绕总角动量 $\boldsymbol{P}_J$ 旋进，结果总磁矩 $\boldsymbol{\mu}$ 也绕总角动量 $\boldsymbol{P}_J$

快速旋进。我们把原子总磁矩$\boldsymbol{\mu}$分解成垂直于$\boldsymbol{P}_J$的分量和平行于$\boldsymbol{P}_J$的分量。在有外磁场时，垂直分量绕$\boldsymbol{P}_J$旋进而不断改变方向，因此从时间平均意义上来讲，与外磁场的相互作用等于零；而平行于$\boldsymbol{P}_J$方向的分量是恒定的，与外磁场有确定的相互作用。按图1.7-1进行矢量叠加运算，可以得到$\boldsymbol{\mu}$在$\boldsymbol{P}_J$方向的投影μ_J与$\boldsymbol{P}_J$的关系(LS耦合)为

$$\boldsymbol{\mu}_J = g\,\frac{-e}{2m}\boldsymbol{P}_J \tag{1.7-5}$$

其中

$$g = 1 + \frac{J(J+1) - L(L+1) + S(S+1)}{2J(J+1)} \tag{1.7-6}$$

式中，g称为朗德(Lande)因子，表征了原子的总磁矩与总角动量间的关系，并且决定了能级在磁场中分裂的大小。J、L和S分别表示总角动量量子数、电子轨道总角动量量子数和自旋量子数。

2) 原子能级在外磁场中的分裂

将具有总磁矩$\boldsymbol{\mu}$的原子置于外磁场$\boldsymbol{B}$中，$\boldsymbol{\mu}$将受到力矩$\boldsymbol{\mu}\times\boldsymbol{B}$的作用(图1.7-2)。该力矩使总角动量$\boldsymbol{P}_J$绕$\boldsymbol{B}$旋进而引起的附加能量$\Delta E$为

$$\Delta E = -\boldsymbol{\mu}_J \cdot \boldsymbol{B} = g\,\frac{e}{2m}\boldsymbol{P}_J \cdot \boldsymbol{B} \tag{1.7-7}$$

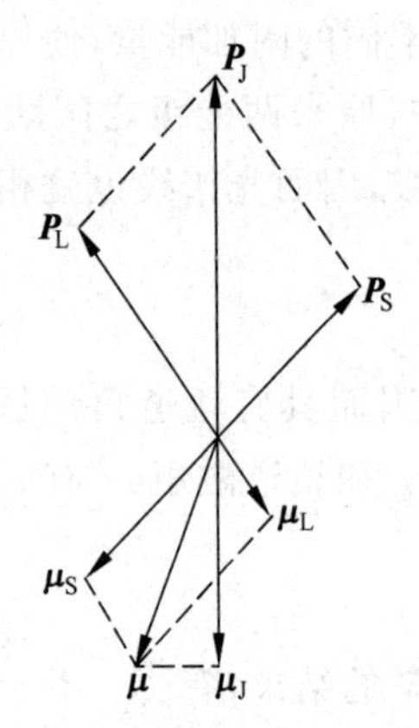

图1.7-1 原子总角动量$\boldsymbol{P}_J$与原子总磁矩$\boldsymbol{\mu}$的合成

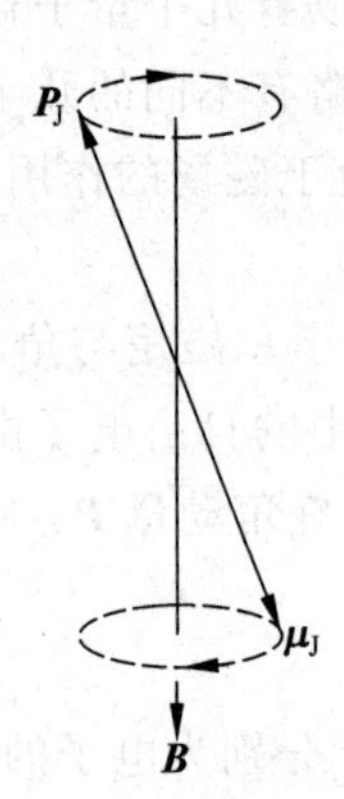

图1.7-2 角动量的旋进

由于$\boldsymbol{\mu}$或$\boldsymbol{P}_J$在磁场中的取向是量子化的，$\boldsymbol{P}_J$在磁场方向的分量只能是$\frac{h}{2\pi}$的整数倍，即

$$P_J\cos(\boldsymbol{P}_J, \boldsymbol{B}) = M\,\frac{h}{2\pi} \tag{1.7-8}$$

其中，M称为磁量子数，$M = J, (J-1), \cdots, -J$，共有$2J+1$个值。将式(1.7-8)代入式(1.7-7)，有

$$\Delta E = Mg \cdot \frac{eh}{4\pi m}B \tag{1.7-9}$$

令$\mu_B = \frac{eh}{4\pi m} = 9.274\times10^{-24}\,\mathrm{A\cdot m^2}$，$\mu_B$称为玻尔磁子，则式(1.7-9)可以改写为

$$\Delta E = Mg\mu_B B \tag{1.7-10}$$

式(1.7-10)说明原子在无磁场时的一个能级，在外磁场$\boldsymbol{B}$的作用下分裂成$2J+1$个子能

级，每个子能级附加的能量由式(1.7-10)给出，它正比于外磁场 $\boldsymbol{B}$ 和 g。由于 g 对于不同能级不同，则每一能级分裂成的子能级也不同。

3) 塞曼能级跃迁选择定则与偏振定则

(1) 选择定则。

设未加磁场时，对应于能级 E_2 和 E_1 之间跃迁的光谱线频率为$\boldsymbol{\nu}$，则有

$$h\boldsymbol{\nu}=E_2-E_1 \tag{1.7-11}$$

在磁场中，上、下两个能级都要发生分裂，分别分裂为 $2J_2+1$ 和 $2J_1+1$ 个子能级，附加能量分别为 ΔE_2 和 ΔE_1，因此新谱线的频率 ν'与能级有下列关系

$$h\nu'=(E_2+\Delta E_2)-(E_1+\Delta E_1) \tag{1.7-12}$$

分裂后的谱线与原谱线的频率差为

$$\Delta\nu=\nu'-\nu=\frac{1}{h}(\Delta E_2-\Delta E_1)=(M_2g_2-M_1g_1)\frac{eB}{4\pi m} \tag{1.7-13}$$

用波数差来表示，则为

$$\Delta\tilde{\nu}=(M_2g_2-M_1g_1)\frac{eB}{4\pi mc}=(M_2g_2-M_1g_1)L \tag{1.7-14}$$

式中，$L=\dfrac{eB}{4\pi mc}=0.467B$，称为洛伦兹单位。若 B 的单位为 T(特[斯拉])，则 L 的单位为 cm^{-1}。

上、下子能级间的跃迁必须满足以下选择定则

$$\Delta M=M_2-M_1=0\ 或\ \pm 1$$

当 $J_2=J_1$ 时，$M_2=0\to M_1=0$ 的跃迁不存在。

(2) 偏振定则。

当 $\Delta M=0$ 时，产生振动方向平行于磁场方向的线偏振光，称为 π 线。它可在垂直于磁场的方向观察到，沿平行于磁场的方向观察时，其光强为零。

对于 $\Delta M=\pm 1$，垂直于磁场方向观察时，可看到振动方向垂直于磁场的线偏振光，称为 σ 线。平行于磁场方向观察时，σ 线呈圆偏振态。圆偏振光的转向依赖于 ΔM 的正负、磁场方向和观察者相对磁场的方向。$\Delta M=+1$，偏振转向是沿磁场方向前进的螺旋转动方向，磁场指向观察者时，为左旋圆偏振光(σ^+)，也即偏振转向是逆时针旋转；$\Delta M=-1$ 时，偏振转向是沿磁场方向倒退的螺旋转动方向，磁场指向观察者时，为右旋圆偏振光(σ^-)，也就是偏振转向是顺时针旋转。

光的偏振状态与观察角度有关。表 1.7-1 列出了上述分别从垂直于磁场方向(横向)和平行于磁场方向(纵向)观察的结果。

表 1.7-1　横向观察与纵向观察时谱线的偏振状态

选择定则	横向观察	纵向观察
$\Delta M=0$	直线偏振光(π)	无光
$\Delta M=+1$	直线偏振光(σ^+)	左旋圆偏振光(σ^+)
$\Delta M=-1$	直线偏振光(σ^-)	右旋圆偏振光(σ^-)

4) 汞 546.1nm 光谱线的塞曼分裂

本实验以低压汞灯为光源，研究汞 546.1nm 光谱线的塞曼效应。汞 546.1nm 光谱线是从 $6s7s\,^3S_1$ 跃迁到 $6s6p\,^3P_2$ 产生的。表 1.7-2 列出了 $^3S_1$ 和 $^3P_2$ 能级的各项量子数 L，S，J，M，g 以及 M 和 g 的乘积 Mg 的数值。由式(1.7-14)以及选择定则和偏振定则，可以得出塞曼分裂情况。图 1.7-3 示出在外磁场作用下能级分裂及能级分裂后可能发生的跃迁，汞 546.1nm 谱线分裂为 9 条等间距谱线，相邻两谱线间距都是 1/2 个洛伦兹单位。图 1.7-4 画出了分裂谱线的裂距与强度。按裂间隔排列，将 π 分量的谱线画在水平线之上，σ 分量的谱线画在水平线之下，各线的长短对应其相对强度。

表 1.7-2　$^3S_1$ 和 $^3P_2$ 能级的各项量子数 L,S,J,M,g 以及 M 和 g 的乘积 Mg 的数值

	$^3S_1$			$^3P_2$				
L	0			1				
S	1			1				
J	1			2				
g	2			3/2				
M	1	0	−1	2	1	0	−1	−2
Mg	2	0	−2	3	3/2	0	−3/2	−3

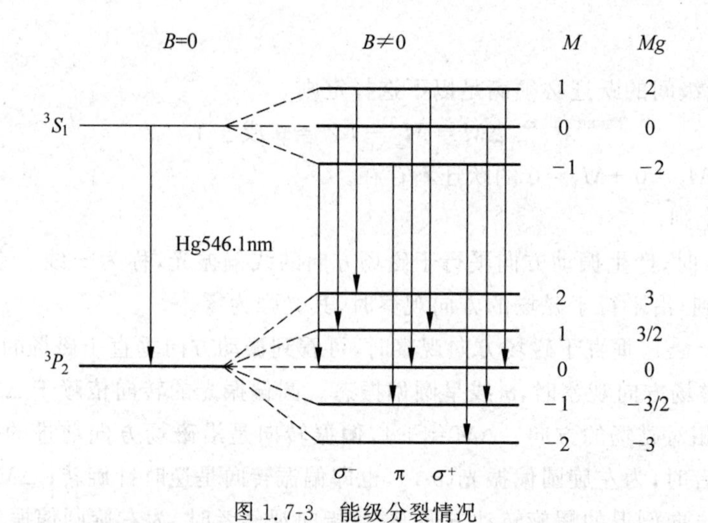

图 1.7-3　能级分裂情况

如图 1.7-4 所示，从横向角度观察，原 546.1nm 光谱线分裂成 9 条彼此靠近的光谱线，其中包括 3 条 π 分量线(中心 3 条)和 6 条 σ 分量线。相邻谱线之间的间距非常小，为了能准确地分析谱线的精细结构，需要一个高分辨的光谱仪，本实验采用法布里-珀罗标准具。

2. 利用法布里-珀罗标准具测定波长差

1) 法布里-珀罗标准具的结构、原理与性能

法布里-珀罗标准具(F-P 标准具)是一个多光束干涉仪，1897 年由法布里和珀罗制作并由此而得名。它由两块平面玻璃板和夹在中间的一个隔离圈组成。平面玻璃板内表面加工精度要求高于 1/20 中心波长，并镀有高反射膜，膜的反射率高于 90%。间隔圈用膨胀系数很小的熔融石英材料精加工成一定的厚度，用来保证两平面玻璃板之间有很高的平行度和

稳定的间距。其光路图如图 1.7-5 所示。当单色平行光束 S 以小角度 θ 入射到标准具时，S 光经过 M 和 M' 平面多次反射和透射，分别形成一系列相互平行的反射光束 1,2,3,…和透射光束 1′,2′,3′,…，这些相邻光束之间的光程差 Δ 是相等的，即 $\Delta=2nd\cos\theta$，其中 d 为两平行玻璃板之间的间距，n 为平行玻璃板之间的介质的折射率，θ 为光束在 M 和 M' 界面上的入射角。这一系列互相平行并有一定光程差的光束在无穷远或用透镜会聚在焦平面上发生干涉。光程差为波长的整数倍时，发生干涉极大，即

$$2nd\cos\theta=k\lambda \tag{1.7-15}$$

式中，k 为整数。由于标准具的间隔 d 是固定的，在波长不变的条件下，同一级次 k 对应相同的入射角 θ，形成一个亮环，中心亮环 $\theta=0$ 时，$\cos\theta=1$，级次最大，$k_{\max}=2nd/\lambda$。向外不同直径的亮环，依次形成一套同心圆环。

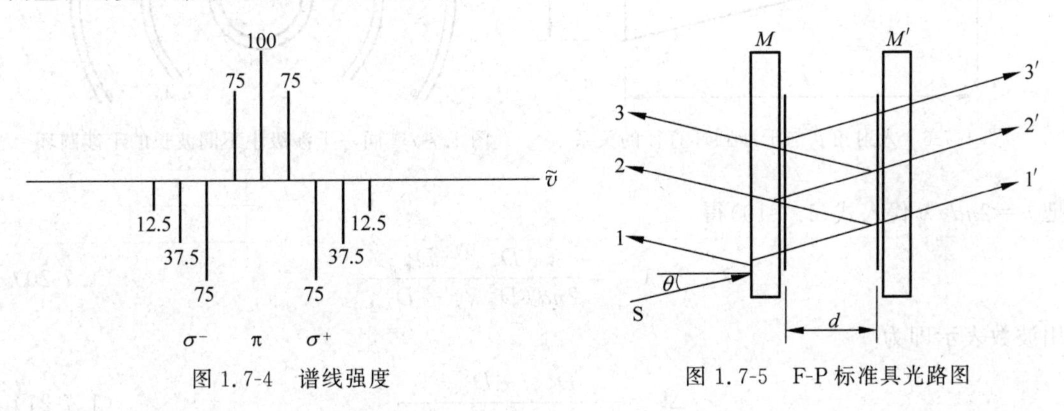

图 1.7-4 谱线强度

图 1.7-5 F-P 标准具光路图

2) 微小波长差的测量

用透镜把 F-P 标准具的干涉圆环成像在焦平面上。条纹的入射角 θ 与干涉圆环的直径 D(图 1.7-6)有如下关系

$$\cos\theta=\frac{f}{\sqrt{f^2+(D/2)^2}}\approx 1-\frac{D^2}{8f^2} \tag{1.7-16}$$

式中，f 为透镜焦距，把式(1.7-16)代入式(1.7-15)得

$$2nd\left(1-\frac{D^2}{8f^2}\right)=k\lambda \tag{1.7-17}$$

式(1.7-17)表明：干涉条纹的级次 k 与圆环直径 D 平方成线性关系，随着圆环直径的增大，条纹越来越密。式(1.7-17)左边第二项中负号表明，直径越大的干涉圆环，其对应的干涉条纹的级次 k 越小，且中心圆环对应的级次最大。另外，对于同一级干涉圆环，直径大则波长小。

对于同一波长 λ 的相邻 k 与 $k-1$ 级，两个圆环的直径平方差为

$$D_{k-1,\lambda}^2-D_{k,\lambda}^2=\frac{4f^2\lambda}{nd} \tag{1.7-18}$$

此式说明，$D_{k-1,\lambda}^2-D_{k,\lambda}^2$ 是与干涉级次 k 无关的常数。

对于同一干涉级次 k 的不同波长 λ_a 和 λ_b，谱线的波长差(图 1.7-7)为

$$\lambda_{k,a}-\lambda_{k,b}=\frac{nd(D_{k,b}^2-D_{k,a}^2)}{4f^2k}=\frac{\lambda(D_{k,b}^2-D_{k,a}^2)}{k(D_{k-1,\lambda}^2-D_{k,\lambda}^2)} \tag{1.7-19}$$

其中，$(D_{k,b}^2-D_{k,a}^2)$为同一干涉级次 a，b 两谱线各自干涉圆环的直径平方差，$D_{k-1,\lambda}^2-D_{k,\lambda}^2$为同一波长$\lambda$ 相邻k 与$k-1$ 级两个圆环的直径平方差。测量时所用的干涉环一般是在中心圆环附近，由于 F-P 标准具间隔圈的厚度比光源的波长大得多，中心圆环的干涉级次是很大的(约为 10^4)(为方便起见，实验中引入序的概念：以中心圆环为 0，依次向外各级干涉环分别用 1，2，3，…，N 的"序"数表示)，用中心圆环的干涉级代替被测圆环干涉级时，引入的误差可以忽略不计。

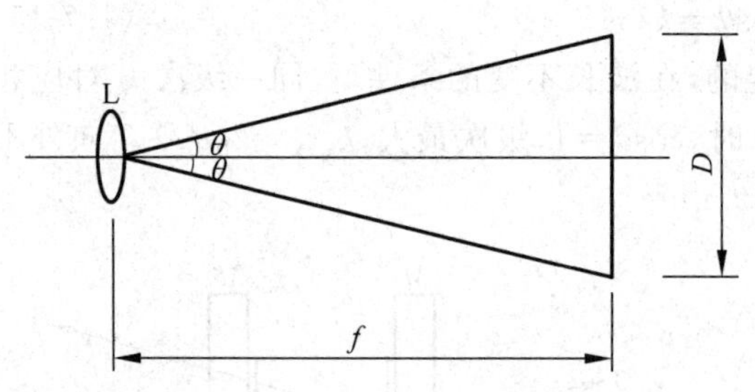

图 1.7-6　入射角 θ 与干涉圆环直径的关系

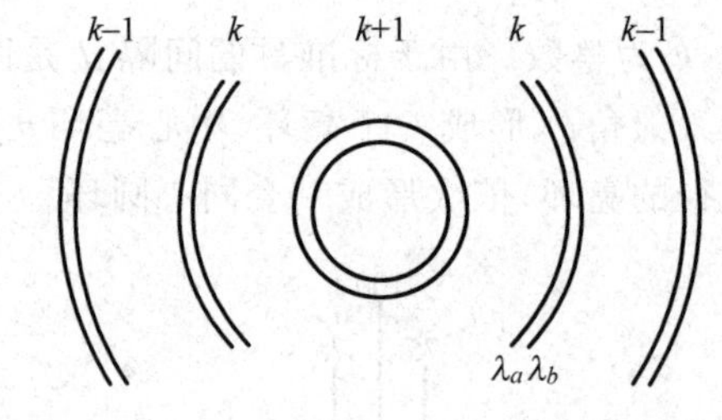

图 1.7-7　同一干涉级中不同波长的干涉圆环

把 $k=2nd/\lambda$ 代入式(1.7-19)得

$$\lambda_{k,a}-\lambda_{k,b}=\frac{\lambda^2(D_{k,b}^2-D_{k,a}^2)}{2nd(D_{k-1,\lambda}^2-D_{k,\lambda}^2)} \tag{1.7-20}$$

用波数表示即为

$$\Delta\tilde{\nu}=\frac{D_{k,b}^2-D_{k,a}^2}{2nd(D_{k-1,\lambda}^2-D_{k,\lambda}^2)} \tag{1.7-21}$$

3. 电子荷质比$\left(\frac{e}{m}\right)$的测定

将光源置于磁场中，在磁场作用下，使波长为λ 的谱线产生分裂，根据式(1.7-14)，得

$$\frac{e}{m}=\frac{4\pi c\Delta\tilde{\nu}}{B(M_2g_2-M_1g_1)} \tag{1.7-22}$$

由此便可测定电子荷质比$\frac{e}{m}$。

[仪器装置]

FD-ZM-B 型塞曼效应实验仪如图 1.7-8 所示。

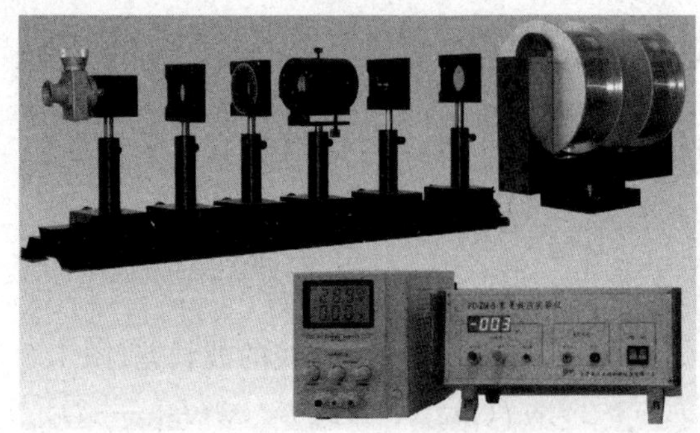

图 1.7-8　FD-ZM-B 型塞曼效应实验仪

笔形汞灯是一个石英玻璃管中充有汞蒸气的低压放电管，插在两线圈中间的灯架中，其接线分别接入电磁铁前的接线柱上，如图1.7-9所示。

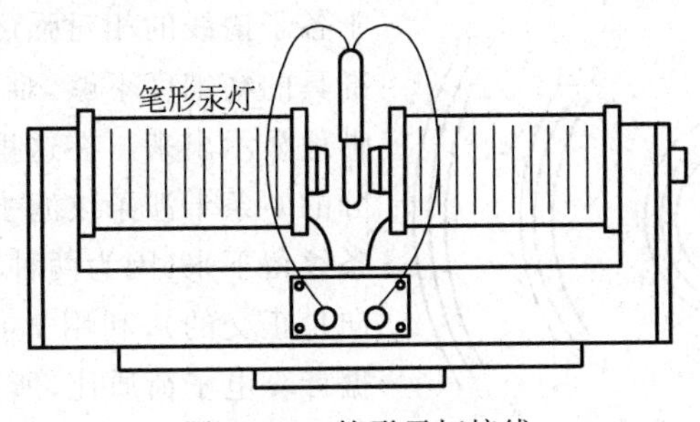

图1.7-9　笔形汞灯接线

［实验内容与测量］

实验光路图如图1.7-10所示。磁体采用电磁铁，F-P标准具间隔为2mm。用干涉滤光片把笔形汞灯中的546.1nm光谱线选出。偏振片用来滤去某些干涉条纹和检查谱线的偏振状态。通过读数望远镜进行观察和测量。注意图中会聚透镜和成像透镜的区别：成像透镜焦距大于会聚透镜，而会聚透镜的通光孔径大于成像透镜的通光孔径。

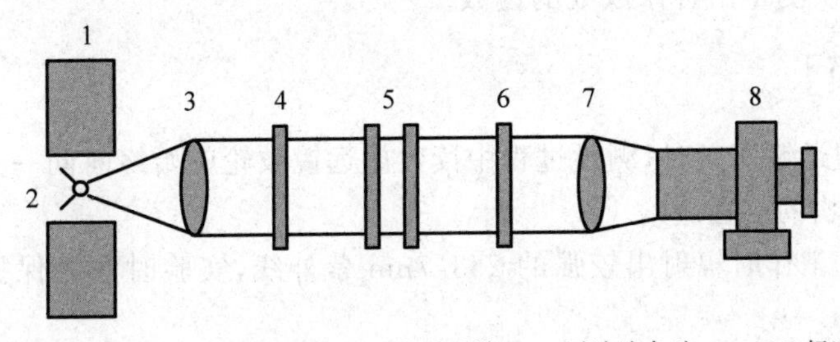

1—电磁铁(含电源)；2—笔形汞灯；3—会聚透镜；4—干涉滤色片；5—F-P标准具；6—偏振片；7—成像透镜；8—读数望远镜。

图1.7-10　直读法测量塞曼效应实验装置图

1. 仪器调节

(1) 按图1.7-10依次放置各光学元件(偏振片可以先不放置)。打开开关，点亮汞灯，调整透镜座、干涉滤光片座和F-P标准具座，使它们等高共轴，使光束通过每个光学元件的中心，完全进入读数望远镜。

(2) 调节F-P标准具。实验成功的关键是F-P标准具的镜片严格平行。调节F-P标准具时，先粗调后细调。粗调：通过标准具观察汞灯照明可见一组同心圆环。观察者的眼睛向着微调螺丝的方向移动时，圆环也可能会移动，这说明标准具的镜片还未严格平行。仔细调整标准具上的三颗微调螺丝，直至眼睛移动时圆环不动。细调：在实验时仍需进一步调整微调螺丝，直至在读数望远镜中观察时图像最清晰。实验装置也配置了石英玻璃固体标准具，折射率为1.464。若使用固体标准具，则需使用与之配套的附有成像透镜的读数望远镜。

2. 观察横向塞曼效应并计算电子荷质比

在垂直于磁场的方向观察时，在外磁场作用下，一条汞546.1nm谱线分裂为9条子谱线，其裂距相等。调节会聚透镜的高度，或者调节电磁铁两端的内六角螺丝，改变磁间隙，达到改变磁场强度的目的，可以看到随着磁场 B 的增大，谱线的分裂宽度也在不断增宽。由于各子谱线的相对强度差别较大，如果所用标准具的精细度不够，难以把 9 条子谱线同时清晰地显示出来。在这里，可利用偏振片将 σ 成分的 6 条干涉条纹滤去，把 π 成分的 3 条干涉条纹留下来(因为两种成分线偏振光的偏振方向是正交的)，利用 π 成分干涉条纹的测量数据计算电子荷质比，所观察到的 π 成分横向塞曼效应图像如图 1.7-11 所示。

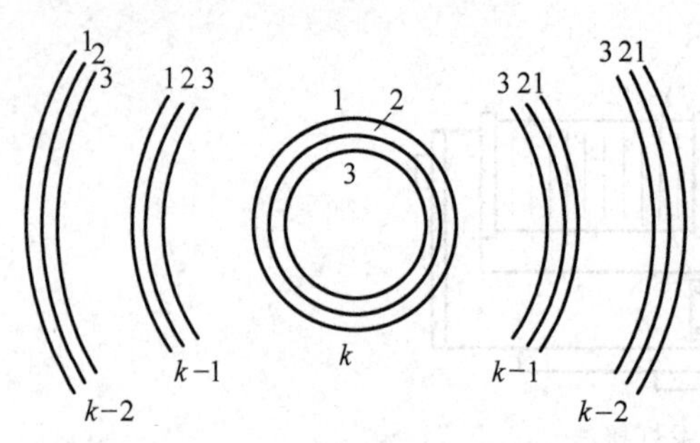

图 1.7-11　π 成分横向塞曼效应图像

(1) 放上偏振片，偏振片的偏振方向为水平时，可以看到 π 成分的 3 条谱线，即内三环；当偏振片的偏振方向为垂直时，则只能看到 σ 成分的 6 条谱线，即六个外圆环。旋转偏振片，使屏幕上出现清晰的 3 条 π 成分干涉条纹。

(2) 调节读数望远镜测量 $k, k-1, k-2$ 级干涉条纹的直径。具体方法是：调节读数望远镜的鼓轮，则从视场中可以看到可移动的十字线左右平移。将其调到视场左端，然后向右缓慢移动，当十字线的垂直线恰好与一条条纹对齐时记下此刻鼓轮的读数，然后继续向同一方向旋转鼓轮，依次测量出各条纹处的读数。

[注意事项]

(1) 用读数望远镜测量时，测量过程中读数望远镜鼓轮应始终向同一方向旋转，不可回旋(以避免读数机构的空程差)。

(2) 笔形汞灯工作时辐射出较强的 253.7nm 紫外线，实验时注意保护眼睛，不要直接观察汞灯灯光。

(3) 为了保证笔形汞灯有良好的稳定性，在振荡直流电源上应用时，对其工作电流应该加以选择。另外将笔形汞灯管放入磁头间隙时，注意尽量不要使灯管接触磁头。

(4) 汞灯起辉电压达到 1000V 以上，所以通电时注意不要触碰笔形汞灯的接插件和连接线，以免触电。

[数据处理与分析]

整理实验数据，计算电子荷质比 $\frac{e}{m}$，并与理论值比较 $\left(\left(\frac{e}{m}\right)_{\text{理论}}=1.76\times10^{11}\,\text{C/kg}\right)$。对实验结果进行说明和讨论。

[讨论]

对观察到的实验现象进行讨论。

[结论]

写出你通过实验得到的结论。

［思考题］

理论与实验观察相对比，思考汞原子 546.1nm 谱线的分裂与偏振状态。

［附录］　技术指标

1. 电磁铁：磁场中心间隙约 7mm；磁头直径 30mm；磁感应强度大于 1000mT。
2. 毫特斯拉计：测量量程 1999mT；读数分辨率 1mT。
3. 励磁电源：最大输出电流 5A；最大输出电压 30V。
4. 低压汞灯：启辉电压 1500V；灯管直径约 6.5mm；额定功率 3W。
5. F-P 标准：通光口径 40mm；中心间隔 2mm(三脚调节)；反射率大于 95%。
6. 干涉滤光片：中心波长 546.1nm；半带宽 8nm；通光口径 ϕ19mm。
7. 透镜：会聚透镜孔径 ϕ34mm；成像透镜孔径 ϕ30mm；成像透镜焦距约 157mm。
8. 读数望远镜：放大倍数 20 倍；读数分辨率 0.01mm；测量范围 0～6mm。

［参考文献］

[1]　林木欣.近代物理实验教程[M].北京：科学出版社，1999.
[2]　诸圣麟.原子物理学[M].北京：高等教育出版社，1979.
[3]　母国光，战元龄.光学[M].北京：人民教育出版社，1979.
[4]　吴思诚，王祖铨.近代物理实验[M].2 版.北京：北京大学出版社，1995.
[5]　上海复旦天欣科教仪器有限公司.FD-ZM-B 塞曼效应实验仪(电磁型)说明书[Z].2022.

实验 1.8　核磁共振

［引言］

核磁共振(NMR)是指核磁矩不为零的原子核处于恒定磁场中，由射频或微波电磁场引起的塞曼能级之间的共振跃迁现象。

核磁共振的研究始于核磁矩的测量。1939 年美国物理学家拉比(I. I. Rabi)在他所创立的分子束共振法中首先实现了核磁共振，精确地测定了一些原子核的磁矩，为此他获得了 1944 年度诺贝尔物理学奖。但分子束技术要把样品物质高温蒸发后才能做实验，这就破坏了凝聚物质的宏观结构，使其应用范围受到了限制。1945 年底和 1946 年初，珀塞尔(E. M. Purcell)小组和布洛赫(F. Bloch)小组分别在石蜡和水中观测到稳态的 NMR 信号，从而宣告 NMR 在宏观的凝聚物质中取得成功。为此，布洛赫和珀塞尔荣获了 1952 年度诺贝尔物理学奖。

NMR 技术在当代科技中有着极其重要的应用，已广泛应用于许多学科的研究，成为分析测试不可缺少的技术手段。用 NMR 方法测量磁场强度，其准确度达 0.001%。用核磁共振技术可以测量物质中的成分。20 世纪 80 年代后发展起来的核磁共振成像技术具有清晰、快速、无害等优点，在医学上可准确地诊断肿瘤等疾病，可以显示物质中的水分分布……目前，核磁共振技术仍在蓬勃发展之中。

本实验介绍核磁共振基本理论，并观察水样品和聚四氟乙烯样品的核磁共振现象。

[实验目的]

(1) 掌握核磁共振基本原理和稳态吸收实验方法。

(2) 用磁场扫描法(扫场法)观察核磁共振现象。

(3) 掌握用核磁共振测定磁场的方法。

(4) 测定氟核(^{19}F)的 g 因子(朗德因子)。

[实验仪器]

FD-CNMR-C 型连续波核磁共振实验仪,水样品(掺有硫酸铜)和聚四氟乙烯样品(白色圆柱样品),多功能计数器(频率计),示波器。

[预习提示]

(1) 了解核磁共振的量子描述和经典描述,了解发生核磁共振的条件。

(2) 了解观察核磁共振信号有哪几种方法以及怎样调出共振信号。

(3) 如何利用核磁共振测量磁场？提纲性地列出主要实验步骤。

(4) 怎样测量^{19}F 的 g 因子？提纲性地列出主要实验步骤。

[实验原理]

解释核磁共振现象有经典的和量子的两种观点,下面分别叙述。

1. 量子理论

1) 原子核的自旋和磁矩

原子核具有自旋角动量和磁矩是核磁共振实验的基础。原子核的自旋角动量的数值是量子化的,在数值上可表示为

$$P=\sqrt{I(I+1)}\hbar \tag{1.8-1}$$

其中,I 为核自旋量子数,可取 0,1/2,1,3/2,…；$\hbar=\dfrac{h}{2\pi}$,$h=6.626\,07\times10^{-34}\,\mathrm{J\cdot s}$。

I 的数值随核而异。当原子核的中子数和质子数皆为偶数时,$I=0$,观察不到共振现象,例如^{12}C,^{16}O 等。当原子核的中子数和质子数的和为奇数时,I 为半整数,例如^{1}H,^{19}F 等。当原子核的中子数和质子数皆为奇数时,I 为整数,如^{6}Li,^{14}Na 等。后两类原子核都可以观察到 NMR 现象。

核的磁矩$\boldsymbol{\mu}$ 和角动量 $\boldsymbol{P}$ 之间有确定的线性关系,设核是质量为 M_N、电荷量为 q 的自旋体,若核的质量密度和电荷密度是处处成比例的,则核磁矩$\boldsymbol{\mu}$ 和角动量 $\boldsymbol{P}$ 之间的关系为

$$\boldsymbol{\mu}=\frac{q}{2M_N}\boldsymbol{P} \tag{1.8-2}$$

但核磁矩的实测值与式(1.8-2)不符,例如^{1}H 的核磁矩为计算值的 5.5854 倍。这是由于核内质量和电荷量的结构并非上述所设想的情况,因此需要进行修正。

引入核磁矩单位 μ_N,为

$$\mu_N=\frac{e\hbar}{2M_p}=5.0493\times10^{-27}\,\mathrm{J/T}$$

式中，e 为电子电荷量，M_p 为质子质量。μ_N 称为玻尔核磁子，它是玻尔磁子的1/1848。

引入修正因子 g，称为朗德因子，式(1.8-2)可写为

$$\boldsymbol{\mu} = g\frac{\boldsymbol{\mu}_N}{\hbar}\boldsymbol{P} \tag{1.8-3}$$

不同的核有不同的 g 值，例如，质子 ^{1}H 的 $g=5.585$，中子 ^{1}N 的 $g=-3.286$。

通常定义磁矩和角动量之比为旋磁比(也称为回磁比)，用 γ 表示，即有

$$\boldsymbol{\mu} = \gamma\boldsymbol{P} \tag{1.8-4}$$

$$\gamma = \frac{g\boldsymbol{\mu}_N}{\hbar} \tag{1.8-5}$$

我们已经知道，g 因子联系着核结构的类型，因此旋磁比是一个反映核固有性质的物理量。当 γ 由实验测出时，即可求得 g 值。

定义 $\dfrac{\gamma}{2\pi}$ 为回旋频率，表1.8-1给出了几种核素的自旋数、磁矩和回旋频率。

表1.8-1 几种核素的自旋数和回旋频率

核素	自旋数 I	磁矩 μ/μ_N	回旋频率/(MHz·T^{-1})
^{1}H	1/2	2.792 70	42.577
^{2}H	1	0.857 38	6.536
^{3}H	1/2	2.9788	45.414
^{12}C	0		
^{13}C	1/2	0.702 16	10.705
^{14}N	1	0.403 57	3.076
^{15}N	1/2	−0.283 04	4.315
^{16}O	0		
^{17}O	5/2	−1.8930	5.772
^{18}O	0		
^{19}F	1/2	2.6273	40.055
^{31}P	1/2	1.1305	17.235

核磁矩处于恒定外磁场 $\boldsymbol{B}_0$ 中时，核在 $\boldsymbol{B}_0$ 方向(定为 z 轴方向)的核磁矩分量为

$$\mu_z = \gamma P_z = \gamma m\hbar = mg\mu_N \tag{1.8-6}$$

式中，m 为磁量子数，可以取值 $I, I-1, \cdots, -(I-1), -I$。最大磁矩分量为

$$\mu_z = Ig\mu_N, \quad I=m \tag{1.8-7}$$

通常将 $\boldsymbol{B}_0$ 方向的最大磁矩作为核的磁矩，例如对 ^{1}H 有

$$\mu_z = \frac{1}{2}g\mu_N = \frac{1}{2}\times 5.5854\mu_N = 2.7927\mu_N \tag{1.8-8}$$

2) 核磁共振条件

核磁矩在外磁场 $\boldsymbol{B}_0$ 中具有磁位能

$$E_m = -\boldsymbol{\mu}\cdot\boldsymbol{B}_0 = -\boldsymbol{\mu}_z B_0 = -mg\boldsymbol{\mu}_N B_0 \tag{1.8-9}$$

在 $\boldsymbol{B}_0$ 方向分裂为 $2I+1$ 个分立能级，能级间的跃迁服从 $\Delta m=\pm 1$ 的选择定则。

对常用的 ^{1}H、^{19}F 等，$I=\dfrac{1}{2}$，在 $\boldsymbol{B}_0$ 方向分裂为两个次能级，为

$$E_{+\frac{1}{2}}=-\frac{1}{2}g\boldsymbol{\mu}_{\mathrm{N}}B_0 \tag{1.8-10}$$

$$E_{-\frac{1}{2}}=\frac{1}{2}g\boldsymbol{\mu}_{\mathrm{N}}B_0 \tag{1.8-11}$$

如图 1.8-1 所示，两能级的能量差为

$$\Delta E=E_2-E_1=g\boldsymbol{\mu}_{\mathrm{N}}B_0=\boldsymbol{\gamma}\hbar B_0 \tag{1.8-12}$$

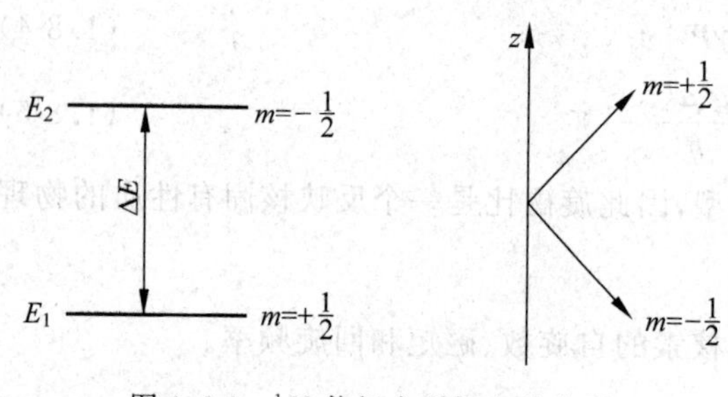

图 1.8-1 [1]H 能级在磁场中的分裂

能量差 ΔE 的值与磁场 $\boldsymbol{B}_0$ 的大小成正比。就一般可提供的磁场强度来说，ΔE 的大小落在射频段能量子 $h\nu$（即 $\hbar\omega$）的数量级范围。

如果在垂直于磁场 $\boldsymbol{B}_0$ 的方向加一射频场 $\boldsymbol{B}_1$，当 $\boldsymbol{B}_1$ 的频率等于某一适当的频率 ω_0（即核磁矩在恒定磁场中作拉莫尔进动的角频率）时，使得射频能量 $\hbar\omega$ 等于磁能级差值，即

$$\hbar\boldsymbol{\omega}=g\boldsymbol{\mu}_{\mathrm{N}}B_0 \tag{1.8-13}$$

这时低能级核磁矩可从射频场吸收能量而跃迁到高能级，出现共振吸收现象。共振时射频场的角频率为

$$\boldsymbol{\omega}_0=\frac{g\,\boldsymbol{\mu}_{\mathrm{N}}}{\hbar}B_0=\boldsymbol{\gamma}B_0 \tag{1.8-14}$$

式(1.8-14)称为核磁共振条件。

2. 经典描述

在经典电磁学中，用陀螺在重力场中的进动来类比分析磁矩在磁场中的行为。这样的分析，能够得到比较清楚的物理图像，有助于宏观理论的分析和理解。

设有一个孤立的核，具有自旋角动量 $\boldsymbol{P}$、核磁矩 $\boldsymbol{\mu}$，并有 $\boldsymbol{\mu}=\gamma\boldsymbol{P}$。如果该核受到在 z 方向的恒定磁场 $\boldsymbol{B}_0$ 的作用，如图 1.8-2 所示，则核磁矩将受到力矩 $\boldsymbol{\tau}$ 的作用，即有

$$\boldsymbol{\tau}=\boldsymbol{\mu}\times\boldsymbol{B}_0 \tag{1.8-15}$$

于是得到运动方程

$$\boldsymbol{\tau}=\frac{\mathrm{d}\boldsymbol{p}}{\mathrm{d}t}=\boldsymbol{\mu}\times\boldsymbol{B}_0 \tag{1.8-16}$$

$$\frac{\mathrm{d}\boldsymbol{\mu}}{\mathrm{d}t}=\gamma\boldsymbol{\mu}\times\boldsymbol{B}_0 \tag{1.8-17}$$

设外加恒定磁场 $\boldsymbol{B}_0$ 的方向沿 z 轴，并令 $\gamma B_0=\omega_0$，写出式(1.8-17)各分量方程为

$$\begin{cases}\dfrac{\mathrm{d}\mu_x}{\mathrm{d}t}=\gamma\mu_y B_0=\omega_0\mu_y\\[2mm]\dfrac{\mathrm{d}\mu_y}{\mathrm{d}t}=-\gamma\mu_x B_0=-\omega_0\mu_x\\[2mm]\dfrac{\mathrm{d}\mu_z}{\mathrm{d}t}=0\end{cases} \tag{1.8-18}$$

由式(1.8-18)可知，在 z 方向上，$\boldsymbol{\mu}$ 的分量 μ_z 为常数，不随时间改变，μ_x、μ_y 分量则为

时间的函数，解对应的微分方程得

$$\begin{cases}\mu_x=\mu_{xy}\cos(\omega_0 t+\phi)\\ \mu_y=\mu_{xy}\sin(\omega_0 t+\phi)\end{cases}\tag{1.8-19}$$

式中，$\mu_{xy}=\sqrt{\mu_x^2+\mu_y^2}$，为$\boldsymbol{\mu}$在$Oxy$平面上的投影，$\varphi$为积分常数，决定于方程的初始条件，由式(1.8-19)可知，μ_x、μ_y组成了在Oxy平面内的一个旋转矢量，其角频率为

$$\omega_0=\gamma B_0\tag{1.8-20}$$

ω_0称为拉莫尔进动频率，它与$\boldsymbol{\mu}$和$\boldsymbol{B}_0$之间的夹角θ无关。

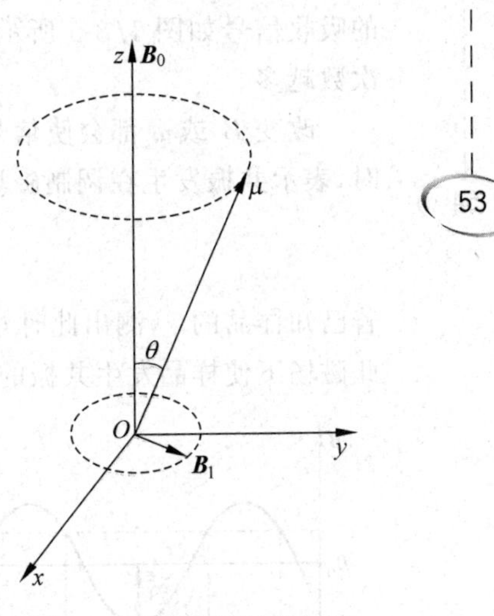

图 1.8-2　核磁共振现象的经典描述

如果在垂直于$\boldsymbol{B}_0$的平面，即Oxy平面加一个旋转磁场$\boldsymbol{B}_1$，其角频率为ω_0，则$\boldsymbol{B}_1$相对于绕$\boldsymbol{B}_0$进动的$\boldsymbol{\mu}$静止，这时$\boldsymbol{\mu}$将受到另一转矩$\boldsymbol{\mu}\times\boldsymbol{B}_1$的作用，绕$\boldsymbol{B}_1$进动，这样$\boldsymbol{\mu}$和$\boldsymbol{B}_0$间的夹角$\theta$将被改变，使磁矩$\boldsymbol{\mu}$在磁场$\boldsymbol{B}_0$中的磁位能$E_m=-\boldsymbol{\mu}\cdot\boldsymbol{B}_0=-\mu B_0\cos\theta$发生变化，这意味着射频场$\boldsymbol{B}_1$与处于恒定外磁场$\boldsymbol{B}_0$中的$\boldsymbol{\mu}$具有的磁位能系统发生能量交换，这一能量变化可借助仪器加以探测，即可观察到核磁共振现象。

当$\boldsymbol{B}_1$的角频率$\omega\neq\gamma B_0$时，$\boldsymbol{B}_1$与$\boldsymbol{\mu}$存在相对旋转，$\boldsymbol{B}_1$对$\boldsymbol{\mu}$的平均力矩为零，θ不会改变，就观察不到核磁共振现象。

[仪器装置]

核磁共振实验装置主要由永久磁铁(装有扫场线圈)、边限振荡器及探头移动装置、实验主机、频率计和示波器等组成。

(1) 永久磁铁：提供实验所需的恒定磁场B_0。永久磁铁两极上固定的扫场线圈提供扫场。

(2) 边限振荡器：边限振荡器具有与一般振荡器不同的输出特性，其输出幅度随外界吸收能量的轻微增加而明显下降，当吸收能量大于某一阈值时即停振，因此通常被调整在振荡和不振荡的边缘状态，故称为边限振荡器。待测样品放在边限振荡器的振荡线圈中，振荡线圈放在固定磁场B_0中。由于边限振荡器是处于振荡与不振荡的边缘，当样品吸收的能量不同(即线圈的Q值发生变化)时，振荡器的振幅将有较大的变化。当发生共振时，样品吸收增强，振荡变弱，经过二极管的倍压检波，就可以把反映振荡器振幅大小变化的共振吸收信号检测出来，进而用示波器显示。

观察核磁共振吸收信号可有两种方法：一种是B_0固定，让射频场B_1的频率ω连续变化通过共振区域，当$\omega=\omega_0=\gamma B_0$时出现共振峰，称为扫频的方法；另一种是把射频场的频率ω固定，而让磁场B_0连续变化通过共振区域，称为扫场的方法。这两种方法是完全等效的。本实验采用后一种方法，在稳恒磁场B_0上叠加一个同方向的交变低频调制磁场$B'=B'_m\sin\omega' t$，即使样品所在的实际磁场为$B=B_0+B'$，如图1.8-3(a)所示，相应的核磁矩的进动频率$\omega_0=\gamma(B_0+B')$也周期性地变化。如果射频场的角频率ω是在ω_0的变化范围之内，则当B'变化使B扫过ω所对应的共振磁场时，就会发生共振，从示波器上就可以观察到如图1.8-3(b)所示的共振吸收信号。扫场频率不同时，所观察到的吸收信号曲线不同。如果扫场变化十分缓慢，则观察到的吸收信号如图1.8-4所示，如果扫场变化太快，则观察到

的吸收信号如图 1.8-5 所示，为带有尾波的衰减振荡曲线，并且磁场越均匀，尾波中振荡的次数越多。

改变 B' 或 ω 都会使信号峰位发生相对移动，当共振信号间距相等且重复频率为 $2\omega'$ 时，表示共振发生在调制磁场 $\omega't=0$、π、2π、…处，如图 1.8-6 所示，此时

$$B=B_0=\frac{\omega}{\gamma}=\frac{2\pi\nu}{\gamma}$$

若已知样品的 γ，测出此时对应的射频场频率 ν，即可算出 B_0。反之，若已知磁场 B_0，测出此磁场下使样品发生共振的射频场频率 ν，则可算出 γ 和 g。

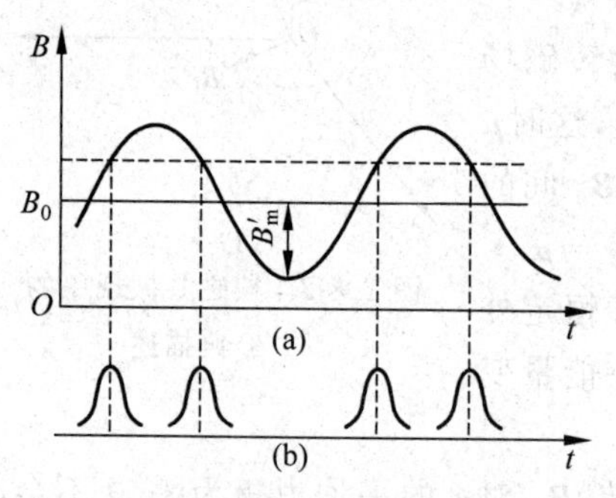

图 1.8-3 扫场法检测核磁共振信号

(a) 样品所在处的磁场；(b) 共振吸收信号

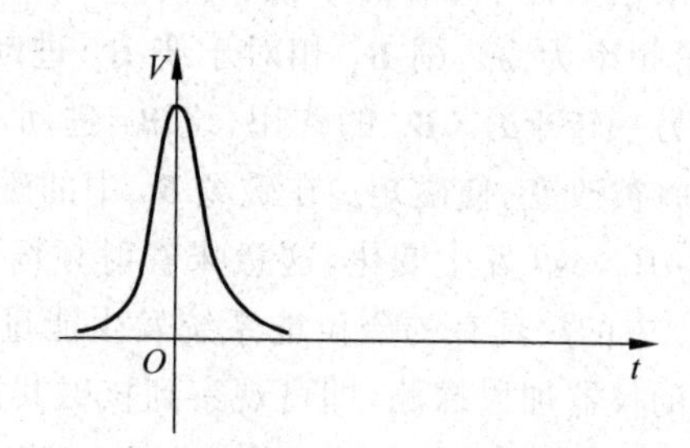

图 1.8-4 扫场扫描速度趋于零时的 NMR 吸收信号

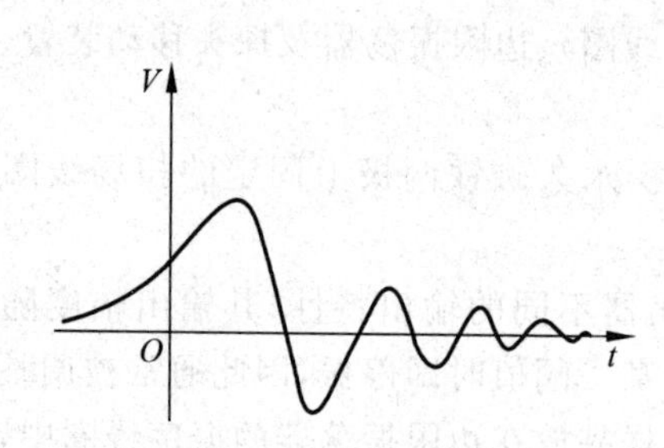

图 1.8-5 扫场扫描速度较快时的 NMR 吸收信号

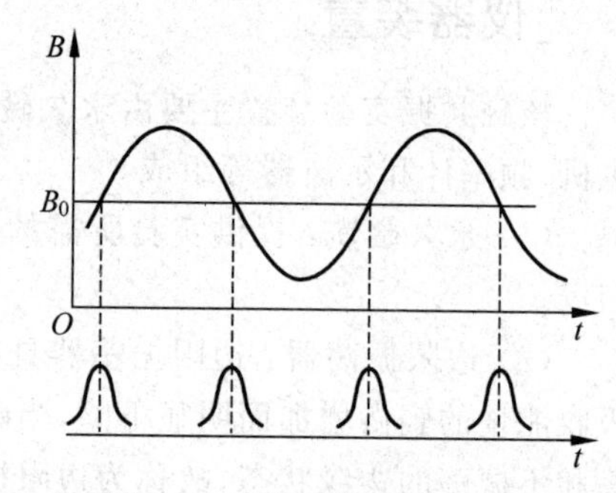

图 1.8-6 等间距核磁共振信号

[实验内容与测量]

1. 观察水样品质子的共振信号并测量与永久磁铁磁场强度 B_0 相对应的共振频率

1) 准备工作

(1) 先将探头与边限振荡器侧面指定位置连接，并将测量样品插入探头测量线圈内(一般首先选用 1 号样品：掺有硫酸铜的水)。

(2) 将主机前面板上“扫场输出”与磁铁面板上的“扫场电源”用红色手枪插连接线连接，主机后面板的“移相输出”用 Q9 连接线接示波器“CH1”通道(观察正弦波扫场信号，并用于李萨如图形观测共振信号)，用 3 芯航空插连接线将主机后面板“放大器电源”与边限振荡器侧面航空插座连接(给边限振荡器提供放大器电源)。

(3) 边限振荡器侧面的“接示波器”接口用 Q9 连接线接示波器“CH2”通道，“接频率计”

接口用Q9线连接至频率计。(频率计的通道选择：输入A通道，即1Hz～100MHz；功能选择：FA；闸门选择：1s。以上参数仅供参考)

(4) 移动边限振荡器连同探头在磁场中的位置(可以参考边限振荡器顶部提供的位置参数)，使探头前端样品探测线圈放置在磁场大致中心位置。

(5) 打开主机电源，预热一段时间。

2) 核磁共振信号调节

(1) 将磁场扫描电源的"幅度调节"旋钮逆时针调到最小，然后再顺时针旋转一圈左右(这时的扫描磁场可以保证1号样品示波器观察共振信号最大)。

(2) 调节边限振荡器的"频率粗调"电位器(频率在频率计上显示)，使其频率为边限振荡器顶部提供的H共振频率，在此附近捕捉共振信号(因为磁铁的磁感应强度随温度的变化而变化，应在标称频率附近±1MHz的范围内进行信号的捕捉)。当满足共振条件 $\omega=\gamma B_0$ 时，在示波器上可以观察到如图1.8-7所示的共振信号。因为共振范围非常小，很容易从屏幕上跳过，调节旋钮时要尽量缓慢。

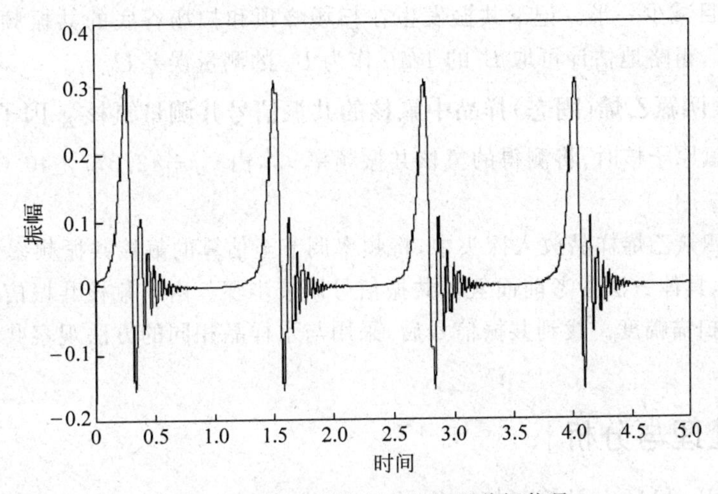

图1.8-7　用示波器观察的核磁共振信号

(3) 调出大致共振信号后，移动边限振荡器仔细调节样品在磁铁中的空间位置以得到尾波最多的共振信号，再稍微改变"扫描幅度"使得共振信号最大，仔细调节"频率细调"电位器至共振信号等间距排列，记下频率计的读数。此读数就是与样品所在处的磁场强度相对应的质子的共振频率。

共振频率也可以用李萨如图形得到。在前面信号调节的基础上，按下示波器上的"X-Y"按钮，当磁场扫描到共振点时，就可以在示波器上观察到两个形状对称的信号波形，如图1.8-8(a)，它对应于调制磁场一个周期内发生的两次核磁共振。调节频率及主机移相器上的"相位调节"电位器，使共振信号波形两峰完全重合，如图1.8-8(b)所示，这时共振频率和磁场满足条件 $\omega_0=\gamma B_0$。

已知质子的回旋频率为42.577MHz·T^{-1}，由核磁共振公式可以计算出样品所在位置的磁场 B_0。

(4) B_0 测量误差的估计。调节频率，使共振先后发生在扫场的波峰(此时 $B=B_0+B'$，共振频率 $\nu'_H>\nu_H$)和扫场的谷底(此时 $B=B_0-B'$，共振频率 $\nu''_H<\nu_H$)，在这个过程中，在

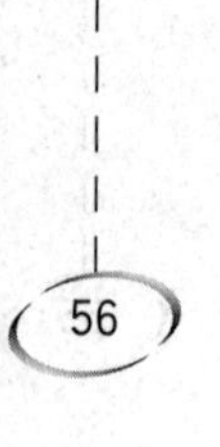

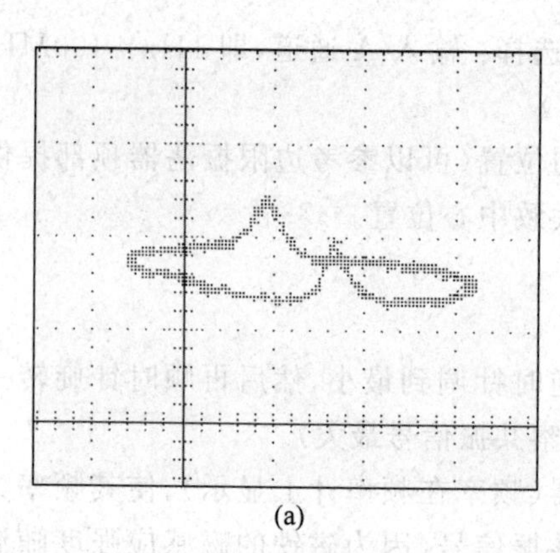

(a)

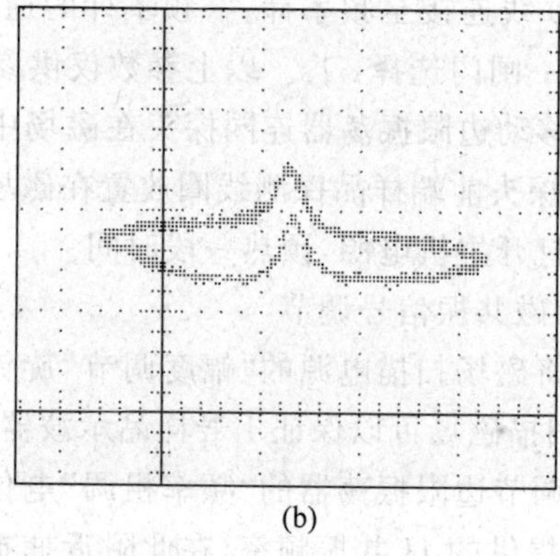

(b)

图 1.8-8 用李萨如图观察共振信号

(a) 共振信号的李萨如图形；(b) 满足 $\omega_0=\gamma\cdot B_0$ 条件的共振信号

示波器上观察到的原先等间隔排列的共振信号中，两个相邻的峰逐渐靠拢合并成一个峰，从而使共振峰数目减少一半。记下共振发生在扫场峰顶和扫场谷底的共振频率 ν'_H 和 ν''_H，求出扫场幅度 B'，粗略地估计可取 B' 的 1/10 作为 B_0 的测量误差 U_{B_0}。

2. 观察聚四氟乙烯(固态)样品中氟核的共振信号并测量氟核 g 因子

(1) 测量氟原子核时，将测得的氢核共振频率 ν_H，由 $\nu_H\div 42.577\times 40.055$ 得到估算的氟核共振频率。

(2) 将聚四氟乙烯样品放入探头中，将频率调节至估算的氟核共振频率值，并仔细调节得到共振信号，具体方法参考前面氢核共振信号调节步骤。由于氟核共振信号比较小，故此时应适当增大扫描幅度。找到共振信号后，采用与水样品相同的方法观察共振信号波形，测出 ν_F、ν'_F 和 ν''_F。

[数据处理与分析]

计算磁场 B_0 和 U_{B_0}，计算氟核 g 因子。

利用 $\frac{U_g}{g}=\sqrt{\left(\frac{U_{\nu_F}}{\nu_F}\right)^2+\left(\frac{U_{B_0}}{B_0}\right)^2}$ 求出 g 因子的相对误差，其中，U_{ν_F} 可采用与估计 U_{B_0} 相似的办法估计，取 $U_{\nu_F}=(\nu'_F-\nu''_F)/20$。

给出氟核 g 因子测量结果的完整表达式。

[讨论]

讨论聚四氟乙烯样品和水样品共振信号波形的差别。

[结论]

通过对实验的分析和归纳总结，写出你最想告诉大家的结论。

[思考题]

根据实验观察，讨论扫场幅度对共振信号波形和分布的影响。

[附录] 宏观物体的核磁共振和弛豫作用

在[实验原理]部分讨论的是单个原子核的情形，但实际处理的样品具有大量相同的核，且这些核处于热平衡状态。实验中所加的恒定磁场和射频场都是作用在这样的一个核系统上，下面对这样的系统作进一步的讨论。

1. 粒子在磁能级上的热平衡分布和纵向弛豫分布

在外磁场中的磁核，当处于热平衡时，核粒子在上、下两能级间的分布服从玻耳兹曼定律

$$\frac{N_{20}}{N_{10}}=\exp\left(-\frac{\Delta E}{kT}\right) \tag{1.8-21}$$

式中，$\Delta E=E_2-E_1=g\mu_N B_0$，$k$ 为玻耳兹曼常数，T 为热力学温度，N_{20}、N_{10} 为上、下能级处于热平衡时各自的粒子数。

一般情况下，$\frac{\Delta E}{kT}\ll 1$，因此，式(1.8-21)可以化为

$$\frac{N_{20}}{N_{10}}\approx 1-\frac{\Delta E}{kT} \tag{1.8-22}$$

由式(1.8-22)可见，在相同的 ΔE 下，N_{20} 与 N_{10} 的差值随温度的增加而减少。对 ^1H，当 $T=300K$，$B_0=1T$ 时，有

$$\frac{N_{20}}{N_{10}}\approx 0.999\,993 \tag{1.8-23}$$

即在室温下，样品中每百万个粒子，低能级上的粒子数仅比高能级上的粒子数约多 7 个，宏观的共振跃迁强度将依赖于 N_{20} 与 N_{10} 间的差值。

在热平衡状态时，上、下能级间相互的粒子跃迁数应相等，设粒子由下能级跃迁到上能级的概率为 ω_{12}，由上能级到下能级的概率为 ω_{21}，则有

$$N_{10}\omega_{12}=N_{20}\omega_{21} \tag{1.8-24}$$

所以

$$\frac{\omega_{12}}{\omega_{21}}=\frac{N_{20}}{N_{10}}\approx 1-\frac{\Delta E}{kT} \tag{1.8-25}$$

由式(1.8-25)可见，因 N_{10} 略大于 N_{20}，ω_{21} 略大于 ω_{12}。

现在研究当粒子分布数不同于热平衡分布时，由于热弛豫跃迁引起粒子分布状态的变化。

设 n_0 为热平衡时上、下能级粒子数的差值，n 为未达到热平衡时上、下能级粒子数为 N_2、N_1 时的差值，即

$$n_0=N_{10}-N_{20},\quad n=N_1-N_2$$

由于热弛豫跃迁，两能级粒子数差值对时间的变化率为

$$-\frac{dn}{dt}=-\frac{d(N_1-N_2)}{dt}=2(\omega_{12}N_1-\omega_{21}N_2) \tag{1.8-26}$$

式中的系数 2 是因为无论 N_1 或 N_2，每发生一次跃迁，上、下能级粒子的差值变化为 2。利用式(1.8-24)，可以把式(1.8-26)改写成

$$
\begin{aligned}
-\frac{\mathrm{d}n}{\mathrm{d}t} &= 2(\omega_{12}N_1-\omega_{12}N_{10}+\omega_{21}N_{20}-\omega_{21}N_2) \\
&= 2[\omega_{12}(N_1-N_{10})+\omega_{21}(N_{20}-N_2)] \\
&= (\omega_{12}+\omega_{21})(n-n_0)
\end{aligned}
$$

式中，N_1-N_{10} 和 N_2-N_{20} 均等于$\frac{1}{2}(n-n_0)$。

令 ω_{12} 和 ω_{21} 的平均值为 $\bar{\omega}_1$，则有

$$-\frac{\mathrm{d}n}{\mathrm{d}t}=2\bar{\omega}_1(n-n_0) \tag{1.8-27}$$

积分得 $n-n_0=\mathrm{e}^{-2\bar{\omega}_1 t}$，其中$\frac{1}{\bar{\omega}_1}$具有时间量纲的性质，令$\frac{1}{2\bar{\omega}_1}=T_1$，可得

$$n-n_0=\mathrm{e}^{-t/T_1} \tag{1.8-28}$$

此结果表明：

(1) 当有不同于热平衡时的粒子数差 n 时，在只存在热弛豫跃迁的情况下，差值 n 将随时间按指数曲线趋向于 n_0，即趋向于恢复热平衡状态。

(2) T_1 表示指数曲线的时间常数，其大小决定 n 趋向于 n_0 的快慢，即所谓的弛豫过程。弛豫过程是指核自旋系统受到外界作用离开平衡状态后自动地向平衡态恢复的过程。T_1 称为纵向弛豫时间或自旋-晶格弛豫时间，反映了自旋系统与外界晶格间的相互作用。

2. 产生共振跃迁的射频磁场 $\boldsymbol{B}_1$ 对上、下能级粒子分布的影响

当加射频磁场 $\boldsymbol{B}_1$，并发生共振跃迁时，根据爱因斯坦电磁辐射理论，受激辐射和受激跃迁的概率是相等的，而粒子的自发辐射，因跃迁频率远远低于光的频率，故可忽略，因此有

$$\begin{cases}\mathrm{d}N_1=-pN_1\mathrm{d}t+pN_2\mathrm{d}t \\ \mathrm{d}N_2=-pN_2\mathrm{d}t+pN_1\mathrm{d}t\end{cases} \tag{1.8-29}$$

式中，N_2、N_1 是时间 t 时上、下能级各自的粒子数，p 为粒子受激跃迁的概率，式(1.8-29)两式相减可得

$$\mathrm{d}n=\mathrm{d}(N_1-N_2)=-2p(N_1-N_2)\mathrm{d}t=-2pn\mathrm{d}t \tag{1.8-30}$$

$$n=n_0\mathrm{e}^{-2pt} \tag{1.8-31}$$

式中 $n_0=N_{10}-N_{20}$，即开始加射频场时($t=0$)的上、下能级间的粒子数差值。

由式(1.8-31)可以看到，如果只有射频场 $\boldsymbol{B}_1$ 在持续起作用，则上、下能级间的粒子数差将按指数减少，最后 $n\to 0$，上、下能级分布的粒子数趋于相等。由于从射频场吸收的能量与粒子数差值成正比，当 $n\to 0$ 时，将不再能观察到共振吸收现象，即样品饱和了。

3. 热弛豫作用和受激跃迁同时存在时对共振吸收信号强度的影响

射频场 $\boldsymbol{B}_1$ 产生的共振跃迁使上、下能级的粒子数趋向相等，而热弛豫作用则使两能级粒子数差值趋向于热平衡时具有的粒子数差值，这两种作用对样品同时作用，将使能级间粒子数差值趋向于一个动态平衡，它决定了核磁共振的实际信号强度。现分析如下。

由于射频场 $\boldsymbol{B}_1$ 的作用，粒子数差值的变化率是

$$\left.\frac{\mathrm{d}n}{\mathrm{d}t}\right|_{B_1}=-2np \tag{1.8-32}$$

由于热弛豫的作用,粒子数差值的变化率是

$$\left.\frac{\mathrm{d}n}{\mathrm{d}t}\right|_{T_1}=-\frac{1}{T_1}(n-n_0) \tag{1.8-33}$$

当这两个过程共同作用达到动态平衡时,总变化率$\frac{\mathrm{d}n}{\mathrm{d}t}=0$,即$\left.\frac{\mathrm{d}n}{\mathrm{d}t}\right|_{B_1}+\left.\frac{\mathrm{d}n}{\mathrm{d}t}\right|_{T_1}=0$,由此得

$$2n_s p+\frac{1}{T_1}(n_s-n_0)=0 \tag{1.8-34}$$

式中,n_s 为达到动态平衡时的粒子数差值,于是可得

$$n_s=\left(\frac{1}{1+2pT_1}\right)n_0 \tag{1.8-35}$$

由式(1.8-35)可知:

(1) n_s 总比 n_0 小$\left(\text{因为 } 1+2pT_1>1, \frac{1}{1+2pT_1}\text{ 称为饱和因子}\right)$。

(2) 当 $pT_1\ll 1$ 时,$n_s\approx n_0$,维持共振吸收的粒子差数最大,可观察到强的共振吸收信号。

(3) 当 $pT_1\gg 1$,$n_s\to 0$,观察不到共振吸收信号。

因此,在实验中要得到强的吸收信号,pT_1 乘积应尽可能小。概率 p 与 $\boldsymbol{B}_1$ 的振幅平方成比例,所以要求 $\boldsymbol{B}_1$ 射频场强度小,但 $\boldsymbol{B}_1$ 的振幅关系到总的射频能量,即可能的吸收信号能量的上限,因此 $\boldsymbol{B}_1$ 要适当地用较小的振幅。而对于减小 T_1,常常采用在样品中添加顺磁物质的方法。

4. 共振吸收谱的宽度和横向弛豫时间

实际样品中,每一个核磁矩由于近邻处其他核磁矩造成的局部场略有不同,进动频率不完全一样。假设借助于某种方法,在 $t=0$ 时能够使所有核磁矩在 Oxy 平面上的投影位置相同,由于不同的进动频率,经过时间 T_2 后,这些核磁矩在 Oxy 平面上的投影位置将均匀分布。T_2 称为横向弛豫时间,因为它给出了磁矩在 x,y 方向上的分量变到零所需要的时间。T_2 起源于自旋粒子与相邻的自旋粒子之间的相互作用,这一过程称作自旋-自旋弛豫过程。

实际的核磁共振吸收不是只发生在由式(1.8-14)所决定的单一频率上,而是发生在一定的频率范围,即谱线有一定的宽度,这说明能级是有一定宽度的。根据测不准关系有

$$\delta E\cdot\tau\approx\hbar \tag{1.8-36}$$

式中,δE 为能级的宽度,τ 为粒子在能级上的寿命,由此产生的谱线宽度 $\delta\omega$ 为

$$\delta\omega=\frac{\delta E}{\hbar}\approx\frac{1}{\tau} \tag{1.8-37}$$

这表明谱线宽度实质上归结为粒子在能级上的平均寿命。弛豫过程越强烈,粒子处于某一能级上的时间越短,共振吸收线就越宽。一般定义共振吸收信号的 1/2 高度的宽度为线宽 $\Delta\omega$,并有关系式

$$T_2=\frac{1}{\Delta\omega} \tag{1.8-38}$$

事实上粒子处于某一较高能级上的平均寿命取决于 T_1 和 T_2 中较小者,对常见的物质,T_1 大约在 $10^{-4}\sim10^{4}\,\mathrm{s}$,$T_2$ 的数值一般小于 T_1 的数值。

使共振吸收谱线变宽的因素还有：射频场 $\boldsymbol{B}_1$ 越大，粒子受激跃迁概率 p 越大，使 τ 变小，谱线变宽；外磁场不均匀，使不同外磁场处样品的进动频率不同，使谱线加宽；加进顺磁性物质增强自旋-自旋作用，使 T_2 减小，谱线增宽。

5. 顺磁粒子的影响

顺磁粒子指具有电子磁矩的粒子，如过渡族金属的粒子。一个电子磁矩等于一个玻尔磁子，它的值比核磁子大三个数量级。因此在样品中加入一定的顺磁粒子，它附近的局部场就会大大增强，加快核的弛豫过程，使 T_1 和 T_2 减小。T_1 的减小有利于信号的加强，T_2 的减小会使谱线变宽，谱线太宽会淹没精细结构，所以顺磁性粒子要适当加入。

[参考文献]

[1] 上海复旦天欣科教仪器有限公司. FD-CNMR-C 连续波核磁共振实验仪使用说明书[Z]. 2018.
[2] 林木欣. 近代物理实验教程[M]. 北京：科学出版社，2002.
[3] 吴思诚，王祖铨. 近代物理实验[M]. 北京：北京大学出版社，1995.
[4] 吴永华. 大学近代物理实验[M]. 合肥：中国科学技术大学出版社，1992.
[5] 周孝安. 近代物理实验教程[M]. 武汉：武汉大学出版社，1996.
[6] 晏于模，王魁香. 近代物理实验[M]. 长春：吉林大学出版社，1995.

实验 1.9　光泵磁共振

[引言]

物理学最初是利用光谱学方法来研究物质内部结构的，但研究原子、分子等微观粒子内部更精细的结构和变化时，光谱学的方法就受到了仪器分辨率和谱线线宽的限制。在这种情况下发展了波谱学的方法。它利用物质的微波或射频共振来研究原子的精细、超精细结构以及因磁场存在而分裂形成的塞曼子能级，这些方法具有更高的分辨率。但是，在热平衡状态下，原子数能级分布遵从玻耳兹曼分布，导致共振信号太弱。因此，波谱法存在如何提高信息强度的问题。对于固态和液态物质的波谱学，如核磁共振(NMR)和电子顺磁共振(EPR)，由于样品的浓度大，再配合高灵敏度的电子探测技术，能够得到足够强的共振信号。但是对于气态的自由原子，与固态和液态相比，其样品的浓度降低了几个数量级，这就需要另外想办法来提高共振信号强度才能深入研究。

光泵磁共振是光抽运(又称光泵浦)过程与射频磁共振相结合的一种双共振物理过程。光抽运过程是原子系统吸收某种特定的光子，造成能级上原子数的分布偏离热平衡时的玻耳兹曼分布，从而在低浓度下提高了共振强度。与此同时，再用相应频率的射频场激励原子的磁共振，并用光探测方法探测原子对入射光的吸收，从而获得光磁共振信号。在探测磁共振信号时，不是直接探测原子对射频量子(能量很小)的发射或吸收，而是采用光探测的方法，即探测光抽运时原子对入射光量子(能量很高)的吸收或发射，由于光量子的能量比射频量子的能量高 7～8 个数量级，所以探测信号的灵敏度得以提高。这种探测方法，既具有磁共振技术的高分辨的突出优点，又使测量具有很高的灵敏度，因而特别适用于研究原子、分子的精细结构。法国物理学家卡斯特莱(A. Kastler)由于在光抽运技术上的杰出贡献而获得 1966 年诺贝尔物理学奖。光抽运-磁共振-光探测技术已被广泛应用于原子、离子、分子能级的精细和超精细结构以及其他各种参数的精密测量。在应用技术方面，光磁共振原理在激光、原子频标和弱磁场探测方面也有重要应用。

这里还要特别提出光抽运技术对激光的发现所起的重要作用，因为光抽运所建立的粒子数反转正是激光器的运转条件，加上后来汤斯(C. H. Townes)和肖洛(A. L. Schawlow)等人的工作，导致梅曼(T. Maiman)于 1960 年制造出第一台红宝石激光器。

通过本实验可以直观地了解光泵磁共振基本原理，了解原子超精细结构信息，体验光泵和光电探测过程。

[实验目的]

(1) 加深对原子超精细结构的理解，测定铷原子超精细结构塞曼子能级的朗德因子。

(2) 学习光泵磁共振实验技术。

[实验仪器]

DH 807A 型光磁共振实验装置，包括电源、辅助电源、光泵磁共振系统主体单元，信号发生器，示波器等。

[预习提示]

(1) 了解铷原子基态和低激发态的精细结构和超精细结构。

(2) 了解铷原子的光抽运效应，光抽运将粒子抽运到哪个子能级？

(3) 铷样品泡中充入的氮气起什么作用？为什么要控制铷样品泡的温度？铷样品泡的温度应保持在什么范围？

(4) 了解铷原子塞曼子能级之间的磁共振。

(5) 了解如何测量朗德因子 g 和地磁场。

[实验原理]

1. 铷原子基态及最低激发态能级

本实验研究对象是铷的气态自由原子。铷是碱金属原子，在最外电子壳层只有一个电子，其能级图与氢原子相似。铷的价电子处于第五壳层，主量子数 $n=5$。主量子数为 n 的电子，其轨道量子数 $L=0,1,\cdots,n-1$，其中基态 $L=0$，最低激发态 $L=1$，电子自旋量子数 $S=1/2$。电子自旋与轨道运动相互作用(L-S 耦合)，造成能级的精细分裂。总角动量 $\boldsymbol{P}_J$ 由轨道角动量 $\boldsymbol{P}_L$ 与自旋角动量 $\boldsymbol{P}_S$ 合成，$\boldsymbol{P}_J=\boldsymbol{P}_L+\boldsymbol{P}_S$。原子能级的精细结构用总角动量量子数 J 来标记，$J=L+S,L+S-1,\cdots,|L-S|$。对于基态，$L=0$，$S=1/2$，因此铷基态只有 $J=1/2$，用 $5^2S_{1/2}$ 标记。铷原子最低激发态为 $5^2P_{1/2}$ 和 $5^2P_{3/2}$ 双重态，$5^2P_{1/2}$ 态 $J=1/2$，$5^2P_{3/2}$ 态 $J=3/2$。$5P$ 与 $5S$ 能级之间产生的跃迁是铷原子主线系的第一条谱线，为双线，它在铷灯光谱中强度很大。$5^2P_{1/2}\rightarrow 5^2S_{1/2}$ 跃迁产生的谱线为 D_1 谱线，波长为 794.76nm，$5^2P_{3/2}\rightarrow 5^2S_{1/2}$ 跃迁产生的谱线为 D_2 谱线，波长为 780.00nm。

原子的价电子 L-S 耦合后，总角动量 $\boldsymbol{P}_J$ 与原子总磁矩 $\boldsymbol{\mu}_J$ 的关系为

$$\boldsymbol{\mu}_J=-g_J\frac{e}{2m}\boldsymbol{P}_J \tag{1.9-1}$$

$$g_J = 1 + \frac{J(J+1) - L(L+1) + S(S+1)}{2J(J+1)} \tag{1.9-2}$$

式中，g_J 是朗德因子，J、L 和 S 是量子数。

核具有自旋和磁矩。核磁矩与价电子自旋及轨道运动产生的磁矩之间相互作用造成能级附加分裂，称为超精细结构。天然铷有两种同位素^{85}Rb 和^{87}Rb，其中^{85}Rb 占 72.15%，^{87}Rb 占 27.85%。两种同位素的核自旋量子数 I 不同，^{85}Rb 核自旋量子数 $I=5/2$，^{87}Rb 核自旋量子数 $I=3/2$。核自旋角动量 $\boldsymbol{P}_I$ 与电子总角动量 $\boldsymbol{P}_J$ 耦合成原子总角动量 $\boldsymbol{P}_F$，$\boldsymbol{P}_F=\boldsymbol{P}_I+\boldsymbol{P}_J$。$J$-$I$ 耦合产生超精细能级，用量子数 F 来标记，$F=I+J,\cdots,|I-J|$。^{87}Rb 的基态有 $F=2$ 和 $F=1$ 两个状态，^{85}Rb 的基态有 $F=3$ 及 $F=2$ 两个状态。原子总角动量 $\boldsymbol{P}_F$ 与总磁矩 $\boldsymbol{\mu}_F$ 之间的关系为

$$\boldsymbol{\mu}_F = -g_F \frac{e}{2m}\boldsymbol{P}_F \tag{1.9-3}$$

$$g_F = g_J \frac{F(F+1) + J(J+1) - I(I+1)}{2F(F+1)} \tag{1.9-4}$$

式中，g_F 是对应于 $\boldsymbol{\mu}_F$ 与 $\boldsymbol{P}_F$ 关系的朗德因子。

在外加磁场作用下，由于 $\boldsymbol{\mu}_F$ 与外加磁场的相互作用，超精细能级进一步发生塞曼分裂形成塞曼原子能级，用磁量子数 M_F 来表示，$M_F=F,(F-1),\cdots,(-F)$，分裂成 $2F+1$ 个间距基本相等的子能级。$\boldsymbol{\mu}_F$ 与 $\boldsymbol{B}$ 的相互作用能为

$$E = -\boldsymbol{\mu}_F \cdot \boldsymbol{B} = g_F \frac{e}{2m}\boldsymbol{P}_F \cdot \boldsymbol{B} = g_F \frac{e}{2m} M_F \hbar B = g_F M_F \mu_B B \tag{1.9-5}$$

式中，μ_B 为玻尔磁子。^{87}Rb 和^{85}Rb 的能级示意图如图 1.9-1 所示，相邻塞曼子能级的能量差为

$$\Delta E = g_F \mu_B B \tag{1.9-6}$$

可以看到 ΔE 与 B 成正比。当外磁场为零时，各塞曼子能级将重新简并为原来的能级。

2. 圆偏振光对铷原子的激发与光抽运效应

气态^{87}Rb 原子受左旋圆偏振 D_1 光(即 $D_1\sigma^+$)照射时，遵守光跃迁选择定则

$$\Delta F = 0, \pm 1; \quad \Delta M_F = +1$$

激发 $5^2S_{1/2} \to 5^2P_{1/2}$ 跃迁。对于 σ^+，只能产生 $\Delta M_F=+1$ 的跃迁。基态 $M_F=+2$ 子能级上原子若吸收光子就将处于 $M_F=+3$ 的状态，但 $5^2P_{1/2}$ 各子能级最高为 $M_F=+2$(图 1.9-2)，因此基态中 $M_F=+2$ 子能级上的粒子就不能跃迁，即跃迁概率为零。而由 $5^2P_{1/2} \to 5^2S_{1/2}$ 的向下跃迁中，$\Delta M_F=0,\pm1$ 的各跃迁都是可能的，对 $M_F=+2$ 能级也不例外。这样经过若干循环之后，基态 $F=2$，$M_F=+2$ 子能级上的粒子数就将大大增加，即大量粒子被“抽运”到 $M_F=+2$ 的子能级上，这就是光抽运效应。各子能级上粒子数的这种不均匀分布叫做“偏极化”，光抽运的目的就是要造成这种偏极化，有了偏极化就可以在子能级之间得到较强的磁共振信号。

3. 弛豫时间

在热平衡状态下，基态分子能级上的粒子服从玻耳兹曼分布($N=N_0 e^{-E/kT}$)。由于各子能级的能量差极小，可以近似地认为各子能级上粒子数是相等的。光抽运增大了粒子布居数的差别，使系统处于非热平衡分布状态。

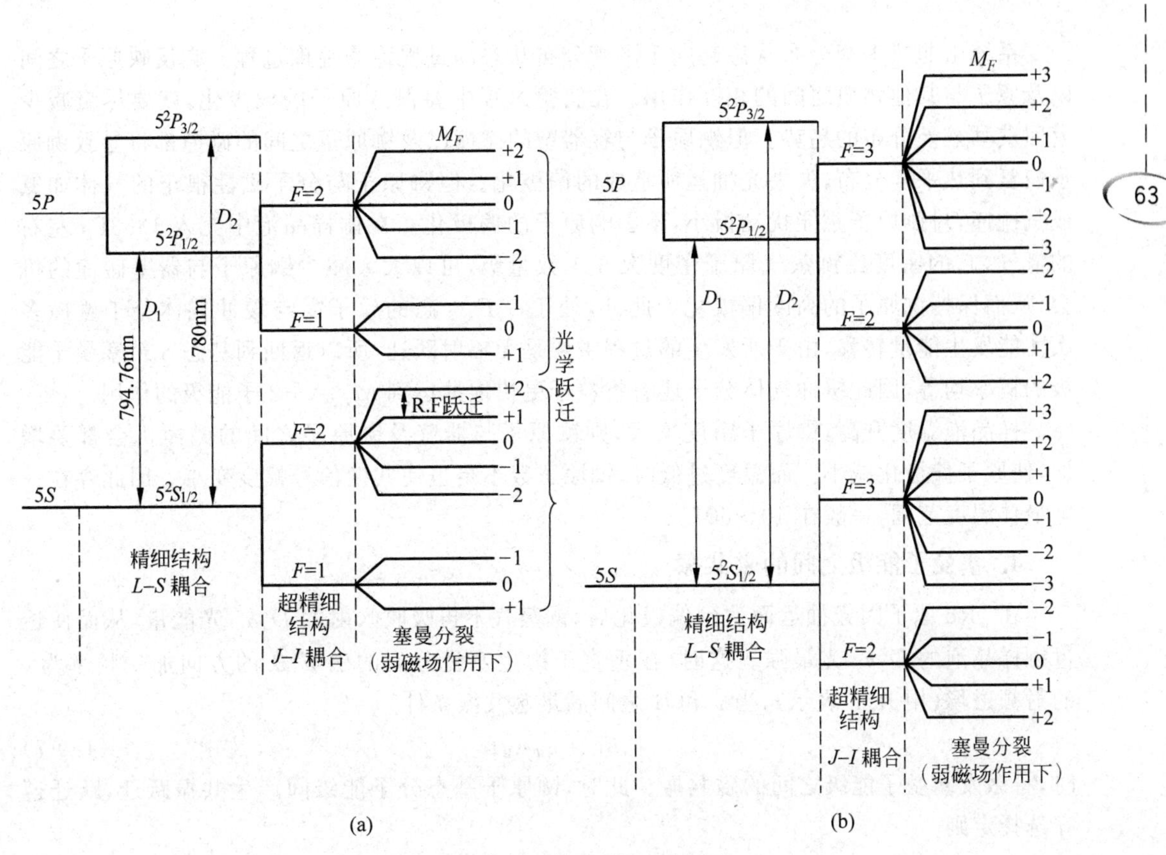

图 1.9-1　^{87}Rb 和^{85}Rb 能级示意图

(a) ^{87}Rb 能级示意图；(b) ^{85}Rb 能级示意图

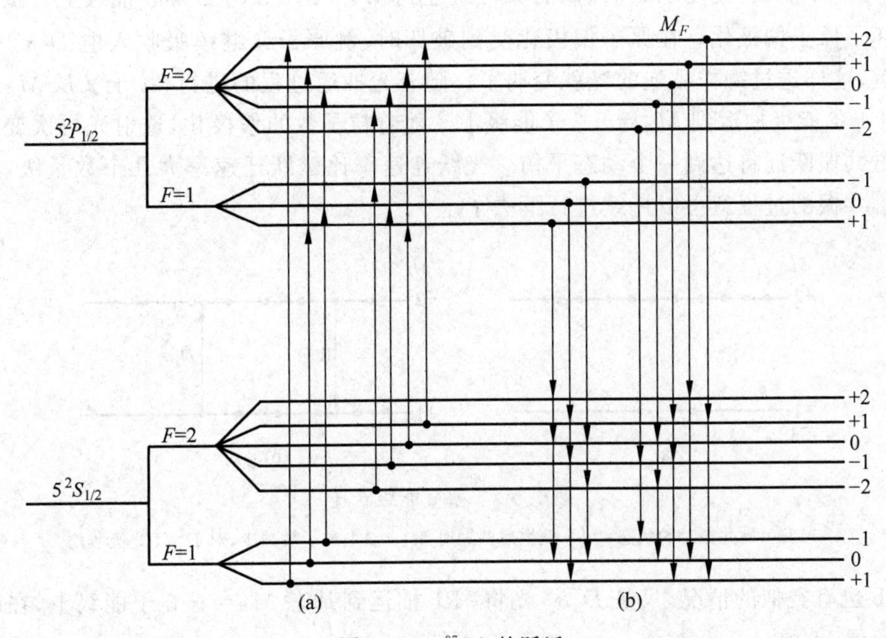

图 1.9-2　^{87}Rb 的跃迁

(a) ^{87}Rb 吸收光受激跃迁，$M_F=+2$ 粒子跃迁概率为零；(b) ^{87}Rb 激发态光辐射跃迁，以相等概率返回基态

系统由非热平衡分布状态趋向于平衡分布状态的过程称为弛豫过程。它反映原子之间以及原子与其他物质之间的相互作用。在实验过程中要保持原子的偏极化，就要尽量减少返回玻耳兹曼分布的趋势。但铷原子与容器壁的碰撞以及铷原子之间的碰撞都将导致铷原子恢复到热平衡分布，失去光抽运所造成的偏极化。但铷原子与分子磁性很小的气体如氮或氖碰撞，对铷原子磁能扰动极小，不影响原子的偏极化。在铷样品泡中充入 1333Pa 左右的氮气，它的密度比铷蒸气原子密度大 6 个数量级，可以大大减少铷原子与器壁碰撞的机会，从而保持铷原子的高度偏极化。此外，处于 $5^2P_{1/2}$ 态的原子需与缓冲气体分子碰撞多次才能发生能量转移，由于所发生的过程主要是无辐射跃迁，所以返回到基态 8 个塞曼子能级的概率均等，因此缓冲气体分子还有将粒子更快地抽运到 $M_F=+2$ 子能级的作用。

样品泡温度升高，铷原子密度增大，则铷原子与器壁及铷原子之间的碰撞机会都要增加，使原子偏极化减小。而温度过低时，铷原子数不足也使共振信号幅度变小。因此存在一个最佳温度范围，一般在 40～60℃。

4. 塞曼子能级之间的磁共振

在 ^{87}Rb 原子因光抽运而达到偏极化后，铷蒸气不再吸收入射的 $D_1\sigma^+$ 光能量，从而使透过铷样品泡的 $D_1\sigma^+$ 光最强。这时，在垂直于产生塞曼分裂的磁场 $\boldsymbol{B}$ 的方向加一频率为 ν 的射频磁场(用 R.F 表示)，当 ν 和 B 之间满足磁共振条件

$$h\nu=g_F\mu_B B \tag{1.9-7}$$

时，将激发塞曼子能级之间的磁共振。此时，铷原子基态分子能级间产生共振跃迁，跃迁遵守选择定则

$$\Delta F=0,\quad \Delta M_F=\pm 1$$

这时铷原子将从 $M_F=+2$ 子能级向下跃迁到各子能级上，即大量原子由 $M_F=+2$ 能级跃迁到 $M_F=+1$ 能级(见图 1.9-3)，以后又可跃迁到 $M_F=0,-1,-2$ 等子能级上。磁共振的发生破坏了原子偏极化。在原子偏极化受到破坏时，铷原子又继续吸收入射 $D_1\sigma^+$ 光进行新的抽运，这样透过铷样品泡的光就变弱了。随着光抽运过程的进行，粒子又从 $M_F=-2,-1,0,+1$ 各能级抽运到 $M_F=+2$ 子能级上。随着粒子数的偏极化，透射光再次变强。光抽运与磁共振跃迁将达到一个动态平衡。光跃迁速率比磁跃迁速率大几个数量级，因此光抽运与磁共振的过程就可以持续进行下去了。

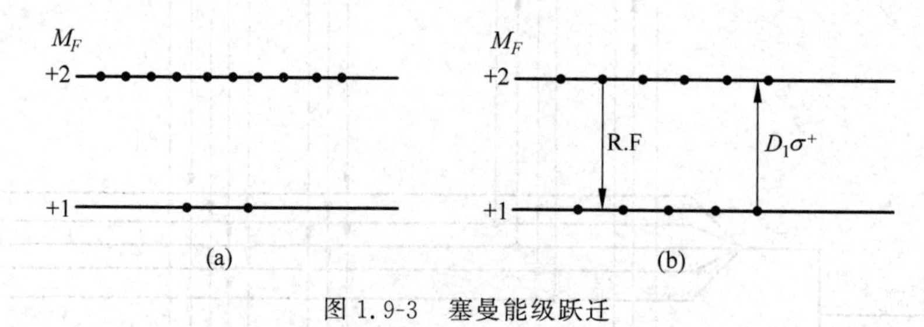

图 1.9-3　塞曼能级跃迁

(a) 未发生磁共振时的状态；(b) 发生磁共振时 $M_F=2$ 上粒子数减少，对 $D_1\sigma^+$ 光吸收增多

^{85}Rb 也有类似的情况，只是 $D_1\sigma^+$ 光将 ^{85}Rb 抽运到基态 $M_F=+3$ 子能级上，在磁共振时又跳回到 $M_F=+2,+1,0,-1,-2,-3$ 等能级上。

5. 光探测

入射到铷样品泡上的 $D_1\sigma^+$ 光一方面起光抽运的作用,另一方面,其透射光的强弱变化又包含着被测物质微观物理过程的信息,可以兼作探测光。前面已介绍了与磁共振相伴随的对 $D_1\sigma^+$ 光吸收的变化,因此测量 $D_1\sigma^+$ 光强度的变化即可得到磁共振的信号,实现了磁共振的光探测。用 $D_1\sigma^+$ 光照射铷样品泡,并探测透过样品泡的光强,就实现了光抽运—磁共振—光探测。由于巧妙地将一个低频射频光子(1～10MHz)的变化转换成一个高频光频光子(10^8 MHz)的变化,使信号功率提高了 7～8 个数量级。

[仪器装置]

实验系统由主体单元、电源、辅助源、射频信号发生器及示波器组成,实验装置方框图如图 1.9-4 所示。信号发生器输出的射频信号先输入辅助源,经由辅助源提供给主体单元。辅助源还为主体单元提供三角波、方波扫场信号及温度控制等。辅助源与主体单元由 24 线电缆连接。主体单元光电探测器的信号和辅助源的信号接入示波器,以观察光抽运和光磁共振信号。

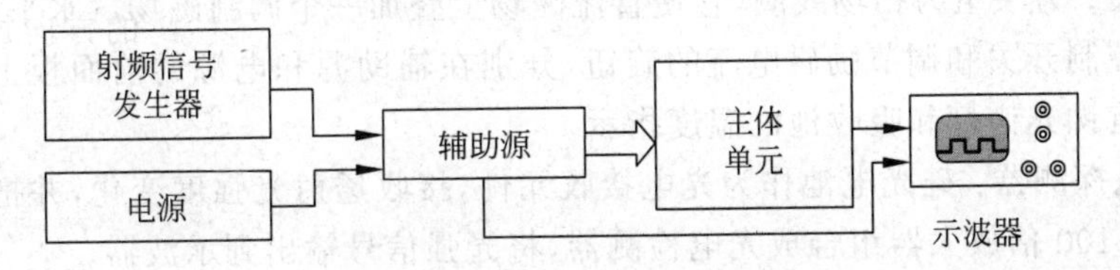

图 1.9-4　光磁共振实验装置方框图

图 1.9-5 为主体单元,其结构框图如图 1.9-6 所示。其主要组成部分如下:

(1) 铷原子光谱灯:是一种高频气体放电灯,由频率约为 65MHz 的高频振荡器、控温装置和铷灯泡组成。铷灯泡放置在高频振荡回路的电感线圈中,在高频电磁场的激励下产生无极放电而发光,产生铷光谱包括 D_1(7948Å)和 D_2(7800Å)光谱线。D_2 线对光抽运过程有害,故在出光处装一干涉滤光镜(中心波长为(7948±50)Å)将 D_2 光滤掉。整个振荡器连同铷灯泡放在同一恒温槽内,温度控制在 90℃左右。

(2) 产生平行 $D_1\sigma^+$ 圆偏振光装置:为调准直使用的凸透镜焦距为 77mm,偏振片和 40μm 厚的云母片制成的 1/4 波片可以使 D_1 光成为圆偏振光。

1—滑轨;2—铷光谱灯;3—准直透镜(内有透镜、偏振片、1/4 波片);4—吸收池;5—垂直磁场线圈;6—水平磁场线圈;7—聚光镜;8—光电探测器;9—地脚;10—滑块。

图 1.9-5　主体单元

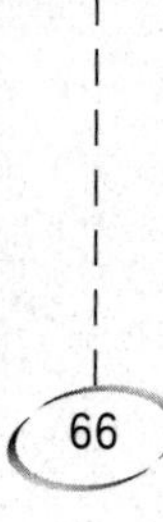

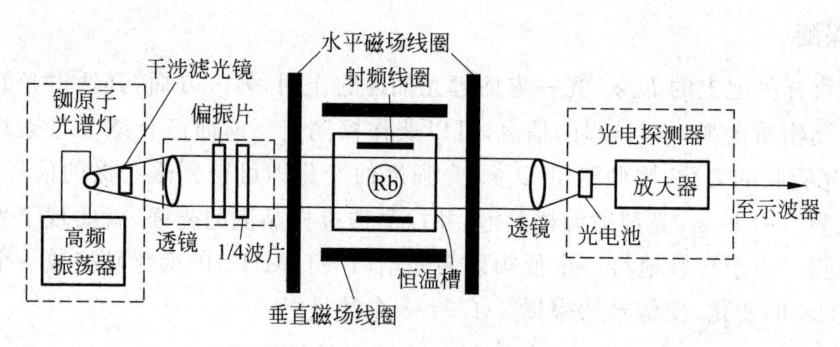

图 1.9-6　主体单元结构框图

(3) 主体中央的 Rb 样品泡及线圈部分：天然铷和缓冲气体充在一直径约 52mm 的玻璃泡内，该泡两侧对称放置一对小射频线圈，它为铷原子跃迁提供射频磁场，铷样品泡和射频线圈都置于圆柱形恒温槽内，称为“吸收池”。槽内温度约为 55℃。吸收池放置在两对亥姆霍兹线圈的中心，小的一对线圈产生的磁场用来抵消地磁场的垂直分量。大的一对线圈为水平磁场线圈，有两套绕组。一组为水平直流磁场线圈，它使铷原子的超精细结构能级能产生塞曼分裂；另一组为扫场线圈，它使直流磁场上叠加一个调制磁场。水平场、垂直场和扫场的方向控制开关和调节励磁电流的旋钮，分别在辅助源和电源的前面板上。辅助源前面板上还设有铷光谱灯和吸收池的温度指示。

(4) 光电探测器：硅光电池作为光电接收元件，接收透射光强度变化，并把光信号转换成电信号，与 100 倍放大器组合成光电检测器，将光强信号输出到示波器。

电源、辅助源操作如下。

(1) 电源。

电源开关：打开电源的开关，辅助源和主体单元进入工作状态。

水平磁场调节：调节“水平场”电位器，可改变水平场电流，电流的大小由其上方的数字面板显示。

垂直磁场调节：调节“垂直场”电位器，可改变垂直场电流，电流的大小由其上方的数字面板显示。

(2) 辅助源。

池温开关：吸收池控温电源的通断开关。

扫场方向开关：改变扫场的电流方向(选择扫场的方向)。

水平场方向开关：改变水平场的电流方向(选择水平磁场的方向)。

垂直场方向开关：改变垂直场的电流方向(选择垂直磁场的方向)。

方波、三角波选择开关：用于扫场方式选择。

内、外转换开关(在后面板上)：内部扫场和外部扫场的选择。

灯温、池温指示：分别表示灯温、池温进入工作温度状态。

扫场幅度：调节扫场幅度大小的电位器。

[实验内容与测量]

1. 仪器调节

(1) 借助指南针将光具座与地磁场水平分量平行搁置。按图 1.9-5，检查各元件是否放在正确位置。其中准直透镜和聚光透镜的焦距约为77mm,应分别使铷光谱灯和光电探测器大致位于上述透镜的焦点处。以吸收池为基准,使主体装置的光学元件同轴等高。检查各连线是否正确。

(2) 将“垂直场”“水平场”“扫场幅度”旋钮调至最小,按下池温开关。然后接通电源线,按下电源开关。约30min后,灯温、池温指示灯点亮,实验装置进入工作状态。

(3) 确定水平场线圈、扫场线圈的极性,确定换向开关的方向。以确定水平场方向为例,确定方法如下:把指南针放在吸收池上面,调节水平场电压旋钮以改变水平场大小,若指南针指向反转,说明水平场方向与地磁场水平分量方向相反,若不反转,则说明二者同向,记下水平场方向开关的位置。用同样的方法可以确定扫场方向。

2. 光抽运信号的观察

(1) 待实验装置进入工作状态,扫场方式选择“方波”,调节扫场幅度旋钮为最大值。

(2) 将指南针置于吸收池上边,通过改变扫场的方向,设置扫场方向与地磁场水平分量方向相反,然后将指南针拿开。

(3) 预置水平场电流最小,垂直场电流为0.07A左右,用来抵消地磁场垂直分量。

(4) 旋转偏振片的角度并微调垂直场大小和方向,使光抽运信号幅度最大。

(5) 再仔细调节光路聚焦和扫场幅度大小,使光抽运信号幅度最大,如图1.9-7所示。

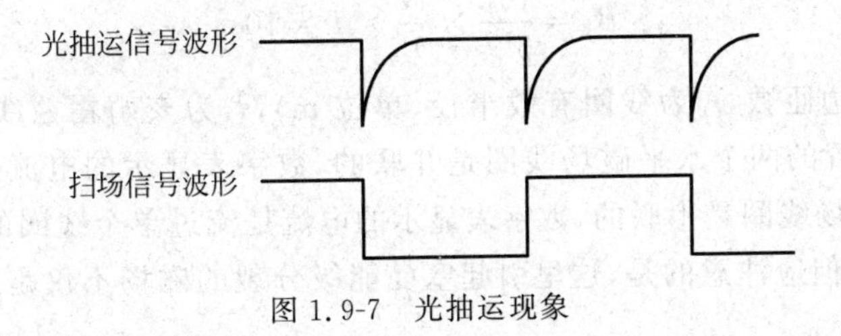

图1.9-7 光抽运现象

3. 磁共振信号的观察

光抽运信号是两个能带间的光学跃迁信号。磁共振信号则为塞曼子能级之间射频跃迁信号。但二者均须先在光抽运下使粒子集聚在$M_F=+2$子能级上,造成偏极化,铷原子不再吸收圆偏振光的条件(光强最大值);然后再经不同途径使塞曼子能级之间又重新获得粒子,再继续吸收圆偏振光。因此在观察磁共振信号时应作检查,确认所观察到的信号是磁共振信号,而不是光抽运信号。

观察磁共振信号时使用三角波扫场。三角波扫场与水平稳恒磁场叠加,可以使作用在铷原子的磁场强弱在共振磁场值附近反复变化,每当场值通过共振场值时,铷原子的偏极化被破坏,透射光强减弱。固定场强改变频率可以获得^{87}Rb和^{85}Rb的磁共振。磁共振信号如图1.9-8所示。固定频率改变场强,同样也可以得到^{87}Rb和^{85}Rb的磁共振信号。为分辨^{85}Rb与^{87}Rb,可以根据它们的吸收频率和共振磁场的大小来判定。^{87}Rb: $\nu_0/H_0=0.70$MHz/Gs; ^{85}Rb: $\nu_0/H_0=0.47$MHz/Gs。

具体操作步骤如下。

(1) 扫场方式选择“三角波”。

(2) 将水平场电流预置为0.2A左右。

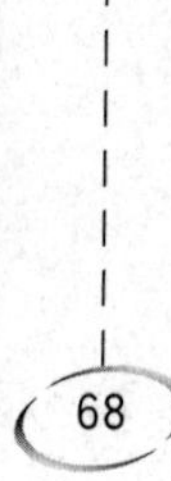

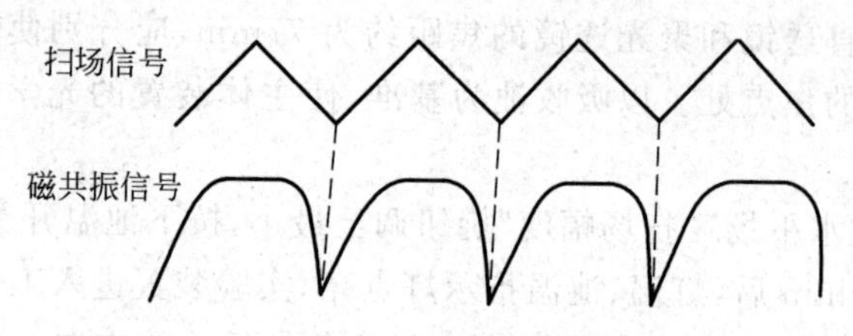

图 1.9-8　磁共振信号

(3) 调节扫场幅度使三角波幅度在1V左右。

(4) 垂直场的大小和偏振片的角度保持光抽运信号实验的状态。

(5) 打开射频信号发生器(用1MHz档)，频率从100kHz开始由低向高缓慢调节，调节过程中可观察到共振信号。在实验过程中，应注意区分^{87}Rb和^{85}Rb的磁共振谱线，当水平磁场不变时，频率低的为^{85}Rb的共振谱线，频率高的为^{87}Rb共振谱线，且波形较深。

4. 测量朗德因子 g_F

g_F 是研究原子超精细结构的一个重要参量。由式(1.9-7)知，只要测出共振频率与磁场就可以算出 g_F 的值，由于亥姆霍兹线圈在其轴线中点附近(吸收泡范围)产生均匀磁场，且有

$$B_{\mathrm{h}}=\frac{16\pi}{5^{3/2}}\times\frac{N}{r}\times I\times 10^{-3} \tag{1.9-8}$$

式中，N 为线圈每边匝数，r 为线圈有效半径(单位m)，I 为亥姆霍兹线圈励磁电流(单位A)【注：本实验装置的两个水平磁场线圈是并联的，数字表显示的电流是流过两线圈电流之和；两个垂直磁场线圈是串联的，数字表显示的电流是流过单个线圈的电流】，$\boldsymbol{B}_{\mathrm{h}}$ 为磁感应强度(单位T)。但应注意的是，这里引起塞曼能级分裂的磁场不仅是水平场线圈所产生的磁场，而是

$$\boldsymbol{B}=\boldsymbol{B}_{\mathrm{h}}+\boldsymbol{B}_{地}+\boldsymbol{B}_{扫}+\boldsymbol{B}_{杂} \tag{1.9-9}$$

式(1.9-9)右边后三项 $\boldsymbol{B}_{地}$、$\boldsymbol{B}_{扫}$、$\boldsymbol{B}_{杂}$ 分别对应的电流的直流部分和可能有的其他杂散磁场均难以确定。为此，必须采取特殊的测量方法把它们的作用消除掉。这个方法就是霍耳效应测磁场实验中采用过的换向方法。

扫场仍用三角波，调水平场电压至某一确定值，并使其方向与地磁场水平分量和扫场方向相同，调节射频信号发生器(用1MHz档)，找出^{87}Rb的共振频率 ν_1，则有

$$h\nu_1=\mu_B g_F(B_{\mathrm{h}}+B_{地}+B_{扫}+B_{杂}) \tag{1.9-10}$$

再改变水平场方向开关，仍用上述方法，可测得 ν_2。这时扫场、地磁场水平分量和 B_{h} 相反，则有

$$h\nu_2=\mu_B g_F(B_{\mathrm{h}}-B_{地}-B_{扫}-B_{杂}) \tag{1.9-11}$$

由上两式可得

$$h\left(\frac{\nu_1+\nu_2}{2}\right)=\mu_B g_F B_{\mathrm{h}} \tag{1.9-12}$$

这样，水平磁场所对应的频率为$\dfrac{\nu_1+\nu_2}{2}$，B_{h} 由式(1.9-8)算出。普朗克常量 $h=6.626\times 10^{-34}$ J·s，玻尔磁子 $\mu_B=9.274\times10^{-24}$ J/T，从而可计算出^{87}Rb的 g_F 因子。同样方法可以

得到^{85}Rb 的 g_F 因子。

5. 测量地磁场

测量方法与测量 g_F 因子相似。

(1) 在测量 g_F 因子的基础上,先使扫场和水平场与地磁场水平分量方向相同,测得 ν_1。再按动扫场及水平场方向开关,使扫场和水平场方向与地磁场水平分量方向相反,又得到 ν_2。这样地磁场水平分量所对应的频率为 $\frac{\nu_1-\nu_2}{2}$(即排除了扫场和水平磁场的影响)。由式(1.9-7)得到地磁场水平分量为

$$B_{地_{水平}}=\frac{h\nu}{\mu_B g_F} \tag{1.9-13}$$

(2) 因为垂直磁场正好抵消地磁场的垂直分量,从数字表指示的垂直场电流及垂直亥姆霍兹线圈参数,可以确定地磁场垂直分量的数值。由地磁场水平分量和地磁场垂直分量矢量求和可得到地磁场。

[注意事项]

为避免光线(特别是灯光)对测量的影响,必要时主体单元应当罩上遮光罩。

[数据处理与分析]

计算 g_F 因子和地磁场。

[讨论]

对实验测量数据进行分析处理,用数据库资源查阅相关文献,对实验结果进行讨论和评价。

[结论]

写出你通过实验得到的主要结论。

[思考题]

(1) 分别以方波和三角波观察光抽运信号,其对应的信号的形状、幅度有什么不同,试解释。

(2) 根据你的实验观察,垂直方向磁场分量和水平方向磁场分量对光抽运信号分别有何影响?为什么?

[附录]

亥姆霍兹线圈参数

参　数	水平场线圈	扫场线圈	垂直场线圈
线圈匝数/匝	250	250	100
有效半径/m	0.2412	0.2420	0.1530

[参考文献]

[1] 吴思成，王祖铨.近代物理实验[M].北京：北京大学出版社，1995.
[2] 晏于模，王魁香.近代物理实验[M].长春：吉林大学出版社，1995.
[3] 北京大华无线电仪器厂.DH807A型光磁共振实验装置使用说明书[Z].2007.
[4] 陈森，王点庄，曹庆睿，等.垂直磁场对光抽运信号的影响[J].物理实验，2015，35(2)：5-7，17.

实验1.10 光电倍增管的基本特性

[引言]

光电倍增管是将微弱光信号转换成电信号的真空光电器件，它是测光仪器和光电自动化设备中的主要探测元件，是目前测光信号最灵敏的器件之一。它可以检测每秒几个光子的光强，其绝对灵敏度不亚于人的眼睛，而在定量测量方面则超过了眼睛。

光电倍增管具有极高灵敏度和超快时间响应，广泛应用于光子计数、极微弱光探测、极低能量射线探测、化学发光和生物发光研究，在分光光度计、旋光仪、色度计、照度计、尘埃计、浊度计、光密度计、热释光量仪、辐射量热计、扫描电镜、生化分析仪等诸多仪器设备中作为测光探测器使用。

本实验将研究光电倍增管的基本特性，如暗电流、阴极灵敏度、阳极灵敏度、放大倍数(增益)、光电特性、伏安特性、时间特性、光谱特性等，通过了解光电倍增管的基本结构、工作原理和特性，掌握光电倍增管的使用方法。

[实验目的]

(1) 了解光电倍增管结构与工作原理。
(2) 了解光电倍增管基本特性参数。
(3) 掌握光电倍增管基本参数的测量方法。

[实验仪器]

GCPMT-C型光电倍增管及微弱光实验仪，连接线缆等。

[预习提示]

(1) 光电倍增管的基本结构与工作原理。
(2) 了解光电倍增管基本特性或参数。
(3) 了解实验要测量的光电倍增管基本参数及测量方法。

[实验原理]

1. 光电倍增管工作原理

1) 光电倍增管基本结构与工作原理

典型的光电倍增管结构如图1.10-1所示。在真空管中，有光电发射阴极(光阴极)和聚焦电极、电子倍增极和电子收集极(阳极)。从光阴极到阳极的所有电极用串联的电阻分压供电,使管内各极间能形成所需的电场,如图 1.10-2 所示。

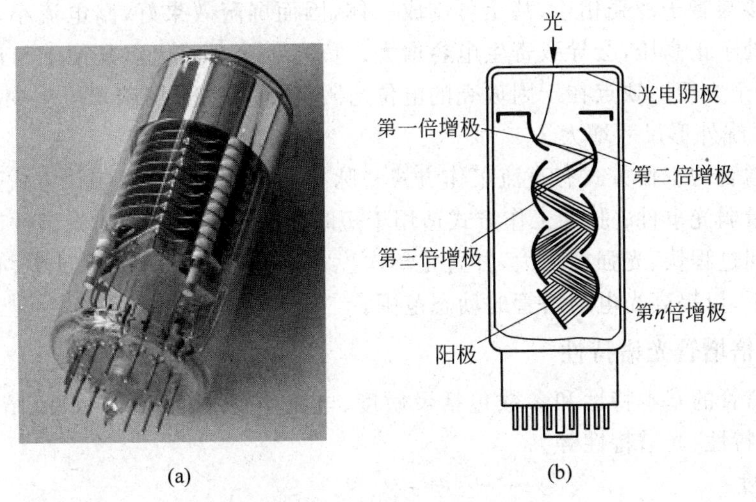

(a)　(b)

图 1.10-1　光电倍增管

(a) 光电倍增管外形;(b) 光电倍增管剖面图

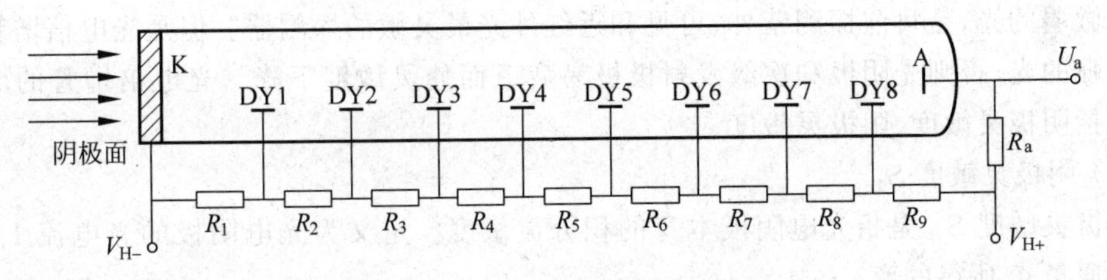

图 1.10-2　光电倍增管的分压电路

当光照射到光阴极上时,只要光子能量大于光阴极材料的逸出功,光阴极表面就激发出光电子(一次激发)。这些光电子被聚焦进入倍增系统,轰击第一倍增电极,激发出二次电子(二次激发)。由倍增电极激发的电子被下一倍增电极的电场加速,飞向该极并轰击在该极上再次激发出更多的电子。这样通过逐级的二次电子发射得到倍增放大,放大后的电子被阳极收集作为信号输出。倍增电极(或称打拿极)可有 8～19 极,每个倍增极间电压 80～150V,阳极和阴极之间加的高压为几百到上千伏。因为采用了二次发射倍增系统,光电倍增管在可以探测到紫外、可见和近红外区的辐射能量的光电探测器件中具有极高的灵敏度和极低的噪声。

2) 光电倍增管类型

光电倍增管按接收入射光的方式可分为端窗型和侧窗型。侧窗型的光电倍增管从真空管玻璃壳侧面接收入射光,而端窗型光电倍增管从玻璃壳顶部接收入射光。通常情况下,侧窗型光电倍增管价格较便宜,在分光光度计和通常的光度测定方面有广泛使用。大部分侧窗型光电倍增管使用不透明光阴极(反射式光阴极)和环形聚焦型电子倍增极结构,使其在较低的工作电压下具有较高的灵敏度。端窗型光电倍增管在其入射窗内表面上沉积了半透明光阴极(透过式光阴极),使其具有优于侧窗型的均匀性,其光阴极面积可以从几十平方毫米到几百平方厘米。

光电倍增管的供电方式有两种,即负高压接法(阴极接电源负高压,电源正端接地)和正高压接法(阳极接电源正高压,而电源负端接地)。正高压接法的特点是可使屏蔽光、磁、电的屏蔽罩直接与管子外壳相连,甚至可制成一体,因而屏蔽效果好,暗电流小,噪声水平低。但这时阳极处于正高压,会导致寄生电容增大。负高压接法的优点是便于与后级的放大器连接,操作安全方便。缺点在于因玻壳的电位与阴极电位相近,屏蔽罩应至少离开管子玻壳1～2cm,使系统外形尺寸增大。

光电倍增管的工作方式有直流工作方式和脉冲工作方式。直流工作方式适用于长时间或重复性测量弱光事件；脉冲工作方式适用于短时间或一次性测量弱光事件。要将光电倍增管用在时间过程快、光强变化大,并且是单次发生的冲击事件等的测量中,必须使其工作在脉冲状态下,以提高光电倍增管的动态范围。

2. 光电倍增管光谱特性

光电倍增管的基本特性和参数包括灵敏度、电流增益、阳极伏安特性、暗电流、光电特性、时间响应特性、光谱特性等。

1）灵敏度

灵敏度是衡量光电倍增管探测光信号能力的一个重要参数,一般是指积分灵敏度,即白光灵敏度,其单位为 μA/lm。光电倍增管的灵敏度可高达几十甚至几百 μA/lm,因而能探测到极微弱的光,是目前探测紫外、可见和近红外光最灵敏的探测器。但是光电倍增管不能探测太强的光,否则光阴极和次级发射极极易疲乏而使灵敏度下降。光电倍增管的灵敏度一般包括阴极灵敏度、阳极灵敏度。

(1) 阴极灵敏度 S_K。

阴极灵敏度 S_K 是指光电阴极本身的积分灵敏度。定义为光电阴极的光电流 I_K 除以入射光通量 Φ 所得的商

$$S_K = \frac{I_K}{\Phi} \tag{1.10-1}$$

单位为 mA/lm。阴极灵敏度只与光电阴极材料和光电倍增管的结构有关。光电倍增管阴极灵敏度的测量原理如图 1.10-3 所示。入射到光电阴极 K 的光照度为 E,光电阴极的面积为 A,则光电倍增管接收到的光通量为

$$\Phi = E \times A \tag{1.10-2}$$

由式(1.10-1)、式(1.10-2)就可以计算出阴极灵敏度。

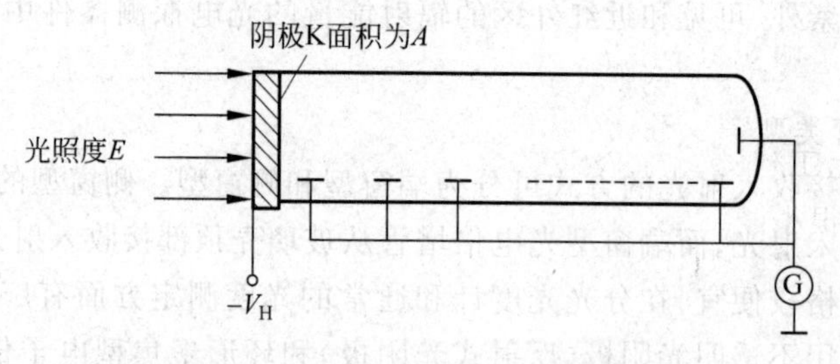

图 1.10-3　光电倍增管阴极灵敏度测量

入射到光电阴极的光通量不能太大,否则由于光电阴极层的电阻损耗会引起测量误差。光通量也不能太小,否则由于欧姆漏电流影响光电流的测量精度,通常采用的光通量的范围为 10^{-5}～10^{-2}lm。

(2) 阳极灵敏度 S_p。

阳极灵敏度 S_p 是指光电倍增管在一定工作电压下阳极输出电流与照射阴极的光通量的比值

$$S_p = \frac{I_p}{\Phi} \tag{1.10-3}$$

单位为 A/lm。S_p 是一个经过倍增后的整管参数,除与光电阴极材料和光电倍增管结构有关外,还与工作电压有关。在测量时,为保证光电倍增管处于正常的线性工作状态,所采用的光通量要比测阴极光照灵敏度时的光通量小,一般在 $10^{-10} \sim 10^{-5}$ lm 的数量级。

2) 电流增益(放大倍数)G

光阴极发射出来的光电子被电场加速撞击到第一倍增极,发生二次电子发射,产生多于光电子数目的电子流。这些二次电子发射的电子流又被加速撞击到下一个倍增极,使之再次产生二次电子发射,连续地重复这一过程,直到最末倍增极的二次电子发射被阳极收集,从而达到了电流放大的作用。这时可以观测到,光电倍增管的阴极产生的光电子电流很小,被放大成较大的阳极输出电流。

放大倍数(电流增益)G 定义为在一定的入射光通量和阳极电压下,阳极电流 I_p 与阴极电流 I_K 间的比值。即

$$G = \frac{I_p}{I_K} \tag{1.10-4}$$

放大倍数 G 主要取决于系统的倍增能力,因此它也是工作电压的函数。由于阳极灵敏度包含了放大倍数的贡献,于是放大倍数也可以由在一定工作电压下阳极灵敏度和阴极灵敏度的比值来确定,即

$$G = \frac{S_p}{S_K} \tag{1.10-5}$$

3) 阳极伏安特性

当光通量 Φ 一定时,光电倍增管阳极电流 I_p 和阳极与阴极间的总电压 V_H 之间的关系为阳极伏安特性。如图 1.10-4 所示。由图可以看到,阳极电流 I_p 随着电压 V_H 增大而急剧上升,二者关系在阳极电流较小时表现为线性关系,随着阳极电流的增大而失去线性关系,并逐渐趋于饱和。

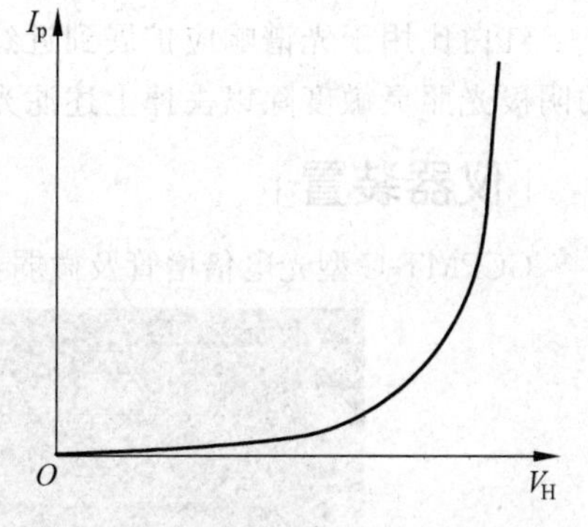

图 1.10-4 光电倍增管阳极伏安曲线

4) 暗电流

光电倍增管接上工作电压之后,在没有光照的情况下,它仍会有一个很小的阳极电流输出,此电流称为暗电流。产生暗电流的主要原因是由光电阴极和次级的热电子发射所产生的热电流以及光电倍增各极间的漏电流引起的。当极间电压较低时,暗电流主要由漏电流决定;在极间电压较高时,暗电流主要来自热电子发射。暗电流的存在限制了对微弱光信号的检测,所以光电倍增管暗电流的大小就成了衡量其质量的重要参数之一。一只质量好的光电倍增管,不仅要求暗电流数值小,而且还要求它是比较恒定的。在高精度的测量工作中,可采取冷却措施,以抑制热电流从而减小暗电流。

5）光电特性

光电倍增管的光电特性定义为在一定的工作电压下，阳极输出电流 I_p 与光通量之间的曲线关系。

6）时间响应特性

光电倍增管的渡越时间定义为光电子从光电阴极发射经过倍增极到达阳极的时间。由于光电子在倍增过程中的统计性质以及电子的初速效应和轨道效应，从阴极同时发出的电子到达阳极的时间是不同的，即存在渡越时间分散。因此，输出信号相对于输入信号会出现展宽和延迟现象，这就是光电倍增管的时间特性。

在测试脉冲光信号时，阳极输出信号必须真实地再现一个输入信号的波形。这种再现能力受到电子渡越时间、阳极脉冲上升时间和电子渡越时间分散(TTS)的很大影响。电子渡越时间就是脉冲入射光信号入射到光电阴极的时刻，与阳极输出脉冲幅度达到峰值的时刻两者之间的时间差异。阳极脉冲上升时间定义为全部光阴极被脉冲光信号照射时，阳极输出幅度从峰值的10%～90%所需的时间。对于不同的脉冲入射光信号，电子渡越时间会有一些起伏。这种起伏就叫做电子渡越时间分散(TTS)，并定义为单光子入射时的电子渡越时间频谱的半高宽(FWHM)。渡越时间分散(TTS)在时间分辨测试中是较主要的参数。时间响应特性取决于倍增极结构和工作电压。

7）光谱特性

光电倍增管的阴极将入射光的能量转换为光电子。其转换效率(阴极灵敏度)随入射光的波长而改变。这种光电阴极灵敏度与入射光波长之间的关系叫作光谱响应特性。

一般使用阴极蓝光灵敏度和红白比来简单地比较光电倍增管的光谱响应特性。阴极蓝光灵敏度是使用蓝色光源产生蓝色光波后测试的每单位光通量入射光(实际用 10^{-5} ～ 10^{-2} lm)产生的阴极光电子电流。对于光通量，通过蓝色光波后就不能再用流明这一单位表示了，所以蓝光灵敏度的单位表示为 A/lm-b(安培/流明-蓝光)。

红白比用于光谱响应扩展到近红外区的光电倍增管。这个参数是使用红色光源后测试的阴极光照灵敏度除以去掉上述滤光片时的阴极光照灵敏度的商。

[仪器装置]

GCPMT-C 型光电倍增管及微弱光实验仪由主机和光通路组件两部分组成，如图 1.10-5

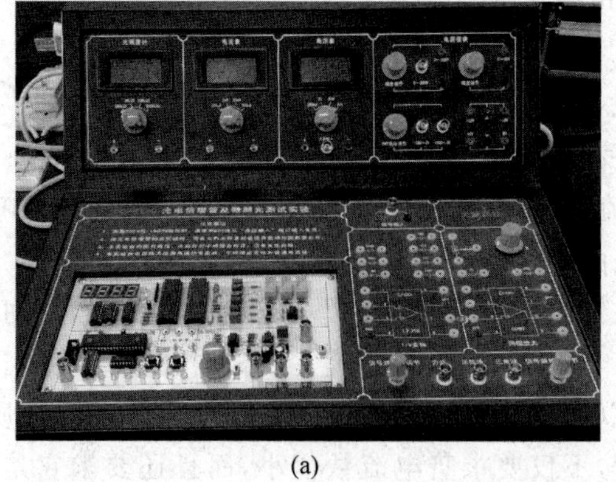

(a)

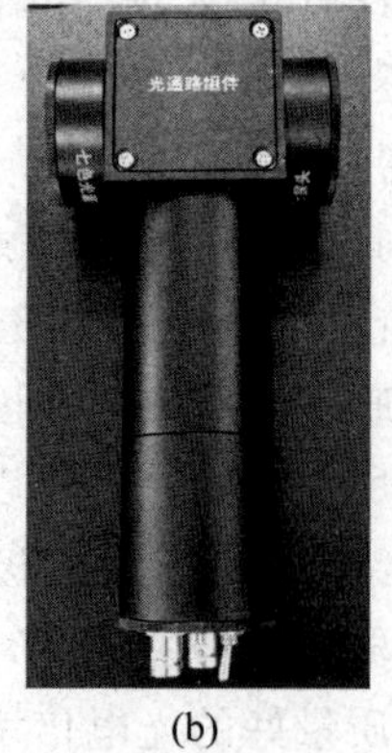

(b)

图 1.10-5　GCPMT-C 型光电倍增管及微弱光实验仪

(a) 主机；(b) 光通路组件

所示。主机面板分为斜面板和前面板。斜面板上有光照度计、电流表、电压表和电源模块，如图 1.10-6 所示。前面板上有精密电流表检测单元、光源切换单元、光源驱动单元等，如图 1.10-7 所示。光通路组件内有光源、分光镜、光照度计探头、光电倍增管(光阴极直径为10mm)等，并提供了测量所需求的避光环境。

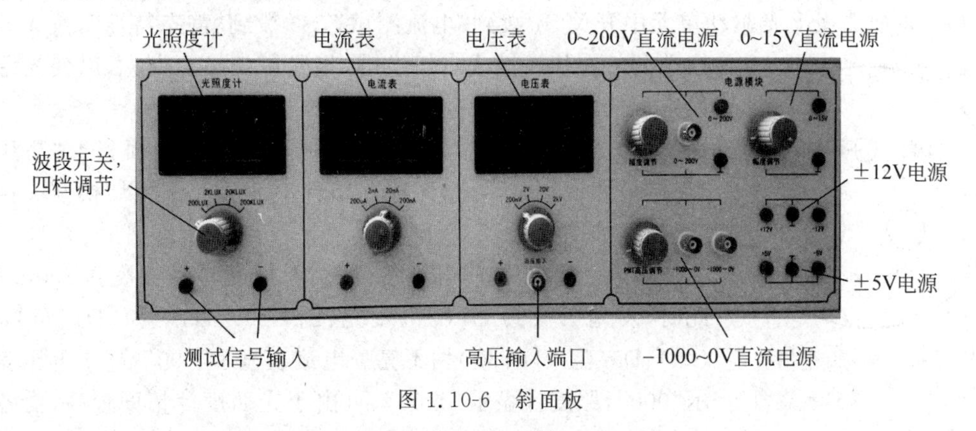

图 1.10-6　斜面板

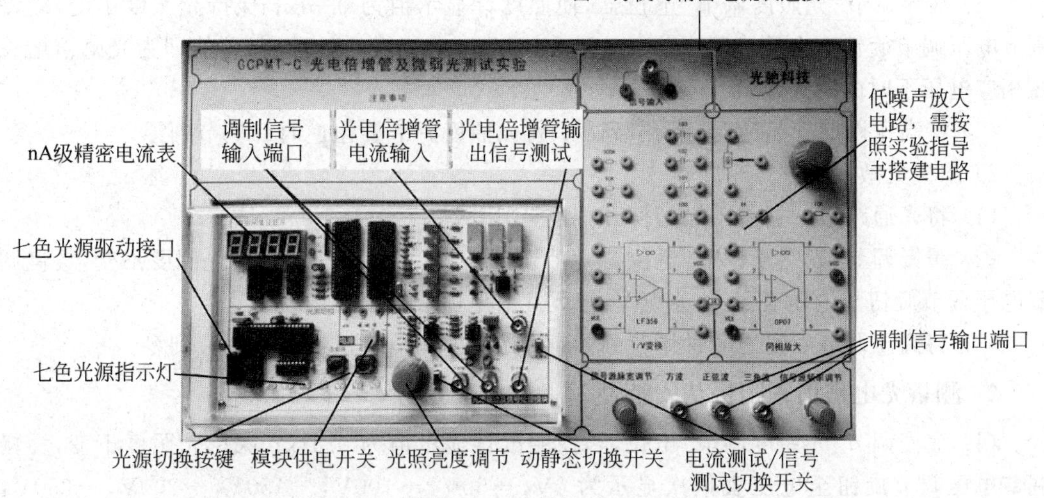

图 1.10-7　前面板

[实验内容与测量]

实验内容为测量光电倍增管的灵敏度、阳极伏安特性、阳极光电特性、光谱特性和时间特性。

1. 测量光电倍增管灵敏度

1) 阴极灵敏度

(1) 将斜面板上的光照度计显示表与光通路组件照度计探头输出正负极对应相连(红为正极，黑为负极)，将前面板上光源切换单元中的 J2 插座与光通路组件光源接口使用彩排数据线相连，将光源驱动单元的电流输入与光电倍增管的信号接口使用屏蔽线连接起来，将斜面板上电源模块中高压调节旋钮右侧高压输出(−1000～0V)第一个接口与光电倍增管结构上的高压接口用屏蔽线连接起来，第二个接口与电压表的高压输入端口用屏蔽线连接起来。

(注意：切勿将屏蔽线接错，以免烧坏实验仪器！)

(2) 将前面板上光驱动单元中开关 S1 拨到“电流测试”，S2 拨到“静态特性”，按光源切换单元的左切换键或右切换键，将光源切换至白光，以使光源切换单元的白光 LED 灯亮。

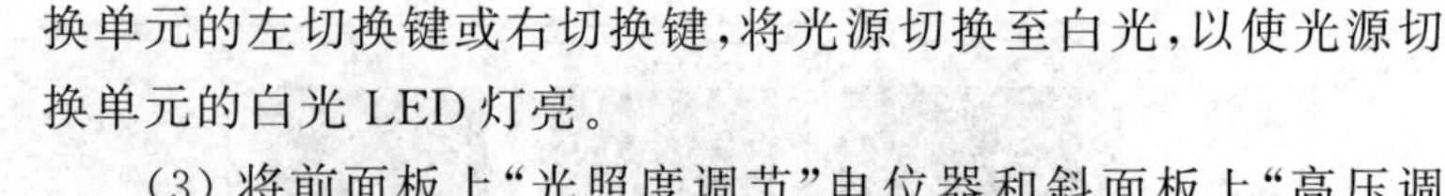

图 1.10-8 光电倍增管接口示意图

(3) 将前面板上“光照度调节”电位器和斜面板上“高压调节”电位器调到最小值，光通路组件上阴极和阳极切换开关拨至“阴极”，如图 1.10-8 所示。

(4) 接通电源，打开电源开关，将照度计量程拨到 200lx 档。此时，发光二极管 D1(白)发光、D2(红)、D3(橙)、D4(黄)、D5(绿)、D6(蓝)、D7(紫)均不亮。电流表显示“000”，高压电压表显示“000”，照度计显示“0.00”。(由于光照度计精度较高，受各种条件影响，短时间内末位读数出现不归零属于正常现象。)

(注意：在测试阴极电流时，阴极电压调节不得超过 200V，以免烧坏光电倍增管。)

(5) 缓慢调节“光照度调节”电位器，使照度计显示值为 0.5lx；保持光照度不变，缓慢调节电压调节旋钮至电压表显示为−80V，记下此时电流表的显示值，该值即为光电倍增管在相应电压下时的阴极电流。

(6) 将高压调节旋钮逆时针调节到零；将光照度调节旋钮逆时针调节到零。

2) 阳极灵敏度

(1) 将光通路组件上阴阳极切换开关拨至“阳极”。

(2) 缓慢调节“光照度调节”电位器，使照度计显示值为 0.1lx，保持光照度不变，缓慢调节电压调节旋钮至电压表显示−400V，记下此时电流表的显示值。

(3) 将高压调节旋钮逆时针调节到零；将光照度调节旋钮逆时针调节到零。

2. 测量光电倍增管阳极伏安特性

(1) 缓慢调节“光照度调节”电位器，使照度计显示值为 0.1lx；保持光照度不变，缓慢调节电压调节旋钮至电压表依次显示为 0V，−50V，−100V，−150V，−200V，−250V，−300V，−350V，−400V，记下相应的电流表显示值，该值即为光电倍增管在相应电压下时的阳极电流。

(2) 按照上述操作步骤，分别测试光照度在 0.2lx，0.5lx 时所对应电压的阳极电流值，记录实验数据。

(3) 将高压调节旋钮逆时针调节到零；将光照度调节旋钮逆时针调节到零。

3. 测量光电倍增管阳极光电特性

(1) 缓慢调节“高压调节”电位器，使电压表显示值为−250V，保持阳极电压不变，缓慢调节“光照度调节”旋钮至照度计依次显示为 0lx，0.5lx，1.0lx，1.5lx，2.0lx，2.5lx，3.0lx，3.5lx，4.0lx，记录相应电流表显示值，该值即为光电倍增管在相应光照度条件下的阳极电流。

(2) 按照上述操作步骤,测试阳极电压在-200V时所对应电压的阳极电流值。

(3) 将高压调节旋钮逆时针调节到零;将光照度调节旋钮逆时针调节到零。

4. 测量光电倍增管光谱特性

(1) 将照度计拨到200lx档。将光源切至红光。此时,发光二极管D2(红)发光。D1(白)、D3(橙)、D4(黄)、D5(绿)、D6(蓝)、D7(紫)均不亮。电流表显示"000",高压电压表显示"000",照度计显示"0.00"。

(2) 缓慢调节"光照度调节"电位器使光照度为0.1lx,缓慢调节"高压调节"电位器,使电压表的读数为-300V,测出并记录此时的电流值。

(3) 将光源切换到D3(橙)亮,缓慢调节"光照度调节"电位器使光照度为0.1lx,测出并记录此时的电流值。使用同样的方法,依次测出并记录光源为黄光、绿光、蓝光、紫光时的电流值。

(4) 将高压调节旋钮逆时针调节到零;将光照度调节旋钮逆时针调节到零。

5. 测量光电倍增管时间特性

(1) 将斜面板右下角的方波与电路板上的方波输入用屏蔽线连接。

(2) 将前面板上的开关S1拨到"信号测试",S2开关拨到"脉冲",将光源切换至白光,右下角开关拨到"阳极测试"。

(3) 将示波器CH1连接到前面板上的信号输出(响应波形),CH2连接到前面板上的正弦波输入(驱动波形),调节前面板上的"信号源脉宽调节"旋钮,使得CH2显示为占空比50%的方波。缓慢增加光电倍增管的电压,观察两路信号在示波器中的波形。

(4) 缓慢调节电压至-400V,观察两路信号在示波器中的波形变化,并作出相应的实验记录(注:光电倍增管的输出电流方向与光电子方向相反,示波器测试的CH2的信号应该与CH1信号反相;为了便于观察,可将数字示波器CH2置反相)。

(5) 使光电倍增管的电压稳定在-400V左右,调节"脉冲宽度调节"旋钮,观察实验现象,并作出相应的实验记录。

(6) 将高压调节旋钮逆时针调节到零;将光照度调节旋钮逆时针调节到零。关闭电源开关,拆除连接电缆放置原处,实验完成。

[注意事项]

(1) 在开启电源之前,首先要检查各输出旋钮是否已调到最小。打开电源后,一定要预热1min后再调节使其输出高压。关机与开机程序相反。

(2) 光电倍增管对光的响应极为灵敏。因此,在没有完全隔绝外界干扰光的情况下,切勿对光电倍增管施加工作电压,否则会导致管内倍增极的损坏。

(3) 测量阴极电流时,加在阴极与第一倍增级之间的电压不可超过200V,测量阳极电流时,阳极电压不可超过1000V,否则容易损坏光电倍增管。

(4) 不要用手触摸光电倍增管的阴极面,以免造成光电倍增管透光率下降。

(5) 切换阴极和阳极之间的电压时,首先必须把电压调节到零。

(6) 请勿随意将光通路组件中的光电倍增管卸下暴露于强光中,以免使光电倍增管老化。

(7) 光电倍增管内部装有高压包,未经指导教师许可,不得擅自打开光电倍增管的主机箱,以免发生触电事故。

(8) 实验时,因仪器内部接有－1000V 高压,请勿用手或导体触摸电压表的正输入端,以免造成危险。

[数据处理与分析]

(1) 根据实验测量数据,计算阴极灵敏度和阳极灵敏度。

(2) 根据实验测量数据,在同一坐标轴中描绘光电倍增管在三种光照下的阳极电流-电压特性曲线,即阳极伏安特性曲线。

(3) 根据实验测量数据,在同一坐标轴中描绘光电倍增管在两种电压下的阳极电流-光照特性曲线,即阳极光电特性曲线。

(4) 根据实验测量数据,绘制光电倍增管的电流-光谱特性曲线。

(5) 给出观察的光电倍增管时间特性表述。

[讨论]

对实验结果进行分析说明。查阅文献,对实验所用光电倍增管特性进行评价。

[结论]

通过本实验,写出你得到的主要结论。

[思考题]

根据实验观察,实验所用光电倍增管的增益特性如何？它与哪些因素有关？

[参考文献]

[1] 武汉光驰教育科技股份有限公司.光电倍增管及微弱光测试实验仪 GCPMT-C 实验指导书[Z].2018.

[2] 陈森,张师平,吴疆,等.光电倍增管光谱特性实验设计[J].大学物理实验,2013,26(1):27-29.

实验 1.11 黑体辐射

[引言]

任何物体都有辐射和吸收电磁波的本领,物体所辐射电磁波的强度按波长的分布与物体本身的特性及其温度有关,这种因物体自身温度而辐射热射线的过程称为热辐射。一切温度高于 0K 的物体都能产生热辐射,处于热平衡状态物体的热辐射光谱为连续谱,为了研究不依赖于物质具体物性的热辐射规律,定义了一种理想物体——黑体,以此作为热辐射研究的标准物体。黑体是一种完全的温度辐射体,能吸收投入到其面上的所有热辐射能,即任何非黑体所发射的辐射通量都小于同温度下的黑体发射的辐射通量,黑体的辐射能力仅与温度有关,非黑体的辐射能力不仅与温度有关,还与表面的材料性质有关。所有黑体在相同温度下的热辐射都有相同的光谱,黑体的辐射亮度在各个方向都相同,这种热辐射特性称为黑体辐射。黑体是一种理想模型,现实生活中是不存在的,但却可以制造出近似的人工黑体,其辐射能力小于黑体,但辐射的光谱分布与黑体相同,称为灰体。对于黑体辐射的研究,使得自然现象中的量子特性被发现,也对天文学、红外线探测、热像技术等研究有着重要的意义。

[实验目的]

(1) 验证普朗克辐射定律。

(2) 验证斯特藩-玻耳兹曼定律。

(3) 验证维恩位移定律。

(4) 研究黑体和一般发光体辐射强度的关系。

(5) 学会测量一般发光光源的辐射能量曲线。

[实验仪器]

WGH-10 型黑体实验装置,计算机。

[预习提示]

(1) 了解实验装置的结构及主要操作步骤。

(2) 了解黑体辐射实验装置软件的使用。

(3) 理解黑体辐射的概念与规律。

(4) 学习黑体实验设计思想。

[实验原理]

1. 黑体辐射的光谱分布——普朗克辐射定律

1900 年,德国物理学家普朗克为了克服经典物理学对黑体辐射现象解释上的困难,推导出一个与实验结果相符合的黑体辐射公式,他创立了物质辐射(或吸收)的能量只能是某一最小能量单位(能量量子)的整数倍的假说,即量子假说,对量子论的发展有重大影响。他利用内插法将适用于短波的维恩公式和适用于长波的瑞利-金斯公式衔接,提出了关于黑体辐射度的新的公式,即普朗克辐射定律,解决了“紫外灾难”的问题。在一定温度下,单位面积的黑体在单位时间、单位立体角和单位波长间隔内辐射出的能量定义为单色辐射度,其数学表达式为

$$E_{\lambda T}=\frac{C_1}{\lambda^5\left(e^{\frac{C_2}{\lambda T}}-1\right)}\quad (\mathrm{W/m^3}) \tag{1.11-1}$$

式中,第一辐射常数 $C_1=2\pi hc^2=3.74\times10^{-16}\,\mathrm{W\cdot m^2}$,第二辐射常数 $C_2=\frac{hc}{k}=1.4398\times10^{-2}\,(\mathrm{m\cdot K})$,$h$ 为普朗克常量,c 为光速,k 为玻耳兹曼常数。

黑体光谱辐射亮度由下式给出:

$$L_{\lambda T}=\frac{E_{\lambda T}}{\pi}\quad (\mathrm{W\cdot m^{-3}\cdot \Omega^{-1}}) \tag{1.11-2}$$

图 1.11-1 给出了 $L_{\lambda T}$ 随波长 λ 变化的图形。每一条曲线上都标出黑体的绝对温度,与诸曲线的最大值相交的对角直线表示维恩位移定律。

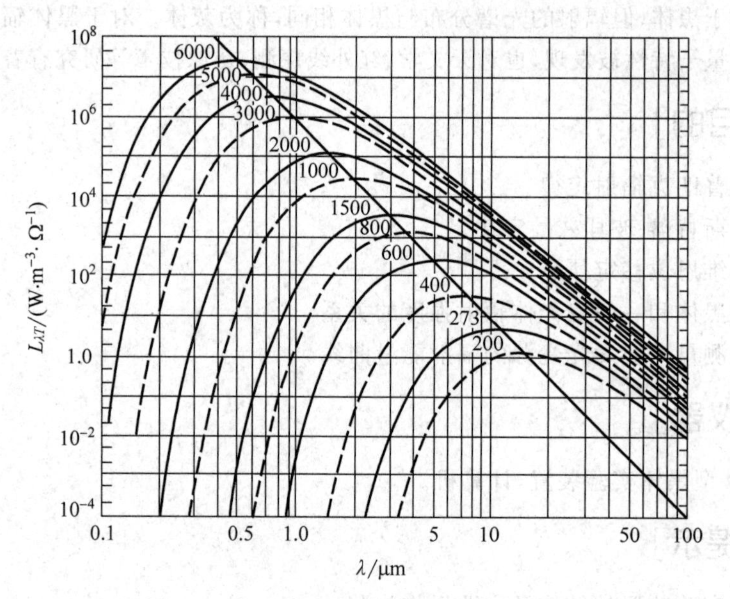

图 1.11-1　黑体的频谱亮度随波长的变化

2. 黑体的积分辐射——斯特藩-玻耳兹曼定律

1879 年，斯洛文尼亚物理学家斯特藩通过对实验数据的归纳总结，提出了物体绝对温度为 T、面积为 S 的表面，单位时间所辐射的能量 M 等于能量辐射曲线下的面积。1884 年，奥地利物理学家玻耳兹曼从热力学理论出发，通过假设用光代替气体作为热机的工作介质，最终推导出与斯特藩的归纳总结结果相同的结论。这一规律称为斯特藩-玻耳兹曼定律。

把 $E_{\lambda T}$ 对所有的波长积分，同时对各个辐射方向积分，绝对温度为 T 的黑体单位面积在单位时间内向空间各方向辐射出的总能量为辐射度 E_T。斯特藩-玻耳兹曼定律数学表达式用辐射度可表示为

$$E_T = \int_0^{\infty} E_{\lambda T}\,\mathrm{d}\lambda = \delta T^4 \quad (\mathrm{W \cdot m^{-2}}) \tag{1.11-3}$$

δ 为斯特藩-玻耳兹曼常数，为

$$\delta = \frac{2\pi^5 k^4}{15 h^3 c^2} = 5.670 \times 10^{-8} \quad (\mathrm{W \cdot m^{-2} \cdot K^{-4}}) \tag{1.11-4}$$

式(1.11-3)表明：绝对黑体的总辐射度与黑体温度的四次方成正比，即黑体的辐射度(曲线下的面积)随温度的升高而急剧增大，是热力学中一个典型的幂次定律。

由于黑体辐射是各向同性的，所以其辐射亮度与辐射度关系为

$$L = \frac{E_T}{\pi} \tag{1.11-5}$$

于是，斯特藩-玻耳兹曼定律也可以用辐射亮度表示为

$$L = \frac{\delta}{\pi} T^4 \quad (\mathrm{W \cdot m^{-2} \cdot \Omega^{-1}}) \tag{1.11-6}$$

3. 维恩位移定律

1893 年，德国物理学家维恩通过对实验数据的分析发现黑体辐射中的能量最大(对应

辐射曲线最高峰)的峰值波长 λ_{max} 与绝对温度 T 成反比。这一规律称为维恩位移定律。数学表达式为

$$\lambda_{max}=\frac{A}{T} \tag{1.11-7}$$

式中,A 为常数,$A=2.896\times10^{-3}\,\mathrm{m\cdot K}$。

维恩位移定律说明,黑体在一定温度下所发射的辐射中,含有辐射能量大小不同的各种波长,能量按波长的分布情况以及峰值波长,都将随温度的改变而改变。一个物体越热,辐射谱中辐射最强的波长 λ_{max} 越短,即随着温度的升高,绝对黑体的峰值波长向短波方向移动,从红色光向蓝紫色光移动。太阳的表面温度约为 5270K,根据维恩位移定律得到的峰值波长为 550nm,大致处于可见光范围的中点,太阳光为白光。人体的辐射主要是红外光。同样,根据维恩位移定律,只要测出 λ_{max},就可求得黑体的温度,这为光测高温提供了另一种手段。

[仪器装置]

WGH-10 型黑体实验装置由光栅单色仪、接收单元、扫描系统、电控箱、电子放大器、A/D 采集单元、电压可调的稳压溴钨灯光源、计算机组成。该设备集光学、精密机械、电子学、计算机技术于一体。主机结构主要有单色仪、入(出)射狭缝、接收器、溴钨灯、观察窗等组成,如图 1.11-2 所示。

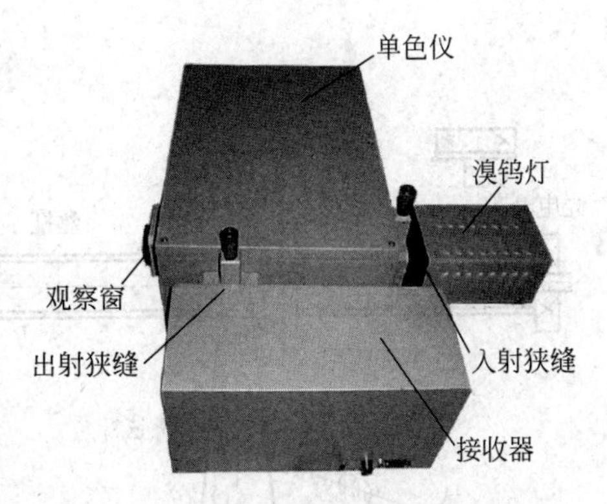

图 1.11-2 WGH-10 型黑体实验装置

1. 狭缝

狭缝为直狭缝,宽度为 0~2.50mm,连续可调,顺时针旋转为狭缝宽度加大,反之减小,每旋转一周狭缝宽度变化 0.50mm。为延长其使用寿命,调节时要注意其宽度最大不超过 2.50mm。为去除光栅光谱仪中的高级次光谱,在使用过程中,可根据需要把备用的滤光片插入入缝插板上。

2. 仪器的光学系统

光学系统采用 C-T 型,如图 1.11-3 所示,光源发出的光束进入入射狭缝 S1,S1 位于反射式准光镜 M2 的焦面上,通过 S1 射入的光束经 M2 反射成平行光束投向平面衍射光栅上,衍射后的平行光束经物镜 M3 成像在 S2 上。经 M4、M5 会聚在光电接收器上。

3. 机械传动系统

仪器采用如图 1.11-4(a)所示"正弦机构"进行波长扫描,丝杠由步进电动机通过同步带驱动,螺母沿丝杠轴线方向移动,正弦杆由弹簧拉靠在滑块上,正弦杆与光栅台连接,并绕光栅台中心回转,如图 1.11-4(b)所示,从而带动光栅转动,使不同波长的单色光依次通过出射狭缝而完成"扫描"。

4. 溴钨灯光源

标准黑体是黑体辐射实验的主要部件,但购置一个标准黑体价格太高,本实验采用稳压溴钨灯作光源,溴钨灯的灯丝是用钨丝制成,钨是难熔金属,它的熔点为 3665K。钨丝灯是

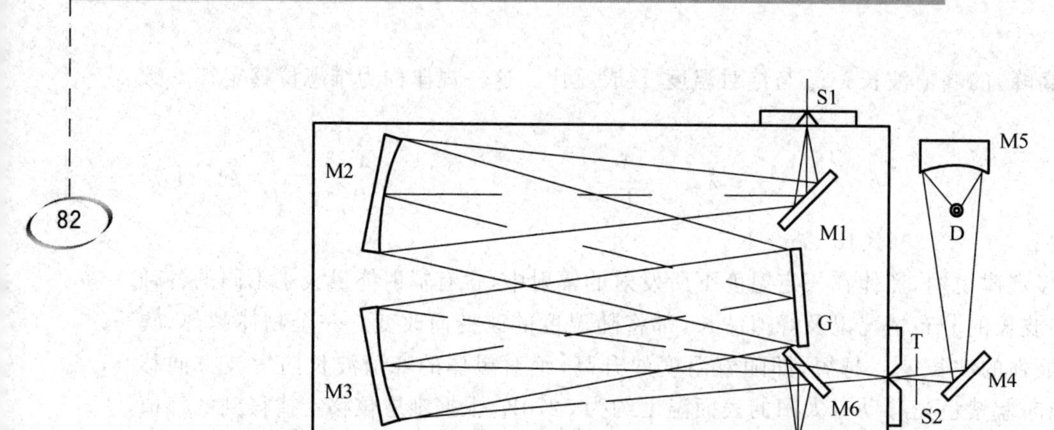

M1—反射镜；M2—准光镜；M3—物镜；M4—反射镜；M5—深椭球镜；M6—转镜；G—平面衍射光栅；S1—入射狭缝；S2、S3—出射狭缝；T—调制器。

图 1.11-3　光学系统原理图

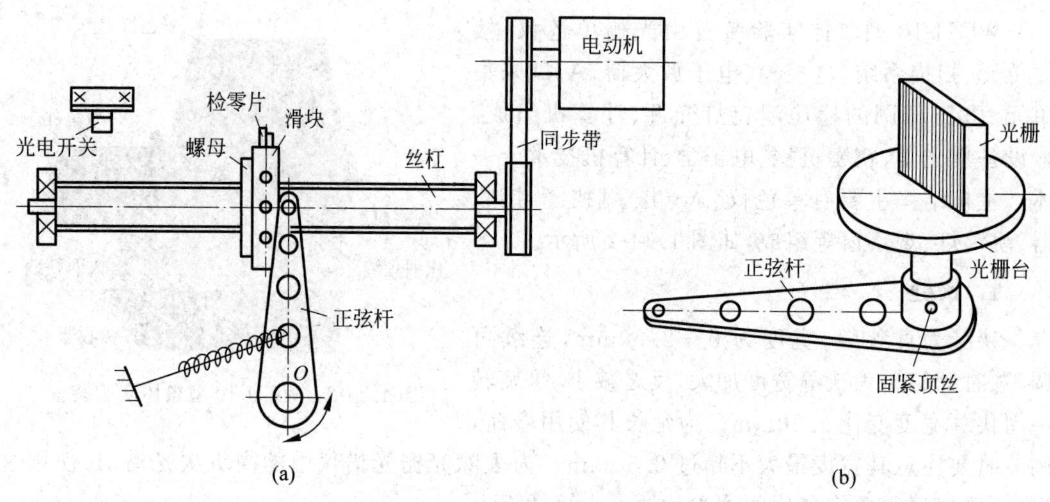

图 1.11-4　扫描结构图及光栅转台图

(a) 扫描结构；(b) 光栅转台

一种选择性的辐射体，它产生的光谱是连续的，大致类似于黑体，它的总辐射本领 R_T 可由下式求出：

$$R_T = \varepsilon_T \sigma T^4$$

式中，ε_T 为温度 T 时的总辐射系数(即发射系数)，它是给定温度钨丝的辐射度与绝对黑体的辐射度之比。

$$\varepsilon_T = \frac{R_T}{E_T}$$

钨丝灯的辐射光谱分布 $R_{\lambda T}$ 为

$$R_{\lambda T} = \frac{C_1 \varepsilon_{\lambda T}}{\lambda^5 \left(e^{\frac{c_2}{\lambda T}} - 1\right)}$$

由于钨的发射系数不是1，由此式可将钨丝的辐射度修正为黑体的辐射度，从而进行黑体辐射定律的验证，但是需要进行修正。软件可以对不同温度下溴钨灯的曲线进行发射系数的修正。

5. 接收器

实验的工作区间在 800～2500nm，所以选用硫化铅(PbS)光敏电阻为光信号接收器，从单色仪出射狭缝射出的单色光信号经调制器，调制成 50Hz 的频率信号被光敏电阻接收。

6. 电控箱

电控箱控制光谱仪工作，并把采集到的数据及反馈信号送入计算机。

[实验内容与测量]

1. 认真检查连线且确认无误后接通电控箱电源

2. 打开计算机桌面“WGH-10 黑体实验”软件将仪器初始化

软件有三部分，第一部分是控制软件，主要是控制系统的扫描、数据的采集等；第二部分是数据处理，用来对曲线作处理，如曲线的平滑、四则运算等；第三部主要用于完成黑体辐射实验。主要内容：建立传递函数曲线、辐射光源能量的测量、修正为黑体(发射率 ε 修正)、验证黑体辐射定律。

3. 建立传递函数曲线

任何型号的光谱仪在记录辐射光源的能量时都受光谱仪的各种光学元件、接收器件在不同波长处的响应系数影响，习惯称之为传递函数。为抵消其影响，在软件内存储了一条该标准光源在 2940K 时的能量线。

(1) 查表将标准光源电流调节到色温为 2940K 时对应的电流，预热 20min；

(2) 工作方式模式选择“基线”“□传递函数”“□修正为黑体”菜单均不勾选，单击“单程”，开始扫描，获得全波段图谱，该光谱曲线包含了传递函数的影响；

(3) 若曲线溢出，则需减小入射狭缝宽度，重复单程操作；

(4) 单击“验证黑体辐射定律”菜单、选“计算传递函数”命令，将该光谱曲线与已知的光源能量曲线相减消，即得到传递函数曲线，并自动保存；

(5) 后续测量时，只要将“□传递函数”菜单勾选，再测未知光源辐射能量线时，此时测量的结果已减消了仪器传递函数的影响。

4. 修正为黑体

任意发光体的光谱辐射本领与黑体辐射都有一系数关系，软件内提供了钨的发射系数，通过勾选“□修正成为黑体”菜单，测量溴钨灯的辐射能量曲线将自动修正为同温度下的黑体的辐射能量曲线。

5. 黑体辐射曲线扫描

(1) 工作方式模式选择“能量 E”，勾选“□传递函数”“□修正成为黑体”菜单，然后单击“黑体”菜单，弹出温度输入窗口，填入与溴钨灯工作电流对应的色温，单击确定，开始扫描；

(2) 分别改变工作电流，测量 5 个不同色温的辐射能量分布曲线，并选择不同的寄存器(最多选择 5 个寄存器)将测试结果存入待用，同时勾选保存文本文件(扩展名为 txt)。

6. 验证普朗克辐射定律

(1) 单击“验证黑体辐射定律”菜单，选择“归一化”命令，选择一个寄存器，软件会将当前寄存器中的数据对同温度的理论黑体的数据进行归一化处理；

(2) 单击“验证黑体辐射定律”菜单，选择“普朗克辐射定律”命令，工作区中出现图标，当在工作区中单击鼠标左键时，系统将光标定位在与该点横坐标最接近的谱线数据点上，并在数值框中显示该数据点的信息。用鼠标左键在不同位置单击，可以读取不同的数据点，单击 ENTER 键，弹出对话框，单击“计算”按钮，得出理论的光谱辐射度。自拟表格，记录数据。

7. 验证斯特藩-玻耳兹曼定律

(1) 单击“验证黑体辐射定律”菜单，选择“斯特藩-玻耳兹曼定律”命令，选择数据所在的寄存器；

(2) 斯特藩-玻耳兹曼定律的验证命令中，绝对黑体总的辐射本领的计算范围有两种：①0～∞；②起始波长 λ_1～终止波长 λ_2。单击“是”按钮，则在当前波长范围以外的部分，采用相同温度的绝对黑体的理论值进行填补；单击“否”按钮，则只取当前波长范围内的数据进行计算，计算结果与理论值相差较大。自拟表格，记录数据。

8. 验证维恩位移定律

(1) 单击“验证黑体辐射定律”菜单，选择“维恩位移定律”命令，选择数据所在的寄存器；

(2) 由于噪声的原因，有时计算机自动检出的 λ_{max} 与实际有差别，所以这时需要手动选择最大值的波长。单击“重定最大值波长”按钮，工作区中出现图标，当在工作区中单击鼠标左键时，系统将光标定位在与该点横坐标最接近的谱线数据点上，并在数值框中显示该数据点的信息。用鼠标左键在不同位置单击，可以读取不同的数据点，单击 ENTER 键，弹出对话框，重新选择的数据将被自动修改，并计算出新的结果。自拟表格，记录数据。

9. 绝对黑体的理论谱线

单击“验证黑体辐射定律”菜单，选择“绝对黑体的理论谱线”命令，输入色温，软件将自动计算出该温度下的绝对黑体的理论谱线，并存入当前的寄存器中，同时保存文本文件(扩展名为 txt)。

注意事项：

(1) 软件扫描过程中不要把窗口最小化，不要进行其他操作。

(2) 在进行普朗克定律和斯特藩-玻耳兹曼定律的验证前，应先进行归一化处理。

(3) 关机：点“检索”快捷键，先检索波长到 800nm 处，使机械系统受力最小，然后“退出”应用软件，将电控箱上的负高压降到零后再关闭电源，关闭计算机。

[数据处理与分析]

(1) 验证普朗克辐射定律，比较不同色温下单色辐射度 $E_{\lambda T}$ 理论值与实验值，求其相对误差，计算黑体光谱辐射亮度。

(2) 验证斯特藩-玻耳兹曼定律，比较斯特藩-玻耳兹曼常数 δ 实验值与理论值，求其相对误差。

(3) 验证维恩位移定律，在同一坐标系下，绘制5个不同色温的辐射能量分布曲线，并标出 λ_{max}，连线画出维恩位移定律直线。比较维恩位移定律常数 A 实验值与理论值，求其相对误差。

(4) 用 Origin 绘出绝对黑体辐射能量的理论曲线。

[讨论]

(1) 黑体与一般发光体的区别，实验是如何修正的？

(2) 实验中测量 $E_{\lambda T}$ 的主要误差来源。

[结论]

通过对实验现象和实验结果的分析，你能得到什么结论？

[思考题]

(1) 普朗克从黑体辐射的实验事实得到了什么量子特性？

(2) 黑体的辐射能按空间方向是怎样分布的？

[附录1]　溴钨灯工作电流-色温对应表

(1) 设备编号：PHE1101

电流/A	2.50	2.30	2.20	2.10	2.00	1.90	1.80	1.70	1.60	1.50	1.40
色温/T	2940	2840	2770	2680	2600	2550	2500	2450	2400	2330	2250

(2) 设备编号：PHE1201

电流/A	2.50	2.30	2.20	2.10	2.00	1.90	1.80	1.70	1.60	1.50	1.40
色温/T	2940	2840	2780	2690	2650	2600	2520	2460	2400	2340	2280

[附录2]　WGH-10型黑体实验装置技术指标

(1) 相对孔径：D/F=1/7。

(2) 焦距：302.5mm。

(3) 色散元件：300光栅。

(4) 狭缝：0～2mm连续可调，示值精度0.01mm/格，最大高度20mm。

(5) 波长范围：800～2500nm。

(6) 波长精度：±6nm。

(7) 波长重复性：3nm。

(8) 杂散光：≤0.3%T。

[参考文献]

[1] 陈难先.黑体辐射定律轶闻遐思：从普朗克一百年前的一段话说起[J].物理，2023,52(4)：283-289.

[2] 曾谨言.量子力学 卷Ⅰ[M].5版.北京：科学出版社，2018.
[3] 天津港东科技股份有限公司.WGH-10型黑体实验说明书[Z].2018.

实验 1.12 氢氘原子光谱

[引言]

原子光谱的观测，为量子理论的建立提供了坚实的实验基础。1885年，巴尔末(J. J. Balmer)根据其他科学家的观测数据，总结出了氢光谱线的经验公式。1913年2月，玻尔(N. Bohr)得知巴尔末公式后，3月6日就寄出了氢原子理论的第一篇文章，他说："我一看到巴尔末公式，整个问题对我来说就清楚了。"1925年，海森伯(W. Heisenberg)提出的量子力学理论，更是建筑在原子光谱的测量基础之上。现在，原子光谱的观察分析，仍然是研究原子结构的重要方法之一。

20世纪初，人们根据实验预测氢有同位素。1919年，物理学家用质谱仪测得氢的相对原子质量为1.007 78，而化学家由各种化合物测得为1.007 99。基于上述微小差异，伯奇(Birge)和门泽尔(Menzel)认为氢有同位素^{2}H(元素左上角标代表相对原子质量)，它的质量约为^{1}H的两倍，据此他们计算出^{1}H和^{2}H在自然界中的含量比大约为4000∶1。由于里德伯(J. R. Rydberg)常量和原子核的质量有关，^{2}H的光谱相对于^{1}H的应该会有移位。1932年，尤雷(H. C. Urey)将3L液氢在低压下细心蒸发至1mL以提高^{2}H的含量，然后将那1mL液氢注入放电管中，用它拍得的光谱，果然出现了相对于^{1}H移位了的^{2}H的光谱，从而发现了重氢，取名为氘，化学符号用D表示。

本实验将采用光栅光谱仪测量氢、氘在可见光区的光谱，直接观测同位素谱线的移位。

[实验目的]

(1) 测定氢、氘原子光谱。

(2) 计算氢与氘原子核质量比以及里德伯常量，加深对氢光谱规律和同位素移位的认识，并理解精确测量的重要意义。

[实验仪器]

WGD-8A型组合式多功能光栅光谱仪，氢氘灯，汞灯等。

[预习提示]

(1) 熟悉光栅光谱仪的使用。

(2) 了解氢、氘原子光谱线的规律，并利用巴尔末公式计算氢原子α、β、γ、δ谱线的波长。

[实验原理]

原子光谱是线光谱，光谱排列的规律不同，反映出原子结构的不同，研究原子结构的基本方法之一就是进行光谱分析。

氢原子光谱由许多谱线系组成，在可见光区的谱线系是巴尔末系，其代表线为 H_α、H_β、H_γ、H_δ 等，这些谱线的间距和强度都向着短波方向递减，并满足下列规律：

$$\lambda = B \times \frac{n^2}{n^2-4} \tag{1.12-1}$$

式中，$B=3.6456\times10^{-7}\,\mathrm{m}$，$n$ 为正整数，当 $n=3,4,5,6$ 时，式(1.12-1)分别给出 H_α、H_β、H_γ、H_δ 各谱线的波长，式(1.12-1)就是巴尔末公式。

若改用波数表示谱线，由于

$$\tilde{\nu} \equiv \frac{1}{\lambda} \tag{1.12-2}$$

则式(1.12-1)变为

$$\tilde{\nu} = R \times \left(\frac{1}{2^2}-\frac{1}{n^2}\right) \tag{1.12-3}$$

式中，$R=1.096\,78\times10^7\,\mathrm{m}^{-1}$ 为氢的里德伯常量。

由玻尔理论或量子力学得出的类氢离子的光谱规律为

$$\tilde{\nu}_A = R_A\left[\frac{1}{(n_1/z)^2}-\frac{1}{(n_2/z)^2}\right] \tag{1.12-4}$$

式(1.12-4)中的

$$R_A = \frac{2\pi^2 me^4 z^2}{(4\pi\varepsilon_0)^2 ch^3(1+m/M_A)} \tag{1.12-5}$$

是元素 A 的理论里德伯常量，z 是元素 A 的核电荷数，n_1、n_2 为整数，m 和 e 是电子的质量和电荷，ε_0 是真空介电常量，c 是真空中的光速，h 是普朗克常量，M_A 是核的质量。显然，R_A 随 A 不同而略有不同，当 $M_A\to\infty$ 时，便得到里德伯常量

$$R_\infty = \frac{2\pi^2 me^4 z^2}{(4\pi\varepsilon_0)^2 ch^3} \tag{1.12-6}$$

所以

$$R_A = \frac{R_\infty}{1+m/M_A} \tag{1.12-7}$$

应用到 H 和 D 有

$$R_H = \frac{R_\infty}{1+m/M_H} \tag{1.12-8}$$

$$R_D = \frac{R_\infty}{1+m/M_D} \tag{1.12-9}$$

氘是氢的同位素，它们有相同的质子和外电子，只是氘比氢多了一个中子而使原子核的质量发生变化，可见，R_D 和 R_H 是有差别的，其结果就是 D 的谱线相对于 H 的谱线会有微小移位，称为同位素移位。λ_H、λ_D 是能够直接精确测量的量，测出 λ_H、λ_D，就可以计算 R_D，R_H 和里德伯常量 R_∞。

由式(1.12-8)和式(1.12-9)联立还可以解出

$$\frac{M_D}{M_H} = \frac{m}{M_H}\cdot\frac{\lambda_H}{\lambda_D-\lambda_H+\lambda_D m/M_H} \tag{1.12-10}$$

式中，m/M_H 为电子质量与氢原子核质量之比，为已知值(其值为 1/1836.1527)，通过实验

测出 λ_H、λ_D，就可算出氢与氘的原子核质量比。

[仪器装置]

WGD-8A 型组合式多功能光栅光谱仪由光栅单色仪、接收单元、扫描系统、电子放大器、A/D 采集单元以及计算机等组成。光学系统采用 C-T 型，如图 1.12-1 所示。光源发出的光束进入入射狭缝 S1，S1 位于反射式准光镜 M2 的焦面上，通过 S1 射入的光束经 M2 反射成平行光束投到平面光栅 G 上，衍射后的平行光束经物镜 M3 成像在 S2 上或 S3 上。

入射狭缝、出射狭缝均为直狭缝，宽度范围 0～2mm，连续可调，M2、M3 凹面镜的焦距均为 500mm，光栅 G 刻线为 2400 线/mm，闪耀波长为 $\lambda_{闪}=250$nm，波长范围 200～660nm。

光源为气体原子发光光源，氢氘光源用于测定氢、氘的谱线，汞灯用于光谱仪的定标。

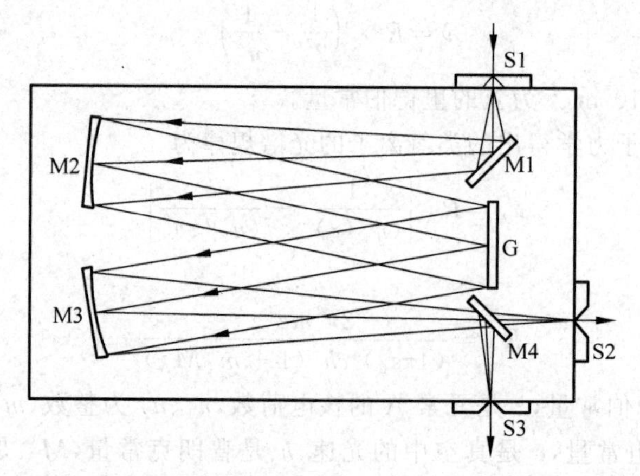

M1—反射镜；M2—准光镜；M3—物镜；M4—平面反射镜；G—平面衍射光栅；S1—入射狭缝；S2—光电倍增管接收狭缝；S3—CCD 接收狭缝。

图 1.12-1　光学原理图

[实验内容与测量]

使用 WGD-8A 型组合式多功能光栅光谱仪测量原子光谱谱线时，根据谱线接收方式的不同，可以分为光电倍增管接收方式和 CCD 接收方式两种。本实验仅使用光电倍增管接收方式测量氢、氘原子光谱。

1. 准备工作

(1) 把光栅光谱仪上的接收方式选择开关扳到光电倍增管位置，接通光栅光谱仪电源，高压调节到 300～600V 范围内，然后接通计算机电源。

(2) 在计算机桌面上双击快捷方式 Opt-WGD8A 图标，屏幕上依次出现软件的启动画面和检索画面，无需任何操作，等待图 1.12-2 所示的工作界面。工作界面出现后，就可以在 WGD-8A 软件平台上操作了。

(3) 参数设置

在工作界面左侧有“参数设置”栏，如图 1.12-2 所示。

测量模式：选择能量模式，示值范围为 0.0～1000.0，测量中如果信号超出此范围，则需适当调整缝宽和高压值。

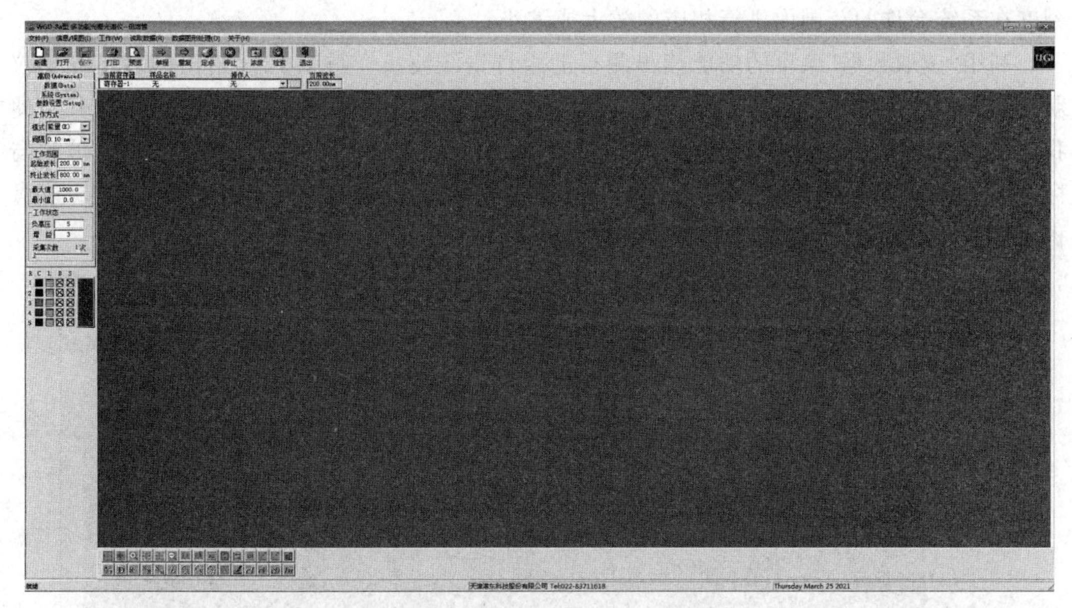

图 1.12-2　光栅光谱仪系统工作界面

扫描间隔：扫描间隔分为 0.02nm，0.04nm，0.10nm，0.20nm，1.00nm，2.00nm 五个不同的档，例如选择 1.00nm 档时，仪器会每隔 1.00nm 记录一个数据。实验时需根据测量需求进行选择，如在需要初步了解全部谱线特征时可选择扫描间隔大一点，需要精细测量时可选择小一点的扫描间隔。

波长范围：最大范围为 200～660nm，可以根据实验需要分别设定上下限。

负高压：目前工作界面上的负高压栏不可用。负高压的调节需要用光栅光谱仪电源前面板上的“负高压调节”旋钮手动调节，由仪表读数。**注意：关机前要将负高压调至零位。**

增益：设置放大器的放大率，有 1～8 档，可先选 1。

采集次数：在每个数据点，采集数据取平均的次数。可在 1～1000 次改变，可先选 1。

2. 校准光谱仪的波长指示值

利用汞灯谱线校准光谱仪。对于 200～500nm 波长范围，采用汞 365.02nm 谱线校准，对于 500～660nm 波长范围，可以采用汞 546.07 谱线校准。

具体操作如下：光源采用汞灯，选择较大扫描间隔，单击菜单栏中的“单程”进行快速全谱扫描。单击后，光谱仪开始自动扫描。应根据能量信号大小手动调节负高压值、入射狭缝宽度和出射狭缝宽度，获得适当大小的能量信号，然后再选择较小扫描间隔扫描汞灯光谱线。如果扫描过程中，进行中断及修改参数等处理，则再次扫描时系统仍然继续从上一次的波长扫起。

“读取数据”菜单中包括“读取数据”、刻度“扩展”“寻峰”和“波长修正”等功能。“读取数据”时，可以采用列表方式或光标方式读取当前图谱谱线的横、纵坐标。“列表方式”会在屏幕上给出包含波长和强度值的数据表格，“光标”读取时，将光标置于谱线上的某一点处，相应的波长和强度值会在界面下方显示。“寻峰”可以根据输入的峰值高度，自动检索出当前图谱文件中在一定范围内的峰值，并给出结果。“扩展”可以对当前横、纵坐标的起始、终止刻度在系统允许的范围内进行相应的放大或缩小。

利用“读取数据”菜单的功能读出测得的汞灯谱线波长。图 1.12-3 给出的就是光谱仪获得的汞 365.02nm，365.48nm，366.30nm 三条谱线，这三条谱线的波长差和强度分布使我们很容易确定光谱线中哪条谱线是 365.02nm 谱线。如果光谱仪给出的这条谱线波长与标准波长 365.02nm 有偏差，则用该菜单中的“波长修正”功能按照提示进行修正。校准后，再次扫描，确认光谱仪波长指示值已校准。

用同样的方法，可以用汞灯的其他谱线进行光谱仪波长指示值的校准。

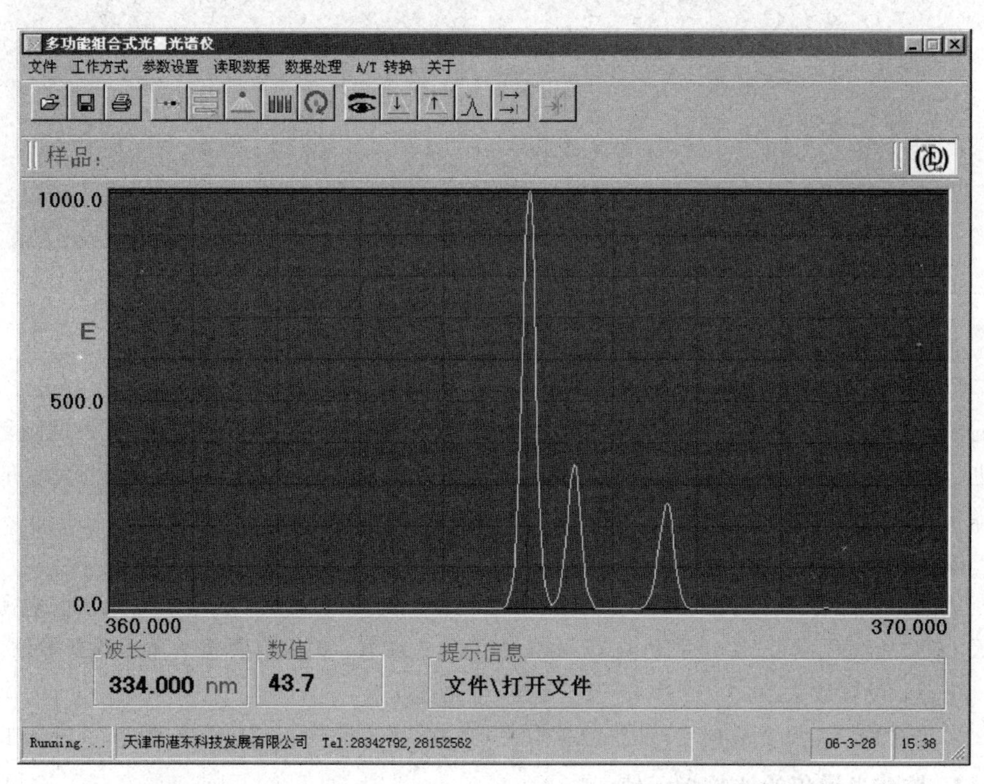

图 1.12-3 汞 365.02nm，365.48nm，366.30nm 三条谱线的强度分布

3. 测量氢、氘原子巴尔末系光谱

(1) 校准光谱仪以后，换上氢氘灯。由于氢氘灯的光强比汞灯弱一些，有时需要适当调宽狭缝宽度和调整扫描参数，利用“单程”功能在 300～660nm 范围进行扫描，获取氢氘原子的巴尔末系光谱。如果光谱曲线不理想，可在修改 “增益”“负高压”等参数和调节狭缝宽度后重新进行单程扫描。

(2) 获取理想的氢、氘光谱曲线后，利用“读取数据”菜单中的功能，读出氢、氘 α、β、γ、δ 谱线的波长，记录数据，并将图谱保存为 txt 文件。图 1.12-4 是用光电倍增管获取的氢氘原子的 α 谱线，其中峰高较小的谱线为氘的谱线。

[注意事项]

(1) 光栅光谱仪是精密贵重仪器，应严格按照说明书进行操作。狭缝宽度范围 0～2mm，

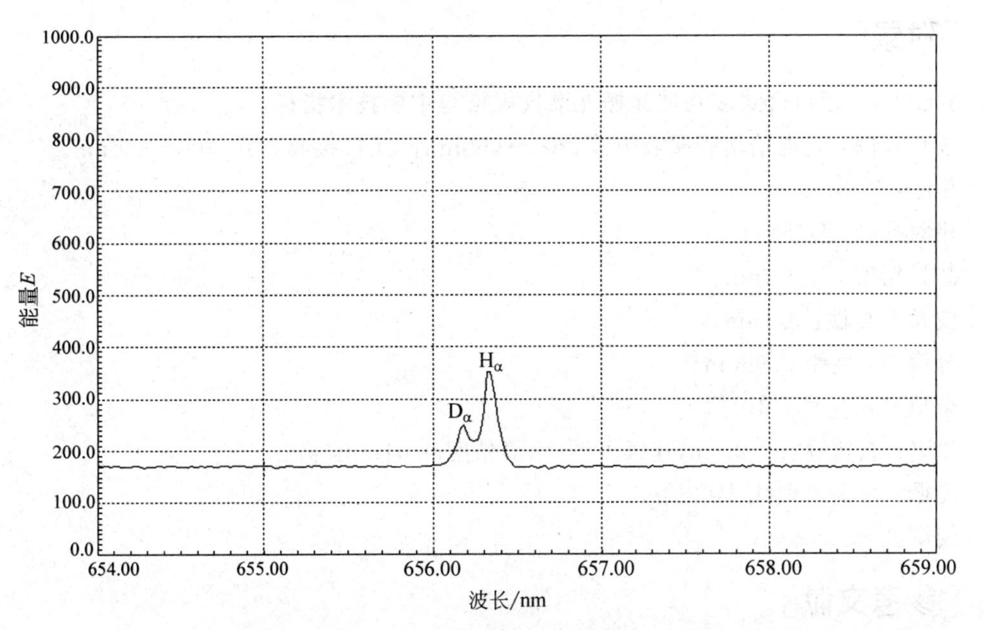

图 1.12-4 氢、氘原子的 α 谱线

连续可调,顺时针旋转为狭缝宽度加大,反之减小,每旋转一周狭缝宽度变化 0.5mm。为延长使用寿命,调节时注意狭缝宽度最大不超过 2mm,平日不使用时,狭缝最好开到 0.1～0.5mm。调节狭缝时动作要轻缓,千万不可使狭缝完全闭合,以免损坏狭缝。

(2) 注意开、关机顺序,开机一定要先接通硬件再启动软件,关机顺序则正好相反。

(3) 计算机与光谱仪的数据连线连接正常时,光谱仪电源箱面板上 COM 的绿色指示灯应闪烁,否则应断开后重接。

[数据处理与分析]

(1) 用保存的 txt 文件画出氢、氘光谱图。

(2) 用测量得到的氢、氘原子 α、β、γ、δ 谱线波长计算 R_D、R_H 和里德伯常量 R_∞,以及氢与氘原子核质量比。

[讨论]

从自己感兴趣的角度,对实验现象和实验数据加以分析和讨论。

[结论]

通过对实验现象和结果的分析,写出你最想告诉大家的结论。

[思考题]

调节光栅光谱仪负高压时应注意哪些问题?

[附录]

WGD-8A 型组合式多功能光栅光谱仪规格与主要技术指标：

波长范围：光电倍增管接收方式，200～660nm；CCD 接收方式，300～660nm。

焦距：500mm。

相对孔径：D/F=1/7。

波长精度：±0.2nm。

波长重复性：0.1nm。

分辨率：优于 0.06nm。

杂散光：不大于 10^{-3}。

狭缝：直狭缝，0～2mm，连续可调，示值精度 0.01mm/格。

光栅：每毫米刻线 2400 条。

闪耀波长：250nm。

[参考文献]

[1] 林木欣. 近代物理实验教程[M]. 北京：科学出版社，1999.
[2] 吴思诚，王祖铨. 近代物理实验[M]. 2 版. 北京：北京大学出版社，1995.
[3] 天津市港东科技发展有限公司. WGD-8A 组合式多功能光栅光谱仪使用说明书[Z]. 2019.
[4] 吴平. 大学物理实验教程[M]. 2 版. 北京：机械工业出版社，2015.

实验 1.13 钠原子光谱

[引言]

研究元素的原子光谱，可以了解原子的内部结构，认识原子内部电子的运动。原子光谱的观测，导致了电子自旋的发现，为量子理论的建立提供了坚实的实验基础。1925 年，海森伯提出的量子力学理论，更是建筑在原子光谱的测量基础之上的。现在，原子光谱的观测研究仍然是研究原子结构的重要方法之一。

碱金属是元素周期表中的第 1 族元素(H 除外)，包括 Li、Na、K、Rb、Cs、Fr，是一价元素。它们具有相似的化学、物理性质。碱金属原子的光谱和氢原子光谱相似，也可以归纳成一些谱线系列，且各种不同的碱金属原子具有非常相似的谱线系列。碱金属原子与氢原子在能级方面存在差异，谱线系种类也不完全相同。原子实极化和轨道贯穿理论很好地解释了这种差别。进一步对碱金属原子光谱精细结构的研究证实了电子自旋的存在和原子中电子的自旋与轨道运动的相互作用，即自旋-轨道相互作用，这种作用较弱，由它引起了光谱的精细结构。

钠原子光谱及其相应的能级结构具有碱金属原子光谱和能级结构的典型特征。本实验将采用光栅光谱仪观察钠原子光谱，并通过对实验数据的处理分析，加深对原子结构和自旋-轨道耦合的了解。

[实验目的]

(1) 了解钠原子光谱的实验规律以及光谱与原子结构间的关系。

(2) 测定钠原子光谱，由波长计算光谱项、量子缺(或称量子亏损)和主量子数，并绘制钠原子能级图。

(3) 根据钠原子双黄线波长差，估算钠原子实有效电荷数和内部磁场，加深对自旋-轨道耦合的认识。

[实验仪器]

WGD-8A 型组合式多功能光栅光谱仪，钠光谱灯，汞灯等。

[预习提示]

(1) 了解钠原子光谱项和波数表达式，了解钠原子光谱的四个线系。

(2) 了解如何估算原子实有效电荷数和内部磁场。

(3) 阅读实验 1.12 中有关 WGD-8A 型组合式多功能光栅光谱仪结构和使用内容，复习 WGD-8A 型组合式多功能光栅光谱仪的操作和光谱仪波长指示值的校准。

[实验原理]

1. 钠原子光谱

钠原子是碱金属原子，它的原子序数是 11，即核外有 11 个电子，其中 10 个电子分别占据 $n=1$、$n=2$ 的电子轨道，形成稳定的满壳层结构，它们与原子核构成原子实。最外层的第 11 个电子为价电子，它的运动轨道只能从 $n=3$ 起始。钠原子只有一个价电子，价电子在核和内层电子组成的原子实的中心力场中运动。这种结构很像氢原子，不同的是氢原子中心是一个原子核，这样一来，原子实在远处的电场与点电荷的电场十分相似，而在近处二者有较大的差别。由于原子实的作用，将发生轨道贯穿和原子实极化，从而使电子能量不仅与主量子数 n 有关，还与轨道角量子数 l 有关。在 n 相同时，l 越小，椭圆轨道越扁，越容易出现轨道贯穿，原子实极化也越强烈，能量下降越多。

由此可见，钠原子光谱与氢原子光谱必然是既相似又有区别，而且钠原子光谱线更多，结构更复杂。

对于氢原子，人们发现当电子在主量子数 n_2 与 n_1 的上、下能级间跃迁时，它们的发射光谱线按波数可写成下面形式

$$\tilde{\nu}=R_{\mathrm{H}}\left(\frac{1}{n_1^2}-\frac{1}{n_2^2}\right) \tag{1.13-1}$$

式中，R_{H} 为氢原子的里德伯常量。

若用 E_2 表示上能级能量，用 E_1 表示下能级能量，则又有

$$\tilde{\nu}=\frac{1}{hc}(E_2-E_1) \tag{1.13-2}$$

于是

$$E_1=-hc\frac{R_H}{n_1^2},\quad E_2=-hc\frac{R_H}{n_2^2}$$

写成一般形式，有

$$E_n=-hc\frac{R_H}{n^2} \tag{1.13-3}$$

令 $T(n)=\frac{R_H}{n^2}$，则式(1.13-1)可以写成

$$\tilde{\nu}=T(n_1)-T(n_2) \tag{1.13-4}$$

$$E_n=-hcT(n) \tag{1.13-5}$$

$T(n)$称为光谱项。式(1.13-4)表明，光谱线的波数是两光谱项之差。同时，求出光谱项之后可由式(1.13-5)把能级算出来。

钠原子光谱也有类似的规律，但由于作用在价电子上的电场与点电荷电场有显著不同，所以光谱项是用有效量子数 n^* 代替主量子数 n，以此来描述轨道贯穿和原子实极化的总效果。若不考虑电子自旋和轨道运动的相互作用引起的能级分裂，钠原子光谱项可写成下面形式：

$$T(n^*)=\frac{R_{Na}}{n^{*2}}=\frac{R_{Na}}{(n-\Delta)^2} \tag{1.13-6}$$

式中，R_{Na} 为钠原子的里德伯常量；Δ 称为量子缺，它是一个与主量子数 n 和轨道量子数 l 都有关的正的修正数。

有效量子数 n^* 不是整数，量子缺 Δ 反映了原子实作用在价电子上的电场与点电荷作用在价电子上的电场偏离的情况，它是描述偏离程度的物理量。轨道量子数 l 越小，电子椭圆轨道的偏心率越大，量子缺就越大，这就是说，S 态的量子缺最大。

尽管量子缺 Δ 与主量子数 n 和轨道量子数 l 都有关，但理论计算和实验观测都表明，当 n 不很大时，量子缺 Δ 的大小主要取决于轨道量子数 l，随 n 变化并不大，故本实验中近似认为 Δ 与 n 无关。

与氢原子相似，钠原子的发射光谱线的波数可写成下面形式

$$\tilde{\nu}=R_{Na}\left(\frac{1}{n_1^{*2}}-\frac{1}{n_2^{*2}}\right) \tag{1.13-7}$$

或

$$\tilde{\nu}=T(n_1^*)-T(n_2^*) \tag{1.13-8}$$

$$E_{n^*}=-hcT(n^*) \tag{1.13-9}$$

式中，n_1^* 表示下能级的有效量子数，n_2^* 表示上能级的有效量子数。

式(1.13-7)还可以写成

$$\tilde{\nu}=\frac{R_{Na}}{(n'-\Delta_l')^2}-\frac{R_{Na}}{(n-\Delta_l)^2} \tag{1.13-10}$$

它表示电子从上能级(n,l)跃迁到下能级(n',l')发射的光谱线的波数。

如果固定下能级(n',l')，改变上能级(n,l)(注意 l 的选择定则，$\Delta l=\pm1$)，则得到一系列 $\tilde{\nu}$ 值，它们构成一个光谱线系。在各谱线系中，n',l'不变，故把$\frac{R_{Na}}{(n'-\Delta_l')^2}$称为固定项，记

作 $T(n_0^*)$。光谱中常用 $n'l'-nl$ 这种符号表示一个线系，并把 $l=0$、1、2、3 分别用 s、p、d、f 表示。

钠原子光谱有四个线系。

主线系：相应于 3s-np 跃迁，$n=3,4,5,\cdots$。主线系的谱线强度较强，第一条谱线在可见光区(钠黄线)，波长约为 589.3nm，其余皆在紫外区。

锐线系(第二辅线系)：相应于 3p-ns 的跃迁，$n=4,5,6,\cdots$。锐线系第一条谱线在红外区，波长约为 818.9nm，其余皆在可见光区。锐线系强度较弱，但谱线边缘较清晰，在可见光区域可测得 3～4 条谱线。

漫线系(第一辅线系)：相应于 3p-nd 的跃迁，$n=3,4,5,\cdots$。漫线系第一条谱线在红外区，波长约为 1139.3nm，其余皆在可见光区。漫线系的谱线较粗且边缘模糊，在可见光区域可测得 3～4 条谱线。

基线系(柏格曼线系)：相应于 3d-nf 的跃迁，$n=4,5,6,\cdots$。基线系谱线强度较弱，皆在红外区。

钠原子光谱系有精细结构，其中主线系和锐线系是双线结构，漫线系和基线系是三线结构。这是由跃迁选择($\Delta l=\pm 1,\Delta j=0,\pm 1$)决定的。

各谱线系的波数公式如下。

主线系：

$$\tilde{\nu}=\frac{R_{\mathrm{Na}}}{(3-\Delta_s)^2}-\frac{R_{\mathrm{Na}}}{(n-\Delta_p)^2},\quad n=3,4,5,\cdots \tag{1.13-11}$$

锐线系(第二辅线系)：

$$\tilde{\nu}=\frac{R_{\mathrm{Na}}}{(3-\Delta_p)^2}-\frac{R_{\mathrm{Na}}}{(n-\Delta_s)^2},\quad n=4,5,6,\cdots \tag{1.13-12}$$

漫线系(第一辅线系)：

$$\tilde{\nu}=\frac{R_{\mathrm{Na}}}{(3-\Delta_p)^2}-\frac{R_{\mathrm{Na}}}{(n-\Delta_d)^2},\quad n=3,4,5,\cdots \tag{1.13-13}$$

基线系(柏格曼线系)

$$\tilde{\nu}=\frac{R_{\mathrm{Na}}}{(3-\Delta_d)^2}-\frac{R_{\mathrm{Na}}}{(n-\Delta_f)^2},\quad n=4,5,6,\cdots \tag{1.13-14}$$

表 1.13-1 为钠原子光谱波长表。从表中可知，几个线系彼此交叉排列，要区分它们必须对各线强度、线型以及间隔等进行分析对比。在同一线系中，各条谱线的强度和谱线间隔都是向着短波方向有规律地递减，其根源在于原子能级越高，能级越密，处于该能级的电子越少。

表 1.13-1　钠原子光谱波长表

波长值/nm	平均波长值/nm	波长差/nm	所属线系
616.07 615.42	615.74	0.65	锐线系
589.60 589.00	589.30	0.60	主线系

续表

波长值/nm	平均波长值/nm	波长差/nm	所属线系
568.89 568.26	568.58	0.63	漫线系
515.37 514.91	515.14	0.46	锐线系
498.29 497.86	498.08	0.43	漫线系
475.19 474.90	475.04	0.29	锐线系
466.86 466.49	466.68	0.37	漫线系
330.29 330.23	330.26	0.06	主线系
285.36 285.28	286.32	0.08	主线系
268.07 268.04	268.06	0.03	主线系

2. 原子实有效电荷数和内部磁场估算

电子具有两种自旋取向，即自旋向上和自旋向下两种取向。钠原子价电子轨道运动产生的磁场 $\boldsymbol{B}$ 与自旋磁矩$\boldsymbol{\mu}_{\mathrm{S}}$ 相互作用，产生了附加能 E，为

$$E=-\boldsymbol{\mu}_{\mathrm{S}}\cdot\boldsymbol{B}=-\boldsymbol{\mu}_{\mathrm{sz}}\boldsymbol{B} \tag{1.13-15}$$

此处取 $\boldsymbol{B}$ 的方向为 z 方向，由于 $\mu_{\mathrm{sz}}=-\mu_{\mathrm{B}}$ 或$+\mu_{\mathrm{B}}$，μ_{B} 为玻尔磁子，故

$$E=-\mu_{\mathrm{B}}B \quad 或 \quad +\mu_{\mathrm{B}}B$$

因这一附加能的产生，能级发生分裂，两个能级之间的能量差为

$$\Delta E=2\mu_{\mathrm{B}}B \tag{1.13-16}$$

由此谱线也发生分裂，出现精细结构，$\Delta E=hc\Delta\tilde{\nu}$（$\Delta\tilde{\nu}$ 为波数差），从而

$$B=hc\Delta\tilde{\nu}/2\mu_{\mathrm{B}} \tag{1.13-17}$$

由式(1.13-17)可以估算出原子内部磁场的大小。

谱线双重能级的间隔可用波数差表示为

$$\Delta\tilde{\nu}=\frac{R_{\mathrm{Na}}\alpha^{2}Z^{*4}}{n^{3}l(l+1)} \tag{1.13-18}$$

式中，R_{Na} 为里德伯常量，$\alpha=1/137$ 为精细结构常数，Z^{*} 为原子的有效电荷数，n 为主量子数，l 为轨道量子数。若已知 α、R_{Na}、l、n 和 $\Delta\tilde{\nu}$，就可以计算出价电子在某轨道运动时原子实的有效电荷数 Z^{*}。

[仪器装置]

WGD-8A 型组合式多功能光栅光谱仪。其结构与使用参见实验 1.12 的[仪器装置]部分。

[实验内容与测量]

实验内容为使用光电倍增管接收方式测定钠原子光谱线。

1. 准备工作

参阅实验 1.12,调整好 WGD-8A 型组合式多功能光栅光谱仪工作状态并完成光谱仪波长指示值的校准。

2. 测量钠原子光谱

(1) 校准光谱仪后,换上钠光灯。适当调整狭缝宽度和扫描参数,利用“单程”功能进行扫描。如果光谱曲线不理想,可以修改“增益”等参数,调节光电倍增管电压和狭缝宽度后重新进行单程扫描。由于不同钠光谱线强度不同,需要进行分段扫描,扫描不同谱线时狭缝宽度需要适当调整。

(2) 获取理想的钠原子谱线后,利用“读取数据”,“寻峰”读出钠原子的波长,记录数据,保存为 txt 文件。

[数据处理与分析]

1. 计算量子缺 Δ_l 值

前面已提到,同一线系中量子缺 Δ_l 可认为与 n 无关,线系中每两相邻谱线都可以求出一个量子缺,这样可以求出几个量子缺再求平均值。下面说明怎样用一个谱线系中相邻两条谱线来计算 Δ_l 值。

(1) 不考虑谱线的双重分裂,以各双线的平均波长进行计算。对某一线系,把测得的相邻两谱线的波长 λ_1 和 λ_2 变成波数 $\tilde{\nu}_1$ 和 $\tilde{\nu}_2$,并可计算出其波数差 $\Delta\tilde{\nu}$。

(2) 因为二谱线波数可分别写成

$$\tilde{\nu}_n^* = T(n_0^*) - T(n^*) \tag{1.13-19}$$

$$\tilde{\nu}_{n+1}^* = T(n_0^*) - T(n^*+1) \tag{1.13-20}$$

其波数差为

$$\Delta\tilde{\nu} = \tilde{\nu}_{n^*+1} - \tilde{\nu}_n^* = T(n^*) - T(n^*+1) \tag{1.13-21}$$

或者

$$\Delta\tilde{\nu} = \frac{R_{Na}}{n^{*2}} - \frac{R_{Na}}{(n^*+1)^2} \tag{1.13-22}$$

式中,R_{Na} 为 Na 的里德伯常量,$R_{Na} = 109\,737.31\text{cm}^{-1}$。

波数差可由测量值计算,将它代入式(1.13-21)就能把有效量子数 n^* 计算出来。但是,这样计算既麻烦又困难。通常用里德伯表来完成这一任务。

(3) 里德伯表。

将有效量子数 n^* 写成 $n^* = m + a$,其中 m 为一正整数,a 为正的小数。

令 $m=1, a=0.00, 0.02, 0.04, \cdots, 0.98$,由 $T(n^*) = \dfrac{R_{Na}}{(m+a)^2}$ 和式(1.13-22)计算出相应的光谱项和相邻波数差 $\Delta\tilde{\nu}$。然后,令 $m=2,3,\cdots,10$,采用 $m=1$ 相同的方法计算出相应的光谱项和相邻波数差 $\Delta\tilde{\nu}$,最后制成里德伯表,见本实验附录。m 值标成 $1,2,3,\cdots,10$ 的

各列是各相应光谱项值，m 标成 12，23，…，89，910 的各列是各波数差 $\Delta\tilde{\nu}$。

(4) 如果某线系二相邻谱线的波数差 $\Delta\tilde{\nu}$ 已知，我们可以从里德伯表查出该波数差对应的 m 与 a，再考虑到 Δ_l 随 l 减小而增大(即 s 的量子缺 Δ_s 比 p 的量子缺 Δ_p 大，余类推)的规律，由 $n-\Delta_l=m+a$ 求出 Δ_l。还可以从表中 $\Delta\tilde{\nu}$ 的左侧读出 $T(n^*)$，从右侧可读出 $T(n^*+1)$的数值。

若测量的 $\Delta\tilde{\nu}$ 与表内的波数差不正好相等，可用线性内插法计算。

2. 求固定项 $T(n_0^*)$

由于 $\tilde{\nu}_{n^*}=T(n_0^*)-T(n^*)$，所以

$$T(n_0^*)=\tilde{\nu}_{n^*}+T(n^*) \tag{1.13-23}$$

从里德伯表中查出 $T(n_0^*)$的值，记下它对应的 m_0 与 a_0 值，于是可求出下能级有效量子数 $n_0^*=m_0+a_0$ 的数值，进而得到 n'、Δ_l'，固定项确定后，整个线系就完全确定了。

3. 绘制钠原子能级图

根据计算结果，以波数为单位，绘出钠原子主线系、第一、二辅线系能级图，标明原子态、主量子数、谱线跃迁等。

4. 绘制氢原子能级图

为了比较起见，用公式 $T(n)=\dfrac{R_H}{n^2}(R_H=109\,677.58\text{cm}^{-1})$算出 $n=3,4,5,\cdots$的光谱项，在钠原子能级图右侧绘出氢原子能级图，标出相应的 n 值。

5. 估算原子实有效电荷和内部磁场

根据钠原子黄双线波长差，计算相应的原子实有效电荷和内部磁场。

[讨论]

对实验结果进行说明与讨论。

[结论]

通过实验，写出你得到的主要结论。

[思考题]

考查钠原子光谱同一线系精细结构谱线的强度比值，可以得到什么规律？尝试进行探讨。

[附录]

里德伯表 $109\,737.31/(m+a)^2$

a	m						
	1	12	2	23	3	34	4
0.00	109 737.31	82 302.98	27 434.33	15 241.30	12 193.03	5334.45	6858.58
0.02	105 476.08	78 582.32	26 893.76	14 861.69	12 032.07	5241.56	6790.51

续表

a	m						
	1	12	2	23	3	34	4
0.04	101 458.31	75 089.29	26 369.02	14 494.74	11 874.28	5150.84	6723.44
0.06	97 665.81	71 806.33	25 859.48	14 139.92	11 719.56	5062.20	6657.36
0.08	94 082.06	68 717.48	25 364.58	13 796.72	11 567.86	4975.61	6592.25
0.10	90 691.99	65 808.25	24 883.74	13 464.67	11 419.07	4890.97	6528.10
0.12	87 481.91	63 065.46	24 416.45	13 143.31	11 273.14	4808.27	6464.87
0.14	84 439.30	60 477.10	23 962.20	12 832.20	11 130.00	4727.44	6402.56
0.16	81 052.70	58 032.19	23 520.51	12 530.96	10 981.55	4648.41	6341.14
0.18	78 811.63	55 720.71	23 090.92	12 239.16	10 851.76	4571.15	6280.61
0.20	76 206.46	53 533.46	22 673.00	11 956.47	10 716.53	4495.59	6220.94
0.22	73 728.37	51 462.06	22 266.31	11 682.49	10 583.82	4421.71	6162.11
0.24	71 369.22	49 498.74	21 870.48	11 416.92	10 453.56	4349.45	6104.11
0.26	69 121.51	47 636.41	21 485.10	11 159.41	10 325.69	4278.76	6046.93
0.28	66 978.34	45 868.52	21 109.82	10 909.67	10 200.15	4209.60	5990.55
0.30	64 933.32	44 189.03	20 744.29	10 667.40	10 076.89	4141.94	5934.95
0.32	62 980.55	42 592.38	20 388.17	10 432.32	9955.85	4075.72	5880.13
0.34	61 114.56	41 072.41	20 041.15	10 204.18	9836.97	4010.91	5826.06
0.36	59 330.29	39 627.38	19 702.91	9982.70	9720.21	3947.48	5772.73
0.38	57 623.04	38 249.88	19 373.16	9767.64	9605.52	3885.39	5720.13
0.40	55 988.42	36 936.80	19 051.62	9558.77	9492.85	3824.60	5668.25
0.42	54 422.39	35 684.38	18 738.01	9355.87	9382.14	3765.07	5617.07
0.44	52 921.16	34 489.07	18 432.09	9158.72	9273.37	3706.79	5566.58
0.46	51 481.19	33 347.59	18 133.60	8967.13	9166.47	3649.70	5516.77
0.48	50 099.21	32 256.91	17 842.30	8780.89	9061.41	3093.79	5467.62
0.50	48 772.14	31 214.17	17 557.97	8599.82	8958.15	3539.02	5419.13
0.52	47 497.10	30 215.72	17 280.38	8423.74	8356.64	3485.36	5371.28
0.54	46 271.42	29 262.10	17 009.32	8252.47	8756.85	3432.79	5324.06
0.56	45 092.58	28 348.00	16 744.58	8085.85	8658.73	3381.27	5277.46
0.58	43 958.22	27 472.24	16 485.98	7923.72	8562.26	3330.79	5231.47
0.60	42 866.14	26 632.81	16 233.33	7765.94	8467.39	3281.32	5186.07
0.62	41 814.25	25 827.81	15 986.44	7612.36	8374.08	3232.81	5141.27
0.64	40 800.61	25 055.47	15 745.14	7462.83	8282.31	3185.27	5097.04
0.66	39 823.38	24 314.12	15 509.26	7317.21	8192.05	3138.66	5053.39
0.68	38 880.85	23 602.21	15 278.64	7175.40	8103.94	3092.95	5010.29
0.70	37 971.39	22 918.30	15 053.09	7037.22	8015.87	3048.13	4967.74
0.72	37 093.47	22 260.90	14 832.57	6902.66	7929.91	3004.18	4925.73
0.74	36 245.64	21 628.81	14 616.83	6771.50	7845.33	2961.08	4884.25
0.76	35 426.56	20 020.80	14 405.76	6643.67	7762.09	2918.80	4843.29

续表

a	m						
	1	12	2	23	3	34	4
0.78	34 634.93	20 435.70	14 199.23	6519.06	7680.17	2877.33	4802.84
0.80	33 869.54	19 872.43	13 997.11	6397.57	7599.54	2836.64	4762.90
0.82	33 126.96	19 329.97	13 799.27	6279.10	7520.17	2796.71	4723.46
0.84	32 412.24	18 807.36	13 605.60	6163.56	7442.04	2757.54	4684.50
0.86	31 719.65	18 303.68	13 415.97	6050.85	7365.12	2719.09	4646.03
0.88	31 048.63	17 818.07	13 230.29	5940.91	7289.38	2681.36	4608.02
0.90	30 398.15	17 349.72	13 048.43	5833.62	7214.81	2644.33	4570.48
0.92	29 768.15	16 897.85	12 870.30	5728.92	7141.38	2607.98	4533.46
0.94	29 157.54	16 461.75	12 695.79	5626.73	7069.66	2572.29	4496.77
0.96	28 565.52	16 040.72	12 524.89	5526.96	6997.84	2537.26	4460.58
0.98	27 991.15	15 634.10	12 357.25	5429.56	6927.69	2502.87	4424.82

a	m						
	45	5	56	6	67	7	78
0.00	2469.09	4389.49	1341.23	3048.26	808.72	2239.54	524.89
0.02	2435.92	4354.59	1326.55	3028.04	801.25	2226.79	520.69
0.04	2403.35	4320.09	1312.07	3008.02	793.86	2214.16	516.53
0.06	2371.35	4286.01	1297.81	2988.20	786.57	2201.62	512.42
0.08	2339.92	4252.33	1283.76	2938.57	779.26	2189.21	508.35
0.10	2309.06	4219.04	1299.91	2949.13	772.23	2176.90	504.33
0.12	2278.72	4186.15	1256.26	2929.89	765.21	2164.68	500.34
0.14	2248.93	4152.63	1242.80	2910.83	758.26	2152.57	496.40
0.16	2219.64	4121.50	1229.54	2891.96	751.40	2140.56	492.50
0.18	2190.88	4089.73	1216.45	2873.28	744.62	2128.66	488.65
0.20	2162.61	4058.33	1203.56	2854.77	737.92	2116.85	484.83
0.22	2134.82	4027.29	1190.85	2836.44	731.31	2105.13	481.04
0.24	2107.50	3996.61	1178.32	2818.29	724.77	2093.52	477.30
0.26	2080.66	3966.27	1165.96	2800.31	718.31	2082.00	473.60
0.28	2054.27	3936.28	1153.78	2782.50	711.92	2070.58	469.94
0.30	2028.32	3906.63	1141.77	2764.86	705.61	2059.25	466.31
0.32	2002.82	3877.31	1129.92	2747.39	699.38	2048.01	462.72
0.34	1977.73	3848.33	1118.25	2730.08	693.22	2036.86	459.17
0.36	1953.07	3819.66	1106.72	2712.94	687.13	2025.81	455.66
0.38	1928.82	3791.31	1095.35	2625.96	681.12	2014.84	452.17
0.40	1904.97	3763.28	1084.15	2679.13	675.16	2003.97	448.70
0.42	1881.51	3735.56	1073.09	2662.47	669.29	1993.18	445.33
0.44	1858.44	3708.14	1062.18	2645.96	663.48	1982.48	441.95
0.46	1853.64	3681.03	1051.43	2629.60	657.74	1971.86	438.61

续表

a	m						
	45	5	56	6	67	7	78
0.48	1813.41	3654.21	1040.82	2613.39	652.06	1961.33	435.30
0.50	1791.45	3627.68	1030.35	2597.33	646.44	1950.89	432.03
0.52	1769.84	3601.44	1020.02	2581.42	640.90	1940.52	428.79
0.54	1748.58	3575.48	1009.82	2565.66	635.42	1930.24	425.58
0.56	1727.65	3549.81	999.77	2550.04	630.00	1920.04	422.40
0.58	1707.66	3524.41	989.85	2534.56	624.64	1909.92	419.26
0.60	1686.79	3499.28	980.06	2519.22	619.34	1899.88	416.14
0.62	1666.86	3474.41	970.39	2504.02	614.10	1889.92	413.06
0.64	1647.22	3449.82	960.86	2488.96	608.92	1880.04	410.01
0.66	1627.91	3425.48	951.44	2474.04	603.80	1870.24	406.99
0.68	1608.89	3401.40	942.16	2409.24	598.73	1860.51	404.00
0.70	1590.17	3377.57	932.99	2444.58	593.72	1850.86	401.03
0.72	1571.74	3353.99	923.94	2430.05	588.77	1841.28	398.10
0.74	1553.59	3330.66	915.01	2415.65	583.87	1831.78	395.19
0.76	1535.72	3307.57	906.19	2401.38	579.03	1822.35	392.32
0.78	1518.12	3284.72	897.49	2387.23	577.24	1812.99	389.46
0.80	1500.79	3262.11	888.90	2373.21	569.51	1803.70	386.64
0.82	1483.73	3239.73	880.42	2359.31	564.82	1794.49	383.85
0.84	1466.93	3217.57	872.03	2345.54	560.19	1785.35	381.08
0.86	1450.39	3195.05	868.77	2331.88	555.61	1776.27	378.34
0.88	1434.07	3173.95	855.61	2318.34	551.07	1767.27	375.63
0.90	1418.02	3152.46	847.54	2304.92	546.59	1728.33	372.93
0.92	1402.20	3131.20	839.58	2291.62	542.16	1749.46	370.27
0.94	1386.92	3110.15	831.72	2278.43	537.77	1740.66	367.63
0.96	1371.27	3089.31	823.96	2265.35	533.43	1731.92	365.02
0.98	1356.14	3068.68	816.29	2252.39	523.14	1723.25	362.43

a	m				
	8	89	9	910	10
0.00	1714.65	359.87	1354.78	257.41	1097.37
0.02	1706.10	357.32	1348.78	255.78	1093.00
0.04	1697.63	354.81	1342.82	254.17	1088.65
0.06	1689.21	352.31	1336.90	252.58	1084.32
0.08	1680.86	349.85	1331.01	250.99	1080.02
0.10	1672.57	347.40	1325.17	249.42	1075.75
0.12	1664.34	344.93	1319.36	247.86	1071.50
0.14	1656.17	342.57	1313.60	246.32	1067.28
0.16	1648.06	340.19	1307.87	244.79	1063.08

续表

a	m				
	8	89	9	910	10
0.18	1640.01	337.84	1302.17	243.26	1058.91
0.20	1632.02	335.50	1296.52	241.76	1054.76
0.22	1624.09	333.19	1290.90	240.26	1050.64
0.24	1616.22	330.90	1285.32	238.78	1046.54
0.26	1608.40	328.63	1279.77	237.31	1042.46
0.28	1600.64	326.38	1274.26	235.85	1038.41
0.30	1592.94	324.15	1268.79	234.41	1034.38
0.32	1585.29	321.94	1263.35	232.98	1030.37
0.34	1577.69	319.75	1257.94	231.55	1026.39
0.36	1570.15	317.58	1252.57	230.14	1022.43
0.38	1562.67	315.43	1247.24	228.74	1018.50
0.40	1555.23	313.30	1241.93	227.35	1014.58
0.42	1547.85	311.18	1236.67	225.26	1010.59
0.44	1540.53	309.10	1231.43	224.61	1006.82
0.46	1533.25	307.02	1226.23	223.25	1002.98
0.48	1526.03	304.97	1221.06	221.91	999.15
0.50	1518.86	302.93	1215.93	220.58	995.35
0.52	1511.73	300.91	1210.82	219.25	991.57
0.54	1504.66	298.91	1205.75	217.94	987.81
0.56	1497.64	296.93	1200.71	216.64	984.07
0.58	1490.66	294.96	1195.70	215.35	980.35
0.60	1483.74	293.01	1190.73	214.07	976.66
0.62	1476.86	291.08	1185.78	212.80	972.98
0.64	1470.03	289.17	1180.86	211.53	969.33
0.66	1463.25	287.27	1175.98	210.29	965.69
0.68	1456.51	285.38	1171.63	209.05	962.08
0.70	1449.83	283.53	1166.30	207.81	958.49
0.72	1443.18	281.67	1161.51	206.59	954.92
0.74	1436.59	279.85	1156.74	205.38	951.36
0.76	1430.03	278.02	1152.01	204.18	947.82
0.78	1423.53	276.23	1147.30	202.99	944.31
0.80	1417.06	274.44	1142.62	201.80	940.82
0.82	1410.64	272.67	1137.97	200.62	937.35
0.84	1404.27	270.92	1133.35	199.46	933.89
0.86	1397.93	269.17	1128.76	198.31	930.45
0.88	1391.64	267.45	1124.19	197.15	927.04

续表

a	m				
	8	89	9	910	10
0.90	1385.40	265.75	1119.65	196.01	923.64
0.92	1379.19	264.05	1115.14	194.88	920.26
0.94	1373.03	262.37	1110.66	193.76	916.90
0.96	1366.90	260.69	1106.21	192.66	913.55
0.98	1360.82	259.04	1101.78	191.55	910.23

[参考文献]

[1] 褚圣麟.原子物理学[M].北京：高等教育出版社，1979.

[2] 李光源.钠原子主线系谱线精细结构实验[J].物理实验，1989，9(8)：99-100.

[3] 黄创高，莫其逢，黄国文，等.钠原子光谱与精细结构分析[J].广西物理，2007，(1)：29-33.

[4] 毕井玲.钠原子发射光谱实验：主量子数的确定法[J].曲阜师范大学学报(自然科学版)，1993，19(4)：85-87.

[5] 芦立娟，沈建尧.分光计观察钠灯谱线的方法及线系归属的研究[J].大学物理实验，2004，17(2)：16-18.

[6] 谭志阳，陈森，吴平.钠原子光谱实验中双黄线谱线强度比值的讨论[J].大学物理，2019，38(5)：63-65.

[7] 王陆君瑜，谭志阳，陈康宁，等.第一主族元素原子光谱精细结构强度比值计算[J].物理与工程，2020，30(4)：84-87，95.

实验 1.14 微波基础实验

[引言]

微波技术是近代发展起来的一门尖端科学技术，其重要标志是雷达的发明与使用。微波技术不仅在国防、通信、工农业生产的各个方面有着广泛的应用，而且在当代尖端科学研究中也是一种重要的手段，如高能粒子加速器、受控热核反应、射电天文与气象观测、分子生物学研究、等离子体参数测量、遥感技术等方面。由此，对微波的一些基本量的测量就是非常基础的工作。

本实验将学习一种微波发生器——反射式速调管——的结构、工作原理与使用，并对其产生的微波的基本参量进行测量。

[实验目的]

(1) 了解反射式速调管的结构、工作原理与使用。

(2) 掌握频率、功率、波导波长等微波基本量的测量方法。

[实验仪器]

反射式速调管、可变衰减器、吸收式波长计、波导测量线、隔离器、晶体检波器、示波器等。

[预习提示]

(1) 了解微波的特点,理解微波器件与电路分析的特点。

(2) 了解反射式速调管的结构、工作原理和输出特性。

(3) 了解微波的波导传输。

(4) 了解微波基本量测量装置及测量方法。

[实验原理]

1. 微波及其特点

微波是一种波长很短的电磁波,波长从1m～1mm。微波常分为分米波、厘米波和毫米波等波段。微波除了具备一般电磁波的性质外,还有如下特点。

(1) 微波具有很强的方向性。微波波长很短(相对于无线电波来说),具有直线传播的特性,且可以畅通无阻地穿过地球上空的电离层,因此已在雷达定位、导航、火箭与导弹的制导、卫星通信、遥测和遥控等许多科学技术领域里得到广泛应用。

(2) 微波通信容量大。微波不仅是一个频率很高的波段,也是一个频带很宽的波段,其频带远大于长波、中波、短波和超短波的频带之和,因此微波用于通信具有通信容量大的优点。

(3) 由于微波的电磁振荡周期很短(10^{-9}～10^{-12}s),已经可以和电子管中电子在电极间飞越所经历的时间(约10^{-9}s)相比拟,甚至还要小,因此普通电子管已经不能用作微波振荡器、放大器和检波器,必须采用原理上完全不同的微波电子管(如速调管、磁控管和行波管等)来代替。

(4) 在微波波段,由于电路尺寸已能与波长相比拟,所以处理问题时不能采用低频电路的概念和方法,而必须用场的概念和方法。

在低频电路中,各元件的几何尺寸,整个系统中的电流和电压,可被认为是在同一时刻建立起来的。系统中的各种参量,均不依赖于时间和空间。例如:电容或电感就可被认为是分别集中在电容器或线圈中,即可以使用“集中参数”来分析电路。

微波波段中,由于电路的几何尺寸接近或大于工作波长,在每一小段中都具有一定的电容和电感。即表征电路特性的基本参数是沿着电路分布在整个系统中,因此,就必须使用“分布参数”对电路进行描述。

2. 反射式速调管

1) 反射式速调管的结构

反射式速调管是实验室中用作微波发生器的小功率管,它利用电子在管内的速度调制和密度调制来获取高频能量。反射式速调管主要由电子枪、谐振腔和反射极三部分组成,其结构和工作原理如图1.14-1所示。

电子枪:由阴极、灯丝和聚束极构成,以发射电子和形成电子束。灯丝通电后发热,使表面涂有氧化物的阴极受热发射电子,形成电子流。为了得到细的电子束,设置聚束极,聚束极的电位与阴极相同且是负的,这样就迫使电子流成为一条细的电子束。

谐振腔:对电子进行调制,利用耦合环输出微波能量。谐振腔加有直流电压V,相对于

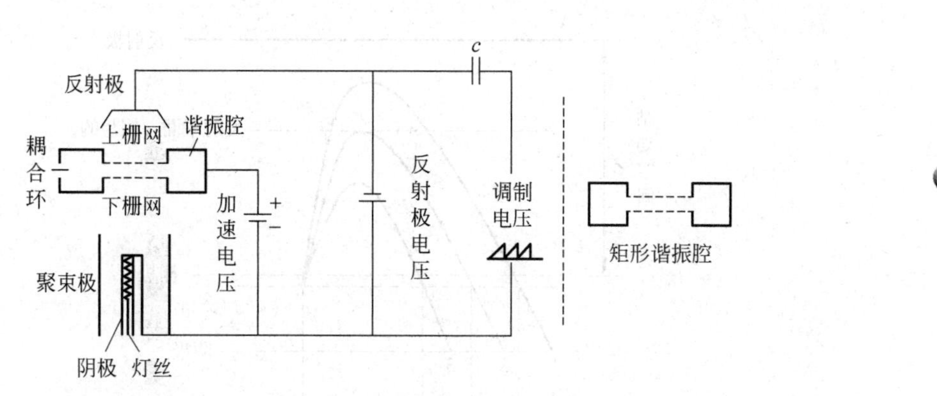

图 1.14-1 反射式速调管的结构和工作原理

阴极为正电位,腔中部是凹进去的,称为上栅网和下栅网。上、下栅网构成栅极,电子可从栅网网眼通过,其作用是加速从阴极发射出来的电子。栅极电位与谐振腔相同,上、下栅网之间的空间没有直流电场。

反射极:对电子密度进行调制,使电子产生“群聚”。反射极相对于阴极为负,加有相对阴极为负极性的直流电压 V_R,故对电子起拒斥作用,它使从栅网来的电子减速并被折回到谐振腔。反射极与上栅网之间的空间称为“制动空间”。

2) 工作原理

电子从阴极发射出来后进入加速场,获得较高和较均匀的速度,飞入谐振腔,在腔中激发感应电流,使谐振腔发生振荡,因而在上、下栅网间产生微波高频电场。微波高频电场对穿过栅网的电子速度起调制作用:在正半周内电子受到微波电场加速,微波电场把能量传给电子,使离开栅网进入制动空间的电子速度变大,在负半周内电子受到微波电场的减速,微波电场从电子取得能量,使进入制动空间的电子速度变小,这样通过栅网后电子的速度得到调制。由于电子是均匀连续地从阴极发出,所以在正半周内电子取得的能量等于负半周内电子失去的能量,因而微波电场净得的能量为零,不能输出微波能量(即不能产生稳定的微波振荡)。

为了产生微波振荡,必须使在加速的正半周内,由于反射作用而返回的电子完全不通过栅网间隙,或者通过的电子数比减速的负半周少。为此要求:①设法使密度均匀的电子流变成疏密相间的电子流;②使密集的电子团在通过栅网时正好受到微波电场的减速(微波电场从电子团取得能量)。上述两点要求可以通过改变反射极电压来实现。为了解释电子团的形成(即电子“群聚”),下面研究三个在不同时间飞过栅网的电子运动:电子 1 通过栅网时微波电场恰好处于 E_{max},使它受到加速,以最大初速射入制动空间,因而超越反射平面(假想的)后再反转;电子 2 通过栅网时微波电场恰好为零,飞行速度不变,进入制动空间到达反射平面后反转;电子 3 通过栅网时,微波电场处于 $-E_{max}$,使电子受到减速,以最小速度进入制动空间,在反射极电压作用下,未到达反射平面就反转。这样速度大的、速度小的和速度不大不小的电子就会以电子 2 为中心聚集在栅网处,形成腔电流(见图 1.14-2)。在减速场作用下,所有电子都将被反射回来,电子流在减速场内反转运动过程中形成了密度调制。

选择合适的制动空间距离 S_0、谐振腔电压 V(即图 1.14-1 中的加速电压)和反射极电压

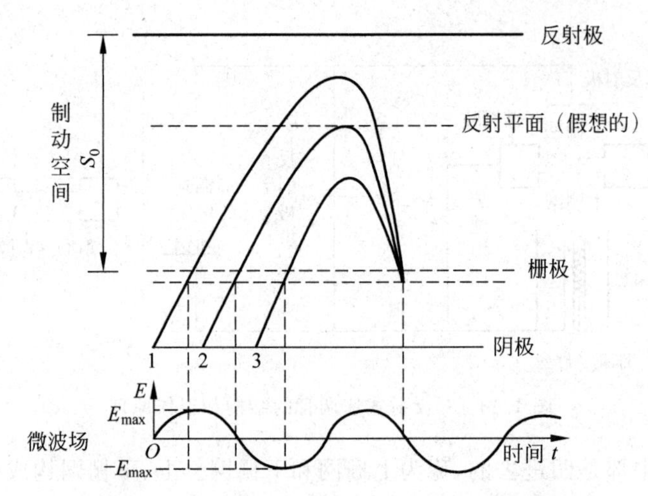

图 1.14-2　反射式速调管内电子运动的轨迹图

V_R(即图 1.14-1 中的反射极电压),可使围绕群聚中心的密集电子团回到栅网时受到微波电场的最大减速,使微波电场从运动电子净得的能量最大,从而引起微波振荡的发生。

电磁振荡在栅极的谐振腔内产生。调节栅网间距,可以改变谐振频率 f。微波功率则由耦合环经同轴线探针输出到波导。

3) 输出特性

图 1.14-3 所示是在一定谐振腔电压 V 的情况下,反射式速调管的输出功率 P 及振荡频率 f 与反射极电压 V_R 的特性曲线。

对反射式速调管,若谐振腔体尺寸和谐振腔电压(加速电压)保持不变,则只有反射极电压 V_R 处于某些范围时,才能发生振荡,这些区域称为振荡模。对于每一个振荡模区,当反射极电压变化时,速调管的输出功率和振荡频率都将随之变化(图 1.14-3)。在振荡区中心时,输出功率为极大值,且频率为腔体的固有频率 f_0,输出功率最大的振荡模区称为最佳振荡模。为了使速调管具有最大的输出功率和稳定的工作频率,通常使速调管工作在最佳振荡模的中心。各个振荡模的中心频率相同,称为速调管的工作频率。

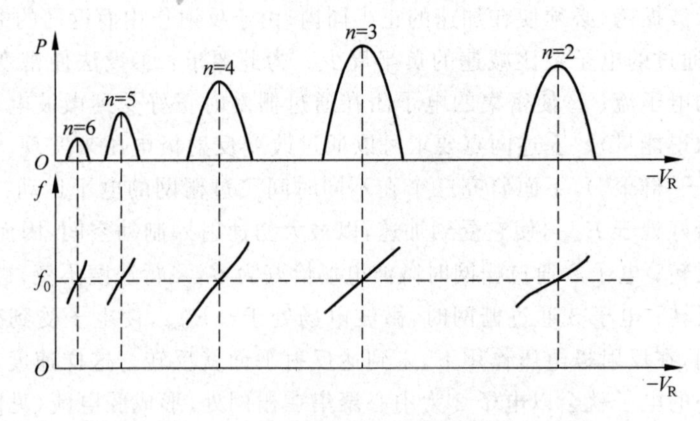

图 1.14-3　反射式速调管的功率和频率特性曲线

常用的三厘米微波系统微波中心波长为 3.2cm,频率为 9375MHz。

调整振荡频率有两种方法：机械调谐和电子调谐。由改变谐振腔体调节机构引起的谐振腔固有谐振频率变化的称为机械调节，由改变反射极电压引起频率变化的称为电子调谐；后者频率变化范围较小。

3. 微波的波导传输

1）波导管

对于厘米波段，为了减小高频损耗，常用波导管来传输微波。波导管是一种形状规则的空心金属管，常用的为矩形波导管(图 1.14-4)。根据电磁场理论，在波导管中不可能传播横电磁波(TEM 波)，因其电场 E 和磁场 H 均无纵向分量，即 $E_z=0$，$H_z=0$，电场 E 和磁场 H 都是横向的，TEM 波沿传输方向的分量为零。

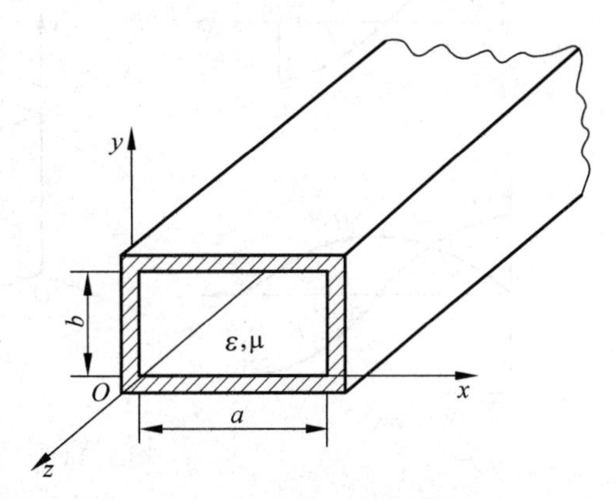

图 1.14-4 矩形波导管

在波导管中能够传播的电磁波可以归结为两类：一类是横电波(TE 波)或称磁波(H 波)，其特征是 $E_z=0$ 而 $H_z\neq 0$，即电场横向，磁场具有纵向分量；另一类是横磁波(TM 波)或称电波(E 波)，其特征是 $H_z=0$ 而 $E_z\neq 0$，即磁场是横向的，电场具有纵向分量。在实际应用中，总是把波导管设计成只能传输单一波形。本实验使用的是三厘米标准矩形波导管(矩形波导管尺寸为 $a=22.86\text{mm}$，$b=10.16\text{mm}$)，只能传播 TE_{10} 波(或 H_{10} 波)。

2）矩形波导管中的 TE_{10} 波

在横截面为 $a\times b$ 的矩形波导管中，充以介电常数为 ε、磁导率为 μ 的均匀介质(一般为空气)，如果在开口端输入角频率为 ω 的电磁波，使它沿着 z 轴传播，则管内的电磁场分布由麦克斯韦方程组和边界条件决定。

在无损耗、均匀介质和无限长的矩形波导中，TE_{10} 的电磁场分量为

$$\left.\begin{aligned} H_z &= \cos\left(\frac{\pi x}{a}\right)\mathrm{e}^{\mathrm{j}(\omega t-\beta z)} \\ H_y &= 0 \\ H_x &= \frac{\mathrm{j}\beta a}{\pi}\sin\left(\frac{\pi x}{a}\right)\mathrm{e}^{\mathrm{j}(\omega t-\beta z)} \\ E_z &= 0, E_x = 0 \\ E_y &= \frac{-\mathrm{j}\omega\mu_0 a}{\pi}\sin\left(\frac{\pi x}{a}\right)\mathrm{e}^{\mathrm{j}(\omega t-\beta z)} \end{aligned}\right\} \tag{1.14-1}$$

式中，a 为波导宽边长度；ω 为角频率；β 为微波沿传输方向的相位系数，有

$$\omega=2\pi f,\quad \beta=2\pi/\lambda_g \tag{1.14-2}$$

λ_g 为波导波长，有

$$\lambda_g=\frac{\lambda}{\sqrt{1-\left(\dfrac{\lambda}{\lambda_c}\right)^2}} \tag{1.14-3}$$

λ_c 为截止波长，有

$$\lambda_c=2a \tag{1.14-4}$$

λ 为自由空间波长，有

$$\lambda = c/f \tag{1.14-5}$$

图 1.14-5 给出了 TE_{10} 的场分布。由式(1.14-1)和图 1.14-5，TE_{10} 波具有下列特性。

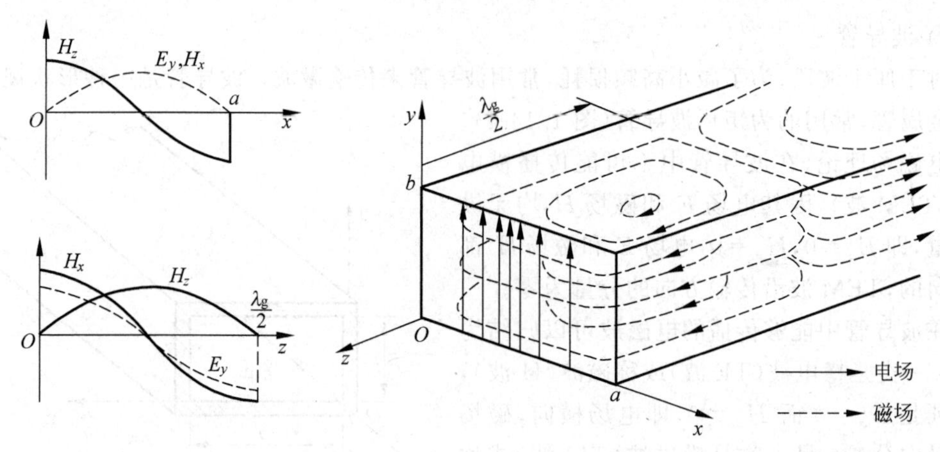

图 1.14-5　TE_{10} 波的场分布

(1) 对于宽边长度为 a 的波导，存在一个截止波长 λ_c，$\lambda_c=2a$，只有波长 $\lambda<\lambda_c$ 的电磁波才能在波导管中传播。

(2) 电场只有 E_y 分量，且沿 y 方向是均匀的，而沿 x 方向 E_y 按正弦分布，亦即在波导宽壁的中心电场线最密，两边逐渐对称变稀，直至侧壁处变为零。

(3) 磁场同时有 H_x 和 H_z 两个分量，H_x 沿 x 轴成正弦分布，H_z 沿 x 轴成余弦分布，二者沿 y 方向是均匀的。磁场线环绕电场线，在平行 Oxz 平面内形成闭合回路，在导体壁附近，磁场线始终平行于导体表面。

(4) 电磁场在波导的 z 方向形成行波，即在 z 方向上，E_y 和 H_x 的分布规律相同，E_y 最大处 H_x 也最大，E_y 为零处 H_x 也为零。场的这种结构是行波的特点。

从上面的描述可以看出 TE_{10} 波的含义："TE"表示电场没有纵向分量($E_z=0$)，TE_{10} 的第一个脚标"1"表明电场与磁场沿波导的宽边方向有一个最大值，第二个脚标"0"表示电场与磁场沿波导窄边方向(y 方向)没有变化，即极大值个数为零。

(5) 在波导的传播方向(z 方向)上，场包含因子 $e^{j(\omega t-\beta z)}$，即在任意时刻场呈现周期性分布。

3) 行波和驻波

如果波导终端负载是匹配的，所有能量全部都被吸收，则波导中呈现的是行波，图 1.14-5 所示的场分布将随时间向前推移。在 z 轴上的任一点看，电场和磁场都只有相位在随时间变化。

如果终端是短路的，波将发生完全反射，入射波和反射波叠加形成驻波，在波导的终端形成电场的波节，磁场则为波腹。这时，波的能量不再向前传播，图 1.14-5 所示的场分布将不随时间移动位置。

在一般情况下，由于波的部分反射，波导中传播的不是单纯的行波或驻波，而是混合波。通常用驻波比 ρ 来描述混合波的特性

$$\rho = \frac{E_{\max}}{E_{\min}} \tag{1.14-6}$$

$E_{\max}$ 和 $E_{\min}$ 分别为波腹和波节处电场的大小。

上述三种情况电场随波导传播方向的坐标 z 的关系曲线如图 1.14-6 所示。对于行波 $\rho=1$；对于驻波 $\rho\to\infty$。

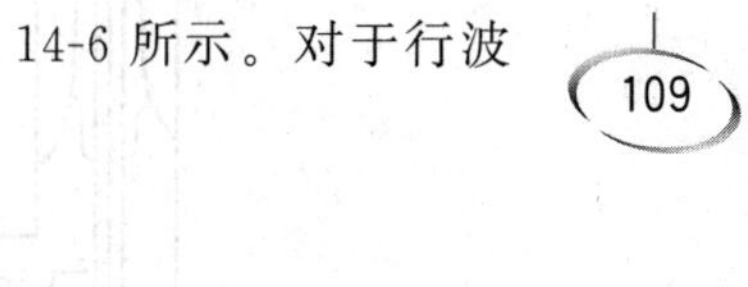

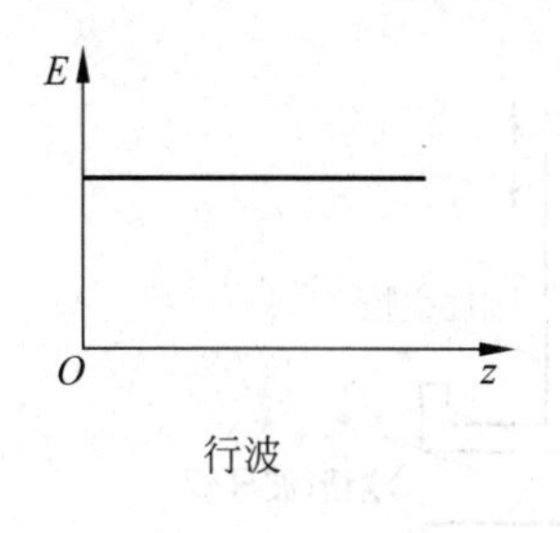

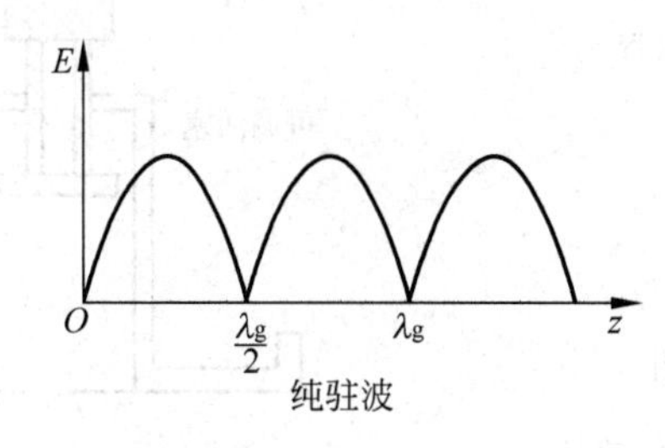

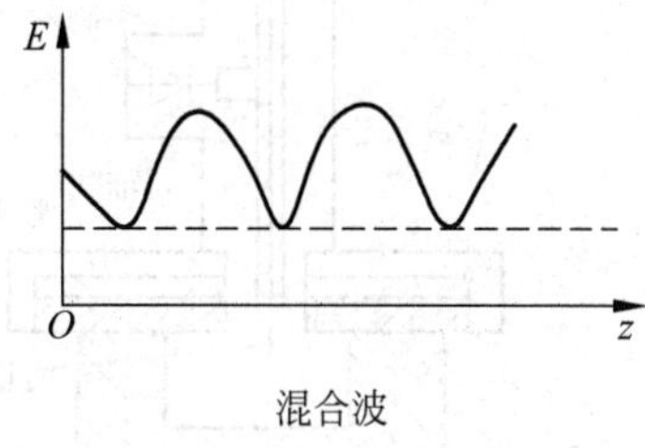

图 1.14-6　E-z 关系

[仪器装置]

微波测量装置一般由下列部件组成：

1. 微波信号源

由反射式速调管和速调管的电源组成，实验时控制合适的加速极电压和反射极电压即可输出微波功率。

2. 波导测量线

波导测量线的基本结构是一个宽边中央开槽的波导和一个沿着开槽可移动的探针。如图 1.14-7 所示。探针与波导中的 TE_{10} 波电场耦合，通过晶体检波二极管引出检波电流，借助检流计等即可进行测量。当探针沿波导槽移动时，检波电流的变化即表示了波导内电场大小的分布，探针的位置由游标读出，找出电场的最大值与最小值及其相应的位置，就可测出驻波比和波导波长。

3. 吸收式波长计

吸收式波长计是由一段矩形波导与圆柱形谐振腔构成，如图 1.14-8 所示。旋转测微机构使腔内活塞移动，可以改变圆柱形谐振腔的长度，从而使其固有频率改变。一旦此频率与微波信号频率一致(谐振)，微波能量就通过宽边侧旁的耦合小方孔被谐振腔吸收掉一部分，使输出功率减少，由晶体检波器给出的电流也减小，因此可以根据检流计读数的下降来判断谐振点。圆柱形谐振腔可调活塞的位置读数与固有频率的关系，已由标准频率校正好，可直接查表得出。

4. 可变衰减器

衰减器是一个能将波导中电磁能量部分地吸收转化为热能的装置，它的主要作用是改变输出功率的大小，其内部结构为一衰减片(由能吸收高频能量的材料制成)和一个可动机构连接，改变衰减片在矩形腔内的位置，就能改变吸收能量的多少。衰减器也常常用作振荡器与负载之间的去耦器件，即消除负载改变时对振荡功率和频率的影响。

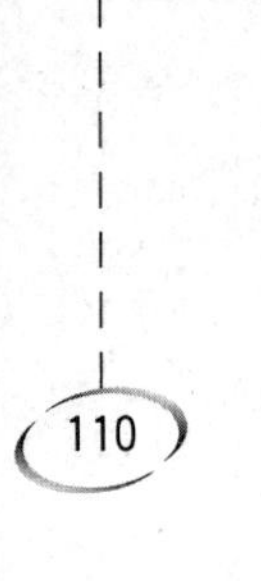

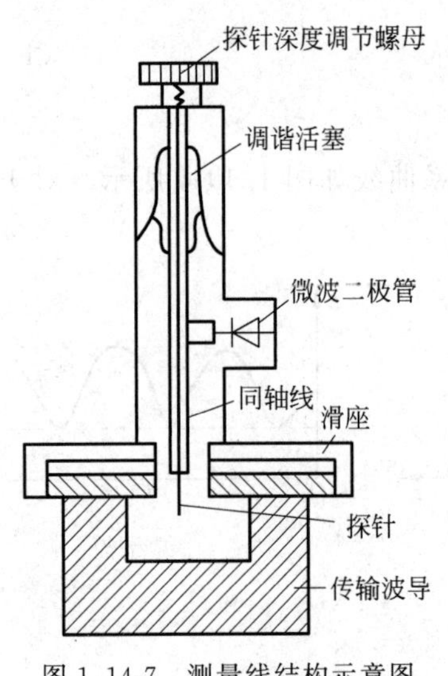

图 1.14-7　测量线结构示意图

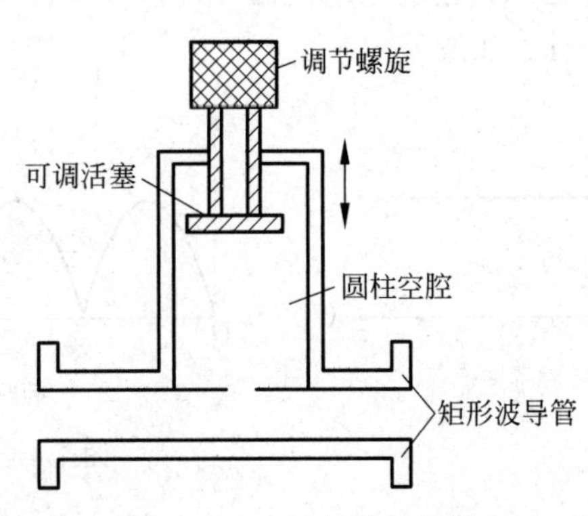

图 1.14-8　波长计示意图

5. 隔离器

隔离器是一个单方向衰减器,即它的衰减特性是有方向性的,一般是使它对入射波几乎不衰减而对反射波衰减很大。这一特性的获得是由铁氧体材料性质决定的。隔离器的主要结构是在波导中靠近一个窄边的适当位置沿纵向放置一片铁氧体。隔离器的作用是防止负载对信号源的反作用,以保证信号源振荡的稳定性。

6. 晶体检波器

微波频率很高,通常是用微波二极管将信号检波成直流信号,用电流表来检测。微波二极管的特性是非线性的,检波晶体的电流 I 和电压 V 之间大致有下述关系

$$I = kV^{\alpha} \tag{1.14-7}$$

当 $\alpha=1$ 时为直线型检波,当 $\alpha=2$ 时为平方律检波。一般微波功率比较小时,可认为 I-V 特性按平方律变化(平方律检波)。

由于检波晶体上感应的微波电压与该处的微波电场强度成正比,因而可得出

$$I = k_2 E^{\alpha} \tag{1.14-8}$$

为了测定 α 的数值和 I-V(或 I-E)关系,可采用如下方法:将测量线终端短路,这时沿线各点驻波的振幅与到终端的距离 l 的关系为

$$E = k_3 \left| \sin \frac{2\pi l}{\lambda_g} \right| \tag{1.14-9}$$

上述关系中的 l 可以任意一个驻波波节为参考点。

由式(1.14-8)和式(1.14-9)可得

$$\begin{aligned} \log I &= \log k_2 + \alpha \log E \\ &= \log k_2 + \alpha \log k_3 + \alpha \log \left| \sin \frac{2\pi l}{\lambda_g} \right| \\ &= K + \alpha \log \left| \sin \frac{2\pi l}{\lambda_g} \right| \end{aligned} \tag{1.14-10}$$

用双对数坐标纸作出 $\log I\text{-}\log\left|\sin\frac{2\pi l}{\lambda_g}\right|$ 关系图，若近似为一条直线，则斜率就是 α。

本实验装置方框图如图 1.14-9 所示。

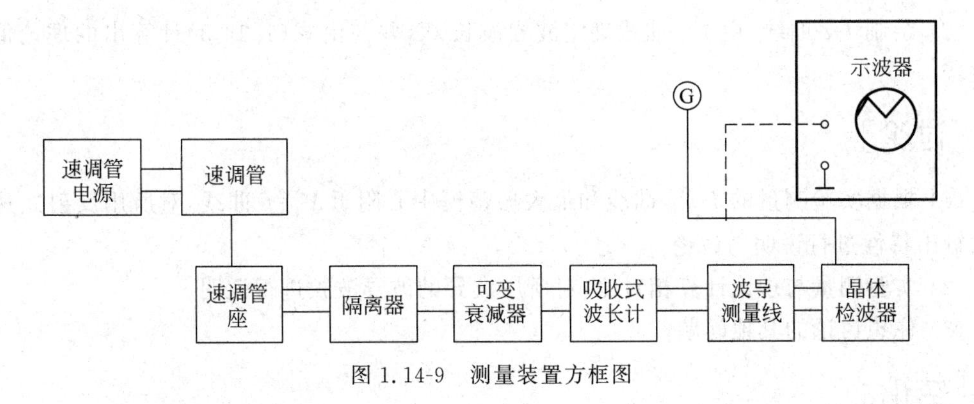

图 1.14-9　测量装置方框图

[实验内容与测量]

1. 测量速调管的工作特性

(1) 按图 1.14-9 连接实验装置，并熟悉实验装置及每一部分的功能。

(2) 速调管开机程序：①将“反射极电压”旋钮逆时针旋至最小。②开电源预热 15min（警示：必须预热 15min，才能加高压，否则会损坏电源）。③“工作方式”置于“等幅”。

(3) 测量速调管工作特性曲线 $I \sim V_R$。先在 0～260V 范围粗调 V_R，调节可变衰减器使检波电流 I 有适度偏转。然后，从 10～260V，逐点测量速调管工作特性曲线 $I \sim V_R$，每 2V 测一次。

(4) 将 V_R 准确调至最佳振荡模中心点（此时检流计有最大示值），然后尽可能缓慢地移动吸收式波长计的鼓轮至某一位置，检流计示值衰减至最小时，记下波长计鼓轮读数，由该波长计鼓轮读数与 f 对照表读出 f 的值。在最大振荡模中心每隔 2V 测一次，共测 5 个点。

2. 测量驻波曲线 $I\text{-}l$ 及波导波长 λ_g

(1) 把测量电缆由波导管端部移到波导测量线上部的晶体检波器端口。注意此时信号强度较测量电缆接于波导管端部时小许多，要适当调节衰减器和检流计档位，才能观察到信号的变化。

(2) 将速调管电源“工作选择”改为“等幅”，把反射极电压 V_R 准确调至最佳振荡模中心点（由波导测量线的检流计示数最大来判定）。先粗测，自左至右移动测量线探针位置，调整可变衰减器使 I 在整个探针移动范围内有适度偏转。然后，逐点测量 $I\text{-}l$ 关系。

[注意事项]

对于同样的微波输出，波导管端部接收到的信号强度要比在波导测量线上部接收到的信号强度大，所以在把测量电缆由波导管端部移到波导测量线上部的晶体检波器端口上时，应适当调小检流计量程。

[实验数据与分析]

(1) 绘制 I-V_R 曲线,绘制最大振荡模中心附近 V_R-f 曲线。

(2) 绘制 I-l 曲线,由 I-l 曲线确定波导波长 λ_g,并与由式(1.14-3)计算出的理论值进行比较。

[讨论]

(1) 根据实验测量的 I-V_R 曲线和最大振荡模中心附近 V_R-f 曲线,对所用反射式速调管的输出特性进行说明与讨论。

(2) 实验测量与理论计算相对比,对所用波导的波导波长进行说明。

(3) 你想讨论的其他问题。

[结论]

概括总结出你通过本实验得到的主要结论。

[思考题]

调整振荡频率有机械调谐和电子调谐两种方法。机械调谐实际上是调节了什么？电子调谐是调节了什么？对于本实验所用反射式速调管,机械调谐和电子调谐的频率变化范围大致为多少？

[参考文献]

[1] 清华大学物理系近代物理实验室.近代物理实验讲义[Z].1986.
[2] 吴思诚,王祖铨.近代物理实验[M].2版.北京：北京大学出版社,1995.

实验1.15 微波光学实验

[引言]

微波是指在真空中波长在1mm～1m范围的电磁波,其相应的频率范围一般为300GHz～300MHz。微波在电磁波频谱中的位置如图1.15-1所示,微波波段介于超短波和红外线之间。微波既具有光波的某些特性,如能产生反射、折射、干涉和衍射,又具有无线电波的某些特性,具有量子性,能畅通无阻地穿透地球上空的电离层,同时具有很强的方向性,通信容量大等特点。正是因为这些特点,微波具有很强的实用价值,在许多行业,如现代通信、雷达检测、气象观察、医学研究、物质结构探索等方面都具有广泛的应用。

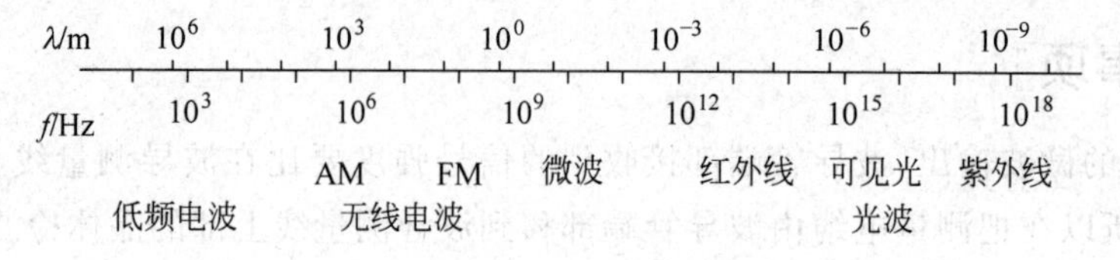

图1.15-1　电磁波频谱

光波也是一种电磁波,波动光学的规律也是所有电磁波共同遵守的规律。用波长较长的电磁波同样能够进行波动光学中的各种实验。衍射光强分布取决于衍射物几何尺寸与波长的比值,干涉中的相位差正比于光程差和波长之比,若按照同样的倍数增大波长和器件的尺寸,光强的空间角分布将保持不变,光学中的一些现象就会在其他电磁波波段内重现。

微波光学实验就是利用微波做诸如反射、干涉、衍射、偏振之类的实验。由于微波波长比光波波长在量级上大10 000倍左右,因而实验所用的器件尺寸可以做得很大,从而使实验现象更为直观,并且不要求实验环境很暗,实验操作也简便,这些都是微波光学实验的优点。

[实验目的]

(1) 学习一种测量微波波长的方法。

(2) 观察微波的反射、衍射、偏振现象并进行定量测量。

(3) 测量模拟晶体的微波布拉格衍射强度分布。

[实验仪器]

DHMS-2型微波光学综合实验仪,分束玻璃板,固定和移动反射板,单缝板,双缝板,模拟晶体等。

[预习提示]

(1) 测量微波波长时,应如何配置光路?需测量什么物理量?

(2) 测量单缝和双缝衍射强度分布时,应如何配置光路,怎样布置测量点?

(3) 测量微波布拉格衍射强度分布时,掠射角θ是指哪个量?怎样在测量过程中保证微波入射角和反射角相等?

[实验原理]

1. 用微波分光仪测量微波波长

用微波分光仪测量微波波长时,采用的是迈克耳孙干涉仪的原理。其光路如图1.15-2所示。由发射喇叭天线(T)发射出平面微波,在平面微波前进的方向上放置与其成45°的半透射玻璃板,由于该板的作用,入射波被分成两束,一束波向固定反射板(M1)方向传播,另一束波向可移动反射板(M2)方向传播。两块反射板均用金属铝板制成。由于金属铝板对微波近于全反射的作用,两束波经过移动反射板和固定反射板的反射后将再次回到半透射玻璃板并到达接收喇叭(D)产生波的干涉。

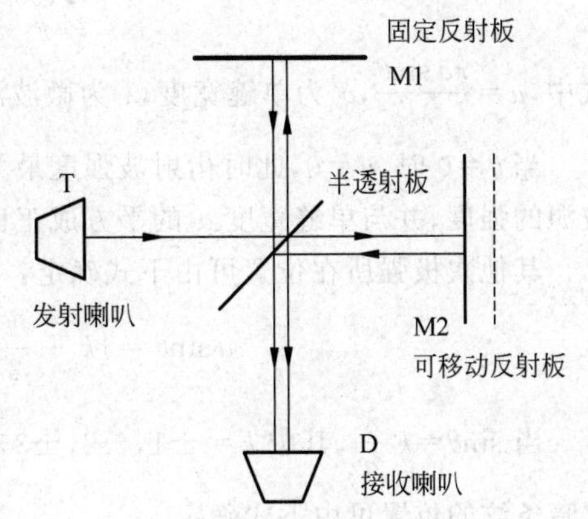

图1.15-2 用微波分光仪测量微波波长光路示意图

设微波波长为λ,经M1反射到达接收喇叭D的波束与从M2反射到达接收喇叭D的波束的波程差为Δ,则当

$$\Delta = K\lambda, \quad K = 0, \pm 1, \pm 2, \cdots \qquad (1.15\text{-}1)$$

时，两束波干涉加强，得到各级波强极大值。同样，当

$$\Delta=(2K+1)\frac{\lambda}{2},\quad K=0,\pm 1,\pm 2,\cdots \tag{1.15-2}$$

时，两束波干涉减弱，得到各级波强极小值。

将可移动反射板M2移动一段距离L时，两束波的波程差改变了$2L$。假定从某一波强极小值位置开始移动反射板，使接收喇叭的信号出现N个波强极小值(即检流计的指示出现N次极小值)，读出可移动反射板M2移动的总距离L，则有

$$2L=[2(K+N)+1]\frac{\lambda}{2}-(2K+1)\frac{\lambda}{2}=N\lambda$$

从而

$$\lambda=\frac{2L}{N} \tag{1.15-3}$$

考虑到微波波长较长，半透射玻璃板较薄，因而半透射玻璃板对波程差的影响可以忽略。

由于波强极小值位置不易测准，可以在检流计指针开始指向其示值最低点时记下可移动反射板的位置，然后沿可移动反射板原来移动的方向继续移动可移动反射板，在检流计指针开始离开最低点时记下可移动反射板的位置，最后取这两个位置的平均值作为极小值出现的位置。

2. 微波的反射、单缝衍射、双缝衍射和偏振

1）反射

微波的波长较一般电磁波短，相对于电磁波更具方向性，因此在传播过程中遇到障碍物，就会发生反射。例如，当微波在传播过程中，碰到金属板会发生反射，并且遵循和光线一样的反射定律：反射线在入射线与法线所决定的平面内，反射角等于入射角。

2）单缝衍射

将平面微波垂直地投射于一块开有一条缝的铝板上，如图1.15-3所示，根据波动光学的结果，单缝衍射的强度分布$I(\theta)$为

$$I(\theta)=I_0\times\frac{\sin^2 u}{u^2} \tag{1.15-4}$$

式中，$u=\frac{\pi a\sin\theta}{\lambda}$，$a$为单缝宽度，$\lambda$为微波波长，$\theta$为衍射角。

当$\theta=0$时，$u=0$，此时衍射波强度最大，为I_0，这是中央零级极大。I_0的大小取决于微波源的强度，并与单缝宽度a的平方成正比。

其他次极强所在位置可由下式确定：

$$a\sin\theta=\left(k+\frac{1}{2}\right)\lambda,\quad k=\pm 1,\pm 2,\cdots \tag{1.15-5}$$

当$\sin\theta=k\frac{\lambda}{a}$，其中$k=\pm 1,\pm 2,\pm 3,\cdots$时，$u=k\pi$。这时$I(\theta)=0$，即出现暗条纹。因此暗条纹的位置可由下式确定

$$a\sin\theta=k\lambda,\quad k=\pm 1,\pm 2,\cdots \tag{1.15-6}$$

根据式(1.15-4)，可以画出如图1.15-4所示的衍射强度分布曲线。由于微波具有较光

波大很多的波长，例如 3.2cm 波长，因而能够用很宽的缝（几个厘米）来实现单缝衍射并进行定量测量。

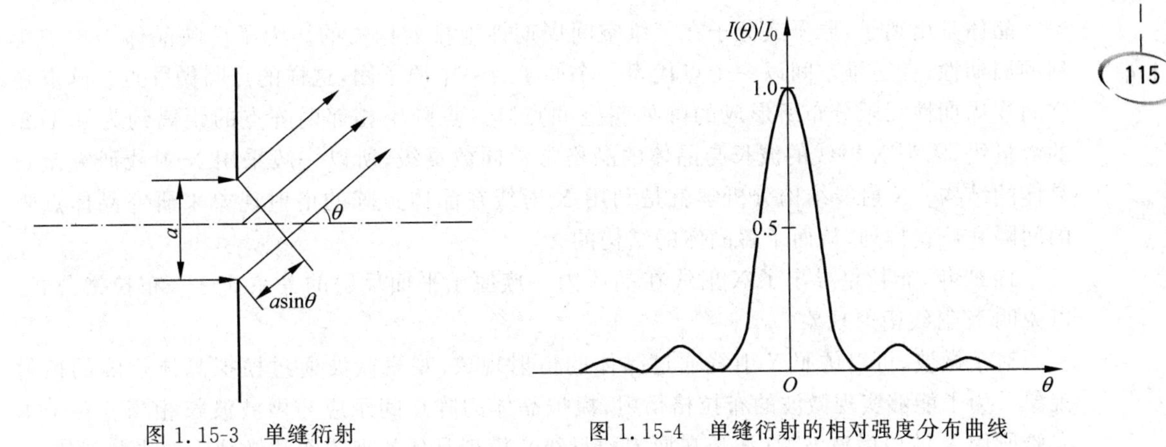

图 1.15-3　单缝衍射　　图 1.15-4　单缝衍射的相对强度分布曲线

3）双缝衍射

平面微波垂直投射到一块开有两条缝的铝板上，如图 1.15-5 所示，两缝面内波是同相位的，由惠更斯原理，每一缝的波面上各点都是发出子波的波源。来自两缝平面向 θ 方向传播的子波相叠加，决定了这个方向波的强度。当

$$d\sin\theta=\left(K+\frac{1}{2}\right)\lambda,\quad K=0,\pm 1,\pm 2,\cdots \tag{1.15-7}$$

时为相消干涉（强度为极小），当

$$d\sin\theta=K\lambda,\quad K=0,\pm 1,\pm 2,\cdots \tag{1.15-8}$$

时为相长干涉（强度为极大）。

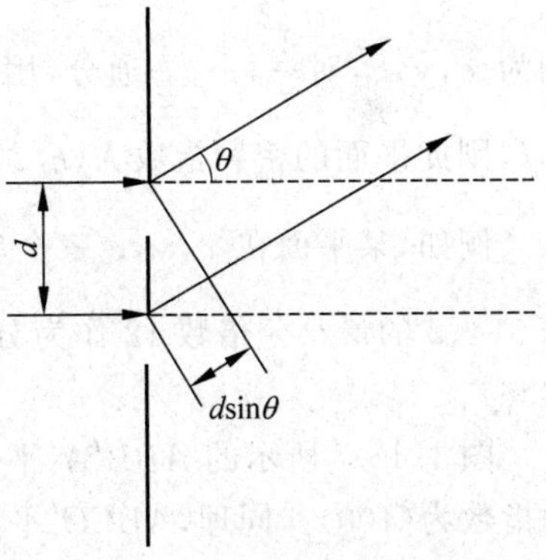

图 1.15-5　双缝衍射

转动接收喇叭，由检流计指针偏转的大小，可测出各波强度极大和极小出现的位置。

4）偏振

图 1.15-6 所示是光学中的马吕斯定律。强度为 I_0 的线偏振光，其偏振方向平行于纸面。此线偏振光穿过透振方向与入射线偏振光偏振方向夹角为 α 的偏振片后，光强 I 为 $I=I_0\cos^2\alpha$。

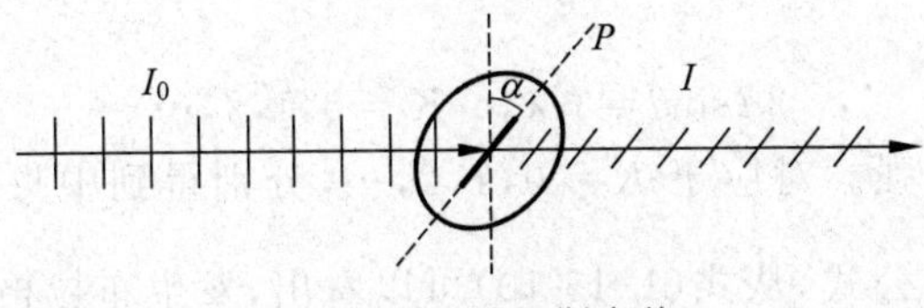

图 1.15-6　马吕斯定律

基于微波的电磁波本质，也应能观察到这一规律。微波发生器发射出 P_1 方向线极化微波，接收喇叭因方向性较强，只能吸收某一方向的线极化微波，相当于一光学偏振片，故经接收方向为 P_2 的接收器后，其强度为 $I_0\cos^2\alpha$，其中 α 为 P_1 和 P_2 间的夹角。这就是光学

中的马吕斯定律，在微波测量中同样适用。

3. 微波的布拉格衍射

晶体是由离子、原子或分子在三维空间周期性地排列构成的。为了反映晶体中原子排列的周期性，在三维空间以一个点代表一个原子或一个原子团，这样的点叫做阵点。阵点在空间作周期性无限分布所形成的阵列叫空间点阵。点阵中相邻两阵点的距离约为 0.1nm 的数量级，因为 X 射线的波长与晶体的晶格常数同数量级，所以一般采用 X 射线研究微观晶体的结构。X 射线结构分析学就是利用 X 射线在晶体点阵的衍射现象来研究晶体点阵的间隔和位置排列，从而了解晶体的结构的。

1921 年，布拉格导出了 X 射线在晶体内一族原子平面反射的关系式——布拉格公式，以说明 X 射线衍射现象。

对于微波，可以仿照 X 射线通过晶体的衍射现象，观察微波通过模拟晶体点阵的衍射现象。为了能够实现微波的布拉格衍射，模拟晶体的阵点间距应与微波波长相当。对于本实验所用 X 波段微波波源(波长在厘米数量级)，模拟晶体的点阵常数必须为厘米数量级。

对于特定取向的平面，采用密勒指数进行标记：设该平面与右旋直角坐标系的截距分别为 x, y, z，对 $\frac{1}{x}, \frac{1}{y}, \frac{1}{z}$ 通分，用 x, y, z 的最小公倍数作为分母，得出三个分子分别为 h，k, l，则此平面的密勒指数为(hkl)。同理，与此平面平行的平面的密勒指数也是(hkl)。

例如，某平面在 x, y, z 三个坐标轴的截距分别为 $x=3, y=4, z=2$，对 $\frac{1}{3}$、$\frac{1}{4}$、$\frac{1}{2}$ 通分，用 3、4、2 的最小公倍数 12 作为分母，得出三个分子分别为 4、3、6，所以该平面密勒指数为(436)。

图 1.15-7 所示的 $ABB'A'$ 平面及与之平行的平面，其截距为 $x=1, y\to\infty, z\to\infty$，则密勒指数为(100)。同理，$ABCC'$ 平面的密勒指数为(110)，$ABDD'$ 平面的密勒指数为(120)。

如略去晶胞的结构(因为晶胞结构只影响波束的强度)，俯视图 1.15-7 所示的空间，可得立方晶体在 xy 平面上的投影，如图 1.15-8 所示。图中实线表示(100)面与 Oxy 平面的交线，虚线、点划线分别表示(110)、(120)面与 Oxy 平面的交线。

下面以(100)平面群为例研究微波的衍射。如图 1.15-8 所示，当波束射到(100)平面群上，每个平面将反射一部分，从相邻两个平面上 O 点及 Q 点反射的反射波之间的波程差为

$$PQ + QR = 2d\sin\theta \tag{1.15-9}$$

式中，d 为晶面间距，对于(100)晶面，它等于晶胞边长；θ 为入射波(或反射波)与所研究晶面之间的夹角，即掠射角，入射波与反射波之间的夹角 2θ 称为衍射角。

当

$$2d\sin\theta = K\lambda, \quad K = 0,1,2,\cdots \tag{1.15-10}$$

时，两波同位相，互相加强。对应于 $K=0,1,2,\cdots$，分别得到中央极大和一组次级极大。式(1.15-10)称为布拉格公式，从式(1.15-10)可以看出，发生布拉格衍射的条件是 $\frac{K\lambda}{2d}\leqslant 1$。为使物理意义更清楚，考虑 $K=1$(即 1 级衍射)的情况，此时，$\frac{\lambda}{2}\leqslant d$，这就是能够产生衍射的条件。它说明用波长为 λ 的波照射晶体时，晶体中只有面间距 $d\geqslant\frac{\lambda}{2}$ 的晶面才能产生

衍射。

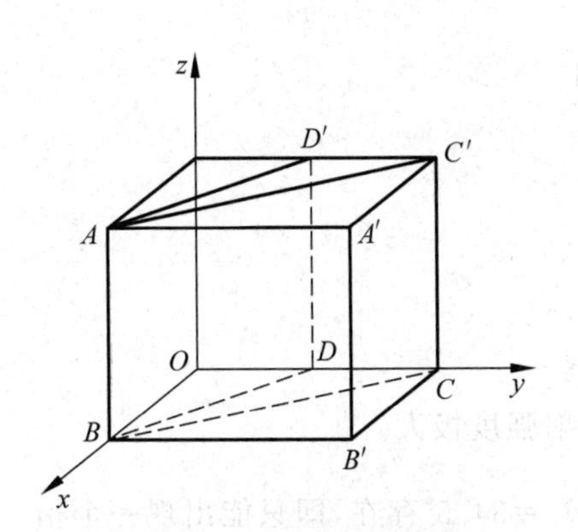

图 1.15-7　晶面与密勒指数

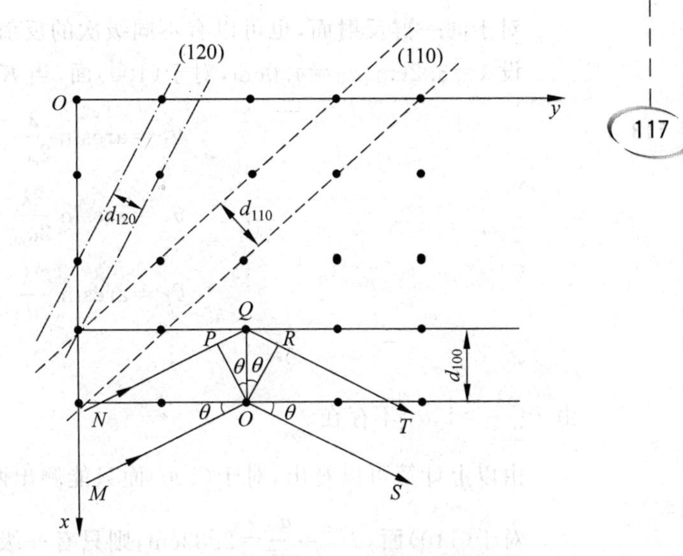

图 1.15-8　立方晶体在 x-y 平面上的投影

对同一个立方晶体(晶胞边长为 a_0)中的不同平面群,当平面间距减小时,平面上单位面积里的衍射中心数减少,因而平面上的衍射中心减少,衍射波强就会减弱。以(100)、(110)、(120)三个平面群为例,它们的面间距 $d_{100}=a_0$,$d_{110}=\frac{a_0}{\sqrt{2}}$,$d_{120}=\frac{a_0}{\sqrt{5}}$依次减少,它们的单位面积上的衍射中心数 $P_{100}=\frac{1}{a_0^2}$,$P_{110}=\frac{1}{\sqrt{2}a_0^2}$,$P_{120}=\frac{1}{\sqrt{5}a_0^2}$也依次减小,故衍射波强度依次减弱,如图 1.15-9 所示。

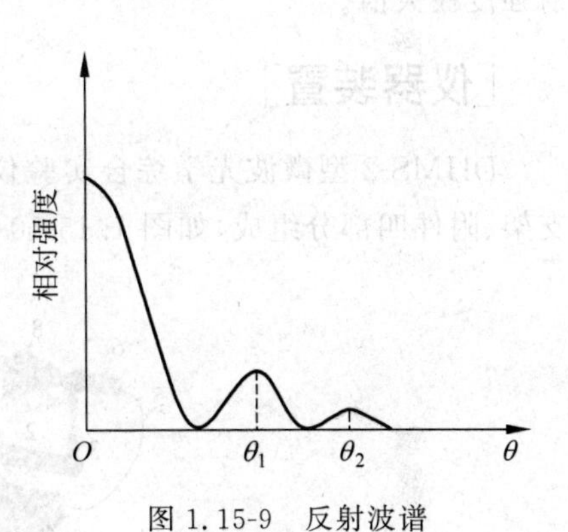

图 1.15-9　反射波谱

分析某一波长已知的单色波对晶体的衍射时,可以得到一个如图 1.15-9 所示的随掠射角 θ 分布的反射波谱。如将对应于最强反射峰的 θ 值(θ_1,θ_2)代入布拉格公式,就可算出产生这一反射峰的平面群的面间距。对于立方晶系,晶面间距与密勒指数的关系为 $d_{hkl}=\frac{a_0}{\sqrt{h^2+k^2+l^2}}$($a_0$ 为晶胞边长),测出面间距 d,就可以由此式定出该立方晶体晶胞的边长。例如,与(120)晶面 1 级衍射对应的掠射角为 θ_{120},则可按下式计算,即

$$2d_{120}\sin\theta_{120}=1\times\lambda$$

$$d_{120}=\frac{\lambda}{2\sin\theta_{120}}$$

$$a_0=\frac{\sqrt{5}\lambda}{2\sin\theta_{120}}$$

只要满足布拉格公式,就可以有不止一群平面对入射微波产生反射,因此对某群平面作

相对强度与 θ 的关系曲线时，较弱的反射峰可以作为背景存在。

对于同一群反射面，也可以有不同级次的反射峰。举例如下。

设 $\lambda=3.2\text{cm}, a_0=4.0\text{cm}$，对于(100)面，当 $K=1,2,3,\cdots$ 时，分别有

$$\theta_1=\arcsin\frac{\lambda}{2a_0}=23.6°$$

$$\theta_2=\arcsin\frac{2\lambda}{2a_0}=53.1°$$

$$\theta_3=\arcsin\frac{3\lambda}{2a_0}$$

$$\vdots$$

由于 $\frac{3\lambda}{2a_0}>1$，θ_3 不存在。

由以上计算可以看出，对于(100)面只能测出两个衍射强度极大。

对于(110)面，$d_{110}=\frac{a_0}{\sqrt{2}}=2.83\text{cm}$，则只有一级衍射 $\theta_1=34.5°$ 存在，即只能出现一个衍射强度极大值。

[仪器装置]

DHMS-2 型微波光学综合实验仪。它主要由发射部分、接收部分、可旋转载物平台和支架、附件四部分组成，如图 1.15-10 所示。

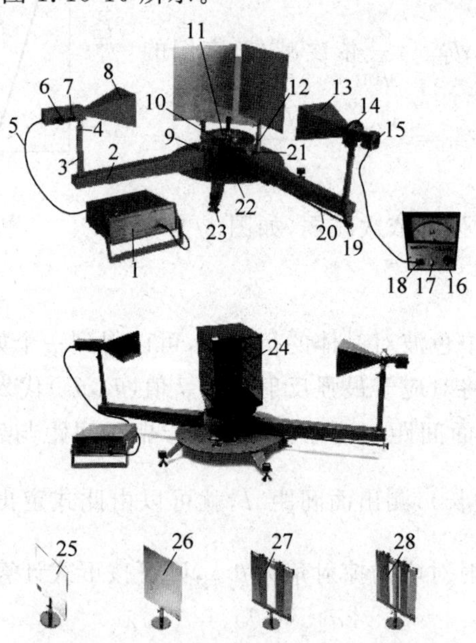

1—X 波段信号源；2—固定臂；3—长支柱；4—紧固蝶形螺丝；5—信号源传输电缆；6—频率调节旋钮；7—功率调节旋钮；8—发射器喇叭；9—指针；10—载物圆台；11—圆形支架；12—短支柱；13—接收器喇叭；14—接收旋转部件；15—接收器信号输出插座；16—检流计调零电位器；17—检流计电源开关；18—检流计信号输入插座；19—转动臂；20—紧固螺杆；21—移动装置；22—圆形底盘；23—水平调节机脚；24—模拟晶格；25—玻璃板；26—反射板；27—单缝板；28—双缝板。

图 1.15-10 微波光学综合实验仪

发射部分：由 X 波段微波信号源、固定悬臂上安装的微波发生器和发射喇叭天线组成。微波发生器采用电调制方法产生微波，其工作原理框图如图 1.15-11 所示。微波发生器内部有一个电压可调控制振荡器（VCO），用于产生一个 4.4～5.2GHz 的信号，它的输出频率可以随输入电压的不同作相应改变，经过滤波器后取二次谐波 8.8～9.8GHz，经过衰减器作适当的衰减后，再放大，经过隔离器后，通过探针输出至波导口，再通过喇叭天线发射出去。微波发生器上有频率调节旋钮和功率调节旋钮，可以分别改变发出的微波的频率（频率范围：8.9～9.6GHz）和功率。通过转动发射喇叭从而改变其输出微波的偏振方向。

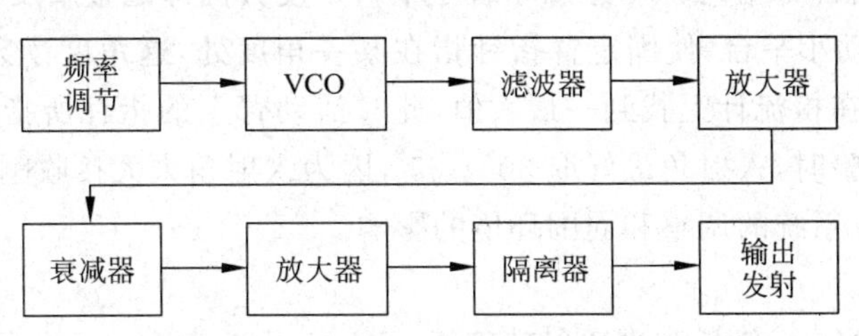

图 1.15-11 微波发生器工作原理框图

接收部分：由可转动的悬臂和在其上安装的接收喇叭天线、晶体检波器以及检流计组成。由喇叭天线接收微波信号，传给高灵敏度的检波管后转化为电信号，通过穿心电容送出检波电压，放大处理后由检流计显示微波相对强度。检流计满量程为 100μA。通过转动接收喇叭从而改变其微波透振方向。

可旋转载物平台与底座：载物平台安装在底座上，是微波分光仪中心部位可绕中心轴转动、均分为 360°的圆形平台。在载物平台上可根据实验需要放置分光板、模拟晶格点阵等，用分度盘可测量悬臂转角。此外，在底座上还安装有螺旋测微读数机构。

附件：微波波长测量、反射、单缝衍射、双缝衍射、布拉格衍射实验所需要的部件。

[实验内容与测量]

实验仪器放置在水平桌面上，调整底座四只脚使底盘保持水平。调节保持发射喇叭、接收喇叭、接收臂、活动臂为直线对直状态，并且调节发射喇叭、接收喇叭等高，偏振方向相同。

连接好 X 波段微波信号源、微波发生器间的专用导线，将微波发生器的功率调节旋钮逆时针调到底，即微波功率调至最小，通电并预热 10min。待预热完成，打开检波信号检流计电源开关，调节微波发生器的功率旋钮，使检流计信号大小适当。

1. 微波波长的测量

用迈克耳孙干涉法测量微波波长的仪器布置如图 1.15-2 所示。使发射喇叭轴线与接收喇叭轴线互相垂直，半透射玻璃板通过支架座放置在刻度转盘正中，并与两喇叭轴线成 45°。将反射板（M2）插在螺旋测微读数机构上，使其法线与发射喇叭轴线一致。插上固定反射板（M1），使其法线与接收喇叭轴线一致。注意应使各反射板和各喇叭保持等高。

转动测微机构手柄，使可移动反射板 M2 移动，观察检流计的变化，如电流超过 100μA，可调节微波发生器上的功率调节旋钮使信号幅度适当减少一些。

调节可移动反射板 M2，使其从读数机构的一侧向另一侧移动（移动范围为 0～70mm）。从某一波强极小值位置开始，使检流计的指示出现 N 次极小值（3～4 个），利用读数机构读出可移动反射板（M2）移动的总距离 L，则微波波长为

$$\lambda=\frac{2L}{N}$$

重复测量5次。

2. 微波的反射、单缝衍射、双缝衍射和偏振测量

1）反射

（1）将金属反射板安装在支座上，安装时板平面法线应与载物小平台0°位一致，并使固定臂指针、接收臂指针都指向90°，这意味着小平台零度方向即是金属反射板法线方向。

（2）顺时针转动小平台，使固定臂指针指在某一角度处，这角度读数就是入射角，然后顺时针转动活动臂在检流计上找到一最大值，此时活动臂上的指针所指的小平台刻度就是反射角。做此项实验时，入射角最好取30°～65°，因为入射角太大接收喇叭有可能直接接收入射波，同时应注意系统的调整和周围环境的影响。

2）单缝衍射

（1）取下M1、M2反射板和半透射玻璃板。

（2）将固定发射喇叭（T）放在0°位置，可移动接收喇叭放在180°位置。

（3）调节单缝缝宽为$a=6.0$cm，将单缝板连同底座放在小转台上，底座与小转台轴同心。

（4）将单缝板放在90°位置。

（5）适当调节功率调节旋钮，使检流计指示值达到1/2量程以上且不超过它的量限。

（6）转动接收喇叭，从180°移动到120°，记录不同角度时检流计的读数。

（7）使接收喇叭回到180°处，将接收喇叭从180°移到240°，记录不同角度时检流计的读数。

3）双缝衍射

将双缝d取为11.0cm，其中缝宽取为4.0cm。微波的双缝衍射测量步骤与单缝相同。

4）偏振

调整喇叭口面相互平行正对共轴。调整功率调节旋钮使检流计接近满度，然后旋转接收喇叭短波导的轴承环（相当于偏转接收器方向），记录检流计读数。从0°开始，测至90°，就可得到一组微波强度与偏振角度关系数据，以验证马吕斯定律。注意，实验时应尽量减少周围环境的影响。

3. 微波的布拉格衍射测量

（1）用梳形铝制模片一层一层地将模拟晶体间距调好，使模拟晶体成为一晶格常数为4.0cm的简单立方点阵。

（2）将模拟晶体架固定在刻度盘的中心位置，使模拟晶体架下小圆盘上的某一条刻线与所研究的晶面法线一致，并将此刻线与刻度盘的90°刻线对齐，这时所研究的晶面（100）面或（110）面的法线方向便与90°刻线平行。

（3）测（100）面群的衍射强度分布。转动模拟晶体架下的小圆盘，将掠射角调至一级衍射极大位置（约23°）处，使检流计指示值不超过它的量限（100μA），然后掠射角从15°开始，测至60°，测出不同掠射角时对应的检流计电流值。注意掠射角每改变1°相应地接收喇叭要沿相同转动方向转动2°，以保证入射角等于反射角。模拟晶体与接收喇叭的这种转动模式正是 X 射线衍射仪的 $\theta \sim 2\theta$ 联动扫描模式(在 X 射线衍射仪中,试样台与转臂上的探测器始终以 1∶2 的角速度同步旋转)。测量过程中,如果检流计电流超过 100μA,则需要重新调节微波输出功率,整个测量应重新进行。

(4) 测量(110)面群的衍射强度分布,掠射角从 25°开始,测至 45°为止,测量步骤与测量(100)面群相同。

[数据处理与分析]

1. 计算平均波长 $\bar{\lambda}$ 及相应的标准差 $S_{\bar{\lambda}}$。

2. 根据实验观测数据,得到微波入射角与反射角的关系。

3. 对于单缝衍射实验,做出 θ-I 曲线,由实验曲线求衍射波强极大值和极小值出现的角度,并与理论值进行比较,计算百分差。

4. 对于双缝衍射实验,做出 θ-I 曲线。

5. 对于偏振实验,根据实验观测数据,做出 α-I 曲线。

6. 对于布拉格实验,根据所测得的 $\bar{\lambda}$ 及(100)面与(110)面群两相邻晶面之间的间距,计算相应的一级、二级掠射角,并与实验曲线中的掠射角进行比较,计算百分差。

[讨论]

(1) 对实验数据与结果进行讨论。

(2) 比较讨论(100)面与(110)面一级衍射峰的强度,并探讨其差异的产生原因。

[结论]

通过对实验的分析和归纳总结,写出你最想告诉大家的结论。

[思考题]

(1) 单缝缝宽取不同值,测量衍射强度分布曲线,研究单缝几何参数对衍射强度分布的影响。

(2) 用计算机计算不同单缝几何参数时的理论衍射强度分布曲线(单缝几何参数和微波波长取实验值),并与实验结果进行对照讨论。

[参考文献]

[1] 陈熙谋.光学·近代物理[M].北京:北京大学出版社,2002.

[2] 周上祺.X 射线衍射分析[M].重庆:重庆大学出版社,1991.

[3] 吴平,邱红梅,徐美.当代大学物理(工科):下[M].北京:机械工业出版社,2020.

[4] 陈森,郭敏勇,张师平,等.微波布拉格衍射实验中发射喇叭张角引起的奇异峰[J].大学物理,2013,32(10):38-40.

[5] 陈森,吴平,刘京亮,等.微波分光仪角锥喇叭天线的优化[J].物理实验,2009,29(6):26-28.

[6] 吴平.大学物理实验教程[M].2 版.北京:机械工业出版社,2015.

[7] 杭州大华仪器制造有限公司.DHMS-2 系列微波光学综合实验仪实验讲义[Z].2017.

实验 1.16 电子自旋共振

[引言]

电子自旋共振(electron spin resonance，ESR)，是指处于恒定磁场中的电子自旋磁矩在射频电磁场作用下发生的一种磁能级间的共振跃迁现象。这种共振跃迁现象只能发生在原子的固有磁矩不为零的顺磁材料中，所以又称为电子顺磁共振(electron paramagnetic resonance，EPR)。

由于顺磁共振反映了所研究物质中顺磁离子和其他未成对电子负载者(或称载磁子)的微观能级或能带结构，因而成为研究这些物质宏观物性与微观结构联系的一种重要方法。顺磁共振载磁子一般可分为两类：一类是载磁子存在于过渡元素族原子(离子)的未满内电子壳层中，另一类是载磁子存在于原子(离子)的未满外电子壳层或共有化电子中，如一些金属和半导体的导电电子，一些无机物和有机物的自由基，晶体缺陷(如位错)和辐照损伤(如色心)等。EPR 现已广泛应用于物理、化学、医学、生物、考古、石油、煤炭以及地质等领域的科研、教学及检测分析中。

[实验目的]

(1) 了解电子自旋共振基本原理。

(2) 观察微波段电子自旋共振现象，测量标准样品 DPPH 自由基中电子的朗德因子 g、线宽 ΔB 及弛豫时间 T_2。

(3) 观察过渡金属离子化合物 $CuSO_4 \cdot 5H_2O$ 单晶的 Cu^{2+} 离子的 EPR 谱线，用参比法测量过渡金属离子(Cu^{2+})的 g 因子、线宽 ΔB 及弛豫时间 T_2(选做)。

[实验仪器]

FD-ESR-D 型微波电子自旋共振谱仪，微波边振自检—Ⅱ型 EPR 谱仪，计算机及配套软件，DPPH、$CuSO_4 \cdot 5H_2O$ 单晶样品等。

[预习提示]

(1) 了解电子能级在稳恒磁场中的劈裂及电子自旋共振的条件。

(2) 了解朗德因子 g，以及弛豫时间与共振线宽的关系。

(3) 了解 FD-ESR-D 型微波电子自旋共振谱仪的基本组成，耿氏(Gunn)二极管的工作区域，了解 DPPH 样品。

(4) 了解微波边振自检—Ⅱ型 EPR 谱仪的基本组成，了解参比法思想，搞清楚需要测量的物理量(选做)。

[实验原理]

1. 电子自旋共振条件

顺磁共振研究的是具有未成对电子(称为未偶电子)的物质。按照量子理论，一个未偶

电子自旋角动量 $\boldsymbol{S}$ 为

$$|\boldsymbol{S}|=\sqrt{S(S+1)}\hbar \tag{1.16-1}$$

式中，$\hbar=\dfrac{h}{2\pi}$，普朗克常量 $h=6.626\,07\times10^{-34}\,\mathrm{J\cdot s}$；$S$ 是电子自旋量子数，$S=1/2$。

电子自旋磁矩 $\boldsymbol{\mu}$ 与 $\boldsymbol{S}$ 之间的关系为

$$\boldsymbol{\mu}=-\gamma\boldsymbol{S} \tag{1.16-2}$$

γ 为电子自旋进动旋磁比，有

$$\gamma=\frac{ge}{2m} \tag{1.16-3}$$

式中，m 是电子质量，e 是电子电荷，g 称为朗德因子，简称 g 因子。

$$\mu=\frac{ge}{2m}\sqrt{S(S+1)}\hbar=g\sqrt{S(S+1)}\,\frac{e\hbar}{2m}=g\mu_{\mathrm{B}}\sqrt{S(S+1)} \tag{1.16-4}$$

式中，μ_{B} 为玻尔磁子，$\mu_{\mathrm{B}}=\dfrac{e\hbar}{2m}=9.2741\times10^{-24}\,\mathrm{J\cdot T^{-1}}$。

$$\mu_z=g\mu_{\mathrm{B}}m_{\mathrm{s}} \tag{1.16-5}$$

式中，m_{s} 称为自旋磁量子数，由于 $S=1/2$，m_{s} 只能取 $\pm1/2$。图 1.16-1 给出了电子自旋磁矩在恒定磁场 $\boldsymbol{B}$ 中空间量子化图像。

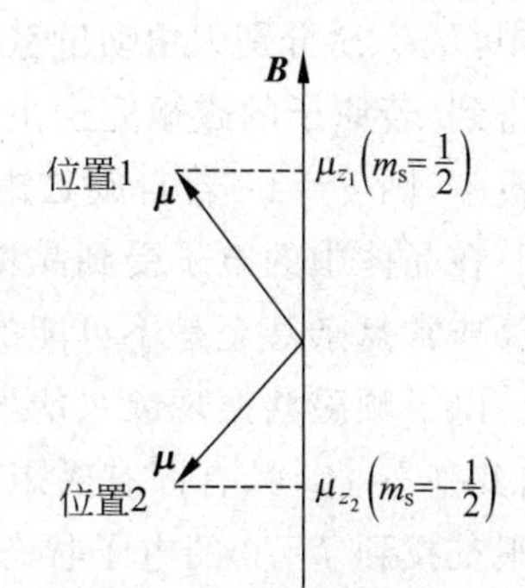

图 1.16-1　恒定磁场 $\boldsymbol{B}$ 中电子自旋的两个取向

现在考虑电子在两个位置上的磁势能，令 E 代表磁势能，有

$$E=-\boldsymbol{\mu}\cdot\boldsymbol{B} \tag{1.16-6}$$

所以位置 1 的势能 E_1 较低，位置 2 的势能 E_2 较高，有

$$E_1=-\mu_{z_1}B=-\frac{1}{2}g\mu_{\mathrm{B}}B \tag{1.16-7}$$

$$E_2=-\mu_{z_2}B=-\left(-\frac{1}{2}g\mu_{\mathrm{B}}\right)B=\frac{1}{2}g\mu_{\mathrm{B}}B \tag{1.16-8}$$

故

$$\Delta E=E_2-E_1=g\mu_{\mathrm{B}}B \tag{1.16-9}$$

由此可见，在恒定磁场 $\boldsymbol{B}$ 中，由于 $\boldsymbol{B}$ 的作用，电子的单个能级劈裂成两个塞曼能级，两个塞曼能级的能量差为 $g\mu_{\mathrm{B}}B$。假使电子起初处在低能态 E_1 上，向电子自旋系统投射一束微波，它的磁场极化方向与 $\boldsymbol{B}$ 垂直，频率为 $\nu=\dfrac{1}{h}\mu_{\mathrm{B}}gB$，即微波能量子 $h\nu$ 恰好等于相邻两个塞曼能级的能量差 $g\mu_{\mathrm{B}}B$ 时，电子自旋将吸收能量从低能态跃迁到高能态，产生电子顺磁共振现象，故共振条件为

$$h\nu=g\mu_{\mathrm{B}}B \tag{1.16-10}$$

将 $\mu_{\mathrm{B}}=\dfrac{e\hbar}{2m}$ 及 $\omega=2\pi\nu$ 代入式(1.16-10)并整理得

$$\omega=\gamma B \tag{1.16-11}$$

式(1.16-10)中有两个变量 ν 和 B，为了满足共振条件，我们可以固定一个物理量，然后在一定范围内连续地改变另一个物理量来观察共振现象，寻找满足共振条件的物理量值。

因此，满足共振条件有两种办法：①固定 ν 改变 B，这种方法称为扫场法。②固定 B 改变 ν，这种方法称为扫频法。由于技术上的原因，大多采用扫场法。

对于 DPPH 样品来说，朗德因子参考值为 $g=2.0036$，由式(1.16-11)可估算出

$$\nu=2.8043B_0$$

在此 B_0 的单位为 Gs($1\text{Gs}=10^{-4}\text{T}$)，$\nu$ 的单位为兆赫(MHz)，如果实验时用 3cm 波段的微波，频率为 9370MHz，则共振时相应的磁感应强度要求达到 3342Gs，即 0.3342T。

2. g 因子

原子中电子的轨道磁矩与自旋磁矩合成原子的总磁矩。对于单电子原子，总磁矩 $\boldsymbol{\mu}_J$ 与总角动量 $\boldsymbol{P}_J$ 的关系为

$$\boldsymbol{\mu}_J=-g\frac{e}{2m}\boldsymbol{P}_J \tag{1.16-12}$$

朗德因子 g 为

$$g=1+\frac{J(J+1)+S(S+1)-L(L+1)}{2J(J+1)} \tag{1.16-13}$$

式中，J、L、S 分别为角动量量子数、轨道角动量量子数、自旋角动量量子数。由式(1.16-13)可以得到，若原子的磁矩完全由电子自旋磁矩贡献，则 $g=2$；若原子磁矩完全由电子轨道磁矩贡献，则 $g=1$；若自旋磁矩和轨道磁矩都有贡献，则 g 的值介于 1～2。

在晶体中的电子受到晶格场的作用，这种晶格场破坏了电子自旋-轨道耦合，使得理论计算非常复杂甚至是不可能的，这时只能用实验的方法测定 g 因子。

电子顺磁共振现象只能发生在原子的固有磁矩不为零的顺磁材料中。对于许多原子来说，其基态 $J\neq0$，有固有磁矩，能观察到顺磁共振现象。但是当原子结合成分子和固体时，却很难找到 $J\neq0$ 的电子状态，这是因为具有惰性气体结构的离子晶体以及靠电子配对耦合而成的共价键晶体都形成饱和的满壳层电子结构而没有固有磁矩。另外，在分子和固体中，电子轨道运动的角动量被邻近的原子或离子所产生的电场(即晶格场或分子场)完全地或部分地猝灭，所以分子和固体的磁矩主要来自电子自旋磁矩的贡献。根据泡利不相容原理，一个分子轨道中只能容纳两个自旋相反的电子。如果分子中所有分子轨道都已成对地填满，则它们的自旋磁矩完全抵消，分子呈现抗磁性。通常大多数的化合物都是抗磁性的，它们不是电子自旋共振的研究对象。当分子轨道只有一个电子(即分子中具有一个未偶的电子的化合物)时，电子自旋不被抵消，分子才呈现顺磁性。正是这种未偶电子向我们提供了 *EPR* 信息。

g 因子是电子自旋共振所固有的一个重要物理参数，它取决于未偶电子所在的分子结构及自旋-轨道相互作用的大小，本质上反映了局部磁场的特征，因此就成为能提供分子结构信息的一个重要参数。自由基的 g 因子值十分接近自由电子的 g_e 因子($g_e=2.0023$)，其原因是它的自旋贡献占 99%以上。多数过渡金属离子及其化合物的 g 值要远远偏离 g_e 值，其原因是其轨道贡献很大，并且受到其周围晶格场的影响，往往具有各向异性。

设 $g_{/\!/}$ 和 $g_{\perp}$ 分别是样品主晶轴与外加恒定磁场平行和垂直时的 g 值，当样品主晶轴相对于外加恒磁场取向角为 θ 时的 g 值可表示为

$$g=\sqrt{g_{/\!/}^2\sin^2\theta+g_{\perp}^2\cos^2\theta} \tag{1.16-14}$$

3. 弛豫过程、线宽

共振吸收的另一个必要条件是在平衡态下,低能态 E_1 的粒子数 N_1 比高能态 E_2 的粒子数 N_2 多,这样才能显示出宏观上的共振吸收,即由低能态向高能态跃迁的粒子数比由高能态跃迁向低能态的数目多。热平衡时粒子数分布服从玻耳兹曼分布,即

$$\frac{N_2}{N_1}=\exp\left(-\frac{E_2-E_1}{kT}\right) \tag{1.16-15}$$

因 $E_2>E_1$,显然有 $N_1>N_2$,即吸收跃迁($E_1\rightarrow E_2$)占优势,然而随着时间的推移及 $E_1\rightarrow E_2$ 过程的充分进行,势必使 N_2 与 N_1 之差趋于减少,甚至可能反转,于是吸收效应会减少甚至停止,然而包含大量原子或离子的顺磁体系中,自旋磁矩随时都在相互作用而交换能量,同时自旋磁矩又与周围的其他质点(晶格)相互作用而交换能量,使处在高能态的电子自旋有机会把它的能量传递出去而回到低能态,这个过程称为弛豫过程。正是由于弛豫过程的存在,才能维持着连续不断的共振吸收效应。

弛豫过程导致粒子处在每个能级上的寿命 δ_T 缩短,量子力学测不准关系指出

$$\delta_T\times\delta_E\approx\hbar \tag{1.16-16}$$

亦即 δ_T 的减小会导致 δ_E 增加,δ_E 代表该能级的宽度。这样对于确定的微波频率能够引起共振吸收的磁场 B 的数值便允许有一个范围 ΔB,即共振吸收线有一定的宽度(又称谱线半高宽度),简称线宽。弛豫过程越快,ΔB 越宽,因此线宽可以作为弛豫强弱的度量。由下式定义弛豫时间 T:

$$\Delta B=\frac{h}{g\mu_{\mathrm{B}}}\left(\frac{1}{T}\right) \tag{1.16-17}$$

式中,ΔB 为共振线宽,理论证明

$$T=\frac{1}{2T_1}+\frac{1}{T_2} \tag{1.16-18}$$

式中,T_1 称为自旋-晶格弛豫时间,描述了自旋与晶格的相互作用;T_2 称自旋-自旋弛豫时间,描述了自旋与相邻自旋之间的相互作用。

如果检波晶体管的检波满足平方律关系,则检波电流 $i\propto P$,用移相器信号作为示波器扫描信号,可以得到如图 1.16-2 所示的图形,测定吸收峰的半高宽 ΔB(或者称谱线宽度),如果谱线为洛伦兹型,那么有

$$T_2=\frac{2}{\gamma\Delta B} \tag{1.16-19}$$

式中,γ 为旋磁比,这样即可以计算出共振样品的横向弛豫时间 T_2。

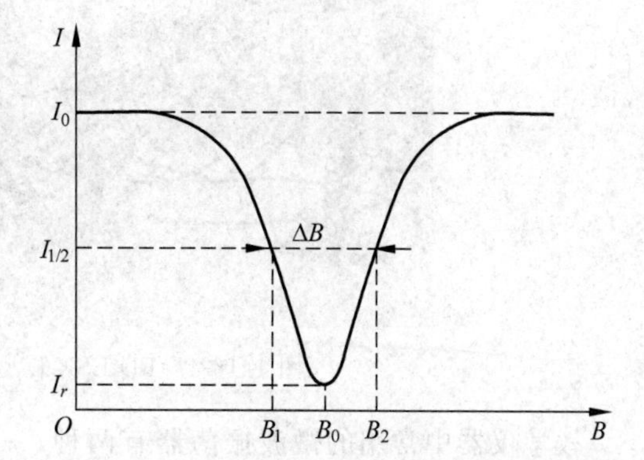

图 1.16-2 根据样品吸收谱线的半高宽计算横向弛豫时间

4. 实验样品

本实验的标准样品为含有自由基的有机物 DPPH(Di-phenyl-picryl-Hydrazyl),称为二苯基-苦基肼基,分子式为 $(C_6H_5)_2N-NC_6H_2(NO_2)_3$,结构式如图 1.16-3 所示。

它的第二个 N 原子少了一个共价键,有一个未偶电子,或者说有一个未配对的"自由电

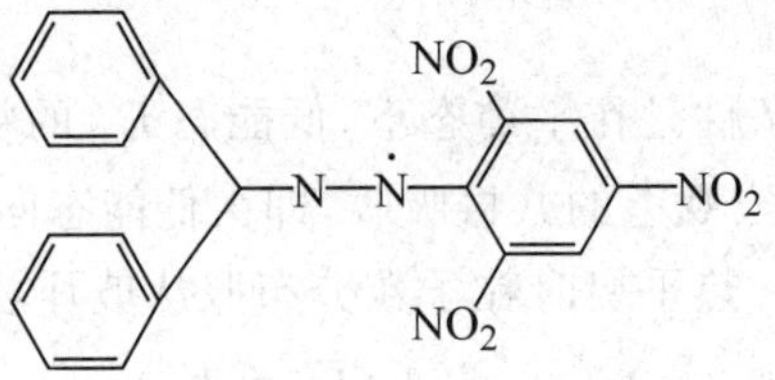

图 1.16-3　DPPH 的分子结构式

子”,是一个稳定的有机自由基。对于这种自由电子,它只有自旋角动量而没有轨道角动量。或者说它的轨道角动量完全猝灭了。所以在实验中能够容易地观察到电子自旋共振现象。由于 DPPH 中的“自由电子”并不是完全自由的,其 g 因子标准值为 2.0036,标准线宽为 2.7×10^{-4}T。

$CuSO_4$ 属于过渡金属离子化合物,Cu 原子核外电子分布为 $3d^{10}4s^1$。当它失去两个电子变为 Cu^{2+} 时,$4s$ 唯一的一个电子失去,$3d$ 成为最外层,也失去一个电子,则 $3d$ 中还有一个未配对电子,$CuSO_4\cdot5H_2O$ 单晶的顺磁共振现象便是由这个未偶电子引起的。

[仪器装置]

1. FD-ESR-D 型微波电子自旋共振谱仪

FD-ESR-D 型微波电子自旋共振谱仪主要由磁铁系统、微波系统、实验主机三部分组成,并配有双踪示波器。装置如图 1.16-4 所示。其中,固态微波源微波频率为 9.36GHz;三厘米标准矩形波导管(波导内尺寸：22.86mm×10.16mm,只能传播 TE_{10} 波或 H_{10} 波,参见实验 1.14);励磁电源电压 0～5V 连续可调;扫描电源电压峰峰值 0～15V 连续可调;检波电流检测范围 −6～6mA,分辨率 0.001mA;数字式高斯计测量范围 −20 000～20 000Gs,分辨率 1Gs。

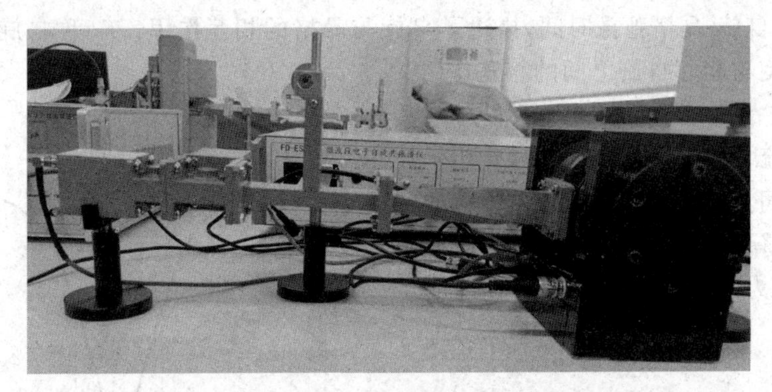

图 1.16-4　FD-ESR-D 型微波电子自旋共振谱仪

教学仪器中常用的微波振荡器有两种,一种是反射式速调管振荡器(参见实验 1.14),另外一种是耿氏二极管振荡器,也称为体效应二极管振荡器,或者称为固态源。

耿氏二极管振荡器的核心是耿氏二极管。耿氏二极管主要是基于 n 型砷化镓的导带双谷——高能谷和低能谷结构。1963 年耿氏在实验中观察到,在 n 型砷化镓样品的两端加上直流电压,当电压较小时样品电流随电压的增高而增大;当电压超过某一临界值 V_{th} 后,随着电压的增高,电流反而减小,这种随着电压的增加电流下降的现象称为负阻效应;电压继续增大($V>V_B$),则电流趋向于饱和,如图 1.16-5 所示,这说明 n 型砷化镓样品具有负阻特性。

砷化镓的负阻特性可以用半导体能带理论解释,如图 1.16-6 所示,砷化镓是一种多能谷材料,其中具有最低能量的主谷和能量较高的邻近子谷具有不同的性质,当电子处于主谷时,有效质量 m^* 较小,则迁移率 μ 较高;当电子处于子谷时,有效质量 m^* 较大,则迁移率 μ 较低。在常温且无外加磁场时,大部分电子处于电子迁移率高而有效质量低的主谷,随着外加磁场的增大,电子平均漂移速度也增大;当外加电场大到足够使主谷的电子能量增加至 0.36eV 时,部分电子转移到子谷,在那里迁移率低而有效质量较大,其结果是随着外加电压的增大,电子的平均漂移速度反而减小。

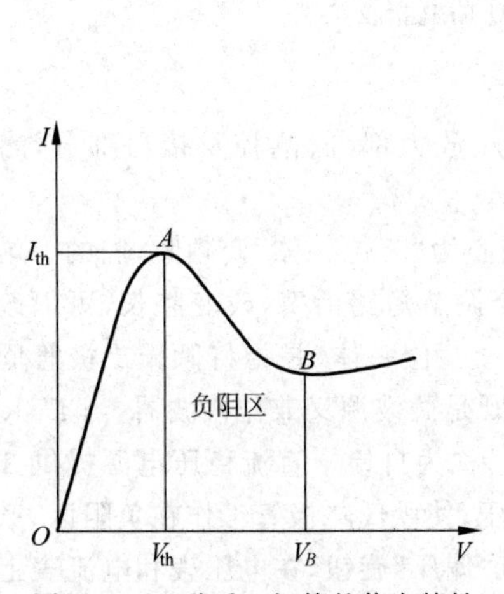

图 1.16-5 耿氏二极管的伏安特性

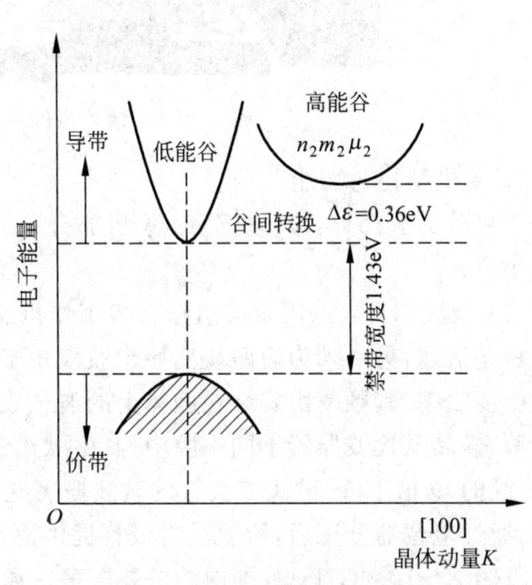

图 1.16-6 砷化镓的能带结构

图 1.16-7 所示为一耿氏二极管示意图。在管两端加电压,当管内电场 E 略大于 E_T(E_T 为负阻效应起始电场强度)时,由于管内局部电量的不均匀涨落(通常在阴极附近),在阴极端开始生成电荷的偶极畴,偶极畴的形成使畴内电场增大而使畴外电场下降,从而进一步使畴内的电子转入高能谷,直至畴内电子全部进入高能谷,畴不再长大。此后,偶极畴在外电场作用下以饱和漂移速度向阳极移动直至消失。而后整个电场重新上升,再次重复相同的过程,周而复始地产生畴的建立、移动和消失,构成电流的周期性振荡,形成一连串很窄的电流,这就是耿氏二极管的振荡原理。

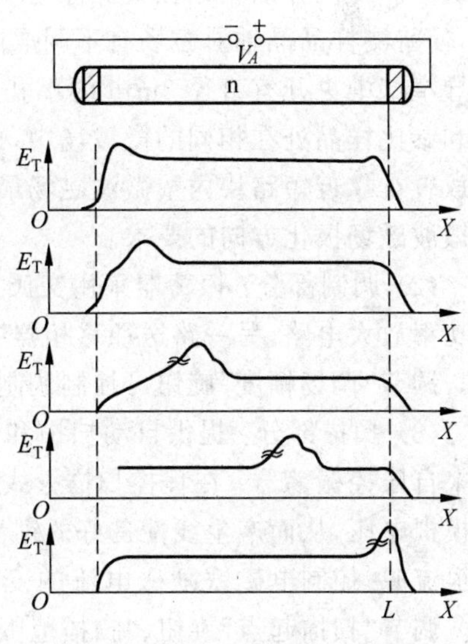

图 1.16-7 耿氏管中畴的形成、传播和消失过程

耿氏二极管的工作频率主要由偶极畴的渡越时间决定,实际应用中,一般将耿氏二极管装在金属谐振腔中做成振荡器,通过改变腔体内的机械调谐装

置可以在一定范围内改变耿氏二极管的工作频率。

2. 微波边振自检—Ⅱ型 EPR 谱仪(选做)

微波边振自检—Ⅱ型 EPR 谱仪实验装置如图 1.16-8 所示，由主机、电磁铁和计算机组成。

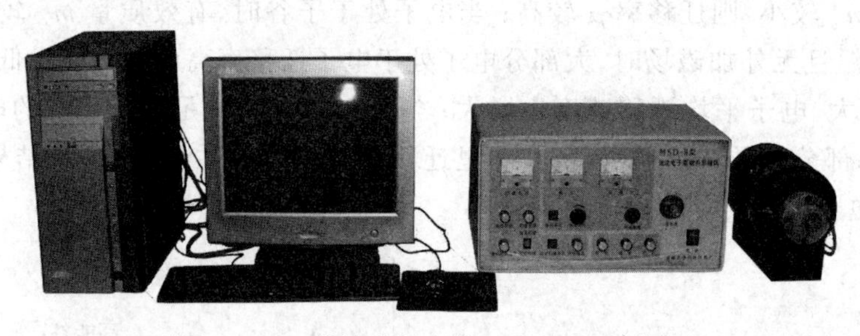

图 1.16-8 微波边振自检—Ⅱ型 EPR 谱仪

1）主机结构与功能

主机分为五部分：微波部分、调制部分、扫描部分、放大部分、测控及接口部分，参见图 1.16-9。

(1) 微波部分：采用微波边振自检工作机制，其核心为“三位一体”变频腔，腔的一端为可调短路活塞，另一端为短路块三厘米波段矩形波导。调节短路活塞，改变腔长，可以改变微波振荡频率，其频率由安装在腔体上的波长表测量。“三位一体”是指将耿氏二极管固体微波源、样品及检波器置于同一腔中，其中耿氏二极管既是微波源又兼作检波器，当 EPR 发生时，腔的 Q 值下降，耿氏二极管的微波振荡电压下降，称为自检。直流稳压电源提供 24V 电压，通过电位器分压后，给耿氏二极管提供适当的偏压，使耿氏二极管工作在负阻区，产生 X 波段(8.8～10.0GHz)范围内的微波振荡。通过调节“偏压”旋钮，在电压表和电流表上可观察到明显的负阻现象，当偏压接近阈值 V_{th} 时，耿氏二极管处于最佳边限振荡状态，灵敏度最高。待测样品粘贴在短路中心样品杆(黄铜圆柱转杆)上。样品杆可以作 0°～360°旋转，使待测样品晶轴对磁场有不同取向，从而可以研究晶体的各向异性。在靠近短路块内壁波导窄壁中央开有直径 2mm 的小孔，参比法测量时在此插入参比样品管。为保证待测样品和参比样品处在相同的微波场中，也可将参比样品与待测样品一起粘贴在样品杆上。样品放置在靠近短路块内壁微波磁场最强最均匀处，且与恒定磁场垂直，满足共振对恒定磁场和微波磁场极化方向的要求。

(2) 调制部分：振荡器采用文氏桥振荡电路，产生 160Hz 正弦波，分两路送出，一路送往功率放大电路，另一路送往移相器。正弦波作为低频小调场调制信号送往电磁铁调场线圈。调节“调场幅度”旋钮可控制调制深度。

(3) 扫描部分：提供自动扫描和程控扫描两种扫描方式。在自动扫描方式下，计数脉冲来自压控振荡器；在程控扫描方式下，计数脉冲来自测控接口。D/A 转换将计数值转换成模拟电压，从而产生线性良好的锯齿波扫描信号。扫描信号一路通过电子开关送往电磁铁恒流源，控制电磁铁励磁电流的变化，产生扫描磁场，另一路送往示波器与记录仪的 X 轴。调节“扫描起点”旋钮、“扫描范围”旋钮和“扫描速度”旋钮可分别设置扫描电流初始起点、扫描电流范围及自动扫描速度。

(4) 放大部分：从耿氏二极管送来的共振信号，经过前置放大后，送入 160Hz 选频放

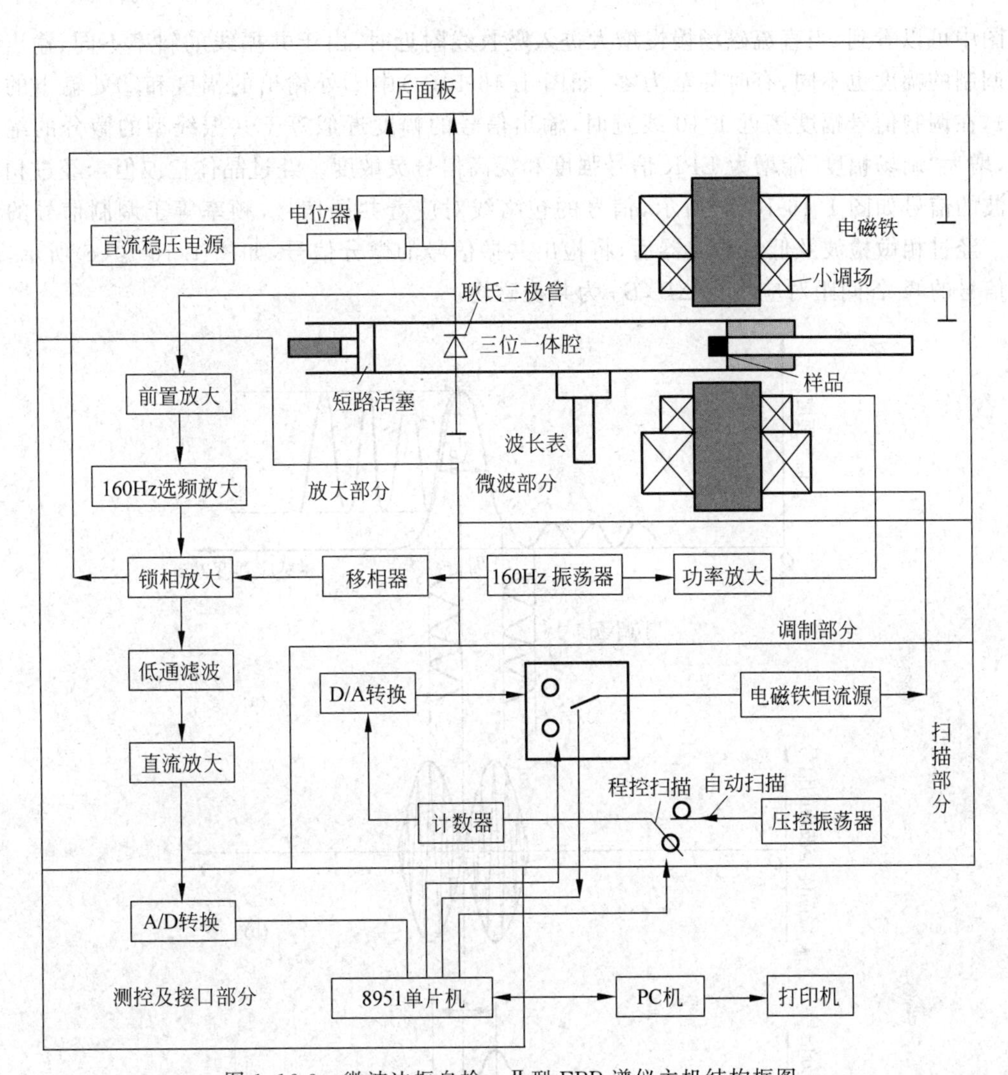

图 1.16-9 微波边振自检—Ⅱ型 EPR 谱仪主机结构框图

大,滤去大部分非 160Hz 信号(干扰信号),再送入锁相放大模块,同时 160Hz 参考信号经移相器移相后也送入锁相放大模块。锁相放大和相敏检波(图中未画出)是放大部分的核心,具有频率敏感和相位敏感两种效应,它只允许与参考信号同频率同相位的信号通过,由于干扰信号的相位无规律,通过锁相放大后被滤除,只有 160Hz 共振信号通过。

(5) 测控及接口部分:此部分硬件的核心是单片机。当谱仪工作于自动扫描方式时,扫描信号来自压控振荡器,测控接口仅对谱仪起采集数据的作用;在程控方式下,单片机通过发送时钟脉冲和复位脉冲控制计数器计数,产生扫描电流并送给电磁铁恒流源,从而产生主扫描磁场,并通过 A/D 转换采样共振信号,将采样结果保存在内存中,同时扫描信号和共振信号分别送往示波器/记录仪的 X 轴和 Y 轴。单片机通过串行口与计算机通信,实现计算机对谱仪的控制和对信号的检测。

2) 电磁铁

电磁铁由恒磁线圈和调制线圈组成,恒磁线圈提供相对稳恒的磁场(0~0.35T),调制线圈采用 160Hz 低频小调场技术。图 1.16-10 给出低频小调场技术波谱仪信号处理过程。

从图中可以看到，当直流磁场慢慢增大进入吸收线附近时，由于共振线的斜率不同，输出微波调制的幅度也不同，有时甚至为零(如图 1.16-10(a)中①处输出的幅度和②处输出的幅度)，在调制信号幅度接近 1/10 线宽时，输出信号的幅度近似等于共振线型的微分的绝对值，增大“调场幅度”能增大 EPR 信号强度和提高信号灵敏度。经过晶体检波但未经过相敏检波的信号如图 1.16-10(b)所示，信号的包络线对应着共振信号，频率等于调制信号的频率。经过相敏检波及低通滤波器后，将检出共振信号的微分信号，如图 1.16-10(c)所示，微分信号的峰-谷间距对应线宽 ΔB，B_0 为共振磁场。

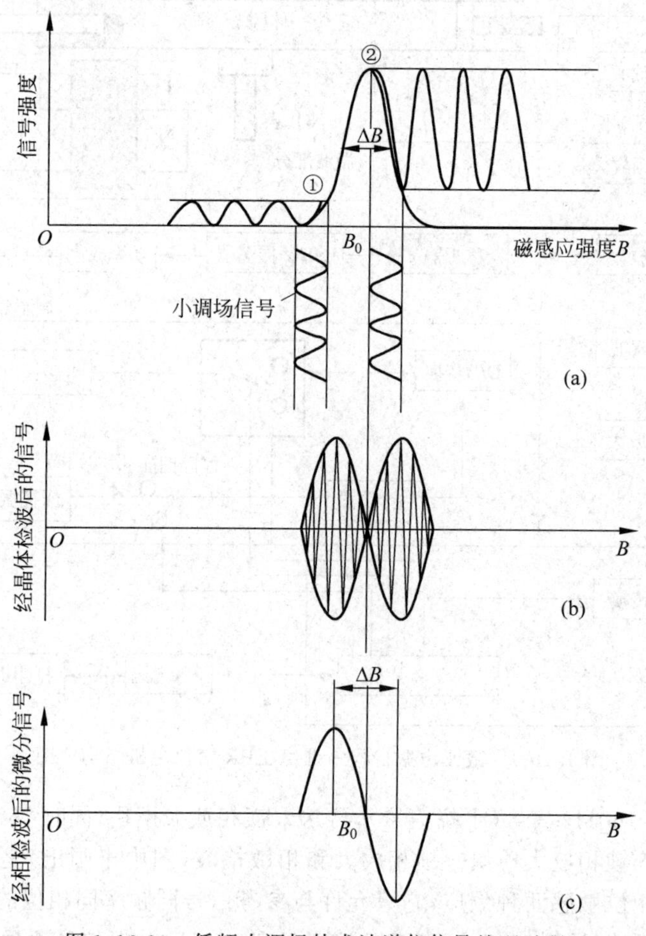

图 1.16-10　低频小调场技术波谱仪信号处理过程

3) 参比法

微波边振自检—Ⅱ型 EPR 谱仪采用参比法对 EPR 谱线进行测量。用有机自由基 DPPH(二苯基-苦基肼基)作为参比样品(其 $g_s=2.0036$，EPR 谱线线宽 $\Delta B_s=2.7\times10^{-4}$T)。若 DPPH 的共振频率为 ν_s(以 Hz 为单位)，由式(1.16-10)可得磁场 B_s 为

$$B_s=\frac{h}{g_s\mu_B}\nu_s=0.35660\times10^{-10}\nu_s(\mathrm{T}) \tag{1.16-20}$$

未知样品的 g_x 通过与参比样品相同共振频率时的参数比较得到

$$g_x=\frac{B_s}{B_x}g_s \tag{1.16-21}$$

式中，B_s 和 B_x 分别为参比样品和待测样品的共振磁场。若磁场已定标，磁场-励磁电流关系是线性的，则可将 $g_x=\frac{B_s}{B_x}g_s$ 写为

$$g_x=\frac{I_s}{I_x}g_s \tag{1.16-22}$$

式中，I_s 和 I_x 分别为参比样品和待测样品的共振磁场励磁电流。

若待测样品与参比样品的 EPR 谱线具有相同的线型，则线宽为

$$\Delta B_x=n\Delta B_s \tag{1.16-23}$$

式中，n 是 ΔB_x 和 ΔB_s 的比值，可通过对比它们的共振谱线半宽度求得。

若谱线为洛伦兹型，则弛豫时间 T_{2x}（ΔB_x 以 T 为单位）为

$$T_{2x}=\frac{1}{\gamma\Delta B_x} \tag{1.16-24}$$

［实验内容与测量］

1. 测量标准样品 DPPH 自由基中电子的 g 因子、线宽 ΔB 及弛豫时间 T_2

用 FD-ESR-D 型微波电子自旋共振谱仪进行实验，实验步骤如下：

（1）主机“励磁电源”模块的“输出”端用两根红黑带手枪形插线与电磁铁相连，注意红黑不要接反；“扫描电源及移相器”模块的“输出”端用同轴电缆线连接至电磁铁。转换开关的作用是控制扫描电源与扫描线圈的通断，接通时用于示波器检测，断开时用于微电流计直接测量及计算机信号采集。“扫描电源及移相器”模块的“OUT X”为移相输出端，用于示波器观察单个共振信号（观察李萨如图），接于示波器 CH1 通道。“检流模块”中“接检波器”端用同轴电缆线与检波器相连，“接示波器”端与示波器 CH2 通道相连，转换开关拨至“波形观察”时检波器输出接于示波器，进行交流观察和测量，转换开关拨至“电流检测”时检波器输出接于微电流计，进行直接测量及计算机信号采集。“高斯计”模块的“传感器”端与高斯计探头相连，探头可固定在电磁铁转动支架上。“恒压源”模块中两组“DC 12V”电源分别用连接线连接至微波系统上的微波源及检波器。

（2）主机显示屏中“模式切换”设置维持在“手动控制”（上下切换光标即可，不需要按确认键），而后进入“励磁-磁感应”显示模式，“扫描电源及移相器”模块的转换开关拨至“断开”，调节“励磁电源”模块“电压调节”电位器，改变励磁电源输出，观察磁感应强度大小读数，如果随着励磁电流（表头显示为电压，因为线圈发热很小，电压与励磁电流成线性关系）增加，磁感应强度读数增大，说明励磁线圈产生磁场与永磁体产生磁场方向一致。反之，则两者方向相反，此时只要将红黑插头交换一下即可。调节励磁电源使磁场在 3300Gs 左右（因为微波频率在 9.36GHz 左右，根据共振条件，此时的共振磁场大约在 3338Gs），亦可由小至大改变励磁电压，记录励磁电压读数与磁感应强度读数，作励磁电压-磁感应强度关系图，找出关系式。在后面的测量中可以不用高斯计，而通过拟合关系式计算得出中心磁感应强度数值。

（3）取下高斯计探头并放入样品，“扫描电源及移相器”模块的转换开关拨至“接通”，“检流模块”的转换开关拨至“波形观察”，将“扫描电源及移相器”模块的“幅度调节”旋钮顺时针调到一较大值，调节双 T 调配器，观察示波器上信号线是否有跳动，如果有跳动说明微

波系统工作，如无跳动，检查 12V 电源是否正常。将示波器的 CH2 输入通道拨在直流(DC)档上，调节双 T 调配器，使直流(DC)信号输出最小，然后将示波器的输入通道拨在交流(AC)5mV 或 10mV 档上，调节短路活塞，当微波于短路活塞与矩形谐振腔中处于谐振状态时，在示波器上应可以观察到共振信号。但此时的信号不一定为最强，可以再小范围地调节双 T 调配器和短路活塞使信号最大，如图 1.16-11(a)左图所示。此时再细调励磁电源，使信号均匀出现，如图 1.16-11(b)左图所示。图 1.16-11(a)和(b)中右图为通过移相器观察到的吸收信号的李萨如图。

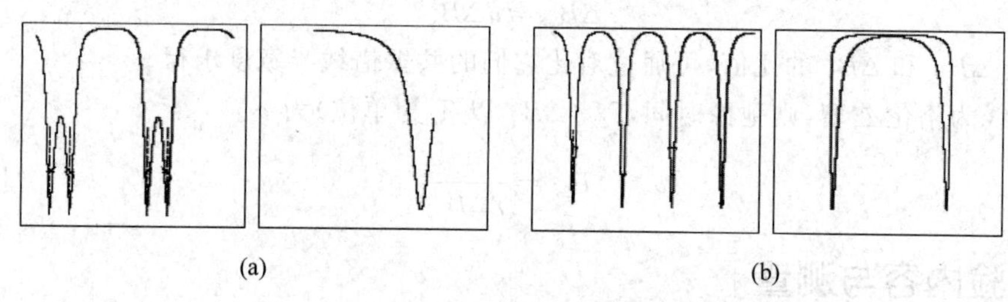

(a) (b)

图 1.16-11 示波器观察电子自旋共振信号

(4) 调节出稳定、均匀的共振吸收信号后，用前面计算得出的拟合公式计算此时的共振磁场磁感应强度 B，或者通过高斯计探头直接测量此时磁隙中心的磁感应强度 B，结合微波源的微波频率 ν，根据式(1.16-11)，计算 DPPH 样品的 g 因子。

(5) 手动测量共振吸收信号。在示波器上观察到稳定、均匀的共振吸收信号后，主机显示屏进入“励磁-检波”显示模式，“扫描电源及移相器”模块的转换开关拨至“断开”，“检流模块”的转换开关拨至“电流检测”，由小至大顺时针调节“励磁电源”模块的“电压调节”旋钮，记录励磁电源电压与检波电流的对应关系，在共振点时可以观察到输出信号幅度突然减小，利用先前所记录的励磁电压-磁感应强度关系，描点作图即可得共振吸收谱线图，并可以找出共振时磁感应强度的大小。

(6) 根据 DPPH 谱线宽度估算其横向弛豫时间 T_2。在共振吸收谱线图中能够得到 I_0 和 I_r 的大小，根据图 1.16-2 可以知道，只要测量得出 I_0 和 I_r，就可以得出 $I_{1/2}$ 的大小，根据 $I_{1/2}$ 的值，找出两个半功率点的磁感应强度 B_1 和 B_2，计算得出 ΔB，根据共振线宽的大小计算得出横向弛豫时间 T_2。

2. 用参比法测量过渡金属离子(Cu^{2+})的 g 因子、线宽 ΔB 及弛豫时间 T_2(选做)

用微波边振自检—Ⅱ型 EPR 谱仪进行实验，实验步骤如下。

1) 观测耿氏二极管伏安特性及边限振荡现象

(1) 打开谱仪预热 20min，检查并确认偏压调节旋钮已放在最小值后，打开偏压开关。

(2) 从零开始增加偏压，测量耿氏二极管的 V-I 特性曲线，观察耿氏二极管的负阻特性，找到负阻区的偏压范围。

(3) 调出 DPPH 或待测样品的 EPR 信号，观察耿氏二极管的边限振荡现象。调节偏压，在不同偏压下观察 EPR 谱线幅度的变化，在接近 V_{th} 值时 EPR 信号最大，此时为最佳边限振荡状态，灵敏度最高。

2) 观测 EPR 谱线受晶场影响的各向异性

(1) 调节扫描磁场起点和范围，使 DPPH 和 $CuSO_4 \cdot 5H_2O$ 单晶体的 EPR 谱线出现，参见图 1.16-12,其中小信号为参比样品 DPPH 的 EPR 谱线。旋转样品杆(0°～360°),改变样品晶轴与恒定磁场之间的夹角,观察 $CuSO_4 \cdot 5H_2O$ 单晶体因受晶场影响其 EPR 谱线的各向异性情况。

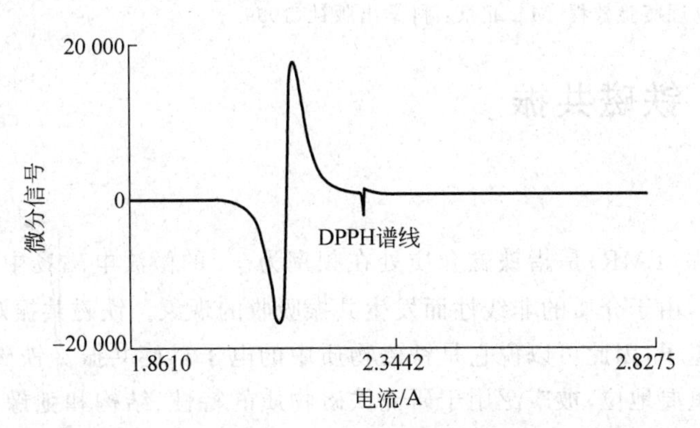

图 1.16-12　计算机采集的 $CuSO_4 \cdot 5H_2O$ 单晶体晶轴与磁场垂直时的 EPR 谱线微分信号

(2) 获得 $CuSO_4 \cdot 5H_2O$ 单晶体晶轴平行和垂直于磁场(即 $CuSO_4 \cdot 5H_2O$ 单晶体晶轴向对于恒磁场取向角分别为 0°,90°,180°,270°)时的 EPR 谱线,通过计算机软件中的“读谱”分别读出待测样品和参比样品 EPR 谱线的下峰点、中点、上峰点对应的电流值,记录数据并输入到“解谱”中。

[注意事项]

(1) 磁极间隙在仪器出厂前已经调整好,建议实验时不要自行调节,以免测量的磁场偏离共振磁场过大。

(2) 保护好高斯计探头,避免弯折、挤压。

(3) 励磁电流要缓慢调整,同时仔细注意波形变化,才能辨认出共振吸收峰。

[数据处理与分析]

由实验测量数据计算 g 因子,线宽 ΔB 和弛豫时间 T_2。

[讨论]

用数据库资源查阅相关文献,对实验测量结果进行对比讨论。

[结论]

写出你从这个实验得到的主要结论。

[思考题]

采用参比法测量时,怎样与参比样品参数对比,得到待测样品的弛豫时间?导出计算公式。

[参考文献]

[1] 上海复旦天欣科教仪器有限公司. FD-ESR-D 微波段电子自旋共振谱仪[Z]. 2023.

[2] 吉林大学科教仪器厂. MSD-Ⅱ型微波边振自检电子顺磁共振谱仪使用说明书[Z]. 2003.
[3] 吴思成,王祖铨. 近代物理实验[M]. 北京：北京大学出版社,1995.
[4] 晏于模,王魁香. 近代物理实验[M]. 长春：吉林大学出版社,1995.
[5] 林木欣. 近代物理实验教程[M]. 北京：科学出版社,1999.

实验 1.17 铁磁共振

[引言]

微波铁磁共振(FMR)是指铁磁介质处在频率为 f_0 的微波电磁场中,当改变外加恒定磁场 H 的大小时,由于介质的非线性而发生共振吸收的现象。铁磁共振观察的对象是铁磁物质中的未耦合电子,因此可以说它是铁磁物质中的电子自旋共振。铁磁共振在磁学和固体物理学中占有重要地位,被广泛用于研究铁磁物质的特性、结构和弛豫过程,是研究物质宏观性能和微观结构的有效手段。

通过微波铁磁共振实验,可以测量微波铁氧体的共振线宽、张量磁化率、饱和磁化强度、居里点等重要参数。这项技术在微波铁氧体器件的制造、设计等方面有着重要的应用价值。

钇铁石榴石简称 YIG,分子式 $Y_3Fe_5O_{12}$,是一种重要的微波铁氧体材料,已经成为用途广泛的微波铁氧体器件(如环行器、隔离器、相移器、调制器、滤波器、开关等器件)的重要基础材料。本实验将以多晶钇铁石榴石小球为样品进行实验。

[实验目的]

(1) 了解用谐振腔法观测铁磁共振现象的原理与实验方法。

(2) 测量多晶铁氧体 YIG 小球的磁共振谱线,测定共振线宽 ΔH,计算 g 因子。

[实验仪器]

DH 811A 型铁磁共振系统,铁氧体小球样品。

[预习提示]

(1) 了解铁磁共振的基本原理和共振条件。

(2) 了解传输式谐振腔测量共振线宽 ΔH 的实验方法。

(3) 何谓频散,如何消除?

[实验原理]

1. 铁磁共振

将铁氧体小球样品置于恒定磁场 $\boldsymbol{H}_0$ 中,铁氧体小球样品的总磁矩 $\boldsymbol{M}$ 就要绕着 $\boldsymbol{H}_0$ 作拉莫进动,其进动角频率为

$$\omega_0=\gamma H_0 \tag{1.17-1}$$

如果垂直于 $\boldsymbol{H}_0$ 方向同时加一个微波旋转场 $\boldsymbol{H}_1$,当 $\boldsymbol{H}_1$ 的旋转方向与 $\boldsymbol{M}$ 的进动方向一致,且 $\boldsymbol{H}_1$ 的角频率 ω 又等于 $\boldsymbol{M}$ 的进动角频率 ω_0,即微波磁场的角频率与恒定磁场强度满足

$$\omega=\gamma H_0=g\frac{\mu_B}{\hbar}H_0 \tag{1.17-2}$$

则铁氧体小球便会从微波磁场中强烈地吸收能量，这种现象就称为铁磁共振。式(1.17-2)称为共振条件，其中μ_B为玻尔磁子，g和γ分别为朗德因子和旋磁比。

FMR处理的是电子自旋磁矩之间被很强的交换力耦合在一起的磁性系统(磁畴)。对于FMR，需要考虑样品形状引起的退磁场的影响，因为铁磁体具有很强的磁性，在稳恒场和高频场作用下，样品内部会产生恒定的和高频的退磁场，这个退磁场将使得共振场发生很大的位移，共振条件式(1.17-2)只适用于小球状样品。对于其他形状样品，共振条件公式是不一样的。因此，本实验的样品采用YIG小球样品。此外，还需要考虑磁晶各向异性影响。由于磁晶各向异性，将使磁矩沿不同方向磁化的难易程度不同，这种作用也可等效于一个内磁场，使铁磁共振场发生移位。因此实验时要调整样品的晶轴方向，使其易磁化轴转向恒定磁场方向(当采用YIG单晶小球样品时就必须考虑这一点)。

根据电动力学知识，在恒定磁场中，磁性材料的磁导率可用简单的实数来表示，但在交变磁场作用下，由于有阻尼作用，磁性材料的磁感应强度B的变化落后于交变磁场H的变化，即H和B之间有相位差δ，这时磁性材料的磁导率要用复数$\mu=\mu'+j\mu''$来描述。其中μ'为铁磁材料复数磁导率的实部分量，相当于恒定磁场中的磁导率，它决定材料中储存的磁能；μ''是铁磁材料复数磁导率的虚部分量，它代表材料在交变磁场中的磁能损耗。

实验中，使样品(微波铁氧体)处在频率为f_0的微波磁场中，当改变加到样品上的恒定磁场H时，复数磁导率虚部μ''随恒定磁场H变化的曲线如图1.17-1所示。在恒定磁场H为H_r时，μ''达到最大值，这种现象就是铁磁共振现象。μ''的最大值μ''_r对应的磁场H_r称为共振磁场，曲线在$\mu''=\frac{1}{2}\mu''_r$时的两点分别对应磁场H_2和H_1，其差值(间隔)称为铁磁共振线宽ΔH。在实用上，铁磁谐振损耗就是用共振线宽ΔH表示的，所以ΔH是描述铁氧体材料性能的一个重要参数。ΔH越窄，磁损耗越低。测量ΔH对研究铁磁共振机理和提高微波器件性能是十分重要的。

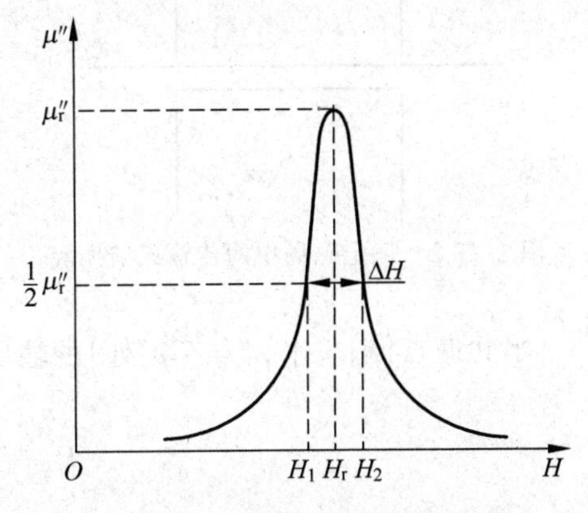

图1.17-1　铁磁共振线宽ΔH

2. 传输式谐振腔测量共振线宽ΔH

测量FMR的方法一般是谐振腔法。根据谐振腔的微扰理论(腔内放一个很小的样品后，除样品所在处之外，整个谐振腔的电磁场分布保持不变，即把样品看成一个微扰)，将铁氧体小球样品放到腔内微波磁场最大处(即微波电场为零处)，将会引起谐振腔的谐振频率f_0和品质因素Q的变化，而Q值的变化正好表示输入腔体的微波能量损失的变化。

对于传输式谐振腔(图1.17-2)，传输系数T为

$$T(f)=\frac{P_{出}(f)}{P_{入}(f)} \tag{1.17-3}$$

在保证微波输入功率$P_{入}$不变和微扰条件下，我们可以从测量腔体输出功率$P_{出}$的变化来测

量 Q 的变化，从 Q 的变化进而推知 μ'' 的变化，这就是测量铁磁共振线宽 ΔH 的基本思想。

下面介绍传输式谐振腔测量共振线宽 ΔH 的具体方法。在图 1.17-2 中，铁氧体小球样品放在谐振腔内微波磁场最大处，在下列实验条件下：

(1) 小球很小，在腔内放进小球后，除小球所在处之外，整个谐振腔的电磁场分布保持不变，即视小球为一微扰；

(2) 谐振腔始终保持在谐振状态；

(3) 微波输入功率保持恒定不变。

测量谐振时的输出功率 $P_{出}$ 与恒定磁场 H 的关系曲线(图 1.17-3)，再按下面介绍的方法定出 ΔH。

在图 1.17-3 中，P_0 为远离铁磁共振区域时谐振腔的输出功率，P_r 为共振时的输出功率，$P_{\frac{1}{2}}$ 为半共振点的输出功率。在铁磁共振区域，由于样品的铁磁共振损耗，使输出功率降低(与远离铁磁共振区域比较)。

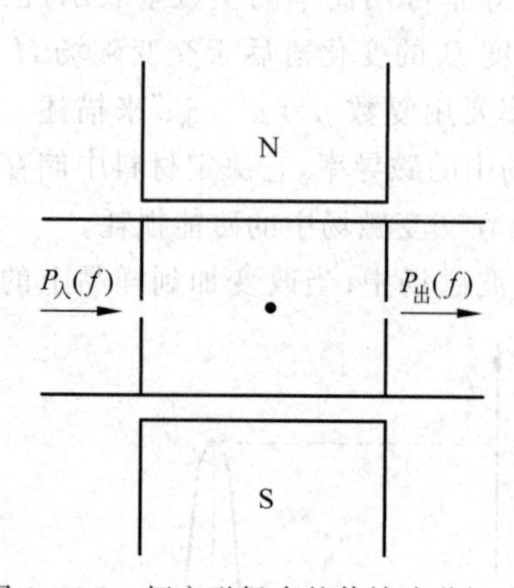

图 1.17-2　恒定磁场中的传输式谐振腔

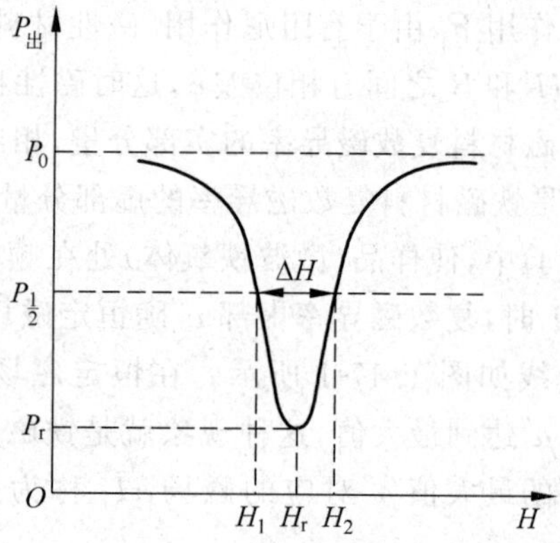

图 1.17-3　输出功率 $P_{出}$ 与恒定磁场 H 的关系曲线

半共振点$\left(相当于 \mu''=\frac{1}{2}\mu''_r 处\right)$的输出功率 $P_{\frac{1}{2}}$，可由 P_0 和 P_r 按下式计算，即

$$P_{\frac{1}{2}}=\frac{4P_0}{\left(\sqrt{\frac{P_0}{P_r}}+1\right)^2} \tag{1.17-4}$$

算出 $P_{\frac{1}{2}}$ 的值，就可以从 $P_{出}$-H 曲线定出 ΔH。

应该指出的是，在进行铁磁共振线宽的测量时，必须注意到样品的 μ' 会使谐振腔的谐振频率发生偏移(频散效应)。要准确地得到共振曲线形状和线宽，必须在测量时消除频散，使装有样品的谐振腔的谐振频率始终与输入谐振腔的微波频率相同(调谐)。因此在逐点测绘铁磁共振曲线时，对于每一个外加恒定磁场，都需要稍微改变谐振腔的谐振频率使之与微波频率调谐，这样用式(1.17-4)定出来的 ΔH 才是正确的。

一般情况下，为了简化测量过程，多采用非逐点调谐法，这时式(1.17-4)修正为

$$P_{\frac{1}{2}}=\frac{2P_0P_r}{P_0+P_r} \tag{1.17-5}$$

考虑到微波检波晶体，在进行测量的范围内遵从平方律检波关系，因而检波电流与微波

功率 $P_{出}$ 成正比，则有

$$I_{\frac{1}{2}}=\frac{2I_0 I_r}{I_0+I_r} \tag{1.17-6}$$

式中，I_0、I_r 和 $I_{\frac{1}{2}}$ 分别为远离共振点处、共振点和半共振点处的检波电流。这样就可由 I-H 曲线来确定共振线宽 ΔH 和共振磁场 H_r。有时为了快速测出 ΔH，可以先只测 I_0 和 I_r（非逐点调谐情况下），算出 $I_{\frac{1}{2}}$，再改变 H 直接测出对应 $I_{\frac{1}{2}}$ 的两个磁场值 H_1 和 H_2，求得共振线宽 ΔH，这就是测量 ΔH 的简便方法。

[仪器装置]

实验装置框图如图 1.17-4 所示。DH 811A 型铁磁共振系统包括 DH 1121B 型三厘米固态信号源、磁共振实验仪、电磁铁、可变衰减器、波长表、耦合片、TE_{10P} 型矩形谐振腔、隔离器、检波器、直波导等，并配置示波器。DH 1121B 型三厘米固态信号源输出的微波信号经隔离器、衰减器、波长表等元件进入谐振腔。谐振腔由两端带耦合片的一段矩形直波导构成，被测铁氧体样品放入谐振腔内微波磁场最大处。调节电磁铁电流改变外磁场，当外磁场进入铁磁共振区域时，由于样品的铁磁共振损耗，使输出功率降低，引起检波器输出电流变小。通过监测检波器输出电流和电磁铁励磁电流，便可得到谐振腔输出功率 $P_{出}$ 与外加恒定磁场 H 的关系。

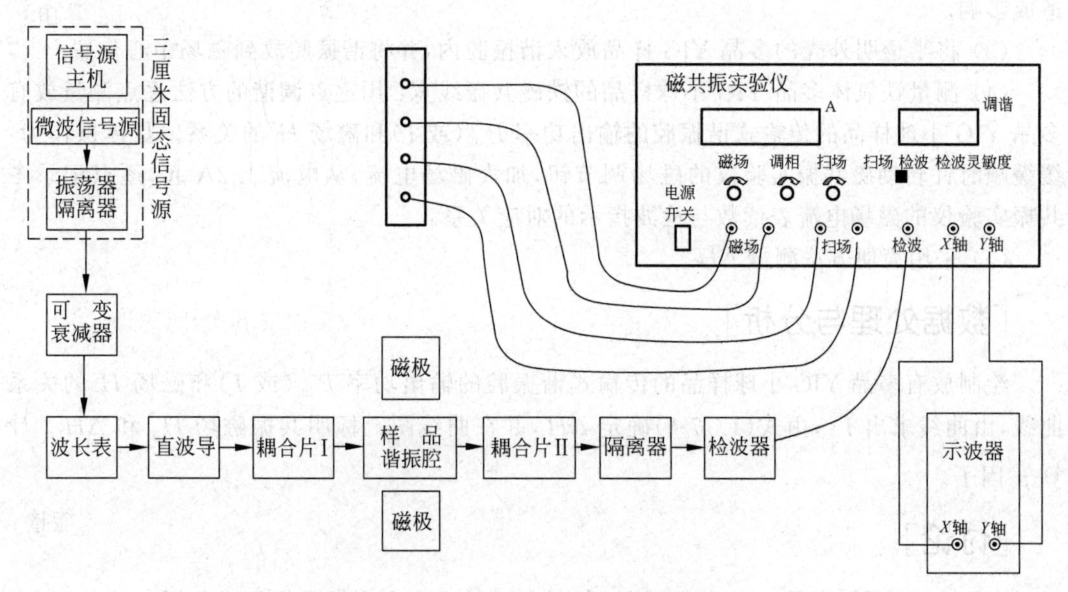

图 1.17-4 微波铁磁共振实验系统框图

DH 1121B 型三厘米固态信号源由微波信号源、隔离器和主机组成。调节微波信号源螺旋测微器，可改变调谐杆伸入波导腔的深度，从而连续平滑地改变微波谐振频率。用测微头读数可简易确定振荡器的频率，(用“频率-测微器刻度对照表”)。如希望精确确定振荡器的频率，可通过外接波长表来确定。

磁场部分包括可调直流恒场和可调交流扫场。其中可调直流恒场电源输出电流最大可达 3A，调节“磁场”旋钮可调节其输出电流的大小，磁共振实验仪面板左上方数字电流表

"A"显示磁场恒流源的输出电流数值；可调交流扫场的扫场电流最大可达 0.3A(交流有效值)，调节"扫场"旋钮可调节扫场输出的电流，磁共振实验仪面板右上方"调谐"电表在"扫场"按键按下时，显示扫场电流，但显示的是相对电流；电磁铁最大磁场大于 4500Gs，电磁铁调制磁场范围为 20～200Gs。

按键按在"检波"位置时，磁共振实验仪面板右上方"调谐"电表显示"检波"电流。调节"检波灵敏度"旋钮可以改变放大器放大量的大小，从而调节电表的指示值。

[实验内容与测量]

(1) 认真阅读仪器说明书，了解仪器使用与调节方法，按图 1.17-4 接好线路，将可变衰减器的衰减量放置到最大位置，磁共振实验仪的磁场调节钮逆时针旋到底(即不加磁场电流)。打开微波信号源及磁共振实验仪的电源开关，预热 20min 左右。

(2) 观察微波源微波频率。将磁共振实验仪按键开关按在"检波"位置，调节可变衰减器的衰减量，使磁共振实验仪所连接的微安表有适当指示，用波长计测量此时的微波信号频率(方法是：旋转波长计的测微头，找到微安表电流跌落点，读出测微头读数，查波长计的频率刻度表即可确定振荡频率。注意每个波长计有自己的频率刻度表，查表前要核对波长计上的编号与频率刻度表上的编号是否一致)。调节微波源微波频率与样品谐振腔上所标的谐振腔频率一致，测定频率后，需将波长计刻度旋离谐振点，避免波长计的吸收对其他测量造成影响。

(3) 将半透明外壳的多晶 YIG 样品放入谐振腔内，并将谐振腔放到磁场中心位置。

(4) 测量铁氧体多晶 YIG 小球样品的铁磁共振线宽：用逐点调谐的方法逐点测量放有多晶 YIG 小球样品的传输式谐振腔的输出功率 $P_{出}$(或 I)和磁场 H 的关系。具体操作为：缓缓顺时针转动磁共振实验仪的磁场调节钮，加大磁场电流，从电流 1.2A 起，逐点记录磁共振实验仪的磁场电流表读数与检波指示的对应关系。

(5) 采用简便方法测量 ΔH。

[数据处理与分析]

绘制放有多晶 YIG 小球样品的传输式谐振腔的输出功率 $P_{出}$(或 I)和磁场 H 的关系曲线，由曲线求出 $I_{\frac{1}{2}}$，由式(1.17-6)确定 ΔH，并在曲线图上标明共振磁场 H_r 和 ΔH。计算 g 因子。

[讨论]

查阅文献，了解多晶 YIG 材料的性质，并对实验现象和实验数据加以分析讨论。

[结论]

写出通过实验得到的主要结论。

[思考题]

(1) 本实验测量中的频散现象情况如何？若它不消除，对测量结果的影响是否显著？

(2) 对比逐点调谐与非逐点调谐测量结果，评价两种方法测量结果的差异。

[参考文献]

[1]　大华无线仪器厂.磁共振实验仪说明书[Z].2006.
[2]　大华无线仪器厂.DH811A 型铁磁共振实验系统使用说明书[Z].2006.
[3]　大华无线仪器厂.DH1121B 型三厘米固态信号源使用说明书[Z].2006.
[4]　王合英,孙文博,张慧云,等.频散效应对铁磁共振曲线的影响[J].实验技术与管理,2007,24(11):28-30,42.
[5]　陈森,祝邦恺,裴艺丽,等.铁磁共振实验中频散效应的讨论[J].大学物理,2023,42(10):26-30.

实验 1.18　核蜕变统计规律和物质对 β 射线的吸收

[引言]

放射性是指元素从不稳定的原子核自发地放出射线,如 α 射线、β 射线、γ 射线等,衰变形成稳定元素的现象。最早发现的衰变是 α 衰变、β 衰变、γ 衰变。α 衰变是不稳定的原子核放出 α 粒子(氦原子核)的过程。α 粒子有很强的电离本领,在致密物质中射程很短,如天然放射性物质发射的能量最高的 α 粒子刚刚能够穿过人体皮肤的角质层,所以 α 辐射在人体之外时(外照射),对人体的危害远比其他外来辐射要小。但一旦进入体内(内照射),α 粒子射程短就非常有害,会对人体组织造成损伤。β 衰变是原子核释放出正电子或电子及中微子的过程。β 辐射被认为是一种轻微的外部危害因素,用很薄的铅层(例如 1mm 的铅层)就能完全屏蔽掉 β 辐射源。β 粒子在体内的危害不如 α 粒子大。γ 射线是原子核发射出来的电磁辐射,X 射线是原子核外部产生的辐射,它们在空气和其他物质中具有很大的射程,有很强的穿透物质的能力,为了保证不受危害,绝大多数情况下都需要屏蔽。相反,在内照射情况下,γ 射线和 X 射线对人体的危害不如 α 射线和 β 射线那么大。

放射性原子核的衰变彼此是独立无关的,我们无法预知每个原子核的衰变时刻。两次原子核衰变的时间间隔也不一样。在重复的放射性测量中,即使保持完全相同的实验条件,每次测量的结果也不完全相同,而是围绕着平均值上下涨落,有时甚至差别很大。这种现象就叫做放射性计数的统计性。放射性计数的统计性反映了放射性原子核衰变本身固有的特性,与使用的测量仪器及技术无关。放射性测量就是在衰变的统计涨落影响下进行的,因此了解统计误差的规律,对评估测量结果的可靠性是很必要的。

由于核科学技术的蓬勃发展,放射性在科学技术上获得了越来越广泛的使用。例如,基于被测物质对 β 射线的吸收作用而设计的测厚仪表,在现代工业的生产过程中获得了十分广泛的应用,可以对一定厚度的橡胶布、铝箔(带)、铜箔(带)、聚苯乙烯薄膜、塑料布等制品的厚度进行穿透式、非接触、连续的自动测量,以达到监测制品的均匀度、提高产品质量的目的。特别在高温、高压、剧毒、强腐蚀等恶劣条件下,这类仪器装置是其他测量仪表无法代替的。

本实验将使读者在了解盖革-米勒计数管的结构与工作特性的基础上,验证核衰变所服从的统计规律,掌握根据测量精度要求合理选择测量时间的方法;了解物质对 β 射线的吸收规律,以及 β 射线测量应用原理。

[实验目的]

(1) 学习放射性防护基础知识。

(2) 了解盖革-米勒计数管的结构与工作特性。

(3) 验证原子核衰变及放射性计数的统计规律。

(4) 掌握计算统计误差的方法,掌握根据测量精度要求合理选择测量时间的方法。

(5) 了解 β 射线在物质中的吸收规律,了解利用 β 射线测量材料厚度的原理。

(6) 利用吸收系数法和最大射程法确定 β 射线的最大能量。

[实验仪器]

NMS-0600-SIG 型核信号发生器(模拟源),NMS-6014-s 型核能信息采集器。

[预习提示]

(1) 了解盖革-米勒计数管的结构、工作特性和使用条件。

(2) 了解原子核衰变及放射性计数的统计规律。

(3) 了解放射性测量的误差计算以及测量时间的选择方法。

(4) 了解 β 射线在物质中的吸收规律。

(5) 了解确定 β 射线最大能量的方法。

[实验原理]

1. β 射线强度测量原理

放射性原子核在发生 β 衰变时放射出的高速电子流称为 β 射线。测量 β 射线强度采用了盖革-米勒计数管。盖革-米勒计数管简称 G-M 计数管,是一种核辐射气体探测器。图 1.18-1 是一种钟罩型 G-M 计数管结构示意图。一个密封玻璃管,中心的金属丝(如钨丝)是阳极,玻璃管内壁涂一层导电物质,或是一个金属圆管作为阴极,管内抽空充惰性气体(氖、氦)、卤族气体。G-M 计数管工作时,阳极上的直流高压由高压电源供给,于是在计数管内形成一个柱状对称电场。射线进入计数管后与管内气体分子碰撞,使气体分子被电离,电子在电场的作用下向阳极运动的过程中,又引起次级电离,造成雪崩放电现象,在这一过程中卤族气体发挥淬灭作用而终止雪崩放电,这样在阳极丝上会形成一个较大的脉冲信号。单道分析器可以将这一脉冲信号转换成标准脉冲,定标器可以测量标准脉冲的个数,进而得到射线的强度。在没有放射源时,G-M 计数管也能测得计数,这些计数称为本底计数,其脉冲幅度甚小。在定标器输入端设有直流电平阈(甄别阈),当本底脉冲幅度低于阈时,不能通过阈触发定标器计数。调节阈值,可将大部分本底脉冲剔除。

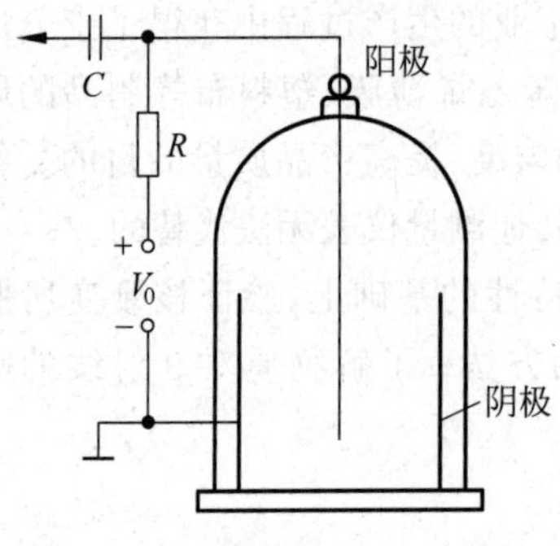

图 1.18-1 钟罩型 G-M 计数管结构示意图

在强度不变的放射源照射下,G-M 计数管的计数率随外加电压的变化如图 1.18-2 所示,曲线上 A 点对应的电压称为计数管的阈电压。曲线上有一段平坦区,在这个区域里,外加电压的变化对计数率的影响很小,利用 G-M 计数管测量放射性时正是使之工作在这个区域。我们称这个平坦区域为坪区(其长度为 V_2-V_1,称为坪长),因而这条曲线也被称为坪曲线。坪曲线是衡量 G-M 计数管的重要指标,在使用前必须进行测量,以确定工作电压。一般来说,工作电压应选在坪区的 1/3～1/2 处。

此外，实验中测得的计数率必须减去相同条件下的本底计数率才是真正的计数率。

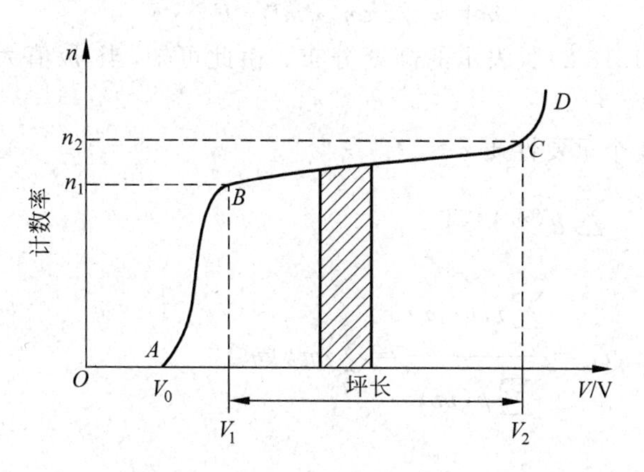

图 1.18-2　G-M 计数管工作特性曲线

2. 核衰变统计规律

在一般实验测量中，被测物理量本身的大小没有起伏变化，只是测量仪器与测量者引起的随机误差，误差不会太大，对于核蜕变的测量则大不相同。核衰变的过程是一个相互独立彼此无关的过程，即每一个原子核的衰变是完全独立的，与别的原子核是否衰变没有关系。而且，哪一个原子核先衰变，哪一个原子核后衰变也是纯属偶然的，并没有一定的次序。也就是说，核的蜕变，在相同时间间隔里，衰变的原子核数是有起伏的，射出的粒子在方向上的分布也有起伏，因此要用统计的方法处理数据。实验证明，核蜕变的起伏遵从泊松分布规律。

设在时间间隔 Δt 内，核蜕变数为 m 的出现概率为 $p(m)$

$$p(m)=\frac{(\bar{m})^m}{m!}\mathrm{e}^{-\bar{m}} \tag{1.18-1}$$

图 1.18-3 表示 $\bar{m}=3.5$ 的泊松分布曲线，泊松分布在平均数 $\bar{m}$ 比较小的情况下比较适用，如果 $\bar{m}$ 值相当大时，则计算起来十分复杂，实际应用中很不方便，因此一般使用高斯分布(见图 1.18-4)，即

$$p(m)=\frac{1}{\sqrt{2\pi\bar{m}}}\mathrm{e}^{-\frac{(\bar{m}-m)^2}{2\bar{m}}} \tag{1.18-2}$$

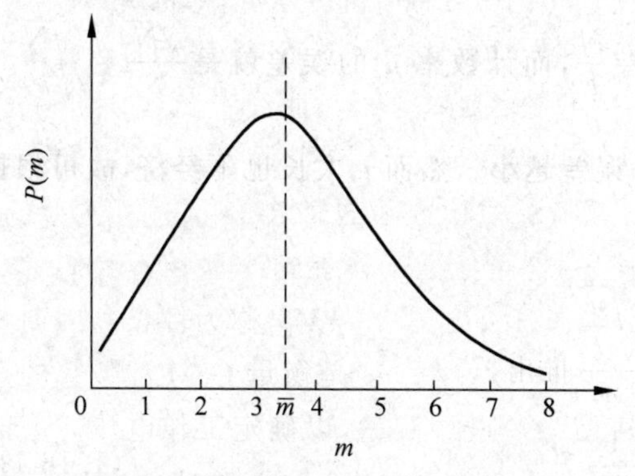

图 1.18-3　泊松曲线($\bar{m}=3.5$)

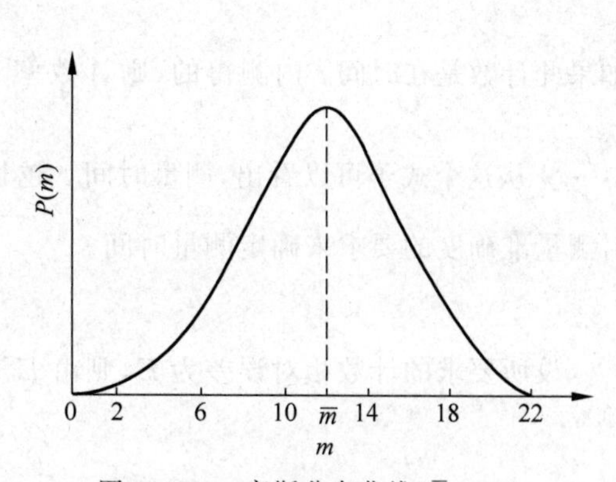

图 1.18-4　高斯分布曲线($\bar{m}=12$)

在式(1.18-1)中，若 $\bar{m}$ 很大，可对泊松分布应用斯蒂令近似公式

$$m! \approx \sqrt{2\pi m} \cdot m^m \cdot e^{-m} \tag{1.18-3}$$

则泊松分布可化为式(1.18-2)所表示的高斯分布。由此可知，当 $\bar{m}$ 值大时，这两种分布是很接近的。

泊松分布有下列 4 个重要性质

$$\sum_{m=0}^{\infty} p(m) = 1 \tag{1.18-4}$$

$$\bar{m} = \frac{\sum_{m=0}^{\infty} m p(m)}{\sum_{m=0}^{\infty} p(m)} = \sum_{m=0}^{\infty} m p(m) \tag{1.18-5}$$

$$(\bar{m} - m) = \sum_{m=0}^{\infty} (\bar{m} - m) p(m) = 0 \tag{1.18-6}$$

$$\sigma^2 = \overline{(\bar{m} - m)^2} = \sum_{m=0}^{\infty} (\bar{m} - m)^2 p(m) = \bar{m} \tag{1.18-7}$$

式(1.18-4)是归一化条件，它表示各种 m 值出现的概率的总和应当等于 1。式(1.18-5)是平均数的定义，因各种 m 值出现的概率不一样，故平均值 $\bar{m}$ 要用求数学期望值的方法得到。式(1.18-6)指出每次测量的衰变数 m 与平均衰变数 $\bar{m}$ 之间的偏差的平均值恒等于零，所以通常用上述偏差的均方根 σ 来表示衰变的统计涨落的大小。σ 称为均方根误差，其定义如式(1.18-7)所示。式(1.18-7)还可写成

$$\sigma = \pm\sqrt{\bar{m}} \tag{1.18-8}$$

这就是放射性测量中计算误差的基本公式。理论和实践都证明，若再作同样的测量，所得的计数有 68.3%的概率落在 $\bar{m}-\sqrt{\bar{m}}$ 与 $\bar{m}+\sqrt{\bar{m}}$ 之间。

实际测量中不可能根据式(1.18-5)通过无限多次测量来求 $\bar{m}$。因此，实验室里常将一次测量结果当作平均值，即用一次测量值 N 代替 $\bar{m}$，因而测量结果表示成

$$N \pm \sqrt{N} \tag{1.18-9}$$

而相对误差就是

$$E = \pm\frac{\sqrt{N}}{N} = \pm\frac{1}{\sqrt{N}} \tag{1.18-10}$$

如果此计数是在时间 t 内测得的，则计数率 $n=\frac{N}{t}$，而计数率 n 的误差就是 $\frac{\sqrt{N}}{t}=\sqrt{\frac{N}{t^2}}=\sqrt{\frac{n}{t}}$。从这个式子可以看出，测量时间 t 越长，误差越小。然而 t 太长也不经济，故可根据对测量准确度的要求来确定测量时间。

设所要求的计数相对误差为 E，则由 $E \geqslant \frac{\sqrt{\frac{n}{t}}}{n}$ 推出

$$t \geqslant \frac{1}{nE^2} \tag{1.18-11}$$

例如，n 约为 100 次/s，要求测量准确度为 1%，则有 $t \geqslant \frac{1}{100 \times 10^{-4}} = 100\mathrm{s}$，故测量时间取 2min 即可。

在测量较强的放射性时，必须对由于探测器系统分辨时间不够小所引起的漏计数的测量结果进行校正；在较低能量水平的放射性测量中，必须考虑到本底计数的统计涨落。所谓本底计数就是在没有放放射源时测到的计数，是由宇宙线和测量装置周围有微量放射性物质沾染等因素造成的。本底计数也服从统计规律，因而我们可以通过测量本底计数的频率分布，验证核衰变统计规律。

考虑到本底的统计误差后，源的净计数率数学表达式为

$$n \pm \sigma_n = (n_s - n_b) \pm \sqrt{\frac{n_s}{t_s} - \frac{n_b}{t_b}} \tag{1.18-12}$$

式中 n_s 为测量源加本底的总计数率，n_b 为没有放射源时的本底计数率，t_s 为有源时的测量时间，t_b 为本底测量时间。

测量时间的选择方法是：在限定的误差范围内，确定最短的测量时间；或者是在总测量时间一定时，合理地分配 t_s 和 t_b，以获得最小的测量误差。根据$\frac{d\sigma_n}{dt_s}=0$ 或$\frac{d\sigma_n}{dt_b}=0$ 可以求出，当$\frac{t_s}{t_b}=\sqrt{\frac{n_s}{n_b}}$时统计误差具有最小值。在给定的计数率相对误差 E 的情况下，样品和本底的测量时间各为

$$t_s = \sqrt{\frac{n_s + \sqrt{n_s n_b}}{(n_s - n_b)^2 E^2}}, \quad t_b = \sqrt{\frac{n_b + \sqrt{n_s n_b}}{(n_s - n_b)^2 E^2}} \tag{1.18-13}$$

3. 物质对 β 射线的吸收

放射性原子核发生 β 衰变时放射出的高速电子流(称为 β 射线)，其能量从零到最大值呈连续分布，通常用最大能量 $E_{\beta\max}$ 来代表 β 射线的能量。不同放射性核，β 衰变时放射出的 β 射线最大能量也不相同。因此，测定 β 射线最大能量便提供了一种鉴别放射性核素的依据。

一束 β 射线穿过物质时，其强度随着穿过的物质厚度的增加而减弱，这种现象被称为 β 吸收。主要原因有：①β 射线是高速电子束，当它穿过物质时，会被物质中原子核的库仑场所散射而离开原来的电子束。在吸收层很薄时，这是电子束强度减弱的主要原因。②它使物质中原子激发或电离而损失能量。β 射线在物质中逐渐损失能量和偏离原来方向，致使到达 β 粒子计数器的 β 粒子数随物质厚度 d 的增加而减少。如图 1.18-5 所示，对于大多数 β 谱，透射出吸收体的 β 射线强度 N 随吸收体厚度 d(单位取 cm)的增加近似服从指数衰减规律

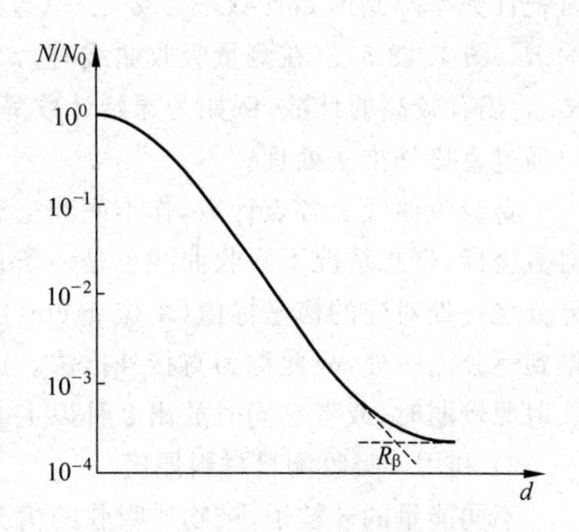

图 1.18-5 单一 β 谱的吸收曲线

$$N=N_0\mathrm{e}^{-\mu d}=N_0\mathrm{e}^{-\left(\frac{\mu}{\rho}\right)(\rho d)}=N_0\mathrm{e}^{-\mu_m d_m} \tag{1.18-14}$$

式中，N_0 为到达吸收体前的β射线的强度；μ 为线性吸收系数，单位为 cm^{-1}；$\mu_\mathrm{m}=\dfrac{\mu}{\rho}$ 称为质量吸收系数，单位为 cm^2/g；$d_\mathrm{m}=\rho d$ 为吸收体的质量厚度，单位为 $\mathrm{g/cm}^2$。

1）确定β射线最大能量

常用确定β射线最大能量的方法有吸收系数法和最大射程法。

(1) 吸收系数法。

实验证明，不同的吸收物质，μ_m 随物质原子序数 Z 的增加而缓慢增加。对一定的吸收物质，μ_m 还与 $E_{\beta\max}$ 有关。对于铝有以下经验公式

$$\mu_\mathrm{m}=\frac{17}{E_{\beta\max}^{1.14}} \tag{1.18-15}$$

式中，μ_m 的单位取 cm^2/g，$E_{\beta\max}$ 的单位取 MeV。取吸收曲线(在半对数坐标下或对式(1.18-14)两边取对数)的直线部分数据，进行直线拟合求出 μ_m，代入式(1.18-15)就可算出 $E_{\beta\max}$。

(2) 最大射程法。

一般用β射线在吸收物质中的最大射程 R_β 来代表它在该物质中的射程，因此全吸收厚度就代表 R_β(图1.18-5)。通过 R_β 和 $E_{\beta\max}$ 的经验公式也可以得到 $E_{\beta\max}$。经验表明，在铝中 $R_\beta(\mathrm{g/cm}^2)$ 和 $E_{\beta\max}(\mathrm{MeV})$ 的关系如下：

当 $E_{\beta\max}>0.8\mathrm{MeV}$，且 $R_\beta>0.3\mathrm{g/cm}^2$ 时

$$E_{\beta\max}=1.85R_\beta+0.245 \tag{1.18-16a}$$

当 $0.15\mathrm{MeV}<E_{\beta\max}<0.8\mathrm{MeV}$，且 $0.03\mathrm{g/cm}^2<R_\beta<0.3\mathrm{g/cm}^2$ 时

$$E_{\beta\max}=1.92R_\beta^{0.725} \tag{1.18-16b}$$

当 $E_{\beta\max}<0.2\mathrm{MeV}$ 时

$$E_{\beta\max}=1.77R_\beta^{0.6} \tag{1.18-16c}$$

在这种方法中，$E_{\beta\max}$ 的不确定性与 R_β 和射程-能量关系式的准确程度有关。实际测量中，常把计数率降到原始计数率万分之一($N/N_0=10^{-4}$ 或 $\lg(N/N_0)=-4$)处的吸收厚度作为 R_β(图1.18-5)。在测量吸收曲线时，γ射线和韧致辐射的干扰能够使得在吸收厚度超过 R_β 后仍有较高的计数，例如为原始计数率的1%，这就给射程的估计带来很大误差，通常可以通过直接外推法处理。

将吸收曲线上各点计数，作本底和空气吸收厚度校正后，连接成一条新曲线。若采用半对数坐标，理想情况下吸收曲线也是一条直线。在这条新曲线上，计数率降低为原始计数率万分之一处对应的横坐标值(单位 $\mathrm{g/cm}^2$)即为最大射程 R_β。若曲线不够长，需按照趋势外推到万分之一处，故此称为直接外推法。这种处理方法对单纯β源求得的射程较精确，但当放射源较弱时，或者它同时放出2种以上β射线且有γ射线时，外推法的误差较大。

2）利用β吸收测量材料厚度

不同能量的β粒子，被物质吸收的情况也不同，低能β粒子很容易被吸收。β射线在物质中的吸收曲线如图1.18-6所示。随着吸收体厚度 d 的增加，β射线强度起初衰减很快，μ 值也随之减小，当 d 超过 d_0 以后，β射线强度的对数值直线下降，μ 趋于恒定值 $\bar{\mu}$。此时

$$\ln N = \ln N'_0 - \bar{\mu} d = \ln N'_0 - \bar{\mu}_m d_m \tag{1.18-17}$$

为一直线方程，直线斜率绝对值即为平均吸收系数 $\bar{\mu}$。$\bar{\mu}$ 与 β 射线的能量以及吸收体的性质有关。原则上，利用吸收曲线的直线段，在知道被测材料的 $\bar{\mu}$ 值时，由作图法得到的 N'_0、测量得到的 N 值，就可确定吸收材料的厚度 d；在知道材料的厚度 d 时，由式(1.18-17)可确定 $\bar{\mu}_m$ 或 ρ 的值，进而鉴别是什么材料。利用这个原理，在工业中做成各种 β 射线测厚仪、密度计来检测材料的厚度和密度。

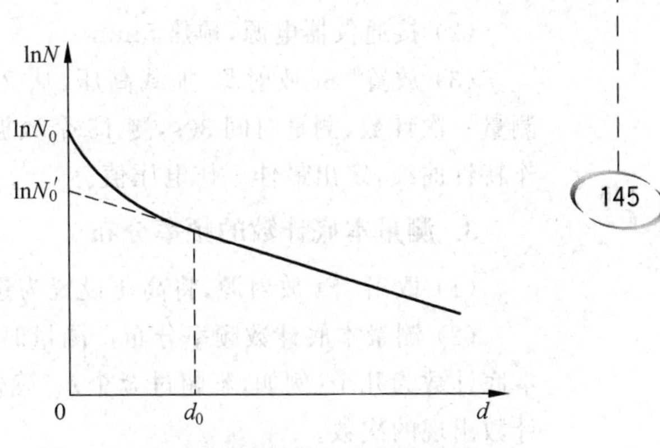

图 1.18-6　β 射线在物质中的吸收曲线

[仪器装置]

图 1.18-7 是实验装置框图。实验使用虚拟核仿真信号源产生核脉冲信号，从而代替了放射源、探测器与高压电源使用。通用数据采集器使用单道分析定标计数功能，对信号源输出的核脉冲进行计数测量。通过上位机控制虚拟核仿真信号源的电压、吸收片、源的状态，可以得到相应的核脉冲信号，经过单道定标计数测量后可以观察到相应的物理现象。

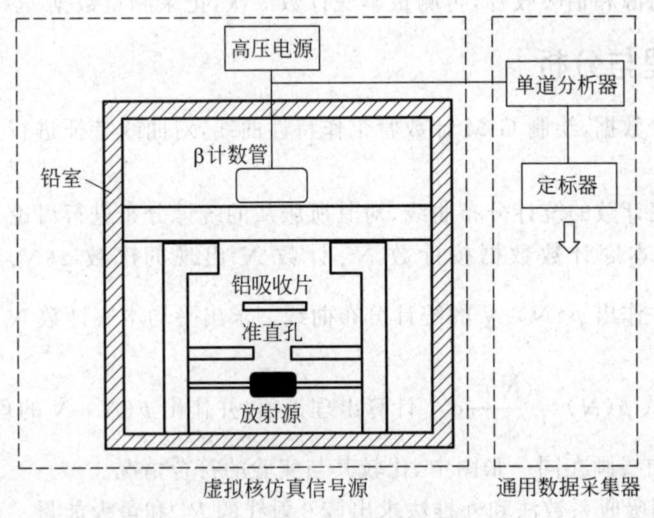

图 1.18-7　实验装置框图

[实验内容与测量]

1. 实验前准备

将模拟源顶部的输出电缆接到 NMS-6014-s 型核能信息采集器前面板上的计数测量端口。分别接通核能信息采集器电源和计算机电源。

用鼠标右键单击计算机桌面上的“大学核与粒子物理实验平台”图标，登录后进入主界面。

2. 测量 G-M 计数管工作特性曲线

(1) 在主界面顶部“实验内容”下拉菜单中，选择“β 射线吸收实验”。

(2) 接通仪器电源，预热 5min。

(3) 放置^{90}Sr 放射源，加载高压，从 260V 开始找阈电压，找到后用定标器功能每 10V 测量一次计数，测量时间 30s，测 15 个数据点。将测量数据按图 1.18-2 画出 G-M 计数管工作特性曲线，定出最佳工作电压值。

3. 测量本底计数的频率分布

(1) 取出^{90}Sr 放射源，将高压设置为选定的最佳工作电压值。

(2) 测量本底计数频率分布。测量时间自行选择，一般不超过 10s。选择适当阈值，使本底计数为几个(例如，不超过 8 个)。确定好测量时间后，至少测量 300 次，记录每一本底计数出现的次数。

4. 测量^{90}Sr 源的吸收曲线

(1) 将高压设置为选定的最佳工作电压值。

(2) 添加^{90}Sr 放射源，加入 10 片铝吸收片。选择适当阈值，用定标器功能测量 30s 的计数 N，则计数率 $n=\frac{N}{30}$次/s，要求计数相对误差 $E_N\leqslant 2\%$，由式(1.18-11)计算测量时间 t。

(3) 将定标器的测量时间设定到所确定的测量时间，从零片开始依次增加吸收片至 10 片，用定标器功能测量计数，每种情况测量 3 次，记录测量数据。

(4) 取出放射源和铝吸收片，再测量本底计数 3 次，记录测量数据。

[数据处理与分析]

(1) 整理实验数据，绘制 G-M 计数管工作特性曲线，对曲线特征进行说明，确定最佳工作电压。

(2) 绘制本底计数的统计分布曲线，对其所服从的统计分布进行讨论。

① 把测量的本底计数数据按计数 N、计数 N 出现的次数 $n(N)$ 和概率 $p(N)=\frac{n(N)}{\sum n(N)}$ 列表，并作出 $p(N)$-N 的统计分布曲线。求出平均本底计数 $\bar{N}$。

② 由泊松公式 $p(N)=\frac{(\bar{N})^N}{N!}\mathrm{e}^{-\bar{N}}$ 计算出理论值，并作出 $p(N)$-N 的理论分布曲线。将这条曲线与实验曲线画在同一张图中，比较其与实验的符合情况。

(3) 分别选用吸收系数法和外推法求出该 β 射线的 R_β 和最大能量。(每片铝吸收片的质量为 1.54g，长宽分别为 6.31cm、5.00cm。)

(4) 作 $\ln N$-d 关系图，用最小二乘法计算线性吸收系数 μ 的最佳值及其不确定度，写出给定物质的 $\ln N$、$\bar{\mu}$、d 的线性方程。

[讨论]

对实验结果进行必要的说明与讨论。

[结论]

通过对实验现象和实验结果的分析，你能得到什么结论？

[思考题]

(1) 为什么在确定测量时间时要利用全部铝吸收片,而不是 1 片时的计数率,原因何在?

(2) 如果要求计数测量相对误差不超过 1%,应如何选择测量时间?

(3) 已知^{204}Tl 的 β 射线能量为 0.765MeV,试计算它在铝吸收片中的射程。

(4) 在日常生活中应当如何进行放射性防护?

[参考文献]

[1] 成都尼姆数字科技有限公司. NMS-6014-S 新型可重构核与粒子物理实验教学系统说明书[Z]. 2022.

[2] 王魁香,韩炜,杜晓波. 新编近代物理实验[M]. 北京：科学出版社,2007.

[3] 林木欣. 近代物理实验[M]. 北京：科学出版社,1999.

[4] 吴平. 大学物理实验教程[M]. 2 版. 北京：机械工业出版社,2015.

实验 1.19　γ 能谱测量

[引言]

γ 射线是波长小于 0.1nm,能量高于 10^4eV,频率超过 3×10^{19} Hz 的电磁波,在工业中可用于探伤或流水线自动控制,医疗上可用来治疗肿瘤。

本实验将学习闪烁 γ 谱仪的工作原理和实验方法,测量^{137}Cs 和^{60}Co 的 γ 能谱,加深对 γ 射线与物质相互作用的理解,了解 γ 射线通过物质时强度指数衰减的规律。

[实验目的]

(1) 学习闪烁 γ 谱仪工作原理和实验方法,测定谱仪能量分辨率和能量与道址的线性关系,对谱仪刻度进行标定。

(2) 测量^{137}Cs 和^{60}Co 的 γ 能谱,并进行分析。

(3) 验证 γ 射线通过物质时强度减弱遵循指数规律。

(4) 测量 γ 射线在不同物质中的吸收系数。

[实验仪器]

NMS-0600-SIG 型核信号发生器(模拟源),NMS-6014-s 型核能信息采集器。

[预习提示]

(1) 了解 γ 光子与物质的相互作用。

(2) 了解闪烁 γ 谱仪工作原理,了解谱仪定标方法。

(3) 了解 γ 能谱的分析。

(4) 了解 γ 射线通过物质时强度减弱遵循的规律,以及如何获得 γ 射线在物质中的吸收系数。

[实验原理]

1. γ射线与物质的相互作用

原子核由高能级向低能级跃迁时放出γ射线。γ射线是一种波长极短的电磁波，其能量E_γ由原子核跃迁前后的能级差决定，即$E_\gamma=E_2-E_1=h\nu$。当γ射线能量在30MeV以下时，与物质的作用主要有3种效应，下面逐一简单介绍。

1）光电效应

能量为E_γ的入射γ光子与物质中原子的束缚电子相互作用时，光子可以把其全部能量转移给某个束缚电子，使该电子脱离原子束缚而发射出去，光子自身消失，发射出去的电子被称为光电子，这种过程称为光电效应。发射出的光电子的动能为

$$E_e=E_\gamma-B_i \tag{1.19-1}$$

式中，B_i为束缚电子所在壳层的结合能。原子内层电子脱离原子后留下空位形成激发原子，而其外部壳层的电子会填补空位并放出特征X射线。例如L层电子跃迁到K层，放出该原子的K系特征X射线。

2）康普顿效应

γ光子与自由静止的电子发生碰撞，将一部分能量转移给电子，使电子成为反冲电子，γ光子被散射改变了原来的能量和运动方向。反冲电子的动能为

$$E_e=\frac{E_\gamma^2(1-\cos\theta)}{m_0c^2+E_\gamma(1-\cos\theta)}=\frac{E_\gamma}{1+\dfrac{m_0c^2}{E_\gamma(1-\cos\theta)}} \tag{1.19-2}$$

式中，m_0为电子静止质量，角度θ是γ光子的散射角，如图1.19-1所示。反冲电子以角度φ出射，φ与θ间有以下关系

$$\cot\varphi=\left(1+\frac{E_\gamma}{m_0c^2}\right)\tan\frac{\theta}{2} \tag{1.19-3}$$

由式(1.19-2)给出，当$\theta=180°$时，反冲电子的动能E_e有最大值

$$E_{\max}=\frac{E_\gamma}{1+\dfrac{m_0c^2}{2E_\gamma}} \tag{1.19-4}$$

说明康普顿效应产生的反冲电子的能量有一上限，该最大值称为康普顿边界E_C。

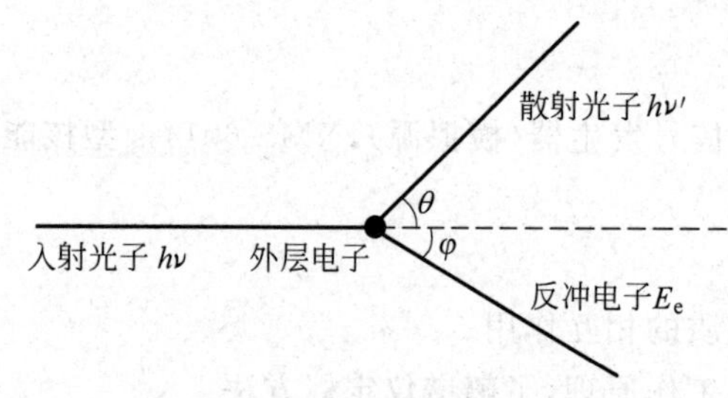

图1.19-1　康普顿效应示意图

3）电子对效应

当γ光子能量大于$2m_0c^2$时，γ光子从原子核附近经过并受到核的库仑场作用，可能转

化为一个正电子和一个负电子，称为电子对效应。此时光子能量可表示为两个电子的动能与静止能量之和

$$E_{\gamma}=E_{e}^{+}+E_{e}^{-}+2m_{0}c^{2} \tag{1.19-5}$$

式中，$2m_{0}c^{2}=1.02\mathrm{MeV}$。

综上所述，γ光子与物质相遇时，通过与物质原子发生光电效应、康普顿效应或电子对效应而损失能量，其结果是产生次级带电粒子，如光电子、反冲电子或正负电子对。次级带电粒子的能量与入射γ光子的能量直接相关。因此，可以通过测量次级带电粒子的能量求得γ光子的能量。

2. γ射线的吸收

γ射线与物质的原子一旦发生三种相互作用，原来能量为E_{γ}的光子就消失了，或散射后能量改变并偏离原来的入射方向。准直成平行束的γ射线通常称为窄束γ射线。γ射线通过物质时其强度会逐渐减弱，这种现象称为γ射线吸收。单能窄束γ射线强度的衰减服从指数规律，即

$$I=I_{0}\mathrm{e}^{-\sigma_{\gamma}Nx}=I_{0}\mathrm{e}^{-\mu x} \tag{1.19-6}$$

式中，I_{0}、I分别是γ射线通过物质前、后的强度，x是γ射线通过物质的厚度(单位为cm)，σ_{γ}是三种效应(光电效应、康普顿效应和电子对效应)原子截面之和，N是吸收物质单位体积中的原子数，μ是物质的线性吸收系数(单位为cm^{-1})，μ的大小反映了物质吸收γ射线能力的大小。

由于计数率n总是与相应γ射线强度I成正比，因此n与x具有如下关系

$$n=n_{0}\mathrm{e}^{-\mu x} \tag{1.19-7}$$

对式(1.19-7)取对数，有

$$\ln n=\ln n_{0}-\mu x \tag{1.19-8}$$

以x为横坐标，以$\ln n$为纵坐标绘图，将得到一条直线，直线斜率绝对值就是线性吸收系数μ。

如果所要测量的放射源包括多种能量的γ射线，则绘出的是一条曲线。随着γ射线通过物质厚度x的增加，低能γ射线逐渐被吸收，当吸收物质超过一定厚度后，随厚度的增加，吸收曲线将是一条直线。根据这条直线斜率的绝对值，我们就可以得到最大能量γ射线的吸收系数。把这一直线延伸到$x=0$，再以原来的吸收曲线减去这条直线相对应吸收体厚度的计数率，就可以得到其他能量的γ射线的吸收曲线，从得到的曲线最后部分求斜率，即可得到能量仅次于最高能量γ射线的吸收系数。重复上述方法，就能一次得到其他γ射线的吸收系数。

为了得到准确结果，最好是放射源只放出一种能量的射线或者是探测器能对各种能量的γ射线进行鉴别。

3. 闪烁γ能谱仪

闪烁谱仪是利用射线在某些物质中产生荧光的现象来记录粒子的装置，其特点是探测效率高，分辨时间短，可以记录强度很高的放射性。

1) 闪烁谱仪结构

闪烁谱仪大体可分为闪烁探头与高压、信号放大与多道分析两大部分，其结构框图如

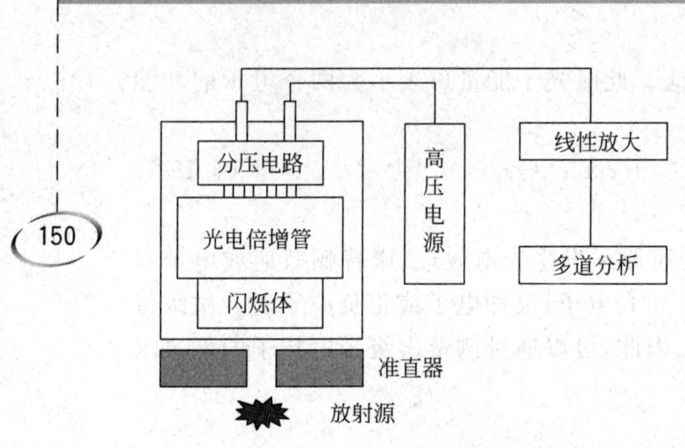

图 1.19-2　闪烁谱仪的结构框图

图 1.19-2 所示。

(1) 闪烁探头与高压。

闪烁探头由密封在暗盒中的闪烁体、光电倍增管和分压电路组成。实验中经常用到的闪烁体有三种：硫化锌(银)闪烁体(用于测量 α 射线)；碘化钠(铊)闪烁体(用于测量 γ 射线)；塑料闪烁体(用于 β 射线的测量)。本实验测量 γ 能谱，使用碘化钠闪烁体(NaI 晶体)。闪烁探头的工作原理是：γ 射线进入闪烁体，通过发生光电效应、康普顿散射、电子对作用产生次级电子，γ 光子的能量转化为次级电子的动能。探头的闪烁体是荧光物质，它被次级电子激发而发出荧光，产生的荧光光子数目与入射 γ 光子能量相关。这些荧光光子被光导层引向加载高压的光电倍增管，在光电倍增管的光阴极上再次发生光电效应产生光电子。这些光电子经过一系列倍增极的倍增放大，使光电子的数目大大增加，最后在光电倍增管的阳极形成脉冲信号。脉冲数目和进入闪烁体 γ 光子数目相对应，而脉冲幅度与在闪烁体中产生的荧光光子数目成正比，从而和 γ 射线在闪烁体中损失的能量成正比。整个闪烁探头安装在屏蔽暗盒内，以避免可见光照射对光电倍增管的损坏。

(2) 信号放大与多道分析。

由于探头输出的脉冲信号幅度很小，需要经过线性放大器将信号幅度按线性比例放大，然后使用多道脉冲幅度分析器测量信号多道能谱。多道脉冲幅度分析器的功能是将输入的脉冲按其幅度不同分别送入相对应的道址(即不同的存储单元)中，通过软件可直接给出各道址(对应不同的脉冲幅度)中所记录的脉冲数目，从而得到脉冲的幅度概率密度分布。

由于闪烁 γ 能谱仪输出的信号幅度与射线在晶体中沉积的能量成正比，这也就得到了 γ 射线的能谱。

2) γ 能谱

图 1.19-3 是典型 ^{137}Cs 的 γ 射线能谱图。图的纵轴代表各道址中的脉冲数目，横轴为道址，对应于脉冲幅度或 γ 射线的能量。

从能谱图上看，有几个较为明显的峰。光电峰 E_γ，又称全能峰，其能量对应于 γ 射线的能量 E_γ。γ 射线进入闪烁体后，由于光电效应产生光电子，光电子逸出原子留下空位，外壳层上的电子跃入填充，同时放出 X 射线。一般来说，闪烁体对低能 X 射线有很强的吸收作用，这样闪烁体就吸收了 γ 射线的全部能量，所以光电峰的能量就代表 γ 射线的能量。对 ^{137}Cs，此能量为 0.661MeV。

E_c 即为康普顿边界，对应反冲电子的最大能量。

背散射峰 E_b 是由射线与闪烁体屏蔽层等物质发生反向散射后进入闪烁体内而形成的光电峰，一般背散射峰很小。

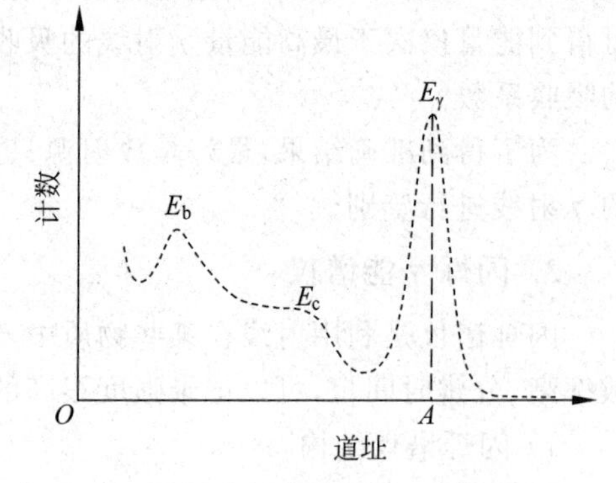

图 1.19-3　^{137}Cs 的 γ 能谱

3）谱仪能量刻度标定和分辨率

（1）谱仪能量刻度标定。

闪烁谱仪测得的 γ 射线能谱的形状以及各峰对应的能量值由核素衰变纲图所决定，是各核素的特征反映。但各峰所对应的脉冲幅度与工作条件有关。如光电倍增管高压改变、线性放大器放大倍数不同等，都会改变各峰位在横轴上的位置，也即改变了能量轴的刻度。因此，应用 γ 谱仪测定未知射线能谱时，必须先用已知能量的核素能谱标定谱仪。

由于能量 E 与各峰位道址 N 之间的关系是线性的，$E=kN+b$，因而能量刻度标定就是设法得到 k 和 b。例如，选择 ^{137}Cs 的光电峰 E_γ 和背散峰 E_b，如果对应的光电峰 E_γ 位于 N_1 道，对应的背散峰 E_b 位于 N_2 道，则

$$k=\frac{E_b-E_\gamma}{N_2-N_1},\quad b=\frac{(E_\gamma+E_b)-k(N_1+N_2)}{2} \tag{1.19-9}$$

k,b 的单位为 MeV。已知 ^{137}Cs 的光电峰 $E_\gamma=0.661$MeV，由式(1.19-4)得到 ^{137}Cs 康普顿边界 E_c，进而得到 ^{137}Cs 背散峰 $E_b=E_\gamma-E_c$。这样，就可由式(1.19-9)计算得到 k 和 b，能量刻度标定就完成了。

对于谱仪测得的未知光电峰，将其道址 N 代入 $E=kN+b$，就可得到对应的能量值。

（2）谱仪分辨率。

γ 能谱仪的一个重要指标是能量分辨率。由于闪烁谱仪测量粒子能量过程中，伴随着一系列统计涨落过程，如 γ 光子进入闪烁体内损失能量、产生荧光光子、荧光光子在光阴极上打出光电子、光电子在倍增极上逐级倍增等，这些统计涨落使脉冲的幅度服从统计规律而有一定的分布。

定义谱仪能量分辨率 η 为

$$\eta=\frac{\text{FWHM}}{E_\gamma}\times 100\% \tag{1.19-10}$$

式中，FWHM(full width half maximum)表示选定能谱峰的半高全宽，E_γ 为与谱峰对应的 γ 光子能量，η 表示闪烁谱仪在测量能量时能够分辨两条靠近的谱线的本领。目前，一般 NaI 闪烁谱仪对 ^{137}Cs 光电峰的分辨率在 10%左右。

[仪器装置]

实验装置采用虚拟核仿真信号源代替放射源、探测器与高压电源，如图 1.19-4 所示。上位机控制虚拟核仿真信号源电压和放射源状态，得到相应的核脉冲信号。通用数据采集器使用多道分析功能，通过对信号源输出的核脉冲进行线性放大和多道能谱测量分析，观察相应的物理现象。

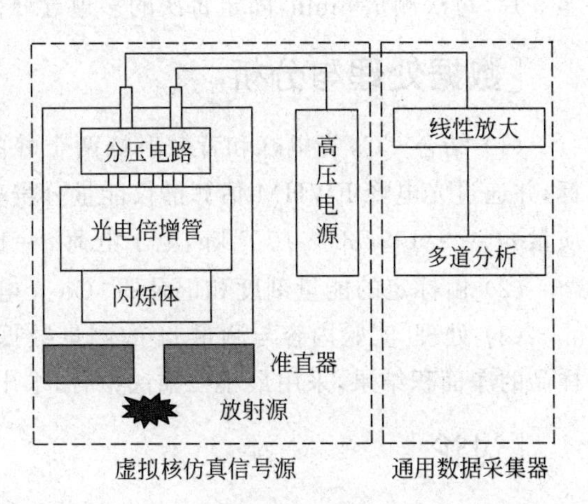

图 1.19-4 虚拟核仿真信号源 γ 能谱实验装置连接图

[实验内容与测量]

实验内容为测量虚拟 ^{137}Cs 放射源 γ 能谱，结合光电峰和背散射峰能量，定标谱仪能

量刻度，并通过光电峰 FWHM 估算谱仪能量分辨率；测量^{60}Co 放射源 γ 能谱，记录其光电峰峰位，计算其能量；测量铅、铁、铜、铝样品对^{137}Cs 放射源 γ 射线的吸收，获得各材料的线性吸收系数。

1. 实验前准备

将模拟源顶部的输出电缆接到 NMS-6014-s 型核能信息采集器前面板上“信号采集”中的多道分析端口。分别接通核能信息采集器电源和计算机电源。

用鼠标右键单击计算机桌面上的“大学核与粒子物理实验平台”图标，登录后进入主界面。

2. 测量虚拟^{137}Cs 放射源 γ 能谱

(1) 在主界面顶部“实验内容”下拉菜单中，选择“γ 能谱测量实验”。

(2) 选择“测量^{137}Cs 和^{60}Co 的 γ 粒子能谱”。设置放射源为^{137}Cs，加载探测器高压至 600V，预热 5min。然后，单击主界面顶部菜单的“仪器面板”图标，在下拉菜单中选择“多道分析器”，打开多道分析仪软件。单击多道分析仪软件菜单栏中的“设置”按钮，可以进行测量时间、输入信号极性、输入信号幅度范围、多道分析仪总道数、寻峰灵敏度等参数的设置。设定好参数后，单击多道分析仪软件菜单栏“开始”选项，软件开始记录数据，并将其转为图形显示出来。其中 X 轴代表道址(脉冲幅度)，Y 轴代表对不同道址所记录的脉冲数目(脉冲幅度概率密度的分布)。单击“停止”选项停止记录数据。测量其 γ 能谱，并用多道分析仪软件测出^{137}Cs 光电峰和背散射峰的峰位。将实验测量数据以 txt 文件保存。

3. 测量^{60}Co 放射源 γ 能谱

将放射源换成^{60}Co，测量其 γ 能谱，记录其光电峰峰位。将实验测量数据以 txt 文件保存。

4. 测量铅、铁、铝样品对^{137}Cs 放射源 γ 射线的吸收

回到“γ 能谱测量实验”界面，选择“测量不同金属片对 γ 粒子的吸收特性”。将放射源换成^{137}Cs，分别将铅、铁、铝样品(每片厚 4.00mm)作为吸收片，从零片开始依次增加吸收片至 5 片，每次测量 5min，固定每次的多道寻峰范围，保存测量数据。

[数据处理与分析]

(1) 结合^{137}Cs 光电峰和背散射峰两个峰的能量，计算谱仪能量刻度，对能谱仪进行定标，并通过光电峰 FWHM 估算谱仪能量分辨率(真空中光速 $c=299\,792\,458$m/s，电子静止质量 $m_e=9.109\,534\times10^{-31}$kg，电子电荷 $e=1.602\,189\,2\times10^{-19}$C)。

(2) 由标定的能量刻度和记录的^{60}Co 光电峰峰位，计算其能量。

(3) 处理[实验内容与测量]4 的测量数据，得到各样品曲线下的净面积。对铅、铁、铝样品的净面积结果，采用最小二乘法拟合，求出各材料的线性吸收系数。

[讨论]

讨论测量得到的^{60}Co 放射源 γ 射线光电峰的能量是否符合实际值。讨论铅、铁、铜、铝样品的 γ 射线吸收特性。

[结论]

通过对实验现象和实验结果的分析，你能得到什么结论？

[思考题]

(1) 用闪烁谱仪测量 γ 能谱时，要求在多道分析仪的道址范围内能同时测量出^{137}Cs 和^{60}Co 的光电峰，应如何选择工作条件？在测量中该工作条件可否改变？

(2) 若有一单能 γ 源，能量为 2MeV，试预言其谱形，并根据你的测量结果，估计其全能峰的半高宽度。

[附录]

图 1.19-5 和图 1.19-6 分别是^{137}Cs 和^{60}Co 衰变纲图。

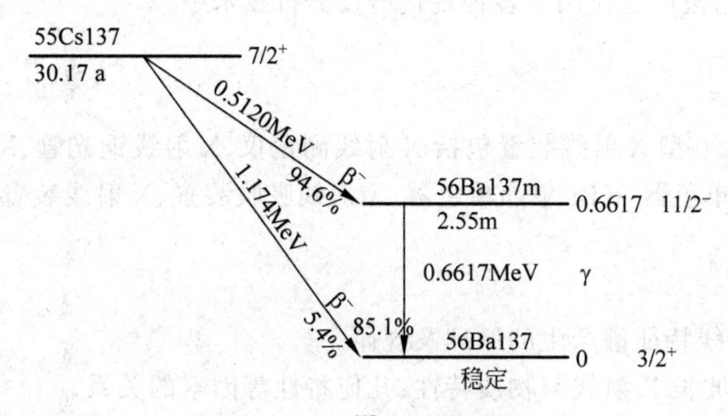

图 1.19-5 ^{137}Cs 衰变纲图

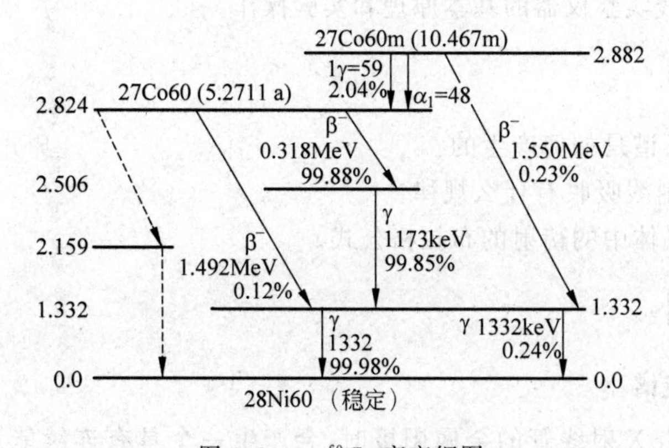

图 1.19-6 ^{60}Co 衰变纲图

[参考文献]

[1] 成都尼姆数字科技有限公司. NMS-6014-S 新型可重构核与粒子物理实验教学系统说明书[Z]. 2022.
[2] 王魁香，韩炜，杜晓波. 新编近代物理实验[M]. 北京：科学出版社，2007.
[3] 林木欣. 近代物理实验[M]. 北京：科学出版社，1999.
[4] 吴平. 大学物理实验教程[M]. 2 版. 北京：机械工业出版社，2015.

实验 1.20　X 射线特征谱与吸收

[引言]

1895 年，德国物理学家伦琴在研究阴极射线时首次发现了 X 射线。X 射线是一种波长约为 0.01～10nm 的电磁波，其光子能量比可见光高出几万至几十万倍。因此，X 射线除了具有可见光的一般性质外，还具有自身的特点。由于其特殊性质，X 射线在其发现后不久就迅速地被广泛应用于物理学、工业、农业和医学领域。1913 年，英国物理学家莫塞莱研究了多种元素的 X 射线谱线，并发现了莫塞莱定律，即谱线频率与原子序数之间有关系。莫塞莱定律对周期表的发展起到了重要作用，为元素在周期表中的排序提供了更加科学和准确的实验依据，成为一种新的识别元素的可靠方法。X 射线谱线标识是元素定性鉴别最可靠的物理方法之一，已被广泛应用于各种现代谱仪分析技术中。

[实验仪器]

PHYWE XR 4.0 型 X 射线装置包括 X 射线测角仪、X 射线铜光管、X 射线探测器(G-M 计数管)、LiF 单晶单色器、KBr 单晶单色器、X 射线吸收装置、X 射线装置控制软件等。

[实验目的]

(1) 了解 X 射线特征谱产生的原理及规律。

(2) 研究不同波长 X 射线与物质特性、几何特性等因素的关系。

(3) 学习测量 X 射线能谱的方法。

(4) 掌握 X 射线实验仪器的基本原理和实验操作。

[预习提示]

(1) X 射线特征谱是如何产生的？

(2) 物质对 X 射线吸收有什么规律？

(3) X 射线在晶体中的衍射的布拉格公式。

[实验原理]

1. 特征 X 射线谱

当高能电子撞击 X 射线管的金属阳极时，会产生一个具有连续能量分布的 X 射线辐射，称为康普顿辐射。X 射线管产生的能量连续分布的康普顿辐射上叠加着一些 X 射线谱线，这些谱线的能量不依赖于阳极电压，且是阳极材料所特有的，称为特征 X 射线谱线(图 1.20-1)。特征 X 射线谱线是这样产生的：例如，电子撞击阳极原子的 K 壳层，可以使该原子离子化。然后，外层能级的电子填补这个壳层上的空穴。在这个退激过程中释放的能量可以转化为阳极原子特有的 X 射线。如图 1.20-2 为铜原子的能级结构，从 $L\rightarrow K$ 或 $M\rightarrow K$ 跃迁产生的特征 X 射线分别称为 K_α 和 K_β 谱线。根据量子选择定则，$M_1\rightarrow K$ 和 $L_1\rightarrow K$ 跃迁不会发生，因此不会产生对应的特征 X 射线。Cu 的 K_α 和 K_β 谱线的平均能量可以用下式计算：

$$E_{K_\alpha}=E_K-\frac{1}{2}(E_{L2}+E_{L3})=8.038\text{keV} \tag{1.20-1}$$

$$E_{K_\beta}=E_K-E_{M2/3}=8.905\text{keV} \tag{1.20-2}$$

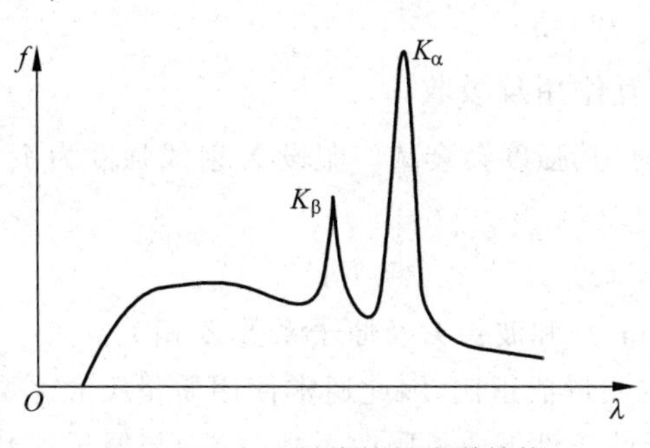

图 1.20-1　X 射线特征光谱结构

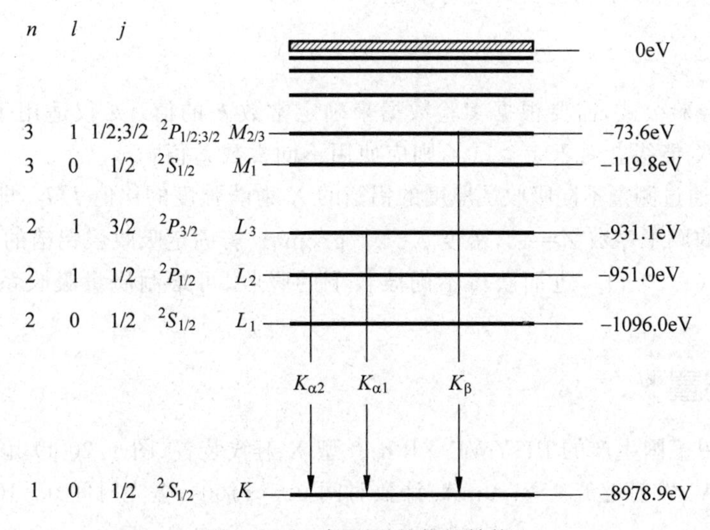

图 1.20-2　铜原子的能级结构

2. X 射线能量测量原理

通过单晶的晶格光栅作用，可以对连续波长 X 射线进行单色化。当波长为 λ 的 X 射线以很小的角度 θ 入射到单晶体上时，仅在反射光光程差 Δ 为一个或多个波长时才能发生干涉(图 1.20-3)。

根据布拉格公式

$$n\lambda=2d\sin\theta \tag{1.20-3}$$

其中，n 为任意整数，d 为单晶晶面的间距，θ 为入射 X 射线与晶面的夹角。根据式(1.20-3)，可以计算出通过单晶后反射的 X 射线的波长。

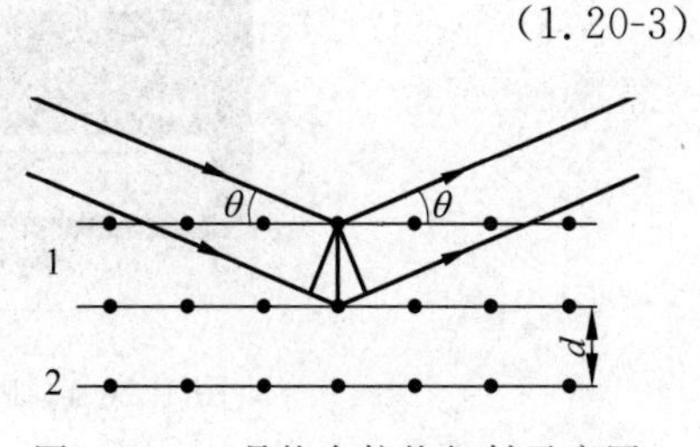

图 1.20-3　晶格布拉格衍射示意图

如果已知晶面间距 d，则可以利用入射角来计算波长。然后，根据式(1.20-4)，可以计算出 X 射线的能量：

$$E=hc/\lambda \tag{1.20-4}$$

式中，h 是普朗克常量，c 是光速，λ 为入射光波长。将式(1.20-3)和式(1.20-4)结合，可得到

$$E=\frac{nhc}{2d\sin(\theta)} \tag{1.20-5}$$

式中，$h=6.6256\times10^{-34}\text{J}\cdot\text{s}$，$c=2.9979\times10^{8}\text{m/s}$，LiF(200)晶面间距 $d=0.2014\text{nm}$，KBr(200)晶面间距 $d=0.3290\text{nm}$。

3. X射线与物质相互作用及吸收

当X射线穿过物质时，其强度会衰减。假设X射线强度为 I_0，穿透厚度为 d 的均匀物质时其强度为 I，有

$$I=I_0\text{e}^{-\mu(\lambda,Z)d} \tag{1.20-6}$$

式中，吸收系数 μ(单位 cm^{-1})和波长 λ 及原子系数 Z 相关。

由于吸收与吸收体的质量成正比，因此通常使用质量吸收系数(μ/ρ)，而不是使用线性吸收系数 μ。在满足一定的条件下质量吸收系数(μ/ρ)与原子序数 Z 和射线能量有一定的依赖关系，可以使用以下经验公式进行描述：

$$\frac{\mu}{\rho}=k(\lambda^3Z^3) \tag{1.20-7}$$

此公式是经验公式，需要根据实验数据来确定常数 k 的值。k 仅适用于波长范围 $\lambda<\lambda_K$，λ_K 为对应 K 能级。对于 $\lambda>\lambda_K$，则应使用不同常数 k 值。

本实验中，通过测量不同吸收层厚度的铝箔的X射线强度的比值 I/I_0，即可绘出 I/I_0-d 曲线，其中Al的原子序数 $Z=13$，密度 $\rho=2.7\text{g/cm}^3$。若固定吸收层铝箔的厚度，改变入射角度(根据公式(1.20-4))，进而获得不同波长下的吸收，可绘制质量吸收系数与射线波长曲线。

[仪器装置]

本实验采用德国生产的PHYWE XR 4.0型X射线装置(图1.20-4)，该实验装置可加载高压5～35kV，发射电流0～1.0mA，计数时间0.5～100s，曝光时间0～100min。

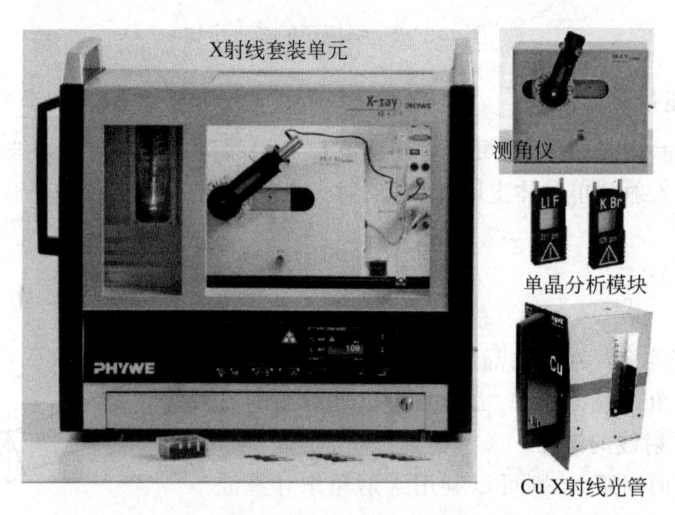

图1.20-4 PHYWE XR 4.0型X射线装置及配件图

［实验内容与测量］

1. 实验平台搭建

(1) 接线：将测角仪和计数光管连接到实验区域的指定位置的接口中(图 1.20-5(a)中的圆圈标记)。

(2) 将 LiF 单晶模块调整到正确的位置,将计数管调整到正确的位置,并使用导轨背部的固定装置固定(图 1.20-5(b)),在 X 射线光管光束出口插入一个直径为 2mm 的光阑(图 1.20-5(c)),注意在计数光管前安装光阑。通过 USB 线将 X 射线装置连接到计算机的 USB 端口上(图 1.20-5(d))。

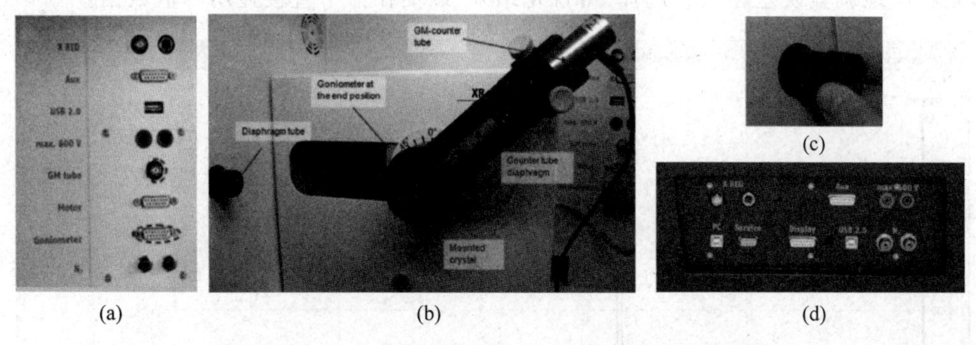

(a)　(b)　(c)　(d)

图 1.20-5　PHYWE XR 4.0 型 X 射线装置平台搭建图

(3) 启动"measure"程序,一个虚拟 X 射线装置将显示在屏幕上。通过单击虚拟 X 射线装置上方和下方的各种功能来控制 X 射线装置,也可以在真实的 X 射线装置上更改参数,更改完成后程序将自动采用这些设置,如图 1.20-6 所示。

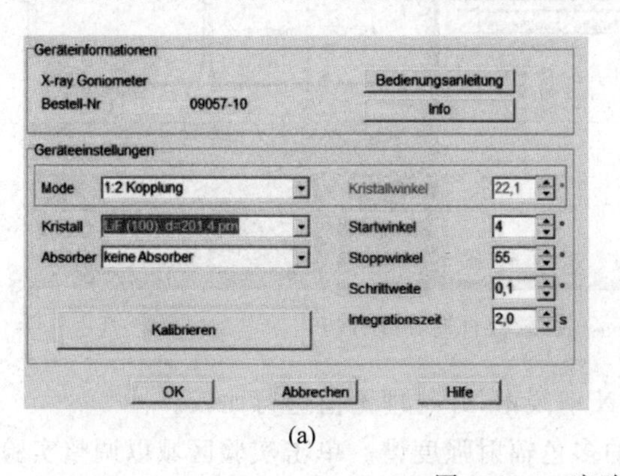

(a)

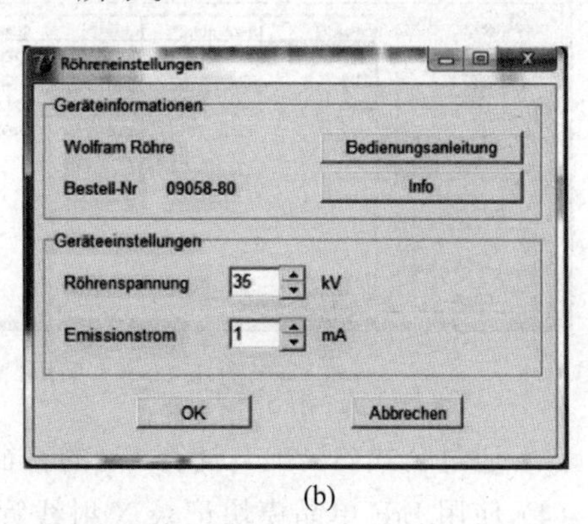

(b)

图 1.20-6　实验参数设置

(a) 测角仪的测量参数设置；(b) 阳极电压和电流的测量参数设置

(4) 单击红色按钮开始测量。

(5) 测量完成后,会出现以下窗口(图 1.20-7),单击选择第一项并单击"确定"。数据现在将直接传输到"measure"软件中。

2. 使用 LiF 和 KBr 单晶模块记录 X 射线管的多峰强度谱

(1) 单击实验区域以调整实验参数。选择"1∶2 联合模式"；"每步采集时间为 2s；角

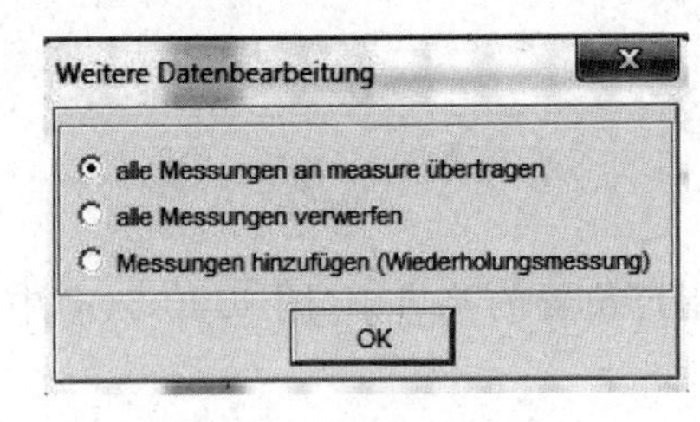

图 1.20-7　测量完成窗口

度步长为 0.1°”；扫描范围为 3°～55°。单击 X 射线管以调整阳极的电压和电流参数。选择阳极电压 U_A 为 35kV，阳极电流 I_A 为 1mA。单击红色按钮开始测量，测量完成后，会出现如图 1.20-7 所示窗口，单击选择第一项并单击“确定”。数据现在将直接传输到“measure”软件中。

(2) 使用“measure”软件确定谱中的峰值：单击“标记”按钮，并选择进行峰值确定的区域。单击“峰值分析”按钮。出现窗口“峰值分析”(图 1.20-8)。然后，单击“计算”。如果未计算出所需的所有峰值(或计算出来的峰值太多)，则相应地调整误差容限。选择“可视化结果”以便在谱中直接显示峰值数据。

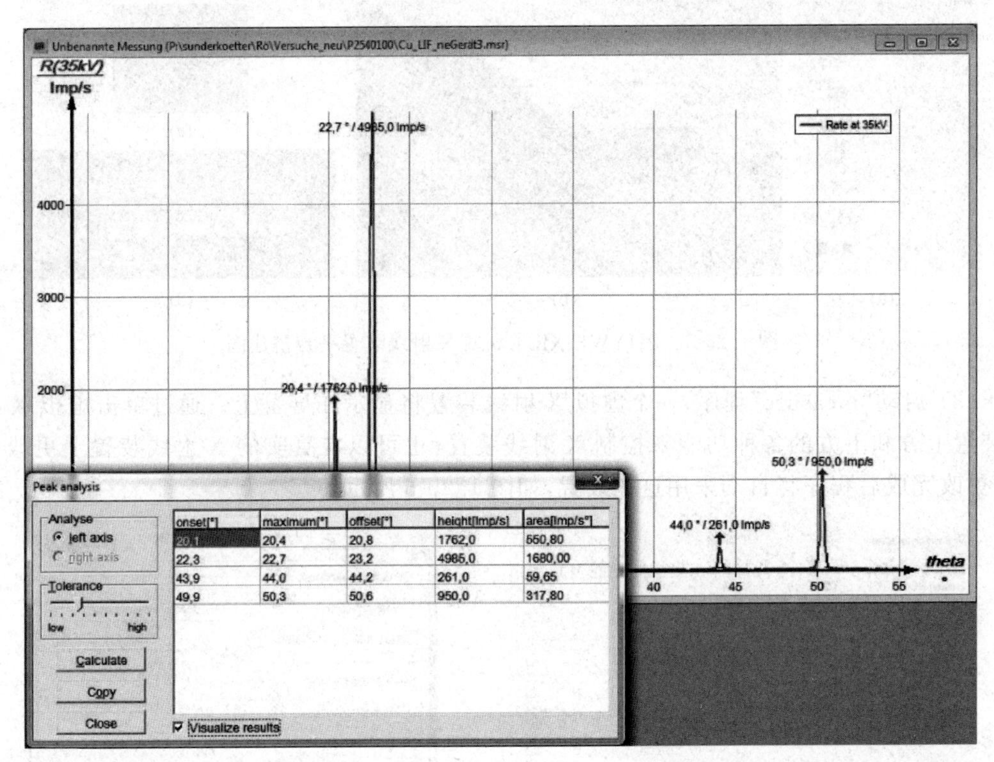

图 1.20-8　采用“Measure”软件自动寻峰分析

(3) 通过公式(1.20-5)计算 Cu 的特征 X 射线谱，并与理论值进行比较。

(4) 使用 LiF 单晶模块记录 X 射线管的多色辐射强度谱。单击实验区域以调整实验参数。选择“1∶2 联合模式”；“每步采集时间”为 2s；“角度步长”为 0.1°；扫描范围为 3°～25°。单击 X 射线管以调整阳极的电压和电流参数。选择阳极电压 U_A 为 35kV，阳极电流 I_A 为 1mA。单击红色按钮开始测量，测量完成后，单击选择第一项并单击“确定”。使用“measure”软件确定谱中的峰值。通过公式(1.20-5)计算 Cu 的特征 X 射线谱，并与理论值进行比较。

3. 测定不同厚度铝箔吸收层对 X 射线强度的衰减

采用的 X 射线吸收模块包括各种不同厚度的铝箔。将这些模块安装在计数管前面的光阑。手动选择两种不同的入射角，首先在没有插入铝箔情况下确定强度(I_0)，然后再放上铝箔后确定强度(I)。对于铜靶,合适的入射角度是 20.4°(K_β 线)和 10°。然后,记录没有插入铝箔和有铝箔时对应的强度值。为了改变铝箔的厚度,也可以同时使用两个铝箔吸收片。采集数据操作参考[实验内容与测量]1(采用 LiF 单晶模块)。需要注意的是:为了尽可能减小测量值的相对误差,测量的数据的峰的强度需要大于 1000。一般来说,每步采集时间需设置大于 50s。

4. 测定铝箔对 X 射线辐射的质量吸收系数

将厚度 d 为 0.08mm 的铝箔安装在计数管前面的光阑采集数据,采集数据操作参考[实验内容与测量]1(采用 LiF 单晶模块,选择 2∶1 联合模式),采集范围为 6°~16°,步长为 1°~2°,采集时间需设置大于 50s,选择阳极电压 U_A 为 35kV,阳极电流 I_A 为 1mA。为了确定 I_0,用相同条件采集没有插入吸收模块时的图谱。

[注意事项]

过量的 X 射线照射会对人体产生危害,引起局部组织受损、坏死或带来其他疾病,如精神衰退、头晕、毛发脱落和血液成分变化等。因此,在进行 X 射线实验室工作时,必须注意安全防护,尽可能避免不必要的照射。由于高压和 X 射线的电离效应,仪器附近会产生臭氧等对人体有害的气体,因此工作场所必须通风良好。

[数据处理与分析]

(1) 根据实验内容和目的,自行设计表格记录数据。
(2) 计算 Cu 的特征 X 射线谱,并把实验值与理论值比较。
(3) 绘出 Al 的 X 射线吸收与厚度的关系图。
(4) 计算不同波长下 Al 的 X 射线吸收系数。

[讨论]

(1) 根据 X 射线特征谱的特点,讨论其在哪方面可以有实际应用?
(2) 不同计数时间对 X 射线谱的峰位和峰强有什么影响?
(3) 为什么 X 射线装置的正面采用含铅玻璃?研究含铅量与吸收系数的关系。

[结论]

通过对实验现象和实验结果的分析讨论,你能得到什么结论?

[思考题]

(1) 本实验中如何测量 X 射线的能量?是否还有其他的方法?
(2) X 射线的吸收规律是怎样的?是如何得到的?其成立条件是什么?
(3) 比较 X 射线衍射与可见光衍射的异同。

[参考文献]

[1] PHYWE 公司. X 射线衍射仪使用手册[Z]. 2014.
[2] 余虹. 大学物理[M]. 北京:科学出版社,2001.

[3] 李树棠.晶体X射线衍射学基础[M].北京：冶金工业出版社，1990.
[4] 姜传海，杨传铮.X射线衍射技术及其应用[M].上海：华东理工大学出版社，2010.

实验1.21 真空的获得、测量与金属薄膜制备

[引言]

在真空技术里，真空是指相对大气而言，压强小于一个标准大气压的稀薄气体空间。现代许多高精密度产品在制造过程中的某些阶段必须使用真空，例如，在薄膜材料的制备以及薄膜器件制造的主要加工工艺环节大量采用真空条件。

薄膜是人工制作的厚度约在1μm(10^{-6}m)以下的固体膜。一般来说，薄膜被制备在一个衬底(如玻璃、半导体硅等)上。薄膜材料与薄膜技术广泛应用于现代科技和国民经济的各个重要领域。例如，在芯片制造产业中，薄膜技术是关键技术之一。

通过这个实验，学习和了解真空、真空的获得与测量基础知识及操作规程，以及薄膜材料的一种物理气相沉积方法。

[实验目的]

(1) 学习真空基本知识和真空的获得与测量技术基础知识。

(2) 学习直流溅射法制备薄膜的原理和方法。

(3) 实际操作一套真空镀膜装置，使用真空泵和真空测量装置，研究该真空系统的抽气特性。

(4) 用直流溅射法制备一系列不同厚度的银金属薄膜，为实验研究金属薄膜厚度对其电阻率影响制备样品。

[实验仪器]

SBC-12型小型直流溅射仪(配有银靶)，机械泵，氩气瓶，超声波清洗器，玻璃衬底(长20mm、宽15mm、厚1mm)等。

[预习提示]

(1) 获得真空的主要设备及其工作条件。

(2) 真空度的测量装置及使用条件。

(3) 直流溅射法制备薄膜的基本原理。

(4) 理解并列出所用的银薄膜制备参数。

(5) 制备银薄膜的主要实验操作步骤与注意事项。

[实验原理]

1. 真空基本知识及真空的获得与测量

1) 真空基本知识

在真空技术里，真空是指相对大气而言，压强小于一个标准大气压的稀薄气体空间，常

用“真空度”这个习惯用语和“压强”这一物理量来表示某一空间的真空程度。真空度越高，气体压强越低。

通常气体的真空度直接用气体的压强来表示，真空度的单位也采用压强的单位，常用帕斯卡(Pa)或托(Torr)作为单位。它们之间的换算关系为

$$1\ 托(Torr)=1\ 毫米汞柱(mmHg)=133\ 帕斯卡(Pa)$$

按气体压强大小的不同，通常把真空范围划分为：低真空 $1\times10^{5}\sim1\times10^{2}$ Pa，中真空 $1\times10^{2}\sim1\times10^{-1}$ Pa，高真空 $1\times10^{-1}\sim1\times10^{-5}$ Pa，超高真空 $1\times10^{-5}\sim1\times10^{-9}$ Pa，极高真空 1×10^{-9} Pa 以下。

2) 真空的获得

真空的获得就是人们常说的抽“真空”，是利用各种真空泵将被抽容器里的气体抽出，使该容器中的压强低于 1atm(1atm＝101.325kPa)。任何真空泵都不可能在整个真空范围内工作，通常真空泵按工作条件的不同可分为两大类：①可从 1atm 开始抽气的泵——“前级泵”，如机械泵、吸附泵。它们的极限真空度都不高(一般为 $1\sim10^{-2}$ Pa)，可实现低真空的获得或作为高一级真空泵的前级泵；②只能从较低的气压(通常是在 $1\sim10^{-1}$ Pa 真空度以下)开始抽气到更低压强的泵——“次级泵”，如扩散泵、分子泵、离子泵等。真空泵有两个重要参量：极限真空(真空泵能抽得的最高真空度)和抽气速率。实际应用时要根据真空泵的有效使用范围，合理地选择真空泵。

机械泵是最常使用的低真空泵，涡轮分子泵是常用的高真空泵，下面简要介绍这两种泵的结构与工作原理。

(1) 机械泵。

凡是利用机械运动(转动或滑动)方式来获得真空的泵都称为机械泵。机械泵有不同种类，其中以旋片式机械泵最为常见。图 1.21-1 是旋片式机械泵结构示意图。泵体主要由定子、转子、旋片、进气管和排气管等组成。定子两端被密封形成一个密封的泵体。泵腔内偏心地装有转子，它与泵内腔顶部紧密相切。沿转子的轴线开一个槽，槽内装有两块旋片，旋片中间用弹簧相连，弹簧使转子旋转时旋片始终沿定子内壁滑动。

图 1.21-2 是旋片式机械泵工作原理图。旋片将泵腔分成了两部分。当转子转动时，A 区体积缩小，压强增高，当压强高于一个大气压时，气体推开排气阀门排出气体；B 区体积扩大，同时吸入气体(抽气)；当 B 区到达最大位置时完成抽气过程，C 区开始抽气；当 A 区排气完毕，B 区压缩排气，C 区继续抽气。转子的不断转动使抽气、排气过程循环进行。

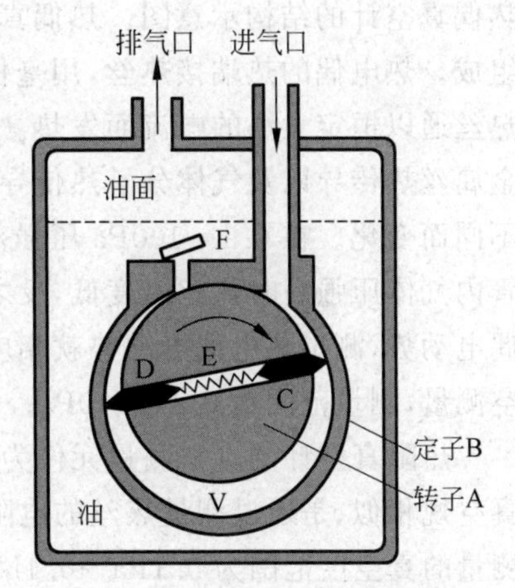

图 1.21-1 旋片式机械泵结构示意图

机械泵是一种从 1atm 开始工作的真空泵，可以单独使用来获得低真空，也可以作为高真空泵或超高真空泵的前级泵。单级旋片泵的极限真空可以达到 1Pa，双级旋片泵的极限真空可以达到 10^{-2} Pa 数量级。

(2) 涡轮分子泵。

涡轮分子泵是利用高速旋转的动叶轮将动量传给气体分子，使气体产生定向流动而抽气的真空泵。

图 1.21-3 为一种涡轮分子泵的结构图。这种泵是

由转子、定子、电动机、轴承和外壳等部件组成。泵中的旋转的涡轮叶列称为转子，被装在由轴承支撑的轴上。两个转子叶片圆盘之间有静止的涡轮叶片称作定子，被安装在泵壳内。每一对转子和定子构成一级压缩，一般有 20～40 级。气体分子通过泵的入口经多级叶列压缩后排到出口处，多级压缩可有很高的压缩比，故在入口处可获得非常低的压力。

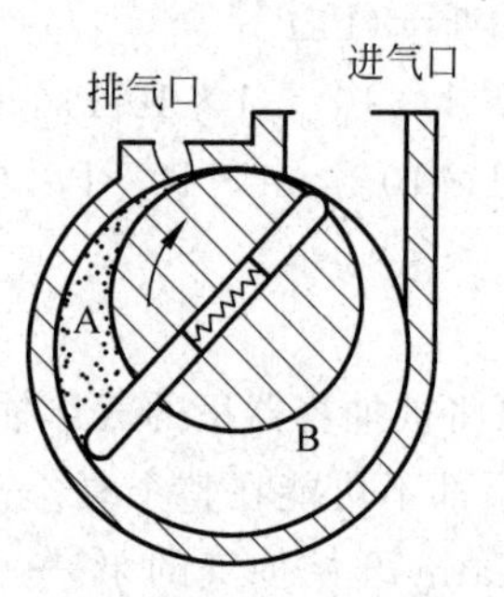

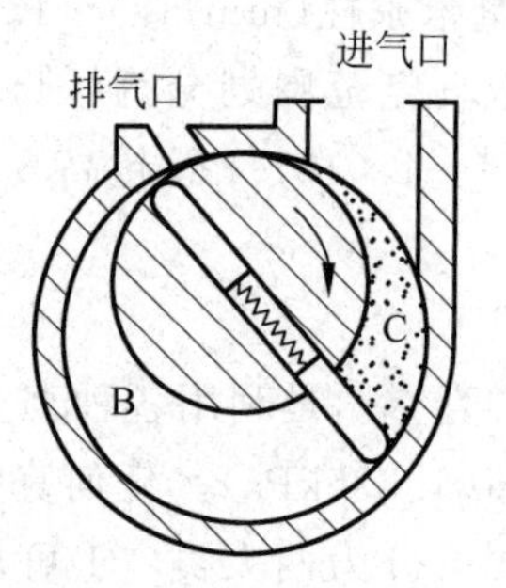

图 1.21-2　旋片式机械泵工作原理图

图 1.21-3　涡轮分子泵

涡轮分子泵的工作原理比较简单。当气体分子碰撞到运转速度为 400m/s 的动叶表面上，就会被携带转向到叶片的运动方向上。涡轮分子泵叶片以非常高的速度运转，使气体分子被连续不断地折射、转向和压缩，气体分子被叶列压缩到前级侧后被前级泵排出。

涡轮分子泵主要用作高真空泵和超高真空泵，但它不能直接对大气排气，需要配置工作压力为 $1\sim10^{-2}$Pa 的前级真空泵，旋片式机械泵是常见的前级泵。涡轮分子泵工作压力范围为 $1\sim10^{-8}$Pa，抽气速率一般在 5000L/s。

3) 真空的测量

真空测量是指用特定的仪器或装置，测定某一特定空间内的真空度。测量真空度的仪器或装置称为真空计(或真空规)。真空计种类很多，这里仅介绍常用的热偶真空计、热阻真空计和电离真空计。

(1) 热偶真空计、热阻真空计。

热偶真空计、热阻真空计都是以气体热导率随气体压强的变化为基础的。图 1.21-4 为热偶真空计的结构示意图。热偶真空计规管主要由加热灯丝和用来测量热丝温度的热电偶组成。热电偶的热端接热丝，用毫伏计测量热偶电动势。测量时，热偶规管接入真空系统，热丝通以恒定大小的电流而发热。达到热平衡时，电流提供的加热功率与通过空间热辐射、金属丝热传导以及气体分子热传导而损失的功率相等，这样热丝的温度就随管内真空度的不同而变化。在 0.1～100Pa 压强范围内，气体的热导率随着气体压强的增加而增大，因而管内气体压强高时热丝温度低，反之管内气体压强低时，灯丝温度高。灯丝温度决定了热电偶电动势，测出热电偶电动势就相应测出了规管内的气体压强。热偶真空计通常用于低真空测量，测量范围为 0.1～100Pa。

热阻真空计的真空测量元件为热阻式真空规，又称为皮拉尼真空规，其工作原理与热偶真空规相似，是通过测量热丝的电阻随温度的变化来实现对真空度的测量的。热阻真空计测量的真空度范围为 0.1Pa～0.1MPa。

(2) 电离真空计。

电离真空计是利用气体分子电离原理进行真空度测量的。图 1.21-5 为电离真空计的结构示意图。电离规管主要有 3 个电极：螺旋状加速并收集电子的栅极 1，发射电子的灯丝 2 和圆筒型离子收集极 3。阴极灯丝 2 在玻璃管中央，其外为螺旋状栅极 1，最外层的金属筒为离子收集极 3，其中栅极 1 接正电位（几百伏），收集极 3 接负电位（几十伏）。灯丝 2 通电后发射的电子，被栅极 1 加速，穿过栅极 1 后又减速，最后返回栅极 1。电子在栅极 1 和收集极 3 之间的空间反复运动，与气体分子不断发生碰撞，使气体分子不断发生电离，电离产生的正离子被负电位的收集极 3 吸收并形成离子流。在发射电流不变的条件下，离子流与气体压强成正比，因此，测出离子流的大小便可知真空度的大小了。当气体压强高于 0.1Pa 时，灯丝会因离子流过大而烧坏，因此使用时应注意，在真空度达到要求时方能开始使用电离真空计。常见的电离真空计的测量范围是 $10^{-5}\sim10^{-1}$ Pa。

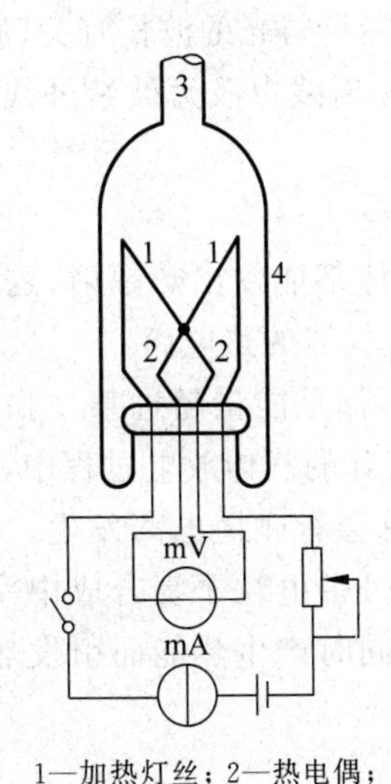

1—加热灯丝；2—热电偶；
3—接真空系统；4—玻壳。

图 1.21-4 热偶真空计结构示意图

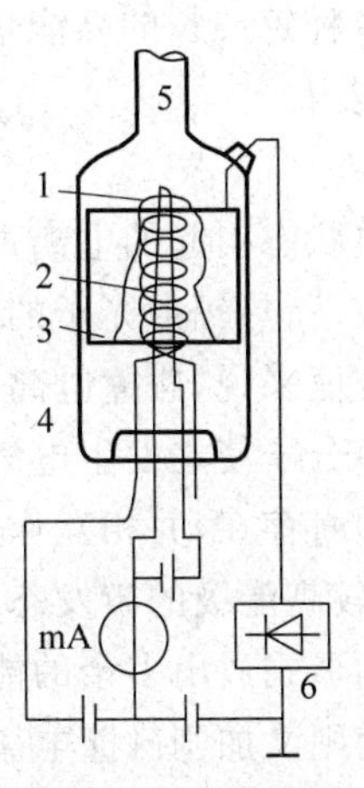

1—栅极；2—阴极灯丝；3—离子收集极；4—玻壳；
5—接真空系统；6—离子流放大器。

图 1.21-5 电离真空计结构示意图

2. 直流溅射法制备薄膜原理

溅射是指用具有足够高能量的离子（荷能粒子）轰击固体（称为靶材）表面，使固体表面的原子（或分子）从表面射出的现象。这些从固体表面射出的粒子大多呈原子状态，通常称为被溅射原子。常用的轰击靶材的荷能粒子为惰性气体离子（如氩离子）和其快速中性粒子，它们又被称为溅射粒子。溅射粒子轰击靶材，使靶材表面的原子离开靶材表面成为被溅射原子，这些被溅射出来的原子带有一定的动能，会沿着一定的方向射向衬底，沉积到衬底上就形成了薄膜，所以这种制备薄膜的方法被称为溅射法。溅射法又可细分为：直流溅射法、磁控溅射法、射频溅射法和反应溅射法。

溅射法基于荷能粒子轰击靶材时的溅射效应，而溅射过程都是建立在辉光放电的基础之上的，即溅射粒子都来源于气体放电。干燥气体在正常状态下是不导电的，是良好的绝缘介质，但当气体中存在自由带电粒子时，它就变为电的导体。这时若在气体中安置两个电极并加上电压，气体在强电场作用下，少量初始带电粒子与气体原子（或分子）相互碰撞，当碰撞能量超过某一临界值时，就会使束缚电子脱离气体原子而成为自由电子。逸出电子后的原子成为正离子，使气体中的带电粒子剧增，这时有电流通过气体，这个现象称为气体放电。

气体放电的根本原因在于气体中发生了电离过程，在气体中产生了带电粒子。气体电离的基本形式有以下几种方式。

1）碰撞电离

在电场作用下，那些散布在气体中的带电粒子(电子或离子)被加速而获得动能，当它们的动能积累到一定值后，在和中性的气体分子发生碰撞时，有可能使中性的气体分子发生电离，这种电离过程称为碰撞电离。在碰撞电离中，由于电子的尺寸小、重量轻，其平均自由行程也较大，所以在电场中容易被加速并积累起电离所需的能量。因此，电子是碰撞电离中最活跃的因素，它在强电场中产生的这种碰撞电离是气体放电中带电粒子极为重要的来源。

2）光电离

由光辐射引起的气体分子的电离称为光电离。光子的能量与光的波长有关，波长越短，能量越大。各种短波长的高能辐射线如宇宙射线、γ 射线、X 射线以及短波紫外线等都具有较强的电离能力。

3）热电离

因气体热状态引起的电离过程称为热电离。所有的气体都能发出热辐射，这也是电磁辐射。在高温下，热辐射光子的能量达到一定数值即可造成气体的热电离。

从基本方面来说，碰撞电离、热电离及光电离是一致的，都是能量超过某一临界值的粒子或光子碰撞分子使之发生电离，只是能量来源不同。在实际的气体放电过程中，这三种电离形式往往同时存在，并相互作用。比如，在电场作用下，总会有碰撞电离发生。在放电过程中，当处于较高能级的激发态原子回到正常状态，以及异号带电粒子复合成中性粒子时，又会以光子的形式放出多余的能量，从而可能导致光电离，同时产生热能而引发热电离，高温下的热运动则又加剧碰撞电离过程。

4）表面电离

气体中的电子也可以由电场作用下的金属表面发射出来，称为金属电极表面电离。从金属电极表面发射电子同样需要一定的能量，称为逸出功，它比气体的电离能小得多，所以金属电极表面发射电子要比直接使气体分子电离容易。可以用各种不同的方式向金属电极供给能量，如对阴极加热、正离子对阴极碰撞、短波光照射以及强电场都可以使阴极发射电子。

气体放电的形式和现象多种多样，依气体压强、施加电压、电极形状、电源频率的不同，气体放电的形式大体上可以分为以下几类：①当气压较低，电源容量较小时，气隙间的放电表现为充满整个间隙的辉光放电。②在大气压下或者更高气压下，放电表现为跳跃性的火花，称为火花放电。③当电源容量较大且内阻较小时，放电电流较大，并出现高温的电弧，称为电弧放电。④在极不均匀电场中，还会在间隙击穿之前，只在局部电场很强的地方出现放电，但这时整个间隙并未发生击穿，这种放电称为局部放电。高压输电线路导线周围有时会出现的电晕放电就属于局部放电。⑤当发生气体放电时，电极间交换的频率很高的放电形式叫高频放电。⑥此外，在气体放电中还有一种特殊的放电形式，即在气体介质与固体介质的交界面上沿着固体介质的表面而发生在气体介质中的放电，称为沿面放电。当沿面放电发展到使整个极间发生沿面击穿时称为沿面闪络。例如，在输电线路上出现雷电过电压时，常常会引起沿绝缘子的表面的闪络。

辉光放电发生在较低气压气体中，如 1～100Pa 的低气压气体中。不同的溅射技术所用的辉光放电方式有所不同。直流溅射法利用的是直流电压产生的辉光放电；射频溅射法利用的是射频电磁场产生的辉光放电；磁控溅射法是利用平行于靶材表面的磁场控制下的电场或电磁场产生的辉光放电；反应溅射法可以利用惰性气体和活性气体的混合气体在电场或电磁场中产生的辉光放电，常用的活性气体有氧气、氮气等。

本实验所使用的薄膜制备方法是直流溅射法，利用了直流电压产生的辉光放电。图 1.21-6 是直流溅射沉积装置示意图，其中溅射靶为阴极，衬底为阳极，阴极相对于阳极可加负的数千伏电压。在对系统预抽真空以后，充入适当压强的惰性气体，例如 10^{-1}～10Pa 的氩气，作为气体放电的载体。在正、负极之间的高压作用下，极间的气体分子(原子)被大量电离，并伴随发出辉光。图 1.21-7 给出了靶材(阴极 C)和衬底(阳极 A)之间电位的变化情况。可以看到，两极间电位的变化不是均匀的，有所谓的阴极电压降(U_C)，即两极间的电压降主要发生在阴极附近。由放电形成的气体正离子被朝着阴极(靶材)方向加速，并且由于两极间的电压降主要出现在靶材(阴极)附近，这些正离子和由其产生的快速中性粒子以它们在阴极电压降区域获得的几乎一样的能量(速度)到达靶材。阴极电压降的大小取决于气体的种类和阴极材料。在这些能量离子和中性粒子的轰击下，靶材原子被从其表面溅射出来，被溅射出来的靶材原子冷凝在阳极(衬底)上，形成了薄膜。直流溅射法适用于金属靶材。

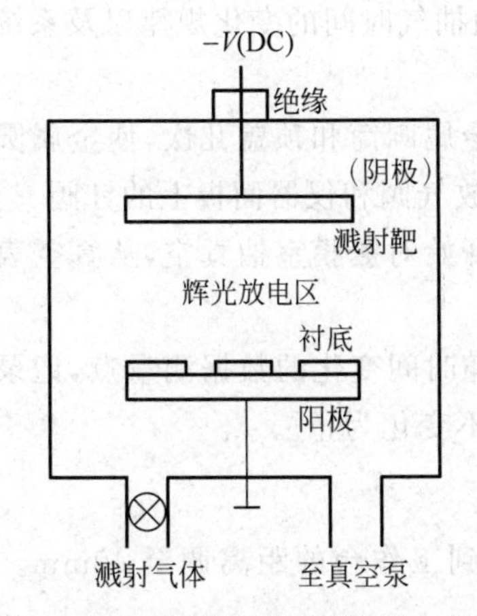

图 1.21-6　直流溅射沉积装置示意图

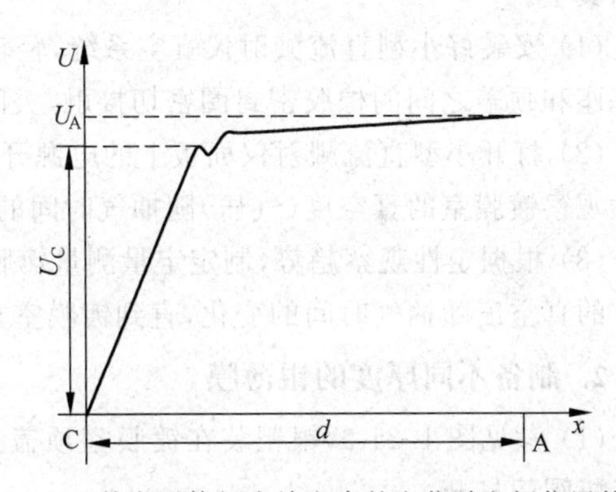

图 1.21-7　等离子体辉光放电中的电位随空间位置的变化

[仪器装置]

金属银具有较强的化学惰性，在空气中不易氧化。采用银靶，可以在较低真空度下进行直流溅射而获得银金属薄膜，只需用机械泵提供 1～2Pa 的真空度即可，这样真空系统就大大简化了。本实验采用 SBC-12 型小型直流溅射仪，外观如图 1.21-8 所示，该装置也可用于电子显微镜样品表面喷金或喷碳处理。整个系统由真空系统和直流溅射镀膜系统组成。真空系统由一个直联旋片机械泵(2L/s)和一个带石英观察窗的金属圆筒真空室组成，真空室内部结构示意图如图 1.21-9 所示，金属圆筒与基座和顶盖间用橡胶圈密封。系统真空度由皮拉尼真空规和真空度显示仪表给出。溅射电压为 2480V。镀膜时间用定时器控制，范围为 10～110s。

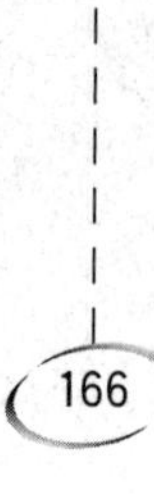

图 1.21-8　SBC-12 型小型直流溅射仪

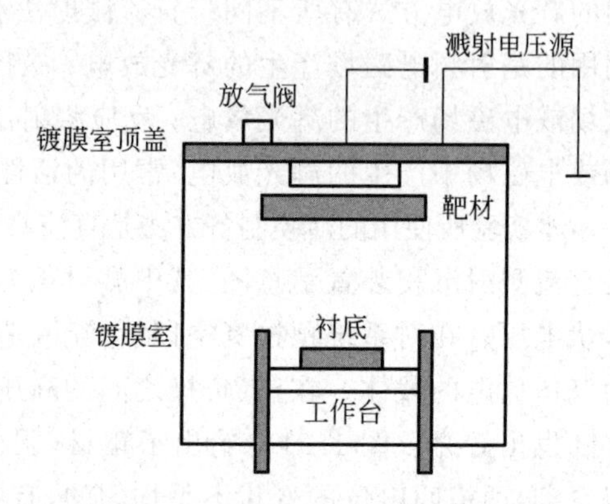

图 1.21-9　SBC-12 型小型直流溅射仪真空室结构示意图

[实验内容与测量]

1. 小型直流溅射镀膜仪真空系统真空特性测量

以小型直流溅射镀膜仪作为一个实际真空系统，通过实际操作，了解获得低真空的手段，熟悉抽真空的基本操作规程，观察和测量系统真空度随抽气时间的变化规律以及系统的极限真空。

(1) 安装好小型直流溅射仪真空系统，轻轻左右转动金属圆筒和顶盖几次，使金属圆筒与基座和顶盖之间的橡胶密封圈密切接触，关闭顶盖上的放气阀和仪器面板上的针阀。

(2) 打开小型直流溅射仪面板上的电源开关，机械泵开始对镀膜室抽真空，从真空表上定性观察镀膜室的真空度(气压)随抽气时间的变化趋势。

(3) 根据定性观察趋势，制定定量测量镀膜室真空度随时间变化的数据测量点，记录镀膜室的真空度随抽气时间的变化，直到镀膜室真空度基本不变化为止。

2. 制备不同厚度的银薄膜

(1) 参见图 1.21-9，银靶装在镀膜室顶盖上。把银靶到工作台的距离调至 40mm。将氩气瓶阀门打开。

(2) 将玻璃衬底放入盛有无水乙醇的烧杯中，再将烧杯放入超声波清洗器中清洗 3～5min。取出玻璃衬底，使玻璃衬底倾斜，让无水乙醇流动时带走污物，并用吹风机彻底烘干玻璃衬底，然后放在镀膜室工作台中心位置。盖上镀膜室顶盖，轻轻左右转动金属圆筒和顶盖几次，使金属圆筒与基座和顶盖之间的橡胶密封圈密切接触。

(3) 参见图 1.21-8，打开小型直流溅射仪面板上的电源开关，机械泵开始对镀膜室抽真空，从真空表上观测镀膜室的真空度。当真空度上升至 20Pa 时，溅射仪面板上的准备灯亮，当真空度到达极限真空(不同镀膜装置略有差异，例如 2～4Pa)时，打开控制氩气充气的针阀(逆时针转动针阀为开，氩气流量加大；顺时针转动针阀为关，氩气流量减少)。向镀膜室中充入氩气，使镀膜室的气压较充气前增加 1～2Pa。

(4) 设定好定时器的时间，即薄膜制备时间(溅射时间或沉积时间)。为防止过热，单次连续溅射的时间不要超过 60s，制备较厚的薄膜时，可采取多次溅射的办法。

(5) 按下试验按钮，可以看见镀膜室内发出蓝色的辉光。观察溅射电流大小，通过调节针阀使溅射电流表中显示的电流为5mA，然后立即松开试验按钮(因为没有挡板遮挡衬底，这期间的溅射也会在衬底上沉积薄膜，故这个过程要尽可能短)；接下来，按下启动按钮，实验装置按定时器设定的时间沉积银薄膜。在这期间，溅射电流表显示的电流应稳定在5mA，若偏离可微调针阀控制氩气流量，保持溅射电流稳定。

(6) 当定时器设定的沉积时间到达后，溅射自动停止，溅射电流表显示的电流为零，完成了薄膜制备过程中的一次溅射沉积。如果需要多次溅射沉积，重复(5)中内容，直到达到所需要的沉积时间，最终完成薄膜制备。

(7) 由于工作台温度较高(约70℃)，需等待几分钟，待工作台温度降低才能打开真空室，这样可避免银薄膜氧化。打开真空室时，先关闭针阀，电源开关置于关，开启镀膜室顶盖上的放气阀，给镀膜室放入空气(这时能听到“嗞嗞”声)，待“嗞嗞”声消失(镀膜室气压回到大气压)，打开镀膜室上盖，取出薄膜样品。

(8) 通过上述(2)～(7)的操作，分别制备出沉积时间为4min、8min、12min、18min、25min的银金属薄膜样品(注意在制备过程中，要保持其他溅射条件不变)，记录样品制备条件及各样品外观。不同的沉积时间使我们获得了不同厚度的银薄膜。不同沉积时间制备的银薄膜的厚度可以用以下方法估计：①测量某一沉积时间(这里推荐用15min)制备的薄膜的厚度，然后用这一薄膜厚度除以沉积时间获得单位时间沉积的薄膜厚度，即薄膜沉积速率；②用沉积速率乘以沉积时间，即可获得不同沉积时间制备的薄膜厚度。

[注意事项]

(1) 切勿接触镀膜室顶盖上的电压输入端头，以免触电。

(2) 清洗玻璃衬底时，彻底烘干玻璃衬底非常重要，否则镀出的银膜易氧化。

(3) 调节针阀时，真空室的气压变化以及溅射电流的变化都是滞后的，故调节针阀要缓慢。

(4) 用针阀微调溅射电流时要特别注意溅射电流表中显示的电流不能超过8mA，以免烧坏设备。

(5) 实验结束关闭针阀时，注意关闭后再反向拧两圈，以防止针阀长时间不用出现针阀回弹不灵活的现象。如遇打开针阀不能向工作室放气，将针阀右旋到底再重新打开即可。

[数据处理与分析]

(1) 绘制镀膜室真空度随抽气时间的变化曲线，给出实验所用镀膜系统的极限真空度。

(2) 对所制备的银薄膜做出直观评价。

[讨论]

(1) 根据实验观察和实验数据，总结实验所用镀膜系统的抽气行为。

(2) 自然光照射到不同厚度的银薄膜上后，反射光和透射光各为什么颜色？试讨论之。

[结论]

本实验你能得到什么结论？

[思考题]

采用直流溅射法制备薄膜时，膜厚的均匀性如何保证？

[参考文献]

[1] 唐伟忠.薄膜材料制备原理、技术及应用[M].北京：冶金工业出版社，1998.
[2] 郑伟涛.薄膜材料与薄膜技术[M].2版.北京：化学工业出版社，2007.
[3] 杨乃恒，巴德纯，王晓冬，等.如何选择和使用涡轮分子泵[J].真空，2010，47(2)：1-6.
[4] 杨乃恒.关于涡轮分子泵的安全使用问题[J].真空，2008，45(4)：24-28.
[5] 吴平.大学物理实验教程[M].2版.北京：机械工业出版社，2015.
[6] 吴平，邱宏，黄筱玲，等.金属薄膜制备及物性测量系列实验[J].大学物理，2006，25(5)：39-41.
[7] 吴平，邱宏，赵云清，等.低真空条件下制备的银薄膜的电阻率特性及结构[J].物理实验，2007，27(3)：3-6.

实验 1.22　高温超导材料的导电性能与临界转变温度的测量

[引言]

1911 年荷兰物理学家昂内斯发现汞在温度降至 4.2K 附近时突然进入一种新状态——零电阻状态，并于 1913 年正式提出“超导态”的概念。超导状态的导体称为“超导体”。超导体的直流电阻率在一定的低温下突然消失，被称作零电阻效应。1933 年，荷兰的迈斯纳和奥森费耳德共同发现了超导体的另一个极为重要的性质——当金属处在超导状态时，外部空间的磁场分布将发生变化，超导体内的磁感应强度保持为零，这一现象被称为迈斯纳效应。超导现象出现的基本标志是零电阻效应和迈斯纳效应。1950 年美国伊利诺斯大学的巴丁、库珀和斯里弗提出超导电量子理论，预言了电子对能隙的存在，成功地解释了超导现象，被称作“BCS 理论”。超导现象的发现与极低温度的探索有着密切的联系，而极低温度的获得是从气体液化技术开始的。早期的超导性存在于液氦极低温度条件下，极大地限制了超导材料的应用。直到 1987 年超导临界温度突破液氮沸点 77K 大关，实现以液态氮代替液态氦作超导制冷剂获得高温超导性，使超导技术开始走向大规模开发应用。高温超导材料导电性能是凝聚态物理的前沿课题，具有重要的学术价值和广泛的应用前景。近年来，超导材料和器件已经在科研、军事、医疗、通信等领域得到广泛的应用。

本实验通过对高温超导样品 R-T 曲线的测量，使学生了解低温测试技术，并对导体和超导体的低温物性有进一步的认识。

[实验目的]

(1) 了解高温超导材料的基本特性及测试方法。

(2) 学习低温温度计的使用方法和一种低温控制的简便方法。

[实验仪器]

DH-R-T 型高温超导转变温度测量实验仪，液氮，杜瓦瓶，样品测试架。

[预习提示]

(1) 了解低温杜瓦瓶和低温恒温器的结构。

(2) 掌握四引线法测量低电阻原理及其电测量电路。

(3) 理解降温速率的控制方法。

(4) 掌握铂电阻温度计的测量原理。

[实验原理]

1. 高温超导电性

1911年,卡麦林·昂内斯发现用液氦冷却汞至温度下降到4.2K时,汞的电阻完全消失。材料的直流电阻率在一定的低温下突然消失,这种特殊的导电性能被称为超导电性(或称零电阻现象)。通常称具有超导电性的物体为超导体,而把超导电阻突然变为零的温度称为超导转变温度(或临界温度 T_c)。在实际测量中,超导转变往往发生在并不太窄的温度范围内,如图1.22-1所示,起始温度 T_s 为 R-T 曲线开始偏离线性所对应的温度,中点温度 T_m 为电阻下降至起始温度电阻 R_s 一半时的温度,零电阻温度 $T_{(R=0)}$ 为电阻降至零时的温度,而转变宽度 ΔT 定义为 R_s 下降到90%及10%所对应的温度间隔。对于转变宽度 ΔT 较窄的超导材料,通常可将中点温度定义为 T_c,即 $T_c=T_m$;而对于转变宽度 ΔT 较宽的超导材料,通常会给出零电阻温度 $T_{(R=0)}$ 的数值,有时甚至同时给出起始温度 T_s、中点温度 T_m 及零电阻温度 $T_{(R=0)}$。

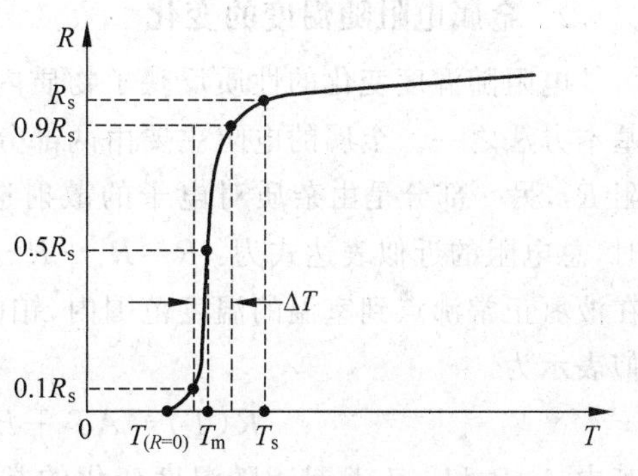

图1.22-1 超导体的电阻温度转变曲线

超导体有两个基本特性:零电阻效应($T<T_c$,电阻率小于 $10^{-18}\Omega\cdot$cm)和完全抗磁性($T<T_c$,内部磁感应强度为零)。自从发现超导现象之后,人们一直在致力于提高超导体的转变温度。1973年,发现了临界超导温度为23.2K的超导合金——铌锗合金;1986年,缪勒和柏诺兹发现了一种成分为钡、镧、铜、氧的陶瓷性金属氧化物 $LaBaCuO_4$,其临界温度约为35K,打开了混合金属氧化物超导体的研究方向;同年美国贝尔实验室研究的超导材料的临界超导温度达到40K,液氢的"温度壁垒"(40K)被跨越。1987年,美国科学家吴茂昆、朱经武以及中国科学家赵忠贤相继在钇钡铜氧系(YBCO)材料上把临界超导温度提高到90K以上,突破了液氮的"温度壁垒"(77K)。随后相继又发现了临界超导温度110K的铋锶钙铜氧系(BiSrCaCuO)材料、125K的铊钡钙铜氧系(TlBaCaCuO)材料以及135K的汞系化合物(HgBaCaCuO)超导材料。

目前实验上已经发现的超导材料主要可以划分为金属和合金超导体、铜氧化物超导体、重费米子超导体、有机超导体、铁基超导体以及其他氧化物超导体等几大类。因其超导机理可以用传统超导微观理论——BCS理论来解释,金属和合金超导体被称为常规超导体,其他非常规超导体则不适用于BCS理论解释的范畴。BCS超导理论认为,在微观上超导态时费米面附近的电子将通过相互作用介质而两两配对形成库珀对，配对电子将同时处于稳定的低能组态(凝聚体)，它们将在外加电场驱动下“步调一致”(物理上叫作相位相干，即具有相同相位)地整体运动，即使受到杂质等散射也将保持总动量不变，从而在外加电场作用下能够不损失能量而运动——这就是零电阻态的起源。脱离超导态就必须打乱库珀对的整齐步调，需要提供能够破坏电子对相互作用的能量，即存在超导能隙，因此超导态是在低温和低磁场下稳定的电子对宏观量子凝聚态。而超导临界温度可以超过BCS理论预言的T_c上限40K的铜氧化物和铁基超导体又被称为高温超导体。它们的超导机理完全不同于常规超导体，但是目前还没有足够的实验和理论工作能够完全揭示其内在机制。

超导材料都是在极低温下才能进入超导态，低温技术是观察超导态的必要条件。对于超导临界温度在氮气液化温度(77K)以上的铜氧化合物高温超导材料，用相对便宜的液氮就可以实现冷却超导。

2. 金属电阻随温度的变化

电阻随温度变化的性质反映了物质内在的属性，对它的研究已经成为研究物质性质的基本方法之一。金属的电阻主要由两部分组成：一部分是由电子受到晶格散射而出现的电阻R_i，另一部分是由杂质对电子的散射造成的电阻R_r。理论计算表明，当金属纯度很高时，总电阻的近似表达式为：$R=R_i+R_r$。在液氮温度以上，$R_i \gg R_r$，因此有$R \approx R_i \propto T$。在液氮正常沸点到室温的温度范围内，铂电阻温度计具有良好的线性温度电阻关系，可以近似表示为

$$R(T)=AT+B \quad 或 \quad T(R)=aR+b \tag{1.22-1}$$

其中A、B和a、b都是不随温度变化的常量。因此，根据铂电阻温度计在液氮正常沸点和冰点的电阻值，可以确定A、B和a、b的值，并由此得到铂电阻温度计任一电阻阻值所对应的温度值。

[仪器装置]

1. 温度控制及测量

临界温度T_c的测量工作取决于合理的温度控制及正确的温度测量。目前高T_c氧化物超导材料的临界温度大多在60K以上，因而冷源多用液氮。纯净液氮在一个大气压下的沸点为77.348K，三相点为63.148K。对三相点和沸点之间的温度，只要把样品直接浸入液氮，并对密封的液氮容器抽气降温，一定的蒸气压就对应于一定的温度。在77K以上直至300K，常采用如下两种基本方法。

(1) 普通恒温器控温法。低温恒温器通常利用低温流体或其他方法，使样品处在恒定的或按所需方式变化的低温温度下，从而实现对样品进行一种或多种物理量的测量。这里所称的普通恒温器控温法，指的是利用一般绝热的恒温器内的锰铜线或镍铬线等绕制的电加热器的加热功率来平衡液池冷量，从而控制恒温器的温度稳定在某个所需的中间温度上。改变加热功率，可使平衡温度升高或降低。由于样品及温度计都安置在恒温器内并保持良好的热接触，因而样品的温度可以严格控制并被测量。这种控温方式的优点是控温精度较高，温度的均匀性较好，温度的稳定时间长。用于电阻法测量时，可以同时测量多个样品。由于这种控温法是点控制的，因此普通恒温器控温法应用于测量时又称定点测量法。

(2) 温度梯度法。它是指利用贮存液氮的杜瓦容器内液面以上空间存在的温度梯度来自然获取中间温度的一种简便易行的控温方法。样品在液面以上不同位置获得不同温度。为正确反映样品的温度,通常要设计一块紫铜均温块,将温度计和样品与紫铜均温块进行良好的热接触。紫铜块连接至一根不锈钢管上,借助于不锈钢管进行提拉以改变温度。

本实验的恒温器设计采用温度梯度法进行实验。

2. 样品电极的制作

目前所研制的高 T_c 氧化物超导材料多为质地松脆的陶瓷材料,导电电极与材料间的接触电阻常达零点几欧姆。零电阻测量时,为了消除接触电阻对测量的影响,电极制作通常采用图 1.22-2 所示的四端法。两条电流引线与直流恒流电源相连,两条电压引线为测量端,连至数字电压表或经运算放大器放大后接至 X-Y 记录仪,用来检测样品的电压。如此测得电极 2、3 端的电压除以流过样品的电流,即为样品电极 2、3 端间的电阻。

3. 高温超导转变温度测量实验仪

高温超导转变温度测量实验仪面板示意图如图 1.22-3 所示,图中:①7 英寸彩色触摸液晶屏;②样品电流调节旋钮(样品恒流源输出电流 0～100mA 调节);③温度校准旋钮(为 PT100 测温提供标准 1.000mA 恒流源);④样品信号输出接口(超导样品上通入恒流源后的电压);⑤温度信号输出(PT100 测温输出的电压);⑥控制接口(四端法连接测试架上的超导样品和测温 PT100);⑦USB 接口(用于连接 U 盘,将测量数据导出);⑧RS232 接口(用于连接计算机)。

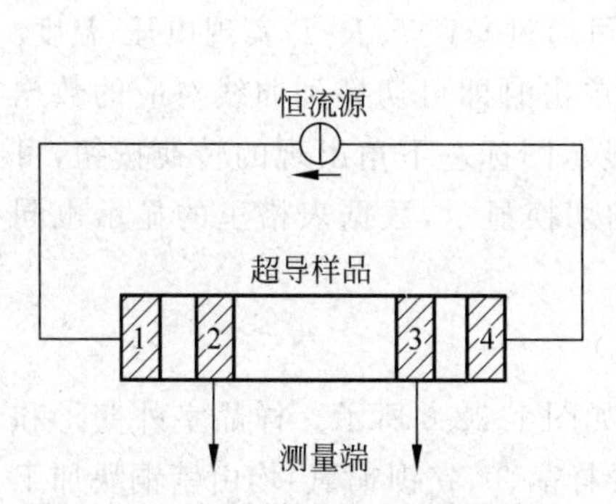

图 1.22-2　超导样品电极四端法接线图

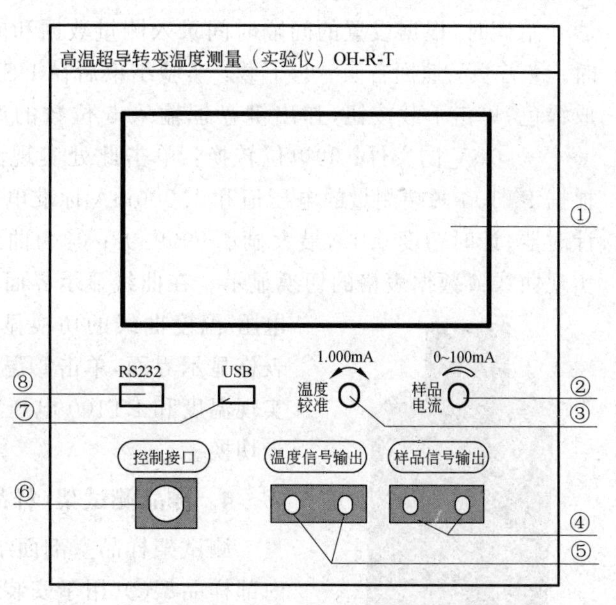

图 1.22-3　高温超导转变温度测量实验仪面板图

实验仪系统界面显示如图 1.22-4 及图 1.22-5 所示。

图 1.22-4 为实验仪液晶屏首页界面显示图,图中:①为样品恒流源电流显示,通过面板上“样品电流”旋钮调节电流大小;②为样品恒流源电路中的采样电阻 R_1(10Ω)两端电压显示;③为超导样品两端电压显示,触按电压显示框系统开始自动调零(对超导样品进行短

接调零，消除线路影响)，显示框出现四个点的动态图标，直到调零结束；④为PT100恒流源电流显示，通过面板上“温度校准”旋钮调节电流为1.000mA；⑤为PT100恒流源电路中的采样电阻R_2(1000Ω)两端电压显示；⑥为PT100两端电压显示；⑦首页：系统跳转至首页(当前页为首页)；⑧实验：系统跳转至实验界面；⑨后台：系统跳转至后台。**注意：此后台用于设备调试，非必要不进入。**

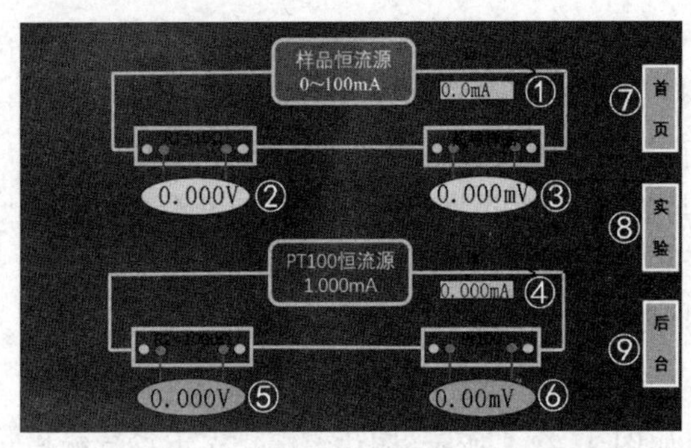

图 1.22-4　实验仪液晶屏首页界面图

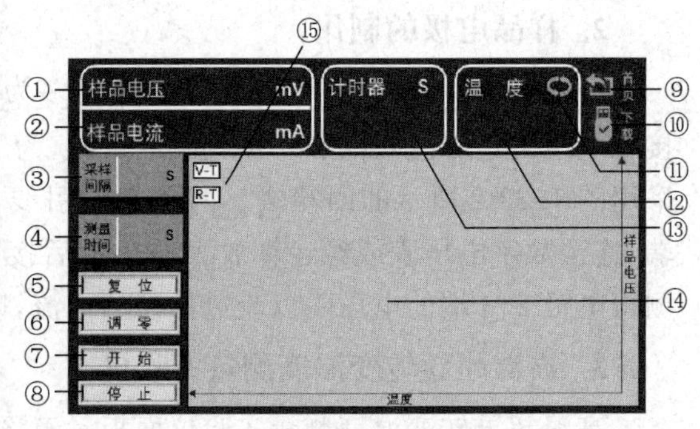

图 1.22-5　实验仪液晶屏实验界面图

图1.22-5为实验仪液晶屏实验界面。其中：①为超导样品两端电压值显示；②为超导样品恒流源电流值显示；③为采样时间间隔设置(设置范围0.1～99.9s)；④为测量时间设置(设置范围0～9999s)；⑤复位：清空曲线和表格数据，计时器清零；⑥调零：按下调零键后“样品电压”显示值消失，出现四个点依次出现的动态图标，直到调零结束；⑦开始：计时器开始计时，根据设置的间隔时间录入测量数据和曲线；⑧停止：停止测量，计时器停止计时；⑨首页：返回首页；⑩下载：实验结束后在USB口插入U盘，连接成功后U盘图标变成绿色，单击下载按钮，弹出键盘框输入5位数的序号作为数据文件名，实验数据保存为*****.CSV的文件；⑪单位转换：单击此处实现温度单位℃和K的转换；⑫温度显示：根据PT100两端测量的电压值和1.000mA标准电流值计算得到温度值；⑬计时器：秒表计时器，计时精度0.1s，最大显示9999.9s；⑭为曲线(或数据表格)显示区，单击此区域可实现曲线或数据表格的切换显示。在曲线显示界面下，可通过⑮V-T/R-T实现电压-温度/电阻-温度曲线的切换显示，单击⑭即可切换到曲线对应的数据表格显示界面，单击⑫温度显示图标左下角出现的转换按钮，可实现温度和PT100电压值的切换显示，数据表格里的显示也同步切换。

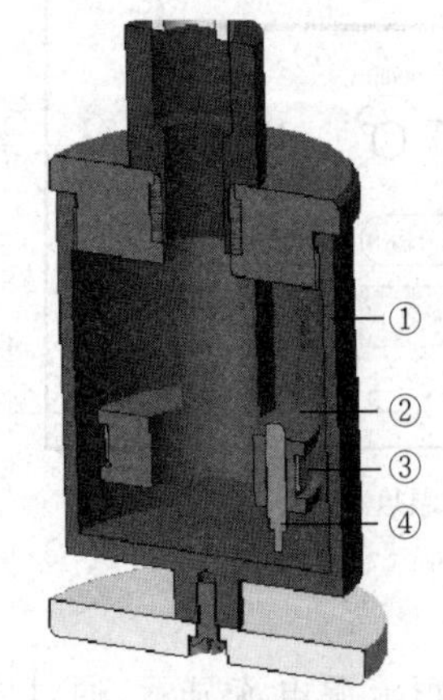

图 1.22-6　测试架样品室剖面图

4. 样品测试架(样品室)

测试架样品室剖面结构如图1.22-6所示。样品室外壁①和内部样品架②(用于安装超导样品③，钇钡铜氧)均由紫铜块加工而成，通过紫铜块外壁与液氮的接触，将冷量传到内部紫铜块样品架中。样品架的温度取决于与环境的热平衡，控制样品室伸入液氮中的深度，可以改变样品室的温度变化速度。样品室的温度由安装在紫铜块内部的PT100温度计④测定。超导样品电阻的四条引线和PT100电阻的四条引线通过样品室上端连接杆内部引出，再分别接至实验仪内部各自的恒流源和电压表。

[实验内容与测量]

本实验的主要内容是用铂电阻为温度计来测量高温超导体（YBCO 样品）的电阻-温度转变曲线。

1. 实验仪器调节

（1）电路的连接。开机预热 10min；将样品架测试电缆与实验仪面板上“控制接口”对应连接；通过实验仪面板上“温度校准”旋钮将 PT100 恒流源电流调整为 1.000mA；通过实验仪面板上“样品电流”调节旋钮将样品恒流源电流调整为 60.0mA，按下调零按键进行调零（每次更改电流后都要重新调零）。

（2）液氮的灌注。使用液氮时一定要注意安全，不要将液氮溅到人的身体、有机玻璃板、测量仪器或引线上。实验之前，应先清理杜瓦瓶内剩余液氮和其他杂物。将超导样品升至最高处，在杜瓦瓶中倒入 2/3 左右液氮（可将储存液氮的杜瓦瓶中的液氮先倒入保温瓶中，再用保温瓶将液氮灌注到实验用不锈钢杜瓦瓶中）。下降超导样品，直至盖板刚好盖住杜瓦瓶口。

2. 实验测量

1）高温超导体 V-T 曲线的测量

根据温度梯度法控制温度，缓慢下降样品高度，观察并记录温度和加在样品上的电压变化关系。如果降温速率适当，可以认为 PT100 的温度与紫铜恒温块、超导样品的温度相等。通过同时读出 PT100 的温度及加在超导样品上的电压来测量高温超导体的 V-T 曲线。具体测量过程如下。

（1）当紫铜块的温度开始降低时，从 0℃开始，温度每下降 20℃记录一次数据。

（2）当温度逐步接近超导转变温区时，可以逐步减小测量间隔。如－160～－175℃时，测量间隔可以减小至每隔 5℃测量 1 次。－175℃之后可以每隔 2℃（或 1℃）测量 1 次。

（3）在超导转变过程中应尽可能减小数据记录间隔，直至逐点记录数据（在最后的转变区，电阻快速趋于零的过程中可以利用视频录像的手段辅助测量数据的记录，以便后续整理得到更多的数据点）。

（4）恒温器浸入液氮时温度的测量。在超导样品达到零电阻之后，可将低温恒温器直接浸入液氮中，使紫铜块的温度尽快降至液氮温度。当 PT100 电阻温度计的电压不再变化时，读出该温度下超导样品、铂电阻温度计的电压。

2）样品的取出

由于水汽对超导样品性能的影响很大，因此，将低温恒温器从杜瓦瓶中取出，用电吹风加热挡对其吹风使其温度更快地接近室温。将实验仪各调节钮回零，关闭实验仪开关。

[数据处理与分析]

（1）超导样品电阻的计算。由记录的样品电压数据计算出样品电阻的阻值 R。

（2）以温度为横坐标，以超导样品的电阻为纵坐标，绘制 0℃到零电阻时温度之间超导样品的 R-T 曲线。

(3) 分析超导样品的超导临界温度特性，在绘制的超导样品 R-T 曲线上标出超导样品的起始转变温度 T_s、中点温度 T_m 和零电阻温度 $T_{(R=0)}$ 以及液氮点的温度 T_{LN}。

[讨论]

(1) 导体、超导体的 R-T 曲线有何特点？

(2) 四引线法测量电阻和两引线法相比有何优点？

(3) 降温速率的控制对于实验测量有影响吗？

(4) 为什么样品到达超导态后显示样品电压还会有几微伏电压值显示，导致计算样品电阻不为零？

[结论]

通过对实验现象和实验结果的分析，你能得到什么结论？

[思考题]

(1) 在“四引线测量法”中，电流引线和电压引线能否互换？为什么？

(2) 如何避免超导样品超导态电阻不为零的现象出现？

(3) 确定超导样品的零电阻时，与实验仪器的灵敏度和精度有何关系？

[参考文献]

[1] 阎守胜，陆果. 低温物理实验的原理与方法[M]. 北京：科学出版社，1985.
[2] 杭州大华仪器制造有限公司. DH-R-T 高温超导转变温度测量(实验仪)使用说明书[Z]. 2023.
[3] 罗会仟，周兴江. 神奇的超导[J]. 现代物理知识. 2012，24(2)：33-39.
[4] 罗会仟. 超导“小时代”：超导的前世、今生和未来[M]. 北京：清华大学出版社，2022.

实验 1.23　热电效应

[引言]

热电效应是受热物体中的电子因温度梯度由高温区向低温区移动时所产生的一种电流或电荷堆积的现象。它包括塞贝克效应、珀耳帖效应、汤姆孙效应、焦耳效应和傅里叶效应五种不同效应，其中塞贝克、珀耳帖和汤姆孙三种效应表明电和热能相互转换是直接可逆的。另外两种效应是热的不可逆效应。塞贝克(Seebeck)效应又称作第一热电效应，是指由两种不同金属连接成的闭合回路因两个连接点有温度差异而产生回路电动势的热电现象。这一现象，1821 年由德国物理学家塞贝克发现。珀耳帖(Peltier)效应又称作热电第二效应，是指两种不同的金属构成闭合回路，当回路中存在直流电流时，两个接头之间将产生温差的现象。珀耳帖效应可以视为塞贝克效应的逆效应，1834 年由法国科学家珀耳帖发现。

1856 年，汤姆孙(William Thomson)利用他所创立的热力学原理对塞贝克效应和珀耳帖效应进行了全面分析，并将本来互不相干的塞贝克系数和珀耳帖系数之间建立了联系。汤姆孙认为，在绝对零度时，珀耳帖系数与塞贝克系数之间存在简单的倍数关系。在此基础上，他又从理论上预言了一种新的温差电效应，即当电流在温度不均匀的导体中流过时，导体除产生不可逆的焦耳热之外，还要吸收或放出一定的热量(称为汤姆孙热)。或者反过来，当一根金属棒的两端温度不同时，金属棒两端会形成电势差。这一现象后来被叫作汤姆孙效应(Thomson Effect)，成为继塞贝克效应和珀耳帖效应之后的第三个热电效应。从成因上分析，汤姆孙效应是导体两端有温差时产生电势的现象，珀耳帖效应是带电导体的两端产生温差(其中的一端产生热量，另一端吸收热量)的现象，两者结合起来就构成了塞贝克效应。

基于材料的塞贝克效应和珀耳帖效应，能够实现温差发电和通电制冷的效果，其分别在工业废热回收利用和电子制冷领域有着重要的应用。例如，塞贝克效应常用于热电发电机，工业中被用于提高燃料效率，也可以在热电偶中通过将所得电参数转换为相应的温度来测量温差或温升，用于启动电路或阀门。珀耳帖效应可以应用于制造珀耳帖加热器、热泵、冷却器和固态冰箱。汤姆孙效应因为产生的电压极其微弱，至今尚未发现其实际应用。

[实验目的]

(1) 了解塞贝克效应、珀耳帖效应、汤姆孙效应三个基本热电效应；
(2) 观察半导体的温差发电现象，了解其基本应用；
(3) 观察珀耳帖效应，测量半导体制冷器的能效比；
(4) 了解测量塞贝克系数原理，测定不同金属材料的塞贝克系数。

[实验仪器]

COC-RD-2 型热电效应实验仪，温差发电装置，珀耳帖装置，塞贝克装置。

[预习提示]

(1) 理解塞贝克效应、珀耳帖效应、汤姆孙效应的机理。
(2) 了解热电效应综合实验仪的正确使用。
(3) 如何测量半导体制冷器的能效比?
(4) 如何测量塞贝克系数?

[实验原理]

1. 塞贝克效应

塞贝克效应是指由两种不同导体或半导体连接成的回路因两个连接点有温度差而产生回路电动势的热电现象，衡量热电势大小的参量是塞贝克系数 S。如图 1.23-1 所示，在两种金属 A 和 B 组成的回路中，如果使两个接触点 a、b 的温度不同，则在回路中将出现电流，称为热电流，相应的电动势称为温差电动势 ΔE 或热电势。单位温度所产生的电动势称为温差电动势率或塞贝克系数，为

$$S_{AB}=-\lim_{\Delta T\to 0}\frac{\Delta U_{ab}}{\Delta T}=-\frac{dU_{ab}}{dT} \tag{1.23-1}$$

式中，ΔU_{ab} 为热电势大小；ΔT 为两连接点的温差。

一般来说，在大的温差范围内，塞贝克系数不是恒定的；但在小的温差范围内，塞贝克系数的变化可以忽略，温差电动势与温差保持很好的线性关系。

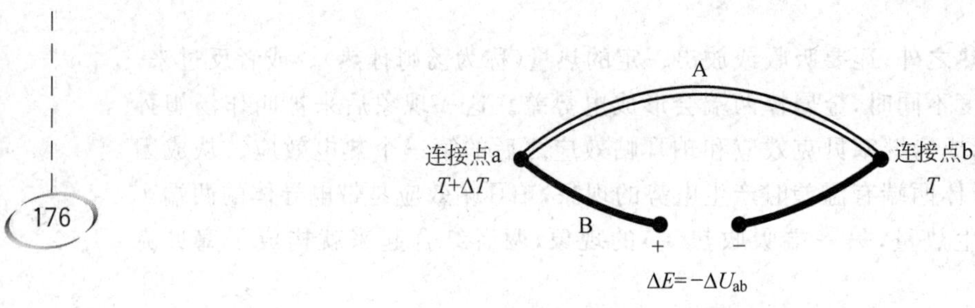

图 1.23-1　塞贝克效应示意图

塞贝克系数的大小取决于构成热电偶的一对材料，实际上是热电偶的塞贝克系数。由于所选的材料不同，电势(电位)的变化可以是正或负。因此，塞贝克系数不只是大小，而且符号也很重要。

对所有的材料都赋以塞贝克系数的绝对值，热电偶连接点的塞贝克系数为两种材料绝对值的差。假设一种材料与某种塞贝克系数为零的理想材料结合在一起，按式(1.23-1)得到的塞贝克系数就是这种绝对值或称为材料的塞贝克系数。实际上，这种理想材料只能是处在极低温度下的超导体。对铜在这样的温度下进行测量并用外延法推算到室温，得到室温下铜的绝对塞贝克系数约为 $2\mu V/K$。由于这个数值在一般测量的误差范围内，所以通常都以铜为热电偶其一材料来测量其他材料，把所得的结果作为该材料的绝对塞贝克系数。若用 S_A 和 S_B 表示两种材料的绝对塞贝克系数，用这两种材料制成的热电偶的塞贝克系数为 $S_{AB}=S_A-S_B$。

一般由纯金属构成的热电偶，S_{AB} 的平均值约为 $20\mu V/K$，由合金材料构成的热电偶，S_{AB} 的平均值约为 $50\mu V/K$；而对于半导体材料，S_{AB} 可达 $1000\mu V/K$。

对于塞贝克效应的进一步研究发现，温差电动势由体积电动势和接触电动势两部分组成。接触电动势是两种材料在连接点界面因自由电子浓度不同，由扩散作用导致界面电荷分布而产生的电动势。体积电动势是任何两端存在温差的导电材料内部产生的电动势，又称为汤姆孙电动势，由汤姆孙效应产生。金属塞贝克效应的机理可从两个方面来分析：

(1) 电子从热端向冷端的扩散。扩散不是浓度梯度(因为金属中的电子浓度与温度无关)所引起的，而是热端的电子具有更高的能量和速度所造成的。如果这种作用是主要的，冷端会有更多的电子而带负电荷，产生的塞贝克效应的系数为负。

(2) 电子自由程的影响。因为金属中自由电子的平均自由程与受到散射(声子散射、杂质和缺陷散射)的状况和能量的变化情况有关。如果热端电子的平均自由程随着电子能量的增加而增大，热端的电子将由于具有较大的能量及较大的平均自由程而向冷端输运，从而将产生系数为负的塞贝克效应，如金属 Al、Mg、Pd、Pt 等。相反，如果热端电子的平均自由程随电子能量的增加而减小，那么热端的电子虽然具有较大的能量，但是它们的平均自由程却很小，电子主要从冷端向热端输运，从而将产生系数为正的塞贝克效应，如金属 Cu、Au、Li 等。

2. 珀耳帖效应

电荷载体在导体中运动形成电流。由于电荷载体在不同的材料中处于不同的能级，当它从高能级向低能级运动时，便释放出多余的能量；相反，从低能级向高能级运动时，从外界吸收能量，能量在两材料的交界面处以热的形式吸收或放出，这就是珀耳帖效应。

界面上单位时间的换热量(珀耳帖热)与电流成正比,即

$$Q_{P}=\pi_{AB}I \tag{1.23-2}$$

式中,π_{AB} 称为珀耳帖系数。

由汤姆孙完成的温差电路热力学分析,确立了塞贝克系数 S_{AB} 和珀耳帖系数 π_{AB} 之间的关系,即

$$\pi_{AB}=S_{AB}T \tag{1.23-3}$$

式中,T 为界面处的绝对温度。

由式(1.23-2)、式(1.23-3)可得,两种不同材料连接点上单位时间内吸收或放出的热量为

$$Q_{P}=S_{AB}TI \tag{1.23-4}$$

半导体的塞贝克系数 S_{AB} 较大,常用于温差制冷或温差发电。

3. 汤姆孙效应

汤姆孙效应是指当一根金属棒的两端温度不同时,金属棒两端会形成电势差,如果在其中通以电流,金属棒会吸收或放出热量。金属中温度不均匀时,温度高处的自由电子比温度低处的自由电子动能大。像气体一样,当温度不均匀时会产生热扩散,因此自由电子从温度高端向温度低端扩散,在低温端堆积起来,从而在导体内形成电场,两端便形成一个电势差。这种自由电子的扩散作用一直进行到电场力对电子的作用与电子的热扩散平衡为止。如果有电流沿导体内电场方向,电场对电荷做功消耗能量,导体以降低温度从周围吸热的方式补充消耗的能量。电流反向,电荷克服电场做功,导体是温度升高,向周围放出热量。吸收或放出的热量(汤姆孙热):

$$\Delta Q_{\tau}=\tau I\Delta T \tag{1.23-5}$$

式中,τ 为汤姆孙系数;I 为通过导体的电流;ΔT 为导体两端的温度差。

4. 热电发电

热电效应的应用主要是热电发电和热电制冷。热电发电是塞贝克效应的应用。由于金属中价电子的密度与温度无关,其运动速度随温度升高而增大不显著,产生的温差电动势很小,半导体材料的出现才使得热电发电和热电制冷进入实用阶段。本实验所用碲化铋半导体器件(其中 P 型是 Bi_2Te_3-Sb_2Te_3,N 型是 Bi_2Te_3-Bi_2Se_3),由多个 P 型和 N 型半导体组成的热电偶串接而成,如图 1.23-2 所示。在冷端、热端有温差时,塞贝克效应产生温差电动势,实现热电发电。

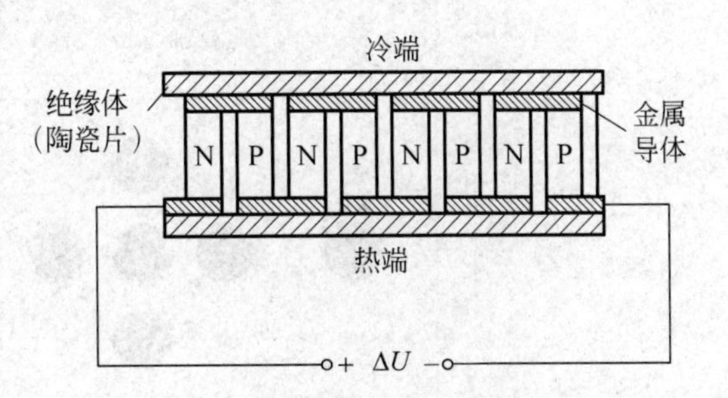

图 1.23-2　半导体热电器件用作热电发电

5. 热电制冷

热电制冷是珀耳帖效应的应用,如果将碲化铋半导体器件反过来用,对其通以电流,电流由 N 型到 P 型的端面会吸收热量而制冷,另一个端面发热放出热量,如图 1.23-3 所示。通过测出加给此器件上的电功率 VI 和制冷功率 W_C,可以测出其制冷的能效比,即制冷系数。制冷功率 W_C 可以根据冷端容热物块的热容量及温度变化率 $\Delta T_L/\Delta t$ 计算,制冷能效比为

$$EER=\frac{W_{\mathrm{C}}}{VI}=\frac{mc}{VI}\frac{\Delta T_{\mathrm{L}}}{\Delta t} \tag{1.23-6}$$

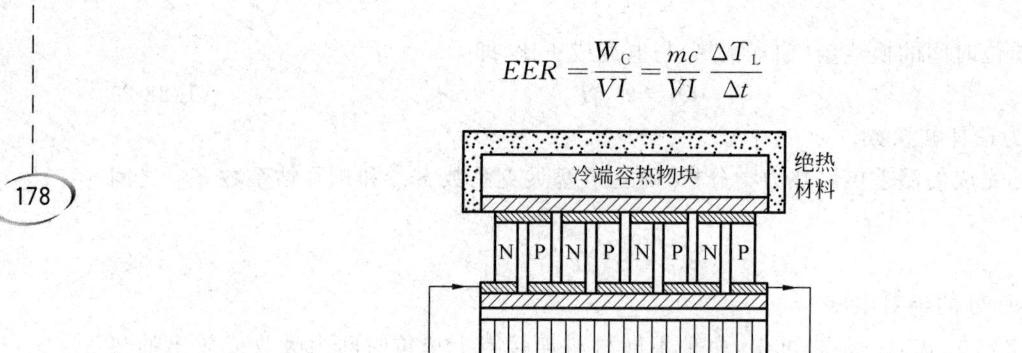

图 1.23-3　半导体热电器件用作制冷

[仪器装置]

COC-RD-2 型热电效应综合实验仪包括热电效应实验仪、温差发电外置装置、珀耳帖外置装置、塞贝克外置装置等四部分。

(1) 热电效应实验仪

热电效应实验仪面板如图 1.23-4 所示，其中，电源输出用于给实验的外置装置提供工作电压(0～12V)；热电输入用于测量温差发电实验装置输出的电压(0～5V)；塞贝克用于测量待测金属丝的热电势(－999～999μV)。

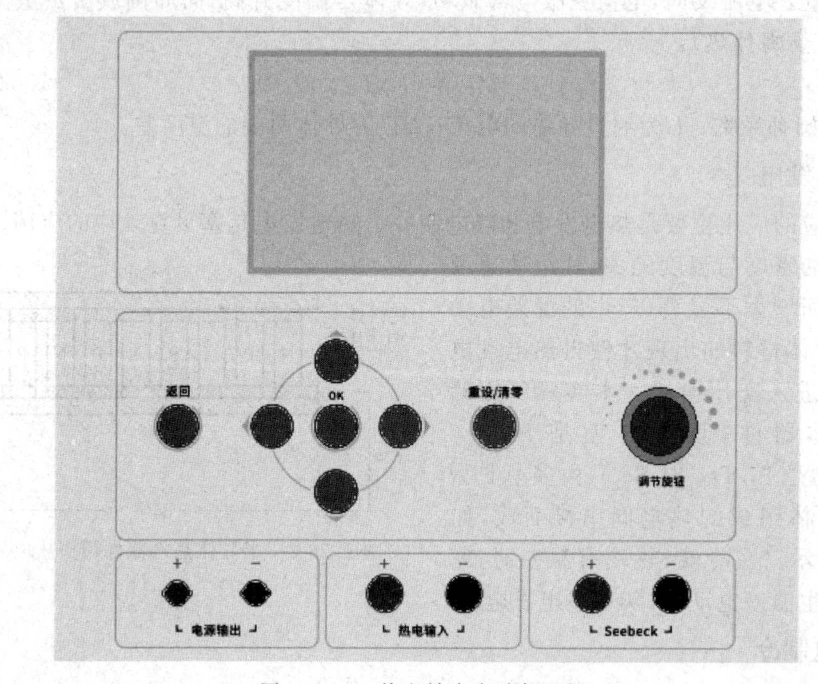

图 1.23-4　热电效应实验仪面板

(2) 温差发电外置装置

装置如图 1.23-5 所示，主要由支架、陶瓷加热片、温差发电片及散热构件组成。温差发电片一侧紧贴加热片，一侧紧贴散热结构，当加热片通电加热时，温差发电片两侧出现温度差，根据温度差的不同，产生对应的电压差。

(3) 珀耳帖外置装置

装置如图 1.23-6 所示，主要由散热结构、制冷片和制冷腔组成。制冷腔中含有铜质样件，工作时将温度传感器插入制冷腔中的铜样件中，可精确测量铜块温度，完成实验后，打开制冷腔取出样件，使腔内和样件尽快恢复环境温度。另配有一个外置温度传感器，用于采集外部环境温度。

图 1.23-5 温差发电外置装置

图 1.23-6 珀耳帖外置装置

(4) 塞贝克外置装置

装置如图 1.23-7 所示，主要由冷端铜块(含压线板)、热端铜块(含压线板、陶瓷加热片)、隔热板、温度探头(2 个)组成。实验时将待测样品的金属丝两端分别压在两个压线板下，通过陶瓷加热片对热端铜块进行加热，通过冷热端压线板末端导线即可对样品金属丝产生的热电势进行测量。

图 1.23-7 塞贝克外置装置

[实验内容与测量]

1. 温差发电实验

(1) 按对应电极将热电效应实验仪的电源输出接线柱与温差发电外置装置的加热电源输入接线柱相连，再将温差发电外置装置的热电输出接口与热电效应实验仪的热电输入线接口相连。

(2) 打开热电效应实验仪电源，在主菜单选择“温差发电实验”，进入温差发电实验界面。

(3) 使用▲/▼键将光标移动至“加热电压”栏内，通过调节旋钮或▼/▲键将加热电压设置为 2.00V，按下“OK”键，观察“热电电压”栏内电压值的变化，约 5min 后，热电电压值趋于稳定，此时使用▲/▼将光标移至“保存”位置，按下“OK”键保存此时的加热电压与热电电压值；若保存的数据有误，可选择“删除”并按下“OK”以删除上一组记录的数据，或按下面板上的“清零/重设”按钮清除全部数据。

(4) 将光标移回“加热电压”栏内，设置不同的加热电压，记录不同加热电压下稳定后的热电电压值，并绘制出热电温差电动势与热端加热电压的关系曲线。

2. 热电制冷实验

(1) 按对应电极将热电效应实验仪的电源输出接线柱与珀耳帖外置装置的制冷电源输入接线柱相连，热电效应实验仪背后的冷端温度探头伸入制冷腔中的样件内(样件为铜块，质量 $m=0.245\text{kg}$，比热 $c=0.39\times10^3\text{J}/(\text{kg}\cdot℃)$)，热端温度探头放置于外部用于采集环境温度。

(2) 在主菜单选择“珀耳帖效应实验”，进入珀耳帖效应实验界面。

(3) 通过调节旋钮或▼/▲键将制冷电压设置为 3V 并按下“OK”键确认，制冷腔开始工作，并每隔 60s 自动采集当前的电流值、环境温度与腔内温度，600s 后自动停止记录数据。

(4) 按下“重设/清零”按钮清除数据，打开控温腔盖板，待腔室与样件恢复常温后，将制冷电压设置为 6V，重新进行实验，记录数据。

3. 塞贝克系数测量

(1) 实验提供康铜丝、钼丝、钢丝三种样品，测量时需先将其中一种样品放到冷端和热端铜块压线槽内，并用盖板压紧。

(2) 按对应电极将热电效应实验仪的电源输出接线柱与塞贝克外置装置的加热电源输入接线柱相连，热电效应实验仪的塞贝克接口与塞贝克外置装置的塞贝克接口相连，热电效应实验仪机箱背后的冷端和热端接口分别与塞贝克外置装置的冷端和热端接口相连。

(3) 在主菜单选择“塞贝克效应实验”，进入塞贝克效应实验界面。

(4) 使用▲/▼键将光标移动至“热端电压”栏内，通过调节旋钮或▼/▲键将加热电压设置为 5.00V，按下“OK”键，观察高温端和低温端的温度及“热电势”栏内电压值的变化，约 5min 后，高温端和低温端温差基本趋于稳定，使用▲/▼将光标移至“保存”位置，按下“OK”键保存此时的温差与热电势，若保存的数据有误，可选择“删除”并按下“OK”键以删除上一组记录的数据，或按下面板上的“清零/重设”按钮清除全部数据。

(5) 将光标移回“热端电压”栏内，设置不同的热端电压，记录不同电压下稳定后的温差和热电势，并绘制出热电势和温差的关系曲线(本实验热端铜块具有 50℃的断电保护功能，若温度上升至 50℃后，将自动断电，在实验过程中若发现在高电压时温度超过 50℃，可提前适当降低热电电压值)。

(6) 待热端铜块冷却后，清除实验仪中记录的数据，更换样品并重新按(4)、(5)进行测量。

注意事项：

温差发电的热端温度较高，人体切勿直接触碰，以免烫伤。

[数据处理与分析]

(1) 绘制热电温差电动势与热端加热电压的关系曲线。

(2) 绘制能效系数与冷热端温度差的关系曲线，分析制冷系数与温度差的关系，对比不同工作电压下的制冷能效系数。

(3) 绘制热电势与温差的关系曲线，计算塞贝克系数。

[讨论]

(1) 探讨半导体材料的热电效应机理。

(2) 对比实验结果,讨论影响制冷能效系数的因素。

[结论]

通过对实验现象和实验结果的分析,你能得到什么结论?

[思考题]

(1) 简述三种热电效应间的关系。

(2) 本实验中的两种金属丝,其热电势为什么存在正负之分?

[参考文献]

[1] 徐德胜.半导体制冷与应用技术[M].2版.上海:上海交通大学出版社,1999.
[2] 成都华芯众合电子科技有限公司.COC-RD-2热电效应综合实验仪说明书[Z].2022.

实验1.24 超声光栅的使用

[引言]

超声波通过介质时会造成介质的局部压缩和伸长而产生弹性应变。随着超声波在介质中的传播,介质的弹性应变随时间和空间作周期性变化,介质的折射率也会发生周期性变化,光束通过受到超声波扰动的介质时会发生散射或衍射,这种现象就称为声光效应。当超声波频率较低,且光束宽度比声波波长小时,介质折射率的空间变化会使光束发生偏转或聚焦;当超声波频率增高,且光束宽度比声波波长大得多时,这种折射率的周期性变化起着光栅的作用,使入射光束发生声光衍射。发生声光衍射时,因超声波扰动折射率发生周期性变化的介质,可等效为相位光栅。根据光束穿越声场的相互作用距离的不同,声光衍射可分为拉曼-奈斯(Raman-Nath)衍射(平面光栅)和布拉格衍射(体光栅),二者的衍射效果也不相同。

本实验中的超声光栅可等效为平面透射光栅,对于入射光方向无特殊要求,可观察到多级衍射,其衍射现象属于声光拉曼-奈斯衍射。

[实验目的]

(1) 了解超声光栅的形成原理。

(2) 利用超声光栅测量声波在液体中的传播速度。

[实验仪器]

CSG-Ⅰ型超声光栅声速仪、超声发生器(工作频率9~13MHz)、换能器、液槽、JJY-1′Ⅱ型分光仪(望远镜系统物镜焦距$f=168$mm)、测微望远镜的目镜(测量范围8mm)、放大镜、待测液体及光源(钠灯或汞灯)等。

[预习提示]

(1) 什么是超声光栅？

(2) 了解超声驻波的产生机理。

(2) 超声光栅的光栅常数如何确定？

[实验原理]

声光学是研究光波与介质中声波的相互作用的理论。当一束声波在介质中传播时，伴随着一个协变场的产生。对于平面声波，这协变场是位置的周期性函数。介质受到超声波周期性的扰动，其折射率也将发生相应的变化，此时，光通过这种介质，就像通过透射光栅一样，这种现象称为超声致光衍射。人们把这种载有超声波的透明介质称为超声光栅，利用超声光栅可以测量超声波在透明介质中的传播速度。

超声波在液体中传播时，液体成为其传播的载体，声波使液体原本均匀的密度产生了周期性的变化，促使液体的折射率也作相应的变化。

设超声波在液体中以平面波形式沿 X 轴方向传播，在 X 轴方向液体中产生的周期性疏密度具有如下的波动形式

$$y_1 = A_m \cos 2\pi \cdot \left(\frac{t}{T_s} - \frac{x}{\lambda_s}\right) \tag{1.24-1}$$

其中，y_1 为质点沿 X 轴方向振动偏离平衡位置的位移量，A_m 为振幅(质点的最大位移量)，T_s 为超声波的周期，λ_s 为超声波的波长。

若在垂直于 X 轴方向上有一反射平面，则超声波被平面反射后沿 X 轴的反方向传播，有如下方程

$$y_2 = A_m \cos 2\pi \cdot \left(\frac{t}{T_s} + \frac{x}{\lambda_s}\right) \tag{1.24-2}$$

其中，y_2 为质点沿 X 轴方向振动偏离平衡位置的位移量。

当正反方向两列波相遇叠加而形成驻波时，质点偏离平衡位置的位移量为

$$y = y_1 + y_2 = 2A_m \cos 2\pi \frac{x}{\lambda_s} \cos 2\pi \frac{t}{T_s} \tag{1.24-3}$$

某时刻，纵驻波的某一波节两边的质点都涌向这个节点，使该节点附近成为质点密集区，而相邻的波节处为质点稀疏处；半个周期后，这个节点附近的质点又向两边散开变为稀疏区，相邻波节处变为密集区。在超声波形成的纵驻波中，压缩作用使液体的折射率 n 变大，而稀疏作用使液体的折射率 n 变小，从而使原本具有均匀折射率的透明液体变为具有折射率周期性变化的液体。在距离等于波长 A 的两点，液体的密度相同，折射率也相等。

此时，若有平行光沿着与超声波传播的方向成一定夹角的方向通过液体时，光就会被衍射，受超声波作用的液体起着光栅的作用而成为超声光栅。

波长为 λ 的平行光沿着垂直于超声波传播方向通过液体时，因折射率的周期变化使光波的波阵面产生了相应的相位差，经透镜聚焦后，在其焦平面上可观察到衍射条纹。这种现象与平行光通过光栅的情形相似。

因为超声波的波长很短，只要盛装液体的液体槽宽度能够维持平面波(宽度为 l)，槽中

的液体就相当于一个衍射光栅，槽中行波的波长 A 相当于光栅常数。当满足声光拉曼-奈斯条件 $2\pi\lambda \cdot l/A^2 \ll 1$ 时，这种衍射与平面光栅衍射相似，有如下的光栅方程

$$A\sin\varphi_k = k\lambda \tag{1.24-4}$$

其中 k 为衍射级次；φ_k 为 k 级衍射角。

超声光栅仪衍射光路如图 1.24-1 所示。

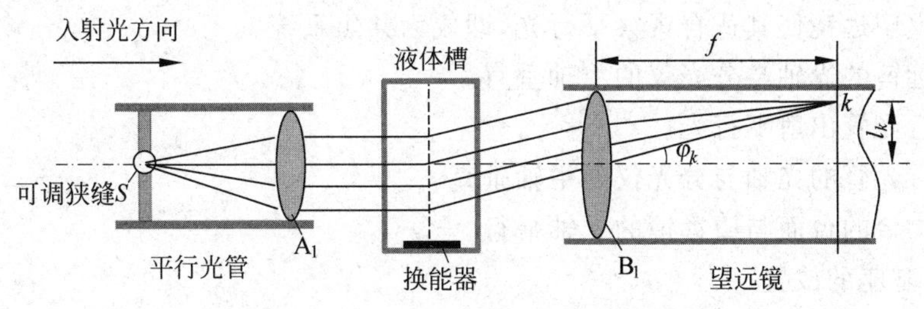

图 1.24-1 超声光栅仪衍射光路图

光束经平行光管透镜(A_1)出射，垂直通过装有换能器的玻璃质液体槽，在槽的另一侧，有自准直望远镜中的物镜(B_1)测微望远系统。若振荡器使换能器发生振动，形成稳定的驻波，从测微望远镜中即可观察到衍射光谱。从图 1.24-1 中可以得到如下的关系式

$$\tan\varphi_k = \frac{l_k}{f} \tag{1.24-5}$$

当 φ_k 很小时，有

$$\sin\varphi_k = \frac{l_k}{f} \tag{1.24-6}$$

其中，l_k 为衍射光谱零级至 k 级的距离，f 为透镜的焦距。因此，超声波波长为

$$A = \frac{k\lambda}{\sin\varphi_k} = \frac{k\lambda f}{l_k} \tag{1.24-7}$$

超声波在液体中的传播速度为

$$V = A\nu = \frac{k\lambda f}{l_k} \cdot \nu = \frac{\lambda f \nu}{\Delta l_k} \tag{1.24-8}$$

其中 ν 是振荡器换能器的共振频率，Δl_k 为同一波长光的相邻衍射级别的衍射条纹的间距。

[仪器装置]

CSG-Ⅰ型超声光栅声速仪面板布置如图 1.24-2 所示。两支高频连线用于连接超声光栅声速仪输出端口及液体槽盖板(连同换能器)上的接线柱。

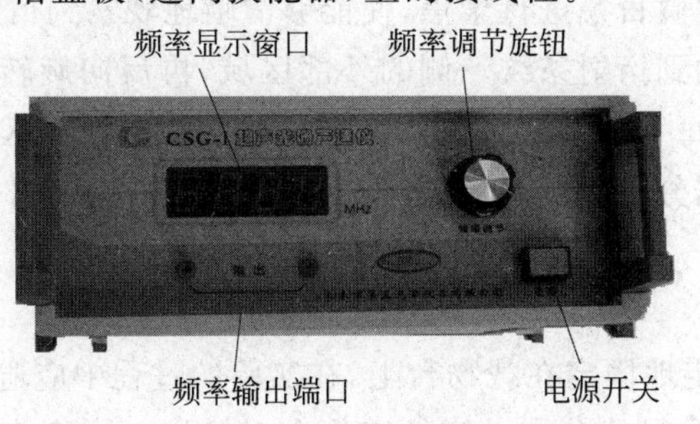

图 1.24-2 超声光栅声速仪面板示意图

[实验内容与测量]

1. 实验仪器调节

1）分光仪的调整

调整分光仪(调整方法参阅其他书籍中分光仪实验的相关内容)，使其满足如下的要求：

(1) 调整望远镜使其适合观察平行光，即成为共焦系统。

(2) 望远镜的光轴与分光仪的主轴垂直。

(3) 平行光管出射平行光。

(4) 平行光管的光轴与分光仪的主轴垂直。

(5) 载物台的台面与望远镜的光轴平行。

2）液槽基座的放置

将液槽基座卡在分光仪载物台上，使其底部侧面的圆孔对准载物台侧面的锁紧螺钉孔，放置平衡，用锁紧螺钉锁紧。

3）实验用液体的注入

将液体(如蒸馏水、乙醇等)注入液槽内，液面高度以液槽侧面的液体高度刻线为准(或液槽深度的 2/3)。

4）液槽的放置

将液槽平稳地放置在液体槽基座中。放置时，转动载物台使液槽(即超声池)两侧表面垂直于望远镜和平行光管的光轴。

5）线路连接

两个高频连线的一端插入液体槽盖板(连同换能器)上的接线柱，另一端接超声光栅声速仪的高频输出端，然后将液体槽盖板盖在液体槽上。

超声信号源面板示意图如图 1.24-2 所示。

6）点亮光源

点亮汞灯或钠灯。

7）观察衍射条纹

开启超声光栅声速仪电源，使电振荡频率与换能器产生共振。仔细调节频率旋钮，并稍微调整液槽表面方位，直到从目镜中观察到稳定、清晰、左右对称的多级衍射条纹为止。

2. 实验测量

衍射条纹位置的测量：取下阿贝目镜，换上测微目镜，转动目镜调焦，将目镜中叉丝调节清晰，然后前后移动测微目镜进行聚焦，使能够清晰地观察到衍射条纹。旋转测微目镜读数旋钮，使读数叉丝移动到衍射条纹一侧的外部区域，再反向旋转测微目镜读数旋钮，使读数叉丝反向移动并通过每一条条纹直至衍射条纹另一侧的外部区域，依次逐条记录衍射条纹的位置及颜色，将数据分别按颜色、级次整理后，填入数据表中，以方便后续采用逐差法进行数据处理。

注意事项：

(1) 液体槽必须稳定地固定在载物台上，在实验的过程中应避免受到震动，以使超声在液槽内形成稳定的驻波。导线分布电容的变化会对输出电频率有一定影响，测量数据时不要触碰连接液槽和高频信号源的两条导线。

(2) 换能器表面与对应面的玻璃槽壁表面必须平行,才会形成较好的表面驻波,实验时应将液槽的上盖盖平,上盖与玻璃槽留有较小的空隙,实验时稍微扭动一下上盖,有时也会使衍射效果有所变化。

(3) 一般共振频率在 11MHz 左右,CSG-Ⅰ型超声光栅声速仪给出 9~13MHz 可调范围。在稳定共振时,数字频率计显示的频率值应是稳定的,最多末位可能有 1~2 个单位数的变动。

(4) 实验时间不宜过长,CSG-Ⅰ型超声光栅声速仪连续工作时间不要超过 1h:

① 声波在液体中的传播速度与液体的温度有关,时间过长,温度可能在小范围内变动,从而影响测量精度;一般测量可以将液体温度视为等同室温,精密测量可以在液槽内插入温度计测量。

② 频率计长时间处于工作状态,会对其性能产生一定影响,尤其在高频条件下有可能使电路过热而损坏,实验时,特别注意不要使频率长时间调在 13MHz 以上,以免振荡线路过热。

(5) 实验中液槽中会有一定的热量产生,并导致介质挥发,槽壁会看到挥发气体凝露,一般不影响实验结果,但须注意液面下降太多致压电陶瓷片外露时,应及时补充液体至正常液面线处。

(6) 提取液槽时应拿其两端面,不要触摸两侧表面通光部位,如通光部位已被污染,可用酒精、乙醚清洗干净,或用镜头纸擦净。

(7) 实验完毕后应将超声池内液体倒出,不要将换能器长时间浸泡在液槽内,防止换能器与液槽被液体腐蚀。

[数据处理与分析]

(1) 用逐差法求出条纹间距的平均值。

(2) 利用声速计算公式(1.24-8)求出液体中声速 V 及不确定度 U_V(频率的仪器误差 $\Delta_{仪}=0.02\text{MHz}$)。

光源光谱的波长:

汞灯:蓝光 435.8nm,绿光 546.1nm,黄光 577nm 和 579.1nm(平均波长 578nm);

钠灯:黄光 589.0nm 和 589.6nm(平均波长 589.3nm)。

[讨论]

请结合实验现象及所测量的数据,分析超声光栅的特性,并讨论衍射花样变化的影响因素。

[结论]

通过对实验现象和实验结果的分析,你能得到什么结论?

[思考题]

(1) 何种实验条件会影响到衍射条纹级次的观察?

(2) 为什么实验中观察到的衍射条纹会时时发生明暗的变化?

(3) 为什么激励信号频率会影响到衍射花样? 实验中应如何调节?

(4) 如何保证观察到的衍射花样的对称性?

[附录] 声波在不同介质中的传播速度

声波在介质中的传播速度随介质的不同而有所不同,附表 1.24-1 给出了一些介质中声波的传播速度值与温度系数。

附表 1.24-1 声波在某些物质(20℃左右纯净介质)中传播速度与温度系数

液　体	t_0/℃	V_0/(m/s)	A/[m/(s·℃)]
苯胺	20	1656	−4.6
丙酮	20	1192	−5.5
苯	20	1326	−5.2
海水	17	1510～1550	—
普通水	25	1497	2.5
甘油	20	1923	−1.8
煤油	34	1295	—
甲醇	20	1123	−3.3
乙醇	20	1180	−3.6

注：表中 A 为温度系数,其他温度 t 的声波的速度可近似按公式 $V_t=V_0+A(t-t_0)$ 计算。

[参考文献]

[1] 刘书声.现代光学手册[M].北京：北京出版社,1993.

[2] 长春市第五光学仪器有限公司.超声光栅声速测量实验说明书[Z].2010.

实验 1.25 电光调 Q 脉冲 Nd^{3+}：YAG 倍频激光器

[引言]

固体激光器是以固体材料作为工作物质的激光器,迄今,已实现激光振荡的固体激光工作物质有数百种之多,其中以掺钕钇铝石榴石 (Nd^{3+}：YAG)应用最多。Nd^{3+}：YAG 是一种典型的四能级激光工作物质,由于它的热传导性好、激光阈值低和转换效率高,所以用它可以做成高重复频率的脉冲激光器和连续激光器。如果在脉冲激光器内采用调 Q 和放大技术,很容易获得时间宽度为 10ns 量级而峰值功率达几百 MW 量级的 TEM00 激光脉冲。

激光产生以后,在传统的光学基础上又建立起一个内容丰富、发展迅速的崭新分支——非线性光学。与线性光学不同的是,当强光作用于物质后,表征光学的许多参数,如折射率、吸收系数、散射截面等不再是常数,而是一个与入射光有关的变量,相应也出现了在线性光学中观察不到的许多新的光学现象。如通过 KD * P、KTP 等非线性光学晶体对波长为 1.06μm 的 Nd^{3+}：YAG 激光基波进行二倍频、三倍频和四倍频,则可分别得到 532nm、355nm 和 266nm 三种波长的脉冲激光器。此外,还可以用上述二倍频或三倍频光去泵浦染料激光器，获得从紫外到近红外的波长连续可调谐的脉冲激光，大大拓宽了可获取的激光波长范围，填补了某些波长的空白。这种以 Nd^{3+}：YAG 激光器为基础的脉冲激光系统具有高峰值功率、高重复频率、宽范围波长调谐特性、器件结构紧凑等优点，在激光材料加工、激光医学、激光化学、激光雷达等领域有广泛的应用。

[实验目的]

(1) 掌握脉冲调 Q Nd^{3+}：YAG 激光器的基本结构。

(2) 了解脉冲调 Q Nd^{3+}：YAG 激光器的工作原理。

(3) 掌握电光调 Q 原理。

(4) 掌握脉冲调 Q Nd^{3+}：YAG 激光一些参数的测量方法。

(5) 学习应用非线性光学晶体产生倍频光的基本原理及方法。

[实验仪器]

WGL-3 型脉冲调 Q Nd^{3+}：YAG 倍频激光器，电源控制台，冷却水循环装置，氦氖激光器，倍频晶体，激光能量计，InGaAs 接收器，数字示波器等。

[预习提示]

(1) Nd^{3+} 能级结构。

(2) 脉冲氙灯的工作原理。

(3) 脉冲激光器的工作原理和器件的结构。

(4) 电光调 Q 原理。

(5) 倍频光的产生方法。

(6) 激光器参数测量方法。

[实验原理]

1. Nd^3＋：YAG 晶体与能级

掺钕钇铝石榴石晶体是以钇铝石榴石(简称 YAG，$Y_3Al_5O_{12}$)单晶为基质材料，掺入适量的三价稀土离子 Nd^{3+} 所构成的。YAG 是由 Y_2O_3 和 Al_2O_3 按摩尔比为 3∶5 化合生成的，当掺入作为激活剂的 Nd_2O_3 后，则在原来是 Y^{3+} 的点阵上部分地被 Nd^{3+} 代换，形成淡紫色 Nd^{3+}：YAG 晶体。Nd^{3+}：YAG 晶体结构为立方晶系，具有良好的物理性能：①热导率高，有利于连续运转；②熔点较高，为 1970℃，能承受较高的辐射功率；③荧光线宽较小，约为 $6.5cm^{-1}$，阈值低；④荧光量子效率高，一般大于 0.995，接近 1。它是目前固体激光器中较理想的工作物质。

在 Nd^{3+}：YAG 激光器中，真正起激光作用的是 Nd^{3+} 离子，能级结构如图 1.25-1 所示，典型的四能级系统。在光泵激励下，处于基态 E_1 的大量粒子被抽运到激发态 E_4 的一系列能级，其中最低的两个能级为 $^4F_{5/2}$ 和 $^4F_{7/2}$，相应于中心波长为 0.81μm 和 0.75μm 的两个光谱吸收带。由于 E_4 的寿命仅约为 1ns，受激的 Nd^{3+} 离子快速弛豫无辐射跃迁到能级为 $^4F_{3/2}$ 的 E_3 能级。E_3 态是一个亚稳态，寿命达 250～500μs，很容易获得粒子数积累。能

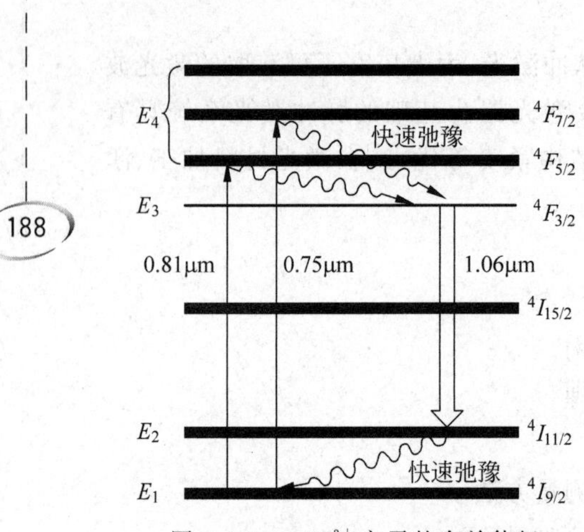

图 1.25-1 Nd^{3+} 离子的有关能级

级为 $^4I_{11/2}$ 的 E_2 态的寿命为 50ns，即使有粒子处于 E_2，也会很快弛豫到能级为 $^4I_{9/2}$ 的 E_1 态上。因此，相对于 E_3 而言，E_2 态上几乎没有粒子。这样，就在 E_3 和 E_2 之间形成了粒子数反转，构成了产生光放大的必要条件。E_3 粒子向 E_2 跃迁，辐射频率 $\nu_{32}=\frac{E_3-E_2}{h}$ 的光子。经谐振腔反射镜反射，沿轴向的光子返回工作介质中，由于粒子数反转的形成，这些光子与 E_3 能级粒子作用，将产生受激辐射，受激辐射的光子与入射光子频率相同，方向相同，偏振态相同，因而使腔内同频同方向光辐射增强。在光泵的持续作用下，该光束来回通过工作介质，不断增强，最终形成激光输出，其波长为 1.06μm。

2. 泵浦光源

为了实现激发态和低能级之间的跃迁，需要提供适当的能量激发钕离子，在 Nd^{3+}：YAG 激光器中，通常使用脉冲氙灯作为光泵提供能量，脉冲氙灯亮度高、结构简单，可以单次闪光也可以重复闪光，氙灯的重复频率为 $1\sim2s^{-1}$。

脉冲氙灯是在石英管内充有一定压力的氙气，工作于弧光放电状态的一种光源。脉冲氙灯电源电路如图 1.25-2 所示，直流高压电源通过限流电阻 R 向储能电容充电。若储能电容器的容量为 C_0，充电电压为 V，则电容器所储存的能量为

$$E_{入}=\frac{1}{2}C_0V^2 \tag{1.25-1}$$

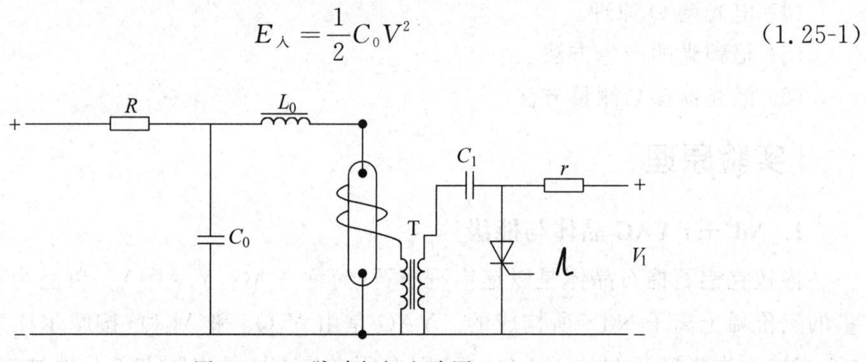

图 1.25-2 脉冲氙灯电路图

由于 C_0 上的充电电压低于氙灯的自闪电压，氙灯不会自行闪光，需要外触发来加以引导(外触发电压一般都在万伏以上)。直流电源 V_1 通过电阻 r 对电容 C_1 充电，充电电压等于直流电源的电压 V_1，当一正脉冲电压信号加到晶闸管的控制极时，晶闸管导通，电容器 C_1 对地放电，脉冲变压器 T 的初级绕组内有电流通过，这时在次级绕组内感应出万伏以上的脉冲高压信号加到氙灯的玻璃管(或聚光腔)上，高压触发使氙灯内氙气电离击穿，形成放电通道，这时电容 C_0 中的能量开始向通道内释放，放电通道迅速发展成电极间主放电，放电电流增长率很高，氙气受到强烈的电激励而发出炫目的强闪光。随着放电过程的进行，电容中储存的能量越来越小，经过一段时间后，当电容中的能量不足以维持弧光放电时，弧光放电逐渐熄灭。

3. Nd^{3+}：YAG 激光器的基本结构

固体激光器主要由工作物质、泵浦光源和光学谐振腔三部分组成，典型的 Nd^{3+}：YAG 激光器的结构如图 1.25-3 所示。通常 Nd^{3+}：YAG 晶体被加工成直径 6mm、长 80mm 左右的棒状，两端磨成光学平面，面上镀有增透膜，平面的法线与棒轴有一个小的夹角，棒的侧面全部“打毛”，以防止寄生振荡。激发（泵浦）用的氙灯做成和 YAG 棒长度相近的直管，以便与棒达到最佳的配合。为了有效地利用灯的光能，把棒和灯放在一个内壁镀金的空心椭圆柱面反光镜中，它们各占据椭圆柱的一条焦线。椭圆柱面反光镜的横截面如图 1.25-4 所示，氙灯发出的光通过椭圆柱面镜的反射，原则上百分之百地到达 YAG 棒上，但加到氙灯上的电能只有 1%左右转变成激光能量，其余都变成了热能，所以灯和棒都需要散热和冷却。为此，把反光镜内部的空间加以密封，通入流动的水，以带走多余的热能。水中还要溶入适量的重铬酸钾，以吸收氙灯光谱中的紫外成分，防止 YAG 棒因紫外光的照射而逐渐退化。

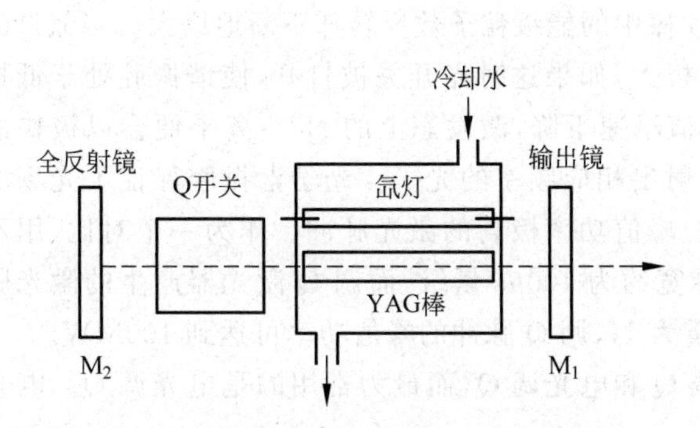

图 1.25-3　Nd^{3+}：YAG 激光器的结构示意图

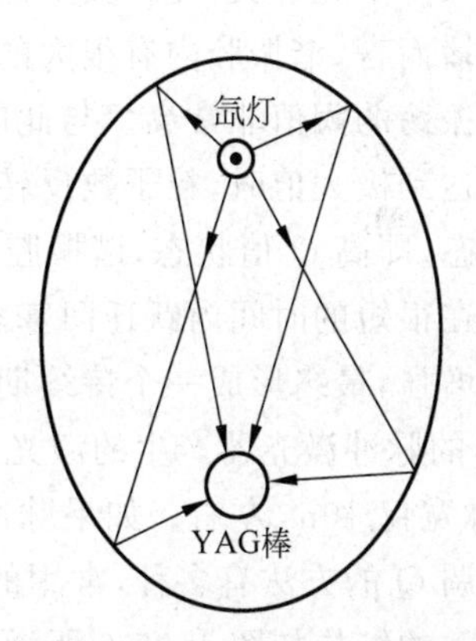

图 1.25-4　椭圆柱面反光镜的横截面

为了形成激光振荡，实现激光的放大和输出，需要把 YAG 棒置于一定的光学谐振腔之中。谐振腔采用平凹稳定腔，一块 1064nm 平面全反镜（或凹面镜，$R=10$m），一块输出镜（1064nm 部分反射平面镜，透过率为 80%）。激光器工作时两镜面要严格平行，且与工作介质轴线严格垂直。激光器分单脉冲和重复脉冲两种输出方式，重复频率 $1\sim10s^{-1}$ 可调。

YAG 激光器运转方式多样，可以连续、脉冲、调 Q 或锁模方式工作。如果采用连续工作的泵浦光源（氪灯），可以不间断地对 Nd^{3+} 离子的 E_3 和 E_2 能级提供粒子数反转，从而得到连续的激光输出。如果采用脉冲工作的泵浦光源（脉冲氙灯），可以得到脉冲激光输出。

自由振荡的 YAG 激光器输出为典型的尖峰脉冲序列，如图 1.25-5(a)所示，尖峰脉冲宽度为微秒量级，尖峰间距十几到几十微秒。由于在阈值以上的泵浦时间内都有激光产生，因而激光脉冲的持续期长而峰值功率低，不适合大多数的实际应用。为了得到脉宽窄而峰值功率高的激光脉冲，就必须采用调 Q 的方法。典型的调 Q 激光脉冲波形见图 1.25-5(b)。

4. 电光调 Q 原理

把宽脉冲激光的能量压缩在极短的时间内，从而提高其峰值功率的方法称为调 Q，即按一定的方式改变激光谐振腔的品质因数 Q 值$\left(Q=\dfrac{2\pi\times\text{腔内储存的能量}}{\text{单位时间损耗的能量}}\right)$。通常，在谐振腔

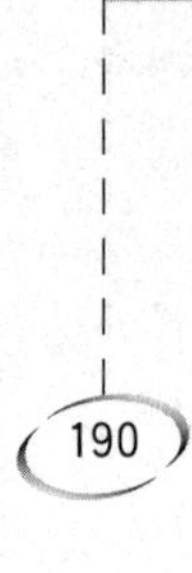

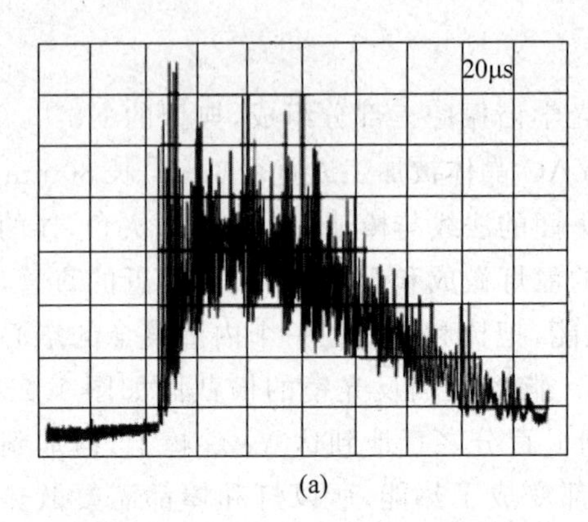

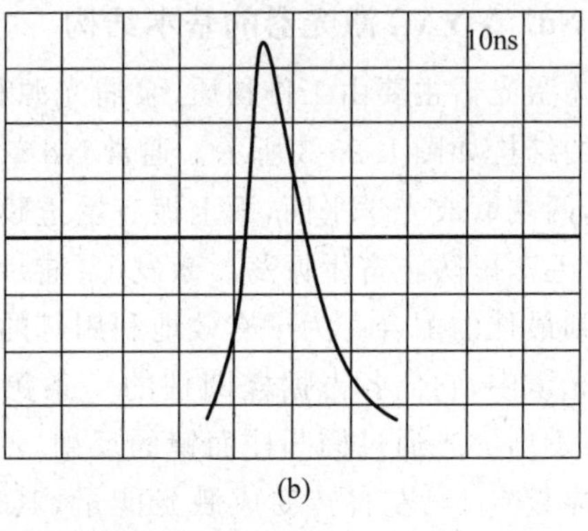

图 1.25-5　Nd^{3+}：YAG 激光器输出的脉冲波形

(a) 自由振荡波形；(b) 调 Q 脉冲波形

内置入一个光开关，光开关从氙灯引燃到其瞬时光强达到极大的期间是关闭的。因此，对光的传播而言，谐振腔内有很大的损耗，为低 Q 值状态，此时的谐振腔不能产生激光振荡，或激光振荡的阈值非常高。与此同时，YAG 棒中的能级粒子数反转却不断地增大。当氙灯的光强达到极大值时，粒子数反转也达到了极大，如果这时光开关被打开，使谐振腔处于低损耗状态，即高 Q 值状态，谐振腔的振荡阈值迅速下降，激发态上的 Nd^{3+} 离子便会以极快的速度在很短的时间内跃迁回基态，同时发射出相应频率的光子。光学谐振腔保证了光场的相干增强，最终形成一个持续期极为短促、峰值功率极高的激光脉冲。作为一个对比，用不调 Q 的脉冲激光器产生的激光脉冲，其脉宽约为 100μs 量级，而调 Q 激光器产生的激光脉冲，脉宽仅 10ns 左右。如果脉冲的总能量为 1J，调 Q 脉冲的峰值功率可达到 100MW。

调 Q 的方法有多种，常用的是声光调 Q 和电光调 Q，而最为常用的是电光调 Q。电光 Q 开关的结构如图 1.25-6 所示。

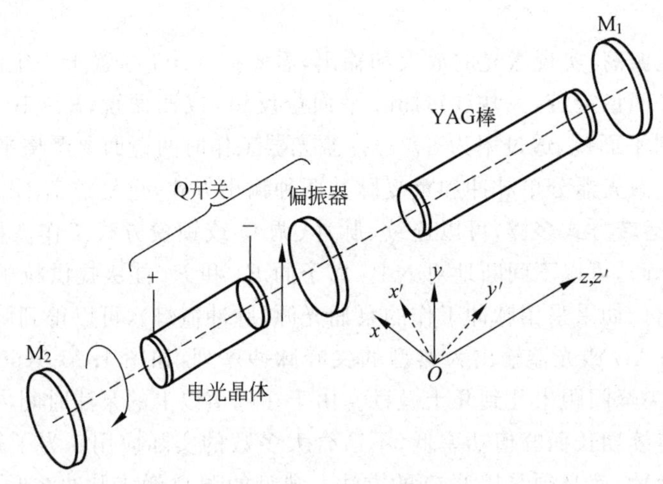

图 1.25-6　电光 Q 开关

偏振器使腔内的激光振荡具有起偏器允许通过的偏振方向(垂直方向)。电光晶体的种类很多，但用得最多的是 KD＊P(KD_2PO_4，磷酸二氘钾)晶体，在晶体中存在三个结构上的对称轴。一个是四重对称轴，把它称为晶体的光轴。另外两个都是二重对称轴，它们都与光轴垂直，彼此也相互垂直。在实际应用中，令光轴沿着谐振腔的通光方向 z，而另两个轴则沿着 x 和 y 方向。当晶体两端加有一定数值的直流电压 V 时，在晶体中沿 z 方向就会形成一个电场 E_z，$V=E_z \cdot L$（L 为晶体在 z 方向上的长度）。同时在晶体中会生成一个新的坐标系 $Ox'y'z'$，其中 z'轴仍与原来的 z 轴一致，因而 x'和 y'仍在 Oxy 平面内，但 x'和 y'分别与 x 和 y 成 45°。对于晶体的折射率而言，这一新的坐标系具有特殊的意义。沿三个新轴的晶体折射率分别为

$$n_{x'}=n_o-\frac{n_o^3}{2}\gamma_{63}E_z \tag{1.25-2}$$

$$n_{y'}=n_o+\frac{n_o^3}{2}\gamma_{63}E_z \tag{1.25-3}$$

$$n_{z'}=n_z=n_e \tag{1.25-4}$$

其中 n_o 和 n_e 分别为未加电压时晶体对寻常光和非寻常光的折射率，γ_{63} 是晶体的电光系数。由式(1.25-2)～(1.25-4)可看出，$n_{x'}$和 $n_{y'}$都是 E_z（纵向电场）的线性函数，这一规律称为线性电光效应或普克尔效应。实际上，这是外加电压导致晶体折射率椭球发生畸变的结果。由于电光效应的存在，晶体对于垂直偏振光在 x'和 y'轴上的两个投影分量的折射率不一样（$n_{x'}\neq n_{y'}$），因而此两分量沿 z 轴行进时的相速度也不相同，在它们穿过晶体之后相互之间的相位差不再为零，而是

$$\varphi=\frac{2\pi}{\lambda}n_o^3\gamma_{63}V \tag{1.25-5}$$

如果

$$V=\frac{\lambda}{4n_o^3\gamma_{63}} \tag{1.25-6}$$

则 $\varphi=\frac{\pi}{2}$，相当于光波行进 $\lambda/4$ 距离后应有的相位变化。式(1.25-6)所决定的电压称为 $\lambda/4$ 电压，对于电光调 Q 而言，这是一个重要的参数。KD * P 电光晶体在入射波长 $\lambda=1.064\mu m$ 时，$n_o=1.49$，而 $\gamma_{63}=23.6\times10^{12}$ m/V，由式(1.25-6)可以计算出

$$V_{\lambda/4}=3.4\text{kV} \tag{1.25-7}$$

设想在电光晶体上加 $\lambda/4$ 电压，而 M_2 是一个全反射镜，经 M_2 反射后再次从右向左地穿过晶体的两个分量将累积有 $2\varphi=\pi$ 的相位差，合成之后成为一个水平线偏振光，因而不能通过偏振器（偏振器在这时起着一个检偏器的作用）。这相当于 Q 开关被关断，谐振腔处于低 Q 值状态。如果突然（非常快，例如在 1ns 以内）将 $\lambda/4$ 电压撤去，则 $n_{x'}=n_{y'}=n_o$，光束来回穿过电光晶体不会附加有任何偏振方向的改变，也即 Q 开关处于通行状态，谐振腔则处于高 Q 值状态。通常是利用带有辅助电极的火花隙放电装置，瞬时将加在电光晶体上的电压对地短路来实现谐振腔的 Q 值突变，其装置简图如图 1.25-7 所示。

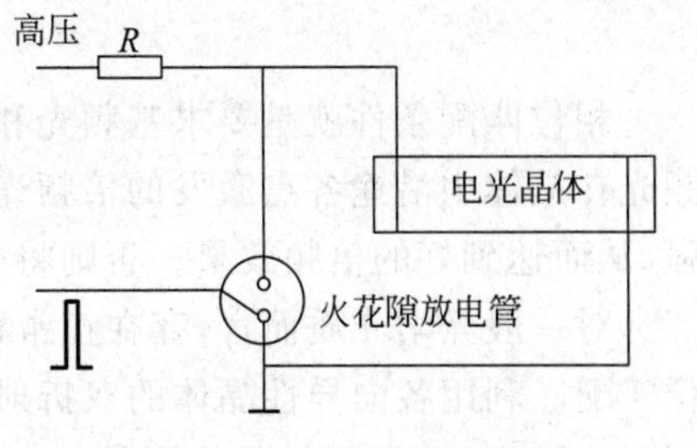

图 1.25-7 火花隙放电装置

5. 二次非线性光学效应

强光与非线性光学介质作用时，介质中感应极化强度 P 与强光电场强度 E 的关系表示成如下形式

$$P=\chi^{(1)}E+\chi^{(2)}EE+\chi^{(3)}EEE+\cdots \tag{1.25-8}$$

式中，$\chi^{(1)}$、$\chi^{(2)}$、$\chi^{(3)}$…分别为线性、二次非线性、三次非线性…的电极化系数，并且 $\chi^{(1)}\gg\chi^{(2)}\gg\chi^{(3)}\gg\cdots$。在弱电场作用下，只有方程中的第一项起作用，只出现普通光学范畴的线性效应；在强电场作用下，方程中的高阶项的作用才能显现出来；第二项为二阶非线性电极化，将出现倍频、和频、差频、参量振荡和电光效应等现象；第三项为三阶非线性电极化，将出现四波混频、高阶谐波和受激散射等现象。在激光发明以前，这些非线性现象不可能观察到，第一台红宝石高强度激光器问世后不久，1961 年美国物理学家弗兰肯(P. A. Franken)等人用红宝石输出的 694.3nm 的激光通过石英晶体才获得了 347.1nm 的紫外倍频激光。后来又有人利用此技术将晶体的 1.06μm 红外激光转换成 0.53μm 的绿光，从而满足了水下通信和探测等工作对波段的要求。

在种类繁多的非线性光学效应中，二次非线性效应(包括二倍频、和频、差频)是最基本的、应用最广泛的一种。下面仅讨论二阶非线性项。

为讨论方便，将式(1.25-8)中的第二项写成标量形式，即

$$P^{(2\omega)}=\chi^{(2)}E^2 \tag{1.25-9}$$

设有一角频率为 ω 的强激光单色平面波沿方向 z 进入介质，在一维情况下有

$$E(z,t)=E_0\cos(\omega t-kz) \tag{1.25-10}$$

将式(1.25-10)代入式(1.25-9)得到

$$P^{(2\omega)}=\frac{1}{2}\chi^{(2)}E_0^2[1+\cos2(\omega t-kz)] \tag{1.25-11}$$

由式(1.25-11)可以看出，极化强度含有角频率为 2ω 的倍频电磁波。如果角频率为 ω_1 和 ω_2 的两束单色平面波沿 z 方向同时进入介质，则二阶极化项中除了倍频项 $2\omega_1$ 和 $2\omega_2$ 外，还包含和频项($\omega_1+\omega_2$)、差频项($\omega_1-\omega_2$)等。理论分析表明，倍频效率为

$$\eta=\frac{I_{2\omega}}{I_\omega}\propto L^2d_{\text{eff}}^2I_\omega\frac{\sin^2\left(\frac{L\cdot\Delta k}{2}\right)}{\left(\frac{L\cdot\Delta k}{2}\right)^2} \tag{1.25-12}$$

式中 I_ω 和 $I_{2\omega}$ 分别为基频光和倍频光的功率；L 为倍频晶体的通光长度；d_{eff} 为有效非线性系数(与 $\chi^{(2)}$ 有关)。从式(1.25-12)可以看出，为了获得最好的倍频效果，除了基频光要足够强、晶体的非线性极化系数要大外，还要满足 $\Delta k=0$ 的相位匹配条件。

$$\Delta k=2k_\omega-k_{2\omega}=\frac{2\omega}{c}(n_\omega-n_{2\omega}) \tag{1.25-13}$$

式中 k_ω 和 $k_{2\omega}$ 分别为基频光和倍频光的波数；n_ω 和 $n_{2\omega}$ 分别为基频光和倍频光的折射率。要实现 $\Delta k=0$ 的相位匹配条件，就要求基频光和倍频光的折射率相等，即

$$n_\omega=n_{2\omega} \tag{1.25-14}$$

相位匹配条件就是要求基频光和倍频光在晶体中的传播速度相等，物理实质就是使基频光在晶体中沿途各点激发的倍频光传到出射面时，都具有相同的相位，这样可相互干涉增强，从而达到好的倍频效果。否则将会相互削弱，甚至抵消。

对一般光学介质而言，存在正常色散效应，其折射率随频率而变，$n_{2\omega}>n_\omega$，无法实现相位匹配。利用各向异性晶体的双折射特性，并使基频光和倍频光有不同的偏振态，就可以得到 $n_\omega=n_{2\omega}$。以负单轴晶体为例，主折射率 $n_e<n_o$，图 1.25-8 画出了晶体中基频光和倍频

光的两种不同偏振态折射率面间的关系。图中实线球面为倍频光折射率面，虚线球面为基频光折射率平面，球面为o光折射率面，椭球面为e光折射率面，光轴为z轴。

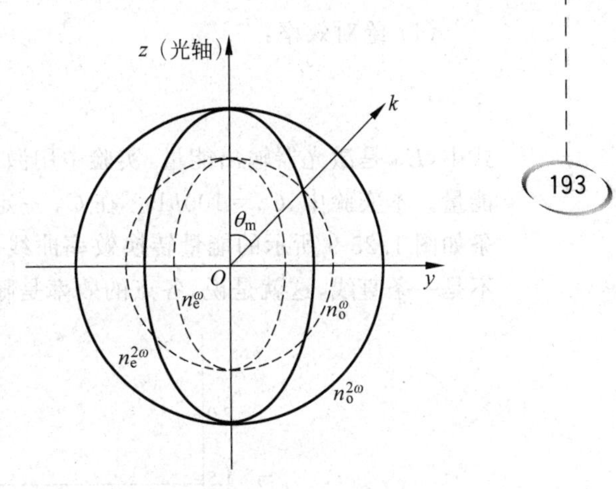

图1.25-8　负单轴晶体的折射率椭球截面

折射率面的定义：从球心引出的每一条矢径到达面上某点的长度，表示晶体以此矢径为波法线方向的光波的折射率大小。实现相位匹配条件的方法之一是寻找实面与虚面交点位置，从而得到通过此交点的矢径与光轴的夹角。从图1.25-8中可看到，基频光中o光的折射率可以和倍频光中e光的折射率相等，所以当光波沿着与光轴成角θ_m方向传播时，即可实现相位匹配。θ_m叫做相位匹配角，可由下式求出

$$\sin^2\theta_m=\frac{(n_o^\omega)^{-2}-(n_o^{2\omega})^{-2}}{(n_e^\omega)^{-2}-(n_o^{2\omega})^{-2}} \tag{1.25-15}$$

式中参数都可查表得到。

入射光以一定角度入射晶体，通过晶体的双折射，由折射率的变化来补偿正常色散而实现相位匹配的，这称为角度相位匹配。角度相位匹配又可分为两类，第一类是入射光为同一种线偏振光，负单轴晶体将两个基频o光光子转变为一个倍频的e光光子，正单轴晶体将两个e光光子转变为一个倍频的o光光子；第二类是入射光中同时含有o光和e光两种线偏振光，负单轴晶体将两个不同的光子变为一个倍频的e光光子，正单轴晶体变为一个倍频的o光光子。本实验用的是KTP（$KTiOPO_4$，磷酸钛氧钾）倍频晶体第二类相位匹配，由激光器输出镜输出的激光通过倍频晶体KTP，产生倍频光。

6. Nd^{3+}：YAG激光器的阈值与转换效率

1）阈值

当激光工作物质中大量Nd^{3+}吸收氙灯的光能跃迁到E_3能级而形成E_3与E_2间粒子数反转分布状态时，就为产生激光创造了必要条件，但这还不一定能真正产生激光，只有当光在谐振腔中来回反射，受激辐射使光在谐振腔中的增益大于损耗时，光在腔内才能形成振荡，从而才能产生激光。所谓阈值，就是在已确定的实验条件下，使激光器刚好能出激光，这时电源所提供给氙灯的最小能量值。在实际应用中，总希望激光器的能量阈值低一些为好。为此，就要选择量子效率高的激光工作物质；选择电光转换效率高的激励光源，设计聚光效率高的聚光腔，以及对光路进行仔细调整以减小衍射、反射等损耗。

2）转换效率

激光器从电能输入到激光输出，需要经过许多转换过程，总的转换效率是电光转换效率、聚光效率、光谱匹配效率、输出耦合效率等的连乘积。因此，总效率是很低的。转换效率是衡量激光器性能的一个重要指标。当氙灯输入能量超过阈值时，激光器输出的激光能量随输入能量的增加而增加，输出能量增长的速率就取决于激光器的效率。激光器的能量转换效率，常采用以下两种表示方法。

(1) 绝对效率：

$$\eta_{绝}=\frac{E_{出}}{E_{入}} \tag{1.25-16}$$

式中，$E_{出}$是激光器输出能量，实验中用激光能量计测出，$E_{入}$是脉冲氙灯储能电容器释放的能量。本实验中，$C_0=100\mu F$。在C_0一定的条件下，改变储能电容器的充电电压，可画出一条如图 1.25-9 所示的能量转换效率曲线。从图中可看出，效率曲线并不通过坐标原点，且不是一条直线，这就是说，各点的效率是随输入能量变化而变化的。

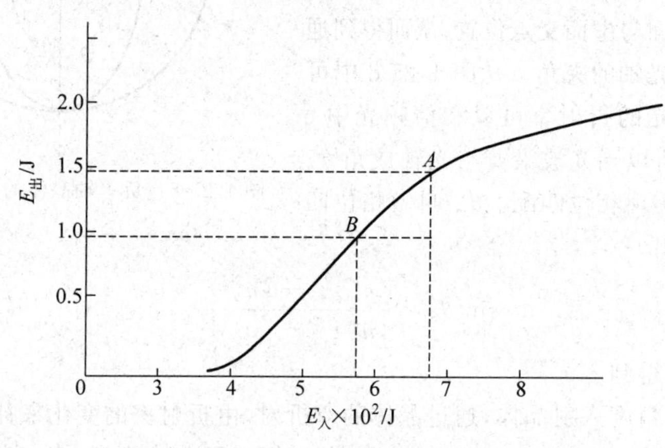

图 1.25-9　能量转换效率曲线

(2) 斜率效率：

$$\eta_{斜}=\frac{(E_{出})_A-(E_{出})_B}{(E_{入})_A-(E_{入})_B} \tag{1.25-17}$$

式(1.25-17)也反映了输出能量值随输入能量增长的快慢，通常是在能量转换效率曲线的直线段部分计算斜率效率。对某一确定的激光来说，$\eta_{斜}$是一定的。

[仪器装置]

脉冲调 Q Nd^{3+}：YAG 倍频激光器系统主要由激光器主机、电源控制台、循环水冷却系统三部分组成。

1. 激光器主机

激光器主机内部结构如图 1.25-10(a)所示，主要由激光腔、KDP-Q 开关、倍频晶体及偏振片组成。接口板如图 1.25-10(b)所示，激光腔电源红色代表正(+)，黑色代表负(−)，HV 为高压接口，TRIGG 为触发信号接口，出水口和进水口可以互换(无顺序)。前面板如图 1.25-10(c)所示，它包含控制光闸升/降、He-Ne 激光器电源开关。

2. 电源控制台

(1) 大功率高压直流电源。它给氙灯储能电容器充电，电压在 0～850V 范围内连续可调，功率容量在 kW 量级。

(2) Q 开关高压电源。利用高频(kHz)振荡的方式把低压直流电转变为高频高压电信号，再经整流形成直流高压为电光晶体提供$\lambda/4$电压。

(3) 触发脉冲发生器。用以产生触发氙灯点燃和 Q 开关导通所需的两组电脉冲。这两

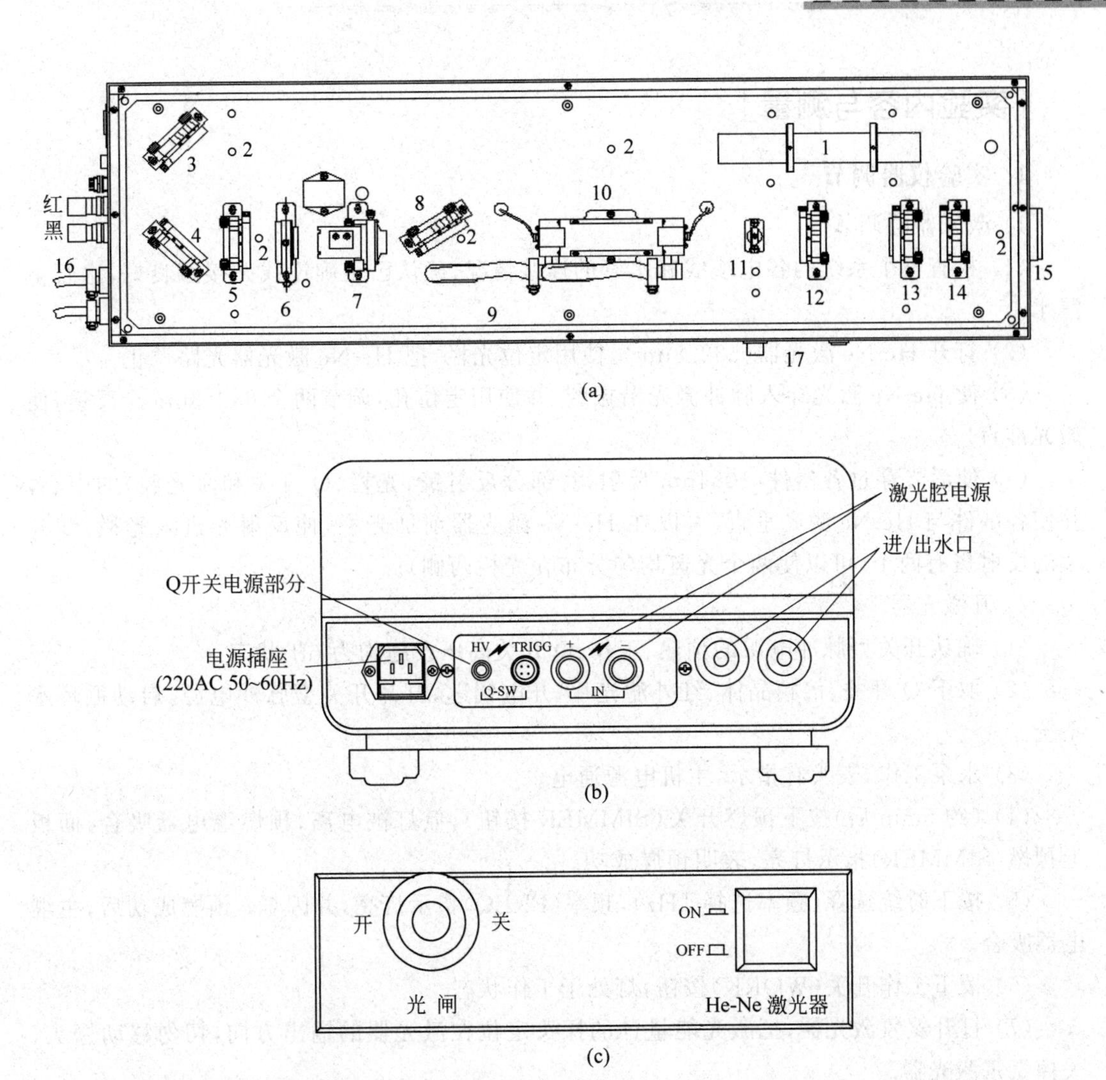

1—氦氖激光器；2—光路调节定位孔；3、4—632.8nm 全反镜；5—1064nm 全反镜；6—光栏；7—Q 开关；8—偏振片；9—耐压水管；10—激光腔；11—光闸；12—80%透射镜（1064nm）；13—KTP 晶体；14—红外滤光片；15—出光孔；16—接口板（详见图(b)）；17—前面板（详见图(c)）。

图 1.25-10 激光器结构图

(a) 激光器内部结构；(b) 接口板；(c) 前面板

组电脉冲出自同一个脉冲发生器，因而是相互严格同步的，但是它们之间的相对延时可以调节，以便恰好在氙灯点燃一段时间（$10^2\mu s$ 量级）之后，YAG 棒的粒子数反转达到极大时打开 Q 开关，从而得到脉宽最窄、峰值功率最大的调 Q 激光脉冲。

3. 循环水冷却系统

采用内循环水路，用离心水泵使掺有重铬酸钾的蒸馏水或去离子水在水箱和 YAG 的椭圆反光镜密封水套之间不断循环，将氙灯和 YAG 棒产生的热量带到水箱中，而水箱的储热则由制冷系统带到周围环境中。水泵的电开关和电源控制台的总开关联动，仅在水泵正常运行的条件下，电源控制台才能被接通，保证氙灯和 YAG 棒的安全工作。在激光的运行过程中，如果发生断水或水压下降，水压控制继电器也会自动动作，以切断激光器主机电源并发出报警信号。

[实验内容与测量]

1. 实验仪器调节

1）激光器的调节

（1）检查整个系统的各电缆线和水管的连接情况，确认已正确连线并接触良好，水管不漏水。

（2）打开 He-Ne 激光器(632.8nm)，使用定位光栏，把 He-Ne 激光器光路调正。

（3）使 He-Ne 激光穿入脉冲激光谐振腔，并使用定位孔，调节两个 632.8nm 全反镜，使激光准直。

（4）使激光穿过各器件(1064nm 反射镜、部分反射镜、光栏、Q 开关和激光腔)的中心，并使各部件与 He-Ne 激光垂直(可以在 He-Ne 激光器前加光栏，使反射光进入光栏，Q 开关的反射斑有两个，可以使两个光斑均匀分布在光栏两侧)。

2）开激光器

（1）确认开关型脉冲电源的预热、工作、Q 开关高压设施均为 off 状态。

（2）取下 Q 开关、倍频晶体、红外滤光片，开电钥匙，打开开关型脉冲电源，启动循环水系统。

（3）水泵工作，表头有指示，主机电源通电。

（4）(约 5min 后)按下预燃开关(SIMMER 按钮)，氙灯被电离，预燃继电器吸合，面板上预燃(SIMMER)指示灯亮，表明预燃成功。

（5）按下时统选择(频率选择 1Hz)，频率(FREQ)指示灯亮，并闪烁；预燃成功后，主继电器吸合。

（6）按下工作开关(WORK)按钮，灯处于工作状态。

（7）打开氦氖激光器，把激光能量计的探头定位在激光器的输出方向，切勿移动探头，关掉氦氖激光器。

（8）调节充电电位器(ADJ)增加输出电压之所需值(例如数码块电压显示 700V)，氙灯应出光，功率能量计有示数或示数有变化。

2. 实验测量

1）不调 Q 情况下激光器的阈值电压测量

（1）Q 开关取下状态，激光器的重复频率选取 1Hz。

（2）缓慢地增加氙灯电压，同时观察能量计的指示直到开始有读数或读数开始有变化，此时的氙灯电压即为激光器的阈值电压。在阈值电压附近反复测量多次，取其平均值作为该激光器的阈值电压。

2）不调 Q 情况下激光器的激光脉冲能量和激光转换效率测量

从阈值电压开始，每隔 50V 测量出 6 个电压值相应的激光脉冲输出能量 $E_{出}$。每个点重复测量 5 次并计算出 $E_{出}$ 的平均值，列出激光器 $E_{入}$ 和 $E_{出}$ 数据表。

3）不调 Q 激光脉冲的波形观察

（1）把激光打在一块用聚四氟乙烯做成的漫反射体(能量计探头)上，注意不可直视漫反射面，用 InGaAs 接收器接收小部分漫射激光。

(2) 通过数字示波器观察三个不同的氙灯电压下激光脉冲波形，测量峰的高度、单峰的时间宽度和相邻两峰之间的时间间隔以及整个尖峰串的持续时间。

(3) 将氙灯电压缓慢调为 0V。

4) 调 Q 激光脉冲的波形观察

(1) 加入 Q 开关，打开氦氖激光器，使激光器光斑能通过 Q 开关中心，关掉氦氖激光器。

(2) 将氙灯电压缓慢增加至 700V 左右，Q 开关调至 OFF 档，调节 Q 开关角度(注意调节时手部不要进入光路内部)，使输出激光最弱。

(3) Q 开关调至 ON 档，微调 Q 开关角度，使输出光最强，拧紧 Q 开关的固定螺丝。对 1.06μm 不可见的红外激光除可用能量计准确测定其能量值外，还可用感光纸对光的有无和能量的大小进行粗略检查。

(4) Q 开关调至 ON 档，采用实验测量 3)不调 Q 激光脉冲波形观察的方法，选定一个氙灯电压值(如 700V)，观察并记录激光输出波形相对不调 Q 时的变化，测量峰的高度、单峰的时间宽度、半极大值全脉宽 Δt_{FWHM}。

(5) 测量电压为 700V 时 1.06μm 的基频光的光强，重复测量 5 次取平均值。

(6) 从阈值电压开始，每隔 50V 测量出 6 个电压值相对应的基频光强，每个电压值测量 5 次取平均值，列出数据表。

(7) 将 Q 开关调制 OFF 档，氙灯电压缓慢调为 0V。

5) 激光倍频实验

(1) 将倍频晶体移至光路中，打开氦氖激光器，使氦氖激光器光斑从晶体中心穿过，加入红外滤光片，关掉氦氖激光器。

(2) 激光器采用调 Q 方式(Q 开关调至 ON 档)，氙灯电压缓慢增加至 700V，转动倍频晶体(注意调节时手部不要进入光路内部)，使 1.06μm 的基频光以不同角度入射于晶体，用功率能量计接收激光脉冲，观察光强的变化，使能量计示数最大。

(3) 将倍频晶体固定在最佳倍频位置，测量出电压为 700V 时 0.53μm 的光强，重复测量 5 次取平均值，计算出倍频效率。

(4) 改变激光器电源电压，即改变 1.06μm 基频输入光强，从阈值电压开始，每隔 50V 测量出 6 个电压值相应的倍频光强值，每个电压值测量 5 次取平均值，列出数据表。

(5) 用示波器观察倍频光脉冲宽度变窄的现象。

3. 关激光器

1) 按下 OFF 按钮，即关闭电光晶体高压电路。

2) 逆时针旋转电位器(ADJ)至 0 值。

3) 按出工作开关(WORK)按钮，灯退出工作状态。

4) 按出时统选择。

5) 按出预燃开关。

6) (约 5min 后)关电钥匙。

注意事项：

(1) 切不可直视激光束(迎着激光束射来的方向看)和它的反射光束，决不允许对激光器件做任何目视的准直操作。

(2) 对于不可见的红外激光束，实验者更应了解实验的光路布局，并避免使自己的头部保持在激光束高度所在的水平面内。

(3) 实验区域内不应存在任何带有闪亮表面的物体，实验者应从身上除去此类物体，如饰物、手表与徽章等。

(4) 不可在有激光照射的情况下移动任何反射镜、光阑、能量计探头和光谱仪器等。

(5) 不允许将激光束瞄准任何人体、动物、车辆、门窗和天空等。对于由此而带来的对目的物的伤害，操作者负有法律责任。

(6) 不得在未停机或未确认储能元件均已放电完毕的情况下检修激光设备，避免造成电击伤害。

(7) 激光处于工作状态时，必须戴防护眼镜。

(8) 未经授课教师同意，不得自行打开激光电源。

(9) 激光能量计的探头一般有最大可探测能量值，切记对输入激光能量进行衰减后方可测量，否则探头易损坏。

[数据处理与分析]

(1) 计算各实验测量点的绝对效率，绘制激光能量转换效率曲线，根据曲线求斜率效率 $\eta_{斜}$。

(2) 计算倍频效率。

(3) 绘制调 Q 倍频光强与基频光强的关系曲线，用取对数的方法证明倍频光强与基频光强的平方正比。

[讨论]

实验测得的能量转换效率曲线为什么不通过坐标原点，横坐标轴上的截距有何意义？

[结论]

通过对实验现象和实验结果的分析，你能得到什么结论？

[思考题]

(1) 为什么调 Q 时，增大激光器的腔内损耗的同时能使上能级粒子反转数积累增加？

(2) 为什么倍频光脉冲宽度比基频光变窄？

[附录]　WGL-3 型脉冲调 Q Nd：YAG 倍频激光器主要技术指标

(1) 激光波长：1064/532nm。

(2) 脉宽：小于 30ns。

(3) 能量：150mJ。

(4) 频率：1Hz,5Hz,10Hz。

[参考文献]

[1] 吕百达. 固体激光器件[M]. 北京：北京邮电大学出版社，2002.

[2] 马养武. 激光器件[M]. 杭州：浙江大学出版社，2001.

[3] 蓝信钜. 激光技术[M]. 北京：科学出版社，2001.
[4] 姚建铨. 非线性光学频率变换及激光调谐技术[M]. 北京：科学出版社，1995.
[5] 天津港东科技股份有限公司. WGL-3 型脉冲调 Q Nd：YAG 倍频激光器实验装置使用说明书[Z]. 2023.

实验 1.26　光纤信息与光纤传感器

[引言]

光纤(optical fiber)是光导纤维的简称，是一种由折射率较高的玻璃棒外加折射率较低的玻璃套管制作成预制棒，在熔融状态下拉伸，拉至微米量级直径的双层玻璃纤维。利用光学全反射原理，将光的能量约束在光吸收和光散射都非常小的波导界面内，并引导光波沿着光纤轴线方向传播。与通常的波导相比，光纤是一种传输更高频率电磁波的介质波导。早在 18 世纪 70 年代，通过观察光线可沿着酒桶冒出的细酒流中传输，人们就知道了光从细电介质棒的一端以一定角度入射时，由于介质与空气折射率不同，使光在棒与空气的界面上能反复地进行全反射向前传输。

1910 年，Deby 和 Hondros 用波动理论对这种电介质中的光路进行了理论分析。1927 年，Baird、Hansell 等人提出了用电介质光纤传递光学图像的设想。到了 20 世纪 50 年代，开始出现中心有高折射率分布的光学纤维结构。1951 年，设计出第一个光导显微镜，在医疗方面用于传输人体内部器官的图像，所用的光纤传输损耗很大，即使是最透明的优质光学玻璃纤维，光损耗亦达 1000dB/km，显然不能满足通信要求，许多人都放弃了用光纤作传输介质的努力。1966 年，英国标准电信研究所的美籍华人高锟博士发表的《光频率介质纤维表面波导》的论文中明确指出，玻璃中的光损耗主要是由过渡金属离子吸收造成的，如能将这些离子的含量降低到 10^{-6} 以下，则可使玻璃的吸收损耗降到 20dB/km 以下，能够获得可用于通信的、传输损耗较低的光导纤维。1970 年，美国康宁玻璃公司用化学气相沉积法率先制成了高纯度二氧化硅光纤，它的损耗为 20dB/km，使长距离传输成为可能。这一成果立即得到世界各国广泛重视，掀起了光纤通信研究的热潮。1976 年，日本电报电话公司将光纤损耗降低到 0.47dB/km。中国从 1976 年拉出 200m 长的第一根石英光纤，到 1979 年，光损耗降为 4dB/km。低损耗通信光纤迅速发展到现在，光纤损耗可降至 0.154dB/km (1.55μm 波长下)，已接近光纤损耗的理论极限值。1980 年，美国标准化光纤通信系统投入商业应用。1982 年，中国第一条实用化的光纤通信线路跨越武汉三镇。1988 年和 1989 年横跨大西洋和太平洋的海底光缆系统铺设完成，光纤光缆逐渐取代传统的金属电缆，成为现代信息传输的主要方式。光纤通信距离从 10km 增加到可长达 10 000km，且其通信容量可高达 1000Gb/s/km。2009 年，高锟以"涉及光纤传输的突破性成就"分享了该年度的诺贝尔物理学奖。

随着对光纤研究的深入，发现光纤易受诸如温度、压力、电场和磁场等环境因素的影响，从而导致光强、相位、频率和偏振态等光学参量的变化。把待测量与光纤内传导光的一些特征量建立起对应关系，这就构成了一种全新的直接交换信息的基础，从而又增添了光纤传感这门新技术。由于光纤传感器灵敏度高、损耗低、信息量大、耐高压、耐腐蚀、阻燃防爆、抗电磁干扰、频带宽、动态范围大、柔软纤细具有可绕曲性，外加体积小、重量轻和测量现场无须电源，故可做成具有多方面适应性的光纤传感器和传感器阵列，可用于位移、振动、压力、电流、磁场、温度、浓度等各种物理量的测量。目前世界各先进工业国已开发出百余种光纤传感器，在军事国防、航天航空、工矿农业、能源环保、通信、计算机、医学、自动控制、交通运输乃至家庭生活等各个领域获得了广泛的应用。

光纤的问世不仅使通信技术发生了一场革命，也给传感技术带来了勃勃生机，光纤传感器的应用使以前棘手的监测难题找到了解决办法。同时，借助于光纤技术也发展了各种新兴光学技术和方法，如大功率光纤能量传输技术、光纤光镊技术以及光纤莫尔干涉测量技术等。正在开发与应用中的光子晶体光纤、双包层光纤、塑料光纤、抗辐照光纤和中红外波段的光纤等新型特种光纤必将为实现高度信息化社会作出重要的贡献。

[实验目的]

(1) 了解光纤光学基本知识。
(2) 学习光纤与光源耦合方法。
(3) 学习测量光纤数值孔径的方法。
(4) 学习光纤传输损耗的含义、表示方法及测量方法。
(5) 了解光纤分束器及其用途和性能参数。
(6) 了解光衰减器、光隔离器、光开关的基本原理和基本操作。
(7) 了解光纤型 M-Z 干涉仪的原理和用途。
(8) 掌握光纤温度传感器原理。
(9) 掌握光纤压力传感器原理。

[实验仪器]

SGQ-7 型光纤信息及光通信实验系统。

[预习提示]

(1) 光纤的基本结构和光在光纤中传输的原理。
(2) 多模光纤数值孔径的含义与测量方法。
(3) 光纤耦合效率的测量方法。
(4) 截断法测量光纤传输损耗的方法。
(5) 光纤分束器参数测量方法。
(6) 光衰减器、光隔离器、光纤准直器、光开关及其用途和性能参数。
(7) M-Z 光纤干涉仪原理及应用。
(8) 光纤温度传感器的工作原理。
(9) 光纤压力传感器的工作原理。

[实验原理]

1. 光纤

普通石英光纤主要由纤芯、包层、涂敷层及套塑四部分组成，其构造如图 1.26-1 所示。

纤芯一般由直径为 5～50μm、掺有少量 P_2O_5 和 GeO_2 的高纯度 SiO_2 构成，掺杂剂的作用是提高纤芯的折射率，为减少光散射和光吸收，纤芯的杂质含量一般不大于 10^{-6}。包层主要由高纯度 SiO_2 构成，掺有少量的氟和硼以降低其折射率，包层的直径一般为 125μm。涂敷层一般为环氧树脂或硅橡胶，其作用是增强光纤的机械强度。光纤的最外层是套塑，套塑大多数采用尼龙或聚乙烯，其作用是加强光纤的机械强度，没有套塑层的光纤称为裸光纤。

光纤的分类方式有很多种，按照纤芯截面折射率分布形式可分为阶跃折射率光纤和渐变折射率光纤；按照光在光纤中的传输模式可分为单模光纤和多模光纤；按照光纤的工作波长可分为短波长光纤、长波长光纤和超长波长光纤；按照制造光纤所用的材料又可分为石英系光纤、多组分玻璃光纤、塑料包层石英芯光纤、全塑料光纤和氟化物光纤等。

光在光纤中的传输依据的是光学中的全反射定律，纤芯和包层的材料都是 SiO_2，两者的区别是在纤芯或包层材料中做适当掺杂，掺入少量的杂质(锗、磷、硼、氟等)，使得纤芯折射率 n_1 和包层折射率 n_2 的折射率略有不同，即 $n_1>n_2$，于是当光传输到纤芯和包层的交界面时，光是从光密介质到光疏介质，当入射光的入射角大于临界角 θ_C 时，光在纤芯和包层的交界面处发生全反射，如图 1.26-2 所示。正是由于这种全反射，把光限制在光纤的纤芯中传输。光在光纤中传输时，其传输特性与光纤的折射率分布形式、光纤的芯径及光波的波长密切相关。模场分布属于光纤的本值特征，与外界激励条件无关。光纤的输出近场是光纤输出端面光功率沿光纤半径 r 的分布，如果光纤中各导模的损耗相同，又无模式耦合，则输出近场与光纤输入端面光功率分布相同。光纤的输出远场分布是在距光纤输出端面足够远处，光纤的输出光功率沿孔径角的分布，远场分布与光纤的数值孔径有关。

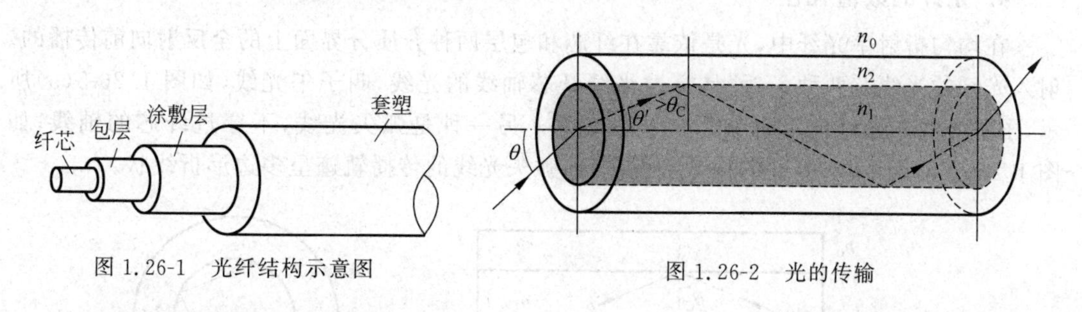

图 1.26-1　光纤结构示意图

图 1.26-2　光的传输

2. 光纤的传输模式

光波在光纤中的传播，主要是交变的电场和磁场在光纤中向前传播。电磁场的各种不同分布形式，称为模式。任何在光纤中传输的光波必须满足在纤芯和包层界面上应用麦克斯韦波动方程的边界条件，其结果是，光纤中的光波只能形成独特的单个或多个模式。单模光纤是只能传输一种模式的光纤，在光纤的横截面上只存在一种电磁场分布模式；多模光纤能传输多个模式，在光纤横截面上允许多个电磁场分布模式同时存在。多模光纤损耗大、色散较强，因而脉冲畸变严重；而单模光纤的纤芯较细，光线几乎是沿着光纤轴传播的，损耗和色散性能都较佳，对光脉冲的影响较小。长距离通信中的光纤通常选用单模光纤。

3. 光纤与光源的耦合

光纤与光源的耦合有直接耦合和经聚光器件耦合两种。直接耦合是使光纤直接对准光源输出的光进行的“对接”耦合。如图 1.26-3 所示，将制备好的光纤端面靠近光源的发光面，调整两者的相对位置，使光纤输出端的输出光强最大，然后固定该相对位置。这种方法简单可靠，但必须有专用设备。如果光源输出光束的横截面积大于纤芯的横截面积，将引起较大的耦合损耗。经聚光器件耦合是将光源发出的光通过聚光器件聚焦到光纤端面上，并调整到最佳位置，使光纤输出光强最大，如图 1.26-4 所示，这种方法耦合效率较高。聚光器件有传统的透镜和自聚焦透镜。耦合效率的计算公式为

$$\eta=-10\lg\left(\frac{p_1}{p_2}\right)(\mathrm{dB})$$

其中，p_1 为耦合进光纤的光功率（近似为光纤的输出光功率）；p_2 为光源输出的光功率。

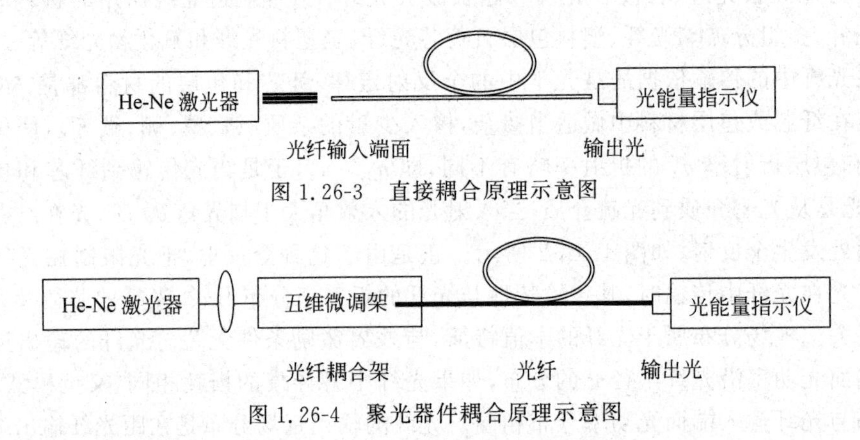

图 1.26-3　直接耦合原理示意图

图 1.26-4　聚光器件耦合原理示意图

4. 光纤的数值孔径

在均匀折射率光纤中，光是依靠在纤芯和包层两种介质分界面上的全反射向前传播的。射入光纤的光线有两种，一种是穿过光纤纤芯轴线的光线，叫子午光线，如图 1.26-5(a)所示，子午光线在光纤内沿锯齿形的折线前进；另一种是弧矢光线，不穿过纤芯的轴线，如图 1.26-5(b)所示，从光纤的横截剖面上看，弧矢光线的传播轨迹呈多边形折线状。

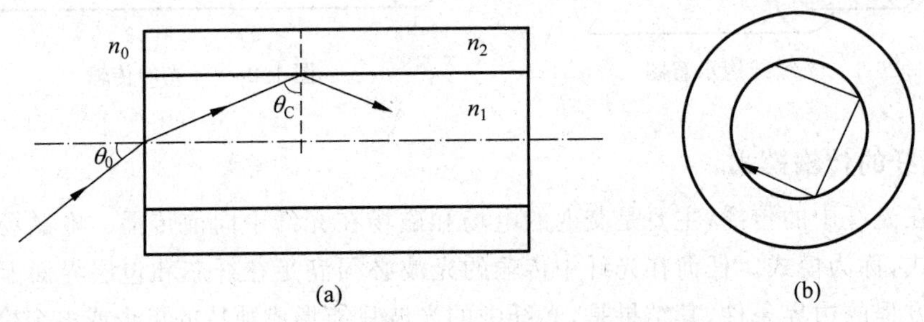

图 1.26-5　均匀折射率光纤中光线的传播

(a) 子午光线；(b) 弧矢光线

设光线在光纤端面上的入射角为 θ_0（光线从空气进入折射率为 n_1 的纤芯），光线在纤芯与包层分界面处的入射角为 θ_i。对于子午光线，θ_i 应满足全反射条件，即

$$\theta_i>\theta_C=\arcsin\left(\frac{n_2}{n_1}\right) \tag{1.26-1}$$

其中，θ_C 为全反射临界角。故光纤端面外侧入射的光束存在一个最大入射孔径角 θ_0，入射角大于 θ_0 的光线在纤芯与包层界面不再满足全反射条件而无法在光纤中稳定传输。由折

射定律及式(1.26-1)可得

$$n_0\sin\theta_0=n_1\sin\left(\frac{\pi}{2}-\theta_C\right)=n_1\cos\theta_c=\sqrt{n_1^2-n_2^2} \tag{1.26-2}$$

则

$$\theta_0=\arcsin\left(\frac{1}{n_0}\sqrt{n_1^2-n_2^2}\right) \tag{1.26-3}$$

$n_0\sin\theta_0$ 是反映光纤性能的一个重要光学参数，称为光纤的数值孔径 NA（numerical aperture)，它在一定程度上表征光纤收集光的本领和与光源耦合的难易程度，同时对连接损耗及衰减特性也有影响。光纤的 NA 值越大，光纤收集、传输能量的本领就越大。

光纤数值孔径目前主要测量方法有远场光强法(国际电话与电报顾问委员会(CCITT)规定的基准测试方法)、远场光斑法和折射近场法。远场光强法定义为光纤远场辐射图上光强值下降到最大值5%的半张角的正弦值。如图1.26-6所示。数值孔径为

$$\mathrm{NA}=\sin\theta_0=\frac{r}{\sqrt{L^2+r^2}} \tag{1.26-4}$$

式中，L 为入射光纤端面和接受光纤端面正对时的两光纤端面间的距离；r 为当 L 一定时，接收光强下降到最大值的5%时，入射光纤的出射光在投影屏上所形成的光斑的半径。

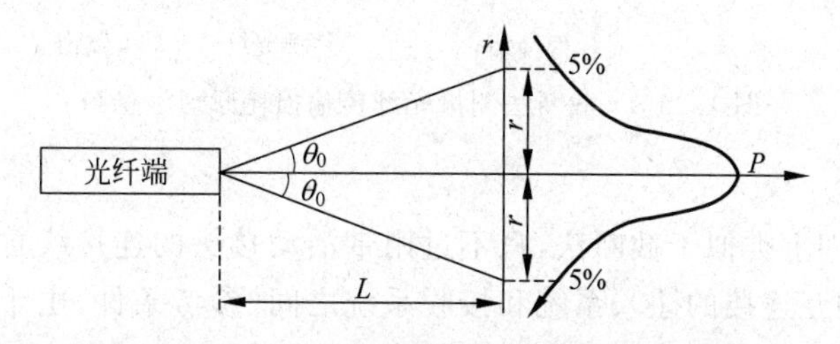

图1.26-6　远场光强法测量光纤数值孔径原理图

本实验采用远场光斑法，测量原理类似于远场光强法，只是结果的获取方法不同。虽然不是基准法，但简单易行，而且可采用相干光源。如图1.26-7所示，将光纤出射远场投射到白屏上，测量光斑直径 d，用光斑半径 $d/2$ 替代远场光强法中的 r 值，测出入射光纤端面和接受光纤端面的距离 L，代入式(1.26-4)得到光纤的数值孔径。本实验提供的多模光纤的数值孔径为0.275±0.015。

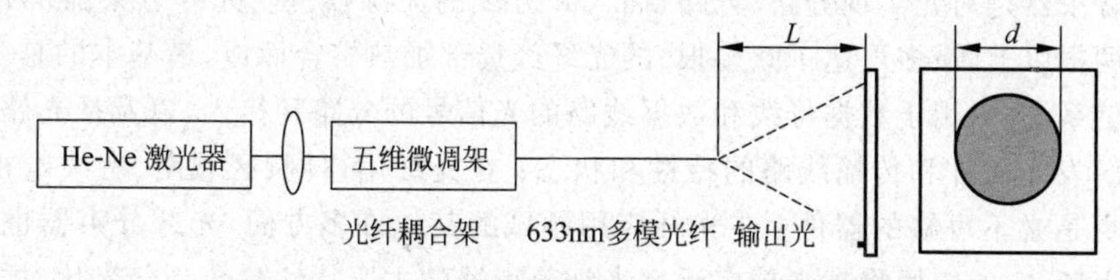

图1.26-7　远场光斑法测量光纤数值孔径原理图

5. 光纤传输损耗及测量方法

1) 光纤传输损耗的含义和表示方法

光波在光纤中传输，随着传输距离的增加，光波强度(或光功率)将逐渐减弱，光纤的传输损耗与所传输的光波长 λ 相关，与传输距离 L 成正比。通常，以传输损耗系数 $\alpha(\lambda)$ 表示

损耗的大小。光纤的损耗系数为光波在光纤中传输单位距离所引起的损耗，常以短光纤的输出光功率 p_1 和长光纤的输出光功率 p_2 之比的对数表示，即

$$\alpha(\lambda)=\frac{1}{L}10\lg\frac{p_1}{p_2}\left(\frac{\text{dB}}{\text{km}}\right) \tag{1.26-5}$$

光纤的传输损耗是由许多因素所引起的，有光纤本身的损耗和用作传输线路时由使用条件造成的损耗。

2）光纤传输损耗的测量方法

光纤传输损耗测量的方法有截断法、介入损耗法和背向散射法等多种测量方法。

（1）截断法。

截断法是直接利用光纤传输损耗系数的定义的测量方法，是CCITT组织规定的基准测试方法。如图1.26-8所示，在不改变输入条件下，首先测出整盘光纤出射光的输出光功率 p_2，然后在微调架之后约0.3m处切断光纤，测得短光纤的输出光功率 p_1，利用式(1.26-6)计算出光纤传输损耗系数。这种方法测量精度最高，但它是一种“破坏性”的方法。

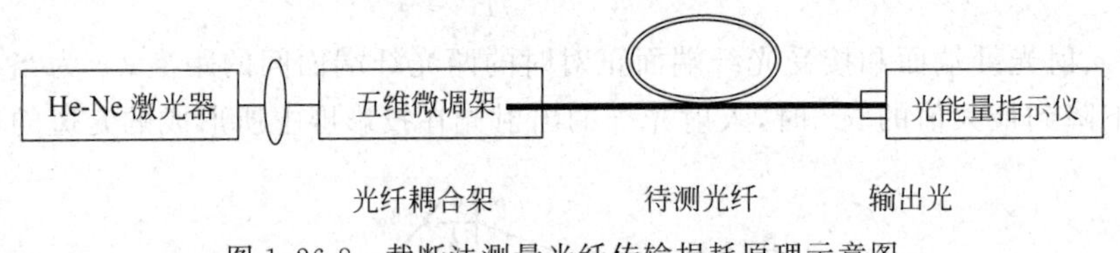

图1.26-8　截断法测量光纤传输损耗原理示意图

（2）介入损耗法。

介入损耗法原理上类似于截断法，只不过用带活动接头的连接线替代短光纤进行参考测量，计算在预先相互连接的注入系统和接收系统之间(参考条件)由于插入被测光纤引起的光功率损耗。显然，光功率的测量没有截断法直接，而且由于连接的损耗会给测量带来误差。因此这种方法准确度和重复性不如截断法好。

（3）背向散射法。

背向散射法是通过光纤中的后向散射光信号来提取光纤传输损耗的一种间接的测量方法。只需将待测光纤样品插入专门的仪器就可以获取损耗信息。

6. 光纤分束器

光纤分束器是对光实现分路、合路、插入和分配的无源器件。光纤分束器的种类很多，它可以由两根以上(最多可达100多根)的光纤经局部加热熔合而成，最基本的是一分为二。在光纤通信系统中，用于数据母线和数据线路的光信号的分路和接入，以及从光路上取出监测光以了解发光元件和传输线路的特性和状态；在光纤用户网、区域网、有线电视网中，光纤分束器更是必不可少的器件；在光纤应用领域的其他许多方面，光纤分束器也都被派上了各自的用场，它的应用将越来越广泛。光纤分束器的主要特性参数是分光比、插入损耗和隔离度。

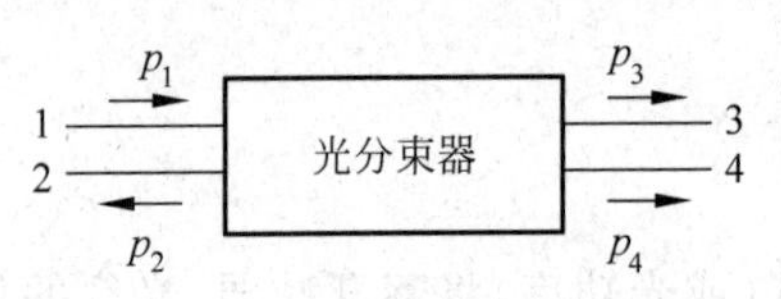

图1.26-9　光分束器端口示意图

（1）分光比。分光比等于输出端口的光功率之比。如图1.26-9所示，假设输出端口3与输出端口4的光功率之比 $p_3/p_4=3/7$，则分光比为3∶7。

（2）插入损耗。插入损耗表示光分束器损耗的大

小,由各输出端口的光功率之和与输入光功率之比的对数表示,单位为分贝(dB)。例如,用符号 α 表示损耗,端口 1 输入光功率 p_1,端口 3 和端口 4 输出的光功率分别为 p_3 和 p_4,则

$$\alpha = -10\lg \frac{p_3 + p_4}{p_1} \tag{1.26-6}$$

一般情况下,要求 $\alpha \leqslant 0.5$dB。

(3) 隔离度。从光分束器端口示意图中的端口 1 输入的光功率 p_1,应从端口 3 和端口 4 输出,理论上,端口 2 不该有光输出,而实际上端口 2 有少量光功率 p_2 输出,p_2 的大小就表示了 1、2 两个端口间的隔离度。如用符号 A_{1-2} 表示端口 1、2 的隔离度,则

$$A_{1-2} = -10\lg \frac{p_2}{p_1} \tag{1.26-7}$$

单位为 dB。

7. 光衰减器

光衰减器是一种用来降低光功率的光无源器件。根据不同的应用,它分为可调光衰减器和固定光衰减器两种。在光纤通信中,可调光衰减器主要用于调节光线路电平,在测量光接收机灵敏度时,需要用可调光衰减器进行连续调节来观察光接收机的误码率;在校正光能量指示仪和评价光传输设备时,也要用可调光衰减器。固定光衰减器结构比较简单,如果光纤通信线路上电平太高,这就需要串入固定光衰减器。光衰减器不仅在光纤通信中有重要应用,而且在光学测量、光计算和光信息处理中也都是不可缺少的光无源器件。

可调光衰减器一般采用光衰减片旋转式结构,衰减片的不同区域对应金属膜的不同厚度。根据金属膜厚度的不同分布,可做成连续可调式和步进可调式。为了扩大光衰减的可调范围和提高精度,采用衰减片组合的方式,将连续可调的衰减片和步进可调衰减片组合使用。可变衰耗器的主要技术指标是衰减范围、衰减精度、衰耗重复性、插入损耗等。

对于固定式光衰减器,在光纤端面按要求镀上有一定厚度的金属膜即可以实现光的衰耗;也可以用空气衰耗式,即在光的通路上设置一个几微米的气隙,即可实现光的固定衰耗。

8. 光隔离器

光隔离器是一种只允许光波沿光路单向传输的非互易性光无源器件,主要用途是隔离反向光对前级工作单元的影响。光隔离器广泛应用于光信号的发射、放大、传输等过程中。因为许多光器件对来自连接器、熔接点、滤波器等的反射光非常敏感,若不消除这些反射光,它将导致器件性能的急剧恶化。这时就需要用光隔离器来阻止反射光返回系统。光隔离器的主要技术指标有:插入损耗、反向隔离度和回波损耗等。目前,在 1310nm 波段和 1550nm 波段反向隔离度都可做到 40dB 以上。典型的光纤隔离器是法拉第磁光效应光隔离器。

9. 光纤准直器

光纤准直器是光纤通信系统和光纤传感系统中的基本光学元件,它是由光纤和长度为 1/4 节距的具有合适镀层的自聚焦透镜组成,如图 1.26-10 所示。光准直器的用途是对高斯光束进行准直,以提高光纤与光纤间的耦合效率。

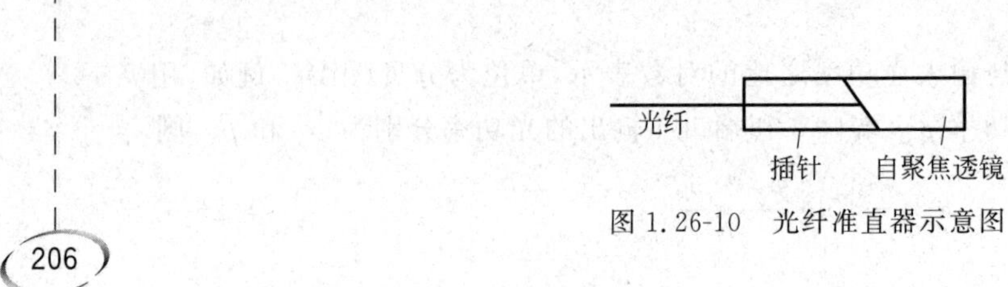

图 1.26-10 光纤准直器示意图

10. 光开关

光开关是一种将光波在时间上或空间上进行切换的器件。它起着控制和转换光路的作用。是光纤通信系统、光纤网络系统、交换技术、光纤测试技术以及光纤传感等不可缺少的器件。根据工作原理，光开关可分机械式光开关和非机械式光开关两大类。机械式光开关是靠移动光纤或光学元件等使光路发生改变达到通或断的目的。光开关的主要特性参数有插入损耗、隔离度、工作波长、消光比和开关时间等。

(1) 插入损耗。插入损耗表示输出端口的光功率比输入端口的光功率减小，以 dB 为单位表示。其表示式为

$$\alpha = -10\lg \frac{p_{\mathrm{in}}}{p_{\mathrm{out}}} \tag{1.26-8}$$

式中，p_{in} 和 p_{out} 分别为输入端口和输出端口的光功率。

(2) 隔离度。用 dB 为单位表示的两个相隔离的输出端口的光功率的比值。

(3) 消光比。两个窗口之间处于导通和非导通状态的分贝数表示的插入损耗之差。

(4) 开关时间。开关端口从某一初始状态转为通或断所需要的时间，它从施加给开关或从开关撤去转换能量的时刻起测量。

11. M-Z 光纤干涉

马赫-曾德尔干涉仪(Mach-Zehnder interferometer，M-Z 干涉仪)是用分振幅法产生双光束实现干涉的仪器。以德国物理学家路德维希·马赫和路德维·曾德尔而命名。曾德尔首先于 1891 年提出这个构想，后来马赫于 1892 年发表论文对这构想加以改良。以光纤取代传统 M-Z 干涉仪的空气隙，就构成了光纤型 M-Z 干涉仪。这种干涉仪可用于制作光纤型光滤波器、光开关等多种光无源器件和传感器，在光通信、光传感领域有广泛的用途。

光纤型 M-Z 干涉仪实际上是由分束器构成的。如图 1.26-11 所示，当相干光从分束器的输入端输入后，在分束器输出端的两根长度基本相同的单模光纤会合处产生干涉，形成干涉场。由双光束干涉的原理可知，干涉场的干涉光强为

$$I \propto (1 + \cos\delta) \tag{1.26-9}$$

其中，δ 为干涉仪两臂的光程差对应的相位差，δ 等于 2π 的整数倍时为干涉场的极大值。两光纤所构成的光路受到干扰时，光程发生改变，即相位差发生改变，该变化会导致空间干涉条纹的移动。利用这一特性，可以构成 M-Z 干涉仪光纤传感器，经分束器后的两条光纤，一根可作为参考光纤，一根可作为传感器的相位调制光纤。

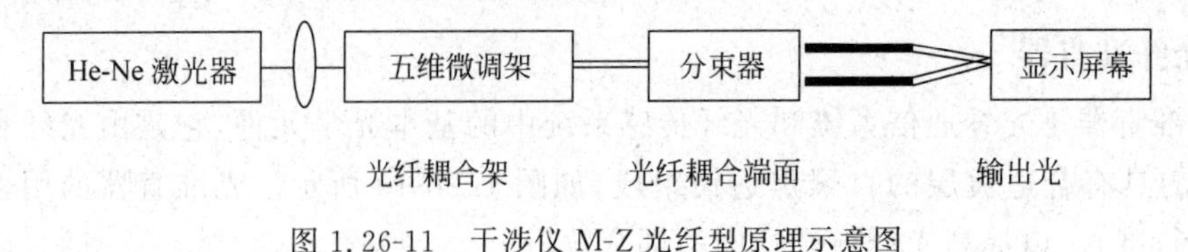

图 1.26-11 干涉仪 M-Z 光纤型原理示意图

12. 光纤传感器

传感器是能感受规定的被测的量，并按照一定规律转换成可用的输出信号的器件或装置，是信息技术的三大技术之一，随着信息技术进入新时期，传感技术也进入了新阶段。光纤传感器是利用待测物理量对光纤内传输的光波的光学参量进行调制并传输至光学探测器进行解调，从而获得待测物理量的变化信息的装置，光信号的变化反映了待测物理量的变化。光纤传感器有两种，一种是通过传感头(调制器)感应并转换信息，光纤只作为传输线路；另一种则是光纤本身既是传感元件，又是传输介质。按测量对象分类，光纤传感器可分为光纤温度传感器、光纤压力传感器、光纤浓度传感器、光纤电流传感器、光纤流速传感器等；按光纤中光波调制的原理分类，光纤传感器可分为强度调制型光纤传感器、相位调制型光纤传感器、偏振调制型光纤传感器、频率调制型光纤传感器、波长调制型光纤传感器等。

1) 光纤温度传感器

光纤温度传感器是一种利用光纤作为传感元件的温度测量装置。图 1.26-12 是 M-Z 光纤温度传感器原理示意图，它由 He-Ne 激光器、分束器、两根长度相同的单模光纤、温控箱、光电探测器等组成。利用光纤 M-Z 干涉仪的一臂作参考臂，另一臂作测量臂，一般参考臂处于恒温，光程保持不变，测量臂光纤受温度场的作用后发生线性热膨胀，长度 L 改变，温度的变化还会导致光学折射率 n 发生变化，两种因素均会导致光相位发生变化，干涉场的光强分布发生变化，相位每变化一个 2π，干涉条纹就会移动一条。利用该原理可实现对温度的传感，本实验受温变化光纤长度 L 为 360mm。

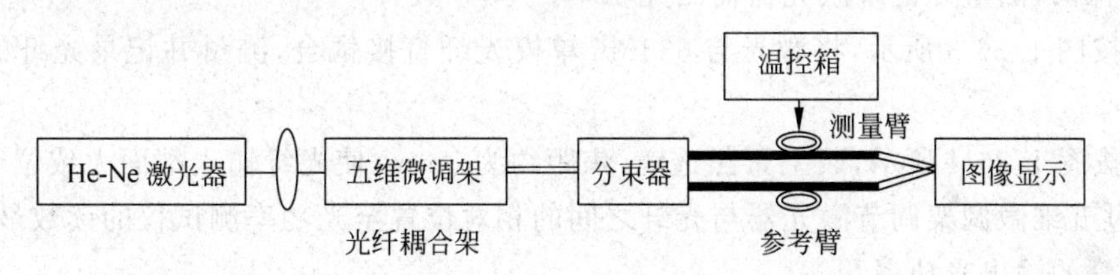

图 1.26-12　M-Z 光纤温度传感器原理示意图

2) 光纤压力传感器

图 1.26-13 是 M-Z 光纤压力传感器原理示意图，它由 He-Ne 激光器、分束器、两根长度相同的单模光纤、压力控制箱、光电探测器等组成。利用光纤 M-Z 干涉仪的一臂作参考臂，另一臂作测量臂，光经过一段长为 L 的光纤后光波的相位为

$$\varphi=\frac{2\pi}{\lambda}L=\beta L \tag{1.26-10}$$

其中，β 是光波在单模光纤中的传播常数。当测量臂光纤受到纵向(轴向)的机械应力作用时，光纤的长度、芯径、纤芯折射率都将发生变化，这些变化将导致输出光的相位变化，相位

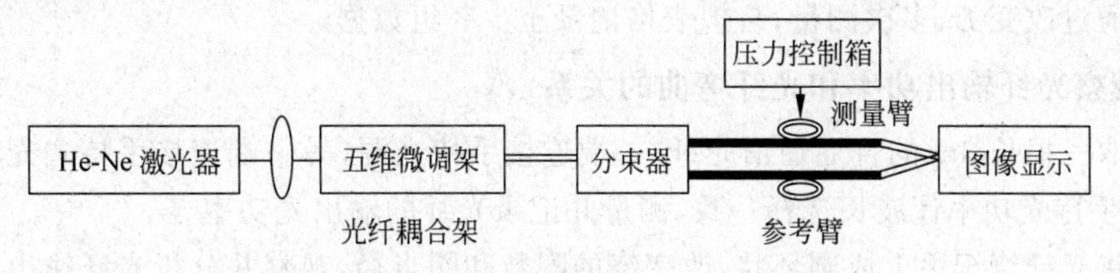

图 1.26-13　M-Z 光纤压力传感原理示意图

的变化可表示为

$$\Delta\varphi=\beta\Delta L+L\Delta\beta=\beta L\frac{\Delta L}{L}+L\frac{\partial\beta}{\partial n}\Delta n+L\frac{\partial\beta}{\partial a}\Delta a \tag{1.26-11}$$

式中，第2个等号右边第一项表示由光纤长度变化引起的相位延迟，即应变效应；第二项表示感应折射率变化引起的相位延迟，即光隙效应；第三项表示光纤的半径改变产生的相位延迟，即泊松效应。利用该原理可实现对压力的传感，本实验变形光纤长度 L 为 60mm。

[仪器装置]

SGQ-7 型光纤信息及光通信实验系统主要包括：He-Ne 激光器，半导体激光器，手持式光源，光纤耦合架，光纤支架，手持式光功率计，光功率测试仪，633nm 单模光纤，633nm 多模光纤，普通通信光纤跳线，单模光纤跳线，FC/PC 连接头单模光纤，普通通信光纤，1310nm 单模分束器，可调光衰减器，1550nm 光隔离器，1310nm 光隔离器，机械式光开关，光纤干涉演示仪，直流稳压电源，示波器，剥线钳，光纤切割刀，大口径插芯等。

[实验内容与测量]

1. 光纤耦合效率的测量

(1) 光功率测试仪选最大量程档，改变量程时，要先调零，He-Ne 激光器的输出光束直接照射光探头，测量并记录激光器输出光功率。

(2) 按图 1.26-3 所示，将激光与 633nm 单模光纤直接耦合，测量并记录光纤的输出光功率。

(3) 按图 1.26-4 所示，装上聚焦透镜，焦距约为 8mm，使光纤输入端面大致位于透镜焦距处，通过五维微调架调节激光器与光纤之间的相对位置至光功率测试仪的读数最大，测量并记录光纤的输出光功率。

2. 光纤光场分布观察

(1) 取下[实验内容与测量]1 光探头，用白屏接收光纤输出端的光斑，前后移动白屏，观察单模光纤输出的光场分布，光斑中心亮的部分对应纤芯中的模场，外围对应包层中的场分布。

(2) 取一根普通通信光纤(相对于 633nm 为多模)，将 He-Ne 激光器的输出光束经耦合器耦合进入光纤，用白屏接收光纤出射光斑，分别观察并记录其近场和远场图案。

3. 光纤数值孔径的测量

(1) 测量 633nm 多模光纤在白屏上的光斑直径 d 以及光纤输出端面到白屏的距离 L。

(2) 通过改变 L，多次测量，自拟表格记录至少 8 组数据。

4. 观察光纤输出功率和光纤弯曲的关系

(1) 取一根长 3m 的普通通信光纤，一端连接手持光源，另一端连接手持式光功率计手持光源与手持光功率计波长选择一致，测量并记录光纤的输出光功率。

(2) 将光纤绕于手上成圆环状，改变绕的圈数和圈半径，观察并分析光纤输出功率与所绕圈数及圈半径大小的关系。

5. 光纤传输损耗系数的测量

(1) 将[实验内容与测量]3 中 633nm 多模光纤换成普通通信光纤(1 盘),通过五维微调架调节激光器与光纤之间的相对位置至光功率测试仪的读数最大,记下此值 P_2。

(2) 距光纤输入端 0.3m 处剪断光纤,重复上述步骤,得到 P_1。

(3) 在光纤盘上记录下所有剪断的长度,以备下次实验时得以确定光纤的剩余长度。

6. 光纤分束器参数的测量

(1) 利用手持式光源、分束器、手持式光功率计设计实验方案,搭建光路。

(2) 测量分束器端口输入、输出光功率,自拟表格记录。

7. M-Z 光纤干涉实验

(1) 按图 1.26-11 搭建光路,用光纤连接好分束器的输入端和输出端,通过五维微调架调节激光耦合进光纤分束器的输入端,此时可用光能量指示仪监测,固定好位置。

(2) 仔细调试分束器输出端两根光纤的相对位置,使其在会合处产生干涉图样。

8. 光纤温度传感器实验

(1) 按图 1.26-12 搭建实验光路,开启激光器电源,在屏上观测到干涉条纹。

(2) 按"受热变形"键启动实验系统的温度控制箱。按"温度设定"按钮,通过温度调节旋钮设定温度目标值 40℃,弹起温度设定按钮,此时数显温控仪实时显示被加热的光纤温度。

(3) 由室温开始,干涉条纹每移动 10 条,记录温度示数,至少 10 组数据。

(4) 降温过程,干涉条纹每移动 10 条,记录温度示数,至少 10 组数据。

9. 光纤压力传感器实验

(1) 按图 1.26-13 搭建实验光路,开启激光器电源,在屏上观测干涉条纹。

(2) 转动光纤干涉仪上的螺旋测微器,改变压力观察屏上条纹的移动。

(3) 测量压力与干涉条纹移动数之间的关系,干涉条纹每移动 3 条,记录螺旋测微器示数,至少 7 组数据。

注意事项:

(1) 光学器件在安装和拆卸过程中请注意轻拿轻放,以免造成光学器件的损坏。

(2) 实验时不可将光纤输出端对准人的眼睛,以免损伤眼睛。

(3) 若不小心把光纤输出端的接口弄脏,需用酒精棉球进行清洗。

(4) 不要用力拉扯光纤,光纤弯曲半径一般不小于 30mm,否则可能导致光纤折断。

[数据处理与分析]

(1) 计算光纤直接耦合效率与透镜耦合效率。

(2) 分析光纤输出功率与光纤弯曲的关系。

(3) 计算多模光纤的数值孔径,求其误差。

(4) 计算光纤传输损耗系数。

(5) 计算分光比、插入损耗、隔离度。

(6) 分析观察到的 M-Z 干涉实验现象。

(7) 绘制光纤温度传感器升温、降温过程中相位 φ 与温度 T 的关系曲线，给出光纤温度灵敏度 $\frac{\Delta\varphi}{L\Delta T}$，其中 $\Delta\varphi=2\pi\Delta m$，$\Delta m$ 为移动条纹数。

(8) 绘制相位与压力的关系曲线，给出光纤压力传感器的应变灵敏度。

[讨论]

(1) 对比两种耦合方法的耦合效率大小，讨论其影响因素。

(2) 分析讨论单模、多模光纤的光场分布。

(3) 讨论温度场对光纤输出光的相位影响。

[结论]

通过对实验现象和实验结果的分析，你能得到什么结论？

[思考题]

(1) 光纤应变导致光纤输出光的相位变化机理？

(2) 光纤数值孔径的物理意义是什么？本实验的测量精度取决于哪些因素？

(3) 造成光纤传输损耗的主要原因之一？

[参考文献]

[1] 卞继城，郎婷婷，俞文杰，等. 基于马赫-曾德尔干涉的温度和应变同时测量的光纤传感器研究[J]. 光电子·激光，2015，26(11)：2169-2174.

[2] 张伟刚. 光纤光学原理及应用 [M]. 2 版. 北京：清华大学出版社，2017.

[3] 李川. 光纤传感器技术[M]. 北京：科学出版社，2012.

[4] 天津港东科技股份有限公司. SGQ-7 型光纤信息及光通信实验系统[Z]. 2023.

实验 1.27　太阳能光伏发电原理与应用综合实验

[引言]

目前世界各国正面临着能源危机和污染问题。煤、石油等传统矿物能源的使用量大，资源储量少，且在利用过程中排放大量温室气体，对生态环境造成危害。发展清洁、可再生的能源已成为当务之急。太阳能是一种重要的可再生能源。据统计，每年到达地球的太阳辐射能相当于 49 000 亿吨标准煤的燃烧能，是目前人类耗能的几万倍。太阳能是一种无污染、无噪声的绿色能源，受到了人们的广泛关注和推广。太阳能拥有丰富的能量、无污染、寿命长等诸多优点，已成为当今世界上最受欢迎的清洁能源之一。传统能源的成本不断提高，目前太阳能已经具备了与常规能源相媲美的成本优势，加之国家产业政策支持，其发展前景十分广阔。但目前太阳能电池技术的发展仍存在一些挑战，如制造成本、效率、稳定性和储能等方面的限制。这些问题正在通过不断的研究和技术创新得到解决，太阳能电池的性能和效率正在逐步提高。本实验将探讨太阳能电池的原理、性能、制造方法等内容，并探寻太阳能电池在生活中的应用潜力。

[实验目的]

掌握太阳能电池的原理及结构、太阳能发电系统的组成及工程应用。测量太阳能电池组件输出伏安特性,使用最大功率点跟踪器(MPPT)功能测量最佳工作电压、最佳工作电流和最大输出功率。

[实验仪器]

ZKY-GFFD 型太阳能光伏发电原理与应用综合实验平台。

[预习提示]

(1) 了解太阳能电池基本原理。

(2) 了解太阳能电池的主要测量步骤和需要测量的物理量。

[实验原理]

1. 太阳能电池基本原理及器件结构

太阳能电池是一种利用半导体 pn 结受太阳光照射时产生光伏效应的装置,其核心结构是一个大面积平面 pn 结。以常见的硅太阳能电池为例,其基本结构如图 1.27-1 所示。pn 结由 p 型半导体和 n 型半导体相接而成,其中 p 型半导体中存在大量空穴而几乎没有自由电子,而 n 型半导体中存在大量自由电子而几乎没有空穴。当二者结合形成 pn 结时,n 区的自由电子会向 p 区扩散,p 区的空穴会向 n 区扩散,这样在 pn 结周围形成空间电荷区和内建电场。内建电场使得载流子按反向扩散的方向发生漂移,最终达到扩散和漂移平衡,使得通过 pn 结的净电流为零。当太阳光照射到太阳能电池上时,部分光子的能量被半导体材料吸收,激发出电子-空穴对。这些激发的电子和空穴被势垒电场推向 n 区和 p 区,使 n 区一侧积累有过量的电子,带负电荷,p 区一侧积累有过量的空穴,带正电荷。因此在 pn 结两端形成了电压。这就是光伏效应。此时若将 pn 结两端接入外电路,就可向负载输出电能。

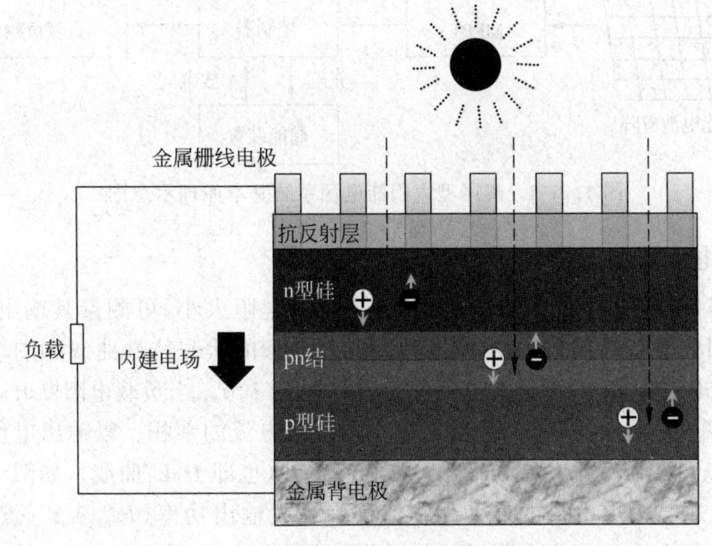

图 1.27-1　太阳能电池基本结构示意图

太阳能电池根据其构成材料不同,大致可分为硅太阳能电池、化合物太阳能电池、聚合物太阳能电池及有机太阳能电池等类别。其中,硅太阳能电池因其材料广泛存在于地壳中且稳定性良好,广泛应用于太阳能电池制作。硅太阳能电池的主要类型包括单晶硅、多晶硅和非晶硅太阳能电池等。工业生产上,常以多晶硅为原料,运用提拉法生产出直径为150mm 或 200mm 的硅单晶圆棒。再将硅单晶圆棒切割成边长为 125mm 或 156mm 的带有圆角的准方形硅单晶锭,并进一步切割,得到厚度在微米级别的准方形硅单晶片。对得到的硅片进行清洗和表面处理(如制绒以降低硅表面的反射率)后,再通过扩散法制作 pn 结及其电极,进行边缘腐蚀处理,并蒸镀抗反射膜。通常将太阳能光照面的上电极构造成栅线状,并使各栅线之间互相连接。这种设计不仅有利于收集光生电流,而且可以确保电池具有更多受光面积。制作栅状电极时,一般选用银或铝做制浆材料,并通过丝网印刷技术进行印制,最后进行烧结固化。常在电池的背面制备金属背电极以收集载流子,并增强反射以延长光线在电池中的传播路径。目前常用的单片硅太阳能电池的开路电压可达 0.6V,工作电压可达 0.5V,输出功率约 1W。太阳能电池片需要经过串联或并联以及封装成组件后才能实际应用。

2. 太阳能光伏发电系统

太阳能光伏发电有离网运行与并网运行两种发电方式。并网运行是将太阳能发电输送到大电网中,由电网统一调配,输送给用户。此时太阳能电站输出的直流电经并网逆变器转换成与电网同电压、同频率、同相位的交流电。大型太阳能电站大都采用并网运行方式。

中小型太阳能电站通常采用离网运行方式,在日常生活中广泛应用。离网型太阳能电源系统的基本原理如图 1.27-2 所示。离网运行意味着太阳能系统与用户之间形成一个独立的供电网络。由于光照的时段性特征,为了解决在无光照时的供电问题,必须配备储能装置或能够与其他电源进行切换和互补。

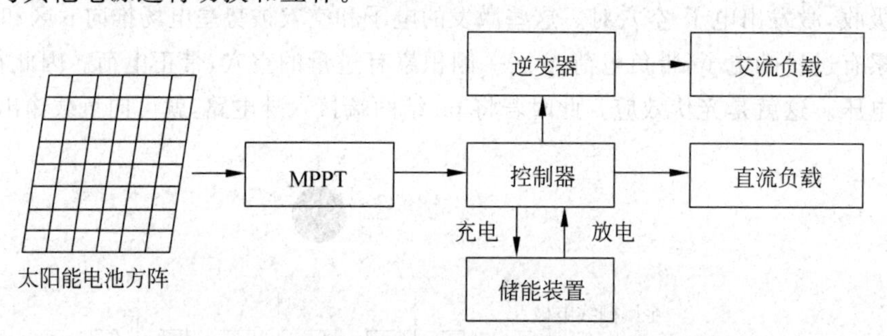

图 1.27-2　离网型太阳能电源系统基本原理示意图

3. 太阳能电池的输出特性

在特定光照条件下,通过改变太阳能电池的负载电阻大小,可测量其输出电压(U)和输出电流(I),得到伏安特性曲线(也即 I-U 曲线)。典型的伏安特性曲线如图 1.27-3(a)中实线所示。当负载电阻为零,所测最大电流称为短路电流(I_{sc})。当负载电阻断开,所测最大电压称为开路电压(U_{oc})。输出功率(P)为输出电压与输出电流的乘积。以输出电压为横坐标,输出功率为纵坐标,可绘制输出功率与输出电压关系曲线(也即 P-U 曲线),如图 1.27-3(a)中虚线所示。输出电压与输出电流的最大乘积值称为最大输出功率(P_{max})。一般而言,需将太阳能电池调节至最大输出功率点附近工作,以保证能量产出。

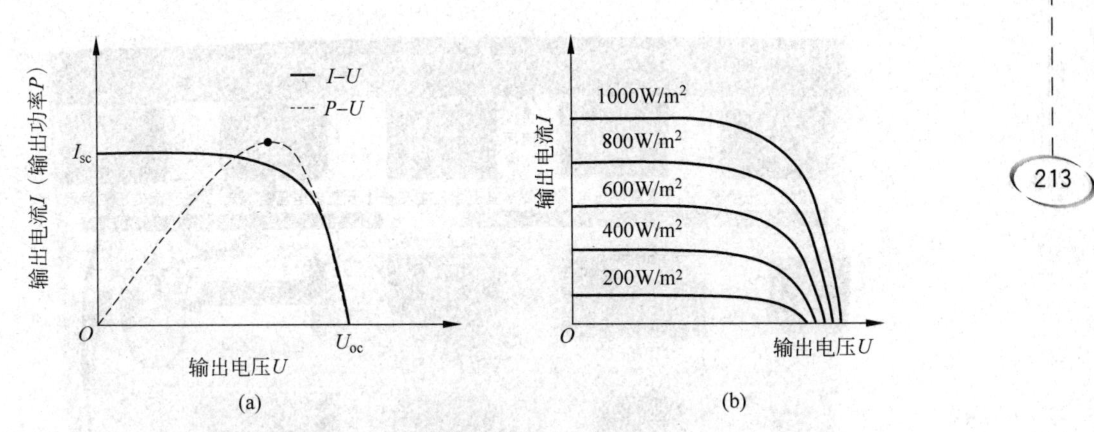

图 1.27-3　太阳能电池的输出特性

(a) 伏安特性曲线和输出功率与输出电压关系曲线；(b) 不同光照条件下的伏安特性曲线

定义填充因子(filling factor,FF)为

$$FF=\frac{P_{\max}}{V_{oc}\times I_{sc}} \tag{1.27-1}$$

FF 是表征太阳能电池性能的重要参数。生产上，硅太阳能电池的 FF 值一般可达 0.75～0.80。光电转换效率 η 定义为

$$\eta=\frac{P_{\max}}{P_{in}}\times 100\%=\frac{P_{\max}}{S\cdot E}\times 100\% \tag{1.27-2}$$

其中，P_{in} 为入射到太阳能电池表面的光功率，S 为光垂直照射到太阳能电池板上的面积，E 为照射到太阳能电池板上的光强。

不同光照条件下的伏安特性曲线如图 1.27-3(b)所示。一般而言，在不同的光照条件下，短路电流随入射光功率增加而几乎线性增长，而开路电压在入射光功率增加时只略微增加。

[仪器装置]

ZKY-GFFD 型太阳能光伏发电原理与应用综合实验平台整机正面面板如图 1.27-4 所示。该系统是一套综合性的太阳能光伏发电原理与应用实验平台，它包含了多个实验模块和连接电缆。通过连接这些模块，可以形成一个完整的太阳能发电站、同步并网和离网电源的实验系统。通过实验平台可进行设计性实验，例如设计户用太阳能系统，同时考虑系统的组成和参数配置，理解太阳能并网和离网发电系统的原理，并掌握相关应用。

实验平台的总开关在平台右部侧面。实验平台的左半部分为直流区域实验模块。模块上方包含了温度、光强表、1 号直流电压电流表、2 号直流电压电流表等电表。模块下方包含了转接板、MPPT、MPPT 负载盒、太阳能控制器、直流电子负载、直流负载、太阳能手机充电器、铅酸蓄电池等实验组件。实验平台的右半部分为高压区域实验模块。模块上方包含了 1 号交流电压电流表、2 号交流电压电流表等电表。模块下方包含了并网逆变器、离网逆变器、并网接口、交流信号采样接口、交流负载盒等实验组件。

实验平台连线时约定，正极(＋)用红色端子连线，负极(－)用黑色端子连线。下面对各重要实验组件作简要介绍。

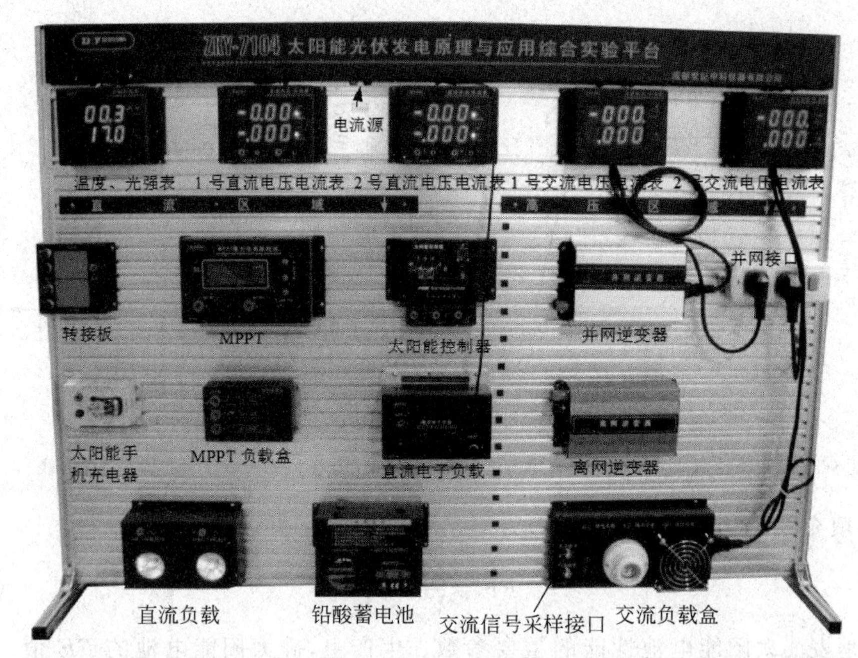

图 1.27-4　ZKY-GFFD 型太阳能光伏发电原理与应用综合实验平台整机正面面板

1. 转接板

实验平台通过设置转接板来改变太阳能电池板组的连接方式，并完成一系列太阳能电池板串并联实验。所使用的太阳能电池板为两块 25WP 单晶硅 A 级片制成。其中，单块太阳能电池板正常工作状态下的开路电压约 20V，短路电流约 1.5A。如图 1.27-5 所示，为后续实验连线方便，转接板内部已将上电池板的红色接头和下电池板的黑色接头分别对应接至输出端的红色、黑色端钮。

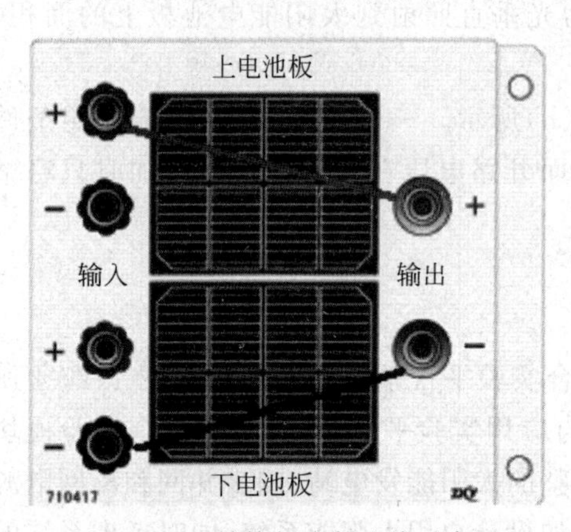

图 1.27-5　转接板内部连线示意图

2. 直流电压变换电路与最大功率跟踪器

直流电压变换电路(direct current-to-direct current，DC-DC)在直流电路中类似于交流电路中的变压器。当电源电压与负载电压不匹配时，实验平台使用 DC-DC 调节负载端电压，以确保负载正常工作。通过调节负载端电压，可以改变折算到电源端的等效负载电阻。当等效负载电阻与电源内阻相等时，电源能够以最大限度输出能量。

为了实现最大功率输出，可引入反馈信号来控制驱动脉冲，从而控制 DC-DC 的输出电压。这种功能模块被称为最大功率跟踪器(maximum power point tracking，MPPT)。业界已经提出了多种对太阳能电池做最大功率跟踪的方法，包括定电压跟踪法、扰动观察法、功率回授法、增量电导法等。本实验平台中，采用了扰动观察法作为 MPPT 的控制策略。扰动观察法通过对太阳能电池电压进行扰动，并观察电流变化，以确定最大功率点的位置。这种方法的基本思路是在电压和电流之间进行交替扫描，以找到最大功率点的精确位置。

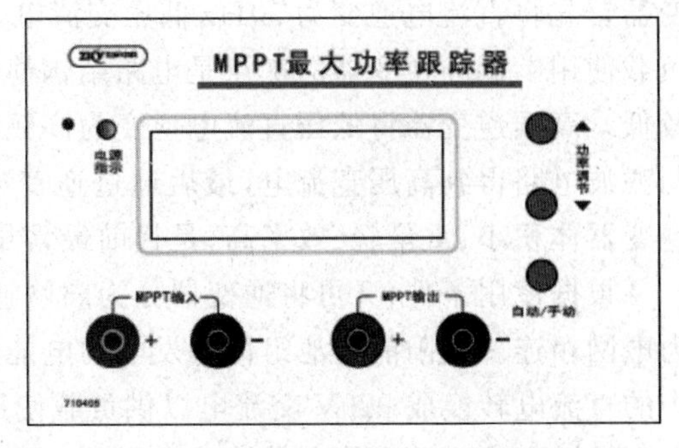

图 1.27-6　MPPT 最大功率跟踪器面板

MPPT 面板如图 1.27-6 所示，有自动跟踪和手动跟踪两种工作模式。实验平台通电开机时，其默认模式为自动跟踪模式。长按"自动/手动"按钮可以进行两种工作模式之间的切换。

合理连线后，在自动跟踪模式下，实验装置自动找到最大功率点后，显示数值为围绕一个中心点左右跳动的跳变值。此时可读取跳变的中心值为最大功率点。在手动跟踪模式下，按下"▲"按钮，将功率点调节至最低点后，从最低点调节"功率调节"的"▲"或"▼"按钮，使得显示屏上输入功率值达到最大，即可完成最大功率点的手动寻找。

需要注意的是，MPPT 输入电压不能超过 50V，否则将导致仪器损坏。若 MPPT 寻找不到最大功率点，可按下"自动/手动"两次，使 MPPT 重新开始自动寻找最大功率点。

MPPT 负载盒为 3 个独立的额定功率均为 30W 的 20Ω 阻性负载。当太阳能电池板的输出功率较大时，可将 3 个阻性负载并联使用。MPPT 在实现太阳能电池最大功率跟踪的同时，由于自身能耗较小，能让负载获得更高的功率，且不同负载获得的功率大小相近。

3. 控制器

控制器又称充放电控制器。它在光伏系统中起到管理能量、保护蓄电池和整个光伏系统正常工作的关键作用。当太阳能电池阵列的输出功率超过负载的额定功率或负载处于空闲状态时，控制器会将多余的电能通过充电的方式储存在储能装置中。而当太阳能电池阵列的输出功率低于负载的额定功率或太阳能电池不工作时，控制器会通过释放储能装置中的电能来供应负载。为了保证蓄电池的使用寿命，控制器还具备过充和过放保护功能。

4. 蓄电池

蓄电池是光伏系统最常用的储能装置。光伏系统使用的蓄电池多为铅酸蓄电池。蓄电池放电时，化学能转换成电能，正极的氧化铅和负极的铅都转变为硫酸铅，蓄电池充电时，电能转换为化学能，硫酸铅在正负极又恢复为氧化铅和铅。蓄电池充电电流过大，会导致蓄电池的温度过高和活性物质脱落，影响蓄电池的寿命。在充电后期，电化学反应速率降低，若维持较大的充电电流，会使水发生电解，正极析出氧气，负极析出氢气。

对光伏系统中使用的蓄电池而言，理想的充电模式是，开始时以蓄电池允许的最大充电电流充电，随电池电压升高而逐渐减小充电电流，达到最大充电电压时立即停止充电。蓄电池的放电时间一般规定为 20h。放电电流过大和过度放电（电池电压过低）都会严重影响电池寿命。蓄电池具有储能密度（单位体积存储的能量）高的优点，但同时具有充放电时间较长（一般为数小时）、充放电寿命短（约 1000 个充放电周期）、功率密度低的缺点。

5. 逆变器

逆变器是一种将直流电转换为交流电的电力转换设备。它常用于满足 220V 交流负载的用电需求。根据升压原理的不同，逆变器可分为低频、高频和无变压器 3 种类型。低频逆变器首先将直流电逆变为50Hz低压交流电，然后通过低频变压器将电压升高至220V以供负载使用。低频逆变器的优点是电路结构简单，但缺点是低频变压器体积大、价格高且效率较低。高频逆变器将低压直流电逆变为高频低压交流电，经过高频变压器升压后，通过整流与滤波电路得到高压直流电，最后通过逆变电路得到220V低频交流电供负载使用。高频逆变器体积小、重量轻、效率高，是目前最常用的逆变器类型。

根据使用条件，又可将逆变器分为离网逆变器和并网逆变器两类。离网逆变器不与电力电网相连。太阳能电池组件将发电的电能储存在蓄电池中，再通过离网逆变器将蓄电池中的直流电转换成220V交流电以供负载使用。而并网逆变器将太阳能电池板输出的直流电直接逆变成高压交流电并馈入电网，不需要通过蓄电池储存电能。并网逆变器则必须考虑与电网的安全连接。例如，必须与电网同步相位和频率，具备应对特殊情况的能力(如抗孤岛功能)，且不能对电网造成污染(如谐波问题)。为防止孤岛效应的发生，当电网断开时，并网逆变器会检测到断网信号并立即停止工作，不再向输出端的交流负载供电。

6. 电子负载

电子负载是利用电子元件吸收电能并将其消耗的一种负载。其中的电子元件一般为功率场效应晶体管、绝缘栅双极型晶体管等功率半导体器件。由于采用了功率半导体器件替代电阻等作为电能消耗的载体，使得负载的调节和控制易于实现，能达到很高的调节精度和稳定性，还具有可靠性高，寿命长等特点。电子负载有恒流、恒压、恒阻、恒功率等工作模式，本实验平台配置的电子负载为恒压模式。在恒压工作模式时，将负载电压调节到某设定值后即保持不变，负载电流由电源输出决定。

实验平台各实验组件的参数列表于本实验附录的表1.27-1。

[实验内容与测量]

1. 实验平台初调

对实验平台进行初调，以检验其工作状态。实验操作步骤如下。

(1) 将太阳能电池板与负载断开。将太阳能电池板正对光源，调整光源与电池板到适当距离(约60cm)，确保光源充分照射到电池板受光面。

(2) 打开电源开关，使各电压电流表、温度光强表、光源和散热风扇通电。预热光源约20min，待光源和电池板温度稳定后进行下一步实验。

(3) 按照图1.27-7连接电路，其中负载用MPPT负载盒中3个20Ω电阻并联。

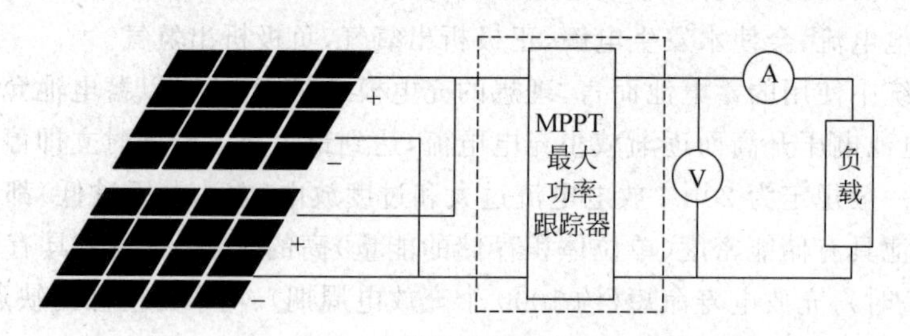

图1.27-7　实验平台初调电路连接图

(4) 使用MPPT寻找最大输出功率。由于MPPT能快速自动找到太阳能电池板输出的最大功率，故调节光源与电池板的距离，使得在某一距离处MPPT显示的稳定输入功率在 25W 左右即可。需要注意的是，电池板输出功率一般不能超过 30W，否则可能将损坏仪器。若电池板温度高于 50℃(一般太阳能电池工作温度范围为－25～85℃)，则可使光源略远离电池板，待温度低于 50℃并再次稳定后，才能开始实验。

2. 太阳能电池组件输出特性测量实验

测量太阳能电池组件的输出特性的操作步骤如下。

(1) 按照图 1.27-7 连接电路。将手持式光强探测器的光探头放置在太阳能电池板受光面的指定坐标位置，如图 1.27-8 所示。测量光探头所测得的各处光强并记录数据。由于太阳能电池板的输出能力取决于光照最弱的电池片，因此在计算太阳能电池的光电转换效率时，使用光强的最小值。

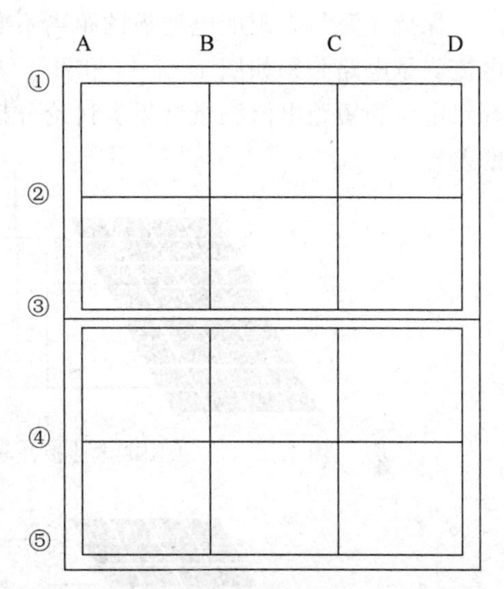

图 1.27-8　太阳能电池板外观结构示意图

(2) 按图 1.27-9(a)接线，记录测得的开路电压值。按图 1.27-9(b)接线，记录测得的短路电流值。

(3) 按图 1.27-10 接线，调节电子负载两端电压至约 1V，然后每升高 1V 记录一次太阳能电池板输出的电压和电流值，最后一个电压(即开路电压 U_{oc}，对应电流为零)数值间隔不足 1V 的，以实际数值记录。

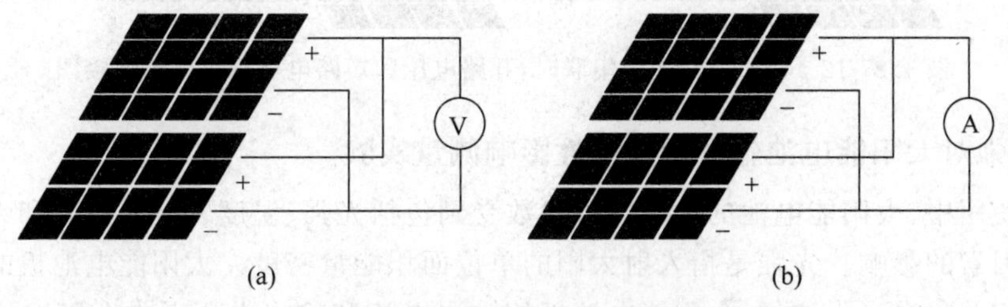

图 1.27-9　太阳能电池板输出特性测量电路连接图

(a) 测量开路电压；(b) 测量短路电流

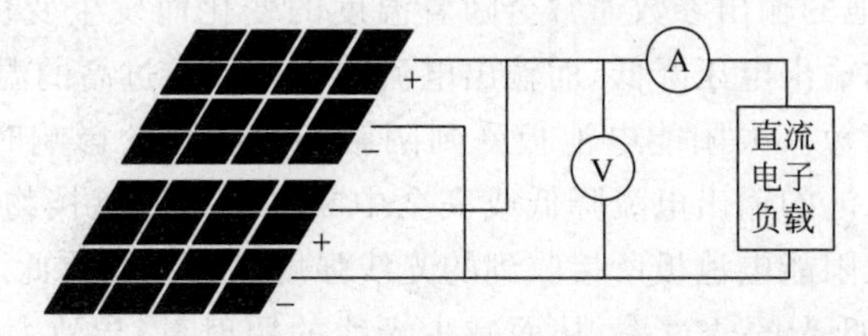

图 1.27-10　太阳能电池板输出特性测量电路连接图

实验中需要注意的是，电子负载属于有源器件。首次给电子负载接上电源时，电子负载的电流为零。通过逆时针旋转电子负载调节旋钮，可以使电流逐渐增大。同时，可以通过调节电子负载来改变并稳定电子负载两端的电压。顺时针旋转调节旋钮会增加电压，逆时针旋转调节旋钮会减小电压。旋转的速度越快，电压变化幅度越大；速度越慢，电压变化幅度越小。需要注意的是，在给电子负载接上电源后，如果实验中没有特定要求，切勿随意旋转电子负载调节旋钮。因为当电子负载两端的电压等于开路电压时，如果继续顺时针旋转调节旋钮，电子负载两端的电压将不会再继续增加。但是此时如果想降低电子负载两端的电压，需要逆时针旋转相同的圈数，才能从开路电压开始降低。

3. 太阳能电池组件串联与并联特性比较实验

保持光源与太阳能电池板的距离不变。太阳能电池板并联或串联时，开路电压和短路电流测量电路分别如图 1.27-11 和图 1.27-12 所示。记录不同连接方式下太阳能电池板的开路电压和短路电流测量结果。讨论分析在两种不同的连接方式下，太阳能电池输出特性的差异。

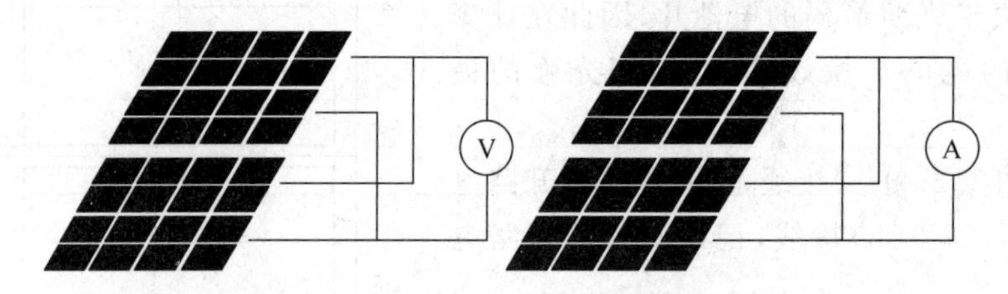

图 1.27-11　太阳能电池板并联时，开路电压和短路电流测量电路连接图

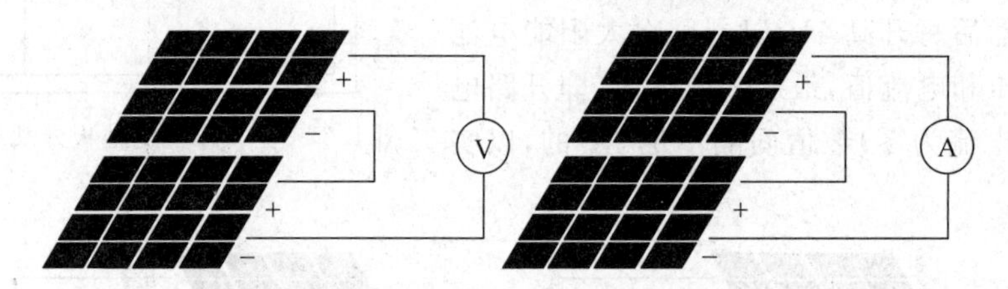

图 1.27-12　太阳能电池板串联时，开路电压和短路电流测量电路连接图

4. 光强对太阳能电池输出伏安特性影响测量实验

生活使用中，太阳能电池的输出特性参数受到包括光强、温度、阴影、灰尘和天气条件等多种外部因素的影响。光强是指入射太阳的单位面积能量密度。太阳能电池板的输出功率与光强正相关。当光强增加，太阳能电池板的输出电流和输出电压通常会随之增加。过高的光强可能会导致太阳能电池板过热，从而降低其性能和使用寿命。温度是另一个重要的外部因素。太阳能电池的输出参数通常会随着温度的变化而发生变化。在一定范围内，随着温度的升高，电池的输出电压降低，而输出电流则会增加。过高的温度可能导致太阳能电池的效率降低、寿命缩短。太阳能电池板受到阴影和遮挡物的影响时，光线的照射会不均匀，导致部分太阳能电池的输出电流降低或完全中断。阴影和遮挡物可能是建筑物、树木、云层等，它们会影响太阳能电池板所接收到的光线强度和分布。除此之外，太阳能电池板的表面污染和灰尘会降低光的透过率，从而减少光线的照射量，导致太阳能电池输出功率下降。因此，定期清洁太阳能电池板表面十分重要。本实验探究光强对太阳能电池的基本参数的影响，实验操作步骤如下。

改变太阳能电池板与光源距离(等价于改变光源强度)，测试太阳能电池输出伏安特性曲线，并记录数据。至少完成 3 个数据组(例如：对应于 60cm，65cm，75cm 等)，绘制不同距离下(即不同光强)的太阳能电池的伏安特性曲线。计算最大输出功率等参数。

5. 最大功率跟踪器(MPPT)功能实验

以下介绍太阳能电池最大输出功率点跟踪的方法。实验操作步骤如下。

(1) 按照图 1.27-13 电路连线,其中负载由 MPPT 负载盒中的三个阻值均为 20Ω 的电阻并联。

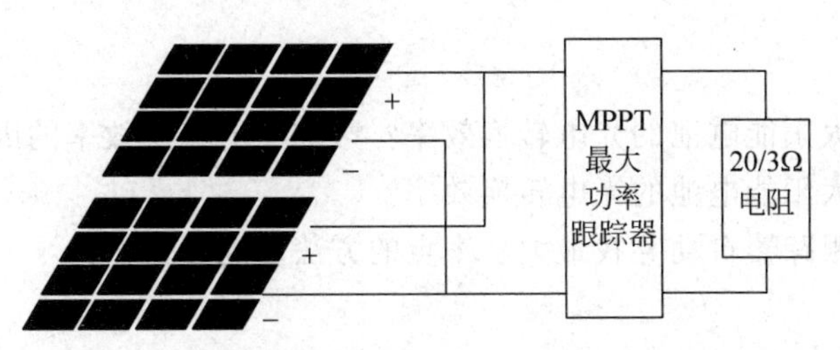

图 1.27-13　最大功率跟踪 MPPT 原理实验电路连接图

(2) MPPT 最大功率跟踪器默认为自动模式。长按“自动/手动”按钮,将模式切换至手动模式。通过功率调节“▲”按钮,将功率点调节到最低输出电压 12.0V。从最低点开始按下“功率调节”的“▲”或“▼”按钮,每升高 0.5V 记录屏幕上显示的输入电压、输入电流和输入功率,并记录数据。

(3) 完成手动寻找最大功率点。由于仪器中 MPPT 的电压范围为 12～45V,故手动调节时应从输出电压 12V 开始向上调节。记录最大功率点处的最佳工作电压、最佳工作电流和最大输出功率结果。

(4) 长按“自动/手动”按钮切换到自动模式,读取自动模式下最大功率点处的最佳工作电压、最佳工作电流和最大输出功率的数据。比较两种模式下的测量结果,并进行讨论。

[注意事项]

(1) 连接电路时,应断开太阳能电池输出端。检查线路无误后,再连接太阳能电池输出端口。

(2) 不能将光源与太阳能电池之间的距离靠得太近,以免因温度升高烤坏电池板。

(3) 不要将蓄电池错接到控制器的太阳能电池端子上。

(4) 禁止将直流电子负载与蓄电池并联。

(5) 禁止将太阳能电池直接接 8W/12V 直流灯或接 MPPT 后(功率约 25W)再接 8W/12V 直流灯。

(6) 在高压区域操作时,需注意安全,防止触电。

(7) 使用各种表头时,注意其测量范围,以免造成损坏。

(8) 禁止将两个逆变器相连,以防烧坏逆变器。

[数据处理与分析]

(1) 处理太阳能电池组件输出特性测量实验结果。以电压为横坐标,电流为纵坐标,绘制电池的输出伏安特性 I-U 曲线。以电压为横坐标,输出功率为纵坐标,作太阳能电池输出功率与输出电压关系 P-U 曲线。从 P-U 曲线图中找出最大输出功率点(U_m,I_m),其中 U_m、I_m 分别为最大功率点对应的最佳工作电压、最佳工作电流。进一步地,计算最大输出功率

P_m、计算填充因子 FF 和光电转换效率 η。其中太阳能电池有效光照面积 $S=0.28m^2$。

(2) 处理光强对太阳能电池输出伏安特性影响测量实验结果。作出不同光强下太阳能电池的伏安特性曲线，以及电池短路电流和最大输出功率与光强的关系曲线，并总结其规律。

[讨论]

(1) 如何计算太阳能电池的光电转换效率？影响光电转换效率的因素有哪些？

(2) 如何提高太阳能电池的光电转换效率？

(3) 最大功率跟踪器自动寻找最大功率点的方法可能是什么？

[结论]

通过对实验现象和实验结果的分析，你能得到什么结论？

[思考题]

(1) 太阳能电池的基本工作原理是什么？如何将光能转化为电能？

(2) 太阳能电池的输出特性包含哪些参数？分别代表什么意义？如何测量太阳能电池的 J-V 曲线？

(3) 如何分析本实验中可能产生的实验误差？

[附录]

表 1.27-1 ZKY-GFFD 型太阳能光伏发电原理与应用综合实验平台组件参数列表

组件名称	组件参数
1. 直流电源电流表 (档位自动切换)	电压表：(200V 档)分辨率 100mV，误差小于 3% (20V 档) 分辨率 10mV，误差小于 3% 电流表：(10A 档) 分辨率 10mA，误差小于 3% (2A 档) 分辨率 1mA，误差小于 3%
2. 光强温度表	温度表：−20.0～99.9℃，分辨率 0.1℃，误差小于 0.5℃ 光强表：0～200W/m²，分辨率 1W/m²，误差小于 5% 0～2000W/m²，分辨率 10W/m²，误差小于 5% (档位自动切换)
3. 交流电压电流表	交流电压表：0～400V，分辨率 1V，误差小于 5% 交流电流表：0～500mA，分辨率 1mA，误差小于 5%
4. MPPT	输入电压范围：12～45V 最大输入电流：3A 输出电压范围：0～15V 最大输出电流：6A 输入最大功率：90W 待机功耗：小于 1W 效率：大于 85% 最大功率点精度：>95% 液晶显示(LCD)可同时测量并显示：

续表

组件名称	组件参数
4. MPPT	(1) 输入电压：测量分辨率 50mV，显示分辨率 1mV (2) 输入电流：测量分辨率 5mA，显示分辨率 1mA (3) 输出电压：测量分辨率 50mV，显示分辨率 1mV (4) 输出电流：测量分辨率 10mA，显示分辨率 1mA (5) 转换效率 (6) 输入功率：最大 100W
5. 电子负载 (直流恒压型)	(1) 可调电压范围：0～45V (2) 最大输入电压：50V (3) 最大输入电流：3A (4) 最大输入功率：30W
6. 太阳能控制器	输入电压：12～15V 输出电压：12V 最大电压：17V 最大电流：10A
7. 离网逆变器	直流电压范围：10～15V(DC) 空载电流：小于 0.6A 效率：大于 85% 输出波形：纯正弦波 输出电压：220V 额定功率：150W 瞬间功率：300W 输出频率：50Hz
8. 并网逆变器	直流电压范围：10.5～28V(DC) 最大输入电流：15A 交流输出功率：200W(AC) 反压保护：保险丝 交流标准电压范围：90～140V/180～260V(AC) 交流频率范围：45～53Hz，55～63Hz 相位差：小于 1% 孤岛效应保护：VAC；fAC 输出短路保护：限流
9. 电流源	0.2A 电流源
10. 蓄电池	7AH/12V 铅酸蓄电池
11. 交流信号采样器	可连接示波器观察逆变器输出电压波形及电流波形，并计算相位差
12. 直流负载组件	(1) 12V/30W 冷光灯 1 个 (2) 12V/8W 冷光灯 1 个
13. 交流负载组件	(1) 阻性负载：5W 白炽灯 1 个，30W 白炽灯 1 个 (2) 容性负载：电容器 1 个 (3) 感性负载：电风扇 1 个

续表

组件名称	组件参数
14. 太阳能电池板 (单晶硅太阳能电池片)	标称功率：25W 峰值电压：(17±1)V 峰值电流：(1.4±0.1)A 最大开路电压：(20±1)V 短路电流：(1.5±0.1)A 使用寿命：20～25年 尺寸：540mm×340mm×25mm
15. MPPT负载组件	3个20Ω/30W水泥电阻,可串、并联改变负载阻抗
16. 灯源	4×500W/220V卤素灯
17. 散热风扇	60W
18. 平台外框尺寸	长×宽×高：1560mm×710mm×1100mm

[参考文献]

[1] 熊绍珍,朱美芳.太阳能电池基础与应用[M].北京：科学出版社,2009.

[2] 戴宝通,郑晃忠.太阳能电池技术手册[M].北京：人民邮电出版社,2012.

[3] 肖旭东,杨春雷.纳米科学与技术：薄膜太阳能电池[M].北京：科学出版社,2015.

[4] 吴平.大学物理实验教程[M].2版.北京：机械工业出版社,2015.

实验1.28 基于空间光调制器的激光光镊实验

[引言]

光是电磁波,它既有能量也具有动量。牛顿曾预测光具有压力,麦克斯韦运用电磁场原理验证了光辐射压力。后来越来越多的科学家进行了有关光压的实验研究,直到20世纪列别捷夫在一次实验中才发现了光压。1986年,Arthur Ashkin发现被高度聚焦的单光束可产生一个光学梯度力的三维能量势阱,处于势阱中的微小粒子能够被捕获,他将这种由于光梯度力形成的能量势阱称为光学镊子,简称光镊。光镊是非直接机械接触的微操控技术,处于焦点附近的微粒会由于光学梯度力的作用向焦点方向移动。除非有强烈的外界干扰,微粒将始终被约束在光阱中。

光镊技术自1986年诞生以来,已逐渐成为生命科学和物理学等微观研究领域中不可或缺的工具。光镊技术通过聚焦激光光束捕获、操纵微粒,让人们更加深入、直观地了解微观世界。如今光镊技术已被广泛用于研究DNA分子的力学特性及其构象、胶体微粒的物理性质和微观流体的动力学性质等。相比于传统光镊技术,如单光阱、时分复用多光阱等,通过衍射元件调制光束波前来产生目标光场的全息光镊(HOT)技术具有无可比拟的灵活性。这种技术不仅可按照任意特定的图案同时捕获多个微粒,而且可独立操纵其中的每一个微粒,还可以产生特殊的光阱,如光涡旋。其中最受关注并被广泛使用的是基于空间光调制器(spatial light modulators,SLM)的全息光镊技术,通过编程控制SLM上加载的计算机产生全息图,可实现目标光场的调制与微粒的操纵。

[实验目的]

(1) 了解光学捕获微粒的基本原理。
(2) 掌握空间光调制器使用。
(3) 掌握实验系统光路的搭建以及调试。
(4) 掌握利用软件生成全息图。
(5) 学习利用光镊实验系统生成多光阱捕获粒子、生成涡旋光捕获粒子。

[实验仪器]

基于 SLM 的激光光镊实验系统,聚苯乙烯微球溶液。

[预习提示]

(1) 了解光路构造,区分每一部分的功能。
(2) 如何使光路中的各个元件共轴?
(3) 如何利用光镊实验系统生成多光阱捕获粒子、生成涡旋光捕获粒子?

[实验原理]

1. 光辐射压力

光子流撞击物体表面对其所产生的压力称为光压,太阳光照射时也会产生光压,只不过其光压小到无法令人察觉。对于微观世界(微粒直径小于 100μm),光辐射压力的作用是不可忽略的。光镊系统的操作对象一般为微米级别的粒子,不同的激光波长和不同尺寸大小的微粒会影响光镊系统的捕获效果。一般来说,光镊的作用机制按作用微粒的尺寸大小分三种。第一种,几何光学机制:微小粒子的尺寸远大于激光的波长,此时的微小粒子称为米氏粒子;第二种,瑞利机制:微小粒子的尺寸远小于激光的波长,此时的微小粒子称为瑞利粒子;第三种,中间机制:处于几何机制和瑞利机制中间的机制。本实验抓取的微粒的尺寸为 10μm 左右,这时微粒的尺寸远大于激光的波长,搭建的光镊系统为几何光学机制,微粒属于米氏粒子。根据几何光学原理,可以用光线模拟光束照射在微粒上的传播行为。

对激光器而言,假设其输出功率为 1W,光束的发散角为 $2'$,此时沿其传播方向的辐射亮度为同样情况下太阳光亮度的 100 万倍。如图 1.28-1(a)所示,如果将一束激光通过聚焦物镜自下而上聚焦,此时将一微米级的微粒放置在其焦点位置,光子流撞击微粒使其受到一个向上的作用力,如果光子流的密度足够大,极有可能克服微粒的重力而使其悬浮在焦点位置;图 1.28-1(b)则利用两束激光相对照射,使其焦点位置近乎重合,如果两激光束的各个参数都相同并且功率合适,则微粒可能被夹持住,通过同步移动两光束可以控制微粒运动。如果激光的功率过大,微粒可能由于吸收过多的能量而丧失活性,所以一般将光镊系统作用的微粒置于液体中,利用液体来吸收大部分热量,从而达到保护微粒的目的。

2. 梯度力和散射力

由于微粒的尺寸为几微米,可以采用几何光学近似的方法,用透明电介质小球来模拟激光照射的微粒,进一步分析光对微粒的作用力。假设小球折射率 n_2 大于介质折射率 n_1。

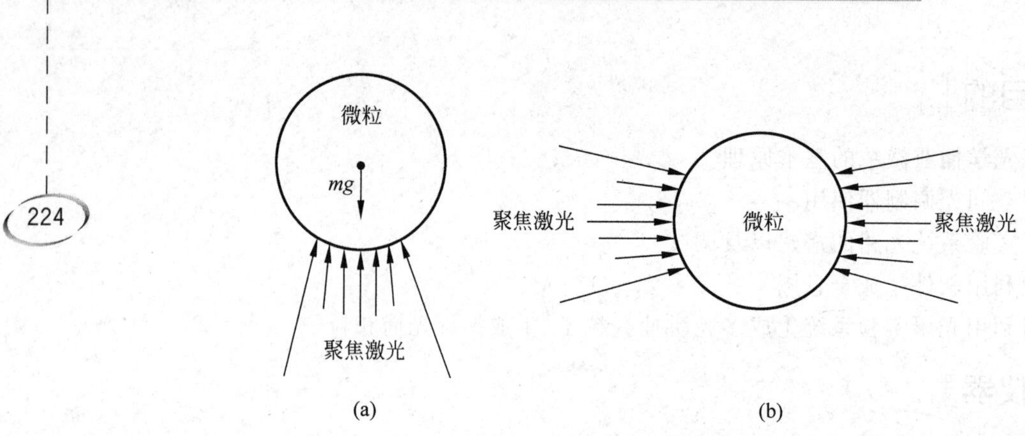

图 1.28-1　光压对微粒的作用

(a) 光悬浮；(b) 光夹持

当激光束照射小球时，光的传输路线能够由几何光学的方法得出。如图 1.28-2 所示，a、b 分别代表穿过小球的两束光，在光进入和出射小球时会产生反射和折射现象。在均匀光场中，光线对小球的横向力会互相平衡，如图 1.28-2(a)所示；在非均匀光场中，此时光线对小球的横向力由于光场的非均匀性质不能平衡，合力会将小球推向右下方，如图 1.28-2(b)所示。所以，在不均匀的光场中，光在小球中的折射现象会使小球的动量产生变化。光场不均匀说明光场具有梯度，此时小球受到的朝向光场最强位置的力叫做光学梯度力，小球最终被束缚在光场最强的位置，如果通过某种方式可以改变光场的分布就可以操纵小球运动。

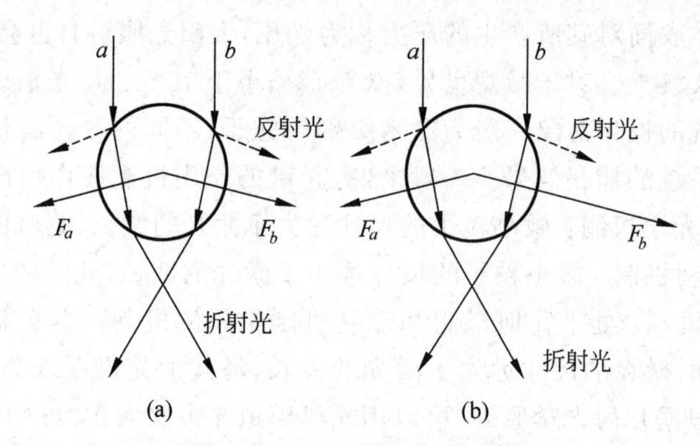

图 1.28-2　光学梯度力的产生

(a) 均匀光场；(b) 非均匀光场

微粒的运动不仅仅受到光学梯度力的影响，还会因反射、折射、吸收等出现阻碍微粒向光场最强位置运动的阻力，这些作用力会阻碍甚至推动微粒远离光场最强位置，这些作用力统称为散射力。因此，光对微粒施加的力分为两种：第一种为梯度力，该力使微粒向光场最强位置靠近；第二种是散射力，该力使微粒沿光传输的方向转移。当微粒受到的光学梯度力大于所受到的散射力时，微粒就被束缚在最大光强位置，光镊系统就是利用该原理实现对微粒的操纵。

3. 光学势阱

对图 1.28-2 中电介质小球做受力分解，小球在垂直于光传输方向的某一面上存在光学梯度力的作用，在该力的作用下，小球向光场强度最大位置移动，即小球被束缚在该平面上，此时形成一个二维的、并不稳定的光学势阱。高斯光束满足产生光阱的基本要求，其在垂直于光轴的面上光强呈现梯度分布，也是比较常见的激光模式之一。TEM00 模式的高斯光束的光场强度分布如图 1.28-3(a)所示，光场强度的变化如图 1.28-3(b)所示。

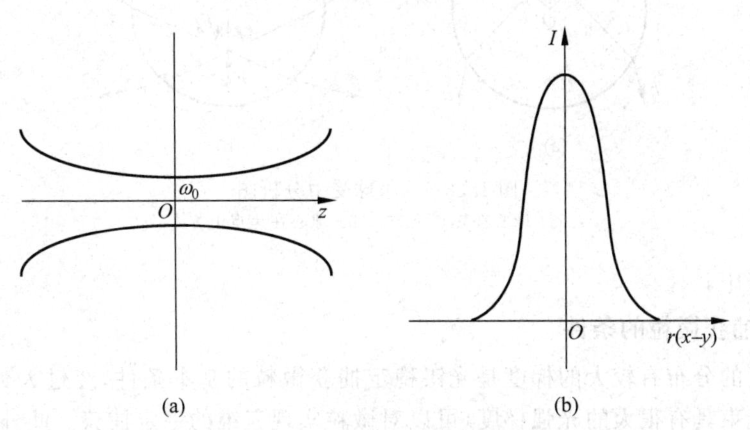

图 1.28-3　高斯光束的光场分布

(a) TEM_{00} 基模高斯光束；(b) Oxy 平面内光强随偏离光轴距离的变化

1970 年，Arthur Ashkin 发现，激光照射下，乳胶在水中先被拉向光轴，接着快速沿光传输方向运动。当光线被阻隔后，微粒在热运动的影响下远离此前位置。此后，Arthur Ashkin 又完成了“悬浮”和“夹持”的实验。在上述实验中，都是依靠横向梯度力将微粒束缚在高斯光束的光轴上，然而在沿光轴方向上的运动并不受其束缚，此时的束缚是一种不稳定的束缚。要想稳定束缚微粒，仍需一个轴向的作用力，从而实现三维的捕获。1986 年，Arthur Ashkin 使用一束会聚的激光微束就产生了一个三维的光阱，后来称其为单光束光阱，如图 1.28-4 所示。激光微束能够产生一个指向光阱位置的作用力。激光微束可以由一束激光通过一个高数值孔径的聚焦物镜来实现。

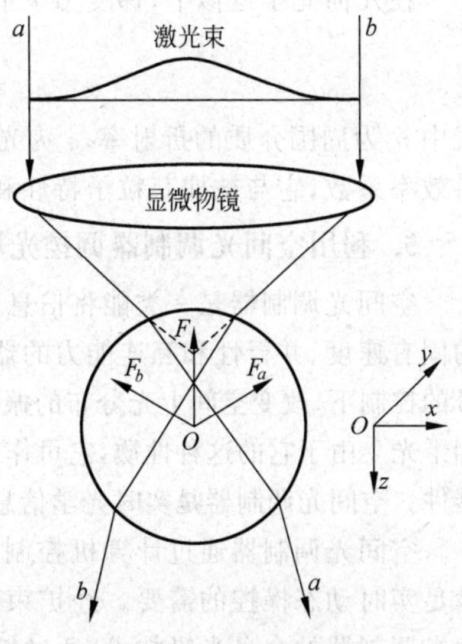

图 1.28-4　单光束光阱

如图 1.28-5 所示，激光通过物镜在电介质小球表面高度聚焦。傍轴光线同样就有动量，可以将其分解为横向与纵向两个方向上的动量。在图 1.28-5(a)中，激光的焦点处于电介质小球球心的上方某个位置。当傍轴光束 a，b 经过物镜照射在小球上时，会在小球表面产生折射，然后傍轴光束更加靠近光轴，这样会减弱傍轴光线的横向的动量而增加其纵向的动量。由于动量守恒，电介质小球也会获得一个动量，该动量的方向与原动量的方向相反，即小球获得了一个与光传播相反方向的作用力，而此作用力推动小球向光阱方向靠近，最后静止在光阱的位置。以此类推，当激光的焦点处于小球球心的下(左、右)方时，小球都会受到一个方向指向焦点的作用力。因此，无论焦点位置处于小球球心的上、下、左、右哪个方位，在光学梯度力大于散射力的情况下，都会使小球向焦点位置运动，这样焦点附近的电介质小球就被稳定地

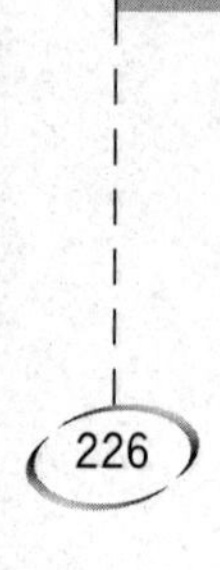

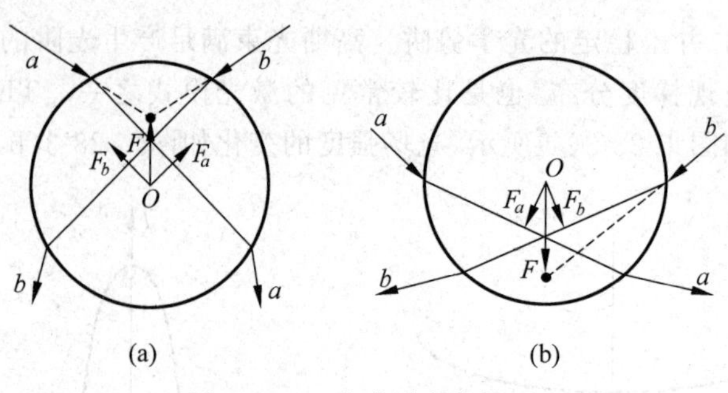

图 1.28-5　小球受力分析图

(a) 球心在焦点下方；(b) 球心在焦点上方

束缚在了光阱中。

4. 光镊捕获微粒的条件

光场强度的分布有较大的梯度是光镊稳定捕获微粒的基本条件，经过大数值孔径的物镜聚焦后的光束具有很大的光强梯度，可以对微粒实现三维的稳定捕获。此外，小球折射率必须大于介质折射率，否则，微粒将会向光强低的位置运动，最终离开光场。满足以上两个基本条件后，激光的功率、波长、聚焦光斑的大小、微粒的尺寸等因素也会影响捕获效果。

在几何光学近似下，梯度力 F 的简洁数学表达式为

$$F = Q\frac{nP}{c} \tag{1.28-1}$$

式中 n 为周围介质的折射率，c 为光速，P 为激光功率，Q 是一个小于 1 的无量纲数，称为陷阱效率系数，它与被捕获粒子特性和光线会聚程度等因素有关。

5. 利用空间光调制器调控光场

空间光调制器是一类能将信息加载于一维或两维的光学数据场上，以便有效地利用光的固有速度、并行性和互连能力的器件。这类器件可在随时间变化的电驱动信号或其他信号的控制下，改变空间上光分布的振幅或强度、相位、偏振态以及波长，或者把非相干光转化成相干光。由于它的这种性质，它可作为实时光学信息处理、光计算等系统中构造单元或关键的器件。空间光调制器是实时光学信息处理，自适应光学和光计算等现代光学领域的关键器件。

空间光调制器通过计算机控制加载 8bit 的计算全息图 CGH，刷新频率为 60Hz，可以满足实时动态操控的需要。经扩束准直后的激光光束入射 SLM 液晶面板，基于纯相位空间光调制器的全息光镊技术，通过控制 SLM 加载特定的相位分布来调制入射光波前，使得入射光经过傅里叶变换之后在 SLM 的共轭面形成期望的光场分布，然后经过一个缩束系统将光斑缩小至与物镜入瞳相匹配的尺寸，最后经物镜作傅里叶变换之后在其焦平面上再现期望的光场分布。

[仪器装置]

基于 SLM 的激光光镊实验系统主要包括：光源模块、扩束准直模块、SLM 光场实时调控模块、4f 系统模块、光场再现及显微成像模块、照明及工作台模块等。

1. 光源模块

系统采用 532nm 线偏振固体激光器，如图 1.28-6 所示，出光功率最高可达 1W，通过航

空插头连接激光器电源机箱。使用时打开防尘盖,确认电流旋钮旋至最小,打开激光器电源的船型开关和钥匙开关,调节电流旋钮超阈值即可出光。

2. 扩束准直模块

扩束准直模块如图 1.28-7 所示,激光光束通过两个 45°反射镜折返后首先通过 $f=-30$mm 的双胶合扩束透镜,之后通过 $f=100$mm 的双胶合准直透镜,二者之间距离约 70mm,可根据实际实验效果调节。

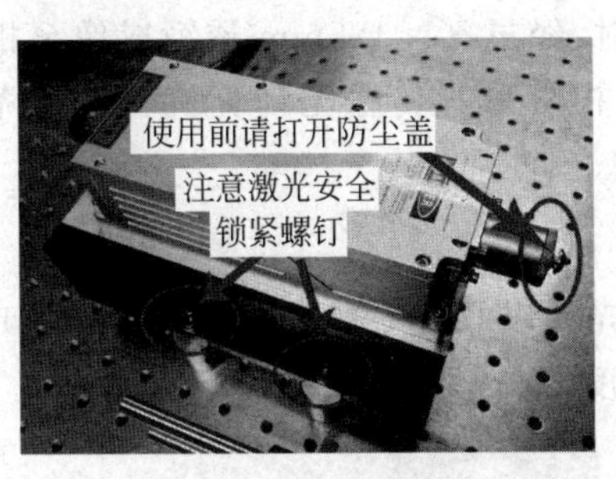

图 1.28-6 激光器

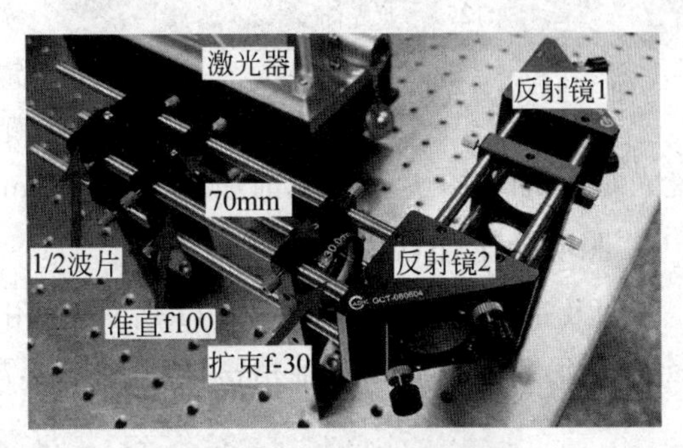

图 1.28-7 扩束准直模块

3. SLM 光场实时调控模块

SLM 光场实时调控模块如图 1.28-8 所示,扩束准直后的偏振光通过半波片调整偏振方向入射 SLM 以匹配其后续相位调制,在 SLM 处做小角度反射进入 4f 光路。SLM 采用反射式、小像元、纯相位空间光调制器,最大分辨率为 1920×1080,像元大小为 6.4μm,刷新频率为 60Hz。

4. 4f 系统模块

4f 系统模块如图 1.28-9 所示,采用 $f=500$mm 胶合透镜和 $f=250$mm 胶合透镜做搭配,有效降低透镜像差对光路造成的影响,从而达到一个较为优异的粒子操控效果。光束从 SLM 途径反射镜 3 至 $f=500$mm 胶合透镜的空间距离约为 500mm,从 $f=500$mm 胶合透镜途径反射镜 4 至 $f=250$mm 胶合透镜的空间距离约为 750mm,从 $f=250$mm 胶合透镜途径反射镜 5 至物镜尾部末端(物镜后焦面)的空间距离约为 250mm。

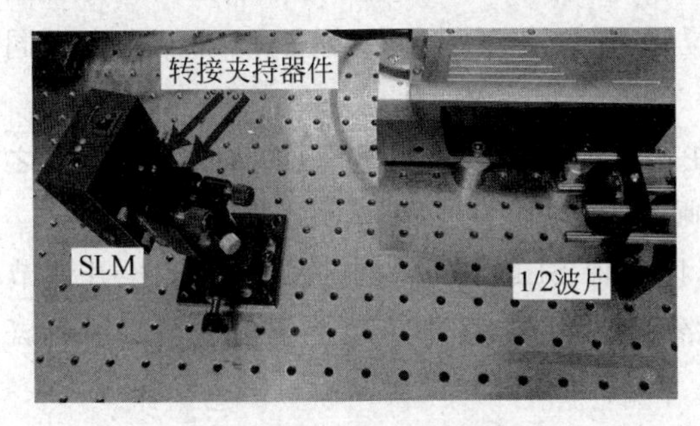

图 1.28-8 SLM 光场实时调控模块

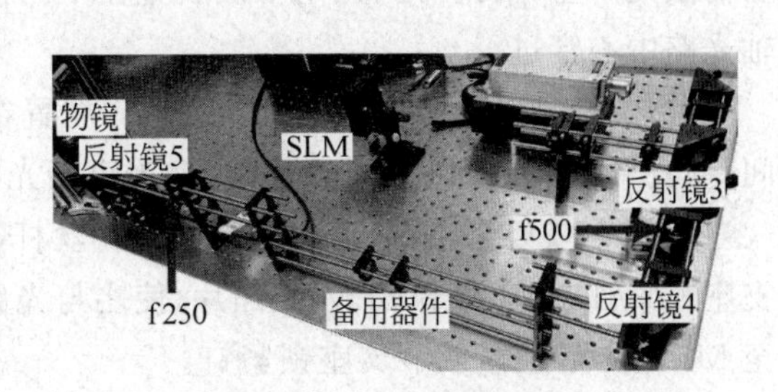

图 1.28-9 4f 系统模块

5. 光场再现及显微成像模块

光场再现及显微成像模块如图 1.28-10 所示,上层为光场再现光路,是将通过 4f 系统

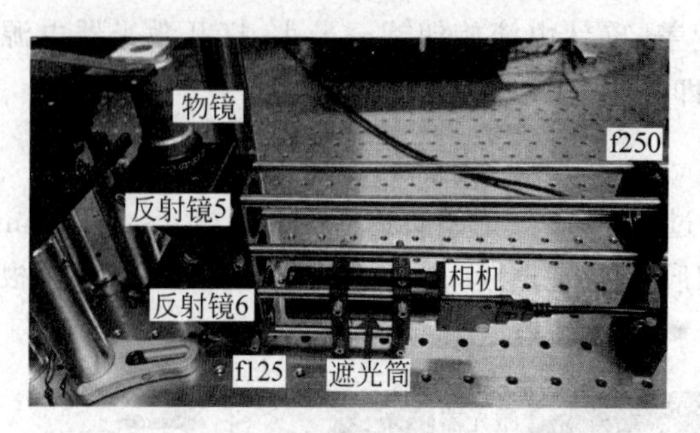

图 1.28-10　光场再现及显微成像模块

以后的光途经反射镜 5 和物镜聚焦至物镜焦面上，可以把主光路中 SLM 后直至载玻片之间的 4f 透镜和物镜“合并”理解为一个傅里叶透镜，最终实现将 SLM 加载的全息图再现至工作面(物镜焦面)上。下层为显微成像光路，反射镜 5 可以理解为二向色镜，工作面的实验现象途经物镜、反射镜 5 向下透射、反射镜 6 反射、经过 $f=125$mm 透镜成像至相机靶面，由相机采集传输至计算机。为了降低环境光对相机的影响，在相机前加装了 $L=80$mm 的遮光筒。

6. 照明及工作台模块

照明及工作台模块如图 1.28-11 所示，采用 LED 光源以及 $f=30$mm 缩束透镜为工作面照亮视场，工作台采用三维精密移动台固定，配合精度高。

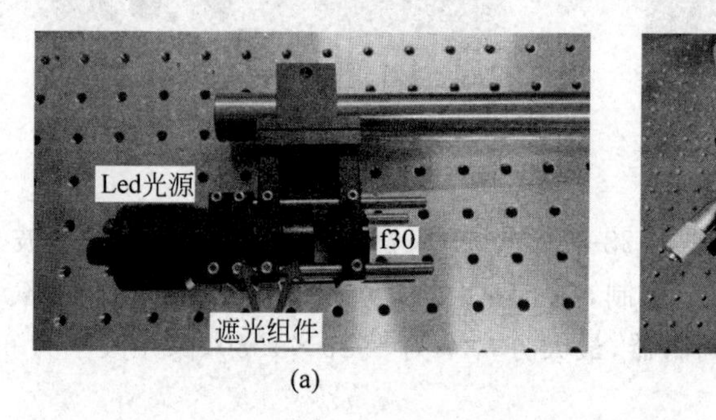

(a)　　(b)

图 1.28-11　照明及工作台模块

(a) 照明系统；(b) 工作台

[实验内容与测量]

1. 光路调节

将激光电源上的钥匙拨到 ON 处，开关拨动到开启状态，调节电流旋钮，使激光器有微弱的激光产生，借助可调光阑依次放置在不同位置，调整各反射部的姿态，以确保光束沿同轴光路中心穿过。

(1) 将光阑调整到合适的孔径大小，放置在 100mm 和 300mm 焦距的 M1、M2 透镜之间，反复调节 M1、M2 反射镜姿态，使光束于光阑中心通过，将光路调至主光轴方向。

(2) SLM 姿态粗调，通过调节平移台丝杆，以确保 SLM 液晶片与光路共轴；松开调节支座锁紧钉，手动调节 SLM 液晶片，使之与光路等高，SLM 整体转动粗调角度至反射光斑至 M3 中心后锁紧调节支座锁紧钉。

(3) 分别调节夹持 SLM 的二维精密镜架俯仰偏摆、M3 俯仰偏摆，精密调节 SLM、M3 姿态使光束于光阑中心通过。

(4) 调节 M4、M5 姿态，使光束于光阑中心通过。

(5) 调整照明组件位置，使得经过 $f=30$mm 透镜缩束后的光斑均匀照射在物镜通光孔,锁紧照明组件底部叉式压板。

(6) 打开相机软件,调节显微成像组件。首先工作台上放置载玻片,通过反复升降工作台,找到工作面(激光聚焦位置),此时如果成像不清晰,需要松开相机遮光筒锁紧钉,前后移动相机找到成像清晰位置,再次反复升降工作台,确认工作面成像清晰后锁紧相机组件。若此时激光聚焦点不在视野中心,则需调整 M6 姿态,若此时升降工作台发现离焦光斑扩散不均匀,则需调整 M5 姿态。

(7) 如果光场亮度不便于观察实验现象,可以调整 LED 光源亮度,或在相机软件内调节曝光时间以及增益系数;如果视野中光斑太强,可将滤光片水平放置在 M6 反射镜上方入光孔位置。

2. 激光光镊实验软件的使用

打开 DHC 光镊实验软件,软件界面如图 1.28-12 所示。单击右上角定位 SLM(1 位置),确保加载图片界面正确位于副屏界面;适当调整菲涅耳数值和叠加涡旋级数(2 位置),数值越大,菲涅耳环越大。SLM 投影的缩略图会显示在 3 位置,滑动滚轮可改变缩略图比例;在图 4 位置单击鼠标左键可绘制光景,绘制点坐标将显示在位置 5;鼠标右键按住想要移动的点,拖动绘制移动路线,光景将按照路线及位置 6 参数,移动总时长和步数移动。

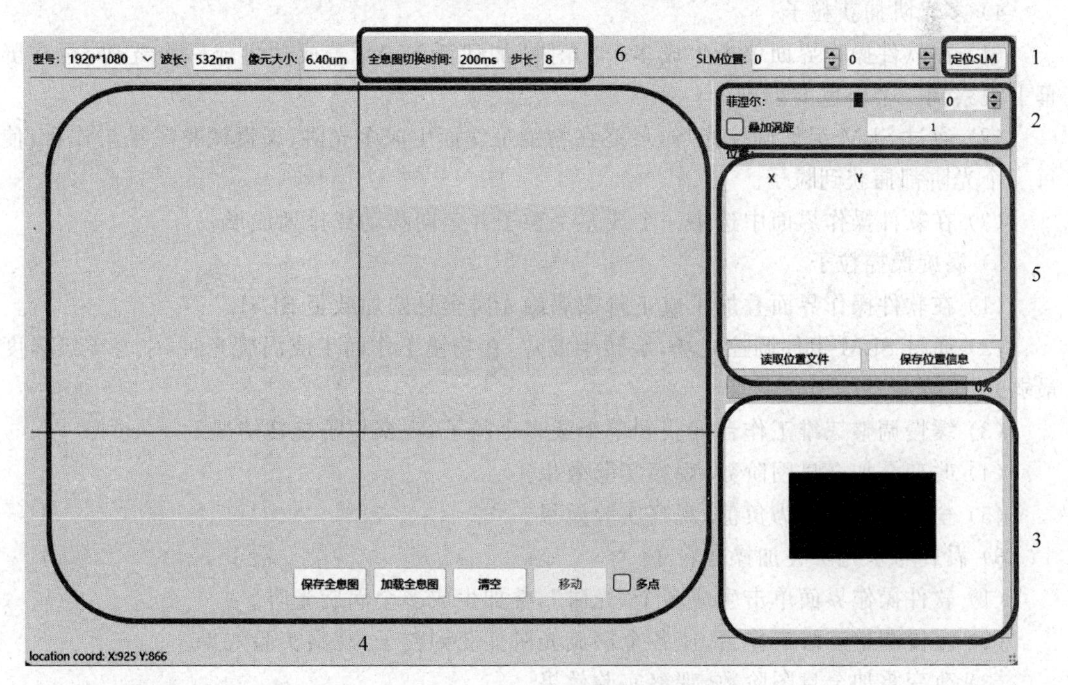

图 1.28-12　DHC 光镊实验软件界面

3. 实验测量

1) 聚苯乙烯微球观察

(1) 将聚苯乙烯微粒溶液用滴管取一滴在盖玻片上,并放置在载物台上,缓慢升降 Z 轴移动台,使载有聚苯乙烯微球的溶液在物镜前缓慢升降,在屏幕上观察聚苯乙烯微球。

(2) 聚苯乙烯微球有单颗存在的,也有多颗粘连在一起的,仔细观察其缓慢自由热运动。

2）单光阱捕获聚苯乙烯微球，并操纵其运动

（1）调节 LED 光源照明的亮度，在屏幕上看到微球和由反射激光所产生的衍射条纹，其衍射条纹的中心正是光阱所在的位置。

（2）调节载物台的 X 轴、Y 轴，使得衍射条纹的中心靠近一个聚苯乙烯微球，并调节载物台的高度，使得该中心可以将聚苯乙烯微球束缚住。对于是否束缚牢靠的评判标准是突然移动某一个水平轴，若聚苯乙烯微球不从中心脱离，说明束缚得十分牢靠。

（3）由于聚苯乙烯微球的溶液是在不断蒸发的，需要不断地调节载物台的高度，使得光阱可以将聚苯乙烯微球束缚住。

（4）通过调整激光器电源电流旋钮，寻找到合适的激光强度，激光功率太大会破坏粒子，依次将视野中的单颗聚苯乙烯微球捕捉拖动至一堆，或者排列成一行。

3）单光阱捕获操纵多颗聚苯乙烯微球粘连团

（1）寻找两三颗粘连在一起的小细胞团，将其移动至激光势阱中，捕捉拖动，体会梯度力的大小。

（2）寻找多颗粒粘连的大细胞团，尝试捕捉其中的细胞，并牵引拖动整个细胞团移动，进一步体会梯度力的大小。

4）多光阱捕获粒子

（1）在软件操作界面单击生成多个“光阱”加载至 SLM，若成功生成一个光阱，可在屏幕上观察到一个白色的小点。

（2）通过 SLM 组件调控光场，最终在物镜工作面生成多光阱，缓慢调整三维工作台，使每一个光阱都捕获到粒子。

（3）在软件操作界面中选中一个或多个粒子并定向移动或排列成形。

5）涡旋操控粒子

（1）在软件操作界面叠加生成正阶数涡旋光阱全息图加载至 SLM。

（2）通过 SLM 组件调控光场，旋转半波片，在物镜工作面生成涡旋光阱（中心零级强度最弱）。

（3）缓慢调整三维工作台捕获到单个或多个粒子，观察粒子旋转情况。

（4）改变叠加全息图阶数，观察实验效果。

（5）全息图阶数改为负值，观察实验效果。

6）涡旋与多光阱叠加操控粒子

（1）软件操作界面单击生成多个“光阱”，叠加生成多个涡旋光阱。

（2）缓慢调整三维工作台，使各个涡旋光阱捕获到粒子，观察实验效果。

（3）改变叠加全息图阶数，观察实验效果。

（4）全息图阶数改为负值，观察实验效果。

（5）选取单个或多个光阱定向移动，观察实验效果。

注意事项：

（1）聚苯乙烯微球溶液使用前请摇匀，便于观察与操纵。

（2）禁止直视激光束和反向光束，实验时请佩戴激光防护镜。

[数据处理与分析]

记录实验结果并描述所观察到的现象。

[讨论]

(1) 如何提高激光的准直性?

(2) 阐述多光阱生成的原理。

[结论]

通过对实验现象和实验结果的分析,你能得到什么结论?

[思考题]

(1) 如何判断生成的光阱和相机显示的光阱的几何关系?

(2) 在涡旋操控粒子中,如何判断光阱是左旋光还是右旋光?

[参考文献]

[1] 梁言生,姚保利,马百恒,等.基于纯相位液晶空间光调制器的全息光学捕获与微操纵[J].光学学报,2016,36(3):76-82.

[2] 宋菲君.信息光子学物理[M].北京:北京大学出版社,2006.

[3] 李俊昌.信息光学教程[M].2版.北京:科学出版社,2011.

[4] 大恒新纪元科技股份有限公司.基于SLM的激光光镊实验系统用户手册[Z].2023.

实验 1.29 量子计算实验

[引言]

量子计算机是一类遵循量子力学规律进行高速数学和逻辑运算、存储及处理量子信息的物理装置。当某个装置处理和计算的是量子信息、运行的是量子算法时,它就是量子计算机。本实验采用金刚石量子计算教学机,学习量子比特、量子逻辑门、量子测量和量子算法等基本概念,在此基础上,了解如何利用金刚石 NV 色心实现量子比特及其操控和读出,进而实现一个量子计算算例,从而对量子计算及其实现有所了解。

[实验目的]

(1) 了解量子比特、量子逻辑门、量子测量和 Deutsch 算法。

(2) 了解自旋量子比特的原理和操控方法。

(3) 了解如何利用金刚石中的 NV 色心实验实现 Deutsch 算法。

[实验仪器]

金刚石量子计算教学机。

[预习提示]

(1) 什么是量子比特，量子逻辑门？

(2) Deutsch 算法是如何通过一次计算判定平衡函数和常函数的？

(3) 如何利用金刚石 NV 色心实现量子比特？用什么技术或方法对其进行操控和读出？

(4) 如何利用金刚石 NV 色心实验实现 Deutsch 算法？

[实验原理]

1. 量子计算基本概念

经典计算机需要信息的载体、逻辑操作、状态读出等一系列基本元素。量子计算机类似，也需要量子信息的载体(即量子比特)和对量子比特进行初始化、操控和读出的能力，并需要利用一系列逻辑操作，构成量子算法，实现特定的计算目的。

1) 量子比特

经典计算机中，数据用“0”“1”表示成计算机能识别的形式。一个信息单元用一个二进制位表示，它处于“0”态或“1”态。在量子计算机中，信息单元称为“量子比特”，它除了可以处于“0”态或“1”态外，还可以处于一种叠加态，如图 1.29-1 所示。

我们用 $|0\rangle$ 和 $|1\rangle$ 表示量子比特可取的状态基矢，单个量子比特可取的量子态为

$$|\Psi\rangle = \alpha\,|0\rangle + \beta\,|1\rangle \tag{1.29-1}$$

由于 $\alpha\alpha^* + \beta\beta^* = 1$，我们也可以这样表示量子比特，即

$$|\Psi\rangle = \cos\frac{\theta}{2}\,|0\rangle + \mathrm{e}^{\mathrm{i}\varphi}\sin\frac{\theta}{2}\,|1\rangle \tag{1.29-2}$$

这里 $-\pi \leqslant \theta \leqslant \pi$，$0 \leqslant \varphi \leqslant 2\pi$。$\theta$ 和 φ 在单位三维球体(通常称为布洛赫球)上定义了一个点，如图 1.29-2 所示，$x = \sin\theta \times \cos\varphi$，$y = \sin\theta \times \sin\varphi$，$z = \cos\theta$，单个量子比特的态可以与布洛赫球面上的点一一对应。

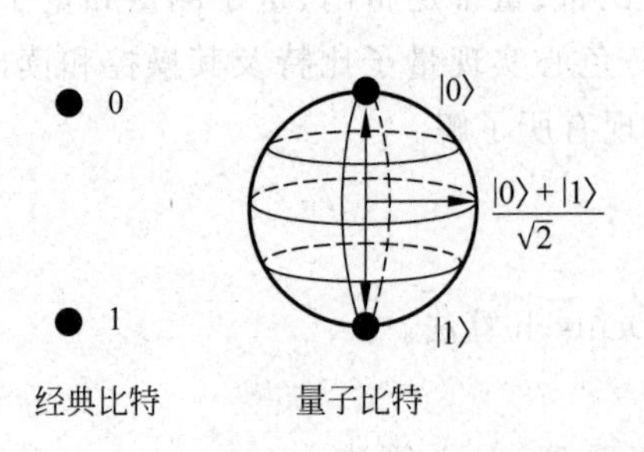

图 1.29-1　经典比特与量子比特对比示意图

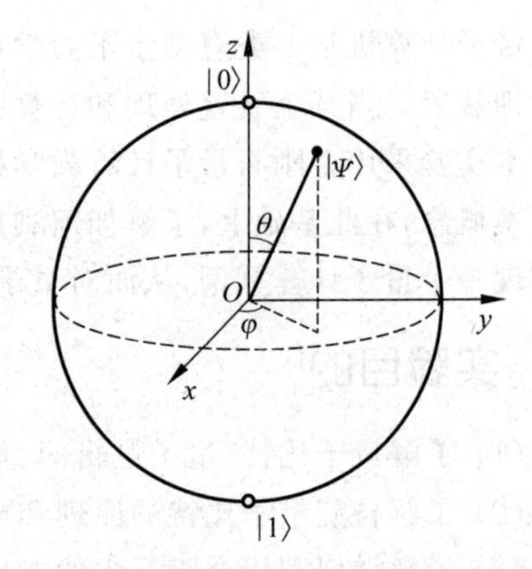

图 1.29-2　布洛赫球上二能级量子态的表示

2) 量子逻辑门

经典计算中用到很多基本逻辑门，如与门、或门、非门、异或门、与非门和或非门等，这些

逻辑门按一定的功能组合在一起能构成用来计算任何函数的硬件电路。量子计算机类似，也由一系列量子门组合而成，以完成复杂计算任务。表 1.29-1 列出了常用量子逻辑门的符号和矩阵表示。描述单个量子门的矩阵 U 要求必须是幺正的，即 $UU^{+}=I$。C-Not 门是一个两比特门，当控制比特是 $|0\rangle$ 时，目标比特不变。当控制比特是 $|1\rangle$ 时，目标比特发生翻转，即 $|0\rangle\rightarrow|1\rangle$，$|1\rangle\rightarrow|0\rangle$。

表 1.29-1 常用量子逻辑门的符号和矩阵表示

名 称	符 号	矩阵表示
Hadamard	H	$\frac{1}{\sqrt{2}}\begin{bmatrix}1 & 1\\ 1 & -1\end{bmatrix}$
Pauli-X	X	$\begin{bmatrix}0 & 1\\ 1 & 0\end{bmatrix}$
Pauli-Y	Y	$\begin{bmatrix}0 & -\mathrm{i}\\ \mathrm{i} & 0\end{bmatrix}$
Pauli-Z	Z	$\begin{bmatrix}1 & 0\\ 0 & -1\end{bmatrix}$
C-Not		$\begin{bmatrix}1 & 0 & 0 & 0\\ 0 & 1 & 0 & 0\\ 0 & 0 & 0 & 1\\ 0 & 0 & 1 & 0\end{bmatrix}$

要实现实用的量子计算，需要能够实现多比特的量子逻辑门。理论上可以证明，任意多比特量子逻辑门都可以通过两比特受控非门结合单比特量子逻辑门的方式实现。

3）量子测量

为了得到量子计算的结果，需要对末态进行量子测量。一般情况下，给出任意的基矢 $|\mathrm{a}\rangle$ 和 $|\mathrm{b}\rangle$，可以将任意态表示为 $\alpha|\mathrm{a}\rangle+\beta|\mathrm{b}\rangle$，只要 $|\mathrm{a}\rangle$ 和 $|\mathrm{b}\rangle$ 是正交的，就可以进行相对于 $|\mathrm{a}\rangle$ 和 $|\mathrm{b}\rangle$ 的测量，以 $|\alpha|^2$ 的概率得到 $|\mathrm{a}\rangle$，以 $|\beta|^2$ 的概率得到 $|\mathrm{b}\rangle$。

对于量子比特 $|\Psi\rangle=\alpha|0\rangle+\beta|1\rangle$，采用基矢 $|0\rangle$、$|1\rangle$ 进行测量，测量之后坍缩到 $|0\rangle$ 和 $|1\rangle$ 的概率分别为 $|\alpha|^2$ 和 $|\beta|^2$。

4）量子算法

量子算法与经典算法相比，其差别在于，量子算法融入了量子力学的很多特征，用到了量子相干性、量子叠加性、量子并行性、波函数坍缩等量子力学特性，进而大大提高了计算效率。例如，要从 N 个未分类的客体中寻找出某个特定的客体，经典算法只能一个接一个地搜寻，直到找到所要的客体为止，平均说来要寻找 $N/2$ 次，而采用 1996 年 Grover 提出的量子搜索算法，则只需寻找 $\sqrt{N}$ 次。为便于理解，这里以 Deutsch 算法为例，说明量子并行性的优势。

考虑定义在 $\{0,1\}^n$ 上的函数 $f(x)$，$f(x)\in\{0,1\}$，且 $f(x)$ 的输出分为两种情况。一

种情况是，对于任意输入，它只输出 0 或者 1，我们称为常函数；另一种情况是，对于一半输入，输出为 0，另一半输入，输出为 1，我们称为平衡函数。我们的问题是，对于未知的 $f(x)$，要区分它是常函数还是平衡函数。如果采用经典计算方式，需要挨个检查输出结果，要得到准确无误的判断，最坏的情况需要进行 $2^{n-1}+1$ 次计算。若采用量子计算的方式，对于同样的问题，只需一次计算就可以得出结果，解决这个问题的量子算法称为 Deutsch-Jozsa 算法，简称 D-J 算法。Deutsch 算法即 D-J 算法 $n=1$ 的情况。下面介绍 Deutsch 算法。

函数 $f(x)$，其定义域为$\{0,1\}$，且 $f(x)\in\{0,1\}$，则此函数共有 4 种情况，如表 1.29-2 所示，其中 $f_1(x)$与 $f_2(x)$是常函数，$f_3(x)$与 $f_4(x)$是平衡函数。

表 1.29-2 $f(x)$函数的 4 种情况

函　数	输　入	输　出	函　数	输　入	输　出
$f_1(x)$	0	0	$f_3(x)$	0	0
	1	0		1	1
$f_2(x)$	0	1	$f_4(x)$	0	1
	1	1		1	0

要判断 $f(x)$是常函数还是平衡函数，采用经典计算的方法，需要分别计算 $f(0)$和 $f(1)$，然后判断 $f(0)$和 $f(1)$是否相等，共需进行 2 次计算。如果采用量子计算中的 Deutsch 算法，则只需 1 次计算就能够判定。图 1.29-3 为 Deutsch 算法的量子线路图。该量子算法需要两个量子比特，其初态是$|\mathrm{a}\rangle=|01\rangle$，然后对两个比特分别施加 Hadamard 门，得到的态为

$$|\mathrm{b}\rangle=\left(\frac{|0\rangle+|1\rangle}{\sqrt{2}}\right)\left(\frac{|0\rangle-|1\rangle}{\sqrt{2}}\right) \tag{1.29-3}$$

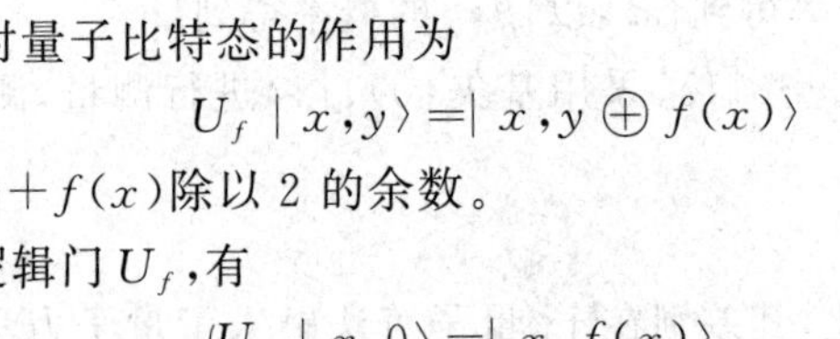

图 1.29-3 Deutsch 算法的量子线路图

量子逻辑门 U_f 对量子比特态的作用为

$$U_f\,|x,y\rangle=|x,y\oplus f(x)\rangle \tag{1.29-4}$$

其中，$y\oplus f(x)$代表 $y+f(x)$除以 2 的余数。

对$|\mathrm{b}\rangle$施加量子逻辑门 U_f，有

$$\begin{cases}U_f\,|x,0\rangle=|x,f(x)\rangle\\ U_f\,|x,1\rangle=|x,1-f(x)\rangle\end{cases} \tag{1.29-5}$$

所以

$$U_f\,|x\rangle\left(\frac{|0\rangle-|1\rangle}{\sqrt{2}}\right)=|x\rangle\left(\frac{|f(x)\rangle-|1-f(x)\rangle}{\sqrt{2}}\right)=(-1)^{f(x)}\,|x\rangle\left(\frac{|0\rangle-|1\rangle}{\sqrt{2}}\right) \tag{1.29-6}$$

如果 $f(0)=f(1)$，即 $f(x)$是常函数，经过 U_f 作用之后得到的态是

$$|c\rangle = \pm\left(\frac{|0\rangle+|1\rangle}{\sqrt{2}}\right)\left(\frac{|0\rangle-|1\rangle}{2}\right) \tag{1.29-7}$$

如果 $f(0)\neq f(1)$，即 $f(x)$ 是平衡函数，经过 U_f 作用之后得到的态是

$$|c\rangle = \pm\left(\frac{|0\rangle-|1\rangle}{\sqrt{2}}\right)\left(\frac{|0\rangle-|1\rangle}{2}\right) \tag{1.29-8}$$

算法运行到这一步，第一个量子比特的态，已经与 $f(x)$ 是常函数还是平衡函数产生关联。若 $f(x)$ 是常函数，则第一个量子比特的态是 $\frac{|0\rangle+|1\rangle}{\sqrt{2}}$；若 $f(x)$ 是平衡函数，则第一个量子比特的态是 $\frac{|0\rangle-|1\rangle}{\sqrt{2}}$。然后对第一个量子比特施加 Hadamard 门，如果 $f(0)=f(1)$，即 $f(x)$ 是常函数，可以得到

$$|d\rangle = \pm|0\rangle\left(\frac{|0\rangle-|1\rangle}{\sqrt{2}}\right) \tag{1.29-9}$$

如果 $f(0)\neq f(1)$，即 $f(x)$ 是平衡函数，可以得到

$$|d\rangle = \pm|1\rangle\left(\frac{|0\rangle-|1\rangle}{\sqrt{2}}\right) \tag{1.29-10}$$

以 $|0\rangle$ 和 $|1\rangle$ 作为基矢，对第一个量子比特进行测量。如果 $f(x)$ 是常函数，则测量结果是 0；如果 $f(x)$ 是平衡函数，则测量结果是 1。

总结一下 Deutsch 算法的过程，我们将量子比特制备到 $|0\rangle$ 和 $|1\rangle$ 的叠加态，只需进行 1 次计算，就可以根据末态的测量结果是 0 还是 1，来判断 $f(x)$ 是常函数还是平衡函数。根据经典算法，则需进行 2 次计算。将 Deutsch 算法的定义域从 $\{0,1\}$ 推广到 $\{0,1\}^n$，其解决方法即是 D-J 算法。D-J 算法是最早提出的量子算法之一，虽然 D-J 算法解决的问题不具备太多实际意义，但该算法向人们展示了解决某些问题时，量子计算能够比经典计算更高效。接下来，我们讨论如何在实验上实现这一算法。

2. 量子计算的实验实现

1) DiVincenzo 判据

2000 年，DiVincenzo 讨论了实现量子计算的物理要求，提出了 7 条判据：①可扩展的具有良好特性的量子比特系统；②能够制备量子比特到某个基准态；③具有足够长的相干时间来完成量子逻辑门操作；④能够实现一套通用量子逻辑门操作；⑤能够测量量子比特；⑥能够使飞行量子比特和静止量子比特互相转化；⑦能够使飞行量子比特准确地在不同的地方之间传送。其中，前 5 条是实现量子计算的要求，后 2 条是对量子计算机之间通信提出的要求。

人们已经在多种系统上试验了量子计算机的实现方案，包括离子阱、超导约瑟夫森结、腔量子电动力学、硅基半导体、量子点、液体核磁共振等。本实验装置是以金刚石中的 NV 色心实现量子计算的，下面作具体介绍。

2) 金刚石量子计算实验原理

(1) 金刚石中的 NV 色心。

NV(Nitrogen-Vacancy)色心是金刚石中的一种点缺陷。如图 1.29-4 所示，金刚石晶

格中一个碳原子缺失形成空位，近邻的位置有一个氮原子，这样就形成了一个 NV 色心。这里所说的 NV 色心，指的是带负电荷 NV-顺磁中心。NV 色心有 6 个电子，2 个来自氮原子，3 个来自与空位相邻的碳原子，另外 1 个是俘获的(来自施主杂质的)电子。

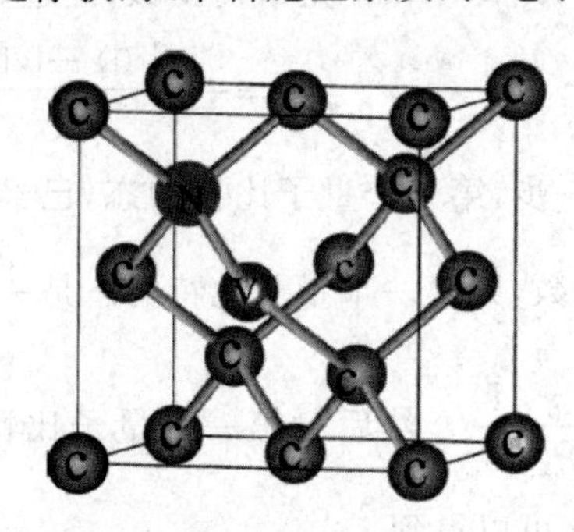

图 1.29-4　金刚石和金刚石中的 NV 色心原子结构

(2) 自旋态初始化和读出。

^3E +1 −1 0
$^1A_1$
637nm
520nm
1042nm
m_s
^1E
$^3A_2$ +1 −1 0
2.87GHz

图 1.29-5　室温下金刚石 NV 色心能级结构示意图

图 1.29-5 是室温下金刚石 NV 色心的能级结构。NV 色心的基态为自旋三重态，三重态基态与激发态间跃迁相应的零声子线为 637nm，灰色区域为声子边带。基态的自旋三重态($|m_s=0\rangle$，$|m_s=1\rangle$，$|m_s=-1\rangle$)中，$|m_s=1\rangle$，$|m_s=-1\rangle$在无磁场时是简并的，它们与$|m_s=0\rangle$态之间的能隙(零场劈裂)对应微波频率为 2.87GHz。激发态的能级自旋分裂对应的微波频率为 1.4GHz。

用波长为 520nm 的激光激发基态电子，由于电子跃迁是电偶极跃迁，与电子自旋无关，跃迁前后自旋是守恒的，$|m_s=0\rangle$的基态电子到$|m_s=0\rangle$的声子边带，$|m_s=\pm1\rangle$的基态电子到$|m_s=\pm1\rangle$的声子边带。之后，$|m_s=0\rangle$的电子绝大多数都直接跃迁到基态辐射荧光，而$|m_s=\pm1\rangle$的电子则有一部分直接跃迁到基态辐射荧光，另一部分通过无辐射跃迁到单重态，再到三重态的$|m_s=0\rangle$态。经过多个周期之后，基态$|m_s=\pm1\rangle$上的布居度会越来越少，而$|m_s=0\rangle$上的布居度会越来越多。这样，在激光的照射下，布居度从$|m_s=\pm1\rangle$转移到了$|m_s=0\rangle$，从而实现了自旋极化。室温下 NV 色心电子自旋的极化率可达 95%以上。

如果我们选取基态的$|m_s=0\rangle$和$|m_s=1\rangle$作为量子比特，NV 色心的自旋极化就对应于将量子比特的初态极化到$|0\rangle$态。

由于$|m_s=\pm1\rangle$态有更大概率通过无辐射跃迁回到基态，$|m_s=0\rangle$态的荧光比$|m_s=\pm1\rangle$态的荧光强度大，实验得出约大 20%～40%。根据$|m_s=0\rangle$态和$|m_s=\pm1\rangle$对应荧光强度的差别，就可以区分 NV 色心的自旋态，即实现对自旋量子比特状态的读出。由于单次实验，测得的$|m_s=0\rangle$态和$|m_s=\pm1\rangle$态的荧光强度差别不够明显，室温下对 NV 色心电子自旋量子比特的测量一般为多次重复测量，测得结果为某个观测量(如$|m_s=0\rangle\langle m_s=0|$)的平均值。

(3) 自旋态操控。

为了实现量子逻辑门,需要对 NV 色心自旋的状态进行操控。使用自旋磁共振技术调控 NV 色心自旋态,即利用微波场与自旋的相互作用,来调控自旋态的演化,如图 1.29-6 所示。

① 磁场中自旋的薛定谔方程描述。

描述量子态随时间演化的薛定谔方程为

$$H\Psi = \mathrm{i}\hbar\frac{\partial \Psi}{\partial t} \tag{1.29-11}$$

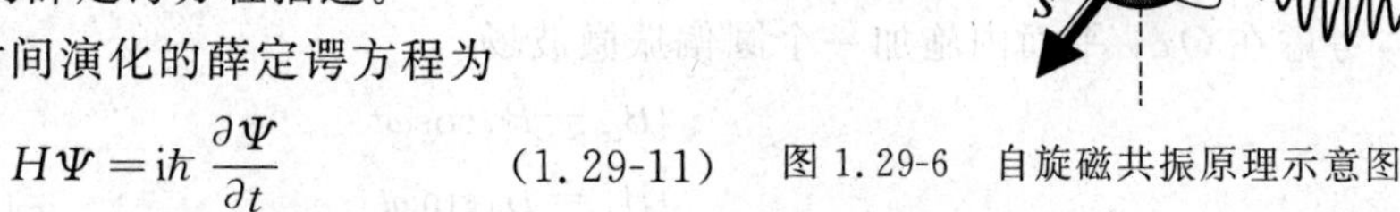

图 1.29-6 自旋磁共振原理示意图

为了得到薛定谔方程的解,需要知道哈密顿量和初态波函数。考虑处在均匀外磁场中的一个自旋为 1/2 的电子,系统哈密顿量可以表示为

$$H = -\boldsymbol{\mu}\cdot\boldsymbol{B}_0 \tag{1.29-12}$$

其中,μ 是电子磁矩,$B=(0,0,B_0)$是平行于 z 轴的静磁场。电子磁矩与自旋之间的关系为

$$\mu = \gamma S \tag{1.29-13}$$

其中,γ 为旋磁比。自旋算符 $S=\frac{\hbar}{2}\sigma$,$\sigma=(\sigma_x,\sigma_y,\sigma_z)$为泡利算符,其矩阵形式为

$$\sigma_x = \begin{pmatrix}0 & 1\\ 1 & 0\end{pmatrix},\quad \sigma_y = \begin{pmatrix}0 & -\mathrm{i}\\ \mathrm{i} & 0\end{pmatrix},\quad \sigma_z = \begin{pmatrix}1 & 0\\ 0 & -1\end{pmatrix} \tag{1.29-14}$$

代入式(1.29-12)可以得到

$$H = -\frac{\hbar}{2}\begin{pmatrix}\gamma B_0 & 0\\ 0 & -\gamma B_0\end{pmatrix} = -\frac{\hbar}{2}\begin{pmatrix}\omega_0 & 0\\ 0 & -\omega_0\end{pmatrix} \tag{1.29-15}$$

该哈密顿量的本征能级是$-\frac{\hbar\omega_0}{2}$和$\frac{\hbar\omega_0}{2}$,分别对应自旋向上和向下的本征态。能级差为 $\hbar\omega_0$,恰好是频率为 ω_0 的光子的能量。

② 自旋进动。

为了得到电子自旋在静磁场中的演化方程,我们记其自旋初态为 $\Psi_0=a_0|0\rangle+b_0|1\rangle$,随时间演化的状态 $\Psi(t)=a|0\rangle+b|1\rangle$。其中$|0\rangle=\begin{pmatrix}1\\0\end{pmatrix}$,$|1\rangle=\begin{pmatrix}0\\1\end{pmatrix}$。将式(1.29-15)哈密顿量代入式(1.29-11)薛定谔方程,可以得到

$$\mathrm{i}\hbar\begin{pmatrix}\dot{a}\\ \dot{b}\end{pmatrix} = -\frac{\hbar}{2}\begin{pmatrix}\omega_0 & 0\\ 0 & -\omega_0\end{pmatrix}\begin{pmatrix}a\\ b\end{pmatrix} \tag{1.29-16}$$

该方程的解是

$$a = a_0\mathrm{e}^{\mathrm{i}\omega_0 t/2},\quad b = b_0\mathrm{e}^{\mathrm{i}\omega_0 t/2} \tag{1.29-17}$$

如果记$|a_0|\equiv\cos(\alpha/2)$,$|b_0|\equiv\sin(\alpha/2)$,可以得到

$$\langle S_z\rangle = \frac{\hbar}{2}\cos\alpha \tag{1.29-18}$$

$$\langle S_x\rangle = \frac{\hbar}{2}\sin\alpha\cos(\omega_0 t+\alpha_0) \tag{1.29-19}$$

$$\langle S_y \rangle = -\frac{\hbar}{2}\sin\alpha\sin(\omega_0 t + \alpha_0) \tag{1.29-20}$$

上述解的直观几何图像如图1.29-7所示，磁矩的x、y分量大小都是$\frac{1}{2}\hbar\sin\alpha$，并且绕着外磁场方向$z$轴转动，转动角频率为$\omega_0$。这种转动也称拉莫进动，$\omega_0$被称为拉莫频率。

③ 共振微波驱动。

考虑在Oxy平面内施加一个圆偏振微波场

$$\begin{cases} B_x = B_1\cos\omega t \\ B_y = B_1\sin\omega t \end{cases} \tag{1.29-21}$$

记$\omega_1 = \gamma B_1$，代入式(1.29-11)薛定谔方程，可以得到

$$\mathrm{i}\hbar\begin{pmatrix}\dot{a}\\ \dot{b}\end{pmatrix} = -\frac{\hbar}{2}\begin{pmatrix}\omega_0 & \omega_1 \mathrm{e}^{\mathrm{i}\omega t}\\ \omega_1\mathrm{e}^{-\mathrm{i}\omega t} & -\omega_0\end{pmatrix}\begin{pmatrix}a\\ b\end{pmatrix} \tag{1.29-22}$$

假设$t=0$时，电子占据自旋向下的态，即$\Psi(0)=\begin{pmatrix}0\\1\end{pmatrix}$。$t>0$时，在微波场的驱动下电子占据自旋向上态的概率为$P_\uparrow = |a(t)|^2$。求解薛定谔方程可以得到

$$P_\uparrow = |a(t)|^2 = \frac{\omega_1^2}{\omega_1^2 + (\omega_0 - \omega)^2}\sin^2\delta t \tag{1.29-23}$$

其中，

$$\delta = \sqrt{\omega_1^2 + (\omega_0 - \omega)^2} \tag{1.29-24}$$

这个过程的几何理解如图1.29-8所示。有静磁场时，自旋绕着静磁场方向作进动(图1.29-7)，再施加一个额外Oxy平面交变磁场，自旋会感受一个力矩，使其从z轴向$-z$轴方向翻转(图1.29-8)。这个过程也叫作自旋的拉比振荡，翻转频率也称作拉比频率。

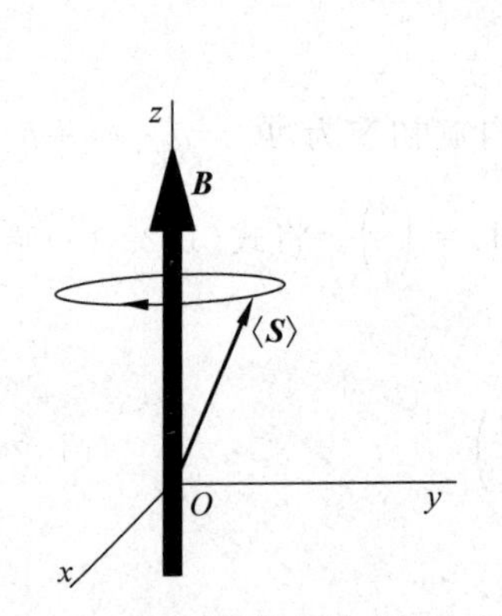

图1.29-7 磁矩绕着外磁场方向作拉莫进动

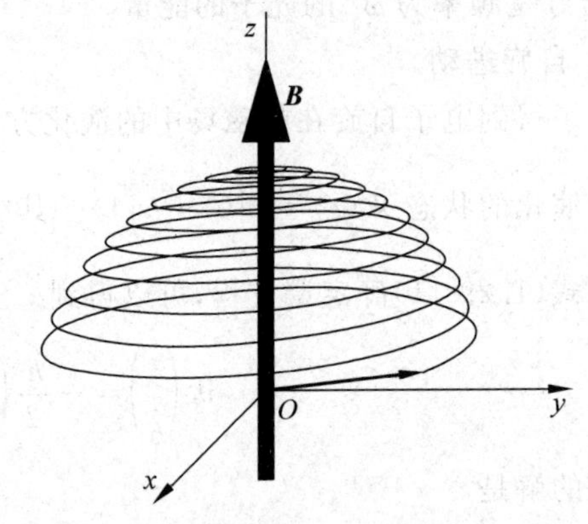

图1.29-8 微波频率与拉莫进动频率一致时，磁矩绕着外磁场方向z轴作章动

图1.29-9为拉比振荡曲线示意图。实现了拉比振荡，即说明实现了对NV色心自旋的相干操控，量子比特在$|0\rangle$态和$|1\rangle$态之间振荡。共振驱动的情况下，当$\omega_1 t=\pi$时，量子比特从$|0\rangle$态完全转到了$|1\rangle$态，即实现了一个非门操作，这个脉冲也叫作π脉冲。当$\omega_1 t=\pi/2$

时，我们得到$|0\rangle$态和$|1\rangle$的叠加态，即 $|0\rangle\to\frac{|0\rangle+\mathrm{i}|1\rangle}{\sqrt{2}}$，这是量子计算中非常重要的逻辑门，这个脉冲也叫作 $\pi/2$ 脉冲。

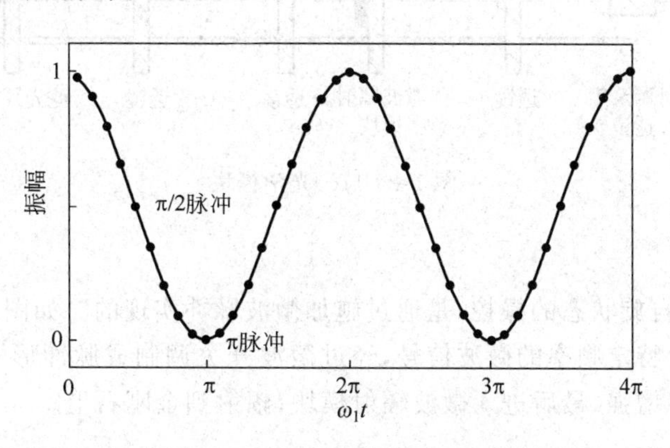

图 1.29-9　拉比振荡曲线示意图

[仪器装置]

实验所用仪器"金刚石量子计算教学机"，是以光探测磁共振为基本原理，以金刚石 NV 色心为量子比特的量子计算教学设备。仪器结构框图如图 1.29-10 所示。仪器装置分为光路模块、微波模块、控制采集模块及电源模块，整机由运行在计算机上的软件（Diamond Ⅰ Studio）控制。

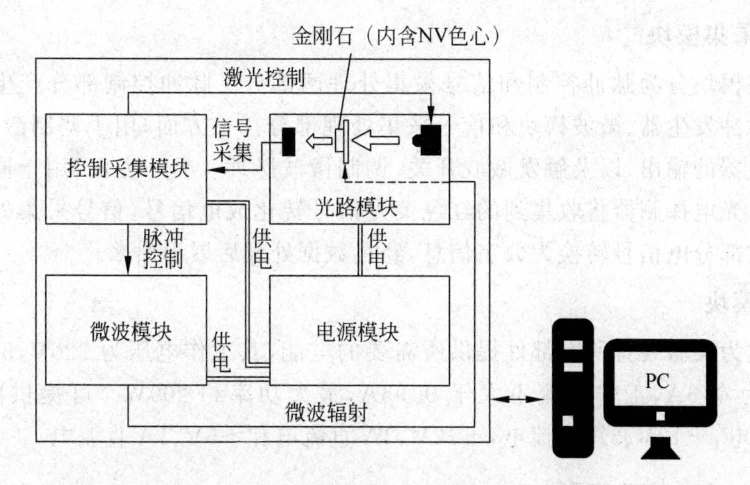

图 1.29-10　金刚石量子计算教学机结构框图

1. 光学模块

光学模块包括激光脉冲发生器、笼式光路、辐射结构、金刚石和光电探测器，参见图 1.29-11。激光脉冲发生器产生波长 520nm 绿色激光脉冲，用于金刚石中 NV 色心状态的初始化和读出。笼式光路将绿色激光聚焦到金刚石上，金刚石中的 NV 色心在绿色激光照射下，发出红色荧光。经过滤光片，将产生的荧光聚焦到光电探测器中。光电探测器将光信号转化成电信号，发送给控制采集模块。

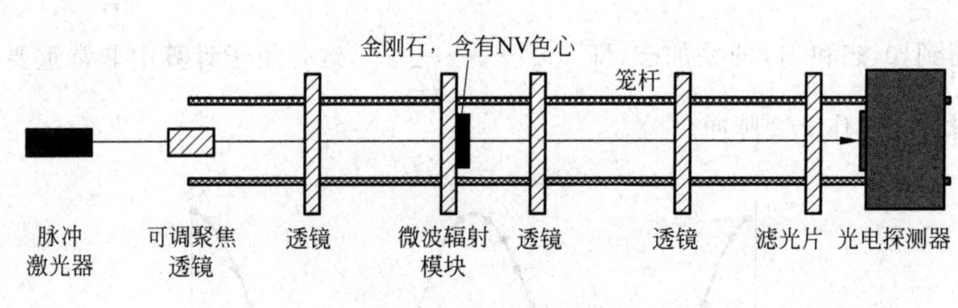

图 1.29-11　光学模块

2. 微波模块

对于 NV 色心自旋状态的操控，是通过施加微波脉冲实现的。如图 1.29-12 所示，微波模块中，微波源产生特定频率的微波信号，经过微波开关调制成脉冲形式，然后经过微波功率放大器，实现功率增强，最后进入微波辐射模块，辐射到金刚石上。

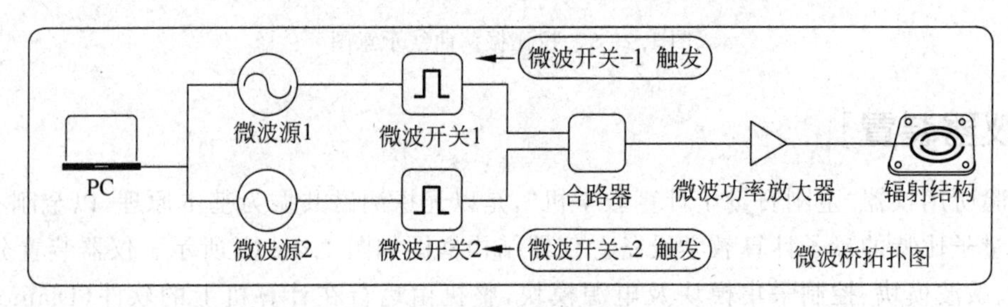

图 1.29-12　微波模块

3. 控制采集模块

控制采集模块分为脉冲控制和信号采集处理两部分。脉冲控制部分产生 TTL 信号，输送给激光脉冲发生器、微波模块和信号采集处理部分。一方面，用于调制激光脉冲，控制激光脉冲发生器的输出，以及触发微波开关，调制微波脉冲。另一方面，用于同步各个器件之间的时序。光电探测器将收集到的红色荧光信号转化成电信号，信号采集处理部分负责将采集到的这部分电信号转换为数字信息，经过数据处理后展示出来。

4. 电源模块

电源模块为实验装置所有部件提供所需要的电能，其工作电压为 220V，50Hz 交流电，待机电流约为 0.6A，工作电流不大于 0.95A，最大功率约 200W。可提供四路直流电：28V、6A 直流电，+12V、3A 直流电，±12V、3A 直流电和+5V、1A 直流电。

[实验内容与测量]

1. 实验内容

实验内容包含仪器调节实验，连续波实验，拉比振荡实验，回波实验，T2 实验，动力学去耦实验和 D-J 算法实验，它们均通过控制软件主界面完成，如图 1.29-13 所示。仪器调节实验的目的是，通过搭建和调节仪器，熟悉光探测磁共振原理、NV 色心能级结构和仪器结构。连续波实验测量的是 NV 色心的光探测磁共振谱，用于确定共振频率，理解量子比特概念。拉比振荡实验测量的是 NV 色心在微波驱动下的拉比振荡，用来确定量子逻辑门对应的微波脉冲长度。回波实验测量的是回波信号,用来确定回波探测的时间。T2 实验展示量子叠加态的演化,测量 NV 色心的退相干时间。动力学去耦实验通过设计脉冲序列在时间 t 内平均掉量子比特与环境中的耦合,延长退相干时间。D-J 算法实验,则是利用金刚石 NV 色心体系,实现前面描述的 Deutsch 算法。

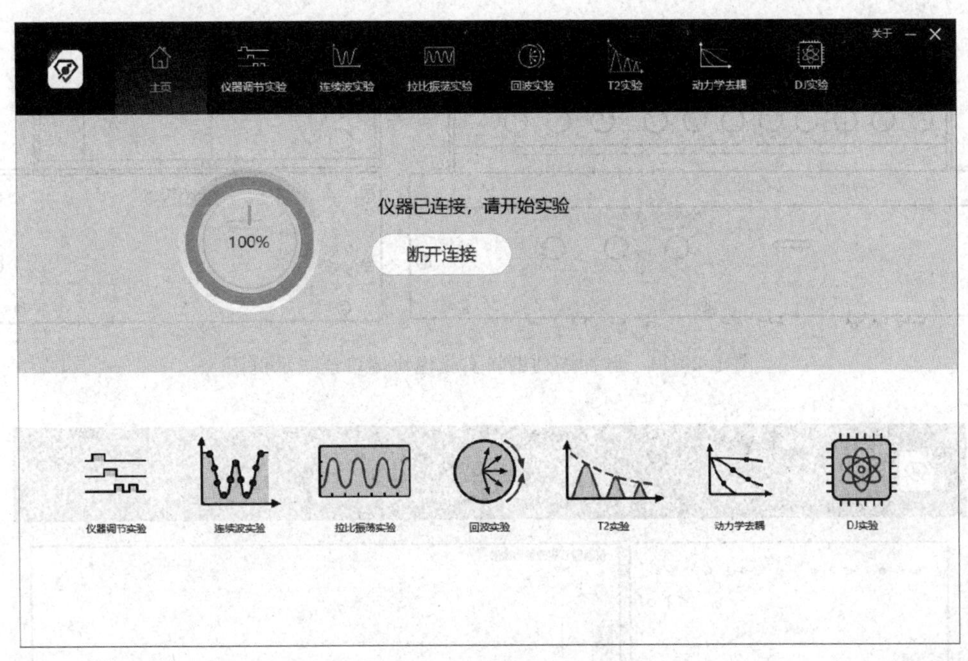

图 1.29-13　控制软件主界面

2. 实验步骤

1) 仪器启动

(1) 打开“金刚石量子计算教学机”背部的电源总开关,各模块指示灯亮起,表示仪器正常上电。

(2) 打开计算机上控制软件 Diamond Ⅰ Studio,进入控制软件主界面,如图 1.29-13 所示。

(3) 单击“连接设备”按钮后,若显示“仪器已连接,请开始实验”,表示仪器已经可以进行实验。如果显示“仪器连接失败,请重新连接”,请再次单击“连接设备” 按钮,直至仪器连接成功。

(4) 控制软件主界面列出了实验装置可以开展的七个实验,单击相应图标或顶部标签,进入相应实验的界面。

(5) 实验界面左侧显示实验原理示意图或脉冲序列图,右侧显示实验结果,下方为实验参数配置区域。单击实验原理图右上角的问号,可以查看相应的实验操作文档。

2) 仪器调节实验

仪器调节实验分为仪器模块连接、脉冲序列编辑和光路调节三部分。

(1) 仪器模块连接。

仪器装置有光路模块、微波模块、控制采集模块及电源模块四个模块。控制采集模块、微波模块、光路模块之间采用同轴线连接，接口为 BNC 接头对接形式。

(2) 脉冲序列编辑。

按图 1.29-14 连线连接仪器，单击控制软件主界面仪器调节实验图标，打开仪器调节实验界面，如图 1.29-15 所示。

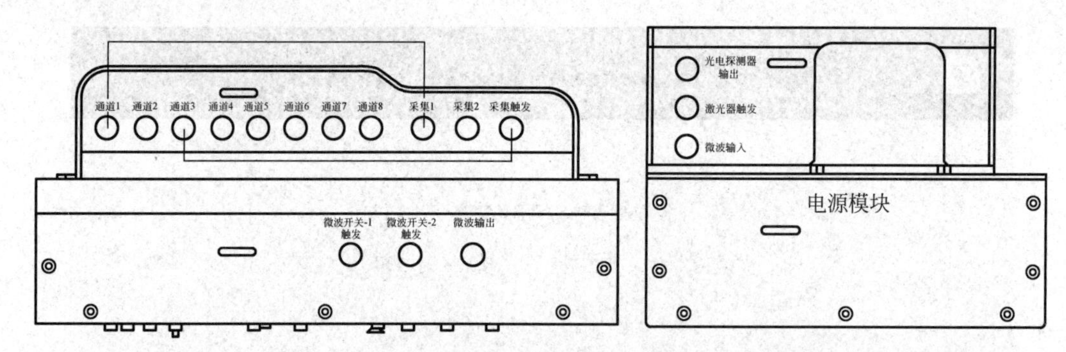

图 1.29-14 脉冲序列编辑实验模块端口连线示例图

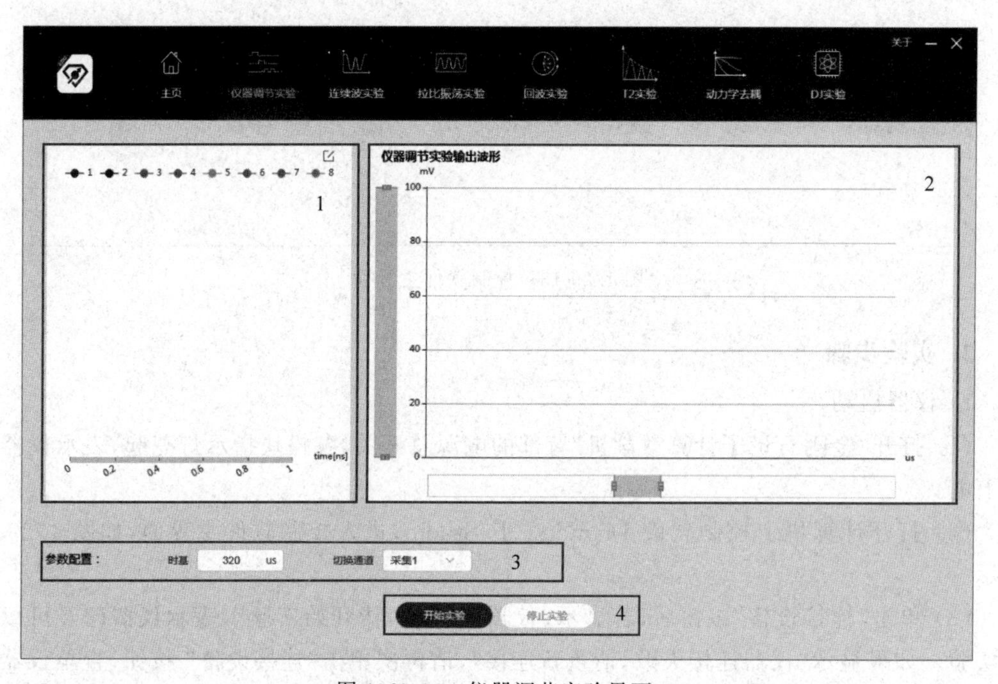

图 1.29-15 仪器调节实验界面

在图 1.29-15 中，区域 1 为脉冲序列预览区域，单击右上角编写按钮，可进行脉冲序列编辑，如图 1.29-16 所示。区域 2 为仪器调节实验输出波形区域。区域 3 为实验的参数配置区域，在此区域中可以设置时基，用来规定输出波形横坐标；设置采集通道，脉冲序列编辑实验选择采集 1，纵坐标范围对应 0～3.3V，光路调节实验选择采集 2，对应纵坐标范围 0～100mV。区域 4 为实验控制区域，单击“开始实验”按钮开始实验，单击“停止实验”按钮停止实验。

单击编写按钮，进入脉冲序列编辑界面，如图 1.29-16 所示。区域 1 为脉冲序列预览区，8 条不同颜色的线分别代表 8 个通道的脉冲序列。单击右上角缩放按钮，可进行界面的

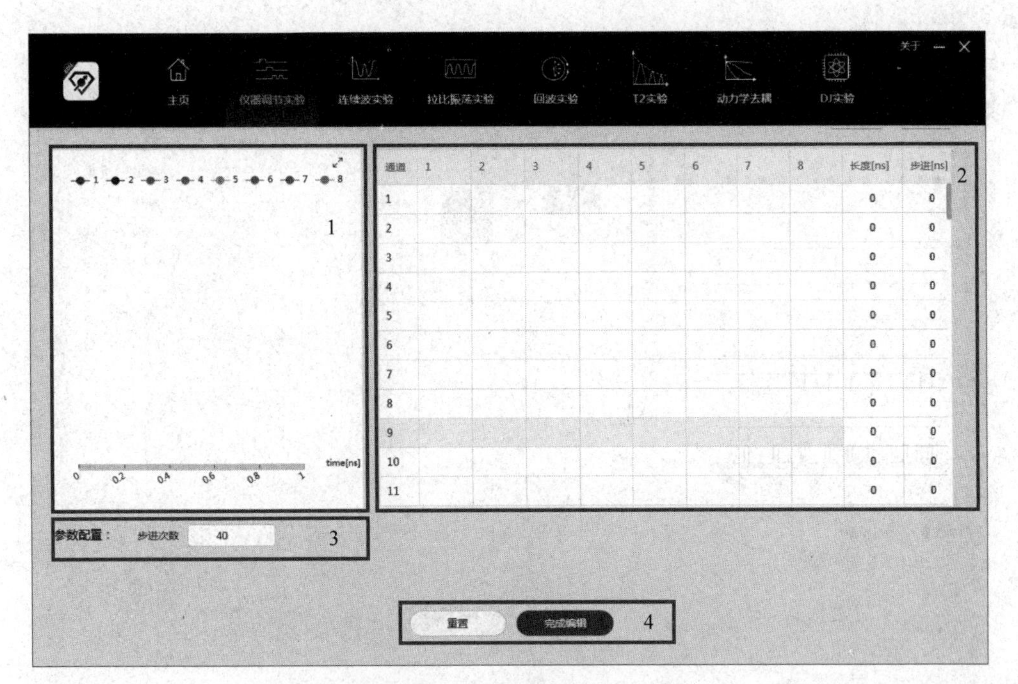

图 1.29-16　脉冲序列编辑界面

放大缩小，可以观察到范围更宽的脉冲序列。区域 2 为脉冲序列编辑区，这是一张表格，共有 10 列 100 行，最后两列为长度和步进数字输入框。1～8 列分别对应控制采集模块中的通道 1 至通道 8，每一个方框表示了当前状态，如果方框颜色为绿色，则表示该通道在定义的长度和步进时间内输出的是高电平，否则为低电平。注意：每个通道的脉冲序列中单个方波脉冲的电平时间必须在 10ns～2.5s。区域 3 为实验参数配置区，在此区可进行步进次数的设置。区域 4 为实验控制区，单击“保存”按钮保存当前脉冲序列，单击“重置”按钮重置脉冲序列，单击“完成编辑”按钮进入到实验参数配置界面。

① 编写脉冲序列。

在了解了上述脉冲序列编辑操作说明后，编写一个脉冲序列，观察实际输出波形，判断脉冲序列编写是否正确，以学习脉冲序列的基本编辑操作。我们可根据脉冲序列编辑区域中每行绿色方框的不同状态及输入时间长度和步进来定义任意的脉冲序列。打开脉冲序列编辑界面，如图 1.29-17 所示，在软件中编写脉冲序列。可从 1～8 通道中任意选择两个通道分别连接采集 1 和触发采集端口。在连线示例图 1.29-14 中，使用第 1 列通道 1 编辑序列波形，第 3 列通道 3 连接采集卡，触发信号采集，因此处于全部点亮状态。设置步进次数，单击“完成编辑”按钮，将已编辑的脉冲序列下载到硬件中。在脉冲序列预览区域可以看到已编辑的序列，单击“开始实验”按钮，开始播放序列，观察输出波形与编辑序列特征是否一致。

② 根据已知波形结果，编辑出对应的脉冲序列。

某已知波形如图 1.29-18，参考图 1.29-19，在脉冲序列编辑界面中编写该脉冲序列，并观察实际输出波形与图 1.29-19 输出波形是否一致，验证脉冲序列编写是否正确。

(3) 光路调节。

按图 1.29-20 模块连线连接仪器，进入仪器调节实验。光路调节需要设置激光脉冲序

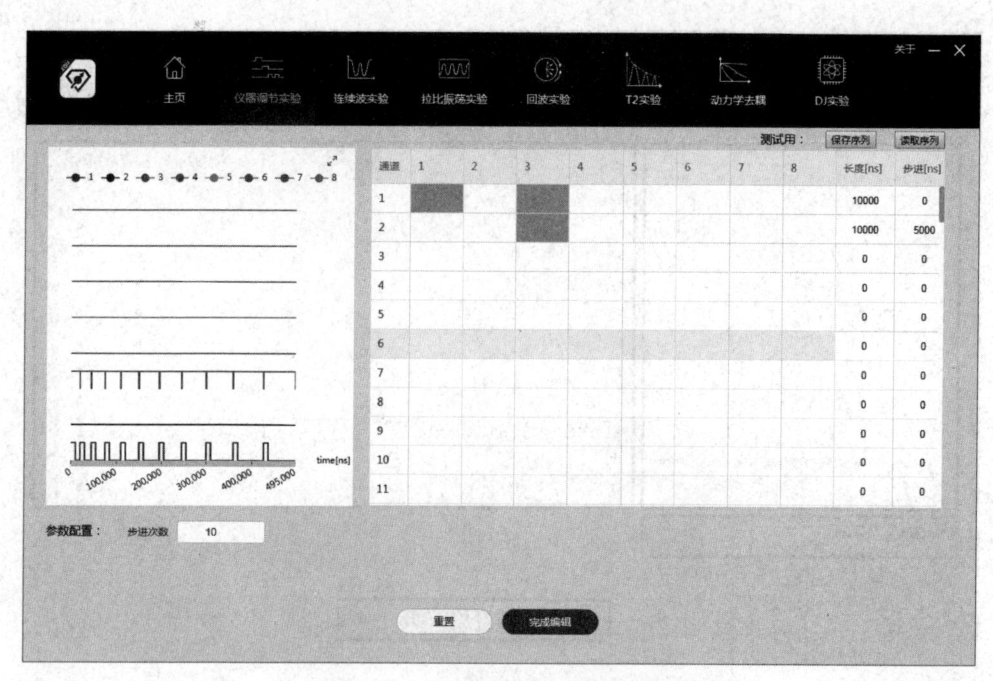

图 1.29-17　使用软件定义脉冲序列

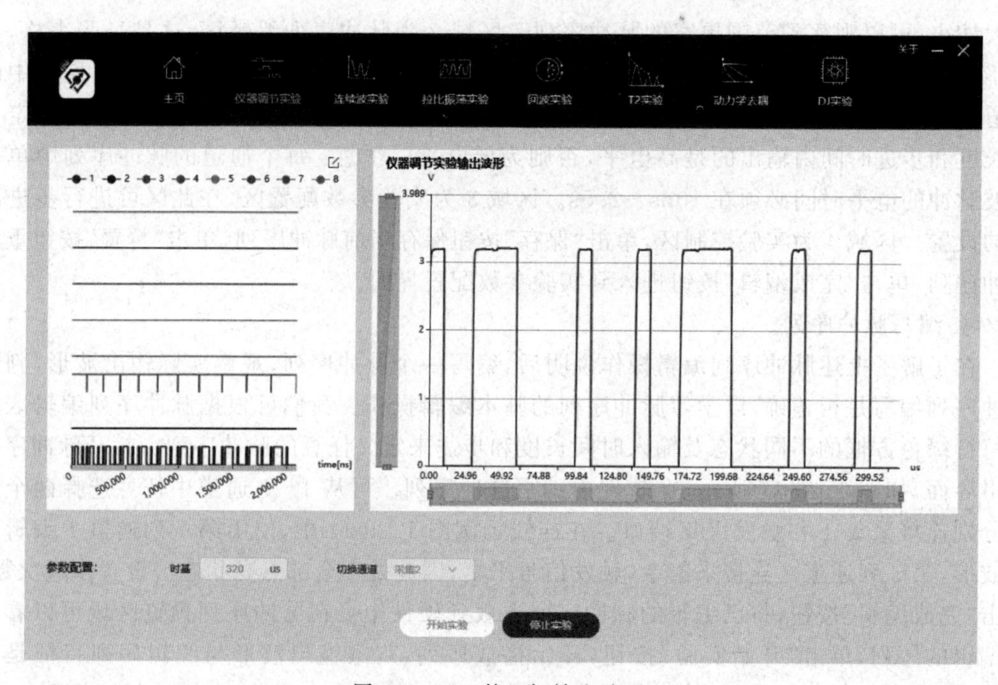

图 1.29-18　某已知输出波形

列，然后分别调节三个光路模块调节螺钉，调整光路聚焦，光斑形状，通过示波器检测的输出结果，判断光路调节的好坏。光路模块示意图如图 1.29-21 所示。

具体调节步骤如下：①按图 1.29-22 所示编辑激光脉冲序列。②顺时针或逆时针旋转螺钉 A(图 1.29-21)，调节光路准直性，使激光聚焦于金刚石上，边调节螺钉 A 边观察示波

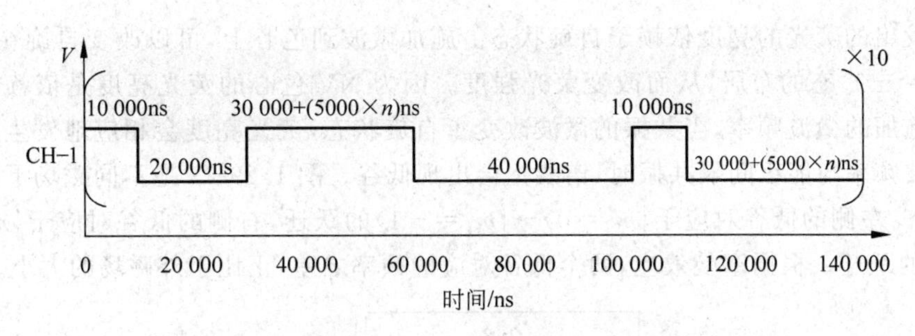

图 1.29-19　图 1.29-18 输出波形对应的序列图

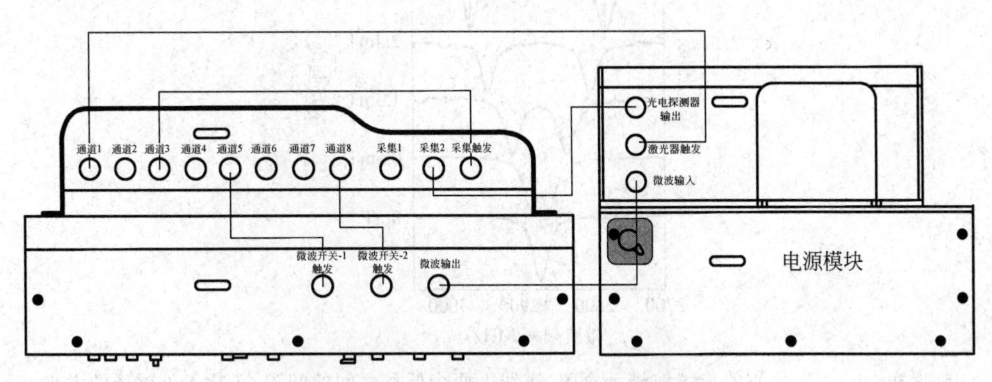

图 1.29-20　光路调节和后续实验接线图

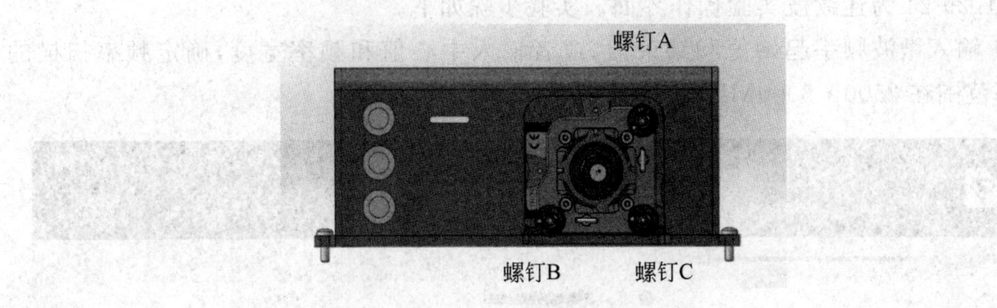

图 1.29-21　光路模块示意图

器信号强度变化。当信号强度位于最大值时，说明激光光路位于金刚石中心位置。用同样方法调节螺钉 B、C。

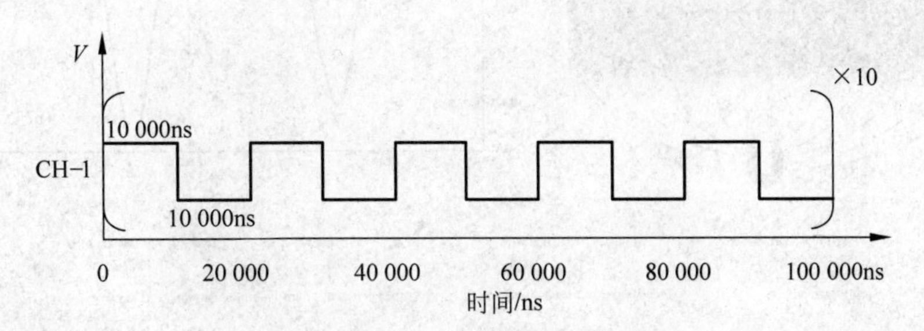

图 1.29-22　光路调节脉冲序列

3）连续波实验

测量 NV 色心连续波谱时，收集的是其发出的荧光信号。NV 色心的自旋态能被激光

初始化，发出的荧光的亮度依赖于自旋状态。施加微波到色心上，可以改变自旋在$|m_s=0\rangle$态和$|m_s=\pm1\rangle$态的布居，从而改变荧光强度。因为 NV 色心的荧光亮度是依赖于自旋态的，改变施加的微波频率，当共振的微波改变了自旋状态，荧光亮度会相应地发生改变。因此，当微波频率与能级间隔共振时，谱线上会出现低谷。图 1.29-23 是不同磁场下的连续波谱示意图。左侧的低谷对应于$|m_s=0\rangle\rightarrow|m_s=-1\rangle$的跃迁，右侧的低谷对应于$|m_s=0\rangle\rightarrow|m_s=1\rangle$的跃迁。根据塞曼效应，两个低谷对应的频率之差，正比于外磁场的大小。

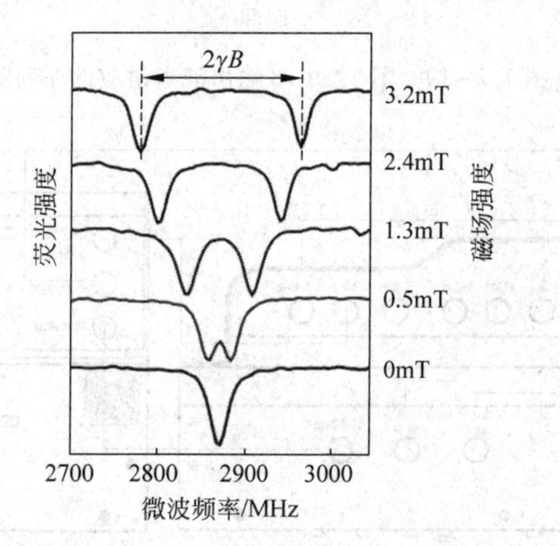

图 1.29-23　NV 色心的连续波谱示意图，谱线上两个低谷之间的间隔，正比于外磁场的大小

图 1.29-24 为连续波实验操作界面。实验步骤如下。

(1) 输入微波频率起始值和结束值，或者输入中心值和频率宽度，确定频率扫描的范围，频率范围在 2500～3000MHz。

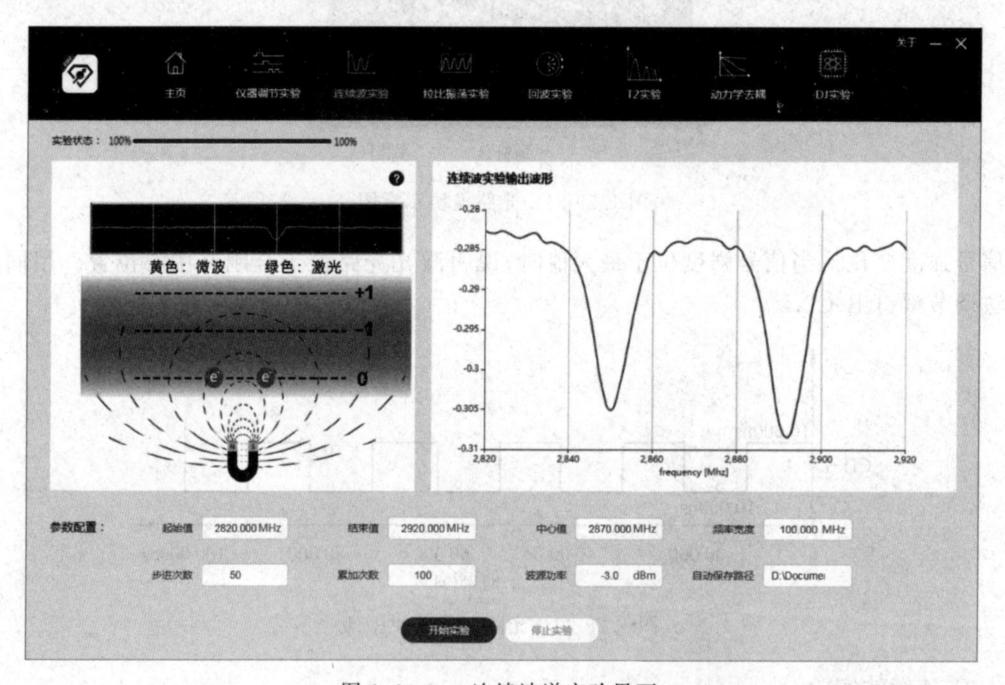

图 1.29-24　连续波谱实验界面

(2) 输入步进次数,作为实验曲线的点数。实验点数越多,意味着相邻点之间的频率差越小。

(3) 输入累加次数,作为实验平均的次数,一般取值100～300次。

(4) 输入微波功率,功率范围在－30～－1dBm,一般取－6dBm。

(5) 选择自动保存路径,作为实验数据保存路径。

(6) 单击开始实验按钮,实验开始执行。

(7) 单击停止实验按钮,或等待执行完所设定循环次数,则实验终止。

(8) 在自动保存路径中找到实验数据文件,一个典型的连续波实验数据文件名是"CW 2019-03-01-11-01-34",其中CW表示连续波实验,后面的数字表示文件保存的时间。

(9) 数据第1列是频率,第2列是信号强度。读出两个低谷对应的共振频率(关于2870MHz对称)。

记录磁铁初始位置后,改变磁铁位置,当磁铁分别位于－5cm,－2.5cm,0cm,2.5cm,5cm处时,记录连续波实验结果,观察磁铁位置对连续波实验结果的影响。实验结束时,将磁铁移至初始位置。

4) 拉比振荡实验

对于NV色心,实现拉比振荡的脉冲序列如图1.29-25所示。其中,t为微波脉冲宽度,$t=t_0+(N-1)\Delta t$,N为实验点数,t_0为第一个实验点的脉冲宽度,Δt为脉冲宽度步长。

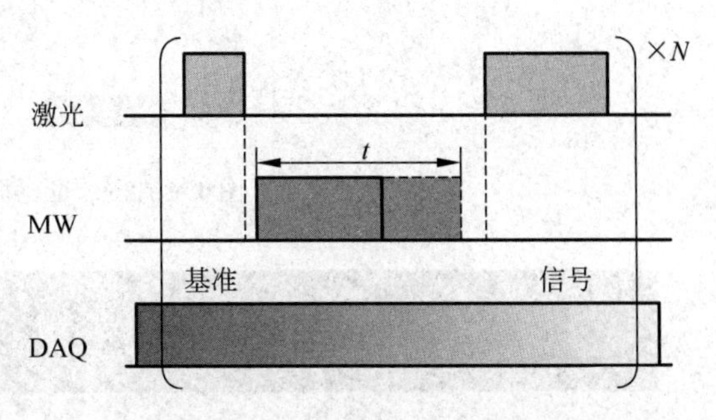

图1.29-25 拉比振荡实验脉冲序列

首先打开激光,将NV色心自旋态初始化到$|m_s=0\rangle$,然后关闭激光,打开微波。微波脉冲的频率等于共振频率,再施加激光,将NV色心自旋态读出。施加的微波脉冲宽度不同,自旋演化的状态就不同。将微波脉冲宽度与荧光计数对应起来,就可以得到拉比振荡曲线。

本实验中需要用到$|m_s=0\rangle\rightarrow|m_s=1\rangle$和$|m_s=0\rangle\rightarrow|m_s=-1\rangle$两个跃迁频率,所以微波模块中有两个微波源,进行拉比振荡实验时,用两个波源(记为"MW1"和"MW2")分别测定两个频率的拉比振荡。

图1.29-26为拉比振荡实验操作界面。实验步骤如下。

(1) 单击编辑脉冲,进入编辑脉冲页面。第1列通道对应激光,第3列通道对应采集,第5列通道和第8列通道对应微波波源MW1和MW2。

(2) 拉比振荡实验示例脉冲序列如图1.29-27所示,实验者可进行自定义。

(3) 单击完成序列将验证序列编写是否符合规则,并自动跳转至实验主页。

(4) 输入开始时间,作为微波脉冲宽度的起始值;输入步进长度,用于规定微波脉冲宽度步进;输入步进次数,一般取50次,作为实验曲线的点数。实验点数越多,意味着相邻点之间的脉冲宽度之差越小;输入微波频率,即通过连续波实验得到的共振频率;输入微波功率,范围－30～－1dBm;输入循环次数,作为实验平均的次数,一般取值100～300次;选择自动保存路径,作为实验数据保存路径。

(5) 单击开始实验按钮,实验开始执行;单击停止实验按钮,或等待执行完所设定循环次数,则实验终止。

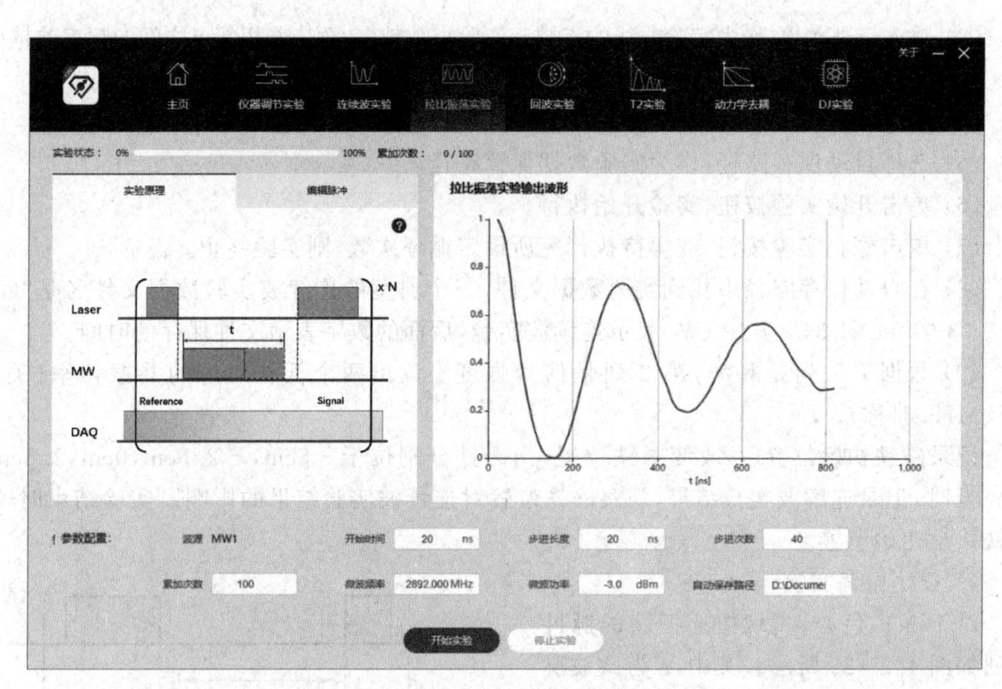

图 1.29-26　拉比振荡实验界面

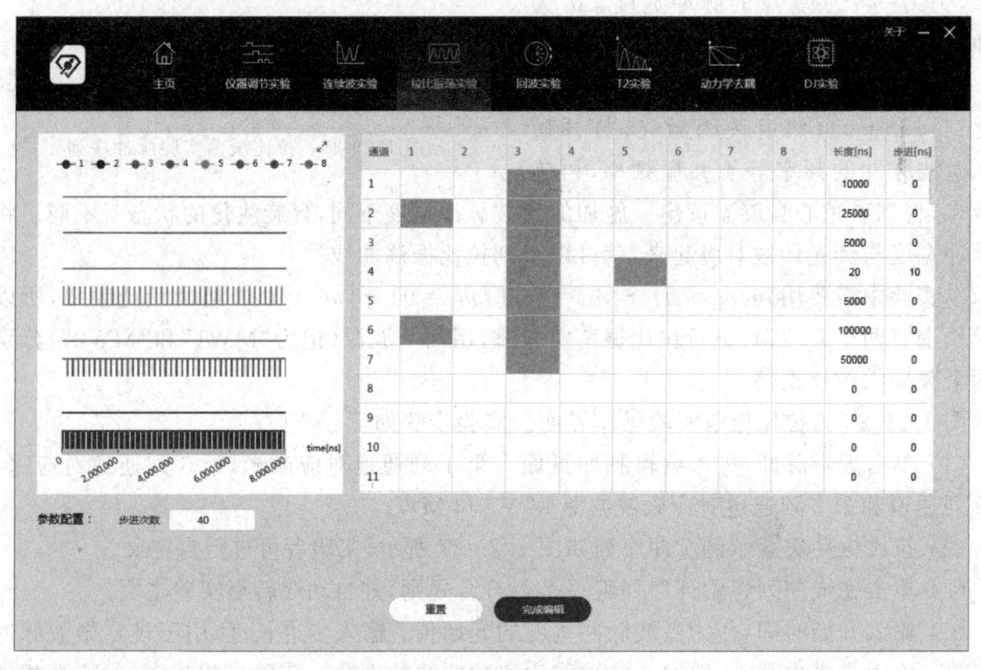

图 1.29-27　拉比振荡示例脉冲序列

(6) 在自动保存路径中找到实验数据文件，一个典型的拉比振荡实验数据文件名是“Rabi 2019-03-01-11-15-21”，其中 Rabi 表示拉比振荡实验，后面的数字表示文件保存的时间；数据第 1 列是脉冲宽度时间，第 2 列是信号强度。通过拟合得到 $\pi/2$ 脉冲、π 脉冲和 2π 脉冲的宽度。

(7) 选择第1,3,5通道和$|m_s=0\rangle \to |m_s=1\rangle$共振频率，以MW1完成拉比振荡实验，选择第1,3,8通道和$|m_s=0\rangle \to |m_s=-1\rangle$共振频率，以MW2完成另一组拉比振荡实验，分别记录两个频率对应的$\pi/2$脉冲、π脉冲和2π脉冲的宽度。

5) 回波实验

在磁共振实验中，回波实验是指通过施加去耦脉冲的方式，让自旋相干信号重聚的过程。图1.29-28是回波实验的脉冲序列。其中t_1是第一个$\pi/2$脉冲与π脉冲之间的时间间隔。$t=t_0+(N-1)\Delta t$，N是步进次数，t_0是第一个实验点的自由演化时间长度，Δt是时间步长。首先用激光将NV色心自旋态初始化到$|m_s=0\rangle$态，然后施加$\pi/2$脉冲，将自旋制备到$|0\rangle$态和$|1\rangle$态的叠加态，自由演化时间$\tau=t_1$后，施加π脉冲，然后等待自由演化时间$\tau=t$后，施加第2个$\pi/2$脉冲，将相干信息转化成布居度读出。

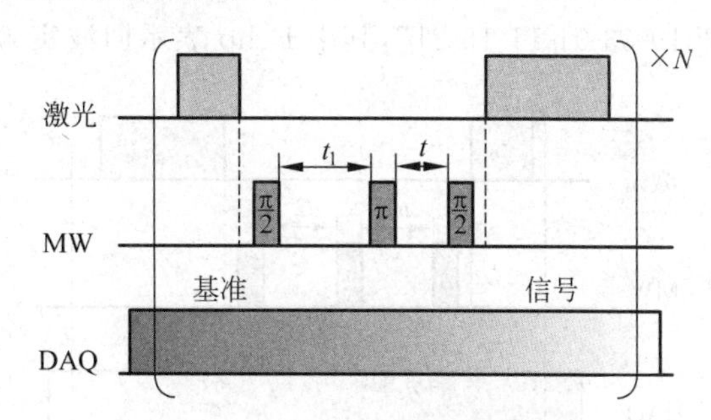

图1.29-28 回波实验的脉冲序列

图1.29-29是回波实验的操作界面，其实验步骤如下。

(1) 输入t起始时间和t结束时间，作为自由演化时间的起始值和终止值。

(2) 输入步进次数，一般取50次，作为实验曲线的点数。实验点数越多，意味着相邻点之间的自由演化时间差别越小。

(3) 该实验所需微波频率和功率，与使用“MW1”时拉比振荡实验保持一致。

(4) 根据拉比振荡实验的结果，输入π脉冲和$\pi/2$脉冲的宽度。

(5) 输入循环次数，作为实验平均的次数，一般取值300～500次。

(6) 选择自动保存路径，作为实验数据保存路径。

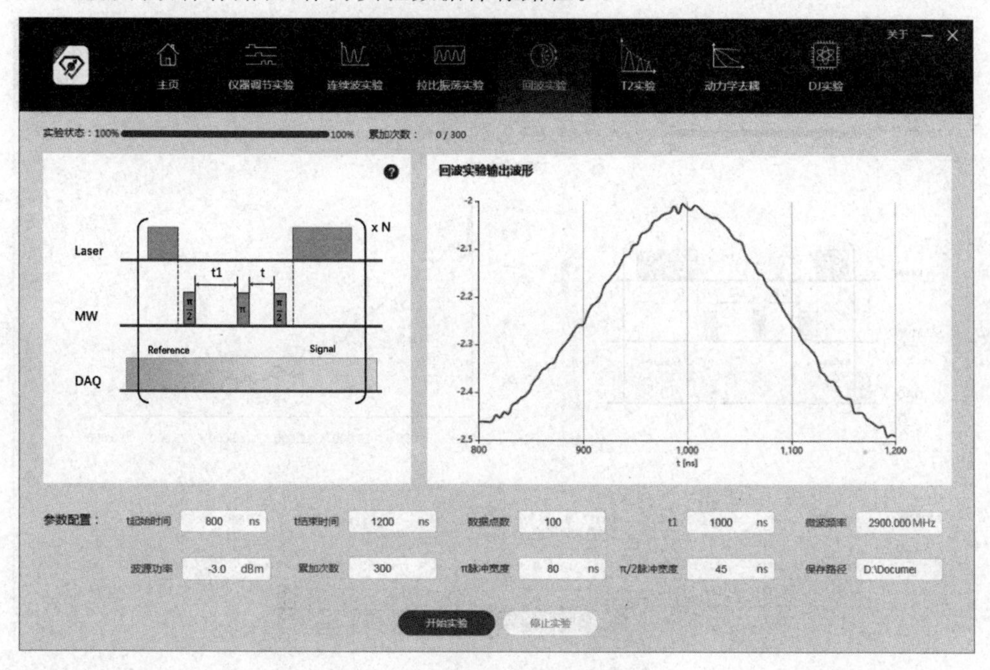

图1.29-29 回波实验的操作界面

(7) 单击开始实验按钮，实验开始执行。

(8) 单击停止实验按钮，或等待执行完所设定循环次数，则实验终止。

(9) 在自动保存路径中找到实验数据文件，一个典型的回波实验数据文件名是“Echo 2019-03-01-11-15-21”，其中 Echo 表示回波实验，后面的数字表示文件保存的时间。

6) T_2 实验

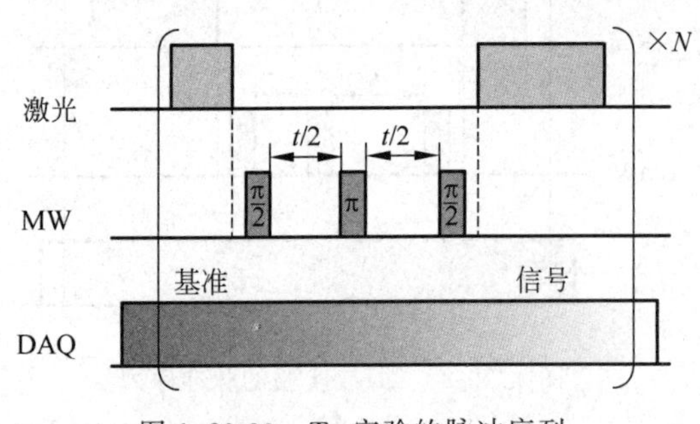

图 1.29-30　T_2 实验的脉冲序列

T_2 实验也叫作自旋回波实验，其目的是测量 NV 色心自旋的退相干时间。量子系统不是一个孤立系统，其与环境的相互作用，会引起退相干效应。图 1.29-30 所示是 T_2 实验的脉冲序列。其中 t 是两个 $\pi/2$ 脉冲之间自由演化的时间间隔。$t=t_0+(N-1)\Delta t$，N 是实验的点数，t_0 是第一个实验点的自由演化时间长度，Δt 是时间间隔步长。首先用激光将 NV 色心自旋态初始化到 $|m_s=0\rangle$ 态，然后施加 $\pi/2$ 脉冲，将自旋制备到 $|0\rangle$ 态和 $|1\rangle$ 态的叠加态，自由演化时间 $\tau=t/2$ 后，施加 π 脉冲，然后等待自由演化时间 $\tau=t/2$ 后，施加第 2 个 $\pi/2$ 脉冲，将相干信息转化成布居度读出。

图 1.29-31 是 T_2 实验的操作界面，其实验步骤如下。

(1) 输入开始时间和结束时间，作为自由演化时间的起始值和终止值。

(2) 输入步进次数，一般取 50 次，作为实验曲线的点数。实验点数越多，意味着相邻点之间的自由演化时间差别越小。

(3) 该实验所需微波频率和功率，与使用“MW1”时拉比振荡实验保持一致。

(4) 根据拉比振荡实验的结果，输入 π 脉冲和 π/2 脉冲的宽度。

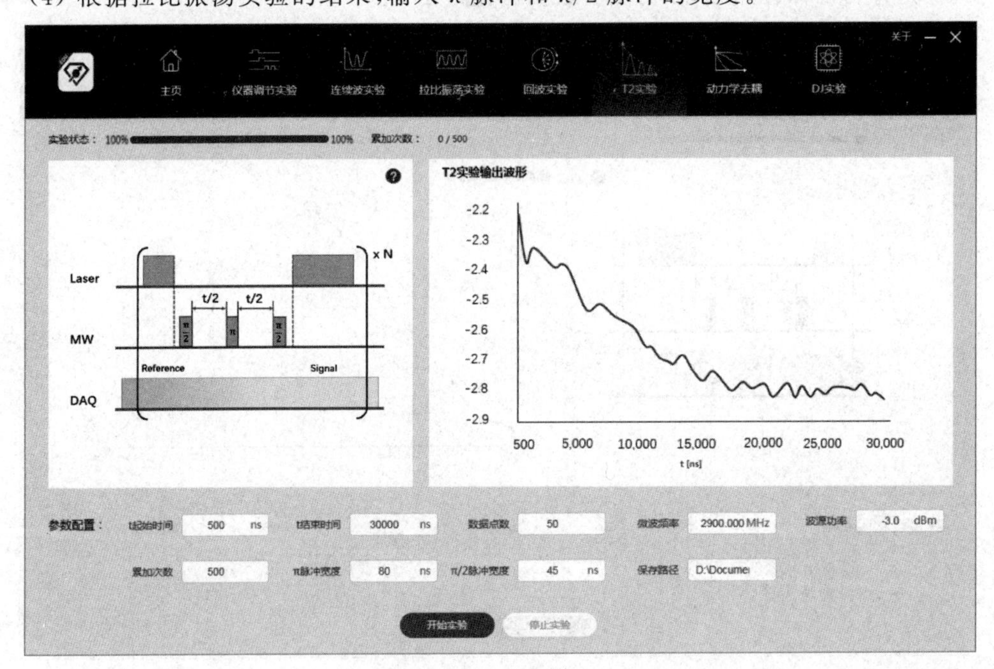

图 1.29-31　T_2 实验界面

(5) 输入循环次数,作为实验平均的次数,一般取值 100～300 次。

(6) 选择自动保存路径,作为实验数据保存路径。

(7) 单击开始实验按钮,实验开始执行。

(8) 单击停止实验按钮,或等待执行完所设定循环次数,则实验终止。

(9) 在自动保存路径中找到实验数据文件,一个典型的 T_2 实验数据文件名是“T2 2019-03-01-11-15-21”,其中 T2 表示 T_2 实验,后面的数字表示文件保存的时间。

(10) 数据第 1 列是自由演化时间,第 2 列是信号强度。

7) 动力学去耦实验

量子系统不是一个孤立的系统,其与环境的相互作用,会引起退相干效应。动力学去耦是能削弱或者完全去除这种耦合达到抑制退相干目的的最直观方法之一。动力学去耦是磁共振波谱学中平均哈密顿量方法的推广,即通过精心设计脉冲操作序列的方法,在特定的时间内平均掉量子比特与环境中的耦合。图 1.29-32 为动力学去耦实验脉冲序列。其中 t 为两个 $\pi/2$ 脉冲之间的自由演化时间间隔,整个脉冲序列中含有 M 个 π 脉冲,$\pi/2$ 脉冲与 π 脉冲之间有 $90°$ 的相位差,每个 π 脉冲前后各有 $\tau=t/2$ 的自由演化时间; N 为实验点数; t 为时间间隔的增量。

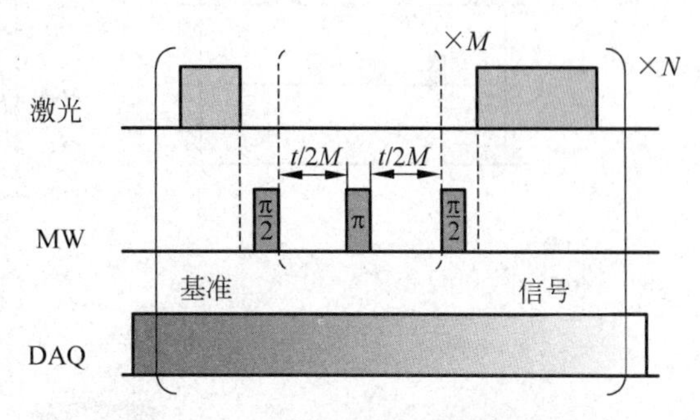

图 1.29-32　动力学去耦实验脉冲序列

零阶动力学去耦,也称为自由感应衰减实验或 T_2^* 实验,相干时间短,衰减速度快。图 1.29-33 所示是零阶动力学去耦实验的脉冲序列。首先用激光将 NV 色心自旋态初始化到 $|0\rangle$ 态,然后施加 $\pi/2$ 脉冲,等待自由演化时间 $\tau=t$ 后,施加第二个 $\pi/2$ 脉冲。最后将相干信息转化成布居度读出。一阶动力学去耦($M=1$),等效于 T_2 实验,即用回波的方法进行动力学去耦,在 T_2^* 实验中加入一个 π 脉冲,延长了相干时间,衰减速度变慢。图 1.29-34 所示是一阶动力学去耦实验的脉冲序列。首先用激光将 NV 色心自旋态初始化到 $|0\rangle$ 态,然后施加 $\pi/2$ 脉冲,等待自由演化时间 $\tau=t/2$ 后,施加 1 个 π 脉冲,然后等待自由演化时间 $\tau=t/2$ 后,施加第二个 $\pi/2$ 脉冲。最后将相干信息转化成布居度读出。

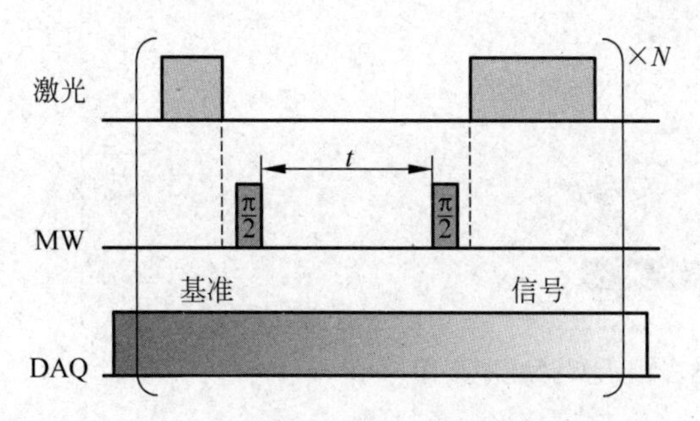

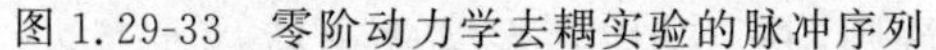

图 1.29-33　零阶动力学去耦实验的脉冲序列

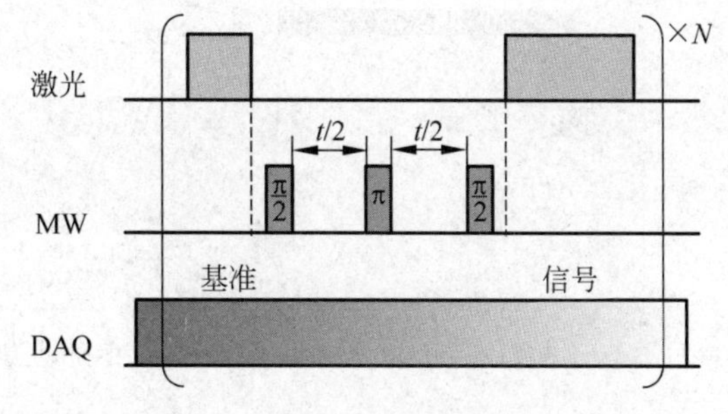

图 1.29-34　一阶动力学去耦实验的脉冲序列

图 1.29-35 是动力学去耦实验的操作界面,其实验步骤如下。

(1) 打开脉冲编辑页面,选择对应的 1,3,5 通道,根据如图 1.29-36 和图 1.29-37 所示的示例脉冲序列,设置脉冲长度,步进长度,单击保存,保存零阶或一阶动力学去耦实验编辑序列。

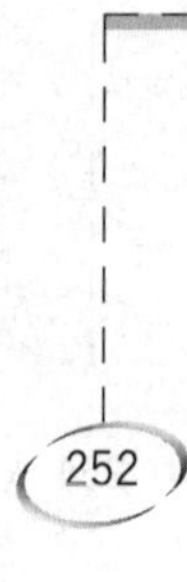

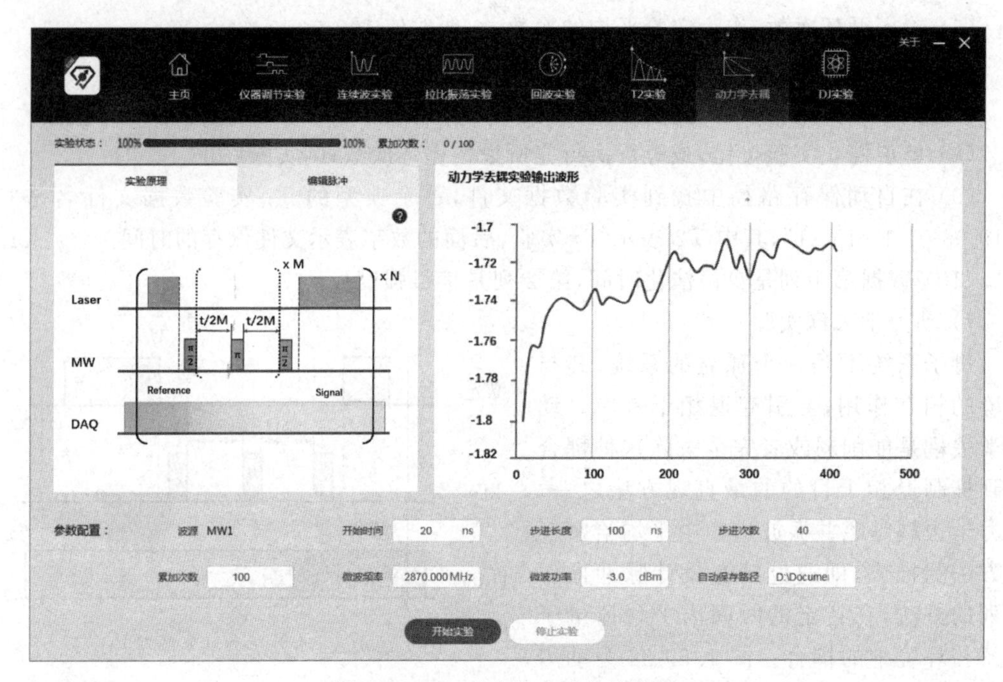

图 1.29-35　动力学去耦实验界面

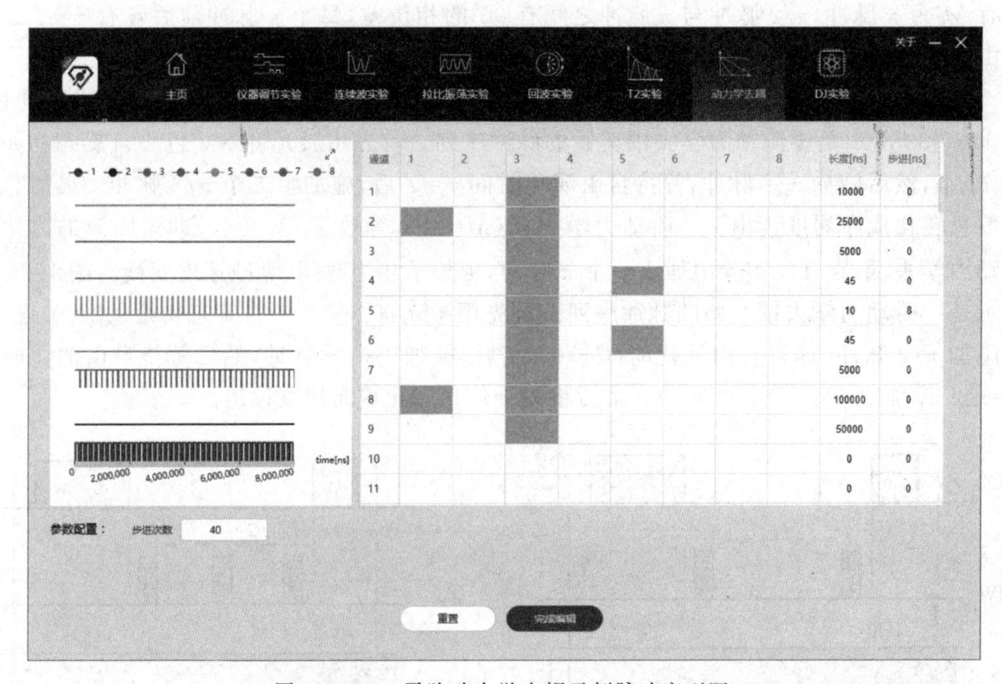

图 1.29-36　零阶动力学去耦示例脉冲序列图

(2) 单击完成编辑将验证序列编写是否符合规则，并自动跳转至实验主页。

(3) 仪器调节主界面脉冲序列预览区显示已编辑的脉冲序列，设置开始时间，步进长度，步进次数，累加次数，微波频率，微波功率。

(4) 单击开始实验按钮，实验开始执行；单击停止实验按钮，或等待执行完所设定循环

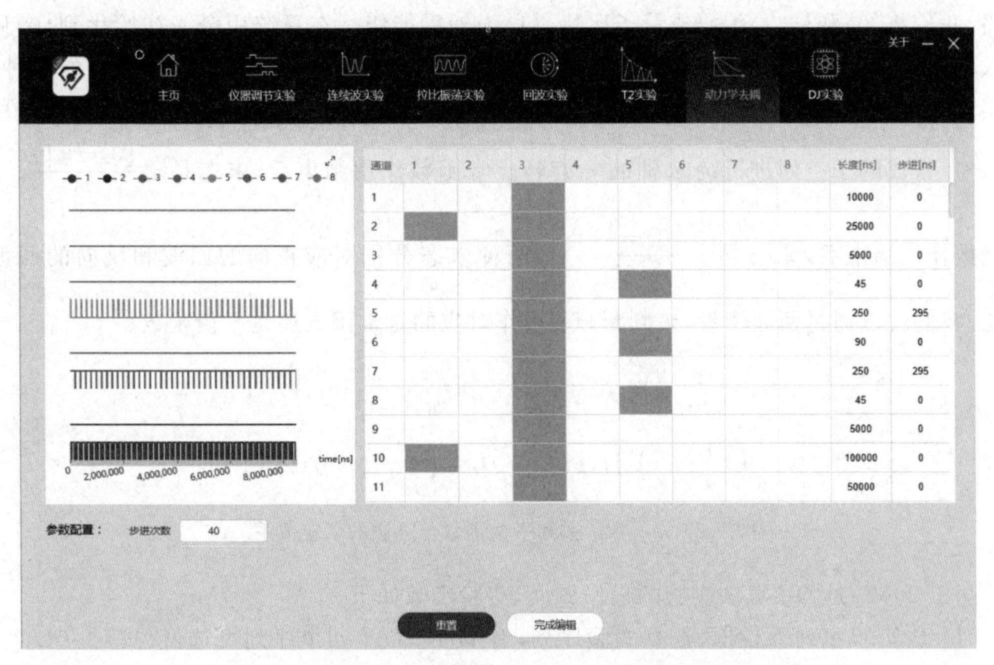

图 1.29-37　一阶动力学去耦实验示例脉冲序列图

次数，则实验终止。

(5) 在自动保存路径中找到实验数据文件，一个典型的动力学去耦实验数据文件名是“Dynamic 2019-03-01-11-15-21”，其中 Dynamic 表示动力学去耦实验，后面的数字表示文件保存的时间。

8) D-J 算法实验

D-J 算法的实验序列如图 1.29-38 所示。我们将量子比特和辅助比特均编码到 $S=1$ 的电子自旋上。$U_{f(x)}$ 的定义与式(1.29-6)一致，即 $U_{f(x)}=(-1)^{f(x)}|x\rangle$，其中 $f(x)$ 表示四个不同的函数，$f_1(x)=0$ 和 $f_2(x)=1$ 是常函数，$f_3(x)=f_4(x)=1-x$ 是平衡函数，其输入输出情况如表 1.29-2 所示。对于两能级体系，U_{fi} 的矩阵表示见图 1.29-39。实现量子算

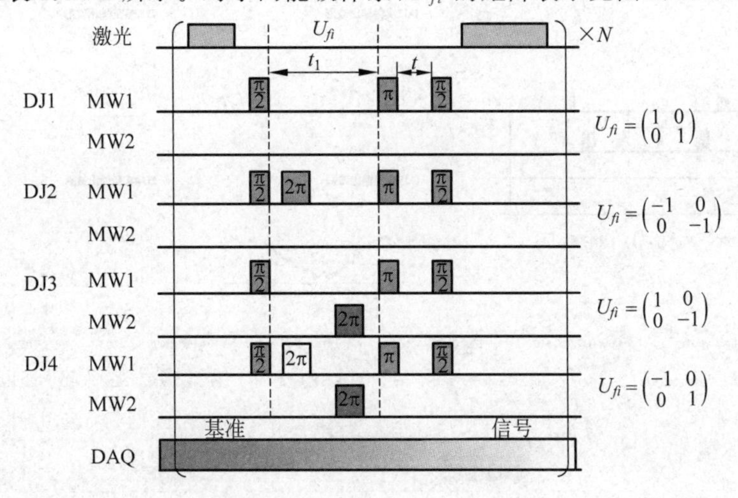

图 1.29-38　实现 D-J 算法的脉冲序列，从上到下依次命名为 DJ1 到 DJ4

法时，我们将$|0\rangle$和$|-1\rangle$编码成量子比特，$|1\rangle$为辅助能级。在系统用激光初始化到$|0\rangle$后，输入态用MW1的$\pi/2$脉冲作用在$|0\rangle$上而制备得到。控制门(U_{fi})通过2π脉冲的四种组合实现。当MW2的2π微波脉冲作用在辅助态$|1\rangle$上时，会在$|0\rangle$上产生π相位，等效于$|0\rangle$和$|-1\rangle$张成的子空间进行绕z轴的π旋转。常函数作用结束后，末态是$\pm\frac{|0\rangle+|1\rangle}{\sqrt{2}}$。平衡函数作用结束后，末态是$\pm\frac{|0\rangle-|1\rangle}{\sqrt{2}}\rangle$。两种末态分别对应正向的回波和反向的回波。因此，我们就以通过回波测量，来判断U_{fi}操作对应的是常函数还是平衡函数。

$$U_{f1}=\begin{pmatrix}1&0\\0&1\end{pmatrix}\Leftrightarrow f(x)=0,\quad U_{f3}=\begin{pmatrix}1&0\\0&-1\end{pmatrix}\Leftrightarrow f(x)=x$$

$$U_{f2}=\begin{pmatrix}-1&0\\0&-1\end{pmatrix}\Leftrightarrow f(x)=1,\quad U_{f4}=\begin{pmatrix}-1&0\\0&1\end{pmatrix}\Leftrightarrow f(x)=1-x$$

图 1.29-39　常函数和平衡函数与算法的对应关系

图1.29-40是D-J算法实验的操作界面，实验步骤如下。

(1) 从实验序列下拉框，选择实验序列，有DJ1～DJ4四个序列可选，依次对应U_{f1}到U_{f4}的操作。

(2) 输入开始时间和结束时间，这里对应脉冲序列图中图1.29-38的t。

(3) 输入回波时间，这里对应脉冲序列图中图1.29-38的t_1。

(4) 输入步进次数，作为实验曲线的点数。实验点数越多，意味着相邻点之间的自由演化时间差别越小。

(5) 分别输入两个微波源所需的微波功率、微波频率，以及相应的π脉冲，$\pi/2$和2π脉冲的宽度。

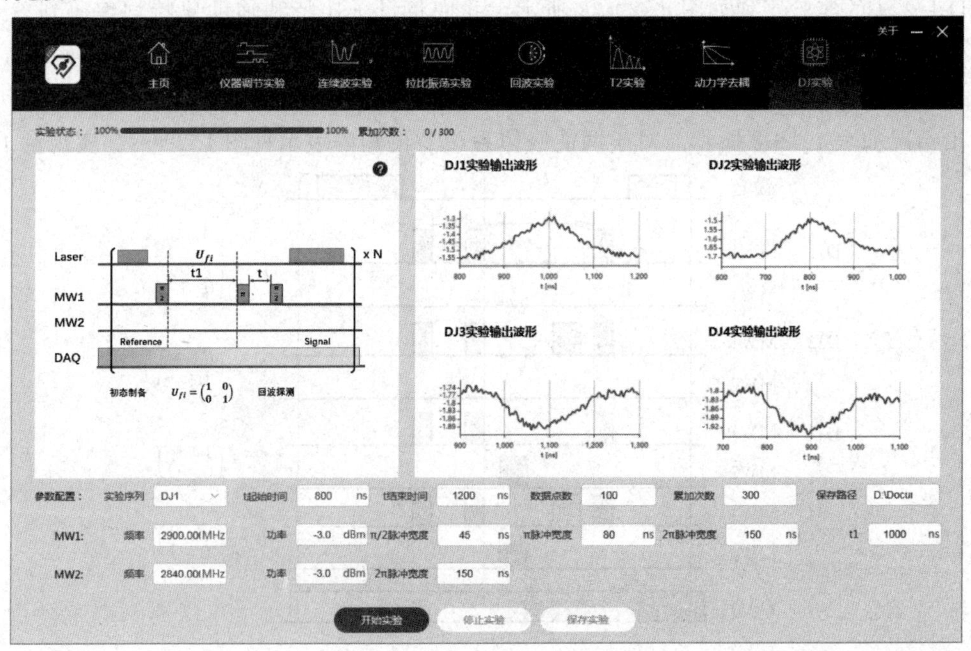

图 1.29-40　量子算法实验界面

(6) 输入循环次数,作为实验平均的次数,一般取值 100～300 次。

(7) 选择自动保存路径,作为实验数据保存路径。

(8) 单击开始实验按钮,实验开始执行。

(9) 单击停止实验按钮,或等待执行完所设定循环次数,则实验终止。

(10) 在自动保存路径中找到实验数据文件,一个典型的 DJ 算法实验数据文件名是“DJ 2019-03-01-11-15-21”,其中 DJ 表示 DJ 算法实验,后面的数字表示文件保存的时间。

(11) 通过图像上的回波方向,能够直观地判断 $f(x)$是常函数,还是平衡函数。

[数据处理与分析]

(1) 对连续波实验结果进行处理,绘出两个低谷对应的共振频率随磁铁位置的变化曲线。

(2) 对拉比振荡实验数据进行处理,得到 $\pi/2$ 脉冲、π 脉冲和 2π 脉冲的宽度。

(3) 绘制回波实验输出曲线,获得其半高宽。

(4) 对 T_2 实验数据进行拟合,拟合函数为 $f=A\cdot\exp(-(t/T_2)a)+B$,得到 T_2 时间长度。

[讨论]

查阅相关参考资料,对实验现象结果进行讨论。

[结论]

通过实验,写出你得到的主要结论。

[思考题]

(1) 用布洛赫球表示以下量子态:$|\Psi\rangle=\frac{|0\rangle+|1\rangle}{\sqrt{2}}$,$|\Psi\rangle=\frac{|0\rangle-|1\rangle}{\sqrt{2}}$,$|\Psi\rangle=\frac{|0\rangle+\mathrm{i}|1\rangle}{\sqrt{2}}$,$|\Psi\rangle=\frac{|0\rangle-\mathrm{i}|1\rangle}{\sqrt{2}}$。

(2) 如果实验中施加的微波频率 f 与共振频率 f_0 有偏差,拉比振荡的频率会如何变化?

(3) 拉比振荡频率与微波功率的关系是什么?

(4) 参照 $n=1$ 的特殊情况,即图 1.29-3 所示的量子线路图,画出一般情况的 D-J 算法量子线路图,并解释算法原理。

[参考文献]

[1] 郭光灿. 量子十问之六:量子计算,这可是一个颠覆性的新技术[J]. 物理,2019,48(3):189-192.

[2] 国仪量子(合肥)技术有限公司. 量子计算实验课(教学讲义)[Z]. 2023.

实验 1.30 量子光学实验

[引言]

量子光学是现代物理学中最重要的基础学科之一,是研究光场本身的非经典性质以及光与物质相互作用过程中量子力学现象的一门学科，包括光场的量子统计特性、光场的量子状态以及只能采用全量子理论来解释的光和物质相互作用产生的物理现象等。

量子光学作为一门现代前沿学科，已被应用于许多重要的高新技术领域。量子纠缠应用于量子隐形传态、量子密钥分发等方向，单光子源应用于量子密钥分配、量子信息编码、真随机数发生等。

非线性晶体中的自发参量下转换过程是目前最普遍的光量子纠缠态的制备方案，同时也是单光子源和量子随机数产生的最简单方案之一。本实验将采用BBO晶体参量下转换、单光子探测等技术，开展量子纠缠源制备与验证、量子随机数产生等实验。

[实验目的]

(1) 了解量子纠缠态概念。

(2) 了解光子纠缠源的性质及产生原理，了解自发参量下转换、非线性晶体性质相关知识，学习光路调节和相关光学元件的调整技术。

(3) 了解单光子计数器工作原理和单光子计数技术。

(4) 利用随机数测试工具检测随机数生成文件的随机性，加深对量子随机数的理解。

[实验仪器]

量子光学实验平台系统，包括光学面包板、激光电源与激光器、高反镜、聚焦透镜、BBO晶体、滤光片、偏振片、光纤耦合器、光阑、干板架、光档、白色卡片、单光子计数系统、时间数字转换器等。

[预习提示]

(1) 了解量子纠缠概念。

(2) 了解实验采用的量子随机数产生方案。

(3) 了解自发参量下转换制备纠缠光子对的基本原理。

(4) 了解 beamlike 匹配方案。

(5) 了解量子光学实验平台系统主要组成及功能。

(6) 了解光路搭建及调节步骤。

[实验原理]

1. 量子纠缠

若一个系统由A、B两部分组成，在原始状态下A与B之间是有相互作用的，在某种条件下，当我们将两个组分A和B分开足够远时，只要对A进行测量，就能够得到相应的B的状态信息，就称这两个系统是相互纠缠的。纠缠的定义可扩展到多体系统，即若整个系统处于纯态，且不能写成各个子系统纯态的直积形式，那么这个系统就处于纠缠态，所有子系统互相纠缠。

以A、B两个电子构成的总自旋为零的纯态为例，测量两个电子自旋态时，只存在两种情况：A电子自旋向上，B电子自旋向下，表示为$|\uparrow\downarrow\rangle$；A电子自旋向下，B电子自旋向上，表示为$|\downarrow\uparrow\rangle$。这两种情况不经测量无法区分，其波函数可以写为

$$|\varphi\rangle = 1/2(|\uparrow\rangle A\,|\downarrow\rangle B + |\downarrow\rangle A\,|\uparrow\rangle B) \tag{1.30-1}$$

当对 A 电子进行自旋测量，将以 1/2 概率得到自旋向上态$|\uparrow\rangle$，以 1/2 的概率得到自旋向下态$|\downarrow\rangle$。如果测得 A 电子自旋向上，则 B 电子必然自旋向下，态$|\varphi\rangle$坍缩为$|\uparrow\rangle A|\downarrow\rangle B$；相反地，如果测到 A 电子自旋向下，则 B 电子必然自旋向上，态$|\varphi\rangle$坍缩为$|\downarrow\rangle A|\uparrow\rangle B$。

量子纠缠态的制备是量子信息领域研究的关键问题之一。目前非线性光学系统、腔量子电动力学系统、离子阱系统等物理系统都可以实现纠缠态的制备。在两粒子系统中，最成功的方案是在非线性光学系统中利用自发参量下转换实现的双光子纠缠，本实验将采用偏硼酸钡非线性晶体(BBO)制备的量子纠缠源。

2. 单光子源

单光子是量子信息的良好载体，是量子通信、线性光学量子计算中最有前途的量子比特，是量子技术的关键要素。例如在量子密钥分发方案中，要求单光子作为信息的载体，在信道上进行传输，若在量子通信中出现多光子，信息就有可能被窃取，从而损害通信的安全性；在光量子比特中对光子的量子态(如光子的偏振)进行编码，实现光量子线性计算的前提是制备可靠的单光子源。光子还具有完全随机的特性，它可以产生真随机数，能够被应用于各种非量子领域。

单光子源的制备方法种类很多。理想的单光子源，可以在任意时刻产生一个且仅有一个单光子。单光子源大致分成按需源和概率源。目前报道的产生方法中，按需单光子源的方法有激发单分子、金刚石色心、量子点、单离子、单原子等，这类单光子源可以在一定程度上按照使用者的需求发射单光子，但有实验条件苛刻、成本昂贵和方法本身缺陷的限制。概率源是指光子的产生时间是不确定的，是完全随机的，也即概率性的，这类光源包括激光衰减法制备的准单光子源和利用非线性光学材料制备的宣布式单光子源，其中宣布式单光子源的制备主要是基于非线性晶体的自发参量下转换和光纤中四波混频原理生成纠缠光子对来实现。

验证单光子源是否完全发射单光子的最重要测量依据是光子二阶强度自相关函数，符合测量是探测二阶相关函数最有效的方法。符合技术是指利用电子学方法把不同探测器输出脉冲中有时间关联的事件选择出来，所以符合法是用来研究时间相关事件的一种方法。符合计数是指某一时刻探测器同时探测到信号时，计数器才计数。由于符合计数测量电路有最小分辨时间，若两探测器时间差在此时间内出现，会导致偶然符合计数，提高最小时间分辨率能降低偶然符合事件。

理想的单光子是不可分割的，因此它经过 50∶50 分束后，只能进入其中一个光路而被该路上的单光子探测器所探测，所以两个单光子探测器的符合计数应该为零。

3. 随机数

随机数就是取特定值的随机变量，产生随机数的方法或装置通常被称为随机数发生器，主要包括伪随机数发生器和真随机数发生器。

量子随机数发生器是利用量子事件的不确定性产生随机数序列的一种真随机数发生器。现有的量子随机数发生器大多数都是基于量子光学的原理来产生随机序列。基于单光子路径区分方案产生量子随机数是最简单的方案之一。如图 1.30-1 所示，其基本原理是单光子经过 50∶50 的分束器后，在两条不同的路径上进行单光子水平的探测，得到量子随机

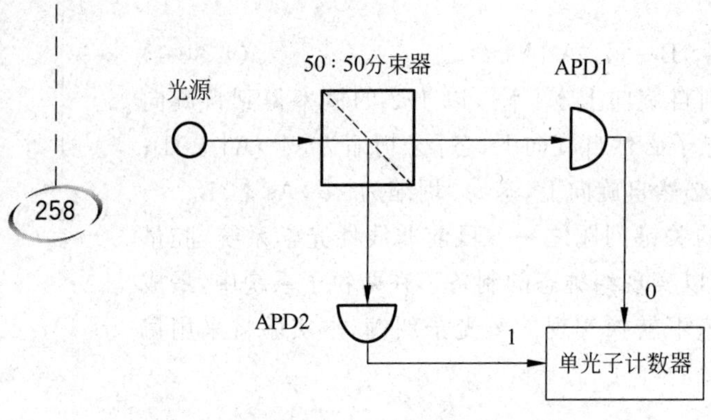

图 1.30-1　随机数实验光路图

数。本实验也是基于该方案实现量子随机数发生。

单光子由参量下转换产生的纠缠光子对的一路光子得到。这路单光子经过分束器后，通过单光子计数器调节两路光路的延时，延迟差为τ，规定脉冲电信号进入短路和长路分别对应二进制中的"0"和"1"。这样，得到的序列就反映了单光子的路径选择，这是一个真随机序列。

在这个实验中，可以采样若干个序列，生成一定长度的二进制序列，以ASCII格式存储，然后利用随机数测试工具评价其随机性，通常用的基本检验有频数检验、序列检验、自相关检验等。

4. 纠缠源制备

1) 自发参量下转换

在非线性光学中，光电场E与其在介质中引起的电极化张量P的关系为

$$P=\varepsilon_0(\chi^{(1)}E+\chi^{(2)}EE+\chi^{(3)}EEE+\cdots) \tag{1.30-2}$$

其中，$\chi^{(n)}$为n阶极化率。自发参量下转换利用的是非线性晶体的二阶非线性效应。

如图1.30-2所示，假定对二阶非线性晶体进行激发。频率为ω_p的泵浦光(pump)对非线性晶体进行泵浦，导致非线性晶体同时释放出一对纠缠的光子对，其频率分别为ω_1、ω_2，对应的波矢分别为$\boldsymbol{k}_1$、$\boldsymbol{k}_2$($\boldsymbol{k}=(2\pi/\lambda)\boldsymbol{n}$，$\boldsymbol{n}$表示光的传输方向)。图中表明该纠缠光子对与泵浦光之间满足能量守恒和动量守恒，也正因为此，使出射的光子对产生纠缠。

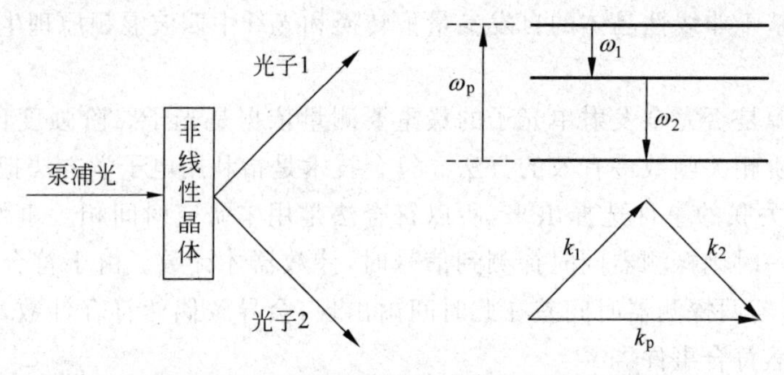

图 1.30-2　二阶非线性效应参量下转换原理

自发参量下转换制备纠缠光子对的基本原理是：中心非对称晶体带有二阶非线性极化率$\chi^{(2)}$，当频率为ω_p的泵浦光通过非线性光学介质后，产生另外两个频率为ω_s、ω_i的低频光，分别称之为信号光(signal)和闲频光(idler)。自发参量下转换过程要求低频光和泵浦光满足能量守恒和动量守恒，即

$$\omega_p=\omega_s+\omega_i \tag{1.30-3}$$

$$\boldsymbol{k}_p=\boldsymbol{k}_s+\boldsymbol{k}_i \tag{1.30-4}$$

式(1.30-4)称为相位匹配条件。该匹配条件可以通过调整光束传播方向和偏振方向来实现。由于动量守恒，当某一个光子出现在A时，同一对纠缠光子中的另一个一定出现在

B。根据相位匹配条件，参量下转换过程产生的信号-闲频光子对，如果两个光子都具有相同偏振，参量转换过程为 e ⟶o+o，则参量为Ⅰ型相位匹配，如果参量下转换过程产生的信号-闲频光子对偏振正交，参量转换过程为 e ⟶e+o，则参量过程为Ⅱ型相位匹配。如果参量下转换过程产生的信号-闲频光子对的波长相同，则参量过程为简并。

2）匹配方案

Ⅱ型非线性晶体下转换制备纠缠光子对的三种匹配条件分别为 collinear、noncollinear 和 beamlike。这三种情况对应泵浦光入射晶体的角度关系分别为 $\theta_p=\theta_o$，$\theta_p>\theta_o$，$\theta_p<\theta_o$（θ_p 表示泵浦光与光轴的夹角，θ_o 表示共线匹配角，$\Delta\theta=\theta_p-\theta_o$）。

当 $\Delta\theta>0$ 时，两个参量光锥面相交；当 $\Delta\theta=0$ 时，两个参量光锥面相切；当 $\Delta\theta<0$ 时，信号光和闲置光两个轨迹圆环被压缩成两个圆斑。

光子偏振是量子化的，且只有两个本征态（水平偏振 $|H\rangle$ 和垂直偏振 $|V\rangle$）。如图 1.30-3 所示，波长较短的泵浦光子在介质中传播时，会有一定的概率产生波长较长的两个参量光子，当大量光子入射时，信号光和闲频光呈现光锥分布，且每次经参量下转换后出现的光子对，都是对称分布的。两个光锥存在两个交点，交点处存在两种可能的状态 $|H\rangle|V\rangle$ 和 $|V\rangle|H\rangle$，从量子力学角度来看，这两个态无法区分，可以表示为

$$\frac{1}{\sqrt{2}}(|\mathrm{H}\rangle\,|\mathrm{V}\rangle+\mathrm{e}^{i\alpha}\,|\mathrm{V}\rangle\langle\mathrm{H}|) \tag{1.30-5}$$

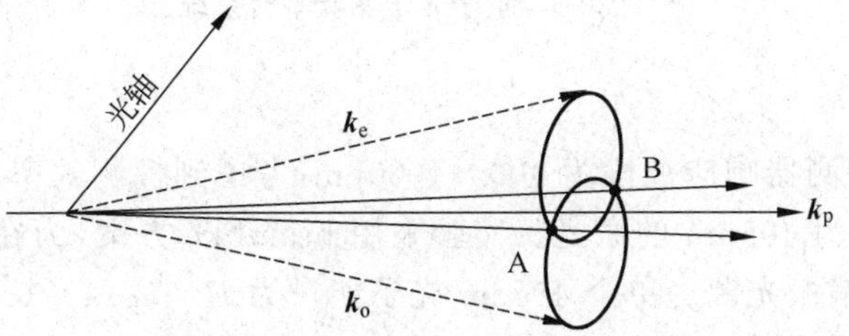

图 1.30-3　信号光和闲频光的光锥分布

2001 年，Kurtsiefer 小组提出使用 beamlike 方法来制备纠缠态，并详细测量了参量光出射分布随泵浦光入射角度变化的结果（图 1.30-4），当 $\Delta\theta=-0.88$ 时，信号光和闲置光两个轨迹圆环被压缩成两个圆斑，这两个圆斑偏离泵浦光的张角为 $\pm3°$，实验结果表明，beamlike 情况下，光子分布集中、光强高，更容易收集。

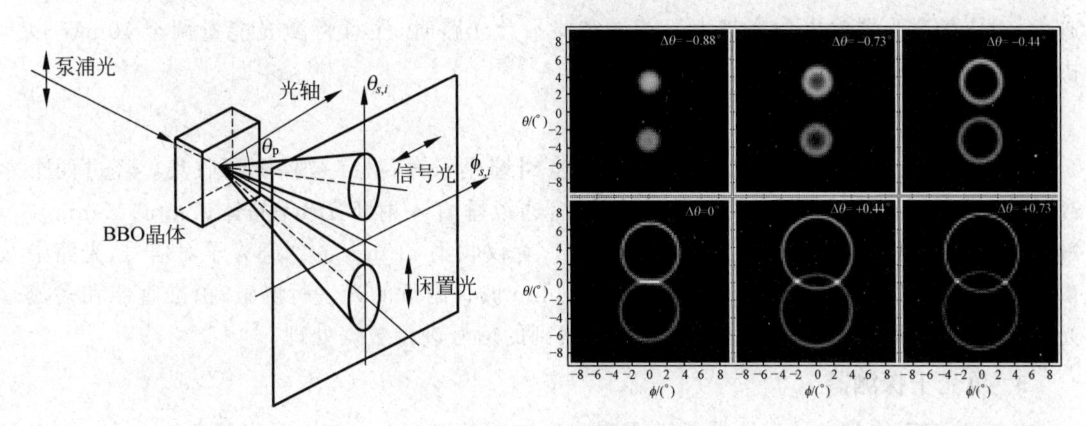

图 1.30-4　beamlike 型匹配方案

本实验采用 beamlike 方案制备纠缠光子对，Ⅱ型 BBO 晶体切割角为 41.0°。

[仪器装置]

量子光学实验平台系统如图 1.30-5 所示。系统包含有 405nm 激光器、高反镜、光阑、聚焦透镜、BBO 晶体、光挡、滤光片、光纤耦合器、单光子探测器及符合计数器。

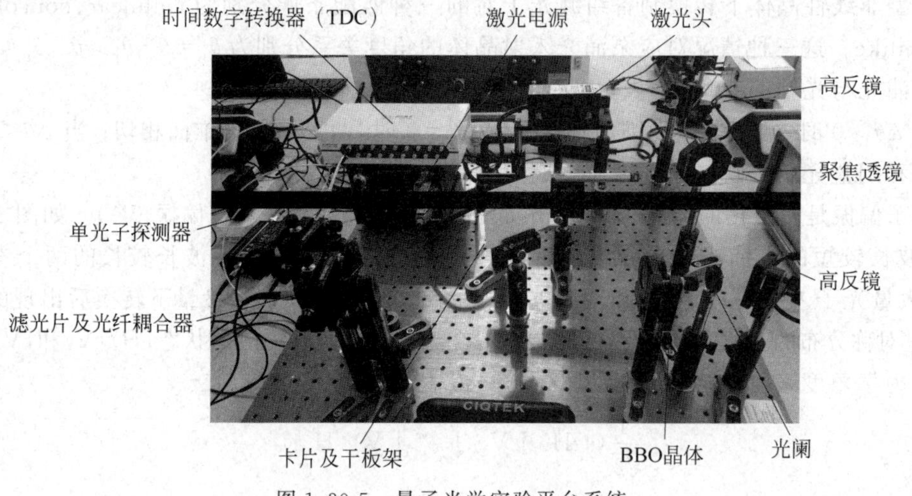

图 1.30-5 量子光学实验平台系统

1. 激光光源

高效率单光子探测器响应波段为 400～1000nm，考虑到探测效率及晶体下转换过程，泵浦光选择中心波长为 405nm 的激光。实验采用 beamlike 方案，为在水平面上探测两个圆斑，激光源为水平偏振光源。单个 405nm 光子能量为 $E=hc/\lambda=6.6\times10^{-34}\times3\times10^{8}/4.05\times10^{-7}\mathrm{J}=4.89\times10^{-19}\mathrm{J}$，激光功率为 60mW 的激光每秒能发射 0.06J/s 能量，计算下来每秒激光器发射的泵浦光光子数目为 $0.06/4.89\times10^{-19}=1.2\times10^{17}$ counts/s。参量下转换产生纠缠光子对的效率大约在 10^{-10} 量级，再加上高反镜反射率、滤光片透射率、探测器量子效率、光纤耦合效率等多种因素影响，实验光子计数率会远低于 10^{7} counts/s，本实验平台计数率约为 10^{5} counts/s。

激光器包括激光电源及激光头，通过电源箱上的控制器旋钮调节激光功率，旋钮刻度值越大，对应的激光器输出功率越大。调试实验平台光路时，注意将激光能量调至 10mW 以内，使用小卡片观察光斑情况。

2. 光路模块

405nm 激光经过一系列光学元件后，产生纠缠光子对，最终被探测器收集。经过两个高反镜，对 405nm 激光进行高度调节，使聚焦透镜垂直入射于 BBO 晶体（7mm×7mm×2mm）表面，晶体的角度由偏光镜架进行调节。为仅收集 810nm 的纠缠光子对信号，光路中由两个滤波片对环境光和激光器产生的非 810nm 波长附近的光进行屏蔽，由准直器和多模光纤耦合收集，最终由时间数字转换器对采集到的信号进行数据处理。

3. 单光子探测器

本实验使用的单光子探测器是硅雪崩光电二极管，810nm 波长探测效率约 40%，输出脉宽约 10ns，输出电压 2.2V。其基本工作原理是：在 pn 结两端加上反向偏置电场，从而在器件内部形成高电场区域，光子入射后电子从价带跃迁到导带，产生一电子空穴对，这个电子空穴对在电场加速下与晶格碰撞产生更多载流子，发生雪崩效应，从而形成光信号的放大。雪崩光电二极管有两种工作模式，一种是线性模式，另一种是盖革模式。工作在线性模式时，光电二极管产生的光电流和入射光的强度呈线性关系；工作在盖革模式时，工作电压要稍高于雪崩电压以捕捉单个光子。依靠雪崩效应，完成光电倍增的功能，然而雪崩效应一旦发生，自身便无法停止，这时需要外部抑制雪崩电路，将信号整形成标准的 TTL 信号。单光子探测器是适用于微弱光信号探测的高灵敏设备，使用时输入端接入光纤接口，输出端通过 SMA 线缆接入时间数字转换器。由于单光子探测器对光比较敏感，强曝光会导致设备不可逆损坏，因此在插拔光纤过程中，务必关闭探测器电源。

安全提示：单光子探测器勿在强光环境下使用。在连接光纤等实验操作过程中，务必切断探测器电源。

4. 时间数字转换器(time to digital converter，TDC)

在光量子纠缠态实验研究中，使用最普遍的手段是符合测量。符合测量是一项广泛应用的核电子学方法，用来选取时间上符合的事件，舍弃无关事件。用于符合测量的电路称为符合电路。符合测量的基本过程是：入射光子经 BBO 晶体下转换产生的一对光子分别被两个单光子探测器探测到，它们输出的电脉冲波形、幅度和宽度一定，分别送到符合电路的两个输入端。符合后产生一个输出脉冲被计数器记录，表示记录到一次符合。

时间数字转换器可以完成符合测量的任务，其基本原理是：将两个探测器所产生的脉冲信号间的时间差，即接受光子的时间间隔，转化为数字信号，分别统计各个时间差的事件数，最后结果通过软件以直方图显示在软件界面上并存储。具体来说，时间数字转换器能将两路探测信号到达的时间间隔转换为电脉冲的幅度，它有两个端口，其中一个端口作为脉冲“start”，即探测信号到达该端口会激发一个电脉冲，另外一个端口作为脉冲“stop”，探测信号到达该端口同样会激发一个电脉冲，通过测量两端信号的时间差，并以时间差为横坐标，计数为纵坐标绘制直方图，从而获得符合计数，符合计数值可以通过算法窗口直接读出。

时间数字转换器通过 SMA 线缆连接于两个单光子探测器，通过网口接入上位机，用于对光学平台产生的光脉冲信号进行算法处理，完成单光子计数实验、符合计数实验及随机数生成等实验内容。

[实验内容与测量]

1. 光路搭建与调试

光路示意图如图 1.30-6 所示，具体光路调节步骤如下。

(1) 调节光路高度。调节光路高度，使泵浦激光的高度至 BBO 晶体中心的大概位置。

(2) 光路准直。固定 2 个高反镜，固定白色卡片在干板架上，分别将卡片放在高反镜近场和远场位置，调整高反镜的旋钮，确保光斑大小在远场位置和近场位置基本相同。

(3) 固定聚焦透镜和 BBO 晶体位置。放上聚焦透镜，固定 BBO 晶体位置正好距聚焦透镜 30cm，使泵浦光聚焦在 BBO 晶体正中心。

(4) 确定 BBO 晶体光轴。对于 beamlike 实验方案，需要将纠缠光子对的两个圆斑出

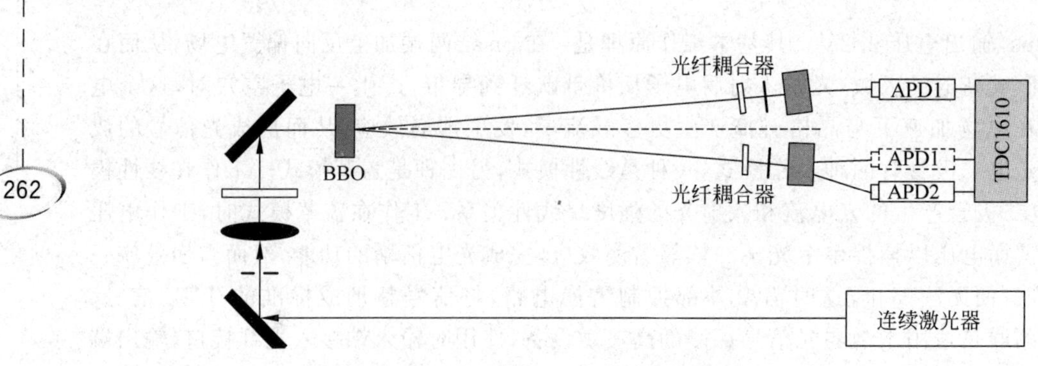

图 1.30-6　光路示意图

射方向调节在水平面内，这就需要将非线性晶体的光轴方向与激光偏振方向(水平偏振)共面，在晶体支架上已经用刻度线标识了调节轴方向，实验中只需将刻度线调至竖直方向即可。具体调整步骤如下：①将 BBO 晶体偏光镜架上的刻度线旋转到竖直方向上；②调整 BBO 晶体偏光镜架的倾斜角度，使泵浦光垂直入射晶体表面。用白色卡片遮挡在 BBO 晶体和高反镜中间，观察入射光和反射光光斑位置，调节高反镜的上下、左右旋钮，使两光斑重合。当两光斑重合时，泵浦光即垂直入射晶体表面了。

2. 单光子制备与探测实验

首先用激光器初步确定 beamlike 实验方案中其中一路光斑的位置。考虑到 810nm 激光不可见且信号较弱，光斑位置难以确定，为方便实验，在光学面板上已对 BBO 偏光镜架和光纤耦合器位置作了标记(810nm 的两个光斑分别与泵浦光夹角 3.7°左右)。

具体实验步骤如下。

(1) 光纤耦合光路的准直与校准。把 beamlike 匹配发射的光斑近似看作平行光，选择用准直器对 810nm 光进行收集。固定好光纤耦合器位置后，采用激光笔通过光纤反打至 BBO 晶体上，使 405nm 泵浦光与反打光重合，即可确定光纤耦合器的大概位置，完成校准步骤。

(2) 优化光路。撤掉激光笔，将光纤连接至单光子探测器，由 TDC 对光子计数记录并读取，调节光纤耦合器的 4 个调节旋钮，以及 BBO 晶体的旋转角度，使光子计数值最大，并记录计数值，完成单光子计数实验。

(3) 重复以上实验步骤，完成另外一路的校准与计数实验。

3. 纠缠光子对的符合计数实验

分别将两路光纤耦合信号连接到时间数字转换器的 0、1 通道上，读出符合计数结果。选择其中一路，用光纤分束器取代原光纤，然后分别连接到两个探测器，读出符合计数结果。根据记录数据计算 0°偏振基下的偏振纠缠对比度，对比度计算公式为

$$\text{对比度} = (\text{Max} - \text{Min})/(\text{Max} + \text{Min}) \tag{1.30-6}$$

式中：Max、Min 分别表示最大、最小计数值。

4. 偏振关联实验

在两个光纤准直器光路前端分别摆放偏振片，优化光纤耦合器的位置，使 H、V 成分占比 1∶1，固定任意一路偏振片角度为 0°，在 0°～360°范围旋转另外一路偏振片，观测符合计

数值随角度的变化，测量两路单光子探测器的符合计数率值。

5. 量子随机数实验

关闭信号光光路探测器，以闲置光子源，经过 50：50 光纤分束器后分别进入两路探测器，在软件界面上读出量子随机数结果。

6. 单光子的符合计数实验

保持量子随机数实验中的光路不变，通过量子光学实验平台软件操作，观察符合计数结果。

[注意事项]

(1) 不要直视激光光斑或高反镜镜面，确保不要用激光随意瞄准目标。如若不使用激光器，请关闭激光器或盖上激光头的遮光盖，以免产生危险。

(2) 勿佩戴反射性强物品，如机械式手表、贵重金属物等。

(3) 405nm 激光入射 BBO 晶体后产生不可见的 810nm 红外光，请特别注意防护，以免人眼受到伤害。

[数据处理与分析]

整理实验数据，对实验结果进行说明和讨论。

[讨论]

对观察到的实验现象进行讨论。

[结论]

写出你通过实验得到的重要结论。

[附录1]　激光器参数

输出功率：60mW
运行模式：CW
横模模式：TEM_{00}
光束直径($1/e^2$)：1.2mm
光束发散角(全角)：小于 1.0mrad
偏振方向：水平偏振
偏振比：100：1
中心波长：(405±1)nm

[附录2]　量子光学实验平台软件

量子光学实验平台软件可以分为设备控制模块、图像绘制模块、参数设置模块和仪表盘，界面如图 1.30-7 所示。

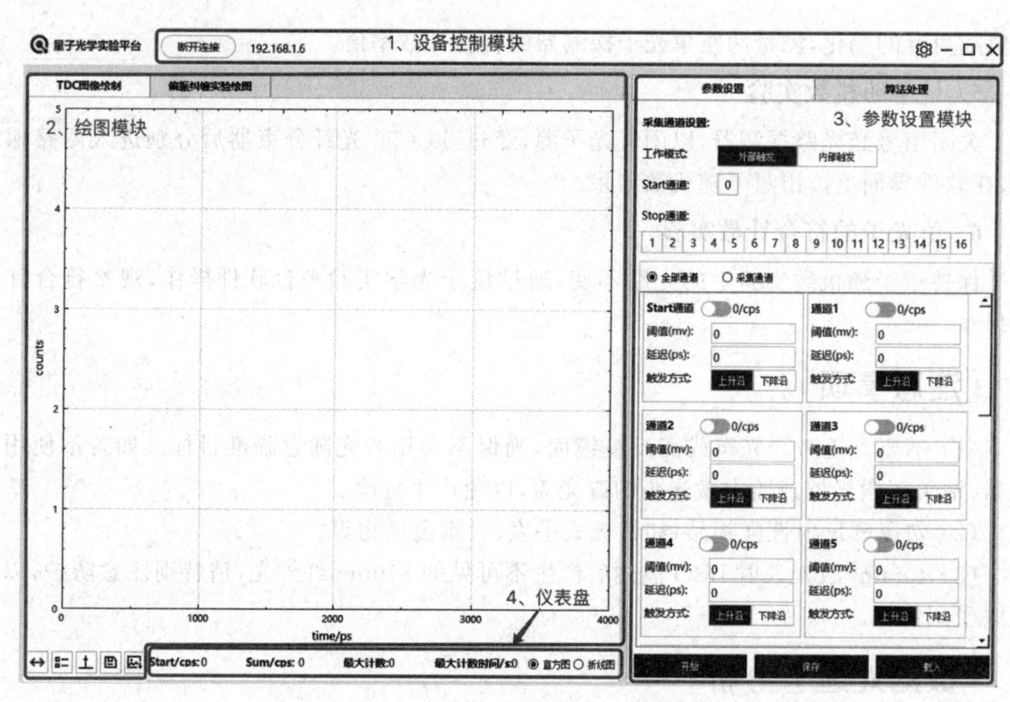

图 1.30-7　平台操作主界面

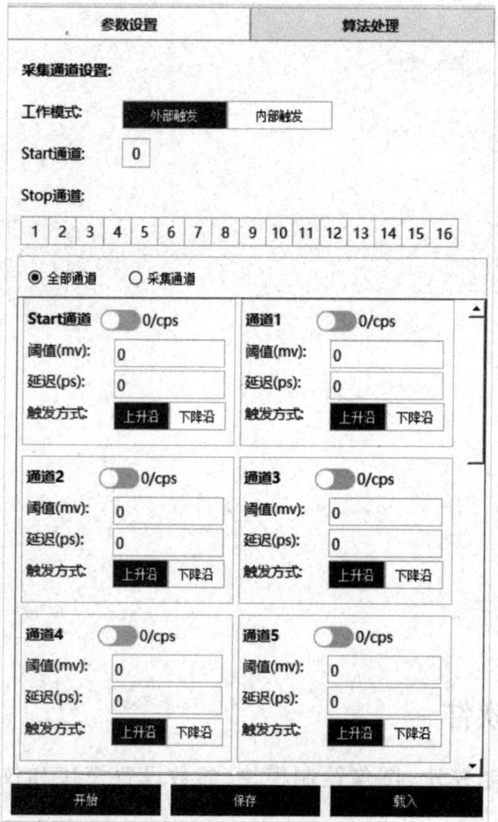

图 1.30-8　TDC 参数设置-外部触发

1. 设备控制模块

在设备控制模块可以看到连接设备的IP地址。触发“断开连接”按钮，若断开成功，页面跳转至设备连接页面；若处于实验过程中，该按钮单击无效。

2. 绘图模块

在图像绘制模块，可绘制单个通道的柱状图或者多个通道的折线图，初始状态下，绘图区域横坐标表示时间范围，与参数设置中的“绘图窗口”参数相关联，纵坐标表示Counts值。也可通过鼠标控制图像的缩放和拖动，同时在绘图区域会显示峰峰值坐标。

可在绘图区域右上角的图例中设置绘制图像的通道，直方图模式下只能绘制一个通道的数据。

3. 参数设置模块

参数设置模块主要是采集通道设置，控制TDC通道工作状态和选择工作模式。图1.30-8为外部触发页面，表1.30-1为采集通道参数设置说明。

表 1.30-1　采集通道参数设置说明

参数名称	描　述
工作模式	1. 外部触发模式下，需要在 Start 端口接入触发信号(即端口 0)，1～16 端口可作为 Stop 信号输入使用 2. 内部触发模式下，内部时钟作为 Start 信号。0～16 端口都可作为 Stop 信号输入使用，用户需要设置时钟周期，范围[10μs，10ms]，精度 10μs
Start/Stop 通道	在该模块下设置通道的工作状态，此处开关与通道设置中的开关联动
通道设置	1. 通道开关：该模块下通道开关的设置与 Start/Stop 通道处的通道启动状态按钮联动，通道打开代表通道处于待采集状态下，同时显示通道计数率 2. 通道阈值：可以设置通道阈值[−5V，5V] 3. 延迟：[−200ns，200ns] 4. 触发方式：上升沿、下降沿 注意：手动编辑的参数，在鼠标失焦或者触发 Enter 后生效

在算法处理模块，量子光学实验平台软件提供了生成随机数、符合计数、偏振纠缠实验功能。使用这些功能时，工作模式选择内部触发。图 1.30-9 为内部触发页面。

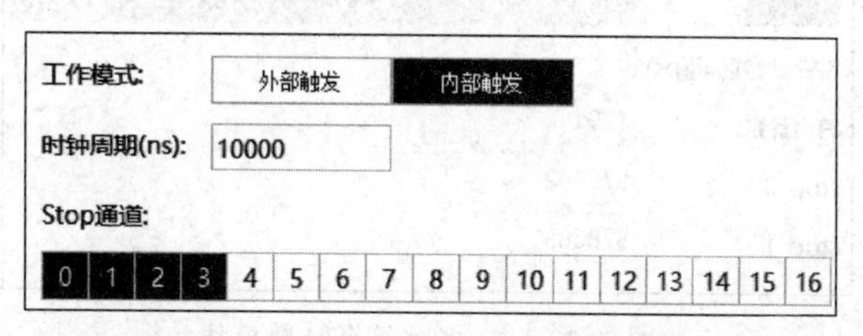

图 1.30-9　TDC 参数设置-内部触发

(1) 生成随机数实验功能。如图 1.30-10 所示，在处于工作状态中的通道中任意选择两个通道分别生成随机数 0 和 1，通过设置保存文件大小将生成的随机数保存至本地计算机中。参数说明列于表 1.30-2 中。通过识别通道的上升沿或者下降沿生成相应的数字，并按时序拼接在一起，组成最终的随机数，需要注意的是，当生成随机数的通道同时识别到沿的变化时，不会产生随机数。

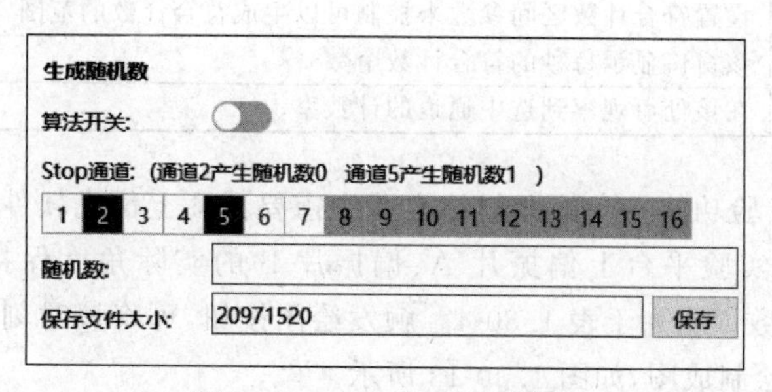

图 1.30-10　生成随机数模块

表 1.30-2　随机数参数设置说明

随机数参数名称	描　述
随机数开关	打开随机数开关，该算法生效。注意：生成随机数算法的参数在采集过程中设置无效

续表

随机数参数名称	描　述
Stop 通道选择	可在 Stop 通道中选择产生随机数 0 和随机数 1 的通道
保存文件点数	生成的随机数可在软件中保存值在本地计算机中，需要设置保存文件的点数，范围[1,10 000 000]
随机数显示	在该窗口可观察到所产生的随机数

(2) 符合计数实验功能。TDC 支持 3 个通道间的符合。以两通道(Stop0，Stop1)符合为例，系统会自动选择编号最小的那个通道(本例中即 Stop0)作为主通道，其余(本例中为 Stop1)作为从通道，设置符合计数区间为符合时间窗口，参数设置如图 1.30-11 所示，参数说明列于表 1.30-3 中。

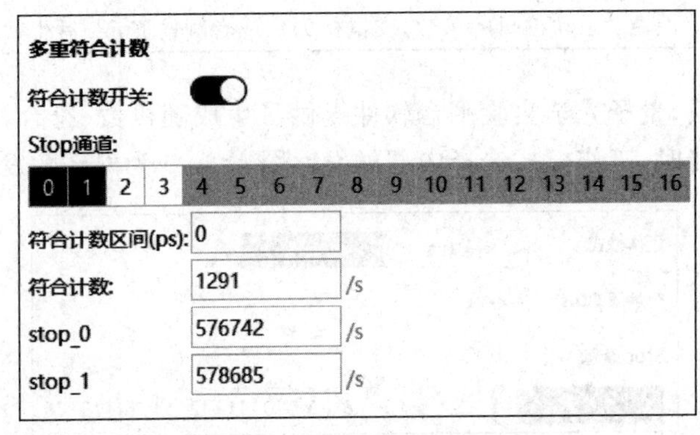

图 1.30-11　多重符合计数模块

表 1.30-3　符合计数参数说明

符合计数参数名称	描　述
符合计数开关	打开符合计数开关，该算法生效。注意：符合计数算法的参数在采集过程中设置无效
Stop 通道选择	在处于工作过程中的通道中选择 2 到 3 个通道，来产生符合数
符合计数区间	设置符合计数区间参数来控制可以生成符合计数的范围
符合计数率	该窗口显示每秒的符合计数个数
选中通道计数率	在该处可观察到选中通道的计数率

(3) 偏振纠缠实验功能。在偏振纠缠实验中需要保证上位机软件中设置的偏振片 A、偏振片 B 的角度与实验平台上偏振片 A、偏振片 B 的实际角度保持一致，参数设置如图 1.30-12 所示，参数说明列于表 1.30-4。触发绘图按钮，可将该时刻的符合计数率、偏振片 B 对应的点坐标绘制成图，如图 1.30-13 所示。

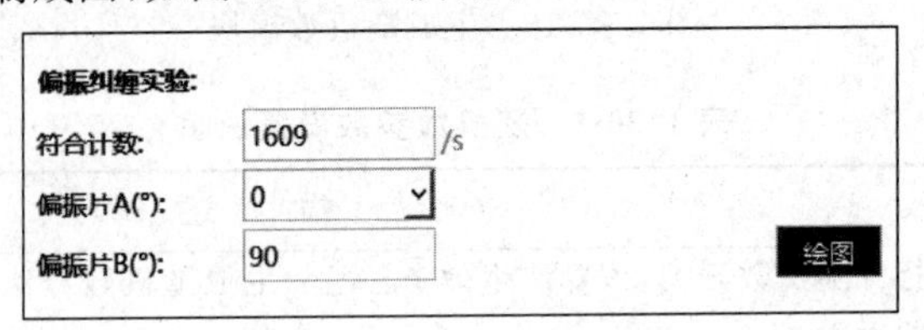

图 1.30-12　偏振纠缠实验模块

表 1.30-4 偏振纠缠实验参数说明

偏振纠缠实验参数名称	描述
符合计数	该窗口显示每秒的符合计数个数
偏振片 A/(°)	可在下拉框中选择偏振片 A 设置的角度
偏振片 B/(°)	可设置偏振片 B 的角度,范围[0°,360°],精度为 1°
绘图	触发绘图按钮,可将该时刻的符合计数率、偏振片 B 对应的点坐标在偏振纠缠实验绘图模块标记出来,标记点的颜色由偏振片 A 决定

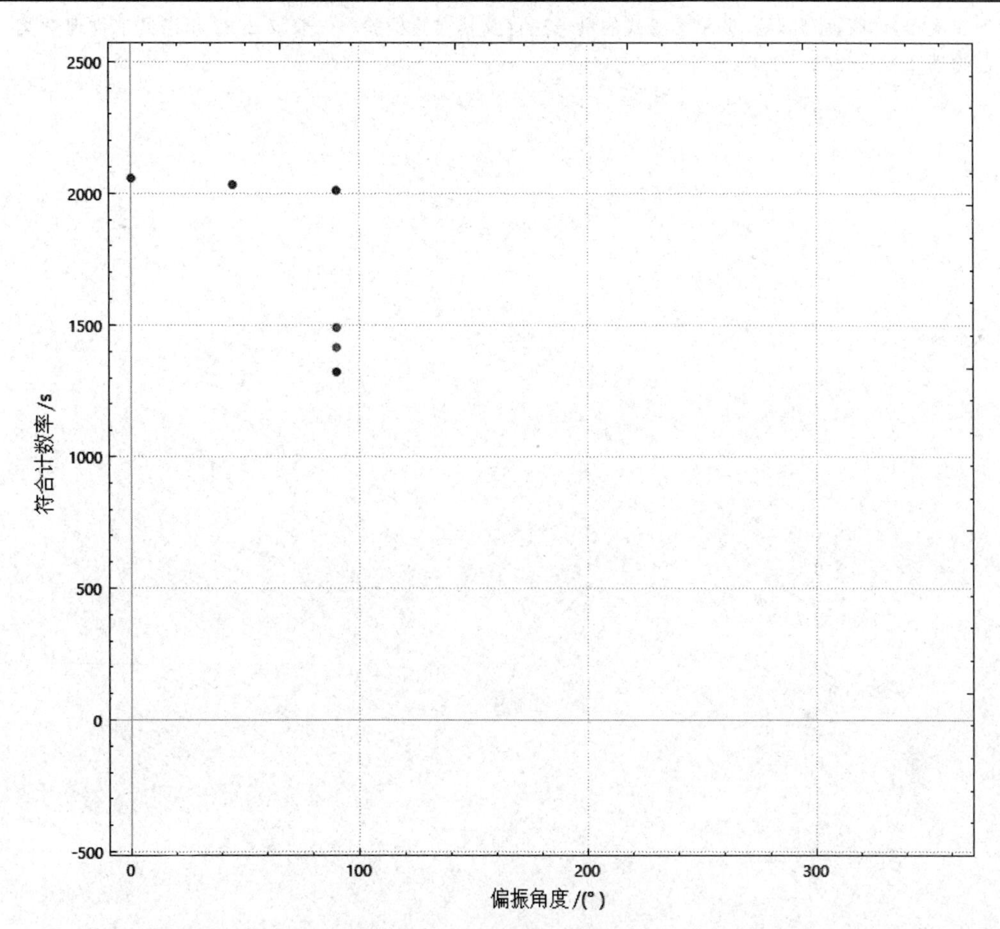

图 1.30-13 偏振纠缠实验绘图

4. 仪表盘模块

图 1.30-14 是仪表盘模块,各参数说明如下。

Start/cps:该参数实时显示 Start 通道每秒脉冲个数。

Sum/cps:该参数实时显示所有 Stop 通道每秒脉冲个数的总和。

最大计数:该参数实时显示最大计数值。

Start/cps: 15118975　Sum/cps: 235160744　最大计数: 102760　最大计数时间/s: 515　内存告警

图 1.30-14 仪表盘模块

最大计数时间(s)：该参数实时显示最大计数值对应的时间差。

内存告警：当红灯亮起时，表示 FIFO 溢出，此时存在丢失数据的风险，此时设备会立即停止采集；当内存告警显示为绿灯时，表示 FIFO 内存处于正常状态。

[参考文献]

[1] 国仪量子. 量子光学实验平台用户手册[Z]. 2023.

[2] 国仪量子. 量子光学实验平台搭建手册[Z]. 2023.

[3] 崔廉相，许康，张芃，等. 贝尔不等式的量子违背及其实验检验——兼议 2022 年诺贝尔物理学奖[J]. 物理，2023，52(1)：1-17.

第2章

现代物理实验

实验 2.1　用横振动法测量固体材料弹性模量的变温特性

[引言]

在工程技术中,人们要求金属材料以及其他材料不仅要有足够的强度,还要有一定的刚度。刚度指的是弹性变形的难易程度,刚度大表示要使材料产生一定的弹性变形所需要的应力大。弹性模量 E 就是表征刚度大小的物理量,它标志着材料抵抗形变的能力,其定义为 $E=\frac{\sigma}{\varepsilon}$,其中 σ 表示作用在试样上的应力,ε 表示对应的应变。在工程中,根据材料弹性模量的数值可以计算各种负荷下构件的变形。因此,弹性模量就成为机械设计人员必须掌握的数据之一。

理论研究和新材料开发也需要知道材料的弹性模量,因为它反映了材料中原子之间的结合力,弹性模量的变化反映了材料结构的某种变化。因此,测定材料的弹性模量可以研究材料原子之间的相互作用。总之,弹性模量的测定越来越受到人们的重视。

弹性模量的测量方法分为两大类:静态法和动态法。在静态法中有静态拉伸法和静态弯曲法,这些方法通常用于大弯形和常温。其缺点是:由于试验载荷大,加载速度慢,存在弛豫过程,尤其在高温下由于蠕变和弛豫作用,不能很真实地反映材料内部结构的变化。另外,有些脆性材料难以用静态法测量。用动态法则可避免以上缺点。根据试样所处振动状态的不同,动态法又可分为横振动法和纵振动法等。

本实验采用的方法是悬丝耦合横振动法,它的特点是试样作横向弯曲振动,其振动频率在声频范围内,试样振动的激发信号和接收信号由两根拴在试样节点附近的悬丝来传递。这种方法的优点是实验装置简单,加载小,加载速度快,不含各类弛豫过程,测得的弹性模量能较真实地反映原子之间结合力的强弱。由于试样长度为几个厘米,能够放入加热炉中改变其温度,从而可以测量材料弹性模量的变温特性。缺点是寻找和判断共振状态要有一定经验,有时会把其他杂信号误认为试样的共振信号。

经过多年的实践,该方法于 1979 年 9 月以"国标发[1979]303 号文"发布为国家标准。国标规定的方法是动态悬挂法,其基本要点是:将一根截面均匀的试样(棒)悬挂在两只传感器(一只激振,一只拾振)下面,在两端自由的条件下,使试样作自由振动。实验时监测出试样振动时的固有基频,根据试样的几何尺寸、密度等参数,测得材料的弹性模量。

[实验目的]

学习用动态悬挂法测定材料弹性模量的变温特性。

[实验仪器]

YM 型弹性模量实验装置，信号发生器，示波器，游标卡尺，螺旋测微计，电子天平，细长圆棒试样等。

[预习提示]

(1) 测量材料弹性模量所用的基本公式是什么？需要测量哪些物理量？

(2) 了解测量材料弹性模量的装置。

(3) 了解测量材料弹性模量的基本实验步骤，列出实验数据记录表。

[实验原理]

采用一个细长圆棒作试样，要求试样几何形状规则，表面光滑。该试样在作横向振动时，在一定的条件下，它的振动频率只能取某些确定的数值，这些频率叫作试样的固有频率。理论证明：固有频率与试样的几何尺寸、质量以及弹性模量有确定的关系。如果测出了试样固有频率、几何尺寸以及质量，就可以通过一定公式把弹性模量计算出来。改变试样温度进行测量，就可以测出材料弹性模量与温度的关系，即材料弹性模量的变温特性。

根据弹性力学原理，一个细长杆的横振动的微分方程为

$$\frac{\partial^4 y}{\partial x^4}+\frac{\rho S}{EJ}\cdot\frac{\partial^2 y}{\partial t^2}=0 \tag{2.1-1}$$

式中，y 表示横振动位移，x 表示杆在任意一点的纵向位置，ρ 为试样密度，J 为试样惯量矩 $\left(J=\int_S y^2\mathrm{d}S\right)$，$S$ 为试样横截面积，E 为试样弹性模量。

用分离变量法求解式(2.1-1)，令 $y(x,t)=X(x)T(t)$，代入式(2.1-1)得

$$\frac{1}{X(x)}\cdot\frac{\mathrm{d}^4 X}{\mathrm{d}x^4}=-\frac{\rho S}{EJ}\cdot\frac{1}{T(t)}\cdot\frac{\mathrm{d}^2 T}{\mathrm{d}t^2} \tag{2.1-2}$$

等式两边分别是 x 和 t 的函数，这只有在等式两边等于同一个任意常数时才有可能，设此常数为 k^4，于是得到

$$\frac{\mathrm{d}^4 X(x)}{\mathrm{d}x^4}-k^4 X(x)=0 \tag{2.1-3}$$

$$\frac{\mathrm{d}^2 T(t)}{\mathrm{d}t^2}+\frac{k^4 EJ}{\rho S}T(t)=0 \tag{2.1-4}$$

解式(2.1-3)，得

$$X(x)=A_1\sin kx+A_2\cos kx+A_3\,\mathrm{sh}kx+A_4\,\mathrm{ch}kx \tag{2.1-5}$$

令

$$\omega^2=\frac{k^4 EJ}{\rho S} \tag{2.1-6}$$

代入式(2.1-4)，得

$$\frac{\mathrm{d}^2 T(t)}{\mathrm{d}t^2}+\omega^2 T(t)=0 \tag{2.1-7}$$

解得

$$T(t)=A\cos(\omega t+\varphi) \tag{2.1-8}$$

所以，细杆横振动方程式通解为

$$y(x,t)=(A_1\sin kx+A_2\cos kx+A_3\mathrm{sh}kx+A_4\mathrm{ch}kx)\cdot A\cos(\omega t+\varphi) \tag{2.1-9}$$

式中，ω 为固有圆频率；k 为方程的本征值。本征值有多个，设第 n 个本征值写为 k_n，对应的圆频率用 ω_n 表示。下式称为频率公式

$$\omega_n^2=k_n^4\frac{EJ}{\rho S} \tag{2.1-10}$$

频率公式对任意形状截面、不同边界条件试样都成立，只要用特定的边界条件定出常数 k，代入特定截面的惯量矩，就可以得到具体条件下的计算公式。由于

$$f_n=\frac{\omega_n}{2\pi} \tag{2.1-11}$$

所以

$$f_n^2=\frac{\omega_n^2}{4\pi^2}=\frac{k_n^4 EJ}{4\pi^2\rho S} \tag{2.1-12}$$

从而有

$$E=\frac{4\pi^2\rho S f_n^2}{k_n^4 J}=\frac{4\pi^2 L^4}{(k_n L)^4}\cdot\frac{\rho S}{J}\cdot f_n^2 \tag{2.1-13}$$

式中，L 为试样长度；J 为试样惯量矩。

下面对圆柱状试样进行进一步说明。对于直径为 d 的圆棒来说，其惯量矩为

$$J=\int_S y^2\mathrm{d}S=\left(\frac{d}{4}\right)^2 S \tag{2.1-14}$$

又因为试样密度可写成 $\rho=\dfrac{m}{\frac{\pi}{4}d^2L}$，其中 m 为试样质量，将 J、ρ 公式代入式(2.1-13)，得

$$E=\frac{256\pi}{(k_n L)^4}\cdot\frac{L^3 m}{d^4}\cdot f_n^2 \tag{2.1-15}$$

由式(2.1-15)可知，只要知道本征值 k_n，就可以计算出弹性模量。

本征值 k_n 要由振动的边界条件来确定。如果悬线悬挂在试样的节点，则边界条件为自由端边界条件。细长圆棒自由横振动的边界条件是试样两端自由，两端面处弯矩和切变力都为零。因为弯矩 $M_{弯}=EJ\dfrac{\partial^2 y}{\partial x^2}$，切变力 $F=-\dfrac{\partial M_{弯}}{\partial x}=-EJ\dfrac{\partial^3 y}{\partial x^3}$，于是上述边界条件可写成

$$\left.\frac{\mathrm{d}^3 X}{\mathrm{d}x^3}\right|_{X=0}=0,\quad \left.\frac{\mathrm{d}^2 X}{\mathrm{d}x^2}\right|_{X=0}=0 \tag{2.1-16}$$

$$\left.\frac{\mathrm{d}^3 X}{\mathrm{d}x^3}\right|_{X=L}=0,\quad \left.\frac{\mathrm{d}^2 X}{\mathrm{d}x^2}\right|_{X=L}=0 \tag{2.1-17}$$

将方程解代入这些边界条件表达式，可得如下结果

$$\cos k_n L\cdot\mathrm{ch}k_n L=1 \tag{2.1-18}$$

用数值求解方法可以求得本征值 k_n 和棒长 L 满足

$$\begin{cases} k_0L=0 \\ k_1L=4.730 \\ k_2L=7.853 \\ k_3L=10.996 \\ k_4L=14.137 \\ \vdots \end{cases} \tag{2.1-19}$$

这些根可近似用 $K_nL=(n+1/2)\pi$ 表示。其中根"0"相应于静态情况，故将第二个根作为第一个根并记作 k_1L。一般将 k_1L 所对应的频率称为基频频率。在上述 K_nL 值中，第1、3、5、…个数值对应"对称形振动"，第2、4、6、…个数值对应"反对称形振动"。最低级次的对称形和反对称形振动的波形如图2.1-1所示。

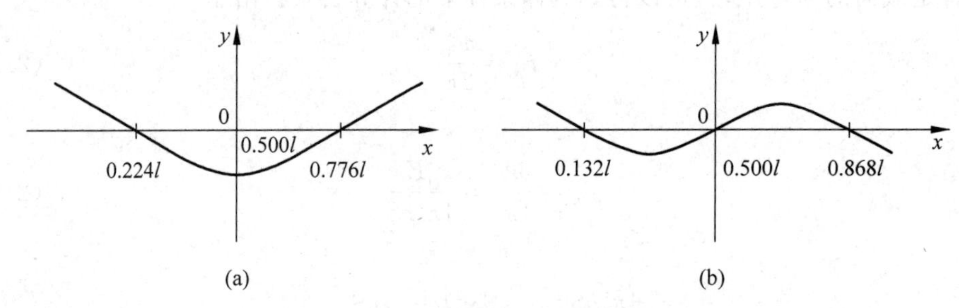

图2.1-1　细长圆棒最低级次振动波形

(a) 对称形振动；(b) 反对称形振动

由图2.1-1(a)可见，试样在作基频振动时，存在两个节点，它们的位置距离端面分别为 $0.224L$ 和 $0.776L$。将第一本征值 $k_1=\dfrac{4.730}{L}$ 代入式(2.1-15)，得到在基频振动下弹性模量的计算公式

$$E=\frac{256\pi}{(4.730)^4}\cdot\frac{L^3m}{d^4}\cdot f^2=1.6067\cdot\frac{L^3m}{d^4}f^2(\mathrm{N/m^2}) \tag{2.1-20}$$

式中，L 为细长圆棒长度(单位为m)，d 为细长圆棒直径(单位为m)，m 为细长圆棒质量(单位为kg)，f 为细长圆棒基频频率(单位为Hz)，E 的单位是 $\mathrm{N/m^2}$。应该指出，在试样振动方程的推导过程中，假定杆作纯弯曲振动，忽略了试样任一截面两侧的剪切作用，并认为杆各基元之间不存在相对回转运动，这些假设只有在试样直径与长度之比趋于零时才满足。实际上，d/L 不为零，因而造成 E 值偏低。为了消除这一系统误差，引入一个修正系数 K，K 值的大小与径长比有关，其值可参见表2.1-1。

表2.1-1　修正系数 *K* 值表

d/L	0.01	0.02	0.03	0.04	0.05	0.06
K	1.001	1.002	1.005	1.008	1.014	1.019

经过修正的公式为

$$E=1.6067\cdot K\cdot\frac{L^3m}{d^4}\cdot f^2 \tag{2.1-21}$$

［仪器装置］

实验装置如图 2.1-2 所示。由信号发生器输出等幅正弦波信号,加在传感器Ⅰ(换能器,激振)上。通过传感器Ⅰ把电信号转变成机械振动,再由悬丝把机械振动传给试样,使试样受迫而作横振动。试样另一端的悬丝把试样的振动传给传感器Ⅱ(换能器,拾振),这时机械振动又转变成电信号,该信号经过放大后送到示波器中显示。

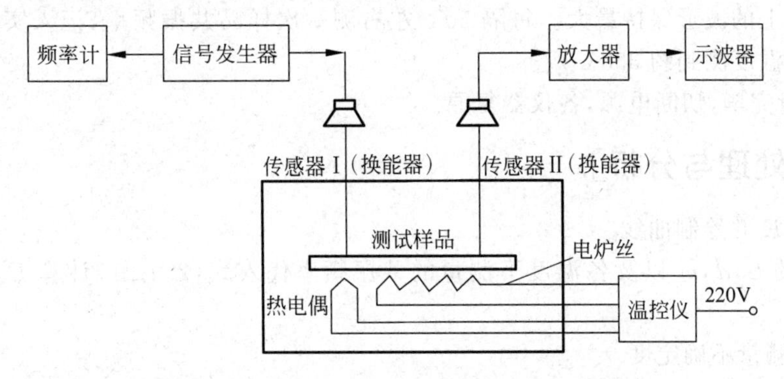

图 2.1-2　动态悬挂法测弹性模量实验装置示意图

当信号发生器的频率不等于试样的共振频率时,试样不发生共振,示波器上几乎没有信号波形或波形很小。当信号发生器的频率等于试样的共振频率时,试样发生共振,这时示波器上的波形突然增大,由频率计或信号发生器读出的频率就是试样在该温度下的共振频率。由于实验试样固有频率与共振频率相差极小,因此可以用共振频率代表固有频率。根据式(2.1-21)即可计算得到该温度下材料的弹性模量。通过温控仪改变加热炉的温度,可以测出材料不同温度时的弹性模量。

［实验内容与测量］

(1) 分别测定试样的长度 L、直径 d 和质量 m。

(2) 在室温下,不锈钢的弹性模量约为 $2\times10^{11}\,\text{N/m}^2$,铜的弹性模量约为 $9\times10^{10}\,\text{N/m}^2$,先利用这些数据由式(2.1-21)估算出共振频率 f,以便实验操作时寻找共振点。

(3) 按图 2.1-2 搞清楚实验装置的原理。从动态悬挂法的实验原理知道,要让样品两端为自由端边界条件,故悬线应悬挂在试样节点附近。还要注意悬丝不要接触炉体的瓷管,以保持自由状态。

(4) 接通电源,进一步调整各仪器参数,直到示波器屏幕上出现大小适中的波形。缓慢调节音频信号发生器的频率和输出信号的幅度,观察示波器上波形变化,当波形达到最大时表明试样处于共振状态,这时可从频率计上读出共振频率。因为试样共振状态的建立需要有一个过程,且共振峰十分尖锐,因此在共振点附近调节信号频率时,必须缓慢进行。

测量中,激振的换能器、拾振的换能器、支架、悬丝等部件都有自己的共振频率,都可能以自己的基频或高次谐波频率发生共振,因此,正确判断示波器上显示的信号是试样的共振频率是测量的关键。除了根据样品参数预先估计样品共振频率外,还可以用下述简单方法帮助判断:①测量时尽可能采用较弱的信号激发,这样发生虚假信号的可能性较小;②发生共振时,迅速切断信号源,试样共振信号是逐渐衰减的,而其他假共振信号会很快消失;③在共振频率附近调节激发频率时，示波器上显示的接收信号的振幅有张弛现象；④若换能器或悬丝等部件发生共振，则对这些部件施加负荷(如用力夹紧)，共振信号会变化或消失。

(5) 测出室温下的频率后，接通加热炉电源，将数显温控仪设定到预定值，对样品进行加热。加热时注意加热炉有热惯性，当设定炉温在某温度，通电加热到该温度时，虽然炉子停止加热，但炉温会继续上升，然后缓缓下降。因此，设定炉温时要预留炉温上冲空间。

(6) 随着样品温度升高，不断调节音频信号发生器的输出频率，跟踪试样共振频率变化，使示波器上的波形保持最大。每隔 50℃左右测一次样品共振频率，记入实验数据记录表格中(最高温度测到约 350℃)。

(7) 测量完毕，切断电源，各仪器复原。

[数据处理与分析]

1) 计算 E 并绘制曲线

将测得的 L,d,m 以及各温度下测量的共振频率代入式(2.1-21)计算 E，画出 T-f、T-E 曲线。

2) 估算测量不确定度

本实验影响测量结果的误差来源较多，但它们的影响不同，关系也比较复杂，为了使问题简化，我们抓住主要影响因素，分别采用不同办法处理。例如，径长比误差通过乘以修正系数 K 加以消除；对于加工引起的误差，严格加工要求，从而可以认为加工误差很小而不予考虑；对于悬挂点偏离节点引起的偏离自由端边界条件的误差，合并到频率计测量误差中去考虑；对于测温误差，主要考虑炉温不均匀和温度测量不准确引起的误差。这样，实验测量不确定度就可以主要考虑如下两个部分。

(1) 各直接测量物理量带来的 E 的不确定度。

由式(2.1-21)可推出 E 的相对不确定度为

$$\left(\frac{U_E}{E}\right)_1^2=\left(\frac{3U_L}{L}\right)^2+\left(\frac{4U_d}{d}\right)^2+\left(\frac{U_m}{m}\right)^2+\left(\frac{2U_f}{f}\right)^2 \tag{2.1-22}$$

其中 U_L、U_d、U_m 可取游标卡尺、千分尺和天平仪器误差限。U_f 为频率测量不确定度，它包含频率计仪器误差、悬挂点不在节点上引起的误差、人眼判断波形最大的误差等。

(2) 测温误差带来的 E 的不确定度。

在不同温度下测得的温度误差不尽相同，测温高时误差大，因而引起的 E 的误差也大。一般从 E-T 曲线上取中段部分加以估算，方法如下。

在 E-T 曲线中段，取两点(T_1,E_1)和(T_2,E_2)，由

$$\left|\frac{\Delta E}{\Delta T}\right|=\left|\frac{E_2-E_1}{T_2-T_1}\right| \tag{2.1-23}$$

计算出温度每变化 1°引起的 E 的变化。

我们把 ΔT 分解成 2 项：一项为炉内温度不均项，设为 ΔT_1；另一项为用热电偶测温引起的测量误差 ΔT_2。ΔT_1 和 ΔT_2 可以根据实验装置和实验条件给出估计值。总的测温误差为 $\Delta T=\Delta T_1+\Delta T_2$。

由温度测量引起的 E 的相对不确定度分量可写成

$$\left(\frac{U_E}{E}\right)_2=\frac{(\Delta E/\Delta T)(\Delta T_1+\Delta T_2)}{E} \tag{2.1-24}$$

E 的总测量相对不确定度由两部分相对不确定度分量方和根合成给出

$$\frac{U_E}{E}=\sqrt{\left(\frac{U_E}{E}\right)_1^2+\left(\frac{U_E}{E}\right)_2^2} \tag{2.1-25}$$

[讨论]

对实验现象和实验测量结果进行讨论和评价。

[结论]

通过本实验,写出你得到的主要结论。

[思考题]

弹性模量 E 的测量不确定度估算方法是否合理?

[附录]

YM 型弹性模量实验装置技术指标:

(1) 测试台:拾振器输出灵敏度大于 10mV(激振电压 1V,试样共振时)

(2) YM-2 型信号发生器

频率范围:500～2kHz;显示方式:LED 数字直接显示;

频率细调:±0.1Hz;频率稳定度:±0.1Hz。

(3) YM-3 型试样加热炉

升温范围:室温～800℃;炉壳温度:小于 50℃(炉温 600℃时);

有效炉温区长:大于 0.2m;有效炉温区不均匀度:小于 1%。

(4) YM-3 型数显控温仪

热电偶:镍铬-镍铝;显示方式:LED 数字直接显示;

设定点误差:±1 个字;整机综合误差:室温时小于 1%;600℃时小于 3%。

[参考文献]

[1] 梁昆淼.数学物理方法[M].2 版.北京:人民教育出版社,1979.
[2] 潘人培,赵平华.悬丝耦合弯曲共振法测定金属材料杨氏模量[J].物理实验,2000,20(9):5-9.
[3] 丁慎训,傅敏学,丁小冬,等.用动力学法测杨氏模量实验及其实验装置的研制[J].大学物理,1999,18(7):25-27.
[4] 杨俊材,何焰蓝.大学物理实验[M].北京:机械工业出版社,2004.
[5] 胡跃辉,彭庶修,王艳香.用悬丝耦合法测陶瓷样品动态杨氏模量的实验[J].中国陶瓷,1999,35(6):19-22.
[6] 吴平.大学物理实验教程[M].2 版.北京:机械工业出版社,2015.

实验 2.2　用干涉方法测量薄膜应力

[引言]

薄膜中应力的大小和分布对薄膜的结构和性质有着重要的影响,它可以导致薄膜的光、电、磁、机械等性能改变。例如，薄膜中的应力是导致膜开裂或与基体剥离的主要因素；薄膜中存在的残余应力很多情况下影响 MEMS 器件结构的性能，有时甚至严重劣化器件性能；薄膜内应力对薄膜电子器件和薄膜传感器性能有很大影响等。因此，薄膜应力研究在薄膜基础理论和应用研究中都十分重要，薄膜应力测量备受人们关注。

[实验目的]

(1) 初步了解薄膜应力的起源，影响薄膜应力的主要因素。

(2) 学习一种利用光的干涉测量薄膜应力的方法。

[实验仪器]

钠光灯，带分光镜的读数显微镜，镀有 Al 或 Ag 半透膜的标准平面玻璃，SBC-12 型直流溅射镀膜仪(配有银靶)，直径 18mm、厚度 0.15mm 的圆形玻璃基片等。

[预习提示]

(1) 初步了解薄膜应力分类及起源。

(2) 测量薄膜应力所用的基本公式是什么？需要测量哪些物理量？

(3) 了解测量薄膜应力的装置。

[实验原理]

应力是薄膜制备和生产过程中存在的普遍现象。薄膜所受的应力分外应力和内应力。外应力是外部对薄膜施加的力，内应力是在薄膜制造过程中，在薄膜内部自己产生的应力。内应力又分为热应力和本征应力。热应力是由于薄膜和基底的热膨胀系数差别引起的，是可逆的。本征应力来自薄膜的结构因素和缺陷，是内应力中的不可逆部分。人们研究较多的是薄膜本征应力，对本征应力的起源提出了很多种模型和理论，但迄今为止尚无一个模型可以解释所有的实验事实，因此研究薄膜内应力的起源和规律，仍是内应力研究的重点。总之，薄膜应力取决于材料、淀积工艺技术和各种环境参数，不同的沉积条件和生长过程将使薄膜处于不同的应力状态。

测量薄膜应力的基本方法有两种：一种是晶格常数法(例如 X 射线法)，该方法虽然测试灵敏度高，受样品尺寸影响小，但是无法对非晶结构材料进行测量。另一种是基片弯曲法，它是通过测量应力所引起的材料宏观形变得到应力。

本实验基于基片弯曲法和牛顿环的基本原理，用钠光灯、带分光镜的读数显微镜、镀有 Al 或 Ag 半透膜的标准平面玻璃搭建一套薄膜应力测量装置，测量薄膜应力。

在圆形的平面基片上镀膜以后，通常圆形的平面基片都会发生形变，其表面变成碗形的空间曲面。可以认为，基片所发生的形变完全是由薄膜内存在的残余应力作用的结果。把这个曲面视作球面的一部分，就可以近似地用 Stoney 公式，由镀膜前后基片曲率半径的变化计算出薄膜内残余应力的大小为

$$\sigma_f = \frac{1}{6} \cdot \frac{E_s}{1-\nu_s} \cdot \frac{t_s^2}{t_f} \cdot \left[\frac{1}{R_{\text{post}}} - \frac{1}{R_{\text{pre}}}\right] \tag{2.2-1}$$

式中，σ_f 为薄膜应力，E_s 为基片弹性模量，ν_s 为基片泊松比，t_s 为基片厚度，t_f 为薄膜厚度，

R_{pre} 和 R_{post} 为镀膜前后基片的曲率半径。

Stoney 公式采取了如下基本假设：①$t_f \ll t_s$；②$E_f \approx E_s$，即基底与薄膜的弹性模量相近；③基底材料是均质、各向同性、线弹性的；④薄膜材料是各向同性的，薄膜残余应力为双轴应力；⑤薄膜残余应力沿厚度方向均匀分布；⑥小变形，并且薄膜边缘部分对应力的影响非常微小。

在式(2.2-1)中，E_s，ν_s，t_s 的大小由基片材料本身决定，在镀膜前已明确。t_f 的大小可以通过制作台阶样品用干涉方法测出，R_{pre} 和 R_{post} 的大小可以用牛顿环法进行测量。如果逐点测量出镀膜前后基片各点的曲率半径，就可以由式(2.2-1)计算得到薄膜样品的应力分布。在很多场合，人们关注薄膜样品的平均应力情况，这时可以通过测出镀膜前后圆形基片半径范围内的干涉条纹数目来计算平均应力。设基片直径为 d，光的波长为 λ，N_{post} 与 N_{pre} 分别为圆形基片半径范围内沉积有薄膜的基片与未沉积薄膜的基片的干涉条纹数目，则式(2.2-1)可以写为

$$\sigma_f = \frac{1}{6} \cdot \frac{E_s}{1-\nu_s} \cdot \frac{t_s^2}{t_f} \cdot \frac{4\lambda}{d^2}[N_{post} - N_{pre}] \tag{2.2-2}$$

对于玻璃基片，其弹性模量和泊松比近似取石英的数值：$E_s = 53$GPa（取对应于厚度为 0.19mm 的石英的值），$\nu_s = 0.17$。

沉积在基片上的薄膜内存在的应力会使基片发生一定程度的形变。这种形变的类型有两种：①应力造成基片朝膜的一侧凸起，即薄膜表面呈凸形，此时应力为压应力；②应力造成基片朝背向膜的一侧凸起，即薄膜表面呈凹形，此时应力为张应力。薄膜表面凸凹性的简单判断方法是：用手指轻轻压一下半透膜（相当于半透膜与样品间距离有一极微小的缩短），如条纹向外围扩展，则样品呈凸形；如条纹向中心收缩，表明样品呈凹形。以 $\sigma_f > 0$ 表示张应力，$\sigma_f < 0$ 表示压应力。

[仪器装置]

实验装置由钠光灯、读数显微镜（带分光镜）和镀有半透膜的标准平面玻璃组成。图 2.2-1 是样品放置图。薄膜样品放在工作平台上，膜面朝上，样品两边放置厚度（0.429mm）很均匀的硅片作为垫片（见图 2.2-1(a)），镀有半透膜的平面玻璃放在两垫片上，镀有半透膜的一面朝下，与样品之间形成空气隙（图 2.2-1(b)）。测量装置光路图如图 2.2-2 所示。由钠光灯发出的光投射到分光镜上。分光镜（倾斜度可调）的作用一方面是使光束经它反射后垂直入射到待测样品上，另一方面它可以透过光，故可在其上面的显微目镜中观察到由空气劈尖产生的干涉条纹。垂直入射的钠光照射到半透膜平面和待测膜表面上，两表面反射光产生的等厚干涉条纹，经一系列光学透镜显现在测微目镜中。

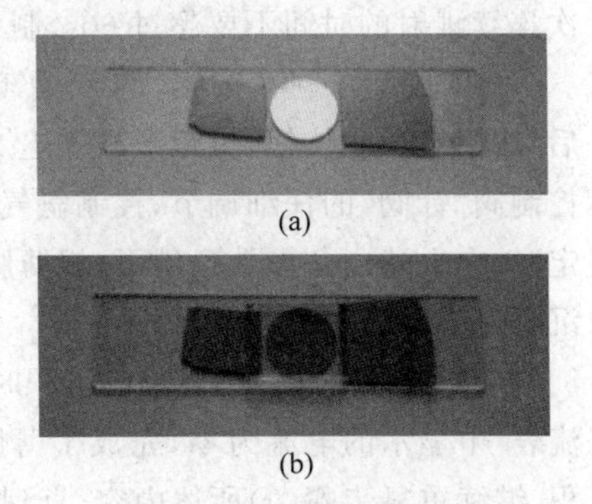

(a)

(b)

图 2.2-1 样品放置图

图 2.2-3 为用本套实验装置在钢基底上制备厚度为 2μm 的氧化铝薄膜的样品上观察到的牛顿环，而在沉积氧化铝薄膜前对钢基底的观察没有看到牛顿环。

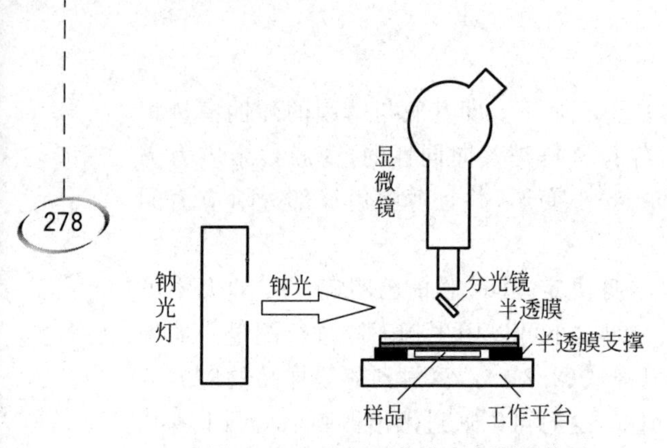

图 2.2-2　牛顿环薄膜应力测量装置示意图

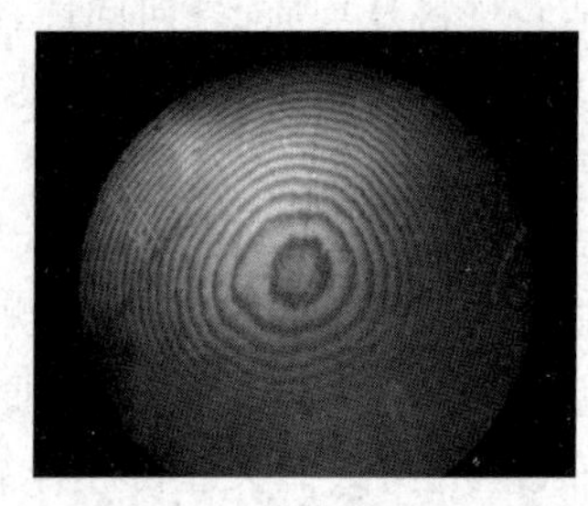

图 2.2-3　钢基底上制备厚度 2μm 氧化铝薄膜后在样品上观察到的牛顿环

[实验内容与测量]

实验内容为在圆形玻璃基片上制备不同厚度的银薄膜，测量银薄膜应力随薄膜厚度的变化。薄膜厚度由沉积时间控制，沉积时间分别取为 5min、6min、7min、7.5min、8min、9min、10min、13min、16min、20min，其余制备参数在下面具体实验步骤中给出。注意在整个样品制备过程中保持这些制备参数不变。

具体实验步骤如下。

(1) 在沉积薄膜前，测量每片圆形玻璃基片半径范围的干涉条纹数目，并做好记录。

(2) 把银靶与工作台间的距离调到 50mm。

(3) 用超声波清洗器先后在丙酮、无水乙醇中清洗玻璃基片，把基片烘干后放在镀膜室的工作台上；盖上镀膜室的顶盖，顶盖上带有银靶。

(4) 打开"总电源开关"，机械泵开始对镀膜室抽真空，从真空表上观测镀膜室的真空度。当真空度小于 2Pa 时，打开氩气控制阀"针阀"(逆时针转动"针阀"为开，氩气流量加大；顺时针转动"针阀"为关，氩气流量减少)，向镀膜室中充入氩气，使镀膜室的真空度达到 3～4Pa(以溅射电流值在 5～10mA 为准)。

(5) 设定好"定时器"的时间，即薄膜制备时间(溅射时间或沉积时间)。为防止过热，单次连续溅射的时间不要超过 60s，制备较厚的薄膜时，可采取多次溅射的办法。

(6) 按下"试验"按钮，调节氩气流量控制溅射电流为 6mA，立即松开"试验"按钮；然后，按下"启动"按钮，银靶上被加上 2480V 的溅射电压，银薄膜沉积开始。随时通过对氩气控制阀"针阀"的仔细调节，控制氩气的流量，使镀膜室的真空度稳定(即保持溅射电流的稳定)。在上述制备参数条件下，银薄膜沉积速率约为 5nm/min，也可自行制备台阶样品测量沉积速率。

(7) 当"定时器"所设定的沉积时间达到之后，溅射电压降为零，溅射自动停止，"溅射电流表"中显示的电流为零，完成了薄膜制备过程中的一次溅射沉积。如果需要多次溅射沉积，继续重复步骤(5)所述内容，直到达到所需要的沉积时间，最终完成薄膜的制备。

(8) 关闭氩气控制阀"针阀"，关上"总电源开关"，用手拉起镀膜室顶盖上的"放气阀"，给镀膜室放入空气(这时发出"嗞嗞"的声响)。镀膜室回到大气压下后("嗞嗞"的声响消失),打开镀膜室顶盖,取出薄膜样品。注意:工作台温度较高(约70℃左右),谨防烫伤。

(9)测量不同沉积时间制备的薄膜样品半径范围内的干涉条纹数目,做好数据记录。

[注意事项]

(1)制备不同厚度的银薄膜时,不要使“溅射电流表”中显示的电流超过8mA,以免烧坏设备。

(2)不要接触镀膜室顶盖上的电压输入端头,以免触电。

[数据处理与分析]

整理记录的测量数据,应用式(2.2-2)计算薄膜应力,并画出薄膜应力随膜厚变化的曲线图。

[讨论]

讨论银薄膜应力随薄膜厚度变化的规律。

[结论]

通过对实验现象和实验结果的分析,你能得到什么结论?

[思考题]

对于本实验制备的银薄膜,哪些因素可能影响银薄膜应力?怎样研究这些因素的影响?

[参考文献]

[1] 杨于兴,穆树人,张榴凤.高温氧化薄膜应力的测定[J].上海交通大学学报,1997,31(1):80-82.
[2] 唐壁玉,靳九成,李绍绿,等.CVD金刚石薄膜的应力研究[J].高压物理学报,1997,11(1):56-60.
[3] 朱长纯,赵红坡,韩建强,等.MEMS薄膜中的残余应力问题[J].微纳电子技术,2003,(10):30-34.
[4] 向鹏,金春水.Mo/Si多层膜残余应力的研究[J].光学精密工程,2003,11(1):62-66.
[5] 邵淑英,范正修,范瑞英.薄膜应力研究[J].激光与光电子进展,2005,42(1):22-27.
[6] 范玉殿,周志烽.薄膜内应力的起源[J].材料科学与工程,1996,14(1):5-12.
[7] 熊胜明,张云洞,唐晋发.电子束反应蒸发氧化物薄膜的应力特性[J].光电工程,2001,28(1):13-15.
[8] 王成,张桂彦,马莹,等.薄膜应力测量方法研究[J].激光与光电子学进展,2004,41(9):28-32.
[9] STONEY G. The tensions of metalic films deposited by electroplating[J]. Proc. Royal Society,1990,82:172.
[10] 范玉殿,周志烽.薄膜应力的测量[J].薄膜科学与技术,1992,25(3):1-9.
[11] 吴平,邱宏,姜德怀,等.用干涉方法测量薄膜应力[J].物理实验,2006,26(9):7-9.
[12] 吴平.大学物理实验教程[M].2版.北京:机械工业出版社,2015.

实验2.3　金属薄膜电阻率的测量

[引言]

微电子技术是当今高新技术领域中最为重要的领域之一。支持微电子技术发展的重要材料之一就是薄膜材料。由于薄膜的厚度(简称膜厚)非常薄,膜厚对薄膜材料的物理特性(如电学性质、光学性质、磁学性质、力学性质、铁电性质等)有很大影响。薄膜材料的物理特性受膜厚影响的现象被称为尺寸效应。尺寸效应决定了薄膜材料的某些物理、化学特性不同于块体材料,使薄膜材料表现出一些新的功能和特性。因此,尺寸效应是薄膜材料科学中基本而又重要的效应之一。

四探针法是材料学及半导体行业电学表征较常用的方法。依据测试结构的不同,四探针法可分为直线形、方形、范德堡和改进四探针法,其中直线形四探针法最为常用。这种方法是四端接线法测量低电阻的实际应用,原理简单,能消除接触电阻影响,具有较高的测试精度。

金属薄膜的电阻率是金属薄膜材料的一个重要物理特性,是科研开发和实际生产中经常测量的物理特性之一。本实验介绍在科研和生产实际中广泛应用的直线四探针法测量金属薄膜电阻率的原理和方法,并通过测量不同厚度的金属薄膜的电阻率,了解薄膜材料的尺寸效应。

[实验目的]

(1) 了解和学会使用直线四探针法测量金属薄膜电阻率的原理和方法。
(2) 了解薄膜的膜厚对金属薄膜电阻率的影响,即金属薄膜电阻率的尺寸效应。
(3) 分析用四探针法测量金属薄膜电阻率时可能产生误差的根源。

[实验仪器]

四探针金属/半导体电阻率测量仪,不同膜厚的银薄膜样品。

[预习提示]

(1) 了解直线形四探针法测量金属薄膜电阻率的原理和方法。
(2) 了解主要测量步骤和需要测量的物理量。

[实验原理]

1. 薄膜厚度对金属薄膜电阻率的影响

金属块体材料的电阻率是由金属中自由电子的平均自由程决定的。在外加电场的作用下,金属中的自由电子在金属中作定向运动,从而形成电流。当作定向运动的自由电子同金属中的声子(由晶格热振动产生)、缺陷(如点缺陷、杂质、空洞、晶粒间界等)发生碰撞,其运动方向就会发生改变,由碰撞引起的自由电子原定向运动方向的改变是金属块体材料具有电阻的根源。相继两次碰撞之间自由电子运动的平均距离称为自由电子的平均自由程。因此可以预见,金属中自由电子的平均自由程越短,金属材料的电阻率越大;反之,金属中自由电子的平均自由程越长,金属材料的电阻率越小。

根据薄膜的定义,薄膜材料的厚度(膜厚)是非常薄的,通常在 $1\mu m$ 以下。如果金属薄膜的膜厚小于某一个值时,薄膜的厚度将对自由电子的平均自由程产生影响,从而影响薄膜材料的电阻率,这就是所说的薄膜的尺寸效应。如何理解薄膜的尺寸效应呢?图 2.3-1 给出了说明薄膜尺寸效应的示意图。

如图 2.3-1 所示,金属薄膜膜厚为 d,电场 E 沿 x 轴反方向。假定自由电子从 O 点出发到达薄膜表面 H 点,OH 的距离同金属块体材料中自由电子平均自由程 λ_B 相等,即

$$OH=\lambda_B$$

自由电子运动方向与 z 轴(薄膜膜厚方向)的夹角为 ϕ_0,在 ϕ_0 所对应的立体角范围内(图 2.3-1 中显示的 B 区),由 O 点出发的自由电子运动到薄膜表面并同其发生碰撞时所走过的距离小于自由电子平均自由程 λ_B。这意味着,B 区中的自由电子在同声子和缺陷发生碰撞之前就已同薄膜表面发生了碰撞,也就是说,B 区中的自由电子的平均自由程小于块体材料中自由电子的平均自由程。但是,在大于 ϕ_0 所对应的立体角范围内(图 2.3-1 中显示的 A 区),由 O 点出发的自由电子运动到薄膜表面并同其发生碰撞时所走过的距离大于自由电子的平均自由程 λ_B,即自由电子的平均自由程没有受到薄膜表面的影响。综合上述分析,金属薄膜材料中有效自由电子平均自由程是由 A 区和 B 区两部分组成,由于 B 区中自由电子的平均自由程小于块体材料中自由电子的平均自由程,所以金属薄膜材料中有效自由电子平均自由程小于块体材料中自由电子平均自由程,从而使薄膜材料的电阻率高于块体材料的电阻率。而当薄膜的膜厚远远大于块体材料的自由电子平均自由程时,薄膜表面对在电场作用下自由电子的定向运动将没有影响,这时薄膜的电阻率将表现出块体材料的电阻率,也就是说,当薄膜的膜厚很厚时,薄膜也就变成了块体材料。图 2.3-2 给出了金属薄膜厚度对金属薄膜中电子平均自由程的影响。一般地,室温下的金属块体材料,其自由电子平均自由程为十几纳米至几十纳米,如金的自由电子平均自由程约为 40nm。

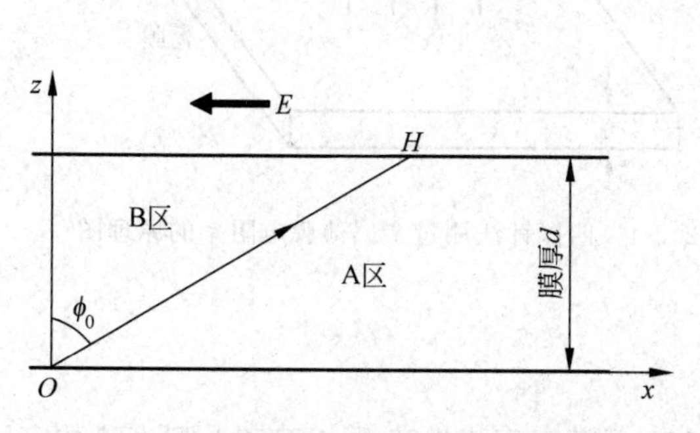

图 2.3-1 薄膜电阻率尺寸效应示意图

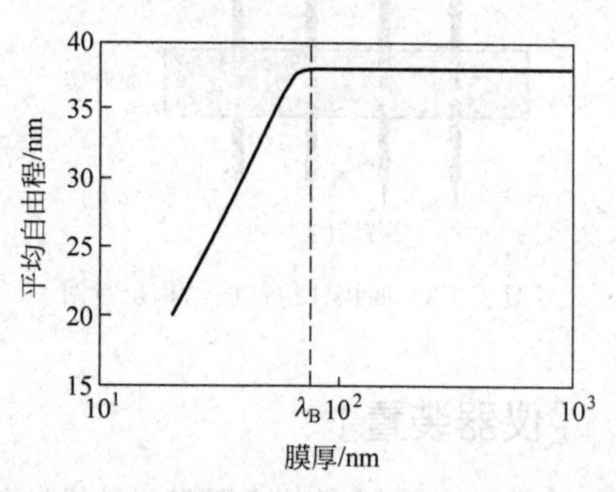

图 2.3-2 金属薄膜膜厚对电子平均自由程的影响

目前,较为简单、又能很好地反映出连续金属薄膜电阻率尺寸效应的公式是 Lovell-Appleyard 公式,其表达式如下

$$\rho_F=\rho_B\times\left(1+\frac{3}{8}\times\frac{\lambda_B}{d}\right) \tag{2.3-1}$$

式中,ρ_F 是连续金属薄膜的电阻率,ρ_B 是金属块体材料的电阻率,λ_B 是金属块体材料的自由电子平均自由程,d 是薄膜厚度。从式(2.3-1)可以看到,当薄膜厚度与块体材料自由电子平均自由程可比拟时,薄膜电阻率是大于块体材料电阻率的;当薄膜膜厚远远大于块体材料自由电子平均自由程时,式(2.3-1)中右边第二项趋近于零,薄膜电阻率趋于块体材料电阻率。

2. 金属薄膜电阻率的测量

金属块体材料的电阻很低,测量其电阻时要注意消除接触电阻的影响,需要采用四端接

线法。金属薄膜的电阻也很低，所以测量金属薄膜电阻率时也需要采用四端接线法。在生产、科研、开发中测量金属薄膜电阻率的四端接线法已经发展成为四探针法，其中直线形四探针法最为常用。直线形四探针的结构示意图如图 2.3-3 所示。四探针组件是由具有引线的四根探针组成，这四根探针被固定在一个支架上。

图 2.3-4 显示了四探针法测量金属薄膜电阻率的原理图。如图 2.3-4 所示，让四探针的针尖同时接触到薄膜表面上，四探针的外侧两个探针与恒流源相连接，四探针的内侧两个探针连接到电压表上。当电流从恒流源流出经四探针的外侧两个探针时，流经薄膜产生的电压可以从电压表读出。在薄膜的面积为无限大或远远大于四探针中相邻探针之间距离的时候，金属薄膜的电阻率 ρ_F 可以由下式给出

$$\rho_F = \frac{\pi}{\ln 2} \times \frac{V}{I} \times d \tag{2.3-2}$$

式中，d 是薄膜膜厚，I 是流经薄膜的电流，即图 2.3-4 中所示恒流源提供的电流，V 是电流流经薄膜时产生的电压，即图 2.3-4 中所示电压表的读数。

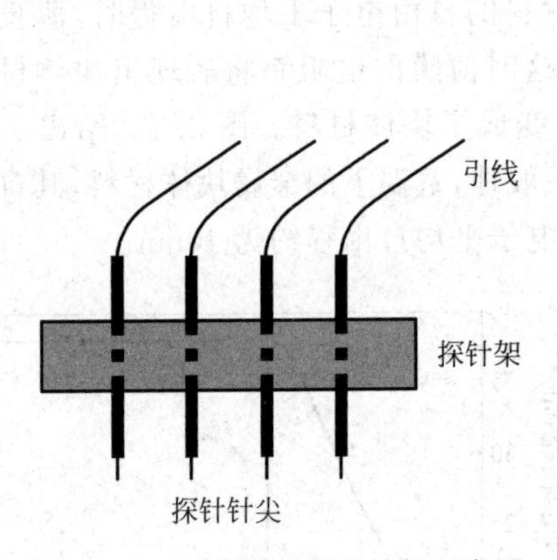

图 2.3-3 四探针组件的结构示意图

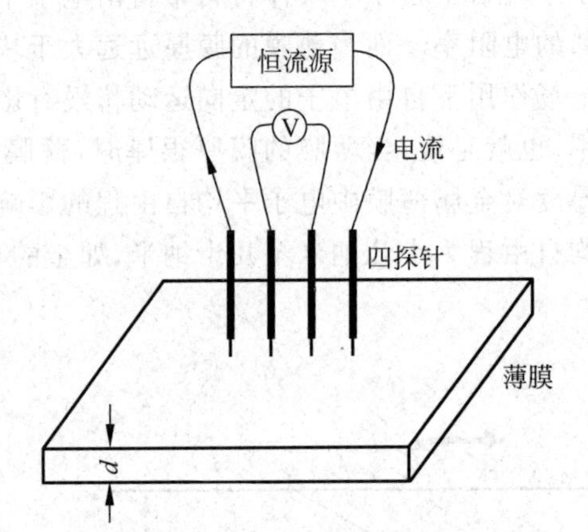

图 2.3-4 四探针法测量金属薄膜电阻率的原理图

[仪器装置]

四探针金属/半导体电阻率测量仪包含 SB118 型精密直流电流源、PZ158A 型直流数字电压表和四探针组件。SB118 型精密直流电流源电流输出范围为 1nA～50mA，最高输出电压 5V，电流量程分五档：20μA、200μA、2mA、20mA 和 50mA，带有粗调和细调旋钮，精度为±0.03%。PZ158A 型直流数字电压表具有 6 位半字长、0.1μV 电压分辨率，量程分五档：200mV、2V、20V、200V 和 1000V，精度为±0.006%。四探针组件由固定在支架上的具有引线的四根探针组成，相邻两探针的间距为 3mm，探针针尖直径约为 200μm。

[实验内容与测量]

实验内容为测量不同厚度银薄膜的电阻率，实验步骤如下。

(1) 打开 SB118 型精密直流电流源和 PZ158A 型直流数字电压表开关，使仪器预热 15min。

(2) 把四探针引线的端子分别正确地插入相应的精密直流电流源的“电流输出”孔和直

流数字电压表的“输入”孔中。注意电流的流动方向和电位的高低关系。

(3) 观察镀有银薄膜的玻璃衬底(样品),确定具有银薄膜的一面。

(4) 把样品放在样品台上,使具有银薄膜的一面向上。让四探针的针尖轻轻接触到银薄膜的表面,然后轻缓拧动四探针架上的螺丝把四探针架固定在样品台上(观察电压表示数,待电压表的显示数刚刚稳定便停止拧动四探针架上的螺丝),使四探针的所有针尖与银薄膜有良好的接触。

(5) 使用精密直流电流源,从“200μA”档开始,选择适当量程以及适当调节“电流调节”的“粗调”和“细调”旋钮,测量九个不同电流值所对应的电压值,具体电流值的选取可自行考虑确定。在每一电流值下测量电压时,应分别测量正、反向电压(通过按下“正向”“反向”按键来实现),再取其大小的平均值作为测量结果。

(6) 分别测量不同膜厚的银薄膜的 V、I 值,记录测量数据。

(7) 实验完成后,关闭各仪器的电源。把测量样品从样品台上取下并保存好,整理好工作台面。

[注意事项]

(1) 不要让四探针在样品表面滑动,以免探针针尖划伤薄膜。

(2) 在拧动四探针架上的螺丝时,不要拧得过紧,以免四探针针尖严重划伤或扎透银薄膜,只要四探针的所有针尖与银薄膜有良好接触即可。

(3) 测量时,流过薄膜的最大电流值对应的电压值不要超过 5mV,以免电流太大导致样品发热,从而影响测量的准确性。

(4) 通过按键切换“量程选择”以及换测量样品时,一定要先把精密直流电流源的电流调为零。

[数据处理与分析]

(1) 对每一个银薄膜样品,作出电压随电流变化的关系图,拟合直线,并由拟合直线斜率求出该样品 V/I 值。

(2) 应用式(2.3-2),用不同膜厚银薄膜样品的 V/I 值,计算出电阻率。

[讨论]

(1) 根据求出的电阻率绘制银薄膜电阻率和膜厚变化的实验曲线。对电阻率和膜厚的实验曲线进行分析讨论。

(2) 测量电压时,为什么要测量同一电流下的正、反向电压,再取其平均值?如果不这样做,会产生误差吗?用实验数据来支持你的观点。

[结论]

通过对实验现象和实验结果的分析,你能得到什么结论?

[思考题]

(1) 根据式(2.3-1),从银薄膜电阻率和膜厚关系给出银的块体材料电阻率、自由电子平均自由程，并把实验获得的电阻率与实际块体材料的值相比较。根据比较的结果，你能够给出哪些分析？提示：以薄膜的电阻率为纵轴，膜厚的倒数为横轴作图。

(2) 本实验中有哪些因素能够对实验结果产生误差？用实验数据来支持你的观点。

[参考文献]

[1] WAGENDRISTEL A,WANG Y. An Introduction to Physics and Technology of Thin Films[M]. London：World Scientific Publishing,1994.

[2] 王力衡，黄远添，郑海涛.薄膜技术[M].北京：清华大学出版社，1991.

[3] 唐伟忠.薄膜材料制备原理、技术及应用[M].北京：冶金工业出版社，1998.

[4] 李建昌，王永，王丹，等.半导体电学特性四探针测试技术的研究现状[J].真空，2011，48(3)：1-7.

[5] 林育琼，冯仕猛，王坤霞，等.金属薄膜厚度小于电子自由程对其光反射率的影响[J].光子学报，2011，40(2)：263-266.

[6] 范平，伍瑞锋，赖国燕.连续金属薄膜的电阻率研究[J].真空科学与技术，1999，19(6)：445-451.

[7] 卢春凤，董亚峰.四探针电阻率测试仪电阻率参数的不确定度评定[J].仪表技术，2011，(7)：38-39.

[8] 邱宏，吴平，王凤平，等.把"四探针测量金属薄膜电阻率"引入普通物理实验[J].大学物理，2004，23(5)：59-62.

[9] 吴平，邱宏，赵云清，等.低真空条件下制备的银薄膜电阻率特性及结构[J].物理实验，2007，27(3)：3-6.

[10] 吴平.大学物理实验教程[M].2版.北京：机械工业出版社，2015.

[11] 邱邃宇，于明鹏，邱宏.探针压力对四探针法测量银薄膜电阻率的影响[J].科技创新导报，2010，(28)：98-99.

实验 2.4　变温霍耳效应

[引言]

霍耳效应测量是研究半导体材料性能的基本实验方法，通过它可以确定材料的电学参数，如霍耳系数、电导率、迁移率、导电类型、载流子浓度等。变温霍耳效应测量则可以研究材料上述电学参数随温度的变化，从而更深入地了解半导体材料电输运性质。

[实验目的]

(1) 了解变温霍耳效应测量及范德堡测量方法。

(2) 测量碲镉汞单晶样品变温霍耳效应，获得其霍耳系数、电阻率、迁移率、载流子浓度等随温度的变化关系。

[实验仪器]

变温霍耳效应实验仪，碲镉汞单晶薄片样品。

[预习提示]

(1) 了解范德堡法样品电极引线的布置。

(2) 了解范德堡法测量样品电阻率、霍耳电压、霍耳系数、迁移率、载流子浓度的方法。

［实验原理］

对于厚度均匀的任意形状的薄片样品，可采用范德堡（Van der Pauw，VDP）法进行电阻率和霍耳效应测量。图 2.4-1 给出范德堡法样品电极引线示意图，在样品侧边引出四根电极引线，样品电流和电压定义与方向见表 2.4-1，其中 V_H 为霍耳电压，磁感应强度方向垂直于样品表面。

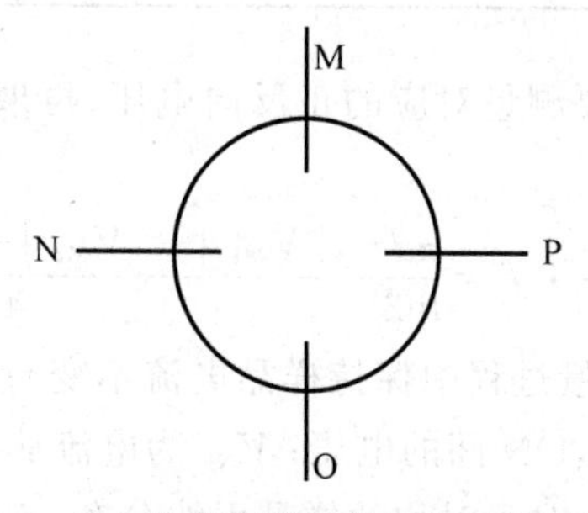

图 2.4-1　范德堡样品电极位置与引线

表 2.4-1　范德堡法样品电流和电压定义

电压符号	电流流向	电　压
V_H	$I_+=M, I_-=O, M\rightarrow O$	$A=P, B=N, V_{MO,PN}$
V_M	$I_+=M, I_-=P, M\rightarrow P$	$A=O, B=N, V_{MP,ON}$
V_N	$I_+=M, I_-=N, M\rightarrow N$	$A=O, B=P, V_{MN,OP}$

注：A 为微伏表正端，B 为微伏表负端。

1. 电阻率

用范德堡法测量样品电阻率时（磁感应强度 $B=0$），依次在一对相邻的电极间通入电流，用另一对电极测量电压。如图 2.4-1 所示，在 M、P 电极间通入电流 I_{MP}，测量 O、N 间电压 $V_{MP,ON}$，得到

$$R_{MP,ON}=\frac{|V_{MP,ON}|}{I_{MP}} \tag{2.4-1}$$

在 M、N 电极间通入电流 I_{MN}，测量 O、P 间电压 $V_{MN,OP}$，得到

$$R_{MN,OP}=\frac{|V_{MN,OP}|}{I_{MN}} \tag{2.4-2}$$

电阻率由下式给出

$$\rho=\frac{\pi d}{\ln 2}\cdot\frac{R_{MP,ON}+R_{MN,OP}}{2}\cdot f \tag{2.4-3}$$

式中，d 为样品厚度；f 是几何修正因子，也称范德堡因子，其值在 0～1，是由于样品的几何形状和电极配置的不对称性所引入的修正因子。f 是 $R_{MP,ON}/R_{MN,OP}$ 的函数，可近似表示为

$$f=1-0.3466\left(\frac{R_{MP,ON}-R_{MN,OP}}{R_{MP,ON}+R_{MN,OP}}\right)^2 \tag{2.4-4}$$

由这一近似关系可以得到表 2.4-2 的范德堡因子表。

表 2.4-2 范德堡因子表

$\frac{R_{MP,ON}}{R_{MN,OP}}$	1.0	1.2	1.4	1.6	1.8	2.0	2.2
f	1.000	0.997	0.990	0.982	0.971	0.961	0.951
$\frac{R_{MP,ON}}{R_{MN,OP}}$	2.4	2.6	2.8	3.0	5.0	10	20
f	0.941	0.932	0.922	0.913	0.81	0.69	0.59

为了使测量准确，对每一电流要测量对应的正反向电压，再取其大小的平均值。这样，对于范德堡样品

$$\rho=\frac{\pi d}{\ln 2}\cdot\frac{R_{MP,ON}+R_{MN,OP}}{2}\cdot f=\frac{\pi d}{\ln 2}\cdot\frac{|V_{M1}|+|V_{M2}|+|V_{N1}|+|V_{N2}|}{4I}\cdot f \tag{2.4-5}$$

式中，I 为通过样品的电流(测量过程中保持样品电流不变)；V_{M1} 为电流从 M 到 P，ON 间的电压；V_{M2} 为电流从 P 到 M，ON 间的电压；V_{N1} 为电流从 M 到 N，OP 间的电压；V_{N2} 为电流从 N 到 M，OP 间的电压；对于对称的样品引线分布，$f\approx 1$。

2. 霍耳电压

测量霍耳电压时，由 M、O 两极通入电流，由 N、P 两极测量霍耳电压。为了尽可能消除副效应的影响，要在不同样品电流方向和不同磁场方向下进行 4 次霍耳电压测量，得到对应的 4 个霍耳电压值 V_{H1}，V_{H2}，V_{H3}，V_{H4}。最后，霍耳电压为

$$|V_H|=\frac{1}{4}(|V_{H1}+V_{H2}+V_{H3}+V_{H4}|) \tag{2.4-6}$$

3. 霍耳系数

测出霍耳电压后，可以计算出霍耳系数 R_H

$$R_H=\frac{V_H d}{IB} \tag{2.4-7}$$

式中，V_H 是霍耳电压，单位为 V；d 是样品厚度，单位为 m；I 是通过样品的电流，单位为 A；B 是磁感应强度，等于磁通密度，单位为 Wb/m^2；霍耳系数的单位是 m^3/C。

4. 载流子浓度

对于单一载流子导电的情况，载流子浓度为

$$n=\frac{1}{R_H q} \tag{2.4-8}$$

式中 q 为载流子电荷量。当载流子为电子或空穴时

$$n=\frac{10^{19}}{1.6R_H}(m^{-3}) \tag{2.4-9}$$

5. 霍耳迁移率

霍耳迁移率 μ 由下式计算得到

$$\mu=\frac{R_H}{\rho} \tag{2.4-10}$$

式中 ρ 为样品的电阻率。对于混合导电的情况，按照上式计算出来的结果无明确的物理意

义，既不代表电子的迁移率，也不代表空穴的迁移率。

[仪器装置]

变温霍耳效应测试系统仪由电磁铁、SV-12 型变温恒温器、装在恒温器内冷指上的样品、TC201 型控温仪、CVM-200 型霍耳效应实验仪、连接电缆等组成。如图 2.4-2 所示。

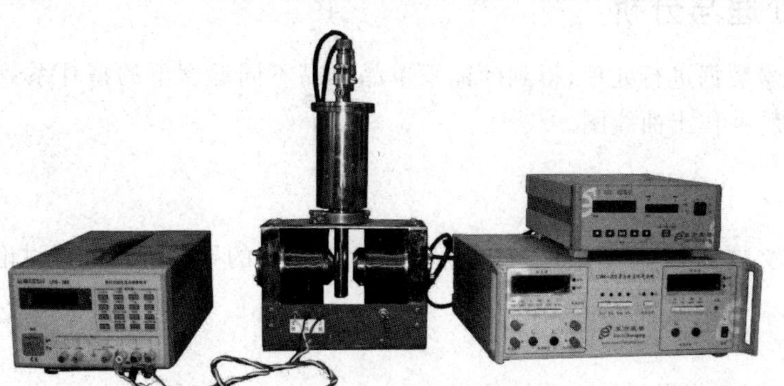

图 2.4-2 变温霍耳效应测试系统

变温霍耳效应测试系统的主要技术指标为：磁感应强度大于 0.27T；样品电流 0.1nA～199mA；测量电压 2μV～199mV；控温精度可达±0.2℃/30min(与实验操作有关)；变温范围 80～320K；恒温器液氮容量 200mL；静态液氮保持时间 4～6h(与预抽真空有关)。

[实验内容与测量]

1. 实验内容

在变温环境下(80～320K)测量碲镉汞单晶样品的霍耳电压和电阻率。更多实验内容可根据课题型实验的需要拟定。

2. 实验步骤

(1) 标定磁场。用指南针确定电磁铁磁极性与励磁电流方向间的关系，供判断载流子类型使用。用特斯拉计在室温下标定电磁铁励磁电流与磁场强度的关系。

(2) 用机械泵对恒温器夹层抽真空。抽气 20min 左右后停止，先关抽气阀，再关机械泵。

(3) 室温霍耳测量。将 19 芯电缆与恒温器连接好，将恒温器放置在磁场正中心，样品开关选择碲镉汞单晶样品，调整样品电流到 50.00mA。开机预热约 30min，然后进行室温下的霍耳测量。若霍耳电压较小，可适当增大样品电流。

(4) 变温霍耳测量。抽出恒温器中心杆，向恒温器中注入液氮，再插入中心杆，顺时针转动中心杆至最低位置，再回旋约 180°～720°，然后就可以通过设定控温仪的温度来获得 80～320K 的各种中间温度了。等温度控制稳定后，进行不同温度下的霍耳测量。注意：中心杆旋高则冷量增大，适于较低温度的实验；设定温度不能高于恒温器容许的最高温度 30℃，以防烧坏恒温器；加热档应放在 15%档，一般情况下不可放在 100%档(防止烧毁加热器或控温仪)。

[注意事项]

关机械泵时一定要先关抽气阀门，再关机械泵。否则，机械泵泵油会回流，造成真空系统污染。

[数据处理与分析]

对实验测量数据进行处理，得到碲镉汞单晶样品不同温度下的霍耳系数、电阻率、迁移率、载流子浓度，并作出曲线图。

[讨论]

查阅相关文献，对实验结果进行讨论，对碲镉汞单晶的导电机制进行讨论。

[结论]

通过实验，写出你得到的主要结论。

[思考题]

改变通过样品的电流方向和所加的磁场方向，能够消除哪些副效应？根据实验测量的变温霍耳电压数据，分别考察不同电流方向和磁场方向时霍耳电压随温度的变化，讨论副效应的影响。

[参考文献]

[1] 曲晓英，李玉金. 锗单晶体变温霍耳效应实验数据的处理[J]. 大学物理，2008，27(11)：37-39.

[2] 温才，赵北君，朱世富，等. 硒化镉(CdSe)单晶体的变温霍尔效应研究[J]. 功能材料，2005，36(10)：1538-1541.

[3] 北京东方晨景科技有限公司. 近代物理实验仪器-使用说明书汇编[Z]. 2008.

[4] 蔡毅. 碲镉汞探测器的回顾与展望[J]. 红外与激光工程，2022，51(1)：20210988.

实验 2.5 用反射式谐振腔测量微波介质材料电容率

[引言]

微波介质材料在雷达、精确制导、电子对抗、隐身技术、遥控遥测、微波通信、卫星通信等领域有广泛应用，用来制作电路基片、滤波器、衰减器、天线介质外罩、介质波导、输出窗、匹配终端以及绝缘支撑等各种微波器件。电容率和损耗角正切是描述电磁场与材料相互作用的最基本特征参数，是研究微波介质材料微波特性和设计、评价微波器件与电路的基础。因此，准确测量这两个参数是非常重要的。

目前，测量微波频段电容率和损耗的方法较多，主要有网络参数法和谐振腔法两大类。网络参数法将测试样品和测试器具视为单端口或双端口网络，利用波的反射和透射特性计算出材料的电磁参数。谐振腔法是利用谐振腔中有无测试样品时谐振频率和品质因数的变化，计算出材料的电磁参数。

谐振腔法具有较高的灵敏度和测试准确度，适用于低损耗材料的测量。本实验将采用反射式谐振腔法，测量出样品放入谐振腔前后品质因数的变化，再根据一定的公式计算出材料的电容率和损耗角正切。

[实验目的]

用反射式谐振腔法测量微波铁氧体的电容率和损耗角正切。

[实验仪器]

微波信号源，T型环行器，TE_{10p} 型矩形谐振腔，衰减器，隔离器，波长计，示波器等。

[预习提示]

(1) 用反射式谐振腔法测量电容率和损耗角正切的基本原理和计算公式。
(2) 主要实验步骤。

[实验原理]

1. 反射式谐振腔的谐振曲线

反射式谐振腔的相对反射功率 $R(f)$ 与频率的关系曲线称为反射式谐振腔的谐振曲线，参见图2.5-1。$R(f)$ 定义为在腔的输入端的反射功率 P_r 与入射功率 P_1 之比，即

$$R(f)=\frac{P_r(f)}{P_1(f)} \tag{2.5-1}$$

在半功率点有

$$4Q^2\left(\frac{\Delta f_{\frac{1}{2}}}{f_0}\right)^2=1 \tag{2.5-2}$$

所以，有载品质因数

$$Q=\frac{f_0}{2\Delta f_{\frac{1}{2}}}=\frac{f_0}{|f_1-f_2|} \tag{2.5-3}$$

由实验可以直接测出谐振频率 f_0 和半功率频宽 $2\Delta f_{\frac{1}{2}}=|f_1-f_2|$，从而可按式(2.5-3)算出 Q。

2. 电容率 ε 和介电损耗角正切 $\tan\delta_\varepsilon$

微波铁氧体的电容率 ε 一般是复数，有

$$\begin{cases}\varepsilon=\varepsilon'-\mathrm{j}\varepsilon'' \\ \tan\delta_\varepsilon=\varepsilon''/\varepsilon'\end{cases} \tag{2.5-4}$$

式中 ε' 和 ε'' 分别表示 ε 的实部和虚部。

选择一个 TE_{10P} 型矩形谐振腔(一般选 P 为奇数)，其谐振频率为 f_0。将一根铁氧体细长棒(如YIG，样品横截面可以是圆或正方形)放入谐振腔中微波电场最大、磁场为零的位置，如图2.5-2所示。铁氧体棒的长轴与 y 轴平行，中心位置在 $x=b/2$，$z=l/2$ 处，因棒的横截面积足够小，可以认为样品内微波电场最大，微波磁场近似为零。对样品规格作如下假设。

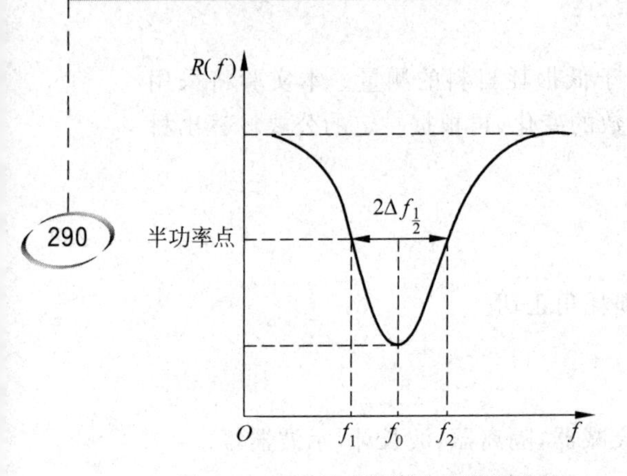

图 2.5-1　反射式谐振腔的谐振曲线

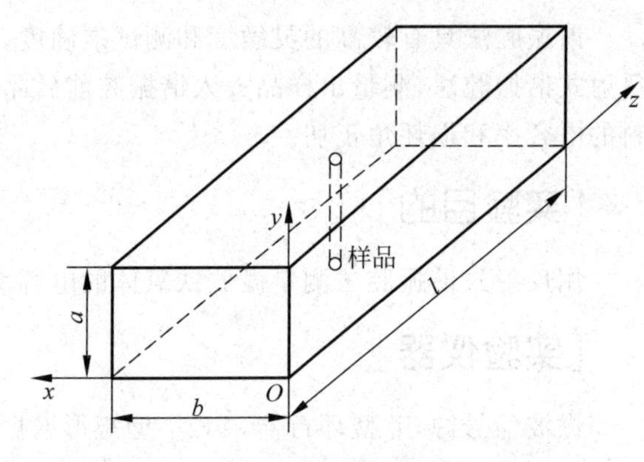

图 2.5-2　TE_{10P}(P=奇数)型的矩形谐振腔

(1) 样品的横向尺寸 d(圆形的直径或正方形的边长)与棒长 h 相比要小得多(一般 $d/h<1/10$)，y 方向的退电场可以忽略；

(2) 样品体积 V_s 和谐振腔体积 V_0 相比小得多，可以把样品看成微扰。

由微扰法可以得到下述关系：

$$\begin{cases}\dfrac{f_s-f_0}{f_0}=-2(\varepsilon'-1)\dfrac{V_s}{V_0}\\[2mm]\dfrac{1}{2}\Delta\left(\dfrac{1}{Q}\right)=2\varepsilon''\dfrac{V_s}{V_0}\end{cases}\tag{2.5-5}$$

其中，f_s 和 f_0 分别表示谐振腔放进样品和未放进样品时的谐振频率，$\Delta\left(\dfrac{1}{Q}\right)$ 表示谐振腔放进样品前后的品质因数 Q 值的倒数的变化。

采用反射式谐振腔作为测量腔，通过观测反射式谐振腔放进样品前后的谐振频率(f_0，f_s)和半功率频宽($|f_1-f_2|_0$，$|f_1-f_2|_s$)，即可由式(2.5-3)和式(2.5-5)计算出 ε'，ε''(样品体积 V_s 和谐振腔体积 V_0 是容易测量的)，再根据式(2.5-4)就可以计算出电容率和损耗角正切。

[仪器装置]

用反射式谐振腔测量 ε 和 $\tan\delta_\varepsilon$ 的装置如图 2.5-3 所示。反射式谐振腔尺寸为 $a=22.86\text{mm}$，$b=10.16\text{mm}$，$l=67.66\text{mm}$。

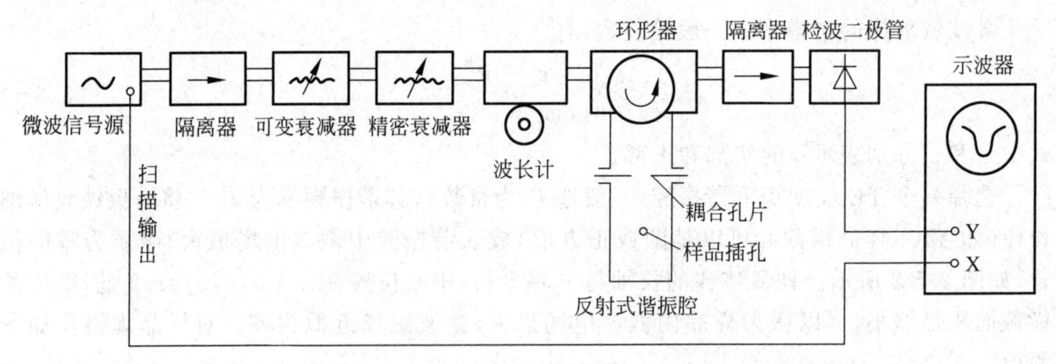

图 2.5-3　用反射式谐振腔测量电容率和介电损耗角正切装置图

对速调管反射极施加锯齿波调制,使用平方律检波二极管,在示波器上可以观测到反射式谐振腔谐振曲线(图 2.5-4)。借助吸收式波长计的“指示点”(由于波长计吸收部分功率造成“缺口”),可以在示波图上测定谐振频率 f_0 以及半功率点的频率 f_1,f_2,由式(2.5-3)即可计算出 Q。

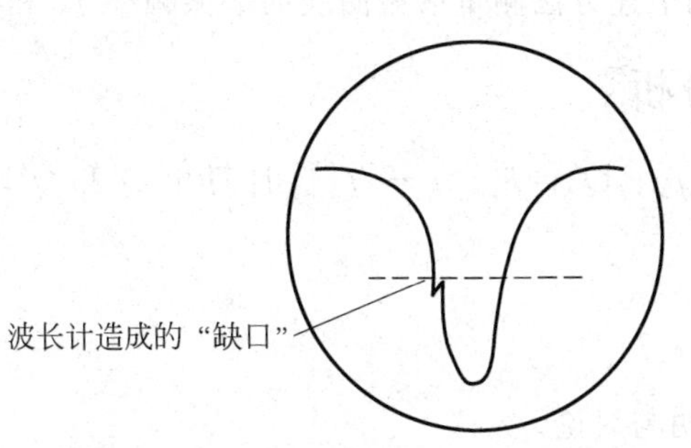

图 2.5-4　使用平方律检波二极管观测的反射式谐振腔谐振曲线

为准确测定品质因数 Q,实验时要注意以下两点:①晶体的检波律。为了消除检波二极管的非平方律关系带来的误差,实验装置中增加了精密衰减器。利用可变衰减器和精密衰减器,可以使二极管工作在平方律检波区域。方法是调节可变衰减器的衰减量,使得在精密衰减器增加 3dB 衰减量(将精密衰减器的刻度调为 1.166mm)时,示波器所示谐振腔谐振曲线的高度刚好缩小一半(当检波二极管为平方律检波时,它的检波电流即表示相对功率,故衰减量 $A=10\lg P_1/P_2=10\lg I_0/I_1\,\text{dB}$)。②频标的精度。准确测量 Q 的关键是测准谐振曲线半功率频率。以吸收式波长计在示波器显示的谐振曲线上形成的“缺口尖端”为标志点,测定示波器横轴的频标系数 k(即单位长度所对应的频率范围,以 MHz/格表示)。具体做法是:调节波长计,使“缺口尖端”在示波器横向移动适当距离 Δl,由波长计读出相应的频率差值 Δf,则 $k=\Delta f/\Delta l$。一般可以做到 $k\sim0.5$MHz/格。谐振曲线的半功率频宽 $|f_1-f_2|$ 可以利用 k 和半功率点的距离 $|l_1-l_2|$ 来确定。

[实验内容与测量]

1. 实验准备

将微波信号源“扫描输出端”与示波器“CH1”相连,电源“RF 输出”端与波导管接好,波导管上的检波器与示波器“CH2”相连,CH1 和 CH2 置于 AC 模式。示波器 CH1 和 CH2 通道可分别观察到幅度适当的锯齿波波形和“拱形”波形,然后将示波器工作模式置于“X-Y”模式。

微波信号源面板操作:按下“等幅”,在“扫频”模式下工作,调节“频率”旋钮可改变输出微波频率。

2. 观测空谐振腔的谐振曲线

在未插入待测样品时,调节微波信号源“频率”旋钮,使谐振腔处于谐振状态(此时可在示波器上观察到图 2.5-1 图形),用示波器观测腔的谐振曲线(注意:需要判断所观察到的波形是否是腔的谐振曲线,如果在反射腔中插入样品,谐振曲线发生明显移动,则该曲线是腔的谐振曲线,不移动则不是,需要继续调节“频率”旋钮寻找),调节“单螺匹配器”可调整谐

振曲线形状。由波长计测量腔的谐振频率 f_0 和半功率频宽 $|f_1-f_2|_0$。

3. 观测放入样品时谐振腔的谐振曲线

插入样品(要细心，避免折断样品)，改变速调管的中心工作频率(即调节"频率"旋钮)，使腔处于谐振状态，再用上述方法测量谐振曲线的谐振频率 f_s 和半功率频宽 $|f_1-f_2|_s$。

[数据处理与分析]

利用 $Q=f_0/|f_1-f_2|$，$Q'=f'_s/|f'_1-f'_2|_s$ 计算出 Q 和 Q'，再由式(2.5-5)计算出 ε' 和 ε''。

[讨论]

对实验结果进行说明与讨论。

[结论]

写出通过实验得到的主要结论。

[思考题]

若你有一种微波材料需要测量其电容率和损耗角正切，应如何制备样品？

[参考文献]

[1] 吴思诚，王祖铨. 近代物理实验[M]. 北京：北京大学出版社，1995.

[2] 朱明亮，李勃，郭云胜. 一种微波介质材料介电常数的测量方法[J]. 电子元件与材料，2022，41(3)：238-242，290.

[3] 程国新，袁成卫，刘列. 基于 TM_{0mn} 模式微波介质材料复介电常数的测量[J]. 强激光与粒子数，2009，21(4)：579-584.

[4] 唐宗熙，张彪，刘列. 微波介质介电常数和磁导率测试方法[J]. 计量学报，2007，28(4)：383-387.

实验 2.6　用阻抗分析仪测量介质薄膜材料电容率

[引言]

电容率是综合反映电介质极化行为的宏观物理量，反映了介质的基本特性，与物质组成、结构、密度等许多因素有关。测量薄膜电容率的方法主要分为光学方法和电学方法。其中光学方法(如布儒斯特角法、椭圆偏振法等)主要是通过测量薄膜的折射率计算得到电容率；而电学方法一般是通过测量薄膜的电容计算得到电容率。将欲研究的介质薄膜制备成金属—介质薄膜—半导体(MOS)结构，通过测量 MOS 结构的电容—电压(C-V)曲线，不仅可以计算得到薄膜电容率，还可以得到介质薄膜与半导体之间的界面特性(如界面附近的固定电荷数量)、半导体衬底的掺杂类型与掺杂浓度等重要半导体参数。

[实验目的]

(1) 学习用阻抗分析仪测量介质薄膜 C-V 特性曲线。

(2) 学习通过 C-V 特性曲线获得介质薄膜材料电容率的方法。

[实验仪器]

Agilent 4294A 型高精度阻抗分析仪与 16047A 型夹具，自制探针平台，带有厚度 500nm 的 SiO_2 层的硅片，小型直流溅射镀膜仪，金靶，电极掩膜，铟丝等。

[预习提示]

(1) 了解 MOS 结构及其电容计算式。

(2) 了解 MOS 结构 C-V 特性。

(3) 了解如何利用 MOS 结构 C-V 特性测量介质薄膜的电容率。

[实验原理]

1. 金属—介质薄膜—半导体结构的电容

图 2.6-1(a)为金属—介质薄膜—半导体(MOS)结构示意图，其中金属层为具有一定面积的电极，半导体为衬底材料。这种结构是制作 MOS 场效应晶体管的基本结构，也是制作 65nm 制程(含 65nm)以上的 CPU 的基本结构。对该结构作如下假设：①不考虑介质薄膜层电荷的作用；②金属和半导体之间没有功函数差别；③介质薄膜层与半导体之间没有界面态存在。

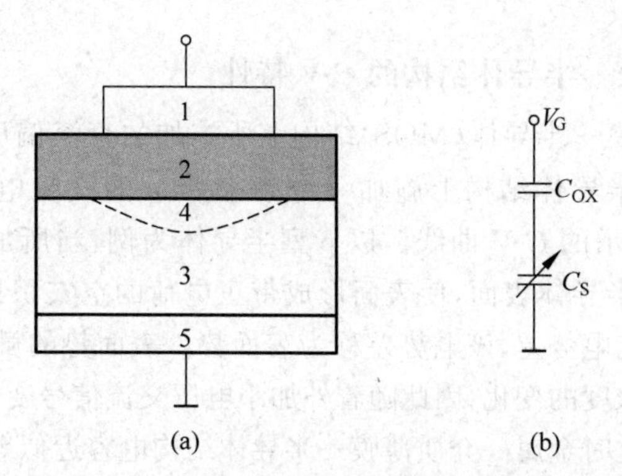

1—金属电极；2—介质薄膜；3—半导体衬底；4—半导体表面形成的空间电荷区；5—背电极。

图 2.6-1　金属—介质薄膜—半导体结构示意图及其等效电路

在金属—介质薄膜—半导体结构的 1、5 电极上施加直流偏压 V_G，可以得到该结构电容 C 为

$$C = A\,\frac{dQ_G}{dV_G} \tag{2.6-1}$$

式中，Q_G 为金属电极上的电荷面密度；A 为金属电极面积。

对于半导体来说，由于半导体中的电荷密度相对于金属要小得多，因此充电电荷在半导体的表面形成的空间电荷区的厚度比金属的大得多(半导体的空间电荷区厚度为微米量级，而金属的空间电荷区厚度在 0.1nm 以内)，且其厚度与金属—介质薄膜—半导体结构两端电极所施加的偏压 V_G 大小有关。直流偏压 V_G 一部分落在了半导体的空间电荷区，记作 V_S，又称为表面势；另一部分落在介质薄膜层上，记作 V_{OX}，因此

$$V_G = V_{OX} + V_S \tag{2.6-2}$$

由于半导体表面空间电荷区电荷面密度 Q_{SC} 和金属电极上的电荷面密度 Q_G 数量相等、符号相反，即

$$|Q_{SC}| = |Q_G| \tag{2.6-3}$$

将式(2.6-2)、式(2.6-3)代入式(2.6-1)，有

$$C = A\frac{\mathrm{d}Q_G}{\mathrm{d}V_G} = A\frac{\mathrm{d}Q_G}{\mathrm{d}V_{OX} + \mathrm{d}V_S} = \frac{1}{\dfrac{1}{C_{OX}} + \dfrac{1}{C_S}} \tag{2.6-4}$$

式(2.6-4)表明，金属—介质薄膜—半导体结构电容 C 是由介质薄膜层电容 C_{OX} 与半导体表面空间电荷区电容 C_S 串联构成，其等效电路如图2.6-1(b)所示。由于半导体表面空间电荷区的厚度与所施加的直流偏压 V_G 有关，因此半导体表面空间电荷区电容的数值会随直流偏压 V_G 的变化而变化，但介质薄膜层电容 C_{OX} 是一个定值，不随直流偏压而改变，因此有

$$C_{OX} = A\left|\frac{\mathrm{d}Q_G}{\mathrm{d}V_{OX}}\right| = A\frac{\varepsilon_0\varepsilon_{OX}}{d_{OX}} \tag{2.6-5}$$

$$C_S = A\left|\frac{\mathrm{d}Q_{SC}}{\mathrm{d}V_S}\right| \tag{2.6-6}$$

式中，ε_0 是真空电容率($8.854\times10^{-12}\,\mathrm{F/m}$)；$\varepsilon_{OX}$ 是介质薄膜的相对电容率；d_{OX} 为介质薄膜的厚度。

2. 金属—介质薄膜—半导体结构的 *C-V* 特性

如果金属—介质薄膜—半导体(MOS)结构上所施加的直流偏压从 $-V_G$ 变化到 V_G，同时在金属—介质薄膜—半导体结构上施加一个频率为 ω 的交流电压小信号，测量其电容值，可以得到图2.6-2所示的 *C-V* 曲线。以p型半导体为例，当所加直流偏压为负时，半导体表面的空穴被吸引到半导体表面，使表面形成带正电荷的空穴积累层，从而使半导体的表面相对于其体内形成一定电势差，该电势差称为表面势。表面势的微小变化都会引起半导体表面附近积累层中空穴浓度的变化，因此随着外加小电压交流信号变化时，空间电荷区电容相当于一个很大的电容。这时金属—介质薄膜—半导体结构电容近似等于介质薄膜层电容，即

$$C = C_{OX} \tag{2.6-7}$$

此时，称金属—介质薄膜—半导体结构处于积累区。

当所加直流偏压从负偏压逐渐升高并趋近于零时，半导体表面的正电荷被排斥(赶走)而形成带负电荷的耗尽层，随着直流偏压的增大，空间电荷区厚度增大，空间电荷区电容变小，因此金属—介质薄膜—半导体结构电容随偏压的增加而减小。此时，称金属—介质薄膜—半导体结构处于耗尽区。当所加直流偏压为零时，半导体表面能带平直，此时亦称金属—介质薄膜—半导体结构处于平带状态。当直流偏压继续加大，且变化速率缓慢，而所加交流信号为高频($10^4\sim10^6\,\mathrm{Hz}$)时(此时在图2.6-2中表现为曲线2)，半导体表面势大到足够使半导体表面处的费米能级 E_F 进入带系上半部，在半导体表面电子浓度将超过空穴浓度，从而形成电子导电层。由于其载流子和体内导电类型相反，故称其为反型层。由于反型层中的电子是p型半导体中的少子，其数量变化跟不上测试电容的高频信号的变化，因此，在高频条件下测量时，电子电荷的面密度对电容没有贡献。空间电荷区电容取决于电离受

主的浓度并趋向于一个基本不变的最小值，金属—介质薄膜—半导体结构电容也就趋向于一个最小电容值。如果所加交流信号为低频(10～100Hz)时(此时在图 2.6-2 中表现为曲线 1)，反型层中的电子的产生和复合跟得上交变信号的变化，大量的电子将聚集在半导体的表面，在介质层的两端聚集电荷，此时类似于积累区的情况，C-V 曲线表现出图 2.6-2 中曲线 1 的形状；如果外加直流偏压变化很快，在交流信号为高频时，半导体的空间电荷层处在不平衡情况，即在开始的瞬间，少子来不及产生，这时不能形成反型层，只有依靠耗尽层厚度的继续增大，耗尽层中的带电离子来屏蔽外电场。随着耗尽层厚度的增大，金属—介质薄膜—半导体结构电容减小，C-V 曲线表现出图 2.6-2 中曲线 3 的形状。从上述讨论可以看出，要测量介质薄膜的电容率，只需测量金属—介质薄膜—半导体结构的 C-V 特性曲线，得到其在积累区的电容，通过式(2.6-5)即可得到介质薄膜的电容率。

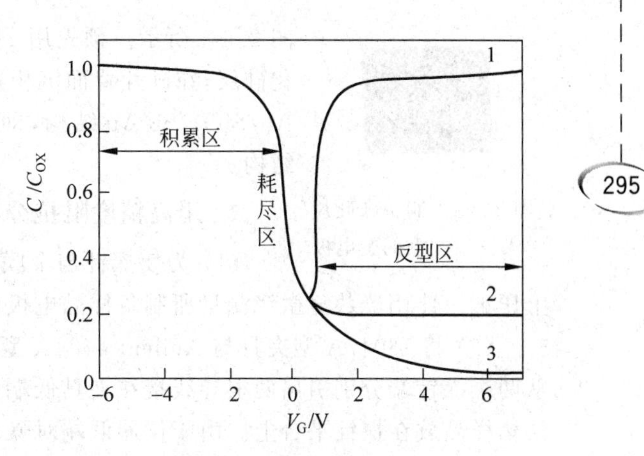

图 2.6-2　p 型半导体衬底的 MOS 结构的理想 C-V 特性

通过金属—介质薄膜—半导体结构的 C-V 曲线，还可以计算得到半导体衬底掺杂浓度、平带电压、半导体衬底与介质薄膜之间界面附近的固定电荷密度、可动离子电荷密度及其界面态密度等重要参量。

[仪器装置]

实验用到的主要仪器装置有 Agilent 4294A 型高精度阻抗分析仪，自制探针平台，小型直流溅射镀膜仪等，如图 2.6-3 所示。

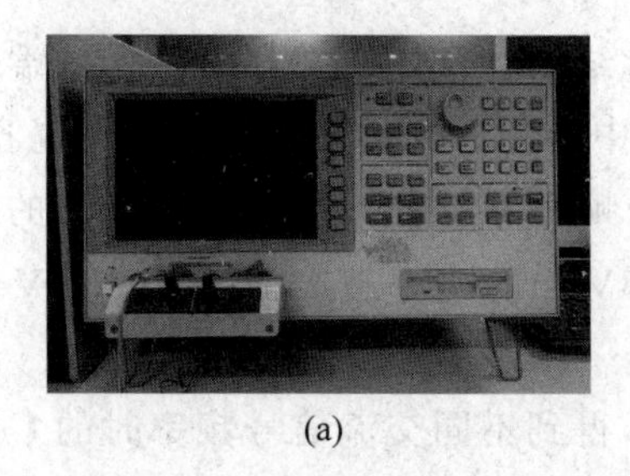

(a)

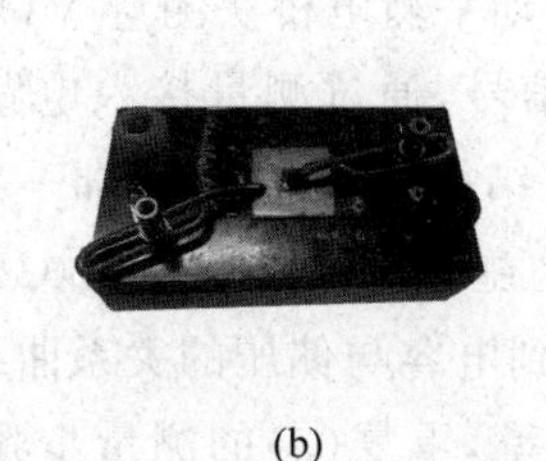

(b)

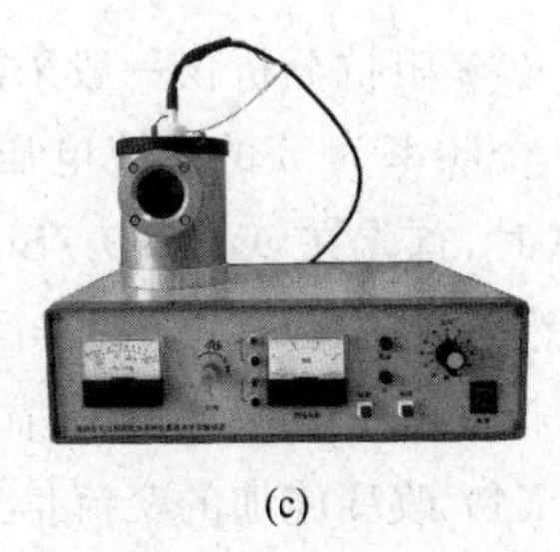

(c)

图 2.6-3　实验所用主要仪器

(a) Agilent 4294A 型高精度阻抗分析仪；(b) 自制探针平台；(c) 小型直流溅射镀膜仪

[实验内容与测量]

本实验要研究的介质薄膜为氧化硅薄膜。实验内容包括制备氧化硅薄膜 MOS 结构样品和 MOS 结构 C-V 曲线测量。

1. 制备氧化硅薄膜 MOS 结构

利用小型直流溅射镀膜仪和电极掩模，在氧化硅薄膜上表面沉积圆形金膜(顶电极)，如

图 2.6-4　制备在硅片上的金电极

图 2.6-4 所示。预先用 HF 酸腐蚀掉硅片下表面自然氧化形成的氧化硅层,在硅片背面沉积覆盖整个硅片下表面的金膜(背电极),制成 $Au/SiO_2/Si/Au$ 结构,即图 2.6-1 所示的金属—介质薄膜—半导体结构。

2. 用高精度阻抗分析仪测量 $Au/SiO_2/Si/Au$ 结构 *C-V* 曲线

(1) 为使探针与金膜电极良好接触并不刺穿金膜,可以在顶电极上压铟。使用读数显微镜测量所制备样品电极的直径,并计算出电极面积。

(2) 将 16047A 型夹具与 Agilent 4294A 型高精度阻抗分析仪相连接,如图 2.6-5 所示。从两个探针端分别引出两根导线接在夹具低端(LOW)和高端(HIGH)。将制备好的 MOS 结构样品放在探针平台上。由于仪器低端对噪声敏感,不能将衬底与低端相连,要将与夹具低端相连的探针压在 MOS 结构顶电极上,将与夹具高端相连的探针与 MOS 结构背电极相接,如图 2.6-5 所示。

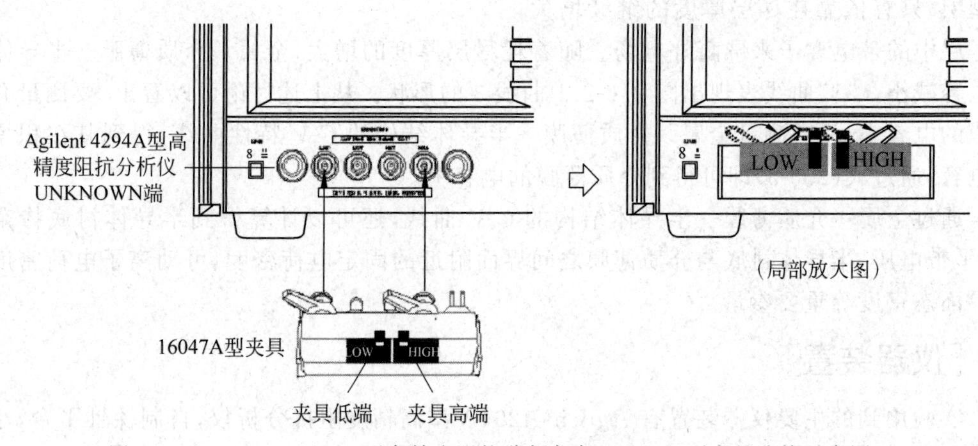

图 2.6-5　Agilent 4294A 型高精度阻抗分析仪与 16047A 型夹具连接示意图

(3) 阻抗分析仪一般采用自动平衡电桥法测量 MOS 结构电容,即在 MOS 结构两端施加一个频率为 ω 的交流电压小信号,通过测量接入电路中 MOS 结构的容抗得到其电容。测试时,首先在 $Au/SiO_2/Si/Au$ 结构顶、背电极施加一个频率为 1MHz、电压为 30mV 的电压,然后对 $Au/SiO_2/Si/Au$ 结构施加直流偏压,以 0.25V/s 的速率按 −10V→+10V→−10V 的顺序进行偏压扫描,得到电容与偏压的关系曲线。

(4) 改变施加的交流信号频率,重复(3)的测量步骤,得到不同交流信号频率时的 *C-V* 曲线。

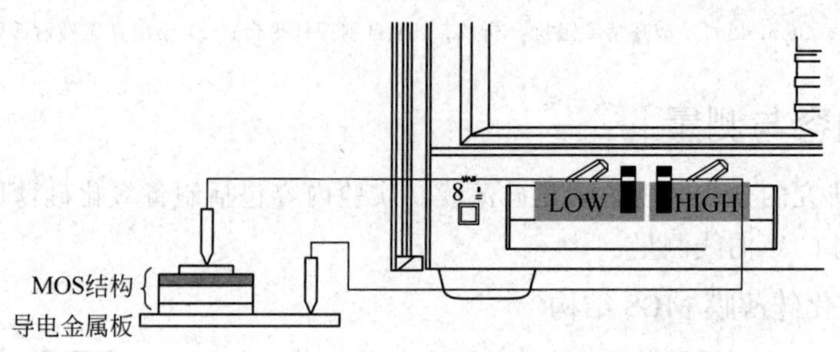

图 2.6-6　MOS 结构与 16047A 型夹具连接示意图

[数据处理与分析]

(1) 对实验测得的 Au/SiO_2/Si/Au 结构 C-V 特性曲线进行分析，得到其在积累区的 MOS 结构电容，用式(2.6-5)计算得到 SiO_2 薄膜的电容率。

(2) 参考本实验后的参考文献[9]，计算 Si 衬底的掺杂类型、掺杂浓度、界面附近固定电荷密度、可动离子电荷密度以及界面态密度等。

[讨论]

(1) 讨论观察到的交流信号频率对 C-V 曲线的影响。

(2) 查阅文献，对实验测量得到的结果进行对比讨论。

[结论]

通过本实验，写出你得到的主要结论。

[思考题]

影响实验测量结果不确定度的因素有哪些？

[附录]　Agilent 4294A 型阻抗分析仪简明使用方法

1. 开机准备

将 16047A 型夹具安装到 4294A 型阻抗分析仪的 UNKNOWN 端，打开电源，设置 Adapter setting：Cal > Adapter > None。按初始化键(前面板上的绿色键 preset)，清空上次的测量数据。依次按以下键 Sweep>Type>Linear 将电压坐标显示改为线性。预热约 30min。

选择测量时间：按前面板上的键 Bw/Avg>BANDWIDTH 设置带宽值，值越大越精确但扫描速度越慢(初始可选择 5，即扫描速度为 0.25V/s)。

选择测量参数：按 Meas>[Cs-D]。其中，Trace A 表示的是 Cs-V 曲线，Trace B 表示的是 D-V 曲线。

设置扫描电压范围：按 Sweep>PARAMETER，选择 DC BIAS，然后分别按下 start 和 stop 及相应的数字键，设置起始、结束扫描电压。例如，将起始电压设为－10V，结束电压设为＋10V，先按下“start”键并在数字键盘中分别输入“－”“1”“0”再按下数字键盘区右侧的“×1”键(“×1”键表示当前输入数值×1 为要输入的电压值)确认输入；然后按下“stop”键并在数字键盘中分别输入“1”“0”再按下数字键盘区右侧的“×1”键确认输入。

设置交流信号(OSC)的频率：按 Source>FREQUENCY，通过按下相应的数字键设置相应的 OSC 信号频率。例如，将 OSC 交流信号频率设置为 1MHz，先在数字键盘中输入“1”，再按下数字键盘区右侧的“M/μ”键确认输入。

设置交流信号的电压：先按下 Source，选择 OSC UNIT，确认其状态为[VOLT]状态，然后依次按下 Source>LEVEL，通过按下相应的数字键设置相应的 OSC 信号电压值。例如，将 OSC 交流信号电压值设置为 30mV，先在数字键盘中输入“3”“0”，再按下数字键盘区右侧的"k/m"键确认输入。

2. 开路补偿与短路补偿

在正式测量前,应对包括夹具的阻抗分析仪进行开路补偿和短路补偿。设置补偿测量点的选取方式：依次按 Cal>COMP POINT,选择 USER。开路补偿：在确保 16047A 型夹具高、低端未接入任何待测元件的情况下,依次按以下键 Cal>Fixture Com>Open,听到仪器嘀一声响后,开路补偿完毕；短路补偿：16047A 型夹具高、低端用短路金属片连接,依次按以下键 Cal>Fixture Com>Short,听到嘀一声响后,短路补偿完毕。

3. 测量

将 MOS 结构样品引出的两根引线分别放到夹具高端(HIGH)、低端(LOW)上夹好,注意衬底引出的引线接入夹具高端。然后选择 Source>Bias MENU,按下 BIAS on off 右侧的功能键,使其显示为"BIAS ON off",此时阻抗分析仪对样品施加扫描偏压,屏幕上显示的曲线即为 Cs-D 曲线。如果屏幕显示的 Cs-D 曲线不完整,可以依次按下 A>Scale Ref>AUTO SCALE,仪器会自动调节 Trace A 的坐标显示范围,屏幕上便可以观察到完整的 Cs-V 曲线。

4. 数据存盘

当数据稳定后,可以开始保存数据。数据存储有存储在阻抗分析仪自带软盘和存储在与阻抗分析仪相连的计算机上两种。

1) 存储在阻抗分析仪自带软盘上

(1) 依次按 save>store dev>FLOPPY,选择存储设备为软盘,按 return 键返回上一级菜单。

(2) 依次按 data>SELECT CONTENTS 选择要保存的数据项目,直接保存 Trace data,按 return 键返回上一级菜单。

(3) 选择 ASCII 键,保存的文件格式为文本文件。

(4) 输入文件名,按下 done 键,保存完毕。

2) 存储在与阻抗分析仪相连的计算机上

(1) 打开与阻抗分析仪连接的计算机,将桌面上"4294 专用"文件夹下的"4294A_DataTransfer_0310. xls"文件另存到 D 盘(该计算机的 C 盘处于保护状态,重启后 C 盘所有数据将回复到初始状态),双击该 EXCEL 文件。

(2) 单击"Main"页面下"Step-1"的"Handshake"按钮,以使软件与阻抗仪相联,连接成功后"Connection Status"项会显示为：

Connection Status	
OK	HEWLETT-PACKARD,4294A,JP2KG01066,REV1.10

。

(3) 在"Step-2"中的空格处输入想保存的文件名,并按回车键确认。

(4) 单击"Get Data"按钮,以获取阻抗仪上一次完成扫描所得到的数据。

(5) 获取的数据在一个以第(3)步中输入的文件名相同名字的工作表中显示。

[参考文献]

[1] 李翰如. 电介质物理导论[M]. 成都：成都科技大学出版社,1990.

[2] 马逊,刘祖明,陈庭金,等. 椭圆偏振仪测量薄膜厚度和折射率[J]. 云南师范大学学报,2005,25(4)：24-27.

[3] 孙恒慧,包宗明.半导体物理实验[M].北京:高等教育出版社,1985.
[4] 郑云光.半导体实验教程[M].天津:天津大学出版社,1989.
[5] 叶良修.半导体物理学[M].北京:高等教育出版社,1984.
[6] 黄昆.固体物理学[M].北京:高等教育出版社,1988.
[7] Agilent公司.阻抗测量手册测量技术指南[Z].2000.
[8] 吴平,张师平,闫丹,等.薄膜材料电容率的测量[J].物理实验,2009,29(2):1-3,16.
[9] 张师平,吴平,闫丹,等.利用阻抗分析仪测量薄膜材料的介电性质[J].实验技术与管理,2009,26(8):29-35.

实验2.7 铁电效应及铁电综合分析仪的使用

[引言]

铁电效应是法国科学家J. Valasek在1920年发现的一种重要物理现象。它指的是晶体在一定温度范围内,在未受外场作用的情况下,由于晶体结构平移空间对称性破缺,正负电荷中心不重合,因此会存在固有电偶极矩,从而使晶体具有了宏观自发极化的特性。具有铁电效应的材料称为铁电材料。因铁电材料表现出诸多与铁磁材料相似的物理现象,"铁电"之名由此而来,其实它的性质与"铁"并无关系。具有铁电效应的材料同时具有压电效应、热释电效应、电致伸缩效应、电光效应、介电等性质,可作为机电耦合、电容器、红外探测、电光调制、铁电存储等器件。近年来,铁电材料的应用领域日趋广泛,已深入到人工智能、医疗健康、军用通信和导航设备等国民经济和尖端国防领域,已成为现代功能材料的重要组成部分。

[实验仪器]

(1) 铁电综合分析仪(radiant-precision multiferroic);

(2) 标准样品:内置电阻、电容以及PZT(锆钛酸铅)压电陶瓷样品。样品电极面积为0.0001cm^2(边长为$100\mu\text{m}$的方形电极);样品厚度为$0.255\mu\text{m}$。

[实验目的]

(1) 了解铁电体基本物理知识。

(2) 了解铁电体电滞回线测量的基本原理。

(3) 测量电容、电阻和电容与电阻并联的电滞回线。

(4) 测量PZT压电陶瓷的电滞回线,并研究不同施加电压对压电陶瓷电滞回线的影响。

[预习提示]

(1) 铁电体电滞回线的物理原理。

(2) 什么是铁电体的饱和极化、剩余极化、矫顽场?

(3) 测量铁电材料的电滞回线原理是什么?

[实验原理]

1. 铁电体的电滞回线

铁电体中的自发极化会引起束缚电荷,形成与极化相反的静电场,使得晶体的静电能升高，因此排列一致的极化的状态难以稳定存在。此时铁电晶体的内部将分成若干个小区域，每个区域内部的电偶极子取向相同，但不同微区中电偶极子取向不同，每一个均匀极化微区称为电畴，电畴之间的界面称为畴壁。它的出现使得晶体的静电能和应变降低，但畴壁的存在会产生畴壁能。因此，能量的极小值的条件决定了内部电畴的稳定构型。在外加电场作用下，电畴随电场以新畴的生成、发展以及畴壁的移动等形式运动。铁电材料的电滞回线正是外电场作用下电畴运动的宏观描述，也是铁电材料的重要特征之一。

如图 2.7-1 所示，在无外电场作用时，整个铁电体的总极化强度为零。当外电场较小时，宏观极化强度随电场强度的增加线性增大，图中 OA 段所示，此时的电畴运动是可逆的。随着电场强度继续增大，极化强度的快速增大，最后电畴尽可能趋向于电场方向，形成类似于大的单畴，极化强度达到饱和，这相当于图中 B 点附近的部分。此时若继续增加电场，P 与 E 呈线性关系，将线性部分外推至电场为零时，此时在纵轴上的截距称为饱和极化强度或自发极化强度 P_S。如果电场从图中 C 处开始降低，铁电体的极化强度亦随之减小，在零电场处，仍存在剩余极化强度 P_r。这是由于机械应力的作用，大部分电畴方向保留，因而宏观上呈现剩余极化强度。当电场反向达到 F 点时，剩余极化全部消失。反向电场继续增大，极化强度才开始反向。极化强度为零时，对应的电场强度称为矫顽电场强度 E_C。

2. 电滞回线的测量原理

电滞回线(P-E 曲线)是铁电材料的重要特征之一。因此电滞回线的测量是检验材料铁电效应的一种重要手段。通过电滞回线亦可获得铁电材料自发极化强度 P_S，剩余极化强度 P_r，矫顽场 E_C 等重要参数。测量电滞回线的方法很多，应用最为广泛的是 Sawyer-Tower 方法。如图 2.7-2 所示，C_x 为待测铁电材料的电容，电容 C_x 的电压 V_x 加在示波器水平电极板。电容 C_x 串联一个恒定电容 C_y，电容 C_y 的电压 V_y 则加在示波器的垂直电极板上。可证明 V_y 与铁电材料的极化强度 P 成正比，因在示波器中，纵坐标反映极化强度 P 的变化，而横坐标 V_x 则与施加在铁电材料上的外电场强度成正比，因此可直接地观测到样品的 P-E 曲线。

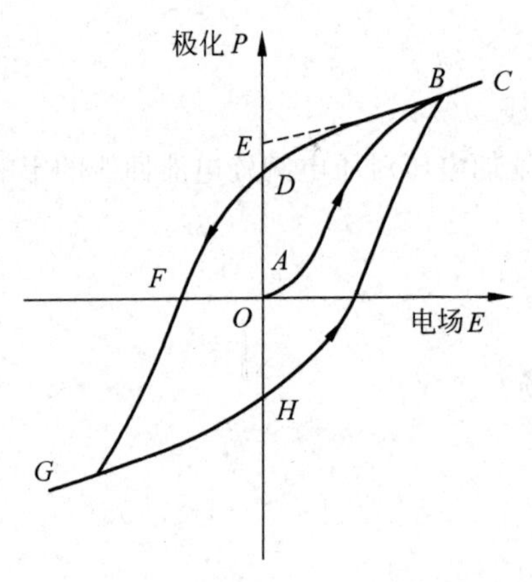

图 2.7-1　铁电体电滞回线(P-E 曲线)

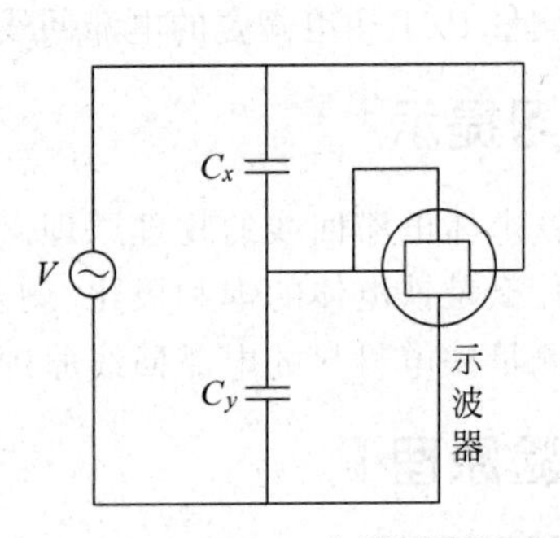

图 2.7-2　Sawyer-Tower 电滞回线测试原理图

V_y 与 P 的正比关系的证明如下：

$$\frac{V_y}{V_x}=\frac{\dfrac{1}{\omega C_y}}{\dfrac{1}{\omega C_x}}=\frac{C_x}{C_y} \tag{2.7-1}$$

式中 ω 为电源 V 的角频率

$$C_x=\varepsilon_r\frac{\varepsilon_0 S}{d} \tag{2.7-2}$$

式中，ε_r 为铁电体的介电常数，ε_0 为真空的介电常数，S 为平板电容 C 的面积，d 为平行平板间距离，将式(2.7-2)代入式(2.7-1)得

$$V_y=\frac{C_x}{C_y}V_x=\frac{\varepsilon_r\varepsilon_0 S}{C_y}\frac{V_x}{d}=\frac{\varepsilon_r\varepsilon_0 S}{C_y}E \tag{2.7-3}$$

根据电磁学理论

$$P=\varepsilon_0(\varepsilon_r-1)E\approx\varepsilon_0\varepsilon_r E=\varepsilon_0\chi E \tag{2.7-4}$$

对于铁电体 $\varepsilon_r\geqslant 1$，故式(2.7-4)有后一近似等式，将式(2.7-4)代入式(2.7-3)，有

$$V_y=\frac{S}{C_y}P \tag{2.7-5}$$

因 S 与 C 都是常数，故 V_y 与 P 成正比。

本实验采用铁电综合分析仪进行测试。该仪器采用虚地模式，如图 2.7-3 所示。在测试中，待测量的样品通过一个电极接入仪器的驱动电压端(Drive)，同时用另一个电极连接仪器的数据采集端(Return)。Return 与集成运算放大器的反相输入端连接，而集成运算放大器的同相输入端接地，使反相输入端形成虚地。集成运算放大器的输入端电流非常接近于零(虚断)并且输入端之间电位差几乎为零(虚短)。因此，Return 相当于接地，即虚地。当样品的极化性质发生变化时，电极上会形成电荷变化，从而产生电流。通过该仪器测试时，测量到的电流不会注入集成运算放大器，而是通过横跨输入输出两端的放大电阻完全通过。所以，电流通过放大和积分后，就能还原成样品表面的电荷，且单位面积上的电荷即为极化强度。

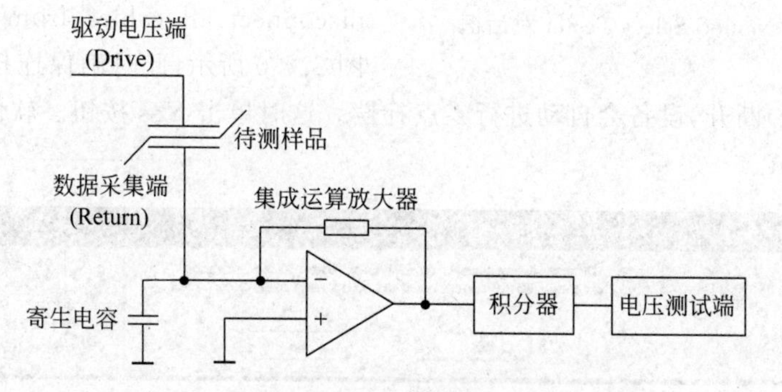

图 2.7-3　铁电测试仪虚地模式电路示意图

[仪器装置]

实验采用 Radiant Technologies 公司的铁电综合分析仪的实物图如图 2.7-4 所示。该

仪器可测试块体、薄膜铁电材料的铁电性能、动态电滞回线、漏电流曲线、疲劳曲线、保持曲线、印迹曲线、脉冲曲线等。

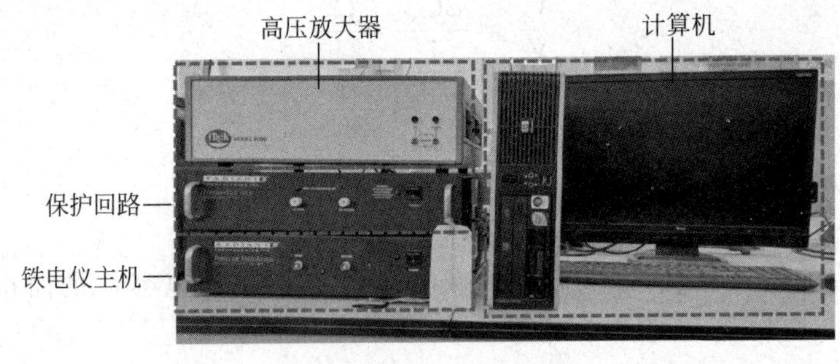

图 2.7-4　铁电测试仪实物图

[实验内容与测量]

1. 开机设置

(1) 依次打开计算机和铁电综合分析仪的主机电源。为了测量所需的高压样品，通常情况下需要打开保护回路和高压放大器。但是在本次实验中，不需要使用这些设备，因此不需要打开。

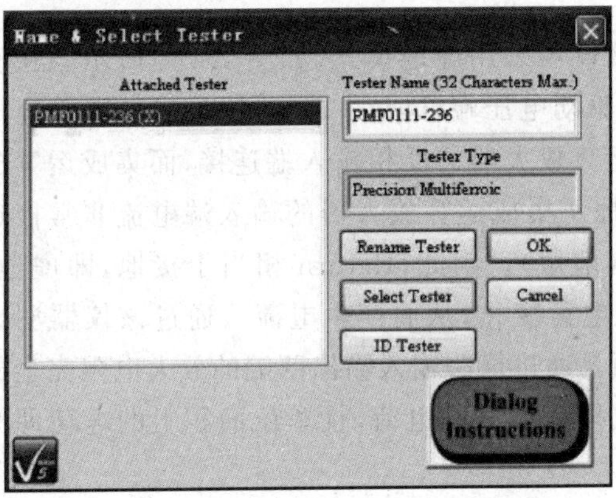

(2) 在打开的计算机桌面上，双击Vision图标，运行Radiant软件。

(3) 软件启动后可听见主机设备切换的声音，并弹出“Name&Select Tester”对话框，可以看到显示的设备序列号，如PMF01118-236，如图2.7-5所示，说明计算机和设备通信良好。设备自检完成后，单击OK按钮进入测量界面。

图 2.7-5　Name&Select Tester 对话框

(4) 零点校准：设备首次开机会提示disconnect all cables from drive port，如图2.7-6所示，此时确保连接到设备前端口的线(0-100V线)断开，设备会自动进行零点补偿。这时单击Yes按钮。软件左下角会出现Zero tesk output。

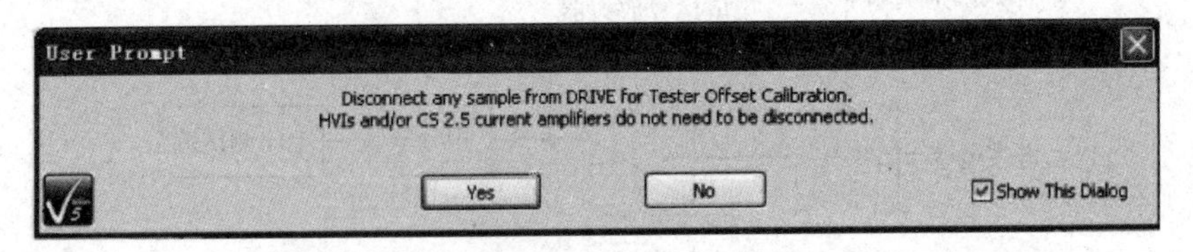

图 2.7-6　校准提示

(5) 图2.7-7为软件测试界面。

(6) 新建项目文件：依次单击左上角菜单栏中的File→New DataSet，在弹出的对话框中输入相应文件及标识名称，如图2.7-8所示。

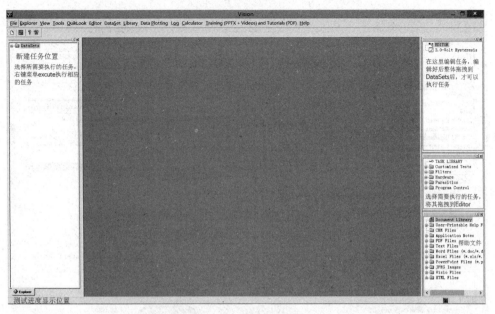

图 2.7-7　软件测试界面

(7) 选择测试任务：从右下角选择 TASK LIBRARY 电滞回线 Hardware-Hysteresis 的测试任务，如图 2.7-9 所示。将选中的任务按住鼠标左键并拖拽至右上角 EDITOR 栏中，系统会自动弹出 Setup 对话框，如图 2.7-10 所示。

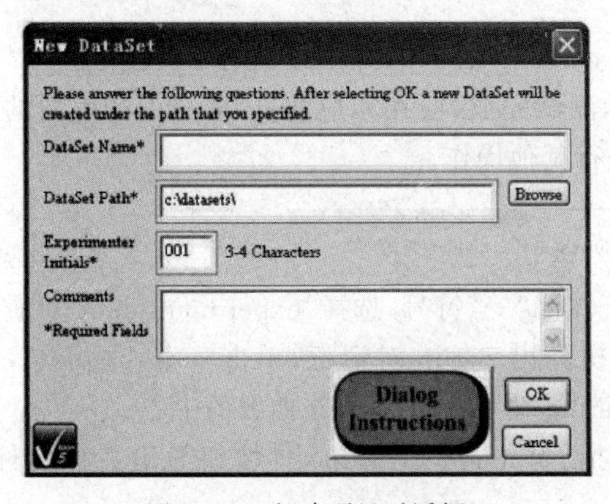

图 2.7-8　新建项目对话框

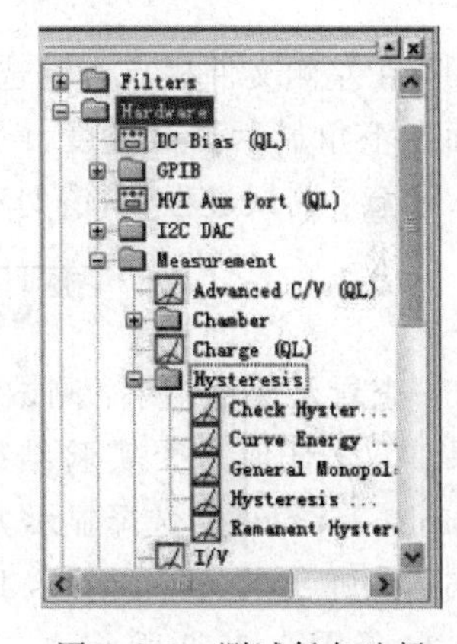

图 2.7-9　测试任务选择

2. 测量标准电阻的电滞回线

(1) 在如图 2.7-10 所示的对话框中勾选内置电阻。

(2) 输入测试电压约为 5V(最大施加电压不能超过 100V)、电极面积(即样品面积 Sample Area)、样品厚度等参数，Hysteresis Period 时间选择 1ms(该时间的选择与样品厚度有关，对于薄膜样品一般选择 1ms，对于块材一般选择 10～100ms)。

(3) 参数确认无误后，在 editor 栏点右键选择 Test Definition to Current DataSet ，将编辑好的任务移至左侧已经打开的文件栏。

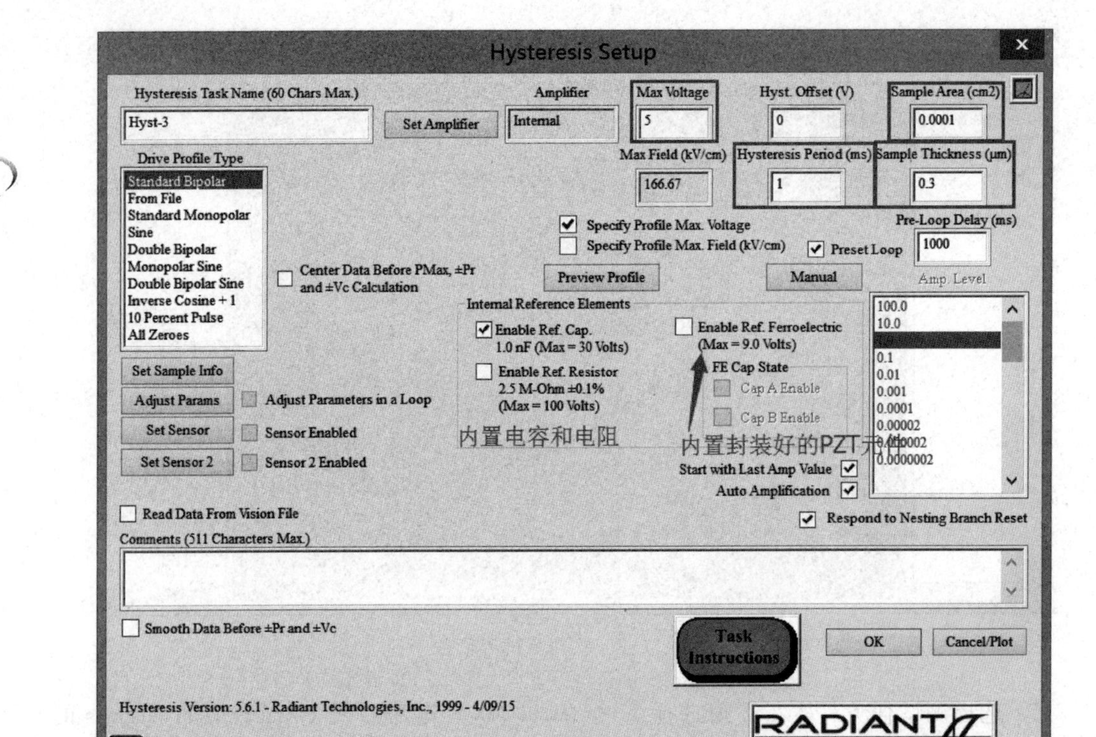

图 2.7-10 Hysteresis Setup 对话框

(4) 在左侧文件栏点右键选择“excute current test definition”或者 F1 键执行测试。测试界面左下角显示测试进度，ready 则表示测试完成，会在相应的 dataset 中产生新的结果文件。注意：测试过程中，请勿对计算机进行其他操作。

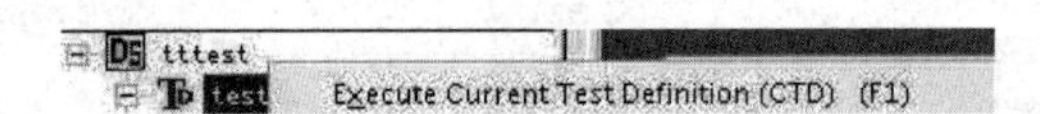

(5) 查看及保存结果：测试结束后点开左侧“+”符号，选择“experiment data”可查看测量结果。双击任何一个实验结果内容，再次弹出 Setup 对话框，单击“Cancel/plot”，弹出“Regraph plot setup”选择显示方式：Centering-坐标 Y 轴零点在曲线的中心。

(6) 在弹出的 Hysteresis Response 对话框中，选择“Export”按钮导出数据文件，如图 2.7-11 及图 2.7-12 所示。

3. 测量标准电容的电滞回线

(1) 在如图 2.7-10 所示的对话框中勾选内置电容。**注意设备内置的电容最大施加电压不能超过 30V。**

(2) 重复 2 中的(2)～(6)步骤，测出设备内置的电容样品的电滞回线。

4. 测量电阻与电容并联后的电滞回线

(1) 真实的铁电材料在铁电体电滞回线测试中的等效电路为电容与电阻的并联，在如图 2.7-10 所示的对话框中一并勾选内置电容和内置电阻。

(2) 重复 2 中的(2)～(6)步骤，测出设备内置的电容样品与电阻并联下的电滞回线。

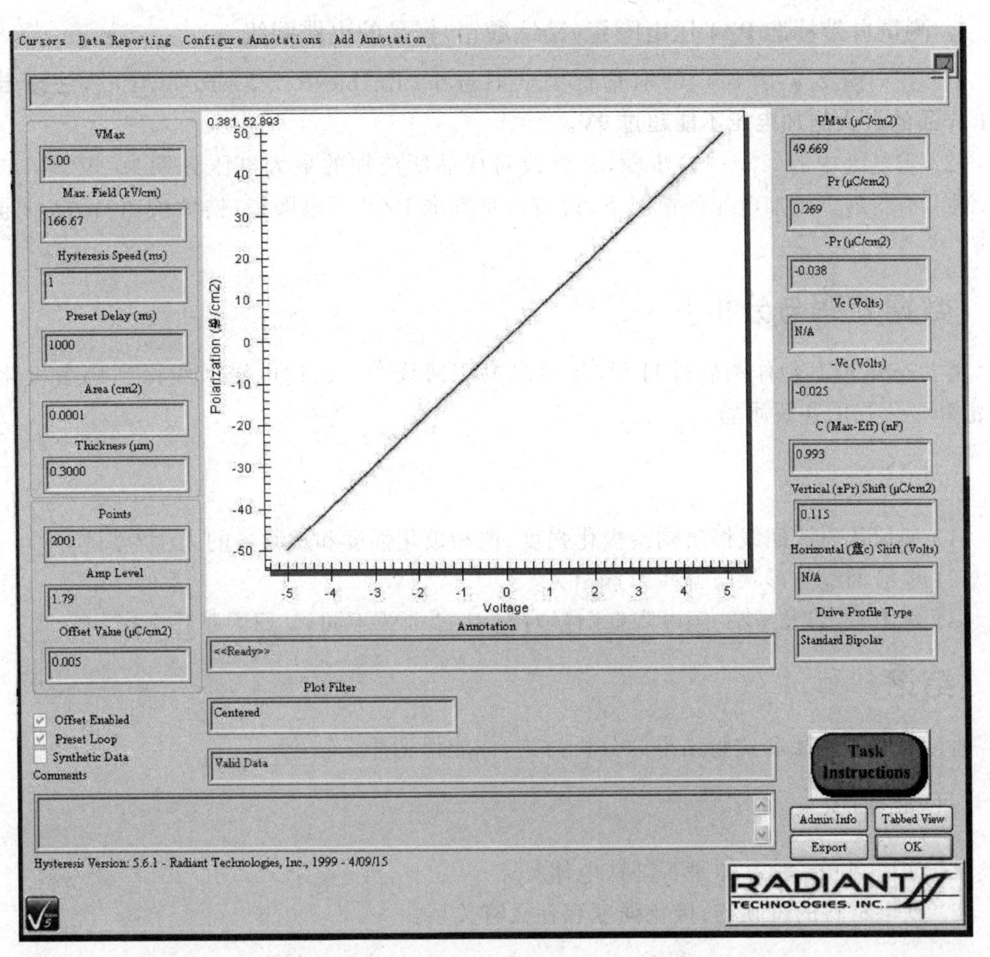

图 2.7-11 Hysteresis Response 对话框

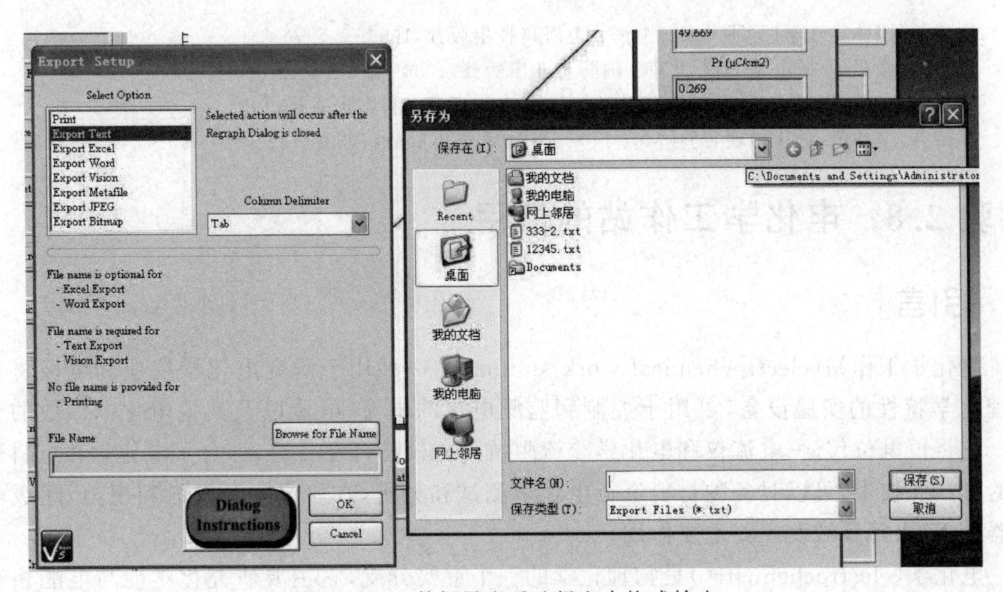

图 2.7-12 数据导出后选择文本格式输出

5. 测量自带标准 PZT 压电陶瓷(锆钛酸铅)样品的电滞回线

(1) 在如图 2.7-10 所示的对话框中同时选中“Enable Ref. Ferroelectric”，**注意自带 PZT 样品的最大施加电压不能超过 9V**。

(2) 重复 2 中的(2)～(6)步骤，并修改对样品所施加的最大电压分别为 2V、4V、6V、8V，测出不同最大施加电压的情况下，设备自带标准 PZT 压电陶瓷(锆钛酸铅)样品的电滞回线。

[数据处理与分析]

用 Origin 或其他作图软件打开，并画出电滞回线图。通过电滞回线得到剩余极化强度、饱和极化强度和矫顽场。

[讨论]

(1) 如何从电滞回线得出剩余极化强度、饱和极化强度和矫顽场的大小？

(2) 电滞回线的形状与哪些因素相关？

(3) 电阻、电容及 PZT 压电陶瓷测量对应 P-E 曲线不同，其原因是什么？

[结论]

通过对实验现象和实验结果的分析讨论，你能得到什么结论？

[思考题]

(1) 如何判断一种晶体是否是铁电体？

(2) 铁电材料的矫顽场、极化强度和什么有关系？

[参考文献]

[1] 谢希德. 固体物理学(下册)[M]. 上海：上海科技出版社，1962.

[2] 孙慷慷，张福学. 压电学[M]. 北京：国防工业出版社，1984.

[3] 李远，秦自楷，周至刚. 压电与铁电材料的测量[M]. 北京：科学出版社，1984.

[4] 郑裕芳，李仲荣. 近代物理实验[M]. 广州：中山大学出版社，1989.

实验 2.8 电化学工作站的使用

[引言]

电化学工作站(electrochemical work station)是一种用于研究电化学反应和电极材料物理化学特性的实验设备，可用于控制和监测电极的电流、电位以及其他电化学参数的变化。它将恒电位仪、恒电流仪和电化学交流阻抗分析仪结合在一起，综合了电化学和材料科学的方法和技术，可以对各种材料进行电化学测试和分析，在研究和开发燃料电池、超级电容器、电解水等领域发挥着重要作用。

电化学(electrochemistry)是物理化学的一个重要分支，它主要研究化学能与电能相互转换的规律。电化学分析是利用物质的电学和电化学性质进行表征和测量的科学，与化学、物理学、电子学、计算机科学、材料科学以及生物学等有密切的关系。电化学的发展起源于1791年伽伐尼发现了金属能使蛙腿肌肉抽搐的“动物电”现象。1799年伏打在伽伐尼工作的基础上发明了用不同的金属片夹湿纸组成的“电堆”，即“伏打电堆”，这也是化学电源的雏形。经过200多年的发展，电化学已经建立了比较完整的理论体系，成为物理化学中比较活跃的分支学科，在电解工业、金属冶炼、环境保护、化学电源、金属防腐蚀等领域都有重要的应用。

[实验目的]

(1) 了解电化学测量方法的基本原理。

(2) 学习电化学工作站的使用方法。

(3) 掌握用循环伏安法测量氧化还原反应特性的原理和方法。

[实验仪器]

电化学工作站(CHI660型)、电解池、铂片电极、铂丝电极、饱和甘汞电极、不同浓度的$K_3[Fe(CN)_6]$溶液、不同浓度的$K_3[Fe(CN)_6]$与KCl混合溶液、Al_2O_3粉末、体积比为1∶1的乙醇水溶液、体积比为1∶1的HNO_3水溶液、蒸馏水、超声波清洗器等。

[预习提示]

(1) 简述三电极测量体系中，各个电极的作用。

(2) 简述四种主要电化学测量方法的原理。

(3) 阐述循环伏安法测量氧化还原反应特性的原理。

[实验原理]

1. 电化学工作站测量的基本原理

电化学工作站的本质是用于控制和监测电化学测试系统的电流和电位以及其他电化学参数变化的仪器装置。电化学测试系统主要由三部分构成：电极、电解质和电源。电极是与电解质溶液或电解质接触的电子导体或半导体，为多相体系。电化学反应体系借助于电极实现电能的输入或输出，电极也是实施电化学反应的场所。电解质是电极之间的介质，通常是带有可溶性盐的液体，其电导性能决定了电子和离子在溶液中的传输速度。电源提供所需的电能，可以是恒定电位或恒定电流，由电化学工作站中集成的恒电位仪或恒电流仪控制。

在电化学测试中，电极的电位或电流可以根据需要进行调整。例如，在恒定电位模式下，电极的电位被固定在一个特定的值上，直到电流达到平衡。在恒定电流模式下，电极上施加的电流保持不变，直到电位达到平衡。由此，通过测量电极电流或电位的变化，可以确定电化学的反应速率、反应产物和反应机理等信息。

一般电化学测量体系可分为二电极体系和三电极体系两种。二电极体系包括工作电极和对电极。相比于二电极体系，三电极体系加入参比电极，主要有以下两个优点：①既可以使工作电极的界面上通过极化电流，又不影响工作电极的电位测量和控制，因此能同时实现电流和电位的测量和控制；②采用双回路，使电流和电位的测量更精确。因此在绝大多数实验室研究中，都采用三电极体系。图2.8-1为三电极体系的结构示意图，下面分别介绍三

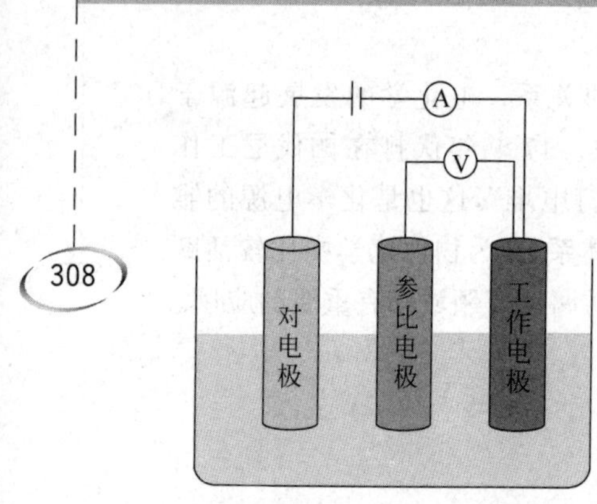

图 2.8-1　三电极体系示意图

个电极的作用。

(1) **工作电极**(working electrode,WE)又称为研究电极,它是电化学测量的主体,所研究的化学反应在该电极上发生。

对于许多电化学测量,工作电极都采用惰性材料,如金、铂、玻碳等。这时,工作电极表面可以看作是电化学反应发生的场所。在腐蚀实验中,工作电极就是腐蚀金属样品。而对于电催化实验中,工作电极就是催化剂本身。

(2) **对电极**(counter electrode,CE)又称为辅助电极,其作用是和工作电极组成一个串联回路,起到导电的作用。在电化学测试中,通过工作电极流入溶液的电流,通过对电极再流出溶液。

在电化学研究中经常选用性质比较稳定的材料制作对电极,比如铂或石墨。在某些情况下,也可以与工作电极材料相一致。为了减少对电极极化对工作电极的影响,对电极本身的电阻要小,并且不易极化,其面积通常要求大于工作电极。

(3) **参比电极**(reference electrode,RE)是测量电极电位时用作参考比较的电极。在电化学测试中,为了使特定的反应发生,需要在工作电极上外加一个稳定的电位,工作电极的电位应始终精确地控制。为此,加入参比电极作为电位的参考标准。合格的参比电极要求是电位已知且稳定、重现性好的可逆电极。其在没有电流通过的情况下,应该具有恒定的电位。

实验室常用的参比电极有:饱和甘汞电极(saturated calomel electrode,SCE)、Ag/AgCl 电极、Hg/HgO 电极、Hg/Hg_2SO_4 电极等。一般在酸性或中性溶液中选择饱和甘汞电极或 Hg/Hg_2SO_4 电极,在碱性溶液中选择 Hg/HgO 电极。在某些情况下,也可以使用与工作电极一致的面积很小的一片材料用作参比电极,称为准参比。表 2.8-1 列出了实验室常用的参比电极的主要参数。

表 2.8-1　几种常用的参比电极的主要参数

参比电极种类	电极过程	溶液,浓度	25℃下相对标准氢电极电位/V	温度系数/mV
甘汞电极 [Hg/Hg_2Cl_2]	$Hg_2Cl_2+2e^- \longrightarrow 2Hg+2Cl^-$	KCl,0.1mol/L	0.3337	−0.66
		KCl,1.0mol/L	0.2807	
		KCl,饱和	0.2415	
Hg/HgO 电极	$HgO+H_2O+2e^- \longrightarrow 2Hg+2OH^-$	NaOH,1.0mol/L	0.165	−1.12
		NaOH,0.1mol/L	0.140	
银/氯化银 [Ag/AgCl]	$AgCl+e^- \longrightarrow Ag+Cl^-$	KCl,0.1mol/L	0.2894	−0.44
		KCl,1mol/L	0.2368	
		KCl,饱和	0.1976	
汞/硫酸亚汞 [Hg/Hg_2SO_4]	$Hg_2SO_4+2e^- \longrightarrow 2Hg+SO_4^{2-}$	H_2SO_4,0.5mol/L	0.682	−0.80
		K_2SO_4,饱和	0.650	

2. 电化学测试方法

根据测量目的,可以采用不同的电化学测试方法。这些测量方法主要分为以下四类。

(1) 稳态测试：包括恒电流法及恒电位法

稳态是指电化学反应中，电化学系统的参量（如电极电位、电流密度、电极界面附近液层中离子的浓度分布、电极界面状态等）基本不变的状态。常用的稳态测试方法主要包括恒电流法及恒电位法，即给电化学体系一个恒定不变的电流或者电极电位，测量相应的电极电位或者电流的变化。

对于电化学工作站，通过在软件中简单地设置电流或电位以及时间参数，就可以使用这两种方法。该方法主要用于活性材料的电化学沉积、金属稳态极化曲线的测定、电催化材料的稳定性测量等。

(2) 暂态测试：包括控制电流阶跃法及控制电位阶跃法

暂态，是相对于稳态而言的。在电化学反应里，从一个稳态向另一个稳态的转变过程中，任意一个电极还未达到稳态时，都处于暂态过程，如双电层充电过程、电化学反应过程以及扩散传质过程等。

常见的暂态测量方法包括控制电流阶跃法和控制电位阶跃法。控制电流阶跃法，又称为计时电位法（chronopotentiometry，CP），在某一时间点，电流发生突变，而在其他时间段，电流保持相应的恒定状态，测量电极电位与时间之间的函数关系。同样地，控制电位阶跃法，又称为计时电位法（chronoamperometry，CA），即在某一时间点，电位发生突变，而在其他时间段，电位保持相应的恒定状态，测量电流响应与时间的函数关系。

利用这种暂态控制方法，可以探究一些电化学变化过程的性质，如能源存储设备充电过程的快慢、界面的吸附或扩散作用的判断等。

(3) 伏安法：包括线性伏安法及循环伏安法

伏安法是电化学测试中最常用也是最基本的方法。在此过程中，电流、电压均保持动态变化。伏安法主要有线性伏安法（linear sweep voltammetry，LSV）以及循环伏安法（cyclic voltammetry，CV）。

控制工作电极的电位，使其随时间线性变化，测量通过电极的电流响应，从而得到电流 i 与电位 E 之间的关系曲线，这种方法称为线性伏安法。线性伏安法可以在感兴趣的电位范围内进行扫描，在扫描的电位范围内可以观察到电极上可能发生的电化学反应，研究电极反应机理，判断电极过程的可逆程度，研究电极表面的吸脱附行为及电极反应的中间产物等。该方法被广泛应用于太阳能电池光电性能的测试、燃料电池氧化还原曲线的测试以及电催化中活性曲线的测试等。

循环伏安法是指在电极上施加一个线性扫描电位，以恒定的变化速度扫描，当达到某设定的终止电位时，再反向回归至设定的起始电位。如果施加的电位为等腰三角形的形式加在工作电极上，得到的电流 i 与电位 E 之间的关系曲线，称为循环伏安曲线。其包括两个分支，如果前半部分电位向阴极方向扫描，产生还原峰，那么后半部分电位向阳极方向扫描时，便产生氧化峰。通过循环伏安曲线的形状、峰电流和峰电位的特征，可以研究电极上可能发生的电化学反应，判断电极过程的可逆程度，研究电极表面的吸脱附行为以及测量电极过程动力学参量等。

(4) 交流阻抗法：包括电化学阻抗法及交流伏安法

交流阻抗法的主要实现方法是，控制电化学系统的电流在小幅度的条件下随时间按正弦规律变化，同时测量电位随时间的变化获取阻抗或导纳的性能，进而进行电化学系统的反应机理分析及系统相关参数的计算。交流阻抗法可以分为电化学阻抗法(electrochemical impedance spectroscope,EIS)和交流伏安法(AC voltammetry)。电化学阻抗法研究某一极化状态下,不同频率下的电化学阻抗性能；而交流伏安法是在某一特定频率下,研究交流电流的振幅和相位随时间的变化。其中电化学阻抗法应用范围更广。

由于采用小幅度的正弦电位信号对系统进行微扰,电极上交替出现阳极和阴极过程,二者作用相反,即使扰动信号长时间作用于电极,也不会导致极化现象的积累性发展和电极表面状态的积累性变化。因此,电化学阻抗法是一种"准稳态方法"。通过电化学阻抗法,可以分析表面吸附作用以及离子扩散作用的贡献分配、电化学系统的阻抗大小、频谱特性以及电荷电子传输的能力强弱等。

3. 循环伏安法测铁氰化钾体系在中性水溶液中的氧化还原特性

本实验以铁氰化钾离子$[Fe(CN)_6]^{3-}$、亚铁氰化钾离子$[Fe(CN)_6]^{4-}$在中性水溶液中的电化学反应为例,利用循环伏安法测量该离子对的氧化还原特性。铁氰化钾离子$[Fe(CN)_6]^{3-}$、亚铁氰化钾离子$[Fe(CN)_6]^{4-}$间的氧化还原反应及标准平衡电位为

$$[Fe(CN)_6]^{3-} + e^- \rightleftharpoons [Fe(CN)_6]^{4-}, \quad E^0 = 0.36V \tag{2.8-1}$$

在中性水溶液中,该电化学反应是一个可逆过程。由于该体系比较稳定,研究人员常用此体系作为电极探针反应,用于鉴别电极的优劣。

如图 2.8-2(a)所示,通过电化学工作站可以向电极施加三角波电位信号。电位扫描信号可表示为

$$E(t) = E_i - v(t - t_0), \quad t_0 \leqslant t \leqslant t_1 \tag{2.8-2}$$

$$E(t) = E_i - 2vt_1 + vt_0 + vt, \quad t_1 \leqslant t \leqslant t_2 \tag{2.8-3}$$

其中 E_i 为起始电位；v 为电位扫描速率。

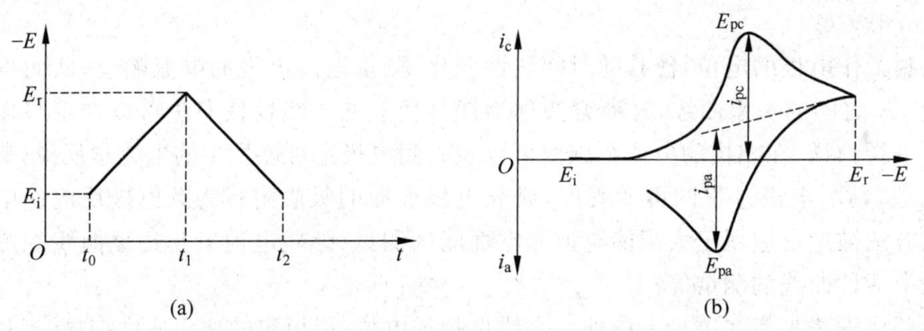

图 2.8-2　三角波电位信号与循环伏安特性曲线

(a) 三角波电位扫描信号；(b) 循环伏安曲线

控制起始电位 E_i 比体系的标准平衡电位 E^0 在正向要大得多,从起始电位 E_i 处开始,在一定扫描速率下,作正向电扫描(即向电位负方向扫描),扫描开始时,正向电位远大于 E^0,此时只有非法拉第电流通过。当电位达到 E^0 附近时,溶液中$[Fe(CN)_6]^{3-}$离子被还原为$[Fe(CN)_6]^{4-}$,并有法拉第电流通过。随电位越来越低(负向增大),电极表面反应物$[Fe(CN)_6]^{3-}$的浓度逐渐下降,指向电极表面的流量(即电流)增加。当电位越过 E^0,表面的$[Fe(CN)_6]^{3-}$浓度下降到近于零,$[Fe(CN)_6]^{3-}$向表面的物质传递速度达到最大,阴极电流也增加到最大值 i_{pc}。然后由于贫化效应,阴极电流逐渐下降,于是观察到如图 2.8-2(b)

所示的还原峰。

在25℃下，阴极峰电流 i_{pc} 满足下式：

$$i_{pc}=(2.69\times10^5)\cdot n^{3/2}\cdot A\cdot D_O^{1/2}\cdot v^{1/2} \tag{2.8-4}$$

其中，i_{pc} 为峰电流(A)；n 为电化学反应中氧化还原电对互变的电子转移数，对于铁氰化钾离子$[Fe(CN)_6]^{3-}$、亚铁氰化钾离子$[Fe(CN)_6]^{4-}$间的氧化还原反应，$n=1$；A 为电极的表面积(cm^2)；D_O 为扩散系数(cm^2/s)；v 为电位扫描速率(V/s)。

当电位达到换向电位 E_r 后，改为反向扫描。当电位突然反向扫描时，工作电极附近有高浓度的$[Fe(CN)_6]^{4-}$离子。随着电极电位逐渐接近 E^0、进而越过 E^0，表面的电化学平衡将向有利于生成$[Fe(CN)_6]^{3-}$的方向移动，$[Fe(CN)_6]^{4-}$离子被氧化，有阳极电流流过，并且电流增大到阳极峰电流 i_{pa}，随后又由于$[Fe(CN)_6]^{4-}$的显著消耗而引起电流衰降。

根据循环伏安曲线图，可以获得两组重要的测量参数：①阴极、阳极峰电流(i_{pc}、i_{pa})及其比值$|i_{pc}/i_{pa}|$；②阴极、阳极峰电位(E_{pc}、E_{pa})及其差值$|\Delta E_p|=E_{pa}-E_{pc}$。其中测定阳极峰电流 i_{pa} 不如阴极峰电流 i_{pc} 直接，这是因为正向扫描时是从法拉第电流为零的电位开始扫描的，因此 i_{pc} 可根据零电流基线得到；而在反向扫描时，E_r 处阴极电流尚未衰减到零，因此测定 i_{pa} 时就不能以零电流作为基准来求算。但在反向扫描的最初一段电位范围内，$[Fe(CN)_6]^{4-}$的重新氧化反应尚未开始，此时电流仍为阴极电流衰减曲线。因此可在循环伏安曲线上画出阴极电流衰减曲线的延长线，以其作为求 i_{pa} 的电流基线，如图2.8-2(b)所示。如果难以确定 i_{pa} 的电流基线，也可按下式计算，即

$$\left|\frac{i_{pa}}{i_{pc}}\right|=\left|\frac{(i_{pa})_0}{i_{pc}}\right|+\left|\frac{0.485i_r}{i_{pc}}\right|+0.086 \tag{2.8-5}$$

其中，$(i_{pa})_0$ 为未经校正的相对于零电流基线的阳极峰电流；i_r 为换向电位 E_r 处的阴极电流。

根据这些测量参数，可以判断电极反应的可逆程度。当电极反应完全可逆时，在25℃下，循环伏安曲线的两组参数具有下述两个重要特征。

(1) $|i_{pa}|=|i_{pc}|$，即$|i_{pc}/i_{pa}|=1$。

(2) $|\Delta E_p|=E_{pa}-E_{pc}\approx\frac{59}{n}$mV(25℃)。实际上，$|\Delta E_p|$与换向电位 E_r 稍有关系，但基本上保持为常数，且不随电位扫描速率 v 的改变而改变。

若电化学反应不可逆，对于准可逆体系，这两组测量参数具有如下特征。

(1) $|i_{pa}|\neq|i_{pc}|$。

(2) $|\Delta E_p|=E_{pa}-E_{pc}>\frac{59}{n}$mV(25℃)，即不可逆体系的$|\Delta E_p|$比可逆体系的大，并且伴随电位扫描速率 v 的增大而增大。

若电化学反应完全不可逆，逆反应非常迟缓，正向扫描产物来不及发生反应就扩散到了溶液中，因此在循环伏安图上观察不到反向扫描的电流峰，如图2.8-3所示。

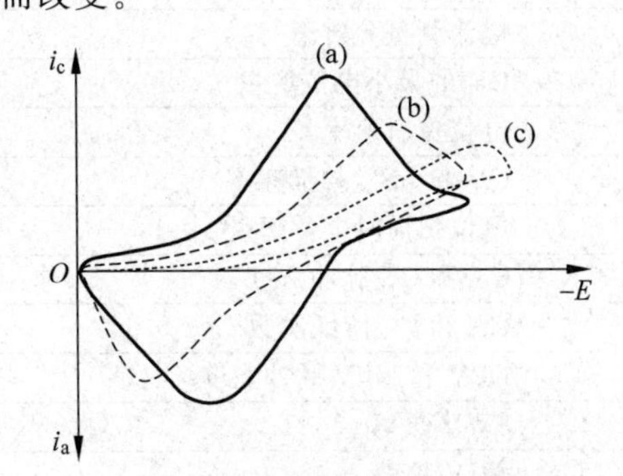

图2.8-3　不同可逆程度反应体系的循环伏安曲线

(a) 可逆体系；(b) 准可逆体系；(c) 完全不可逆体系

[仪器装置]

CHI660 型电化学工作站的外观如图 2.8-4 所示，主要仪器参数见表 2.8-2。其内含快速数字信号发生器、高速数据采集系统、电位电流信号滤波器、多级信号增益、*iR* 降补偿电路、恒电位仪及恒电流仪。仪器可工作于二电极、三电极或四电极的方式。对于三电极体系，绿色电极夹连接工作电极，白色电极夹连接参比电极，红色电极夹连接对电极。仪器还有外部信号输入通道，可在记录电化学信号的同时记录外部输入的电压信号，例如光谱信号等。此外仪器还有一套高分辨辅助数据采集系统。

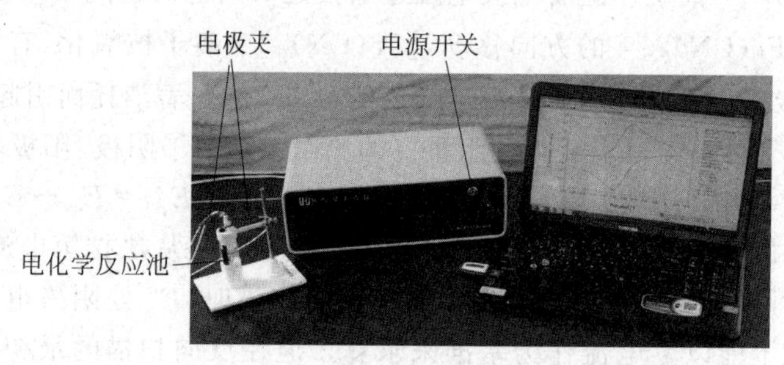

图 2.8-4　CHI660 型电化学工作站仪器外观图

仪器通过外部计算机控制，仪器配套的 CHI 软件具有强大的功能，包括极方便的文件管理，全面的实验控制，灵活的图形显示，以及多种数据处理能力。

表 2.8-2　CHI660 型电化学工作站主要实验参数的动态范围

实验参数	动态范围
电位范围	−10～10V
电位上升时间	<1μs
槽压	+/−12V
电流范围	250mA
参比电极输入阻抗	$1\times10^{12}\Omega$
灵敏度	1×10^{-12}～0.1A/V，共 12 档量程
输入偏置电流	<50pA
电流测量分辨率	<0.01pA
CV 的最小电位增量	0.1mV
电位更新速率	5MHz
CV 和 LSV 扫描速率	0.000 001～5000V/s
电位扫描时电位增量	0.1mV @ 500V/s
CA 和 CC 脉冲宽度	0.0001～1000s
CA 和 CC 阶跃次数	320
DPV 和 NPV 脉冲宽度	0.0001～10s
SWV 频率	1～100kHz
ACV 频率	0.1～10kHz
SHACV 频率	0.1～5kHz
IMP 频率	0.000 01～100kHz
最大数据长度	128 000～4 096 000 点可选择

[实验内容与测量]

1. 电化学工作站开机及状态检测

(1) 打开与 CHI660 型电化学工作站相连接的计算机,并开启电化学工作站的电源开关,仪器预热约 10min。

(2) 打开计算机上的 CHI 软件,单击 Setup—System,选择合适的端口。

(3) 单击 Setup—Hardware Test,显示所有参数 OK 即可使用。如果出现“Link Failed”的警告,检查通信电缆是否接好,并检查(2)步骤中通信端口的设置是否正确。

2. 预处理电极

用 Al_2O_3 粉末(粒径 0.05μm)将铂片电极和铂丝电极进行表面抛光,然后分别在 1∶1 乙醇、1∶1HNO_3 和蒸馏水中用超声波清洗器进行清洗,时间各约 5min。

3. 电化学测量体系搭建

在电解池中加入适量体积的电解质溶液,将铂片电极、铂丝电极和饱和甘汞电极分别插入电解池的三个小孔中,使电极浸入电解质溶液中;将 CHI 工作站的绿色电极夹夹住铂片电极(工作电极),红色电极夹夹住铂丝电极(对电极),白色电极夹夹住饱和甘汞电极(参比电极)。

4. 循环伏安扫描方法

单击 CHI 软件界面菜单栏的 Setup—Technique(或单击工具栏的按钮 T),选中对话框中“CV-Cyclic Voltammetry”实验技术,单击“OK”;单击菜单栏的 Setup—Parameters(或单击工具栏的按钮 ▤);如图 2.8-5 所示,将“Init E”设置为 0.6V,“High E”为 0.6V,“Low E”为−0.1V,“Final E”为 0V,“Initial Scan”为“Negative”,“Scan Rate”按要求设置,“Sensitivity”选“1.e-004”;如果测得的循环伏安曲线在峰值处出现平台,界面左下角提示“overflow”,说明本次测量超量程,此时应当增大“Sensitivity”,并重新测量;将参数设置好后,单击“OK”,然后单击工具栏的按钮 ▶ 开始测量。

5. 数据保存方法

每次测量结束后,软件界面自动显示所测得的曲线及其主要参数,单击工具栏的按钮 💾,在弹出的对话框中选择保存位置,输入合适的文件名,单击“OK”,此时会在指定位置保存一个扩展名为 bin 的文件。单击菜单栏的 File—Convert to Text,选择刚才保存的 bin 文件,单击“打开”,此时在指定位置会生成一个 txt 文本文件。单击工具栏的按钮 🗋,开始新的测试。

6. 数据测量

(1) $K_3[Fe(CN)_6]$溶液的循环伏安曲线测量:

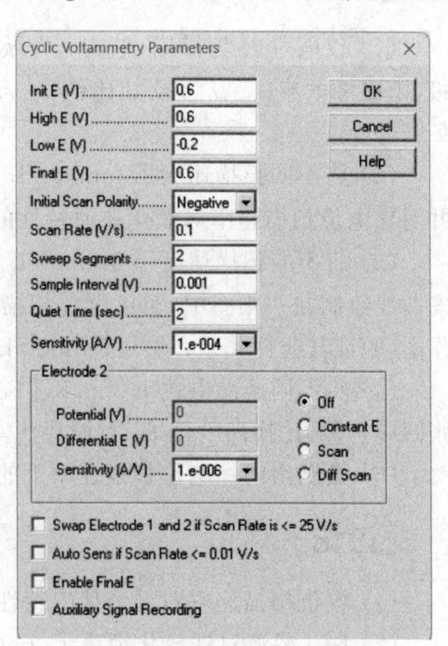

图 2.8-5　循环伏安法参数设置

电解液为 5mmol/L 的 $K_3Fe(CN)_6$ 溶液，分别以 5mV/s、10mV/s、20mV/s、50mV/s 和 100mV/s 的电位扫描速率进行循环伏安曲线测量。

(2) $K_3[Fe(CN)_6]$ 与 KCl 混合溶液的循环伏安曲线测量：电解液为 5mmol/L $K_3Fe(CN)_6$ 与 0.5mol/L KCl 的混合溶液，分别以 5mV/s、10mV/s、20mV/s、50mV/s 和 100mV/s 的电位扫描速率进行循环伏安曲线测量。

(3) 不同换向电位 E_r 下，$K_3[Fe(CN)_6]$与 KCl 混合溶液的循环伏安曲线测量：电解液为 5mmol/L $K_3Fe(CN)_6$ 与 0.5mol/L KCl 的混合溶液，电位扫描速率为 10mV/s，将“Init E”和“High E”分别设置为 0.5V、0.6V、0.7V 和 0.8V，进行循环伏安曲线测量。

(4) 不同浓度的 $K_3[Fe(CN)_6]$与 KCl 混合溶液的循环伏安曲线测量：电解液中 KCl 浓度均为 0.5mol/L 不变，$K_3Fe(CN)_6$ 浓度分别为 20mmol/L、10mmol/L、5mmol/L、2mmol/L 和 1mmol/L，扫描速率为 10mV/s，“Init E”和“High E”均设置为 0.6V，进行循环伏安曲线测量。

(5) 实验完毕，确认文件保存后，退出 CHI 应用程序，关闭计算机；清洗电极、电解池，将仪器恢复原位，桌面擦拭干净。

注意事项：

(1) 实验前，电极表面要处理干净，电极表面的清洁度将直接影响到实验结果。

(2) 测量循环伏安特性的扫描过程中，应保持溶液静止。

(3) 电化学工作站不使用时，将电池夹夹上纸片以防止电极短路。

(4) 电池夹注意保持清洁，如其生锈，需用砂纸打磨光滑。

(5) 在实验的反应前后，都要记录实验室室温，如室温偏离 25℃过多，应使用水浴锅对电解池进行控温。

[数据处理与分析]

(1) 以电位 E 为横轴，电流 i 为纵轴作图，得到循环伏安曲线，并从中获得各曲线的阴极、阳极峰电流(i_{pc}、i_{pa})及其比值$|i_{pc}/i_{pa}|$，阴极、阳极峰电位(E_{pc}、E_{pa})及其差值$|\Delta E_p|=E_{pa}-E_{pc}$。

(2) 将不同扫描速度下 5mmol/L $K_3Fe(CN)_6$ 溶液的循环伏安曲线绘制在一张图中，并对比电位扫描速率对氧化还原特性的影响；分别以 i_{pc}、i_{pa} 对 $v^{1/2}$ 作图，验证其线性关系。

(3) 将不同扫描速度下 5mmol/L $K_3Fe(CN)_6$ 与 0.5mol/L KCl 的混合溶液的循环伏安曲线绘制在一张图中，对比电位扫描速率对氧化还原特性的影响；分别以 i_{pc}、i_{pa} 对 $v^{1/2}$ 作图，验证其线性关系；并与 5mmol/L $K_3Fe(CN)_6$ 溶液的测试结果进行对比。

(4) 将不同换向电位 E_r 下，$K_3[Fe(CN)_6]$与 KCl 混合溶液的循环伏安曲线绘制在一张图中，并对比换向电位 E_r 对循环伏安特性曲线的影响。

(5) 绘制出同一电位扫描速率下的 $K_3Fe(CN)_6$ 浓度 c 同 i_{pc}、i_{pa} 的关系曲线。

[讨论]

(1) 电位扫描速率对循环伏安特性曲线的影响。

(2) KCl 溶液对铁氰化钾离子$[Fe(CN)_6]^{3-}$、亚铁氰化钾离子$[Fe(CN)_6]^{4-}$间的氧化还原反应的影响。

(3) 换向电位 E_r 的大小对循环伏安特性曲线的影响。

(4) 判断铁氰化钾离子$[Fe(CN)_6]^{3-}$、亚铁氰化钾离子$[Fe(CN)_6]^{4-}$间的氧化还原反应的可逆程度。

[结论]

写出通过本实验得到的主要结论。

[思考题]

(1) 请列出三电极体系与二电极体系的区别与应用。

(2) 按式(2.8-4),当 $v\to 0$ 时,$i_p\to 0$,据此是否可以认为采用很慢的电位扫描速率时不出现氧化还原电流?

[参考文献]

[1] 贾铮,戴长松,陈玲.电化学测量方法[M].北京:化学工业出版社,2017.

[2] 上海辰华仪器有限公司.CHI600e用户说明书[Z].2009.

[3] LV YUEPENG#,DUAN SIBIN#,ZHU YUCHEN,et al. Interface control and catalytic performances of Au-NiS heterostructures [J]. Chemical Engineering Journal,2020,382: 122794.

[4] DUAN SIBIN,WANG,RONGMING*. Au/$Ni_{12}P_5$ core/shell nanocrystals from bimetallic heterostructures: in situ synthesis,evolution and supercapacitor properties [J]. NPG Asia Materials,2014,6(9): e122.

实验 2.9 热电材料塞贝克系数的测量

[引言]

热电材料是可实现热能和电能之间直接相互转化的新型功能材料,在温差发电和制冷领域有广泛应用前景。例如利用热电材料制备的半导体器件可将热源(如太阳、地热和人体)产生的热能和低品位余热(如汽车尾气、工业生产废热、垃圾焚烧)转化成电能,同时也可以利用逆效应进行无氟利昂制冷。热电器件具有轻便、安全、噪声低、寿命长、无机械运动及使用温度范围广等优点,在航空、军事、医疗器械及微型电源和计算机芯片温控系统中均可采用。对热电材料与器件的研究与应用也有助于我国早日实现"碳达峰、碳中和"的战略目标。

1909—1911 年,德国科学家 Altenkirch 综合考量电学性能和热学性能对器件热电效率的影响,首先引入无量纲热电优值(ZT 值)的概念,并将其定义为

$$ZT=\frac{S^2\sigma T}{\kappa} \tag{2.9-1}$$

式中,S 为塞贝克系数,σ 为电导率,T 为热力学温度,κ 为热导率。$S^2\sigma$ 为功率因子(常用 PF 来表示)。热电优值的大小描述了热电材料性能的优劣,优值越大,热电性能越好。从式(2.9-1)中可以看出,性能优良的热电材料需要同时具备较高的塞贝克系数和电导率,以及较低的热导率。塞贝克系数是决定热电材料性能的关键参数之一,如何测量及提高材料的塞贝克系数也是研究者所关注的问题。

[实验目的]

(1) 了解塞贝克系数基本原理与测试方法。

(2) 学习 SBA 458 型塞贝克系数测试仪的使用方法。

[实验仪器]

SBA 458 型塞贝克系数测试仪，高纯氩气，实验室提供的热电材料。

[预习提示]

(1) 简述什么是塞贝克效应。

(2) 简述测量塞贝克系数的基本原理。

(3) 学习使用 SBA 458 型塞贝克系数测试仪的基本操作步骤。

[实验原理]

1. 塞贝克效应

固体的热现象和电现象通过电子动能和费米能级互相联系起来而产生的现象，通常称为热电效应。热电效应包括相互关联的三个效应：塞贝克效应、珀耳帖效应和汤姆孙效应。下面主要介绍塞贝克效应。

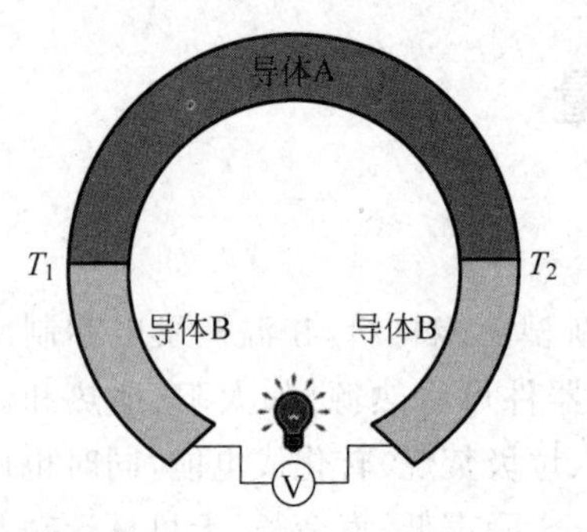

图 2.9-1 塞贝克效应示意图

1821 年，德国物理学家塞贝克在研究 Bi-Cu 和 Bi-Te 所构成回路的电磁效应时发现，当加热两个导体的其中一个连接点时，回路周围会有磁场产生，当时他认为产生磁场是由于温度梯度导致金属被磁化，因此称之为热磁效应。后来，奥斯特(Hans Christian Oerstesd)发现该现象缘于温度梯度在不同材料间形成了热电势，使回路产生电流，进而产生磁场。在此基础上，他提出了热电效应的概念。由于此现象首先是由塞贝克发现的，因此被命名为塞贝克效应。如图 2.9-1 所示，两种材料 A 和 B 构成的闭合回路的两端接点存在很小的温差 ΔT 时，便会产生塞贝克电势 ΔU，且 ΔU 正比于 ΔT，塞贝克热电势 S_{AB} 可以表示为

$$S_{AB}=\lim_{\Delta T\to 0}\frac{\Delta U}{\Delta T} \tag{2.9-2}$$

式中 S_{AB} 为塞贝克系数，单位为 μV/K。ΔU 具有方向性。

通常情况下，单一半导体材料中也存在塞贝克效应，例如 n 型材料，在其中一端加热产生温差，为达到平衡，高温端电子向低温端扩散，使得低温端带负电，高温端带正电，两端之间产生电势差。利用塞贝克效应可实现温差发电。图 2.9-2 为一个热电发电单元的示意图。p 型和 n 型半导体材料中的空穴和电子在热流的作用下，由高温端向低温端扩散。p 型热电半导体空穴在冷端积累而带正电荷，形成正极，n 型半导体的电子在冷端积累而带负电荷，形成负极。正负极之间即可产生电位差，形成电流，实现温差发电。

2. 塞贝克系数测试基本原理

如图 2.9-3 所示，给待测样品两端提供温差 ΔT，样品会产生一个塞贝克电势 ΔU，根据两者的关系即可测出样品的塞贝克系数 S 为

$$S=\frac{\Delta U}{\Delta T} \tag{2.9-3}$$

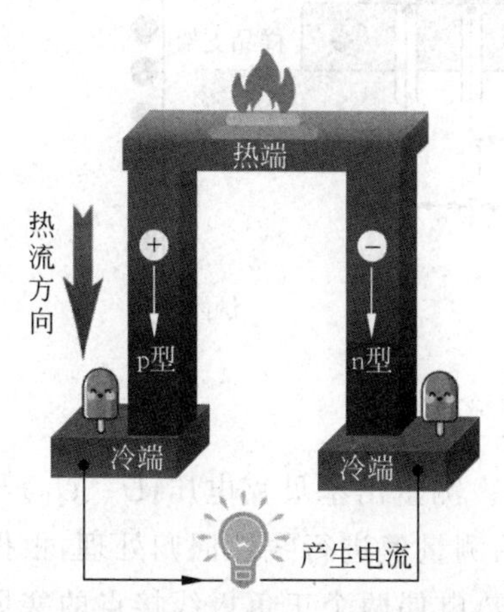

图 2.9-2　基于塞贝克效应的温差发电器件示意图

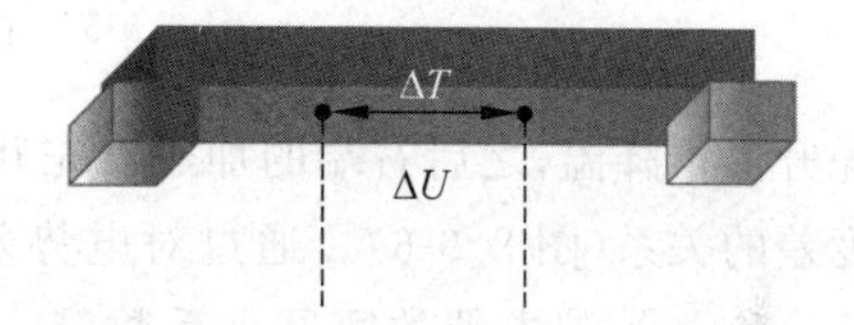

图 2.9-3　塞贝克系数测试基本原理图

[仪器装置]

本实验使用德国耐驰(Netzsch)公司 SBA 458 型塞贝克系数测试仪(图 2.9-4)测定热电材料塞贝克系数和电导率。

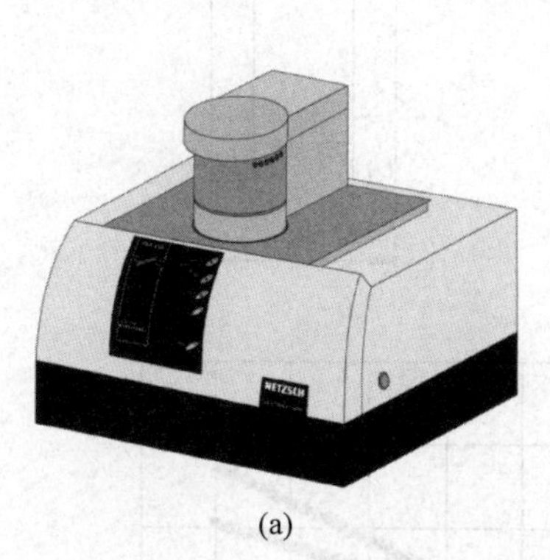

(a)

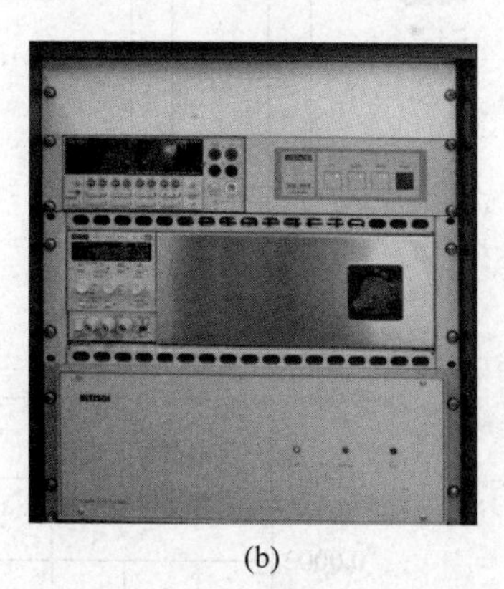

(b)

图 2.9-4　SBA 458 型塞贝克系数测试仪及电源控制箱

(a) 测试仪；(b) 电源控制箱

图 2.9-5 为测试仪主要测试原理示意图。样品放置在样品支架上，在样品支架中有两个微加热器，为样品提供温度梯度。支架中穿插着两个热电偶和电流针，利用双热电偶和四端法测量固体材料的塞贝克系数和电导率。

塞贝克系数是温差与其所产生的电势差的关系。当炉体达到设定测试温度时，两个加热器在样品两端提供温度梯度。图 2.9-6 为两个热电偶的正负极示意图。样品台左端微加

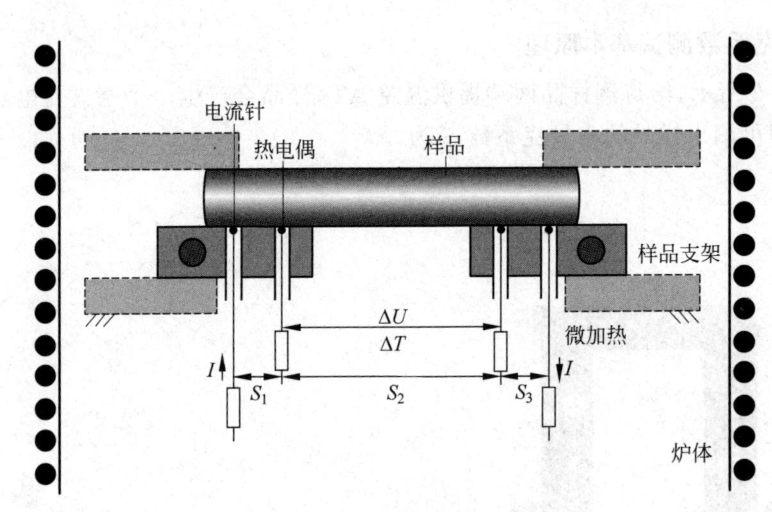

图 2.9-5　主要测试原理示意图

热器先升温再降温，之后右端的加热器先升温再降温。测量出塞贝克电压(U_A、U_B)与相应的温度差的关系(图 2.9-6)。通过对电势差与温差的测量值进行线性回归处理，根据直线斜率(a_A 和 a_B)、热电偶的塞贝克系数(S_A、S_B)以及热电偶两个正负极线接点的塞贝克系数 $S_{A/B}$，代入式(2.9-3)得到最终样品塞贝克系数 S。即

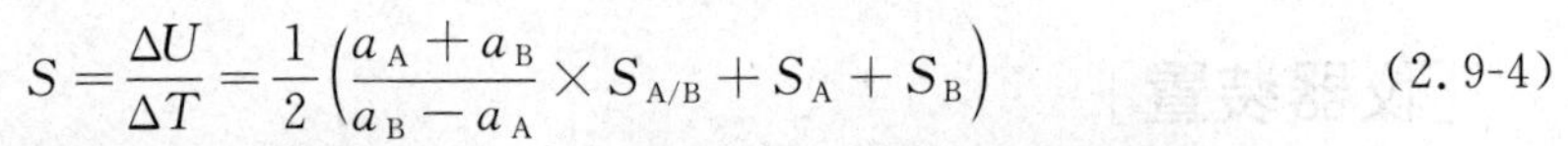

$$S=\frac{\Delta U}{\Delta T}=\frac{1}{2}\left(\frac{a_A+a_B}{a_B-a_A}\times S_{A/B}+S_A+S_B\right) \tag{2.9-4}$$

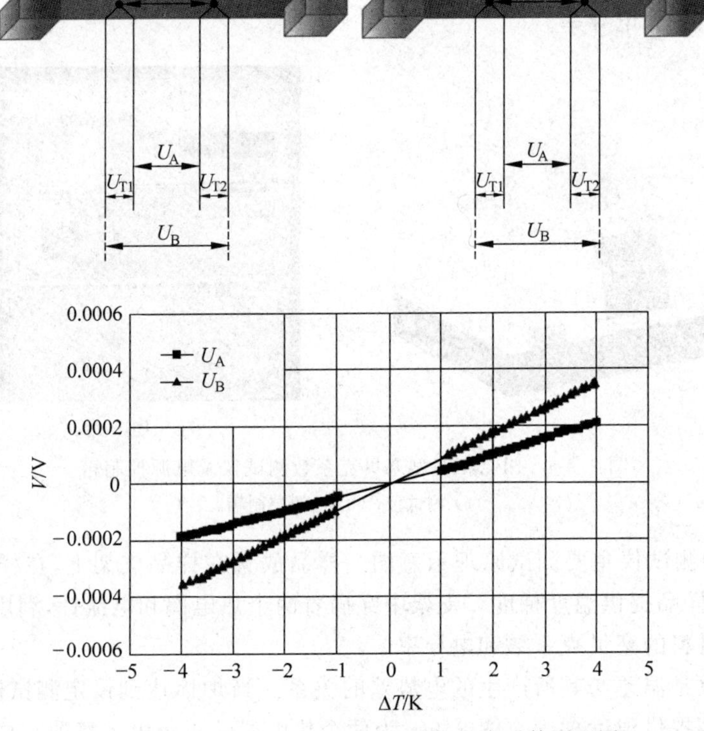

图 2.9-6　Netzsch SBA 458 型测试塞贝克系数原理图

本仪器还可以同时测出样品的电导率，测试基本原理依据“四探针法”(图 2.9-7) 测电阻率 ρ，即

$$\rho=\frac{\Delta U}{I}=\frac{2\pi}{\frac{1}{S_1}+\frac{1}{S_3}-\frac{1}{S_1+S_2}-\frac{1}{S_2+S_3}} \tag{2.9-5}$$

其中设备参数两侧电流针与热电偶之间的距离 $S_1=S_3=1.625\text{mm}$，两个热电偶之间的距离 $S_2=8.25\text{mm}$，I 为输入电流，ΔU 是样品在当前条件下产生的电势差值。结合仪器自身的修正公式，消除边界散射(具体原理可以参照仪器使用手册)，根据电流和电压的关系，即可得出样品的电阻值。电阻率和电导率互为倒数，因此可以得到样品的电导率 σ。

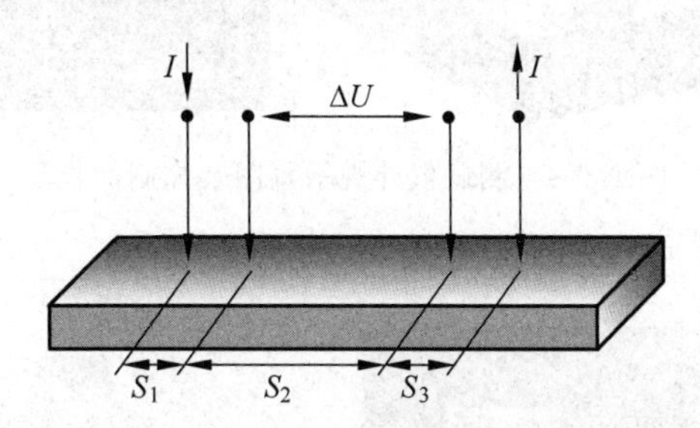

图 2.9-7 Netzsch SBA 458 型测试电导率原理图

[实验内容与测量]

本实验主要学习利用 SBA 458 型塞贝克系数测试仪，测量热电材料的塞贝克系数和电导率及其随温度变化的关系，研究材料热电输运性能。

1. 仪器开机

(1) 如图 2.9-8 所示，将电源箱控制面板上的总电源开关旋到“1”打开。打开 SBA 458 型塞贝克实验仪后面的开关 on/off。

(2) 打开循环水开关，然后开启循环水控温开关，确认循环水控温设定温度为 20℃，并按循环水控温面板上的“OK”键运行。

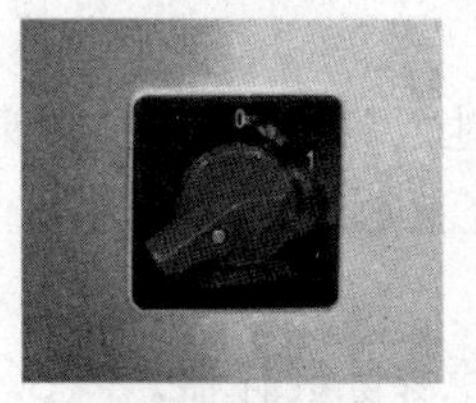

图 2.9-8 测试仪开关及电源箱开关

(3) 启动计算机，并打开桌面上的 SBA 458 软件，等待约 30s 后，软件最下面显示“Ready”，系统加载完成。检查炉体温度是否处于室温状态(软件界面左下角显示温度值)。

2. 安装样品

(1) 如图 2.9-9 所示，同时按下实验仪右侧的“safety”按钮和仪器控制面板上的“furnace-open”按钮，炉体上盖开始上升，到顶端位置时自动停止。黄色 LED 灯亮表示没有到达顶端位置，不能进行后续操作。绿色 LED 灯亮起表示位于顶端，可以继续下面操作。将炉盖向左旋转到最侧边。

(2) 如图 2.9-10 所示，将红色的装样器套在炉体上，轻轻地向下压，使得电流针和热电偶低于样品台。

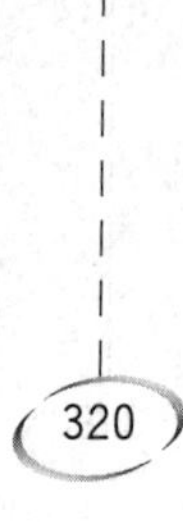

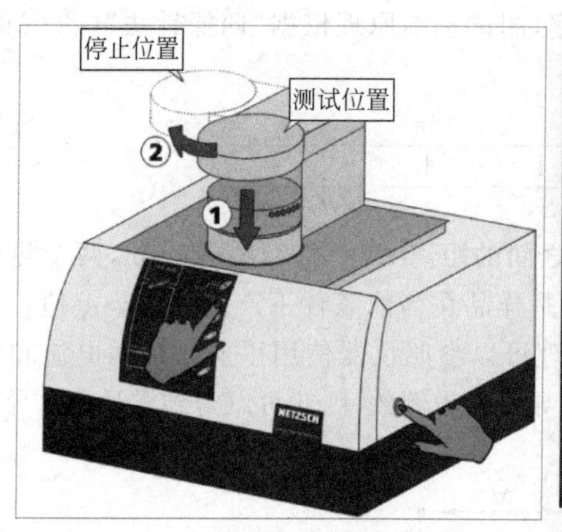

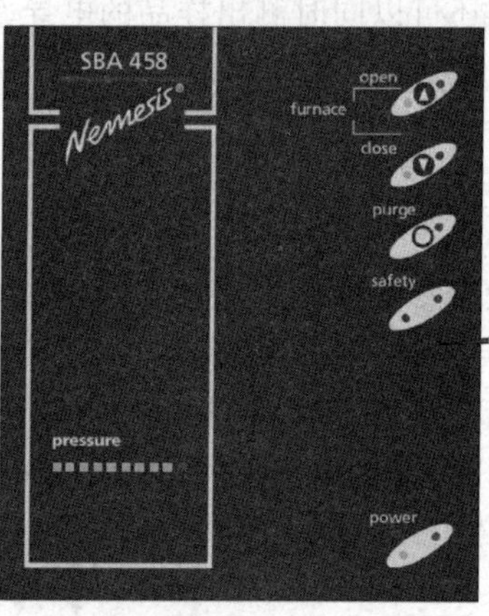

图 2.9-9　测试仪外观示意图及控制面板

图 2.9-10　样品安装示意图

(3) 将样品对称地放到样品座上,保证四个探针能覆盖样品。将白色压片有两个白色长条的一面向下,轻轻地放到样品上,拧上螺丝。从侧面观察探针和样品以及白色压片的位置是否正确。

(4) 垂直向上平稳移除装样器。

(5) 如图 2.9-10 所示,将金属负载轻放到白色压片上,并从侧面再次检查样品位置是否正确,并确保样品和样品架之间没有间隙。

(6) 将炉盖旋转到炉体正上方位置,同时按下设备右侧的按钮"safety"以及控制面板的按钮"furnace-close",炉体自动上升,直至炉子完全关闭,绿色 LED 灯亮起。

3. 置换气体

(1) 打开气瓶总开关,然后旋开减压阀,确认减压阀出口气体气压表示数约为 0.04MPa。

(2) 检查塞贝克实验仪上方的出气阀开关处于关闭状态,再按下机械泵开关,机械泵运行。

(3) 缓慢打开仪器右侧外壁的真空阀,检查塞贝克实验仪面板上的气压显示灯,如图 2.9-11 从右往左逐格亮起(表示设备内部的真空度逐渐提高)直到所有的真空度指示灯全部熄灭(此时真空度达到最优的实验状态)。关闭真空阀。

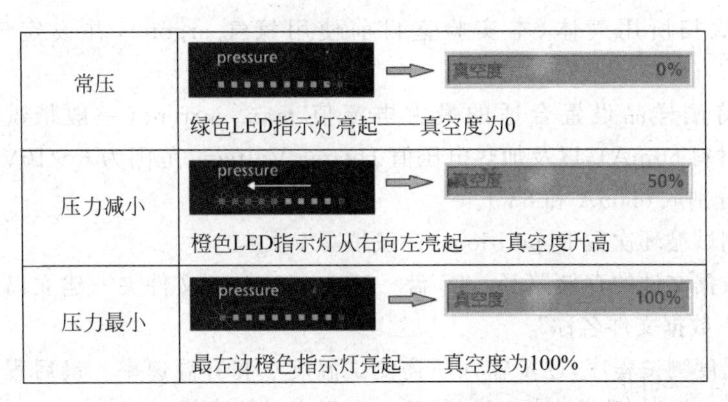

常压
pressure
真空度 0%
绿色LED指示灯亮起——真空度为0
压力减小
pressure
真空度 50%
橙色LED指示灯从右向左亮起——真空度升高
压力最小
pressure
真空度 100%
最左边橙色指示灯亮起——真空度为100%

图 2.9-11　气压指示灯示意图及说明

(4) 缓慢地旋开仪器左侧外壁的吹扫气阀(逆时针旋转为开启,顺时针旋转为关闭),至30°~45°,注意观察气压指示灯,从左往右逐格亮,直至最后一个绿灯亮起时(此时设备内部气体压力接近常压),等待 3s 左右,立刻关闭吹扫气阀。

(5) 重复至少三次(3)和(4)操作,使用氩气置换设备内部气体。

(6) 按塞贝克实验仪面板上的"purge"吹扫按钮,并打开仪器炉体上方的出气阀开关(逆时针旋转为开启,顺时针旋转为关闭)。

(7) 查看并调节浮子气体流量计,使气体流量控制在 100mL/min 左右。

(8) 关闭机械泵。

4. 程序设置

(1) 单击软件上的"设置"按钮,进入程序设定窗口(图 2.9-12)。也可以直接单击"load"载入一个已经设定好的程序。

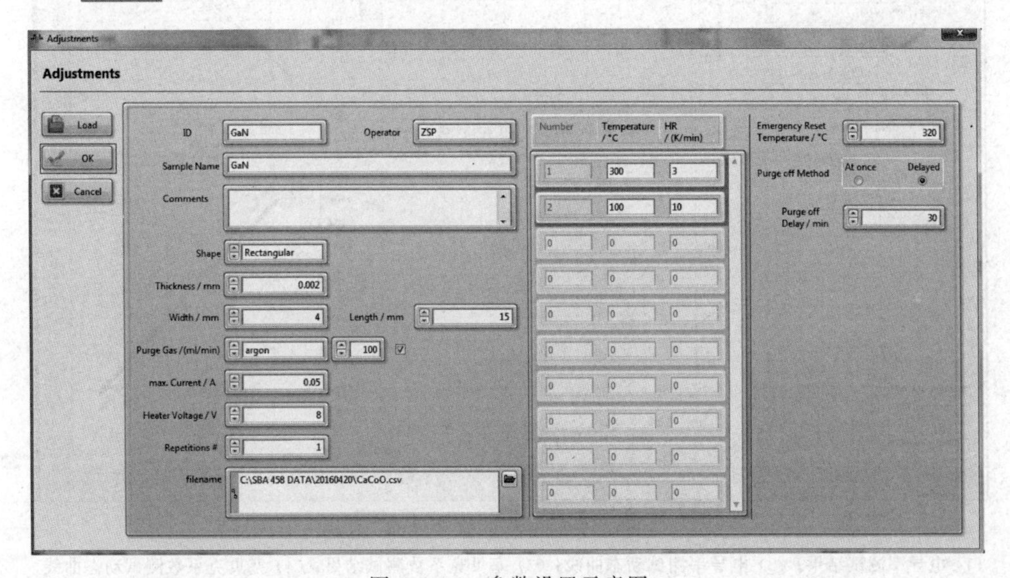

图 2.9-12　参数设置示意图

(2) 填写样品编号 ID、操作者 Operator、样品名称 Sample Name 以及样品相关内容 Comment。选择将要测试的样品的形状 Shape,并填入对应的长、宽、厚或直径大小。

(3) 选择吹扫所用气体(本实验室目前使用氩气 argon)，并设定气体流量值为100mL/min。

(4) 针对待测样品设置合适的最大电流值 max. current(一般情况下，金属样品100mA；热电材料 50mA)，以及加热电压值 Heater Voltage(范围为 6～10V)(本实验建议电流和电压值分别取 0.05A 和 8V)。

(5) 输入测试循环次数 Repetitions(一般填写 1 次)。

(6) 选择数据文件的存储路径："C 盘—SBA 458 Date 文件夹—建立以日期命名的新的文件夹—输入数据文件名称"。

(7) 设定温度测试程序，逐步输入所需测试温度点和升温速率。最后程序规定的温度必须低于 100℃。例如，升温到 300℃，最后一步程序必须降低到至少 100℃，并输入对应的降温速率。设置紧急复位温度"Emergency Reset Temperature"(紧急复位温度一般是你所设定最高温度值＋20℃)。

(8) 设置吹扫气体的关闭方式"Purge off Method"。"At once"表示实验测试结束后气体吹扫立刻关闭，"Delayed"表示吹扫延时关闭，并可以设定延时时长。

(9) 检查设定程序后，单击按钮"OK"。

(10) 在程序的主窗口(图 2.9-13)设定弛豫温度"Temp. Diff. Thres"以及温度稳定阈值"Temp. Stab. Thres"，一般均设为 1。

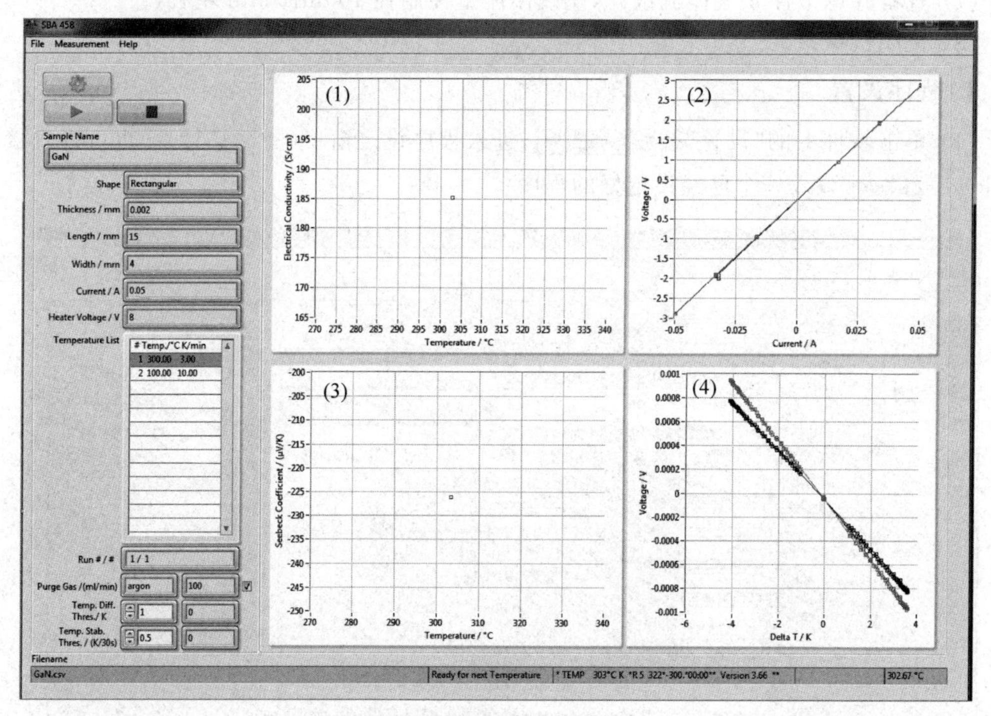

图 2.9-13　测试软件界面

(1) 电导率测试结果；(2) 电导率测试动态曲线；(3) 塞贝克系数测试结果；(4) 塞贝克系数测试动态曲线

(11) 在开始正式测试前，在窗口"Measurement"中选择"Measurement Seebeck"和"Measurement electrical"分别对样品进行试测，以检验样品放置和参数设置是否正确。试测完成后，如果参数合适，则可单击绿色的开始按钮，开始进行正式测试。

5. 关机

（1）测试完成后，等待炉体温度降至室温，关闭气阀；打开炉体，旋开炉盖，取下负载。用装样器压下探针后轻轻拧下螺丝，取下白色压片和样品，关闭炉体。

（2）在计算机软件上单击“File”中的“Exit”，退出软件。关闭测试仪电源开关，关闭循环水泵和水温控制开关，关闭总电源开关（旋到0的位置），最后关闭计算机。

（3）检查仪器设备是否全部关闭，再整理实验器材。从计算机中拷贝实验数据。

注意事项：

（1）在设置完程序后，先对样品进行试测，在确保样品放置和参数设定无误后，再进行第3部分气体置换的相关工作。置换完气体后，进行正式测量。

（2）电源箱部分只受软件控制（通过接口连接到计算机），在操作过程中不需要调节测试仪的电源箱部分。

（3）热电偶的清洗：热电偶位于四个探针中间，轻缓地抬起装样器，使得热电偶能突出来，再用规格至少2000目的砂纸轻轻打磨。热电偶清洗不是必须的，除非被严重固化。

（4）安装样品过程中，螺丝不能拧太紧，需要给白色压片一个应力缓冲空间。

（5）移除装样器的过程中，手指不要按压白色压片，否则会对样品和热电偶探针等造成损坏。关闭炉盖之前必须取下装样器，否则会损坏仪器防辐射罩。

（6）样品尺寸要求：矩形样品（长12.7～25.4mm，宽2～25.4mm）；正方形样品（边长10mm，斜对角放置）；圆片样品（直径12.7～25.4mm）；样品厚度（≤2mm）。

[数据处理与分析]

在数据文件的存储路径“C盘—SBA 458 Date文件夹—以日期命名的新的文件夹—数据文件名称”中，找对应Excel格式的数据文件。利用Excel或者Origin等作图软件，以测试温度 T 为横坐标，所测得的塞贝克系数 S 和电导率 σ 为纵坐标，分别绘制塞贝克系数和电导率随温度变化的关系图，并对其变化趋势进行分析。

[讨论]

讨论样品塞贝克系数及电导率值随温度的变化趋势，并分析其原因。

[结论]

给出样品塞贝克系数及电导率值及其随温度的变化关系。

[思考题]

塞贝克系数值是否有正负之分？塞贝克系数的大小与哪些因素有关？通过查阅文献讨论如何提高材料的塞贝克系数。

[参考文献]

[1] BELL L E. Cooling, Heating, Generating Power, and Recovering Waste Heat with Thermoelectric Systems [J]. Science, 2008, 321(5895): 1457-1461.

[2] SNYDER G J, TOBERER E S. Complex thermoelectric materials [J]. Nature Materials, 2008, 7(2):

105-114.

[3] KANATZIDIS M G. Advances in thermoelectrics：From single phases to hierarchical nanostructures and back [J]. MRS Bulletin，2015，40(8)：687-695.

[4] POUDEL B，HAO Q，MA Y，et al. High-thermoelectric performance of nanostructured bismuth antimony telluride bulk alloys [J]. Science，2008，320(5876)：634-638.

[5] SUAREZ F，NOZARIASBMARZ A，VASHAEE D，et al. Designing thermoelectric generators for self-powered wearable electronics [J]. Energy & Environmental Science，2016，9(6)：2099-2113.

[6] YANG J，XI L L，QIU W J，et al. On the tuning of electrical and thermal transport in thermoelectrics：an integrated theory-experiment perspective [J]. Npj Computational Materials，2016，2：15015.

[7] 高敏，张景昭，Rowe D M. 温差电转化及应用 [M]. 北京：兵器工业出版社，1996.

[8] SEEBECK T J. Ueber den Magnetismus der galvanischen Kette [M]. Berlin：Deutsche Akademie der Wissenschaften Zu Berlin，1822.

[9] SEEBECK T J. Magnetische Polarisation der Metalle und Erze durch Temperatur-Differenz [M]. Leipzig：Wilhelm Engelmann，1895.

[10] 李亚男. $Ca_3Co_4O_9$ 氧化物陶瓷热电性能调控研究[D]. 北京：北京科技大学，2023.

[11] 黄昆. 固体物理 [M]. 北京：高等教育出版社，1966.

[12] 刘恩科，朱秉升，罗晋升. 半导体物理学 [M]. 北京：电子工业出版社，2011.

[13] 陈立东，刘睿恒，史迅. 热电材料与器件 [M]. 北京：科学出版社，2018.

[14] 裴艺丽，张师平，李亚男，等. 用四探针平台测量热电材料塞贝克系数的实验探索 [J]. 物理与工程，2017，27(5)：107-109，113.

[15] 德国耐驰仪器制造有限公司. SBA 458 用户使用说明书[Z].

实验 2.10 激光导热仪的使用

[引言]

工程应用中会遇到很多导热问题，比如，热力设备及热力管道保温材料的选择需要考虑低热导率材料，以期更好地提高热力设备和热力管道的输送质量，减少热能的损耗，从而提高热力企业的经济效益和价值。在电子设备的散热设计上，需要考虑使用高热导率的热界面材料以及散热器。在热电材料的制备中，需要选用低热导率的材料以期达到较好的热电转换效率。另外，在隔热、导热、相变等材料的研发时，会添加粉末颗粒，那么研究粉末填料的热导率有助于相应材料的研发。可以看出，热导率是物质传导热能的一个重要的基本物理参量。理论上，通过弄清物质导热机理，确定导热模型，通过一定的数学分析和计算可获取热导率。然而，影响材料热导率的物理、化学因素很多，所有热导率的理论计算方程几乎都有较大局限性。因此，除少数物质热导率从理论上计算外，在科学实验和工程设计中，所用材料的热导率至今都需要用实验的方法精确测定。

激光导热仪被广泛应用于材料导热性能的测试，如用于测量并计算材料的热扩散系数和比热容。激光导热仪采用激光闪射法，它是一种用于测量材料导热性能的常用方法，属于导热测试“瞬态法”的一种。仪器的设计标准为 GB/T 22588(ASTM E-1461)：闪光法测量热扩散系数或热导率。激光闪射法是目前世界上最先进的材料热物理性能测试方法之一。激光闪射导热测试方法所要求的样品尺寸小，测量速度快，精度高，能够覆盖＜0.1～2000W/(m·K)(从较低热导率的聚合物，到超高导热的金刚石)宽广的热导率测量范围，且测量温度范围宽。激光闪射法样品适应面广，不仅能测量普通固体样品的导热性能，通过使用合适的夹具或样品容器并选用恰当的热学计算模型，还可测量诸如液体、粉末、纤维、薄膜、熔融金属、膏状材料、基质上的涂层、多层复合材料、各向异性材料等特殊样品的热扩散系数并进而计算热导率。因此在现代导热测试领域，这一测量方法正扮演着越来越重要的角色。

［实验目的］

(1) 了解激光导热仪测量样品热扩散系数和比热容的原理。

(2) 学会激光导热仪的使用及测量结果的分析。

［实验仪器］

LFA 467 型激光导热仪，千分尺，高纯氮气，液氮，石墨喷灌，块体样品，粉末样品。

［预习提示］

(1) 什么是热扩散系数？激光闪射法测量样品热扩散系数的原理是什么？

(2) 如何计算样品的热导率？

［实验原理］

1. 激光闪射法测量样品热扩散系数

激光闪射法测量样品热扩散系数的原理如图 2.10-1 所示。

在一定的设定温度 T（恒温条件）下，由激光源或闪光氙灯在瞬间发射一束光脉冲，均匀照射在样品下表面，使其表层吸收光能后温度瞬时升高，并作为热端将能量以一维热传导方式向冷端（上表面）传播。使用红外检测器连续测量上表面中心部位的相应温升过程，得到类似于图 2.10-2 的样品上表面温度（检测器信号）升高对时间的关系曲线。

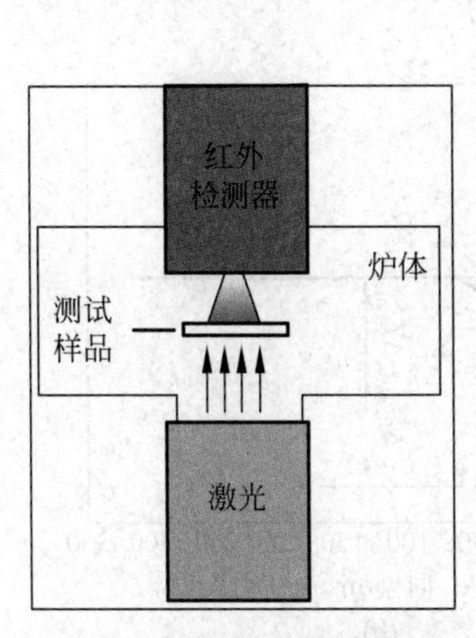

图 2.10-1　激光闪射法测量样品热扩散系数原理示意图

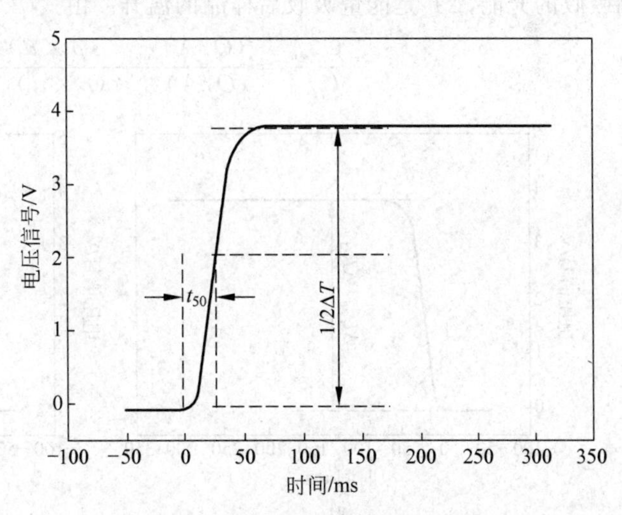

图 2.10-2　样品上表面温升曲线

图 2.10-2 中，t_{50} 为半升温时间，指的是样品下表面在接收光脉冲照射后，用检测器探测到的样品上表面温度升高到最大值的一半所需的时间。若光脉冲宽度接近于无限小或相

对于样品半升温时间近似可忽略，热量在样品内部的传导过程可以认为是理想的由下表面至上表面的一维传热，不存在横向热流。同时如果在样品吸收照射光能量后温度均匀上升、没有任何热损耗(表现在样品上表面温度升高至图中的顶点后始终保持恒定的水平线而无下降)的理想情况下，则满足下列方程

$$\alpha = 0.1388 \times d^2 / t_{50} \tag{2.10-1}$$

其中，d 为样品的厚度；t_{50} 是半升温时间(由激光导热仪测量)，由式(2.10-1)即可得到样品在温度 T 下的热扩散系数 α。从物理意义来看，热扩散系数越大表示物体内部温度扯平的能力越大。可见，热扩散系数也是材料传播温度变化能力大小的指标，并因此有"导温系数"之称。

在实际测量过程中，任何对理想条件的偏离，例如由边界热传导、气氛对流、热辐射等因素引起的热损耗，由材料透明/半透明引起的内部辐射热传导，t_{50} 很短导致光脉冲宽度不可忽略等，都可以在激光导热仪分析软件中选用适当的数学模型进行计算修正。

2. 激光闪射法测量比热容

样品的比热容可使用文献值或使用差示扫描量热法(DSC)测量，在样品形状规则且表面光滑的情况下也可在激光导热仪中与热扩散系数同时测量得到(比较法)。下面介绍用激光导热仪测量样品比热容的原理。选择与待测样品(简称 sam)具有相似尺寸规格、相似热扩散系数和已知比热值的标准样品(简称 std)。在待测样品和标准样品的表面喷涂石墨后(确保两者具有相同的表面光能吸收比与红外发射率)，同时放入仪器中进行测试。

若测得标准样品和待测样品的温升曲线如图 2.10-3 所示，根据比热容的定义有

$$C_p = \frac{Q}{\Delta T \times m} = \frac{Q}{\Delta T \times (\rho \times d \times A)} = \frac{Q/A}{\Delta T \times (\rho \times d)} \tag{2.10-2}$$

式中，m 为样品质量，ρ 是样品密度，d 为试样厚度，A 是片状样品的理论总表面积，Q 是样品吸收的光能，ΔT 是能量吸收后样品的温升。由式(2.10-2)得出

$$\frac{C_{p\mathrm{sam}}}{C_{p\mathrm{std}}} = \frac{(Q/A)_{\mathrm{sam}} \times (\rho \times d)_{\mathrm{std}} \times \Delta T_{\mathrm{std}}}{(Q/A)_{\mathrm{std}} \times (\rho \times d)_{\mathrm{sam}} \times \Delta T_{\mathrm{sam}}} \tag{2.10-3}$$

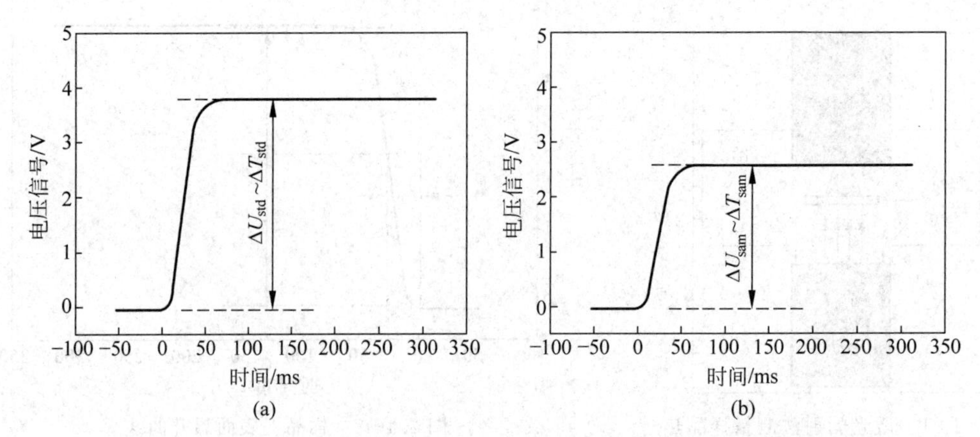

图 2.10-3 (a)标准样品和(b)待测样品的电压信号随加热时间变化的关系

在理想条件下，有

$$(Q/A)_{\mathrm{sam}} = (Q/A)_{\mathrm{std}} \tag{2.10-4}$$

通过使用 LFA 467 的 ZoomOptics 技术来校正厚度不一致对样品表面温升幅度与检测信号差异的影响，ΔT 与 ΔU 近似成线性比例，式(2.10-4)中 ΔT 可以替换为红外探测器信号的差值 ΔU，则上述方程可转换为

$$\frac{C_{p\mathrm{sam}}}{C_{p\mathrm{std}}}=\frac{(\rho\times d)_{\mathrm{std}}\times\Delta U_{\mathrm{std}}}{(\rho\times d)_{\mathrm{sam}}\times\Delta U_{\mathrm{sam}}} \tag{2.10-5}$$

式中，$C_{p\mathrm{std}}$，$(\rho\times d)_{\mathrm{std}}$ 和 $(\rho\times d)_{\mathrm{sam}}$ 是已知的，且 $\Delta U(\Delta T)$ 是一个在理想情况(无热损失)下不随时间变化的确定值，可以从曲线的水平部分直接读取。由此得到

$$C_{p\mathrm{sam}}=\frac{(\rho\times d)_{\mathrm{std}}\times\Delta U_{\mathrm{std}}}{(\rho\times d)_{\mathrm{sam}}\times\Delta U_{\mathrm{sam}}}\times C_{p\mathrm{std}} \tag{2.10-6}$$

基于上述原理，根据式(2.10-6)即可计算待测样品的比热容。

3. 热导率的计算

样品的热导率与热扩散系数 α、比热容 C_p 与密度 ρ 存在着如下关系

$$k(T)=\alpha(T)\times C_p(T)\times\rho(T) \tag{2.10-7}$$

在已知温度 T 下样品的热扩散系数 $\alpha(T)$、比热容 $C_p(T)$ 与密度 $\rho(T)$ 的情况下，三者相乘便可计算得到温度 T 下的热导率 $k(T)$。

图 2.10-4 所示为某一典型的激光导热仪测试图谱举例。测试样品为多晶石墨，测试温度范围是 −120～450℃。图中是样品热扩散系数随温度上升而下降，比热随温度上升而上升，导热系数则随温度的升高出现先上升后下降的变化。

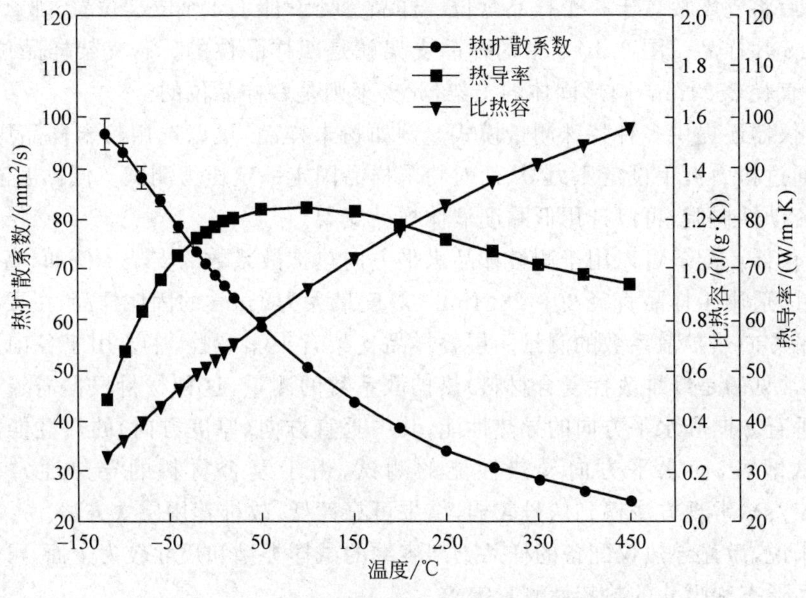

图 2.10-4 多晶石墨的激光导热仪测试图谱举例

[仪器装置]

图 2.10-5 所示为德国耐驰公司生产的 LFA 467 型激光导热仪。它还配备有电子控制部分、软件，以及一系列的辅助设备。不同型号的激光导热仪可测量的温度范围根据所搭配的硬件而定，一般所有的导热仪均可以选择通入保护气体。

图 2.10-6 展示了激光导热仪的仪器结构,有带加热炉的样品盘、激光源或氙灯光源、聚焦透镜与红外检测器。一共有 4 个带加热炉的样品盘可以用于放置样品支架。

图 2.10-5　德国公司 LFA 467 型激光导热仪

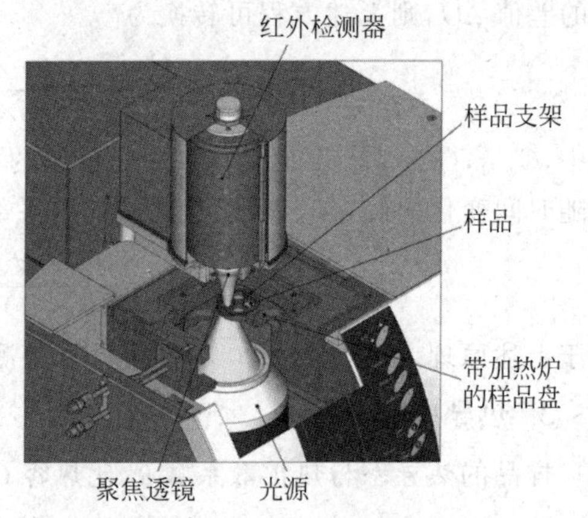

图 2.10-6　LFA 467 型激光导热仪仪器结构图

在常规的片状样品检测方面,仪器提供较多可选样品支架的尺寸规格,如圆形 ϕ10mm、ϕ12.7mm、ϕ25.4mm、方形 10mm×10mm 等。如果直径中样品尺寸较小,例如直径 12.7mm 的圆形,或者边长为 10mm 的方形,最多可以放置 4 个样品在 1 个四样品位的样品支架内,然后将支架放置于一个样品盘位。样品盘处设计了 4 个支架位置,那么一次性最多可以放入 16 片样品。图 2.10-6 中的样品支架就是四样品位的。若支架样品位尺寸较大,例如,容纳直径 25.4mm 圆形固体的支架,此支架则是一样品位的。

另外,仪器还提供多种特殊测量模式。例如粉末样品,可以选用粉末样品压力支架,此支架可以通过扭力扳手设定压力,从而对粉末样品固定一定压力测试。低黏度液体样品(如水、油)和流动性树脂,可以选用低黏度液体样品支架。

此外,仪器还配备可以用于测量样品水平方向热扩散系数的支架。例如,高导热材料径向测量组件,适用于样品直径 20～25.4mm、厚度最大为 1mm 的固体样品,主要用于各向异性样品水平方向热扩散系数的测量。层叠样品支架含夹紧螺栓,主要用于各向异性的复合材料(比较常见的是纤维改性复合材料)热扩散系数的测量,这种材料根据需求通常需要分别测试其垂直方向和水平方向的导热性能,其中垂直方向(厚度方向)的热性能测试应用常规支架测试即可,而水平方向导热性能的测试,由于复合材料的导热通常较低(热扩散$<10mm^2/s$),常规方法得到信号较弱,结果可靠性低,故推荐用层叠方法。

总体来说,激光导热仪配备的样品支架容纳的试样类型和尺寸较为全面,可以较好地满足不同样品形态和尺寸的热特性测量需求。

[实验内容与测量]

下面分别以块体样品、粉末样品为例介绍样品的准备和测量过程。

1. 样品准备

1）块体样品

(1) 样品要求

① 尺寸要求：固体样品横截面的大小形状须按照仪器配套的样品支架尺寸规格而定。如配套支架的样品位为 ϕ12.7mm 圆形，则样品一般制成 ϕ12.2～ϕ12.7mm 的圆片，在尺寸精度方面允许有一定的误差，但以能稳定地放入托盘的凹槽、不致漏光为准。

② 厚度要求：高导热材料的热扩散系数大于 $50mm^2/s$（如金属单质、石墨、部分高导热陶瓷等），建议厚度为 2～5mm。中等导热材料的热扩散系数在 $5\sim50mm^2/s$（如陶瓷、合金等），建议厚度为 1～3mm。低导热系数的热扩散系数小于 $5mm^2/s$（如塑料、橡胶、玻璃、陶瓷等），建议厚度为 0.5～2mm。以上各范围只是个大致值，掌握其总体原则（高导热样品制得厚一些，低导热样品制得薄一些）即可，不必恪守具体范围值。样品厚度方向上的两个平面尽量平行且光滑。

③ 若要在激光导热仪上进行比热测试，选择参比样品时需注意：待测样品与参比样品的表面形状与尺寸原则上尽量一致、厚度尽量接近。待测样品与参比样品在热物性特别是热扩散系数方面相差不太大。

2）粉末样品

参照 1）样品要求中②样品厚度要求，根据粉末样品支架的样品位面积、粉末密度计算出所需粉末质量，按照图 2.10-7 所示，将粉末样品放入支架中样品位的铝片上，然后盖上上面的铝片，最后用扭矩扳手设置一定的压力拧紧螺母即可。

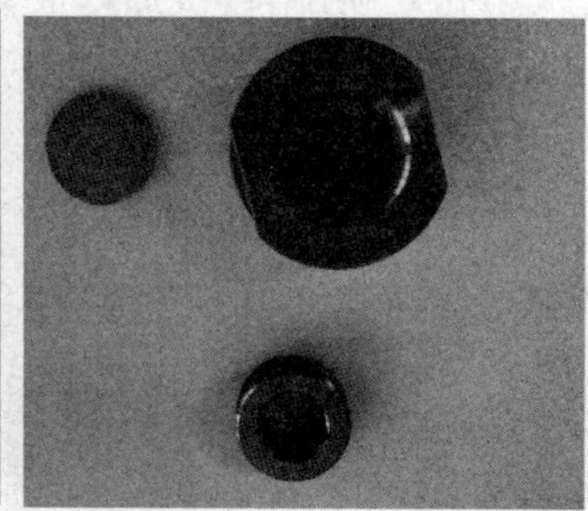
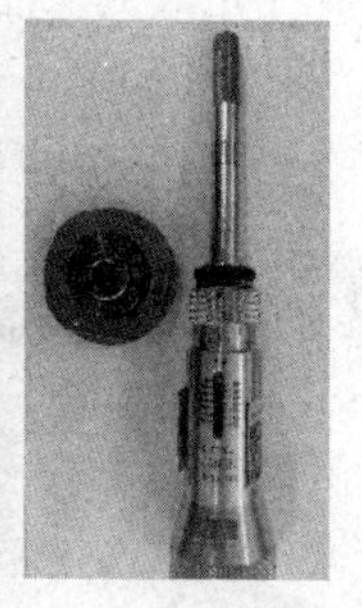

图 2.10-7 粉末样品准备过程

2. 样品测量前处理

1）测量厚度

(1) 如果是固体样品，将制好的样品表面擦洗干净，用千分尺进行厚度测量。

(2) 如果是粉末样品，用千分尺测量放好粉末样品的支架样品位处厚度，再减去两个铝片厚度即是粉末样品的厚度。

2）石墨喷覆

样品在石墨喷覆以后可以确保其具有较好的表面光能吸收比与红外发射率。一般情况下，所有的样品均需要进行石墨喷覆后再进行测试。

(1) 如果是固体样品，使用配套的石墨喷罐对制好的样品上下表面进行表面涂覆，一般视喷在样品表面的石墨分散液的湿度与遮覆情况在样品的各面上喷涂 2～3 次，每喷一次须等其干燥后再喷下一次，以使石墨干燥后在样品表面形成均匀密集的一层薄膜。

(2) 如果是粉末样品，在放好粉末样品的支架上下铝片外表面按照相同的方法进行石墨喷覆即可。

3) 注意事项

(1) 对于高导热而又较薄的样品，石墨不可涂覆太厚，否则可能会降低测得的热扩散系数。

(2) 对于表面较暗、不反光的样品，如果不喷覆石墨就能正常测试的情况下，也可以不喷覆石墨。

(3) 若进行比热容测试，为保证待测样品与参比样品表面的光学特性一致，通常建议待测样品与参比样品均需进行石墨喷覆(正反面均需喷覆)。

(4) 样品厚度是计算样品热扩散系数的关键指标，需要在喷覆石墨前使用千分尺准确测量样品厚度。

3. 测量步骤

1) 开机准备

(1) 打开激光导热仪主机、水浴与计算机电源，打开保护器气瓶(设置气压为 0.03～0.05MPa)，打开导热仪测试软件。

(2) 为红外检测器充填液氮(红外检测器需在负温工作)

图 2.10-8 展示了给红外检测器灌入液氮的过程，操作时需缓慢地倒入液氮直至液氮溢出(约 500mL)。液氮灌满后检测器内处于快速冷却中，液氮气化较剧烈，需等待 1～2min，待最后一股气化液氮从灌入小孔处喷出，再次加入液氮直至溢出，随后盖上塞子。

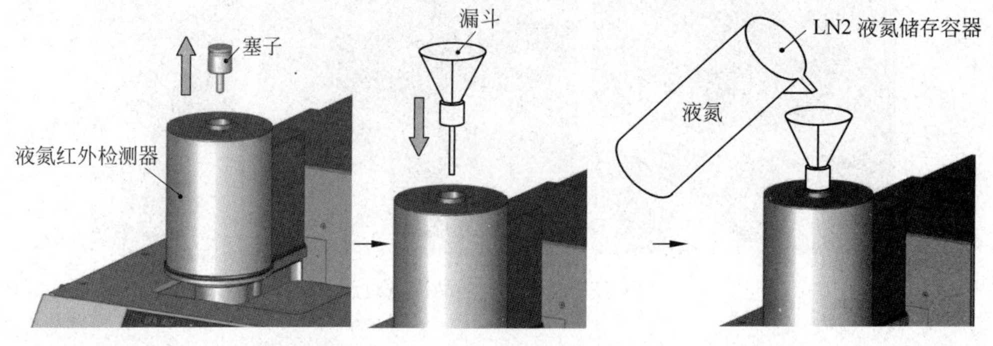

图 2.10-8　红外检测器充填液氮过程

(3) 打开炉体。如图 2.10-9 所示，同时按一下仪器面板上的“打开”键和仪器侧边的“安全”键，随后检测器单元移至后终止位置。当检测器到达后终止位置时，仪器面板上“打开”按钮旁的绿色指示灯由闪烁状态变为常亮状态。

2) 放置样品

(1) 如图 2.10-10 所示，按下提取器上方的按钮将其完全插入炉体上窗口中间的孔内，松开按钮并垂直向上用力将上窗口取出，将其放置在顶盖上以防摔坏或其他损伤。

(2) 如图 2.10-11 所示，用配套的镊子将样品支架(带样品)放入样品托盘座，放好样品支架后盖好炉体上窗口。

图 2.10-9　打开检测器

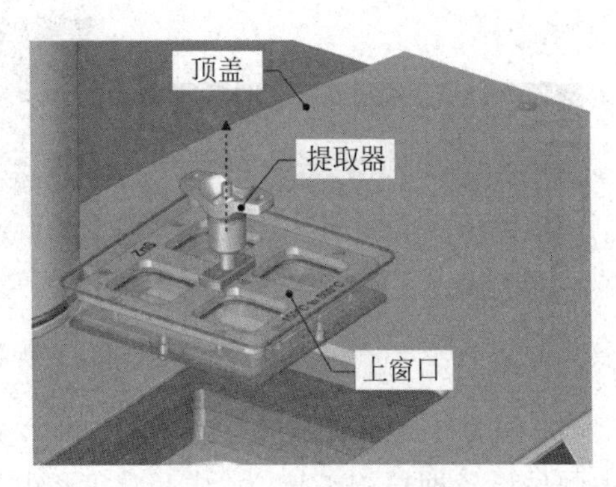

图 2.10-10　取出上窗口

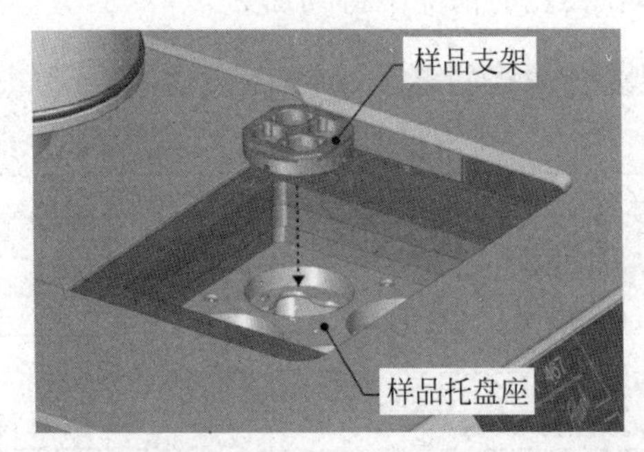

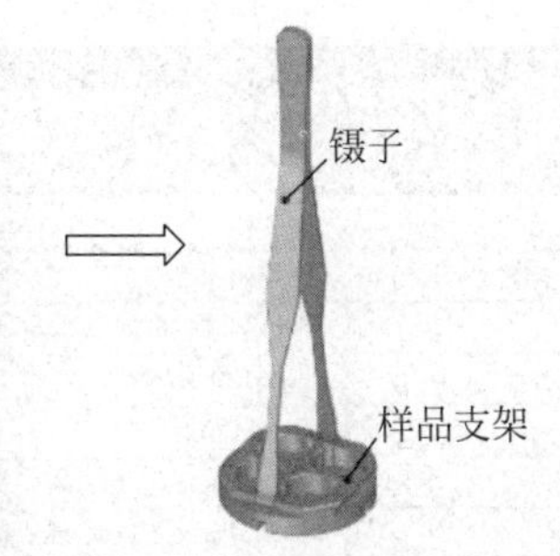

图 2.10-11　将样品支架(带样品)放入样品托盘

(3) 如图 2.10-12 所示,同时按住仪器面板上的“关闭”键和仪器侧边的“安全”键不松手,直到探测器单元移至前终止位置,当检测器单元到达前终止位置时,仪器面板上“关闭”按钮旁绿色 LED 灯为常亮状态。如果此绿灯没有亮,说明仪器检测器单元没有复位,需要继续同时按下“关闭”键和“安全”键,直至灯常亮即可。

3) 新建测量及测量设定

(1) 双击打开测量软件,等待约 30s,软件会自动连接仪器。如图 2.10-13 所示,在开始测量之前,可单击“文件”下的“新建数据库”,设定文件名以创建新的数据库。如需将测量数据保存于某一现存的数据库中,则可单击“文件”下的“打开数据库”,打开该数据库文件,后续测试结果将保存(添加)于该数据库中(不影响原有结果)。然后,在“测量”菜单下选择“新建”,新建一个测量(或直接单击“新测量”快捷键),此时会弹出“测量设定”对话框,就可以进行测量参数的编辑了。

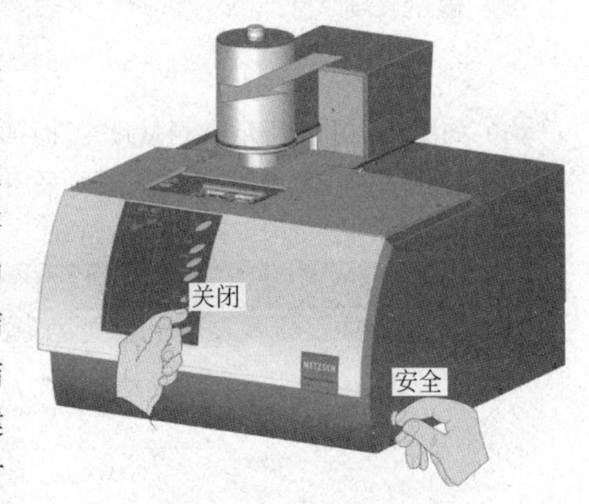

图 2.10-12　检测器归位

测试时,建议为每个测量项目建立新的数据库,以方便查找。此外,若需要重复先前已完成的测试,或在原有测试数据基础上修改参数重新测试,也可单击“测量”菜单下的“打开”,打开一个现有的测量数据,并进行编辑。

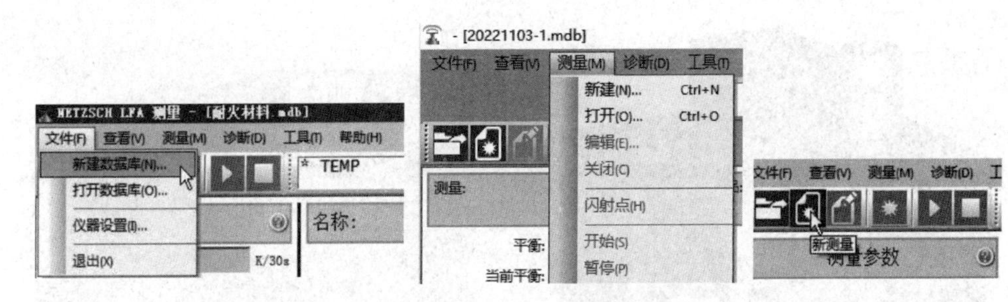

图 2.10-13　新建数据库和新建测量

(2) 图 2.10-14 所示的“测量设定”时“仪器设置”页面通常无需更改，确认仪器连接了相关硬件设备即可。STC 为“样品温度控制”模式，为了更好地控制样品温度，建议“开启”。紧急温度采用默认值即可，可以防止炉体在失控的情况下持续加热。

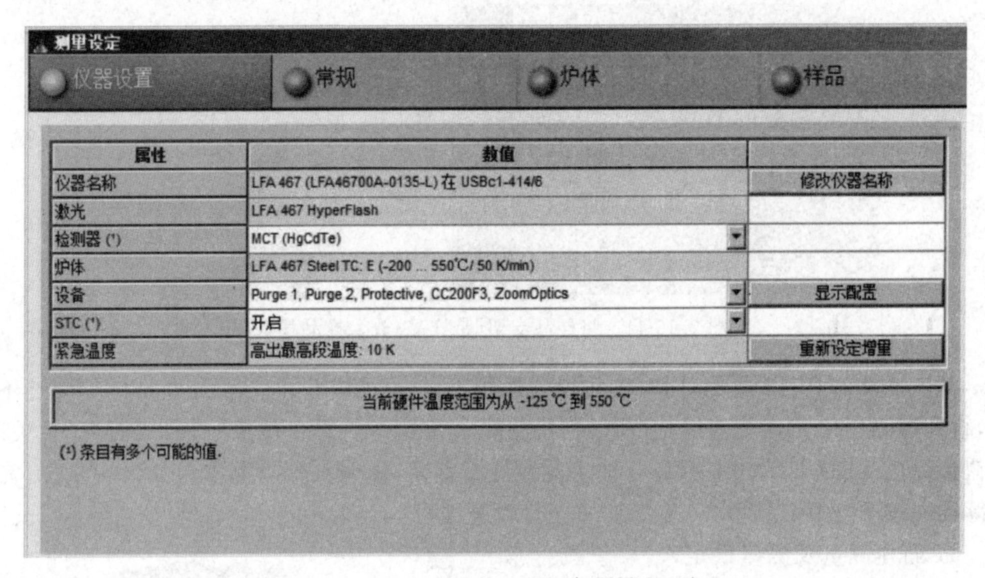

图 2.10-14　“测量设定”时的“仪器设置”页面

(3) 如图 2.10-15 所示，“测量设定”时的“常规”页面可以输入编号、操作者、客户、实验室等相关信息。气体项目则需根据测试所采用的气体进行设置，同时确认已连接相关外部气源。

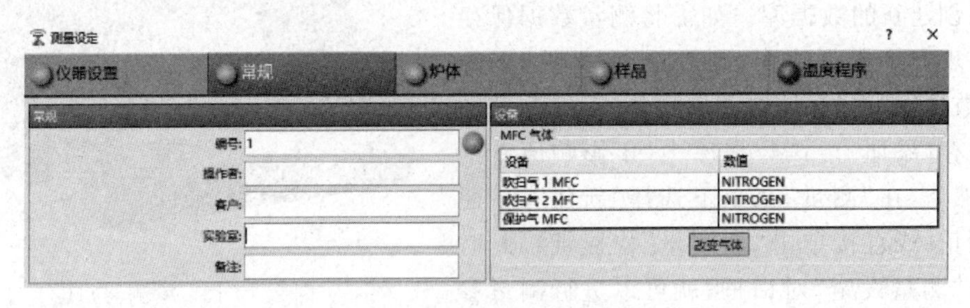

图 2.10-15　“测量设定”时的“常规”页面

(4) 如图 2.10-16 所示，“测量设定”时的“炉体”页面显示有一样品位、四样品位和特殊支架，根据放入炉体中的实际样品支架类型和支架位置，按下鼠标左键将相应支架拖到相应位置(A、B、C 或 D)，最多可以选择四个支架。

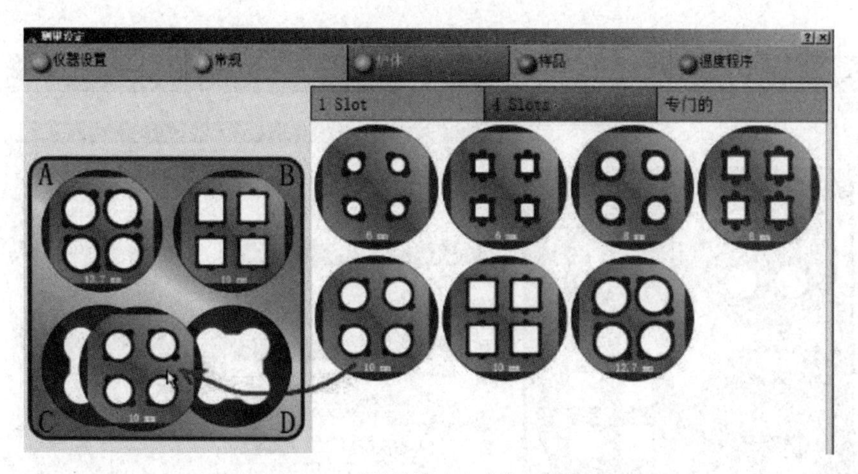

图 2.10-16 “测量设定”时的“炉体”页面

(5) 如图 2.10-17 所示,在“测量设定”时的“样品”页面可以设置样品信息。用鼠标单击选中窗口左侧样品托盘示意图中的某个样品位置(样品外圈呈黄色),在窗口右侧进行相关的样品信息设定。如图 2.10-17(a)所示,在涉及比热容测试的情况下,参比样品需要在页面右下方的“C_p-参比”前面的方框内勾选,此时,样品支架示意图中相应的样品位将变为紫色,且需要在页面下方“材料”下拉框处选择相应的材料。如图 2.10-17(b)所示,对于待测比热容的样品,需要在页面右下方“参比位置”下拉框中选择参比样品所在的样品位置,选择之后,参比样品的电压、脉冲宽度、滤光片等测量参数将自动复制到待测样品的“测量模板”中。

需要注意的是,如果涉及比热容测试,除了准确输入待测样和参比样的厚度外,待测样品的密度也需要准确输入。

(6) 如图 2.10-18 所示,在“测量设定”时的“温度程序”页面,可以设置样品测试温度点和测试时通入气体气流量的大小。Pg 为保护气,P1 和 P2 为吹扫气,两者只是通入样品仓的位置不同而已,保护气体直接进入炉体后到达样品和下部窗口之间,吹扫气从样品和上窗口之间进入测量区域,两者一起排出。气流量的设置没有一定之规,确定没有挥发的话,不吹气都可以的,一般建议 Pg 为 20～50mL/min,P2 或 P1 为 20～50mL/min。如果样品有挥发,可以适当加大气流量,建议设置为 60mL/min 左右。

需要注意的是,即便样品容易氧化,也不建议直接进行真空环境测试(勾选图 2.10-18 右侧“真空”下面的方框),因为高温多少都会有样品分解或挥发,真空测试这些杂质出不去,会附着到炉体或者其他地方。如果样品容易氧化,除了设置测试时较大气流量以外,在测试正式开始前可以抽真空和加大流量氮气充气反复 3 次即可。

4) 测量过程

(1) 样品试测。

如图 2.10-19 所示,用鼠标单击选中某一个样品后(样品外圈呈黄色),此时会对应显示出此样品的预设模板闪射参数,能够进行调整的参数包括光脉冲电压、脉冲宽度、前级增益、主增益和采样时间。在正式测试开始之前,可先使用此预设模板中的参数对待测样品进行试闪射。如果是之前已经测试过的同类样品,也可以参照上次闪射参数进行设置。

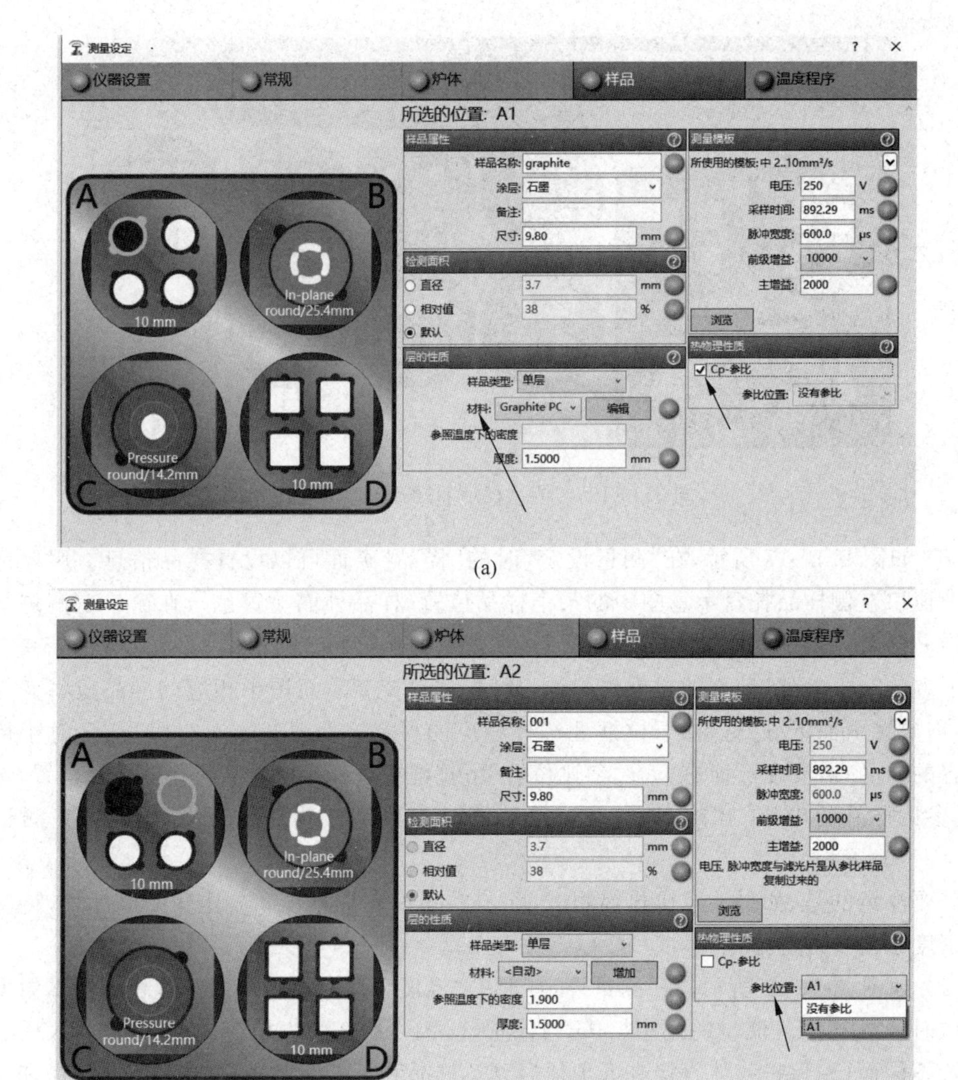

图 2.10-17 “测量设定”时的“样品”页面

(a) 比热测试时参比样品设定；(b) 比热样品测试时待测样品设定

需要指出的是，试闪射是在当前温度下进行，并不会进行控温和通气，所以试闪射速度较快。另外，待测的所有样品均需进行试闪射，以期找到较好的闪射参数。如果涉及比热容测试，需要先闪射参比样品(紫色显示)。

单击工具栏上的闪射按钮“ ”，仪器依照当前参数对相应样品进行试测。闪射完成后，需要根据试测的结果曲线，对待测样品的闪射参数进行调整，完成后单击应用，后续测试将使用修改后的参数，以此反复直到找到合适的样品闪射参数。一般来讲，增大光脉冲电压、脉冲宽度、增益和采样时间均能够提高信号的高度。闪射参数调整的目标如图 2.10-20 所示，样品上表面检测器检测到的信号高度合理(通常控制在 1～10V，或更佳的是 2～6V)，闪射参数中的采样时间合理(采样时间为脉冲照射后样品半温升时间 t_{50} 的 10～12 倍)，同时对于传热较快的样品，脉冲宽度与升温曲线没有明显重叠。

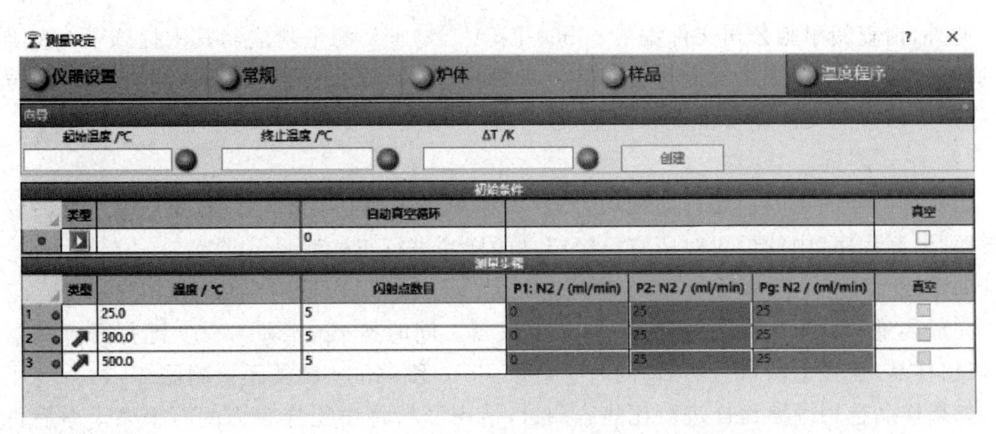

图 2.10-18　“测量设定”时的“温度程序”页面

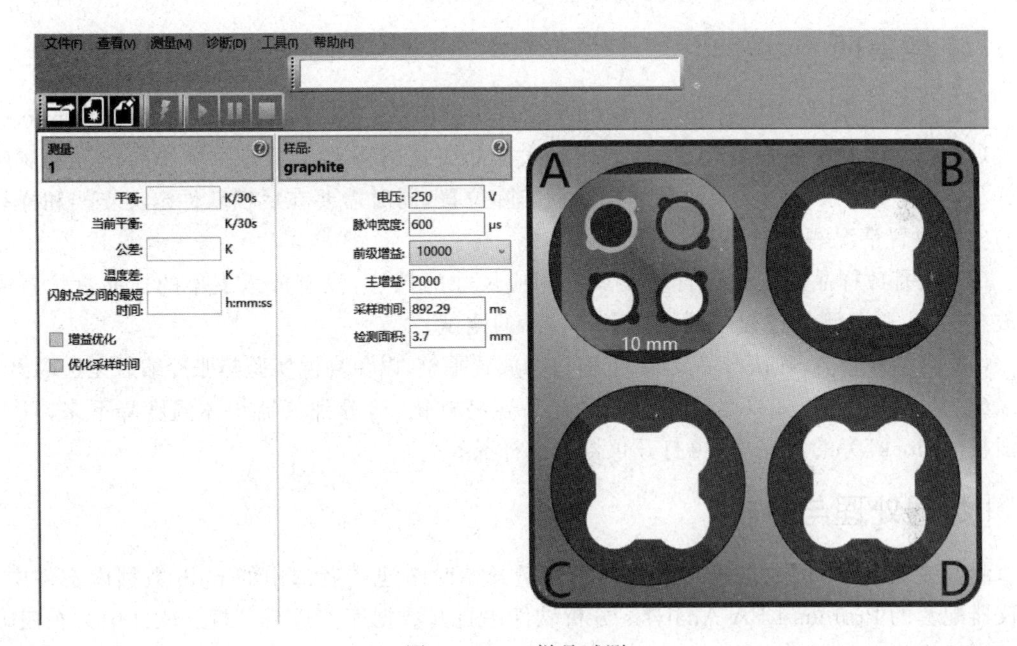

图 2.10-19　样品试测

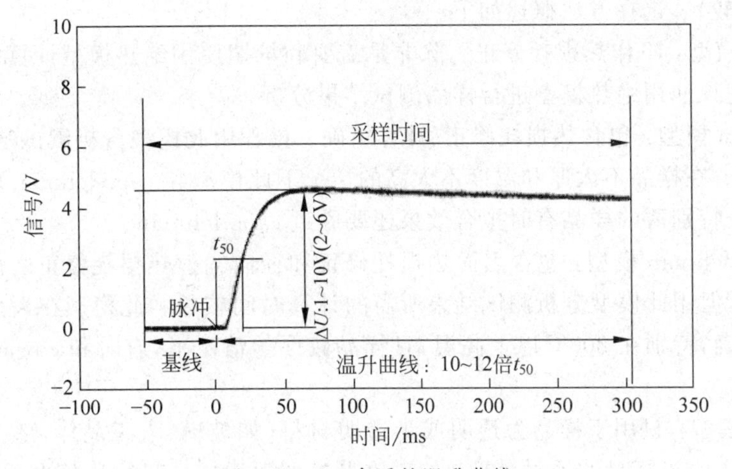

图 2.10-20　合适的温升曲线

此外,请查阅耐驰公司文件编号 cph60-LFA-11《LFA 测量附注》,其中提到了一些典型问题曲线案例分析。如果试测过程出现测量曲线有一些奇怪的形状或者曲线上有一些异常提示时,应该参照文件进行检查和调整。

(2) 正式测量。

当所有的样品试闪射温升曲线均合适以后,单击工具栏上的运行按钮"▶",此时仪器将按照"温度程序"中的设置对所有已经定义的样品进行正式测量。

5) 测量完成

完成测量和分析后需要取出样品,关上仪器。同时按 open 和 safety 键打开探测器单元,取出样品,盖上上窗口。然后,同时一直按 close 和 safety 键关闭检测器。

如果样品选用了参比样进行比热容测量,请用酒精将参比样表面的石墨擦干净后再把样品放回参比样品盒。

[注意事项]

(1) 液氮操作时,需戴好安全眼镜和手套等防护用品。探测器冷却后稳定需要 5min。

(2) 若支架和样品数量较多,待测样放入样品支架时需要记录好每个样品位分别对应的样品,也需要记录每个支架放置的样品盘实际位置,同时需要在后续软件定义支架和样品时与实际放置情况一一对应。

(3) 没有放样品的支架位置需要放上相应尺寸的挡片,没有放入支架的样品盘位置需要放上挡块,避免测量过程中漏光而影响样品的测试。

(4) 测量开始前,确认样品支架、上窗口均放置平整,以免高温实验热胀冷缩后无法取出。

(5) 测量完成后,如果是高温测试且样品容易氧化,请等到仪器炉体温度降下来,且仪器面板"unlock"旁的灯亮后,再打开仪器取出样品。

[数据处理与分析]

测量完成后,测试数据将自动保存于测量开始时新建或者选用的 mdb 数据库文件中。在仪器配套的 Proteus LFA Analysis 分析软件中打开数据库并进行分析。软件中共有四类八种计算模型可以选择,可以单选也可以多选(例如同时选择 cowan 和 cape-lehman 并对计算结果进行比较)。选择方法概述如下。

(1) 绝热模型:不作热损耗修正。除非是需要和早期使用绝热模型计算的文献数据作比较,一般不建议使用绝热模型进行样品测试结果分析。

(2) Cowan 模型:包含热损耗修正、计算精确。推荐用此模型分析测试结果,且此模型的计算速度快。在样品不太厚和温度不太高的情况下此模型和 cape-lehman 模型计算结果相差无几,对于特别薄的样品有时拟合效果还要胜过 cape-lehman。

(3) Cape-lehman 模型:包含表面热损耗修正和径向辐射热损耗修正。推荐用此模型分析测试结果,但用此模型分析测试结果所需的计算时间较长。此模型在大多数情况下分析的结果最精确,特别在 800℃以上高温,且样品较厚的情况下,有时和 cowan 计算结果可相差 3%以上。

(4) 辐射模型:只用于样品为透明或半透明材料(如玻璃、人工晶体,部分在高温下的陶瓷)的场合,由于光能量的透射/辐射效应,在脉冲照射后样品起始升温的区域存在基线的

“跃迁”(温度的突升),此时需要选用辐射模型进行拟合分析。

另外还有脉冲修正,是针对照射脉冲本身宽度与能量分布对测量曲线的起始上升(t_{50}之前)部分造成的影响进行修正。这一修正在能量透过时间短、t_{50}与脉冲宽度数量级相近的情况下是十分关键的。一般情况下,推荐使用选择XX模型加脉冲修正。

如图2.10-21所示,对于大部分情况,单击菜单栏“标准模型”,此时的热扩散系数模型为“标准+脉冲修正”,此时软件选用的计算模型为“改进的cape-lehman模型+脉冲修正”。如果待测样品测试了比热容,需要单击菜单栏“C_p”按钮,此时软件将自动计算样品的比热容。检查模型选择的恰当与否,从直观的角度主要看样品的温升曲线与拟合线的符合程度。若两条曲线重叠程度越好(相关系数越高),表明拟合结果的可靠度越高。这种情况下用此时软件计算的结果即可,无需再更改计算模型了。计算完毕,单击菜单栏“打印”,即可打印测量报告。

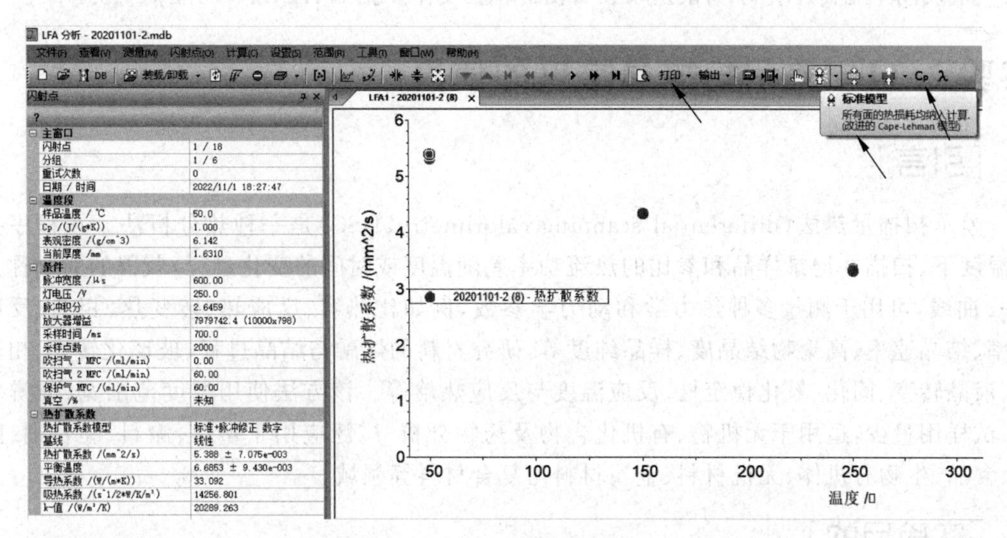

图2.10-21 软件分析页面

另外,激光导热仪的分析软件还有计算热阻的功能,需要在测量的时候放置好多层样品并测量出多层样品的热扩散系数,在软件分析时通过输入单层样品的热扩散、比热容信息,以及多层样品的热扩散系数,即可以计算出热阻。

[数据处理与分析]

(1) 通过激光导热仪分析软件计算块体样品在不同温度下的热扩散系数和比热容,并进一步计算块体样品不同温度下的热导率。

(2) 通过激光导热仪分析软件计算粉末样品的热扩散系数。

[讨论]

从比热容的物理意义出发,思考激光导热仪使用比较法测量样品比热容的原理,并自行查阅文献,与实验2.11差示扫描量热法(DSC)测比热容的原理进行对比,探究两者的异同点。

[结论]

通过本实验,写出你得到的主要结论。

[思考题]

如果是双层样品求两层样品界面处的热阻，请从热阻的物理意义出发，推导出求热阻时所需的物理量。

[参考文献]

[1] 孙宝芝，杨龙滨. 热传递理论、实践与应用[M]. 哈尔滨：哈尔滨工业大学出版社，2021.

[2] 周文英，丁小卫. 导热高分子材料[M]. 北京：国防工业出版社，2014.

[3] 耐驰科学仪器商贸(上海)有限公司. LFA 基本原理. 文件编号：cPH60-LFA-01[Z]. 2013. 7.

[4] 李亚男. $Ca_3Co_4O_9$ 氧化物陶瓷热电性能调控研究[D]. 北京：北京科技大学，2023.

[5] 耐驰科学仪器商贸(上海)有限公司. LFA 测量附注. 文件编号：cPH60-LFA-11[Z]. 2015. 11.

实验 2.11　差示扫描量热仪的使用

[引言]

差示扫描量热法(differential scanning calorimetry，DSC)是一种热分析法。在程序控制温度下，扫描并记录样品和参比的热流功率差随温度或时间的变化过程，获得的曲线称为DSC 曲线，可用于测量多种热力学和动力学参数，例如比热容、反应热、转变热、相图、反应速率、结晶速率、高聚物结晶度、样品纯度等，研究材料的熔融与结晶过程、玻璃化转变、相转变、液晶转变、固化、氧化稳定性、反应温度与反应热焓等。该方法使用温度范围宽、分辨率高、试样用量少，适用于无机物、有机化合物及药物分析，广泛应用于塑料、涂料、黏合剂、医药、食品、生物有机体、无机材料、金属材料与复合材料等领域。

[实验目的]

(1) 了解差示扫描量热仪测量样品 DSC 曲线的原理与方法。

(2) 学会分析 DSC 曲线。

[实验仪器]

DSC 214 型差示扫描量热仪，铝坩埚(内尺寸高 2mm、直径 5mm，适用温度范围－180～600℃)，高纯氮气(保护气、吹扫气)，液氮，蓝宝石标准样品，高精度天平。

[预习提示]

(1) 什么是 DSC 曲线？

(2) 什么是差示扫描量热法？

[实验原理]

1. 差示扫描量热法

差示扫描量热法是一种在程序控制温度条件(升温/降温/恒温)下测量样品与参比的热流功率差随温度或时间变化的一种热学分析方法。如图 2.11-1 所示，样品坩埚内装有样

品，参比坩埚通常为空坩埚，二者一起放置于传感器盘上。两者之间保持热对称，在一个温度分布均匀的炉体内按照一定的温度程序(升温、降温、恒温及其线性组合)进行测试，并使用一对热流传感器连续测量两者之间的温差信号，即以程序设定的扫描速率测量设定温度/时间内的温差信号。将温差信号转换为热流差信号，并对时间或温度连续作图，可以得到样品的DSC曲线。

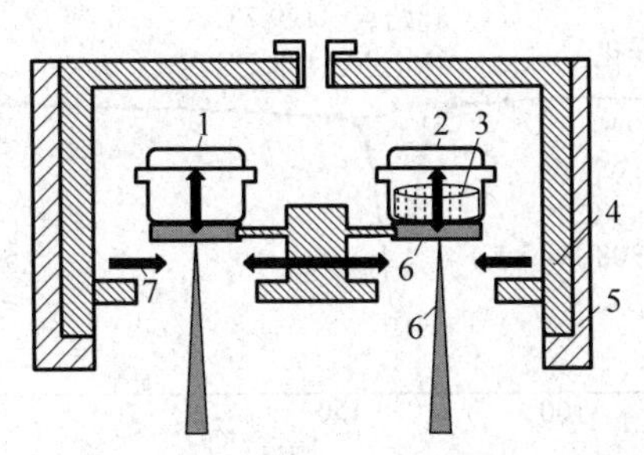

1—参比坩埚(参比位)；2—样品坩埚(样品位)；3—样品；4—加热炉体；5—冷却系统；6—热流传感器；7—热流。

图2.11-1　热流型差示扫描量热仪的基本原理示意图

由于两个坩埚热对称，在样品未发生热效应的情况下，参比与样品的信号差接近于零，可以得到一条近似水平的曲线，称为基线。然而，实际仪器都不可能达到完全的热对称，并且样品与参比的热容存在差异，实测基线通常不完全水平，而是存在一定的起伏，被称为基线漂移。当样品发生热效应时，在样品与参比之间则产生了一定的温差/热流信号差。将该信号差对时间/温度连续作图，可以获得类似图2.11-2的样品DSC曲线。向上(正值)的峰为样品的吸热峰，较为典型的吸热效应有熔融、分解、解吸附等；向下(负值)的峰为放热峰，较为典型的放热效应有结晶、氧化、固化等；比热容变化则体现为基线高度的变化，即曲线上的台阶状拐折，较为典型的比热容变化效应有玻璃化转变、铁磁性转变等。DSC曲线可在温度与时间两种坐标下进行转换。对于吸/放热峰，通常分析其起始点、峰值、终止点与峰面积。

(1) 起始点：峰之前的基线作切线与峰左侧的拐点处作切线的相交点，往往用来表征一个热效应开始发生的温度/时间。

(2) 峰值：吸/放热效应最大的温度/时间点。

(3) 终止点：峰之后的基线作切线与峰右侧的拐点处作切线的相交点，与起始点相呼应，往往用来表征一个热效应结束的温度/时间。

(4) 面积：对吸/放热峰取积分所得的面积，单位J/g，用来表征单位重量的样品在一个热效应过程中所吸收/放出的热量。

图2.11-2为PET聚酯材料的DSC曲线。PET，即聚对苯二甲酸乙二醇酯，是生活中常见的一种树脂，如矿泉水瓶。如图2.11-2所示，升温过程中，PET聚酯材料在74.3℃附近发生玻璃化转变，材料从可塑性转变为非延展性并有一定的强度；PET聚酯材料在129.7～143.2℃温度范围内发生冷结晶。在冷结晶过程中放热形成放热峰，又称为冷结晶峰。由于晶核的产生需要驱动力，结晶温度通常要低于熔融温度，二者的差异即为过冷度；在234.8～254.9℃温度范围内，PET聚酯材料发生熔融。在熔融过程中吸收热量，形成吸收峰，又称为熔融峰。因聚合物内部由于分子量分布、晶型分布与晶体完善程度不同等因素，熔融温度范围较宽。

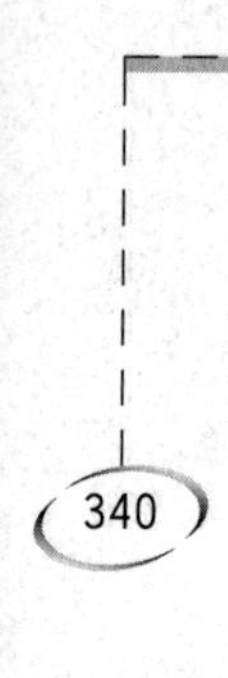

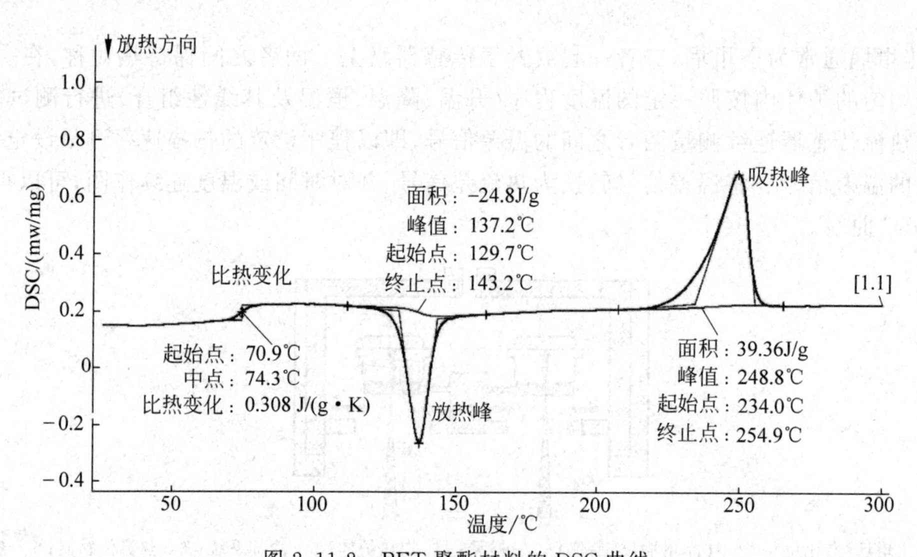

图 2.11-2　PET 聚酯材料的 DSC 曲线

图中所示为 PET 聚酯材料的玻璃化转变、冷结晶峰与熔融峰

2. 比较法测量比热容

使用 DSC 可以采用比较法测量样品的比热容(有时简称比热)。其原理为将已知比热容的标准样品与未知比热容的待测样品在同等条件下进行测试并比较测试结果,计算未知样品的比热容。

一般热分析中使用定压比热容。在压强不变的情况下,单位质量的样品温度升高 1K 所需吸收的热量,叫作该种物质的定压比热容,用符号 c_p 表示,其国际制单位是 J/(kg·K)。其表达式为

$$c_p = Q/m\Delta T \tag{2.11-1}$$

对式(2.11-1)变换,可有

$$Q = c_p m\Delta T \tag{2.11-2}$$

对式(2.11-2)作微分,取样品在升温过程中的吸热功率 $P=\mathrm{d}Q/\mathrm{d}t$,升温速率 $H_r=\mathrm{d}T/\mathrm{d}t$,即得

$$P = c_p m H_r \tag{2.11-3}$$

使用热流型 DSC,以动态升温的方式,在相同的升温速率下,分别测量未知比热容的待测样品(sam)与已知比热容的标准样品(std)在一定温度下的吸热功率 P,可得

$$P_{\mathrm{sam}} = K_T(\mathrm{DSC_{sam}} - \mathrm{DSC_{bas}}) = c_{p,\mathrm{sam}} m_{\mathrm{sam}} H_r \tag{2.11-4}$$

$$P_{\mathrm{std}} = K_T(\mathrm{DSC_{std}} - \mathrm{DSC_{bas}}) = c_{p,\mathrm{std}} m_{\mathrm{std}} H_r \tag{2.11-5}$$

其中,P_{sam} 与 P_{std} 分别为待测样品与标准样品的吸热功率,$\mathrm{DSC_{sam}}$ 与 $\mathrm{DSC_{std}}$ 分别为待测样品与标准样品的 DSC 信号,$c_{p,\mathrm{sam}}$ 与 $c_{p,\mathrm{std}}$ 分别为待测样品与标准样品的定压比热容,m_{sam} 与 m_{std} 分别为待测样品与标准样品的质量,H_r 为升温速率。K_T 为热流传感器的灵敏度系数,通过 K_T 可将 DSC 原始温差信号(单位 μV)转换为热流信号(单位 mW)。$\mathrm{DSC_{bas}}$ 为使用一对空白坩埚测得的基线漂移,在测量待测样品与标准样品的热流时需加以扣除。

将式(2.11-4)与式(2.11-5)联立,可求得待测样品的定压比热容为

$$c_{p,\mathrm{sam}} = c_{p,\mathrm{std}} \frac{(\mathrm{DSC_{sam}} - \mathrm{DSC_{bas}}) m_{\mathrm{std}}}{(\mathrm{DSC_{std}} - \mathrm{DSC_{bas}}) m_{\mathrm{sam}}} \tag{2.11-6}$$

图 2.11-3 为比较法测量纯银比热容的曲线图。由图 2.11-3 可以发现，在 30～500℃范围内，纯银的比热容由 0.235J/(g·K)缓慢上升至 0.251J/(g·K)，说明纯银在该温度范围较为稳定，未发生融化等热反应。

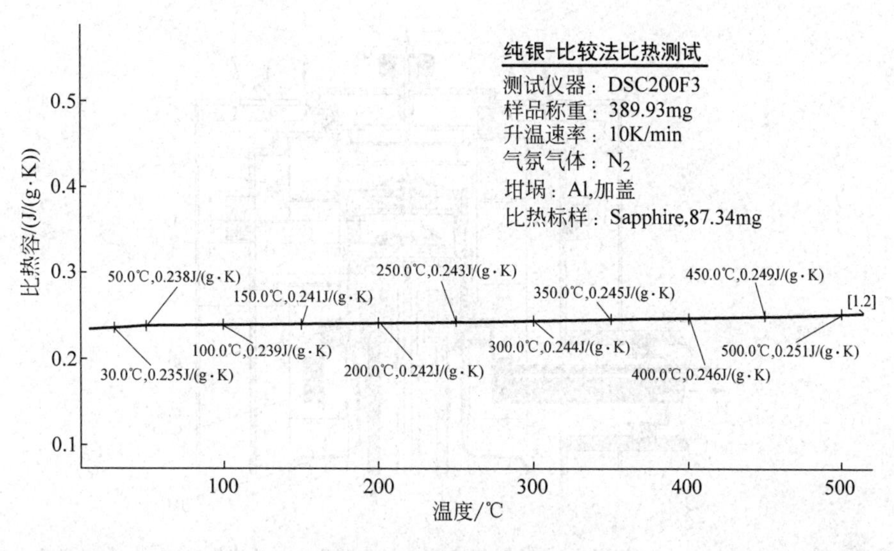

图 2.11-3　纯银样品的比热曲线

[仪器装置]

如图 2.11-4 所示，DSC 仪器结构除了炉体与内部传感器外，还有计算机控制系统、液氮罐、氮气瓶、减压阀等一系列辅助设备。其中，氮气瓶连接保护气与吹扫气的气路并接入炉体内部。液氮罐连接冷气气路，液氮挥发后产生的低温氮气作为降温用的冷气通入炉体内部。

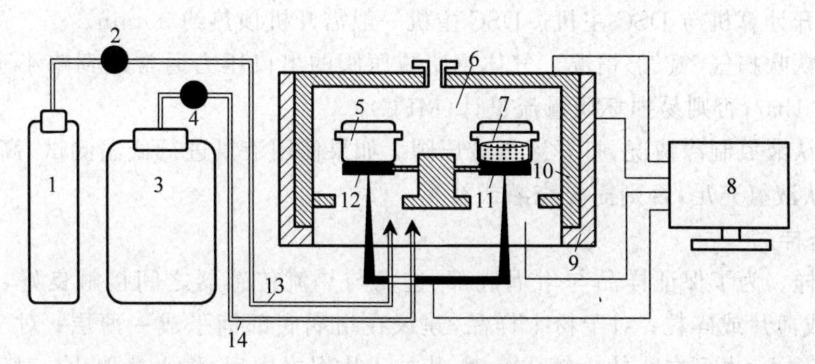

1—氮气瓶；2—氮气减压阀出口压力表；3—液氮罐；4—液氮减压阀出口压力表(自动泄压)；5—参比坩埚(参比位)；6—炉体；7—样品坩埚(样品位)；8—计算机控制系统；9—冷却系统；10—加热炉体；11—样品热流传感器；12—参比热流传感器；13—保护气与吹扫气的气路；14—冷气气路(液氮挥发产生的低温氮气)。

图 2.11-4　实验仪器示意图

图 2.11-5 为炉体结构示意图。炉体内的样品位放置样品坩埚，参比位放置参比坩埚，二者下方为热流传感器。加热炉体用于加热升温。炉体外围通有保护气，起到保护加热体、延长使用寿命以及防止炉体外围在低温下结霜的作用。炉体内部通有吹扫气，即气氛气体。仪器允许同时连接两种不同的吹扫气类型，并根据需要在测量过程中自动切换或相互混合。

在本实验中，吹扫气通道 2 选用氮气，使用质量流量计(MFC)检测流量。冷却设备是液氮系统，采用液氮的优点在于冷却速度更快，能够冷却到更低的温度(−180℃左右)，缺点在于液氮本身为消耗品，用完后需要及时补充。

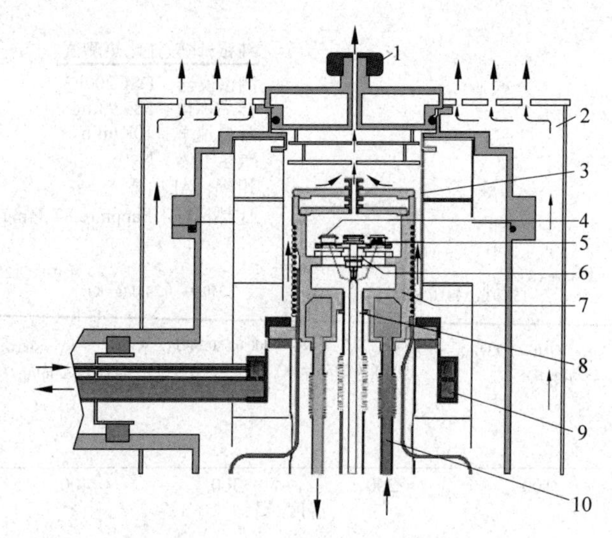

1—出气口；2—冷气；3—保护气；4—参比坩埚；5—样品坩埚；6—热流传感器；7—加热炉体；8—吹扫气；9—冷循环；10—循环冷却。

图 2.11-5　炉体结构示意图

[实验内容与测量]

1. 测量样品的 DSC 曲线

1）开机与准备

(1) 打开计算机与 DSC 主机。DSC 主机一般需开机预热约 30min。

(2) 确认吹扫气(氮气)情况。气体钢瓶减压阀的出口压力通常调到略小于 0.5bar，最高不能超出 1bar，否则易损坏质量流量计(MFC)。

(3) 确认液氮制冷情况，打开液氮减压阀。如果使用液氮进行低温测试、高温降温测试等，必须确认液氮充足，否则需要充灌或补充。

2）制备样品

(1) 制样。为了保证样品与坩埚底部、进而与热流传感器之间接触良好，对于块状样品，建议切成薄片或碎粒；对于粉末样品，建议在坩埚底部铺平成一薄层；对于纤维样品，可以剪碎后放入，也可在小棒上缠成一圈，待放入坩埚之中后，将小棒取出；对于液体样品，可使用小勺、小棒蘸入，或使用微量注射器滴入。

(2) 先将空坩埚放在高精度天平上，称重去皮(清零)，随后将样品加入坩埚中，称取样品质量。DSC 常规样品称重在 5mg 左右，建议样品质量测量至少精确到 0.01mg，这样样品称重误差对热焓精度的影响小于 1%。

(3) 取出放入样品后的坩埚，加上坩埚盖，放到压机上压一下，将坩埚与坩埚盖压在一起进行密封。

(4) 为了在升温过程中保持坩埚内外的压力平衡，一般在坩埚盖上扎一个小孔。对于一些气固反应、需要与周围反应性气氛气体保持良好接触的测试，一般建议坩埚敞口而不加盖；若既希望样品与气氛气体良好接触，又不希望过于降低量热精度，可采用加盖的方式，在坩埚盖上多扎几个孔或把孔扎大些；对于液相、含水、潮湿样品测试，希望避免液体在升温过程中挥发，避免水的挥发峰干扰判断，可选择不扎孔。

（5）在一个空坩埚上放坩埚盖，在压机上压制密封并在坩埚盖上扎一小孔，制备参比坩埚。

3）装样

（1）取下炉体的三层盖子。

（2）将样品坩埚放在仪器中的样品位（右侧），将参比坩埚放在参比位（左侧）。坩埚应尽量放置在定位圈的中心位置。特别对于比热测量，为了提高精度，保持坩埚定位的稳定性（前后一致性）较为重要。

（3）盖上炉体的三层盖子。注意：尽量避免在炉体温度100℃以上时盖上内盖。否则若不小心把盖子放歪了，由于它突然受热的膨胀因素，易于卡在炉口，导致很难取出。

4）新建测量与设置

（1）打开测量软件“DSC 214 on USBc”，等待几秒钟，待软件与仪器建立通信。

（2）单击“文件”菜单下的“新建”，弹出“测量设定”对话框。

（3）在“设置”对话框中，如图2.11-6所示，确认仪器的硬件设置（坩埚类型、冷却设备等），在“坩埚”条目里选择“Concavus Al，pierced lid（…600℃）”，即加盖铝坩埚，随后单击“下一步”。

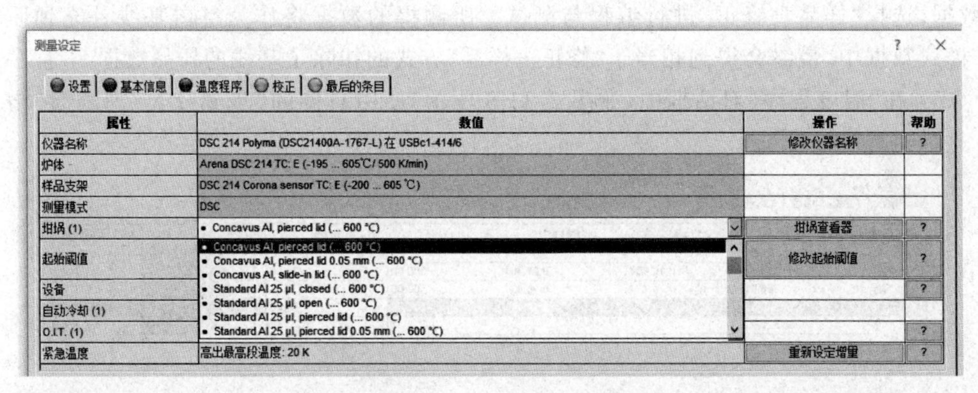

图2.11-6　“设置”对话框

（4）在“基本信息”对话框中，如图2.11-7所示，需要选择测量类型，输入实验室、操作者、样品名称、编号、重量等参数，并确认当前连接的气体种类。其中，必填的是测量类型、样品名称、样品编号与样品质量。测量类型包括“修正”“样品”“修正＋样品”“样品＋修正”四类，对于常规测试一般选“样品”。样品质量建议至少精确到0.01mg，其他参比质量、坩埚质量等对测试没有影响，均可留空不填。关于不同的测量类型做如下说明。

① 修正：将样品坩埚选择为空坩埚，测量空坩埚，生成基线文件。注意：基线的温度/时间范围必须大于样品的温度/时间范围。

② 样品：直接的样品测试。不扣除基线。

③ 修正＋样品：打开基线文件，在其基础上进行样品测试。所测得的曲线将自动扣除

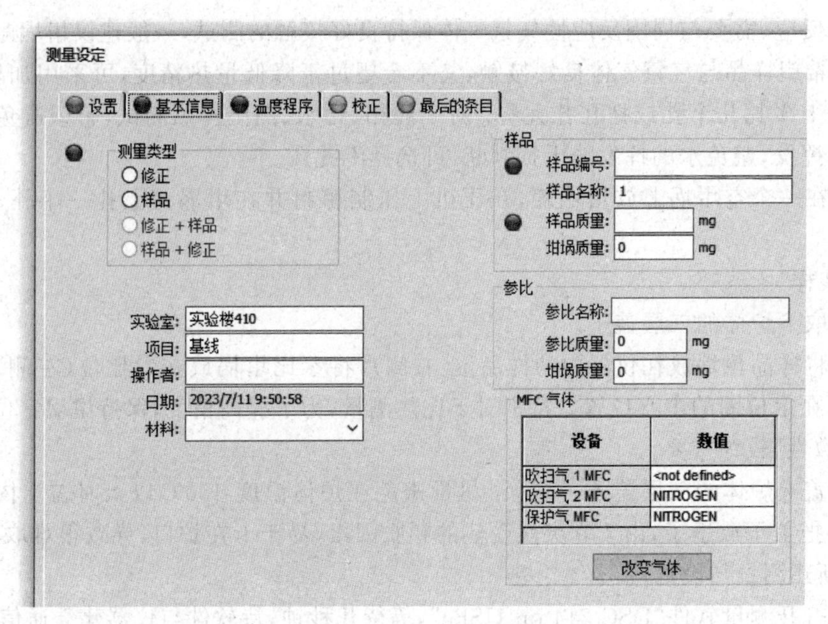

图 2.11-7 “基本信息”对话框

基线。适合于比热容测量，或对基线水平性要求较高的场合。

④ 样品＋修正：是一种“先测样品，后补基线”的特殊方式。即若之前已经进行了单“样品”模式的测试，后续又想将测量结果扣除一下基线。可放入空坩埚，再打开“样品”模式的数据，选择“样品＋修正”进行编程与测试。所测得的数据将作为空白基线补充到原“样品”模式数据中，最终会得到相当于“修正＋样品”方式的扣除了基线的样品数据。

(5) 在“温度程序”对话框中，如图 2.11-8 所示，使用右侧的“步骤分类”列表与“增加”

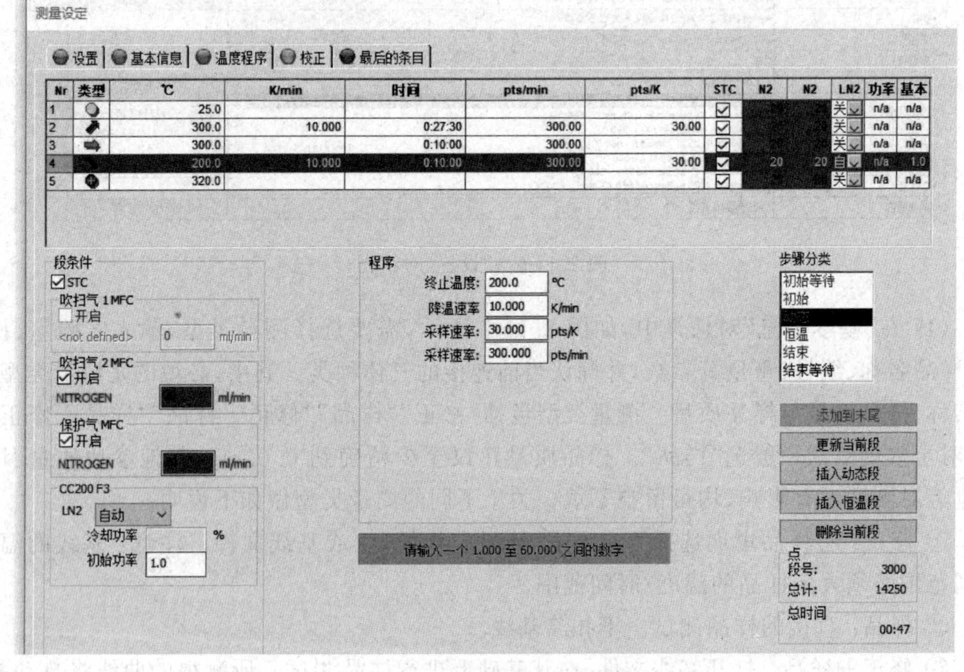

图 2.11-8 “温度程序”对话框

按钮逐个添加各温度段,并使用左侧的"段条件"列表为各温度段设定相应的实验条件(如气体开/关,是否使用某种冷却设备进行冷却,是否使用 STC 模式进行温度控制等)。已添加的温度段显示于上侧的列表中,如需编辑修改可直接鼠标点入,如需插入/删除可使用右侧的相应按钮。

例如,需要设定由 25℃升温至 300℃,升温速率 10℃/min;300℃恒温 10min;降温至 200℃,降温速率 10℃/min。温度程序如下。

① 将"开始温度"改为 25℃,将吹扫气 2(假设接的是 N_2)和保护气左侧勾选,流量一般用默认值(保护气/吹扫气各为 20mL/min)。单击"增加","温度段类别"自动跳到"动态"。

② 在"终止温度"输入 300,"升温速率"输入 10,采样速率可使用默认值(对于一些在短时间内发生的快速反应,需增大采样速率),单击"增加"。

③ 插入动态段,步骤分类选择"恒温",设置温度为 300℃,恒温时间为 10min,单击"增加"。

④ 插入动态段,步骤分类选择"降温","终止温度"输入 200,"降温速率"输入 10,将 CC200 F3(液氮 LN2)选择"自动",单击"增加"。

⑤ 步骤分类选择"结束"。"紧急复位温度"与温控系统的自保护功能有关,指的是万一温控系统失效,当前温度超出此复位温度时系统会自动停止加热,该值一般使用默认值即可,随后再单击"增加"。

⑥ 温度程序的编辑已经完成,"结束等待"段一般不必设置。如果需要对上述设置进行修改,可直接在编辑界面上侧的温度程序列表中点入编辑;如果没有其他改动,可单击"下一步"。

(6) 在"校正"对话框中,选择是否进行温度校正、灵敏度校正与 Tau-R 校正。

(7) 在"最后的条目"对话框中,选择存盘路径,设定测量文件名,设定完成后单击"保存",回到"测量设定"的主界面。

5) 开始测量

初始化工作条件与开始测量。单击"测量"按钮,弹出对话框。单击"初始化工作条件",内置的质量流量计将根据实验设置自动打开各路气体并将其流量调整到"初始"段的设定值。随后单击"诊断"菜单下的"炉体温度"与"查看信号",调出相应的显示框。若仪器已处于稳定状态,DSC 信号稳定,当前实际温度(炉体温度或样品温度)与设定起始温度相近或一致,即可单击"开始",开始测量 DSC 曲线。

如果需要在测试过程中将正在测量的数据进行实时分析,可在测量软件中单击"附加功能"菜单下的"运行实时分析",软件将自动把已完成的测量部分调入分析软件中进行分析。若测量已完成,单击"运行分析程序",软件也将自动载入新生成的数据文件进行分析。

6) 测量结束

测量结束后,待炉体温度降至 200℃以下后,打开炉盖,取出样品坩埚,再合上炉盖。如后续还有样品,参比坩埚可不取出。

2. 比较法测量样品的比热容

具体操作步骤同上述内容,其他要求如下。

(1) 基线测试。在炉腔内放入一对空坩埚,使用"修正"模式进行基线测试。基线的温度/时间范围必须大于样品的温度/时间范围。

(2) 标样测试。在样品位放入装有标准样品的坩埚(标准样品通常为蓝宝石sapphire),使用“修正+样品”模式,在刚才的基线的基础上进行标样测试。

(3) 样品测试。在样品位放入装有待测样品的坩埚,同样使用“修正+样品”模式,在基线基础上进行样品测试。

3. DSC数据分析软件的操作

(1) 双击打开NETZSCH Thermal Analysis软件,单击“文件”菜单下的“打开”,选择所需分析的数据文件。

(2) 刚调入分析软件中的图谱默认的横坐标为时间坐标。对于动态升温测试一般习惯于在温度坐标下显示,可单击“设置”坐标下的“X-温度”(工具栏按钮)将坐标切换为温度坐标。

(3) 右键单击窗口左侧目录树中文件名下的项目,在弹出菜单中选择“拆分为段”,将曲线拆分为不同的曲线段。勾除其中不需要的曲线,可使其不在曲线图中显示。单击左侧目录树中曲线段展开下级目录,可选择勾除该曲线段内的DSC、温度、保护气流量、吹扫气流量曲线。

(4) 单击“范围”菜单下的“X轴”(工具栏按钮)可调整X轴显示范围,单击“Y轴”(工具栏按钮)可调整Y轴显示范围。

(5) 关于曲线标注,单击“分析”菜单下的“峰的综合分析”(工具栏按钮),可对峰值、面积、起始点、终止点以及峰高、峰宽等项目同时进行标注。若对标注结果不太满意,可用右键单击标注标签,在弹出菜单中选择“重新计算”,或者双击标注文字,重新对标注线的位置进行调整。

(6) 如果需要在图谱上插入一些样品名称、测试条件等说明性文字,可以单击“插入”菜单下的“文本”(工具栏按钮),在分析界面上插入文字。

(7) 数据分析完毕后可将其保存为分析文件,方便以后调用查看。单击“文件”菜单下的“保存状态为……”(工具栏按钮),在随后弹出的对话框中设定文件名进行保存。

(8) 分析结束后,单击“附加功能”菜单下的“导出图形”,保存曲线图,格式可选择EMF、PNG、TIF、JPG等。选中需要导出的曲线,单击“附加功能”菜单下的“导出数据”,可保存数据,格式可选择NBETZSCH、csv与xls。

关于比热容的数据分析：将标样曲线与样品曲线同时载入分析软件；单击“设置”坐标中的“X-温度”将坐标切换为温度坐标；拆分标样曲线与样品曲线；随后选中样品曲线,单击“分析”菜单下的“比热”(软件中,比热容用比热简称),在“打开比热标准文件”对话框中选择标样材料所对应的比热标准表格,单击“打开”,进入“选择用于比热计算的DSC曲线”对话框,并勾选样品与标样曲线。单击“确定”后,拖动两条直线,在两个恒温段区间选择信号较为平稳(一般在临近恒温段结束时)的位置作为计算基准。再单击“确定”后,即计算得到比热容曲线。

[数据处理与分析]

(1) 绘制样品的DSC曲线。

(2) 绘制样品的比热容曲线。

(3) 分析实验曲线,得出样品在所测温度范围内发生的热反应、反应温度、比热容变化等信息。

[讨论]

对实验现象和实验测量结果进行讨论和评价。

[结论]

写出通过本实验你得到的主要结论。

[思考题]

(1) 在相同温度范围内,样品材料的升温 DSC 曲线与降温 DSC 曲线的是否相同?为什么?

(2) 在相同温度范围内,样品材料的升温 DSC 曲线与降温后再二次升温的 DSC 曲线是否相同?为什么?

[参考文献]

[1] 耐驰科学仪器商贸(上海)有限公司. cph60-DSC-01 DSC 基本原理[Z]. 2018.

[2] 耐驰科学仪器商贸(上海)有限公司. cph60-DSC-02 DSC204F1 测量向导[Z]. 2018.

[3] 耐驰科学仪器商贸(上海)有限公司. cph60-DSC-04 DSC 数据分析向导[Z]. 2018.

[4] 耐驰科学仪器商贸(上海)有限公司. cph60-DSC-13 DSC 典型应用[Z]. 2018.

[5] 耐驰科学仪器商贸(上海)有限公司. cph60-DSC-18 DSC 比热测试[Z]. 2018.

实验 2.12 同步热分析仪的使用

[引言]

同步热分析仪由于可以同时测试样品的热重曲线(TGA 信号)、差热分析曲线(DTA 信号)而得名。它可用于测试分析样品的热稳定性能、多组分分离分析、玻璃化转变温度、熔点、结晶性能、固化性能、分解温度以及分解动力学、分解热焓、氧化诱导过程等性能,适用于高分子材料、精细化工、无机材料等各个领域的高级研发和质量控制等领域。

[实验目的]

(1) 了解同步热分析仪测量样品的热重曲线(TGA)和差热分析曲线(DTA)的原理。

(2) 学会分析热重曲线和差热曲线。

[实验仪器]

STA 8000 型同步热分析仪,氧化铝坩埚,高纯氩气,高纯氮气,金属铟样品。

[预习提示]

(1) 什么是热重曲线?

(2) 什么是差热分析?通过差热分析曲线可以得到什么?

[实验原理]

1. 热重分析

热重分析，又称为热引力分析或热重量分析(thermogravimetric analysis，TGA)，是一种在程序控制下测量试样的重力(质量)随温度变化的一种测试分析方法。热重分析仪的结构框图如图2.12-1所示，是由样品室、温度控制系统、精密天平、数据记录系统、天平保护气路以及样品反应气路等组成。实验过程中随着样品室温度的升高，设备同时测量并记录样品的温度与质量，从而得到样品的热重曲线。图2.12-2为测试得到的 $CuSO_4 \cdot 5H_2O$ 热重曲线，通过曲线我们可以清楚地看到，$CuSO_4 \cdot 5H_2O$ 会在不同的温度下分别失去其5个结合水。

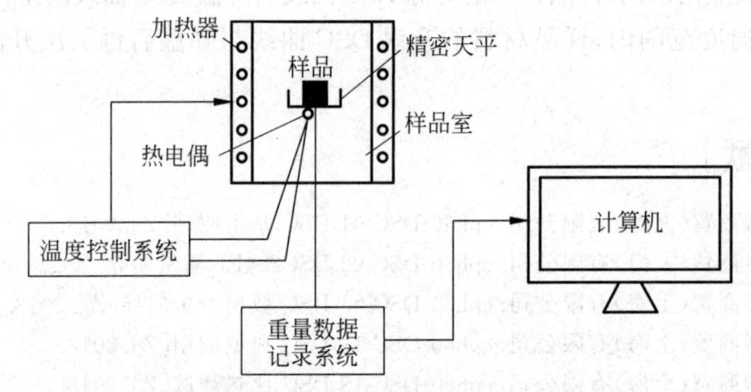

图2.12-1　热重分析仪结构框图

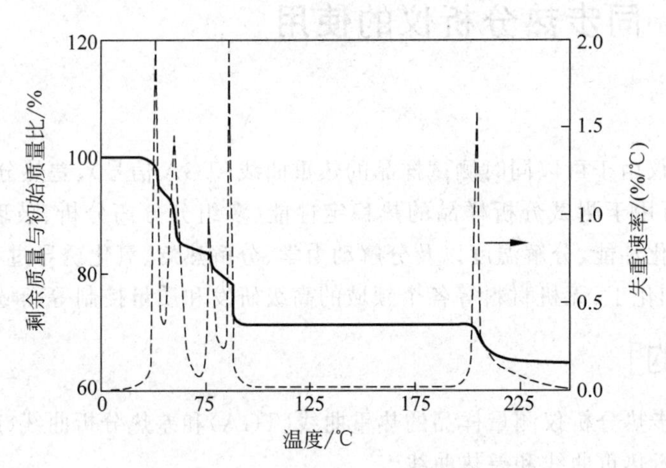

图2.12-2　$CuSO_4 \cdot 5H_2O$ 的热重曲线

2. 差热分析

差热分析(differential thermal analysis，DTA)是一种通过记录待测样品和参比物之间的温度差随样品温度变化的一种测试分析方法。差热分析实验装置由热电偶、样品(及样品坩埚)和参比物(参比坩埚)、加热室、温度控制系统、数据记录系统等组成，其基本结构如图2.12-3所示。装置中的关键部件为一对反向串接的样品热电偶和参比热电偶，即差示热电偶。图中，T_S 表示待测样品的温度，T_R 表示参比物的温度，T_W 表示加热室器壁的温度，

ΔT 表示待测样品和参比物之间的温度差，$\Delta T = T_S - T_R$。随着加热室温度的升高，如果样品没有发生吸热或放热的物理或化学过程，样品温度与参比物的温度相同，即 $\Delta T = 0$，那么样品热电偶和参比热电偶产生的热电势大小相同，且由于它们是反向串联在一起的，因此在A、B端无法测得电压信号，即差示热电偶的输出为零；如果样品发生了吸热或放热的物理或化学过程，$\Delta T \neq 0$，那么样品热电偶和参比热电偶产生的热电势无法相互抵消，差示热电偶就会输出电信号。差热分析曲线就是设备记录的差示热电偶的输出随温度（或时间）变化经过处理后得到的曲线。

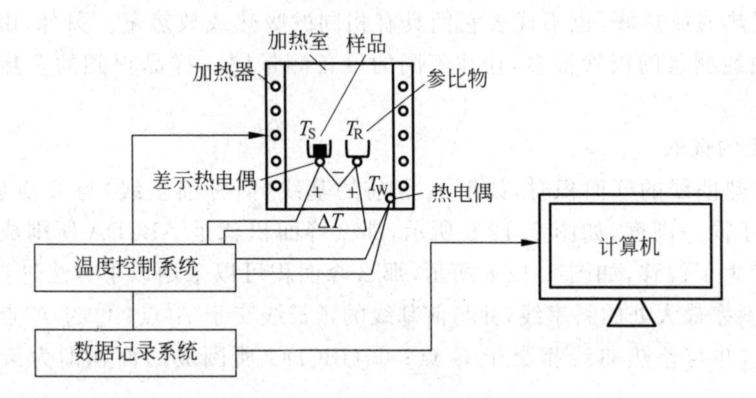

图 2.12-3　差热分析仪结构框图

以晶体的融化过程为例，假定待测样品、参比物以及样品支架的热容量很小，某种晶体的理想 T_S、T_R、ΔT 随时间变化曲线如图 2.12-4 所示，可以看到 OA 段随着加热室器壁的温度升高，T_S 和 T_R 同步上升（此时两条线重合在一起），而 $\Delta T = 0$，此时设备记录的 ΔT 曲线为一条水平的直线，称作基线；样品在 A 点处发生相变开始熔化，熔化时样品温度 T_S 保持不变，参比物的温度 T_R 继续上升，而温度差值 ΔT 将随着时间的增大反向增大，需要注意的是，ΔT 为正值表示样品放热，ΔT 为负值表示样品吸热，但不同的厂家设备的定义有所不同，这点请注意；当到达 B 点时，样品全部熔化，由于假定样品的热容量很小，因此样品温度迅速达到 C 点，此时 $T_S = T_R$，即 $\Delta T = 0$，差热线回到基线。

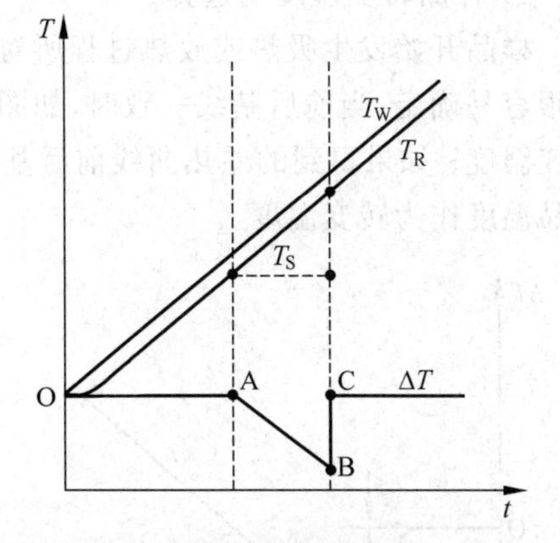

图 2.12-4　某种晶体的理想 T_S、T_R、ΔT 随时间变化曲线示意图

然而，我们实际测得的差热（DTA）曲线往往和理想曲线是有所差别的，图 2.12-5 给出了相同条件下测得的差热信号随时间变化的曲线示意图。从图中可以看到，在开始升温时，曲线就偏离了基线，出现了一个偏离值 ΔT_A，之所以产生偏离值，是由于制造工艺的限制，待测样品支架和参比物支架并不完全相同，而且待测样品和选择的参比物之间的物性有所差别造成的。同时，图 2.12-5 中 AB 段和 BC 段并不像理想曲线那样是直线，而是具有一定的弧度，这是由于实际测量的样品和测试支架的热容量造成的。当曲线到达 C 点后样品已经全部熔化，但由于样品热容量的原因，样品温度仍低于参比物温度，因此还需要一段吸热

的过程曲线才能重回基线。可以证明，差热曲线的峰面积 A 与样品发生相变时的焓变成正比，且与 ΔT_A 的大小无关，即

$$\Delta H = KA \tag{2.12-1}$$

其中，K 为仪器常数，与加热室壁与样品的传热、样品与参比物的热损失以及样品与参比物之间的传热有关，但由于样品发生相变时，加热室壁、样品以及参比物的温度变化均不大，所以可以认为 K 为定值。但需要指出的是，由于不同温度区间仪器常数 K 是不同的，一般来说，随着温度的升高，仪器常数有所增加，因此在温度区间较大的范围内，即使差热曲线上有相同面积的吸热或放热峰，也不代表它们具有相同的吸热或放热量。另外，由于实际实验中影响差热曲线测量的因素很多，往往不同的设备测量同一样品得到的差热曲线也不尽相同。

1）峰面积的选取

在计算差热曲线的峰面积时，如果 A 点前的基线(简称前基线)与 D 点后的基线(简称后基线)处于同一高度，如图 2.12-5 所示，那么峰面积就是 ABCDA 所围成的面积。但如果后基线发生了偏移，如图 2.12-6 所示，那么峰面积可以采用以下方法进行计算：①作 AB 区间曲线斜率最大处的斜率线，并与前基线的延长线交于 A′点；②过 A′点作 BCDE 区间曲线的切线，并与差热曲线相交于 G 点；③GBCDG 所围成的面积即为该吸热峰的峰面积。

2）样品转变温度的选择

样品开始发生吸热或放热过程所对应的温度点一般称为样品的转变温度。通过差热曲线很容易确定，当前后基线一致时，如图 2.12-5 所示，一般选取 A 点所对应的样品温度作为转变温度；如果得到的差热曲线前后基线不一致，如图 2.12-6 所示，则选取 A′点所对应的样品温度作为转变温度。

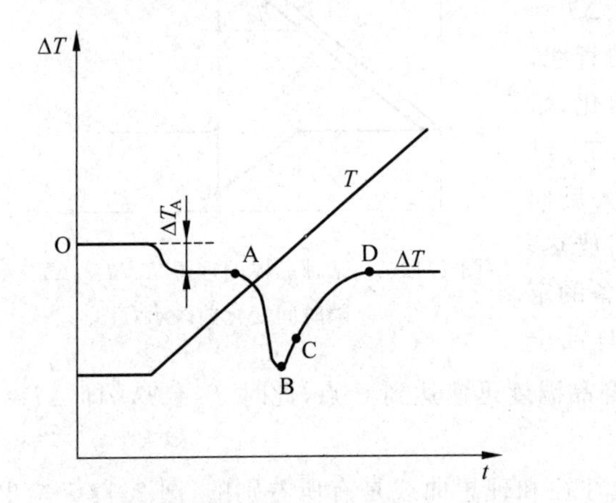

图 2.12-5　相同条件下测得的差热曲线示意图

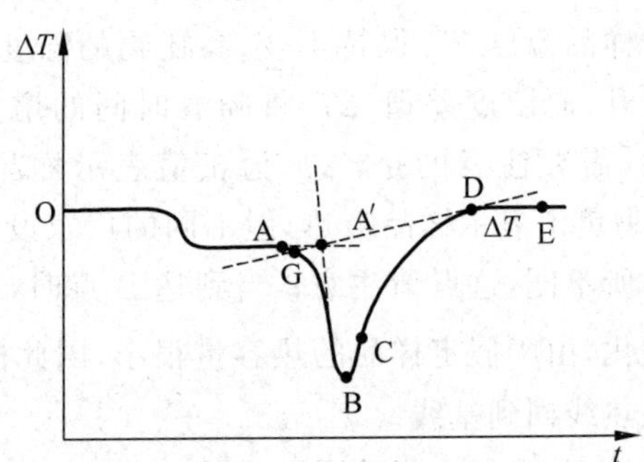

图 2.12-6　前后基线不一致时峰面积的选取示意图

[仪器装置]

STA 8000 型同步热分析仪的外观如图 2.12-7 所示。

图 2.12-7　STA 8000 型同步热分析仪外观

[实验内容与测量]

1) 开机

(1) 依次打开计算机、同步热分析仪主机电源(在设备的背部),同步热分析仪的电源打开后,其前面板上的 Power 指示灯常亮。

(2) 开启循环水,循环水机在同步热分析仪实验台右方,按下电源键可开启循环水。

(3) 检查高压气瓶与同步热分析仪主机的气路连接(气管接 A 路),保证气路通畅不漏气。实验室在开课前已经检查完毕。

(4) 打开高纯氩气的气阀,旋开减压阀,使减压阀表盘读数在 0.1～0.2MPa。

(5) 双击软件“Pyris Manger”图标,软件联机界面隐藏在计算机桌面的顶端,将鼠标光标移动到计算机桌面的顶部,会弹出如图 2.12-8 所示界面,单击“STA 8000”联机按钮,等待约 10s 时间。

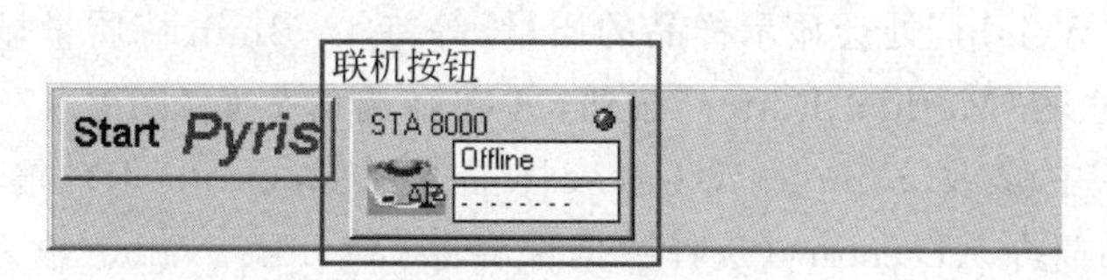

图 2.12-8　Pyris 联机界面

(6) 面板上的指示灯如下顺序点亮或闪烁。

电源指示灯(Power)常亮(绿色);

数据指示灯(Data)闪烁：红—蓝—绿—熄灭;

控制指示灯(Control)：闪烁—常亮(橙色)。

(7) 当听到“嘀”的响声时,计算机与 STA 8000 连接成功,Pyris 主控软件自动打开,软件界面如图 2.12-9 所示,检查界面中的状态栏,确保“Gas Flow”接近 20mL/min,“Gas Pressure”为 0.6～1.4bar(如果气压过低或过高应及时调整减压阀)。

(8) 打开炉盖,用镊子夹住坩埚,并小心地放在支架的两个托盘上(若支架上已经放有坩埚,则无需再放),放好后盖上炉盖。

(9) 设备需要等待大约 20min 完成加热炉内的气体置换,等待足够长的时间后,状态栏中的“Sample Temp”(样品实际温度)将稳定在“Program Temp”(程序设定温度)设定值±1℃以内。

(10) 单击命令栏中的“ Weight Zero”按钮,此时设备完成“去皮”,状态栏的“Weight”将显示“0.000mg”。

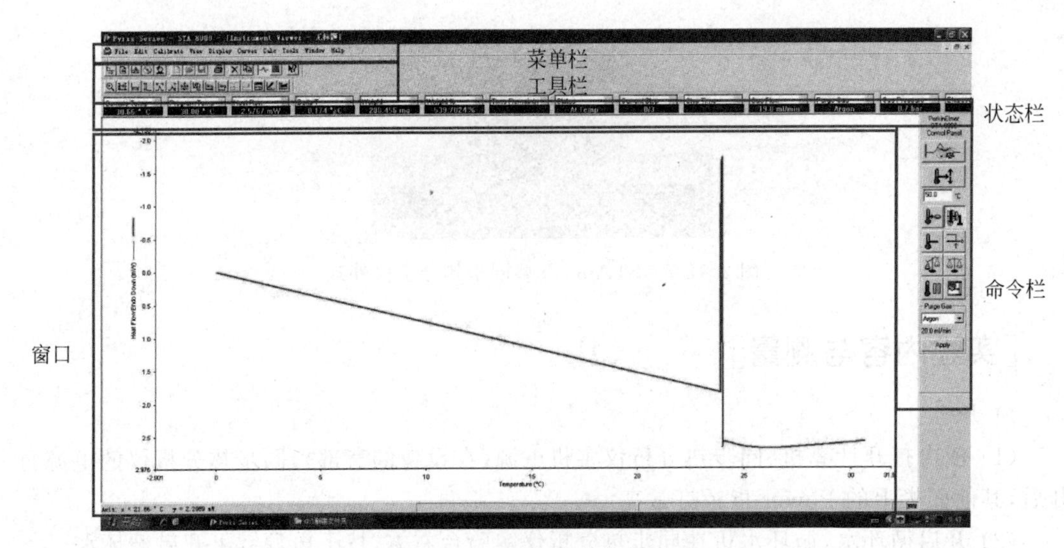

图 2.12-9　Pyris 主控软件界面

2）测量

（1）打开炉盖，小心地用镊子将左侧的坩埚(样品坩埚)取出，并在取出的坩埚中放入适量的(约 6 粒左右)铟(In)样品，再将坩埚放回支架的托盘上，放入时应注意坩埚不可倾覆，千万不要将样品(In 粒)掉入到仪器内，以防样品落入天平室而损坏设备。坩埚放好后重新盖好炉盖。

（2）状态栏的“Weight”处会显示样品的质量，等待 1～2min 待质量显示稳定。

（3）单击工具栏的“Method Editor”按钮，并在弹出的界面(图 2.12-10)——样品信息界面(Sample info)中修改 Sample ID(输入样品名)、Operator ID(输入操作者学号)、comment(输入样品简介)、Diectory(选择数据保存路径)、File Name(输入保存的文件名)，单击“Sample info”，样品质量自动填入“Enter Sampe Weight”中。

（4）需要注意的是：在选择样品数据保存路径时必须选择实验室的规定路径，即 E:\STA8000 Data\＜以实验日期命名的文件夹(例如：20150426)＞。

（5）单击“Program”选项卡，如图 2.12-11 所示，进行温度程序的编辑，使样品的升温区间为 30～200℃，降温区间为 200～30℃，升温速率设为 10℃/min。需要注意的是，最高温度不可超过 200℃。

具体操作方法如下。

① 选中“Method Steps”栏中的已有步骤，单击“Delete Item”按钮，将其删除。

② 单击“Add a step”按钮，并在弹出的对话框中选择“Isothermal” 添加一个持续时间为 1min、稳定在 30℃的等温过程(添加此步骤的目的是使设备开始正式测试前等待设备进入稳定状态)。

③ 单击“Add a step”按钮，并在弹出的对话框中选择“Temperature Scan”添加一个升温程序设定温度区间为 30～200℃，升温速率 10℃/min。

④ 单击“Add a step”按钮，并在弹出的对话框中选择“Temperature Scan”添加一个降温程序，设定温度区间为 200～30℃，降温速率 10℃/min。

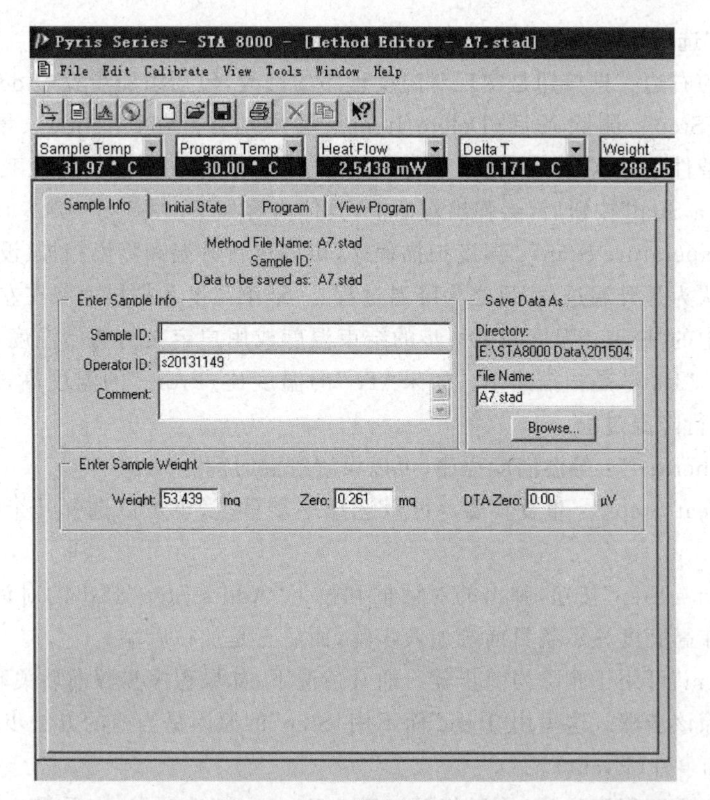

图 2.12-10 样品信息界面

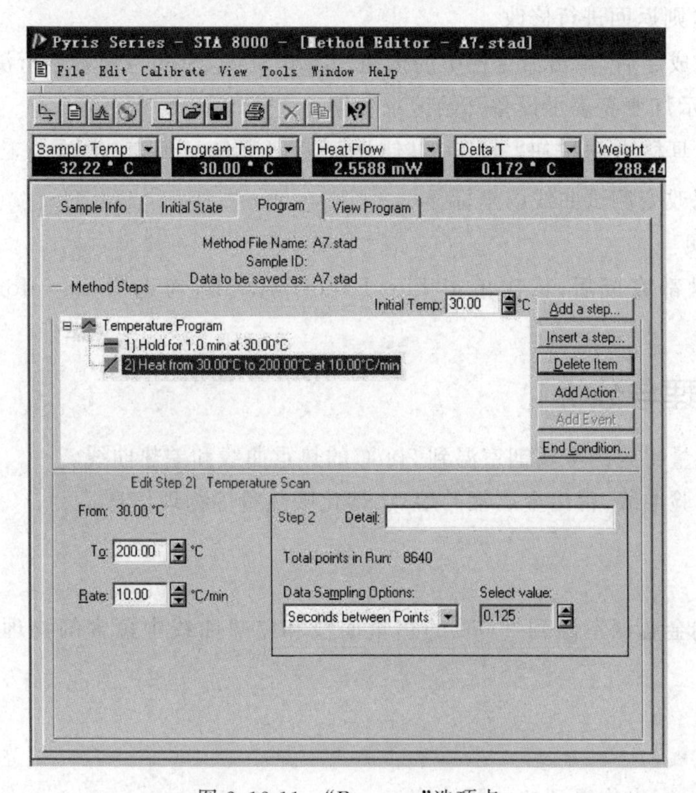

图 2.12-11 “Program”选项卡

“Program”选项卡按钮的功能说明：

选项卡中的右边一排按钮是实现对温度程序的修改，包括添加步骤(Add a Step)、插入步骤(Insert a Step)、删除条目(Delete Item)、增加动作(Add Action)、增加事件(Add Event)和结束条件(End Condition)。对于每一个步骤，可以在页左下角改变步骤的具体参数。按下“Add a Step”按钮后，会弹出对话框，具体内容如下。

① →“Temperature Scan”：温度扫描程序，可以进行升温和降温扫描(设定初始温度低于结束温度则认为是升温过程，反之为降温过程)。结束温度和扫描速率在左下角的编辑控件里修改。其中的“From”温度和上一步的结束温度或用户定义的初始温度有关。“To”表示扫描的终点。“Rate”是扫描速率。如果“To”的温度比“From”的温度高，则进行的是升温扫描，否则进行降温过程。

② →“Isothermal”：等温温度程序，可以设置等温时间。

③ →“Repeat Steps”：重复步骤。可以选择一步重复，也可以选择几个连续的步骤作为重复单元。

按下“Insert a Step”按钮，弹出的对话框和按下“Add a Step”弹出的对话框完全相同。区别为前者是在高亮度显示条目前端加入步骤，而后者是加在后端。

“Delete Item”可用于删除当前步骤。通常情况下，如果程序步骤前后关联，则软件会提示用户不能删除该步骤。这里用“Item”而不用“Step”的原因是当前的方法步骤中还可能有动作(Action)和事件(Event)。

(6) 编辑完温度程序之后，可以打开“View Program”选项卡，查看设定的方法是否正确，如果不正确，则返回进行修改。

(7) 设定完成之后，单击命令栏中的按钮“ Start/Stop”，开始进行测量，STA 8000前面的Data指示灯变亮表示设备开始记录数据。

(8) 单击工具栏中的按钮“ ”可以使界面返回测量显示窗口，单击工具栏中的按钮“ ”可以改变测试曲线的坐标显示。

3) 数据拷贝

待全部测量都完成后，依次单击File/Export/ASCII，勾选“Data information”，输出数据。

[数据处理与分析]

(1) 绘制测量得到的金属铟室温到200℃的热重曲线和差热曲线。

(2) 分析实验曲线，得出金属铟的熔点、熔化吸热量等物理信息。

[讨论]

对实验得到金属铟室温到200℃的热重曲线和差热曲线中蕴含的物理过程进行分析讨论。

[结论]

通过本实验，写出你得到的主要结论。

[思考题]

同步热分析仪与实验 2.11 中介绍的差示扫描量热仪相比，其在热流曲线的测量精度上有所欠缺，但差示扫描量热仪在温度较高时基线会变坏，因此厂家在设计仪器时限制了差示扫描量热仪的温度区间。如果需要测量某一材料在较高温度区间的热容值，那应该如何使用同步热分析仪进行测量呢？

[参考文献]

[1]　刘振海，徐国华，张洪林. 热分析仪器[M]. 北京：化学工业出版社，2005.

[2]　珀金埃尔默仪器(上海)有限公司. STA6000 综合热分析仪使用手册[Z]. 2011.

实验 2.13　傅里叶红外光谱仪测试与分析

[引言]

红外光谱是分子吸收光谱的一种，是由分子的振动—转动能级跃迁引起的，又可称为分子振动转动光谱。它是一种根据分子内部原子间相对振动和分子转动等信息来确定物质分子结构和鉴别化合物的分析方法。1800 年，William Herschel 偶然发现了红外辐射现象，但由于红外光检测困难，直到 1881 年，才由 Festing 和 Abeny 首次捕获了真实的红外光谱。1905 年，Cobeltz 发表了第一个红外光谱的汇编，发现了红外吸收谱带的位置与分子结构特征之间存在相互关系，这标志着红外光谱法的诞生。之后，红外光谱的分析方法逐渐受到人们的重视，红外光谱仪的研发也逐步展开。

红外光谱(infrared spectroscopy，IR)的研究开始于 20 世纪初期。1950 年，美国 Perkin-Elmer 公司生产出商业化双光束红外光谱仪 Perkin Elmer 21，大幅降低了红外光谱仪的使用难度，使其有了大范围普及的基础。20 世纪 70 年代之后，随着傅里叶变换和计算机技术的发展，红外光谱仪的分辨率和采集速度得到了极大提升，红外光谱测试技术发展得到了革命性飞跃。红外光谱具有高度特征性，每一种化合物都有自己的特征红外光谱，因此它可以用来分析鉴定化合物的成分。红外光谱检测还具有用样量少、分析速度快、不破坏样品等特点，且适用于测量多种形态(气态、液态、固态)的复杂样品的组成信息和物化性质，因此广泛应用于农业、食品、生物、医学等领域。

本实验采用傅里叶红外光谱仪对有机物质的红外光谱进行测量和分析。

[实验目的]

(1) 了解红外光吸收的产生过程与原理。

(2) 了解傅里叶红外光谱仪的结构与测量原理，熟悉红外光谱仪的操作与红外光谱的解析。

(3) 学习如何解析化合物的红外光谱图。

[实验仪器]

FTIR-7600型傅里叶红外光谱仪、分析天平、药匙、压片机、压片模具组件、玛瑙研钵。

[预习提示]

(1) 了解红外光谱技术的原理与特点。

(2) 熟悉傅里叶红外光谱仪的结构与特点，熟悉其操作流程。

(3) 学习红外光谱图的绘制与解析。

[实验原理]

1. 红外光谱原理

红外光谱的产生是基于物质在分子层面对红外光的吸收作用。当受到频率连续变化的红外光照射时，物质分子会吸收某些频率的辐射，产生分子振动或转动能级从基态到激发态的跃迁，使相应于这些吸收区域的透射光强度减弱。测量红外光的百分透射比与波数(cm^{-1})或波长(μm)关系的曲线，就会得到该物质的红外光谱。分子振动能级的间隔为0.05～1.0eV，远大于分子转动能级间隔0.001～0.05eV，因此红外光谱吸收主要与分子振动能级跃迁有关。红外吸收的产生需要满足两个条件：①辐射光子的能量应满足分子跃迁所需的能量，即红外辐射频率等于振动量子数差值与分子振动频率的乘积；②分子振动必须伴随偶极矩的变化，能量转移是通过振动过程引起的偶极矩变化和交变磁场(红外辐射)相互作用发生的，因此辐射频率需要与偶极子频率相匹配。物质分子的振动频率不仅与构成化学键的原子质量、化学键的力常数等紧密相关，还受到化学键外部环境的影响。因此，红外光谱具有高特异性，除光学异构体或某些高分子聚合物以及分子量上只有微小差异的化合物外，每一种化合物都有自己的特征红外光谱。

双原子分子的振动为伸缩振动，分子的两个原子以其平衡点为中心进行小幅度的振动——简谐振动，其振动遵循胡克定律，则得到

$$\bar{v}=\frac{1}{2\pi c}\sqrt{\frac{k}{\mu}}=\frac{1}{2\pi c}\sqrt{\frac{k(m_1+m_2)}{m_1 m_2}} \tag{2.13-1}$$

式中 $\bar{v}$ 为波数，单位为 cm^{-1}；k 为力常数，单位为 $N\cdot cm^{-1}$，与化学键的强度有关；c 为光速；μ 表示两个原子的折合质量，单位为 g；m_1 和 m_2 分别表示两个原子的质量，单位为 g。

多原子分子的振动模式可分为伸缩振动和弯曲振动两大类(图2.13-1)。伸缩振动包含对称伸缩振动与非对称伸缩振动两类；弯曲振动的模式较为复杂，主要包括面内弯曲振动和面外弯曲振动模式。其中，面内弯曲振动又分为剪式振动与面内摇摆振动两类；面外弯曲振动分为面外摇摆与扭曲变形振动。分子中这些原子的振动会导致键长与键角的变化，键长与键角的改变又会引起分子或化学键偶极矩的变化，从而造成不同的振动能级。

根据波长范围不同，红外光谱可细分为三个区域。近红外区(0.78～2.5μm)，主要用于研究分子中O—H、N—H、C—H键的振动倍频与组频，该区域谱带重叠严重、吸收峰较弱。中红外区(2.5～25μm)，该区是绝大多数有机化合物与无机离子的基频吸收带(由基态跃迁至第一振动激发态时所产生的吸收峰)。中红外区吸收峰强且较尖锐、谱带窄且分离，分子

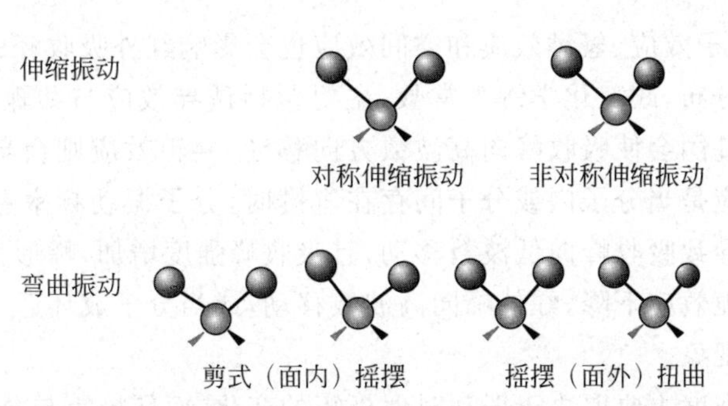

图 2.13-1　多原子分子振动形式(以亚甲基为例)示意图

组成的光谱特征明显,因此该区最适合进行红外光谱的定性和定量分析。同时,中红外光谱仪最为成熟、简单,且积累了大量数据资料,因此它也是应用最广泛的红外光谱区的主要测量仪器。通常所说的红外光谱就是指中红外区域形成的光谱。远红外区(25～1000μm),该区主要为气体分子转动、液体或固体分子中重原子伸缩振动吸收、低频分子骨架振动吸收等,可以用于研究晶体的晶格振动或金属有机物的金属有机键。

2. 红外光谱图的解析

如图 2.13-2 所示,红外吸收光谱一般以百分透射比 T(%)为纵坐标,因而红外吸收峰向下,向上为谷；以波数为横坐标。波数与波长之间的关系为

$$\text{波长}(\mu\text{m}) \times \text{波数}(\text{cm}^{-1}) = 10\,000 \tag{2.13-2}$$

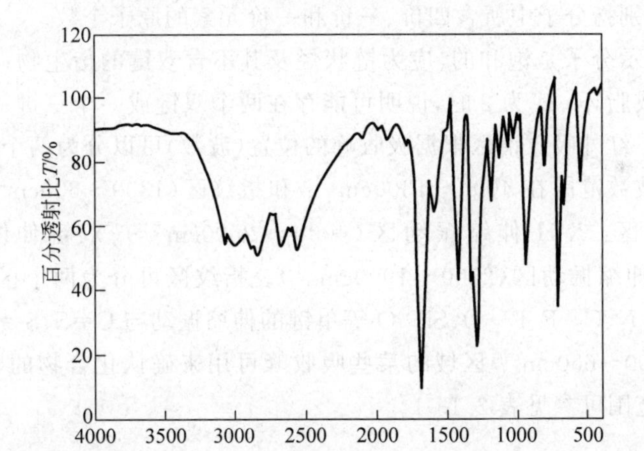

图 2.13-2　苯甲酸的红外光谱图

中红外区的波长为 2.5～25μm,因此红外光谱图的横坐标范围一般为 4000～400cm^{-1}。解析红外光谱图主要关注三种信息,即三个特征量：吸收峰的位置、强度和形状。红外吸收峰的位置、强度和形状反映了分子结构上的特点,可以用来鉴定未知物的结构组成或确定其化学基团；而吸收峰的强度与分子组成或化学基团的含量有关,可用于定量分析和纯度鉴定。由于红外谱图复杂,相邻峰重叠多,难以找到合适的特征吸收峰,红外光谱定量分析方法使用相对较少。

由式(2.13-1)可以看出,影响红外吸收峰位置(即波数)的直接因素为化学键力常数 k 与原子折合质量。化学键力常数越大,则吸收峰波数越高；原子折合质量越小,吸收峰波数

越高。除此之外，电子效应、氢键效应和空间效应也会影响红外吸收峰的位置。电子效应会影响化学键电子云分布，改变化学键力常数，主要包括诱导效应与共轭效应两类。其中，诱导效应是指吸电子基团会使吸收峰向高波数方向移动，共轭效应则会导致吸收峰向低波数方向移动。氢键效应是当分子内或分子间存在氢键时，分子振动频率和强度发生变化的现象。氢键效应常会导致吸收峰向低波数移动，且吸收峰强度增加，峰形变宽。空间效应是指由于空间阻隔使共轭效应下降，红外峰向高波数移动，或当分子成环后，随环张力增加，红外峰向高波数移动的现象。

红外吸收峰的强度主要取决于振动时偶极矩的变化，而偶极矩与分子结构对称性有关。分子对称度高，振动偶极矩小，产生的吸收峰强度就弱，反之则强。瞬间偶极矩变化大，吸收峰强；化学键两端原子极性越大，吸收峰越强。分子振动能级由基态跃迁到第一激发态，会产生一个强吸收峰，称为基频峰；由基态直接跃迁至第二激发态，则会产生一个弱吸收峰，称为倍频峰。红外峰的形状受到分子结构的影响，主要分为缔合峰、肩峰、双峰等情况。

红外光谱的解析首先要根据样品的分子式来计算不饱和度，推测可能存在的官能团。之后，通过红外吸收峰的位置、强度和形状等信息与已知化合物的红外光谱或标准图谱对照，从而找出该化合物存在的振动模式与官能团种类。化合物不确定度 Ω 的计算需要用到以下公式，即

$$\Omega = 1 + n_4 - \frac{1}{2}(n_1 - n_3) \tag{2.13-3}$$

式中 n_4、n_3、n_1 分别指分子中所含四价、三价和一价元素的原子个数。

Ω 为 0 时，表示分子是饱和的，应为链状烃及其不含双键的衍生物；Ω 为 1 时，表示可能存在一个双键或脂环；Ω 为 2 时，说明可能存在两个双键或一个三键；Ω 为 4 时，表明可能存在一个苯环。红外吸收谱区根据吸收峰的位置(波数)可以分为两个主要区域：官能团区(又称特征区，波数范围在 4000～1300cm^{-1})和指纹区(1300～600cm^{-1})。其中，官能团区主要分为三个区：X-H 伸缩振动区(4000～2500cm^{-1})、双键伸缩振动区(1900～1200cm^{-1})、三键伸缩振动区(2500～1900cm^{-1})。指纹区可分为两个区：1800～900cm^{-1} 区域是 C—O、C—N、C—F、P—O、Si—O 等单键的伸缩振动与 C=S、S=O、P=O 等双键的伸缩振动吸收；900～650cm^{-1} 区域的某些吸收峰可用来确认化合物的顺反构型。一些常见化学键的波数范围可参见表 2.13-1。

表 2.13-1 常见化学键红外光谱峰的波数范围及特征

化学键类型	波数范围/cm^{-1}	吸收峰特征
O—H	3650～3200	低浓度时峰型尖锐；高浓度时为强宽峰
N—H	3500～3100	与 O—H 相比，峰强较弱，峰型尖锐
饱和碳原子上的—C—H	3000～2800	—CH_3(2960,2870)；—CH_2(2930,2850)
不饱和碳原子上的=C—H	3040～3010	末端=CH(3085)
C=C	1680～1620	峰较弱
C=O	1900～1650	峰强大，峰型尖锐
RC≡CH	2140～2100	RC≡CR′(2260～2196)
RC≡N	2260～2220	非共轭(2260～2240)；共轭(2230～2220)

[仪器装置]

红外光谱通常需要通过光谱仪来获取。按照工作原理，光谱仪可分为色散型、滤光片型和傅里叶变换型三个种类。色散型光谱仪用色散元件，例如棱镜或光栅来实现分光，具有结构简单的优点。色散光谱仪的入射和出射端需要用到狭缝，狭缝宽度与分辨能力成反比，且狭缝越窄，光通量越低，对弱信号的检测就会受到限制。滤光片型光谱仪是通过一系列窄带滤光片来进行分光，即每个滤光片只选通特定波长的光，其他光被吸收或反射，因此滤光片光谱仪只能测试某几组固定的波长，其适用范围窄。傅里叶红外光谱仪的工作原理如图 2.13-3 所示，从光源发出的一束红外光经迈克耳孙干涉仪，通过分束器等比分光，两束光之间形成光程差，反射后的光再次相遇即发生干涉，通过对干涉图进行傅里叶变换即可得到光谱。

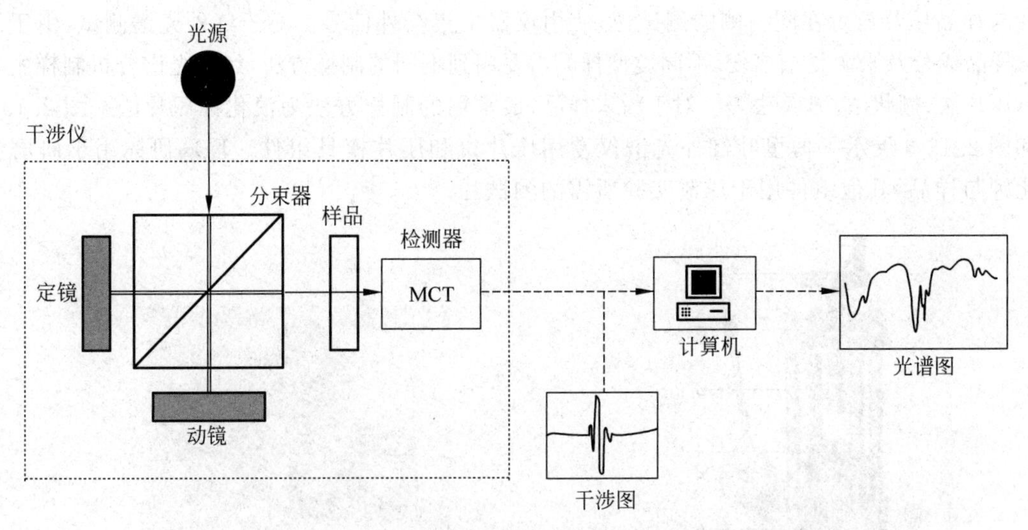

图 2.13-3　傅里叶红外光谱仪工作原理图

傅里叶红外光谱仪的核心部分是迈克耳孙干涉仪，红外光谱仪中使用的红外光源发出的是连续频率红外光，它可以看作是由无数个无限窄的单色光组成。当红外光通过迈克耳孙干涉仪时，每一个单色光都发生干涉，产生干涉光。这无数个无限窄的单色干涉光组合在一起，成为红外光的干涉图。连续光源的干涉图对单色光干涉图积分的形式可以表达为

$$I(x)=\int_{-\infty}^{+\infty}F(v)\cos(2\pi vx)\mathrm{d}v \tag{2.13-4}$$

式中，$I(x)$表示光程差为 x 时，检测器检测到的信号强度。这个信号强度是从$-\infty$到$+\infty$对所有波数进行积分得到的，即所有波长光强之和。由于 x 连续变化，因而可以得到一张完整的干涉图。为了得到红外光谱图，需要对式(2.13-4)作傅里叶逆变换，得

$$F(v)=\int_{-\infty}^{+\infty}I(x)\cos(2\pi vx)\mathrm{d}x \tag{2.13-5}$$

由于 $I(x)$是一个偶函数，因此方程式(2.13-5)可以重新写成

$$F(v)=2\int_{0}^{+\infty}I(x)\cos(2\pi vx)\mathrm{d}x \tag{2.13-6}$$

这正是我们想要得到的表达式。所以我们可以通过傅里叶变换光谱技术同时测量许多

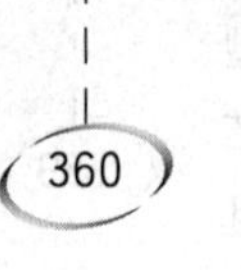

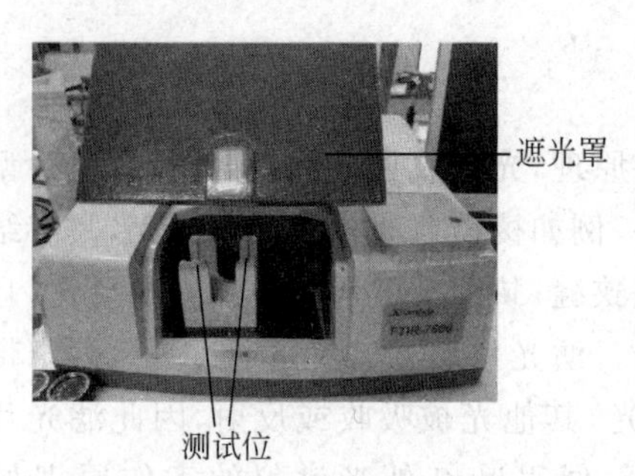

图 2.13-4 FTIR-7600 型傅里叶红外光谱仪实物图

波长的光的信息，测量后再通过傅里叶变换来区分各个不同波长光的信息。与分光光度技术相比，傅里叶变换光谱技术可以节约测量时间，提高测量效率。理论上，可以测量一张从零到无穷大波数，且分辨率无限高的光谱，但实际上，目前的商用红外光谱仪中动镜的扫描距离是有限的，光程差数据采集间隔也是有限的。

实验中使用的 FTIR-7600 型傅里叶红外光谱仪实物图如图 2.13-4 所示，遮光罩用于遮挡外界光线，排除自然光和灯光的干扰，实验时需将遮光罩放下，完全遮挡住测试位。测试位是放置溴化钾压片与样品压片的位置，实验时依次将溴化钾压片与样品压片放置在同一侧的测试位，使用仪器采集红外信号。对于红外光谱测试，由于测试样品成分及来源复杂多变，不同类型样品需要用到不同的制样方法，红外光谱分析制样主要有压片法、糊状法、薄膜法等。对于粉末样品，最常用的制样方法为溴化钾压片法。图 2.13-5 和图 2.13-6 展示了傅里叶红外光谱仪专用压片机和压片模具组件。玛瑙研钵用于研磨溴化钾与样品，其他组件用于压制实验所需的测试片。

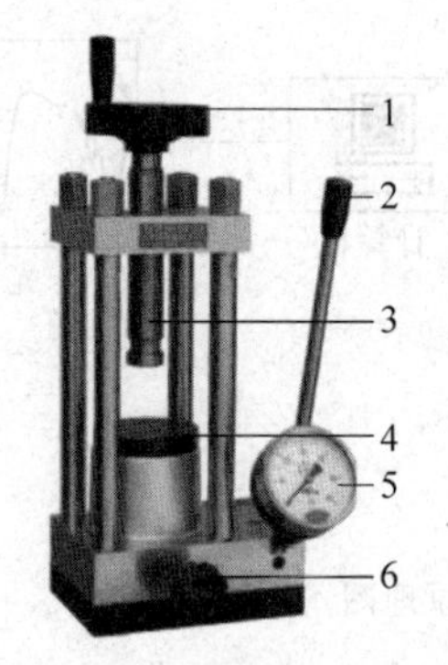

1—手轮；2—手动压把；3—丝杆；
4—工作台；5—压力表；6—放油阀。

图 2.13-5 红外压片机实物图

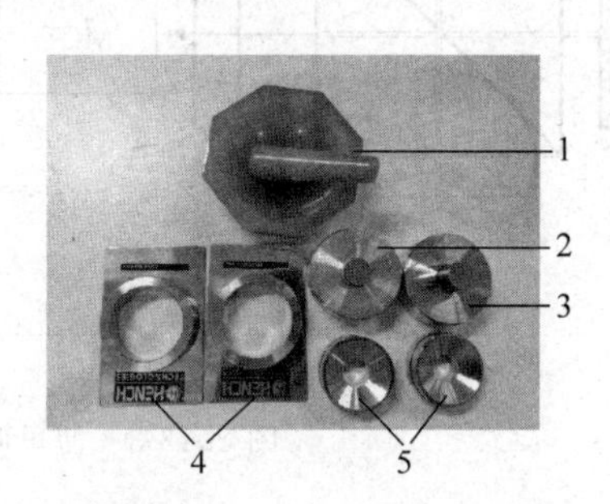

1—玛瑙研钵；2—压片底座；3—上压头；
4—不锈钢外套；5—O 形内套。

图 2.13-6 红外压片模具组件

[实验内容与测量]

1. 实验仪器调节

(1) 开机：按下仪器左后侧电源开关，仪器通电。至少要等待 15min，待电子部分和光源稳定后，才能进行测量。开启计算机，双击桌面红色图标“FTIR-7600”，运行操作软件。检查计算机与仪器主机通信是否正常。确认仪器稳定后，进行测量。

(2) 溴化钾压片法制备样品

① 研磨：使用称量纸与分析天平称取约 150mg 溴化钾粉末，将其倒入玛瑙研钵中。顺时针均匀用力研磨溴化钾粉末，研磨力度不用太大，研磨至不再有肉眼可见的小粒子即可。

② 压制溴化钾空白片：取出压片模具组件(图 2.13-6)，压片底座置于最底部，将 O 形内套置于其上(内套的孔对准压片底座突出的立柱)。用药匙取适量研磨好的粉末，将其均匀

倒入O形内套的孔中,并将上压头放入O形内套的孔中。之后将模具放于压片机(图2.13-6)工作台上,旋转手轮,使丝杆下降至底部压紧模具。此时,顺时针旋紧放油阀,转动手动压把使压力表示数上升至15MPa为止。静待3min后,旋松放油阀,旋转手轮,使丝杆上移,取出压片模具。将模具上压头和压片底座取下(注意动作轻微,防止压好的片被破坏),此时压制完成的溴化钾片位于O形内套中,将O形内套放入不锈钢外套中。压制完成后,使用乙醇将上压头和压片底座清洗干净。

③ 压制测试片:称量1~1.5mg待测样品粉末与约150mg溴化钾粉末,将其倒入玛瑙研钵中研磨。研磨后,取出另一个O形内套,采用与压制溴化钾空白片相同的操作步骤,完成样品片的压制。

2. 实验测量

(1) 设置参数:将光标置于FTIR软件操作界面左上角"采集"处,单击采集设置选项。在弹出的对话框中将扫描次数设置为6次,分辨率设置为1.5cm^{-1},设置完成后单击左下角确定按钮。

(2) 采集背景:单击FTIR软件操作界面左上角"采背景",出现采集背景提示框,将溴化钾空白片插入仪器测试位,放下遮光罩,单击"确定",开始采集背景。

(3) 采集样品:单击FTIR软件操作界面左上角"采样品",出现采集样品提示框,取出溴化钾空白片,将测试片(以同样的方向)插入仪器同一个测试位,放下遮光罩,单击"确定",开始采集样品。采集结束后,计算机会自动扣除背景,在光谱窗上显示样品的红外光谱图。

(4) 保存数据:在计算机D盘中新建一个以日期命名的文件夹,作为保存数据使用。将光标置于FTIR软件操作界面左上角"文件"处,单击"另存为"。在弹出的设置窗口中将"保存类型"设置为".CSV"格式。在窗口上方"保存在"选项中选择之前新建的文件夹。单击保存,使用U盘拷贝数据。

注意事项:

(1) 压片模具用完后,应先用软纸擦除残留固体,再用乙醇清洗干净,最后收纳于原处。

(2) 严格遵守操作规程,如仪器出现故障,须立即退出检测状态,并向保管人或科室负责人报告以查明原因,及时处理;不得擅自"修理",且要做好仪器使用和故障情况登记及实验室记录。

(3) 压片的好坏与环境温度、湿度等因素有关,压片过程中的压力与压片时间可根据实际情况进行调整。

[数据处理与分析]

(1) 绘图:红外光谱数据的处理需要先根据红外数据绘制出测试样品的红外光谱图。可将保存的".CSV"文件导入"Ogigin"软件中,绘制出折线图。数据左列为波数(cm^{-1}),右列为透射百分比(%)。

(2) 光谱数据前处理:合适的前处理过程是光谱数据进行定性分析和建模的基本操作。对数据异常值的剔除、冗余信息的清理等步骤可使光谱数据更容易被解读。常用的数据前处理方法有剪切、降噪、基线校正、归一化等,可根据实际情况选择合适的处理方法。

① 数据剪切:剔除对于研究无意义的数据,以减少数据分析及结果解析的困难。

② 光谱降噪:当我们获得一段红外光谱信息的时候,由于仪器状态或者样本自身原

因，光谱会出现一些噪点。这时需要对光谱数据进行降噪处理，以免对噪声数据的解读而影响对试验结果的判定。常用的降噪方法有 Savizky-Golay(S-G)法和 Wavelet de-noising (WDN)法。

③ 基线校正：在红外光谱数据采集的过程中，谱图基线常常会因散射、透射以及仪器参数或者试验环境等问题而漂移。基线校正的算法多种多样，主要目的是减少光谱补偿和带宽变形。Rubber-band 校正和求导数是常用的基线校正方法。

④ 归一化：归一化的目的是对所得谱图进行一致性处理，以除去因样品厚度或者浓度带来的光谱差异。常用的光谱数据归一化方法有矢量归一化、最大-最小值归一化、标准化和中心化等。

(3) 光谱解析：根据自己绘制的红外光谱图，结合实验原理中红外光谱图的解析，并参考其他文献资料，确定主要红外吸收峰的峰位及其代表的化学键和振动模式。

[讨论]

(1) 降噪、基线校正、归一化等处理方法会对光谱造成什么样的影响？遇到什么情况需要处理，什么情况应尽量避免处理？

(2) 若两种不同化合物含有相同的官能团，是否可以用红外光谱进行区分？为什么？

[结论]

通过对实验测得的红外光谱数据的分析、讨论，可以得到待测样品的主要红外吸收峰有哪些？这些吸收峰代表了什么化学键、官能团以及振动模式？

[思考题]

(1) 样品量的多少与压片厚度对测得的红外光谱图有哪些影响？

(2) 是否所有分子振动都会产生红外吸收光谱？为什么？

(3) 如何提高红外光谱仪的测试精度？

[参考文献]

[1] 秦余欣. 基于微结构光学的红外光谱仪器系统设计及集成研究[D]. 北京：中国科学院大学，2022.

[2] 胡立新. 基于傅里叶变换红外光谱的生物毒性测试方法及咪唑类离子液体毒性作用机制研究[D]. 北京：中国科学院大学，2018.

[3] 张云. 红外光谱法研究气溶胶的吸湿、传质和成核过程[D]. 北京：北京理工大学，2016.

[4] 天津港东科技发展股份有限公司. FTIR-7600 傅里叶变换红外光谱仪使用说明书[Z]. 2017.

实验 2.14　氮化镓薄膜的红外光谱特性

[引言]

氮化镓不仅是重要的短波光电子材料，也是制备高温半导体及高功率半导体器件的良好材料。目前，氮化镓材料主要用来制造高速微波器件、电荷耦合器件(CCD)、动态存储器(RAM)、大功率 LED 和紫外光电探测器等。半导体材料的载流子浓度和迁移率是其器件应用中的基本参数，在器件设计和性能优化等方面起决定性作用。

目前，广泛采用霍耳效应获得半导体材料的载流子浓度和迁移率，但其对材料形状的要求会破坏样品，同时测量过程繁琐，耗时较长。利用红外光谱仪无损测量半导体材料的反射红外光谱，通过拟合计算获得半导体薄膜的厚度、折射率、载流子浓度以及迁移率等重要参数。这种方法不用破坏样品而且具有测试过程简单、耗时少等特点。

[实验目的]

(1) 了解氮化镓薄膜的红外光谱特性。

(2) 学习用红外光谱法测量氮化镓薄膜样品的折射率、载流子浓度以及迁移率等参数。

[实验仪器]

FTIR-7600 型傅里叶红外光谱仪，HF-19 型 30°反射附件，氮化镓薄膜样品(在蓝宝石衬底上制备的氮化镓薄膜，膜厚约为 2μm，样品性状为有缺口的 2 英寸圆片，正面为光滑的氮化镓薄膜，背面为磨砂的氧化铝面)，氧化铝单晶衬底(又称蓝宝石衬底，直径为 2 英寸，正面为抛光面，背面为磨砂面)。

[预习提示]

(1) 氮化镓薄膜的红外吸收光谱都有哪些特点?

(2) 如何对氮化镓薄膜的红外吸收光谱进行拟合?

(3) 了解 FTIR-7600 型傅里叶红外光谱仪及 HF-19 型 30°反射附件的使用方法。

(4) 了解测量氮化镓薄膜红外吸收光谱的实验步骤。

[实验原理]

本实验中使用的氮化镓薄膜样品是采用金属有机化学气相沉积法(MOCVD)在蓝宝石(C 相单晶氧化铝)衬底上制备了厚度约为 2μm 的氮化镓薄膜。

氮化镓半导体晶体中导致红外吸收的主要原因是电子的自由载流子的带-带跃迁、带内跃迁、激子跃迁以及晶格振动跃迁等。图 2.14-1 为蓝宝石(氧化铝)衬底上生长的 n 型氮化镓的反射率-波数实验曲线。图中，600～700cm^{-1} 区间为氮化镓半导体的剩余射线区，在该区域两侧样品的红外光谱反射率迅速变化，这是半导体材料所特有的，可以用于拟合材料的载流子浓度以及迁移率等重要参数。900～4000cm^{-1} 区间的波动曲线由入射光在薄膜-衬底表面之间的干涉产生，可以用于拟合薄膜的厚度。

对于氮化镓薄膜与氧化铝衬底组成的反射系统来说，其反射率可表示为

$$R=\left|\frac{r_{12}+r_{23}\mathrm{e}^{-4\mathrm{i}\pi d n_2\omega}}{1+r_{12}r_{23}\mathrm{e}^{-4\mathrm{i}\pi d n_2\omega}}\right|^2 \tag{2.14-1}$$

其中，r_{12} 和 r_{23} 分别是空气和薄膜、薄膜与衬底之间的反射振幅，n_2 为薄膜的复折射率，d 为薄膜的厚度，ω 为入射光波数。由菲涅耳公式，可将反射振幅 r_{12} 和 r_{23} 和材料的复折射率联系起来

$$r_{12}=\frac{n_1-n_2}{n_1+n_2}=\frac{1-(n_2-\mathrm{i}k_2)}{1+(n_2-\mathrm{i}k_2)} \tag{2.14-2}$$

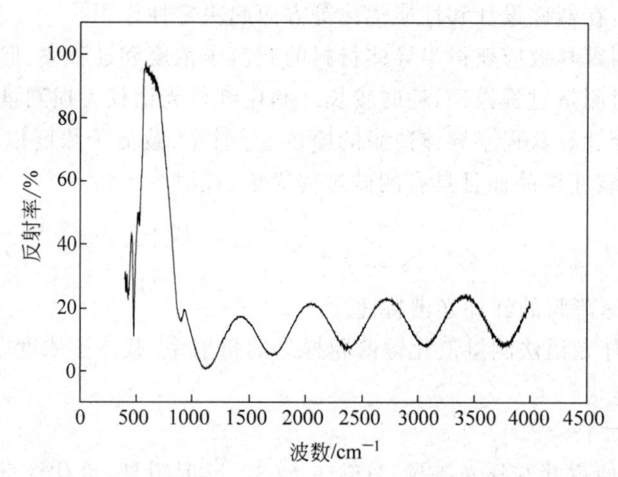

图 2.14-1 蓝宝石(氧化铝)衬底上生长的 n 型氮化镓的反射率——波数实验曲线

$$r_{23}=\frac{n_2-n_3}{n_2+n_3}=\frac{(n_2-\mathrm{i}k_2)-(n_3-\mathrm{i}k_3)}{(n_2-\mathrm{i}k_2)+(n_3-\mathrm{i}k_3)} \tag{2.14-3}$$

其中，n_1 为空气的复折射率，n_3 为氧化铝衬底的复折射率，k_1 为空气的消光系数，k_3 为氧化铝衬底的消光系数。在正入射条件下氧化铝衬底对入射光的反射率的关系式为

$$R=\frac{(n_3-1)^2+k_3^2}{(n_3+1)^2+k_3^2} \tag{2.14-4}$$

其中，材料的复折射率与其介电函数的关系为

$$n_i^2=(n_i-\mathrm{i}k_i)^2=\varepsilon_i(\omega) \tag{2.14-5}$$

其中，n_i 为第 i 层材料复折射率，各层材料分别为空气、薄膜、衬底，k_i 为各层材料的消光系数。以上是对氮化镓薄膜与氧化铝衬底组成的多层膜系统的光学分析，同时也建立了薄膜的光学量与电学量之间的联系。

对于掺杂的氮化镓薄膜来说，其介电常数(电容率)$\varepsilon_2(\omega)$可通过阻尼谐振子和 Drude 模型来表示

$$\varepsilon_2(\omega)=\varepsilon_\infty\left(1+\frac{\omega_{\mathrm{LO}}^2-\omega_{\mathrm{TO}}^2}{\omega_{\mathrm{TO}}^2-\omega^2-\mathrm{i}\omega\Gamma}-\frac{\omega_p^2}{\omega^2+\mathrm{i}\omega\gamma}\right) \tag{2.14-6}$$

其中，ε_∞ 是高频介电常数，可以设定为 5.95，ω_{LO} 和 ω_{TO} 分别是纵向光学声子频率和横向光学声子频率，Γ 是横向光声子模的阻尼系数，ω_p 和 γ 分别是等离子基元频率及其阻尼系数。式(2.14-6)中的第二项来自于氮化镓晶格的声子振动的贡献，第三项对应自由载流子引起的带内跃迁激发的等离子振动的贡献。这样就建立起了氮化镓介电常数与入射波数(频率)之间的关系。

而对于氧化铝衬底，由于没有掺杂，其介电函数 $\varepsilon_3(\omega)$只需根据其带间跃迁吸收和晶格点阵振动吸收来表示

$$\varepsilon_3(\omega)=\varepsilon'_\infty+\sum_{i\leqslant 7}\frac{S_i\omega_{\mathrm{TO}i}^2}{\omega_{\mathrm{TO}i}^2-\omega^2-\mathrm{i}\omega\Gamma_i} \tag{2.14-7}$$

其中，S_i 为第 i 个振动模的振动强度，Γ_i 为第 i 个振动模的阻尼系数，$\omega_{\mathrm{TO}i}$ 为横向光学声子频率，ε'_∞ 为氧化铝晶体的高频介电常数。由式(2.14-6)可知，氧化铝衬底总共含有 7 种振动

模式，每一种模式对应 3 个待定参量。所以，为得到薄膜-衬底系统的红外光谱反射率的拟合曲线，必须首先确定氧化铝衬底所对应的 21 个参数。常温下氧化铝点阵振动中各振动模的振动参量，如表 2.14-1 所示。

表 2.14-1　常温下氧化铝晶格振动参量拟合值　　$T_0=295\text{K}, \varepsilon'_\infty=1$

i	$\omega_{\text{TO}i}/\text{cm}^{-1}$	S_i	$\Gamma_i/\omega_{\text{TO}}$
1	384.3	0.33	0.011
2	438.9	2.788	0.006
3	568.2	2.98	0.012
4	633.6	0.145	0.010
5	809.6	0.0185	0.157
6	85 723.7	0.650 687 13	0.000 01
7	137 621.4	1.431 399 3	0.000 01

在式(2.14-6)中，有 5 个参数需要通过拟合得到，它们分别是 ω_p、γ、Γ、ω_{LO} 和 ω_{TO}。根据实验曲线(图 2.14-1)进行拟合，其拟合过程如图 2.14-2 所示。

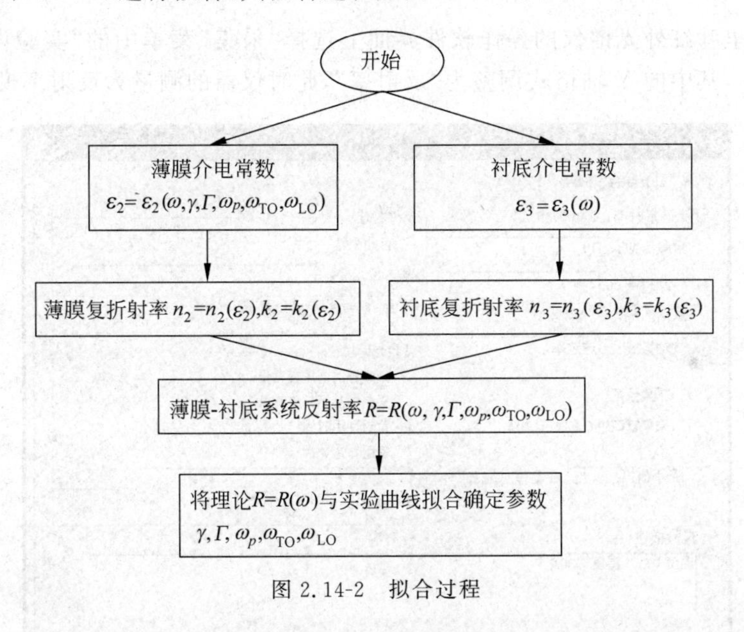

图 2.14-2　拟合过程

而等离子基元频率 ω_p、阻尼系数 γ 与氮化镓薄膜中自由载流子浓度 n 和迁移率 μ 有如下关系

$$(2\pi c\omega_p)^2=\frac{ne^2}{0.22m_0\varepsilon_\infty\varepsilon_0} \tag{2.14-8}$$

$$2\pi c\gamma=\frac{e}{0.22m_0\mu} \tag{2.14-9}$$

其中，e 为电子电荷，m_0 为电子静止质量，ε_0 为真空介电常数。这样就可以获得该氮化镓样品的自由载流子浓度和迁移率。

[实验内容与测量]

(1) 启动 FTIR-7600 型傅里叶红外光谱仪，光谱仪的开机步骤如下。

① 打开光谱仪的遮光罩，取出内部的蓝色干燥剂。

② 拨动仪器后方的电源开关，开启仪器，设备开启后会自动开始一个自检过程，该过程大约持续 30s。仪器需预热 15min，待其电子部分和光源稳定后，才能进行测量。

③ 开启计算机，双击“FTIR-7600”图标运行傅里叶红外光谱仪的操作软件。

(2) 将 HF-19 型 30°反射附件安装在光谱仪上，如图 2.14-3 所示，并将镀银反射镜的镀银面向下放置，放在反射附件测量孔上，如图 2.14-4 所示。

图 2.14-3　反射附件

图 2.14-4　放上镀银反光镜后的反射组件

(3) 在傅里叶红外光谱仪的操作软件界面上选择“采集”菜单中的“实验设置”选项，如图 2.14-5 所示，其中的 Y 轴格式调整为“反射率”，此时仪器的测量为反射率模式。

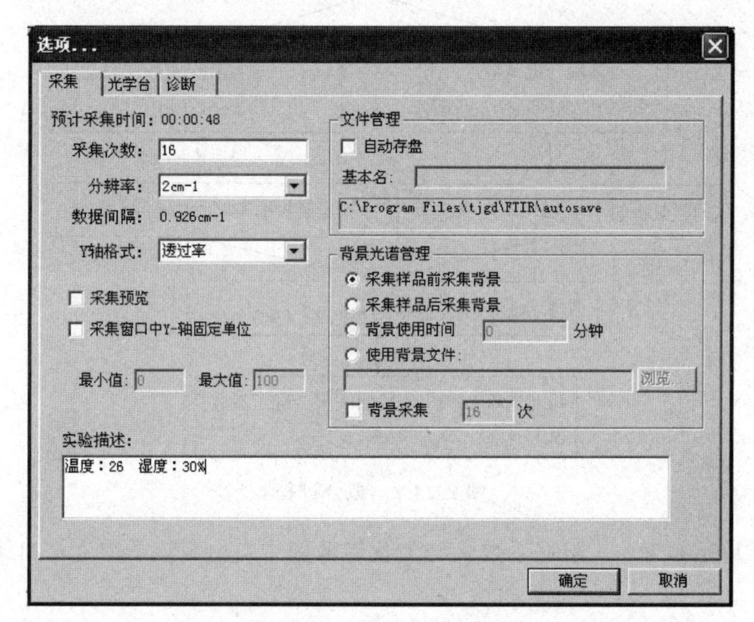

图 2.14-5　傅里叶红外光谱仪的操作软件设置界面

(4) 按下软件界面上的“采样品”按钮，屏幕提示“请准备背景采集”，确认镀银反光镜正确放置在反射组件测量孔上后单击“确定”，设备会自动进行背景信号采集，背景信号采集完成后，软件提示“请准备样品采集”，此时将镀银反射镜从反射附件上取下，并将氧化铝单晶衬底正面向下放在反射附件测量孔上，然后单击“确定”按钮采集该样品的红外信号，扫描完成后仪器会自动计算出反射率谱线，单击“保存”按钮选择“CSV”格式记录该氧化铝单晶衬底的红外实验曲线。

(5) 重复步骤(4)，测量并记录氮化镓薄膜样品的红外实验曲线。

[数据处理与分析]

(1) 分别绘制测量得到的氧化铝单晶衬底和氮化镓薄膜样品的红外实验曲线。

(2) 使用 MATLAB 软件拟合计算氮化镓薄膜样品载流子浓度以及迁移率等参数。

[讨论]

对实验现象和实验测量结果进行讨论和评价。

[结论]

通过本实验,写出你得到的主要结论。

[思考题]

试通过对测试得到的氮化镓薄膜样品的红外实验曲线中 900～4000cm^{-1} 区间部分进行拟合,得到薄膜的厚度、折射率等信息。

[参考文献]

[1] 张师平,陈森,朱少奇,等. 利用红外光谱测量氮化镓薄膜的载流子浓度和迁移率[J]. 物理实验,2013,33(3): 4-6,23.

[2] 曹传宝,朱鹤孙. 氮化镓薄膜及其研究进展[J]. 材料研究学报,2000,14: 1-7.

[3] 李忠,魏芹芹,杨利,等. 氮化镓薄膜的研究进展[J]. 微细加工技术,2003,4: 39-44.

[4] 李志锋,陆卫. 氮化镓薄膜中 LO 声子-等离子体激元耦合模拉曼光谱研究[J]. 红外与毫米波学报,2003,22(1): 8-12.

[5] BORN M,WOLF E. 光学原理(上册)[M]. 杨葭荪,译. 北京: 电子工业出版社,2005.

[6] 沈学础,半导体光谱和光学性质[M]. 北京: 科学出版社,2002.

[7] THOMAS M E,ANDERSSON S K,SOVA R M,et al. Frequency and temperature dependence of the refractive index of sapphire[J]. Infrared Physics & Technology,1998,39: 235-249.

[8] 李志锋,陆卫叶,红娟,等. GaN 载流子浓度和迁移率的光谱研究[J]. 物理学报,2008,49(8): 1614-1619.

[9] TÜTÜNCÜ H M,BAGCI S,SRIVASTAVA G P. Structural and dynamical properties of zinc-blende GaN,AlN,BN,and their(110) surfaces[J]. Physical Review B,2005,71: 195309.

[10] FENG Z C,YANG T R,HOU Y T. Infrared reflectance analysis of GaN epitaxial layers grown on sapphire and silicon substrates[J]. Materials Science in Semiconductor Processing,2001: 571-576.

实验 2.15 拉曼光谱仪的使用

[引言]

拉曼光谱学是用来研究分子的振动模式、旋转模式和分子内其他低频模式的一种光谱分析技术。通常情况下,当一束单色光照射在物体上,其反射或透射的绝大部分光的波长不发生变化,这是光的弹性散射,被称为瑞利散射。而一小部分的光由于与分子发生了相互作用,其反射或透射的光的波长发生了增大或减小的现象,这源于光的非弹性散射。1928 年印度科学家拉曼(C. V. Raman)在研究 CCl_4 光谱时首次观察到该现象,并发现散射峰频率偏移量与材料的结构信息相关,因此获得了1930年诺贝尔物理学奖,该现象也被称为拉曼散射。1968年激光器的问世,为拉曼光谱学的研究提供了十分理想的光源,从客观上促进了拉曼光谱学的研究与应用发展。目前拉曼光谱已经成为一种重要的材料表征手段,被广泛应用于物理学、化学、生物学、医学、食品安全和环境科学等诸多领域。

[实验目的]

(1) 了解拉曼效应的产生原理;

(2) 学会用拉曼光谱学的基本测试技术。

[实验仪器]

HR 800型显微共焦拉曼光谱仪,532nm固体激光器,Si标准样品,α-Al_2O_3样品。

[预习提示]

(1) 什么是拉曼效应?

(2) 拉曼光谱仪的测试原理是什么?

[实验原理]

1. 拉曼效应

当光照射到物质上时就会发生散射,散射光中除有与激发光波长相同的弹性成分(瑞利散射)外,还有比激发光波长长和短的成分(非弹性散射),后一现象统称为拉曼效应。由分子振动或转动、固体中的光学声子等元激发与激发光相互作用产生的非弹性散射称为拉曼散射,一般把瑞利散射和拉曼散射合起来所形成的光谱称为拉曼光谱。

设散射物分子原来处于电子基态,振动能级如图2.15-1所示。当受到入射光照射时,激发光与此分子的作用引起的极化可以看作为虚的吸收,表述为电子跃迁到虚态,虚能级上的电子立即跃迁到下能级而发光,即为散射光。设仍回到初始的电子态,则有如图所示的三种情况。因而散射光中既有与入射光频率相同的谱线,也有与入射光频率不同的谱线,前者称为瑞利线,后者称为拉曼线。拉曼散射光对称地分布在瑞利散射光的两侧,但其强度比瑞利散射光弱得多,通常只为瑞利光强度的10^{-6}～10^{-9}。在拉曼线中,又把频率小于入射光频率的谱线称为斯托克斯线,而把频率大于入射光频率的谱线称为反斯托克斯线,反斯托克斯线的强度一般比斯托克斯线要弱。

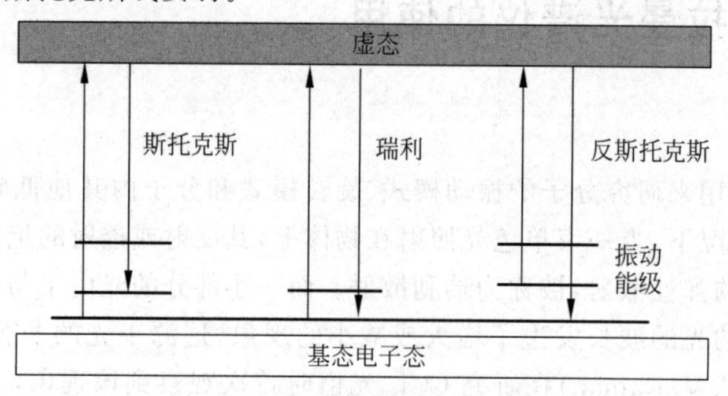

图2.15-1 振动能级图

图 2.15-2 给出的是典型 CCl_4 拉曼光谱图。我们一般将瑞利线与拉曼线的波数差称为拉曼频移 $\Delta\nu$，有

$$\Delta\nu = \omega_{\text{入射光}} - \omega_{\text{散射光}} = \frac{10^7}{\lambda_{\text{入射光}}(\text{nm})} - \frac{10^7}{\lambda_{\text{散射光}}(\text{nm})} \tag{2.15-1}$$

其中拉曼频移的单位用波数(cm^{-1})来表示。需要指出的是，样品的拉曼频移不随激光光源频率的变化而发生变化，无论采用何种波长的激光照射样品，其产生的拉曼频移是固定不变的。

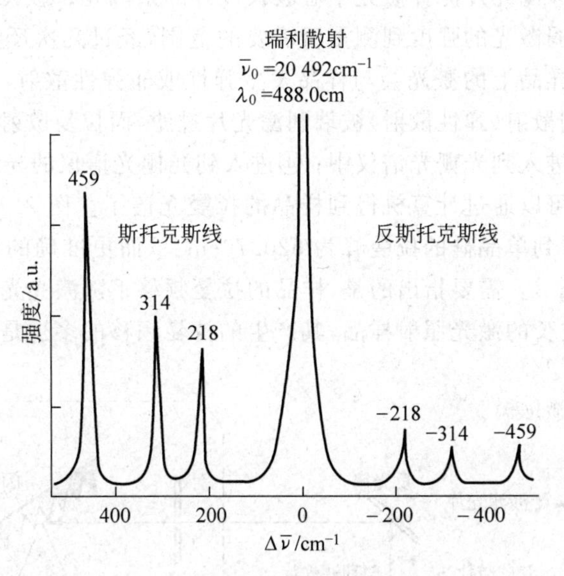

图 2.15-2　CCl_4 拉曼光谱示意图

2. 拉曼效应的经典电磁解释

对于拉曼效应来说，当一束激发光(现在通常使用激光)照射在物体上时，光子与物体分子碰撞有可能发生能量交换，光子将一部分能量传递给分子或从分子获得一部分能量，从而改变光波的频率(光谱发生位移)。从经典电磁理论的观点看，分子在光的作用下发生极化，极化率的大小因分子热运动产生变化，引起介质折射率的起伏，使光学均匀性受到破坏，从而产生光的散射。由于散射光的频率是入射光频率 f_0 与分子振动固有频率的联合，故拉曼散射又称联合散射。

设入射光电场为 $E=E_0\cos(2\pi f_0 t)$，分子因电场作用产生的电偶极矩为

$$P=\varepsilon_0\chi E \tag{2.15-2}$$

其中，χ 为分子极化率。若 χ 为不随时间变化的常数，则 P 以入射光 f_0 作周期性变化，由此得到的散射光频率也为 f_0，这就是瑞利散射。若分子以固有频率 f 振动，此时分子极化率不再为常数，也随 f 作周期变化，可表示为 $\chi=\chi_0+\chi(f)\cos(2\pi ft)$。式中，$\chi_0$ 为分子静止时的极化率，$\chi(f)$为相应于分子振动所引起的变化极化率的振幅。将此式代入式(2.15-2)，得到

$$\begin{aligned} P &= \varepsilon_0\chi_0 E_0\cos(2\pi f_0 t) + \varepsilon_0\chi(f)E_0\cos(2\pi f_0 t)\cos(2\pi ft) \\ &= \varepsilon_0\chi_0 E_0\cos(2\pi f_0 t) + \varepsilon_0\chi(f)E_0[\cos 2\pi(f_0+f)t + \cos 2\pi(f_0-f)t] \end{aligned} \tag{2.15-3}$$

式(2.15-3)表明，感应电偶极矩 P 的频率有三种，即 f_0、f_0-f 和 f_0+f，所以实验上测得的散射光的频率也有三种。频率为 f_0 的谱线为瑞利散射线，频率为 f_0-f 的散射线为斯托克斯线，频率为 f_0+f 的散射线为反斯托克斯线。

3. 拉曼光谱技术的基本原理

显微拉曼光谱仪的结构如图 2.15-3 所示，其中包括激光器、显微镜、光栅光谱仪等以及内部的干涉滤光片、功率衰减片、瑞利滤光片等组件。它工作时可以分为以下几步：①激光器发出的激光通过干涉滤光片滤掉激光中心波长以外的杂散光；②从干涉滤光片透过的激光通过功率衰减片减弱激光的强度到测量所需要的范围，经过几次反射后通过显微镜照射到样品上；③照射到样品上的激光会与样品发生弹性或非弹性散射，这些散射光仍会被显微镜采集，其中的瑞利散射(弹性散射)被瑞利滤光片过滤，而拉曼散射(非弹性散射)则透过瑞利滤光片经反射后进入到光栅光谱仪中；④进入到光栅光谱仪的光线经过闪耀光栅的分光和探测器的采集就可以通过计算机得到样品的拉曼光谱了。图 2.15-4 为单晶 Si(硅)样品的拉曼谱图，可以看到单晶硅的拉曼峰为 520.70cm^{-1}，而更准确的说法是单晶硅样品的拉曼频移为 520.70cm^{-1}。需要指出的是，样品的拉曼频移不随激光光源频率的变化而发生变化，无论采用什么波长的激光照射样品，其产生的拉曼频移的多少是固定的。

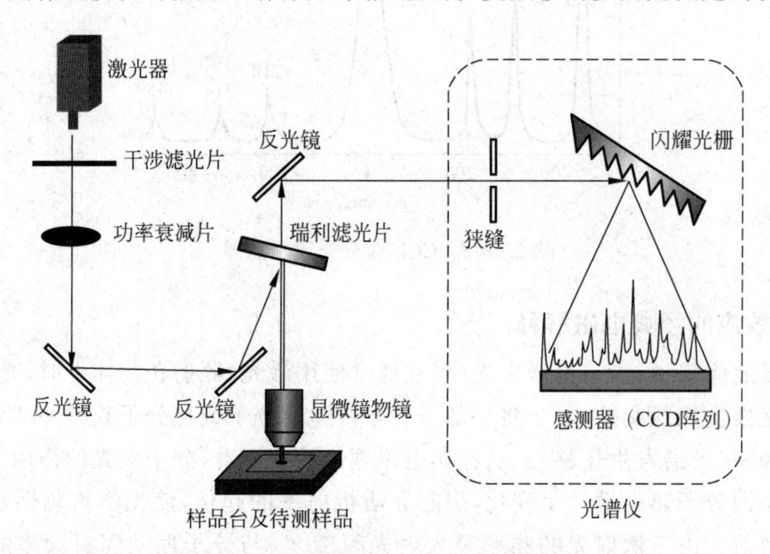

图 2.15-3　显微拉曼光谱仪结构原理图

拉曼光谱技术在物质检测中具有举足轻重的作用，它既可以单独使用，也可以与其他技术如 X 射线衍射谱、红外吸收谱、中子散射等实验方法结合起来确定离子和分子的种类、物质的结构。图 2.15-4 给出了单晶硅的拉曼谱，如果测量一个未知样品，其测得的拉曼谱图与上述类似，即可判定样品类型。这里需要注意的是，由于温度、应力等因素以及拉曼光谱仪的光谱分辨率和光谱重复率有限，都可能会造成拉曼频移的偏移。用拉曼光谱判断单晶硅样品是一个比较简单的实例。实际工作中，往往会遇到更为复杂的情况，尤其是样品还可以在光照作用下发出复杂的荧光光谱。

以氧化铒(Er_2O_3)样品为例，氧化饵作为一种重稀土氧化物，具有许多优良的性能。尤其是单斜相氧化饵具备一些稳定的立方相氧化饵所不具备的特性，例如独特的光学性质和较高的辐射损伤容限。如果用激光照射氧化铒样品时，会发现可以采集到非常复杂的光谱谱线，其中既包含了拉曼峰也包含了荧光峰。下面讨论在实验上如何区分一个样品的光谱线是由拉曼散射造成的还是由光致发光造成。由于荧光谱与样品电子能级相关，当使用不同波长的激光激发时，发光峰位将保持不变。同时，拉曼谱只与样品的振动和转动能级相关，拉曼频移与激光波长无关。因此，可以通过比较不同激光器激发的样品相同波长区间的荧光谱，将那些具有相同波长的峰归因于荧光峰；通过比较相同拉曼频移区间的拉曼谱图，分辨出属于样品的拉曼峰。

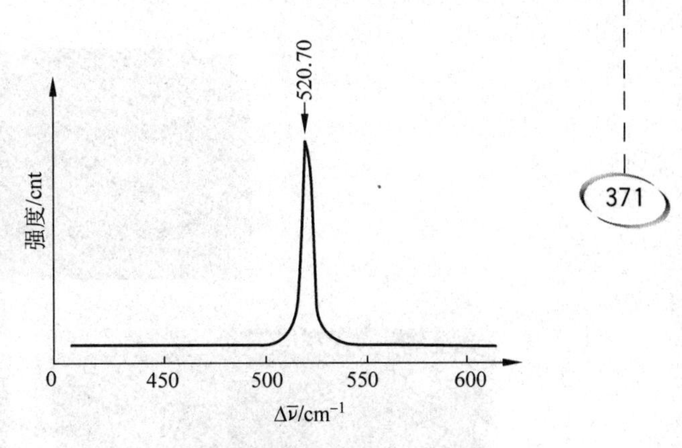

图 2.15-4　单晶硅样品的拉曼频移谱图

[仪器装置]

HR 800 型显微共焦拉曼光谱仪如图 2.15-5 所示。

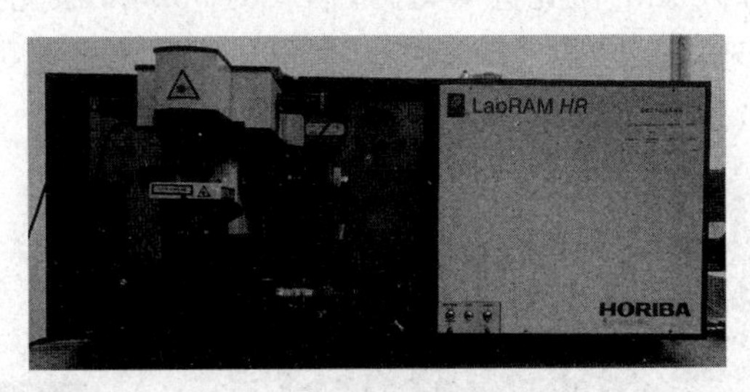

图 2.15-5　HR 800 型显微共焦拉曼光谱仪

[实验内容与测量]

1. 开机准备

1) 打开激光器电源

HR 800 型显微共焦拉曼光谱仪配备了 3 组不同的激光器，分别是氦镉激光器（中心波长为 325nm，其电源箱如图 2.15-6(a)所示）、绿光半导体激光器（中心波长为 532nm，其电源箱如图 2.15-6(b)所示）、近红外半导体激光器（中心波长为 785nm，其电源箱如图 2.15-6(c)所示）。氦镉激光器开启需要转动图 2.15-6(a)中的钥匙到 ON 位置，即可开机，并需要预热 10～15min，待激光出射稳定后方可进行下一步实验；532nm 半导体激光器开启需要转动图 2.15-6(b)中的钥匙到 ON 位置，待设备自检完成后，按下“ENABLE”按钮，即可开启激光器；785nm 半导体激光器，按下如图 2.15-6(c)中的按钮“⏻”，待设备自检完成后，按下按钮“ON/OFF”开启激光器。

2) 切换外光路

HR 800 型显微共焦拉曼光谱仪激光器的选择除了需要开启相应的激光器外，还需要对设备的外光路进行调整。先确保激光关闭状态，再进行光路切换。所涉及螺杆如图 2.15-7 所示。使用设备正后方的螺杆，拔出为 UV 光进入光路，插入为可见光进入光路。调节设备

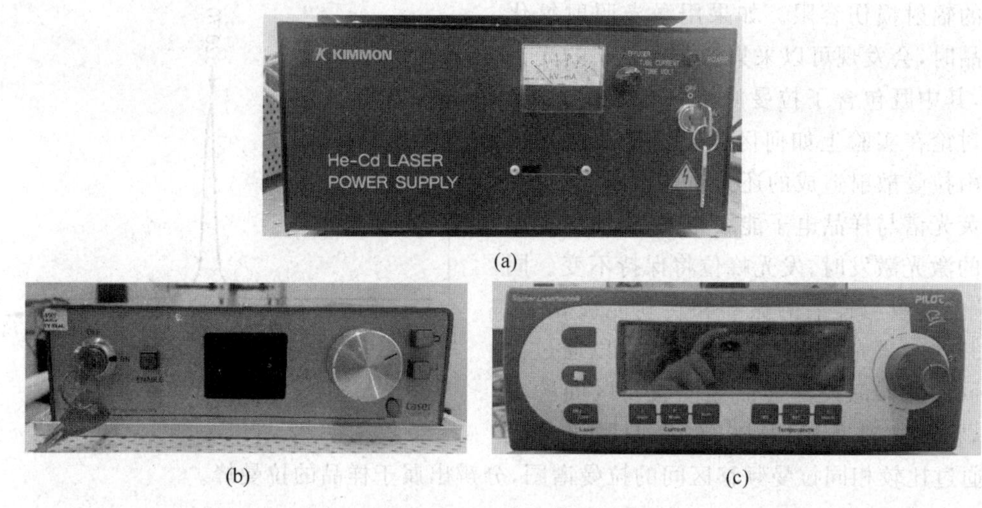

(a)

(b) (c)

图 2.15-6 激光器电源

(a) 氦镉激光器电源箱；(b) 532nm 半导体激光器电源箱；(c) 785nm 半导体激光器电源箱

后方右侧的螺杆,拔出为 785nm 激光进入光路,插入为 532nm 激光进入光路；确保设备正前方的杆向外拉,使用 UV mode(在 UV mode 也可以进行可见光测试,但是在可见光测试模式不能进行 UV 测试)。

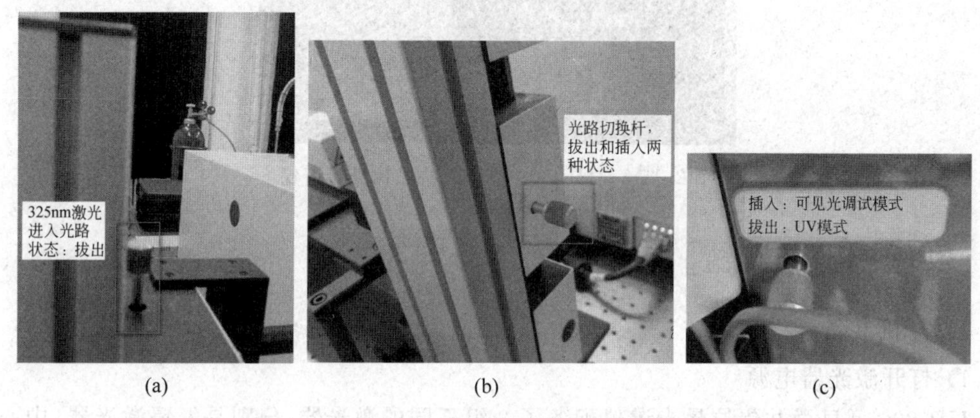

(a) (b) (c)

图 2.15-7 设备外部光路切换杆

(a) 设备正后方；(b) 设备后方右侧；(c) 设备正前方

3) 更换相应的干涉滤光片和瑞丽滤光片,过程如图 2.15-8 所示。

2. 软件界面的介绍

图 2.15-9 为软件界面。图 2.15-10 为控制面板。Laser：有 325nm、532.06nm 和 785nm 三个波长,更换激光时打开光谱仪顶盖更换激光通道,更换不同激光配备的滤镜(2 个),光栅回零,利用硅片进行光栅校准。

Filter：分 6 档,依据样品的信号强度以及光解或碳化程度而选择。其中[...]=no attenuation(PO),[D0.3]=PO/2,[D0.6]=PO/4,[D1]=PO/10,[D2]=PO/100,[D3]=PO/1000,[D4]=PO/10 000。

Hole 一般放在 400,调大后样品信号强度增强但分辨率降低。Spectrometer 实时测量

(a) (b)

图 2.15-8 更换干涉滤光片和瑞利滤光片

(a) 设备内部结构；(b) 更换的干涉滤光片(左)，瑞利滤光片(右)

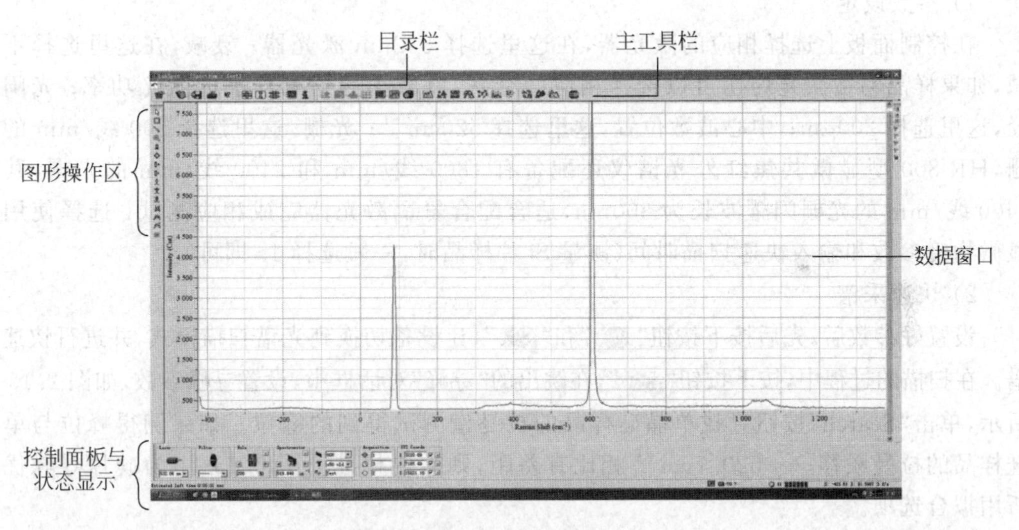

图 2.15-9 软件界面

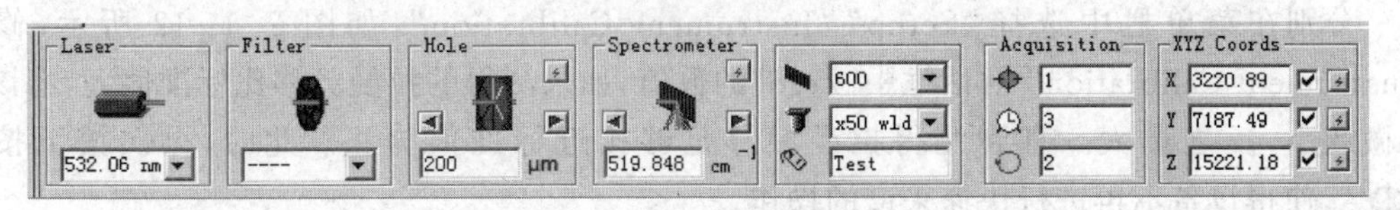

图 2.15-10 控制面板介绍

时可以设定为样品可能出现最强峰的位置，正式测量则不需设置。

光栅的规格可选 1800 或 600(单位为线/mm，HR 800 型还可以通过更换光栅的方式换为 2400 的光栅)。选用 1800 时，其分辨率较高但强度较弱。切换光栅后 Spectro 要回零，并需重新校零和利用硅片进行波数校准。

镜头有10×、50×、100×、50×(长工作距离),液体镜头可选。文件命名可根据需要在开始测样之前设定。

实时测量曝光时间一般为1s,正式测量曝光时间由样品实时测量强度而定,但必须确保实时测量强度×曝光时间<65 000。扫描次数一般设为1。

3. 调节显微镜与聚焦

将Si片样品放在载玻片上,并连同载玻片一起放在设备的载物台上。打开显微镜的背光电源,开启设备软件,并在软件的主工具栏中按下"■"图标,使设备切换到显微状态,此时,设备软件上显示显微镜的显微图像,利用显微图像对显微镜进行调焦,让显微镜可以清晰地看到样品表面的像。此时,关闭背光电源,将设备前面板(如图2.15-5)上的开关分别置于SHUTTER：Mic、…、CCD：1. LASER：ON(注意：激光器电源在第1步已经开启,此处是操作拉曼光谱仪上的激光器开关以接通激光光路)的位置。观察屏幕上显示的激光斑点,再次微调焦距,使得样品表面激光聚焦的光斑最小。这里需要指出的是,由于显微镜头对可见光、紫外光、红外光的折射率各不相同,因此,在可见光下聚焦后,切换到紫外激光或红外激光时仍需要作焦距调整。

4. 快速采谱与校准

1) 参数设定

在控制面板上选择相应的激光器,在这里选择532nm激光器；衰减,在这里选择不衰减,如果样品易被激光灼伤可以选择相应的衰减,以减小照射到样品的激光功率；光阑孔径,这里选择200μm；中心波数位置,这里选择520cm^{-1}；光栅,这里选择600线/mm的光栅,HR 800型显微共焦红外光谱仪还配备有1800线/mm和2400线/mm的光栅,其中2400线/mm的光栅闪耀波长为300nm,适合配合氦镉激光器完成相应测试；选择使用的显微物镜参数和输入快速扫描时间(测量Si片样品时,一般选择1s即可)。

2) 快速采谱

设置好参数后,先后按下按钮"STOP"和"■",让设备切换到光谱扫描模式,并进行快速扫谱。在扫描的过程中,按下按钮"■",在跳出的"寻峰"对话框中,设置寻峰参数,如图2.15-11所示,单击"Search"按钮寻找单晶硅样品的拉曼谱测试得到的峰位。如果测得峰位与单晶硅样品的拉曼频移——520.7cm^{-1}相比有差距,则需要校准。图2.15-11为硅片寻峰优化所用拟合选项。

3) 校准

分别在菜单栏中选择"Setup""Instrument Calibration",如图2.15-12所示,修改"Instrument Calibration"对话框中"Zero"的数值,如果测得的拉曼频移比标准值大,将该值略微调小,反之调大。直到测得拉曼频移足够接近标准值为止。此时,再次按下按钮"STOP",使得设备不再进行快速采谱的操作。

5. Er_2O_3薄膜样品拉曼光谱的采集

1) 参数设定

采取相同的放置方式将标准的单晶硅样品更换为待测的Er_2O_3薄膜样品,更换样品时请注意,激光器开关拨杆应置向"OFF"状态,并在重新完成聚焦操作后重新打开激光器拨杆。软件控制面板中参数的设定根据实际需要可以参考本节内容中4-1)进行设定。但需

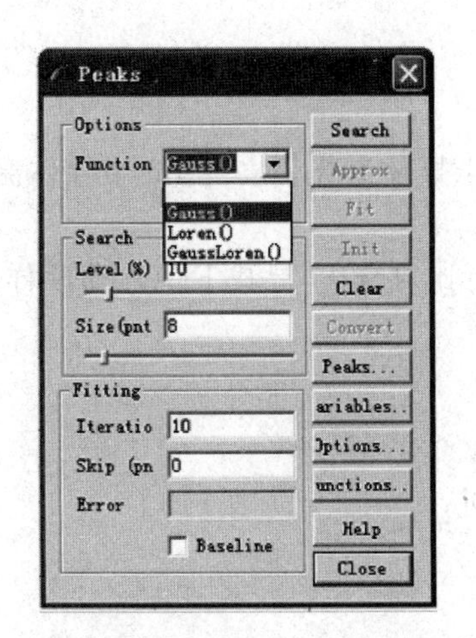

图 2.15-11　利用硅片进行拉曼寻峰然后光栅校准

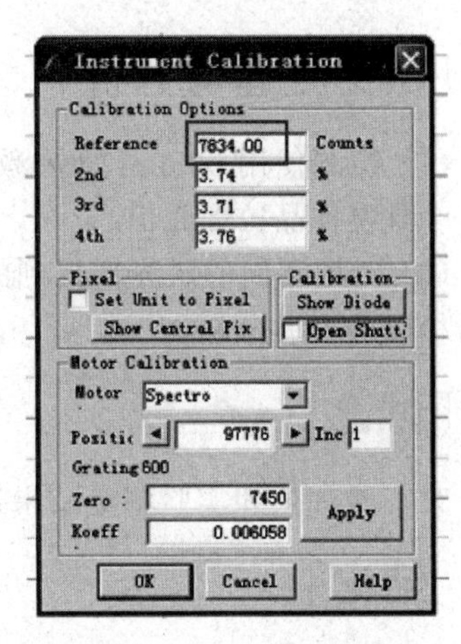

图 2.15-12　校准界面

要指出的是，软件的控制面板中的“ ”参数指的是单次扫谱的时间，一般称为积分时间，该时间越长得到的信号信噪比越好，得到的曲线具有较高的强度和平滑程度，但积分时间的设定需要根据采集样品得到的拉曼响应决定，没有一个定值。过长的积分时间可能造成总体采谱时间过长，甚至于过多的光信号照射在光谱仪的 CCD 上，造成设备损坏。控制面板中的“ ”参数表示扫描的循环次数，即同意扫描为止采集的数目，此处建议设定为 2，这是因为实验室环境下可能存在的空间电荷，如果在采谱过程中它运动到 CCD 上，设备就会记录下来一个峰值，而这一个峰值位置是具有随机性的，当循环次数设定为 2 时，设备就会自动比对两次采谱的情况，消除空间电荷对实验结果的影响。

2）Er_2O_3 样品拉曼光谱的采集

拉曼光谱的采集范围的设定可以按下按钮“ ”，在弹出的“Extended range”对话框中设定，如图 2.15-13 所示，图中的示例表示了从 200cm^{-1} 采集到 800cm^{-1} 的范围。

3）数据保存

在菜单栏中选择“File”“Save as”，如图 2.15-14 所示，在跳出的“另存为”对话框中按照实验室要求选择保存路径，并填写文件名，选择保存类型为“txt”格式，并保存文件。

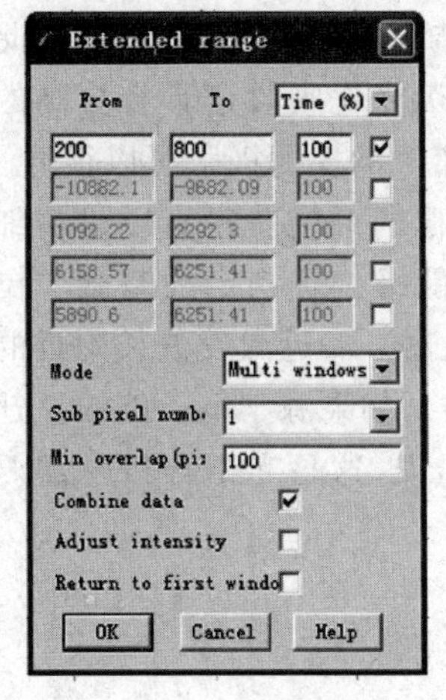

图 2.15-13　扫描范围设定

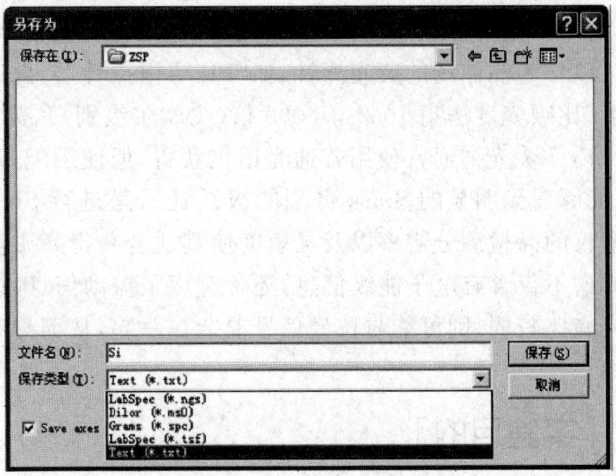

图 2.15-14　数据保存

[数据处理与分析]

(1) 绘制使用325nm氦镉激光器、532nm半导体激光器、785nm半导体激光器测得的Er_2O_3薄膜样品拉曼光谱。

(2) 对用不同的激光器得到的实验曲线进行比对分析，寻找Er_2O_3薄膜样品的拉曼峰，给出相应的实验分析。

[讨论]

对实验现象和实验测量结果进行讨论和评价。

[结论]

通过本实验，写出你得到的主要结论。

[思考题]

哪种激光器更适合测试Er_2O_3的拉曼光谱？

[参考文献]

[1] 张师平，吴平，闫丹，等. 将拉曼光谱技术引入大学物理课堂教育的浅析[J]. 物理与工程，2020，30(5)：82-86.

[2] YAN D，WU P，ZHANG S P，et al. Assignments of the Raman modes of monoclinic erbium oxide [J]. Journal of Applied Physics，2013，114(19)：193502.

[3] YAN D，WU P，ZHANG S P，et al. Comparative study on the photoluminescence properties of monoclinic and cubic erbium oxide [J]. Spectrochim Acta A，2018，205：341-347.

实验 2.16　稀土氧化物发光材料Er_2O_3的荧光光谱

[引言]

稀土发光峰或吸收峰的数目和位置与稀土离子占据的宿主晶格的点位对称性密切相关，占据不同对称性点位的稀土离子具有独特的光谱，对薄膜结构的演变比较敏感，因此光谱可以作为晶体场的荧光探针，如“Eu结构探针”。此外，由于荧光比吸收谱具有更高的灵敏度(比吸光度法高100～10 000倍(飞摩尔级别))，荧光探针离子的探测极限可以很低。

Er^{3+}荧光谱通常使用普通光谱仪获得，但使用配备精细光栅的系统获得高质量精细光谱(能够看到明显的Stark劈裂能级跃迁)，是进行Stark劈裂能级位置判定的基础。拉曼光谱仪的高检测分辨率以及灵敏度使其适合获得高质量精细光谱。靠近激发波长附近的精细光谱不仅含有电子能级信息，还含有声子振动信息(拉曼信号)，如果源于电子能级跃迁的发光峰比较弱，则可能与拉曼信号混杂在一起，从而导致分析错误，这是光谱分析时需要注意的。

[实验目的]

(1) 了解Er_2O_3薄膜的光致发光特性以及发光峰强及峰位影响因素。

(2) 掌握用 HR 800 型显微拉曼光谱仪测量 Er_2O_3 薄膜荧光光谱的实验方法，以及区分光致发光峰与拉曼峰的实验方法。

[实验仪器]

HR 800 型显微拉曼光谱仪，混合相以及立方相 Er_2O_3 薄膜。

[预习提示]

(1) 稀土材料的发光原理是什么？通过荧光光谱测试我们可以得到什么？

(2) 如何区分拉曼峰与发光峰？

[实验原理]

1. 光致发光原理

光致发光(PL)是指用光去激发光材料而产生的发光，其一般包括光吸收、能量传递和光发射三个阶段。光的吸收和发射都归因于能级之间的跃迁，而能量传递是能量在激发态之间的迁移。当掺杂离子吸收激发光能量跃迁到激发态后，它可能有三种途径返回基态：①辐射复合发光；②非辐射复合不发光，而是将能量释放给基质晶格，这是声子参与过程；③敏化剂(例如对于 980nm 激光来说，钇是敏化剂)将激发能传递给激活剂，然后传递的能量使作为激活剂的掺杂离子发生辐射复合发光。

1) 上转换发光

上转换发光是指将两个或两个以上低能的光子转化为一个高能光子的现象，其特点是发射光比激发光波长短，本质上是一种反斯托克斯发光。以 Er^{3+} 发光为例，上转换机制包含：①激发态吸收(ESA)：处于激发态的 Er^{3+} 吸收泵浦光能量跃迁至更高激发态。②同步的双光子吸收(TPA)：基态能级上的离子同时吸收两个频率的光子跃迁到激发态。③能量传递(ET)上转换：(a)合作上转换(CU)：处于同一激发态的两个 Er^{3+} 发生相互作用；(b)交叉弛豫(CR)：处于不同激发态的两个 Er^{3+} 发生相互作用。④雪崩(PA)：由于入射光子的感应或激励，导致激发原子从高能级跃迁到低能级去，这个过程称为受激跃迁或感应跃迁，且出射光子与入射光子有着相同的频率、相位、振幅以及传播方向等，使得受激辐射光具有相干性。

2) 下转换发光

下转换发光是发光材料吸收一个高能光子发射出两个或多个低能光子的过程。常见的直接带隙材料的带隙发光，就是下转换发光，例如 $In_xGa_{1-x}N$ 吸收紫外光发射出蓝光或绿光，用作发光二极管(LED)光源。在半导体中光致发光的物理过程大致可以分为三个步骤：首先是光吸收，其次是光生非平衡载流子的弛豫、扩散，最后是电子-空穴辐射复合产生发光。

图 2.16-1 给出了半导体中一些常见的辐射复合过程，分别是：图(a)导带(CB)电子 e 和价带(VB)空穴 h 复合所对应的带间跃迁过程，包括直接跃迁(图(a)右半部(e-h)跃迁)和伴有声子的非直接跃迁(图(a)右半部 e-h“声子参与”的跃迁)过程；图(b)经由禁带中的局域化杂质能级的辐射复合跃迁过程，即导带或价带中能级与禁带中杂质中心能级之间的辐射复合跃迁过程(图中 $e\text{-}A^0$、$D^0\text{-}h$、$e\text{-}D^+$、$h\text{-}A^-$ 等跃迁)。其中，$e\text{-}A^0$ 为电子从导带底到中性

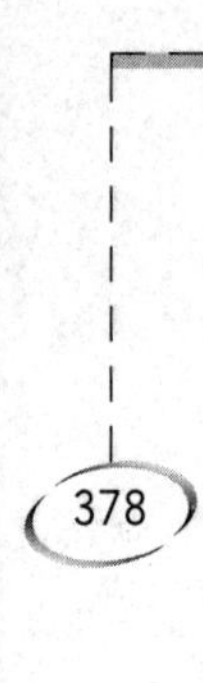

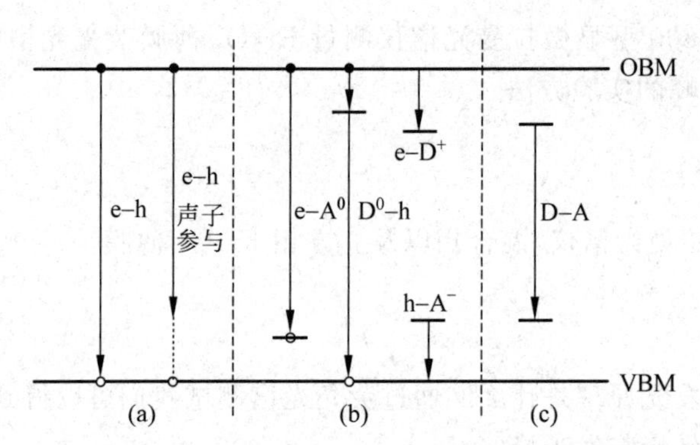

图 2.16-1　半导体中常见的辐射复合过程示意图

上半部和下半部的横线分别代表半导体的导带底和价带顶

受主能级的跃迁；D^0-h 为电子从中性施主能级到价带顶的跃迁(或称为价带空穴到中性施主的跃迁)；e-D^+ 为电子从导带底到电离施主能级之间的跃迁；h-A^- 为价带空穴到电离受主能级的跃迁；图(c)施主-受主对辐射复合跃迁(D-A 跃迁)，即电子从施主中心能级到受主中心能级的跃迁。

各种类型的激子态对半导体的辐射复合过程也是非常重要的。激子是在库仑作用下互相束缚的电子-空穴对，是半导体中传递和输运能量的一种重要形式。激子复合发光的能量小于带间跃迁能量，发光峰一般比导带到价带复合发光峰更锐。可以在晶体中作整体的自由运动的称为自由激子，束缚在缺陷态上的电子-空穴对被称为束缚激子。

总的来讲，与半导体光致发光相应的辐射复合过程可归为两大类，一类是和带间电子跃迁有关的本征复合过程，主要包括带间直接辐射复合跃迁、带间间接辐射复合跃迁和自由激子辐射复合跃迁，可称之为本征发光；另一类是通过杂质或其他缺陷在禁带中的局域态(或复合中心)的辐射复合过程，主要包括导带底/价带顶与缺陷杂质能级之间的复合发光，施主-受主对复合发光，以及束缚激子复合发光等，可称之为非本征发光。

2. Er_2O_3 薄膜的光致发光特性

由于 Er^{3+} 在可见光和近红外区都具有丰富的吸收和辐射能级，光谱测试中应选择适当的测试系统配置，来得到尽可能丰富的光谱。图 2.16-2 展示了 C 相 Er_2O_3 样品在 325nm、473nm、514nm 以及 633nm 激光激发下的下转换发光光谱和 532nm 激光激发下在 300～900nm 区间的上、下转换的发光光谱。

1) 稀土 Er^{3+} 离子的光谱项

重稀土元素 Er 的原子序数为 68，相对原子量为 167.2。其外部电子结构为 $[Xe]4f^{12}5d^06s^2$，$6s^2$ 上的两个电子在晶体中易被电离，形成 Er^{2+}，不具备光电活性；当其失去 1 个 $4f$ 电子和 2 个 $6s$ 电子后，变为 $[Xe]4f^{11}$，形成的 Er^{3+} 具有光活性。稀土离子的基态光谱项为 $^{2S+1}L_J$，其中 L 为总轨道量子数，S 为总自旋量子数，$J=L+S$ 代表光谱支项的多重性。Er^{3+} 具有 3 个未成对电子，$L=\sum m=1+2+3=6$；$S=\sum m_s=3\times 1/2=3/2$，$2S+1=4$，$J=15/2$，所以 Er^{3+} 基态光谱项为 $^4I_{15/2}$。Er^{3+} 共有 4 个光谱支项，按照能级由低到高排列依次为 $^4I_{15/2}$，$^4I_{13/2}$，$^4I_{11/2}$，$^4I_{9/2}$。基态光谱项对应的 $4f$ 轨道电子排布如表 2.16-1 所示。

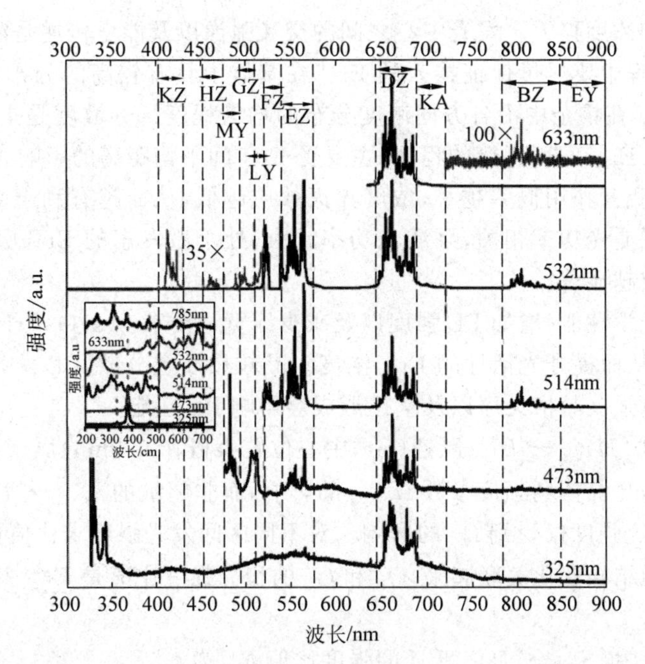

图 2.16-2 C-Er_2O_3 样品在 325nm、473nm、514nm 以及 633nm 激光激发下的下转换发光光谱和 532nm 激光激发下在 300～900nm 区间的上、下转换的发光光谱

表 2.16-1 Er^{3+} 基态电子分布

离子	4f 电子数	4f 轨道的磁量子数							$L=\sum m_l$	$S=\sum m_s$	$J=L-S$	基态
		3	2	1	0	−1	−2	−3				
Er^{3+}	11	↑↓	↑↓	↑↓	↑↓	↑	↑	↑	6	3/2	15/2	$^4I_{15/2}$

2）稀土离子发光影响因素

图 2.16-3 给出了 Er^{3+} 的合作上转换(CU)、交叉弛豫(CR)和激发态吸收(ESA)上转换发光示意图。由图可见，三种方式都将造成$^4I_{11/2}$ 或$^4I_{13/2}$ 能级 Er^{3+} 布居数的减少，进而导致 1.53μm 处 PL 强度降低。

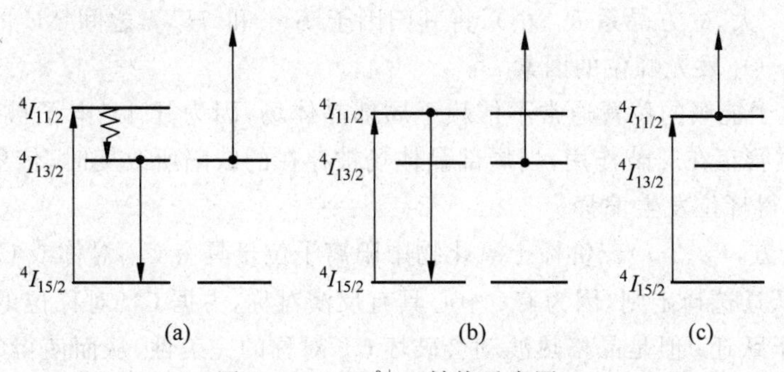

图 2.16-3 Er^{3+} 上转换示意图

(a) 合作上转换(CU)；(b) 交叉弛豫(CR)；(c) 激发态吸收(ESA)

合作上转换和交叉弛豫效应与掺 Er^{3+} 浓度紧密相关，掺 Er^{3+} 浓度越高，二者作用越显著，PL 强度下降越明显。发光和猝灭在发光材料中是相互竞争的过程。主要的两种猝灭

形式为温度猝灭和浓度猝灭。发光中心之间的交叉弛豫以及能量传递是浓度猝灭的两种机理，所以在掺杂过程中要尽量保证掺入的 Er^{3+} 在基体中具有较高的分布均匀度和分散度。分布均匀度是 Er^{3+} 在掺杂中沿各方向浓度分布的均匀程度。分散度是指微观上 Er^{3+} 分散的程度，即 Er^{3+} 与 Er^{3+} 间不团簇的程度，主要受 Er^{3+} 间平均距离的影响。Er^{3+} 的团聚程度越小，Er^{3+} 间发生相互作用概率越小，浓度猝灭效应越低，从而越有利于 Er^{3+} 的光致发光。激发态吸收仅与泵浦光功率相关，泵浦光功率越大，处于激发态的 Er^{3+} 吸收泵浦光能量向上能级跃迁的效应越显著。

要得到优异光学性能(增加 PL 强度以及减少线宽)，要求：(a)O 离子掺入晶格；(b)基质晶体质量提升，从而提升光活性的 Er^{3+} 浓度。晶粒尺寸越分散，PL 发光强度越弱；晶格排布越有序，PL 越强。晶格无序以及空位形成会影响 PL 性能。

在 Er^{3+} 光谱中 ${}^2H_{11/2}\rightarrow{}^4I_{15/2}$ 跃迁(G_1，中心位置大概在 525nm)属于超敏跃迁，其跃迁强度受到 Judd-Ofelt 晶体场强度参数 $\Omega_{2,4,6}$ 的影响，而非超敏的 ${}^4S_{3/2}\rightarrow{}^4I_{15/2}$($G_2$，中心位置大概在 550nm)跃迁强度仅受到 Ω_6 的影响。对不同区间发光强度求比值可以将 Judd-Ofelt 强度与温度导致的结构变化关联起来，G_1 和 G_2 的积分强度比值是 Er^{3+} 基光学温度传感器的基础。

${}^2H_{11/2}\rightarrow{}^4I_{15/2}$ 和 ${}^4S_{3/2}\rightarrow{}^4I_{15/2}$ 跃迁的强度比值 R_G 为

$$R_G=\frac{I_{G1}}{I_{G2}}=\frac{0.7056\times\Omega_2(T)+0.4109\times\Omega_4(T)+0.087\times\Omega_6(T)}{0.2285\times\Omega_6(T)}=C\exp\left[\frac{-\Delta E}{kT}\right] \tag{2.16-1}$$

其中，I_{G1} 和 I_{G2} 分别为 518～526nm 区间以及 546～552nm 区间的峰发光积分强度，I_G 和 I_R 为 518～569nm 以及 645～690nm 区间发光峰积分强度；k 为玻耳兹曼常数，T 为热力学温度，ΔE 为 ${}^2H_{11/2}$ 最低能级与 ${}^4S_{3/2}$ 最高能级之间(最近邻 Stark 能级)的能隙，针对 C-Er_2O_3，该值为 $725cm^{-1}$。此外，众所周知，${}^2H_{11/2}$ 主要是从 ${}^4S_{3/2}$ 热激发来增殖，晶体结构不同以及温度的不同均可导致 ${}^4S_{3/2}$ 到 ${}^2H_{11/2}$ 的能隙变化，也会引起 R_G 变化。

晶体场强度受到键长、键长分布、晶粒大小以及晶体点位对称性等影响。当稀土离子(RE)近邻配位原子是 O 时，RE 与 O 的配位数越小、RE—O 键长越短，超敏跃迁的谱带强度越大。Klier 等研究 Yb^{3+} 和 Er^{3+} 共掺杂的 $NaYF_4$ 纳米材料时，发现 R_G 大小只依赖于晶型(六方晶系 R_G 大，立方晶系 R_G 小)，将其归因于 ${}^4S_{3/2}$ 和 ${}^2H_{11/2}$ 之间 ΔE 的不同。

3) 影响 Er_2O_3 发光峰位的因素

稀土 $4f$ 电子能级的位置通常不依赖于局部晶体场，因为其 $4f$ 电子被外部的 $5d6s$ 电子屏蔽；但是尽管存在屏蔽作用，当局部晶体场被存在的缺陷所改变时，依然有微弱的晶体场作用存在，使得峰位发生偏移。

在 C 相(立方，F_m-$3m$)三价稀土氧化物中阳离子位于具有 C_{3i} 对称或 C_2 对称的 S_6 位。依据电偶极子跃迁选择定则，因为 C_{3i} 中心具有反演对称，占据 C_{3i} 对称位的 Er^{3+} 离子不允许出现电偶极子跃迁；但是晶格热波动会破坏 C_{3i} 对称的完美性，从而使得电偶极子跃迁成为可能。C_2 位不具备反演中心对称，所以预期 $4f$-$4f$ 光谱含有 C_2 对称位的电偶极跃迁以及两种位置的磁偶极子跃迁。由于磁偶极子的跃迁强度很弱，一般难以观测到，实验测得的主要是位于 C_2 对称性点位的镧系离子发光。而在 B 相(单斜，C_2/m)三价稀土氧化物原胞中，阳离子位于三种不同的具有 C_s 对称的点位。

晶场的作用和周围环境对称性的改变，可使得稀土离子的谱线发生不同程度的劈裂。对称性越低，越能解除一些能级的简并度，而使谱线劈裂越多。当离子占据 C_2 和 C_s 点位时，晶体场的能级劈裂数目是相同的。当离子占据 C_{3i} 点位，晶体场强度小能级劈裂相对较少。具有奇数电子的稀土离子产生 Kramers 简并，能级分裂数目少，能级间跃迁特征对晶体对称性的依赖关系也不太明显。

[实验内容与测量]

1. 实验仪器调节

(1) 参考实验 2.15，打开拉曼光谱仪的电源及运行软件。

(2) 从“LabSpec”菜单栏“Options”中将“Unit”改选为“nm”，使用 1800 线/mm 光栅，切换光路分别选择 325nm、514nm 和 532nm 激光器，手动更换对应的滤光片对样品进行测试，测试范围调整为 300～900nm。

2. 实验测量

1) 变换激发波长区分拉曼峰与荧光峰

由于光致发光中辐射光的能量是跃迁末态和始态电子能级间的能量差，所以其不会随着激发光波长改变，而横坐标为波数偏移量的拉曼谱，它只与样品的振动和旋转能级有关，不依赖于激发波长。通过比较相同波长(单位 nm)范围的光谱，我们可以将在不同激光器激发下具有相同峰位的峰归结为荧光峰；通过比较相同波数(单位 cm^{-1})范围的光谱，将不同激光器激发的具有相同波数偏移量的峰归因为拉曼峰。

测量样品在 325nm 激光激发下的下转换发光光谱和 532nm 激光激发下在 300～900nm 区间的上、下转换的发光光谱，并区分其中的拉曼峰与荧光峰。

2) 测试混合相以及立方相 Er_2O_3 样品在 514nm 和 532nm 激光激发下的光致发光光谱

使用 532nm 激光配合陷波滤光片测试得到样品 400～520nm 上转换发光光谱以及 600～900nm 的下转换发光光谱，并使用加上 514nm 激光配合长波通滤光片激发测试得到样品 520～600nm 的下转换发光光谱。

[数据处理与分析]

(1) 比较混合相以及立方相样品的光谱，区分出哪些波长的峰实际是拉曼峰。

(2) 计算不同激发强度下 518～526nm(G_1 区间)以及 546～552nm(G_2 区间)的发光峰积分强度比值 R_G。

(3) 计算不同样品 G_1、G_2 以及 645～690nm(R 区间)发光峰积分强度随激发功率的变化，并用 excel 作图，计算出积分强度随激发功率变化的斜率 n。

[讨论]

(1) 从光谱形状以及发光效率两个角度讨论稀土光致发光影响因素。

(2) 混合相和立方相样品，哪个更适合作为温度传感器？

(3) 简要分析 G_1、G_2 和 R 峰的发光机制，是上转换发光还是下转换发光。

[结论]

通过本实验，写出你得到的主要结论。

[思考题]

附录介绍了爱丁堡稳态/瞬态荧光光谱仪(FLS 980 型)的结构和功能，使用该荧光光谱仪可以完成哪些测量？本实验中的 Er_2O_3 样品的荧光是否也可以使用此稳态/瞬态荧光光谱仪完成？

[附录]

爱丁堡稳态/瞬态荧光光谱仪(FLS 980 型)其外观和结构如图 2.16-4 所示，包括了

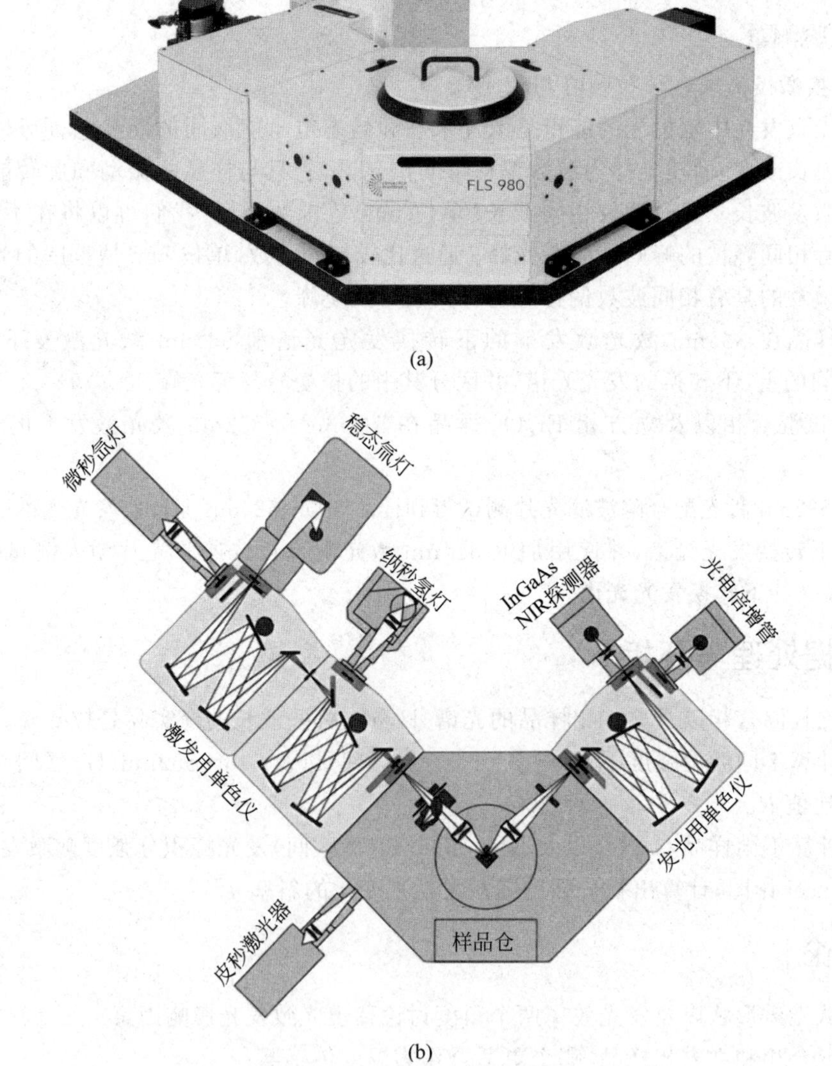

图 2.16-4　FLS 980 型的外观和荧光光谱仪总体结构示意图

(a) 仪器外观；(b) 总体结构

1个发光功率为450W，最佳发光范围为250～1000nm的氙灯作为稳态光源；一个功率为60W具有1～2μs的脉冲发光宽度和0.1～100Hz的脉冲重复率的微秒氙灯，一个重复率高达40kHz的纳秒氢灯和一个脉宽940ps的314.2nm的微瓦发光二极管，作为3个瞬态光源。配合相应的探测器，测量样品从近紫外到近红外的稳态荧光、磷光光谱、瞬态荧光寿命以及绝对量子产率的测量。

[参考文献]

[1] 许振嘉.半导体的检测与分析[M].北京：科学出版社，2007.

[2] YAN D, WU P, ZHANG S P, et al. Assignments of the raman modes of monoclinic erbium oxide [J]. Journal of Applied Physics, 2013, 114(19): 193502.

[3] YAN D, WU P, ZHANG S P, et al. Comparative study on the photoluminescence properties of monoclinic and cubic erbium oxide [J]. Spectrochim Acta A, 2018, 205: 341-347.

[4] WANG J, HAO J H, TANNER P A. Persistent luminescence upconversion for Er_2O_3 under 975nm excitation in vacuum [J]. J. Lumin., 2015, 164(0): 116-122.

[5] CARNALL W T, FIELDS P R, RAJNAK K. Electronic energy Levels in the trivalent lanthanide aquo ions. I. Pr^{3+}, Nd^{3+}, Pm^{3+}, Sm^{3+}, Dy^{3+}, Ho^{3+}, Er^{3+}, and Tm^{3+} [J]. The Journal of Chemical Physics, 1968, 49(10): 4424-4442.

[6] GAJOVIĆ A, TOMAŠIĆ N, DJERDJ I, et al. Influence of mechanochemical processing to luminescence properties in Y_2O_3 powder [J]. J. Alloys Compd., 2008, 456(1/2): 313-319.

[7] WANG N-L, ZHANG X-Y, WANG P-H. Fabrication and spectroscopic characterization of Er^{3+}: Lu_2O_3 transparent ceramics [J]. Mater. Lett., 2013, 94: 5-7.

[8] GRUBER J B, HENDERSON J R, MURAMOTO M, et al. Energy Levels of Single-Crystal Erbium Oxide [J]. The Journal of Chemical Physics, 1966, 45(2): 477-482.

实验 2.17 粉末材料的 X 射线测试与分析

[引言]

1895年德国物理学家伦琴首先发现了X射线，1912年德国物理学家劳厄发现了晶体的X射线衍射现象。同年，英国物理学家布拉格父子提出著名的X射线的布拉格公式(衍射方程)，并首次用X射线衍射法测定了氯化钠的晶体结构。1916年德国科学家德拜和谢乐提出了X射线粉末衍射仪法，揭开了利用多晶样品进行晶体结构测定的序幕。随着现代科学技术的发展，X射线衍射技术已成为一种最基本、最重要的材料结构表征手段，可进行物相分析、结构分析、晶体结构参数测定、单晶和多晶的取向分析、晶粒大小和微观应力的测定等，广泛地应用于物质科学、生命科学和技术工程等领域。

[实验仪器]

多功能粉末X射线衍射仪(Rigaku SmartLab型 X-ray diffractometer)，无水乙醇，玻璃刮板与玻璃样品架，药勺与玛瑙研钵等。

[实验目的]

(1) 掌握晶体X射线衍射的基本原理和物相分析的原理；

(2) 了解 X 射线衍射仪的基本结构和使用方法；

(3) 掌握 X 射线粉末衍射图谱的分析。

[预习提示]

(1) 学习晶体学基础知识，什么是点阵、晶胞？

(2) X 射线粉末法测定物相及晶体结构的原理是什么？

[实验原理]

1. X 射线在晶体中的衍射

X 射线是波长为 0.01～10nm 的电磁波，常用的 X 射线的波长为 0.05～0.25nm。该波长与晶体中原子间距数量级相同，因此晶体是 X 射线的天然衍射光栅，这也是 X 射线衍射晶体结构分析的先决条件。当波长为 λ 的 X 射线以一定的方向入射到晶体上时，晶体内的晶面像镜面一样反射入射 X 射线。如图 2.17-1 所示，晶体晶面间距为 d，入射的 X 射线与晶面的夹角为 θ，当两相邻晶面反射的光程差为波长的整数倍 n 的晶面族在反射方向的 X 射线，会出现相互叠加而产生衍射极大值，即

$$\text{光程差 } \Delta = 2d\sin\theta = N\lambda \tag{2.17-1}$$

式中 N 称为衍射级数。样品与入射线夹角为 θ，晶体内某一簇晶面符合布拉格公式，则其衍射线方向与入射线方向的夹角为 2θ，称为衍射角。而 θ 为半衍射角。

多晶体或晶体粉末样品中含有无数个小晶粒，它们的取向随机。当某一波长的 X 射线照射到这些样品上时，由于晶粒有各种取向，同一晶面族的衍射线会分布在立体角为 4θ 的圆锥面上，如图 2.17-1 所示。不同取向的晶面都会对 X 射线发生反射，只有与 X 射线夹角为 θ，满足布拉格公式的晶面才会发生衍射，不同晶面族所形成的衍射圆锥面的张角不同，它们是以入射的 X 射线为轴的一组圆锥面，每一个圆锥面相当于(hkl)晶面族的一级干涉。粉末法就是我们所测样品为多晶粉末(很细，粒径 20～30μm)，因而存在着各种可能的晶面取向。当单色 X 射线照射到多晶试样表面时，如图 2.17-2 所示，多晶样品中与入射 X 射线夹角为 θ、面间距为 d 的晶簇面晶体不止一个，而是无穷多个，且分布在半顶角为 2θ 的圆锥面上。实际测定时，我们将粉末样品压成片放到测角仪的样品架上，当 X 射线的计数管和样品绕试样中心转动时(试样转动 θ，计数管同步转动 2θ)，利用 X 射线衍射仪记录不同角度时所产生的衍射线的强度，就得到了 X 射线衍射图谱(XRD 图谱)，这叫衍射仪法。

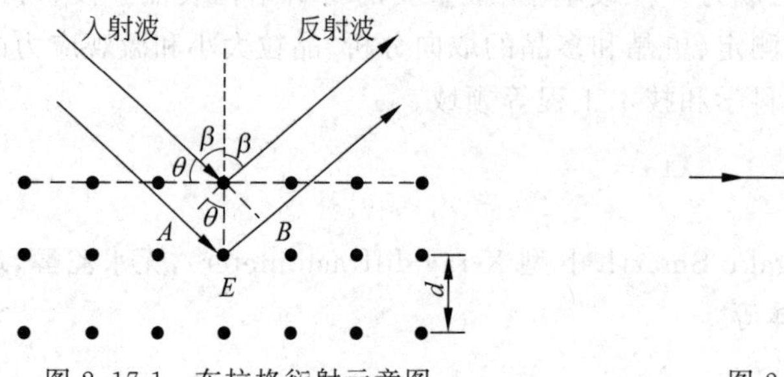

图 2.17-1　布拉格衍射示意图

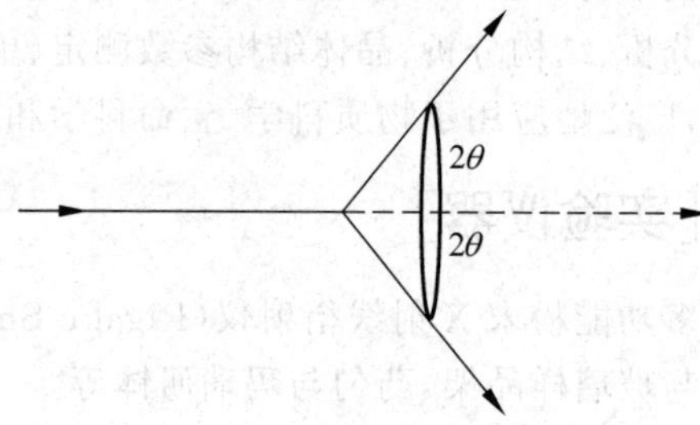

图 2.17-2　半顶角为 2θ 的衍射圆锥

2. X射线衍射仪物相分析用途

X射线衍射是用来分析晶体结构和物相的主流技术之一，其原理如上文所述。不同的晶体结构会产生不同的衍射图案。因此，通过分析衍射图案，可以确定物质的晶体结构和组分。随着现代科技的发展与深入，绝大多数的常见物质的衍射图谱已经建立成数据库，将实验得到的衍射图案与数据库中已知物相的衍射图案对比，可以识别出待分析物质的物相。衍射峰的位置 2θ 与晶面间距有关，而衍射峰的强度与该晶胞内原子、离子或分子的种类、数目以及它们在晶胞中的位置有关。因此通过衍射图案中的衍射角度与强度，可以计算出晶体的晶格参数，如晶格参数、晶胞体积等。这些参数对于理解晶体的结构和性质至关重要。总的来说，X射线衍射通过分析晶体中X射线的衍射现象，提供了关于晶体结构和物相的宝贵信息，广泛应用于材料科学、地质学、生物化学等领域的研究和实验中。下面对其主要用途进行简要说明。

1）物相分析

X射线衍射(XRD)物相分析在有机和无机材料研究中广泛应用，涵盖定性分析和定量分析两个主要方面。定性分析通过比较材料的衍射图案中的晶格面间距和衍射强度与标准物相的衍射数据进行，以确定试样中存在的物相。这一过程通常涉及将试样的d-I数据与已知结构物质的标准d-I数据(PDF卡片)进行对比，从而鉴定出试样中存在的物相。

而在定量分析中，根据衍射图案的强度来确定样品中各个物相的含量。然而，在物相定量分析中，即使对于简单情况(如两相混合物)，直接从衍射强度计算含量是困难的，因为计算中涉及未知常数。为克服这一问题，实验技术中可以采用内标法、外标法和直接比较法等多种方法来进行定量分析。随着X射线衍射标准数据库的不断完善，X射线衍射自动化物相分析变得越来越简便。目前，最常用的分析方法是将样品的X射线衍射谱图与标准谱图进行对比，从而确定样品的物相组成。常用的X射线衍射标准数据库包括JCPDS(即PDF卡片)、ICSD、CCDC等，而用于分析X射线衍射谱图的软件有Jade、Xpert Highscore等。在这些软件工具中，推荐使用Jade软件进行分析。

2）物相结晶度的测定

在X射线衍射测定中，我们用物相的结晶度来描述试样中的结晶部分占总体积的比例。测量结晶度的方法之一是通过分析X射线衍射图谱中的峰强度。当X射线照射到试样上，样品中的晶体结构会导致X射线发生衍射现象，形成一系列衍射峰。每个峰的强度与晶体中的晶格面数量及结晶度有关。为了得到准确的峰强度值，需要考虑实验过程中可能存在的背景噪声，因此我们需要将背景噪声从峰强度中去除。

结晶度通常可以用峰面积比或峰高比等参数来表示。通过将试样的峰强度与标准物相的峰强度进行比较，我们可以计算出试样的结晶度。非晶态合金在许多领域得到广泛应用，例如软磁材料等。由于结晶度会直接影响材料的性能，因此准确测定结晶度显得尤为重要。

3）精密测定点阵参数

精密测定点阵参数常用于确定晶体结构、晶胞对称性、材料类型以及对晶格畸变等。对于研究材料的设计、工程和研发具有重要意义。通过了解晶体结构的点阵参数，可以优化材料性能、控制材料特性，并设计出具有特定性质的材料。

对于立方晶系比如NaCl，其晶体结构比较简单，晶胞参数 $a=b=c$，$\alpha=\beta=\gamma=90°$。由晶体学知识可以推出

$$\frac{1}{d}=\sqrt{\frac{h^{*2}+k^{*2}+l^{*2}}{a^2}} \tag{2.17-2}$$

式中h^*、k^*、l^*为密勒(Miller)指数，即晶面符号，密勒指数不带有公约数。

将等式两边同乘以衍射级数n，得

$$\frac{n}{d}=\sqrt{\frac{h^2+k^2+l^2}{a^2}} \tag{2.17-3}$$

此处，h、k、l为衍射指数，它们与密勒指数的关系是$h=nh^*$，$k=nk^*$，$l=nl^*$。

根据布拉格公式$n/d=2\sin\theta/\lambda$，λ值已知，每个衍射峰的θ值由衍射图谱中读出，这样每个衍射峰都有一个确定的$\left(\frac{n}{d}\right)^2$值。

$$d_{hkl}=\frac{d}{n}=\frac{\lambda}{2\sin\theta}=\frac{a}{\sqrt{h^2+k^2+l^2}} \tag{2.17-4}$$

Cu的Kα线的波长λ为0.154 05nm，θ由衍射图谱上读出，每个衍射峰的$h^2+k^2+l^2$也已经求得，这样对每个衍射峰，我们都可以求出对应的a值，最后实验测得的晶胞参数$\bar{a}$，它是对这些a值取平均。

4）纳米材料粒径的表征

纳米材料的性能与其颗粒尺寸密切相关。由于颗粒非常微小，纳米材料容易形成团粒，传统粒度分析仪通常难以提供准确数据。X射线衍射技术可通过分析衍射图谱中的峰形、宽度和位置来计算纳米材料的晶体粒径。常见的计算方法包括Scherrer方程和戴利公式。纳米材料的粒径可能受多因素影响，如晶体形态、表面改性等，因此，若要研究影响晶粒尺寸的来源，可结合其他技术和信息。X射线衍射技术能够定量分析纳米材料的平均晶体颗粒尺寸，深入了解其晶体结构及晶格畸变等特征。这对研究纳米材料的性质、制备工艺和应用有着重要的价值。

5）晶体取向及织构的测定

晶体取向是指晶体内部晶格排列的定向分布。而织构则描述了材料中晶体取向的统计分布，从而呈现出材料的各向异性特征。通过分析晶体取向和织构，我们能够深入了解材料的微观结构、应变状态以及经历的加工过程中所发生的变化。虽然光学等物理方法可以用来确定单个晶体的取向，但是X射线衍射方法不仅可以精确地确定单个晶体的取向，同时还能提供晶体内部微观结构的详细信息。

在晶体取向的测定中，常常采用劳厄法进行单晶定向。该方法基于底片上劳厄斑点转换的极射赤面投影与样品外坐标轴的极射赤面投影之间的位置关系。总而言之，晶体取向和织构分析是一种重要手段，通过X射线衍射等方法，我们可以精确测定晶体的取向，同时还能获得关于晶体内部微观结构的宝贵信息。

6）应力测试

X射线衍射技术在晶体应力测试中具有重要作用，能够高效准确地测定晶体材料的应力分布。宏观应力指的是在构件内均匀分布的相对较大范围内的内部应力。X射线衍射应力测试基于“应力诱导晶格畸变”的原理，当晶体中存在应力时，晶格间距会微小变化，导致衍射角度发生偏移。通过测量这种衍射角度变化，可以计算晶体中的应力状态。X射线衍射应力测试方法包括双晶法、单色仪法以及高分辨X射线衍射精细解析法。通过X射线衍射应力测试，我们可以更全面地了解材料内部应力的分布和变化，从而为材料的工程应用提供有力支持。

[仪器装置]

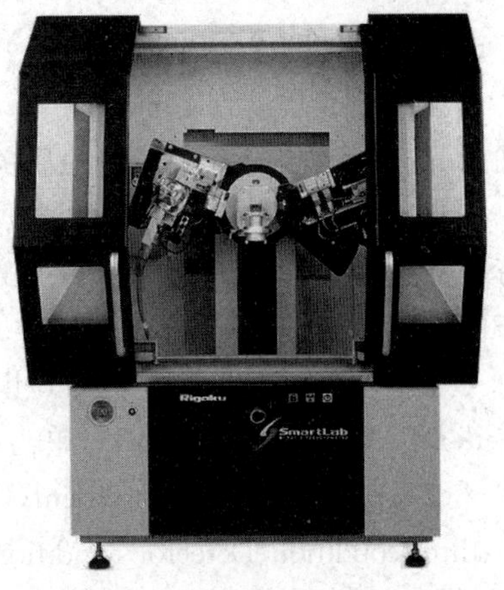

图 2.17-3　Rigaku SmartLab 型 X 射线衍射仪实物图

本实验使用的主要仪器是日本理学多功能粉末 X 射线衍射仪(Rigaku SmartLab 型 X 射线衍射仪)。SmartLab 是一款高度通用的多功能 X 射线衍射仪，如图 2.17-3 所示。

它将物相、织构、应力测试等集成，可以进行：①样品的物相定性与定量分析；②计算结晶化度、晶粒尺寸大小；③样品的织构和残余应力等分析；④原位高温 XRD 分析；⑤薄膜样品分析，包括薄膜物相等分析；⑥样品微区 XRD 分析。它主要包括入射光路、样品台、测角器、接收光路以及相应的控制操作系统和数据处理系统(smartlab studio Ⅱ software)。图 2.17-4 为该 X 射线衍射仪的光路实际图以及相关主要配件。

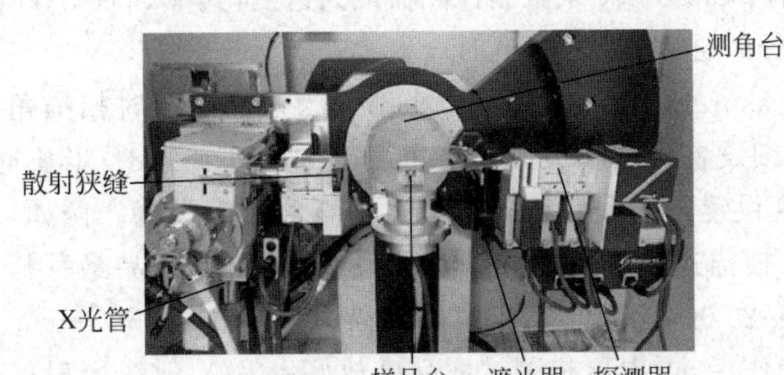

图 2.17-4　Rigaku SmartLab 型 X 射线衍射仪光路系统

[实验内容与测量]

1. 样品的制备与安放

实验室级衍射仪通常测试粉状或者片状材料，而粉末样品制备与数据收集过程更简便、实用。因此，本次实验将以 NaCl 粉末为 X 射线衍射测试样品。制作粉末样品需准备擦拭用的纸巾或棉花、无水乙醇，以及玻璃刮板与玻璃样品架、药勺与玛瑙研钵等。

(1) 将药勺、样品架、刮板以及研钵等擦拭干净，取适量 NaCl 粉末样品放在玛瑙研钵中研磨至无明显颗粒感。

(2) 取适量 NaCl 粉末放于玻璃样品架凹槽中，用刮板(载玻片)将位于凹槽中间的粉末刮平且填满凹槽，中间可以不断更换刮板方向将粉末填平。刮板擦拭干净后将凹槽边缘粉末刮除，对凹槽内粉末进一步压平、压实。需注意的是对于容易在压力下产生织构的粉末切勿压实。

(3) 将样品板有凹槽的一面朝上作为 X 光照射面，然后将样品板插入 X 射线衍射样品台架，需将样品板中心对准样品台的中心线。

2. 按 Rigaku SmartLab 型 X 射线衍射仪操作规程测试

在数据收集软件 Smartlab StudioⅡ 界面中选择各参数(扫描角度、步长、每步停留时间、扫描速度、狭缝宽度等),随后关闭衍射仪舱门单击测试,即可获得一张衍射图谱。

(1) 双击打开计算机上的数据收集处理工作站 Smartlab StudioⅡ 软件。单击 OK,等待软件左下角 Running 标志转变为 Ready。此时需注意观察界面衍射仪测试电压应显示为 45kV、测试电流为 200mA。

(2) 单击 Smartlab StudioⅡ 软件主界面上边栏中 Activities,在弹出边栏中选择 General Measurement (BB),单击 Measurement。

(3) 在 General Measurement(BB)子界面上半部分分别为 Manual exchange slit conditions、K_β filter condition、Detector conditions。其中 Manual exchange slit conditions 为散射狭缝设置,主要根据测试样品厚度、状态以及收集样品信息的区域选择;K_β filter condition 是指由于金属靶材原子不同外层电子跃迁产生不同能量(波长)的 X 射线,其中由 L 层跃迁回 K 层引发的 X 射线称为 K_α,由 M 层跃迁回 K 层引发的 X 射线称为 K_β,在低阶衍射峰中,无需考虑 K_β 对 K_α 造成的影响,因此一般情况下 K_β filter condition 默认不勾选;Detector conditions 主要是选择 Scan Mode 来限制探测器最大速度,其中 Speed 1D 最大值为 100°/min,0D 时最大值为 12°/min,通常选择 Speed 1D。

(4) General Measurement(BB)界面下半部分为样品测试时扫描角度、步长、每步停留时间、扫描速度等详细设置。其中最大扫描角度范围为 5°~158°,步长通常选择 0.1°,每步停留时间和扫描速度设置则根据所需样品最强峰峰值范围设置。例如,对于扫描角度范围 20°~80°,步长 0.1°,扫描速度为 50°/min 参数设置下,所得样品最强峰峰值为 10 000cps;若希望最强峰峰值在 20 000cps 附近,则可将扫描速度设置为 25°/min。

(5) 完成以上操作后,再次检查测试样品已放好以及 X 射线衍射仪舱门已密闭。确认无误后,方可单击 General Measurement(BB)界面左下角 Execute 开始样品衍射数据收集。

3. 软件 Jade 6.0 物相分析流程

随着现代 X 射线衍射实验技术的不断完善,数据处理的自动化程度也越来越高。软件 Jade 就是数据处理软件代表之一,其主要功能涵括了物相检索、图谱拟合、物相定量、晶粒大小微观应变、残余应力、晶胞精修等。不同 Jade 版本之间操作类似,下面主要描述 Jade 6.0 的界面及其基本用法。

(1) Jade 主界面中不同按键所代表的功能。主界面分别为主菜单按键(图 2.17-5)、工具栏按键(图 2.17-6)以及右侧边栏按键(图 2.17-7)。

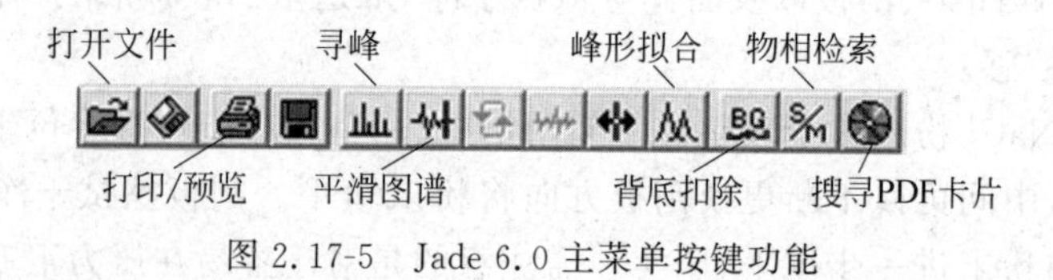

图 2.17-5 Jade 6.0 主菜单按键功能

(2) Jade 物相检索流程。

① 文件导入。打开软件 MDI Jade 6.0,依次单击“File-Read-选择要分析的文件-打开”即可,如图 2.17-8 所示。

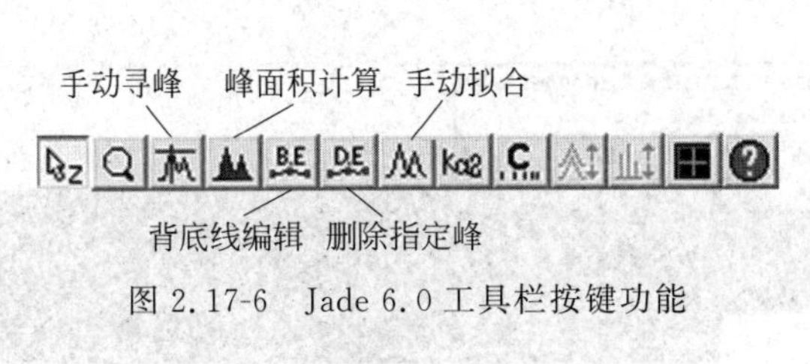

图 2.17-6　Jade 6.0 工具栏按键功能

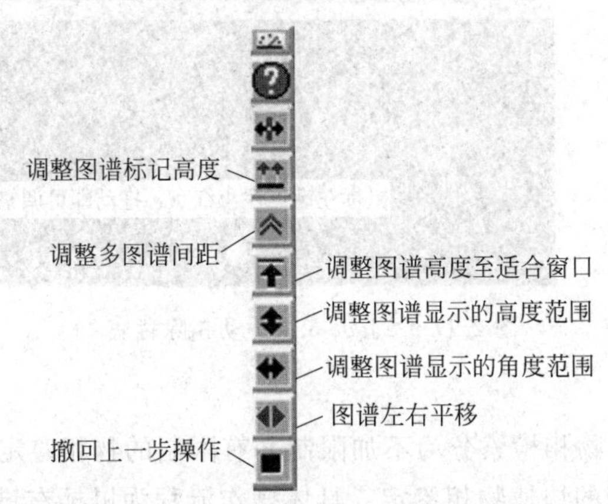

图 2.17-7　Jade 6.0 右侧边栏按键功能

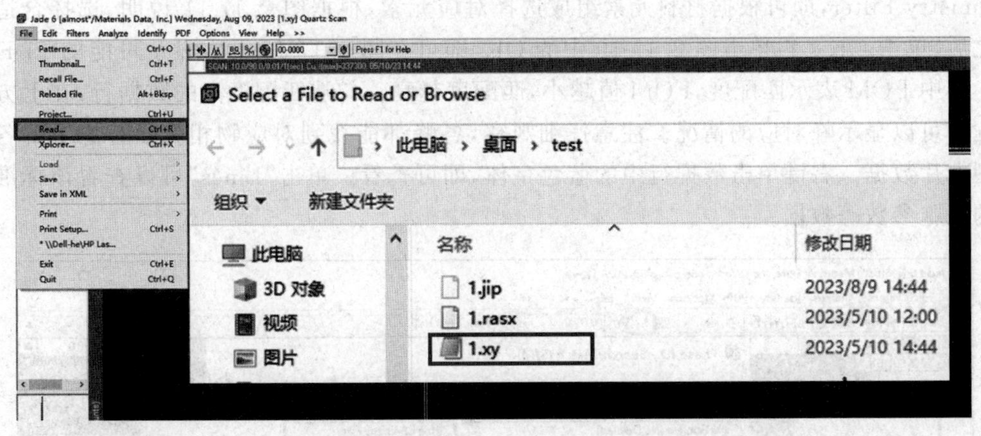

图 2.17-8　Jade 6.0 待分析文件导入

② 背底扣除。方法一：对于背底相对平整的 XRD 图谱可以选择自动扣除背底，即用鼠标左键双击主菜单栏中的背底扣除 BG 即可。

方法二：对于背底相对波动的 XRD 图谱，可以选择手动扣除背底，如图 2.17-9 所示，鼠标左键单击图标 BG，图谱下方会显示黄色基线和红色的操控点，单击中间部位的图标 BE，即可控制操控点(红点)，合理移动红点即可调整基线。待基线调整到合适位置后，再次单击图标 BG，即可完成背底扣除。

③ 平滑处理。当图谱噪波严重时，需要对 XRD 图谱进行合理平滑，其具体操作方法为单击工具栏中的图标，即可实现平滑。上述所有操作过程中，均可单击图标撤回操作。

④ 导出数据作图。依次单击“Save-Primary Pattern as ＊.txt”即可将平滑后的数据导

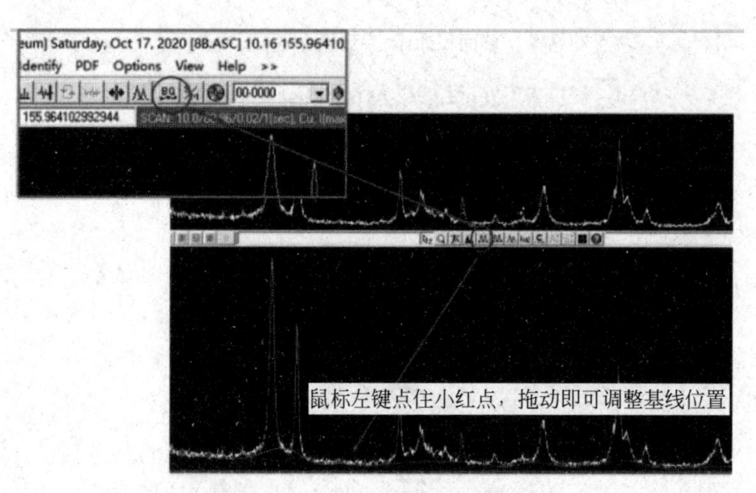

图 2.17-9　Jade 6.0 手动扣除背底

出，用于作图。

⑤ 物相检索。Jade 物相检索分为不加限制和有限制的物相鉴定，由于物相元素组成一般已定，主要进行有限制的快速物相鉴定。具体操作流程为鼠标右键单击 ，弹出对话框，根据图 2.17-10 提示，勾选合适的晶体数据库子集和合理的限制条件，例如，勾选 Use Chemistry Filter，即可根据材料元素组成选择对应元素，根据图 2.17-11 说明，选择合适元素之后，单击 OK。再单击图 2.17-10 中的 OK，即可在图 2.17-12 下方显示可能的 PDF 卡片。其中 FOM 表示匹配度，FOM 值越小，匹配度越高。勾选匹配度高的数据行，在上方黑色框中可以显示峰对应的情况。注意仔细观察，各峰都能找到对应物相。如若想了解各个晶型卡片数据。右键单击数据行中的蓝色字体，即可查看。单击“Lines”可以查看该标准物相的晶胞参数等数据。

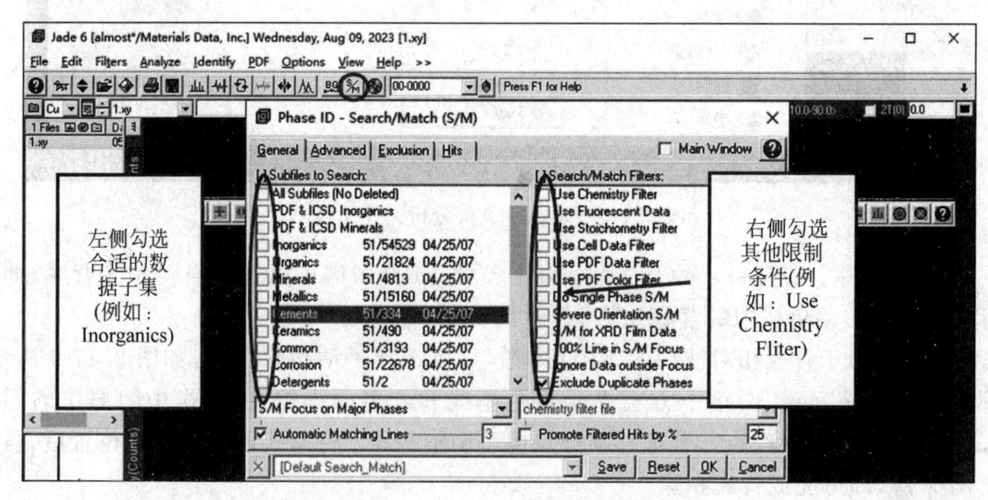

图 2.17-10　Jade 6.0 物相检索条件限制

(3) Jade 物相定量计算流程。

在上述操作基础上，选择适合样品定量分析方法，这里选择直接比较法。用慢速度测量样品的全谱并根据物相检索做出物相鉴定，测量各物相的衍射强度，查出各物相的 *RIR* 值，

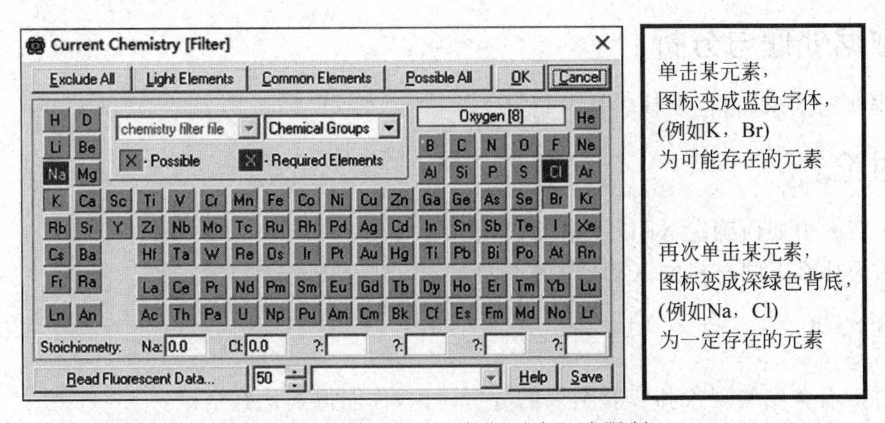

图 2.17-11　Jade 6.0 物相元素组成限制

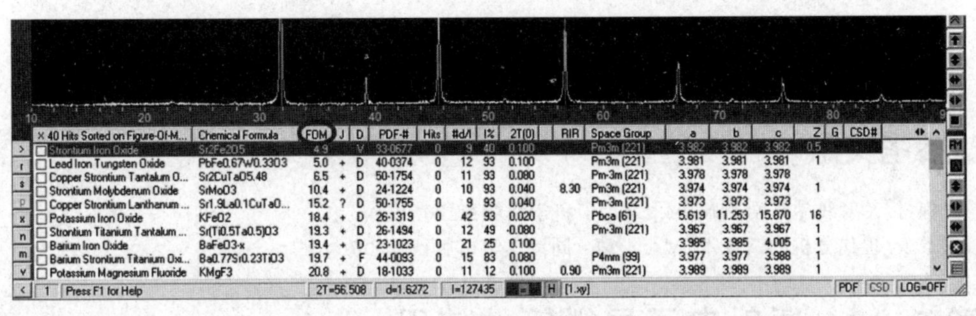

× 40 Hits Sorted on Figure-Of-M...	Chemical Formula	FOM	J	D	PDF-#	Hits	#d/I	I%	2T(0)	RIR	Space Group	a	b	c	Z	G	CSD#
Strontium Iron Oxide	Sr2Fe2O5	4.9		V	33-0677	0	9	40	0.100		Pm3m (221)	3.982	3.982	3.982	0.5		
Lead Iron Tungsten Oxide	PbFe0.67W0.33O3	5.0	+	D	40-0374	0	12	93	0.100		Pm3m (221)	3.981	3.981	3.981	1		
Copper Strontium Tantalum O...	Sr2CuTaO5.48	6.5	+	D	50-1754	0	11	93	0.080		Pm-3m (221)	3.978	3.978	3.978			
Strontium Molybdenum Oxide	SrMoO3	10.4	+	D	24-1224	0	10	93	0.040	8.30	Pm3m (221)	3.974	3.974	3.974	1		
Copper Strontium Lanthanum ...	Sr1.9La0.1CuTaO...	15.2	?	D	50-1755	0	9	93	0.040		Pm-3m (221)	3.973	3.973	3.973			
Potassium Iron Oxide	KFeO2	18.4	+	D	26-1319	0	42	93	0.020		Pbca (61)	5.619	11.253	15.870	16		
Strontium Titanium Tantalum ...	Sr(Ti0.5Ta0.5)O3	19.3	+	D	26-1494	0	12	49	-0.080		Pm-3m (221)	3.967	3.967	3.967	1		
Barium Iron Oxide	BaFeO3-x	19.4	+	D	23-1023	0	21	25	0.100			3.985	3.985	4.005	1		
Barium Strontium Titanium Oxi...	Ba0.77Sr0.23TiO3	19.7	+	F	44-0093	0	15	83	0.080		P4mm (99)	3.977	3.977	3.988	1		
Potassium Magnesium Fluoride	KMgF3	20.8	+	D	18-1033	0	11	12	0.100	0.90	Pm3m (221)	3.989	3.989	3.989	1		

图 2.17-12　Jade 6.0 物相检索结果

代入式(2.17-5)完成计算。

$$W_2 = \frac{I_i}{RIR_i \sum_{i=1}^{n} \frac{I_i}{RIR_i}} \tag{2.17-5}$$

式中，RIR_i、I_i 分别为各物相的衍射强度和 RIR 值。

(4) Jade 晶胞参数精确计算流程。

对导入的 XRD 图谱进行校准和处理，确保图谱质量和准确性。进行背景去除、峰形修正等操作，确保峰位和峰宽的准确性。找到衍射图中的主要峰(通常是最强的几个峰)，测量其衍射角度。根据布拉格公式($n\lambda = 2d\sin\theta$)，使用对应的波长和已知的衍射顺序 n，计算晶格面间距 d。然后使用晶格面间距计算晶胞常数 a。如果有多个峰，可以计算多组晶胞常数，然后取平均值。如果晶胞具有倾斜或非直角的情况，则需要测量衍射图中的倾斜角或非直角，然后计算晶胞的角度。

除此之外，在软件 Jade 中，通常可以使用 Rietveld 法、修正晶胞或其他拟合方法来分析晶胞参数。选择适当的工具和方法，使用已测量的衍射角度和晶胞常数进行拟合，以获得更准确的晶胞参数。

注意事项：

(1) 由于 X 射线具有很强的辐射能力。取放样品前，一定要检查光栅确认处于 CLOSE 状态，以防止辐射对人体的伤害。

(2) 样品制样时，一定要将样品面与玻璃面平齐，并检查样品是否平整。

[数据处理与分析]

根据实验要求，自行设计表格分析。

[讨论]

(1) 实验中如何确定 XRD 图谱的扫描时间？
(2) 为什么不同材料的 XRD 图谱不同？

[结论]

通过对有关实验现象和实验结果的分析讨论，你能得到什么结论。

[思考题]

(1) 衍射峰的强度和什么量或因素有关系？
(2) 具有相同空间群结构的不同晶体材料，衍射图谱是否一样？

[参考文献]

[1] 梁栋材. X 射线晶体学基础[M]. 北京：科学出版社，2006.
[2] 祁景玉. 现代分析测试技术[M]. 上海：同济大学出版社，2006.

实验 2.18　透射电子显微镜的使用

[引言]

20 世纪 30 年代，Knoll 和 Ruska 在德国柏林研制出了世界上第一台透射电子显微镜(transmission electron microscopy，TEM)。从诞生之日起，电子显微镜就在材料科学研究中扮演着不可或缺的角色。目前，透射电子显微镜已经在材料、物理、化学、生物等领域科学研究中发挥关键作用。如果把材料的微观世界比作一片浩瀚的星空，那么显微镜就是材料科学家发现这片星空中不计其数的耀眼明星的"天眼"。因而，历史上每次显微镜技术的大幅提升和新方法的应用都直接带来材料科学研究的显著进步。

[实验目的]

(1) 了解透射电子显微镜构造及基本原理。
(2) 通过对透射电子显微镜演示，了解透射电子显微镜基本操作方法。
(3) 了解透射电子显微镜实验结果及其处理方法。

[实验仪器]

JEM-2200FS 型场发射透射电子显微镜、聚焦离子束、抛光仪、离子减薄仪等。

[预习提示]

(1) 什么是透射电子显微镜，能够实现哪些功能？

(2) 如何获得电子衍射花样？如何获得高分辨图像？

(3) 对于获得的高分辨图像和电子衍射花样，如何进行定量处理？

[实验原理]

1. 透射电子显微镜的原理

透射电子显微镜是一种充分利用电子与物质之间相互作用所产生的信号，以实现探索和揭示物质内部结构为目的的仪器。具有一定能量(在电子显微镜中，该值一般在 1～400keV)的电子入射到样品上时，除了少数电子能够穿过样品并不损失能量，大部分电子与物质之间发生弹性或非弹性相互作用，即所谓的弹性散射和非弹性散射，从而产生一系列信号，如图 2.18-1 所示。透射电子显微镜通过收集和解析一系列信号，以实现对材料微观结构的表征。

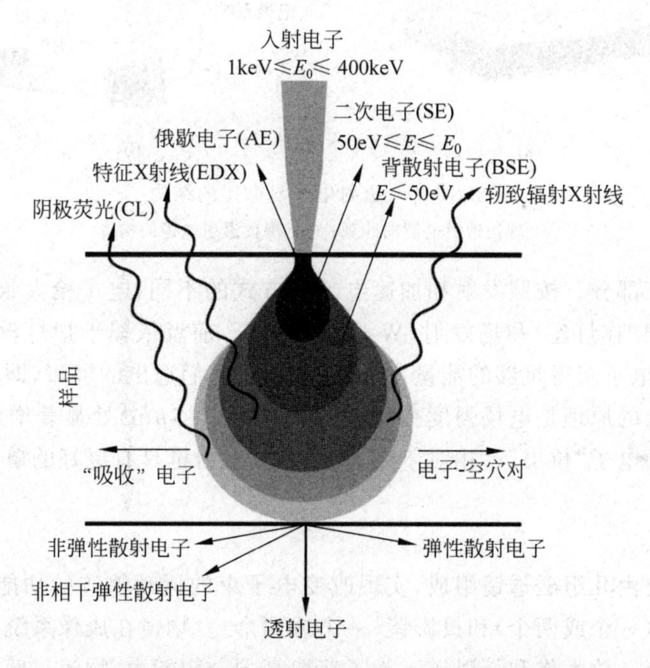

图 2.18-1　电子与物质的相互作用及其产生的信号

2. 透射电子显微镜的基本结构

透射电子显微镜的构造具有很强的系统性。依照各个系统的功能，一般地，透射电子显微镜可以分为五个主要系统：照明系统、成像系统、记录系统、真空系统和电器系统。前三个系统有时也被合称为电子光学系统，是透射电子显微镜功能化实现的核心系统。真空系统和电器系统是透射电子显微镜能够正常工作的重要保障。图 2.18-2(b)给出了一台现代透射电子显微镜的剖面图，并给出了各个系统在透射电镜中的位置及其组成。

1) 照明系统

透射电子显微镜的照明系统主要包括电子枪和会聚透镜，实现的功能是将由电子枪发射并加速的电子在会聚透镜的会聚作用下产生不同的照明条件。电子枪是透射电子显微镜的电子源，能够提供高亮度、小截面和高稳定性的电子束。电子枪包含发射电子的灯丝(阴

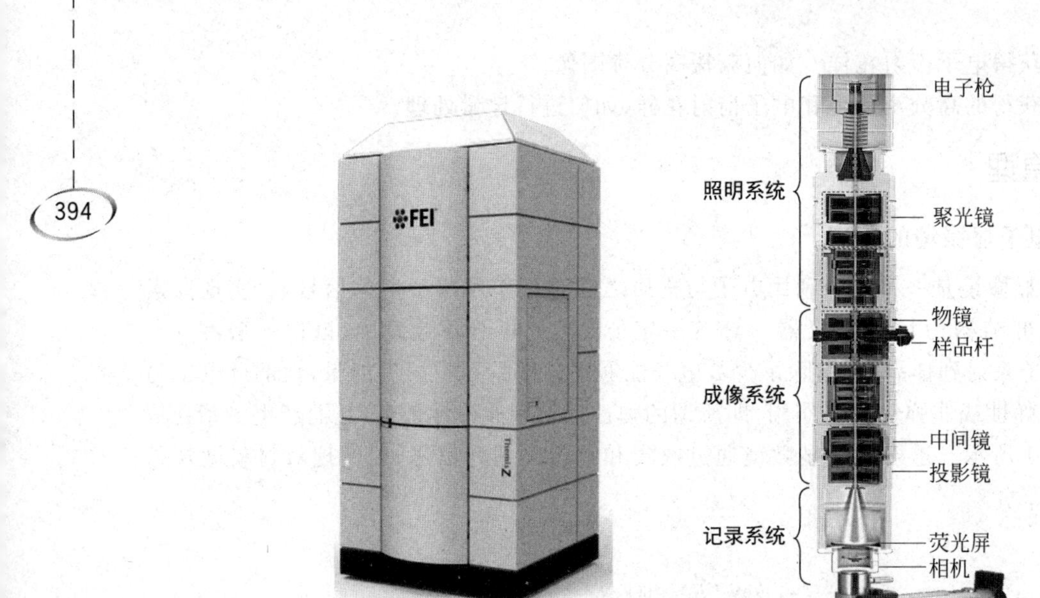

图 2.18-2　透射电子显微镜的结构

(a) 现代透射电镜的外观；(b) 现代透射电镜的构造

极)、阳极和栅极三部分。按照发射和加速电子的方式的不同，电子枪大致可以分为热发射(可采用 W 或 LaB_6 作灯丝)和场发射(W 灯丝)两种。前者依赖于把灯丝加热到足够高的温度，使其表面的电子获得足够的能量，进而克服阻止它们逸出的屏障(即功函数)从灯丝表面发射。场发射枪的原理是电场强度在灯丝尖端(小于 0.1μm)处显著增加，借助于极高的局域电场力将表面电子"拉出"。相对于热发射枪，场发射枪具有更好的单色性(即电子能量分布的单一性)。

2) 成像系统

成像系统主要由几组磁透镜组成，实现改变电子束的运动轨迹的功能。成像系统主要包含物镜、中间镜(一个或两个)和投影镜(一个或两个)。物镜在成像系统中占据头等地位，能够给出样品的第一放大像和衍射谱。为了获取高的分辨能力，物镜一般为短焦距磁透镜。由于经过物镜的电子束会由中间镜和投影镜放大，这意味着物镜的任何缺陷都将被随后的中间镜和投影镜放大。因此，电子显微镜的分辨本领本质上取决于物镜的分辨本领。中间镜为长焦距弱磁透镜，主要功能是将第一放大像或衍射谱进一步放大。中间镜的物平面位于物镜的像平面(成像模式)或后焦面(衍射模式)，像平面位于投影镜的物平面。不同模式之间的切换可以通过调节中间镜的励磁电流实现。投影镜是成像系统的最后一级，实现中间镜像的进一步放大，并投影到记录系统中。与物镜一样，投影镜也是强励磁透镜，放大倍数一般略大于物镜。投影镜工作在恒定励磁电流下，因此放大倍数固定。

3) 记录系统

记录系统主要用于像的观察和记录，包含荧光屏和相机。前者表面涂有在电子束轰击下高效率发射荧光的物质，用于直接观察成像结果。后者主要是将电子的强度信息转变为电压信号，用于数据的记录。常用的相机有电荷耦合器件(charge coupled device，CCD)相机、互补金属氧化物半导体(complementary metal oxide semiconductor,CMOS)相机、直接电子探测相机(如 K3 相机)等。

4) 真空系统

真空系统主要用于维持电子枪、镜筒等处的真空度,以保证电子枪发射以及电子在镜筒中行进时尽可能地减小能量损失,进而使电子束具有足够的速度和穿透力。高真空度也有助于减小灯丝氧化,避免高速电子与气体分子相互作用产生炫光,或气体分子的放电现象导致的图像质量下降等。

5) 电器系统

透射电镜的电器系统主要包括安全系统、总调压变压器、真空电源系统、透射电源系统、高压电源系统、辅助电源系统等。

3. 透射电镜功能性介绍

依据工作模式的不同,透射电子显微镜可分为电子束平行入射的透射电镜(TEM)和会聚电子束入射的扫描电子显微镜(STEM)。前者由近乎平行或具有很小会聚角的电子束,一次入射到样品表面,收集产生的相关信号;后者由会聚到亚埃尺度的电子束,在样品上逐点扫描,产生并收集相关信号。因此,TEM 图像的获得一般在一瞬间一次完成,而 STEM 图像的获得一般需要一定的扫描时间,由一个个像素点组合完成。

根据所收集的电子种类不同,透射电镜具有获得电子衍射(electron diffraction,ED)及衍射衬度成像(相干弹性散射电子)、高分辨图像(high resolution transmission electron microscopy,HRTEM)(相干弹性散射电子)、扫描透射电镜高角环形暗场像(high-angle annular dark field-STEM,HAADF-STEM 等)(非相干弹性散射电子)、背散射电子像(back-scattering electron,BSE)(弹性散射电子)、二次电子像(secondary electron,SE)(非弹性散射电子),电子能量损失谱(electron energy loss spectrometry,EELS)(非弹性散射电子),X 射线能量色散谱(energy dispersive X-Ray spectrometry,EDXS)(非弹性散射电子)等多类别信息的丰富功能。

4. 透射电镜的发展前沿

从实空间看,显微镜的发展历程是空间分辨率不断提高的过程,如图 2.18-3 所示。这其中包含几个关键节点。第一个节点是光源从可见光转变为电子束。由于两种光源在波长方面的显著差距,这个转变导致了分辨率的质的变化;第二个节点是球差校正器的发明。在诉诸于电压提升的方式提升分辨率(可以思考为什么?)基本达到极限时,球差校正器的发展,使得透射电镜的像差可以被很好地校正,进而分辨率的提高上了一个新的台阶,来到了亚埃尺度(埃,Å;$1\text{Å}=10^{-10}\text{m}$);第三个节点是下面将会提到的叠层成像方法,这使得透射电镜的分辨率进一步提升到深亚埃尺度。

当前,透射电镜的发展前沿是四维扫描透射电子显微镜(4D-STEM)。其基本思想是在电子束在样品上扫描的每一个位置,同时采集二维图像和二维衍射花样(由像素化探测器采集),进而借助像素化探测器收集产生的衍射花样,进而获得四维(二维图像×二维衍射花样)的数据结构,如图 2.18-4 所示。4D-STEM 作为电子显微学新方法,具有强大的作用和功能,可以实现的功能包括但不限于以下几方面。

(1) 虚拟成像:包括虚拟选区电子衍射和虚拟明场/暗场像等。

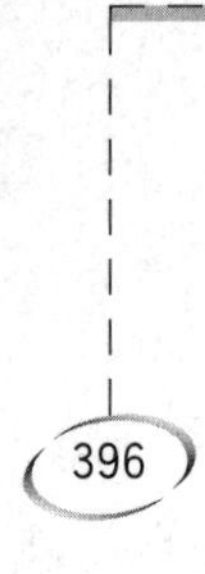

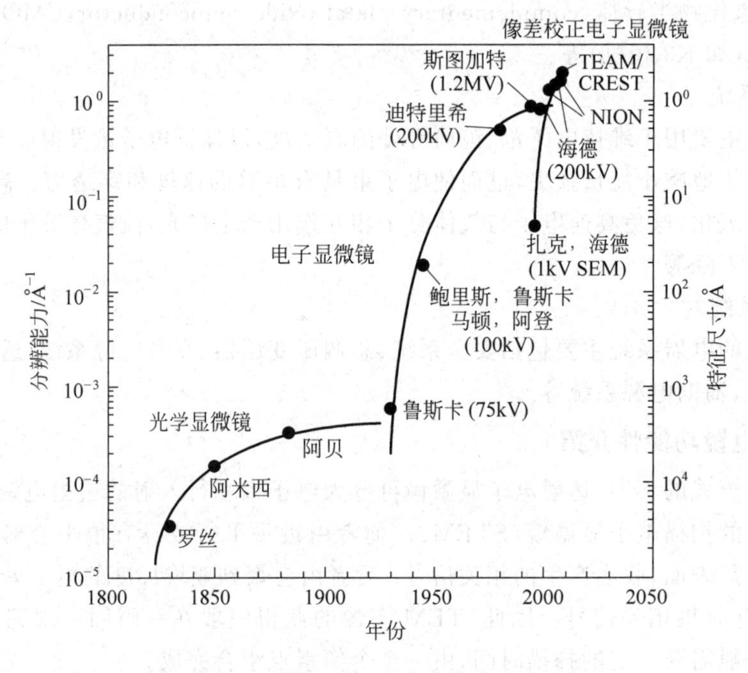

图 2.18-3 透射电子显微镜分辨率的发展历史

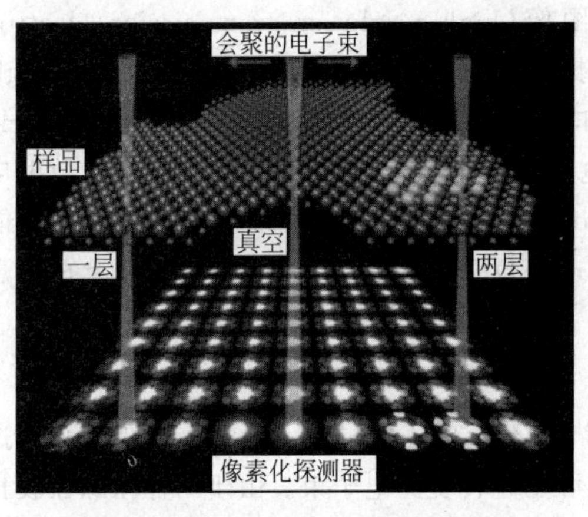

图 2.18-4 4D-STEM 原理示意图

(2) 取向分布：可借助菊池衍射花样拟合或衍射花样指标化等方式，实现对样品取向的高分辨率解析。

(3) 应变分布：通过对衍射斑间距与原子间距之间的关系，或者高阶劳厄带的特征，进行定量测量实现，后者相对精度更高。

(4) 差分相位衬度：通过测量电子束的偏移情况，确定样品中的静电势梯度等。借助差分相位衬度可计算获得薄样品中的原子投影势，因此可实现轻元素成像。

(5) 叠层成像技术：4D-STEM 技术的一种，通过重构算法，从实验记录的振幅信息中恢复丢失的相位信息，以获得完整的物函数，进而实现深亚埃分辨率。

5. 透射电镜样品的制备

由于透射电镜是利用电子束穿过样品时，样品对入射电子的散射而产生的一系列信号，进而获得样品的相关信息。因此，这要求样品相对于入射电子足够“透明”，即透射电镜样品需要具有较薄的样品厚度。

根据样品形态的不同，大致可以分为块体和小颗粒样品两种。根据样品的最终形态，透射电镜样品大致可以分为以下三种：①粉末样品(powder)：主要指粒径较小(微米或亚微米量级)的粉末状材料；②薄膜样品(thin foil)：主要指将块体样品加工成对电子束透明的薄片状；③截面样品(cross-section)：主要用于对材料的表面和界面进行观察，这种样品也是薄膜样品的一种，但制备方法与普通薄膜样品不同。

下面以代表性的截面样品和粉末样品为例，简单介绍其制备过程。

1）粉末样品

对于纳米颗粒样品或具有较大范围、较薄边缘的微米颗粒样品，可以直接进行透射电镜样品制备。对于较大颗粒尺寸的粉末材料，需要先将其置于玛瑙研钵中研碎。将上述满足尺寸要求的粉末与不与其反应的溶液如酒精、丙酮等混合。之后利用超声波使溶液中的样品均匀分散，避免大块样品团聚。利用吸管或移液枪，选取上层溶液。将微栅放置在悬空的滤纸（可将滤纸放置在小烧杯上）上，将上层溶液滴在微栅上（根据溶液浓度，选择合适的滴数），使样品附在表面。

2）截面样品

对于薄膜样品，为了观察薄膜的截面（一般为纳米或微米量级），需要制作截面样品。制备截面样品的基本步骤是将两个样品膜面相对对贴，同时在两侧加陪片黏合。之后将样品固定在样品台进行研磨，直至厚度减少至 20μm 左右，再借助凹坑仪和离子减薄仪进行减薄，最终在界面附近获得满足观察要求的薄区。一般要求薄区在电子束方向的厚度为几纳米至几十纳米，同时具有尽量小的厚度梯度和足够大的横向尺寸等。流程图如图 2.18-5 所示，具体步骤参考[实验内容与测量]部分。

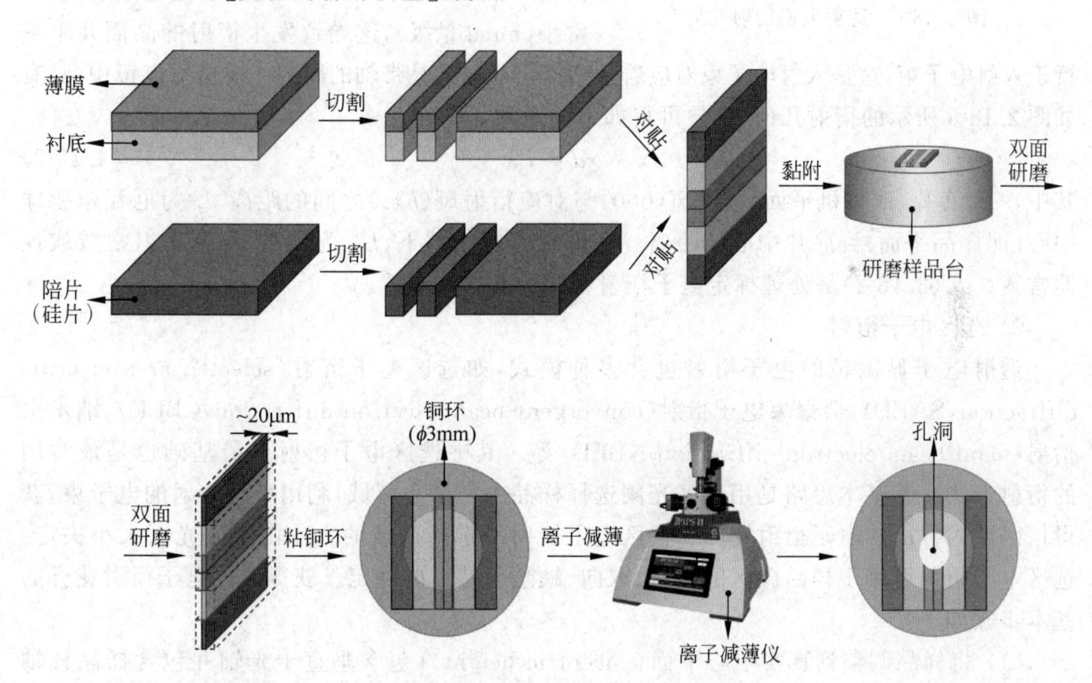

图 2.18-5　透射电镜截面样品制备流程

6. 电子衍射及电子衍射花样标定

1）布拉格公式

电子的运动方向（同时可能还有能量）在原子库仑场的作用下发生改变的行为被称为散射。电子衍射本质上是一系列原子对电子散射行为的集中体现。该过程可以类比光学衍射中的惠更斯-菲涅耳（Huygens-Fresnel）原理。入射电子平面波与原子发生相互作用，产生

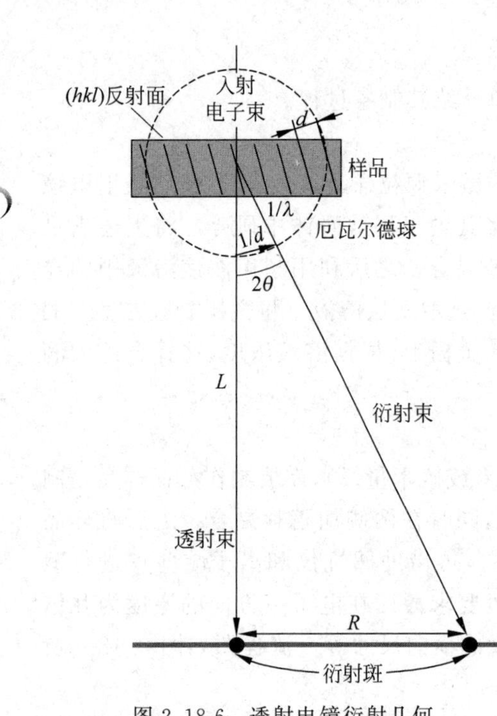

图 2.18-6　透射电镜衍射几何

的散射波相互干涉，根据光程差的不同出现干涉相长或干涉相消。如图 2.18-6 所示。一束波长为 λ 的平面波，入射到晶面间距为 d_{hkl} 的一组晶面，衍射波干涉相长的条件满足：

$$2d_{hkl}\sin\theta_{\mathrm{B}}=n\lambda,\quad n=0,1,2,\cdots \tag{2.18-1}$$

即布拉格公式(Bragg's formula)。其中 λ 为入射波波长，d_{hkl} 为晶面间距，θ_{B} 为布拉格角，n 为衍射级数，取 0,1,2,…。

透射电子显微镜中的衍射过程可以通过构造倒空间中的厄瓦尔德(Ewald)球来描述。厄瓦尔德球的半径为电子束波长的倒数，即 $1/\lambda$。凡是被厄瓦尔德球面切割到的倒易格点/倒易杆(由于透射电镜样品很薄，因此其在倒空间为拉长的倒易杆)都满足布拉格公式。值得一提的是，高的电子束能量也使得电子衍射中的散射角变得非常小(mrad 量级)，这导致发生衍射的晶面几乎平行于入射电子束，这是入射电子束对应着系列衍射晶面的晶带轴的原因。在透射电镜中，具有如图 2.18-6 所示的衍射几何，推导可得如下关系式，即

$$rd=L\lambda \tag{2.18-2}$$

其中，r 为底片(或相机平面)透射斑(000)与对应衍射斑(hkl)之间的距离，L 为厄瓦尔德球中心(即样品平面)到底片中心的距离。在恒定实验条件下，$L\lambda$ 为常数，称为衍射常数或仪器常数。式(2.18-2)是处理标定电子衍射花样的基本关系式。

2) 选区电子衍射

透射电子显微镜的电子衍射包含多种模式，如选区电子衍射(selected area electron diffraction，SAED)、会聚束电子衍射(convergent-beam electron diffraction，CBED)、纳米束衍射(nano-beam electron diffraction NBED)等。其中选区电子衍射是最基础也是最常用的衍射方式。其基本思路是用选区光阑选择样品中一个小区域，利用平行入射的电子束，获得该区域内样品的电子衍射花样。选区电子衍射所选择区域的大小由选区光阑大小决定。选区电子衍射可用于样品微区的结构、取向、缺陷等特征的确定。获得选区电子衍射花样的基本步骤如下：

(1) 将样品调整到真实中心平面(eucentric height)(包含垂直于光轴并包含样品杆轴线的平面，样品在该平面上时，倾转样品台，图像不会移动)，并将感兴趣区域移至荧光屏中心。

(2) 在物镜像平面插入选区光阑(根据需要选择合适孔径)，在荧光屏上只保留样品感兴趣区域。

(3) 调整中间镜电流，使得选区光阑边缘最清晰(此时，中间镜的物平面与选区光阑所在平面重合)。

(4) 调节物镜电流，使得荧光屏上样品的像最清晰(此时，物镜的像平面与中间镜的物

平面重合)。

(5) 减弱聚光镜电流(intensity 旋钮),使得照明的电子束光斑尽可能大(电子束强度最低),以得到更趋于平行的电子束。

(6) 将物镜光阑从光路中退出。

(7) 按下衍射按钮(diffraction 按钮),获得衍射花样。

(8) 用衍射聚焦旋钮,将衍射斑调至最小最圆(如果不能,需要校正中间镜像散)。

3) 选区电子衍射花样标定

不同类型晶体的电子衍射花样具有不同特征。多晶体电子衍射花样是一系列同心的圆环;单晶体的电子衍射花样是明锐的衍射斑点。电子衍射花样标定的基本出发点为电子衍射的基本公式(2.18-2)。该部分只讨论已知晶体的多晶体和简单单晶体的电子衍射花样标定方法。注意,未知晶体的电子衍射花样标定是一项复杂且系统的工作。

在多晶电子衍射花样中,多晶环的半径 r 正比于相应镜面 d 的倒数,即

$$r = L\lambda / d \tag{2.18-3}$$

对于特定的实验条件,$L\lambda$ 为定值,因此有

$$r_1 : r_2 : \cdots : r_j : \cdots = \frac{1}{d_1} : \frac{1}{d_2} : \cdots : \frac{1}{d_j} : \cdots \tag{2.18-4}$$

即建立了多晶环半径 r 的比值与晶面间距 d 倒数的比值之间的关系。因此,通过对多晶环半径 r 的测量,结合样品的对称性(用于根据晶面指数计算晶面间距)和 ASTM 卡片,能够确定多晶环对应的晶面指数。

根据晶面间距与晶面指数之间的关系,不加推导地给出几种典型晶系中 r_i^2 的比例关系。

立方晶系:$r_1^2 : r_2^2 : r_3^2 : \cdots = N_1 : N_2 : N_3 : \cdots \quad (N = h^2 + k^2 + l^2)$,$N$ 为整数;

四方晶系:$r_1^2 : r_2^2 : r_3^2 : \cdots = M_1 : M_2 : M_3 : \cdots = 1 : 2 : 4 : 5 : 8 : 9 : 10 : 13 : \cdots$ $(M = h^2 + k^2, l = 0)$;

六方晶系:$r_1^2 : r_2^2 : r_3^2 : \cdots = P_1 : P_2 : P_3 : \cdots = 1 : 3 : 4 : 7 : 9 : 12 : 13 : 16 : \cdots \quad (P = h^2 + hk + k^2, l = 0)$。

7. 高分辨成像

高分辨透射电子显微术(HRTEM)是相位衬度显微术,是所有参与成像的衍射束与透射束之间因相位差而形成的干涉图像。理论证明,在弱相位体近似下,高分辨像的衬度 $C(x,y)$ 与晶体的二维厚度投影电势 $V(x,y)$ 直接相关,即在高分辨像上看到的一个点像实际上相当于在 z 方向排列的一列原子在 (x,y) 平面的“投影像”。注意,要满足弱相位体近似,要求样品必须非常薄。满足弱相位体近似,且选择合适的离焦量时,我们所看到的图像才是晶体结构像,否则只能称之为晶格条纹像。晶格条纹像只能给出晶面间距和取向相关信息,并不能完整反应样品的真实结构。判断一张 HRTEM 图像是否是晶体结构像,需要结合图像模拟进行判定。

对于高分辨成像,Scherzer 离焦条件是普通 TEM 的最佳成像条件,HRTEM 像的分辨率最高。此处不加推导地给出 Scherzer 离焦条件下的离焦量和分辨率。其中离焦量为

$$\Delta f_{Sch} = -\left(\frac{3}{2} C_s \lambda\right)^{\frac{1}{2}} = -1.22 (C_s \lambda)^{\frac{1}{2}} \tag{2.18-5}$$

其中，C_s 为球差系数，λ 为电子束波长。此时，Scherzer 分辨率为

$$r_{Sch}=\frac{1}{u_{Sch}}=\left(\frac{1}{6}C_s\lambda^3\right)^{\frac{1}{4}}=0.64(C_s\lambda^3)^{\frac{1}{4}} \tag{2.18-6}$$

对于一台普通电镜(非球差校正的)，其球差系数 C_s 是固定的，一般在 1mm 左右，Scherzer 离焦条件是最佳成像条件。

获得高分辨图像一般包含以下几个基本步骤。

(1) 在真空位置，插入合适大小聚光镜光阑，并消除聚光镜像散。

(2) 找到样品，并通过调节样品高度 Z，使得样品基本位于真实中心平面或标准高度。

(3) 在样品附近的真空位置，进行透射电镜对中、合轴的操作，调整透射电镜基本状态。

(4) 在样品附近的平整、较薄的非晶区域，放大到合适放大倍数(一般比拍照的放大倍数高一级)，消除物镜像散。

(5) 将视野移动到感兴趣样品区域，进行拍照。如果样品是晶体，在拍照前，需要将样品倾转到需要的正带轴。

[仪器装置]

JEM-2200FS 型透射电子显微镜等。

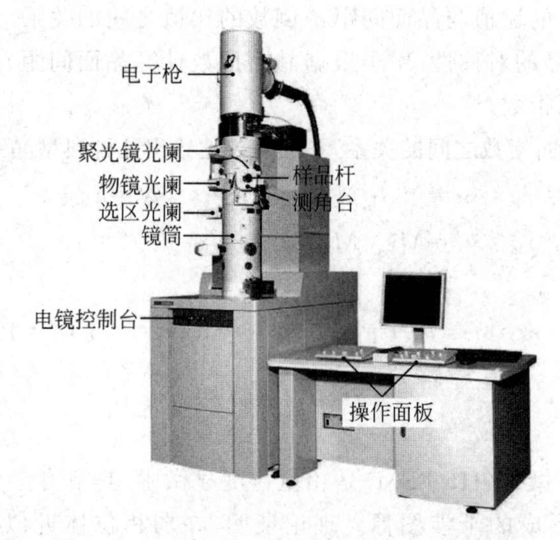

图 2.18-7　JEM-2200FS 型透射电镜及其构造

本仪器具有以下特点。

(1) 分析型电子显微镜。

(2) 场发射枪(field emission gun，FEG)，加速电压为 200kV。

(3) 图像分辨率：约 5Å。

(4) 具有镜筒内能量过滤器(Omega 能量过滤器)，可过滤掉非弹性散射电子，实现零损失图像成像(无能量损失的弹性散射电子成像)，提高图像衬度。

(5) 配备能谱(EDS)谱仪，可实现元素分析和化学成分分析。

(6) 可进行能量过滤像成像，提供样品的化学状态或元素信息。

[实验内容与测量]

实验内容为纳米颗粒透射电镜样品制备,了解纳米颗粒样品制备流程和方法;通过透射电镜电子衍射与高分辨成像演示,学习电子衍射与高分辨图像拍摄方法和数据形式;学习简单透射电镜数据处理方法。

1. 透射电镜样品制备

1) 纳米颗粒透射电镜样品制备

(1) 对于样品尺寸较小,如纳米颗粒材料,或者对于微米颗粒样品边缘厚度较薄,且边缘位置厚度梯度较小的情况,能够保证足够面积的薄区存在,即可以直接进行 TEM 样品制备;如样品尺寸较大,且在机械应力对样品本征结构影响可以忽略的情况下,可以对其进行研磨粉碎处理,使样品颗粒尺寸满足上述条件。

(2) 将上述样品颗粒分散至溶液中。常用的溶液为无水乙醇溶液或者丙酮溶液。具体情况要根据样品的特性选择溶液,选择标准以能令样品在溶液中均匀分散且不与溶液发生反应改变本征结构为准。

(3) 利用超声机使样品均匀分散。如若样品中含有有机物等杂质污染且能溶解在所选溶液中,可尝试多次分散-离心处理获得样品纯度高、污染小的样品溶液。

(4) 利用吸管或者移液枪将液体滴落在直径为 3mm 的微栅或支撑膜上,等待溶剂彻底挥发后即完成制样。

2) 单晶硅透射电镜样品制备

对于晶体样品,如单晶块体、多晶陶瓷片等,可借助基于机械研磨法或聚焦离子束(focused ion beam,FIB)。

机械研磨法:

(1) 根据观察方向要求,将样品用低速锯切割成横向尺寸小于 3mm(垂直于电子束观察方向)的小块。

(2) 将样品用石蜡粘在研磨台上,用砂纸手工研磨样品的两个表面,以减小平行于电子束方向的样品厚度。在这个过程中,逐级减小砂纸颗粒度,使得样品厚度减小到要求厚度(一般为 $20\mu m$)的同时,样品两个表面均无明显机械损伤带来的划痕,达到镜面效果。注:砂纸在样品上产生的划痕深度(更准确说是应力区)粗略为砂纸颗粒度的三倍,也就是说,更细的砂纸应该至少研磨掉上一个粗糙砂纸颗粒度三倍的厚度,才能消除粗糙砂纸引入的机械应力影响。因此,在研磨完第一个样品表面时,要注意留存足够的样品厚度,以满足该要求。

(3) 用凹坑仪在样品表面凹坑,获得较薄的球冠形区域。

(4) 将样品用特殊胶水粘到 $\phi 3mm$ 的铜环或钼环上。

(5) 借助离子减薄仪,将样品继续减薄,直至获得厚度在几纳米至几十纳米范围的薄区。

聚焦离子束法:

借助离子束对样品进行加工,具体操作参照聚焦离子束的操作要求,一般流程包括镀 Pt 或非晶碳保护层、挖坑、U 切、提取、放置、离子束减薄等步骤,如图 2.18-8 所示。

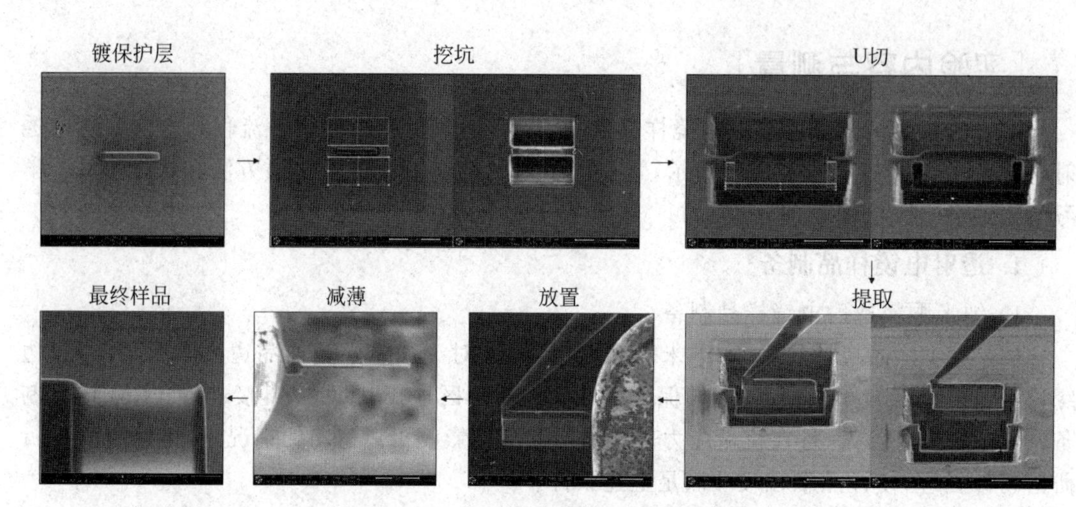

图 2.18-8　FIB 法制作透射电镜样品流程图

2. 透射电镜电子衍射与高分辨成像实验

(1) 利用透射电镜,采集纳米颗粒样品不同放大倍数的透射电镜明场像。

(2) 利用透射电镜,采集单晶硅样品[100]带轴的电子衍射花样和高分辨图像。

3. 实验结果定量处理

(1) 下载软件 DigitalMicrograph(DM)。

(2) 利用软件 DM 测量并标定单晶硅样品[100]带轴的电子衍射花样。

(3) 利用软件 DM 测量单晶硅样品[100]带轴高分辨图像的晶面间距。

(4) 将单晶硅样品[100]带轴的高分辨图像做快速傅里叶变换,与所获得的电子衍射花样进行对比分析。

[数据处理与分析]

1. 电子衍射花样的标定与物相分析

电子衍射花样标定的具体步骤如下。

(1) 测量多晶电子衍射花样中各个衍射环的半径 r_i^2。

(2) 计算各 r_i^2,并分析比值规律,以此估计材料的晶体结构或点阵类型。

(3) 用公式 $rd=L\lambda$ 计算晶面间距 d。

(4) 利用软件 DM 测量各个衍射环的强度,由三条最强线的 d 值,查 ASTM 卡片索引,找出最符合的几张卡片,再核对各 d 值和相对强度,并参考实际情况确定物相。

对于已知晶体结构的单晶衍射花样(简单电子衍射花样,满足晶带轴定律),可按如下步骤进行标定。

(1) 找到衍射花样中离中心透射斑最近的三个非共线衍射斑 P_1、P_2 和 P_3,三个衍射点与透射斑围成平行四边形,测量三个衍射点到中心透射斑的距离 r_i。

(2) 由 $rd=L\lambda$ 计算 d_1,d_2,d_3。

(3) 由晶面间距与晶面指数的对应关系,找出 d_1,d_2,d_3 对应的晶面$\{h_ik_il_i\}(i=1,2,3)$,并计算它们之间的夹角。

(4) 测量 P_1、P_2 和 P_3 之间的夹角，并与计算值比较。

(5) 计算晶带轴[UVW]。

(6) 利用 Weiss 晶带轴定律($hU+kV+lW=0$)验证该晶面是否属于晶带轴。

2. 高分辨图像定量分析

(1) 借助软件 DM 中的 Profile 功能，选取某一方向，进行原子柱强度和位置分析，参考步骤如图 2.18-9 所示。

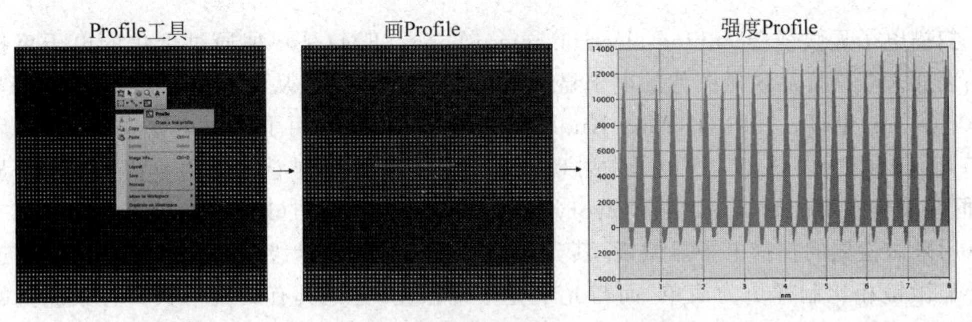

图 2.18-9 用软件 DM 做 Profile 流程图

(2) 在 Process 菜单中，选择 FFT，可对图像进行快速傅里叶变换，与衍射花样对比分析，参考步骤如图 2.18-10 所示。

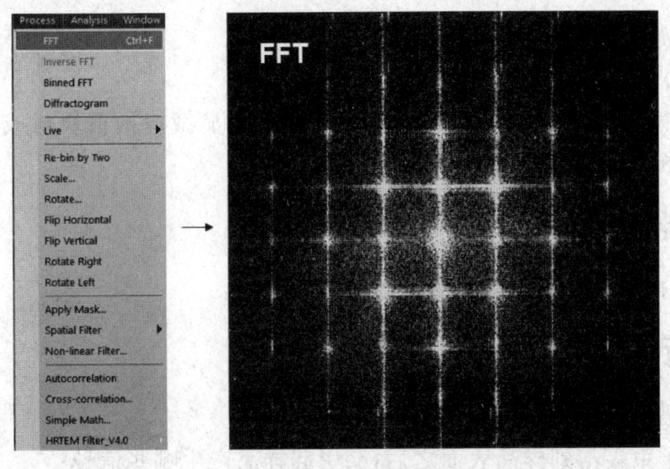

图 2.18-10 用软件 DM 实现 FFT 流程图

[参考文献]

[1] Electron microscope[G/OL]. [2023-06-30]. https://en.wikipedia.org/wiki/Electron_microscope.

[2] YI JIANG, ZHEN CHEN, YIMO HAN, et al. Electron ptychography of 2D materials to deep sub-ångström resolution[J]. Nature, 2018, 559: 343-349.

[3] DAVID A. MULLER. Structure and bonding at the atomic scale by scanning transmission electron microscopy[J]. Nature Materials, 2009, 8: 263-270.

[4] COLIN OPHUS. Four-dimensional scanning transmission electron microscopy (4D-STEM): from scanning nanodiffraction to ptychography and beyond[J]. Microscopy and Microanalysis, 2019, 25: 563-582.

[5] 章晓忠. 电子显微分析[M]. 北京：清华大学出版社，2006.

[6] KIM KISSLINGER. In situ lift-out TEM sample preparation procedure for FEI Helios Nanolab 600 DualBeam. (2015-10-05) [2023-06-30].
[7] 邓世清. 六方锰氧化物和铁氧化物单相多铁材料的电子显微学研究[D]. 北京：清华大学，2019.

实验 2.19 扫描电子显微镜的使用

[引言]

扫描电子显微镜(scanning electron microscope，SEM)是一种通过聚焦的电子束扫描样品表面来获得样品显微图像的电子显微镜，其放大倍数可以从十几倍到几十万倍，分辨率可以达到 nm 量级。1931 年，Max Knoll 和 Ernst Ruska 发明了透射电子显微镜，随后的 1935 年，Knoll 为了研究二次电子发射现象设计了一台设备，被认为是第一台扫描电子显微镜，但并没有实用价值。1942 年，Zworykin 在美国无线电公司(RCA)实验室建造了第一台可以用来做检测的扫描电子显微镜，其分辨率可以达到 μm 量级。扫描电子显微镜与透射电子显微镜相比制样更为简单，而与光学显微镜相比，更是具有放大倍数高且景深大的优点。同时，随着扫描电子显微镜的样品室空间越来越大，可以装入更多的探测器，使得扫描电子显微镜不仅可以分析样品的形貌，还可以作微区成分分析、晶体结构分析等检测。

[实验目的]

(1) 了解扫描电子显微镜的工作原理。

(2) 了解 EDS 能谱测试的原理。

(3) 学习使用扫描电子显微镜，并会使用扫描电子显微镜拍摄块材或粉末样品的显微图片及其元素分析。

[实验仪器]

蔡司 SUPAR 55 型扫描电子显微镜，待测粉末样品。

[预习提示]

(1) 简述扫描电子显微镜的基本结构。

(2) 简述电子束轰击到样品表面之后，会引起样品产生哪些信号？

(3) 阐述使用扫描电子显微镜作成分分析的工作原理。

(4) 学习扫描电子显微镜的操作步骤。

[实验原理]

扫描电子显微镜的结构如图 2.19-1 所示，主要是由电子光学系统(镜筒)、信号收集处理系统、图像显示与记录系统组成。其中，电子光学系统主要包括电子枪(其结构与透射电子显微镜类似，但其加速电压低于透射电子显微镜)、电磁透镜、扫描线圈和样品室。扫描电子显微镜的电磁透镜是聚焦透镜，主要作用是使电子束的束斑缩小成一个只有纳米级别的细小斑点。而扫描电子显微镜的成像正是采用类似电视摄影显示的方式，利用细聚焦电子束在样品表面扫描来激发物理信号，再通过调制成像。

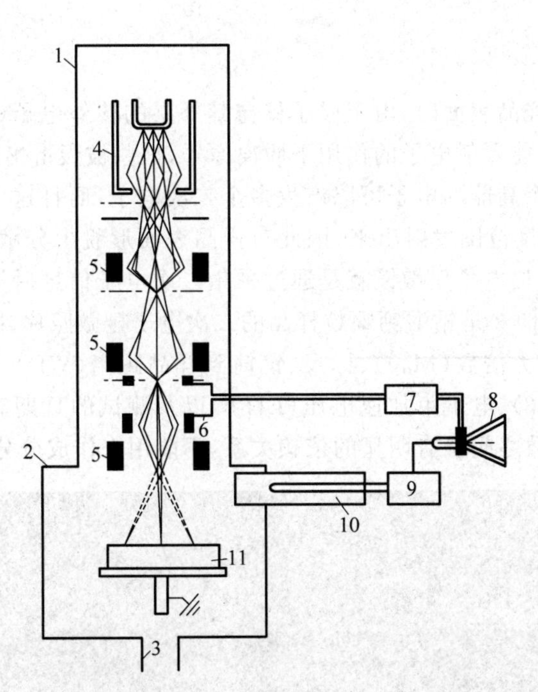

1—镜筒；2—样品室；3—真空室；4—电子枪；5—电磁透镜；6—扫描线圈；7—扫描发生器；8—显像管；9—放大器；10—探头；11—样品和样品座。

图 2.19-1 扫描电子显微镜的结构图

当电子束打在样品表面时，样品表面会产生二次电子、背散射电子、吸收电子、透射电子、特征 X 射线、俄歇电子等，如图 2.19-2 所示。对于 SUPAR 55 型扫描电子显微镜来说，主要使用二次电子、背散射电子和特征 X 射线对样品进行测量和分析。下面我们对这三种信号做一个简单的说明。

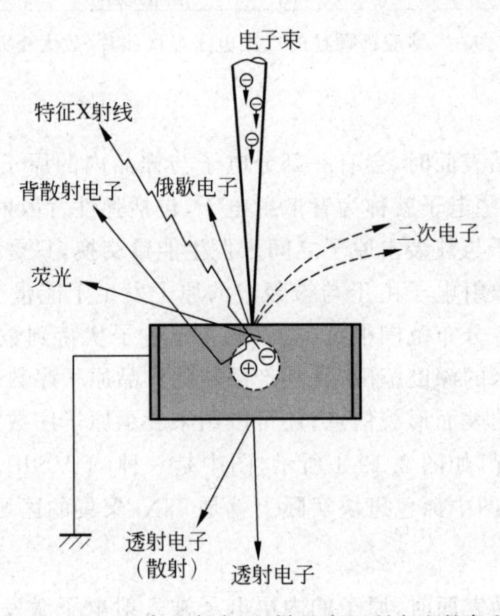

图 2.19-2 在电子束的轰击下，样品表面所产生的各种信号

1. 二次电子

当电子束轰击到样品表面时，由于原子核与其外层的核外电子(价电子)之间的结合能较小，它们很容易在高能入射电子的作用下脱离原子，这些被轰击出来而离开样品表面的电子称为二次电子。一个高能的电子可以产生多个二次电子，而且这些二次电子一般都从样品表层 5～10nm 的深度范围发射出来，因此对样品表面形貌十分敏感，可以有效地展示样品的表面形貌信息，扫描电子显微镜就是通过采集二次电子信息后调整成图像来显示样品的显微形貌的。图 2.19-3 是钴酸钙颗粒样品的二次电子显微照片，照片中还展现出一些其他信息，包括影像的放大倍数(Mag)、标尺、镜筒到样品距离(WD)、探测器类型(图中使用了二次电子探测器 SE2)、电子束加速电压(EHT)以及测试的日期时间等。但二次电子的产额与被轰击原子序数之间没有明显的依赖关系，不能用来作成分分析。

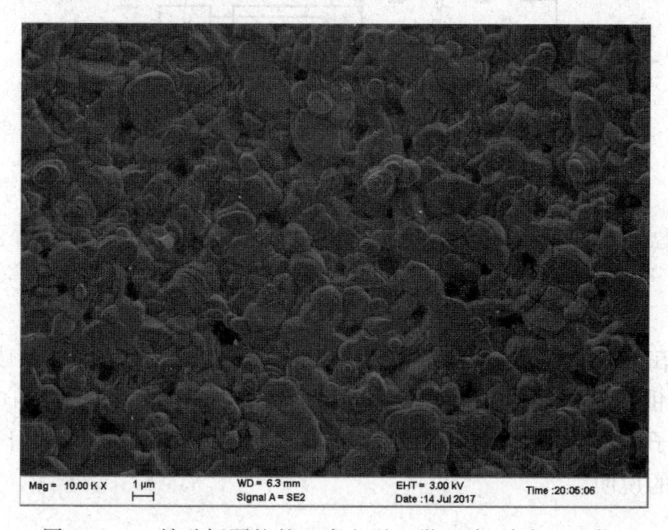

图 2.19-3　钴酸钙颗粒的二次电子显微照片(放大 1 万倍)

2. 背散射电子

当电子束轰击到样品表面时，会有一部分电子与样品内的原子相互作用发生弹性或非弹性碰撞而反弹回来，这些电子就称为背散射电子，包括弹性背散射电子和非弹性背散射电子。其中弹性背散射电子与被轰击原子之间未发生能量交换，只是发生了方向变化，其能量没有损失；而非弹性背散射电子由于与被轰击的原子发生了能量交换，不仅发生了方向变化，也损失了能量，且能量分布范围很宽，可以从几十电子伏特到数千电子伏特。背散射电子来自样品表面几百纳米的深度范围，且其产额能随样品原子序数增大而增多，所以背散射电子不仅可以展示样品的表面形貌信息，还可以用来展示原子序数衬度，经常被用来定性地描述样品的成分分布情况，如图 2.19-4 所示，图中是一种$(TiVNb)_{0.9}Ni_{0.1}$ 合金样品的背散射电子成像的电镜照片，图中深色斑块实际上就是 TiNi 聚集的区域。

3. 特征 X 射线

当电子束轰击到样品表面时，原子的内层电子被入射电子激发或电离而处于能量较高的激发状态，此时外层电子将向内层跃迁填补内层电子的空缺，并放出具有独特能量的光子，这些光子往往在 X 射线波段，且不同的原子序数的原子会发出不同波长的光子，因此称

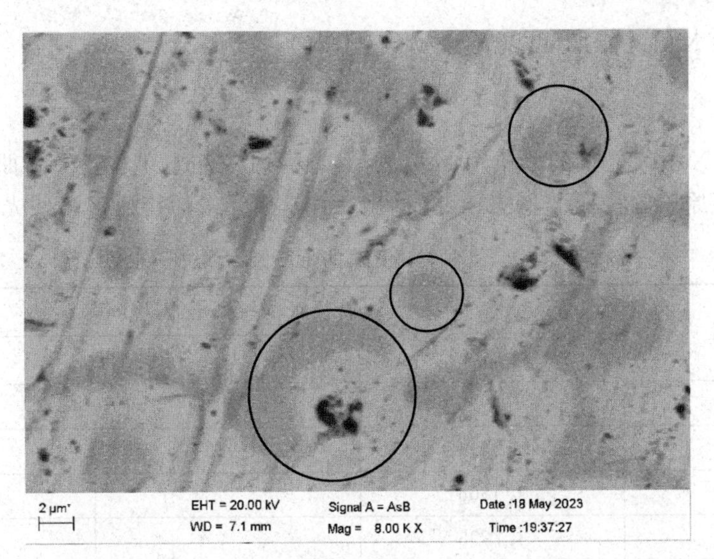

图 2.19-4 一种$(TiVNb)_{0.9}Ni_{0.1}$合金样品的背散射电子成像(圆圈中圈出了部分 TiNi 聚集的区域)

为 X 射线特征谱。例如当原子的 K 层(最内层)量子化壳层上出现空位,原子处于 K 激发态,若 L 层电子跃迁到 K 层,其能量差以 X 射线光子的形式辐射出来,这就是特征 X 射线,L 层到 K 层的跃迁发射 K_α 谱线。特征谱最早由布拉格发现,莫塞莱对其进行了系统研究,并得出莫塞莱定律,即特征波长 λ 与被轰击原子序数 Z 满足以下关系

$$\sqrt{\frac{1}{\lambda}}=K_2(Z-\sigma) \tag{2.19-1}$$

其中,K_2 与 σ 为常数。K_2 可以表示为

$$K_2=\sqrt{\frac{me^4}{8\varepsilon_0^2h^3c}\left(\frac{1}{n_2^2}-\frac{1}{n_1^2}\right)}=\sqrt{R\left(\frac{1}{n_2^2}-\frac{1}{n_1^2}\right)} \tag{2.19-2}$$

其中,n_1 和 n_2 为壳层的主量子数,e 为电子电荷,m 为电子质量,R 为里德伯常量,$R=\frac{me^4}{8\varepsilon_0^2h^3c}=1.0974\times10^7\,\mathrm{m}^{-1}$。通过采集电子束轰击样品表面所产生的特征 X 射线,即可得到样品被轰击位置的元素信息,测量特征 X 射线的设备一般安装在样品室内,称为 X 射线能谱仪(EDS)。图 2.19-5 是钴酸钙样品的 X 射线能谱测量结果,图中谱图的纵坐标表示信号

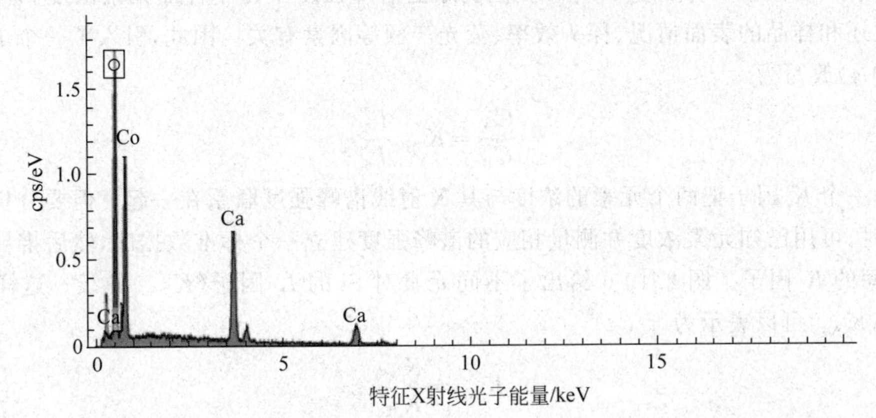

图 2.19-5 钴酸钙样品的 X 射线能谱测量,曲线中仪器标注出了钙、钴和氧原子的特征谱

强度，横坐标为X射线能量，可以表示为

$$E_X = \frac{hc}{\lambda} \tag{2.19-3}$$

在很多设备中，X射线能量的单位用keV表示，计算时应注意单位换算。曲线中仪器标注出了钙、钴和氧原子的特征谱，表2.19-1给出几种常用元素的特征X射线光子能量。

表2.19-1 几种常用元素的特征X射线光子能量

元素	特征X射线光子能量/keV		
	K_α	L_α	M_α
Fe	6.3996	0.7048	
Cu	8.0413	0.9297	
Al	1.4866		
Si	1.7398		
O	0.5249		
C	0.2774		
Ag	22.1633	2.9844	
Au		9.7135	2.1205
Er		6.9488	1.4057

一般情况下，在进行X射线能谱测量时往往只需要区分不同的元素，而不需要计算元素的含量。由于重元素的K、M谱线在低能端常与一些轻元素的谱峰重叠，在采集特征X射线谱时应适当提高电子束的加速电压，以区分这些元素。

但有很多研究除了需要了解样品所含的元素，还需要知道元素的浓度比。如果不考虑其他因素，可以近似认为这些X射线特征峰的强度与这些元素的浓度成正比，可以表示为

$$\frac{C_A}{C_B} \approx \frac{I_A}{I_B} \tag{2.19-4}$$

其中，I_A 为元素A的谱峰强度，I_B 为元素B的谱峰强度，C_A 为元素A的重量百分含量(wt%)，C_B 为元素B的重量百分含量(wt%)。但实际上谱峰强度正比于样品元素浓度和样品的厚度，而且还和样品的表面情况、探头效率、荧光产额等因素有关。因此，引入了一个 K 因子，式(2.19-4)改写为

$$\frac{C_A}{C_B} = K_{AB}\frac{I_A}{I_B} \tag{2.19-5}$$

这里，每一个 K 因子把两个元素的浓度与其X射线谱峰强度联系在一起。但要分析超过两种元素时，可用已知元素浓度并测量相应的谱峰强度建立一个标准数据库，然后推导出不同元素之间的 K 因子。图2.19-6给出了不同元素对Si的 K 因子(K_{ASi})曲线。这样任意的 K 因子(K_{AB})可以表示为

$$K_{AB} = \frac{K_{ASi}}{K_{BSi}} \tag{2.19-6}$$

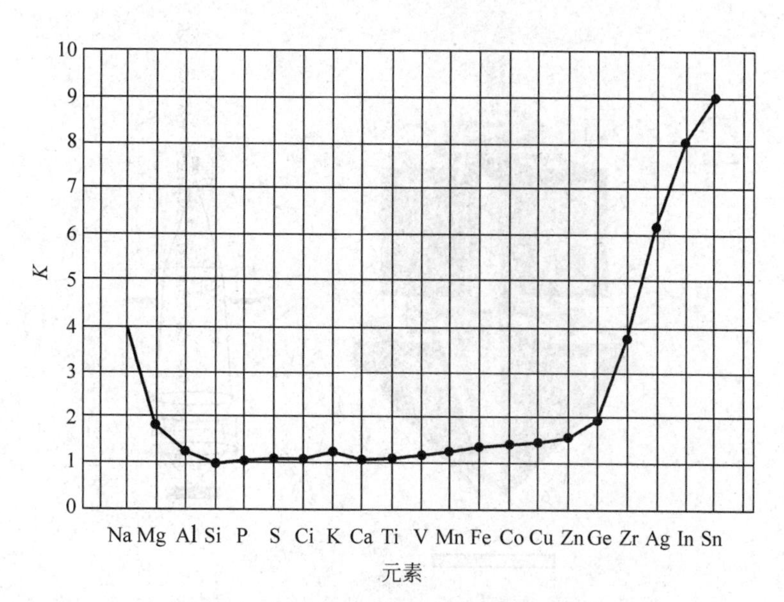

图 2.19-6　不同元素对 Si 的 K 因子曲线

[仪器装置]

SUPAR 55 型扫描电子显微镜的外观如图 2.19-7 所示，其采用的 GEMINI 镜筒（结构如图 2.19-8 所示）克服了传统单极物镜设计缺陷，在消除磁性影响的同时采用了无交叉光路设计，有效地提高了设备性能。还采用了 Beam booster 电子加速器，可以让电镜在低加速电压下的性能更稳定，而低加速电压对于导电性能不好的样品来说往往可以获得较好的观察效果。

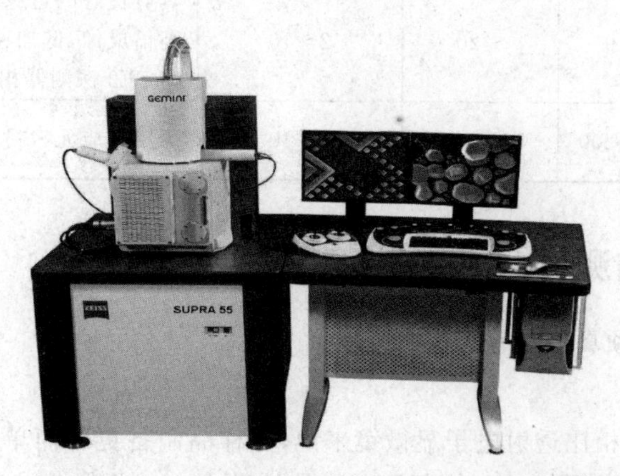

图 2.19-7　SUPAR 55 型扫描电子显微镜外观图

GEMINI 镜筒内置的 In-lens 二次电子探测器具有束流稳定、分辨率高的特点，能同时进行导电样品和非导电样品的高分辨成像和元素成分分析，并可以实现范围在 12 倍～100 万倍的放大倍数调节，以及最高 1.0nm 的分辨率，而普通的二次电子成像的分辨率一般在 5～10nm。表 2.19-2 给出了 SUPAR 55 型扫描电子显微镜配备的几种探测器的适用高压、物距范围、分辨率以及成像特点。

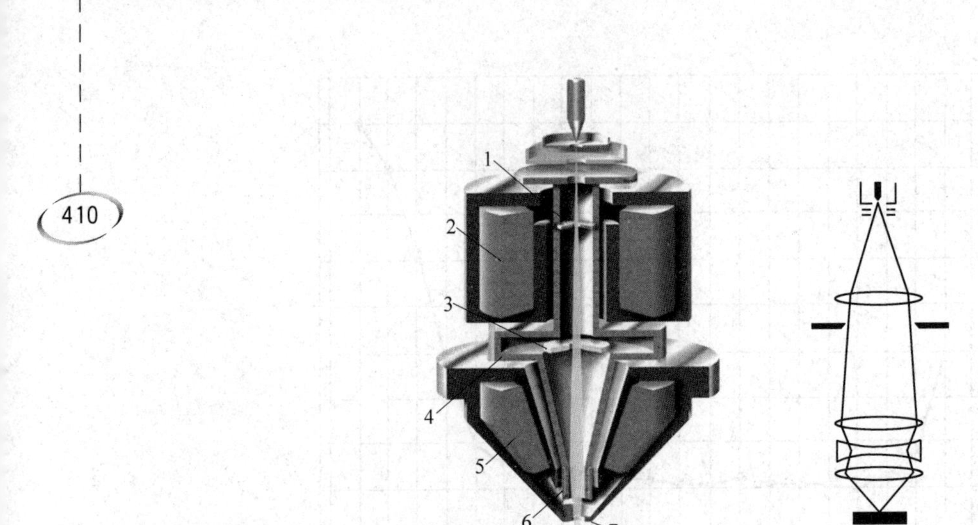

1—电磁孔径变换器；2—场透镜；3—In-lens 二次电子探测器；4—Beam booster 电子束增强器；5—磁透镜；6—扫描线圈；7—静电透镜；8—样品。

图 2.19-8 GEMINI 镜筒结构示意图

表 2.19-2 SUPAR 55 型扫描电子显微镜配备的几种探测器的特点

探测器	最高分辨率/nm	电子加速电压 EHT/kV	镜筒到样品距离 WD/mm	成像特点
二次电子探测器(SE2)	5～10	无限制	>5	具有阴影效应,立体感较好,在低放大倍数情况下成像效果好,景深大于 100μm
In-lens 二次电子探测器	1.0	≤20	2～10	具有良好的边缘效应,分辨率高,适用于高倍成像,低加速电压时效果好,但景深与 SE2 探测器相比较浅
背散射探测器(ASB)	50～200	≥10	5～10	可以反应元素衬度,但成像分辨率较低

[实验内容与测量]

1. 样品制备与预真空处理

1）样品制备

扫描电子显微镜相比透射电子显微镜来说,其样品制备更为简单,对于块材样品,直接使用导电胶带粘贴在小的样品台上即可,如图 2.19-9 所示；对于粉末样品,直接在样品台上粘好导电胶带,用工具将粉末样品在导电胶带上铺一薄层即可。需要指出的是,为了防止样品被污染,制样时需要佩戴口罩和橡胶手套。如果样品表面附着有灰尘或油污,可以使用乙醇或丙酮在超声波清洗器中进行超声清洗。

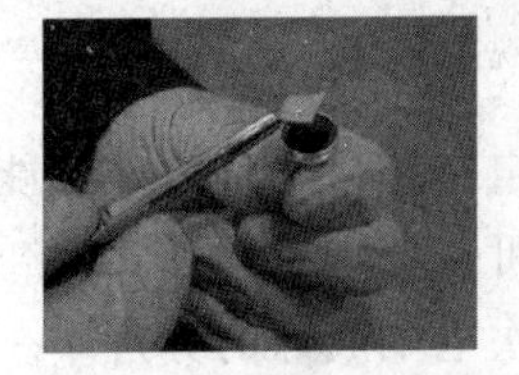

图 2.19-9 制样——使用导电胶带将样品粘贴在小样品台上

对于导电性不好的样品,可以在使用扫描电镜观察前用实验1.21中的小型直流溅射仪在样品表面溅射一层金(Au)或碳(C)的导电层,导电层的厚度控制在5～10nm。

2）样品的预真空处理

样品的预真空处理实际上就是将样品在使用扫描电镜观察前预先放置在真空室中静置一段时间(一般24h左右),这样可以有效避免制样过程中吸附在样品上的含碳大分子(如乙醇、丙酮等)以及多孔样品、粉末样品所吸附的气体在电镜室内的释放,这样可以有效地避免可能导致的真空系统污染,延长设备的使用寿命。

3）将样品安装在样品座上

将粘贴有样品的小样品台安装在样品座上,如图2.19-10所示,样品座共有9个空位,其编号如图中所示,将小样品台插入样品座后,还需要用专用螺丝刀旋紧紧固螺钉,将其固定在样品座上。

图2.19-10　样品安装在样品座上

在本实验中,将实验室提供的粉末样品(钴酸钙粉末)粘附在小样品台上,并将其置于预真空系统中进行预处理,待24h后,从预真空系统中取出,按照步骤3)中的方法将粘有样品的小样品台安装在样品座上。

2. 扫描电子显微镜基本操作

1）认识软件界面和多功能键盘

打开计算机,开启扫描电子显微镜专用软件后就可以看到软件界面了,如图2.19-11所示,软件界面包括主界面和样品台导航界面,设备还配有专用的多功能键盘(图2.19-12(a))和样品台控制摇杆(图2.19-12(b))。

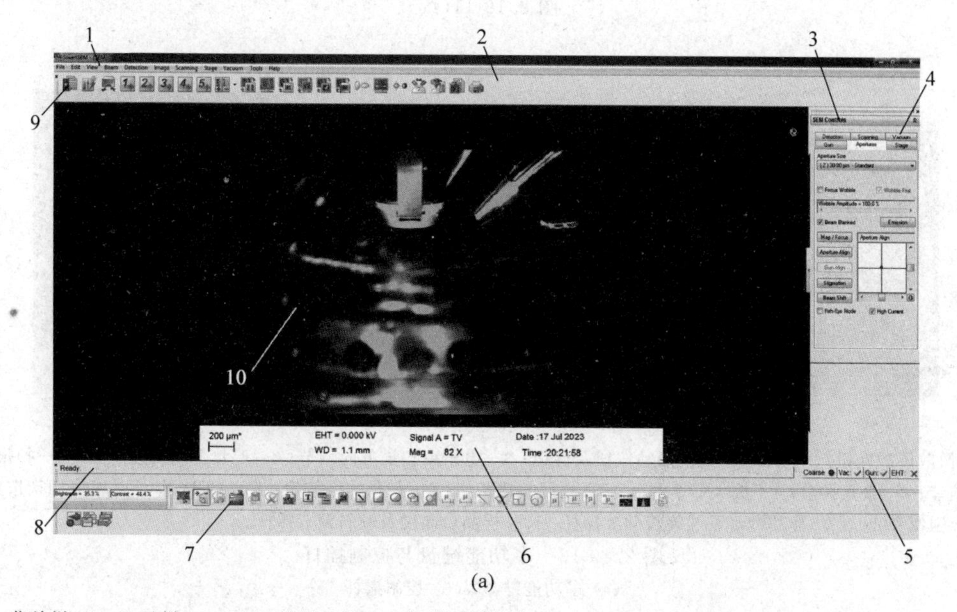

(a)

1—菜单栏；2—工具栏；3—SEM控制面板；4—控制面板标签页；5—SEM主要状态(包括粗细调状态、真空状态、枪状态、高压状态)；6—数据区；7—注释栏；8—状态栏；9—快捷工具按钮；10—形象区。

图2.19-11　软件界面

(a) 主界面；(b) 样品台导航界面

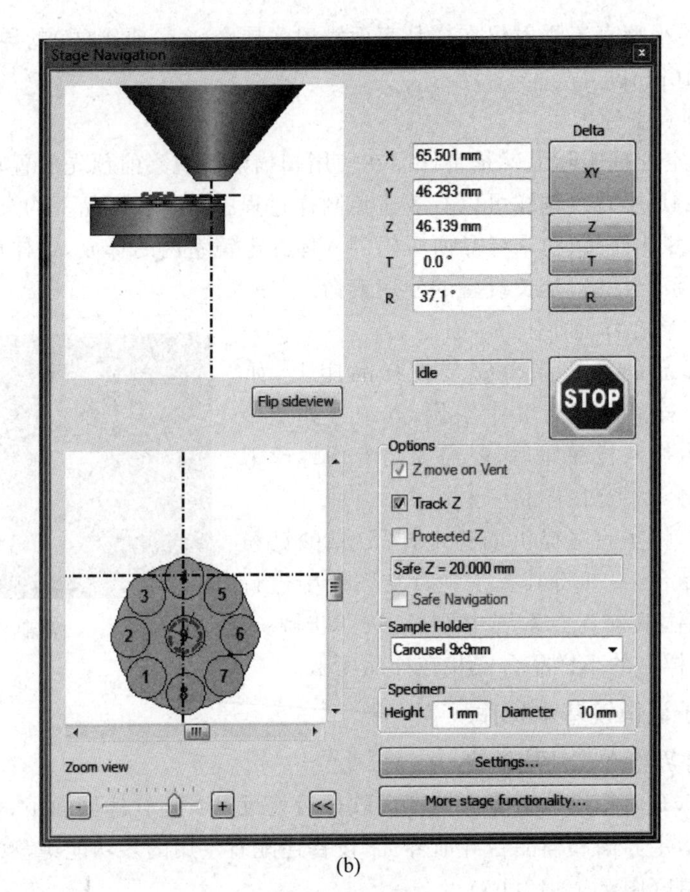

(b)

图 2.19-11(续)

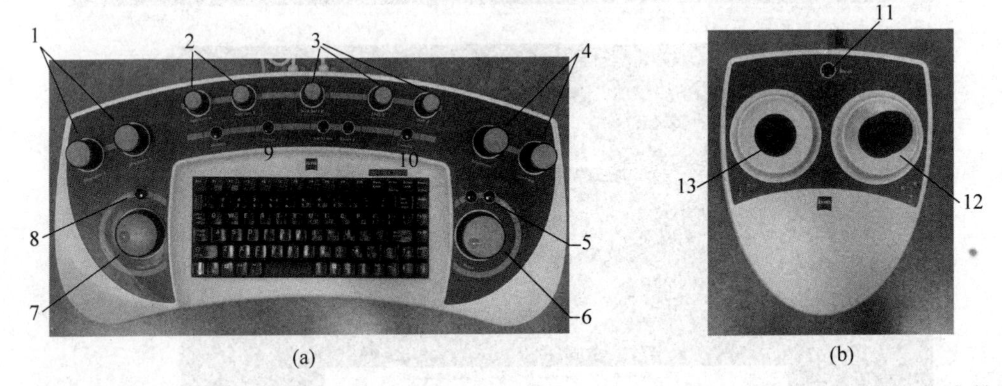

1—像散调节旋钮；2—Wobble 调节启动按钮及旋钮；3—电子束扫描方向调节；4—亮度和对比度调节；5—扫描速度调节；6—聚焦调节；7—放大倍率调节；8—选区扫描按钮；9—扫描冻结按钮；10—CCD/电子束成像切换按钮；11—强制停止；12—样品台水平及旋转调节摇杆；13—样品台高度及倾斜调节摇杆。

图 2.19-12 多功能键盘与控制摇杆

(a) 多功能键盘；(b) 控制摇杆

2) 装样

(1) 在软件上确认高压(EHT)处于关闭状态，打开 TV 检查插入式探测器状态。

(2) 在“SEM Control”的“Vacuum”选项卡中单击“Vent”按钮对样品室进行充气，并检查氮气气路处于开启状态,出口气压设定在0.05MPa左右。等待5min左右时间,待充气完成,轻轻拉开舱门,**注意:拉开舱门前,确认样品台已经降下来,周围探测器处于安全位置。**

(3) 在样品室中安装样品座,并关闭舱门。**注意:拿取样品座时须佩戴手套,避免用手直接碰触样品及样品室内部部件;关闭舱门时,注意舱门上的胶圈是否安装到位,并且勿夹到异物影响密闭性。**

(4) 在"SEM Control"的"Vacuum"选项卡中单击"Pump"按钮抽真空,并等待真空就绪。

(5) 在实验记录本中,记下系统真空、GUN真空以及电子束电流。

3) 样品形貌观察

(1) 定位样品。打开TV,移动样品座。升至工作距离5~10mm处,平移样品座,使镜筒对准样品。可以使用样品台导航界面(stage navigation)帮助定位。

(2) 开启高压(EHT)。检查Vacuum面板上真空状态System Vacuum达到10^{-6} mBar量级即可开启高压,根据检测要求和样品特性,一般设定EHT在15kV,如果是绝缘样品可适当减小电压值。对于低原子序数的样品,一般选择EHT在5~10kV;对于中等原子序数以上的样品,一般选择EHT在10~20kV;高分辨观察时,一般选择EHT在20~30kV,(放大倍数不足30万倍以上时,避免使用高于20kV的EHT电压);能谱分析时,一般选择EHT在15~20kV。

(3) 选择探头,可以选择In-lens或SE2探头,SE2探头适用于十万倍以下的观察,In-lens探头更适用于十万倍以上的样品观察,如果要定性观察样品的元素分布可以选择AsB探头。

(4) 将放大倍数缩小至最小,聚焦并调整亮度和对比度,设置为细调(Fine);聚焦后可读取WD数值(聚焦后的WD数值表示样品表面到探测器的距离),必要时可升降样品台,WD常用值在5~10mm。

(5) 选择光阑,较小的光阑可以提高设备的分辨率,但是减小了电子束流,造成成像时的噪点增多,一般标准光阑为30μm;较大的光阑如60μm或120μm,对应设备的分辨率较差,但电子束流强,更适合用于拍摄低放大倍数的图像和EDS测量。

(6) 消除像散,按键盘上的"Reduced"键,进行选区扫描(可以通过鼠标调节选区的大小和位置),依次调聚焦Focus和Stigmation X、Y,直到图像边缘最清晰。

(7) 调光阑对中,进行选区快速扫描,并在键盘的"Aperture"面板上,按下"Wobble"键,调Aperture X和Y,调整至参考点呈原位缩放状态即可,完成后取消"Wobble"。

(8) 观察样品形貌,进一步放大至约5万倍并进行聚焦和消像散,适当调亮度和对比度,用Beam Shift或Ctrl+Tab定位成像位置,单击Mag输入所需放大倍数,在"Scanning"面板中选择消噪模式(一般用Line Avg)并选择扫描速度和N值(使cycle time在20s左右为宜),单击"Freeze"(电子束将在此次扫描后停止,待再次按下"Unfreeze"后将继续扫描),等待扫描完成。

(9) 保存图像,单击鼠标右键,在弹出的快捷菜单依次选择"Send to""Tiff file or jpeg",按照实验室要求设置存储文件夹,取文件名,设置文件名后缀,单击"Save"保存,保存后单击"Unfreeze"恢复扫描,再观察其他位置的形貌继续完成其他实验。

4) X射线能谱仪的使用

(1) 开启能谱仪电源,打开控制能谱仪的计算机。

(2) 在 SEM 计算机上打开“RumCon32”通信软件，并在软件界面中单击按钮“ ”。

(3) 在计算机中打开“AZtec”软件，在软件界面中依次新建一个项目，并新建一个样品。

(4) 软件界面如图 2.19-13 所示，在软件界面的左上角选择 EDS，调节扫描电子显微镜使输出计数大于 100cpi，死时间小于 50%。做 X 射线能谱测试时，需要配合调节扫描电子显微镜的参数，一般需要将 WD 值调节到 8～10mm，将光阑切换到 60μm 或 120μm 以获得更大的电子束束流，将高压 EHT 值调节到 15～20kV(具体电压值还要看具体元素的特征谱，该值对应的能量应远大于想要激发的特征谱线的能量)并使成像清晰。

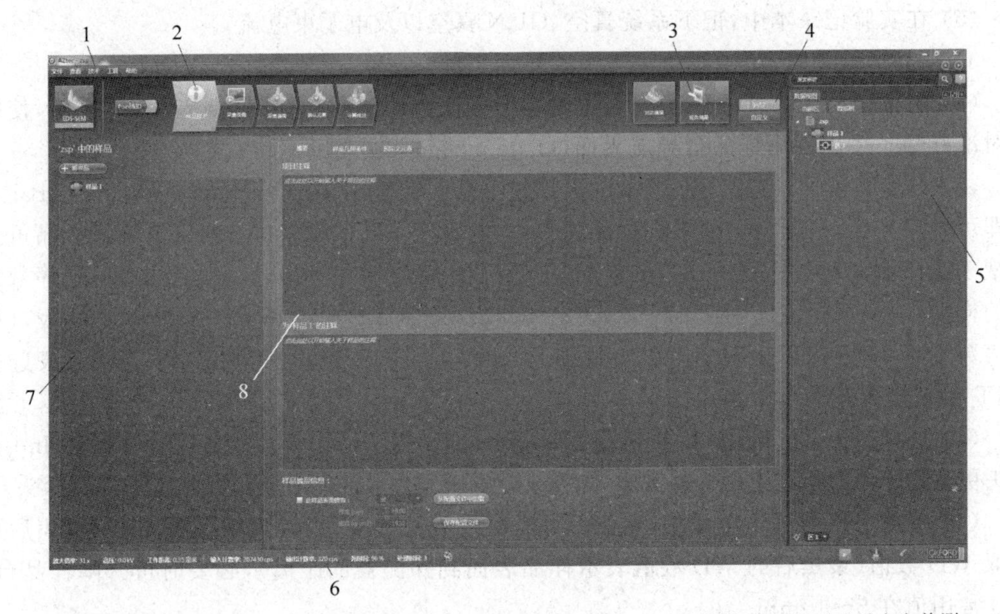

1—菜单栏；2—向导栏；3—报告生成按钮；4—向导、自定义切换；5—数据树，在这里可以反查之前测过的数据；6—状态栏；7—样品栏；8—样品描述或操作区域。

图 2.19-13　X 射线能谱仪的软件界面

(5) 进行点扫描：如果要测量样品某一点的 EDS 信息，则需要选择 Point&ID 模式，即点扫描模式。使用向导模式，依次在“样品描述”区中给样品做注释、说明样品的几何条件以及预计的元素(预定义元素)；在“采集图像”区中获取电镜照片；在“采集谱图”区中，在显示的电镜照片中选择要采集的点(软件中也可以圈出一个区域得到该区域平均能谱信息)；在“确认元素”区中确认扫描到的元素，如图 2.19-14 所示，该区域可以给出能谱图，也可以给出系统自动识别并计算出的元素及其比例，如果在“样品描述”区设置预定义的元素，则计算的比例也会包含那些元素；在“计算成分”区，选择要在报告中包含的数据列；最后，点击“报告结果”按钮生成报告，并保存。

(6) 本实验中使用的 X 射线能谱仪，除了可以做点扫描外，还可以完成线扫描或面扫描的测试，其实验过程与点扫描类似，在这里不再详述。

3. 实验测量——样品的形貌粒径与成分分析

1) 粉末样品的形貌观察

按照实验室要求对实验室提供的粉末样品进行制样和预处理，并使用 SUPAR 55 型扫描电子显微镜观察粉末样品的形貌。测量中应消除像散的影响，并完成光阑居中的调节，保

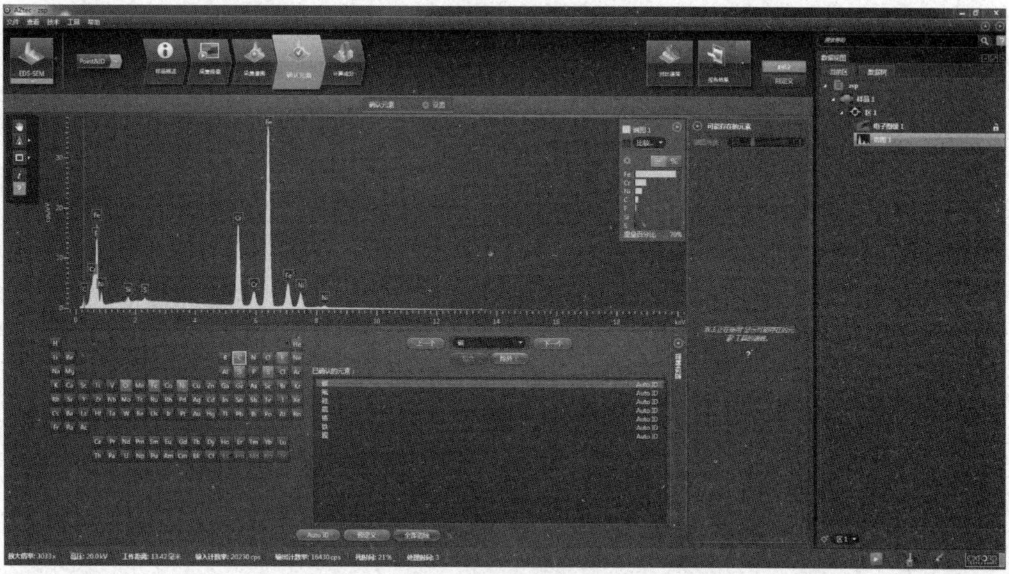

图 2.19-14　运行点扫描的"确认元素"区界面

证至少在 10 000 倍下可以得到清晰的显微照片。

2）样品的成分分析

使用扫描电镜配套的 X 射线能谱仪，测定粉末样品的元素组成，并得到各元素的原子比。

3）成分衬度观察（选做）

使用扫描电子显微镜的背散射探测器测试实验室提供的合金样品的背散射电子像，并使用 X 射线能谱仪的面扫描功能对同一区域进行扫描，得到该样品的元素组成及其分布。

[数据处理与分析]

1. 样品粒径分析

计算粉末样品的粒径分布，扫描电子显微镜的显微照片中都有标尺，根据照片中标尺的长度测量粉末样品的粒径分布，测量不少于 100 个颗粒的直径，并使用绘图软件给出粒径分布曲线。需要指出的是，在科学研究中，为了得到的数据更具统计性，在统计颗粒粒径分布时，一般需要保证测量直径的颗粒不少于 1000 个。

2. 样品成分分析

对样品进行 X 射线能谱测量，并对得到的数据进行绘图，计算每个特征峰的峰面积，使用式(2.19-4)计算出样品各元素的浓度比，并计算得到原子比。将结果与能谱仪软件给出的结果进行比较。

[讨论]

结合实验室提供的粉末样品的制备条件，讨论影响样品粒径变化的因素有哪些。

[结论]

通过本实验，写出你得到的主要结论。

[思考题]

举例说明扫描电子显微镜的形貌衬度和成分(原子序数)衬度的应用有哪些。

[参考文献]

[1] 周玉. 材料分析方法[M]. 2版. 北京：机械工业出版社，2004.

[2] LI Y N, WU P, ZHANG S P, et al. Effect of Co content on [Ca_2CoO_{3}-δ]0. 62[CoO_2] thermoelectric properties [J]. Journal of Materials Science-Materials in Electronics, 2020, 31(7)：5353-5359.

实验 2.20 原子力显微镜的使用

[引言]

原子力显微镜是扫描探针显微技术(scanning probe microscopy, SPM)的代表性仪器，其应用范围十分广泛，包括表面形貌测量、粗糙度分析、表面弹性、塑性、硬度、黏着力、摩擦力测量及生物医学样品检测等多方面的应用，目前已经成为最常见的样品表面分析手段之一。原子力显微镜的探针一般是由硅或氮化硅制成的悬臂梁与针尖所组成，针的尖端直径介于 20～100nm。所谓原子力，就是指针尖与受测材料表面原子之间存在着极微弱的随距离变化的相互作用力，原子力显微镜利用微悬臂感受和放大悬臂上尖细探针与受测样品原子之间的作用力来达到检测的目的。原子力显微镜具有原子级的分辨率，横向分辨率为 0.1～0.2nm，纵向分辨率为 0.01nm，既可以观察导体，也可以观察非导体，尤其是对于非导电性的样品，原子力显微镜具有不可替代的优势。

[实验目的]

了解原子力显微镜的基本原理，初步学习原子力显微镜的使用。

[实验仪器]

本原 CSPM 5000 型扫描探针显微镜，硅片等。

[预习提示]

(1) 了解原子力显微镜的工作原理。
(2) 了解原子力显微镜的基本结构和工作模式。
(3) 了解原子力显微镜可以获得样品的哪些信息。

[实验原理]

原子力显微镜是利用原子之间的范德瓦耳斯力(Van Der Waals Force)作用来呈现样品的表面特性的。假设两个原子中，一个是在探针尖端，另一个是在欲观察的样品的表面，两个原子之间的作用力会随它们之间的距离的改变而变化。如图 2.20-1 所示，当两个原子相距很近时，彼此电子云斥力的作用大于原子核与电子云之间的吸引力作用，所以两个原子间的总的作用力表现为斥力；反之，若两个原子分开一定距离时，其电子云斥力的作用小于彼此原子核与电子云之间的吸引力作用，故两个原子间的总的作用力表现为吸引力。原子力显微镜就是利用原子之间的这种相互作用力把原子呈现出来的。

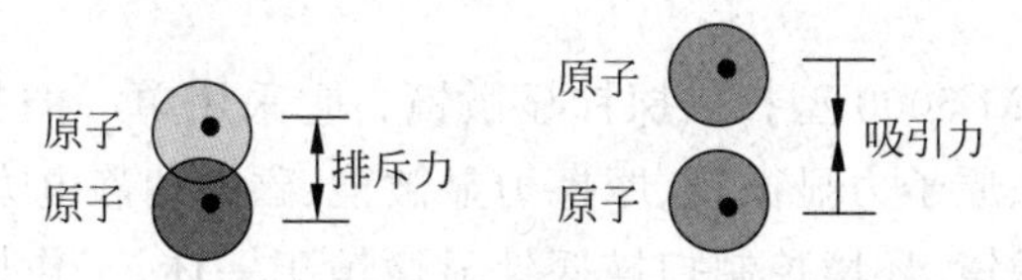

图 2.20-1 原子与原子之间的作用力随原子间距离的变化

原子间作用力的检测主要由光杠杆技术来实现。如果探针和样品间有力的作用，悬臂将会弯曲。如图 2.20-2 所示，将一个对微弱力极敏感的微悬臂一端固定，另一端有一微小的针尖，针尖与样品表面轻轻接触，如果针尖尖端原子与样品表面原子间存在力的作用，探针就会带动微悬臂弯曲。为检测悬臂的微小弯曲量（位移），将一束激光照射在微悬臂的尖端，则微悬臂的弯曲会引起反射激光束光斑位置的摆动，通过一个四象限光电检测器就可检测出微悬臂的偏转。

图 2.20-3 给出原子力显微镜系统结构示意图。原子力显微镜通常利用一个很尖的探针对样品进行扫描，探针固定在对探针与样品表面作用力极敏感的微悬臂上。悬臂受力偏折会使由激光源发出的激光束经悬臂反射后产生位移。检测器接受反射光，最后接收信号经过计算机系统采集、处理、形成样品表面形貌图像。

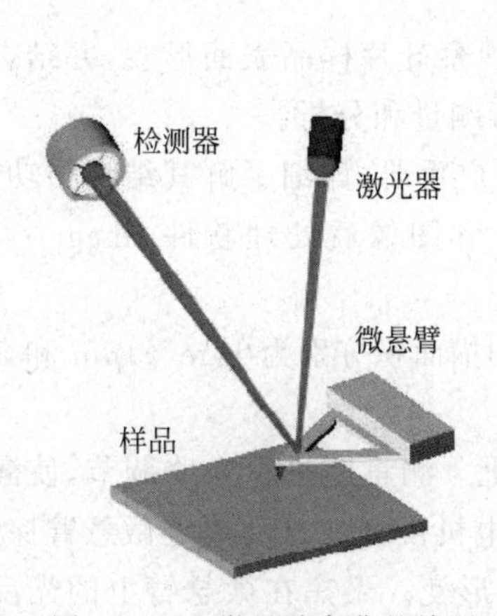

图 2.20-2 微悬臂弯曲的检测

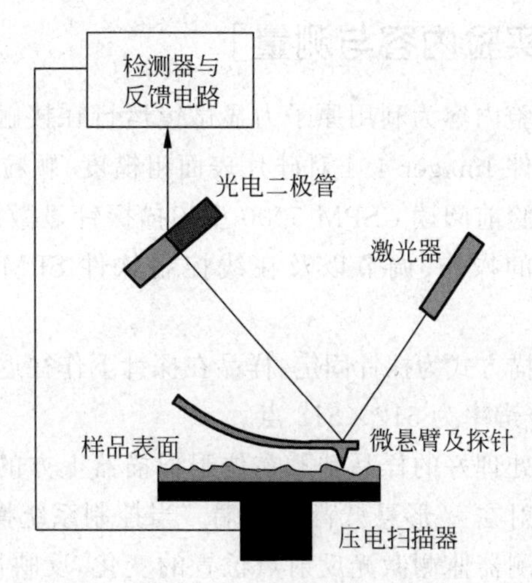

图 2.20-3 原子力显微镜系统结构

原子力显微镜可以在不同模式下运行，分别为接触模式（contact mode）、非接触（non-contact mode）模式、轻敲模式（tapping mode）等。在接触模式下，针尖与样品距离很小，针尖顶端原子和样品表面间的作用力是斥力。接触模式包括恒力模式和恒高模式。恒力模式利用反射光位移引起的光电二极管输出电压的变化构成反馈回路控制压电陶瓷管伸缩，从而调节固定于扫描器上样品的位置，保持样品和探针间作用力（悬臂弯曲度）不变，测量每一点高度的变化。恒高模式保持样品和探针间的距离不变,测量每一点作用力的大小。这种模式在调节探针与样品距离前即可直接观测悬臂弯曲度的改变。轻敲模式在扫描过程中探针与样品表面轻轻接触,悬臂受存在于两者间的排斥力作用随样品表面起伏发生高频震颤。由于探针与样品的接触短暂,因此它更适用于质地脆或固定不牢的样品。

[仪器装置]

实验采用本原 CSPM 5000 型扫描探针显微镜。它采用单一的扫描隧道/原子力探头,集成了扫描隧道显微镜、原子力显微镜、摩擦力显微镜、磁力和静电力显微镜、导电原子力显微镜、液相扫描探针显微镜、环境控制扫描探针显微镜于一体,工作模式包括接触、轻敲、相移成像、抬起和纳米加工等。

CSPM 5000 型扫描探针显微镜系统由 3 部分组成：SPM(包括 SPM 探头、SPM 底座、扫描器、探针架和探针)、控制机箱、计算机控制系统,如图 2.20-4 所示。

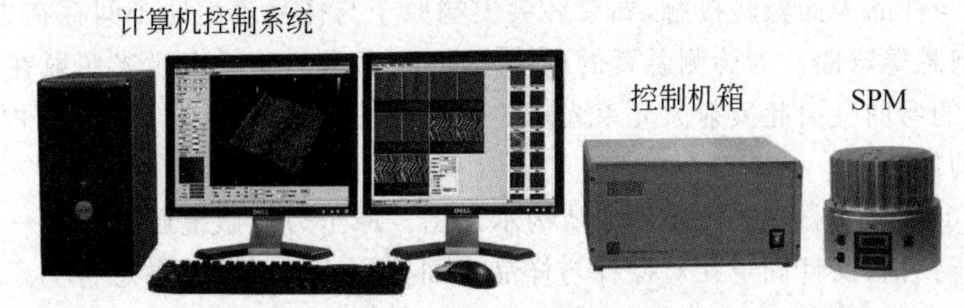

图 2.20-4　CSPM 5000 型扫描探针显微镜系统

[实验内容与测量]

实验内容为利用原子力显微镜运行在接触模式下观察硅片样品表面形貌,并结合图像分析软件 Imager 4.4 对硅片表面粗糙度、颗粒尺寸进行测量和分析。

实验前阅读 CSPM 5000 型扫描探针显微镜系统用户手册,详细了解其结构与功能,熟悉仪器的操作、调节以及在线控制软件 SPM Console 和图像后处理软件 Imager 4.4 的使用。

扫描方式为探针固定、样品在探针下作往返运动。扫描面积分别为 $1\mu m\times 1\mu m$ 和 $5\mu m\times 5\mu m$,分辨率为 512×512 点。

将处理好的样品粘贴在位于扫描器上方的样品台上。测量前进行光路调节,使激光束聚焦照射在 V 形悬臂背面前端。当控制系统操纵步进电机使样品自动逼近微悬臂探针时,激光监测器监测激光反射点位置的变化,反映微悬臂的形变。聚焦在微悬臂上的光反射到激光监测器上,由激光监测器的信号差值得到微悬臂变形量,系统在反馈回路作用下,调节加在样品扫描器 z 方向(垂直方向)的电压值。当控制系统的电压读数接近 0V 时,步进电机自动停止。光路的调节和样品逼近可由实时控制软件 SPM control 在显示器上观察。

测量时,扫描器扫描样品,根据激光检测器信号的变化,扫描器不断调整 z 方向电压使样品作适当的移动,以与针尖保持合适的作用力。z 方向电压对应着样品扫描点与参考点的高度差,x 和 y 方向电压表达 x 和 y 方向的扫描位置。

[数据处理与分析]

记录主要实验步骤及相关参数，结合图像分析软件 Imager 4.4 获得硅片表面形貌、粗糙度、颗粒尺寸的分析结果。

[讨论]

对硅片样品表面形貌的测试数据进行分析、讨论。

[结论]

通过本实验，写出你得到的主要结论。

[思考题]

若原子力显微镜扫描图片出现图像变形，可能的原因是什么？如何解决？

[参考文献]

[1] 本原纳米仪器有限公司.原子力显微镜技术专题[Z].2008.
[2] 本原纳米仪器有限公司.CSPM5000 扫描探针显微镜系统用户手册[Z].2008.

实验 2.21 多孔材料比表面积和孔结构信息测量

[引言]

多孔材料是指由相互贯通或封闭的孔洞构成网络结构的材料，孔洞边界或表面由支柱或平板构成。根据孔径大小，可以将多孔材料分为三类：微孔材料（孔径小于 2nm），介孔材料（孔径 2～50nm）以及大孔材料（孔径大于 50nm）。多孔材料在自然界中十分常见，比如海绵、木材、煤炭等。这些材料的孔径较大，有的甚至达到了毫米级别（见图 2.21-1）。由于它具有比表面积高、材料密度低、吸附性高等优异性能，所以多孔材料一直是科研中的热门

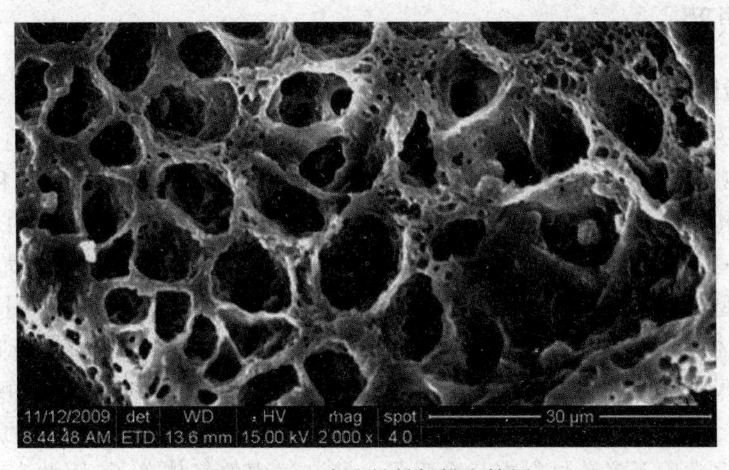

图 2.21-1 多孔材料扫描电镜图

研究对象。目前人们已经开发出多种多孔材料,其中包括多孔碳材料、沸石分子筛、金属有机框架等。随着科学技术的不断发展,多孔材料被广泛应用于气体分离、催化、储能、环保、生物医药等领域。

多孔材料优异的性能与其特殊的结构息息相关,因此对于多孔材料的研究离不开对其结构的分析与表征。多孔材料的结构特性主要由比表面积、孔容、孔径分布、孔隙率等参数来描述。表征多孔材料孔结构的技术主要有气体吸附法、压汞法、分子探针与浸没微量热法等。但目前尚无一种适用于所有孔结构的表征方法,往往需要几种方法相结合才能全面地表征多孔材料的孔结构。其中气体吸附法是目前应用较为广泛且认可度较高的一种方法,它可以用来评估完整的微孔(大于0.35nm)和介孔(2～50nm)结构。气体吸附法基本原理是利用气体在固体表面的物理吸附获得吸附或脱附等温线,进而通过不同的理论模型分析得到材料孔结构信息。由于氮气较易获得且具有良好的可逆吸附性能,因此它是最常用的吸附质。根据测定样品气体吸附量的方法的不同,气体吸附法可分为连续流动法、静态容量法及重量法。本实验将采用静态容量氮气吸附法测定给定样品比表面积和孔结构信息。

[实验目的]

(1) 熟悉多孔材料氮气吸附法测定比表面积和孔结构信息的原理、方法和实验装置。
(2) 了解几种常见的氮气吸附等温线及其对应的孔类型。
(3) 学习如何利用吸附等温线数据计算材料比表面积和孔结构信息。

[实验仪器]

蒸气吸附及比表面孔径分析仪(BSD-PMV 型)、分析天平。

[预习提示]

(1) 了解多孔材料分类、结构及特性。
(2) 熟悉氮气吸附法测试原理、实验装置与测试流程。
(3) 学习如何通过吸附等温线数据计算多孔材料比表面积。

[实验原理]

1. 氮气吸附量的测量

比表面积 S 是指单位质量材料所具有的表面积之和,分外比表面积和内比表面积。理想无孔性材料只具有外比表面积,如硅酸盐水泥。多孔材料具有外比表面积和比表面积,不过由于孔道结构的复杂性,其比表面积无法直接测量。人们以已知截面积的气体分子为探针,通过创造一定条件,使气体分子覆盖(物理吸附)于被测样品整个表面,然后依靠气体吸附量和理论模型计算出材料的“等效”比表面积。此处吸附量一般指单位质量材料在一定压强下吸附的气体体积。为了便于计算和比较,吸附的气体体积都会换算为标准状态下气体的体积。物理吸附一般是弱的可逆吸附,因此吸附温度需要在气体的沸点温度,对于氮气吸附是77.35K。比表面和孔径分析仪器就是创造相应的条件,实现复杂计算的仪器。

由于在常温常压下多孔材料本身会吸附一些空气中的气体分子,因此在氮气吸附测试前需要对样品进行脱气处理。测试开始后,需要先向预抽真空的密闭系统中通入一定量氮气，记录压力值 P_0。此时样品开始吸附氮气，压力值会降低。等待压力值稳定后，记录压力值 P_1。之后逐步提高压力值，使样品在不同压强下逐步吸附氮气，直至该温度下的饱和蒸气压为止。由此可以得到样品的吸附等温线数据。其中压力值可由高精度压力传感器测定，气体吸附量则需要利用气体状态方程进行换算。将压力为 P_0 和 P_1 时密闭系统内气体的体积分别换算为标况下的体积 V_0 和 V_1，可计算出在压力 P_1 下的吸附量为

$$Q_1 = \frac{V_0 - V_1}{m} \tag{2.21-1}$$

式中，m 表示被测样品的质量。

实际实验中，计算时会考虑添加一个补偿项，以抵消理想气体与实际气体的差别和仪器误差等。样品在不同相对压力（实际压力与饱和蒸气压之比）下的氮气吸附量一般由仪器直接计算得出。

2. 吸附等温线

以相对压力为横坐标，恒温条件下的吸附量为纵坐标作图，可以得到材料的等温吸附曲线（也可称为吸附等温线）。吸附等温线可基本分为六种类型（图 2.21-2），多孔材料的吸附等温线大多是这六类等温线的不同组合。Ⅰ型等温线表现为低相对压力下，吸附量急剧上升，并很快接近或达到吸附饱和形成平台期。在接近饱和蒸气压时有些材料会由于微粒之间存在间隙，发生类似于大孔的吸附，导致等温线迅速上升，形成一个小“拖尾”。Ⅰ型等温线往往出现在沸石、分子筛、金属有机骨架等微孔材料中。在狭窄的微孔中，吸附剂与被吸附物质相互作用较强，从而导致在极低相对压力下的微孔填充。但是受到可进入的微孔体积的制约，吸附量会迅速趋于饱和。

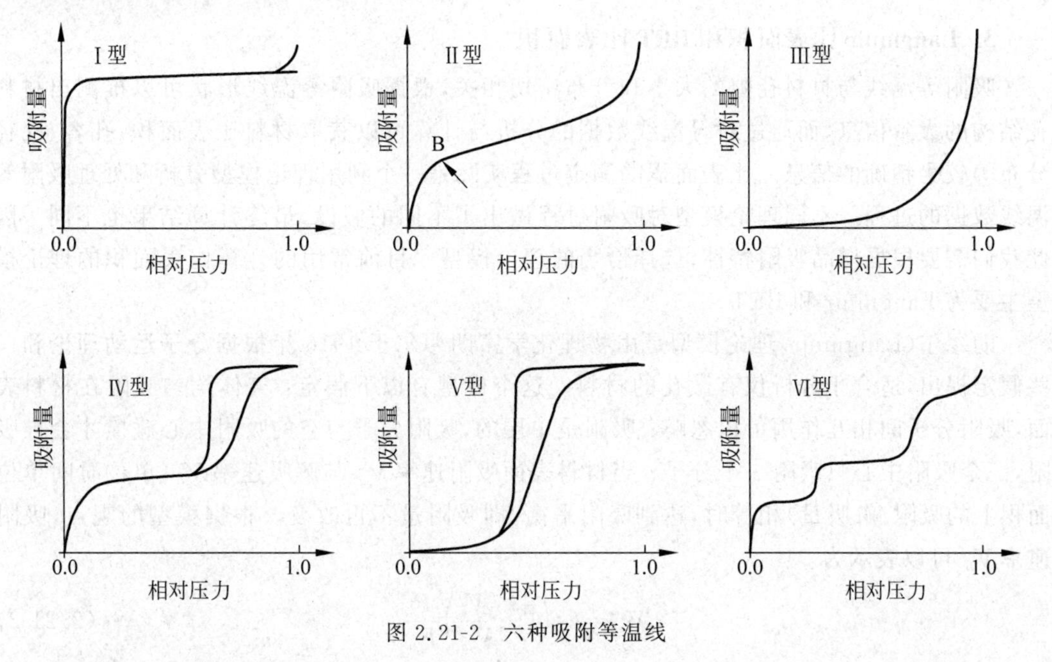

图 2.21-2　六种吸附等温线

Ⅱ型等温线一般对应于无孔或大孔材料的物理吸附过程，其线型反映了不受限制的单层-多层吸附。在相对压力较低时，材料中发生单分子层吸附，吸附量迅速上升，曲线上凸。在相对压力约为 0.3 时，第一层吸附大致完成，随着相对压力增大，逐渐形成多层吸附，在饱

和蒸气压时，吸附层数无限大。大部分Ⅱ型等温线可以看到对应于单层吸附完成的拐点B，但有些材料单分子层饱和吸附点与多层吸附起始点叠加，因此拐点B缺少鲜明的变化。

Ⅲ型等温线呈现下凹形状，较为罕见。这种线型表明材料与被吸附气体之间相互作用较弱，因此在低相对压力下吸附很难发生，吸附量增长缓慢。随着相对压力增大，被吸附的气体分子成为新的吸附位点，加速了吸附的进行，吸附层数也不受限制，因此吸附量迅速上升。Ⅲ型等温线往往出现于无孔或大孔材料上，如水蒸气在石墨表面上吸附或在进行过憎水处理的非多孔性金属氧化物上的吸附。

Ⅳ型等温线在低相对压力区与Ⅱ型等温线类似，曲线凸向上。在中等相对压力时，曲线再次凸起，吸附量迅速上升。Ⅳ型等温线中间部分往往会出现吸附回滞环，即在脱附时得到的等温线位于吸附等温线上方。这种吸附滞后现象与孔中发生的毛细冷凝有关。毛细冷凝是指气体在低于自身饱和蒸气压时，在孔道中冷凝成类似液相存在的现象，孔径越小冷凝发生所需相对压力越小。正是毛细冷凝的发生使得吸附量的提升快于多层吸附，等温线出现新的拐点。滞后环之后等温线出现平台，表示整个体系被凝聚液充满，吸附量不再增加，这也意味着体系中的孔是有一定上限的。Ⅳ型等温线一般出现在介孔类材料中，如氧化物胶体、工业吸附剂和介孔分子筛等。

Ⅴ型等温线在低相对压力区与Ⅲ型等温线类似，但在接近饱和蒸气压时吸附层数有限，吸附量趋于一极限值。在中等相对压力区域会发生毛细冷凝，吸附量上升较快，并伴有回滞环。Ⅴ型等温线较少见，且难以解释，一般在具有疏水表面的微/介孔材料的水吸附过程中出现。Ⅵ型等温线又称阶梯型等温线，它反映的是无孔且高度均匀的固体表面的多层吸附。实际固体表面大都是不均匀的，因此Ⅵ型等温线很罕见。

3. Langmuir比表面积和BET比表面积

吸附等温线与材料孔隙的大小和分布密切相关，根据吸附等温线形状可以推测出材料孔结构的大致信息，而通过对等温线数据的分析与计算可以获取材料比表面积、孔容、孔径分布等较为精确的信息。比表面积的测定过程实际是一个利用理论模型分析和处理吸附等温线数据的过程。不同理论模型对吸附过程做出了不同的假设，最终计算结果也不同。因此我们需要根据样品吸附特性，选择恰当的理论模型。目前常用的计算比表面积的理论模型主要为Langmuir和BET。

朗缪尔(Langmuir)理论模型是由物理化学家朗缪尔于1916年根据分子运动理论和一些假定提出，适合于分析仅有微孔的材料。这个模型有以下假定：气体均匀吸附在材料表面，吸附分子间相互作用可以忽略；吸附是单层的，吸附分子与空的吸附中心碰撞才会被吸附，一个吸附中心只吸附一个分子；当材料表面吸附速率V_a与解吸速率V_b(单位时间单位面积上的吸附/解吸量)相等时，达到吸附平衡，即吸附量不再改变。根据模型的观点，吸附速率V_a可以表示为

$$V_a=k_a\left(1-\frac{V}{V_m}\right)\frac{P}{P_0} \tag{2.21-2}$$

式中，k_a为比例系数；V表示气体吸附量；V_m为单层饱和吸附量；P表示吸附时的实际压强；P_0表示饱和蒸气压。

解吸速率V_d可以表示为

$$V_d = k_d \frac{V}{V_m} \tag{2.21-3}$$

式中，k_d 为比例系数。

达到吸附平衡时，吸附速率等于解吸速率，即

$$k_a \left(1 - \frac{V}{V_m}\right) \frac{P}{P_0} = k_d \frac{V}{V_m} \tag{2.21-4}$$

令 $P' = \frac{P}{P_0}$ 表示相对压力，$B = \frac{k_a}{k_b}$，则 $\frac{V}{V_m} = \frac{BP'}{1 + BP'}$，整理可得

$$\frac{P'}{V} = \frac{1}{BV_m} + \frac{P'}{V_m} \tag{2.21-5}$$

以 P'/V 对 P' 作图，为一直线，根据斜率和截距可求出 B 和 V_m 由此可计算吸附剂具有的比表面积为

$$S_L = 4.35V_m \tag{2.21-6}$$

式中 4.35 为标况下 1mL 氮气单分子层所占的面积，单位为 m^2/mL。

实际上大多数材料对气体的吸附并非单分子层吸附，尤其是物理吸附，基本都是多分子层吸附。1938 年，三位科学家 Brunauer、Emmett 和 Teller 对朗缪尔的理论进行了修正，提出了多分子层吸附模型(又可称为 BET 模型)。BET 模型适用于大部分多孔材料，目前是最常用的比表面积分析方法。BET 吸附模型与 Langmuir 模型的差别在于，BET 模型假定吸附是可以分多层进行的，且不等表面第一层吸附饱和时就开始第二层、第三层等的吸附。吸附平衡时，各层之间均达到各自的吸附平衡。在 Langmuir 模型的基础上，可以推导出 BET 吸附等温式的一般形式为

$$\frac{P}{V(P_0 - P)} = \frac{1}{CV_m} + \frac{C-1}{CV_m}\frac{P}{P_0} \tag{2.21-7}$$

式中，C 和 V_m 都是常数，C 是与被吸附气体特性有关的常数，V_m 为单层饱和吸附量。

以 $\frac{P}{V(P_0 - P)}$ 对 $\frac{P}{P_0}$ 作图，会在相对压力 $\left(即\frac{P}{P_0}\right)$ 为 0.04～0.32 范围内得到一条直线，由直线的斜率和截距可计算出两个常数值 C 和 V_m。之所以是在相对压力为 0.04～0.32 的范围内，是因为当相对压力低于 0.04 时，不易建立多层吸附平衡；高于 0.32 时，易发生毛细冷凝。最终可计算吸附剂具有的比表面积为

$$S_{BET} = 4.35V_m \tag{2.21-8}$$

4. 孔体积和孔径分布

除了比表面积，孔体积与孔径分布也是分析多孔材料性质的重要信息。孔径分布是指不同孔径的孔容积随孔径尺寸的变化率。用氮吸附法测定孔径分布是比较成熟而广泛采用的方法，它是用氮吸附法测定比表面积的一种延伸。气体吸附法测定孔体积和孔径分布利用的是毛细凝聚现象和体积等效代换的原理，即以被测孔中充满的液氮量等效为孔的体积。孔体积和孔径分布的计算同样需要用到不同的理论模型，目前常用的理论模型有 BJH 法、T-Plot 法、H-K 法、NLDFT 法等。

BJH 法是介孔测定的经典方法，它是 Kelvin 方程在圆筒模型中的应用，以毛细凝聚理论和 Kelvin 方程为基础，所得结果比实际偏小。所谓毛细凝聚现象，是指在一个毛细孔中，

若能因吸附作用形成一个凹形的液面，与该液面成平衡的蒸气压力 P 必小于同一温度下平液面的饱和蒸气压力 P_0，当毛细孔直径越小时，凹液面的曲率半径越小，与其相平衡的蒸气压力越低，换句话说，当毛细孔直径越小时，可在越低的 P/P_0 压力下，在孔中形成凝聚液；随着孔尺寸增加，只有更高的 P/P_0 压力下才能形成凝聚液。毛细凝聚现象的发生，将使得样品表面的吸附量急剧增加，因为有一部分气体被吸附进入孔中并成液态，当固体表面全部孔中都被液态吸附质充满时，吸附量达到最大，而且相对压力 P/P_0 也达到最大值 1。相反的过程也是一样的，当吸附量达到最大(饱和)的固体样品，降低其相对压力时，首先大孔中的凝聚液被脱附出来，随着压力的逐渐降低，由大到小的孔中的凝聚液分别被脱附出来。

假设粉体表面的毛细孔是圆柱形管状，把所有微孔按直径大小分为若干孔区，这些孔区按大到小的顺序排列，不同直径的孔发生毛细凝聚的压力条件不同，在脱附过程中相对压力从最高值 P_0 降低时，先是大孔后再是小孔中的凝聚液逐一脱附出来，显然可以产生凝聚现象或从凝聚态脱附出来的孔的尺寸和吸附质的压力有一定的对应关系，该关系可由 Kelvin 方程给出

$$r_K = -0.414\log\left(\frac{P}{P_0}\right) \tag{2.21-9}$$

式中，r_K 为 Kelvin 半径，它完全取决于相对压力 P/P_0，即在某一 P/P_0 下，开始产生凝聚现象的孔的半径，同时可以理解为当压力低于这一值时，半径为 r_K 的孔中的凝聚液将气化并脱附出来。进一步的分析表明，在发生凝聚现象之前，在毛细管壁上已经有了一层氮气的吸附膜，其厚度 t 也与相对压力 P/P_0 相关，可用 Haley 方程表示为

$$t = 0.354\left[-\frac{5}{\ln(P/P_0)}\right]^{\frac{1}{3}} \tag{2.21-10}$$

与 P/P_0 相对应的开始产生凝聚现象的孔的实际尺寸(r_P)应修正为

$$r_P = r_K + t \tag{2.21-11}$$

以这些方程为基础，可以计算出样品的孔体积和平均孔径。由于方程引用的参数都是适用于 77K 下氮气的，BJH 方法只适用液氮温度下氮气吸附的孔径分布计算，不能用于其他温度下(如 273K)的氮气吸附、也不能用于液氮温度下的其他气体(如氧气或氩气)吸附的孔径计算。

T-Plot 法是对整条吸附或脱附曲线的处理方法，T-Plot 可理解为 thickness 图形法，以氮气吸附量对单分子层吸附量作图，凝聚时形成的吸附膜平均厚度是平均吸附层数乘以单分子层厚度(0.354nm)，比表面积＝0.162×单分子层吸附量×阿伏伽德罗常数。样品为无孔材料时，T-Plot 是一条过原点直线，当试样中含有微孔、介孔、大孔时，直线就会变成几段折线，需要分别分析。H-K(Horvaih-Kawazoe)法是微孔孔径分析比较常用和经典的方法，目前常用的有两种理论，H-K 原始模型和 H-K-S-F 模型；H-K 法可以得出材料微孔段的孔径分布和平均孔径，H-K 法适用于裂缝状微孔，如某些炭分子筛和活性炭。NLDFT 法基于 DFT 密度泛函数理论，通过计算吸附在表面和孔内的流体的平衡密度分布，从中导出吸附/脱附等温线、吸附热以及其他热力学参数。适用于许多吸附质/吸附剂体系，与经典的热力学、显微模型法相比，它从分子水平上描述了受限于孔内的流体的行为，其应用可将吸附质其他的分子性质与他们在不同尺寸孔内的吸附性能联系起来，该方法适用于微孔和介孔全量程。

[仪器装置]

实验中使用的蒸气吸附及比表面孔径分析仪实物如图 2.21-3 所示，其中：1～6 为脱气模块，7～10 为测试模块。仪器左侧为脱气模块，用于样品测试前的脱气处理；仪器右侧为测试模块，用于测试样品氮气吸附能力。脱气模块有两个脱气位，主要由温控面板、加热炉、抽拉式隔板、样品管夹套、防污染瓶、真空表等部分组成。温控面板可以用来调控加热炉的温度，并会实时显示加热炉中的温度。温控面板与加热炉相连，可用于调控样品脱气时的温度，抽拉式隔板用于支撑加热炉。加热炉最高加热温度上限为 350℃，安全温度不大于 300℃。各样品管夹套由螺母、垫环(钢圈)、密封圈组成，稍微旋紧螺母(注意不要旋太紧)挤压垫环即可使密封圈变形实现密封。防污染瓶及其中的滤尘袋可以在不降低现有气体流导前提下实现粉尘过滤功能，杜绝粉末样品抽飞后污染仪器内部结构的可能。值得注意的是，两个脱气位的样品管夹套与防污染瓶样品管夹套为并联式，任意一个样品管夹套连通大气都会导致脱气位无法密封。因此，即使只有一个样品脱气，另外一个脱气位也需要安装空样品管或堵头进行密封。真空表会显示脱气位中的实时压力，只有当其示数不小于－10，即样品管内为常压时才能执行拆卸或安装样品管的操作。

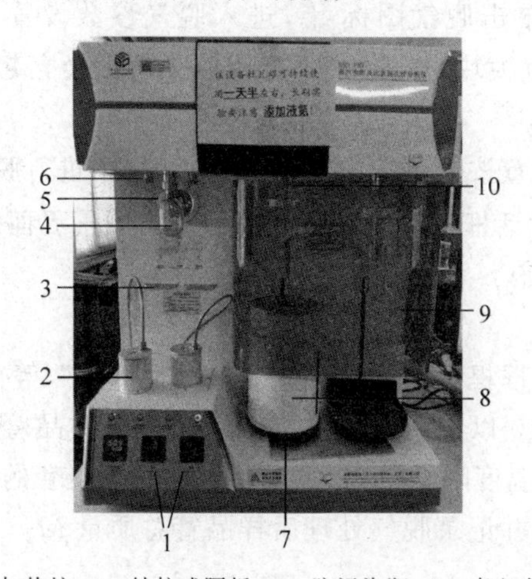

1—温控面板；2—加热炉；3—抽拉式隔板；4—防污染瓶；5—真空表；6—样品管夹套；7—杜瓦罐托；8—杜瓦罐；9—安全罩；10—样品管夹套。

图 2.21-3　蒸气吸附及比表面孔径分析仪实物图

测试模块同样有两个测试位，主要由样品管夹套、安全罩、杜瓦罐、杜瓦罐托等部分组成。测试位样品管夹套的作用和使用方式与脱气位样品管夹套相同。由于氮气吸附需要在液氮温度下进行，因此测试前需要用杜瓦罐盛装适量液氮，并将其置于杜瓦罐托上提供实验所需的液氮浴。测试位 a 与测试位 b 的样品管夹套并未联通，因此仅使用一个测试位时，另外一个测试位并不需要安装空样品管或堵头进行密封。在测试样品管和杜瓦罐全部安装完成后，开始测试前需要安装安全罩，用于防止杜瓦罐上升过程中的液氮飞溅及意外保护。图 2.21-4 给出了实验过程中需要用到的石英器材。装样时，需要将装样漏斗插入样品

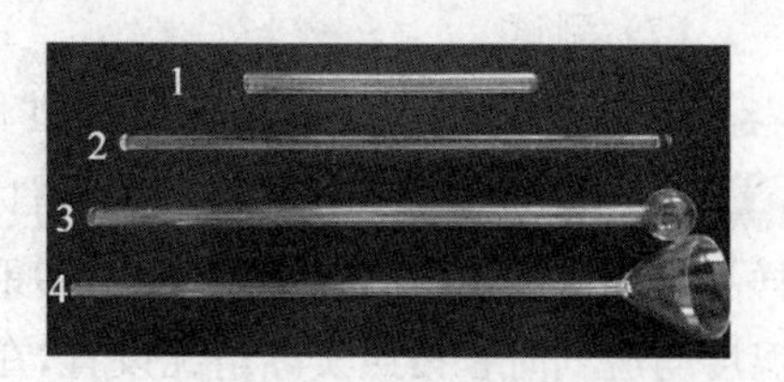

1—堵头；2—填充棒；3—样品管；4—装样漏斗。

图 2.21-4　实验所用石英器材

管中，使样品通过漏斗进入样品管底部，这样可以避免样品污染样品管内壁。样品脱气完成后，安装在测试位之前需要将填充棒塞入样品管中，以减小测试样品管除样品外的死体积。

[实验内容与测量]

1. 实验仪器调节

(1) 开气：打开氮气和氦气钢瓶总阀及减压阀，调节减压阀输出压力至(0.34±0.02)MPa。

(2) 开机：依次打开仪器左后侧电源总开关，启动计算机及测试软件。

(3) 装样：取出一支干净且干燥的样品管，使用分析天平称量并记录样品管初始质量M_0，将漏斗缓慢放入样品管中，加入标准样品(PS16)，使样品薄薄地铺满样品管底部。称量并记录此时样品管质量M_1。尽量使M_1与M_0的差值为50～100mg。

(4) 样品脱气处理。

① 安装样品管：旋转着将装好样品的样品管插入样品管夹套，直至松手后样品管也不会掉落，之后拧紧螺母即可。右侧脱气位以同样方法安装堵头。之后将脱气位下方加热炉拿起，将样品管圆球部位放入加热炉腔内，抽出隔板，将加热炉放置在隔板上。

② 在软件导航页面，单击脱气图标，进入脱气参数设置页面。在页面左上角勾选“脱气位1”。此时仪器脱气模块“加热炉”下方温控1面板会亮起。在面板处设置脱气温度为150℃，脱气时间1h。

③ 在脱气界面单击设置按钮，在跳出的对话框中进行脱气参数设置。脱气类型选择“不易沸腾样品”，单击对话框下方“确定”选项。单击脱气界面左上角开始图标，在弹出的对话框中选择立即开始。

(5) 脱气后称重。

① 在软件弹出的对话框提示“脱气完成”后，单击“确定”，等待系统自动恢复常压，即脱气模块真空表示数升至－10以上。在软件提示可以拆卸样品管后放回隔板，取下加热炉。等待5min左右，使样品管温度降至常温，之后旋松样品管夹套的螺母取下样品管。

② 使用分析天平称量并记录脱气处理后样品管总质量M_2。

(6) 放置样品。

① 略微倾斜样品管，将填充棒缓慢地装进样品管中。然后将样品管安装在左侧测试位上，安装方法与脱气位一致。

② 取出一个杜瓦罐(液氮罐)，将专用量尺放置在杜瓦罐中。戴好手套和护目镜，将液氮倒入杜瓦罐中，直至量尺刻度8cm左右。小心地将杜瓦罐放置在测试位下方的升降台上，其他装置归于原处。

(7) 测试。

① 在软件导航页面单击测试过程界面图标，在测试过程界面左上角单击设置图标，会弹出“设置”窗口。在设置窗口左上角“启用分析站”选项下勾选A，并取消B的勾选。样品名称可按照实验日期设置，样品重量为M_2-M_0，单位为mg，环境温度设置为50℃。脱气温度与脱气时长按照实际情况设置，在测试方案下拉菜单中选择“专业物理实验”。设置完成后，单击设置窗口最下方的“确定”键。

② 确认杜瓦罐盖子已去除后，单击测试过程界面左上角开始图标，在弹出的对话

框中单击确定。最后将安全罩安装在测试模块。

(8) 测试结束。

① 测试结束后,按照软件提示进行操作。确认杜瓦罐托下方没有杂物后,在弹出的对话框中单击“确定”,等待系统自动恢复常压。软件弹出可以拆卸样品管的提示后,等待样品管恢复常温后取下样品管。

② 去除样品管中的填充棒,将标准样品倒入回收瓶中,清洗样品管。

2. 实验测量

(1) 测试结束后,在软件导航页面单击“报告管理”,勾选“测试开始时间”或“测试结束时间”,设置时间区间及“过滤条件”,单击“查询”即可调出所需报告。

(2) 选中所需查看的报告,单击“编辑”,在弹出的对话框中单击“生成报告”,选择“数据汇总报告”。选择汇总报告后,弹出选项对话框,单击“继续”,软件会生成汇总报告供用户查看、打印或者保存。

(3) 将生成的报告以 execl 格式文件保存在相应文件夹中,用 U 盘拷贝数据以备后续分析。

注意事项:

(1) 实验中使用的样品管、填充棒、漏斗等均为易碎品,使用时务必轻拿轻放。

(2) 使用加热炉和液氮时务必做好防护措施。

[数据处理与分析]

打开保存的报告文件,在文件的第一个表格中记录了样品名称与重量、测试时间、测试温度等实验参数,以及由仪器自动计算出的样品孔结构的相关数据,如比表面积、孔体积、孔径等。第 2-6 的表格中一般会记录样品吸附等温线的详细数据,如图 2.21-5 所示,P/P_0 指相对压力,P 是样品吸附氮气时的实际压力,$\sum V$ 是样品氮气吸附量,T 代表吸附时间。之后的表格中记录了比表面积、孔体积、孔径等参数的不同计算模型及其计算过程与结果。

吸附脱附等温线 数据表

Serial	P/P_0	P/bar	ΣV/(ml/g)	T/(h:m)
1	0.000000258	0.000000267	14.1179	00:07
2	0.000002378	0.000002458	28.3156	00:16
3	0.000004499	0.000004650	42.3482	00:24
4	0.000012980	0.000013417	57.1767	00:40
5	0.000036304	0.000037525	71.9738	00:47
6	0.000059628	0.000061633	86.8221	00:54
7	0.000085073	0.000087934	101.7816	01:10
8	0.000123240	0.000127385	116.7020	01:23
9	0.000144443	0.000149301	131.6745	01:45
10	0.000195333	0.000201902	146.6534	01:56
11	0.000258944	0.000267652	161.3953	02:12
12	0.000358602	0.000370662	175.7424	02:31
13	0.000500667	0.000517504	189.7548	02:43
14	0.000716945	0.000741056	204.4492	02:56
15	0.001079530	0.001115835	219.1051	03:03
16	0.001609624	0.001663756	233.5884	03:09
17	0.002394164	0.002474680	247.9332	03:15

图 2.21-5　样品吸附等温线数据表

根据第 2-6 表格中的数据和“实验原理”的 3 和 4,并查阅相关资料,进行如下数据处理和计算。

(1) 绘制样品的氮气吸附等温线(横坐标为相对压力,纵坐标为吸附量)；
(2) 计算样品的BET比表面积和Langmuir比表面积,给出计算过程；
(3) 使用适合的模型计算样品的总孔体积、微孔体积、孔径分布等孔结构参数。

[讨论]

(1) 样品脱气温度和时间的确定需要考虑哪些因素?
(2) 影响测试结果精度的因素主要有哪些?

[结论]

通过实验测得的氮吸附等温线和对数据的分析、讨论,你能得到什么结论?

[思考题]

(1) 根据测得的氮气吸附等温线,判断测试样品中的孔主要是什么类型?
(2) 相比于重量法,实验中使用的静态容量法有哪些优缺点?
(3) 氮气吸附测试多孔材料的比表面积和孔结构信息有哪些限制?

[参考文献]

[1] 戴欣.纳/微米孔结构有机/无机杂化材料的制备[D].长春：东北师范大学,2010.
[2] 崔静洁,何文,廖世军,等.多孔材料的孔结构表征及其分析[J].材料导报,2009,23(13)：82-86.
[3] 苏艳敏.吸液驱气法在多孔材料微孔结构表征中的应用[D].大连：大连理工大学,2013.
[4] 贝士德仪器科技有限公司.BSD-PMV蒸汽吸附及比表面孔径分析仪说明书[Z].

实验2.22 粒子图像测速技术及其在颗粒流场分析中的应用

[引言]

粒子图像测速技术(particle image velocimetry,PIV)是近二十多年发展起来的一种瞬态、多点、无接触式的流场测量技术。PIV技术融合了计算机、光学及图像处理技术等交叉学科,使用数字相机拍摄流场照片,得到流场中前后两帧粒子图像,通过灰度化、光照不均校正、粒子匹配、速度向量判断等步骤对粒子图像进行互相关计算得到流场一个切面内定量的速度分布,进一步得到流场中粒子的运动轨迹、流场流动形态等流场空间结构与流动特性。近几十年来,随着光机电、数字图像处理、计算机技术的飞速发展,PIV技术已逐渐成为一项成熟而得以广泛应用的流体测量工具,在微尺度流动测量、风洞速度测试(如汽车、火车、飞机、建筑物等)、水流速度测量(如一般流体力学研究、船体设计、旋转机械、渠道流等)、两相流与多相流研究(如谷物干燥、地震、泥石流、粉尘吸附等)、环境研究(燃烧研究、波动力学、海岸工程、潮汐模型、河流水文等)、生物医学研究等领域有着广泛的应用。

[实验目的]

(1) 了解粒子图像测速技术(PIV)的基本原理。
(2) 学会通过PIV分析流场,绘制流场速度矢量图。

(3) 使用 PIV 分析颗粒流场，了解振动作用下颗粒流场中的粒子流动特性。

[实验仪器]

粒子图像分析系统软件 MicroVec，东菱 ES-2-150 型振动仪电磁振动系统，有机玻璃透明容器，颗粒物质，相机(手机、高速相机等)，补光灯，支架，扳手等。

[预习提示]

(1) 什么是粒子图像测速技术(PIV)？

(2) 什么是流场速度矢量图？由流场速度矢量图可以得到什么？

(3) 振动作用下的粒子流动特性与运动规律是什么？

[实验原理]

1. 粒子图像测速技术与粒子跟踪测速技术

1) 粒子图像测速技术

粒子图像测速技术(PIV)，是 20 世纪 70 年代末发展起来的一种瞬态、多点、无接触式的流体力学测速方法。基本原理是在流场中投入流动跟随性好的示踪粒子，以示踪粒子的速度表示其所在位置处的流体的运动速度。因此，在流场中的示踪粒子直接决定着 PIV 技术量测的精度。只有示踪粒子分布均匀、流动跟随性高，其运动才能真实反映流体运动状态。

如图 2.22-1 所示，一般是应用自然光或激光照射流场中的一个测试平面，使用 CCD 等摄像设备获取示踪粒子的运动图像，通过灰度化、光照不均校正、粒子匹配、速度向量判断等步骤对粒子图像进行互相关计算。根据相邻两帧图像之间的时间间隔 t_2-t_1 以及示踪粒子 i 的位置(x_1,y_1)与(x_2,y_2)，测量示踪粒子 i 在时间间隔 t_2-t_1 内的位移，间接地测量示踪粒子 i 所在位置的流场的瞬态速度分布 Δv。通过大量示踪粒子计算出流场的其他运动参量(包括流场速度矢量图、速度分量图、流线图、旋度图等)。

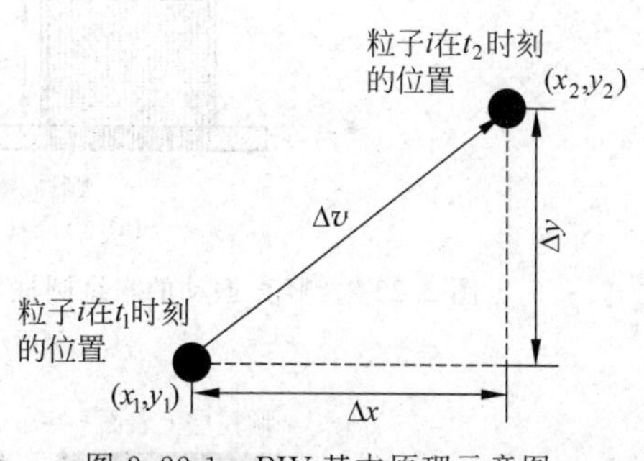

图 2.22-1　PIV 基本原理示意图

随着 PIV 技术的发展，PIV 技术已被广泛应用于液、气单相流流场测定，以及气-固、气-液、液-固、气-液-固等多相流领域。对于单相流的测量，示踪粒子的物性参数基本相同，PIV 技术量测精度主要与示踪粒子的流动跟随性相关。对于多相流的测量，关键在于将连续相和分散相的示踪粒子图像进行区别，通常采用荧光标记法、亮度分辨法、粒径分辨法、中值滤波法、双参数相分离法和系统相关法等，在相分离后，采用 PIV 技术获得每一相的速度分布与矢量图。

2) 粒子跟踪测速技术

粒子跟踪测速技术(particle track velocimetry，PTV)是在 PIV 技术上发展起来的一种常见的流场分析方法。PIV 技术实现了相邻两帧图像(例如，时刻 t_1 与 t_2)之间的相同粒子的识别与匹配，获得相邻两帧图像中粒子的空间位置坐标与运动速度大小。在此基础上，

PTV技术连续处理一段时间序列上的全部的相邻帧数图像(例如,时刻 t_1 与 t_2、时刻 t_2 与 t_3、时刻 t_3 与 t_4……),获得了在该段时间序列内粒子的连续的空间位置坐标与运动速度大小,进而描绘出粒子的运动轨迹。由此,PTV技术在实验测量整个流场速度分布的同时,可以逐个区分流场中不同粒径粒子的运动特性,同时得到每一个粒子的空间位置坐标、运动速度大小以及空间浓度分布和粒子直径统计分布。

2. PIV与PTV技术在颗粒流场分析中的应用

颗粒物质是由大量离散固体颗粒所构成的集合体,例如砂石、浮冰、建材、煤炭、粮食以及药品等。在旋转、振动与气流等外部激励作用下,颗粒物质可以像液体和气体一样流动,形成类似流体流动状态的颗粒流,且呈现出十分复杂且丰富的流动特性。通过PIV技术可分析颗粒流场中粒子的流动特性。

以在竖直振动作用下单种颗粒组成的颗粒物质为例。如图2.22-2所示,将由单种颗粒组成的颗粒物质放入竖直振动的透明容器中,在容器侧面的三个角度拍摄颗粒物质在容器壁面附近的运动状态。因单种颗粒的颗粒物性(尺寸、密度、光学性质等)基本相同,容器中的颗粒均可作为示踪粒子。在竖直振动作用下,容器中的颗粒物质会形成颗粒流,展现出不同的对流模式,例如图2.22-3中所示的三种情况。使用相机及补光装置拍摄颗粒流,通过PIV技术分析视频或照片可获得颗粒物质的速度矢量图,使用PTV技术可获得粒子的运动轨迹。

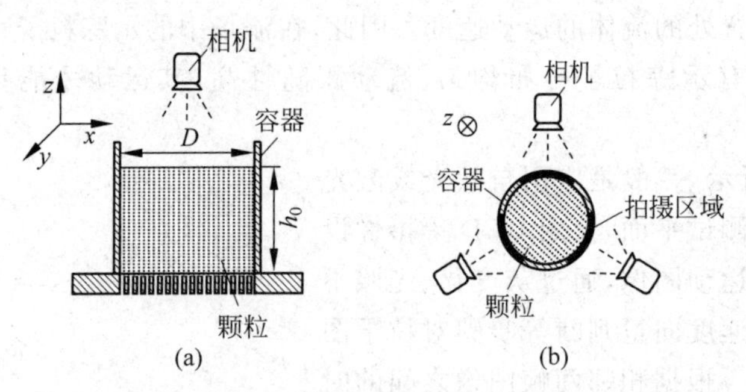

图2.22-2 竖直振动的三维圆柱体容器中颗粒物质对流运动的实验装置示意图

(a) 侧面示意图;(b) 俯视示意图

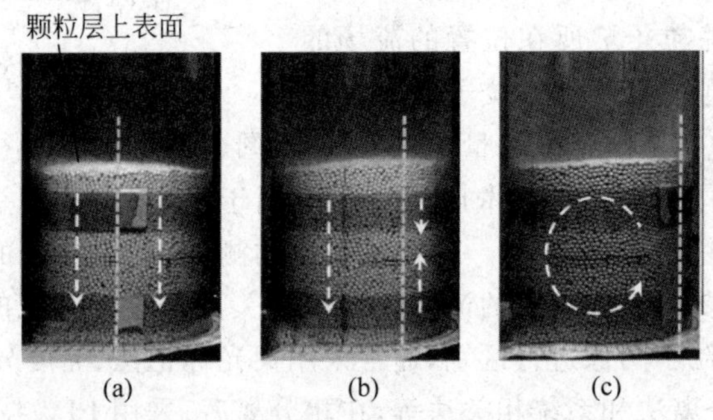

图2.22-3 竖直正弦振动与气流作用下颗粒物质的实验照片(颗粒直径2.0mm,无量纲振动加速度2,振动频率45Hz)

(a) 气流速度0.00m/s;(b) 气流速度0.61m/s;(c) 气流速度1.01m/s

1) 速度矢量图

在速度矢量图中,速度矢量通常被标示为一个带箭头的线段,线段的长度表示速度的大小，箭头所指的方向表示速度矢量的方向。速度矢量显示了其所在位置的流场的速度大小与方向，由许多速度矢量构成的速度矢量图则反映了其所在范围内的流场的速度分布。此外，用颜色表示速度大小可以更直观地显示流场的速度分布。PIV 也可以给出数据结果，包括：粒子坐标、速度分量、合成速度、涡量、脉动量、统计速度、统计脉动量等。

使用 PIV 软件分析图 2.22-3 对应的实验视频，获得如图 2.22-4 所示的速度矢量图。在图 2.22-4(a)中，速度矢量箭头向下，说明环绕容器壁面的三个拍摄区域内颗粒均向下运动，其呈现的颗粒对流如图 2.22-3(a)所示，颗粒在容器壁面附近区域向下运动，在容器中心区域向上运动，这导致颗粒层上表面在中心形成突起；在图 2.22-4(b1)与(b3)中，颗粒均向下运动，

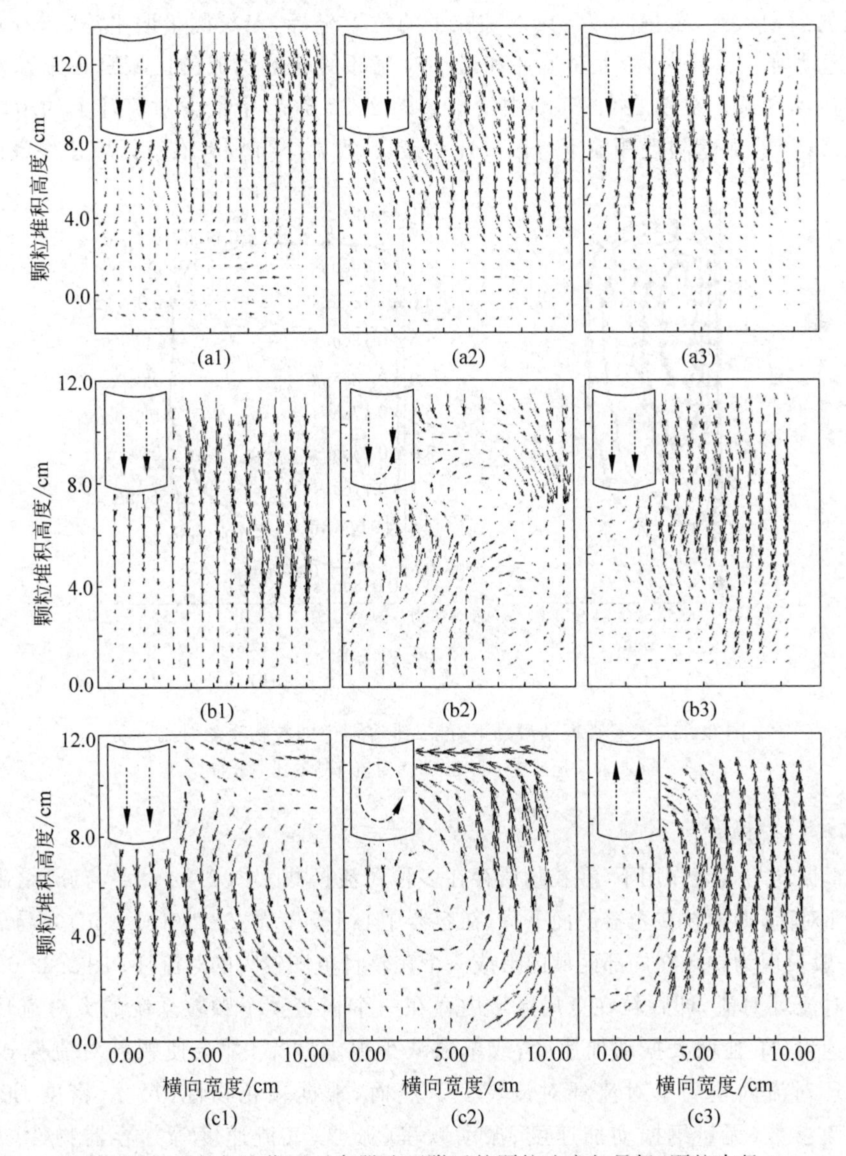

图 2.22-4　竖直正弦振动与气流作用下容器壁面附近的颗粒速度矢量场(颗粒直径 2.0mm，无量纲振动加速度 2，振动频率 45Hz。其中，各图号中的 1～3 分别对应图 2.22-2(b)中的三个不同拍摄区域)

(a1)～(a3) 气流速度 0.00m/s；(b1)～(b3) 气流速度 0.61m/s；(c1)～(c3) 气流速度 1.01m/s

而在图 2.22-4(b2)中下层的部分颗粒开始向上运动，对应图 2.22-3(b)，颗粒层上表面的突起向容器壁面发生水平偏移，容器壁面附近的部分颗粒开始向上运动；在图 2.22-4(c)中，颗粒在容器一侧向下运动，在容器另一侧向上运动，形成了一个明显的对流环。对应图 2.22-3(c)，颗粒层上表面的突起移动至容器壁面附近，颗粒在容器壁面一侧上升并在另一侧下降，颗粒层上表面形成单侧倾斜状态。

2）粒子运动轨迹

通过识别不同大小的粒子及其空间位置，进行前后两幅图像计算各个粒子的位移，结合曝光时间得到各个粒子的空间分布位置和速度信息。如图 2.22-5(a)所示，分析矩形容器中颗粒物质的运动状态，获得对流环中示踪粒子的位置坐标，多次测量取平均后，分别绘制了5条粒子运动轨迹。其中，最大对流环和最小对流环的轨迹围成的区域是在跟踪范围内颗粒对流的运动区域。在图 2.22-5(b)中给出了图 2.22-5(a)中最大对流环上的示踪粒子的速率，可发现容器侧壁附近颗粒下行区域速率最快，容器下部颗粒右行区域速率最慢。

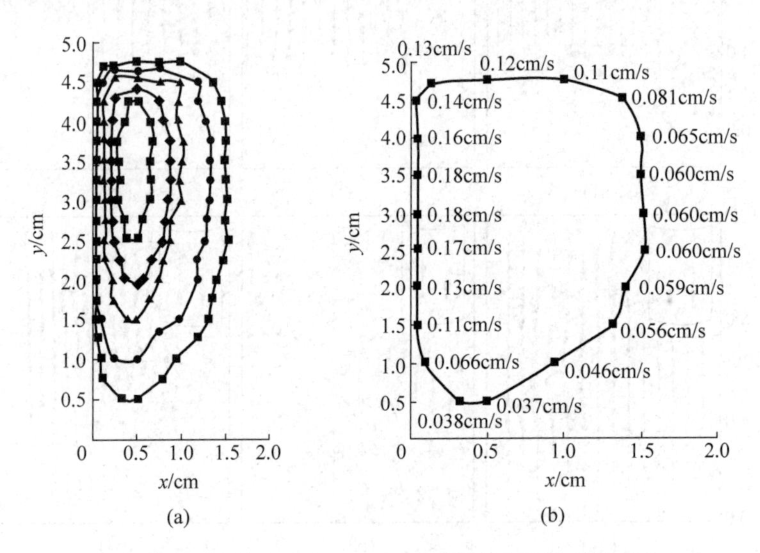

图 2.22-5 竖直振动激励下，准二维容器中颗粒物质的对流运动

(a) 粒子运动轨迹；(b) 最大对流环上的速率分布

3）颗粒对流模式

在竖直振动与气流作用下，颗粒物质存在多种对流模式。图 2.22-6(a)与(b)给出了常见的双对流环对流，即颗粒在容器壁面下降，在容器中心上升；图 2.22-6(c)～(d)为局部单对流环对流，一般表现为颗粒在局部区域内形成一个完整且范围较大的对流环；图 2.22-6(e)～(g)为全局单对流环对流，即颗粒在全局区域内存在一个横跨整个颗粒系统的大对流环。单独增大气流速度，单独增大振动加速度，或单独减小振动频率，都会使颗粒对流模式由常见的双对流环对流向全局单对流环对流转变。然而，根据颗粒物性(尺寸、密度、形状等)、振动与气流参数(无量纲振动加速度、振动频率、振幅、气流速度等)、容器物性(尺寸、形状、摩擦系数等)等因素的影响，颗粒对流模式多种多样，导致其转变过程也十分复杂。利用 PIV 与 PTV 分析颗粒流场中粒子的流动特性，可以进一步探索颗粒对流模式及其转变规律。

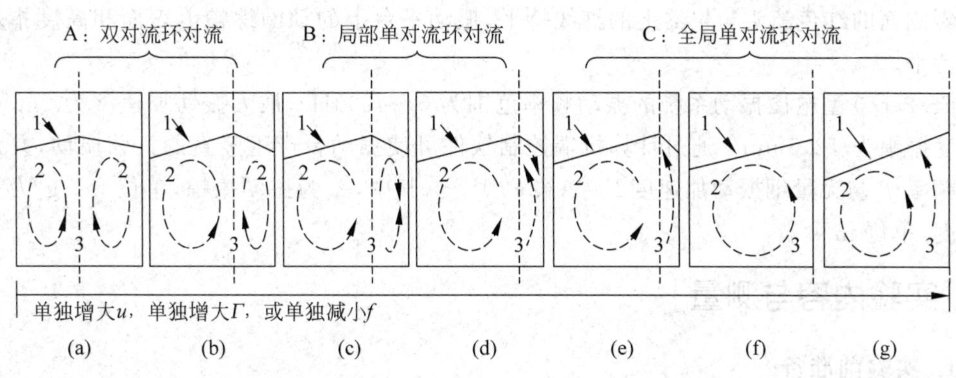

图 2.22-6　竖直振动与气流作用下单组分颗粒系统的颗粒对流模式转变过程

外部激励为竖直正弦振动，采用无量纲振动加速度 $\Gamma=A(2\pi f)^2/g$ 来标度振动的强烈程度，其中，A 为振动振幅，单位 m；f 为振动频率，单位 Hz，g 为重力加速度，单位 m/s^2

[仪器装置]

如图 2.22-7 所示，ES-2-150 电磁振动系统主要由振动台控制仪、功放电柜、冷却系统、台体组成。振动台控制仪为控制计算机及振动试验控制系统软件"Shaker Controller"，通过计算机端口与数据线连接传感器与功放电柜；冷却系统使用鼓风机降温；台体主要结构包括振动平台(动圈)、高度指示尺、励磁驱动装置(驱动线圈、励磁线圈、中心磁极)、中心气囊、隔振气囊、传感器、充气口(即打气筒)等。

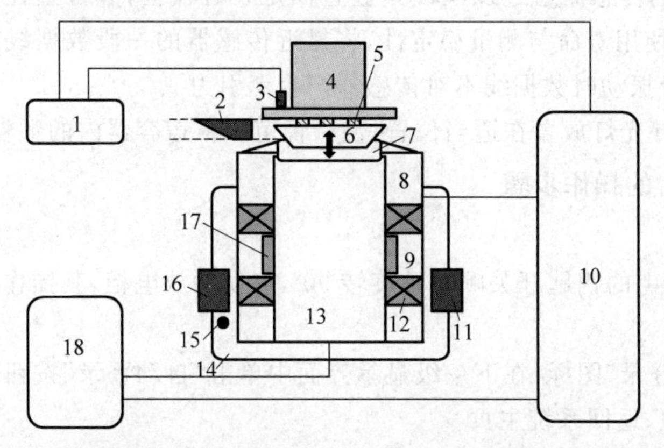

1—振动台控制仪；2—高度指示尺；3—传感器；4—容器；5—动圈螺帽；6—振动平台(动圈)；7—中心气囊；8—台体；9—隔振气囊；10—功放电柜；11—中心气囊气阀；12—励磁线圈；13—中心磁极；14—机座；15—充气口；16—隔振气囊气阀；17—驱动线圈；18—冷却系统。

图 2.22-7　振动台结构示意图

振动平台上有动圈螺帽，可通过螺丝紧固的方式固定容器与传感器。传感器与控制电脑的端口连接，用于自检测/反馈振动台工作过程中振动平台的运动状态，以便实现精准控制，建议安装在靠近振动平台中心轴的位置。励磁驱动装置用于控制振动平台在竖直方向的运动状态。中心气囊用于调节振动平台的初始高度，影响其在竖直方向的最大位移，即最大振动幅值。隔振气囊在振动台工作过程中用于减振。实验前，需通过充气孔给隔振气囊与中心气囊充气，分别调节隔振气囊与中心气囊的气阀调节台体与振动平台的高度，要求隔振气囊侧面的红色箭头与仪器上的红线持平，振动平台上的动圈螺帽上表面和高度指示尺平面持平。

ES-2-150 型电磁振动系统的振动频率范围为 5～4000Hz，最大振动加速度为 2m/s，最大振动振幅为 12.5mm。通过计算机端控制软件可使振动台产生竖直的正弦振动，并设定振动频率 f 与无量纲振动加速度 $\Gamma=A(2\pi f)^2/g$，其中，A 为振动振幅，单位 m；g 为重力加速度，单位 m/s^2。

[实验内容与测量]

1. 实验前准备

(1) 将容器通过螺钉等紧固工具安装在振动平台上，并将传感器固定在容器上。为保障振动平台运行稳定，传感器一般安置在靠近振动平台中心轴的位置。将颗粒物质放入容器中，记录颗粒物质的尺寸、密度、质量等颗粒物性参数、容器几何尺寸、颗粒物质堆积高度等。

(2) 检查台体平台高度，隔振气囊是否有气。台体上的红箭头和红线应该持平，用气筒补气或放气把红线和红箭头持平，可用隔振气阀来调节(将气阀的调节手柄拔起，顺时针旋转为加气，逆时针为放气，加放气完成后按下调节手柄)。

(3) 检查振动平台是否在对中状态。用高度指示尺测量，用气筒补气或放气把振动平台螺帽和高度指示尺平面调平，可用中心气阀来调节(将气阀的调节手柄拔起，顺时针旋转为加气，逆时针为放气，加放气完成后按下调节手柄)。

(4) 将振动台的传感器通过螺丝锁紧竖直固定在容器上，并检查连接是否牢固。为提高传感器与数据线使用寿命与测量稳定性，将靠近传感器的一段数据线通过胶带粘在传感器旁边，使振动平台振动时数据线不对传感器产生牵引力。

(5) 将相机与补光灯放置在适当位置，使摄像范围覆盖容器内的颗粒物质。

2. 竖直振动台的操作步骤

(1) 开机步骤：

① 将功放电柜上的钥匙开关顺时针旋转 90°，启动功放电柜，其操作触屏上显示功率放大器系统主页。

② 单击“用户登录”图标，在下一级显示界面中单击“自动登录”按钮。系统完成自动登录后，按“返回”按钮，返回系统主页。

③ 在系统主页，单击 “功放控制”图标，显示功放控制系统界面。

④ 在功放控制系统界面内，单击右侧“开机”按钮，启动功放的主电源以及鼓风机。启动过程大约需要 11s，触摸屏左下角区域中会动画显示鼓风机及系统的当前状态。注意：若鼓风机未启动，机柜会自动鸣笛警报。完成下一步操作后，鼓风机将正常启动，结束鸣笛警报。

⑤ 机柜启动完成后，“启动”按钮亮起。单击“启动”按钮，打开功放增益。此时，未启动的鼓风机将自动启动，仪器正常运行。

⑥ 单击“增益比例”图标，设置增益比例为 80%，按确定键，返回功放控制系统界面。

(2) 软件操作：

① 启动计算机，单击软件图标“ShakerController”，打开振动试验控制系统。

② 单击“工程”菜单栏的“新建”，选择“正弦”试验模块，单击“确定”。或者，单击“工程”菜单栏的“打开”，选择打开已保存的试验项目。

③ 设置振动参数。

进入试验界面后，界面上方显示试验参数设置工具栏，从左到右分别为：“振动台参数设置”“通道参数设置”“控制参数设置”“目标谱设置”“进度表设置”。

“振动台参数设置”：设置振动试验的位移、速度和加速度等参数的极限值。一般保持系统默认参数。

“通道参数设置”：设置输入通道、输出通道及传感器参数。在图 2.22-8 的输入通道参数对话框中，选择“输入 1”的类型为“控制”，“耦合”选择“交流”，“传感器”选择“加速度”，“传感器类型”选择“电荷”。“灵敏度”与“单位”由实验室给出，其他参数及通道设置保持默认不变。在开始试验前，有必要检查这些设置，重点检查系统中输入通道编号是否与仪器的输入通道编号(见计算机背部)相符。

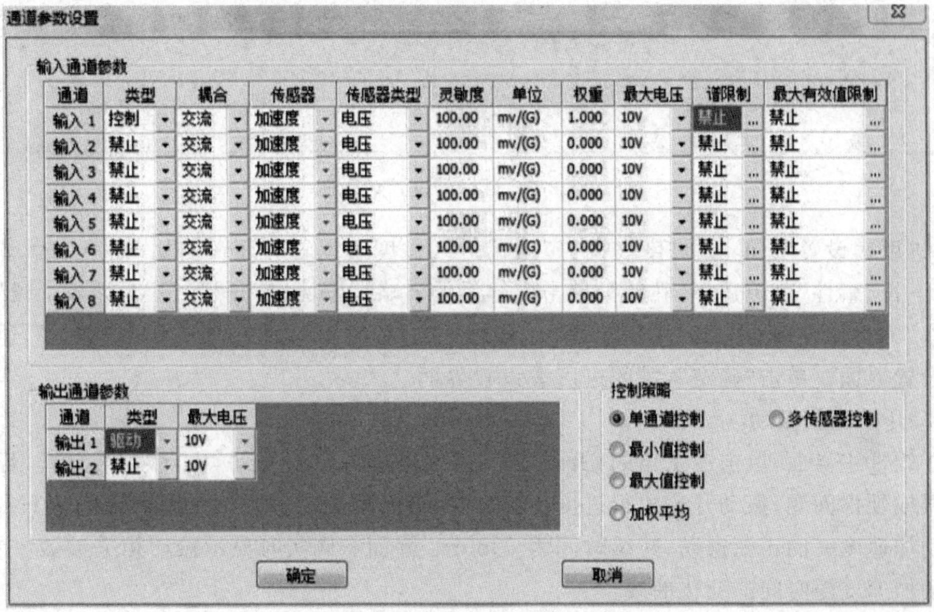

通道参数设置

输入通道参数

通道	类型	耦合	传感器	传感器类型	灵敏度	单位	权重	最大电压	谱限制	最大有效值限制
输入 1	控制	交流	加速度	电压	100.00	mv/(G)	1.000	10V	禁止	禁止
输入 2	禁止	交流	加速度	电压	100.00	mv/(G)	0.000	10V	禁止	禁止
输入 3	禁止	交流	加速度	电压	100.00	mv/(G)	0.000	10V	禁止	禁止
输入 4	禁止	交流	加速度	电压	100.00	mv/(G)	0.000	10V	禁止	禁止
输入 5	禁止	交流	加速度	电压	100.00	mv/(G)	0.000	10V	禁止	禁止
输入 6	禁止	交流	加速度	电压	100.00	mv/(G)	0.000	10V	禁止	禁止
输入 7	禁止	交流	加速度	电压	100.00	mv/(G)	0.000	10V	禁止	禁止
输入 8	禁止	交流	加速度	电压	100.00	mv/(G)	0.000	10V	禁止	禁止

输出通道参数

通道	类型	最大电压
输出 1	驱动	10V
输出 2	禁止	10V

控制策略

单通道控制　多传感器控制　最小值控制　最大值控制　加权平均

确定　取消

图 2.22-8 通道参数设置对话框

“控制参数设置”：设置试验启动电压、最大自检电压、中断时间、量级变化率等参数，一般保持默认不变。

“目标谱设置”：设置正弦振动相关参数，如图 2.22-9 所示。

以振动频率 30Hz、无量纲振动加速度 2 的正弦振动为例。首先，单击“目标谱设置”图标，打开“目标谱”界面。设置段类型“起始频率”的“频率”，其数值应略小于目标频率，可设置为 29Hz；设置段类型“定加速度”的“频率”大于目标频率，可设置为 31Hz；设置段类型“定加速度”的“加速度峰值”为 2G；删除其他段类型；单击“预览”按钮，计算已经输入的数据及刷新目标谱图。此时，查看段类型行中的加速度、速度和位移的参考值是否在振动台限制以内。如果超出振动台限制，则会报错，需修改振动条件；检查无误后，单击“保存”，关闭“目标谱”界面。

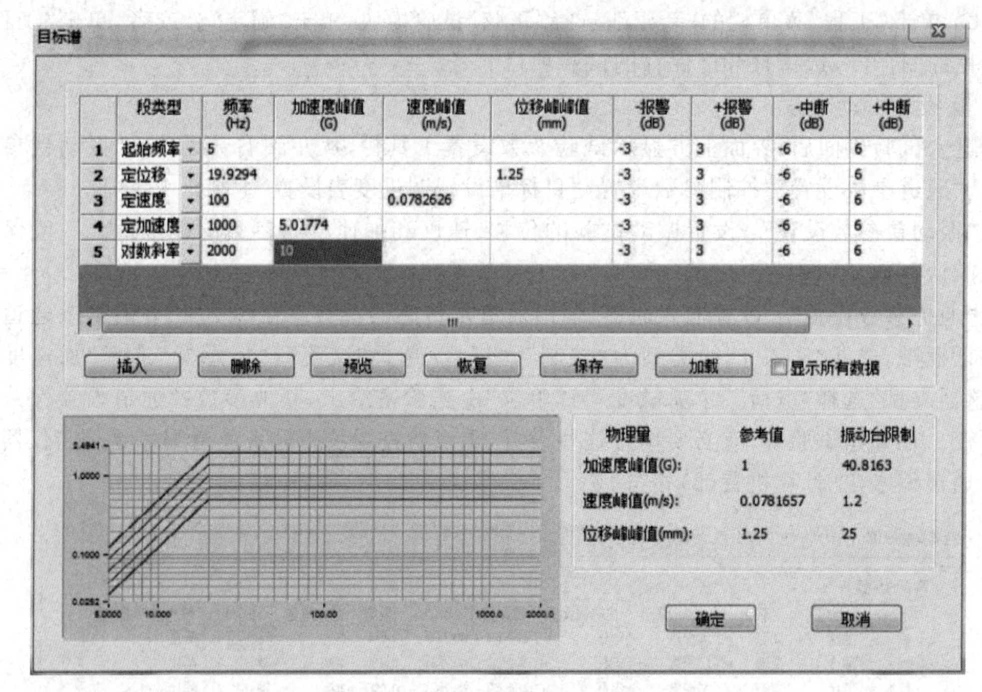

图 2.22-9　目标谱设置对话框

“进度表设置”：单击“进度表设置”图标进入进度表设置界面。例如，在第一个事件条目中，下拉“事件”菜单选择“驻留”，单击内容后的省略号图标，打开“驻留”对话框。设置“驻留频率”为目标频率 30Hz，“驻留量级”为 100%，“驻留时间”为 60min。单击“确定”，返回进度表设置界面。单击“确定”，关闭进度表设置界面。

④ 开始正弦振动。

在软件主界面，单击左下角的“开始”按钮，仪器进入自检程序，大约耗时 30s。若无设置错误或硬件问题，振动开始执行进度表第一项事件，即振动台开始作振动频率 30Hz、无量纲振动加速度 2 的正弦振动，持续时间为 60min。界面右侧实时显示振动相关参数，中间显示振动加速度随时间的变化曲线。

振动持续一段时间后，颗粒对流运动已处于动态的稳定状态，表现出稳定的颗粒对流模式。此时，保持振动激励，通过相机拍摄颗粒运动。拍摄过程中，根据视频拍摄效果调整补光灯的亮度与角度，使颗粒边缘清晰、便于识别。为便于数据处理，可在拍摄颗粒运动的同时拍摄标尺，用于视频像素与实际尺寸的定标。若拍摄视频无时间轴，拍摄视频时建议增加时间信息，以便确定视频文件中一帧对应的时长。

⑤ 停止正弦振动。

单击左下角的“中断”按钮，振动台停止运行。实验结束后，关闭软件，关闭计算机。

(3) 关机步骤：

① 振动台停止运行后，关闭“ShakerController”软件，关闭计算机。

② 在功放电柜的功放控制系统界面中，依次单击“复位”按钮与“关机”按钮。此时，系统各主要部件停止运行，冷却系统(鼓风机)继续运行 5min，使台体充分冷却后将自动关闭。

③ 鼓风机自动停止工作后，将功放电柜上的钥匙开关逆时针旋转 90°，关闭功放电柜。

3. PIV 分析颗粒流场

(1) 启动计算机。

(2) 设置软件显示窗口的大小。

软件在显示窗口中显示粒子图像。若显示窗口大于粒子图像的尺寸，会在实验结果中引入无效数据；若显示窗口小于粒子图像的尺寸，则会失去未显示的图像区域的实验数据。为此，实验前需查看待处理的粒子图像的分辨率，在软件中设置软件显示窗口的尺寸。

① 查看拍摄视频图像的分辨率。右击图像文件，选择“属性”-“详细信息”，查看图像的分辨率。

② 在软件中制作对应的图像分辨率设置文件。启动 XCAP 软件，单击相继弹出两个对话框的“ok”按钮。

③ 单击窗口菜单栏中的“PIXCI®”，选择“open/close”选项；在弹出的“open/close”窗口中依次单击“close”“Camera&Format”，在弹出窗口中单击“ok”，自动关闭窗口。

④ 在“open/close”窗口中单击“open”，在弹出窗口中单击“ok”，自动关闭窗口。

⑤ 在“EXPIX® PIXCI® E4: Generic Camera Link: Capture & Adjust”窗口中选择“Resolution”界面，调节水平分辨率与竖直分辨率，设置与粒子图像分辨率相同的数值(单位：像素)。

⑥ 单击窗口菜单栏中的“PIXCI®”，选择“Export Video Setup”选项，弹出“Video Setup Import/Export”窗口，单击按钮“Browse”选择保存文件路径。

⑦ 保存设置至“B260”文件夹中的“es. fmt”文件，单击“Accept”。

文件夹路径：C:\MicroVec\MV64\Camera\B260

注意：请勿调用其他相机设置文件，实验中仅使用或调整 B260 型相机设置。

⑧ 在“Video Setup Import/Export”窗口中依次单击“apply”“ok”，自动关闭窗口。

⑨ 关闭 XCAP 软件。

⑩ 打开粒子图像分析系统软件 MicroVec。

⑪ 单击菜单栏中的“分析”选择“参数设置”，在“参数设置”窗口中设置相机型号为“B260”，单击确定。

⑫ 将软件 MicroVec 关闭并重启，系统自动调用已保存的设置参数。

(3) 标定图像放大率。

单击数字标尺功能按钮，打开数字标尺(图 2.22-10)，可显示在主显示窗口中拖动画出的直线相关参数。在校准板图像中圈出适当区域的像素坐标，读取实际长度(单位 mm)并填入窗口，单击“图像放大率”，自动计算图像放大率(单位 mm/pixel)与速度放大率(单位 m/(s·pixel))。为提高标定精度，校准区域圈选范围需偏大。在跨帧时间内，可设置两帧图像的时间间隔(单位 ms)。

(4) 粒子图像测速测量(PIV)。

① 单击“打开图像序列”图标，选择待处理的粒子图像。选择第一张粒子图像并打开，自动读取同文件夹内序列图像文件。范围设定可设置读取图像文件的起始编号与结束编号。

② 单击“PIV 向量计算”图标，打开 PIV 向量计算窗口。

在“计算图像”区域内，设置 PIV 对比分析使用的两帧图像。选择已导入的序列图像中

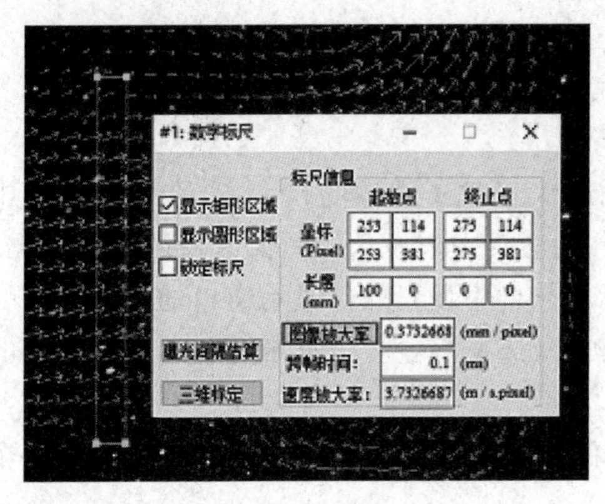

图 2.22-10　数字标尺

第1张图像为第一帧，第2张图像为第二帧，分析粒子在两帧时间间隔中的运动。

在“参数设定”区域内，设置选取互相关计算中计算窗口尺寸，共有4、8、16、32、64、128六个选择(单位为像素)。计算的相邻两个向量的间距(单位为像素)，也就是最终计算的向量网格的间距(推荐参数是判读区尺寸的二分之一)。计算时坐标原点在图像左上角；X代表水平方向，正方向是从左往右；Y代表竖直方向，正方向为从上往下。在“PIV计算高级选项”区域内，可选择使用图像边界模板、迭代方式、窗口变形算法修正。

单击确定后，执行PIV向量计算，并用彩色矢量表示粒子速度矢量大小及方向。

③ 单点数据分析

在菜单栏中单击“分析”-“单点数据分析”，可分析图像中粒子在X轴与Y轴方向的速度、垂直XY方向的速度与涡量。

“预览结果曲线”命令：以一个像素为单位给出设定区域中所有计算结果的变化曲线。

“导出单点数据结果”命令：将上述结果依次保存于.dat格式数据文件中。在数据文件中，“U”表示X方向速度(正方向自左向右)，“V”表示Y方向速度(正方向自上向下)，“W”表示垂直于XY方向速度，“Velocity”表示速度向量长度，“Vorticity”表示涡量。

④ 单击菜单栏“分析”-“PIV批量分析”，设置批量处理的计算范围与计算方式，单击确定，开始计算。单击上方向箭头回到第一帧图像(缓存序号1)，通过右方向键查看批量处理的测量结果。

⑤ 保存批处理结果与图像输出

保存批处理结果，选择存储路径与存储范围，单击存储，储存为.dat格式文件。图像输出可选择单幅图像输出、系列图像输出、单幅屏幕图像输出和系列屏幕图像输出。

⑥ PIV数据结果的显示

MicroVec 3可以通过相关的快捷面板直接连接到Tecplot 10软件上，进行当前缓存上PIV数据结果文件的显示。该功能的使用过程为：“查看”-“启动Tecplot”-“Select Initial Plot”(单击确定)-单击开始MicroVec。此时就可以使用该功能对数据文件进行查看，显示流场的PIV数据结果的方向分量、速度、涡量、脉动量等相关参数。单击保存的.dat格式文件，采用文本格式打开可直接查看相关数据结果。

(5) 粒子图像跟踪测速(PTV)。

① 单击“PTV向量计算”图标，打开PTV向量计算窗口。粒子图像跟踪测速(PTV)通过尺寸、灰度等信息识别不同大小的粒子及其空间位置，进行前后两幅图像计算各个粒子的位移，结合曝光时间得到各个粒子的空间分布位置和速度信息。

② 单击菜单栏“分析”-“PTV批量分析”，设置批量处理的计算范围、计算方式，单击“确定”，开始计算。PTV计算批处理与保存批处理结果与PIV计算批处理设置中对应命令使用方式及参数意义一样。末位缓存显示的粒子轨迹图。

③ 保存批处理结果与图像输出。保存批处理结果，选择存储路径与存储范围，单击“存储”，储存为.dat 格式文件。图像输出可选择单幅图像输出、系列图像输出、单幅屏幕图像输出和系列屏幕图像输出。

④ PTV 数据结果的显示

单击保存的.dat 格式文件，选择使用 Tecplot 10 软件打开，查看数据。在 MicroVec 3 软件中，暂不可直接打开 Tecplot 10 软件调取 PTV 数据。单击保存的.dat 格式文件，采用文本格式打开可直接查看相关数据结果。PTV 跟踪结果文件中，一组“PTV Analysis Result”数据为一个粒子的运动状态相关参数。

(6) 数据拷贝：测量完成后，依次单击 File/Export/ASCII，勾选“Data information”，输出数据。

[数据处理与分析]

(1) 绘制测量得到的颗粒物质的速度矢量图。

(2) 分析速度矢量图，分析颗粒对流的模式。

(3) 分析颗粒流场随振动加速度、振动频率的变化规律。

[讨论]

对实验现象和实验测量结果进行讨论和评价。

[结论]

通过本实验，写出你得到的主要结论。

[思考题]

如何使用 PIV 技术测量并分析三维圆柱形容器中透明的颗粒物质的速度矢量场？如何测量不透明的颗粒物质的速度矢量场？

[参考文献]

[1] 段俐，康琦，申功炘. PIV 技术的粒子图像处理方法[J]. 北京航空航天大学学报，2000，26(1)：79-82.

[2] 程易，王铁峰. 多相流测量技术及模型化方法[M]. 北京：化学工业出版社，2016.

[3] 陈根华，詹斌，王海龙，等. 粒子图像测速发展综述[J]. 南昌工程学院学报，2019.

[4] 休・D. 杨，罗杰・A. 弗里德曼，A. 路易斯・福特，等. 西尔斯当代大学物理[M]. 吴平，刘丽华，译. 北京：机械工业出版社，2020.

[5] 杭州爱盟科技有限公司. 振动试验控制系统使用说明书 V2.8[Z]. 2014.

[6] 苏州东菱振动试验仪器有限公司. ES-2-150 电动振动试验系统使用说明书[Z].

[7] 北京立方天地科技发展有限责任公司. 粒子图像分析系统软件 MicroVec V3 图像控制系统使用说明书[Z]. 2018.

[8] LI L，WANG L，WU P，et al. Patterns of particle convection in a mono-size granular system under coupling vibration and airflow [J]. Powder Technol.，2019，342(15)：954-960.

[9] 李莉. 振动与气流激励下颗粒对流与分离特性研究[D]. 北京：北京科技大学，2019.

[10] 孔维姝，胡林，梅波，等. 竖直振动激励下的准二维容器中颗粒物质的对流运动 [J]. 物理实验，2007(6)：18-20，28.

实验 2.23　光学相干层析成像技术及其在无损检测中的应用

[引言]

光学相干断层成像(optical coherence tomography,OCT)是一种无创、非接触的新型层析成像技术,能够提供亚微米级的空间分辨率。近年来 OCT 技术得到了快速发展,在生物组织活体检测和成像等方面具有诱人的应用前景,被形象地称为"光学超声"。目前,OCT 技术已在眼科、口腔科和皮肤科临床诊断中得到广泛应用,是继 X 射线和核磁共振成像技术之后医疗领域又一大技术突破,并得到了迅速发展。OCT 技术利用相干长度短或谱线宽度大的低相干光源,通过测量介质内部散射回波,对其内部微观结构进行二维或三维成像的技术。检测的对象可以是生物组织等活体目标,其成像分辨率可达亚微米量级,比传统的超声成像技术要高一到两个数量级,具有良好的研究和应用前景。本实验中,我们将使用 OCT 方法对样品进行无损观测和成像,并进一步探索其应用潜力。

[实验目的]

通过实验,掌握 OCT 技术的基本原理,并了解其在无损检测中的应用。

[实验仪器]

LumedicaOQ Labscope 型(OCT 成像系统 Version 2.0),PT-5S 型等离子清洗机。

[预习提示]

(1) 了解 OCT 技术的基本成像原理和发展历史。
(2) 探索 OCT 技术在日常生活中和在科研领域中的应用。
(3) 思考 OCT 技术适用于测量的样品尺寸参数范围。
(4) 掌握使用真空等离子清洗机清洁衬底表面的方法。

[实验原理]

1. OCT 技术简介

最初的 OCT 系统的本质为迈克耳孙干涉仪。成像时,常选择近红外波段光束作为光源,这是由于其波长较长,能够穿透并深入目标介质内部进行观察。从低相干光源发出的入射光经分束镜分为两束,一束反射至平面反射镜并反射回来,另一束到达组织样品并反射回来。两束反射光为相干光并发生干涉,干涉信号由探测器记录。系统可以通过改变平面反射镜所在的参考臂与样品所在的样品臂之间的距离差,对样品在深度方向进行成像。测量数据经计算机处理后,即可重建出样品的二维断层扫描图像。然而,该种设计需要精准、平稳的机械装置移动平面反射镜来进行深度方向的扫描,直接限制了成像速度,并使系统变得庞大臃肿,不利于仪器小型化、便携化。同时,复杂环境等因素使系统信噪比很难提高,最终成像效果欠佳。傅里叶域 OCT(Fourier domain OCT,FDOCT)系统的出现是 OCT 技术的一次革新,其基础原理仍是光学干涉理论,其结构如图 2.23-1 所示。FDOCT 系统从结构上取消了复杂的机械扫描装置，但在成像速度和成像质量上却有了明显改善。与早期 OCT 系统相比，FDOCT 系统并不依靠参考臂机械移动来进行深度方向上的成像。它的成像依靠系统干涉信号光谱的变换，从而极大地提高了系统的信噪比和成像速率。从宽谱多色光源发出的入射光进入干涉仪内的光纤耦合器并被分为两束。其中一束到达反射镜并被反射回，另一束到达待检组织并被反射回。两束反射回来的光为相干光，发生干涉，经光纤耦合器形成干涉信号，被光探测器捕获，并由显示设备成像。入射光通常为低功率红外光，不会对待检组织造成光损伤。目前工业生产、医疗服务中所称的“OCT 系统”一般均为 FDOCT 系统。

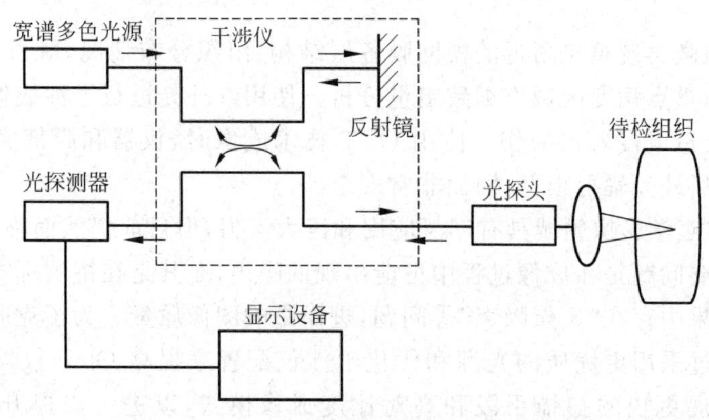

图 2.23-1　FDOCT 系统的基本组成示意图

2. OCT 技术的应用

OCT 技术可以非接触、无损的方式实现微区表面成像，在物理学、医学等多个学科领域中有广泛应用。相较原子力显微镜等表面成像技术，OCT 技术成像速度更快，成本更低，且能达到测量精度要求，适用于生产需求。例如，OCT 技术可应用于原位表面形貌测量。现代半导体工业加工过程中，集成电路和硬盘的快速发展依赖于不断精细化的图形化光刻工艺，产品的加工精度现已发展到几十纳米的量级，这对晶片表面平整度提出了极高要求。化学机械抛光工艺是硅晶片平整化加工的关键工艺，硅晶片的表面去厚速率与抛光片的表面平整度直接相关。生产中，抛光片表面存在抛光液，使用常规手段很难实现原位表面平整度精确测定。如图 2.23-2(a)所示，有研究者使用超高分辨率全视场 OCT 系统对晶片成像，得到了潮湿抛光片的表面形貌与抛光时间之间的定量关系，并对抛光片表面形貌进行超高分辨断层扫描和三维成像，从而可辅助优化加工工艺。

OCT 技术问世以来，其技术细节不断发展更新，在医学方面也有很广泛的应用。眼睛宛如一架精巧的照相机，有着丰富而精细的组织结构。若眼球中的一些部分发生感染或病变，就会影响最终成像，形成眼部疾病。医学发展史上，如何对人体眼内结构实现活体定量探测一直是难题。OCT 技术可使医生轻松观察患者眼底的精细组织结构层次，其细节呈现甚至比光学显微镜结果更丰富。通过 OCT 技术，医生可以实现对眼底区域的横断面成像，一个较为典型的成像结果如图 2.23-2(b)所示。眼底区域黄斑附近的 OCT 横断面成像结果清晰地显示了黄斑附近的视网膜多层细胞结构，不同细胞膜层之间的界线清晰可见。OCT 技术对疾病诊疗可发挥重要作用。通过扫描多张横断面结果，研究人员还可以构建出

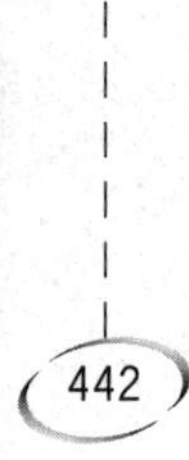

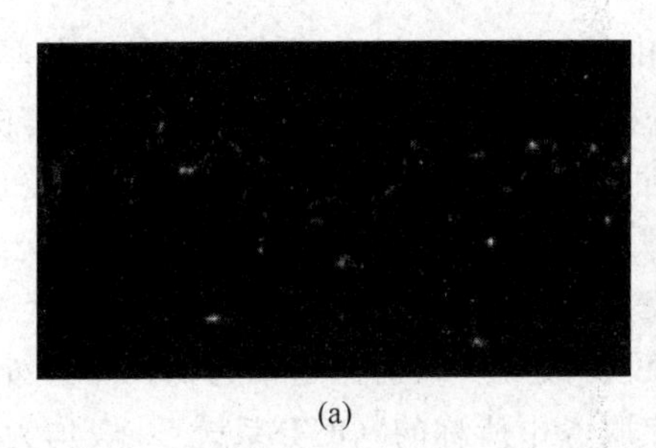

(a)

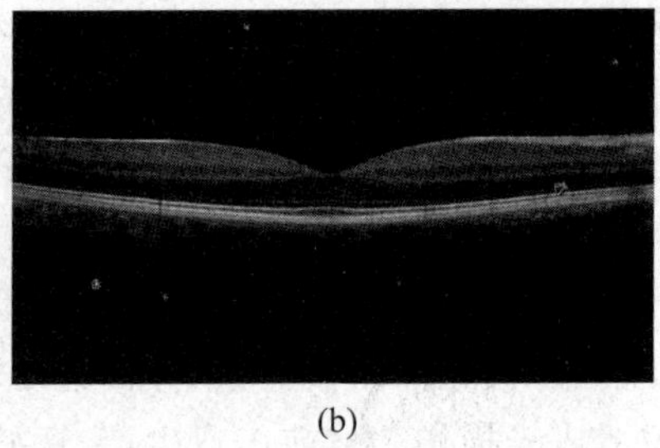

(b)

图 2.23-2　OCT 成像结果

(a) 硅片表面 OCT 成像结果；(b) 人类眼底区域黄斑附近的视网膜 OCT 成像结果

三维成像结果，清晰再现黄斑附近的视网膜各层结构、组织分布情况，既可对病变的全貌有全局了解，又可对重点病变区域作细致定量分析。使用红外光进行干涉成像时，其探测功率仅为几毫瓦，不会造成侵入式损伤。使用 OCT 技术成像时，仪器和眼部完全无直接接触，也不会产生任何后续光辐射损害，因而非常安全。

OCT 技术在医学影像领域具有广泛应用和巨大潜力，但目前仍然面临一系列的发展瓶颈。其中一个重要问题是在成像过程中可能出现的噪声，尤其是在待测标本内部较浑浊时，有时导致成像结果中存在“斑点噪声”等问题，进而影响图像质量。为了克服这些问题，研究人员正致力于通过采用更优质的光源和优化干涉仪配置来提高 OCT 仪器的性能。同时，学界正在不断发展更快的扫描手段和高对比度成像模式，以进一步提升 OCT 扫描成像效果。

[仪器装置]

Lumedica OQ Labscope 型 OCT 系统是一款功能强大的 OCT 成像设备。其高分辨率、多种扫描模式和方便的图像保存功能广泛应用于医学、生物科学和材料科学等领域的样本成像和分析。

1—OCT 系统主机；2—支架；3—显示器。

图 2.23-3　Lumedica OQ Labscope 型 OCT 系统

Lumedica OQ Labscope 型 OCT 系统照片如图 2.23-3 所示。系统主要由 OCT 系统主机、支架、显示器等部分构成。该套 OCT 成像系统具有 5μm 的深度分辨率和 15μm 的横向分辨率，特别适合对透明或半透明样品做深至 2mm 深度的原位断层扫描成像。系统支持以“Capture Volume/Radial/Circle/Long Scan”(“捕获体积/径向/环形/长扫描”)等模式进行扫描，以形成三维断层扫描效果。通过配套软件，可将所有的扫描图像结果保存为分辨率 512×512 的图像文件。

系统配套软件包含了“Main”(“主页”)“Review”(“回顾”)“Configuration”(“配置”)“Advanced”(“高级”)等四个页面。如图 2.23-4 所示，“Main”(“主页”)页面是获取 OCT 图像的主要页面。

“Main”(“主页”)页面中的按钮功能如下。

“Start Scan/Stop Scan”(“开始扫描/停止扫描”)：用于开始和停止获取 OCT 图像。

“Save B-Scan Image”(“保存 B 扫描图像”)：将 OCT 图像保存为“tif”或“jpg”格式文

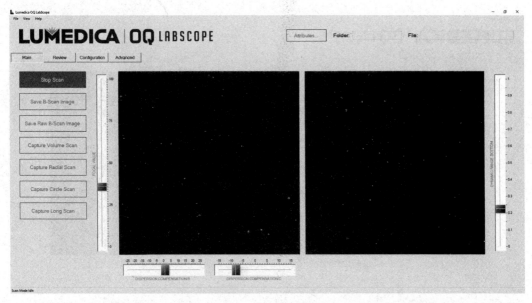

图 2.23-4　Lumedica OQ LabScope 软件“Main”(“主页”)页面

件。文件保存路径在“C:\Users\Public\Documents\Lumedica\OctEngine\Data”目录下，文件名格式为“BSCAN-SGL-# date #-# time #”，其中“# date #”表示当前日期，“# time #”表示保存文件的时间。

“Save Raw B-Scan Image”(“保存原始 B-扫描图像”)：保存原始 B 扫描数据的副本。

“Capture Volume/Radial/Circle/Long Scan”(“捕获体积/径向/环形/长扫描”)：保存“体积/径向/环形/长扫描”设定下的系列 OCT 图像。

“Main”(“主页”)页面中的滑块功能如下。

“Focal Value”(“焦点值”)：位于 OCT 图像左侧，控制 OCT 扫描光束的焦点位置。滑块位于屏幕顶部时，焦点最靠近设备。滑块位于屏幕底部时，焦点离设备最远。

“Dispersion Compensation B”(“色散补偿 B”)：设置色散补偿中的二阶系数。可调整优化图像输出。

“Dispersion Compensation C”(“色散补偿 C”)：设置色散补偿中的三阶系数。可调整优化图像输出。

如图 2.23-5 所示，“Review”(“回顾”)页面是图像处理与保存页面。页面中的按钮功能如下。

“Average Scans”(“平均扫描”)：对图像缓冲区中的所有扫描进行平均并输出。

“Save Single Image”(“保存单个图像”)：将显示在左侧面板上的所选单个 B 扫描图像以“tif”或“jpg”格式保存到磁盘。文件保存目录为“C:\Users\Public\Documents\Lumedica\OctEngine\Data”。文件名格式为“BSCAN-SGL-# date #-# time #”，其中“# date #”为保存文件的日期，“# time #”为保存文件的时间。

“Save Average Image ”(“保存平均图像”)：将显示在右侧面板上的平均 B 扫描图像保存到磁盘。

“Save All Images”(“保存所有图像”)：将图像缓冲区中的所有 B 扫描图像保存到磁盘。

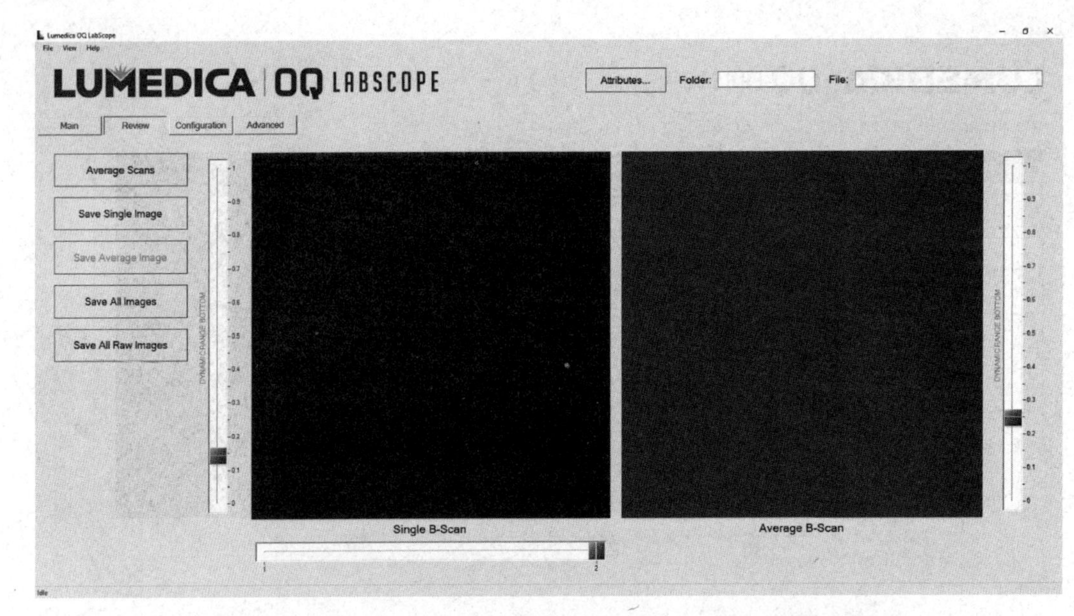

图 2.23-5　Lumedica OQ LabScope 软件“Review”(“回顾”)页面

“Review”(“回顾”)页面中的滑块功能如下。

“Single B-Scan”(“单个 B 扫描”)：用于选择从图像缓冲区中显示的图像。当获取 B 扫描时，图像缓冲区最多可包含 30 个图像。

“Dynamic Range Bottom”(“动态范围阈值”)：控制图像强度阈值。将滑块向下滑动会使图像变亮、噪声增加；向上滑动会使图像变黑、噪声减少。

如图 2.23-6 所示，“Configuration”(“配置”)页面是 OCT 系统的扫描设置页面。页面中的按钮功能如下。“Alignment Scan Settings”(“对齐扫描设置”)模块中，包含了对扫描

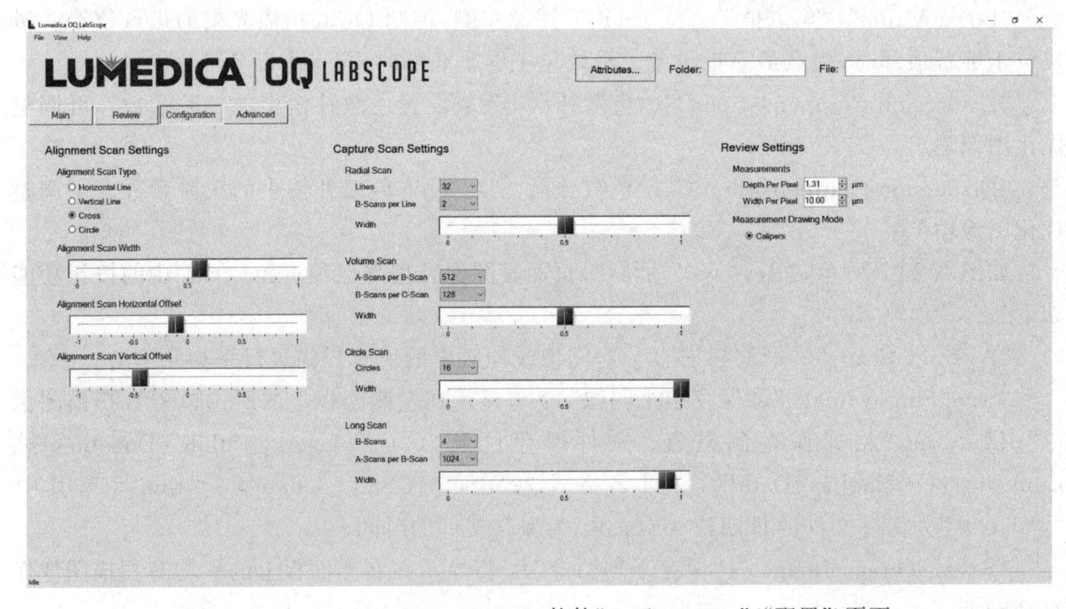

图 2.23-6　Lumedica OQ LabScope 软件“Configuration”(“配置”)页面

长度、抵偿等参数的设置。“Capture Scan Settings”(“捕获扫描设置”)模块中,包含了对各个扫描模式下扫描参数的设置。可通过调节“Width”(“宽度”)滑块设置扫描的相对长度。最长的扫描为“1”,可以缩短至“0”。扫描长度为“1”对应 7mm 的扫描范围。“Review Settings”(“检查设置”)模块中,包含了根据扫描参数设置,深度和长度方向上每个像素代表的长度的计算结果。

如图 2.23-7 所示,“Advanced”(“高级”)页面是 OCT 系统的光路高级设置页面。“Spectrometer”(“光谱”)图像显示了光源出光功率。可通过该页面调节参考臂镜子位置、聚焦长度、光功率等值。进行扫描时,需将“Power”(“功率”)滑块调至合适位置,使得出光功率较大,但不能使得“Spectrometer”图像中的功率谱呈现饱和。

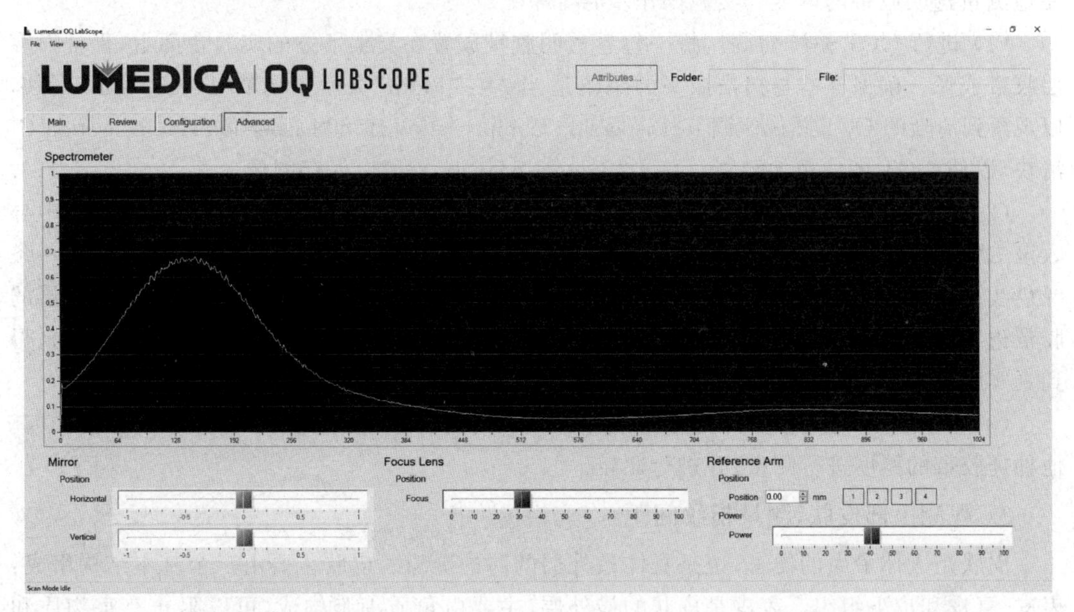

图 2.23-7 Lumedica OQ LabScope 软件“Advanced”(“高级”)页面

[实验内容与测量]

1. OCT 系统初调

进行 OCT 成像之前,需要做系统初调,使之达到最佳成像状态。实验操作步骤如下。

(1) 按下主机顶部的开关按钮启动设备。登录后,双击“Lumedica OQ LabScope”图标启动软件。

(2) 在“Configuration”(“配置”)页面中,将“Alignment Scan Width”设置为 0.5,“Alignment Scan Horizontal/Vertical Offset”均设置为 0。“Capture Scan Settings”模块中的“Volume Scan”条目下,将“A-Scans per B-Scan”和“B-Scans per C-Scan”分别设置为 512 和 128,将下方的“Width”设置为 0.5。

(3) 在“Advanced”(“高级”)页面中,将“Focus Length Position”滑块设置为 30～80。将“Power”滑块设置为合适的值,使得光功率较大但不饱和。

(4) 将待测物(例如胶带)放置在支架下部的实验台面上,使光探头对准待测物。单击“Main”页面中的“Start Scan”按钮,开始扫描。调节支架高度至合适位置,并滑动“Focal

Value"滑块调节焦距，滑动"Dispersion Compensation B""Dispersion Compensation C"滑块增强成像效果，直至在该页面中呈现最清晰的 OCT 扫描图像。此时，即可认为 OCT 系统初调已完成。

以上设置可根据仪器工作状态或待测样品的性质等实际情况作一定调整。

2. 透明胶带厚度测量

透明胶带的基本化学组成一般为聚乙烯等聚合物，具有一定的柔韧性、可拉伸性和透光能力。附着于胶带一侧的胶黏剂由合成树脂、橡胶或丙烯酸酯等成分组成，可提供良好的黏附力和剥离性能。透明胶带的厚度一般在几微米到几十微米之间。使用 OCT 方法可以方便地测量透明胶带的厚度。实验操作步骤如下。

(1) 进行 OCT 系统初调。将一整卷透明胶带放置在支架下方的实验台面上，保证对多层胶带成像。确保样本与扫描探头的距离适当。在"Main"页面中调节"Focal Value"滑块，以观察到清晰的 OCT 图像。调节"Dispersion Compensation B"和"Dispersion Compensation C"滑块，以使 OCT 图像更加清晰。单击"Save B-Scan Image"以保存图像。

(2) 进行图像处理，使之成为清晰的二值化黑白图像。在 Adobe Photoshop 软件中导入该二值化黑白图像，新建图层，以胶带最外层边缘为起点，垂直于胶带伸展方向插入一条绿色线。在工具栏中，选择"直线测量工具"中的长度测量工具。沿绿色线，测量 5～10 层的胶带边缘位置，读取边缘位置与起点之间的像素长度，并乘以像素长度比率(微米/像素)，得到真实距离。使用逐差法计算胶带平均厚度。

(3) 多次测量，在不同的位置拍摄多张 OCT 扫描图像，取平均值。采用以上方法，对其他种类胶带的厚度进行测量，并进行比较。

3. 观测手部皮肤、测量指纹间距

皮肤是人体最大的器官，也是身体最外层的防护屏障。皮肤主要由三个基本结构组成：表皮、真皮和皮下组织。表皮是皮肤的最外层，主要由角质细胞构成，可以阻止有害物质和病原体的侵入，同时避免水分过度流失。位于表皮之下的是真皮，为皮肤的主体部分，由纤维组织、血管、神经、汗腺、毛囊等构成。真皮之下为皮下组织，包含许多血管，它们穿过真皮为表皮提供营养。通过 OCT 技术，可以直接观察到表皮、真皮层及皮下组织的毛囊、汗腺等结构。

指纹识别技术是一种生物特征识别技术，通过分析和比对人类指纹的独特模式来进行身份认证和识别。每个人的指纹纹理都是独一无二的，由细长的脊线和间隔开的小凸起形成。指纹的高度特征指的是指纹凸起和凹陷的程度，也称为指纹的纹形深度。指纹的宽度特征指的是指纹纹线的粗细程度。指纹识别系统通常使用这些特征来提取指纹的细节，实现识别。人类指纹脊线的高度一般在 1～10μm，脊线之间的间距一般在 0.5～1.0mm。通过 OCT 技术，可以方便地测量这一间距。实验操作步骤如下。

(1) 清洁手部和进行 OCT 系统初调。将手放置在支架下方的实验台面上。在"Main"页面中调节"Focal Value""Dispersion Compensation B"和"Dispersion Compensation C"滑块，以观察到清晰的 OCT 图像。观察表皮、真皮层及皮下组织。单击"Save B-Scan Image"保存图像，并通过 Adobe Photoshop 软件计算表皮层和真皮层的厚度。

(2) 单击"Main"页面下的"Capture Volume Scan"按钮，对手部皮肤进行空间扫描成像。在“Review”页面下单击“Save All Images”按钮保存所有扫描得到的 OCT 图像。可观察指纹、汗腺、指甲等结构，并计算不同位置处表皮层和真皮层的厚度。

(3) 将手指正面放置在探头下，观察指纹脊线的分布。扫描获得 OCT 图像。分析图像，获得指纹脊线的高度和平均间距等值。

4. 接触角测量

接触角是指液体与固体表面之间形成的角度，其大小取决于液体和固体表面的物理性质。接触角的测量可通过观察液滴与固体表面的接触界面来进行。如图 2.23-8 所示，当接触角较小时，液体能够很好地展开在固体表面上，这称为良好润湿。相反地，当液滴无法在固体表面上展开时，接触角较大，这表示液体无法与固体表面充分接触，称为不良润湿。

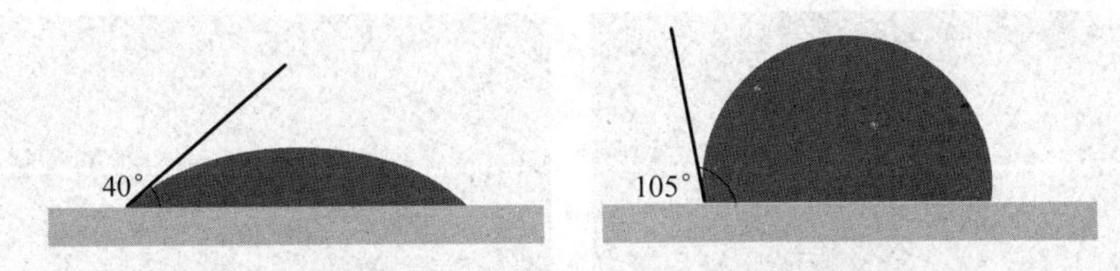

图 2.23-8 良好润湿与不良润湿示意图

采用旋涂-退火法制备功能材料层时，若衬底表面十分清洁，则溶液可很好地展开在衬底表面上，经过旋涂和退火工艺形成高质量的薄膜。反之，若衬底未经清洗，则其表面可能具有大量灰尘和有机物，溶液无法充分展开，旋涂后不能形成致密、均匀的材料层。使用 OCT 成像系统，可对接触角进行测量。实验操作步骤如下。

(1) 使用滴管吸取约 0.5mL 的去离子水，将其滴于载玻片表面。扫描获得 OCT 图像。分析图像，得到液体与衬底之间的接触角。

(2) 使用等离子体清洗机对载玻片表面做 10min 的清洗后，再重复以上操作，得到接触角。比较清洗前、清洗后的接触角大小差异，并分析差异形成的原因。

(3) 将待测液体更换为蓖麻油，重复上述操作，并分析不同液体形成不同大小接触角的原因。

[注意事项]

(1) 实验室 OCT 仪器使用强激光扫描，仅用于一般样品观测，谨防探头照射到眼睛，以免造成眼睛灼伤。

(2) 勿直接触摸扫描探头的光学部分，以免形成污渍。

(3) 勿堵塞系统底部或顶部的通风口，以确保良好的散热。

(4) 仪器应放置在稳定、干燥的平面上，避免受到震动和灰尘污染。

(5) 启动扫描之前，应确保手持扫描仪的电缆平放，避免扭曲或折断而影响成像效果。

(6) 使用等离子体清洗机清洗之前，须确认舱门已合上，否则难以提高真空度。

[数据处理与分析]

扫描获得的 OCT 图像需要进行二值化图像处理，以增强成像效果、方便做进一步的科学分析。使用常见的图像分析和处理软件，例如 Adobe Photoshop、ACDSee、ImageJ 等，都可方便地完成这一操作。这里我们以 Microsoft Office PowerPoint 软件为例，介绍一种用于OCT图像处理的较为快捷的方法。

在Microsoft Office PowerPoint软件中新建一张空白幻灯片后，将图片直接拷贝入内。选中图片，打开“图片格式”页面下的“颜色-重新着色”栏，单击“黑白：50%”效果，即可将图片快速转为黑白二值化图像。右击二值化后的图像，单击“另存为”，即可将其保存到指定的位置。

这里，我们以火腿肠为待测样品，二值化处理前原始图像结果如图2.23-9(a)所示，由图可见，它包含了一定图像噪声。采用上述方法进行二值化处理后，结果如图2.23-9(b)所示。可见火腿肠的肠衣层清晰呈现，可以进一步分析其厚度。事实上，也可以先对图像做人工智能算法去噪后，再进行二值化图像处理，从而增强图像清晰度，提升分析精确度。

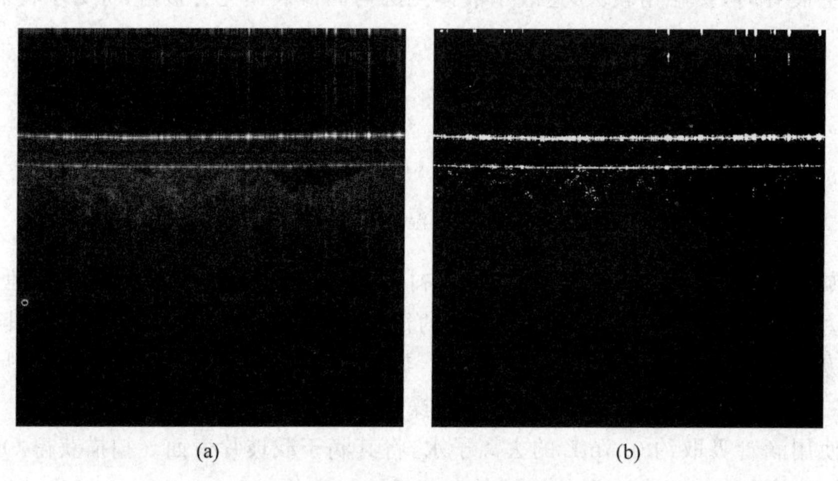

图2.23-9　OCT图像

(a) 二值化处理前原始图像结果；(b) 二值化处理后图像

获得上述二值化OCT图像后，可以使用Matlab、Python等编程软件对其作进一步处理。例如，使用Canny算法等边缘检测算法提取图像中的边缘信息等，作更深入的数据分析。

[讨论]

(1) 解释焦深在光学成像中的作用。OCT系统中的焦深调节与透镜在光学显微镜中的调焦有何异同？

(2) 列举可能导致透明胶带厚度测量误差的因素。如何减小这些误差？

(3) 在皮肤的OCT图像中，表皮和真皮通常有明显的边界，从物理学角度看，边界的形成原因是什么？

(4) 接触角测量与液体表面张力有密切关系。如何通过OCT系统间接测量液体的表面张力？

[结论]

通过对实验现象和实验结果的分析，你能得到什么结论？

[思考题]

(1) 为什么OCT技术能实现亚微米级的分辨率？OCT技术相比传统的超声成像技术

有何优势？

（2）怎样改进OCT系统以提高成像质量和速度？如何消除成像噪声以提高OCT技术测量精度？扫描速度会影响成像质量和对动态过程的观察，如何在扫描速度和扫描质量之间取得平衡？

（3）OCT技术还可能有哪些潜在的应用？

[拓展探究]

1. 探究通过人工智能方法增强OCT图像

近年来，通过人工智能神经网络算法消除图像划痕、噪点的方法不断涌现，在OCT图像噪点消除方面具有广泛的应用潜力。通过人工智能神经网络算法可以训练模型来识别和消除干扰图像噪点，提升图像的对比度、锐度和细节，从而提升成像质量，有利于进一步的分析或识别，并提高视觉效果和保存价值。日常生活中，这一技术已广泛应用于增强医学成像效果、修复古画和文物、修复破损旧照片等场景。

使用Adobe Photoshop Lightroom等软件，以软件附带的高级人工智能模块，处理实验中取得的OCT图像。根据实际需要，使用软件附带的其他工具和调整选项，如白平衡、色彩校正、光影调整等对OCT图像进行进一步优化和编辑。利用软件的批量处理功能，处理连续采集的多张OCT图像，以形成优化的三维断层扫描效果。

2. 植物表皮及气孔观测实验

OCT技术能够提供非侵入性的三维叶片成像，揭示叶片内部的细微结构和组织构成。通过OCT成像，研究者可原位观察叶片的细胞层次结构、细胞密度、叶脉分布等特征，以帮助了解叶片的生物学特性。叶片上的气孔是植物进行气体交换和蒸腾的重要通道。OCT技术可以实现对气孔的三维成像，帮助研究者了解气孔的形态特征、密度分布以及开闭状态的动态变化。这对于研究植物的水分调节、气体交换和叶片生理功能具有重要意义。

荷叶具有较大的气孔，其直径可达几十甚至几百微米，可通过OCT技术方便地对其进行观测，以研究其特性。阿司匹林(乙酰水杨酸)等化学物质能抑制植物气孔的开放，减少蒸腾作用。自主设计实验步骤，使用OCT设备对荷叶表皮细胞组织进行成像。量化表征其形态特征，以研究植物叶片表皮的多层细胞结构及其对生长环境的适应性，理解环境因素对植物生长的影响。

使用OCT设备扫描测量植物组织，如树叶、树干、花瓣等的表面结构。扫描测量草莓、番茄、黄瓜等果蔬的种子、果肉和皮层等结构，探讨OCT技术在生物医学研究中的潜在应用。

3. 毛发密度测量实验

企鹅的羽毛具有极高的毛发密度，以适应极寒的南极环境。企鹅的毛发密度通常达到每平方厘米约100～200根，这种高密度的毛发有助于南极企鹅在极寒的环境中保持体温稳定。毛发密度可以使用OCT技术测量。OCT技术能够非侵入性地生成高分辨率的三维图像。结合OCT技术相关操作经验，自主设计实验方案，测量塑料毛刷和毛绒玩具的单位面积毛发密度。

4. 多孔材料空隙度测量实验

多孔材料是一类独特的材料，拥有大比表面积、开放式孔隙结构、结构轻量化、比强度高、吸能减振、生物相容性好等优秀的性能，在生活、工业、医疗和环保等多个领域具有广泛应用。在生活中，海绵、过滤材料、隔热材料和包装材料等都是常见的多孔材料。这些材料的特性，如海绵的吸水性，过滤材料的筛选能力，隔热材料的保温性，包装材料的缓冲效果，都得益于其特殊的孔隙结构。对于多孔结构的观测和定量表征一直是实验测量的难点，而OCT 技术的出现提供了好的方法。

洗碗海绵通常由柔软且耐用的塑料材料制成，其表面具有多个小孔或细微的纹理，其外层常由柔软的聚合物材料制成，而内部多孔结构可能由海绵状聚合物或发泡聚氨酯等材料构成。以洗碗海绵内层和外层为观测对象，结合 OCT 技术相关操作经验，自主设计实验方案，测量多孔结构的孔隙率，并分析其拓扑特征。

5. 蓖麻油油滴形态测量实验

当一滴油在水上漂浮时，其几何形状通常是近似球形。这是因为油是疏水性物质，而水是亲水性物质。由于油与水不相溶，油会尽可能地最小化其与水接触的表面积，以减少与水的相互作用力。在球形形状下，油的分子可以尽可能地靠近一起，使表面积最小化，从而减少与水接触的表面积。

将一滴蓖麻油滴至烧杯中水的表面，自主设计实验方案，研究其与水的接触面特征，并进行受力分析，探究影响油滴形态的主要因素。

6. 肥皂泡沫形态和体积测量实验

肥皂液常常形成大量泡沫，这一现象是由肥皂本身的物理化学性质所决定的。碱性物质与脂肪酸反应产生肥皂的过程称为皂化反应。皂化反应中，碱性物质与脂肪酸发生酯化反应，生成肥皂分子和甘油。肥皂分子的结构是一端带有亲水性的羧酸盐基团(COO—)，另一端带有疏水性的长链脂肪酸基团。当肥皂溶解于水中时，其中的疏水性脂肪酸基团会朝向水中的空气界面，形成一个薄薄的脂肪酸基团层。当有外力作用时，肥皂分子会在水中形成微小的气泡，这些气泡的集合就是肥皂泡沫。泡沫的形成不仅使得清洁过程更容易，还有助于将污垢和油脂从表面分散并冲洗掉。

利用“Volume Scan”扫描方法，对肥皂泡沫进行 OCT 成像。尝试测量泡沫壁厚度，研究肥皂泡沫的空间形态，并计算单个肥皂泡沫的体积。

[参考文献]

[1] 谢子昂，吴平，张师平，等. 光学相干断层扫描技术引入大学物理课堂教育浅析[J]. 物理与工程，2021，31(2)：7.

[2] 田小林，李骁一，杜文亮. 光学相干层析图像处理及应用[M]. 北京：北京理工大学出版社，2015.

[3] AUKSORIUS E，BOCCARA C. High-throughput dark-field full-field optical coherence tomography [J]. Optics Letters，2020，45(2)：455-458.

[4] II W C W，GORA M J，UNGLERT C I，et al. Optical Coherence Tomography-ScienceDirect[J]. Pathobiology of Human Disease，2014，81(9)：3859-3889.

实验 2.24　低场核磁共振成像与弛豫时间测量

[引言]

核磁共振(nuclear magnetic resonance,NMR)是指具有自旋磁矩的原子核在恒定磁场与交变磁场的作用下,与交变磁场发生能量交换的现象,常见的原子核(自旋量子数 I 为1/2)有^{1}H、^{13}C、^{15}N、^{31}P、^{19}F 等。在谷物、水果、牛奶等有机物质当中,以水为代表的成分中含有大量氢元素,因此利用核磁共振技术能够检测出氢元素的含量,可间接反映水、脂肪、蛋白质等物质的含量。核磁共振技术对样品内部水分的检测具有快速、准确、便捷的优点,相比于其他的水分检测技术,对样品不具有破坏性,能够在保持样品正常状态条件下对水分的分布状态、迁移特性、流动性及相对含量进行测量、分析,结果更具有可靠性,作为一种重要的现代分析技术在干燥工艺、食品储藏、水果货架期、牛奶掺假、复水过程等方面研究有着广泛应用。

核磁共振成像(nuclear magnetic resonance imaging,NMRI)是利用核磁共振原理,依据所释放的能量在物质内部不同结构环境中不同的衰减,通过外加梯度磁场检测所发射出的电磁波,即可得知构成这一物体原子核的位置和种类,据此可以绘制成物体内部的结构图像。将这种技术用于人体内部结构的成像,就产生出一种革命性的医学诊断工具。快速变化的梯度磁场的应用,有效地加快了核磁共振成像的速度,使该技术在临床诊断、科学研究的应用成为现实,极大地推动了医学、神经生理学和认知神经科学的迅速发展。从核磁共振现象发现到 MRI 技术成熟这几十年间,有关核磁共振的研究曾在物理学、化学、生理学或医学三个领域共获得了6次诺贝尔奖,足以说明此领域及其衍生技术的重要性。

[实验目的]

(1) 了解核磁共振及成像原理。

(2) 熟练掌握核磁共振成像分析仪使用。

(3) 学会使用核磁共振测量分析软件与成像软件。

(4) 测量含水、含油样品弛豫时间。

(5) 含水、含油样品成像。

[实验仪器]

NMI20-015V-Ⅰ型核磁共振成像分析仪,标准油样(纯植物油),牛奶,水果。

[预习提示]

(1) 什么是弛豫时间?纵向弛豫时间 T_1 与横向弛豫时间 T_2 的区别?

(2) T_1 加权成像、T_2 加权成像、质子密度成像的区别?

(3) 了解实验装置的结构及主要操作步骤。

[实验原理]

1. 核磁共振条件

原子核磁矩 μ 在磁场 B_0 中绕 B_0 作回旋运动,叫作拉莫尔进动,遵循下面的规律:

$$\omega_0 = \gamma B_0 \tag{2.24-1}$$

其中 B_0 是磁场强度；γ 是旋磁比；ω_0 叫作拉莫尔频率，也叫作中心频率。当射频场(RF)的频率等于拉莫尔频率时，氢原子就发生共振。

2. 弛豫过程与弛豫时间

在交变磁场的条件下，射频脉冲激励磁场中的氢质子产生共振吸收，跃迁到高能态的氢质子以非辐射的形式释放所吸收的射频能量，返回到热平衡态的过程称为弛豫过程。通常把原子核所在环境的周围所有分子，不管是固体、液体或气体，都概括地用"晶格"代表，自旋质子在受到激发后与相邻的晶格间发生能量交换直至最后达到动态平衡，称为自旋-晶格弛豫，也称纵向弛豫，描写自旋-晶格弛豫过程长短的特征时间称为自旋-晶格弛豫时间，用 T_1 表示。T_1 短，意味着弛豫过程快，也意味着晶格场中有较强的适合与自旋系统交换能量的电磁场成分(频率相近)。反之，T_1 长，则意味着晶格场中这种电磁场成分比较弱。对不同物质，T_1 差别很大，从几百毫秒到几天。纯水的 $T_1=3\mathrm{s}$。人体的水 T_1 约在 500ms～1s。固体中 T_1 很长，几小时甚至几天。自旋质子在受到激发后与相邻的质子间发生能量交换直至最后达到动态平衡，称为自旋-自旋弛豫，也称横向弛豫，描写自旋-自旋弛豫过程长短的特征时间称为自旋-自旋弛豫时间，用 T_2 表示。自旋-自旋弛豫通常比自旋-晶格弛豫要快，液体中两者基本在同一量级，它体现了局部结构及质子的自由度，弛豫时间的长短表示水分的活性大小，水分的存在状态通常可划分为结合水、不易流动水、自由水三种，通过测定 H 质子的弛豫时间 T_2 谱，可表征水分的流动性及相对含量和迁移特性。

3. 核磁共振成像

核磁共振成像利用氢质子在梯度磁场中受到射频脉冲的激发，产生磁共振，通过采集氢质子磁共振信号及对梯度磁场进行相位和频率编码，经过计算机进行处理获得氢质子密度层面图像。即用灰度值把 *NMR* 参数如密度 ρ 和弛豫时间 T_1、T_2 等作为空间坐标的函数，其表达分别为 $\rho(x,y,z)$、$T_1(x,y,z)$、$T_2(x,y,z)$等。

核磁共振成像过程包括梯度编码、层面选择、傅里叶成像及图像重建。利用磁场梯度编码，区分空间坐标，采用层析方法，即对样品一层一层分析，层面取向、层面位置、层面厚度可以任意选取，通过磁场梯度脉冲和特殊形状的 RF 脉冲结合，来激发所需层面。

NMRI 是一种多参数成像，不仅可以选择不同成像方向的图像，还可以根据自旋回波扫描脉冲序列(SE)得到不同加权图像，可以分辨不同氢质子对图像的贡献大小。成像时通常只作三参数成像，即纵向弛豫时间 T_1 加权成像、横向弛豫时间 T_2 加权成像、自旋质子密度成像。T_1 加权像主要反映组织间纵向弛豫时间 T_1 值的差别，会抑制部分自由水的信号，即表征结合水的分布状态。T_2 加权像主要反映组织间横向弛豫时间 T_2 值的差别，会抑制部分结合水的信号，即表征自由水的分布状态。质子密度成像主要反映组织间质子弛豫时的差别，图像中组织质子密度相差不大，对比度不大，但有较高的信噪比，可用于观察细小的组织结构，即表征样品内部水分整体分布情况。

[仪器装置]

NMI20-015V-Ⅰ型核磁共振成像分析仪如图 2.24-1 所示，它集分析和成像功能于一体，主要包括：磁体单元、射频单元、谱仪单元(含工控机)、供电单元、成像梯度单元、显示及配件、探头线圈(直径 5mm、10mm、15mm)、核磁共振分析应用软件、核磁共振图像处理软件(含三维成像)等。硬件结构框图如图 2.24-2 所示,整个系统从结构上可分为以下 4 个部分。

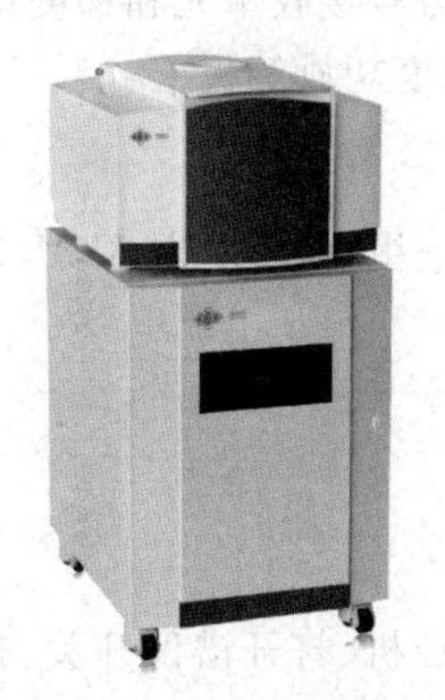

图 2.24-1　NMI20-015V-Ⅰ核磁共振成像分析仪

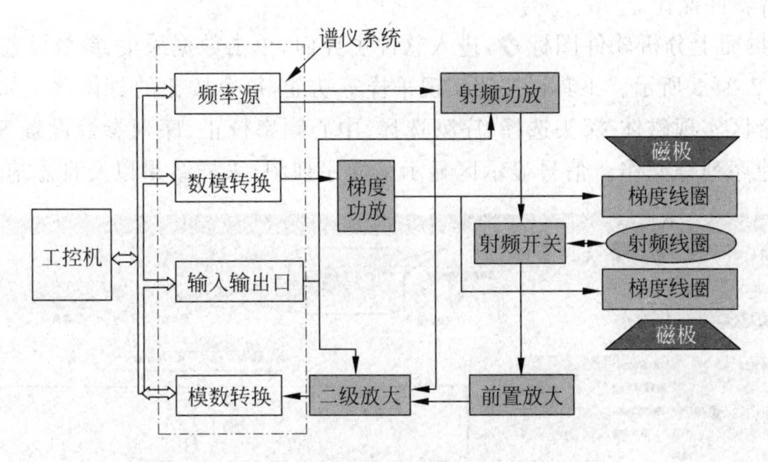

图 2.24-2　核磁共振成像分析仪硬件结构框图

1. 工控机

工控机负责接收操作者的指令,并通过序列发生软件产生各种控制信号传递给谱仪系统的各个部件来协调工作;工控机还要完成数据处理、存储和图像重建以及显示任务。

2. 谱仪系统

谱仪系统由直接数字频率合成源(DDS)、数模变换器(DAC)和模数变换器(ADC)等板卡以及安装在工控机内部的序列产生软件组成。DDS 板的功能主要是接受主机发送过来的参数并负责产生射频(RF)所需的具有一定包络形状的射频频率信号,送到射频功放进行放大;DDS 同时还需要产生核磁共振信号在混频处理时所需要的参考频率基准信号;DAC 接收主机发送过来的三路梯度的数字型控制信号,将其进行数字到模拟信号的转换,转换成较低的梯度电流信号,发送到梯度功放进行功率放大后作为梯度电流;梯度施加的时间序列是通过 DDS 板提供的信号进行控制;ADC 卡接收二级放大后的核磁共振信号并对信号进行滤波采样和高速数字化,形成计算机可以接收的数据,并送至计算机存储单元完成存储和重建任务。

3. 模拟部分

模拟部分包括射频发射单元、信号接收单元和梯度单元,具体包括波形调制、射频功放、前置放大、二级放大、射频开关和梯度功放等板卡。

4. 磁体系统

磁体系统包括一台永久磁体、一组梯度线圈(X,Y,Z)、加热及恒温电路以及具有严格屏蔽的射频线圈。

[实验内容与测量]

1. 实验仪器调节

(1) 开关机顺序:依次启动工控机、打开谱仪开关、打开射频单元电源开关和打开梯度单元电源开关。关机反之。

(2) 分析软件操作。

① 双击桌面上分析软件图标,进入软件主界面,单击数据采集、参数设置,进入参数设置界面,如图 2.24-3 所示。工具栏按钮实现采样等功能,每个按钮的具体含义如图 2.24-4 所示。参数设置区实现磁体-探头选择、序列选择、中心频率校正、序列参数设置等功能。序列编辑实现新建序列等操作。信号显示区显示采样序列图,采样结果以及日志信息。

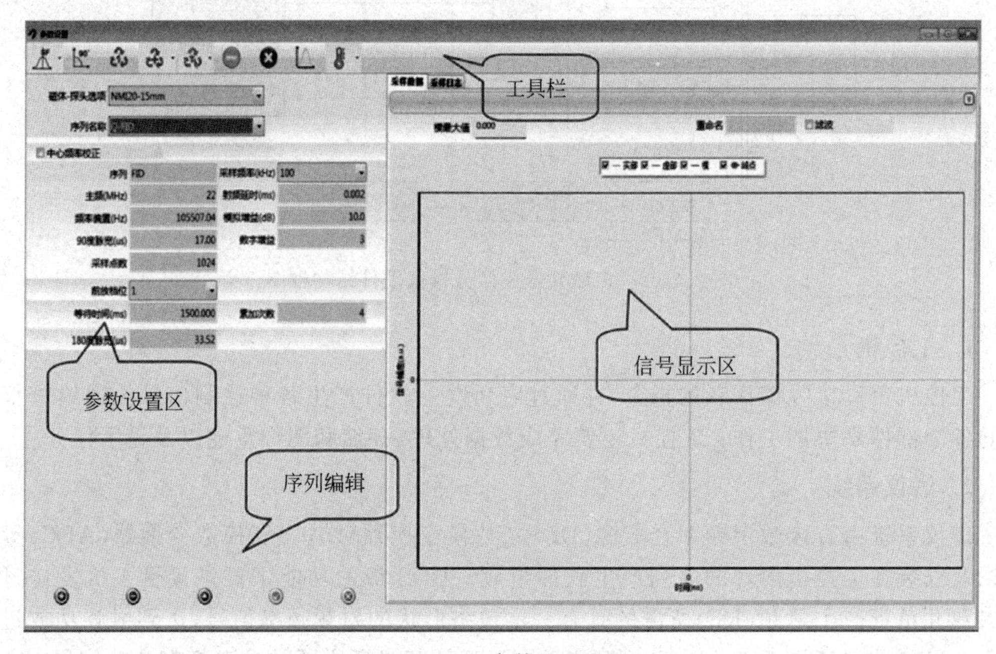

图 2.24-3 参数设置界面

② 校正中心频率。

磁体探头选择对应的探头选项,序列名称选择 Q-FID(硬脉冲回波序列),默认参数,放入样品(标准油样),单击工具栏图标,进行单次采样,等待约 10s,单击图标停止采样,单击图标,软件自动寻找中心频率(SF+O1),找到中心频率后的采样结果如图 2.24-5 所示。

	单击按钮,调用当前FID序列自动寻找中心频率
	单击按钮,弹出自动寻找硬脉冲宽度对话框,实现自动寻找硬脉冲宽度
	单击按钮,对样品连续单次采样,一直到单击暂停按钮,在显示区显示最新的采样信号
	单击按钮。进行累加采样,得出的信号是累加的结果,满足累加次数后,会自动停止采样
	单击按钮,进行循环累加采样,满足循环累加次数后,仪器会自动停止采样
	单击按钮,停止采样
	单击按钮,退出参数设置界面,进入主界面
	单击按钮,弹出反演参数设置对话框,进行数据反演
	单击按钮,弹出设定计划采样温度对话框,实现计划温度采样(低温设备专用)

图 2.24-4　工具栏按钮功能

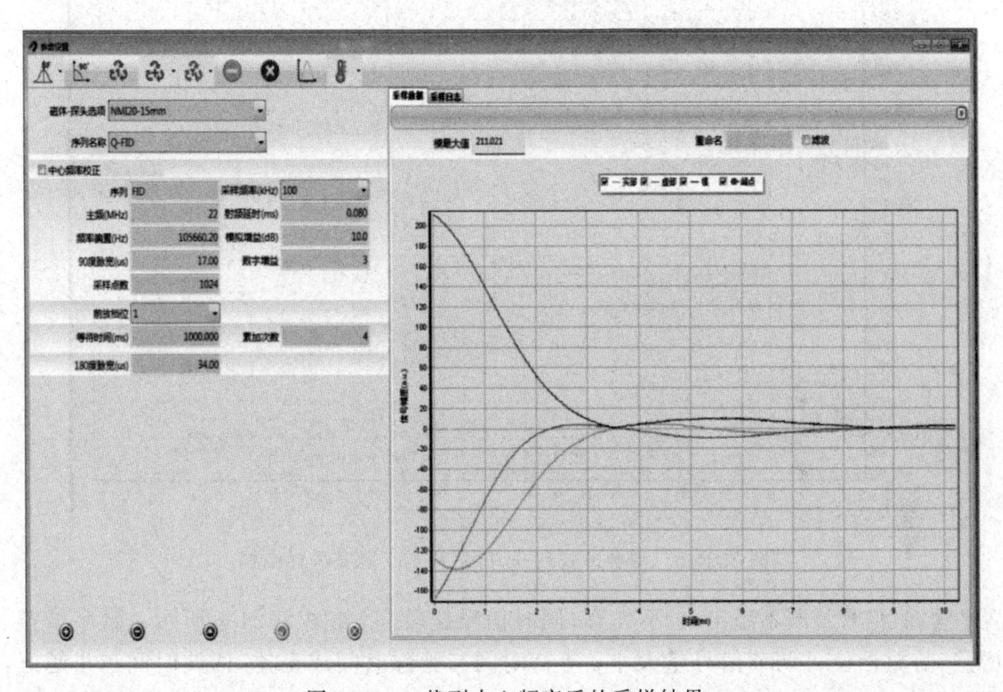

图 2.24-5　找到中心频率后的采样结果

③ 寻找硬脉冲脉宽。

设置等待时间为 1000ms,单击工具栏图标,弹出自动寻找硬脉冲宽度参数设置对话框,默认出厂设置参数,单击确定采集,软件自动寻找 90°脉宽和 180°脉宽,如图 2.24-6 所示,出现一个波峰、一个波谷;如果波峰、波谷个数异常,需在参数设置窗口修改起始和结束脉冲宽度,重新寻找。找到脉宽后,软件会自动把寻找到 90°脉宽和 180°脉宽值保存,无需手动保存。

④ 自旋-自旋弛豫时间 T_2 测量。

放入测试样品,在序列编辑区单击图标,新增参数序列,选择 CPMG 序列,输入序列名称,设置合适的参数,在重命名栏中输入测量名称,单击工具栏图标,累计采样,采集达到累加次数之后,系统自动停止采样,设置参数时,需保证衰减曲线拖尾在谱图框约 1/2

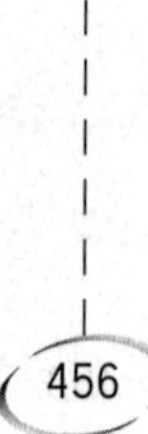

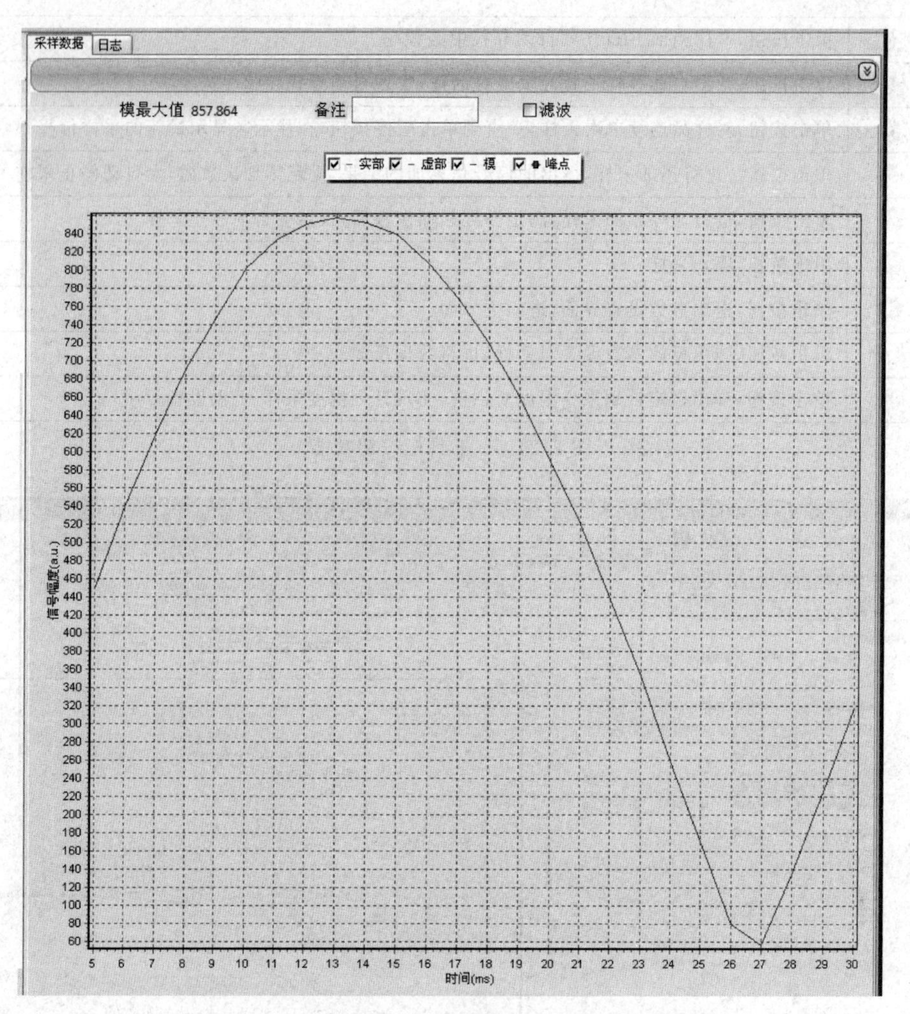

图 2.24-6　硬脉冲找到 90°脉宽和 180°脉宽采样结果

位置平缓，且信号量既不溢出，也不失真，同时信噪比较高，如图 2.24-7 所示。数字增益、模拟增益、前放档位可调节信号量大小；等待时间与弛豫时间成正比，回波时间越小越好，可先设置较大的回波个数再根据拖尾调节回波时间；累加次数与信噪比成正比。单击工具栏图标，设置反演参数，单击确定，软件自动进行反演，在弹出的反演结果窗口显示反演结果曲线，如图 2.24-8 所示。

⑤ 自旋-晶格弛豫时间 T_1 测量。

放入测试样品，在序列编辑区单击图标，新增参数序列，选择 IR 序列，设置合适的参数，在重命名栏中输入测量名称，单击工具栏图标，循环累加采样，采样结果如图 2.24-9 所示。设置参数时，需保证恢复曲线拖尾在谱图框约 1/2 位置平缓；数字增益、模拟增益、前放档位可调节信号量大小；等待时间与弛豫时间成正比；调整等待时间和反转时间个数可改变拖尾；修改反转时间个数，需单击自动设置反转时间列表。单击工具栏图标，设置反演参数，单击确定，软件自动进行反演，在弹出的反演结果窗口显示反演结果曲线。

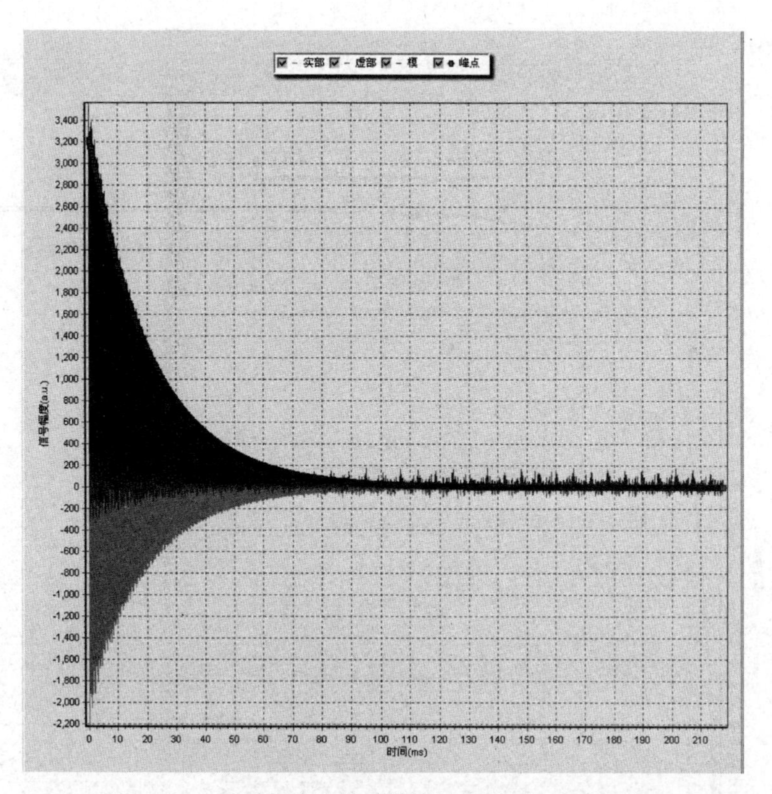

图 2.24-7　硫酸铜溶液的采样结果(浓度为 0.05mol/L)

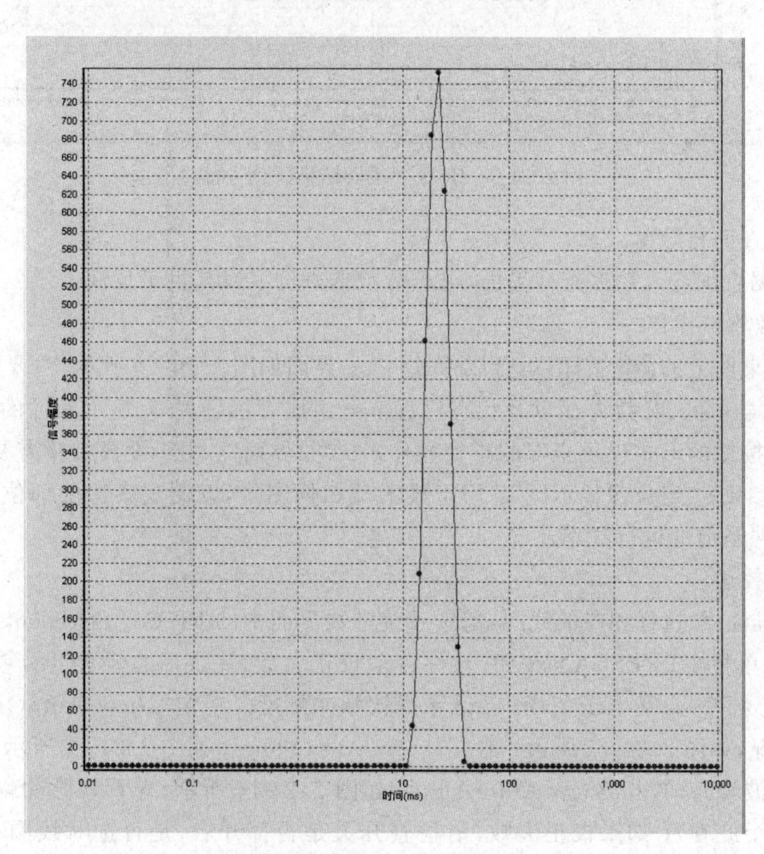

图 2.24-8　硫酸铜溶液的 T_2 反演结果(T_2 约为 21ms)

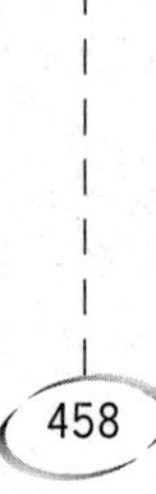

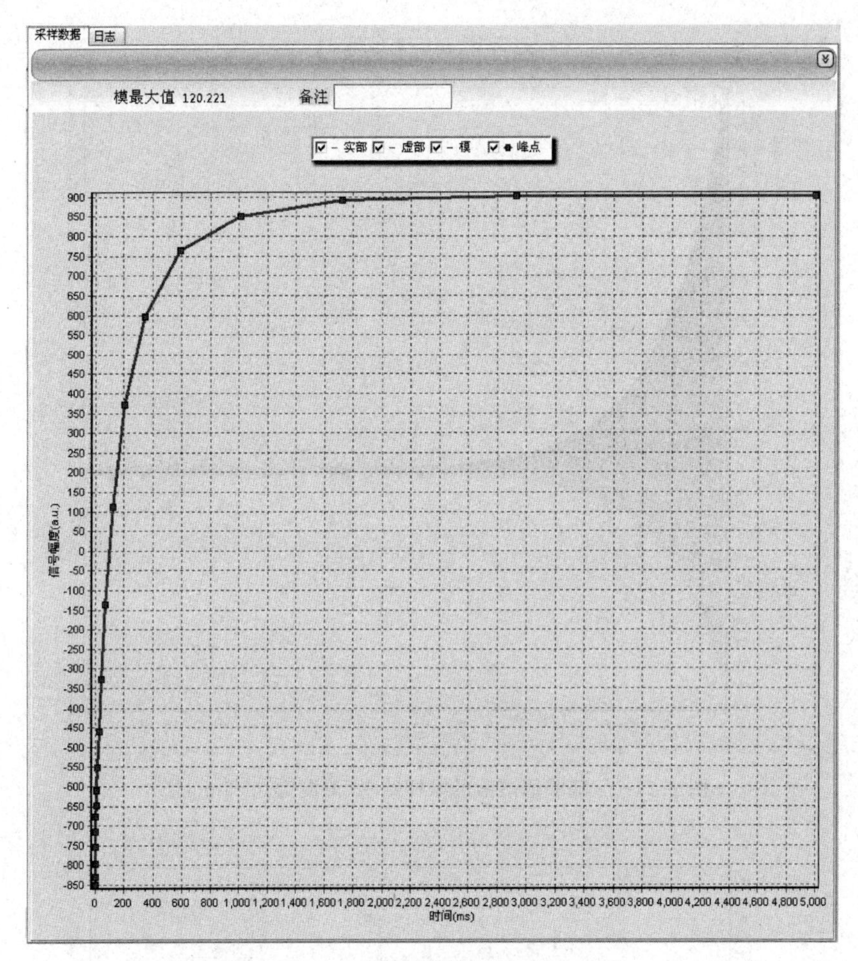

图 2.24-9　IR 序列采样结果(标准油样)

⑥ 数据查询与导出。

单击数据查询进入数据查询界面,可进行数据查询、导出、批量反演。

(3) 成像软件操作。

① 双击桌面上的 图标,运行成像软件,主界面如图 2.24-10 所示,主要由标题栏、菜单栏、定位像显示区、参数界面以及状态栏五部分组成,“标题栏”：显示软件的名称；“菜单栏”：以图标按钮的形式提供全部的指令操作；“参数界面”：用于设置实验需要的系统参数和脉冲序列参数；“定位像显示区”：用于显示预扫描图像,以便观察选层部位；“状态栏”：用于显示软件当前的运行状态。

② 参数校正。

放入标准油样,选择相应的线圈,勾选系统参数界面中的 RF Coil Selection,如图 2.24-11 所示,单击菜单栏 1-PRESCAN 按钮,软件自动校正参数,完成后自动停止。参数校正分 3 步：校正中心频率,自动电子匀场,自动寻找软脉冲幅度。单击“View AutoO1”,查看中心频率校准情况,如图 2.24-12 所示；单击“View Auto Shim”,如图 2.24-13 所示,查看电子匀场情况(3 个波峰)；单击“View Auto Amp”,如图 2.24-14 所示,查看软脉冲幅度寻找情况(1 个波峰 1 个波谷)；如果校正失败,请检查开关是否都开启,是否选对线圈,是否放入标

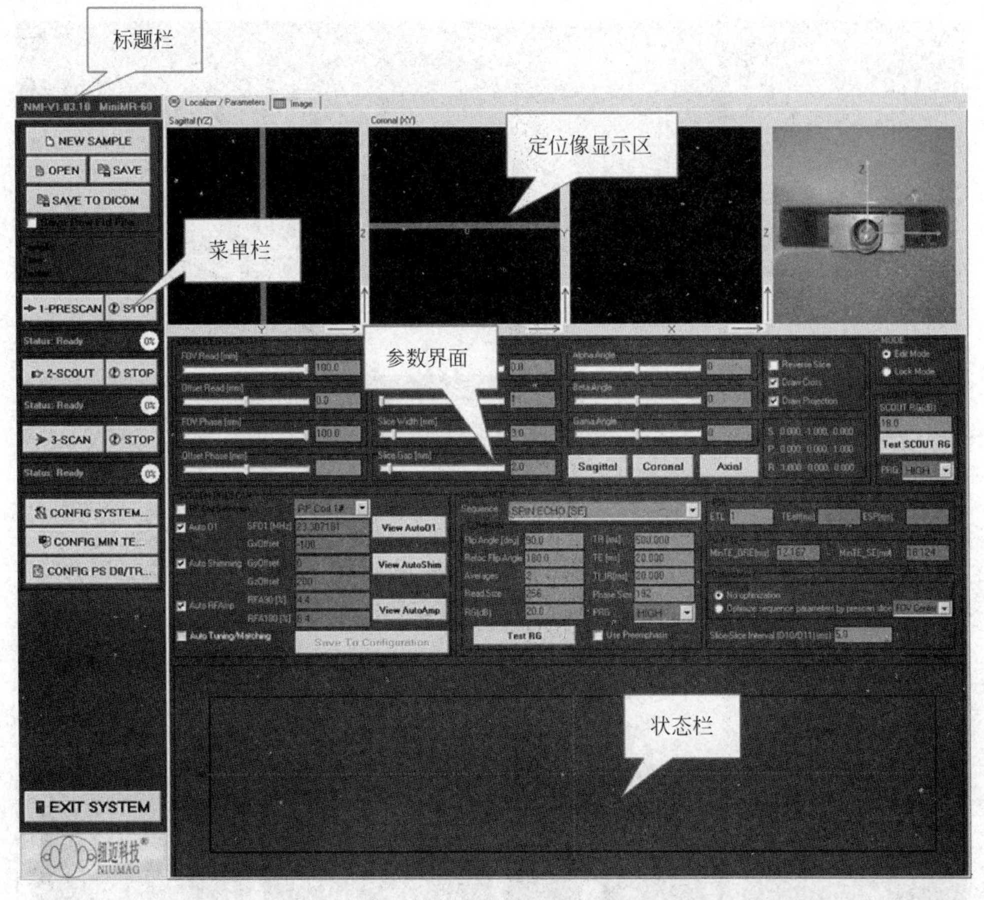

图 2.24-10　成像软件主界面

样,核定哪一步出错。

③ 预扫描。

放入待测试样品,单击 TEST SCOUT RG,如果提示“TEST SCOUT RG Is Too High”,可适当减小“SCOUT RG”和 PRG 档位。单击菜单栏 2-SCOUT 按钮,软件开始预扫描。扫描结束后会在定位像显示区出现图 2.24-15 所示的预扫描图像。

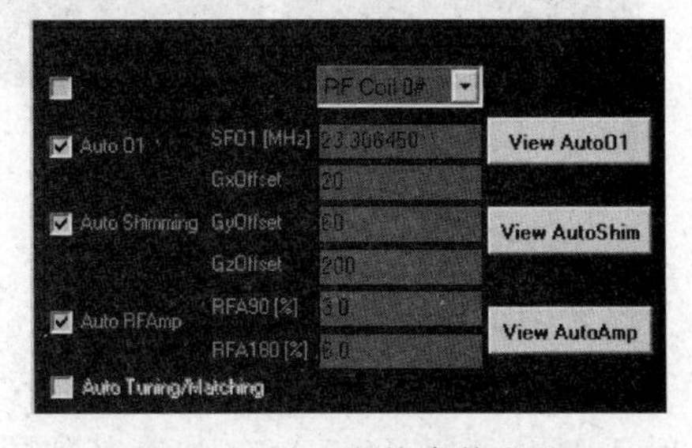

图 2.24-11　系统参数设置

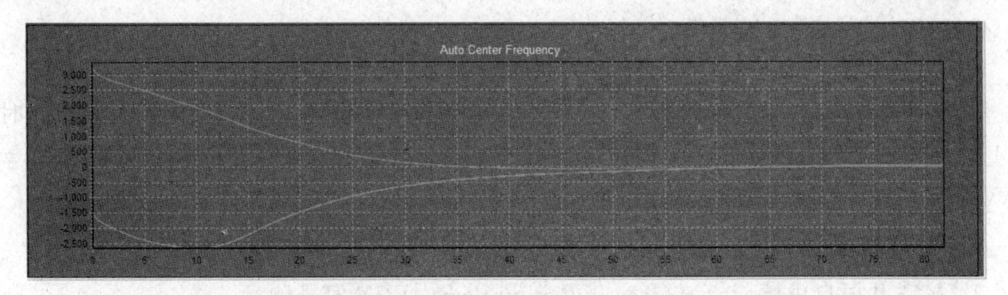

图 2.24-12　频率校正后的 FID 信号

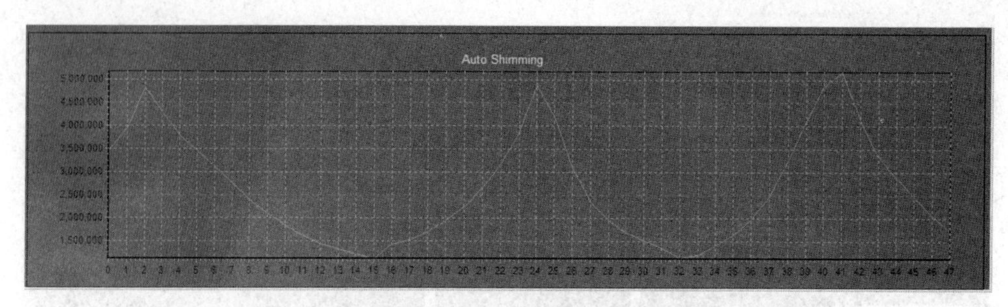

图 2.24-13　电子匀场情况

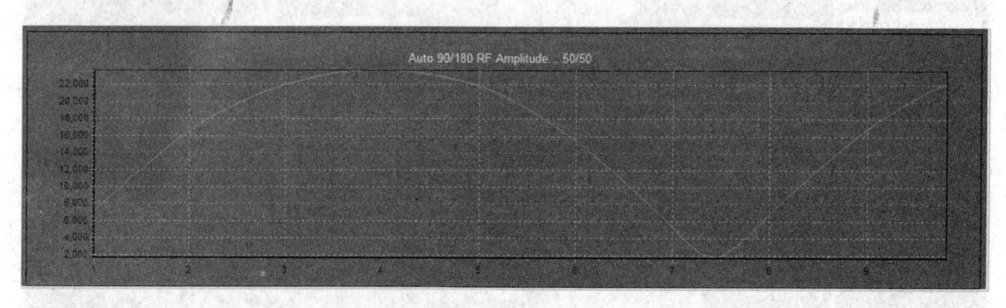

图 2.24-14　软脉冲幅度情况

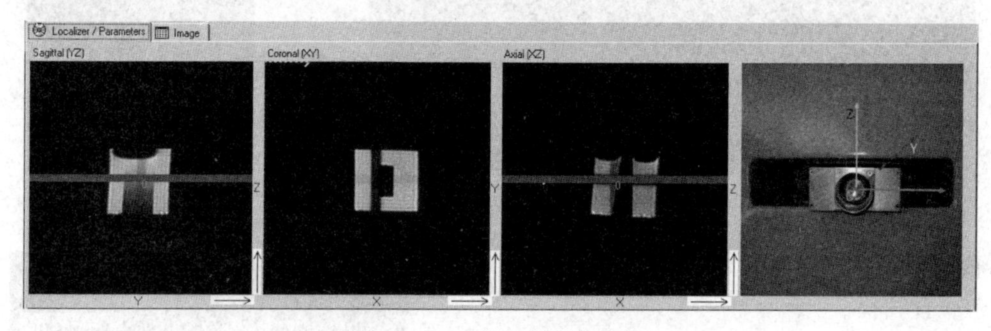

图 2.24-15　预扫描后定位像

④ 成像扫描。

设置图像参数及序列参数，在 Sequence 中选择 SE 序列，单击 TEST RG，如果提示“TEST RG Is Too High”，可适当减小“RG”和 PRG；重复累加次数 Average 建议 4～10；一般 TR＝500，TE＝5.885，如有其他成像要求，可对应修改 TR，TE 值；成像厚度与信噪比成正比，和分辨率成反比，适当调节。单击菜单栏 3-SCAN 按钮开始扫描，扫描结束后会在 image 界面下出现扫描图像。

⑤ 数据保存。

单击 SAVE 按钮保存采样数据(扩展名为.img 文件)，勾选 Save Raw Fid File，同时保存 FID 文件；单击 OPEN 可以打开 img 文件，可查看保存的参数设置，成像结果；单击 SAVE TO DICCOM，图像以经典医学图片格式保存。

2. 实验测量

1) 核磁共振自由感应衰减(free induction decay，FID)信号测量

(1) 在测试位中放入标准油样，磁体探头选择对应的探头选项，序列名称选择 Q-FID，

采用单一的90°射频脉冲激发样品。

(2) 进行单次采样,等待10s停止采样,单击“SF”图标,软件自动寻找中心频率。

(3) 设置重复采样等待时间TW=1000ms,单击“90°”图标,自动寻找脉冲宽度。

(4) 调整模拟增益RG1(−3～40)、数字增益DRG1(0～7)和前置放大增益PRG(0～3)的值,单击“单次采样”按钮,直到信号呈比较光滑的指数衰减曲线。

(5) 记录相应中心频率值和频率偏移量的值,根据拉莫尔方程,计算磁场强度。

2) 基于CPMG脉冲序列测量 T_2

(1) 测试位分别放入标准油样、牛奶、水果等样品,选择Q-CPMG序列,一种可以排除磁场均匀性干扰的脉冲序列。采样频率设置为100kHz,射频延时设置为0.08ms。

(2) 用FID信号测量实验同样方法设置合适的RG1值、DRG1值、PRG值。

(3) 设置合适的TW值,水设置为20s以上,油设置为1500～2000ms。

(4) 采用累计采样方式获得信号图像,重复采样次数不少于4次。设置参数时,需保证衰减曲线拖尾在谱图框约1/2位置平缓,且信号量既不溢出,也不失真,同时信噪比较高。

(5) 单击工具栏“反演”图标,设置反演参数,软件自动进行反演,分别保存标准油样、牛奶、水果等样品的 T_2 弛豫谱。

3) 基于IR反转恢复序列测 T_1

(1) 测试位分别放入标准油样、牛奶、水果等样品,选择Q-IR序列。TD设置为256,SW设置为100kHz,RFD设置为0.08ms。

(2) 设置合适的RG1值、DRG1值、PRG值、TW值。

(3) 设置反转时间个数NTI在20～50。

(4) 通过软件自动设置DL1值。

(5) 采用循环累加方式采样,重复采样次数不少于4次。

(6) 单击工具栏“反演”图标,设置反演参数,软件自动进行反演,分别保存标准油样、牛奶、水果等样品的 T_1 弛豫谱。

4) 基于自旋回波序列成像

(1) 测试位放入标准油样。

(2) 单击菜单栏1-PRESCAN(预参数调节)按钮,软件自动校正参数,完成后自动停止。

(3) 测试位分别放入牛奶、水果等待测样品,单击菜单栏2-SCOUT(预扫描)按钮,软件开始预扫描。扫描结束后在定位像显示区可观察到预扫描图像。

(4) 在Sequence中选择SE序列,设置图像参数及序列参数。

(5) 单击菜单栏3-SCAN(扫描)按钮开始扫描,完成后自动停止,在image界面下出现扫描图像。

(6) 单击SAVE按钮保存采样数据(.img文件),勾选Save Raw Fid File,同时保存FID文件。

(7) 通过更改相位编码梯度,改变相位编码方向的视野,观察图像变化。

(8) 通过更改相位编码梯度持续时间,改变相位编码方向的视野,观察图像变化。

(9) 通过更改频率编码梯度,改变频率编码方向的视野,观察图像变化。

(10) 通过更改频率编码采样频率,改变频率编码方向的视野,观察图像变化。

注意事项：

(1) 严格执行开、关机顺序。

(2) 测试之前需用标样校正中心频率。

(3) 实验过程中请勿关闭温控开关，保持磁体温度32℃恒定。

(4) 实验过程中，不要让仪器发生震动或样品发生移动。

(5) 保持样品管和探头的洁净，如果被污染，请及时清洗和更换，清洗后需烘干水分。

[数据处理与分析]

(1) 利用标准油样，根据拉莫尔方程，计算磁场强度。

(2) 根据 T_1、T_2 弛豫谱，计算样品的弛豫时间。

(3) 采用 origin 的 Fit peaks 功能，对 T_2 弛豫谱叠加峰分峰处理，拟合计算水分的相对湿分比。

[讨论]

(1) 对比油、牛奶、水果等样品 T_1、T_2 弛豫谱，分析水的不同组态、弛豫时间差别并讨论原因。

(2) 对比油、牛奶、水果等样品成像结果，对图像进行定性分析、比较与讨论。

[结论]

通过对实验现象和实验结果的分析，你能得到什么结论？

[思考题]

(1) 实验过程中，为什么要保证样品在进行信号采集时具有恒定的温度？

(2) 磁场不均匀对磁共振图像有何影响？

[附录] NMI20-015V-Ⅰ型核磁共振成像分析仪主要技术指标

(1) 系统磁场强度：(0.5±0.05)T。

(2) 磁体温度：非线性精准恒温控制，25～35℃范围内可调。

(3) 射频场：脉冲频率范围1～30MHz。

(4) 射频发射功率：峰峰值输出大于100W。

(5) 最大采样带宽：2000kHz。

(6) 成像梯度：具备 X、Y、Z 三个方向梯度功放，且每个方向的梯度强度峰值不大于6Gs/cm。

(7) 探头线圈口径：5mm、10mm、15mm。

(8) 有效样品检测范围：15mm×20mm。

[参考文献]

[1] 俎栋林.核磁共振成像学[M].北京：高等教育出版社，2004.

[2] 陈森，孟兆磊，陈闰堃，等.樱桃水分变化的低场核磁共振[J].实验室研究与探索，2013，32(8)：

52-54.
[3]　苏州纽迈电子科技有限公司.核磁共振分析应用软件 V4.0 用户手册[Z].2016.
[4]　苏州纽迈电子科技有限公司.核磁共振成像软件 V1.20.02 用户手册[Z].2014.

实验 2.25　纹影仪的使用

[引言]

一般很难使用光学仪器分辨透明介质内部结构或密度分布等性质,纹影成像系统提供了一种观察空气、其他气体或液体折射率的变化或不均匀性的手段,其利用了被观测流场在光路中,对光线的偏折程度与流场的密度梯度成正比的原理。

纹影法在不同领域的可视化测量中有着广泛的应用。例如,自然界中物质多以混合物的形态存在。气、液混合物中各组分密度、沸点等物理性质差异导致其易在重力、向心力等外力作用下出现内部分层现象。分层间的流动受温度梯度和组分(密度)梯度驱动的扩散流动共同影响,因此其物理本质可被概括为多组分混合物间的双扩散对流。对双扩散对流现象的研究起源于海洋学,但该现象还广泛存在于天文、能源等领域。例如,最近天文学家观测到气态巨行星——木星的重元素内核和氢、氦气态外层间界面可能受双扩散对流扰动,该扰动加速了行星内核受外层的侵蚀过程。本实验将采用纹影方法可视化地观测分层混合物液体间的双扩散对流现象。

同时,声速是表征物质结构的重要参数,在各物态基本性质的研究及应用的过程中起到关键作用。人们很早就开始了对声速的测量,从最初的粗糙估计到后来的精确测量历经了数个世纪。超声光栅法是一种重要的测量液体声速的手段。通过测量光线在声场衍射后形成的图案,可以以较高精度测得声速。由于声波是疏密波,这就使得采用纹影技术(密度可视化)进行声速测量成为可能,本实验基于这一原理完成了比超声光栅更为精密的声速测量。除此之外,本实验还将利用空气密度与温度、流速的关系分别定量测量温度场和超声速流动的速度。

[实验目的]

(1) 掌握调节纹影系统的灵敏度的方法。
(2) 了解纹影法测量温度、速度的原理和方法。

[实验仪器]

光源,抛物面镜,全快门工业相机,方形液体容器,加热棒,空压机等。

[预习提示]

(1) 熟悉纹影光路的原理、调试方法。
(2) 学习温度、速度场的后处理方法。

[实验原理]

流体的折射率与其密度相关,光线的偏折由介质的折射率所决定,偏折角度 $\Delta\varepsilon$ 与折射

率 n 的关系可表示为

$$\Delta\varepsilon = 2\left(\frac{n_s}{n_a} - 1\right) \tag{2.25-1}$$

$$n = \frac{c_0}{c} \tag{2.25-2}$$

其中，n_s 为流体的折射率；n_a 为空气的折射率；c_0 为真空中光速，约为 3×10^8 m/s；c 为介质中光速。本实验中，可使用 Gladstone-Dale 关系和理想气体状态方程简单描述 n_s 和 n_a，其一般关系为

$$n - 1 = k\rho \tag{2.25-3}$$

$$\rho = \frac{p}{RT} \tag{2.25-4}$$

其中，k 为 Gladstone-Dale 系数，约为 2.30×10^{-4} m^3/s；ρ 为密度；p 为绝对静压；T 为温度；R 为一个大气压下单位摩尔质量的气体常量，$R=287.085$ Pa·m^3/s。

纹影法基于流体折射率波动将不同浓度盐水溶液间的流动可视化，从而观察液体分层处的双扩散分层现象。平行光经因组分、温度变化产生折射率波动的测试区域 S 时在传播方向上发生微小偏折，弧度为 $\Delta\varepsilon$，如图 2.25-1(a)所示。因该角度较小，可近似通过下式计算，有

$$\Delta\varepsilon \sim \sin(\Delta\varepsilon) = \frac{\Delta x' - \Delta x}{\Delta y} \tag{2.25-5}$$

其中，$\Delta x'$ 为假设光线方向不偏折时经过的距离，Δx 为偏折后光线经过的距离，Δy 为 S 垂直于光线的投影高度。光线传播的距离为

$$\Delta x = \frac{c_0}{n}\Delta t \tag{2.25-6}$$

于是，偏折角度可进一步表示为

$$\Delta\varepsilon = \frac{n\Delta n}{n(n+\Delta n)}\frac{\Delta x}{\Delta y} \tag{2.25-7}$$

其微分形式为

$$\frac{\partial\varepsilon}{\partial x} = \frac{1}{n}\frac{\partial n}{\partial y} \tag{2.25-8}$$

沿光线传播方向积分，可得可视化图像上最终的偏折角度为

$$\varepsilon_x = \frac{1}{n}\int\frac{\partial n}{\partial y}\mathrm{d}x \tag{2.25-9}$$

由上式可知，光线偏折角度与所经过流体的折射角梯度的积分值相关。

偏折后的光线经抛物面镜汇聚于位于焦点的狭缝上，狭缝可阻挡下半部分光线通过。经过 S 区后向上偏折的光线与原有位置的光线重合，形成亮度较高的区域，而向下偏折的光线被阻挡，在图像上形成暗区。因此，纹影图像上呈现出亮部和暗部连续变化，亮暗条纹的位置即为流体密度梯度变化的区域，且其位置随流动发生变化。通过追踪条纹的位置变化，即可通过互相关算法计算流场内的速度分布。互相关算法通过捕捉连续图像中大小为 $M\times N$ 的窗口内的特征的计算速度，如图 2.25-1(b)所示。可用互相关系数 D 定量评估速度的可信度，为

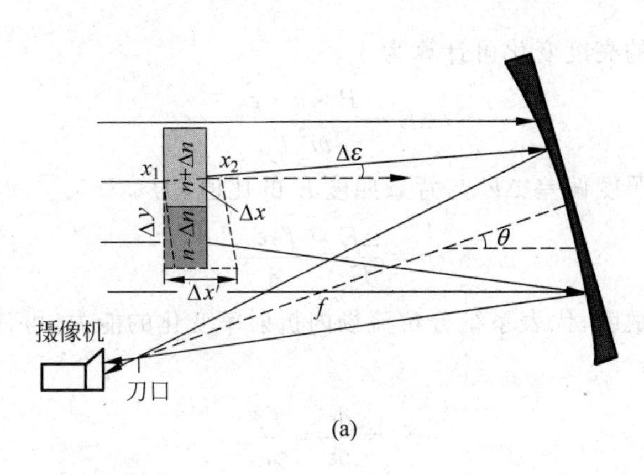

(a)

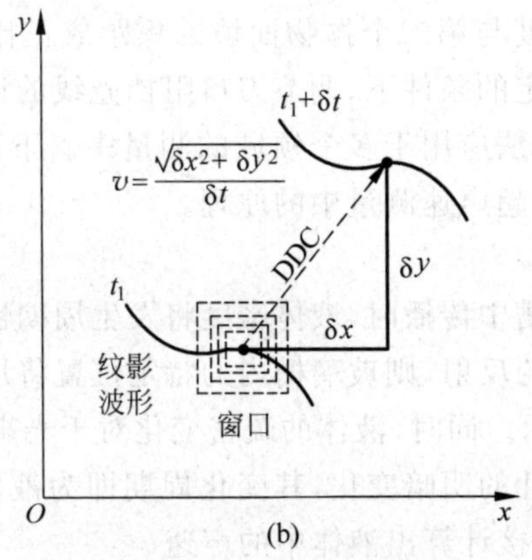

(b)

图 2.25-1 实验原理图

(a) 光线偏折；(b) 互相关算法

$$D(\delta x,\delta y)=\frac{1}{N\cdot M}\sum_{i}\sum_{j}[\phi(i,j)-\phi(i+\delta x,j+\delta y)]^{2} \tag{2.25-10}$$

其中，ϕ 为图像中像素的亮度。D 较高时说明特征的关联性更强。根据计算得到的速度分布，可进一步获得流场内的速度、涡量云图等数据。

纹影采集到的图像为明暗交错的像素矩阵，可通过图像的对比度变化衡量密度梯度的相对大小。假设有水平的狭缝光源和水平的刀口。光源发出的亮度为 B（单位：cd/m^2），可通过平方反比定律得到入射到第一面镜子上的亮度为

$$E_0=\frac{B\cdot b\cdot h}{f_1^2} \tag{2.25-11}$$

其中，b 和 h 分别为狭缝光源的宽度和高度，f_1 是第一个镜面的焦距。忽略光线亮度的损失，平行光将以 E_0 入射第二面抛物面镜。将测试区域的图像放大 m 倍，得

$$E_0=\frac{B\cdot b\cdot h}{m^2 f_1^2} \tag{2.25-12}$$

定义 a 为通过刀口阻挡后光线通过的高度。则将式(2.25-12)中的 h 替换为 $(f_1/f_2)a$，则可计算实验过程中未遮挡时的图像亮度，即纹影图像的背景照度 E 为

$$E=\frac{B\cdot b\cdot a}{m^2 f_1 f_2} \tag{2.25-13}$$

因部分光线偏折产生的亮度变化可计算为

$$\Delta E=\frac{B\cdot b\cdot \varepsilon_x}{m^2 f_1} \tag{2.25-14}$$

则对比度 c 可表示为照度偏差 ΔE 与背景照度 E 的比值，为

$$c=\frac{\Delta E}{E}=\frac{f_2\varepsilon_x}{a} \tag{2.25-15}$$

而纹影系统的灵敏度，代表系统分辨流场内折射率变化的能力，可计算为图像对比度相对折射角的变化率，为

$$S_s=\frac{\mathrm{d}c}{\mathrm{d}\varepsilon}=\frac{f_2}{a} \tag{2.25-16}$$

式(2.25-16)表明，灵敏度与第二个抛物面镜的焦距成正比，并与通过刀口光线的纵向高度成反比。在镜面参数一定的条件下，调节刀口阻挡光线的比例可改变系统的灵敏度。

基于上述原理，可将纹影法应用于多个领域的测量中。下面将分别介绍使用纹影法应用于声速测量、温度场测量和超声速测量中的原理。

1) 声速测量

声波在盛有液体的玻璃槽中传播时，液体密度将发生周期性的变化，并沿传播方向形成疏密波。考虑声波在壁面处的反射，则玻璃槽内的特定位置将形成驻波，从而使介质疏密变化幅度增加，如图 2.25-2 所示。同时，液体的疏密变化对于光来说体现为折射率的变化，因此在纹影系统中呈现为周期性的明暗变化，其变化周期即为液体中声波的半波长。在利用纹影系统测定其波长后，可直接计算出液体中的声速

$$c=\lambda f \tag{2.25-17}$$

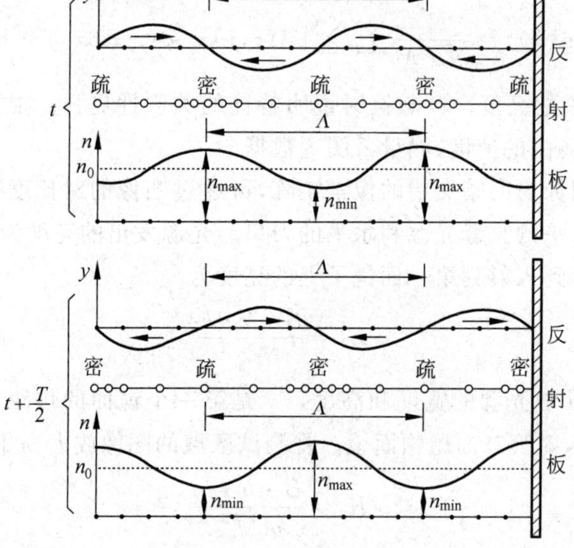

图 2.25-2　驻波形成示意图

2) 温度场测量

由式(2.25-3)可知，空气的密度与折射率相关。因此，通过计算纹影图像的灰度值变

化，即可定量获得局部的密度变化。在温度测量中，先获得室温条件下的纹影图像作为背景灰度，随后，计算同一位置处加热物体周围的纹影图像与背景纹影图像的灰度变化值 ΔI，并从室温区域对 ΔI 开始积分，即可获得加热物体附近的温度分布，计算公式为

$$\frac{\Delta I}{I}=\frac{kf}{x_0}\int_0^l \frac{\partial \rho}{\partial y}\mathrm{d}z \tag{2.25-18}$$

3）喷嘴速度测量

马赫环是指火箭、发动机等喷出超声速尾气时，喷嘴后形成的明亮耀眼的钻石型驻波。马赫环是由复杂的流场形成的，由于驻波引起的密度突变而可见。第一马赫环形成位置和喷嘴之间的空间被称为沉默区。沉默区的长度 x 可以用如下公式近似表示为

$$x=0.67D_0\sqrt{\frac{p_f}{p_e}} \tag{2.25-19}$$

其中，D_0 为喷口直径，p_f 和 p_e 分别为流体压力和环境压力。使用纹影法获得 x 后可由上式计算喷嘴处的流体压强。随后，可利用以下公式获得喷嘴处流体的速度 v 为

$$v=\sqrt{\frac{TR}{M}\cdot\frac{2\gamma}{\gamma-1}\cdot\left[1-\left(\frac{p_f}{p_c}\right)^{\frac{\gamma-1}{\gamma}}\right]} \tag{2.25-20}$$

其中，T 为喷管出口气体温度，R 为通用气体常数，M 为气体分子量，γ 为等熵膨胀因子（比热容比），p_c 为喷管入口压力（可近似取空压机出口压力）。

［仪器装置］

本实验采用反射式 Z 型纹影系统，如图 2.25-3 所示。

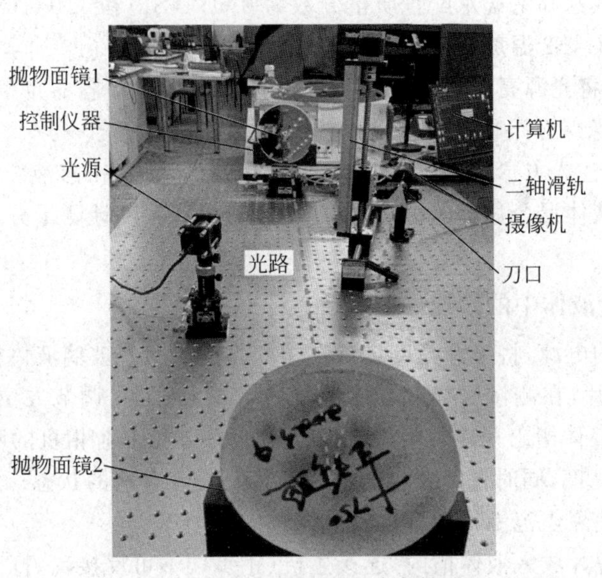

图 2.25-3　Z 型纹影光路实物图

实验时，在试验区放置方形有机玻璃容器，其内部加注有不同密度的盐水溶液。实验腔侧面贴敷有 PI 加热膜。通过恒流源可调整加热膜的加热功率。LED 点光源放置在抛物面镜焦点处，点光源发出的光经过第一抛物面镜反射变为平行光经过测试区域流场后发生偏折，后经过第二抛物面镜汇聚于位于焦点的刀口上。第一抛物面镜和第二抛物面镜焦距均

为0.75m。光线经过刀口截断后进入全局快门高分辨率CMOS工业摄像机中成像，并通过PC端的实验记录程序采集、显示和保存视频数据，以进行后续分析和计算。

[实验内容与测量]

1. 刀口位置与纹影灵敏度的关系

(1) 粗定抛物面镜焦距。将第一抛物面镜和第二抛物面镜调整至平行正对状态。以两面镜子各自的中心点为圆心在平台上绘制两段750mm的圆弧。

(2) 调整光源位置和角度。将两面抛物面镜沿相反方向各旋转4.0°～6.0°的任意角度，并确保两面反射镜转动角度一致。将光源通光面固定于第一抛物面镜焦点附近，确保光线尽可能进入抛物面镜范围。

(3) 细调光源位置。在暗室条件下，仔细调整光源的位置、照射角度，同时调整第一抛物面镜的水平位置和偏转角，直到第一抛物面镜的反射光束与第二抛物面镜完全重合。确保通过试验区的光束为平行光。

(4) 调整刀口位置和高度。将刀口置于第二抛物面镜焦点。在平台上绘制一条反射光的方位射线。沿射线方向摆放水平电机导轨，之后用压板固定。安装垂直电机，并确保其行程内覆盖焦点位置。

(5) 手动调整刀口位置和高度，改变系统的灵敏度。观察纹影图像的变化。随后自动调整刀口位置至最佳位置，分析刀口的运动规律，采集调整完毕后的纹影图像。

2. 纹影法观察分层盐水溶液的混合现象

(1) 分别使用热水和室温水配置质量分数为0.5%(S1)和1.0%(S2)的盐水溶液。其中，S1温度约为50℃，S2温度为室温。

(2) 打开光源，将光源亮度设置在中等亮度区间。将方形容器自然冷却至室温。确认视频采集格式和图像保存路径。

(3) 缓慢将S2注入方形容器中，待液面稳定后缓慢注入S1溶液。

(4) 记录分层液体混合过程的视频图像，使用热电偶温度计测量分层两侧温度梯度、液层高度。

3. 纹影法测量液体中的声速

(1) 打开光源的电源，将光源亮度设置在中等亮度区间。玻璃液体槽槽内注水，注入水量要没过压电陶瓷片，在测试区样品台上放置玻璃槽和振源，调节方位使玻璃槽与光路垂直。调整高度使得液体槽出现在观测视野内。调节刀口和工业相机的曝光时间，使得背景光处于较为合适的亮度，同时调节相机的白平衡使其处于合适的状态。

(2) 调节镜头使聚焦范围处于液体槽内。

(3) 将压电陶瓷片放入液体槽内，连接主机(正负端不可反接)。打开超声发射开关，调整超声发射强度，使视场中出现稳定驻波，超声波频率为1.7MHz。

(4) 利用软件采集图像，并在图像上选择清晰区域，截图，并进行波长测量，如图2.25-4所示。

(5) 微调超声发射器左右距离，重复(3)、(4)步骤5次，得出声速平均值，并计算其不确定度。

图 2.25-4 声速测量实验中纹影图像(局部)示意图

4. 纹影法测量加热棒附近温度场

(1) 将金属圆柱放置在加热台上以备实验使用,如图 2.25-5 所示。打开 LED 光源和 PC 端的配套软件,调整焦距对焦于测试区域,调节刀口和相机曝光时间使得画面处于均匀较暗的状态,避免加热的金属圆柱产生的温度场使得画面过曝损失信息。

(2) 采集此时的纹影图像作为背景光图像,用于后续的温度场分析与计算。

(3) 打开加热开关,5～10s 后关闭,待空气流场稳定后使用软件采集纹影图像,如图 2.25-6 所示。同时使用热电偶测量加热棒前部、中部、后部三点的温度,并取平均值作为加热棒温度。

图 2.25-5 加热棒安装图

图 2.25-6 加热棒上方纹影图像示意图

(4) 使用实验程序标记测量区域,计算加热棒附近温度分布,并将计算得到的加热棒表面温度与热电偶测量值进行对比,分析纹影法测量温度的误差。

5. 纹影法测量马赫环

(1) 调整纹影系统至灵敏度较高区域,将气体喷口固定在载物台边缘,连接好空压机,调整空压机出口压力约为 0.8MPa,如图 2.25-7 所示。

(2) 采集透明直尺的图像,并标定纹影图像中的距离。

(3) 以不同速率释放气泵中的气体,在各种释放条件下采集纹影图像,如图 2.25-8 所示。

(4) 通过图像处理软件计算喷嘴至第一马赫环距离,并使用公式计算喷口处空气流速和压强。

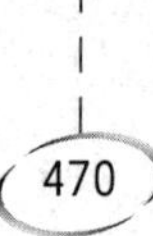

图 2.25-7　喷嘴安装实物图

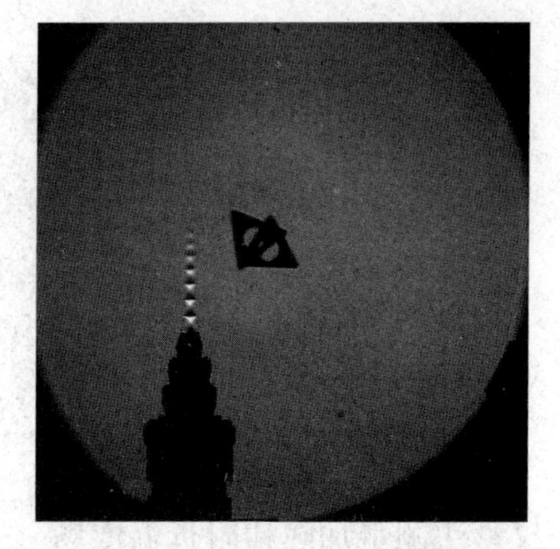

图 2.25-8　加热棒上方纹影图像示意图

注意事项：

(1) 纹影系统中的抛光镜表面精度极高，严禁用手、纸巾、抹布等直接触摸或清理，可使用气吹等工具进行清洁。

(2) 实验结束后，应及时停止加热，避免实验腔过热。

(3) 加热棒表面可高达100℃，切勿加热时使用手直接触摸。

[数据处理与分析]

(1) 根据记录的视频图像，将双扩散对流划分为多个阶段，分析不同阶段持续时长与加热功率的关系。

(2) 获得水中超声波图像，并计算水中的声速。

(3) 计算加热棒上方温度分布。并分析该方法测温的误差。

(4) 通过马赫环图像计算喷嘴处空气流速与压强。

[讨论]

讨论有哪些方法能够提高纹影系统的调试速度、精度。

[结论]

分析实验现象，给出纹影法应用于各种测量领域中的精度。

[思考题]

是否有能够利用纹影图像获得定量速度信息的方法？

[附录]　软件使用方法

1. 启动

在软件启动前，请注意连接好相机和步进电机驱动口。双击打开“demo.exe”，约5s左右软件将会启动，此时，电机将会小距离移动自检且创建“abs_data”和“rel_data”用于记录电机的位置信息。启动成功后，将出现如图2.25-9所示界面。

假如电机未安装，则弹出警告：此时可以进行实验数据处理的功能，电机控制和自动校

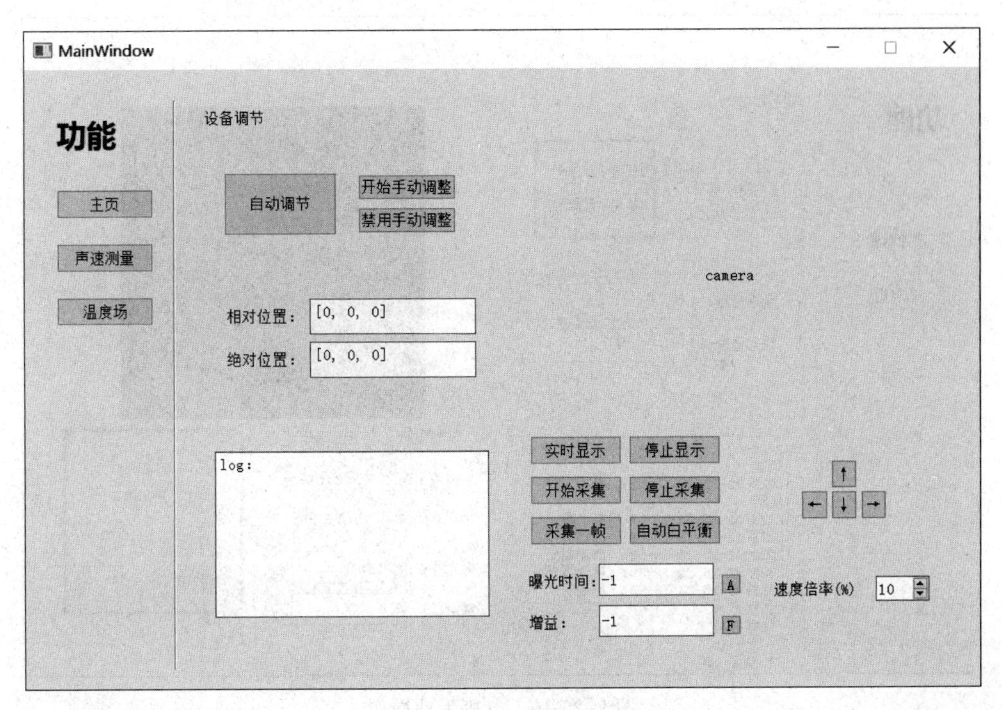

图 2.25-9　主页面

准等其余功能被禁止。

2. 功能介绍

1）电机手动控制

（1）在正确的打开程序后，单击“开启手动调整”，此时在 LOG 日志中将会显示此时已开启手动调整，界面如图 2.25-10 所示。

（2）开启后，使用者可以用程序中的上下左右箭头对电机进行单步控制，也可以通过键盘上的按键控制

“w、a、s、d”——分别控制前后和上下运动。

“z、c”——分别进行前后的快速控制。

“r”——回到最佳位置。

“b”——重置当前位置为最佳位置。

（3）同时，在右下角的“速度倍率”中可以调节当前电机运动的速度(建议不超过 50%)。

（4）使用结束，单击“禁用手动调整”，以防止误触。

2）相机控制

在确认相机安装正常后，可以单击各个按钮进行调节，如图 2.25-11 所示，下面介绍各个功能。

【F】选择存储文件夹，默认为软件所在文件夹。

【实时显示】打开视频流，并在程序内显示。

【停止显示】停止采集视频流。

【开始采集】在实时显示停止的时候，可以单击，将开始视频录制，分辨率为 5120×5120。

【停止采集】将开始采集至单击时的录像封装并封装到.mp4 格式，存储在【F】选定的文

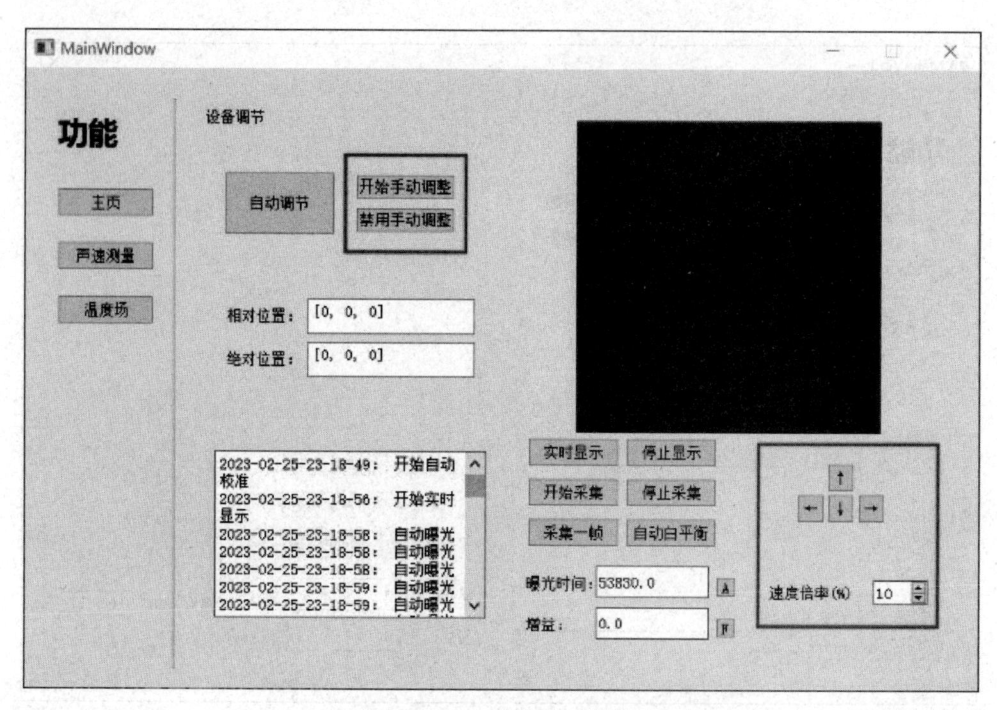

图 2.25-10　电机手动操作

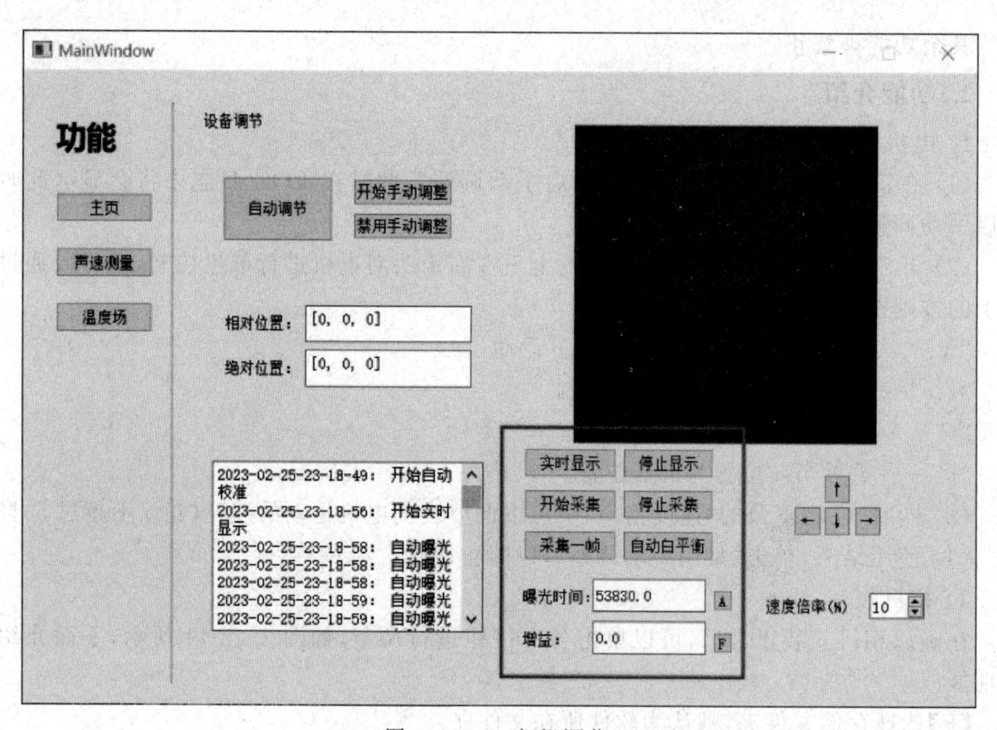

图 2.25-11　相机调节

件夹中。

【采集一帧】在实时显示停止的时候，捕获一帧，分辨率为 5120×5120，存储在【F】选定的文件夹中。

【自动白平衡】根据当前画面自动调整白平衡。

【曝光时间/增益】在文本框中输入曝光时间(500～1 000 000μs)/增益(500～1 000 000),以手动调整曝光时间/增益。

【A】自动曝光,在实时显示开启的时候可以使用。

3）自动校准

(1) 确认相机和控制端口已连接。(注意：不要在使用时拔下相机或者控制器,否则可能造成软件卡死)

(2) 单击实时显示,屏幕上将出现相机画面。此时,先移动相机位置至正对于镜面,通过前述实验流程中的方法移动相机至可以看到刀片截止光源的效果。

(3) 通过手动调节的方法,将刀口降低到光源像之下,使光线完全进入到相机中。

(4) 单击自动曝光【A】(注意多按几次),使目前的亮度达到合适的水平。

(5) 将目前的曝光时间约乘以五至六倍,使画面达到过曝的状态。

(6) 单击自动校准,此时将弹出待校准窗口。拖动框选待校准区域,框选完成后单击键盘“Enter”,框选界面被加粗,同时抛出确认信息,若选“Yes”,则进入自动校准,选“No”则退出,如图 2.25-12 和图 2.25-13 所示。

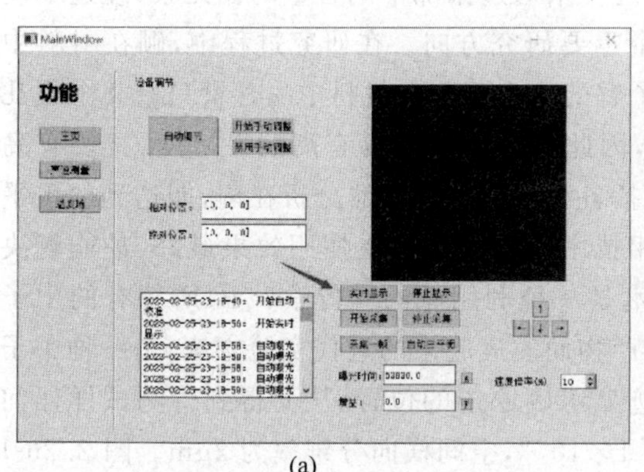

(a)

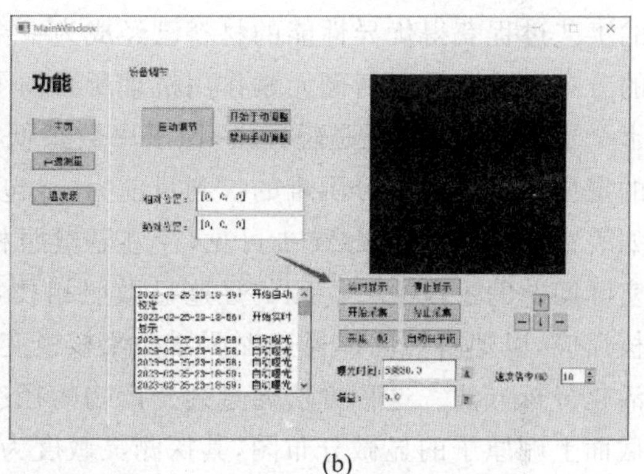

(b)

图 2.25-12　实时显示画面

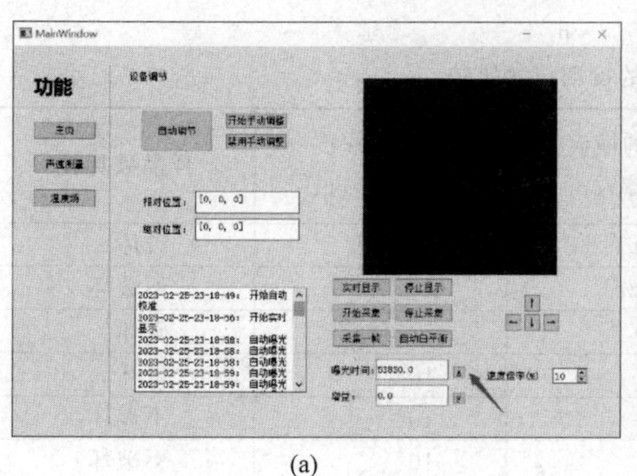

(a)

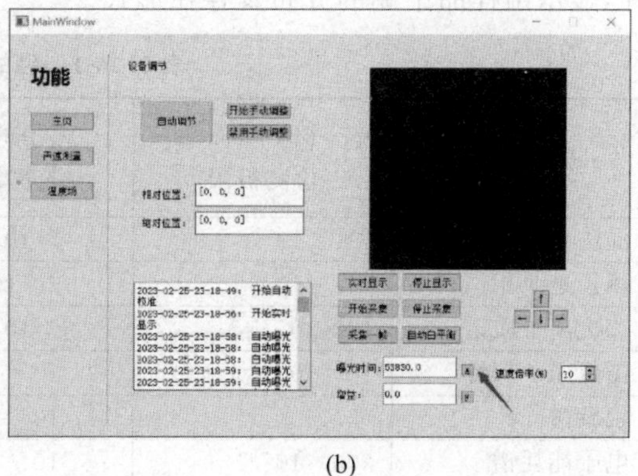

(b)

图 2.25-13　实时显示画面

(7) 此时程序开始自动校准,校准完成后,此时自动校准窗口将自动关闭,软件将自动刷新最佳位置,此时该系统在接收端将达到最佳状态。

[参考文献]

[1] 林木欣.近代物理实验教程[M].北京：科学出版社，1999.

[2] 成都华芯众和电子科技有限公司.多物理场纹影实验教学系统说明书[Z].2023.

[3] 丁红胜，董军军，吴平.综合性设计性实验的教学思路探讨[J].大学物理，2007，26(5)：44.

[4] 吴平.理科物理实验教程[M].北京：冶金工业出版社，2010.

[5] WANG Q，WU Y，CHENG H T，et al. A schlieren motion estimation method for seedless velocimetry measurement[J]. Experimental Thermal and Fluid Science，2019，109：109880.

[6] 黄天立，王倩.一种应用于水流的纹影特性光流测速算法[J].实验流体力学，2021，35(5)：81-89.

[7] SETTLES G S，HARGATHER M J. A review of recent developments in schlieren and shadowgraph techniques[J]. Measurement Science and Technology，2017，28(4)：042001.

实验 2.26 硼元素径迹显微分析技术

[引言]

硼元素在许多材料体系中都有重要应用，近年来通过添加不同含量的硼元素，经过不同的工艺过程获得优异性能的材料已经成为一个重要研究方向。在研究过程中，硼在材料中的分布及状态是澄清硼元素作用机理所必须了解的。由于硼在材料中的含量只有几个到几十个 10^{-6}，加上硼又是轻元素，原子序数很低，因此分析方法既要有高的灵敏度，又要有高的定位分辨率是十分困难的。到目前为止，包括各种最近代的仪器分析在内，能达到的水平如表 2.26-1。由表 2.26-1 可见，径迹显微照相技术是至今世界上使用效果最好、最能解决实际问题的手段之一。硼的径迹显微照相技术是一种利用硼的同位素(^{10}B)所特有的中子核反应，以塑料等固体径迹探测器检测核蜕变产物而发展起来的近代实验方法，是一种中子活化分析方法。这种方法通过裂变产物的径迹显示硼原子的位置，从而得到待测试样任何截面上硼原子的显微分布图，其探测灵敏度为 1×10^{-6}，空间横向分辨率为 $2\mu m$。图 2.26-1 分别是含硼 0.0035wt%的 2.25Cr-1.0Mo 钢冷却到 1000℃、900℃、800℃时的径迹显微照片，显示出样品中硼的分布及存在形式。

表 2.26-1 硼的检测技术比较

试验技术	铁中硼的检测极限	典型的横向分辨率/cm	典型的深度分辨率/cm	样品破坏性
湿法化学分析	$<1\times10^{-6}$	$>10^{-1}$	$>10^{-1}$	破坏
硼径迹照相	$<1\times10^{-6}$	2×10^{-4}	10^{-4}	不破坏
二次离子质谱	10×10^{-6}*	$>10^{-4}$	5×10^{-7}	破坏
图像原子探针	50×10^{-6}*	10^{-8}	10^{-8}	破坏
俄歇谱	75×10^{-6}*	10^{-4}	10^{-7}	不破坏
电子能耗谱	200×10^{-6}*	10^{-6}	10^{-6}	不破坏
电子探针	$(200\sim300)1\times10^{-6}$*	10^{-4}	10^{-4}	不破坏
原子探针	500×10^{-6}*	10^{-8}	10^{-8}	破坏

* 表示估计值。

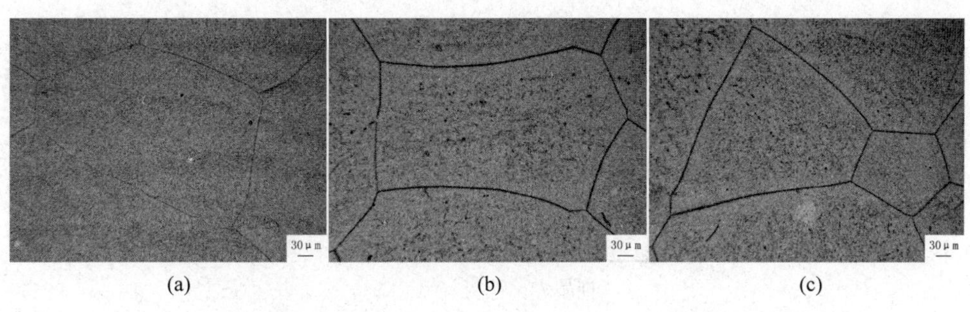

图 2.26-1 硼质量分数为 0.0035%的 2.25Cr-1.0Mo 钢冷却时的径迹显微照片
(a) 1000℃；(b) 900℃；(c) 800℃

[实验目的]

了解一种利用中子活化检测元素的方法，学习硼元素径迹显微分析技术。

[实验仪器]

镶样机，金相样品磨抛机，多段编程烘箱，金相显微镜，径迹显微分析专用软件，三醋酸纤维素膜，丙酮，NaOH，$KMnO_4$，去离子水，盐酸，金相砂纸，不同热处理条件处理的含硼 Fe40%Ni 样品等。

[预习提示]

(1) 了解硼径迹显微照相技术基本原理。
(2) 了解实验样品的制备方法和程序。

[实验原理]

1. 基本原理

天然硼中含有 19.8%(原子分数)的^{10}B 同位素(其余 80.2%为^{11}B)，^{10}B 同位素在热中子的辐照下，发生^{10}B(n,α)^{7}Li 反应，即

$$^{10}\mathrm{B}+{}^{1}\mathrm{n}={}^{7}\mathrm{Li}+{}^{4}\alpha \tag{2.26-1}$$

反应释放的总能量为 2.31MeV，反应产物间动能分配与粒子质量成反比($E_\alpha/E_{\mathrm{Li}}\approx 7/4=1.75$)，所放出的 α 粒子和^{7}Li 核分别具有 1.46MeV 和 0.85MeV 能量，可以用醋酸纤维和丁醋酸纤维等固体径迹探测器探测这些产物粒子的径迹。

在应用径迹显微分析技术时，需要将径迹探测膜紧紧地贴在抛光后的待测试样磨面上，一起放入反应堆热中子流中辐照，如图 2.26-2 所示。当热中子流密度基本均匀时，试样各部位发生反应的概率，决定于各部位^{10}B 原子的浓度。试样表面层一定深度范围内发生的$^{10}\mathrm{B}+{}^{1}\mathrm{n}={}^{7}\mathrm{Li}+{}^{4}\alpha$ 反应所放出的产物能逸出表面，射入探测薄膜，经一定的蚀刻操作后，在膜上就显示为具有一定尺寸和数量的蚀坑，如图 2.26-3 所示。

单位面积薄膜上的蚀坑数目即蚀坑密度 ρ 与硼含量之间有如下关系

$$\rho = C'\,{}^{10}B\sigma\Phi t\bar{R} \tag{2.26-2}$$

其中，^{10}B 为^{10}B 原子的浓度(^{10}B 是硼的同位素，这里也用这个符号的斜体表示它的浓度)；

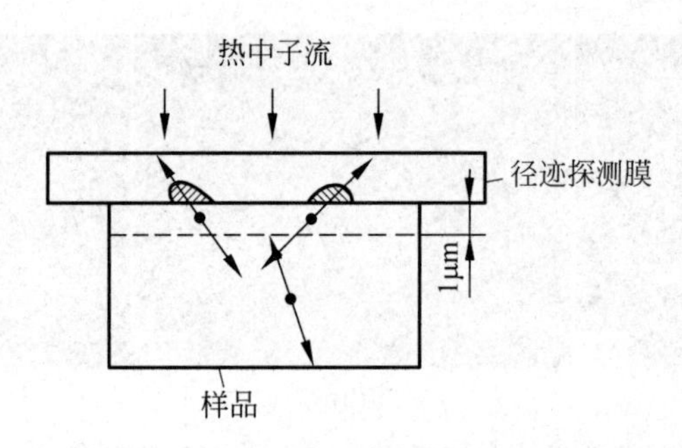

图 2.26-2　热中子流辐照贴有径迹探测膜的样品

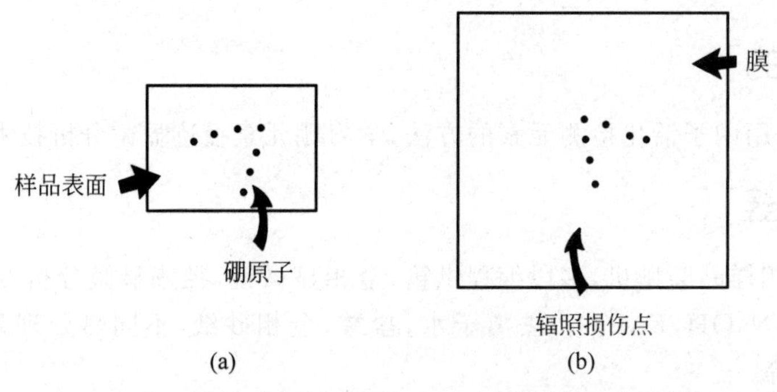

图 2.26-3　样品表面及径迹探测膜

(a) 样品表面；(b) 径迹探测膜

σ 为^{10}B 原子核的热中子俘获截面；Φ 为热中子通量；t 为热中子辐照时间；$\bar{R}$ 为反应产物（α 粒子）在待测试样中的平均射程；C'是与所选用的探测薄膜的性质和蚀刻条件有关的系数。

由于^{10}B 同位素在天然硼中所含的百分数是一定的，可以用硼的含量代入上式，对于成分近似的待测材料，$\bar{R}$ 也是一个常数，合并式(2.26-2)中的常数项，可以简化为

$$\rho = CB\Phi \tag{2.26-3}$$

式中，C 为与薄膜性质、刻蚀条件以及待测材料成分有关的常数，B 为所测材料中的硼含量，Φ 为热中子照射的积分通量。此式就是运用径迹显微照相法定量分析材料中硼含量及其显微分布的基础。

在实际定量测量中，C 可以通过对已知硼含量试样的测定来加以标定，但由于热中子辐照积分通量的测定往往误差较大，这一方法比较适合于对同一试样上各显微区域硼含量变化进行对比分析。由于同一张探测膜上蚀坑的大小基本一致，因此也可以通过测定单位面积上蚀坑所占的面积来反映硼含量的大小。

当蚀坑密度较高、蚀坑尺寸较大时，必须考虑蚀坑的重叠，并进行必要的修正。蚀坑在探测薄膜上所占面积分数的变化可用下式描述

$$\mathrm{d}(\rho' a) = (1 - \rho' a)\mathrm{d}(\rho a) \tag{2.26-4}$$

式中，ρ 为真实径迹密度，ρ'为表观径迹密度，a 为当蚀坑不重叠时单个蚀坑所占的面积。式(2.26-4)积分得

$$\rho a = -[\ln(1 - \rho' a)] \tag{2.26-5}$$

2. 定量测量与统计

在硼径迹显微图片的定量测量中，当晶界偏聚量达到一定程度，形成连续的蚀坑带后，常采用矩形框法进行测量。这类测量通常涉及两种测量要求，一是测量某一个小区域里的平均硼含量，二是测量一定空间范围里各点的硼含量，例如给出横跨晶界各点的硼含量的变化。对于第一种测量要求，测出指定取样框里蚀坑点所占的面积比率(该比率正比于矩形框内硼的含量)即可；对于第二种测量要求，则需要沿着某个方向，连续移动一个小的矩形取样框(矩形取样框的大小可以由测量者指定)，给出每一个矩形框内蚀坑点所占的面积比率，如图 2.26-4 所示。这些测量可用径迹显微图像分析专用软件定量测量，误差在 10%左右。对于断续晶界，则可以采用测量发生偏聚的晶界长度与总晶界长度的比值来表示晶界偏聚的程度。

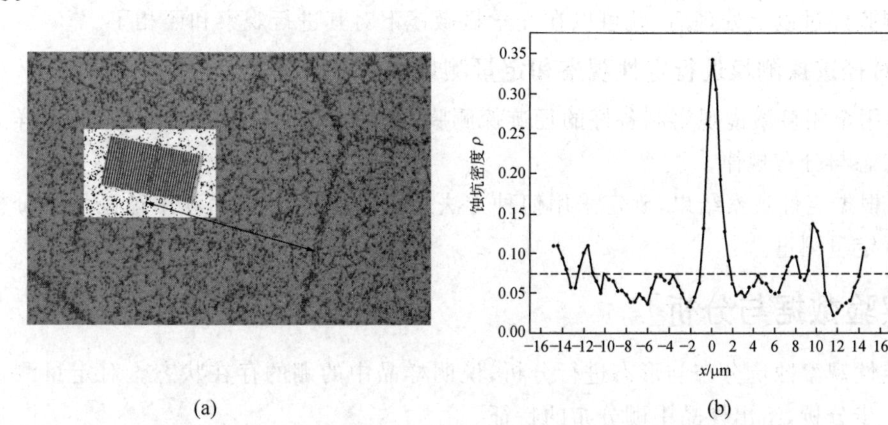

图 2.26-4　超低碳微合金钢冷却到 850℃的硼径迹显微照片
(a) 统计过程；(b) 统计分析得到的晶界附近蚀坑密度分布曲线

[实验内容与测量]

制备径迹显微分析样品，观察探测膜蚀坑分布与形态，利用径迹显微分析专用软件进行定量测量。

1. 径迹显微分析样品的制备

(1) 镶样及电木固化。在 150℃左右的温度下将样品热镶于电木粉中，然后按制备金相样品的要求进行机械磨抛。为了保证样品磨面在样品制备后期的保温过程中不变形，在机械磨抛样品之前应进行电木固化处理，固化温度为 150℃，固化时间为 10h。

(2) 贴膜。将厚 0.14mm 的三醋酸纤维素膜剪成比抛光面略大的小片，用丙酮紧密地贴于样品表面。注意手勿接触纤维素膜与样品粘贴的一面，以免沾污膜面，粘贴过程中不能搓动薄膜，膜与样品表面之间不能留有气泡以及过多的丙酮。

(3) 探测膜固化。将已贴膜的样品静置 12h，以待丙酮完全蒸发。待丙酮完全蒸发以后，将样品置于烘箱内，温度缓慢升高至 145℃，升温速度约为 0.2～0.3℃/min，然后在 145℃下保温 15h，随后炉冷至室温。

(4) 中子活化处理。将保温固化处理后的样品送入游泳池式反应堆的热柱(水平孔道)中进行热中子辐照活化。辐照积分通量的选择原则是使探测膜上的蚀坑密度足够大以保证统计测量有足够的准确度，同时蚀坑之间又不发生严重重叠，以减少蚀坑重叠所造成的统计测量误差。为减少快中子辐照损伤在膜上造成的背底，并提高俘获率，热中子与快中子之比保持在1000∶1以上，由于热中子不会造成辐照损伤，而快中子所占比例甚低，其造成的辐照损伤可以忽略不计。

(5) 探测膜浸蚀。样品辐照后，经过20d左右的自然衰减，便可以揭膜浸蚀。浸蚀时，将膜浸入50℃的高锰酸钾氢氧化钠水溶液中浸蚀，并以50%盐酸水溶液作为中和剂，浸蚀分多次进行，直到单个蚀坑的大小达到事先设定的尺寸为止。每个样品探测膜的累计浸蚀时间各不相同，一般在5～15min左右。浸蚀液的配方为30g NaOH，5g $KMnO_4$，加去离子水至100mL。

(6) 喷铬处理。浸蚀好的探测膜在真空喷镀仪上喷铬成镜面，以增加衬度。

探测膜经过以上处理后，就可以在光学显微镜下对其进行观察和照相了。

2. 对径迹探测膜进行定性观察和定量测量

(1) 用金相显微镜观察制备好的径迹探测膜，定性观察蚀坑分布与形态，揭示样品中硼的存在状态与分布规律。

(2) 根据定性观察结果，确定采用何种方法进行定量测量，进而利用径迹显微分析专用软件进行定量测量。

[实验数据与分析]

对定性观察蚀坑分布与形态进行分析，说明样品中的硼的存在状态。对定量测量数据进行进一步分析，给出样品中硼分布的特征。

本实验所涉及的方法与技术是观察微量硼的分布与状态的一种灵敏的、方便的方法，可以根据研究课题的需要用本实验的方法观察感兴趣样品的硼的分布并进行定量统计。

[讨论]

对样品中硼的分布与偏聚进行讨论。

[结论]

通过实验，写出你得到的主要结论。

[思考题]

硼径迹显微照相技术的优势和不足是什么？

[参考文献]

[1] HE X L，CHU Y Y. The Application of $^{10}B(n,\alpha)^{7}Li$ Fission Reaction to Study Boron Behaviour in Materials[J]. Phys，D：Appl. Phys，1983，16：1145-1149.

[2] 吴平，于栋友，贺信莱. 硼径迹显微照相技术图像分析软件的设计[J]. 物理实验，2005，25(10)：21-24.

[3] 赵守田，吴平，郭爱民，等. 微合金钢高温热塑性低谷区硼的偏聚[J]. 材料热处理学报，2010，31(11)：85-89.

[4] 赵守田. γ-Fe中硼与空位的相互作用及硼晶界偏聚研究[D]. 北京：北京科技大学，2011.

实验 2.27　电子束蒸发镀膜仪的使用

[引言]

制备薄膜的最一般方法是真空蒸发法。这种方法是把真空室中的气体排到 1.33×10^{-2} Pa 以下压强,然后加热被蒸发物质使其蒸发并沉积在基片上。加热被蒸发物质的手段有多种,主要方法是电阻加热法和电子束加热法。电子束蒸发镀膜仪采用的是电子束加热法,其工作原理是:从灯丝发射的热电子流在一定的电场和磁场作用下被加速和聚焦,被聚焦的高速电子流轰击到坩埚内的镀膜材料上时,电子束的动能转变成热能,使材料蒸发。这种方法既能蒸发高熔点物质,又能很好地蒸发出高纯度薄膜,是一种被广泛使用的物理气相沉积方法。

本实验通过实际操作电子束蒸发镀膜仪,了解电子束蒸发镀膜方法的特点,掌握电子束蒸发镀膜仪的使用。

[实验目的]

了解电子束蒸发镀膜原理,学习电子束蒸发镀膜仪的使用。

[实验仪器]

电子束蒸发镀膜仪,$Ni_{80}Fe_{20}$ 靶,超声波清洗器,去离子水,丙酮,无水乙醇,电吹风,硅基片等。

[预习提示]

(1) 电子束蒸发的原理和特点。

(2) 电子束蒸发镀膜仪结构,各组成部件的作用。

[实验原理]

电子束蒸发装置示意图如图 2.27-1 所示。在电子束蒸发装置中,被加热的物质被放置在水冷的坩埚中,电子束只轰击到其中很少的一部分,而其余的大部分在坩埚的水冷作用下仍处于很低的温度,即它实际上成了蒸发物质的坩埚材料。因此,电子束蒸发沉积可以做到避免坩埚材料的污染。在同一蒸发沉积装置中可以安置多个坩埚,使得人们可以对多种不同的材料进行蒸发。

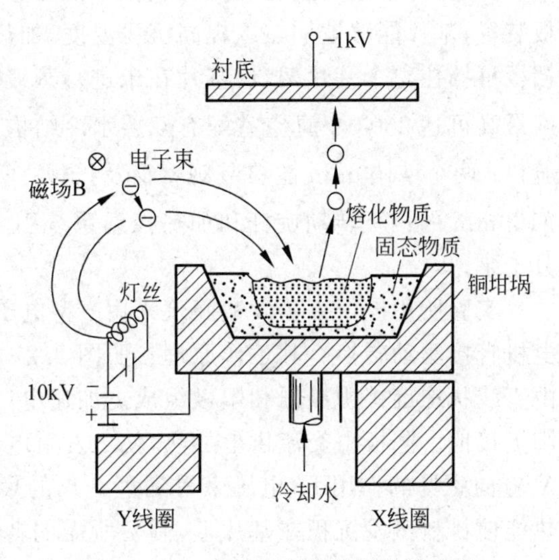

图 2.27-1　电子束蒸发装置的示意图

在图 2.27-1 中,由加热的灯丝发射出的电子束受到数千伏的偏置电压的加速,并通过横向布置的磁场线圈偏转 270°后到达被轰击的坩埚处。这样的结构布置可以避免灯丝材料对于沉积过程可能存在的污染。

电子束蒸发镀膜法有着不同于其他方法的优点：电子束轰击热源的束流密度高，可在一个不太大的面积上达到很高的功率密度，因此可以蒸发钽、钨等高熔点金属，具有较高的蒸发速度。此外，不需要直接加热坩埚，又可通水冷却，因此避免了坩埚材料对膜材料的污染。电子束蒸发的一个缺点是电子束能量的绝大部分都被坩埚的水冷系统所带走，因而其热效率较低。

[仪器装置]

实验所用电子束蒸发镀膜仪(沈阳科学仪器厂制造)主要由真空镀膜系统、主控柜、高压电源和控制系统、循环水冷却系统等部分组成。图 2.27-2 是仪器外观照片。

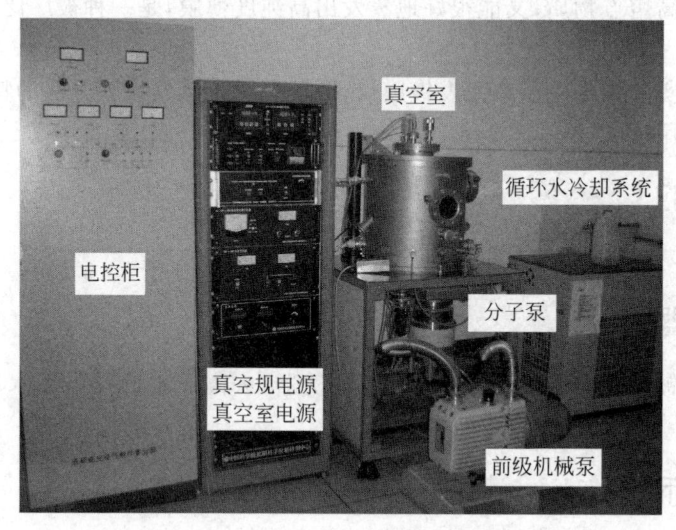

图 2.27-2 电子束蒸发镀膜仪外观照片

真空镀膜室为用不锈钢制作成的钟罩。图 2.27-3 给出其结构示意图。真空室采用了分体式结构，包括真空室、上盖、底板。上盖、真空室可组合升降。上盖的下方有基片架和挡板装置，基片能够被加热以提高沉积温度，加热温度可在 0～600℃控制，控温精度为±1℃，挡板可挡住整个基片架，使基片在未进行蒸镀时免受蒸发源的影响。真空室可烘烤，烘烤温度最高可达 200℃；真空室配有双层水冷结构。真空室侧壁有五个舱口：一个 ϕ35mm 备用舱口；两个 ϕ100mm 舱口装观察窗及挡板；两个 ϕ35mm 红外石英玻璃窗口。上盖有一个 ϕ160mm 的挡板转动旋杆和加热控温系统引入口。底板上有一个 ϕ150mm 舱口用于连接分子泵。

实验所用电子束蒸发镀膜仪采用 e 型电子束蒸发源，电子束偏转角度为 270°，坩埚可由电机直接驱动转换。其工作原理参照图 2.27-3 说明如下：①电子枪是产生电子束的部件，由直线状螺旋钨阴极栅和阳极组成。加速电压采用负高压，阴极和栅极处于相同的负电位，阳极接地。阴极由交流供电加热，使之发射电子，在阳极电压加速下形成会聚的电子束。在 X 方向磁场的作用下，电子束得到进一步的聚焦并偏转 270°射向被蒸镀材料，其动能变成热能使材料蒸发沉积在基片上，制备所需的薄膜。②改变 X 线圈电流大小，电子束可作前后移动；改变 Y 线圈电流大小，电子束可作左右移动。通过调整 X、Y 线圈电流大小，可使

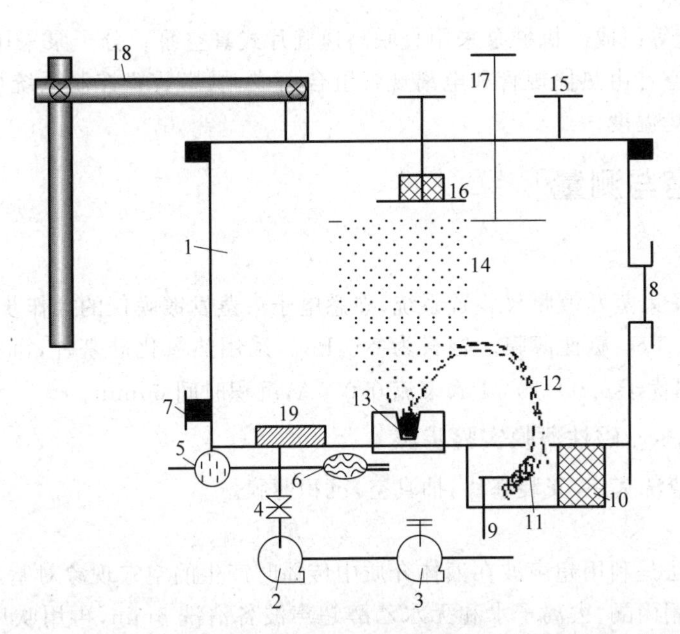

1—真空室；2—分子泵；3—机械泵；4—CF150 闸板阀；5—高真空规；6—低真空规；7—放气阀；8—观察窗及挡板；9—e 型电子枪电源；10—偏转系统；11—灯丝；12—电子束；13—蒸发材料；14—蒸发粒子；15—系统烘烤装置；16—基片及加热装置；17—可旋转挡板；18—升降装置；19—抽气口。

图 2.27-3　电子束蒸发系统

束斑打在蒸发材料的所需位置上。通常可使 Y 线圈偏转电流为零，调整 X 线圈电流，使束斑居于坩埚的中心位置。若再给 X、Y 线圈加上交变电流，则电子束可在蒸发材料上作不同幅度(圆或椭圆)和频率的自动扫描。③为保护坩埚和密封胶圈等部件，使用循环水来作为冷却系统。图 2.27-4 为真空室底部实物图。

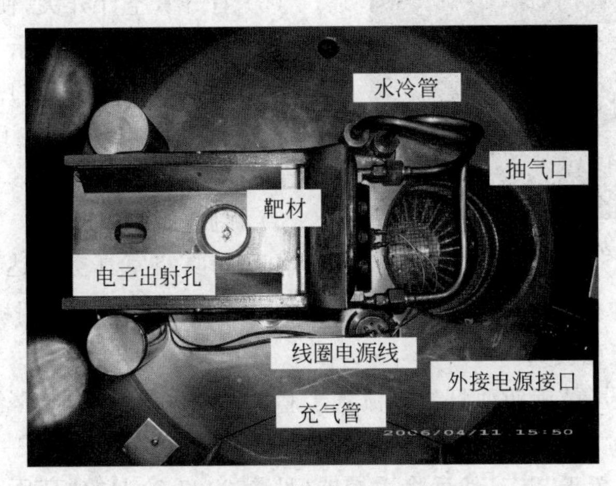

图 2.27-4　真空室底部实物图

真空抽气系统主要由分子泵、机械泵、高真空规、低真空规、充气阀、挡油器等组成。机械泵与低真空电磁阀互锁，防止机械泵返油。分子泵有断水报警功能。系统最高真空度压强可达 10^{-5} Pa 以上。

主控柜由电源提供系统、分子泵和机械泵供电控制系统、复合真空计、烘烤装置控制系统、升降控制系统等组成。机械泵采用直联高速旋片式真空泵。分子泵采用 HTFB 型复合分子泵。复合真空计由热偶规管和电离规管组合而成，烘烤装置控制系统可以精确控制真空室或基片的烘烤温度。

[实验内容与测量]

1. 实验内容

(1) 熟悉电子束蒸发镀膜仪装置系统，熟悉电子束蒸发镀膜仪的操作步骤。

(2) 制备 $Ni_{80}Fe_{20}$ 磁性薄膜。靶材为 $Ni_{80}Fe_{20}$，采用热氧化硅基片，沉积条件为：枪电压 8kV、背景压强优于 6.0×10^{-4} Pa、束流 0.075A，沉积时间 60min。

2. 制备 $Ni_{80}Fe_{20}$ 磁性薄膜实验步骤

主要过程：清洗基片，安装基片，抽真空，沉积薄膜。

1) 清洗基片

超声波清洗法是利用超声波在液体介质中传播时产生的空穴现象对基片表面进行清洗的。将基片依次用丙酮、去离子水和无水乙醇超声波各清洗 5min，再用吹风机吹干基片表面，把基片放于玻璃器皿中待用。

2) 安装基片与抽真空

(1) 接通镀膜仪系统电源，开启主电源开关。

(2) 打开真空室的上盖(开盖前要使真空室与外界气压相同)，将清洗好的基片用双面胶粘贴在基片架上，如图 2.27-5 所示。

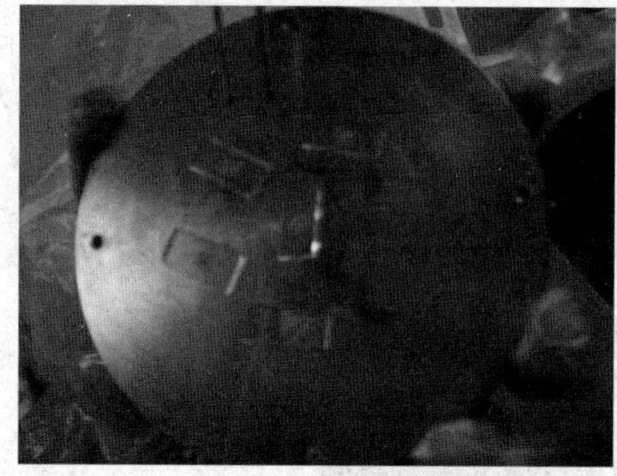

图 2.27-5　基片与基片架

(3) 接通循环水机电源，温度设定为 17℃。

(4) 旋开闸板阀，开启机械泵。

(5) 打开真空计开关，使用热偶规管监测真空室真空度；当热偶计显示 5.0Pa 以下时，开启分子泵；当热偶计显示到“1.0E-1Pa”时，切换到电离真空计，用电离真空计监测真空室的真空度。

3) 镀膜(沉积薄膜)

(1) 待真空室真空度达到 3×10^{-4} Pa(显示 3E-4Pa)后，接通电控柜电源(图 2.27-6 为电控柜前面板照片)，开启阴极灯丝电源开关；开启 X，Y 扫描(均为正弦波)。

(2) 调节“灯丝设置”旋钮使灯丝电流置于 0.2A，然后缓慢增加灯丝电流至 0.5A，预热 10min 左右。

(3) 将高压选择置于 8kV，然后将手控器(见图 2.27-7)上的“高压开”按下。此时高压系统启动，枪电压指示 8kV，同时，主电源的 A、B、C 三相，以及“开通”和“相序”的指示灯亮起。

(4) 调节束流：从观察窗观察电子束斑是否打在坩埚里的靶材的中心，如果没有打在中心上，调节手控器上的 $\overline{X}$，$\overline{Y}$ 旋钮使电子束斑打在靶材中心。转动手控器上“束流”旋钮，逐渐增加束流至所需的值。

图 2.27-6　电控柜前面板

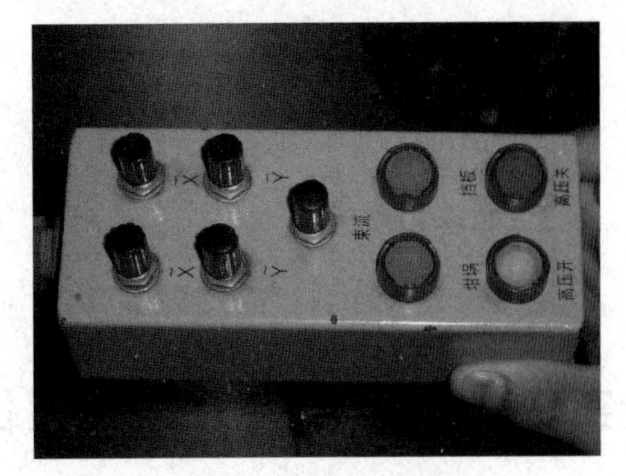

图 2.27-7　手控器

(5) 旋开样品挡板后开始镀膜，当达到蒸镀所要求的时间后，立即将挡板旋回以遮挡住样品(可从窗口观察)。

(6) 镀膜完成后，将手控器上“束流”旋钮左旋到底，按下手控器上的“高压关”，再将“高压选择”置于“关”，关闭 X，Y 扫描，调节“灯丝设置”旋钮使灯丝电流置零。先关闭灯丝电源，再关闭电控柜的总开关。

4) 关机

(1) 关闭真空计开关，再关闭分子泵；

(2) 5min 后，关闭机械泵和循环水系统。

5) 取出样品

真空室冷却一段时间后，打开充气阀，将真空室与大气相通，开真空室，取出样品。再将真空室抽真空，然后关闭所有仪表、泵抽系统、电源及循环水机。

[注意事项]

(1) 电控柜加有高达 8kV 的电压，操作时一定要注意人身安全。

(2) 实验仪器为大型精密仪器，在操作时要严格按照操作流程操作。

(3) 实验中一旦出现故障和反常现象时，应立即关闭高压电源，采取相关措施查明原因并排除故障。

[数据处理与分析]

记录实验中各阶段工艺参数，观测基片表面在薄膜镀制前后的变化，并拍下照片。对实验过程进行总结，并附上空白基片和所制薄膜样品的照片。

本实验装置为高真空薄膜制备装置，可根据研究课题的需要，制备不同种类、不同制备参数的薄膜样品。

[讨论]

对所制备的薄膜情况进行讨论。

[结论]

通过实验，写出你得到的主要结论。

[思考题]

哪些因素会影响到制备的薄膜的均匀性？

[参考文献]

金原，藤原英夫. 薄膜[M]. 王力衡，郑海涛，译. 北京：电子工业出版社，1988.

实验 2.28 磁控溅射镀膜仪的使用

[引言]

当加速了的离子轰击固体表面时，离子和固体表面的原子交换动量，就会从固体表面溅出原子，称这种现象为溅射。由于溅射是由动量交换引起的，溅射时溅出的原子是有方向的。利用这种现象蒸发物质制备薄膜的方法就是溅射法。磁控溅射则是在被溅射的靶材上加磁场，提高了离子对靶材表面的轰击效率，因而是一种高速的溅射技术。

磁控溅射法是一种广泛使用的物理气相沉积方法。本实验将学习磁控溅射法基本原理和磁控溅射镀膜仪的使用。

[实验目的]

了解磁控溅射方法的基本原理，学习磁控溅射镀膜仪的使用。

[实验仪器]

JGP 450 型高真空磁控溅射镀膜仪，超声波清洗器，玻璃基片，无水乙醇，丙酮，去离子水，电吹风等。

[预习提示]

(1) 了解磁控溅射法基本原理。

(2) 了解射频溅射法的工作原理和特点。

[实验原理]

1. 溅射法制备薄膜原理

1) 二极直流溅射

图 2.28-1 是一个典型二极直流溅射系统镀膜室示意图。其中溅射靶作为阴极，是需要溅射的材料，基片处为阳极。阳极可以接地，如图 2.28-1 所示，也可以是处于浮动电位或处于一定的正的或负的电位。阴极相对于阳极有数千伏的电压。在对系统预抽真空以后，向镀膜室充入适当压力的惰性气体，例如 Ar，作为气体放电的载体，气体压力一般在 0.1～10Pa。在阳极和阴极间所加的高压作用下，极间的惰性气体原子被大量电离。电离过程使 Ar 原子电离为 Ar^+ 离子和可以独立运动的电子，其中电子飞向阳极，带正电的 Ar^+ 离子在高压电场的加速作用下，高速飞向作为阴极的靶材，与靶材发生碰撞，释放出其能量。Ar^+

离子高速撞击靶材的结果是使大量的靶原子获得了相当高的能量而脱离靶材的束缚，飞向基片。在这种溅射过程中，同时还可能伴随有其他粒子，如二次电子、离子、光子等从阴极发射出来。

图 2.28-2 是直流辉光放电时靶材(阴极)和基片(阳极)之间电位的空间分布，由图可知电位的变化并不是均匀的，在阴极附近存在所谓的阴极电压降(V)。阴极电压降(V)的大小取决于气体的种类和阴极材料。由放电形成的惰性气体正离子被朝着阴极(靶材)方向加速，并且这些正离子和由其产生的快速中性粒子以它们在阴极电压降区域获得的几乎一样的速度到达阴极，和阴极相碰撞。在这些能量离子和中性粒子的轰击下，靶材原子被从其表面溅射出来，被溅射出来的靶材原子冷凝在阳极(基片)上，形成薄膜。

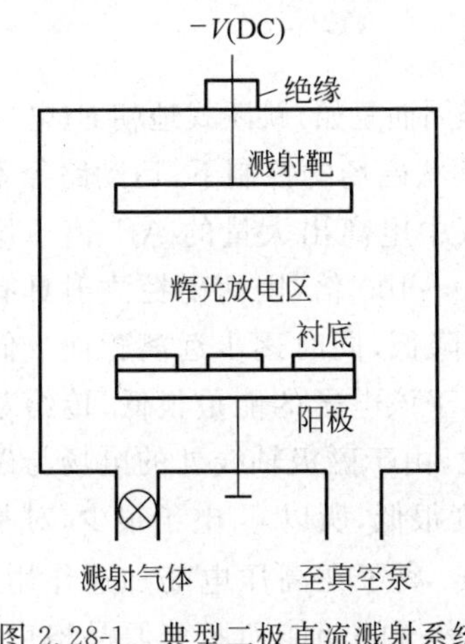

图 2.28-1　典型二极直流溅射系统镀膜室示意图

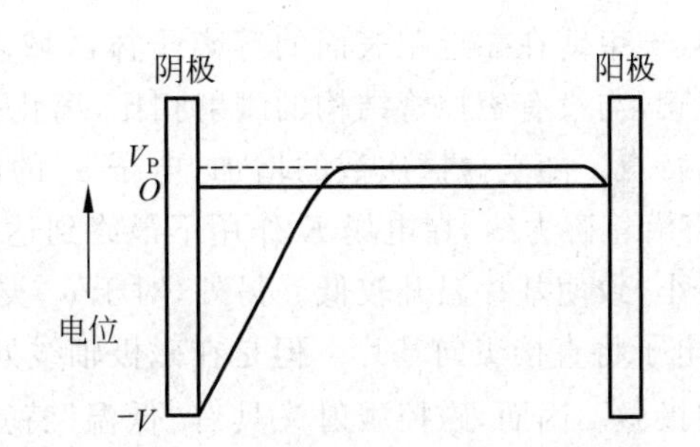

图 2.28-2　等离子体辉光放电中的电位随空间位置的变化关系

所以，二极直流溅射法制备薄膜就是利用带有电荷的离子在电场中加速后具有一定动能的特点，将离子引向欲被溅射的靶电极，在离子能量合适的情况下，入射的离子在与靶表面的原子的碰撞过程中，将靶表面的原子溅射出来。这些被溅射出来的原子带有一定的动能，并且会沿着一定的方向射向衬底，从而在基片上沉积薄膜。

2) 磁控溅射

磁控溅射技术是一种高速、低温的溅射技术，本质上是磁控模式下进行的二极溅射，是磁控原理与二极溅射技术的结合，它对阴极溅射中电子使基片温度上升快的缺点加以改良，在被溅射的靶极(阴极)之间加一个正交磁场和电场，电场和磁场方向相互垂直。

磁控溅射的工作原理如图 2.28-3 所示，磁控溅射系统在阴极靶材的背后放置 0.01～0.1T 磁体，真空室充入 0.1～10Pa 惰性气体(如 Ar)作为气体放电的载体。在高压作用下 Ar 原子电离成为 Ar^+ 离子和电子，产生等离子辉光放电。电子 e 在电场 E 作用下，在飞向基片的过程中与氩原子发生碰撞，使其电离出一个 Ar^+ 和新的电子。电子 e 飞向基片，Ar^+ 在电场加速下飞向阴极靶，并以高能量撞击靶表面，使靶材发生溅射。从靶面发出的二次电子，首先在阴极暗区受到电场加速，飞向负辉区。进入负辉区的电子具有一定速度，并且垂直于磁力线运动。由于受到磁场 B 洛伦兹力的作用，电子绕磁感应线旋转，旋转半周之后，重新进入阴极暗区，受到电场减速。当电子接近靶面时，速度可降到零，此后电子又在电场的作

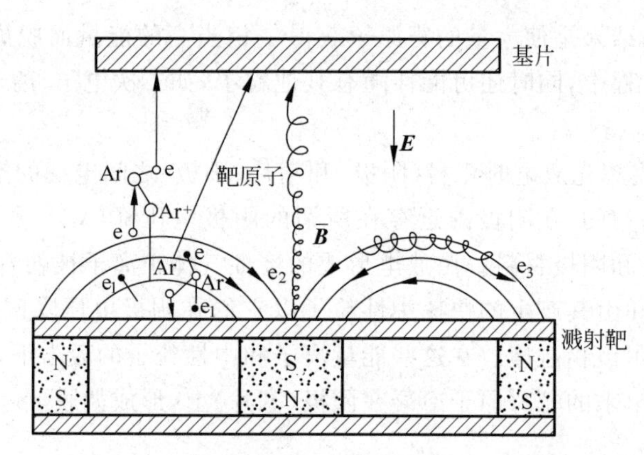

图 2.28-3　磁控溅射原理

用下，再次飞离靶面，开始一个新的运动周期。电子就这样周而复始，跳跃式地朝 **E**(电场)×**B**(磁场)所指的方向漂移，简称 **E**×**B** 漂移。二次电子在环状磁场的控制下，运动路径不仅很长，而且被束缚在靠近靶表面的等离子体区域内，在该区中电离出大量的 Ar^+ 离子用来轰击阴极靶，与没有磁控管结构的溅射相比，离化率增加 10～100 倍，因而磁控溅射具有高速沉积的特点。随着碰撞次数的增加，电子 e_1 的能量逐渐降低，同时逐步远离靶面。低能电子 e_1 将沿着磁力线，在电场 E 作用下最终到达基片。由于该电子的能量很低，传给基片的能量很小，致使基片温升较低。另外，对于 e_2 类电子来说，由于磁极轴线处的电场与磁场平行，e_2 电子将直接飞向基片。但是在磁极轴线处离子密度很低，所以 e_2 电子很少，对基片温升作用极微。因而，磁控溅射又具有"低温"特点。而 Ar^+ 离子在高压电场加速作用下，与靶材撞击并释放出能量，导致靶材表面的原子吸收 Ar^+ 离子的动能而脱离原晶格束缚，呈中性的靶原子逸出靶材表面飞向基片，并在基片上沉积形成薄膜。

磁控溅射以磁场束缚和延长电子的运动路径，改变电子的运动方向，从而提高了工作气体的电离率，有效利用了电子的能量。溅射系统沉积镀膜的粒子能量通常为 1～10eV，溅射镀膜理论密度可达 98%。比较蒸镀 0.1～1eV 的粒子能量和 95%的镀膜理论密度而言，溅镀薄膜的性质、牢固度都比热蒸发和电子束蒸发薄膜好。磁控溅射技术因具有沉积速率快、基片温度低、成膜附着性好、易控制和能实现大面积制膜等优点而被广泛使用。

磁控溅射也存在一些缺点，比如靶面会发生凹状溅蚀环，可溅射区域仅占整个靶面的 20%～30%，靶的利用率很低。溅蚀环部位局部受热产生热变形，往往引起靶材变形、开裂等，运行功率不能太高，因此沉积速率受到限制。

3）射频溅射

某些材料如绝缘材料，由于打在靶材表面的正离子不断积累，使表面电势升高，导致正离子不能继续轰击靶材而终止溅射，因此直流溅射(含磁控溅射)只能溅射良导体，不能制备绝缘膜，为了克服这一困难，发展了射频溅射技术。射频溅射又称高频溅射，其特点是降低了对靶材导电性的要求。

射频溅射相当于将直流溅射装置中的直流电源部分改由射频电源和匹配网络代替，利用射频辉光放电产生溅射所需的正离子。射频电源的频率可在 1～30MHz 范围内，通常使用的是 13.56MHz。在射频电场作用下，电子被阳极吸收之前，能在阴阳极之间来回振荡，因而有更多的机会与气体分子产生碰撞电离，因此射频溅射可在低气压(低到 2×10^{-2}Pa)

下进行。

射频溅射之所以能对绝缘靶进行溅射镀膜，主要是因为在绝缘靶表面上建立起负偏压的缘故。设想在直流溅射的装置中两电极之间接上交流电源时的情况。当交流电源的频率低于13.56MHz时，气体放电的情况与直流的时候相比没有什么根本性的改变。唯一的差别只是在交流的每半个周期后阴极和阳极的电位相互调换。这种电位极性的不断变化会导致阴极溅射交替地在两个电极上发生。当频率超过13.56MHz以后，放电过程发生两个变化。第一，在两极之间等离子体中不断振荡运动的电子可从高频电场中获得足够的能量，并更有效地与气体分子发生碰撞并使后者发生电离；由电离过程产生的二次电子对于维持放电过程的重要性相对下降，射频溅射可以在1Pa左右的低压下进行。第二，它可以在靶材上产生自偏压效应，即在射频电场起作用的同时，靶材自动地处于一个负电位下，这导致气体离子对其产生自发的轰击和溅射。由于电子的迁移率高于离子的迁移率，因此当靶电极通过电容耦合加上射频电压时，到达靶上的电子数目将远大于离子数目，逐渐在靶上有电子的积累，使靶带上一个直流负电位。实验表明，靶上形成的负偏压幅值大体上与射频电压的峰值相等，而在射频电压的正半个周期间，电子对靶面的轰击又能中和积累在靶面的正离子。当导电材料的靶使用射频溅射时，必须在靶与射频电源之间串入一只100～300pF的电容，以使靶带上负偏压。

射频溅射具有溅射速率高、膜层致密、膜与工件附着牢固等优点，因而在无机介质功能薄膜的制造上获得了广泛的应用。

射频磁控溅射方法的特点是：能在较低的功率和气压下工作，几乎所有金属、化合物均可溅射，可在不同衬底上得到相应薄膜，溅射效率高，基片温度低。因此，射频溅射镀膜技术在半导体工艺、光学工程、磁性材料应用、机械、仪表等行业获得广泛应用。

[仪器装置]

本实验使用JGP 450型高真空磁控溅射仪。它主要包括磁控溅射室、磁控溅射靶、直流电源、射频电源、样品加热台、泵抽系统、真空测量系统、气路系统、电控系统和微机控制镀膜系统等。图2.28-4给出了JGP 450型高真空磁控溅射设备的实物图。

1. 真空室结构

磁控溅射室规格为450mm×300mm，为圆形全不锈钢结构，上盖可电动提升，前面与侧面各安装一个CF100和CF50观察窗。两个CF35型四芯引线，一个CF35型备用法兰口，一个CF50型备用法兰口及相应法兰，两个截止阀，一个旁抽阀，一个放气阀，可内烘烤到100～150℃。磁控溅射室与泵抽系统之间通过1个CC150型超高真空闸板阀连接。

2. 真空获得及测量

系统采用FB 450型涡轮分子泵与2XZ-8型机械泵抽气系统。

系统极限真空：系统经烘烤后，可达3.0×10^{-5}Pa。系统暴露大气后抽气，40min后真空度可达3×10^{-4}Pa。

系统漏率：真空室在停泵关机12h后的真空度不大于10Pa。

真空测量：使用ZDF-2型数显复合真空计测量。

3. 计算机控制镀膜系统

镀膜过程可采用计算机控制水冷转盘公转、靶挡板旋转等。具有复位功能、确认靶位功

图 2.28-4　JGP 450 型高真空磁控溅射设备实物图

能、溅射镀膜时间控制功能、回转控制功能和靶的遮挡功能等。

4. 电源

射频电源：功率 $P=500\mathrm{W}$，频率 $f=13.56\mathrm{MHz}$。

直流电源：功率 $P=1000\mathrm{W}$。

偏压电源：$V=-200\mathrm{V}$。

加热控温电源：日本岛电公司生产的 SR 64 型温度控制器。

5. 气路系统

三路 MFC 型质量计流量控制进气，磁控溅射室用了其中两路：流量计 MFC_1 最大流量为 100sccm(标准立方厘米每分钟)，流量计 MFC_2 最大流量为 50sccm，流量计 MFC_3 最大流量为 100sccm。质量流量计前配有一个 Dg16 型手动截止阀，并配有混气室。JGP 450 型高真空磁控溅射设备的真空抽气及气路系统如图 2.28-5 所示。

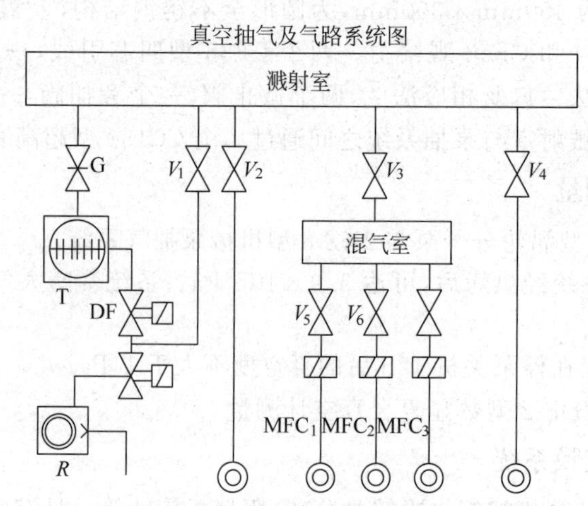

图 2.28-5　JGP 450 型高真空磁控溅射设备的真空抽气及气路系统图

6. 靶基本结构与成膜方式

采用多靶立式溅射结构：靶在下，基片在上，向上溅射成膜，磁控溅射室下底盘上有 A、B 和 C 三个靶位。三个靶分布在 ϕ260mm 圆周上，靶直径 ϕ60mm。永磁靶 DC(直流)、RF(射频)兼容，可进行射频和直流磁控溅射。

样品台：6 个样品台均匀分布在 ϕ260mm 圆周上，在转盘上可作周向旋转。加热盘上带一个加热炉，样品加热温度从室温～400℃连续可调。转盘可以手动也可计算机控制公转到位，做周向+180°～−180°转动。

两套挡板系统：靶挡板及基片挡板。靶挡板用来在起辉时遮挡靶极，做靶预溅射之用。当靶材被溅射出新鲜表面时即可打开挡板溅射。基片挡板用来在计算机控制样品台转盘转动时遮挡基片，使得只有一片基片被溅射镀膜，其位置也可通过机械手动微调。

7. 烘烤照明装置

真空室内有两支功率均为 500W 卤钨灯管，可对溅射室烘烤至 150℃，有两支规格均为 100W、12V 照明灯。

[实验内容与步骤]

1. 实验内容

(1) 熟悉磁控溅射仪装置系统，熟悉磁控溅射仪的操作步骤。

(2) 用射频磁控溅射方法制备氧化锌铝透明导电薄膜。靶材为 ZnO：Al 靶；基片为玻璃载玻片。制备条件：背景真空 4×10^{-4}Pa，工作气压 0.5Pa，溅射功率 90W，沉积时间 180s。

2. 制备氧化锌铝透明导电薄膜实验步骤

1) 清洗

基片放入真空室前要依次用丙酮、去离子水、乙醇在超声波清洗器中各清洗 5min。然后用电吹风吹干，以保证基片清洁，不影响薄膜质量。

2) 镀膜仪操作流程

(1) 开机前准备工作。

① 检查总供电电源配线是否完好，地线是否接好，所有仪表电源开关全部处于关闭状态。

② 检查分子泵，机械泵油是否注到标线处。

③ 检查系统所有阀门是否全部处于关闭状态，确定磁控溅射室处在抽真空前封闭状态。

(2) 开机。

① 启动循环水机电源。

② 启动镀膜仪总电源。

确认所有电源开关都在关闭状态后，按下镀膜仪总电源开关，此时电源三相指示灯全亮，供电正常。如果电源三相指示灯没有全亮，应检查供电电源是否缺相。在确认电源正常之后方可进行下一步工作。

参阅图 2.28-5 给出的气路系统图，打开充气阀 V_4，将真空室与大气相连接，待真空室内气压为 1atm 时，关闭 V_4。按住控制电源面板上的“升”按钮，打开真空室，在样品台上放置基片。检查基片挡板口是否与样品台对齐，靶挡板口是否与靶位对齐，用万用表检查靶的内、外罩是否短路，检查完毕按住控制电源面板上的“降”按钮使真空室密闭。

③ 抽真空。

按下机械泵开关，启动机械泵，机械泵指示灯亮，此时机械泵工作，再打开 V_1 旁抽阀开关，开始抽气。打开 ZDF-2 型复合真空计测量真空。待热偶计显示到 5Pa 以下关旁抽阀开关 V_1，然后从主控电源上打开电磁阀开关(DF)，再开分子泵总电源，面板数码管显示 400(即分子泵的正常转速)，按 data 键显示零，后按 Run 键，待面板数码管数字显示到 400，即分子泵加速到正常转速后打开闸板阀 G。

(3) 镀膜。

① 抽真空。

待真空度达到实验所预定真空度后，打开进气阀门 V_3 及 V_6，开质量流量计 MFC2 总电源，阀控选择开关打到阀控状态，此时抽除取管路中的气体，再次达到所要求真空度后，关小闸板阀 G，按复合真空计上的 compound 键，用热偶规管测量低真空。如果样品需要加热，则在抽真空这段时间，打开加热控温电源，设置好预定温度，即沉积薄膜时的沉积温度，调节加热电流(功率调节)旋钮，注意加热电流不要超过 8A。

② 向磁控溅射室充气。

先将质量流量计设定值设为零，打开氩气瓶阀供气，再调节流量计阀控到预定流量，然后通过关小闸板阀 G 来调节溅射工作压强，射频起辉气压在 5～8Pa 范围。

③ 射频起辉。

先按射频电源灯丝开关，预热 5min，按“开”键，调电压旋钮到起辉，调节匹配器 C_1，C_2 使入射功率最大，反射功率最小。然后调节闸板阀 G 使工作气压为所要求值，调射频电源电压旋钮使入射功率也为所要求的值。预溅射一段时间后开始镀膜。在整个镀膜过程中，注意保持匹配器匹配。

④ 启动计算机控制系统。

打开计算机，双击桌面上 GP 450 型高真空磁控溅射仪快捷方式，启动磁控溅射传动控制系统。设置好运行参数、状态后，即可开始运行。

⑤ 关机过程。

a. 先把电压调节旋钮调到最小，再关电压开关。

b. 把 MFC_2 调到零，打到关闭档，再关闭流量计总电源。

c. 关 V_3，V_6，关氩气瓶阀。

d. 把闸板阀 G 打开抽真空(为了使样品生长好，不要马上接触大气)2～3min 后，关射频灯丝开关。

e. 关真空计→关闸板阀 G→停分子泵，等到分子泵转动频率降到零后，再关分子泵总电源。

f. 按控制电源上电磁阀→机械泵→镀膜仪总电源的次序依次关闭各开关。

g. 关循环水机电源。

(4) 取出样品。

真空室冷却一段时间后，打开充气阀 V_4，将真空室与大气相通，开真空室，取出样品。再将真空室抽真空，然后关闭所有仪表，泵抽系统，电源及循环水机。

[数据处理与分析]

记录实验中各阶段工艺参数，观测玻璃基片表面在薄膜镀制前后的变化，并拍下照片。

对实验过程进行总结，并附上空白玻璃基片和所制薄膜样品的照片。

本实验装置为高真空薄膜制备装置，可根据研究课题的需要，制备不同种类、不同制备参数的薄膜样品。

［讨论］

对所制备的薄膜情况进行讨论。

［结论］

通过实验，写出你得到的主要结论。

［思考题］

哪些措施可以改善薄膜的均匀性？

［参考文献］

［1］ 唐伟忠. 薄膜材料制备原理、技术及应用[M]. 北京：冶金工业出版社，1998.

［2］ 何元金，马兴坤. 近代物理实验[M]. 北京：清华大学出版社，2002.

［3］ 金原，藤原英夫. 薄膜[M]. 王力衡，郑海涛，译. 北京：电子工业出版社，1988.

实验 2.29 锁相放大器的使用

［引言］

微弱信号检测是探索新的自然规律、发展高新应用技术的重要共性基础技术。各种物理效应和技术的研究，常常需要将各类物理量转换为电学或者光学的待测信号进行测量和处理。待测信号中除了包含有用信息的信号分量，通常叠加了来自于信号采集、传输、处理过程中引入的各种噪声分量，甚至噪声信号远大于并淹没了微弱的有用信号，导致用传统万用表、示波器等常规手段无法检测。常见微弱信号包括弱磁、弱光、弱声、微振动、微小阻抗、微流量等，从噪声中提取微弱信号是物理、材料、电子等领域众多研究的关键技术，例如扫描隧道显微镜高清成像、超导体阻抗精确测量等。

锁相放大器的思想由 Cosens 等于 20 世纪 30 年代提出，并在 20 世纪中叶商用化，该仪器在探测微弱交流信号的幅度、相位等信息时具有独特优势(可以低至纳伏)。通俗地说，锁相放大器测量微弱信号的过程是从输入的待测信号中挑选出和参考信号频率一致的有用信号成分，不是参考频率的噪声信号则被滤除，从而进行微弱信号的精确测量。本质上是在频域对信号进行乘法运算和滤波筛选。

锁相放大器也已成为应用极其广泛的通用工具仪器。本实验旨在通过强噪声背景下微弱信号检测、微弱信号多谐波分析两个基本实验，学习锁相放大器的基本原理和应用案例。

［实验目的］

(1) 了解锁相放大器测量微弱信号的基本原理。

(2) 利用锁相放大器进行微弱电压信号检测和多谐波分析。

[实验仪器]

本实验采用OE1022型锁相放大器和配套的教学实验箱，部分实验需示波器配合使用。

[预习提示]

(1) 了解噪声、信噪比的概念和噪声环境下对微弱信号测量的难点。

(2) 理解锁相放大器通过频域的处理，测量微弱信号的基本原理。

(3) 熟悉锁相放大器仪器装置的界面和常用操作。

(4) 了解本实验待测物理量和主要测量步骤。

[实验原理]

1. 噪声和信噪比

信号是携带信息的物理量，通常有光信号、声信号和电信号等。伴随着信号采集、传输和处理过程，待测信号通常由有用信号(signal)和背景噪声(noise)组成。从物理角度来说，噪声是频率、强弱变化无规律的信号，它对待测有用信号形成干扰，甚至远大于并淹没了有用信号，导致用普通方法无法对有用的信号进行测量。

噪声的物理起源差异很大，它们的能量在频域和时域的分布不尽相同。本实验中主要涉及白噪声和$1/f$噪声。白噪声是一种频域的功率谱密度分布均匀的噪声(图2.29-1(a)和(b)，即单位频率内功率密度为常数)，在电子器件和电路中很常见，如电阻的热噪声和pn结的散弹噪声。$1/f$噪声的功率谱密度与频率成反比(图2.29-1(c)和(d))，因此它主要集中在低频段，存在于几乎所有的电子系统中，导体接触不理想的器件均会引入$1/f$噪声，因此它又叫接触噪声。

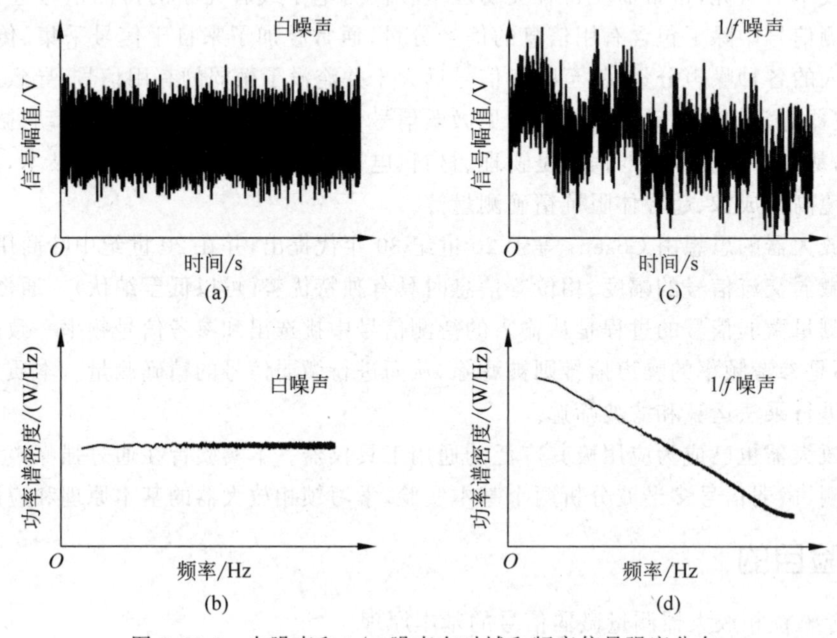

图2.29-1 白噪声和$1/f$噪声在时域和频率信号强度分布

信噪比(signal to noise ratio,SNR)用于衡量有用信号和背景噪声的相对强度,更高的信噪比意味着更好的信号质量。信噪比定义为有用信号功率与噪声功率之比,或者两者幅度平方之比

$$SNR=\frac{P_{\text{signal}}}{P_{\text{noise}}}=\frac{A_{\text{signal}}^{2}}{A_{\text{noise}}^{2}} \tag{2.29-1}$$

信噪比一般用分贝(dB)为单位,因此通常更多地表示为

$$SNR(\text{dB})=10\log_{10}\left(\frac{P_{\text{signal}}}{P_{\text{noise}}}\right)=20\log_{10}\left(\frac{A_{\text{signal}}}{A_{\text{noise}}}\right) \tag{2.29-2}$$

可以看出,高于 0dB(即有用信号与噪声信号功率比大于 1∶1)时,信号强度高于噪声;反之,低于 0dB 时,信号强度低于噪声。锁相放大器通常使用在信噪比很低的场合,可用于从干扰极大的环境(信噪比可低至－60dB,即噪声功率超过有用信号功率百万倍,甚至更低)中分离出特定频率有用信号。

2. 锁相放大器的组成和基本原理

锁相放大器的基本组成如图 2.29-2 所示,包括了待测信号通道、参考信号通道、相敏检测器(PSD)和低通滤波器。各个模块的基本功能如下。

(1) 待测信号通道:待测信号包含了有用信号和噪声信号。该通道对待测信号进行前级放大至足以推动乘法器工作,并滤除部分噪声。

(2) 参考信号通道:参考信号是和待测信号中的有用信号频率一致、相位差固定的信号。那么,参考信号是从哪里获取呢?可以是外部输入,比如有用信号是来自于外部信号发生器的输出信号时,可以将该输出的同步信号(与输出信号同频)作为参考信号,锁相放大器可以利用锁相环功能自动得出外部信号的频率和相位(称为锁相);也可以是锁相放大器生成的内部参考信号(本实验均采用内部参考信号)。参考通道对输入的参考信号进行放大衰减、相位锁定和移相等操作,并产生两路同频的、相位相差 90°的正弦波和余弦波,作为最终参考信号,输出给下一级相敏检测器(PSD)。

(3) 相敏检测器(PSD):将待测通道传过来的待测信号和参考通道传过来的两路正弦、余弦参考信号分别进行乘法运算,结果信号传给低通滤波器。

(4) 低通滤波器:滤除信号频率中的高频分量。锁相放大器中的低通滤波器带宽(即允许通过的频率范围)可以做到极窄,能够滤除 PSD 传过来的信号的交流成分,只保留直流成分。后面将证明,该直流成分包含了待测微弱有用信号的信息。

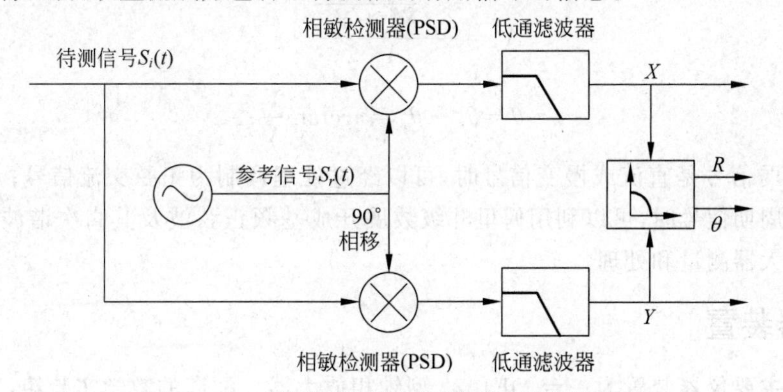

图 2.29-2 锁相放大器的组成和基本原理示意图

锁相放大器的原理可以粗略概括为：将待测信号和锁相放大器的参考信号进行相乘运算，从而将有用信号(频率等于参考信号)、噪声信号分离至不同频带，利用低通滤波器滤除高频部分后，得到的直流部分只含有有用信号的信息。下面在数学上进行说明。

考虑一个输入的交流待测信号

$$S_i(t)=A_s\sin(\omega_s t+\theta_s)+n(t) \tag{2.29-3}$$

其中，第一项 $A_s\sin(\omega_s t+\theta_s)$是微弱有用信号，$A_s$、$\omega_s$、$\theta_s$ 分别是其幅值、角频率和初相位；第二项 $n(t)$ 是总的噪声信号。

利用锁相放大器锁相环可生成的两路相位差 90°的参考信号为

$$S_{r1}(t)=A_r\sin(\omega_r t+\theta_r) \tag{2.29-4}$$

$$S_{r2}(t)=A_r\cos(\omega_r t+\theta_r) \tag{2.29-5}$$

式中，A_r、ω_r、θ_r 分别是其幅值、角频率和初相位。

待测信号 $S_i(t)$和参考信号 $S_{r1}(t)$同时进入相敏检测器模块进行乘法运算混频，混频信号为

$$\begin{aligned}M_1(t)&=S_i(t)\cdot S_{r1}(t)=[A_s\sin(\omega_s t+\theta_s)+n(t)]\cdot A_r\sin(\omega_r t+\theta_r)\\&=\frac{1}{2}A_sA_r\cos[(\omega_s-\omega_r)t+\theta_s-\theta_r]-\frac{1}{2}A_sA_r\cos[(\omega_s+\omega_r)t+\theta_s+\theta_r]+\\&\quad A_sA_r n(t)\sin(\omega_r t+\theta_r)\end{aligned} \tag{2.29-6}$$

当 $\omega_s=\omega_r$，$\theta_s-\theta_r$ 固定时(即参考信号和待测信号“锁相”时)，以上混频信号 $M_1(t)$的第一项不随时间变化，是直流分量。经过带宽极窄的低通滤波后，第二项和第三项是交流分量被抑制，信号变成

$$X=\frac{1}{2}A_sA_r\cos(\theta_s-\theta_r) \tag{2.29-7}$$

注意，此时，噪声引号已被滤除。

同样，另一路混频信号 $M_2(t)$经过低通滤波后，变成

$$Y=\frac{1}{2}A_sA_r\sin(\theta_s-\theta_r) \tag{2.29-8}$$

X、Y 的值和待测信号的幅值 A_s，待测信号和参考信号的相位差 $\theta_s-\theta_r$ 成正比。由于 A_r 已知，根据 X,Y 的结果，就可以得到待测微弱信号的幅值 A_s(对应锁相放大器输出的 R 值)、相对于参考信号的相位 θ(对应锁相放大器输出的 θ 值)：

$$A_s=\frac{2\sqrt{X^2+Y^2}}{A_r} \tag{2.29-9}$$

$$\theta=\theta_s-\theta_r=\arctan\frac{Y}{X} \tag{2.29-10}$$

待测微弱信号是直流或慢变信号时，可以经过处理调制为正弦交流信号；待测微弱信号是非正弦周期信号时，可以利用傅里叶级数展开成基频正弦波及其高次谐波。它们均可利用锁相放大器测量和处理。

[仪器装置]

本实验主要仪器装置为一台 OE1022 型锁相放大器。配套的教学实验箱，BNC 信号连

接线若干，部分实验需示波器配合使用。

OE1022 型锁相放大器前面板如下。

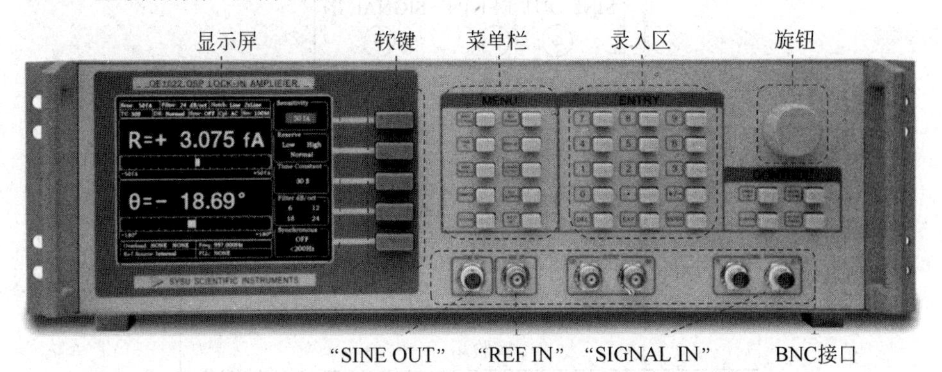

图 2.29-3 OE1022 型锁相放大器前面板功能区示意图

操作时，"软键"用于选中选项，"旋钮"用于切换选项，"录入区"用于数据输入，其中"ENTER"用于确认。"菜单栏"用于设置和调节仪器工作参数，其中的按键"REF PHASE"子菜单用于设置参考信号模式和参数。按键"GAIN/TC"子菜单用于设置锁相放大器中信号处理过程中前级放大、低通滤波的参数，它的次级子菜单＜Sensitivity＞(灵敏度)和＜Reserve＞(动态储备)决定了锁相放大器内部的程控放大器对待测信号的放大倍数，实际使用中，保证能够推动电路运算的前提下，尽量使用低的动态储备保证有用信号质量，调整灵敏度档位使得信号准确显示；次级子菜单＜Time constant＞(时间常数)和＜Filter dB/oct＞(陡降)用于设置低通滤波器效果，可以简单地认为，时间常数越大，陡降越高，越接近理想窄带低通滤波器，显示的测量幅度、相位值就越稳定。但过大的时间常数会抹平输入信号(随时间)的变化，从而失去有用的信息。在实际应用中，需要根据输入信号随时间变化的情况，协调设置时间常数与陡降参数。

BNC 接口中，"SINE OUT"可提供最大 5Vrms 的可编程正弦信号输出，输出阻抗 50Ω，其频率和相位通过锁相环与参考信号已锁定。"REF IN"用于外部参考信号输入。"SIGNAL IN"用于待测信号输入，本实验中用到的是单端输入即 BNC 中的"A/I"口。

[实验内容与测量]

1. 强噪声背景下检测微弱信号

本实验主要了解锁相放大器的基本操作，并探测远小于噪声信号的微弱电压信号。实验原理图如图 2.29-4 所示，实验箱自带白噪声发生器提供噪声信号("Noise")。锁相放大器的 SINE OUT 输入给实验箱 V_{IN}，提供正弦有用信号。两者的信号强度都可以通过调节衰减器(Atten)调节。实验箱运放把两路信号相加得到不同信噪比的信号，然后通过 V_{OUT} 输出给锁相放大器，由锁相放大器对此信号进行测量，提取出微弱的有用信号。

(1) 连接电源，打开锁相放大器和配套实验箱开关。

(2) 噪声信号电压(有效值 V_{rms})调节固定为 100mV(rms 指均方根值，对应峰峰值 Vpp 为 282.8mV)，备用。将实验箱 V_{OUT} 与示波器用 BNC 信号线连接，测试噪声大小，旋转噪声调节旋钮调节至 100mV，完成后保持旋钮不动。

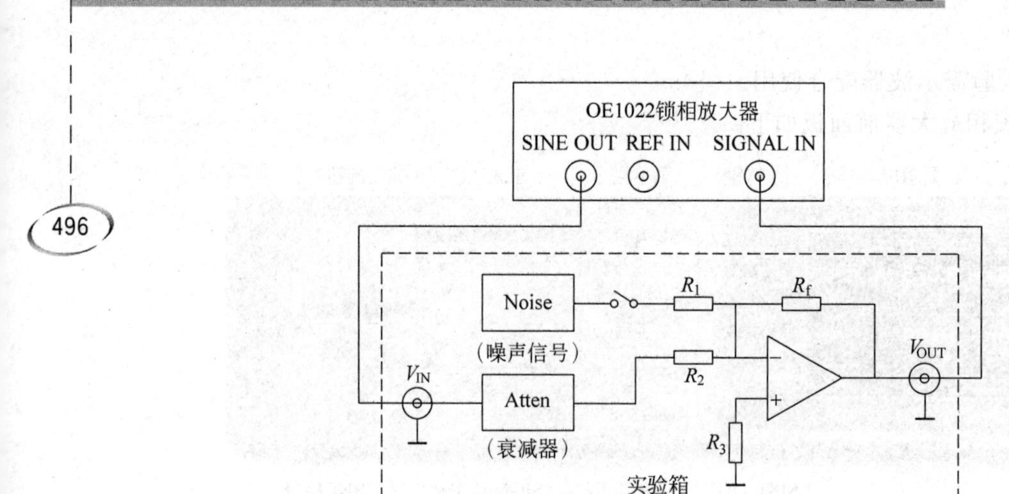

图 2.29-4 强噪声背景检测弱信号实验原理图

(3) 对锁相放大器进行如下设置，使其产生一个频率为 1kHz，电压为 1V(对应峰峰值 Vpp 是 2.82V)的正弦波信号作为待测有用信号：进入菜单栏 REF PHASE，设置 Ref. frequency 为 1kHz，设置“Sine Output”中的“Voltage”为 1Vrms。将上述信号输入给实验箱作为待测有用信号：使用 BNC-BNC 信号线连接锁相放大器的“SINE OUT”接口与实验箱相应的“V_{IN}”接口。

(4) 设置锁相放大器参考信号。由于有用信号由锁相放大器自身产生，此时参考信号模式为内部参考，进入菜单栏 REF PHASE，设置 Ref. source 为 Internal。

(5) 设置锁相放大器的测量参数。进入菜单栏 INPUT FILTERS，设置 Source 为单端输入模式 A，即待测信号后续从“A/I”BNC 接口输入；进入 GAIN/TC 菜单，设置 Sensitivity 为 500mV(本实验中根据有用信号大小，测量过程中需要调节)，Reserve 为 Normal，Time Constant 为 1s，Filter dB/oct 为 24dB。

(6) 使用 BNC-BNC 信号线连接实验箱相应的“V_{OUT}”接口与锁相放大器的“A/I”接口，将含有噪声的待测信号输入给锁相放大器进行测量。同样，作为对比，也可以将实验箱相应的“V_{OUT}”接口与示波器输入接口相连，通过示波器测量含有噪声的待测信号。

(7) 在锁相放大器显示待测有用信号有效值(即 R 值)。进入菜单栏 DISPLAY，其中 Display&Scale 可调节显示屏被选中部分；Type 可选择数值的显示方式；Trace 选择显示的是什么数值(设置为“R”)。

(8) 调节待测信号信噪比，测量并记录不同信噪比(至少包括 20dB、0dB、−20dB、−40dB、−60dB、−80dB)条件下，示波器和锁相放大器分别测得的 R 值。实验中，保持噪声信号为 100mV 不变，通过调节实验箱 V_{IN} 有用信号那一路的拨码衰减器可选择 0dB(1 倍)、20dB(10 倍)、40dB(100 倍)、60dB(1000 倍)的信号衰减，得到 1V、100mV、10mV 和 1mV 的有用信号。借助于实验箱最右侧的 80dB(10 000 倍)信号衰减器，可以得到0.1mVrms 乃至更微弱的有用信号。注意，本实验利用锁相放大器测量不同大小有用信号时，测量过程中参数 Sensitivity 需要调节。

(9) 分析实验数据，和示波器测试结果对比，理解锁相放大器探测极低信噪比微弱信号的能力。

2. 利用锁相放大器进行方波的多谐波分析

现实测量中，常常会遇到待测微弱信号是非正弦周期信号。根据数学上周期函数的傅里叶级数展开，周期信号可以分解成基频正弦波及其高次谐波，借助锁相放大器可以测量各个谐波分量大小。实验原理图如图 2.29-5 所示。本实验以方波为例，学习分析过程。理想方波只有高电平和低电平两种状态，且占空比为 50%。对峰峰电压值为 V，角频率为 ω 的理想方波进行傅里叶级数展开，可得到无数奇次谐波项为

$$f(t)=\frac{2V}{n\pi}\left[\sin(\omega t)+\frac{1}{3}\sin(3\omega t)+\frac{1}{5}\sin(5\omega t)+\cdots+\frac{1}{n}\sin(n\omega t)+\cdots\right] \tag{2.29-11}$$

式中每一项均是一个正弦波信号，根据该正弦波信号与方波的频率倍数关系，可称其为 n 次谐波（其中，基频 ω 的波称为基波），即

$$f_n(t)=\frac{2V}{n\pi}\sin(n\omega t) \tag{2.29-12}$$

知道方波的峰峰值是 V，可以根据以上公式，从理论上计算出基波和 n 次谐波的幅度的均方根理论值

$$V_{\text{nrms}}=\frac{2V}{\sqrt{2}n\pi} \tag{2.29-13}$$

实验中，利用锁相放大器后面板“TTL OUT”的 BNC 端口输出方波信号，经过实验箱衰减模块作为待测信号，用锁相放大器测试测出此方波信号基波以及各次谐波信号的幅值，并与理论计算值对比，验证多谐波分析功能。

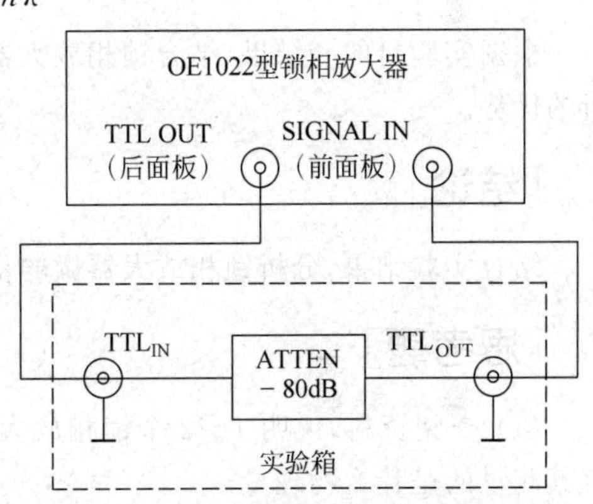

图 2.29-5 微弱信号多谐波测量实验原理图

(1) 生成待测方波信号。进入菜单栏 REF PHASE，设置 Ref. frequency 为 1kHz，此时锁相放大器后面板的“TTL OUT”会输出一个频率为 1kHz，峰峰值固定为 5V 的方波信号。

(2) 设置锁相放大器参考信号。由于方波信号由锁相放大器自身产生，此时参考信号模式为内部参考，进入菜单栏 REF PHASE，设置 Ref. source 为 Internal。

(3) 将方波信号衰减。方波信号超过锁相放大器量程，使用 BNC 信号线连接 OE1022 后面板的“TTL OUT”接口与实验箱相应的“TTL$_{IN}$”，经过 80dB(10 000 倍)的衰减，输出峰峰值为 500μV 的方波信号。

(4) 使用 BNC 信号线连接实验箱“TTL$_{OUT}$”接口与 OE1022 的“A/I”接口，将含有噪声的待测信号输入给锁相放大器测量。

(5) 谐波测量设置。进入菜单栏 REF PHASE，设置 Harmonic 子菜单的两个数值分别为“3”和“5”(即 3 次谐波和 5 次谐波)。进入 GAIN/TC 菜单，设置 Sensitivity 为 100μV。进入菜单栏 DISPLAY 调节数值显示模式，其中 Display&scale 选择 Full，Type 选择 List。显示屏中间区域的前三个框图中的“R”“Rh1”“Rh2”即为待测方波的基波、3 次谐波、5 次谐波的有效值的测量值。

(6) 多次改变 Harmonic 中的谐波的次值，分别测量 7,9,11,13 次谐波的有效值，并记录。

(7) 分析实验数据，和有效值的理论计算值对比，理解锁相放大器多谐波分析的能力。

[注意事项]

(1) 打开实验箱电源开关，当其正常工作时，左上角接电指示灯会常亮。实验结束后，关闭锁相放大器和实验箱电源开关。

(2) 锁相放大器显示器的底部是监测栏，其中＜overload＞是溢出提示，如发生各种情况下的溢出，会出现红色字符，此时需要尽快把输入信号减少以防止对机器造成过压损伤。

[数据处理与分析]

(1) 根据[实验内容与测量]1，设计表格记录待测有用信号幅值、噪声信号幅值，计算信噪比，对比分析不同信噪比条件下，锁相放大器和示波器测得的有效值。

(2) 根据[实验内容与测量]2，设计表格记录多谐波测量实验结果。对比锁相放大器测量和理论计算的有效值，计算误差。

[讨论]

根据实验目的和结果，结合锁相放大器的原理，讨论锁相放大器在频域进行微弱信号分析的优势。

[结论]

结合实验结果，分析锁相放大器微弱信号检测和多谐波分析的能力。

[思考题]

(1) 查阅资料，说明 1～2 个锁相放大器在实际科学研究和应用技术中的应用场景，了解其测量的是什么物理量。

(2) 本实验均采用锁相放大器的内部参考信号，思考使用外部参考信号的应用场景。

[附录]

OE1022 型锁相放大器主要技术指标如下。

测试频率范围：1MHz～102kHz；

满量程灵敏度：1nV～1V；

时间常数：10μs～3ks；

动态储备：大于 120dB。

[参考文献]

[1] COSENS C R. A balance-detector for alternating-current bridges[J]. Proceedings of the Physical Society，1934，46：818-823.

[2] MICHELS W C，CURTIS N L. A Pentode Lock-In Amplifier of High Frequency Selectivity[J]. Review of scientific instruments，1941，12(9)：444-447.

[3] LIU M, LIU M, SHE L. et al. Graphene-like nanoribbons periodically embedded with four-and eight-membered rings[J]. Nature Communications, 2017, 8, 14924.
[4] PARK J M, CAO Y, WATANABE K. et al. Tunable strongly coupled superconductivity in magic-angle twisted trilayer graphene[J]. Nature, 2021, 590(7845): 249-255.
[5] KISHORE K, AKBAR S A. Evolution of Lock-In Amplifier as Portable Sensor Interface Platform: A Review[J]. IEEE Sensors Council. 2020, 20(18): 10345-10354.
[6] BHAGYAJYOTHI I J, BHASKAR P, PARVATHI C S. Design and Development of Advanced Lock-in Amplifier and its Application[J]. Sensors and Transducers, 2013, 153(6): 22-28.
[7] 何振辉. 锁相放大器噪声测量原理与教学实验设计[J]. 大学物理, 2022, 41(11): 22-27.

实验 2.30　传感器信号的数据采集与虚拟仪器设计

[引言]

数据采集又称为数据记录，是将物理设备或传感器得到的随时间变化的数据记录下来。人们很早就开始在地震监测、无人气象台记录、水文记录等方面应用数据采集技术，并可以实现无人值守的长时间监测。随着计算机的发明，现在的数据采集大多是将设备或传感器测得的物理量信号转化为电信号，并由数据采集卡采集，记录在计算机中进行分析处理，甚至自动完成下一步工作。计算机参与的数据采集系统的流程图如图 2.30-1 所示。

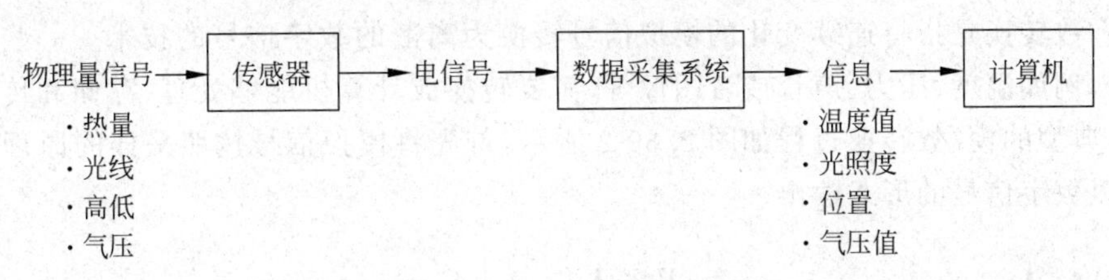

图 2.30-1　计算机数据采集系统的流程图

虚拟仪器技术是在数据采集的基础上，用户利用通用的计算机平台，根据测试任务的需要来自己定义和设计仪器的测试功能。虚拟仪器在 1986 年由美国国家仪器公司(national instrument, NI)首先提出，并且开发了虚拟仪器平台——LabVIEW，简化了虚拟仪器系统的开发过程。

在本实验中，通过使用 LabVIEW 搭建一套虚拟仪器，结合采集卡和所搭建的实验器材，观察金属在相变过程中温度的变化，并测量材料的相变潜热。

[实验目的]

(1) 了解模/数转换的相关知识，学习使用多功能数据采集卡，并掌握对传感器输出数据的采集方法。

(2) 学习使用 LabView 软件，设计、搭建简单的虚拟仪器实现对采集信号的调制、输入和显示。

[实验仪器]

NI USB-6009 型多功能数据采集卡，计算机，LabView 软件，自搭测量系统所需的实验器材，Ga样品，待测样品。

[预习提示]

(1) 模拟量与数字量有什么区别？采集卡是如何进行采样的？

(2) NI USB-6009型多功能数据采集卡可以实现哪些物理量的采集？单端模式和差分模式分别指的是什么？

(3) LabView软件可以实现哪些功能？

[实验原理]

1. 虚拟仪器

虚拟仪器实际上是以通用计算机为核心的硬件平台，使用采集卡用于信号的采集、测量，通过LabVIEW等通用编程语言设计人机交互界面，并利用计算机强大的软件功能实现对信号和数据的运算、分析和处理，再通过计算机屏幕以图形、影像、数据、动画等形式将得到的测量和处理结果展示出来。因此，虚拟仪器从功能上可划分为数据采集、数据分析、数据显示三大模块。下面将从信号的模数转换和数据采集、采集卡、LabView软件设计方面进行阐述。

1) 模数转换和数据采集

模/数转换是指将连续变化的模拟信号转换为离散的数字信号的技术。一些典型的模拟信号，例如温度、压力、声音或者图像等，需要转换成计算机能够处理、存储和传输的数字形式。典型的模/数转换过程如图2.30-2所示，首先将模拟信号按照采样的原理进行离散化，再以数字信号的形式输出。

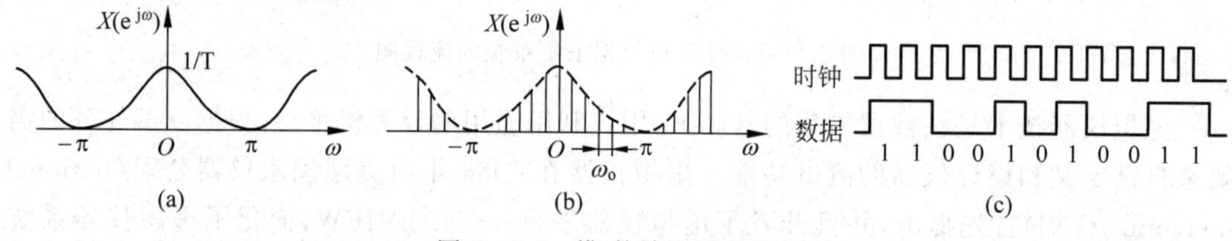

图2.30-2 模-数转换的流程图

(a) 模拟信号；(b) 离散采样；(c) 数字信号

在模/数转换的过程中有若干个重要的参数来度量信号转化的精确度、准确性和实时性，其中最重要的参数是采样频率，又称为采样率或采样速率。采样频率即每秒从模拟信号中提取并组成离散信号的采样个数，单位用赫兹(Hz)表示。采样频率的倒数称作采样时间，是指两次采样之间的时间间隔。通常采样频率越高，模/数转换的质量越好，但同时对硬件的要求也越高。在实际工作中应寻找适当的采样频率进行实验。

2) 多功能数据采集卡

数据采集卡是一种可以实现数据采集功能的计算机扩展卡，本实验以NI USB-6009型数据采集卡(见图2.30-3)为例，介绍其结构和功能。

NI USB-6009型多功能数据采集卡电路结构主要由微控制器(单片机)、8通道12位ADC(模数转换器)、2个单通道12位DAC(数模转换器)、USB接口电路、模拟I/O(输入/

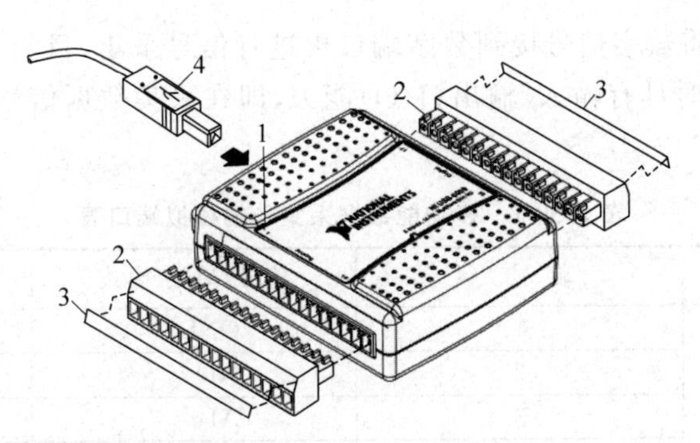

1—标有引脚排列方向示意的设备标签；2—Combicon 连接器插座；3—信号标签；4—USB 线缆。

图 2.30-3　NI USB-6009 型多能数据采集卡的硬件结构

输出）端口、数字 I/O 端口组成，如图 2.30-4 所示。

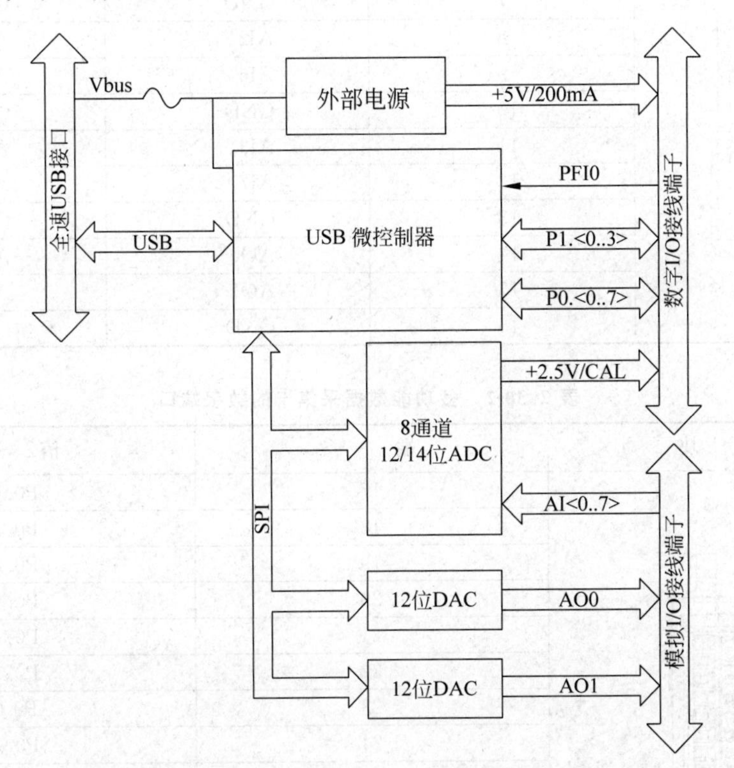

图 2.30-4　NI USB-6009 型多功能数据采集卡电路结构

在搭建数据采集系统时，采集模拟信号需要选择模拟端口作为信号的输入端。多功能数据采集卡模拟端口的分布及说明如表 2.30-1 所示。模拟信号分为单端模式和差分模式，其中单端模式为单端信号采集，又称为单端接地电压信号采集，即传感器的接地端（GND）处于接地状态（零电势），采集卡的接地端（GND）也接地，此时传感器的输出端直接接在采集卡的采集端口（AI0～AI7）；差分模式，即传感器的两个电压输出端为电压信号的两端，其直接接在采集卡对应的采集端口（AI0＋和 AI0－、AI1＋和 AI1－、AI2＋和 AI2－、AI3＋和 AI3－）。同时，多功能数据采集卡还具有模拟量输出端口（AO），通过编程控制可以在此端口输出任意波形的模拟信号（电压）。多功能数据采集卡的数字端口的分布和说明如

表 2.30-2 所示，可以将数字信号接到数字端口再进行信号采集，目前主流的多功能数据采集卡的数字端口都同时具有输入/输出(I/O)能力，即在采集数据信号的同时，可以输出用户定义的数字信号。

表 2.30-1　多功能数据采集卡的模拟端口表

模　　块	端　　子	信号，单端 模式	信号，差分 模式
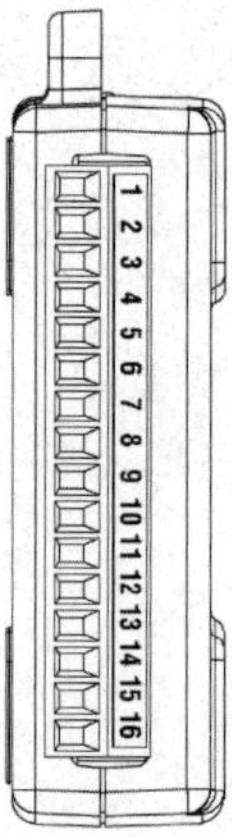	1	GND	GND
	2	AI0	AI0＋
	3	AI4	AI0－
	4	GND	GND
	5	AI1	AI1＋
	6	AI5	AI1－
	7	GND	GND
	8	AI2	AI2＋
	9	AI6	AI2－
	10	GND	GND
	11	AI3	AI3＋
	12	AI7	AI3－
	13	GND	GND
	14	AO0	AO0
	15	AO1	AO1
	16	GND	GND

表 2.30-2　多功能数据采集卡的数字端口

模　　块	端　　子	信　　号
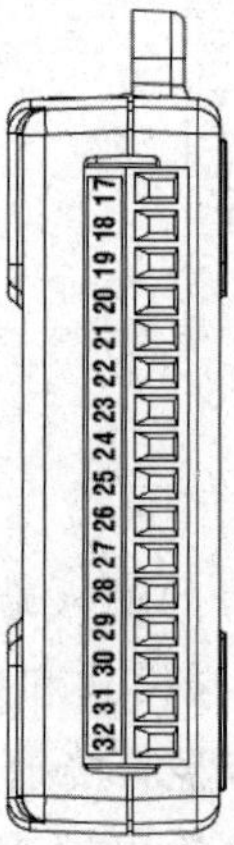	17	P0.0
	18	P0.1
	19	P0.2
	20	P0.3
	21	P0.4
	22	P0.5
	23	P0 6
	24	P0.7
	25	P1.0
	26	P1.1
	27	P1.2
	28	P1.3
	29	PFI0
	30	＋2.5V
	31	＋5V
	32	GND

3) LabView 软件与虚拟仪器设计

LabVIEW 是一种通用编程语言，即 G 语言(graphical language)，采取一种经过特殊设计和定义的图形化代码进行程序设计。可以实现数据采集、GPIB、串行仪器控制、数据分析、数据显示、数据存储等功能,实现虚拟仪器的数据分析和数据显示两大功能。通过 LabView 软件的"DAQ 助手"控件实现与多功能数据采集卡的连接,并获取其采集到的信号。

LabVIEW 软件的程序框图和前面板界面如图 2.30-5 所示,前面板是用来与用户进行交互操作,创建人机交互界面,描绘出真实设备的操作面板或图形显示部件。程序开发编程时使用程序框图用来放置图形化代码,即 G 代码。

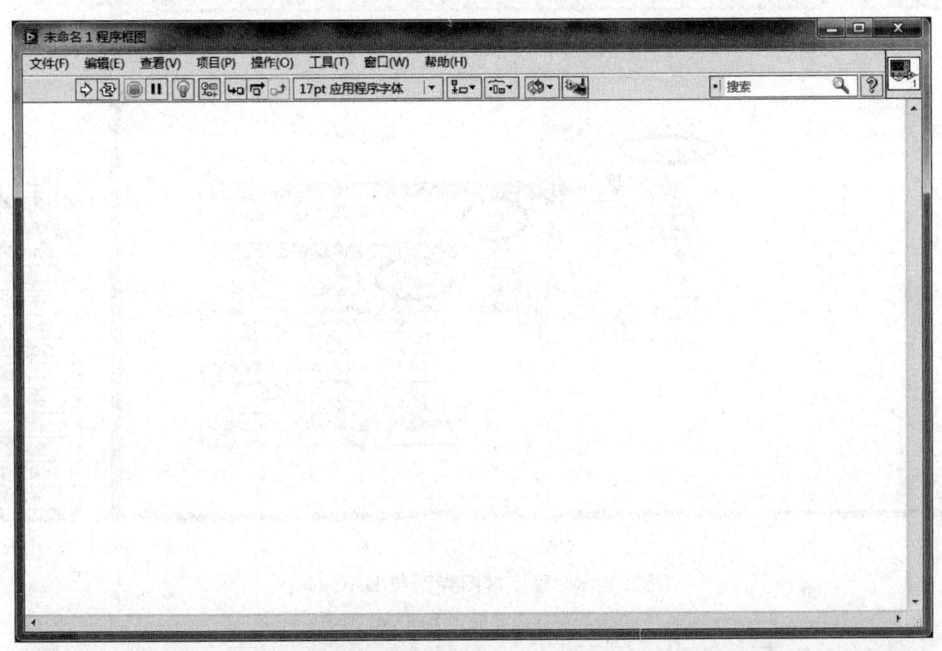

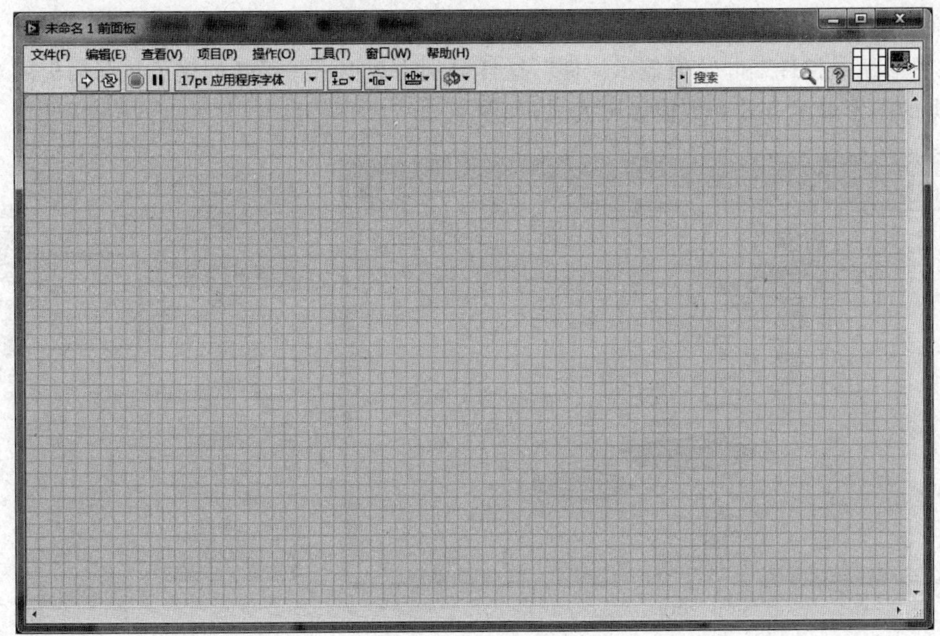

图 2.30-5　程序框图界面和前面板界面

在程序框图界面，如图 2.30-6(a)所示，鼠标右击弹出函数选项工具箱，单击“Express”，选择“输入”，选择“DAQ 助手”，这样就将数据采集卡的连接函数添加到了程序框图中。添加后，DAQ 助手自动打开了数据采集卡的设置窗口，设置完成后，即可看到 LabVIEW 为数据采集卡专用的连接函数“DAQ 助手”，如图 2.30-6(b)所示。其中左侧的小箭头是接收其他函数指令的接口，右侧的小箭头是函数输出数据和指令的接口。

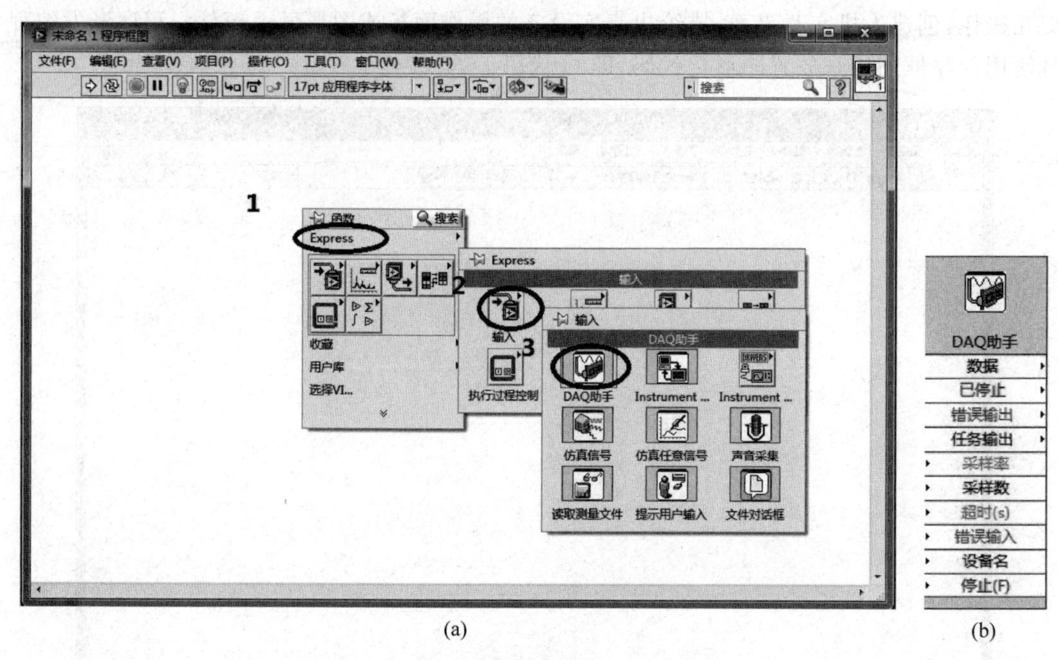

(a) (b)

图 2.30-6　程序框图界面与 DAQ 助手

(a) 程序框图界面；(b) DAQ 助手

在 DAQ 助手右侧的“数据”栏的小箭头处右击，选择“创建”，如图 2.30-7(a)所示，分别选择“图形显示控件”和“数值显示控件”，这样分别为数据采集函数创建了数据输出的对象，即数据的图形显示方式和数值显示方式，如图 2.30-7(b)所示。

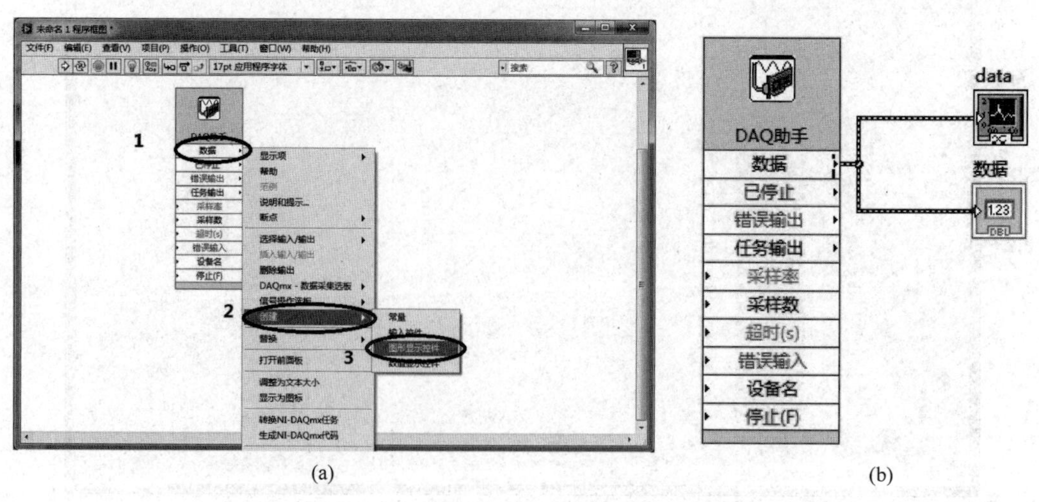

(a) (b)

图 2.30-7　用 DAQ 助手添加数据显示控件

(a) 用 DAQ 助手添加数据显示控件流程；(b) DAQ 助手的数据显示基本程序框图

此时,回到前面板,即可看到前面板自动生成了数值显示窗口和图形显示窗口,如图 2.30-8 所示,分别对应着程序框图里的数值显示函数和图形显示函数。

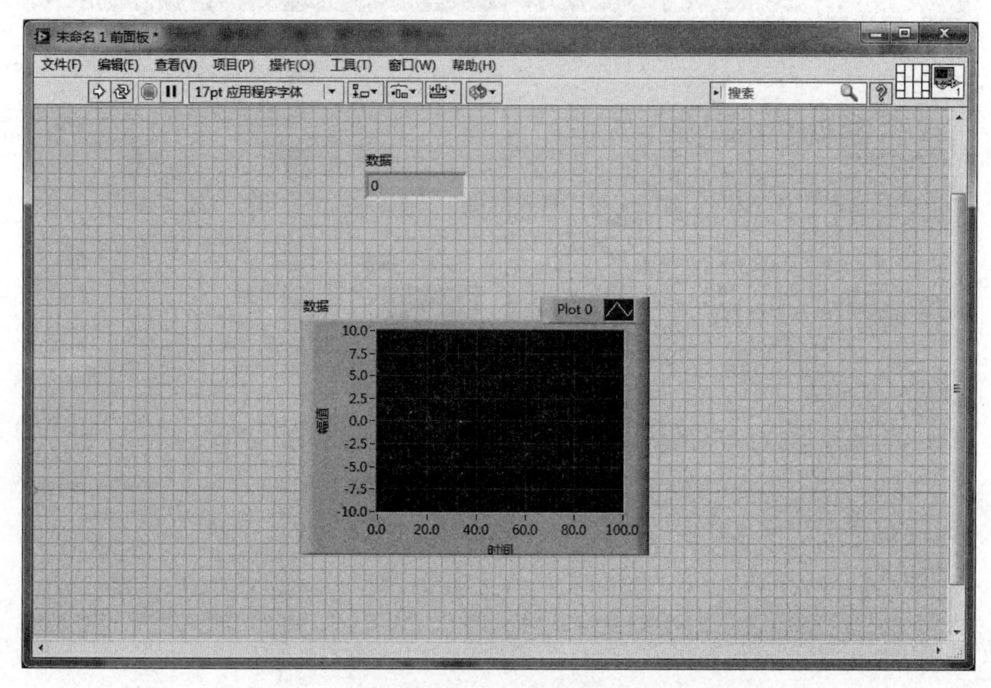

图 2.30-8 前面板中生成的 DAQ 数据显示控件窗口

为了使“DAQ 助手”的采集任务持续运行,需要在程序框图中添加循环结构,在程序框图面板中右击选择“编程”,再选择“结构”,再选择“While 循环”,如图 2.30-9(a)所示。拖动弹出的控件使得 While 函数将 DAQ 助手包围在其中。这类似于 C 语言中的“While 循环”,循环体的内容即是控件包围的内容,如图 2.30-9(b)所示。这是以 LabVIEW 为代表的 G 语言,即图形化编程语言的编程特点。

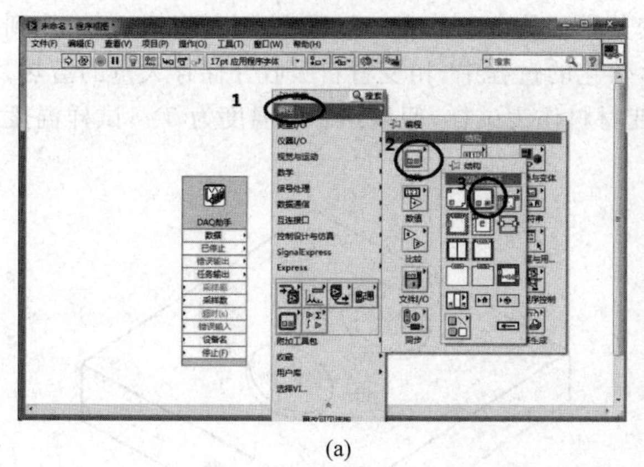

(a)

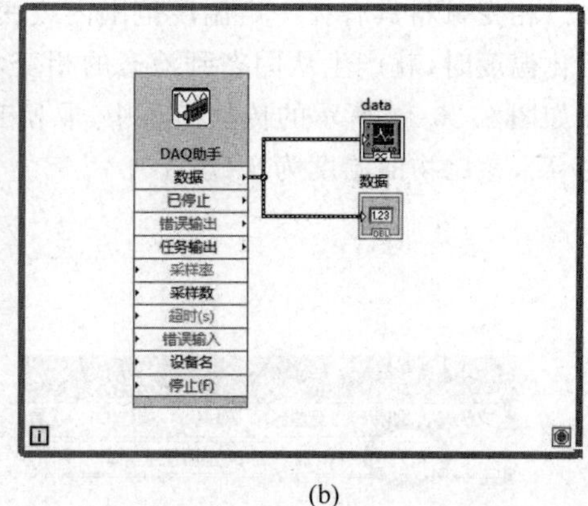

(b)

图 2.30-9 添加循环结构

(a) 为 DAQ 采集程序添加循环结构流程;(b) 循环程序框图

在前面板添加虚拟仪器(VI)的关闭按钮,用来关闭连续运行的 VI,在前面板上右击,选择“新式”或“经典”,选择“开关”,再选择“按钮开关”,这样即在虚拟仪器中添加了一个虚拟按钮，同时在程序框图中自动生成了对应的按钮输出函数，如图 2.30-10 所示。

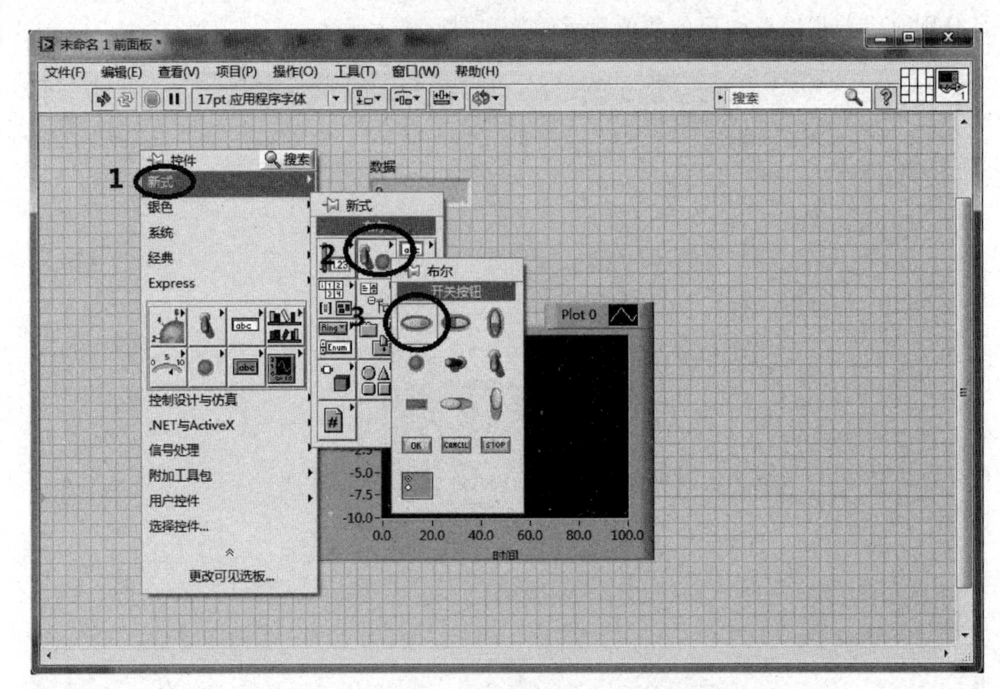

图 2.30-10　为 DAQ 采集程序添加控制按钮流程

修改按钮的显示名称为“停止”，在程序框图中自动生成了对应的按钮输出函数，连线使得按钮的布尔值输出到 While 循环的跳出循环条件上。这样一个相对简单的 LabVIEW 数据采集程序即编写完毕。单击如图 2.30-11 的窗口上方的“运行按钮”，即可运行程序。程序成功运行后，即可在图形显示控件和数值显示控件中看到采集到的传感器信号的波形和幅值。

2. 相变潜热的测量原理

相变材料具有在一定温度范围内改变其物理状态的能力。以固-液相变为例，在加热到熔化温度时，就产生从固态到液态的相变，熔化的过程中，相变材料吸收并储存大量的潜热。在如图 2.30-12 所示的传热模型中，取相变材料作为试样，假设热源的温度为 T_w，试样温度为 T_s，参比物的温度为 T_r。

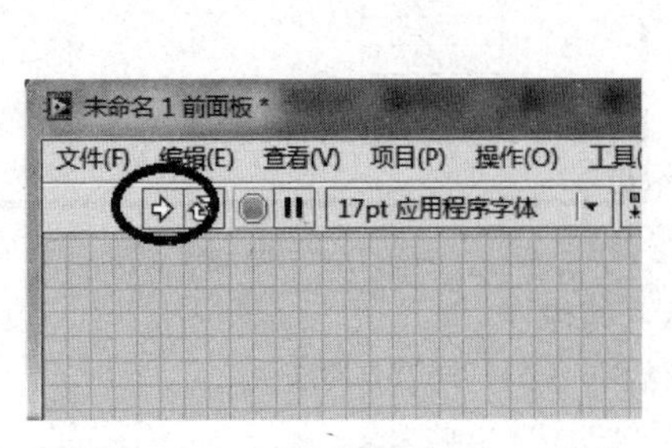

图 2.30-11　运行已搭建的 DAQ 程序

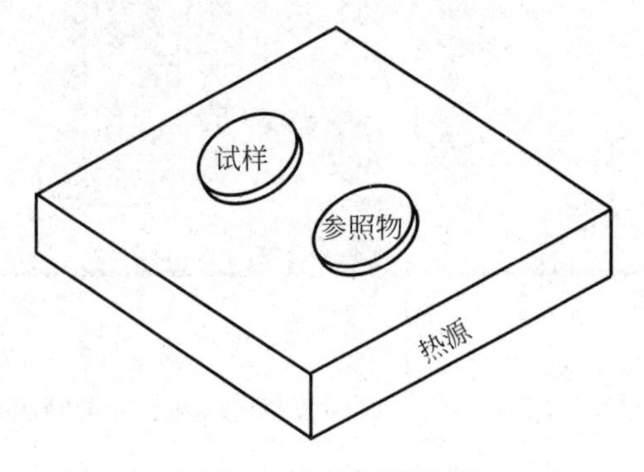

图 2.30-12　传热模型

在热源升温前，有 $T_w = T_s = T_r$。升温后，当试样没有发生反应或相变等热效应时，试样的传热方程为

$$C_s \frac{dT_s}{dt} = h_T (T_w - T_s) \tag{2.30-1}$$

参比物的传热方程为

$$C_r \frac{dT_r}{dt} = h_T (T_w - T_r) \tag{2.30-2}$$

其中，式(2.30-1)和式(2.30-2)中 h_T 为传热系数，C_s、C_r 分别为参比物和试样总热容。当参比物和试样进入准稳态后，若试样没有热效应，则有

$$\frac{dT_w}{dt} = \frac{dT_s}{dt} = \frac{dT_r}{dt} = \varphi \tag{2.30-3}$$

其中，φ 为热源的升温速率。将式(2.30-1)和式(2.30-2)两式相减，得

$$(C_s - C_r) \frac{dT_w}{dt} = -h_T (T_s - T_r) = -h_T \Delta T \tag{2.30-4}$$

在等压条件下加热固体或非挥发性液体试样时，试样端的总热容量为

$$C_s = m_s \cdot c_p + C_0 \tag{2.30-5}$$

其中，m_s 为试样的质量，c_p 为试样的比热容，C_0 为试样载体的热容。以同样的载体为参比物时，根据式(2.30-5)可得试样的比热容

$$c_p = \frac{\Delta T \cdot h_T}{m_s \cdot \varphi} \tag{2.30-6}$$

当试样中有热效应时，如发生相变，则式(2.30-1)应写为

$$C_s \frac{dT_s}{dt} = h_T (T_w - T_s) + \frac{d\Delta H}{dt} \tag{2.30-7}$$

其中，ΔH 为热效应所产生的焓变。

整理式(2.30-4)得

$$\Delta T = \frac{-(C_s - C_r)}{h_T} \frac{dT_w}{dt} = \frac{\Delta C_p}{h_T} \frac{dT_w}{dt} \tag{2.30-8}$$

其定解为

$$\Delta T = \frac{C_r - C_s}{h_T} \phi \left[1 - \exp\left(-\frac{h_T}{C_s} t \right) \right] \tag{2.30-9}$$

当试样中有热效应时，如发生相变，式(2.30-1)应写为

$$C_s \frac{dT_s}{dt} = h_T (T_w - T_s) + \frac{d\Delta H}{dt} \tag{2.30-10}$$

其中，ΔH 为热效应所产生的热焓，当$\frac{dT_s}{dt} \neq \frac{dT_r}{dt}$，此时差热分析曲线开始偏离基线。将以上两式相减，整理得

$$C_s \frac{d\Delta T}{dt} = \frac{d\Delta H}{dt} - h_T [\Delta T - (\Delta T)_a] \tag{2.30-11}$$

其中，$\Delta T = T_s - T_r$ 为温差的变化率，即差热分析曲线的斜率，当斜率改变时，差热分析曲线上就出现峰。当$\frac{d\Delta T}{dt} = 0$ 时，即斜率为 0，此时为峰顶。根据式(2.30-11)可求出峰高为

$$(\Delta T)_b - (\Delta T)_a = \frac{\mathrm{d}\Delta H}{\mathrm{d}t} \cdot \frac{1}{h_{\mathrm{T}}} \tag{2.30-12}$$

一般情况下,ΔH 越大,差热分析曲线的峰就越高。

对于热效应的结束点,应有$\frac{\mathrm{d}\Delta H}{\mathrm{d}t}=0$。据式(2.30-10)可得

$$C_{\mathrm{s}} \frac{\mathrm{d}\Delta T}{\mathrm{d}t} = -h_{\mathrm{T}}[\Delta T - (\Delta T)_a] \tag{2.30-13}$$

整理式(2.30-13)并积分可得

$$\Delta T - (\Delta T)_a = \exp\left(-\frac{h_{\mathrm{T}}}{C_{\mathrm{s}}}t\right) \tag{2.30-14}$$

式(2.30-14)表明,从反应终点 c_f 以后,ΔT 以指数形式返回基线。以 $\Delta T-(\Delta T)_a$ 的对数与时间作图,可以得到一条直线,当从峰的高温侧的底逆向查找,则偏离直线的那点,就是反应终点 c_f。

对式(2.30-13)从基线 a 点到反应终点 c_f 积分得

$$\Delta H = C_{\mathrm{s}}[(\Delta T)_c - (\Delta T)_a] + h_{\mathrm{T}}\int_a^c [\Delta T - (\Delta T)_a]\,\mathrm{d}t \tag{2.30-15}$$

其中,$(\Delta T)_c$ 为反应终点 c_f 处的温差。差热分析曲线从反应终点 c_f 返回基线的积分可表示为

$$C_{\mathrm{s}}[(\Delta T)_c - (\Delta T)_a] = h_{\mathrm{T}}\int_c^{\infty} [\Delta T - (\Delta T)_a]\,\mathrm{d}t \tag{2.30-16}$$

将式(2.30-16)代入式(2.30-15),得

$$\Delta H = h_{\mathrm{T}}\int_c^{\infty} [\Delta T - (\Delta T)_a]\,\mathrm{d}t + h_{\mathrm{T}}\int_a^c [\Delta T - (\Delta T)_a]\,\mathrm{d}t = h_{\mathrm{T}}\int_a^{\infty} [\Delta T - (\Delta T)_a]\,\mathrm{d}t = h_{\mathrm{T}}S \tag{2.30-17}$$

其中,S 为差热分析曲线和基线之间的面积。关于 S 的计算较为复杂。h_{T} 实际上也并不完全是传热系数,而是与样品支持器的几何形状、试样与参比物在仪器中的放置方式和热导率、反应的温度范围以及实验条件和操作等有关的参数。所以,在测定时,要对 h_{T} 进行标定,再根据式(2.30-17)就可以定量测量相变潜热以及其他反应热。

[仪器装置]

实验装置示意图如图 2.30-13(a)所示,珀耳帖板是由两种不同类型的半导体材料串联而成。当有电流通过时,发生珀耳帖效应,珀耳帖板的两面分别吸收热量和放出热量。在本实验装置中作为热源使用,并且为了发热稳定,还在珀耳帖板冷端安装了水冷和风冷系统。装置采用了氧化锌铝(ITO)薄膜测量固液态相变材料的温度。氧化锌铝(ITO)是一种宽禁带半导体材料,其电阻和温度之间具有良好的线性关系。将氧化锌铝薄膜镀在珀耳帖板的热端面即可构成一个简易的测温系统,如图 2.30-13(b)所示。在实际测量中,为了避免样品或参比物品直接与氧化锌薄膜接触,影响薄膜质量或影响电阻测量,可以在氧化锌薄膜上盖一层较薄的绝缘膜。使用恒流源将两片氧化锌薄膜串联,在两片氧化锌薄膜上分别截取电压进行采集。实验装置的虚拟仪器界面示例如图 2.30-14 所示。

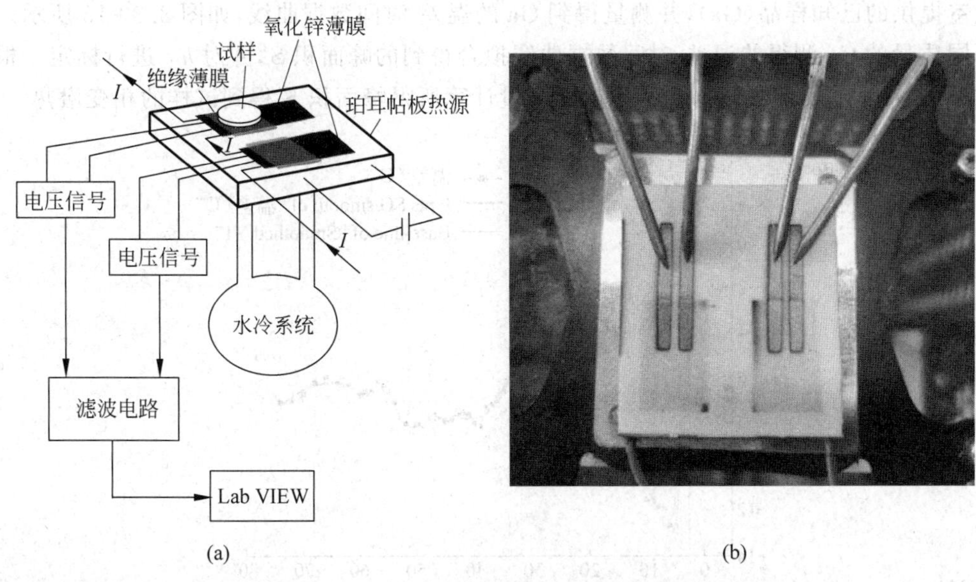

图 2.30-13　开放式材料相变潜热测量实验装置

(a) 实验装置示意图；(b) 镀有氧化锌铝薄膜和金属电极的珀耳帖板实物图

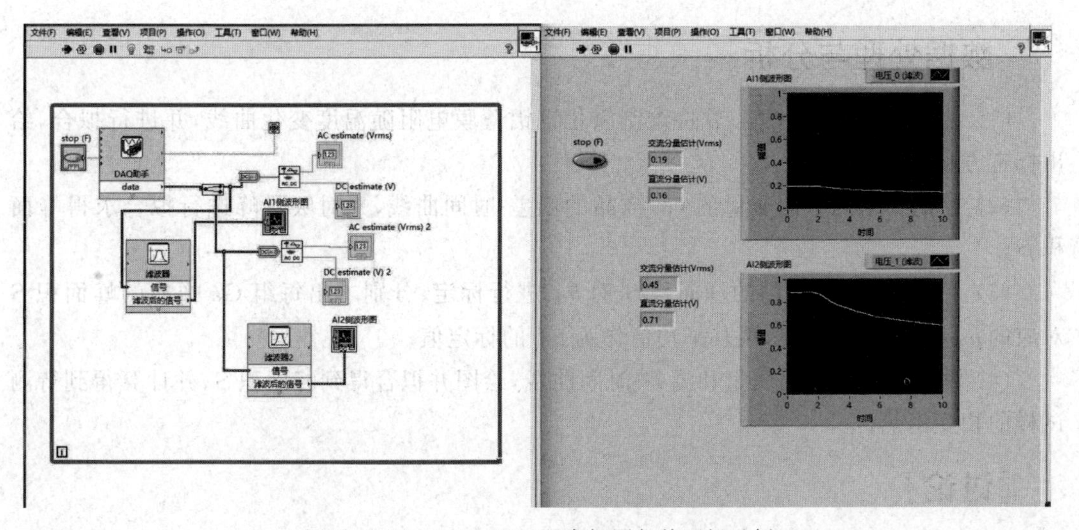

图 2.30-14　LabVIEW 程序框图与前面板示例

[实验内容与测量]

1. 氧化锌铝薄膜电阻随温度变化曲线的测量与温度的标定

根据图 2.30-13 所示，搭建实验装置，并缓慢给珀耳帖板施加电压，使其慢慢升温。分别测量两块氧化锌铝薄膜电阻随温度变化关系，并得到标定方程。其中，锌铝薄膜电阻可以通过测量其在恒流状态下的电压得到，珀耳帖板的温度可以通过热成像仪得到。

2. 使用 LabVIEW 软件，设计开放式相变潜热测量实验装置虚拟仪器

使用 LabVIEW 软件搭建开放式相变潜热测量实验装置虚拟仪器，使用电子天平称量实验室提供的已知样品(Ga)，并测量得到 Ga 的温差-时间数据曲线，如图 2.30-15 所示。使用不同质量的 Ga 测得的温差-时间数据曲线拟合得到的峰面积 S，并对 h_T 进行标定。根据公式(2.30-17)以及 h_T 的值，和待测试样测量计算所得峰面积 S 得到试样的相变潜热。

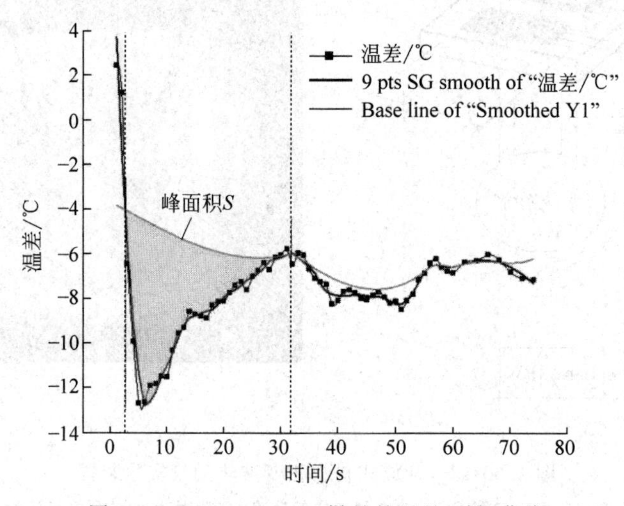

图 2.30-15　0.485g Ga 样品的温差-时间曲线

[数据处理与分析]

(1) 测量并使用 EXCEL 软件绘制氧化锌铝薄膜电阻随温度变化曲线，并进行拟合，给出标定方程。

(2) 绘制一系列不同质量的 Ga 样品的温差-时间曲线，并对吸热峰进行拟合求得峰面积 S。

(3) 用一系列 Ga 样品的峰面积 S 对 h_T 进行标定，分别求出每组 Ga 样品的峰面积 S 对应的 h_T，并计算平均值，用其平均值作为 h_T 的标定值。

(4) 测量待测试样的质量和温差-时间曲线，绘图并拟合得到峰面积 S，并计算得到待测试样的相变潜热。

[讨论]

实验中，除了可以得到的温差-时间曲线外，实际上还得到了每块氧化锌铝薄膜的温度随时间变化曲线，这些曲线的升降都代表了什么？试着给出其变化的物理机理。

[结论]

通过本实验，写出你得到的主要结论。

[思考题]

(1) 实验中，为什么要使用两块氧化锌铝薄膜测量温度随时间的变化？通过拟合，除了可以得到试样的相变潜热，还可以得到什么结果？

(2) 完善本实验中 LabVIEW 搭建的虚拟仪器，也试着用本实验用到的实验器材对其他实验中的内容搭建一套虚拟仪器进行测量。

［参考文献］

［1］ 吴平.大学物理实验教程［M］.2版.北京：机械工业出版社，2015.

［2］ 张峤.LabVIEW 虚拟仪器程序设计教程［M］.北京：清华大学出版社，2021.

［3］ 丁延伟.热分析基础［M］.合肥：中国科学技术大学出版社，2020.

［4］ 任新宇，张师平，刘阳，等.用 ZnO 薄膜仿真研究皮肤对不同热特性材料的触觉热响应［J］.物理与工程，2017，27(4)：79-83.

［5］ 肖珍芳，李浩锋，罗建明，等.差式扫描量热仪的原理与应用［J］.中国石油和化工标准与质量，2018，38(19)：131-132.

第3章

课题型实验

本章的课题型实验是以第1章、第2章所涉及的实验装置及测试方法为基础实验平台的一些研究性小课题实验。通过每一个课题型实验,学习经历一个从文献阅读、具体研究问题的提出、研究方案设计、实验、分析讨论与总结的完整的研究过程,并在这个过程中掌握相关的仪器设备与测试方法的原理与使用。第2章所涉及的实验装置及测试方法是一个通用实验平台,以此为基础,可提出和展开更多课题型实验项目。

实验3.1　制备参数对银薄膜电阻率和应力的影响

[主要内容]

用小型直流溅射仪制备银薄膜,研究制备参数对银薄膜电阻率和应力的影响。

[主要仪器]

SBC-12型小型直流溅射镀膜仪(配有银靶),超声波清洗器,干涉显微镜,带分光镜的读数显微镜,四探针电阻率测量仪等。

[主要要求]

(1) 查阅文献,对目前已有的关于银薄膜电阻率和内应力的研究工作进行分析和归纳,了解有哪些制备参数对银薄膜电阻率和内应力有影响以及具体是如何影响的;了解银薄膜电阻率和内应力的起源及其微观机制;了解测量薄膜电阻率和薄膜应力的实验方法,写出文献总结报告。

(2) 了解实验室提供的仪器装置条件,学习相关仪器装置的使用。

(3) 在文献总结的基础上,根据实验室实际提供的实验设备条件,拟定实验研究方案。由于课程时间的限制,可在诸多制备参数中选择一至两个参数进行研究。

(4) 完成实验并写出研究报告。

[日程安排]

第1周:查阅文献,写出文献总结报告,提出研究方案。

第2周:与教师讨论和修订研究方案,开展实验工作。

第3周:撰写研究报告,补充实验测试数据,准备答辩。

第 4 周：答辩。

[参考文献]

[1] 吴平，邱宏，赵云清，等. 低真空条件下制备的银薄膜电阻率特性及结构[J]. 物理实验，2007，27(3)：3-6.

[2] 吴平，邱宏，姜德怀，等. 用干涉方法测量薄膜应力[J]. 物理实验，2006，26(9)：7-9.

[3] 邱宏，吴平，王凤平，等. 把“四探针测量金属薄膜电阻率”引入普通物理实验[J]. 大学物理，2004，23(5)：59-62.

[4] 梁栋，邱宏，田跃，等. 用干涉法测量薄膜的几何膜厚[J]. 物理实验，2002，22(suppl)：13-16.

[5] 吴平. 大学物理实验教程[M]. 2 版. 北京：机械工业出版社，2015.

实验 3.2 梯度薄膜的制备及薄膜应力的研究

[主要内容]

用射频磁控溅射仪制备 Al-O 系梯度薄膜，研究梯度薄膜应力的变化。

[主要仪器]

射频磁控溅射仪，铝靶，铝箔，氧化铝靶，超声波清洗器，干涉显微镜，带分光镜的读数显微镜等。

[主要要求]

(1) 查阅文献，了解梯度功能材料的发展、应用领域以及梯度功能材料的设计方法；氧化铝涂层是非常有希望在核聚变应用中防氚渗透及降低磁流体动力学效应的涂层材料之一，了解核聚变应用对这种涂层材料的要求以及目前研究中存在的困难；对影响梯度薄膜性质的因素进行分析、归纳和总结；了解测量薄膜应力的实验方法；写出文献总结报告。

(2) 了解实验室提供的仪器装置条件，学习相关仪器装置的使用。

(3) 在文献总结的基础上，根据实验室实际提供的实验设备条件，拟定实验研究方案。

(4) 完成实验并写出研究报告。

[日程安排]

第 1 周：查阅文献，写出文献总结报告，提出研究方案。

第 2 周：与教师讨论和修订研究方案，开展实验工作。

第 3 周：撰写研究报告，补充实验测试数据，准备答辩。

第 4 周：答辩。

[参考文献]

[1] 边洁，王威强，管从胜. 梯度功能材料研究的一些进展[J]. 金属热处理，2003，28(9)：13-19.

[2] 潘俊德，田林海，贺琦. 功能梯度材料及薄膜的研究现状与前景[J]. 金属热处理，1998，6：13-15.

[3] GU Y J，GIL J Y，CHURL C S. Zirconia-Stainless Steel Functionally Graded Material by Tape Casting [J]. Journal of the European Ceramic Society，1998，18：1281-1285.

[4] 程继贵，雷纯鹏，邓莉萍. 梯度功能材料的制备及其应用研究的新进展[J]. 金属功能材料，2003，10(1)：28-31.

[5] 薛莲. 应力缓和型 Al-O 系梯度薄膜的制备与性能研究[D]. 北京：北京科技大学，2009.

[6] 吴平，邱宏，姜德怀，等. 用干涉方法测量薄膜应力[J]. 物理实验，2006，26(9)：7-9.

实验 3.3　制备参数对氧化锌铝透明电极材料电学性质的影响

[主要内容]

用磁控溅射仪制备氧化锌铝薄膜，研究制备参数对氧化锌铝薄膜电学性质的影响。

[主要仪器]

磁控溅射仪，氧化锌铝靶，超声波清洗器，干涉显微镜，带分光镜的读数显微镜，四探针电阻率测量仪等。

[主要要求]

(1) 查阅文献，了解目前关于透明导电薄膜材料研究的进展，了解制备氧化锌铝薄膜的各种方法。对目前已有的关于氧化锌铝薄膜电学性质的研究工作进行分析和归纳总结，特别关注采用磁控溅射方法时哪些制备参数对氧化锌铝薄膜电学性质有影响以及具体是如何影响的；了解氧化锌铝薄膜的导电机制；了解测量薄膜电阻率的实验方法；写出文献总结报告。

(2) 了解实验室提供的仪器装置条件，学习相关仪器装置的使用。

(3) 在文献总结的基础上，根据实验室实际提供的实验设备条件，拟定实验研究方案。由于课程时间的限制，可在诸多制备参数中选择一至两个参数进行研究。

(4) 完成实验并写出研究报告。

[日程安排]

第 1 周：查阅文献，写出文献总结报告，提出研究方案。

第 2 周：与教师讨论和修订研究方案，开展实验工作。

第 3 周：撰写研究报告，补充实验测试数据，准备答辩。

第 4 周：答辩。

[参考文献]

[1] ZHANG D H，YANG T L，MA J，et al. Preparation of transparent conducting ZnO：Al films on polymer substrates by r. f. magnetron sputtering[J]. Applied Surface Science，2000，158：43-48.

[2] ZHANG D H，YANG T L，WANG Q P，et al. Electrical and optical properties of Al-doped transparent conducting ZnO films deposited on organic substrate by RF sputtering[J]. Materials Chemostry and physics，2001，68：233-238.

[3] 杨田林，韩圣浩. 有机衬底和玻璃衬底 ZnO：Al 透明导电膜的结构及光学特性对比研究[J]. 液晶与显示，2004，19(5)：299-333.

[4] 赵以德.玻璃衬底上 ZnO：Al 薄膜的射频磁控溅射法制备及表征[D].北京：北京科技大学，2006.
[5] 邱宏，吴平，李腾飞，等.透明电极薄膜的制备及其电阻率测量普通物理实验[J].实验技术与管理，2007，24(2)：25-28.
[6] 邱宏，吴平，王凤平，等.把“四探针测量金属薄膜电阻率”引入普通物理实验[J].大学物理，2004，23(5)：59-62.

实验 3.4 工艺参数对 NiFe 薄膜磁电阻特性的影响

[主要内容]

用电子束真空镀膜仪制备 $Ni_{80}Fe_{20}$ 薄膜，研究制备参数对 $Ni_{80}Fe_{20}$ 薄膜磁电阻性能的影响。

[主要仪器]

电子束真空镀膜仪，$Ni_{80}Fe_{20}$ 靶，真空磁退火炉，超声波清洗器，干涉显微镜，磁电阻率测量仪等。

[主要要求]

(1) 查阅文献，对目前已有的关于 NiFe 薄膜磁电阻性质的研究工作进行分析归纳和总结，特别关注哪些制备参数对 NiFe 薄膜磁电阻性质有影响以及具体是如何影响的；了解测量磁电阻的实验方法；写出文献总结报告。

(2) 了解实验室提供的仪器装置条件，学习相关仪器装置的使用。

(3) 在文献总结的基础上，根据实验室实际提供的实验设备条件，拟定实验研究方案。由于课程时间的限制，可在诸多制备参数中选择一至两个参数进行研究。

(4) 完成实验并写出研究报告。

[日程安排]

第 1 周：查阅文献，写出文献总结报告，提出研究方案。

第 2 周：与教师讨论和修订研究方案，开展实验工作。

第 3 周：撰写研究报告，补充实验测试数据，准备答辩。

第 4 周：答辩。

[参考文献]

[1] 吴平，李希，高艳清，等.工艺参量对 $Ni_{80}Fe_{20}$ 薄膜结构与磁电阻特性的影响[J].物理实验，2006，26(6)：8-11.
[2] 王合英，孙文搏，茅卫红.溅射条件对 $Ni_{80}Fe_{20}$ 薄膜各向异性磁电阻特性的影响[J].物理实验，2007，27(8)：27-28.
[3] 王凤平，刘还平，吴平，等.基片温度对坡莫合金薄膜结构和磁电阻的影响[J].发光学报，2003，24(4)：435-437.

实验 3.5 氧化铝陶瓷薄膜材料的制备及电绝缘特性的研究

[主要内容]

用反应磁控溅射方法，采用金属铝靶，在不同工艺条件下制备氧化铝陶瓷薄膜，研究制备工艺参数对氧化铝陶瓷薄膜电绝缘特性的影响。

[主要仪器]

高真空磁控溅射镀膜系统，铝靶，高纯氧，高纯氩，金属基片，皮安表，电源，超声波清洗器，干涉显微镜等。

[主要要求]

(1) 查阅文献，了解用金属靶通过反应磁控溅射方法获得氧化物薄膜的物理过程，了解反应溅射过程的金属模式和化合物模式；对各制备工艺参数的影响进行分析、归纳和总结；了解测量薄膜材料电绝缘特性的实验测量方法；写出文献总结报告。

(2) 了解实验室提供的仪器装置条件，学习相关仪器装置的使用。

(3) 在文献总结的基础上，根据实验室实际提供的实验设备条件，拟定实验研究方案。由于课程时间的限制，可在诸多制备参数中选择一至两个参数进行研究。

(4) 完成实验并写出研究报告。

[日程安排]

第 1 周：查阅文献，写出文献总结报告，提出研究方案。

第 2 周：与教师讨论和修订研究方案，开展实验工作。

第 3 周：撰写研究报告，补充实验测试数据，准备答辩。

第 4 周：答辩。

[参考文献]

[1] 茅昕辉，刘云峰，张浩康，等. 铝靶脉冲反应溅射沉积氧化铝薄膜中的迟滞回线的研究[J]. 真空科学与技术. 2000,20(2)：88-91.

[2] MANIVA S, WESTWOOD W D. Oxidation of an aluminum magnetron sputtering target in Ar/O_2 mixtures[J]. J Appl Phys. 1980,51(1)：718-725.

[3] 赵以德. 中国低活化马氏体钢表面氧化铝涂层的研究[D]. 北京：北京科技大学，2008.

[4] 韩德栋，康晋锋，刘晓彦，等. HfO_2 高 K 栅介质薄膜的电学特性研究[J]. 固体电子学研究与进展，2004,24(1)：1-3.

[5] OHRING M. Materials Science of Thin Films：Deposition and Structure[M]. New Jersey：ACADEMIC PRESS，2006.

实验 3.6 高 K 介电薄膜材料的制备及介电特性研究

[主要内容]

用射频磁控溅射方法，采用氧化铪靶，在不同工艺条件下制备氧化铪陶瓷薄膜，研究制备工艺参数对氧化铪薄膜介电特性的影响。

[主要仪器]

高真空磁控溅射镀膜系统，氧化铪靶，高纯氧，高纯氩，超声波清洗器，干涉显微镜，精密阻抗仪等。

[主要要求]

(1) 查阅文献，了解电介质及极化机理，了解高介电常数材料的选择标准，了解高介电常数材料的研究现状与进展；了解 HfO_2 薄膜的研究进展，对各制备工艺参数的影响进行分析、归纳和总结；了解测量薄膜材料介电特性的测量方法；写出文献总结报告。

(2) 了解实验室提供的仪器装置条件，学习相关仪器装置的使用。

(3) 在文献总结的基础上，根据实验室实际提供的实验设备条件，拟定实验研究方案。由于课程时间的限制，可在诸多制备参数中选择一至两个参数进行研究。

(4) 完成实验并写出研究报告。

[日程安排]

第 1 周：查阅文献，写出文献总结报告，提出研究方案。

第 2 周：与教师讨论和修订研究方案，开展实验工作。

第 3 周：撰写研究报告，补充实验测试数据，准备答辩。

第 4 周：答辩。

[参考文献]

[1] 邢玉梅，陶凯，俞跃辉，等. 在 SOI 材料上制备高质量的氧化铪薄膜[J]. 功能材料，2004(6)：736-738.

[2] 周晓强，凌惠琴，毛大立，等. 高介电常数栅介质材料研究动态[J]. 微电子学，2005(2)：98-101.

[3] 李驰平，王波，宋雪梅，等. 新一代栅介质材料——高 K 材料[J]. 材料导报，2006(2)：223-227.

[4] 韩德栋，康晋锋，刘晓彦，等. HfO_2 高 K 栅介质薄膜的电学特性研究[J]. 固体电子学研究与进展，2004，24(1)：1-3.

[5] 闫丹，衬底温度及热处理对射频磁控溅射 HfO_2 薄膜介电特性的影响[D]. 北京：北京科技大学，2007.

[6] 吴平，张师平，闫丹，等. 薄膜材料电容率的测量[J]. 物理实验，2009，29(2)：1-3.

实验 3.7　高温热电材料的制备与热电性能的研究

[主要内容]

用溶胶-凝胶法制备 K 掺杂 $Ca_3Co_4O_9$ 热电材料，研究 K 离子掺杂对 $Ca_3Co_4O_9$ 热电输运性能的影响。

[主要仪器]

硝酸钙($Ca(NO_3)_2 \cdot 4H_2O$)、硝酸钴($Co(NO_3)_2 \cdot 6H_2O$)、柠檬酸($C_6H_8O_7 \cdot H_2O$)、硝酸钾($KNO_3 \cdot H_2O$)、无水乙醇(CH_3CH_2OH)等原料，分析天平，超声波清洗仪，磁力搅拌器，鼓风干燥箱，马弗炉，电热板，压片机，热导率测试仪，电导率和塞贝克系数测试仪，扫描电子显微镜，X 射线衍射分析仪等。

[主要要求]

(1) 查阅文献，了解热电效应及其基础理论，了解热电材料性能的评价指标；了解高温热电材料研究进展，特别是钙钴氧($Ca_3Co_4O_9$)热电材料的研究进展；分析、归纳文献，总结提高 $Ca_3Co_4O_9$ 热电性能的主要途径；了解如何用溶胶-凝胶法制备 $Ca_3Co_4O_9$ 热电材料；了解 $Ca_3Co_4O_9$ 热电材料电热输运性质测量方法；写出文献总结报告。

(2) 了解实验室提供的仪器装置条件，学习相关仪器装置的使用。

(3) 在文献总结的基础上，根据实验室实际提供的实验设备条件，拟定实验研究方案。

(4) 完成实验并写出研究报告。

[日程安排]

第 1 周：查阅文献，写出文献总结报告，提出研究方案。

第 2 周：与教师讨论和修订研究方案，开展实验工作。

第 3 周：撰写研究报告，补充实验测试数据，准备答辩。

第 4 周：答辩。

[参考文献]

[1] ÖZÇELIK C, DEPCI T, ÇETIN G, et al. Detailed low temperature studies on thermoelectric performance of K-doped $Bi_2Ca_2Co_2O_y$ ceramics fibers [J]. Physica Scripta, 2022, 97(8): 085820.

[2] AYDEMIR U, ZEVALKINK A, ORMECI A, et al. Enhanced thermoelectric properties of the Zintl phase $BaGa_2Sb_2$ via doping with Na or K [J]. Journal of Materials Chemistry, A. Materials for energy and sustainability, 2016, 4(5): 1867-1875.

[3] KYRATSI T, KIKA I, HATZIKRANIOTIS E, et al. Synthetic conditions and their doping effect on β-$K_2Bi_8Se_{13}$ [J]. Journal of Alloys and Compounds, 2009, 474(1): 351-357.

[4] 李亚男. $Ca_3Co_4O_9$ 氧化物陶瓷热电性能调控研究[D]. 北京：北京科技大学，2022.

[5] LI Y N, WU P, ZHANG S P, et al. Thermoelectric properties of lower concentration K-doped $Ca_3Co_4O_9$ ceramics [J]. Chinese Physics B, 2018, 27(5): 057201.

实验 3.8 金属有机骨架材料 MOF-74 制备与水蒸气吸附性能的研究

[主要内容]

用溶剂热法制备金属有机骨架材料 MOF-74 及多金属中心离子 MOF-74,研究多金属中心对 MOF-74 水蒸气吸附性能的影响。

[主要仪器]

对苯二甲酸($C_8H_6O_4$),N,N-二甲基甲酰胺(C_3H_7NO),盐酸(HCl),四氯化锆($ZrCl_4$),无水氯化镁($MgCl_2$),无水甲醇(CH_3OH)等原料,低速台式离心机,PPL 水热合成反应釜,电热恒温鼓风干燥箱、超声波清洗器、磁力搅拌器,比表面孔径分析仪,水蒸气发生器,同步热分析仪,扫描电子显微镜,X 射线衍射分析仪等。

[主要要求]

(1) 查阅文献,了解吸附储热技术基本原理与储热材料研究现状,了解金属骨架材料 MOF-74 用于水蒸气吸附的研究进展,对文献进行分析、归纳和总结,写出文献总结报告。

(2) 了解实验室提供的仪器装置条件,学习相关仪器装置的使用。

(3) 在文献总结的基础上,根据实验室实际提供的实验设备条件,拟定实验研究方案。

(4) 完成实验并写出研究报告。

[日程安排]

第 1 周:查阅文献,写出文献总结报告,提出研究方案。

第 2 周:与教师讨论和修订研究方案,开展实验工作。

第 3 周:撰写研究报告,补充实验测试数据,准备答辩。

第 4 周:答辩。

[参考文献]

[1] MAKHANYA N,OBOIRIEN B,REN J,et al. Recent advances on thermal energy storage using metal-organic frameworks(MOFs)[J]. Journal of Energy Storage,2021,34:102179.

[2] CHEN C,KOSARI M,JING M,et al. Microwave-assisted synthesis of bimetallic NiCo-MOF-74 with enhanced open metal site for efficient CO_2 capture[J]. Environmental Functional Materials,2022,1(3):253-266.

[3] LEI L,CHENG Y,CHEN C,et al. Taming structure and modulating carbon dioxide(CO_2) adsorption isosteric heat of nickel-based metal organic framework(MOF-74(Ni)) for remarkable CO_2 capture [J]. Journal of Colloid and Interface Science,2022,612:132-145.

[4] FURUKAWA H,GANDARA F,ZHANG Y B,et al. Water adsorption in porous metal-organic frameworks and related materials[J]. Journal of the American Chemical Society,2014,136(11):4369-

4381.
[5] CHAEMCHUEN S,XIAO X,KLOMKLIANG N,et al. Tunable metal-organic frameworks for heat transformation applications[J]. Nanomaterials,2018,8(9)：661.
[6] XIAO T,LIU D. The most advanced synthesis and a wide range of applications of MOF-74 and its derivatives[J]. Microporous and Mesoporous Materials,2019,283：88-103.

实验 3.9　水平振动激励下单层颗粒的运动特性研究

[主要内容]

研究单层颗粒在水平振动激励下的运动特性和对流运动，分析水平振动作用下颗粒运动与分布的模式与形成机理。

[主要仪器]

水平振动台，高速摄像机，粒子图像测速(PIV)软件等。

[主要要求]

(1) 查阅文献，了解水平振动激励下颗粒运动研究现状与进展；对影响颗粒运动与对流的影响因素进行分析、归纳和总结；了解高速摄像机与粒子图像测速(PIV)软件的使用方法；写出文献总结报告。

(2) 了解实验室提供的仪器装置条件，学习相关仪器装置的使用。

(3) 在文献总结的基础上，根据实验室实际提供的实验设备条件，拟定实验研究方案。

(4) 完成实验并写出研究报告。

[日程安排]

第 1 周：查阅文献，写出文献总结报告，提出研究方案。

第 2 周：与教师讨论和修订研究方案，开展实验工作。

第 3 周：撰写研究报告，补充实验测试数据，准备答辩。

第 4 周：答辩。

[参考文献]

[1] SACK A,HECKEL M,KOLLMER J E,et al. Energy dissipation in driven granular matter in the absence of gravity [J]. Physical Review Letters,2013,111(1)：018001.
[2] CHEN K C,LI C C,LIN C H,et al. Clustering and phases of compartmentalized granular gases [J]. Physical Review E,2009,79：021307.
[3] MAJID M,WALZEL P. Convection and segregation in vertically vibrated granular beds [J]. Powder Technology,2009,192(3)：311-317.
[4] BURTALLY N,KING P J,SWIFT M R,et al. Dynamical behaviour of fine granular glass/bronze mixtures under vertical vibration [J]. Granular Matter,2003,5：57-66.
[5] MEDVED M. Connections between response modes in a horizontally driven granular material [J].

Physical Review E,2002,65：021305.

[6] REHMAN A.水平振动激励下颗粒物质的分布形态与对流模式研究[D].北京：北京科技大学,2017.

[7] DURAN J, MAZOZI T, CLÉMENT E, et al. Size segregation in a two-dimensional sandpile: Convection and arching effects [J]. Physical Review E,1994,50(6)：5138-5141.

第4章

计算模拟实验

实验 4.1　VASP 原理和使用

[引言]

随着材料科学领域的不断发展，计算模拟方法成为研究新材料、理解材料性质和加速材料设计的重要工具。在这一领域中，VASP(vienna Ab-initio simulation package)作为一款基于密度泛函理论(density functional theory，DFT)的第一性原理计算软件，广泛应用于各种材料系统的计算模拟。它基于密度泛函理论，采用平面波基组和赝势方法，能够在原子尺度上描述材料的物理和化学性质，在金属和半导体等材料中，采用平面波基组进行的 VASP 计算可以高效地获得总能量计算结果。投影增强波方法(projected augmented wave，PAW)将赝势和平面波方法相结合，更准确地描述了原子核附近的电子行为，进一步提高了 VASP 的计算精度。

VASP 具有广泛的应用领域，如材料科学、催化化学、表面科学、纳米技术等。它被广泛用于预测和解释材料的物理和化学性质，为实验研究提供理论指导。

[实验目的]

学习使用 VASP 进行材料科学研究中的计算模拟。通过学习和实践，掌握以下计算目标。

(1) 预测材料性质：利用 VASP 计算材料的结构优化、弛豫过程和力学性质，以预测材料的晶体结构、机械性能和热力学性质等重要性质。

(2) 理解材料的电子结构：使用 VASP 计算材料的能带结构，以深入理解材料的电子行为和能带分布特征。

(3) 研究界面和表面现象：通过 VASP 计算研究材料表面的吸附现象、界面反应和催化活性，了解表面与吸附体之间的相互作用以及吸附能的影响

[计算工具]

VASP 软件，材料建模软件，可视化软件，数据分析工具等。

[预习提示]

(1) 密度泛函理论基础：了解密度泛函理论的基本原理和概念，包括电子密度、交换-相

关能和 Kohn-Sham 方程等。可以阅读相关的教材、论文或在线教程来建立对密度泛函理论的基本理解。

(2) 计算化学基础知识：有一定的计算化学基础会对学习 VASP 计算很有帮助。熟悉量子力学的基本原理、哈密顿算符以及电子结构和化学键的概念。

(3) Linux 系统使用：VASP 通常在 Linux 操作系统下运行，因此熟悉 Linux 系统的基本命令和文件操作将更容易上手。如果对 Linux 不太熟悉，可以找一些教材或在线资源进行学习。

(4) 基本的计算机编程：虽然不是必需的，但具备一些基本的计算机编程知识（如 Python）将有助于处理 VASP 计算结果和进行数据分析。可以提前学习一些基本的 Python 编程技巧和科学计算库（如 NumPy 和 Matplotlib）。

(5) VASP 官方文档：访问 VASP 官方网站并下载相关文档。官方文档将提供关于 VASP 软件的详细介绍和使用说明，包括输入文件格式、参数设置和计算流程等。

(6) 学术论文和案例研究：阅读与 VASP 计算相关的学术论文和案例研究。这将帮助了解如何应用 VASP 进行材料科学研究，并提供一些建议和技巧。

[计算原理]

密度泛函理论是一种处理多体量子问题的理论框架，其核心思想是将材料系统的电子密度视为基本变量。根据库仑相互作用和交换-相关能的平衡，通过最小化总能量来确定系统的基态电子密度分布。基于密度泛函理论，VASP 采用平面波基组展开电子波函数，并使用周期性边界条件来处理无限大晶体结构。VASP 使用自洽迭代的方法求解 Kohn-Sham 方程，通过调整电子波函数和电荷密度来达到能量最小化。迭代过程直到达到收敛标准为止，确保得到准确的结果。

需要注意的是，尽管 VASP 是一种强大而广泛应用的计算工具，但它也有一定的近似和限制。例如，对于强关联系统和局域电子相关效应，VASP 可能无法提供完全准确的结果。因此，在进行 VASP 计算时，需根据具体问题和所研究材料的性质选择适当的计算方法和参数设置。

[软件及安装]

1. VASP 软件安装

(1) 下载 VASP 软件包。

```
$ wget <VASP 下载链接>
$ tar -xzvf vasp.tar.gz
```

(2) 检查系统依赖项。根据你的操作系统和软件包管理器，使用适当的命令安装必要的依赖项。这里以 Ubuntu 为例。

```
$ sudo apt-get install gfortran
$ sudo apt-get install openmpi-bin libopenmpi-dev
$ sudo apt-get install libblas-dev liblapack-dev
```

(3) 配置编译参数。进入 VASP 源代码目录，并编辑“makefile.include”文件，修改其中的编译参数。例如,使用文本编辑器打开文件并进行相应更改。

```
$ cd vasp
$ nano makefile.include
```

修改完毕后,保存并退出编辑器。

(4) 编译 VASP。

```
$ make # 或者 make all
```

(5) 验证安装。编译完成后,进行一些测试以验证 VASP 是否成功安装。进入测试目录,运行一个测试案例。

```
$ cd test
$ ./runtest
```

(6) 设置环境变量。将 VASP 的可执行文件所在路径添加到系统的 PATH 环境变量中,以方便在任何目录下直接运行 VASP 命令。编辑 bash 配置文件(~/.bashrc)并添加如下行。

```
export PATH = "/path/to/vasp/bin: $PATH"
```

然后运行以下命令使更改生效。

```
$ source ~/.bashrc
```

2. 材料建模软件

在进行 VASP 计算之前,通常需要使用建模软件创建材料的原子结构、晶格参数和表面模型等。常见的建模软件包括 Materials Studio、Ovito 等。下面是 Materials Studio 的安装教程。

(1) 获得许可证。联系 Accelrys(现在是 BIOVIA)或其授权代理商,获取 Materials Studio 软件的许可证,并确保你有权使用该软件。

(2) 下载软件。登录到 BIOVIA 官方网站或与授权代理商联系,下载适用于你的操作系统的 Materials Studio 安装程序。

(3) 运行安装程序。双击下载的安装程序,按照提示进行安装。选择你想要安装的组件和功能,并选择合适的安装路径。

(4) 输入许可证信息。在安装过程中,会要求输入许可证信息。根据你收到的许可证,输入相应的许可证号码和其他必要的信息。

(5) 完成安装。等待安装程序完成所有必要的步骤和配置。一旦安装完成,就能够找到 Materials Studio 的图标或启动器。

(6) 激活许可证。打开 Materials Studio,根据软件提供的指导激活你的许可证。这通常涉及输入许可证文件、许可证服务器地址或使用许可证管理工具激活许可证。

(7) 验证安装。启动 Materials Studio,并尝试运行其中的一些工具和模块,确保软件正常工作并与许可证正确关联。

打开后出现如图 4.1-1 所示界面。

3. 可视化软件

可视化软件用于对 VASP 计算结果进行可视化和分析。这些软件可以绘制能带图、电

图 4.1-1 Materials Studio 界面

荷密度图、晶体结构图等。常用的可视化软件包括 VMD、VESTA、XCrySDen 等。下面是 VESTA 的安装教程。

(1) 下载 VESTA 软件包。访问 VESTA 官方网站或其他可信赖的来源,下载适用于你的操作系统的 VESTA 安装程序。

(2) 运行安装程序。双击下载的安装程序,按照提示完成安装。在 Windows 系统中,通常会先选择安装路径,然后单击"安装"按钮开始安装。在 MacOS 或 Linux 系统中,可以通过命令行或图形界面来运行安装程序。

(3) 完成安装。等待安装程序将所有必要的文件和组件复制到指定的目录。一旦安装完成,你将能够在启动菜单、桌面或应用程序列表中找到 VESTA 的图标或启动器。

(4) 启动 VESTA。双击 VESTA 的图标或启动器来打开软件。VESTA 支持多种操作系统,根据你的操作系统类型选择相应的方式启动。

(5) 验证安装。启动 VESTA,并尝试进行一些基本的操作,如加载晶体结构文件、绘制结构模型等,确保软件正常工作。打开后出现如图 4.1-2 所示界面。

4. 数据分析工具

在处理 VASP 计算结果时,需要进行数据处理和分析。我们使用 VASPkit 软件。下面是该软件的安装教程。

(1) 下载 VASPkit 软件包。访问 VASPkit 官方网站或相关来源,下载适用于你的操作系统的 VASPkit 安装包。

(2) 解压软件包。将下载的 VASPkit 安装包解压到一个目录中。

(3) 配置环境变量。打开终端窗口,编辑你的 shell 配置文件(如:~/.bashrc、~/.zshrc),并添加以下行来配置 VASPkit 的环境变量。

```
export VASP_KIT_PATH = /path/to/vaspkit
export PATH = $VASP_KIT_PATH: $PATH
```

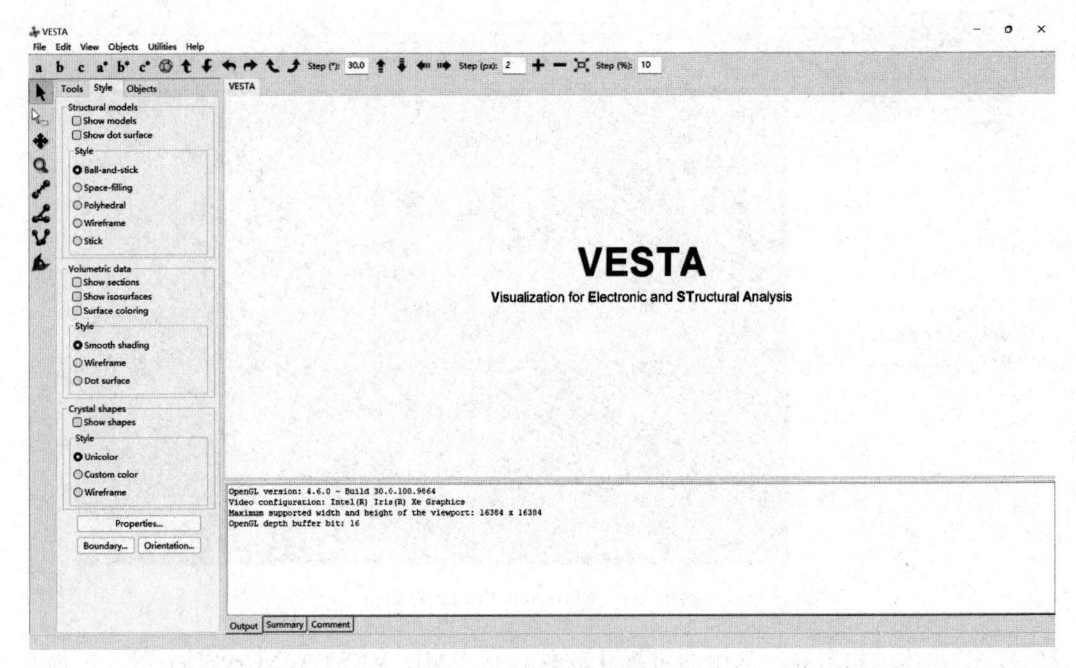

图 4.1-2　VESTA 界面

(4) 更新配置。保存文件后,在终端中运行以下命令使更改生效。

```
$ source ~/.bashrc   # 如果使用的是 Bash shell
$ source ~/.zshrc    # 如果使用的是 Zsh shell
```

(5) 验证安装。在终端中输入以下命令验证 VASPkit 是否成功安装。

```
$ vaspkit --version
```

会出现如图 4.1-3 所示信息。

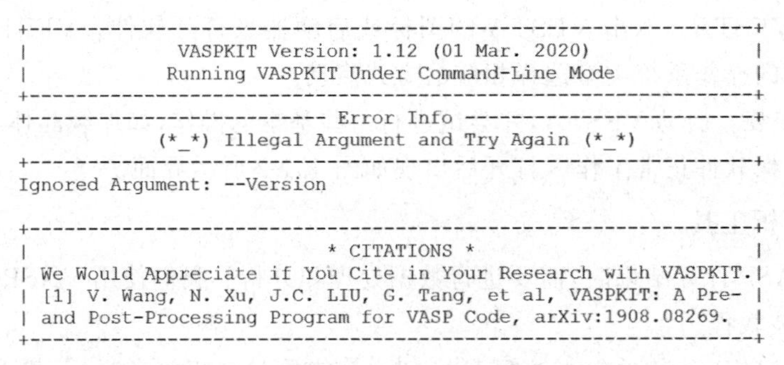

图 4.1-3　显示信息

以上工具和软件的选择取决于个人需求和实验室的情况。在使用这些工具时,请确保熟悉其基本操作和功能,并根据具体问题进行正确的使用和解释计算结果。

[计算内容]

使用 VASP 计算预测硅(Si)的能带结构和带隙。

1. 准备工作

1）输入文件及参数设置

INCAR 文件（input card）是 VASP 中最核心的输入文件之一，它决定了计算任务的类型和具体参数设置。该文件包含了众多控制参数，例如计算方法、电子相关性处理、优化算法和收敛准则等。通过调整这些参数，可以实现不同类型的计算，如能带计算、结构弛豫和分子动力学模拟等。因此，INCAR 文件在 VASP 计算中起着至关重要的作用，决定了计算的精度和效率。

KPOINTS 文件（K 点文件）描述了布里渊区采样的相关信息。在 VASP 计算中，对倒空间中的积分通常被替代为对 K 点的加权求和。KPOINTS 文件中包含了 K 点的坐标和权重，或者定义网格大小以自动生成 K 点。正确选择和设置 K 点对计算结果的准确性具有重要影响，合理的采样方式可以更好地描述材料的电子结构和性质。

POSCAR 文件（positioning of atoms in supercell）是描述体系晶胞参数的文件，包含了晶胞基矢的长度和角度，以及各个原子种类、数目和相应的原子坐标。POSCAR 文件定义了一个具体的晶胞结构，为计算提供了必要的初始条件。在结构优化过程中，VASP 根据 POSCAR 中的原子坐标和晶胞参数来调整体系的结构，使其达到最稳定的状态。

POTCAR 文件（PAW potential file）包含了计算中所使用的每个原子种类的赝势文件。在 VASP 计算中，采用超软赝势（ultrasoft pseudopotential）来描述核和芯电子对价电子的作用。POTCAR 文件中的赝势信息与计算参数一起被用于建立有效的电子-离子相互作用。通过合适选择和应用 POTCAR 文件，可以准确地描述体系的电子结构和材料性质。

综上所述，INCAR、KPOINTS、POSCAR 和 POTCAR 这四个文件在 VASP 计算中扮演着重要的角色。它们共同定义了计算任务的类型、参数设置、布里渊区采样、初始晶胞结构和电子-离子相互作用模型等关键信息。深入理解和正确使用这些文件对于进行准确且高效的 VASP 计算至关重要，下面详细介绍这些文件的参数设置。

INCAR 参数设置介绍

（1）初始参数。

SYSTEM：注释计算的体系，以示说明。

ISTART：如果计算目录中有 WAVECAR 文件，则默认值为 1，否则为 0；该参数也可赋值为 0|1|2|3。决定是否读入 WAVECAR。

＝0：开始新的计算，按 INIWAV 初始化波函数。

＝1：接着计算，通常用在态密度、能带结构、光学性质等电子结构的计算，读取已有的 WAVECAR 文件。

＝2：接着计算，通常用在希望保持基矢不变的计算中，波函数从 WAVECAR 文件读入，并不做波函数的调整（即使原胞尺寸、形状与 ENCUT 已经改变），一般不用。

＝3：完全重启包括轨道和电荷预测。与 ISTART＝2 相同，但此外必须存在一个有效文件 TMPCAR，其中包含时间步长 $t(n-1)$ 和 $t(n-2)$ 处的位置和轨道，其中包含轨道和电荷预测方案（用于 MD 运行）。通常不建议使用 ISTART＝3，除非操作系统对每个作业的 CPU 时间进行了严格的限制。

ICHARG：控制如何产生初始电荷密度。

默认值：ISTART=0 时，该值为 2；否则为 0。

=0：从初始波函数计算电荷密度。

=1：从 CHGCAR 文件读入。

=2：构造原子电子密度线性组合(LCAO)，由赝势来决定。

=+10：非自洽计算，电荷密度保持不变。

=10：从初始波函数计算电荷密度并保持不变。

=11：读入自洽的 CHGCAR，并进行能带或态密度的非自洽计算，也就是由给定电荷密度求得能级本征值和态密度，用于能带和态密度计算。

=12：以 LCAO 密度进行的非自洽计算，用于进行第一性原理的分子动力学(MD)模拟。

推荐：进行能带或态密度等计算时，ISTART=1，ICHARG=11；

其他情况：ISTART=0，ICHARG=2。

(2) 电子优化参数。

NELM：电子自洽循环的最大步数，默认值：NELM=60。

EDIFF：电子自洽收敛标准参数，总能计算中的允许误差，默认值为 10^{-4}。

ENCUT：平面波基的截断能，默认值：从 POTCAR 中读入；可根据自己所算体系的不同进行测试，通过对比不同截断能下体系的最低能量来确定最终的截断能大小。

ALGO：确定电子优化的算法，默认值：ALGO=Normal。

=Normal：则 IALGO=38，即选择 blocked Davidson 方法——容易收敛，但算得慢。

=VeryFast：则 IALGO=48，即选择 RMM-DIIS 算法——算得快，难收敛。

=Fast：上面两种算法混合使用：在初始化时采用 IALGO=38，在随后的计算中采用 IALGO=48。

ISMEAR & SIGMA：

ISMEAR 决定如何确定电子的部分占据数，可取值为：$-5|-4|-3|-2|-1|0|N$(N 表示正整数)，一般很少用到 −2 和 −3。

SIGMA：展开的宽度(单位：eV)(说明：这个参数在画态密度图时影响较大，比如说能带图上有两条近乎平行的分子带，它们之间的距离只有 0.1eV，此时，在态密度对应的位置本应该有两个尖锐的峰，但是，如果你在计算态密度时 SIGMA=0.2，那么你在态密度的对应位置就只能看到一个峰。)

默认值：ISMEAR=1，SIGMA=0.2

=−5：采用 Blöchl 校正的四面体方法；在计算大块材料的总能和 DOS 时建议使用。

=−4：不采用 Blöchl 校正的四面体方法。

=−3：对不同的 ISMEAR 进行循环，在 INCAR 文件中额外加一行：SMEARINGS=ismear1 sigma1 ismear2 sigma2…。此时 IBRION=−1，NSW 设置为 SMEARINGS 的值的个数。

=−2：电子占据数从 INCAR 文件中读入，并在计算中保持不变。在 INCAR 文件中加额外一行，如：FERWE=f1f2f3…；如果进行电子自旋极化计算，则加入如下一行：FERDO=f1f2f3…；上述占据数按每个 K 点每个能带排列。上述两种情况占据数都在 0～1。

=−1：费米展开。

=0：高斯展开。

$=N$：表示采用 Methfessel-Paxton smearing 方法，其中 N 是表示此方法中的阶数。一般情况下 N 取1和2就好，而且大多情况下，$N=1$ 和2给出的结果很接近。

注：进行任何静态计算或态密度计算，且K点数目大于4时，取ISMEAR=－5；当由于原胞较大而K点数目较少（小于4个）时，取ISMEAR=0，并设置一个合适的SIGMA值。另外对半导体或绝缘体的计算（不论是静态还是结构优化），取ISMEAR=－5；当体系呈现金属性时，取ISMEAR=1或2，以及设置一个合适的SIGMA值。在进行能带结构计算时，ISMEAR和SIGMA用默认值就好。一般来说，无论是对何种体系，进行何种性质的计算，采用ISMEAR=0，并选择一个合适的SIGMA值都能得到合理的结果。

(3) 离子弛豫参数。

① 原子移动方式、步长及步数

NSW：离子运动步数，默认值为0；一般需手动设置合适值。

IBRION：决定了离子是否运动及运动的方法和算法。

默认值：当NSW=0或1时，IBRION=－1；其他0。

IBRION可取值为－1|0|1|2|3|5|6|7|8|44。

=－1：离子不运动，但要做NSW次外循环。

=0：标准的分子动力学模拟。

=1：采用准牛顿算法来优化原子的位置。

=2：采用共轭梯度算法来优化原子的位置，在做离子弛豫时推荐使用此设置。

=3：采用衰减二阶运动方程进行离子弛豫。

=5：用来计算Hessian矩阵和体系的振动频率。

ISIF：是否计算应力或晶胞优化方式。

默认值：IBRION=0时，ISIF=0；其他2。

ISIF可取值：0|1|2|3|4|5|6，详见表4.1-1。

表4.1-1　ISIF取值

ISIF	计算原子受力	计算原胞的stress tensor	原子位置弛豫	改变原胞形状	改变原胞体积
0	是	否	是	否	否
1	是	trace only	是	否	否
2	是	是	是	否	否
3	是	是	是	是	是
4	是	是	是	是	否
5	是	是	否	是	否
6	是	是	否	是	是
7	是	是	否	否	是

注：Trace only指只有总压强，即external pressure=...kB是正确的。

POTIM：当IBRION=1、2或3时，POTIM是力的缩放常数（即原子每步移动的大小），此时POTIM=0.5；当IBRION=0时，POTIM为分子动力学离子运动时间步长，单位：fs，无默认值，需手动设置。

EDIFFG：离子弛豫收敛标准。默认值为EDIFF×10。

若为正值，表示前后两次的总自由能之差小于 EDIFFG，离子停止弛豫；若为负值，表示原子所受最大的力小于 EDIFFG 的绝对值，离子停止弛豫。

② 分子动力学相关参数

SMASS：分子动力学中原子的速度。默认值为－3，可赋值为－3|－2|－1|0。

＝－3：微正则系综(体系的能量在模拟过程中保持不变)。

＝－2：保持初速度不变，计算体系总能随原子位置的变化情况。

＝－1：每过 NBLOCK 步离子运动(即 MOD(NSTEP，NBLOCK).EQ.1)，体系温度作如下调整。TEMP ＝ TEBEG ＋(TEEND － TEBEG)× NSTEP/NSW；或者为每过 NBLOCK 步之后对初始速度进行缩放。

＝0 或>0：正则系综，对温度进行 Nose 调控；Nose 质量控制模拟过程中的温度振荡频率，应设置得与研究体系的典型声子频率相当。

TEBEG：初始温度；TEEND：末态温度；默认值：TEBEG＝0；TEEND＝TEBEG。

PSTRESS：是外加压力导致的应力，当指定此参数时，VASP 会在应力张量中增加一项，同时在总能中也要加入 E＝V×PSTRESS。

(4) 态密度积分参数。

EMIN：计算 DOS 的最小能量；EMAX：计算 DOS 的最大能量。这两个参数决定了计算 DOS 的能窗(单位为 eV)。

NEDOS：态密度格点数目。通常：NEDOS＝1000。

LORBIT：非自洽的计算形式；默认值：＝0(FALSER)；可赋值为 0|1|2|5|10|11|12；通常 LORBIT＝10，表示输出的是整个体系的 Total DOS＋每个原子的 Partial DOS。

NBANDS：能带数目。在非自洽的计算过程中需要用到，可以在非自洽计算之前的自洽计算 OUTCAR 或 EIGENVAL 文件中读取。

(5) 其他参数。

① 磁性计算。

ISPIN：是否进行自旋极化计算。默认值：ISPIN＝1，不进行自旋极化计算；当 ISPIN＝2 时，表示进行自旋极化计算。建议：如果无法判断该体系是否具有磁性(是否需要打开自旋)，可先取 ISPIN＝2 进行测试计算。

MAGMOM：指定原子的初始磁矩：默认值：当 ISPIN＝2 时：NIONS×1。

VOSKOWN：交换关联函数是否采用 Vosko-Wilk-Nusair 内插方法。可取值为 0|1；默认值为 0。1 表示采用此方法，对磁性质计算有用，0 表示不采用此方法而采用标准的交换关联泛函。

② 杂化计算。

LHFCALC：杂化计算开关。取值：TRUE/FALSE；TRUE 表示打开杂化计算。

HFSCPEEN：选取杂化泛函。可取值：无穷大|0|0.2|0.3。

＝无穷大：PBE 泛函；＝0：PBE 泛函；＝0.2：HSE06 泛函；＝0.3：HES03 泛函。

LMAXFOCK：杂化计算中角动量最大数目，默认值：4。

PRECFOCK＝Fast/Normal/Accurate，计算速度快，选择 Fast；要求能量和力精确，可选择 Normal 和 Accurate。

③ 强关联体系＋U 计算。

LDAU：是否考虑在位库仑校正相，即+U；LDAU=TRUE 表示进行加 U 计算。

LDAUTYPE：具体加 U 的方法，通常取值 2。

LDAUL：哪个轨道上加 U。（注：这里的数值个数与体系元素种类个数相同。）

=-1：不加 U；=1：对 P 轨道加 U；=2：对 d 轨道加 U。

=3：对 f 轨道加 U。

LDAUU & LDAUJ

LDAUU：有效在位库仑相互作用的参数；LDAUJ：有效在位交换相互作用的参数。（注：LDAUU 与 LDAUJ 的差值才是有意义的。）

LDAUPRINT：控制 L(S)DA+U 模块的详细程度；默认值：0；可取值 0|1|2；一般取 1 就好。

LMAXMIN：对 L(S)DA+U 方法中的带结构进行计算；对于 d 电子，用 4；对于 f 电子，用 6。（注：这里只写一个数值。）

INCAR 主要参数总结如下。

初始参数：SYSTEM，ISTART，ICHARG。

电子优化：NELM，EDIFF，ENCUT，ALGO，ISMEAR。

离子弛豫：IBRION，ISIF，POTIM，NSW，EDIFFG。

分子动力学：SMASS，TEBEG，TEEND，PSTRESS。

态密度积分：EMIN，EMAX，NEDOS，LORBIT，NBANDS。

磁性计算：ISPIN，MAGMOM，VOSKOWN。

杂化计算：LHFCALC，HFSCREEN，LMAXFOCK，PRECFOOK。

强关联体系+U 计算：LDAU，LDAUTYPE，LDAUL，LDAUU，LDAUJ，LDAUPRINT，LMAXMIN。

KPOINTS 文件形式介绍

常见 KPOINTS 文件格式（自动生成 K 点）：

```
(1) Automatic generation        #注释行
(2) 0                           #自动产生 K 点
(3) Monkhorst-Pack              #自动产生的方法
(4) 3  3  1                     #沿各个基矢方向上分割各基矢的点数(网格尺寸)
(5) 0  0  0                     #进行平移的量(0 表示不平移)
```

说明：第(3)行指定了 K 点自动产生的方法，只有第一个字母有用："M"或"g"表示原始的 Monkhorst-Pack 型网格；"G"或"g"表示的是原点在 Γ 点的 Monkhorst-Pack 型网格。"M"与"G"的差别是，当网格尺寸是偶数时，"M"产生的网格原点不在 Γ 点，因此更对称。

注意：

(1) K 点越密，计算精度越高，计算量越大。

(2) 一般 K 点需要：金属≫半导体、绝缘体；块状体≫表面。

(3) 对于立方结构(三维)：K 点网格要尽量保证：k1 * a≈k2 * b≈k3 * c(a、b、c 为晶格常数)(其乘积通常在 20～30 即可)。

(4) 对于表面体系(二维)，Z 轴方向有真空层(一般为 15～20Å)，C 较大，k3 取 1 即可；若 a、b 均大于 15Å，k 点通常直接设置成 Gamma 点(即 1×1×1)。

POSCAR 文件形式介绍

常用 POSCAR 文件格式(以氧分子为例)。

```
(1) O2                                        #注释行：体系名称
(2) 1.00000                                   #晶胞缩放系数
(3) 20.00000     0.00000     0.00000          #晶格矢量 a
(4) 0.00000      20.00000    0.00000          #晶格矢量 b
(5) 0.00000      0.00000     20.00000         #晶格矢量 c
(6) O                                         #元素名称
(7) 2                                         #该元素个数
(8) Selective dynamics                        #是否固定部分原子坐标
(9) Direct            #坐标格式(Direct 模式与 Cartesian 模式)
(10) 0.50000  0.50000  0.26174  T  T  T       #原子坐标  T 不固定
(11) 0.50000  0.50000  0.20001  F  F  F       #原子坐标  F 固定
```

说明：VASP 中坐标单位是 Å；第(2)行缩放系数对下面的数字都有效；第(8)行的 Selective dynamics(第一个字母有用,"S"或"s")是可选的,当此行出现时,必须指定原子在分子动力学或弛豫中是否可以移动,在原子坐标后必须跟三个逻辑符 T(可动)或 F(不可动),如果没有使用"Selective dynamics",则原子坐标后的三个逻辑符也不需要；原子坐标的两种不同格式：Direct("D"或者"d")模式原子坐标为分数坐标,Cartesian("C""c""K"或者"k")模式原子坐标为直角坐标(笛卡儿坐标)。

注意：

(1) 如果有多种元素,则每个元素坐标按顺序排列。

(2) 各元素原子坐标的排列顺序必须与原子种类的顺序一致。

(3) 各元素原子坐标的顺序必须与 POTCAR 中的赝势顺序一致。

(4) 若需要固定部分原子,则可以在原子位置后边添加对 x、y、z 三个方向是否固定的判断参数(T 为不固定,F 为固定)。

POTCAR 赝势文件介绍

赝势：简化电子结构求解,同时不丢失价带性质；用假想的有效势能取代离子实真实的势能,但在求解波动方程时,不改变能量本征值和离子实之间区域的波函数；由赝势求出的波函数叫赝势波函数,在离子实之间的区域,真实的势和赝势给出同样的波函数。

常用的赝势种类有：模守恒赝势(NCPP),通过全电子模拟出来不带实验参数的赝势,特点是精度高,可移植性高；超软赝势(USPP),能给出尽量平缓的波函数,超软赝势的芯电子区域比模守恒赝势,波函数更平缓,但芯电子区域电子数目不准确；投影缀加平面波赝势(PAW),截断半径比 USPP 小,在芯电子区域,PAW 赝势可建立精确的价波函数；我们通常使用 PAW。

POTCAR 文件主要从 VASP 赝势库中获取。

(1) VASP 赝势库提供投影缀加平面波(PAW)赝势。

(2) VASP 赝势库中有三个压缩文件,分别是 LDA、PBE、PW91。

(3) 赝势分类：按交换关联函数分,可分为局域密度近似 LDA 和广义梯度近似 GGA

(包括 PBE 和 PW91)；按是否处理了 semi-core 态：A,A_sv(表示把 s 电子作为半芯态处理),A_pv(考虑 p 电子作为半芯态来处理)以及 A_d(考虑 d 电子作为半芯态处理,计算精度高)；按赝势文件中截断能大小：普通赝势 A,软赝势 A_s 和硬赝势 A_h(截断能很大,一般用在含有这类原子的氧化物的计算中,能够提高计算精度)。

(4) 将选取的赝势按先碳后氧的顺序拷贝到一个文件里面生成碳-氧 POTCAR 文件：命令：cat POTCAR-C POTCAR-O > POTCAR。

局域密度近似(LDA)是将均匀电子气的交换关联能密度代替非均匀电子气的交换关联密度,适用于均匀电子气系统,缓变电子密度,高密度系统(或紧凑结构),例如：金属、高压相(配位数大)等；广义梯度近似(GGA)考虑了电子密度的非均匀性,适用于大密度梯度系统,具有大的内部结构的开放式系统,如原子、表面等。LDA 计算晶格常数总是会偏小一些,这样可以尽可能得到一个电子密度分布均匀的体系；LDA 计算得到的分子键长往往比较可靠,GGA 键长偏大；LDA 计算致密结构的能量更接近真实值,而疏松体系的能量都会偏大；GGA 则相反,疏松结构的能量更接近真实值,而致密结构则往往偏大。

2) 输出文件与数据分析

CONTCAR：优化后体系的坐标文件,文件形式与 POSCAR 基本一样,用于续算。

OSZICAR：每次迭代与离子移动时能量变化的简单信息。

OUTCAR：主要输出文件,包含绝大部分重要信息,以及每步迭代的详细情况；下面为在服务器中从 OUTCAR 文件中提取有效信息的命令。

(1) 查看所计算体系的体积,可使用如下命令。

命令：grep volume OUTCAR。得到如下类似结果。

volume/ion in Å,a. u. ＝32. 922/22. 17

volume of cell：65. 84

第一行给出体系的体积分别以 $Å^3$/atom 和 a. u. ^{3}/atom 为单位；第二行给出体系的体积以 $Å^3$/unit cell 为单位。

(2) 查看体系总能：

当 ISMEAR＝－5 时,Free energy TOTEN 是与 energy without entropy 相等的。

命令：grep TOTEN OUTCAR。得到如下类似结果。

free energy TOTEN ＝－7. 910 804eV,即为总能。

当 ISMEAR 不等于－5 时,Free energy TOTEN 是与 energy without entropy 不相等的。

命令：grep entropy＝ OUTCAR。得到如下类似结果。

energy without entropy＝－7. 910 804 energy(sigma－>0)＝－7. 910 804 体系的总能取为 energy without entropy 后面的值。

(3) 查看所计算体系的费米能级

命令：grep Fermi OUTCAR | tail －1。得到如下类似结果。

BZINTS：Fermi energy：6. 171 330；20. 0000 electrons。

上一行中第一个数就是体系的费米能级,第二个数就是体系的总价电子数。(注：对半导体的体系,VASP 取价带顶作为费米能级。对呈金属性的体系,费米能级就是该体系的真实(具有物理意义的)费米能级)。

(4) 查看所计算体系的倒格子基矢，在采用 vi 对 OUTCAR 编辑时，用以下命令来查找。

命令：g/reciprocal lattice vectors 或 g/recip。

(5) 查看所计算体系中原子的受力情况，在采用 vi 对 OUTCAR 编辑时，用以下命令来查找：

命令：g/TOTAL-FORCE。原子所受力的单位是 eV/angstrom。

CHG 和 CHGCAR：电荷密度文件。这两个都给出了体系的电荷密度文件，它们的内容是相同的，只不过 CHG 给出的数据精度要比 CHGCAR 的精度略低一些。

这两个文件在每步迭代过程都会被更新(除了在 INCAR 文件中有设置 ICHGAR=11 或 12 除外)。经过迭代后得到的自洽的 CHG 和 CHGCAR 可以用来画图分析面电荷密度分布。在计算态密度及能带结构时，所读入的电荷密度文件 CHG 和 CHGCAR 必须是经过迭代自洽得到的文件。

WAVECAR：给出的是所计算体系的电子波函数文件，二进制文件，不可编辑。

EIGENVAL：记录 k 点能量本征值文件，对于动态模拟(IBRION=0)，该文件包含与 CONTCAR 兼容的预测波函数。

IBZKPT：该文件与 KPOINTS 文件兼容，并且如果在 KPOINTS 中选择了自动生成 k 点网格，则生成该文件；它包含不可约布里渊区的 k 点坐标、k 点数及权重。

DOSCAR：给出的是所计算体系的电子态密度文件，包含 DOS 和集成的 DOS，单位是态/晶胞的数量。对于动态模拟和弛豫，将平均 DOS 和平均集成 DOS 写入文件(所给出的能量值是绝对的，而不是以费米能级作为参考零点)。

PROCAR：对于静态计算，文件 PROCAR 包含每个波段的 spd-和站点投射波函数字符，通过将波函数投影到在每个离子周围的半径 RWIGS 的球体内非零的球谐波来计算波函数特征。

PCDAT 和 XDATCAR：给出了有关分子动力学模拟中的一些结果；PCDAT 包含对相关函数，对于动态模拟(IBRION>=0)，将平均对相关写入文件；XDATCAR 为每次原子弛豫后的轨迹文件。

2. Si 的结构优化和能带计算

(1) 结构优化：首先，通过建模软件创建氧化物材料的初始晶格结构。选择适当的元素组合、晶体结构和空间群。使用 VASP 进行结构优化，设置合适的能量收敛标准和迭代参数，通过迭代优化过程找到能量最低的平衡结构。

Si 的结构优化如下。

```
# INCAR 文件
SYSTEM   =   Crystal optimization
ISTART   =   1
ISPIN    =   1
ISIF     =   3
ICHARG   =   2
LREAL    =   .FALSE.
PREC     =   Normal
LWAVE    =   .FALSE.
LCHARG   =   .FALSE.
```

```
ENCUT   =   400
ISMEAR  =   0
SIGMA   =   0.02
EDIFF   =   1E-5
IBRION  =   2
NSW     =   60
NELM    =   100
EDIFFG  =   -0.02
```

```
# POSCAR 文件
Si8
1.0
   5.4437023729394527   0.0000000000000000   0.0000000000000003
   0.0000000000000009   5.4437023729394527   0.0000000000000003
   0.0000000000000000   0.0000000000000000   5.4437023729394527
Si
8
direct
   0.7500000000000000   0.7500000000000000   0.2500000000000000 Si
   0.0000000000000000   0.5000000000000000   0.5000000000000000 Si
   0.7500000000000000   0.2500000000000000   0.7500000000000000 Si
   0.0000000000000000   0.0000000000000000   0.0000000000000000 Si
   0.2500000000000000   0.7500000000000000   0.7500000000000000 Si
   0.5000000000000000   0.5000000000000000   0.0000000000000000 Si
   0.2500000000000000   0.2500000000000000   0.2500000000000000 Si
   0.5000000000000000   0.0000000000000000   0.5000000000000000 Si
```

在可视化软件 VESTA 中其显示如图 4.1-4 所示。

```
# KPOINTS 文件
Automatic mesh
0
Gamma
4   4   4
0.0  0.0  0.0
```

POTCAR 文件

根据赝势库选择合适的赝势组成需要的 POTCAR。

计算完成后输入命令：grep required OUTCAR

得到如图 4.1-5 所示字段则表示优化收敛完成。

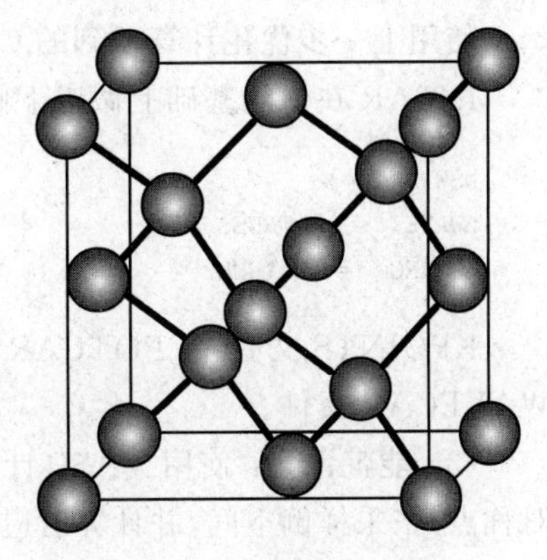

图 4.1-4 Si 晶体结构

```
[paratera_blsca_002@lon6%tianhe2-B 13.17]$ grep required OUTCAR
 reached required accuracy - stopping structural energy minimisation
```

图 4.1-5 字段

计算收敛完成后得到的 CONTCAR 即为优化后的结构，具体形式如下。

```
Si8
1.0
```

```
    5.4437023729394527    0.0000000000000000    0.0000000000000003
    0.0000000000000009    5.4437023729394527    0.0000000000000003
    0.0000000000000000    0.0000000000000000    5.4437023729394527
Si
8
Direct
    0.7500000000000000    0.7500000000000000    0.2500000000000000
    0.0000000000000000    0.5000000000000000    0.5000000000000000
    0.7500000000000000    0.2500000000000000    0.7500000000000000
    0.0000000000000000    0.0000000000000000    0.0000000000000000
    0.2500000000000000    0.7500000000000000    0.7500000000000000
    0.5000000000000000    0.5000000000000000    0.0000000000000000
    0.2500000000000000    0.2500000000000000    0.2500000000000000
    0.5000000000000000    0.0000000000000000    0.5000000000000000

  0.00000000E+00  0.00000000E+00  0.00000000E+00
  0.00000000E+00  0.00000000E+00  0.00000000E+00
  0.00000000E+00  0.00000000E+00  0.00000000E+00
  0.00000000E+00  0.00000000E+00  0.00000000E+00
  0.00000000E+00  0.00000000E+00  0.00000000E+00
  0.00000000E+00  0.00000000E+00  0.00000000E+00
  0.00000000E+00  0.00000000E+00  0.00000000E+00
  0.00000000E+00  0.00000000E+00  0.00000000E+00
```

(2) 自洽计算：在获得结构优化后的稳定结构之后，使用 VASP 对稳定结构进行自洽 SCF 计算获得电荷密度文件 CHGCAR 和波函数文件 WAVECAR 以供后续的能带计算。

使用上一步优化计算得到的 CONTCAR 文件作为自洽计算的 POSCAR。

INCAR 在优化基础上做以下修改：

```
NSW = 0
LWAVE   =   .TRUE.
LCHARG   =   .TRUE.
```

KPOINTS 文件和 POTCAR 文件不变。计算收敛完成后得到 CHGCAR 文件和 WAVECAR 文件。

(3) 能带计算：使用 VASP 计算 Si 的能带结构和带隙。选择一系列 k 点(如网格或高对称点)来采样倒空间，并计算对应的能量本征值。根据能带图绘制材料的能带结构。

将自洽计算文件夹中的 POSCAR、POTCAR、CHGCAR、WAVECAR 文件复制到能带计算文件夹下。

INCAR 在自洽计算基础上作以下修改：

```
ICHARG   =   11
LORBIT   =   11
NEDOS    =   2000
LWAVE    =   .FALSE.
LCHARG   =   .FALSE.
```

KPOINTS 文件采用高对称点。

```
k - Path
  20
Line - Mode
Reciprocal
    0.0000000000    0.0000000000    0.0000000000      GAMMA
    0.0000000000    0.0000000000    0.5000000000      Z
```

[数据处理与分析]

计算收敛完成后，使用 vasp 后处理软件(如 VASPkit 211 功能或 P4VASP)以及绘图软件得到能带图并可以读取带隙。

能带图如图 4.1-6 所示。

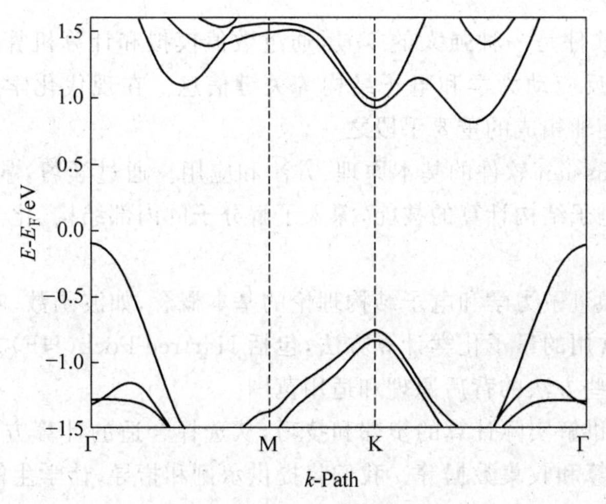

图 4.1-6　能带图

带隙计算：根据能带图，可以读取 Si 的带隙。带隙是导带(价带)中最高(最低)能级的差值，代表了材料的导电性质和光吸收特性。使用 VASP 后处理工具如 vaspkit、p4vasp 找到导带和价带的边界能级，并读取带隙。

[讨论]

分析 Si 的能带结构和带隙。根据计算结果，可以讨论材料的导电性质、禁带宽度以及可能的光学过渡和能源应用。

[结论]

通过对计算结果的分析，写出你最想告诉大家的结论。

[参考文献]

[1]　HAFNER J. ChemInform Abstract: Ab-initio Simulations of Materials Using VASP: Density-functional Theory and Beyond[J]. ChemInform, 2008. DOI: 10.1002/chin.200847275.

[2]　A. G. K, J. Furthmüller b. Efficiency of ab-initio total energy calculations for metals and semiconductors using a plane-wave basis set-Science Direct[J]. Computational Materials Science, 1996, 6(1): 15-50. DOI:

10.1016/0927-0256(96)00008-0.
[3] KRESSE G,HAFNER J . Ab-Initio Molecular-Dynamics Simulation of The Liquid-Metal Amorphous-Semiconductor Transition In Germanium[J]. Physical review. B,Condensed matter,1994,49(20):14251-14269. DOI:10.1103/PhysRevB.49.14251.

[4] KRESSE,G.,& JOUBERT,D. From ultrasoft pseudopotentials to the projector augmented-wave method[J]. Physical Review B,1999,59(3),1758-1775.
[5] HOHENBERG P,KOHN W. Inhomogeneous electron gas[J]. Physical review,1964,136(3B):B864.

实验 4.2 Gaussian 原理和使用

[引言]

Gaussian 计算软件是一种强大的工具,通过数值模拟和计算机算法,可以研究和预测分子和材料的性质、反应动力学和电子结构等关键信息。在现代化学科学中,Gaussian 计算已经成为与实验相辅相成的重要手段之一。

本实验介绍 Gaussian 软件的基本原理、方法和应用。通过学习,掌握使用 Gaussian 软件进行分子模拟和电子结构计算的技能,深入了解分子的内部结构、化学性质以及分子间相互作用的本质。

我们将首先回顾量子力学和电子结构理论的基本概念,如波函数、哈密顿算符和薛定谔方程等。随后介绍常用的量子化学计算方法,包括 Hartree-Fock(HF)方法和密度泛函理论(DFT)等,并解释这些方法的背后原理和适用范围。

接下来,将详细讲解实际计算的步骤和技巧,从选择合适的计算方法和基组开始,到准备输入文件、运行计算和收集数据等。我们将提供示例和指导,让学生能够理解每个计算任务的输入要求和输出结果。此外,还将介绍 Gaussian 软件计算结果的分析和可视化方法,以从计算结果中提取有用的信息,并解释这些数据在化学研究中的意义。

通过本实验学习,达到掌握基本的 Gaussian 计算技巧,并了解该领域的最新进展和挑战。

[实验目的]

掌握 Gaussian 计算的基本原理和方法,培养进行分子模拟和电子结构计算的能力。通过实验,深入了解分子的内部结构、化学性质以及分子间相互作用的本质,并能够预测和解释分子和材料的性质。

为了达到这一目标,我们设计了以下计算步骤和任务。

(1) 选择合适的计算方法和基组:在本实验中,首先学习如何选择适用于特定问题的计算方法和基组。了解不同方法和参数对计算结果的影响,并学会评估计算的准确性和可靠性。

(2) 分子几何优化:学习如何进行分子几何优化,即确定分子中原子的最稳定位置。通过调整原子之间的距离和角度,使得分子的总能量达到最低点。通过分子几何优化,获得分子的几何结构和键长、键角等信息。

(3) 溶剂效应模拟:学习如何模拟分子在溶液中的行为和性质。了解溶剂对分子结构、能量的影响,并学会使用连续介质模型和溶剂模型进行计算。

通过完成这些实验任务,掌握量子化学计算的基本原理和方法,并具备独立进行分子模拟和电子结构计算的能力。在实验设计中,强调了实践操作和理论分析的结合,以将理论应用到实际问题中。通过这些实验任务的完成,全面了解量子化学计算实验的应用和局限性,为研究和应用打下坚实的基础。

[计算工具]

Gaussian 09,GaussView 软件。

[预习提示]

(1) 量子力学基础:量子化学计算实验基于量子力学的原理和概念。复习量子力学的基本原理,如波函数、哈密顿算符和薛定谔方程等。了解电子在原子和分子中的行为以及不同能级之间的跃迁是理解量子化学计算的关键。

(2) 分子结构和化学键:深入了解分子的结构和化学键的性质对于量子化学计算实验至关重要。回顾有机和无机化学的基础知识,包括共价键和离子键的形成机制、化学键的长度和角度等。了解不同类型的化学键对分子性质的影响将有助于理解计算结果。

(3) 数值计算和统计方法:理解数值计算和统计方法对于量子化学计算实验非常重要。温习数值计算的基本原理,如数值积分和数值优化算法,以及统计方法的基本概念,例如统计热力学和热力学平均值。这些方法将用于计算和预测分子的能量、反应速率和性质。

(4) 电子结构理论:学习和了解电子结构理论是进行量子化学计算实验的基础。复习原子轨道、分子轨道和电子密度的概念,以及 HF 方法和 DFT 等常用的电子结构计算方法。掌握这些理论将有助于更好地理解计算结果和分子性质。

(5) 了解如何选择合适的计算方法、基组和参数,以及如何解释和分析计算结果。学习实验案例,了解 Gaussian 软件在研究领域的应用和局限性。

[计算原理]

量子化学计算是一种基于量子力学原理的计算方法,可以预测和解释分子和材料的电子结构、化学性质以及相互作用。在这个实验中,将介绍量子化学计算的基本原理和方法,并重点关注分子模拟和电子结构计算的应用。

1. 量子力学基本原理

量子化学计算基于量子力学的基本原理和方程。根据薛定谔方程,分子的波函数可以通过求解哈密顿算符的本征值问题得到,从而获得分子的能谱和波函数。通过量子化学计算,研究分子的电子结构、振动、光谱等性质。

薛定谔方程是描述量子力学体系的基本方程,用于计算波函数随时间和空间的演化。

薛定谔方程的一般形式为

$$\hat{H}\psi = \mathrm{i}\hbar \frac{\partial \psi}{\partial t} \tag{4.2-1}$$

式中,$\hat{H}$ 是系统的哈密顿算符;Ψ 是波函数;i 是虚数单位;$\hbar$ 是约化普朗克常数。

Hartree-Fock 方法要求包含以下基本公式。

单电子波函数公式:

$$\psi_i(r)=\phi_i(r)\chi_i \tag{4.2-2}$$

$\psi_i(r)$是第 i 个电子的波函数,$\phi_i(r)$是空间部分的自旋轨道波函数,χ_i 是自旋部分的自旋函数。

DFT 要求包含以下基本公式。

电子的总能量公式:

$$E[\rho]=T[\rho]+V_{\text{ext}}[\rho]+J[\rho]+E_{\text{xc}}[\rho] \tag{4.2-3}$$

式中,$E[\rho]$是电子的总能量,$T[\rho]$是动能,$V_{\text{ext}}[\rho]$是外部势能,$J[\rho]$是库仑势能项,$E_{\text{xc}}[\rho]$是交换-相关能。

2. 溶剂模型

在实际应用中,常常需要考虑溶剂对分子性质的影响。连续介质模型可以将溶剂看作是一个连续的介质,通过引入适当的数学方程来描述溶剂分子与溶质分子之间的相互作用。通过计算溶剂效应,可以更准确地预测分子在溶液中的性质。

[软件及安装]

在 Gaussian 计算前,需要在计算机中安装 Gaussian 09 和 GaussView。安装 Gaussian 09,右击“Setup. exe”——以管理员身份运行(图 4.2-1)。注意安装路径和后续文件存储路径都必须是英文字符,需要输入序列号时,可在安装包里寻找(PIN. txt)。若对软件不熟悉,尽量将其安装在 C 盘,以避免后续运行报错。

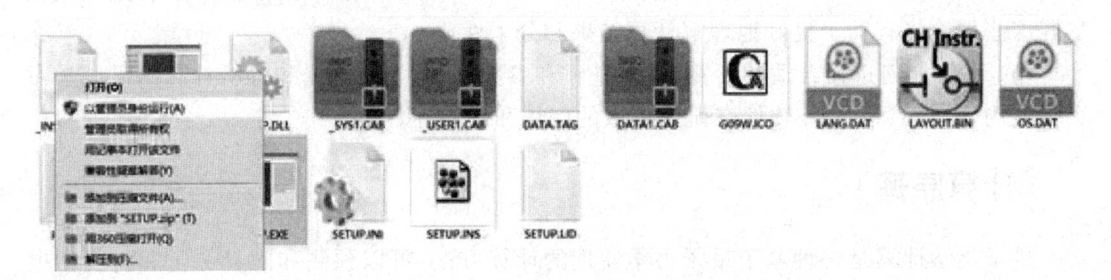

图 4.2-1 管理员身份运行安装程序

右击“Setup. exe”后,像一般 Windows 程序一样安装即可,序列号在“PIN. txt”里(注意,和上面 Gaussian 的序列号不通用)。尽量让 GaussView 与 Gaussian 安装在一个文件夹里(默认路径是“C:\G09”)。安装完成后,桌面上会出现 GaussView 6 的图标。图 4.2-2 是 GaussView 的主界面。

使用 GaussView 建模时主要使用图 4.2-3 红框内的工具。这四个分别是周期表选择元素框架、选择有机环框架、有机链框架和生物大分子框架。分别是键长测定与调整、键角测定与调整、二面角测定与调整。

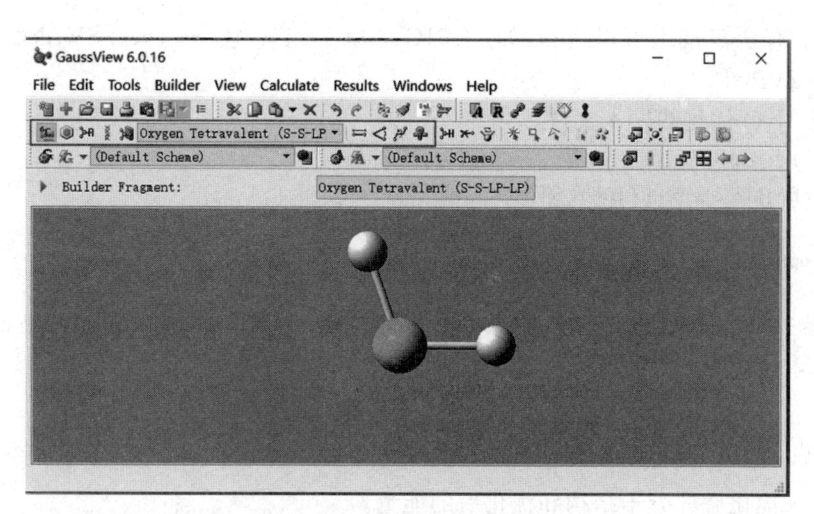

图 4.2-2 GaussView 主界面

[计算内容]

1. H_2O 分子的几何优化

(1) 使用 GaussView 软件,周期表选择元素框架,创建分子结构,保存结构信息,如图 4.2-3 所示。

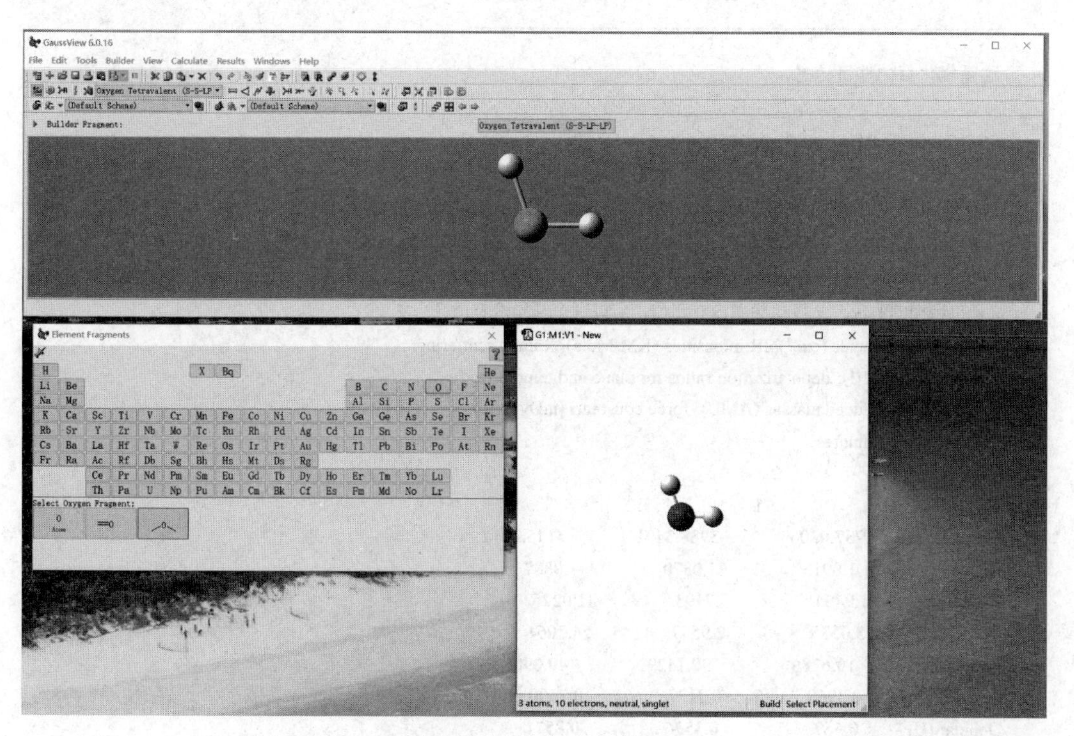

图 4.2-3 构建 H_2O 模型

(2) 准备输入文件,包括方法和基组选择等,输入文件如下。

高斯提供了大部分第一性原理方法,包括波函数方法(HF、MP2 等)和 DFT 方法(PBE、

B3LYP 等)。有众多基组可以选择，如：6-31G、6-31G *、6-31G **、def2-SV、def2-SVP、def2-TZV、def2-TZVP 等。

下面是 H_2O 优化的输入文件。

```
%chk=H2O.chk
#p opt freq hf/6-31g 使用了HF方法和6-31G基组

H2O-opt

0 1 第一个0是电荷数，第二个数为自旋多重度，自旋多重度的计算方法是Mul = 2S + 1，S是单电子的个数，H2O没有单电子所以为0。
O          0.00000000   0.00000000   0.00000000
H          0.00000000   0.00000000   0.96000000
H          0.90493583   0.00000000   -0.32045458
```

(3) 记录优化后的分子结构和优化后的能量。

这是优化后的分子坐标。

Center Number	Atomic Number	Atomic Type	Coordinates (Angstroms) X	Y	Z
1	8	0	-0.000000	-0.000000	0.106830
2	1	0	0.000000	0.785178	-0.427319
3	1	0	-0.000000	-0.785178	-0.427319

这是优化后的能量信息。

```
SCF Done:  E(RHF) =  -75.9853591690     A.U. after    8 cycles
           NFock=  8  Conv=0.21D-08     -V/T= 1.9996
 KE= 7.601461258636D+01 PE=-1.991331080388D+02 EE= 3.788033282064D+01
 Leave Link  502 at Wed Jul  5 15:38:43 2023, MaxMem=  6442450944 cpu:        1.0
```

单位是Hartree与eV和kcal/mol的换算关系分别为：1 Hartree = 27.211396 eV，1 Hartree = 627.5094 kcal/mol。

这是每种振动的频率。振动频率没有负值，所以这个结构没有虚频。

```
Harmonic frequencies (cm-1), IR intensities (KM/Mole), Raman scattering
 activities (A4/AMU), depolarization ratios for plane and unpolarized
 incident light, reduced masses (AMU), force constants (mDyne/A),
 and normal coordinates:
                      1                      2                      3
                     A1                     A1                     B2
 Frequencies --   1737.0306              3988.3491              4145.2817
 Red. masses --      1.0915                 1.0370                 1.0887
 Frc consts  --      1.9404                 9.7193                11.0225
 IR Inten    --    123.0535                 2.9547                54.3064
 Raman Activ --     10.6286                90.1429                40.0905
 Depolar (P) --      0.3960                 0.2177                 0.7500
 Depolar (U) --      0.5673                 0.3576                 0.8571
  Atom  AN      X      Y      Z        X      Y      Z        X      Y      Z
    1   8    -0.00  -0.00  -0.07     0.00   0.00   0.04    -0.00  -0.07   0.00
    2   1     0.00   0.38   0.59     0.00   0.61  -0.35    -0.00   0.58  -0.40
    3   1     0.00  -0.38   0.59    -0.00  -0.61  -0.35     0.00   0.58   0.40
```

2. 溶剂化计算

（1）使用GaussView软件，周期表选择元素框架，创建分子结构，保存结构信息，如图4.2-4所示。

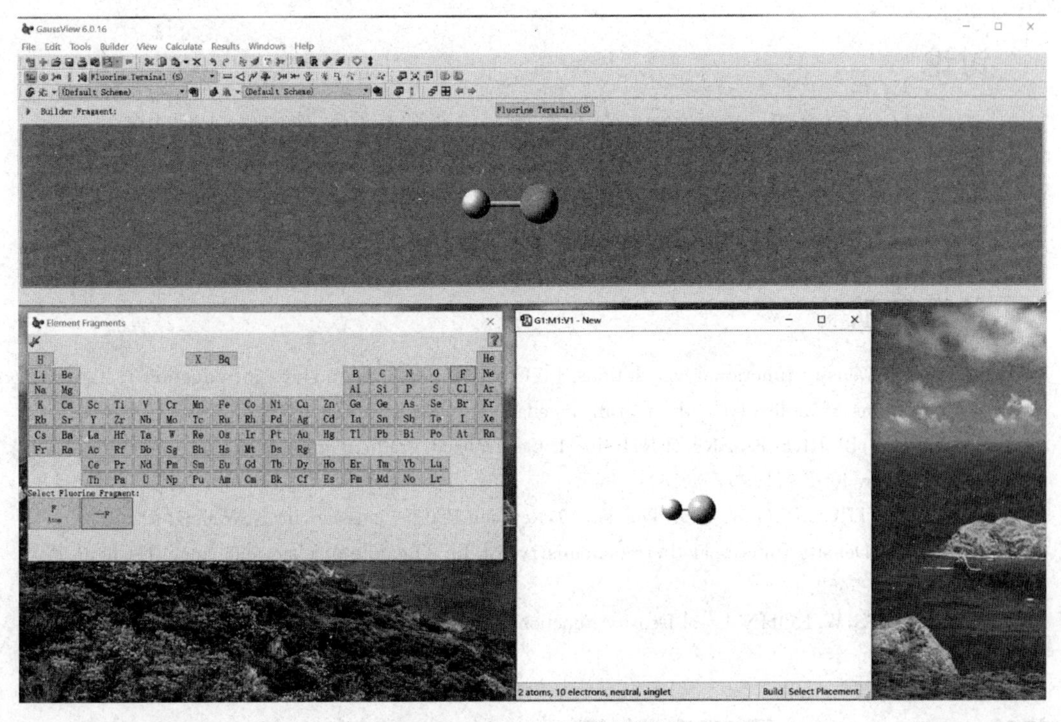

图 4.2-4　构建 HF 分子模型

（2）准备输入文件，包括方法和基组选择等，还可以选用不同的溶剂，例如Water，Acetonitrile，Methanol，Ethanol等。输入文件如下。

%chk=HF.chk

#p opt freq b3lyp/6-31g* scrf=(IEFPCM, solvent=water) 使用B3LYP方法和6-31G*基组，选用了IEFPCM方法，使用H2O做溶剂。

HF-SMD

0 1

F	0.00000000	0.00000000	0.09148400
H	0.00000000	0.00000000	-0.82335900

（3）分析溶剂化计算结果。

读取自由能热校正量（Thermal correction to Gibbs Free Energy）

```
Zero-point correction=                       0.008980 (Hartree/Particle)
Thermal correction to Energy=                0.011341
Thermal correction to Enthalpy=              0.012285
Thermal correction to Gibbs Free Energy=     -0.007455
Sum of electronic and zero-point Energies=   -100.416689
Sum of electronic and thermal Energies=      -100.414329
Sum of electronic and thermal Enthalpies=    -100.413385
Sum of electronic and thermal Free Energies= -100.433125
```

[数据处理与分析]

分析分子几何优化结果,评估分子在最稳定几何结构下的键长、键角和扭转角等参数的变化。

[讨论]

分析溶剂化计算结果,探究溶剂分子与溶质分子之间的相互作用机制和影响。

[结论]

通过对计算结果的分析,写出你最想告诉大家的结论。

[参考文献]

[1] LEWARS E. Density functional calculations[J]. Computational chemistry: introduction to the theory and applications of molecular and quantum mechanics,2003: 385-445.
[2] PERDEW J P,BURKE K,ERNZERHOF M. Generalized gradient approximation made simple[J]. Physical review letters,1996,77(18): 3865.
[3] FRISCH M J,TRUCKS G W. G09. Gaussian 09,Revision B. 01; Gaussian,Inc. : Wallingford,CT.
[4] BECKE A D. Density-functional thermochemistry[J]. Iii. The role of exact exchange. J. Chem. Phys. 1993,98,5648-5652.
[5] E. K. U. GROSS,W. KOHN. Local Density Functional Theory for Excited States[J]. Phys. Rev. Lett. 1985,55,2850(31).

实验 4.3　ADF 原理和使用

[引言]

ADF(Amsterdam Density Functional)程序是专业用于密度泛函理论计算的软件,体系的波函数采用 Slater 型基函数展开,与高斯型基函数相比,可以用更少的基组来描述体系波函数,因而在采用同样的泛函和相同的目标精度下,其运行时间可极大地减少。ADF 软件中可通过 ZORA 方法有效地处理重元素体系的标量和自旋-轨道耦合相对论效应。此外,ADF 软件包含了诸多模块用于进行轨道组分分析和化学成键分析等,且 ADF 软件有配套的功能齐全的 GUI 图形用户界面用于显示和处理计算所得结果。

[实验目的]

使用 ADF 软件进行分子模拟和电子结构计算。

[计算工具]

AMS 软件等。

[预习提示]

了解如何选择合适的计算方法、基组和参数,以及如何解释和分析计算结果。

[计算原理]

1. 广义梯度近似(GGA)

在 LDA 基础上的一个改进,就是引入电荷密度梯度的因素,以考虑电荷分布的不均匀性。其中最常用的,就是广义梯度近似(GGA)。在 GGA 近似下,交换相关能是电子密度及其梯度的泛函。GGA 中分为交换泛函和相关泛函两部分。原则上,可以使用交换和相关泛函的任意组合形式作为交换相关泛函进行计算。但是实际上,只有某些组合是比较常用的。在 ADF 程序包中,常用的 GGA 有 Becke-Perdew(BP)、Perdew-Burke-Ernzerhof(PBE)、Perdew-Wang(PW91)交换-关联泛函等形式。与 LDA 相比,GGA 改进了总能、固体结合能和平衡晶格常数的计算。特别是 PBE(修正的 PBE)交换-关联泛函在处理原子、分子和表面相互作用时,得到了和实验值相比拟的结果。这是因为 GGA 使键拉长或弯曲的缘故。由于 GGA 能够描述非均匀的电荷密度,多数情况下能修正 LDA 的结果,但在有些情况下则过犹不及,因此,并不是在任何时候,GGA 都比 LDA 优越。

2. 基组

基组是量子化学专用语。在量子化学中,它是用于描述体系波函数的若干具有一定性质的函数。基组是量子化学从头计算的基础,在量子化学中有着非常重要的意义。

Basis Set 指基组,在密度泛函计算中,是用基组来展开电子的波函数。因此基组规模越大,展开波函数的自由度就越大,而密度泛函理论是一个变分理论,自由度越大,也意味着在理论上越正确。

从计算的经验来看,对于比较轻的元素,例如 CHON 之类,几何优化一般使用 DZP 基组就足够(DZP 基组可以用在粗略结构优化上,精度上大致略好于 6-31G*);较重一些的元素,例如第 3 周期后面的元素、第 4 周期使用 TZP 元素是足够的;更重的元素,例如第 5～6 周期,使用 TZ2P 是足够的;超重元素可以使用 TZ2P 或者 QZ4P。计算性质例如 HOMO、LUMO、吸收光谱,基组可以比结构优化设置高一个级别,例如结构优化的时候用 DZP 的元素,性质结算的时候,可以使用 TZP,以此类推;如果是较大的原子例如 Au、Pt 等,优化时采用 TZ2P 基组,性质计算时采用 QZ4P 就完全足够了。QZ4P 基本趋于基组的极限了。

斯莱特型基组就是原子轨道基组,基组由体系中各个原子中的原子轨道波函数组成。DZP 是密度泛函方法中常用到的一个相对小的基组,DZP 已经是在 DZ 的基础上加了极化函数。TZP 是比 DZP 高一级别的基组。

[软件及安装]

在 Windows 系统上安装 AMS、获取机器码、申请 license、安装 license(正式用户)。

1. 安装软件

Windows 上的安装,是标准的 Windows 安装包。双击即可根据提示一步一步安装。(注意:安装所涉及文件、文件夹均不可包含空格、中文等字符,可用数字、字母、英文标点符号。保存任务的名字、文件夹也是如此。)

一般不推荐安装到 C 盘,C 盘如果占满的话,系统会非常“卡”,因此建议将默认的 C:/

AMS20＊.＊改为 D:/AMS20＊.＊，ADF_DATA，SCMTMP 类似修改盘符即可。当然也可以是 D 盘以外的其他盘。

ADF_DATA 是默认用来放置计算任务文件的。

SCMTMP 是临时文件的主要存放路径(还有部分临时文件存放在任务目录内部)，这个文件夹应该定期注意清空——在有计算任务运行时，不可清空此文件夹，否则当前正在计算的任务会中断。

如果已有 license，则将 license 文件放入安装生成的 AMS20＊.＊目录中即可使用。

如果已经放入 license.txt 文件，打开软件时，仍然弹出窗口要求输入用户名、密码、邮箱，则不要填写，直接关闭该窗口，将弹出的文本文件发送到软件客服邮箱，以确认 license 无法正常工作的原因。

安装完毕，如果没有 license，则应获取 license，获取方式见下文。

(注意：license 文件一般与机器码绑定，不能随意更换机器。系统的日期设置必须正确(不能回调日期)，否则既不能激活，也不能正常使用，同时在 SCM 官方网站留下不良信用记录。)

2. 获取机器码

软件安装完毕，初次打开时，会弹出要求用户输入用户名、密码、邮箱的窗口，这时不要填写，直接关闭该窗口，则弹出一个文本文件，里面包含的就是机器码，其中信息类似如下所示。

```
SCM User ID:
release: 2022.103
: -----------:
: Linuxnode110C: C4: 7A: DA: 73: C6:
: ncores       24:
: CPU Model Intel(R) Xeon(R) CPU E5 - 2680 v3 @ 2.50GHz:
: DMY 24 - 7 - 2017:
: SRCID  5700616:
```

该信息，需要原封不动，包括任何一个空格都不要改动。

3. 提交机器码

提交机器码：由注册人邮箱将机器码发送给费米科技或相关人员，用于 license 的申请。邮件内容中请说明：单位、注册人、“申请正式许可”。如果不是注册人本人提交，需要抄送给注册人邮箱。一般提交机器码之后，1～3 工作日内会收到 license。

4. 安装 license

在收到 SCM 公司的 license.txt 文件之后，将该文件放置在 AMS 安装文件夹(如 AMS20××.××)中，该文件夹内有 atomicdata、bin、doc 等文件夹，如图 4.3-1 所示，之后即可正常使用软件。

5. 修改图形界面的默认设置

图形界面的一些默认设置可能并不是我们想要的，例如背景色等。主要的几个可能修改的配置如下。

名称	修改日期	类型	大小
atomicdata	2020/9/29 16:50	文件夹	
bin	2020/11/5 13:03	文件夹	
data	2020/9/29 16:47	文件夹	
Doc	2020/11/5 13:02	文件夹	
examples	2020/11/5 13:00	文件夹	
msys	2020/11/5 13:00	文件夹	
scripting	2020/11/5 13:01	文件夹	
Utils	2020/11/5 13:03	文件夹	
ams_command_line.bat	2020/11/5 13:01	Windows 批处理文件	1 KB
license.txt	2020/11/6 12:44	文本文档	39 KB
licensetool.bat	2020/9/29 9:46	Windows 批处理文件	1 KB
makelicinfo.bat	2020/9/29 9:46	Windows 批处理文件	2 KB
postInstall.log	2020/11/5 13:03	文本文档	2,842 KB
postInstall.sh	2020/10/31 21:11	SH 文件	3 KB
preUninstall.sh	2020/10/31 21:12	SH 文件	1 KB
regid.1997-07.com.scm_B3DEAC5E-9B64-4...	2020/10/31 21:12	SWIDTAG 文件	11 KB

图 4.3-1 安装 license

背景色改为纯白色：SCM LOGO>Preference>Colors>Colors：将 Background color top 和 Background color buttom 均改为白色，这样背景色就成为白色了。

立体视角（远小近大的显示方式）改为平行视角（远近一样大）：SCM LOGO>Preference>Options>General>Use perspective：No。

修改波函数等图形分辨率（这个必须修改，否则显示的波函数、静电势等空间分布函数图不够细腻）：SCM LOGO>Preference>Module>AMSview>Grid：Fine。

用户也可以根据自己的使用习惯，在 Preference 窗口修改其他默认设置。这些设置是全局生效的，也就是说修改之后，以后打开的窗口都生效。另外，用户还可以按 SCM LOGO>Preference>Colors>Atom Colors 修改原子的颜色等。化学键的颜色，取决于键两端原子的颜色。

6. 参数设置

这里主要介绍 Main 界面和 Model 界面的参数设置。如果分子有对称性，创建好之后，务必单击窗口底部的★符号，这样程序在计算的时候，才能识别点群，提高计算效率。

1) Main 界面参数设置

图 4.3-2 是 Main 界面。**注意（非常重要）**：Main 的设置都是关于基态的。

Task：常用的选项包括 Single Point、Geometry Optimization、EDA、Bond Orders 等。

Single Point：计算某一种分子结构的性质（比如计算 HOMO、LUMO，或者吸收光谱、NMR 性质等），之所以叫做单点，是指这种性质只由当前的这种结构就可以计算出来。其他选项，例如 Fragment Analysis、Properties Only、Strict 选项实际上等同于选择 Single Point，具体可以参考单点能计算、HOMO、LUMO、IP、EA 的计算、紫外可见吸收谱与自然跃迁轨道 NTO、辐射跃迁寿命、跃迁偶极矩（相对论：Scalar）、考虑自旋-自旋耦合的 1H-NMR 化学位移的计算 Geometry Optimization：对分子进行能量最小化，也就是所谓的结构优化。自然界存在的分子，其分子结构一般而言都是处于能量的最低点，当然可能是局域最低点，也可能是全局最低点，势能面中每个局域最小点对应一个"洼地"，起始结构在哪个"洼地"，优化之后就会收敛到哪个局域最小点。一般而言，结构优化的可靠性是很高的，即

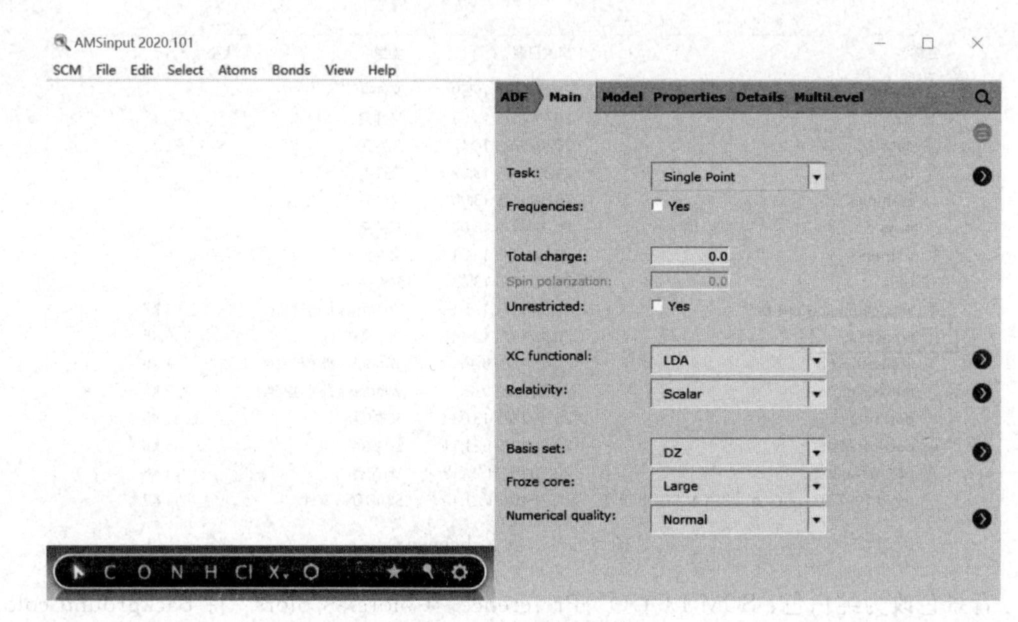

图 4.3-2 Main 界面

使不太精确的泛函、比较小的基组，比较低的积分精度，得到的几何结构也和精确的参数相差很小(误差仅在 0.001Å 的量级)，因此一般结构优化都不需要使用很高精度的方法和基组。基态、激发态的几何结构优化，都是使用该选项，但其他参数设置有差别。

Transition State Search：过渡态搜索。其用途参考过渡态搜索、自由能、活化能的计算。

IRC：进行内反应坐标计算，用于验证过渡态、反应物、产物。

PES Scan：势能面扫描，用户可以单击选项右侧的>按钮详细设置。例如需要扫描两个原子间的距离，则在左侧窗口选中 2 个原子，单击右侧出现的"……(distanc)"前面的＋按钮，即添加了该扫描条件，并设置起始值(当前值)和末值，以及该 SC 的点数(默认值为 10 个点)。用户可以添加多个扫描条件，每个扫描(SC)，都可以设置对应的点数。键角、二面角的扫描，也是类似设置。如果需要固定某些原子，则选中这些原子后，单击右侧出现的"……(fix position)"前面的＋按钮。

COSMO-RS Compound：选择该选项，则所有计算参数将自动配置，保存任务并运行后，将生成 COSMO-RS 模块计算所需的 *.coskf 文件。

Properties Only：相当于 Single Point。

Frequencies：Task 设定为 Single Point，勾选该选项，则计算分子的振动性质，比如红外频率以及热力学性质(与分子的振动有关)。

Total Charge：指左边窗口整个体系总共带的电量。ADF2016 以后的版本也支持将电荷指定到特定的片段上去(在 Model>Constraint DFT 中设置)。

Spin Polarization：设定未配对电子数。如果有一个电子没有配对(二重态)则填 1，有两个电子没有配对(三重态)则填 2，以此类推。故而奇数电子的体系，此处应填写奇数；偶数电子体系，此处应填写偶数。此处设置与 Total Charge 的设置是相关的。二者设置得不正确，则在保存任务的时候，会弹出提示：Warning：... will use fractional occupation numbers. Check the molecular structure. Consider enabling the unrestricted option.

Unrestricted：此设置是关于自旋向上和向下的电子是否使用同一套空间波函数轨道。如果不打勾(默认)，自旋向上的电子和向下的电子，空间波函数一致，仅仅自旋相反；如果打勾，则表示自旋向上的电子与自旋向下的电子，其波函数分别通过迭代求得。

XC Functional：指定计算所使用的泛函。

Relativity：指定相对论的设置。一般对重元素必须使用，轻元素可用可不用，默认打开。

Basis Set：设置计算所使用的基组，对于吸附问题的计算，包括氢键、范德华力的研究，都需要增大基组至少一个级别。对 NMR、ESR 研究，往往使用最大基组。对高激发态的研究，需要使用弥散基组。

Frozen Core：参考同上。但对于重元素，例如 Cu、U，使用 Core Large 的结果往往更可靠。Forzen Core 的含义：一般认为内层电子不参与化学反应，在原子中与在分子中几乎没有差别，因此为了节省计算量，对内层电子直接沿用原子轨道，只让外层电子参与自洽迭代，这样能够相当大地节省计算量。Core None 指没有电子被冻芯，Core Large 指最大程度地冻结电子，只保留最少的价电子参与迭代。具体可以为每种元素指定冻芯程度。

Numerical Quality：设置空间积分的精度，一般结构优化选用 Normal，性质计算选用 Good(实际上一般用 Normal 也可以，对结果影响很小)，如果使用 metaGGA 或者 Meta-Hybrid，则需要使用 Very Good 或者 Excellent。NMR、ESR 计算，必须选择 Good 或者 Very Good。精度越高，表示将分子所在的空间划分的格点越细，这样计算量越大，计算得到的波函数也越精细。而 meta 泛函之所以选择高精度，是因为 meta 泛函与电子密度空间分布的二阶导相关。一般 meta 泛函只是在非常局域的轨道存在的时候使用，例如存在 d 电子、f 电子的体系，这些体系电子密度在空间分布中震荡很剧烈，二次二阶梯度也较大。格点不够细致的话，会漏掉很多剧烈震荡的信息。

2) Model 界面参数设置

图 4.3-3 是 Model 界面。

Coordinates：列出分子中每个原子的坐标。鼠标单击某一行(这一行列出的是该原子的 x、y、z 坐标值)的时候，左边窗口的原子也会高亮显示。选中原子，可以单击列表顶部的↑↓箭头改变原子的序号。

Region：设置片段。

Constraint DFT：如果正确地设置了片段(设置片段的方式，参考如何创建分区)，那么在此处可以为每个片段单独设置电荷、自旋极化。Constrain 后面的选项包括 Charge、Charge and Spin。单击 Constraints 之后，在 Region 下拉框选择要设置的区域，然后在 Charge 里面为该区域指定电荷、αβ 自旋电子个数。但这种限制往往得不到收敛的结果，用户需要自行尝试。

DIM/QM：这是设置 DIM/QM 区域。通常用于计算大的团簇(几百上千原子)表面吸附分子的激发态、表面增强拉曼等，如果将所有原子都精确计算的话，计算量就非常大。DIM/QM 做了分别对待，对部分区域(被设置为 DIM part 的区域)采用高效率的处理。

Electric Field：为分子设置一个外加的电场。这个电场可以是点电荷导致的电场，也可以是匀强电场。

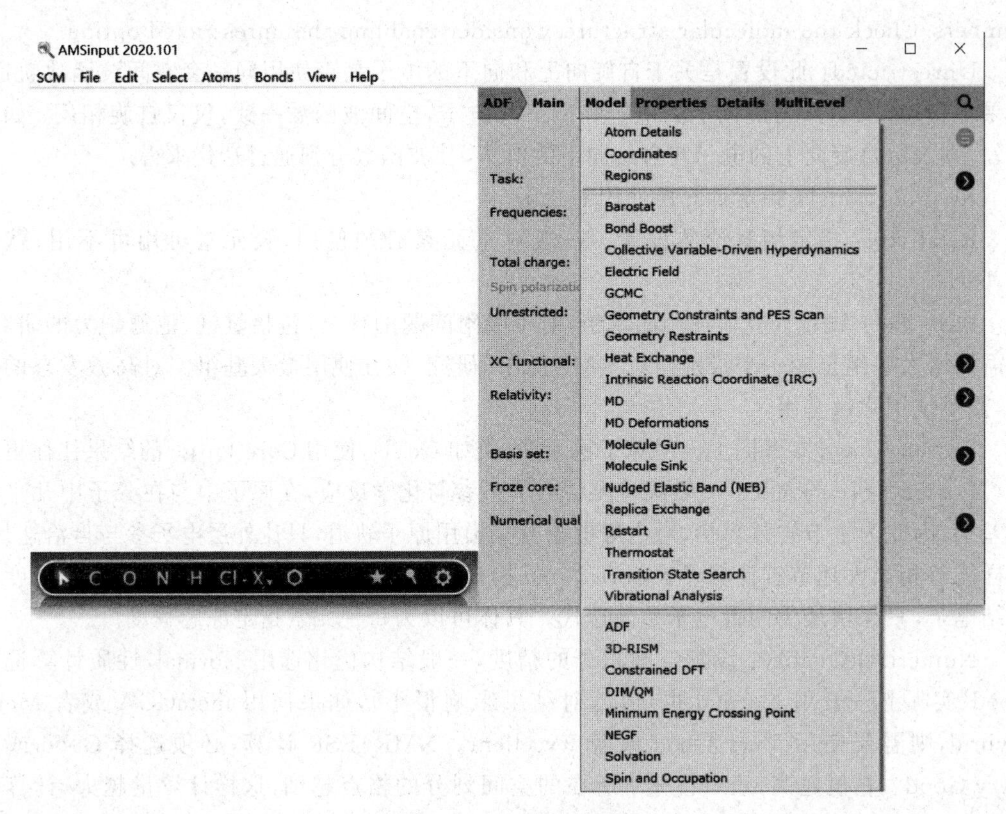

图 4.3-3 Model 界面

Geometry Constraints and PES Scan：势能面扫描，用户可以单击选项右侧的>按钮详细设置。例如需要扫描两个原子间的距离，则在左侧窗口选中 2 个原子，单击右侧出现的“...(distanc)”前面的＋按钮，即添加了该扫描条件，并设置起始值(当前值)和末值，以及该扫描的点数(默认值为 10 个点)。用户可以添加多个扫描条件，每个扫描(SC)，都可以设置对应的点数。键角、二面角的扫描，也是类似设置。如果需要固定某些原子，则选中这些原子后，单击右侧出现的“...(fix position)”前面的＋按钮。

Intrinsic Reaction Coordinate(IRC)：这是内反应坐标计算，用来验证过渡态、反应物、产物，计算量很大，不建议使用。

Minimum Energy Crossing Point：计算 MECP 的设置。

Solvation：考虑溶剂化效应的设置。如果要考虑溶剂化，则将 Solvation method 从 none 改为 SCRF 或者 COSMO 或 SM12 即可。

Spin and Occupation：如果默认计算得到的电子占据方式不正确，并且体系有对称性，那么使用这个选项，手工地指定电子的占据方式。如果存在计算生成的 adf. rkf 文件(＊. results/adf. rkf)，则在 occupations info file 指向该文件后，会在下方列出当前占据方式，用户如果需要修改，可以勾选 Use following occupation 选项，并修改具体的占据方式。用户也可以通过脚本的方式修改占据方式。

Transition State Search：是为过渡态搜索进行详细设置。这个选项一般情况下不需要设置，对技巧性要求非常高。

[计算内容与数据处理]

1. Fe(CO)体系的 EDA 计算

(1) 使用 ADF input 软件,创建分子结构,保存优化后的结构,设置基本参数,选择 PBE 泛函,Tz2p 基组,如图 4.3-4 所示。

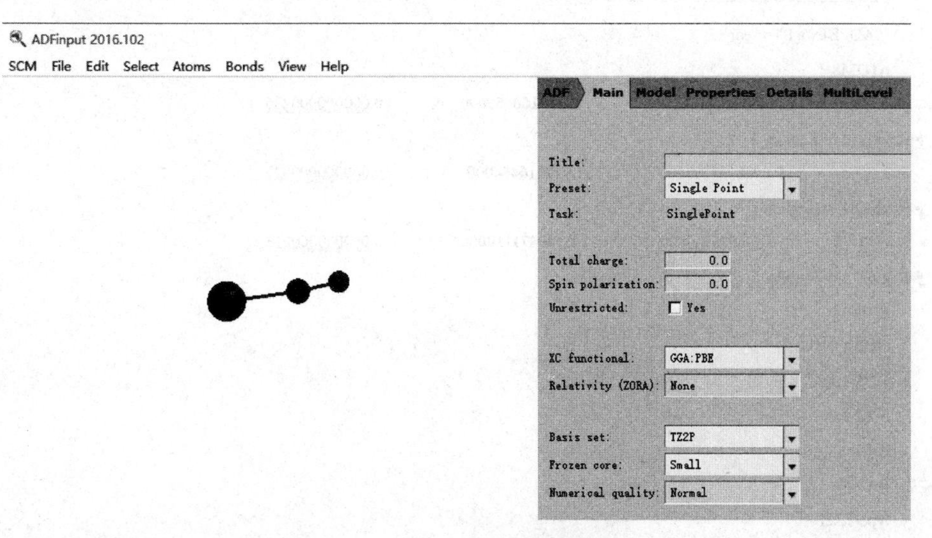

图 4.3-4 EDA 计算参数设置 1

(2) 手动创建分区,Multilevel>Fragment>Use fragment。Fe 作为一个单独的碎片,CO 作为一个碎片,保存任务并提交,如图 4.3-5、图 4.3-6 所示。

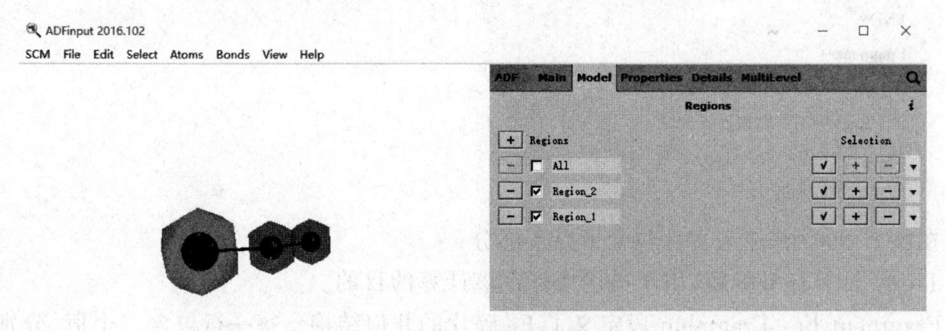

图 4.3-5 EDA 计算参数设置 2

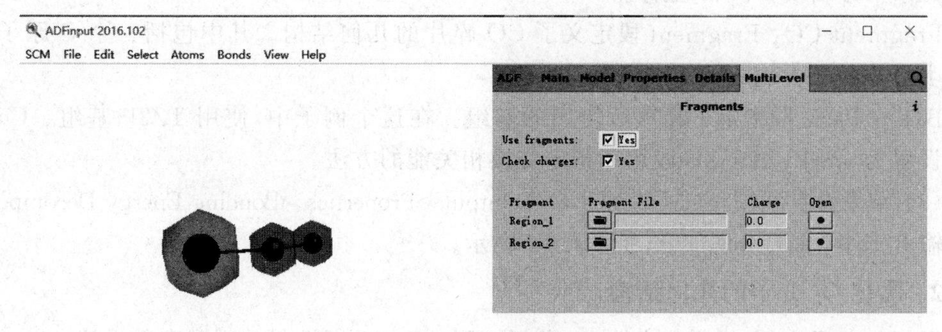

图 4.3-6 EDA 计算参数设置 3

输入文件为

```
# dependency: D:/ADF_DATA/FeCO.Region_1 FeCO.Region_1.t21
# dependency: D:/ADF_DATA/FeCO.Region_2 FeCO.Region_2.t21
# ================================
    # The Molecule
    # ================================
    "$ADFBIN/adf" <<eor
    ATOMS
    1 Fe        -2.899654602000        1.714160455000        -0.000000000236
f=Region_2 b=Region_2
    2 C         -0.692813379300        2.930816454000         0.000000000025
f=Region_1 b=Region_1
    3 O          0.445038749800        3.746471119000        -0.000000000013
f=Region_1 b=Region_1
    END
    GUIBONDS
    1 2 1 1.0
    2 3 2 1.0
    END
    BASIS
    type TZ2P
    core Small
    END
    XC
    GGA PBE
    END
    Fragments
        Region_1 FeCO.Region_1.t21
        Region_2 FeCO.Region_2.t21
    end
    NOPRINT LOGFILE
```

在这个示例中，输入文件包含了以下部分。

Title：计算任务标题，用于描述或标识该计算的目的。

Fragment Fe：Fragment 段定义了 Fe 碎片的几何结构。每一行包含三个值，分别是原子的元素符号以及 x、y、z 坐标。

Fragment CO：Fragment 段定义了 CO 碎片的几何结构。其中包括一个 C 原子和两个 O 原子的坐标信息。

Basis：Basis 段指定了计算所使用的基组。在这个例子中，使用 TZ2P 基组。Core 字段被设置为 small、XC：XC 段用于指定交换相关能的方法。

(3) 结果查看，单击 SCM 的 LOGO>Output>Properties>Bonding Energy Decomposition 查看输出文件中能量分解部分，如图 4.3-7 所示。

2. 优化 O_2 分子的几何结构

以氧气分子为例，优化电中性 O_2 分子。图 4.3-8 为优化结构时的参数设置。

```
                                                 hartree          eV     kcal/mol       kJ/mol
                                    --------------------  ----------  -----------  -----------

Pauli Repulsion
  Kinetic (Delta T^0):                 0.294072677485435      8.0021       184.53       772.09
  Delta V^Pauli Coulomb:              -0.226654253635713     -6.1676      -142.23      -595.08
  Delta V^Pauli LDA-XC:               -0.054016557699030     -1.4699       -33.90      -141.82
  Delta V^Pauli GGA-Exchange:          0.010248318125923      0.2789         6.43        26.91
  Delta V^Pauli GGA-Correlation:      -0.003632457574275     -0.0988        -2.28        -9.54
                                    --------------------  ----------  -----------  -----------
  Total Pauli Repulsion:               0.020017726702340      0.5447        12.56        52.56
 (Total Pauli Repulsion =
  Delta E^Pauli in BB paper)

Steric Interaction
  Pauli Repulsion (Delta E^Pauli):     0.020017726702340      0.5447        12.56        52.56
  Electrostatic Interaction:          -0.018062186693903     -0.4915       -11.33       -47.42
 (Electrostatic Interaction =
  Delta V_elstat in the BB paper)
                                    --------------------  ----------  -----------  -----------
  Total Steric Interaction:            0.001955540008437      0.0532         1.23         5.13
 (Total Steric Interaction =
  Delta E^0 in the BB paper)

Orbital Interactions
  A:                                   0.837393761062781     22.7866       525.47      2198.58
                                    --------------------  ----------  -----------  -----------
  Total Orbital Interactions:          0.837393761062782     22.7866       525.47      2198.58

Alternative Decomposition Orb.Int.
  Kinetic:                            -0.419984857345931    -11.4284      -263.54     -1102.67
  Coulomb:                             0.811180502959737     22.0733       509.02      2129.75
  XC:                                  0.446198115448976     12.1417       279.99      1171.49
                                    --------------------  ----------  -----------  -----------
  Total Orbital Interactions:          0.837393761062782     22.7866       525.47      2198.58

  Residu (E=Steric+OrbInt+Res):        0.000000257631337      0.0000         0.00         0.00

Total Bonding Energy:                  0.839349558702556     22.8399       526.70      2203.71


Summary of Bonding Energy (energy terms are taken from the energy decomposition above)
======================================================================================

  Electrostatic Energy:               -0.018062186693903     -0.4915       -11.33       -47.42
  Kinetic Energy:                     -0.125912179860495     -3.4262       -79.01      -330.58
  Coulomb (Steric+OrbInt) Energy:      0.584526506955361     15.9058       366.80      1534.67
  XC Energy:                           0.398797418301594     10.8518       250.25      1047.04
                                    --------------------  ----------  -----------  -----------
  Total Bonding Energy:                0.839349558702556     22.8399       526.70      2203.71
```

图 4.3-7 EDA 计算输出文件

ADFinput 2016.102: O2-OPT.adf

SCM File Edit Select Atoms Bonds View Help

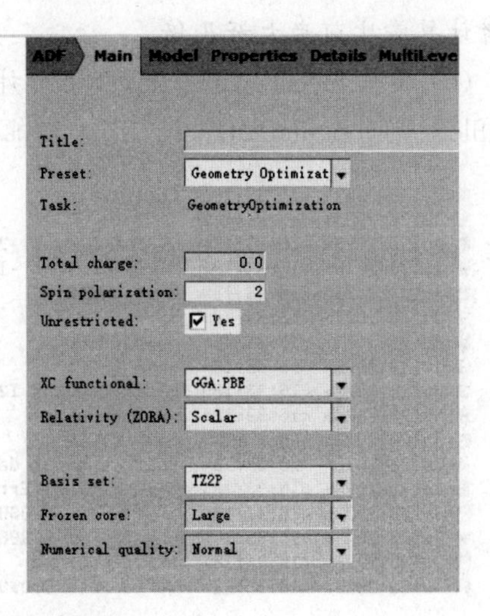

图 4.3-8 优化结构时的参数设置

单击窗口底部的★符号，程序计算的时候，才能自动识别点群。

O_2 结构优化的输入文件的详细格式：

```
Task GeometryOptimization
Properties
    NormalModes Yes
End
System
    Atoms
        O -3.275276445248595 -0.7383773246179058 0.02875546627979621
        O -1.836232422178502 -0.3522615291953028 0.01583679020943862
    End
    BondOrders
        2 1 1.0
    End
End

Engine ADF
    Basis
        Type TZ2P
    End
    SpinPolarization 2.0
    XC
        GGA PBE
    End
    Unrestricted Yes
```

注意：

(1) O_2 的基态是三重态(两个电子未配对)，因此 Spin Polarization 设为 2(其他例如水分子，基态是单重态，所有电子配对，那么 Spin Polarization 则为默认值 0)。

(2) 体系基态处于单重态还是三重态，一般而言是由二者能量决定的，谁的能量低，就是谁。

(3) 结构优化。除了存在范德华力之外，一般对泛函、基组不太敏感，不同的参数优化出来结果几乎差别很小，而这样小的差别往往对其他性质的计算没有影响。

(4) 大体系的优化。为了提高效率，一般并不会一开始就使用精度较高的方法、基组，开始使用低精度的方法、基组，优化结束后，使用收敛的结果，增大基组，使用更高精度的泛函，接着优化，这样能在保证精度的前提下，极大地节省计算时间。

(5) 结构优化 Numerical Quality 设置为 Normal 即可，与 Good 几乎没有任何差别，但后者计算量比前者大好几倍。

(6) 单击 file-save，file-run，即运行计算。在 O_2 的几何优化完成后，查看结果。在 SCM-Logfile 尾部，Logfile 文件中含有 O_2 的能量。

```
<Jul28-2023> <16:33:18>  Coordinates
<Jul28-2023> <16:33:18>     Atom          X           Y           Z   (Angstrom)
<Jul28-2023> <16:33:18>     1.0       -3.146173   -0.703737    0.027596
<Jul28-2023> <16:33:18>     2.0       -1.965335   -0.386902    0.016996
<Jul28-2023> <16:33:18>  >>>> CORORT
<Jul28-2023> <16:33:18>  >>>> CLSMAT
<Jul28-2023> <16:33:18>  >>>> ORTHON
<Jul28-2023> <16:33:18>  >>>> GENPT
<Jul28-2023> <16:33:18>  Block Length= 128
<Jul28-2023> <16:33:18>  >>>> PTBAS
<Jul28-2023> <16:33:18>  >>>> CYCLE
<Jul28-2023> <16:33:18>  using orbital data from restart file
<Jul28-2023> <16:33:18>             |Error|          MaxErr          Wt(A-DIIS)
<Jul28-2023> <16:33:18>       1     0.00000005       0.00000001
<Jul28-2023> <16:33:18>       2     0.00000019       0.00000005      100.0
<Jul28-2023> <16:33:18>  SCF converged
<Jul28-2023> <16:33:18>       3     0.00000000       0.00000000      100.0
```

```
<Jul28-2023> <16:33:18>  >>>> TOTEN
<Jul28-2023> <16:33:18>  >>>> POPAN
<Jul28-2023> <16:33:18>  >>>> DEBYE
<Jul28-2023> <16:33:18>  >>>> AMETS
<Jul28-2023> <16:33:18>   Bond Energy          -0.36372297 a.u.
<Jul28-2023> <16:33:18>   Bond Energy          -9.89740546 eV
<Jul28-2023> <16:33:18>   Bond Energy        -228.24        kcal/mol
<Jul28-2023> <16:33:18>  >>>> POPUL
<Jul28-2023> <16:33:18>  >>>> ENGRAD
<Jul28-2023> <16:33:18>  >>>> ENHESS
<Jul28-2023> <16:33:18>  === NUCLEUS:      1
<Jul28-2023> <16:33:20>  === NUCLEUS:      2
<Jul28-2023> <16:33:22>  >>>> CALC_HESS_PMAT
<Jul28-2023> <16:33:22>  >>>> CALC_HESS_WMAT
<Jul28-2023> <16:33:22>  PES point character: Geometry corresponds to a local minimum on the PES.
<Jul28-2023> <16:33:22>  Geometry optimization successful!
<Jul28-2023> <16:33:22>  NORMAL TERMINATION
 Job 02 has finished
```

查看键长键角、二面角的变化如下。

Graph-delete graph,删掉之前的能量变化曲线。按住 shift 键,即可选择多个原子,如图 4.3-9 所示;按住 shift 键,分别选中两个氧原子,原子变为高亮,表示被选中。然后选中 Graph-Distance,Angle,Dihedral,即可查看键长的变化曲线,如果选中三个、四个原子,则显示对应的键角、二面角的变化曲线。

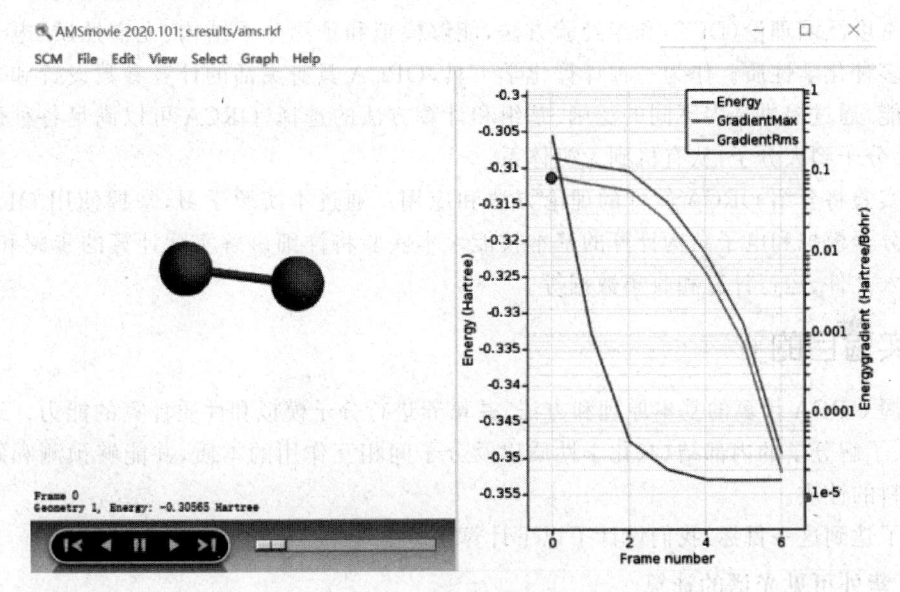

图 4.3-9　优化过程结构和能量变化

[讨论]

对计算结果进行分析讨论。

[结论]

通过对计算结果的分析,写出你想告诉大家的结论。

[参考文献]

[1] BECKE A D. A multicenter numerical integration scheme for polyatomic molecules[J]. J. Chem.

Phys.,1988,88,2547.

[2] PERDEW J P. Density-functional approximation for the correlation energy of the inhomogeneous electron gas[J]. Phys. Rev. B,1986,33,8822.

[3] PERDEW J P,BURKE K,ERNZERHOF M. Generalized gradient approxaimation made simple[J]. Phys. Rev. B,1996,77,3865.

[4] ERDEW J P,CHEVARY J A,VOSKO S H,et al. Atoms,molecules,solids,and surfaces: Applications of the generalized gradient approximation for exchange and correlation[J]. Phys. Rev. B,1992,46,6671.

[5] HAMMER B,HANSEN L B,NØSKOV J K. Improved adsorption energetics within density-functional theory using revised Perdew-Burke-Ernzerhof functionals[J]. Phys. Rev. B,1999,59,7413.

实验 4.4 ORCA 原理和使用

[引言]

ORCA 是一个功能强大的分子模拟软件，广泛用于化学、材料科学和生物化学等领域，它采用密度泛函理论(DFT)和半经验方法，能够模拟和预测分子结构、光谱性质、电子顺磁共振等多种化学性质。作为一种计算化学工具，ORCA 具有灵活的计算参数设置和丰富的分析功能，通过提供许多不同的泛函、基组和计算方法的选择，ORCA 可以满足各种研究需求，从小分子到大分子，从有机到无机体系。

本实验将介绍 ORCA 软件的理论方法和应用。通过本实验学习，掌握使用 ORCA 软件进行分子模拟和电子结构计算的基本技能。本实验将详细讲解实际计算的步骤和技巧，准备输入文件、运行计算和收集数据等。

[实验目的]

掌握 ORCA 计算的基本原理和方法，并培养进行分子模拟和性质计算的能力。通过实验，深入了解分子的内部结构、化学性质以及分子间相互作用的本质，并能够预测和解释分子和材料的性质。

为了达到这一目标，我们设计了以下计算任务。

1. 紫外可见光谱的计算

ORCA 可以计算激发态，且都能够在各种理论水平上产生各类吸收光谱。学习如何使用含时密度泛函理论方法计算分子的激发态能级，并探索不同激发态之间的能量差异。

2. 电子顺磁共振参数 *g* 因子的计算

电子顺磁共振(electron paramagnetic resonance,EPR)，也被称为电子自旋共振(electron spin resonance,ESR)，是一种用于研究具有未成对电子的物质体系的技术。它可以提供关于物质中未成对电子的结构、动力学和化学环境等方面的信息。

通过计算，掌握 ORCA 计算的基本原理和方法，并具备独立进行分子模拟和电子结构计算的能力。在实验设计中，强调了实践操作和理论分析的结合，通过自主探索和创新，将理论知识应用到实际问题中。

[计算工具]

ORCA 软件等。

[预习提示]

(1) 计算实验基于量子力学的原理和概念。复习量子力学的基本原理,如波函数、哈密顿算符和薛定谔方程等。学习和了解电子结构理论是进行量子化学计算实验的基础,复习原子轨道、分子轨道和电子密度的概念。掌握这些理论将帮助你更好地理解计算结果和分子性质。

(2) 熟悉 windows 或者 Linux 系统的操作。

(3) 在预习阶段,了解如何选择合适的计算方法、基组和参数,以及如何解释和分析计算结果。学习实验案例,了解 ORCA 软件在研究领域的应用。

[计算原理]

1. 紫外可见光谱

对于预测系统的电子激发态、能量以及跃迁概率十分重要。这里简单介绍一下,引入时间依赖波函数 $\psi(r,t)$ 可以描述系统的激发态。时间演化方程的形式为

$$i\hbar\frac{\partial\psi(r,t)}{\partial t}=\hat{H}_{KS}\psi(r,t)$$

式中,$\hat{H}_{KS}$ 是时间依赖的 Kohn-Sham 哈密顿算符。通过求解时间演化方程或使用近似方法,可以获得系统的激发能量、光谱等性质。

2. EPR 的计算原理

基于微观尺度上的量子力学,电子具有自旋,其类似于一个微小的磁矩或磁场,可视为它围绕自身轴线旋转产生的效应。电子的自旋有两个可能取向:自旋向上(+1/2)和自旋向下(−1/2)。在 EPR 实验中,样品置于一个外部磁场中。这个磁场会对未成对电子的自旋产生作用,使其能级发生分裂。当外部磁场的强度与由未成对电子的自旋引起的分裂能级的能量差匹配时,磁共振现象发生。此时,未成对电子可以吸收特定频率的电磁辐射,跃迁到高能级。未成对电子的自旋与外部磁场之间存在一种关系,用朗德因子 g 表示。

[软件及安装]

ORCA 的安装方法如下。

在 Windows 下,ORCA 的并行计算能力依赖于 Microsoft MPI。特定的 ORCA 版本会要求特定的 Microsoft MPI 版本,比如 ORCA 4.2.1 需要 Microsoft MPI 10.0 以后的版本。

Microsoft MPI 官网可以下载到安装文件,安装方法简单,单击下一步就可以了。

ORCA 安装文件的获取:ORCA 官网和 ORCA 论坛是绑定的,可以选择进入官网注册新用户,登录后进入论坛,如图 4.4-1 所示,页面上方有 Download 按钮,单击就可以下载。

如果下载了 orca_4_2_1 _x86-64_shared_openmpi314.tar.zst 这种以.zst 为拓展名的文件,就必须再下载一个叫 zstd 的软件来解压。安装好后使用下列命令来解压 ORCA 安装

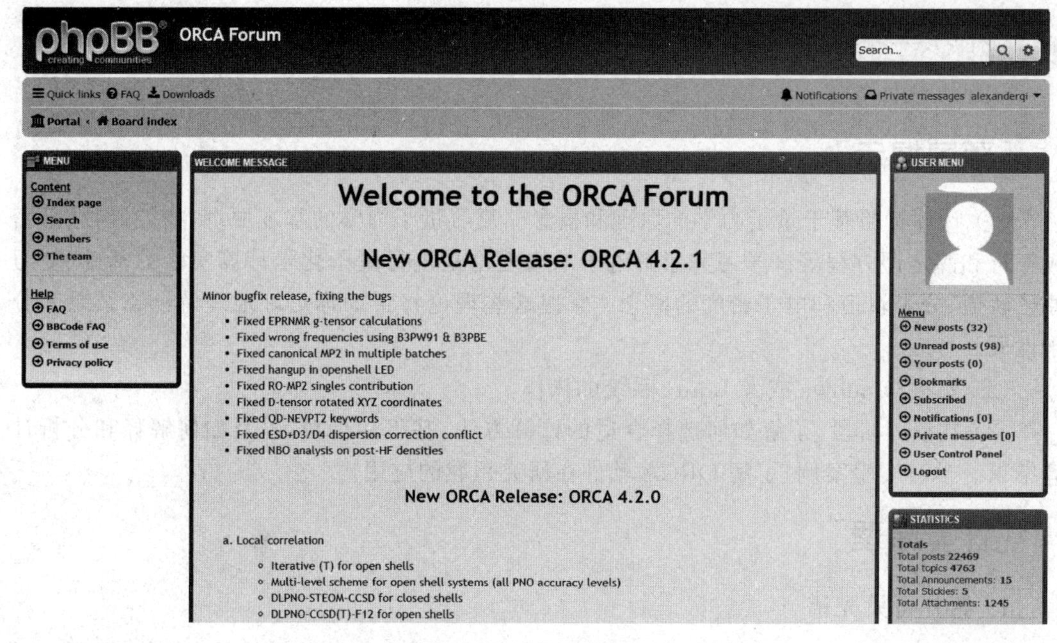

图 4.4-1　ORCA 论坛

包：zstd--decompress orca_4_2_1 _x86-64_shared_openmpi314. tar. zst，随后解压得到扩展名为. tar 文件：tar-xvf orca_4_2_1 _x86-64_shared_openmpi314. tar。

如此就完成安装 ORCA 前的所有准备工作。

安装 ORCA：建议 Windows 用户直接下载并安装扩展名为 exe 的安装文件，下载速度较快。下载后直接双击安装即可。

[计算内容与数据处理]

1. 计算偶氮苯的紫外可见光谱

(1) 对稳定的偶氮苯结构，如图 4.4-2 所示，使用适当的激发态方法，如 TD-DFT 进行激发态的计算。

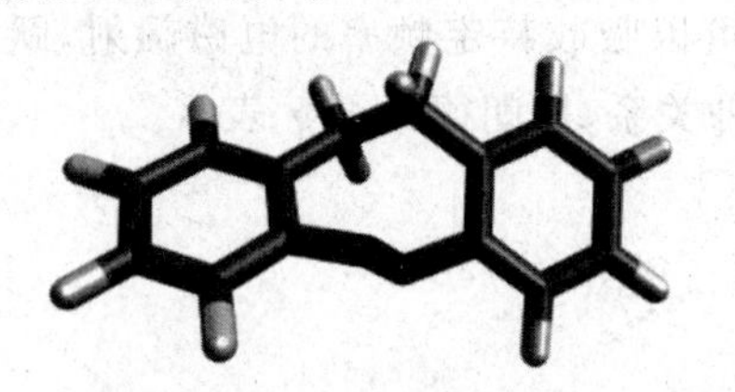

图 4.4-2　偶氮苯结构图

(2) 准备输入文件，输入命令行，运行计算。

输入文件：

```
!B3LYP DEF2-TZVP CPCM(HEXANE)
%TDDFT
   NROOTS   30
END
```

在 B3LYP 方法下使用 DEF2-TZVP 基组下进行计算，%TDDFT 自动请求光谱预测所需的激发态计算，激发态数量 NROOTS 为 30。

运行以下命令来执行 ORCA 计算：

```
orca input. inp > output. out
```

(3) 查看输出文件,分析输出文件。

运行之后,输出文件打印 TD-DFT 标头(图 4.4-3)。

```
--------------------------------------------------------------------
                    ORCA TD-DFT/TDA CALCULATION
--------------------------------------------------------------------

Input orbitals are from          ... AZOZ_TDDFT_HEX.gbw
CI-vector output                 ... AZOZ_TDDFT_HEX.cis
Tamm-Dancoff approximation       ... operative
CIS-Integral strategy            ... AO-integrals
Integral handling                ... AO integral Direct
Max. core memory used            ... 4000 MB
Reference state                  ... RHF
Generation of triplets           ... off
Follow IRoot                     ... off
Number of operators              ... 1
Orbital ranges used for CIS calculation:
 Operator 0:  Orbitals  16... 54  to  55...567
XAS localization array:
 Operator 0:  Orbitals  -1... -1
                         ****Iteration    0****

   Memory handling for direct AO based CIS:
   Memory per vector needed        ...     14 MB
   Memory needed                   ...   1329 MB
   Memory available                ...   3000 MB
   Number of vectors per batch     ...    203
   Number of batches               ...      1
   Time for densities:                0.503
   Time for RI-J (Direct):            3.903
   Time for K (COSX):                45.512
   Time for XC-Integration:          21.118
   Time for LR-CPCM terms:            9.571
   Time for Sigma-Completion:         0.393
   Size of expansion space: 90
   Lowest Energy          :        0.092988177038
   Maximum Energy change  :        0.259251849588 (vector 29)
   Maximum residual norm  :        0.016689588426
```

图 4.4-3 TD-DFT 标头

输出激发态(图 4.4-4)。

```
-------------------------------------
TD-DFT/TDA EXCITED STATES (SINGLETS)
-------------------------------------
the weight of the individual excitations are printed if larger than 1.0e-02
STATE  1:  E=   0.089757 au      2.442 eV    19699.5 cm**-1 <S**2> =   0.000000
    50a -> 55a  :     0.039008 (c= -0.19750352)
    54a -> 55a  :     0.942532 (c=  0.97084090)

STATE  2:  E=   0.138303 au      3.763 eV    30354.1 cm**-1 <S**2> =   0.000000
    53a -> 55a  :     0.938086 (c=  0.96854831)
    54a -> 58a  :     0.027177 (c= -0.16485521)
[...]
```

图 4.4-4 激发态输出

输出收敛状态,表明计算完成(图 4.4-5)。

```
Calculating the Dipole integrals                  ... done
Transforming integrals                            ... done
Calculating the Linear Momentum integrals         ... done
Transforming integrals                            ... done
Calculating angular momentum integrals            ... done
Transforming integrals                            ... done
```

图 4.4-5 收敛状态

输出光谱(图 4.4-6)。

(4) 从输出文件中就可以提取出相关激发态,光谱信息。记录相关信息,分析激发态并画出光谱。

```
STATE  1:   E=     0.089757 au         2.442 eV      19699.5 cm**-1 <S**2> =     0.000000
    50a -> 55a  :      0.039008 (c= -0.19750352)
    54a -> 55a  :      0.942532 (c=  0.97084090)

-----------------------------------------------------------------------------------------
      |    | ABSORPTION SPECTRUM VIA TRANSITION ELECTRIC DIPOLE MOMENTS
-----------------------------------------------------------------------------------------
State    Energy     Wavelength  fosc            T2         TX         TY         TZ
         (cm-1)     (nm)                        (au**2)    (au)       (au)       (au)
-----------------------------------------------------------------------------------------
   1    19699.5     507.6    0.047917124     0.80078    0.87904   -0.16736    0.00724
   2    30354.1     329.4    0.012327447     0.13370    0.05769    0.36102   -0.00597
   3    31373.4     318.7    0.023725133     0.24896   -0.48626    0.08573   -0.07183
   4    32906.2     303.9    0.002354014     0.02355   -0.04012   -0.14813    0.00027
   5    34099.1     293.3    0.176508288     1.70411    1.27793   -0.24569   -0.10310
[...]
```

图 4.4-6 光谱输出

以上打印出了状态及其各自的垂直跃迁能量，这些能量实际上是垂直能量差，或者基态几何中该状态的能量。在能量下方，打印每个单个激发的贡献，首先是其相对贡献，然后是特征向量值。可以看出该状态的跃迁能量有 2.442eV，有 94%概率从 54 轨道到轨道 55。

表 4.4-1 是光谱数据表，表中 State 为分子的激发态或能态，Energy 为对应于每个能级的能量值，Wavelength 为跃迁对应的波长值，fosc 为跃迁强度。以横轴为 Wavelength(波长)，纵轴为 Intensity(强度)，画出紫外可见光谱，见图 4.4-7。

表 4.4-1 光谱数据

State	Energy/cm^{-1}	Wavelength/nm	fosc
1	19 699.5	507.6	0.047 917 124
2	30 354.1	329.4	0.012 327 447
3	31 373.4	318.7	0.023 725 133
4	32 906.2	303.9	0.002 354 014
5	34 099.1	293.3	0.176 508 288

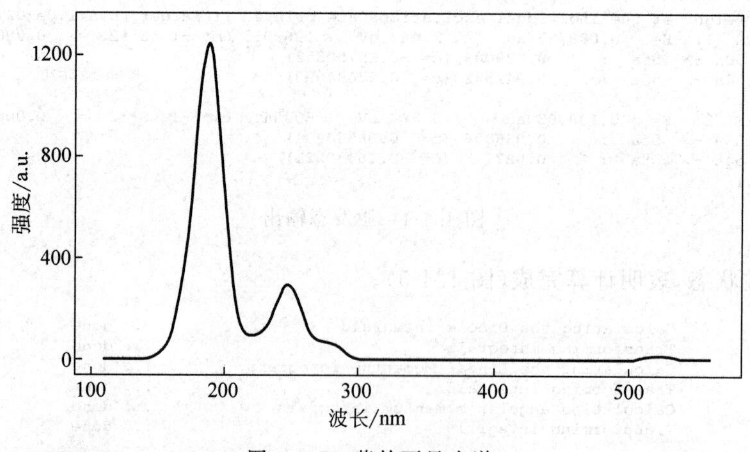

图 4.4-7 紫外可见光谱

2. CH_3 的电子顺磁共振参数朗德因子 g 的计算

(1) 对 CH_3 结构优化后得到稳定结构信息(图 4.4-8)，使用适当的方法，EPR-Ⅱ进行后续的电子顺磁共振计算。

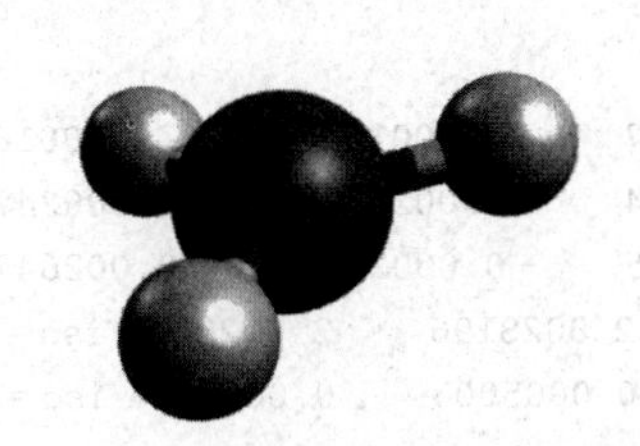

图 4.4-8 CH_3 优化后的结构图

(2) 准备输入文件,输入命令行,运行计算。

输入文件如下。

```
!B3LYP EPR-Ⅱ AUTOAUX
* XYZFile 0 2 CH3_opt.xyz
%EPRNMR
    GTENSOR  TRUE
    NUCLEI     = ALL H {AISO,ADIP,AORB}
END
```

该标志必须设置为 TRUE 才能计算它,默认值为 FALSE。

运行以下命令来执行 ORCA 计算:

```
orca input.inp > output.out
```

(3) 查看输出文件,分析输出文件。

输出文件见图 4.4-9。

```
-------------------------------------------------------------------------
                              ORCA EPR/NMR CALCULATION
-------------------------------------------------------------------------

GBWName                        ... epr.gbw
Electron density file          ... epr.scfp
Spin density file              ... epr.scfr
Spin-orbit integrals           ... epr
Origin for angular momentum    ... Center of electronic charge
Coordinates of the origin      ...   6.05064281   5.51881078   -2.76743570 (bohrs)
```

图 4.4-9 输出文件

如果收敛,就会得到 g 张量矩阵,见图 4.4-10。

```
-------------------
ELECTRONIC G-MATRIX
-------------------
The g-matrix:
               2.0027537    0.0001534    0.0001065
               0.0001534    2.0024625   -0.0002479
               0.0001065   -0.0002479    2.0026476
gel            2.0023193    2.0023193    2.0023193
gRMC          -0.0001271   -0.0001271   -0.0001271
gDSO(tot)      0.0000289    0.0000680    0.0000680
gPSO(tot)      0.0000034    0.0005594    0.0005595
              ----------   ----------   ----------
g(tot)         2.0022245    2.0028196    2.0028196 iso=  2.0026213
Delta-g       -0.0000948    0.0005003    0.0005004 iso=  0.0003020
```

图 4.4-10 g 张量矩阵

(4) 从输出文件中就可以提取出相关朗德因子 g 信息。

```
The g-matrix:
                              2.0027537      0.0001534      0.0001065
                              0.0001534      2.0024625     -0.0002479
                              0.0001065     -0.0002479      2.0026476
g(tot)            2.0022245      2.0028196      2.0028196 iso =   2.0026213
Delta-g          -0.0000948      0.0005003      0.0005004 iso =   0.0003020
```

这里指定了 g 张量的分量，x，y 和 z 方向的总分量在 g(tot)，因此 CH_3 的电子顺磁共振参数 $g=2.002$。显示的 Delta-g 是与自由电子 g 值的差异。

[注意事项]

确保输入文件符合 ORCA 所需的正确格式。检查输入文件中的语法错误、标签和参数的拼写是否正确。根据研究的体系和问题，选择适当的计算方法和基组。不同的方法和基组对于不同类型的化学系统可能会有不同的精度和适用性。一般而言，B3LYP 等混合泛函在多种体系中表现良好，对于高精度电子结构计算，如 MP2、CCSD 等提供了比 DFT 更准确的结果。小型系统可以使用经典的基组如 6-31G(d)或 cc-pVDZ，在计算成本和准确度之间找到平衡。对于较大的系统或含有过渡金属等重元素的体系，应考虑使用更大的基组，如 cc-pVTZ 或 Def2 系列基组。

[讨论]

对计算结果进行分析讨论。

[结论]

通过对计算结果的分析，写出你想告诉大家的结论。

[参考文献]

[1] F. NEESE. Software update: the ORCA program system, version 4. 0. [J]. Wiley Interdisciplinary Reviews: Computational Molecular Science, 2018: 1327.

[2] RL. JOHNSTON. Book Review: Essentials of Computational Chemistry: Theories and Models. By Christopher J. Cramer[J]. Angewandte Chemie International Edition 42. 4(2010): 381.

[3] P. BLANCHARD, E. BRÜNING. Density Functional Theory of Atoms and Molecules [M]. Boston: Birkhäuser, 2003.

[4] F. NEESE. Efficient and accurate approximations to the molecular spin-orbit coupling operator and their use in molecular-tensor calculations[J]. Journal of Chemical Physics, 2005, 122: 034107.

附　　录

附录 A　常用物理学常量表

名　称	符　号	数　值	单　位
真空中的光速	c	299 792 458	m/s
真空磁导率	μ_0	$4\pi\times10^{-7}$	N/A^2
真空电容率	ε_0	$8.854\ 187\ 812\ 8\times10^{-12}$	F/m
基本电荷	e	$1.602\ 177\ 33(49)\times10^{-19}$	C
电子质量	m_e	$9.109\ 389\ 7(54)\times10^{-31}$	kg
质子质量	m_p	$1.672\ 623\ 1(10)\times10^{-27}$	kg
电子荷质比	$-e/m_e$	$-1.758\ 819\ 62(53)\times10^{11}$	C/kg
玻尔磁子	μ_B	$9.274\ 015\ 4(31)\times10^{-24}$	J/T
引力常量	G	$6.672\ 59(85)\times10^{-11}$	$m^3/(kg\cdot s)$
普朗克常量	h	$6.626\ 075\ 5(40)\times10^{-34}$	J·s
阿伏伽德罗常量	N_A	$6.022\ 136\ 7(36)\times10^{23}$	mol^{-1}
玻耳兹曼常量	k	$1.380\ 658(12)\times10^{-23}$	J/K
摩尔气体常量	R	8.314 510(70)	J/(mol·K)

附录 B　物理量的单位(SI 基本单位)

物理量名称	单 位 名 称	单 位 符 号
长度	米	m
质量	千克	kg
时间	秒	s
电流	安[培]	A
热力学温度	开[尔文]	K
物质的量	摩[尔]	mol
发光强度	坎[德拉]	cd

注：表中[　]内的文字，是在不致混淆的情况下，可以省略的文字。

附录C　物理量的单位(SI导出单位)

物理量名称	单位名称	单位符号	用SI基本单位和SI导出单位表示
平面角	弧度	rad	
立体角	球面度	sr	
频率	赫[兹]	Hz	$1Hz=1s^{-1}$
力	牛[顿]	N	$1N=1kg\cdot m/s^2$
压力,压强,应力	帕[斯卡]	Pa	$1Pa=1N/m^2$
能量,功,热量	焦[耳]	J	$1J=1N\cdot m$
功率,辐射通量	瓦[特]	W	1W=1J/s
电荷量	库[仑]	C	$1C=1A\cdot s$
电位,电压,电动势	伏[特]	V	1V=1W/A
电容	法[拉]	F	1F=1C/V
电阻	欧[姆]	Ω	1Ω=1V/A
电导	西[门子]	S	1S=1A/V
磁通量	韦[伯]	Wb	$1Wb=1V\cdot s$
磁通量密度,磁感应强度	特[斯拉]	T	$1T=1Wb/m^2$
电感	亨[利]	H	1H=1Wb/A
摄氏温度	摄氏度	℃	1℃=1K
光通量	流[明]	lm	$1lm=1cd\cdot sr$
光照度	勒[克斯]	lx	$1lx=1lm/m^2$
放射性活度	贝克[勒尔]	Bq	$1Bq=1s^{-1}$
吸收剂量	戈[瑞]	Gy	1Gy=1J/kg
剂量当量	希[沃特]	Sv	1Sv=1J/kg

注：表中[　]内的文字,是在不致混淆的情况下,可以省略的文字。